위험물기능장 실기

2026 개정 10판

책 구입 시 드리는 혜택
1. 평생 전 과목 이론 및 기출문제 동영상 강의 제공
2. 2008년 ~ 2025년 18개년 기출문제 동영상 강의 제공
3. 우수회원 인증 후 2003년 ~ 2005년 3개년 추가 기출문제 (해설 포함) 제공

평생무료 평생 무료 동영상과 함께하는 ▶YouTube Daum

뇌에 박히는 상세해설

강석민 · 정진홍 공저

이론과 문제 풀이를 동시에 해결 | 저자 1대1 질의응답 카페 운영

무료 동영상 강의
- ▶YouTube 정진홍
- Daum 정진홍위험물기능장 http://cafe.daum.net/dangerousleader

SEJIN Books 세진북스
www.sejinbooks.kr

머리말

인류문명의 발전으로 건축물은 대형화·고층화와 함께 우리의 삶은 풍요롭고 안락한 생활을 할 수 있게 되었으나 경제발전의 속도보다 안전관리에 대한 피해의 증가속도는 빠르게 진행되고 있습니다.

따라서 그 어느 때 보다도 위험물의 안전관리와 화재예방 및 화재진압에 대한 체계적이고 전문적인 지식을 갖춘 위험물에 관한 전문 인력의 필요성이 크게 대두되고 있는 현실입니다.

이에 저자는 금호석유화학(주)여천공장 및 (주)오씨아이다스(동양화학 계열사)인천공장에서 오랫동안 위험물에 대한 생산관리 및 안전관리업무 실무경력과 한국산업인력관리공단의 출제기준을 토대로 위험물에 대한 전문 인력이 되기 위한 위험물기능장의 자격시험에 응시하고자하는 많은 수험생들을 위하여 본서를 집필하게 되었습니다.

이 책의 특징은
1. 오랜 실무 경험과 학원 강의경력을 기본으로 집필하였으며
2. 모든 과목에 대한 핵심 요약정리를 통하여 학습시간을 단축할 수 있으며
3. 과년도 출제문제 및 최근 출제경향을 면밀히 파악하여 핵심내용을 정리하였고
4. 수험생 여러분 자신이 다음 시험의 출제경향을 미리 파악할 수 있도록 하였습니다.

내용의 일부 중 미비한 부분은 신속히 수정·보완하여 위험물기능장 수험서로서 최고가 되도록 열심히 노력할 것을 약속드리며 이 수험서가 출간하기까지 애써주신 홍세진 사장님과 기획 편집부 임직원 여러분의 노고에 감사드립니다. 끝으로 수험생 여러분의 합격을 진심으로 기원합니다.

저자 정진홍 드림

이 책의 문의사항은 119sbsb@hanmail.net으로 메일을 주시면 상세히 답변해 드리겠습니다.

위험물기능장 시험에 대한 상세정보

1. 개요

위험물은 발화성, 인화성, 가연성, 폭발성 때문에 사소한 부주의에도 커다란 재해를 가져올 수 있다. 또한 위험물의 용도가 다양해지고, 제조시설도 대규모화되면서 생활공간과 가까이 설치되는 경우가 많아짐에 따라 위험물의 취급과 관리에 대한 안전성을 높이고자 자격제도 제정

2. 수행직무

위험물 관리 및 점검에 관한 최상급 숙련기능을 가지고 산업현장에서 작업관리, 위험물 취급기능자의 지도 및 감독, 현장훈련, 경영층과 생산계층을 유기적으로 결합시켜 주는 현장의 중간관리 등의 업무 수행함

실기 과목명	주요항목	세부항목	세세항목
	5. 위험물 운송·운반기준 파악	1. 운송·운반 기준 파악하기	1. 운송 기준을 검토하여 운송 시 준수 사항을 확인할 수 있다. 2. 운반 기준을 검토하여 적합한 운반용기를 선정할 수 있다. 3. 운반 기준을 검토하여 적합한 적재방법을 선정할 수 있다. 4. 운반 기준을 검토하여 적합한 운반방법을 선정할 수 있다. 5. 국제기준을 검토하여 국내법과 비교 설명할 수 있다.
		2. 운송시설의 위치·구조·설비 기준 파악하기	1. 이동탱크저장소의 위치 기준을 검토하여 위험물을 안전하게 관리할 수 있다. 2. 이동탱크저장소의 구조 기준을 검토하여 위험물을 안전하게 운송할 수 있다. 3. 이동탱크저장소의 설비 기준을 검토하여 위험물을 안전하게 운송할 수 있다. 4. 이동탱크저장소의 특례 기준을 검토하여 위험물을 안전하게 운송할 수 있다.
		3. 운반시설 파악하기	1 위험물 운반시설(차량 등)의 종류를 분류하여 안전하게 운반을 할 수 있다. 2. 위험물 운반시설(차량 등)의 구조를 검토하여 안전하게 운반할 수 있다.
	6. 위험물 운송·운반 관리	1. 운송·운반 안전 조치하기	1. 입·출하 차량 동선, 주정차, 통제 관련 규정을 파악하고 적용하여 운송·운반 안전조치를 취할 수 있다. 2. 입·출하 작업 전에 수행해야 할 안전조치 사항을 파악하고 적용하여 운송·운반 안전조치를 취할 수 있다. 3. 입·출하 작업 중 수행해야 할 안전조치 사항을 파악하고 적용하여 운송·운반 안전조치를 취할 수 있다. 4. 사전 비상대응 매뉴얼을 파악하여 운송·운반 안전조치를 취할 수 있다.

차례

제1편 위험물의 성질 및 취급

제 1 장 제1류 위험물 — 16
- 1-1 품명 및 지정수량 … 16
- 1-2 산화성고체의 정의 … 16
- 1-3 공통적 성질 … 17
- 1-4 저장 및 취급방법 … 17
- 1-5 소화방법 … 17
- 1-6 품명에 따른 특성 … 18

제 2 장 제2류 위험물 — 26
- 2-1 품명 및 지정수량 … 26
- 2-2 제2류 위험물의 판단기준 … 26
- 2-3 공통적 성질 … 27
- 2-4 저장 및 취급방법 … 27
- 2-5 소화방법 … 27
- 2-6 품명에 따른 특성 … 28

제 3 장 제3류 위험물 — 32
- 3-1 품명 및 지정수량 … 32
- 3-2 공통적 성질 … 32
- 3-3 저장 및 취급방법 … 32
- 3-4 소화방법 … 33
- 3-5 품명에 따른 특성 … 33

제 4 장 제4류 위험물 — 40
- 4-1 품명 및 지정수량 … 40
- 4-2 공통적 성질 … 40
- 4-3 저장 및 취급방법 … 41
- 4-4 소화방법 … 41
- 4-5 품명에 따른 특성 … 41

제 5 장 제5류 위험물 ─────────── 60
- 5-1 품명 및 지정수량 ·················· 60
- 5-2 공통적 성질 ·························· 60
- 5-3 저장 및 취급방법 ·················· 60
- 5-4 소화방법 ······························ 61
- 5-5 품명에 따른 특성 ·················· 61

제 6 장 제6류 위험물 ─────────── 70
- 6-1 품명 및 지정수량 ·················· 70
- 6-2 공통적 성질 ·························· 70
- 6-3 저장 및 취급방법 ·················· 70
- 6-4 소화방법 ······························ 71
- 6-5 품명에 따른 특성 ·················· 71

제2편 위험물의 시설기준

제 1 장 제조소등의 위치·구조 및 설비기준 ─────────── 76
- 1-1 제조소의 위치·구조 및 설비기준 ·················· 76
- 1-2 옥내저장소의 위치·구조 및 설비의 기준 ·················· 85
- 1-3 옥외탱크저장소의 위치·구조 및 설비의 기준 ·················· 90
- 1-4 옥내탱크저장소의 위치·구조 및 설비의 기준 ·················· 95
- 1-5 지하탱크저장소의 위치·구조 및 설비의 기준 ·················· 95
- 1-6 간이탱크저장소의 위치·구조 및 설비의 기준 ·················· 97
- 1-7 이동탱크저장소의 위치·구조 및 설비의 기준 ·················· 97
- 1-8 옥외저장소의 위치 및 설비의 기준 ·················· 100
- 1-9 암반탱크저장소의 위치·구조 및 설비의 기준 ·················· 102
- 1-10 주유취급소의 위치·구조 및 설비의 기준 ·················· 102
- 1-11 판매취급소의 위치·구조 및 설비의 기준 ·················· 106

제 2 장 제조소등의 소화설비, 경보, 피난설비 기준 ─────────── 108
- 2-1 소화난이도등급Ⅰ의 제조소등 및 소화설비 ·················· 108

2-2 경보설비 ·· 114
2-3 피난설비 ·· 115

제 3 장 위험물의 저장·취급 및 운반에 관한 기준 ——— 116
3-1 위험물의 저장 및 취급에 관한 기준 ··············· 116
3-2 위험물의 운반에 관한 기준 ·························· 124

제 3 편 법령과 연소 및 소화설비

제 1 장 위험물안전관리법령 ——————————————— 128
1-1 위험물안전관리법 ······································ 128

제 2 장 위험물의 화재 및 소화방법 ——————————— 136
2-1 화재의 특성과 종류 및 원인 ························ 136

제 3 장 위험물의 연소특성 ——————————————— 140
3-1 연소이론과 형태 ·· 140

제 4 장 화재의 소화 ——————————————————— 145
4-1 소화방법 및 원리 ······································ 145
4-2 물소화약제 ··· 146
4-3 포소화약제 ··· 147
4-4 이산화탄소소화약제 ···································· 149
4-5 할로젠화합물소화약제 ································· 151
4-6 분말소화약제 ·· 154

제 5 장 제조소등의 소화설비의 기준 ——————————— 155
5-1 소화기구 ·· 155
5-2 옥내소화전설비 ··· 156
5-3 옥외소화전설비 ··· 158
5-4 스프링클러설비 ··· 159

5-5 물분무소화설비 ……………………………………… 162
5-6 포소화설비 …………………………………………… 163
5-7 이산화탄소소화설비 ………………………………… 167
5-8 할로젠화합물소화설비 ……………………………… 171
5-9 분말소화설비 ………………………………………… 173

제4편 최근 기출문제

2006년도	제39회 2006년 05월 21일 시행	178
	제40회 2006년 08월 27일 시행	191
2007년도	제41회 2007년 05월 19일 시행	205
	제42회 2007년 08월 25일 시행	219
2008년도	제43회 2008년 05월 17일 시행	232
	제44회 2008년 08월 23일 시행	247
2009년도	제45회 2009년 05월 17일 시행	262
	제46회 2009년 08월 23일 시행	274
2010년도	제47회 2010년 05월 16일 시행	288
	제48회 2010년 08월 22일 시행	303
2011년도	제49회 2011년 05월 29일 시행	318
	제50회 2011년 09월 25일 시행	333
2012년도	제51회 2012년 05월 26일 시행	348
	제52회 2012년 09월 08일 시행	360
2013년도	제53회 2013년 05월 26일 시행	375
	제54회 2013년 09월 01일 시행	389
2014년도	제55회 2014년 05월 25일 시행	403
	제56회 2014년 09월 14일 시행	415

연도	회차 및 시행일	페이지
2015년도	제57회 2015년 05월 23일 시행	428
	제58회 2015년 09월 06일 시행	441
2016년도	제59회 2016년 05월 21일 시행	455
	제60회 2016년 08월 27일 시행	470
2017년도	제61회 2017년 04월 16일 시행	486
	제62회 2017년 09월 09일 시행	502
2018년도	제63회 2018년 05월 27일 시행	520
	제64회 2018년 08월 25일 시행	538
2019년도	제65회 2019년 04월 13일 시행	552
	제66회 2019년 08월 24일 시행	567
2020년도	제67회 2020년 06월 14일 시행	582
	제68회 2020년 08월 29일 시행	598
2021년도	제69회 2021년 04월 03일 시행	616
	제70회 2021년 08월 22일 시행	633
2022년도	제71회 2022년 05월 07일 시행	651
	제72회 2022년 08월 14일 시행	668
2023년도	제73회 2023년 03월 26일 시행	685
	제74회 2023년 08월 12일 시행	702
2024년도	제75회 2024년 03월 16일 시행	719
	제76회 2024년 08월 18일 시행	735
2025년도	제77회 2025년 03월 16일 시행	751
	제78회 2025년 08월 30일 시행	770

위험물의 성질 및 취급
위험물의 시설기준
법령과 연소 및 소화설비
최근 기출문제

제1편
위험물의 성질 및 취급

위험물기능장

제1장 제1류 위험물

제2장 제2류 위험물

제3장 제3류 위험물

제4장 제4류 위험물

제5장 제5류 위험물

제6장 제6류 위험물

위 험 물 기 능 장

제1장 제1류 위험물

1-1 품명 및 지정수량★★★★

성질	품명	지정수량	위험등급
산화성 고체	1. 아염소산염류 2. 염소산염류 3. 과염소산염류 4. 무기과산화물	50kg	I
	5. 브로민산염류 6. 질산염류 7. 아이오딘산염류	300kg	II
	8. 과망가니즈산염류 9. 다이크로뮴산염류	1000kg	III
	10. 그 밖에 행정안전부령이 정하는 것: ① 과아이오딘산염류 ② 과아이오딘산 ③ 크로뮴, 납 또는 아이오딘의 산화물 ④ 아질산염류 ⑤ 염소화아이소사이아누르산 ⑥ 퍼옥소이황산염류 ⑦ 퍼옥소붕산염류	300kg	II
	⑧ 차아염소산염류	50kg	I

1-2 산화성고체의 정의

고체[액체(1기압 및 20℃에서 액상인 것 또는 20℃ 초과 40℃ 이하에서 액상인 것)또는 기체(1기압 및 20℃에서 기상인 것)외의 것]로서 산화력의 잠재적인 위험성 또는 충격에 대한 민감성을 판단하기 위하여 소방청장이 정하여 고시하는 시험에서 고시로 정하는 성질과 상태를 나타내는 것을 말한다. 이 경우 "액상"이라 함은 수직으로 된 시험관(안지름 30mm, 높이 120mm의 원통형유리관)에 시료를 55mm까지 채운 다음 당해 시험관을 수평으로 하였을 때 시료액면의 끝부분이 30mm를 이동하는데 걸리는 시간이 90초 이내에 있는 것을 말한다.

1-3 공통적 성질★★

① **산화성 고체**이며 대부분 **수용성**이다.
② **불연성**이지만 다량의 **산소를 함유**하고 있다.
③ 분해 시 산소를 방출하여 남의 연소를 돕는다.(조연성)
④ 열·타격·충격, 마찰 및 다른 화학물질과 접촉 시 쉽게 분해된다.
⑤ 분해속도가 대단히 빠르고, **조해성**이 있는 것도 포함한다.

무기과산화물
❶ 물에 의한 주수소화는 금한다.(산소발생)
❷ 물과 접촉 시 산소 방출
❸ 열분해 시 산소 방출

1-4 저장 및 취급방법★★

① **무기과산화물**은 물과 접촉 시 반응하여 **산소를 방출**하므로 **습기와 접촉금지**(금수성 물질)
② 조해성물질은 저장용기를 밀폐시킨다.
③ 가열, 충격, 마찰을 금지한다.

1-5 소화방법★★

① **다량의 물**을 방사하여 **냉각 소화**한다.
② 무기(알칼리금속)과산화물은 금수성 물질로 물에 의한 소화는 절대금지하고 **마른모래**로 소화한다.
③ **자체적으로 산소를 함유**하고 있어 질식소화는 효과가 없고 **물을 대량 사용하여 냉각소화가 효과적**이다.

1-6 품명에 따른 특성 ★★★★

1. 아염소산염류

아염소산($HClO_2$)의 수소(H)가 금속 또는 양이온으로 치환된 화합물의 총칭

(1) 아염소산나트륨

화학식	분자량	물리적 상태	색상	분해온도
$NaClO_2$	90.44	고체	무색	350℃

① 조해성이 있고 무색의 결정성 분말이다.
② 보통 수분을 약간 함유하기 때문에 130~140℃에서 분해된다.
③ 무수물(수분을 함유하지 않은 것) 350℃에서 분해 시작
④ 산과 반응하여 이산화염소(ClO_2)가 발생된다.
⑤ 수용액 상태에서도 강력한 산화력을 가지고 있다.

$$3NaClO_2 + 2HCl \rightarrow 3NaCl + 2ClO_2 + H_2O_2 \uparrow$$
(아염소산나트륨) (염산) (염화나트륨) (이산화염소) (과산화수소)

(2) 아염소산칼륨

화학식	분자량	물리적 상태	색상	분해온도
$KClO_2$	106.56	고체	무색	160℃

① 조해성이 있고 무색의 결정성 분말이다.
② 가열, 충격에 의한 폭발가능성이 있다.

2. 염소산염류

염소산($HClO_3$)의 수소(H)가 금속 또는 양이온으로 치환된 화합물의 총칭

(1) 염소산칼륨

화학식	분자량	물리적 상태	색상	분해온도
$KClO_3$	122.55	고체	무색	400℃

① 무색 또는 백색분말
② 비중 : 2.34
③ 온수, 글리세린에 용해
④ 냉수, 알코올에는 용해하기 어렵다.
⑤ 400℃ 부근에서 분해가 시작

$$2KClO_3 \rightarrow KClO_4 + KCl + O_2$$
(염소산칼륨) (과염소산칼륨) (염화칼륨) (산소)

⑥ 완전 열분해

$$2KClO_3 \rightarrow 2KCl + 3O_2 \uparrow$$
(염소산칼륨)　　(염화칼륨)　(산소)

⑦ 유기물 등과 접촉 시 충격을 가하면 폭발하는 수가 있다.

(2) 염소산나트륨

화학식	분자량	물리적 상태	색상	분해온도
$NaClO_3$	106.5	고체	무색	300℃

① 조해성이 크고, 알코올, 에터, 물에 녹는다.
② 철제를 부식시키므로 철제용기 사용금지
③ 산과 반응하여 유독한 이산화염소(ClO_2)를 발생시키며 이산화염소는 폭발성이다.
④ 열분해하여 염화나트륨과 산소를 발생한다.

$$2NaClO_3 \rightarrow 2NaCl + 3O_2 \uparrow$$
(염소산나트륨)　(염화나트륨 : 소금)　(산소)

(3) 염소산암모늄

화학식	분자량	물리적 상태	색상	분해온도
NH_4ClO_3	101.5	고체	무색	100℃

① 대단히 폭발성이고 조해성이 있다.
② 산화성이고 금속부식성이 강하다.

3. 과염소산염류 ★★★

과염소산($HClO_4$)의 수소(H)가 금속 또는 양이온으로 치환된 화합물의 총칭

(1) 과염소산칼륨

화학식	분자량	물리적 상태	색상	분해온도
$KClO_4$	138.5	고체	무색	400℃

① 물에 녹기 어렵고 알코올, 에터에 불용
② 진한 황산과 접촉 시 폭발성이 있다.
③ 황, 탄소, 유기물등과 혼합 시 가열, 충격, 마찰에 의하여 폭발한다.
④ 400℃에서 분해가 시작되어 600℃에서 완전 분해하여 산소를 발생한다.

$$KClO_4 \rightarrow KCl(염화칼륨) + 2O_2 \uparrow (산소)$$

(2) 과염소산나트륨

화학식	분자량	물리적 상태	색상	분해온도
$NaClO_4$	122.5	고체	무색(백색)	400℃

① 물에 잘 녹고 알코올, 에터에 불용
② 유기물등과 혼합 시 가열, 충격, 마찰에 의하여 폭발한다.
③ 400℃ 이상에서 분해되면서 산소를 방출한다.

(3) 과염소산암모늄★★

화학식	분자량	물리적 상태	색상	분해온도
NH_4ClO_4	117.5	고체	무색	130℃

① 물, 아세톤, 알코올에는 녹고 에터에는 잘 녹지 않는다.
② 조해성이므로 밀폐용기에 저장
③ 130℃에서 분해가 시작되어 산소를 방출하고 300℃에서 분해가 급격히 진행된다.

- 130℃에서 분해 $NH_4ClO_4 \rightarrow NH_4Cl + 2O_2 \uparrow$
- 300℃에서 분해 $2NH_4ClO_4 \rightarrow N_2 + Cl_2 + 2O_2 + 4H_2O$

④ 충격 및 분해온도 이상에서 폭발성이 있다.

4. 무기과산화물★★★★★

과산화수소(H_2O_2)의 수소(H)가 금속으로 치환된 화합물의 총칭

(1) 과산화나트륨

화학식	분자량	비중	융점	분해온도
Na_2O_2	78	2.8	460℃	460℃

① 상온에서 물과 격렬히 반응하여 산소(O_2)를 방출하고 폭발하기도 한다.

$$2Na_2O_2 + 2H_2O \rightarrow 4NaOH + O_2 \uparrow$$
(과산화나트륨)   (물)   (수산화나트륨) (산소)

② 공기 중 이산화탄소(CO_2)와 반응하여 산소(O_2)를 방출한다.

$$2Na_2O_2 + 2CO_2 \rightarrow 2Na_2CO_3 + O_2 \uparrow$$

③ 산과 반응하여 과산화수소(H_2O_2)를 생성시킨다.

$$Na_2O_2 + 2CH_3COOH \rightarrow 2CH_3COONa + H_2O_2 \uparrow$$

④ 열분해 시 산소(O_2)를 방출한다.

$$2Na_2O_2 \rightarrow 2Na_2O + O_2 \uparrow$$

⑤ 주수소화는 금물이고 마른모래(건조사)등으로 소화한다.

(2) 과산화칼륨

화학식	분자량	비중	분해온도
K_2O_2	110	2.9	490℃

① 무색 또는 오렌지색 분말상태
② 상온에서 물과 격렬히 반응하여 산소(O_2)를 방출하고 폭발하기도 한다.

$$2K_2O_2 + 2H_2O \rightarrow 4KOH + O_2 \uparrow$$

③ 공기 중 이산화탄소(CO_2)와 반응하여 산소(O_2)를 방출한다.

$$2K_2O_2 + 2CO_2 \rightarrow 2K_2CO_3 + O_2 \uparrow$$

④ 산과 반응하여 과산화수소(H_2O_2)를 생성시킨다.

$$K_2O_2 + 2CH_3COOH \rightarrow 2CH_3COOK + H_2O_2 \uparrow$$

⑤ 열분해 시 산소(O_2)를 방출한다.

$$2K_2O_2 \rightarrow 2K_2O + O_2 \uparrow$$

⑥ 주수소화는 금물이고 마른모래(건조사)등으로 소화한다.

(3) 과산화마그네슘

화학식	분자량	융점(녹는점)	분해온도
MgO_2	56.30	223℃	350℃

① 백색 분말이다.
② 습기 또는 물과 접촉 시 산소를 방출한다.
③ 가연성유기물과 혼합되어 있을 때 가열, 충격에 의해 폭발 위험이 있다.
④ 물과 접촉하여 수산화마그네슘 및 산소를 발생한다.

$$\underset{\text{(과산화마그네슘)}}{2MgO_2} + \underset{\text{(물)}}{2H_2O} \rightarrow \underset{\text{(수산화마그네슘)}}{2Mg(OH)_2} + \underset{\text{(산소)}}{O_2 \uparrow}$$

⑤ 산과 접촉하여 과산화수소를 발생한다.

$$\underset{\text{(과산화마그네슘)}}{MgO_2} + \underset{\text{(염산)}}{2HCl} \rightarrow \underset{\text{(염화마그네슘)}}{MgCl_2} + \underset{\text{(과산화수소)}}{H_2O_2 \uparrow}$$

(4) 과산화바륨

화학식	분자량	융점	분해온도
BaO_2	169	450℃	840℃

① 탄산가스와 반응하여 탄산염과 산소 발생

$$2BaO_2 + 2CO_2 \rightarrow \underset{\text{(탄산바륨)}}{2BaCO_3} + \underset{\text{(산소)}}{O_2 \uparrow}$$

② 염산과 반응하여 염화바륨과 과산화수소 생성

$$BaO_2 + 2HCl \rightarrow BaCl_2 + H_2O_2\uparrow$$
$$\text{(염화바륨)} \quad \text{(과산화수소)}$$

③ 가열 또는 온수와 접촉하면 산소가스를 발생

- 가열 $\quad 2BaO_2 \rightarrow 2BaO(\text{산화바륨}) + O_2\uparrow(\text{산소})$
- 온수와 반응 $\quad 2BaO_2 + 2H_2O \rightarrow 2Ba(OH)_2(\text{수산화바륨}) + O_2\uparrow(\text{산소})$

5. 브로민산염류

브로민산($HBrO_3$)의 수소(H)가 금속 또는 양이온으로 치환된 화합물의 총칭

물질명	화학식	분자량	비중	분해온도
브로민산칼륨	$KBrO_3$	167	3.27	370℃
브로민산나트륨	$NaBrO_3$	151		381℃

6. 질산염류

질산(HNO_3)의 수소(H)가 금속 또는 양이온으로 치환된 화합물의 총칭

(1) 질산칼륨

화학식	분자량	비중	융점	분해온도
KNO_3	101	2.1	336℃	400℃

① 질산칼륨에 숯가루, 황가루를 혼합하여 흑색화약제조에 사용한다.
② 열분해하여 산소를 방출한다.

$$2KNO_3 \rightarrow 2KNO_2 + O_2\uparrow$$

③ 물, 글리세린에는 잘 녹으나 알코올, 에터에는 잘 녹지 않는다.
④ 유기물 및 강산과 접촉 시 매우 위험하다.
⑤ 소화는 주수소화방법이 가장 적당하다.

흑색화약(Black Power)
❶ 원료 : 질산칼륨, 숯, 황
❷ 조성 : 75%KNO_3 + 15%C + 10%S
❸ 폭발반응식 : $38KNO_3 + 64C + 16S \rightarrow 3K_2CO_3 + 16K_2S + 19N_2 + 44CO_2 + 17CO$

(2) 질산나트륨(칠레초석)

화학식	분자량	비중	융점	분해온도
$NaNO_3$	85	2.26	308℃	380℃

① 무색, 무취의 백색 분말
② 조해성이 강하다.
③ 물, 글리세린에 녹고 알코올, 에터에는 녹지 않는다.
④ 가열시 약 380℃에서 열분해 하여 아질산나트륨과 산소를 발생시킨다.

$$2NaNO_3 \rightarrow 2NaNO_2 + O_2 \uparrow$$

⑤ 충격, 마찰, 타격을 피한다.
⑥ 유기물과 혼합을 피한다.
⑦ 화재 시 다량의 물로 냉각소화 한다.

(3) 질산암모늄

화학식	분자량	비중	융점	분해온도
NH_4NO_3	80	1.73	165℃	220℃

① 단독으로 가열, 충격 시 분해 폭발할 수 있다.
② 화약(ANFO폭약))원료로 쓰이며 유기물과 접촉 시 폭발우려가 있다.
③ 무색, 무취의 결정이며 조해성 및 흡습성이 매우 강하다.
④ 물에 용해 시 흡열반응을 나타낸다.
⑤ 급격한 가열충격에 따라 폭발의 위험이 있다.

질산암모늄의 분해 반응식 : $NH_4NO_3 \rightarrow N_2O + 2H_2O$
질산암모늄의 폭발 반응식 : $2NH_4NO_3 \rightarrow 2N_2 + O_2 + 4H_2O$
ANFO(안포)폭약의 성분 : 질산암모늄 94% + 경유 6%

(4) 질산은

화학식	비중	융점	분해온도
$AgNO_3$	4.35	212℃	445℃

① 무색, 무취의 결정이다.
② 물, 아세톤, 알코올, 글리세린 등에 잘 녹는다.
③ 햇빛에 의해 분해되므로 갈색병에 보관하여야 한다.

질산은의 분해반응식 $2AgNO_3 \rightarrow 2Ag + 2NO_2 + O_2$

7. 아이오딘산염류

아이오딘산(HIO_3)의 수소(H)가 금속 또는 양이온으로 치환된 화합물의 총칭

물질명	화학식	비중	분자량	분해온도
아이오딘산칼륨	KIO_3	3.89	214	560℃
아이오딘산암모늄	NH_4IO_3		193	150℃
아이오딘산은	$AgIO_3$		283	410℃

8. 과망가니즈산염류

과망가니즈산($HMnO_4$)의 수소(H)가 금속 또는 양이온으로 치환된 화합물의 총칭

(1) 과망가니즈산칼륨

화학식	분자량	비중	분해온도
$KMnO_4$	158	2.7	200~240℃

① 흑자색의 주상결정으로 물에 녹아 진한보라색을 띠고 강한 산화력과 살균력이 있다.
② 염산과 반응시 염소(Cl_2)를 발생시킨다.
③ 240℃에서 산소를 방출한다.

$$2KMnO_4 \rightarrow K_2MnO_4 + MnO_2 + O_2 \uparrow$$
(망가니즈산칼륨)(이산화망가니즈)(산소)

④ 알코올, 에터, 글리세린, 황산과 접촉시 폭발우려가 있다.
⑤ 주수소화 또는 마른모래로 피복소화한다.
⑥ 강알칼리와 반응하여 산소를 방출한다.

(2) 과망가니즈산나트륨

화학식	분자량	비중	분해온도
$NaMnO_4$	142	2.47	170℃

① 적자색의 결정이며 물에 잘 녹는다.
② 조해성이 강하므로 습기에 주의하여야 한다.

9. 다이크로뮴산염류

다이크로뮴산($H_2Cr_2O_7$)의 수소(H)가 금속 또는 양이온으로 치환된 화합물의 총칭
$K_2Cr_2O_7$, $Na_2Cr_2O_7 \cdot 2H_2O$, $(NH_4)_2Cr_2O_7$

(1) 다이크로뮴산칼륨

화학식	분자량	비중	융점	분해온도
$K_2Cr_2O_7$	294	2.69	398℃	500℃

① 밝은 오렌지색 결정으로 쓴맛, 독성이 있다.
② 500℃ 이상으로 가열하면 산소를 방출하면서 분해한다.
③ 물에는 잘 녹지만 알코올에는 녹지 않는다.

(2) 다이크로뮴산나트륨

화학식	분자량	비중	융점	분해온도
$Na_2Cr_2O_7$	261.9	2.52	356℃	400℃

① 400℃ 이상에서는 산소를 방출하면서 분해한다.
② 물에는 잘 녹지만 알코올에는 녹지 않는다.
③ 흡습성과 조해성이 있다.

(3) 다이크로뮴산암모늄

화학식	분자량	비중	융점	분해온도
$(NH_4)_2Cr_2O_7$	252	2.15	185℃	225℃

① 적색 또는 등적색의 침상결정이다.
② 물에는 잘 녹지만 아세톤에는 녹지 않는다.
③ 가열시 약 225℃에서 분해한다.

$$(NH_4)_2Cr_2O_7 \rightarrow Cr_2O_3 + N_2 + 4H_2O$$
$$\text{(산화크로뮴)} \quad \text{(질소)} \quad \text{(물)}$$

10. 그 밖에 행정안전부령이 정하는 것

① 과아이오딘산염류
  ㉠ 과아이오딘산칼륨(KIO_4)   ㉡ 과아이오딘산나트륨($NaIO_4$)
② 과아이오딘산(HIO_4)
③ 크로뮴, 납 또는 아이오딘의 산화물
  ㉠ 무수크로뮴산(삼산화크로뮴)(CrO_3)   ㉡ 이산화납(PbO_2)
  ㉢ 사산화납(Pb_3O_4)

> 삼산화크로뮴의 분해반응식
> $$4CrO_3 \rightarrow 2Cr_2O_3 + 3O_2$$
> $$\text{(삼산화크로뮴)} \quad \text{(산화크로뮴)} \quad \text{(산소)}$$

④ 아질산염류
  ㉠ 아질산칼륨(KNO_2)   ㉡ 아질산나트륨($NaNO_2$)
  ㉢ 아질산암모늄(NH_4NO_2)   ㉣ 아질산은($AgNO_2$)
⑤ 염소화아이소사이아누르산(OCNClONClCONCl)
⑥ 퍼옥소이황산염류
  ㉠ 과산화이황산칼륨($K_2S_2O_8$)   ㉡ 과산화이황산나트륨($Na_2S_2O_8$)
  ㉢ 과산화이황산암모늄(($NH_4)_2S_2O_8$)
⑦ 퍼옥소붕산염류
⑧ 차아염소산염류
  ㉠ 차아염소산나트륨(NaClO)   ㉡ 차아염소산칼륨(KClO)
  ㉢ 차아염소산암모늄(NH_4ClO)

제1편 위험물의 성질 및 취급

제2장 제2류 위험물

2-1 품명 및 지정수량★★★

성 질	품 명	지정수량	위험등급	비 고
가연성 고체	1. 황화인	100kg	Ⅱ	
	2. 적린			
	3. 황			• 순도가 60중량% 이상인 것
	4. 철분	500kg	Ⅲ	• 53μm의 표준체 통과 50중량%미만인 것 제외
	5. 금속분			• 알칼리금속, 알칼리토금속, 철, 마그네슘 제외 • 구리분, 니켈분 및 150μm의 표준체를 통과하는 것이 50중량% 미만인 것 제외
	6. 마그네슘			• 2mm체 통과 못하는 덩어리 제외 • 직경 2mm 이상 막대모양 제외
	7. 인화성고체	1000kg		• 고형알코올 및 1기압에서 인화점이 40℃ 미만인 고체

2-2 제2류 위험물의 판단기준★★★★★

① **황**
  순도가 60중량% 이상인 것을 말한다. 이 경우 순도측정에 있어서 불순물은 활석 등 불연성물질과 수분에 한한다.
② **철분**
  철의 분말로서 53μm의 표준체를 통과하는 것이 50중량% 미만인 것은 제외
③ **금속분**
  알칼리금속·알칼리토금속·철 및 마그네슘 외의 금속의 분말을 말하고, 구리분·니켈분 및 150μm의 체를 통과하는 것이 50중량% 미만인 것은 제외
④ 마그네슘은 다음 각목의 1에 해당하는 것은 제외한다.
  ㉠ 2mm의 체를 통과하지 아니하는 덩어리 상태의 것

ⓒ 직경 2mm 이상의 막대 모양의 것
⑤ 인화성고체
　　고형알코올 그 밖에 1기압에서 인화점이 섭씨 40도 미만인 고체

2-3 공통적 성질★★

① 낮은 온도에서 착화가 쉬운 **가연성 고체**
② **연소속도가 빠른 고체**
③ 연소 시 **유독가스**를 발생하는 것도 있다.
④ 금속분은 물 또는 산과 접촉시 발열된다.

2-4 저장 및 취급방법★★

① **산화제와 접촉을 피한다.**
② 점화원, 고온물체, 가열을 피한다.
③ 금속분은 물 또는 산과 접촉을 피한다.

2-5 소화방법★★★

① 금속분을 제외하고 주수에 의한 **냉각소화**를 한다.
② **금속분은 마른모래로 소화**한다.

2-6 품명에 따른 특성★★★

1. 황화인 : 황과 인의 화합물

구 분	삼황화인	오황화인	칠황화인
화학식	P_4S_3	P_2S_5	P_4S_7
분자량	220	222	348
색 상	황색 결정	담황색 결정	담황색 결정
착화점	약 100℃	142℃	-

(1) 삼황화인(P_4S_3)

① 황색결정으로 물, 염산, 황산에 녹지 않으며 질산, 알칼리, 이황화탄소에 녹는다.
② 조해성이 없다
③ 연소하면 오산화인과 이산화황이 생긴다.

$$P_4S_3 + 8O_2 \rightarrow 2P_2O_5 + 3SO_2 \uparrow$$

(2) 오황화인(P_2S_5)

① 담황색 결정이고 조해성이 있다.
② 수분을 흡수하면 분해된다.
③ 이황화탄소(CS_2)에 잘 녹는다.
④ 물, 알칼리와 반응하여 인산과 황화수소를 발생한다.

$$P_2S_5 + 8H_2O \rightarrow 2H_3PO_4 + 5H_2S \uparrow$$

(3) 칠황화인(P_4S_7)

① 담황색 결정이고 조해성이 있다.
② 수분을 흡수하면 분해된다.
③ 이황화탄소(CS_2)에 약간 녹는다.
④ 냉수에는 서서히 분해가 되고 더운물에는 급격히 분해된다.

2. 적린(붉은인)(P)★★★

화학식	원자량	비중	융점	착화점
P	31	2.2	600℃	260℃

① 황린의 **동소체**이며 황린보다 안정하다.
② 공기 중에서 자연발화하지 않는다.(발화점 : 260℃, 승화점 : 460℃)
③ 황린을 공기차단상태에서 가열, 냉각 시 적린으로 변한다.

$$\text{황린}(P_4) \xrightarrow{\text{공기차단}(260℃ \text{가열, 냉각})} \text{적린}(P)$$

④ 성냥, 불꽃놀이 등에 이용된다.
⑤ 연소 시 오산화인(P_2O_5)이 생성된다.

$$4P + 5O_2 \rightarrow 2P_2O_5(\text{오산화인})$$

⑥ 다량의 물을 주수하여 냉각 소화한다.

동소체
같은 원소로 구성되어 있으나 성질이 다른 단체

동소체의 종류
❶ 산소(O_2)와 오존(O_3)   ❷ 적린(P)과 황린(P_4)
❸ 사방황(S_8), 단사황(S_8), 고무상황(S_8)   ❹ 다이아몬드(C)와 흑연(C)

동소체의 확인방법
연소 시 같은 물질이 생성되는 것을 확인한다.

적린 $4P + 5O_2 \rightarrow 2P_2O_5$(오산화인)
황린 $P_4 + 5O_2 \rightarrow 2P_2O_5$(오산화인)

※ 적린(가연성고체)은 제2류 위험물이고 황린(자연발화성)은 제3류 위험물이다.

3. 황(S)

구 분	단사황	사방황	고무상황
비 중	1.96	2.07	-
비 점	445℃	-	-
융 점	119℃	113℃	-
착화점	-	-	360℃
물에 용해여부	불용	불용	불용

① 동소체로 사방황, 단사황, 고무상황이 있다.
② 황색의 고체 또는 분말상태이다.
③ **물에 녹지 않고 이황화탄소(CS_2)에는 잘 녹는다.**
④ **공기 중에서 연소 시 푸른 불꽃을 내며 이산화황이 생성된다.**

$$S + O_2 \rightarrow SO_2 (\text{이산화황 또는 아황산가스})$$

⑤ 산화제와 접촉 시 위험하다.
⑥ 분진폭발의 위험성이 있고 목탄가루와 혼합시 가열, 충격, 마찰에 의하여 폭발위험성이 있다.
⑦ 다량의 물로 주수소화 또는 질식 소화한다.

4. 철분(Fe)

화학식	원자량	비중	융점	비점
Fe	55.85	7.86	1535℃	3000℃

① 회백색 금속광택을 가진 비교적 연한금속분말이다.
② 철을 **염산에** 용해시키면 **수소가** 발생한다.

$$Fe + 2HCl \rightarrow FeCl_2 + H_2 \uparrow$$

③ 가열된 철은 수증기와 반응하여 수소를 발생시킨다.(주수소화금지)

$$3Fe + 4H_2O \rightarrow Fe_3O_4 + 4H_2 \uparrow$$

④ **주수소화는** 엄금이며 **마른모래** 등으로 피복 소화한다.

5. 금속분(금속분말)

(1) 알루미늄분(Al) ★★★

화학식	원자량	비중	융점	비점
Al	27	2.7	660℃	2,000℃

① 산화제와 혼합시 가열, 충격, 마찰 등에 의하여 착화위험이 있다.
② 할로젠원소(F, Cl, Br, I)와 접촉 시 자연발화 위험이 있다.
③ **분진폭발** 위험성이 있다.
④ 가열된 알루미늄은 **수증기와 반응하여 수소를 발생**시킨다.(주수소화금지)

$$2Al + 6H_2O \rightarrow 2Al(OH)_3 + 3H_2 \uparrow$$

⑤ **주수소화는** 엄금이며 마른모래 등으로 피복 소화한다.

(2) 아연분(Zn)

화학식	원자량	융점	비중	비점
Zn	65.4	419℃	7.14	907℃

① 은백색의 분말이다.
② 공기 중 가열 시 쉽게 연소된다.
③ **산, 알칼리에 녹아 수소**(H_2)**를 발생**시킨다.
④ **주수소화는** 엄금이며 마른모래 등으로 피복 소화한다.

6. 마그네슘(Mg) ★★★

화학식	원자량	비중	융점	비점	발화점
Mg	24.3	1.74	651℃	1102℃	473℃

① 2mm체 통과 못하는 덩어리는 위험물에서 제외한다.

② 직경 2mm 이상 막대모양은 위험물에서 제외한다.
③ 은백색의 광택이 나는 가벼운 금속이다.
④ 물과 반응하여 수소기체 발생

$$Mg + 2H_2O \rightarrow Mg(OH)_2(수산화마그네슘) + H_2 \uparrow (수소발생)$$

⑤ 이산화탄소약제를 방사하면 폭발적으로 반응하기 때문에 위험하다.

| 마그네슘과 CO_2의 반응식 | $2Mg + CO_2 \rightarrow 2MgO + C$ |

⑥ 산과 작용하여 수소를 발생시킨다.

| 마그네슘과 황산의 반응식 | $Mg + H_2SO_4 \rightarrow MgSO_4 + H_2$ |
| 마그네슘과 염산의 반응식 | $Mg + 2HCl \rightarrow MgCl_2 + H_2 \uparrow$ |

⑦ 공기 중 습기에 발열되어 자연발화 위험이 있다.

| 마그네슘의 연소식 | $2Mg + O_2 \rightarrow 2MgO + Q\,kcal$ |

⑧ 주수소화는 엄금이며 마른모래 등으로 피복 소화한다.

7. 인화성 고체

고형알코올 또는 1기압에서 인화점이 40℃ 미만인 고체를 말한다.

고형알코올
합성수지와 메틸알콜로 고체화시킨 것으로 인화점은 30℃이다.

[고형알코올]
① 비누류에 알코올을 흡수시킨 것과 아세트산 셀룰로스를 빙초산 또는 아세톤에 녹여서 알코올을 흡수시켜 겔 상태로 만든 것
② 깡통에 넣어 휴대용 연료로 등산·캠핑 등을 할 때 사용하며, 점화하면 불꽃을 내며 서서히 연소
③ 안개 속에서나 비가 올 때도 타며, 특히 연료를 구하기 어려운 겨울등산 등에는 편리한 연료로 사용

제3장 제3류 위험물

3-1 품명 및 지정수량★★★

성 질	품 명	지정수량	위험등급
자연발화성 및 금수성 물질	1. 칼륨 2. 나트륨 3. 알킬알루미늄 4. 알킬리튬	10kg	I
	5. 황린	20kg	I
	6. 알칼리금속(칼륨 및 나트륨 제외) 및 알칼리토금속	50kg	II
	7. 유기금속화합물(알킬알루미늄 및 알킬리튬 제외)	50kg	II
	8. 금속의 수소화물	300kg	III
	9. 금속의 인화물	300kg	III
	10. 칼슘 또는 알루미늄의 탄화물	300kg	III
	11. 그 밖에 행정안전부령이 정하는 것 (염소화규소화합물)	10kg 50kg 300kg	III

3-2 공통적 성질★★

① 물과 접촉 시 **발열반응 및 가연성 가스를 발생**한다.
② 대부분 **금수성 및 불연성 물질**(황린, 칼륨, 나트륨, 알킬알루미늄제외)이다.
③ 대부분 무기물이며 고체상태이다.

3-3 저장 및 취급방법★★

① 물과 접촉을 피한다.
② 보호액속에 저장 시 보호액 표면의 노출에 주의한다.
③ 화재 시 소화가 어려우므로 **소분(소량씩 분리함)하여 저장**한다.

3-4 소화방법

① 물에 의한 **주수소화는 절대 금한다.**
② **마른모래** 또는 **금속화재용 분말약제**로 소화한다.
③ 알킬알루미늄화재는 **팽창질석** 또는 **팽창진주암**으로 소화한다.

3-5 품명에 따른 특성

1. 칼륨(K)★★★★★

화학식	원자량	비점	융점	비중	불꽃색상
K	39	762℃	63.5℃	0.857	보라색

① 가열시 **보라색 불꽃**을 내면서 연소한다.
② **물과 반응하여 수소 및 열을 발생한다.**(금수성 물질)

$$2K + 2H_2O \rightarrow 2KOH + H_2 \uparrow$$

③ **보호액으로 파라핀 · 경유 · 등유** 등을 사용한다.
④ 피부와 접촉 시 화상을 입는다.
⑤ 마른모래 등으로 질식 소화한다.
⑥ 화학적으로 활성이 대단히 크고 **알코올과 반응하여 수소를 발생시킨다.**

$$2K + 2C_2H_5OH \rightarrow 2C_2H_5OK + H_2 \uparrow$$

석유란 무엇인가?
석유를 지하에서 지상으로 올렸을 때 그 기름을 '원유'라고 한다. 원유를 분별증류하면 휘발유(가솔린), 등유, 경유, 중유의 4가지, 그리고 기체인 석유가스와 찌꺼기 아스팔트까지 총 6가지로 분류된다.

2. 나트륨(Na)★★★★★

화학식	원자량	비점	융점	비중	불꽃색상
Na	23	880℃	97.8℃	0.97	노란색

① 가열시 **노란색 불꽃**을 내면서 연소한다.
② **물과 반응하여 수소 및 열을 발생한다.**(금수성 물질)

$$2Na + 2H_2O \rightarrow 2NaOH + H_2 \uparrow + 88.2kcal$$

③ 보호액으로 **파라핀 · 경유 · 등유** 등을 사용한다.
④ 피부와 접촉 시 화상을 입는다.
⑤ 마른모래 등으로 질식 소화한다.

금속나트륨 화재 시 CO_2소화기 사용금지 이유
금속나트륨과 이산화탄소는 폭발적으로 반응하기 때문에 위험
$4Na + 3CO_2 \rightarrow 2Na_2CO_3 + C$

3. 알킬알루미늄[$(C_nH_{2n+1}) \cdot Al$]★★★

- 알킬기(C_nH_{2n+1})에 알루미늄(Al)이 결합된 화합물이다.
- $C_1 \sim C_4$는 자연발화의 위험성이 있다.
- 물과 접촉시 가연성 가스 발생하므로 주수소화는 절대 금지한다.
- 저장용기에 불활성기체(N_2)를 봉입한다.
- 피부접촉 시 화상을 입히고 연소시 흰연기가 발생한다.
- 소화 시 주수소화는 절대 금하고 팽창질석, 팽창진주암 등으로 피복 소화한다.

(1) 트라이메틸알루미늄(TMA : Tri Methyl Aluminium)

화학식	분자량	비점	융점	비중	인화점
$(CH_3)_3Al$	72.1	125℃	15℃	0.752	-17℃

① 물과 반응하여 메탄기체를 발생한다.

$$(CH_3)_3Al + 3H_2O \rightarrow Al(OH)_3 + 3CH_4 \uparrow (\text{메탄})$$

② 완전연소 시 산화알루미늄과 물, 이산화탄소를 생성한다.

$$2(CH_3)_3Al + 12O_2 \rightarrow Al_2O_3 + 9H_2O + 6CO_2 \uparrow$$

③ 공기 중에 방치하는 경우 자연발화위험이 있다.
④ 알코올, 산, 할로젠, 아민등과 접촉 시 폭발적으로 반응한다.

(2) 트라이에틸알루미늄(TEA : Tri Eethyl Aluminium)

화학식	분자량	비점	융점	비중	인화점
$(C_2H_5)_3Al$	114.17	194℃	-50℃	0.835	-22℃

① 물과 반응하여 에탄기체를 발생한다.

$$(C_2H_5)_3Al + 3H_2O \rightarrow Al(OH)_3 + 3C_2H_6 \uparrow (\text{에탄})$$

② 메틸알코올과 반응하여 에탄기체를 발생한다.

$$(C_2H_5)_3Al + 3CH_3OH \rightarrow Al(CH_3O)_3(\text{트라이메톡시알루미늄}) + 3C_2H_6(\text{에탄})$$

③ 완전연소시 산화알루미늄과 물, 이산화탄소를 생성한다.

$$2(C_2H_5)_3Al + 21O_2 \rightarrow Al_2O_3 + 15H_2O + 12CO_2 \uparrow$$

(3) 알킬알루미늄의 희석제
① 벤젠   ② 헥산   ③ 톨루엔   ④ 펜탄   ⑤ 헵탄

4. 알킬리튬[$(C_nH_{2n+1})Li$]

- 알킬기(C_nH_{2n+1})에 Li이 결합된 화합물이다.
- **물과 접촉 시 가연성 가스 발생**한다.
- 주수소화 절대 금하고 팽창질석, 팽창진주암 등으로 피복 소화한다.

(1) 메틸리튬(CH_3Li), 에틸리튬(C_2H_5Li)
① 제3류 위험물의 알킬리튬에 해당
② 금수성이고 또한 자연발화성 물질
③ 가연성액체로서 공기 중에 노출되면 자연발화위험
④ 저장용기에는 벤젠, 헥산, 톨루엔, 펜탄, 헵탄 등의 안전 희석용 용제를 넣는다.
⑤ 질소(N_2) 아르곤(Ar) 등의 불활성가스를 봉입
⑥ 취급 중에는 불활성가스 중에서 취급

5. 황린(P_4)[별명 : 백린]★★★★★

화학식	분자량	발화점	비점	융점	비중	증기비중
P_4	124	34℃	280℃	44℃	1.82	4.4

① 백색 또는 담황색의 고체이다.
② 공기 중 약 **34℃에서 자연발화**한다.
③ 저장시 자연발화성이므로 반드시 **물속에 저장**한다.
④ **인화수소(PH_3)의 생성을 방지**하기 위하여 물의 pH=9가 안전한계이다.
⑤ 물의 온도가 상승시 황린의 용해도가 증가되어 산성화속도가 빨라진다.
⑥ **연소 시 오산화인(P_2O_5)의 흰 연기가 발생**한다.

$$P_4 + 5O_2 \rightarrow 2P_2O_5$$

⑦ **강알칼리의 용액**에서는 유독기체인 **포스핀(PH_3) 발생**한다. 따라서 저장시 물의 pH(수소이온농도)는 9를 넘어서는 안된다.
(* 물은 약알칼리의 석회 또는 소다회로 중화하는 것이 좋다.)

$$P_4 + 3NaOH + 3H_2O \rightarrow 3NaH_2PO_2 + PH_3 \uparrow$$

⑧ 약 260℃로 가열(공기차단)시 적린이 된다.

⑨ 피부 접촉 시 화상을 입는다.
⑩ 소화는 물분무, 마른모래 등으로 질식 소화한다.
⑪ 고압의 주수소화는 황린을 비산시켜 연소면이 확대될 우려가 있다.

[황린과 적린의 비교]

구 분	황 린(P_4)	적 린(P)
외관	백색 또는 담황색 고체	검붉은 분말
냄새	마늘냄새	없음
용해성	이황화탄소(CS_2)에 잘 녹는다.	이황화탄소(CS_2)에 녹지 않는다.
공기중 자연발화	자연발화(40℃~50℃)	자연발화 없음
발화점	약 34℃	약 260℃
연소시 생성물	오산화인(P_2O_5)	오산화인(P_2O_5)
독 성	맹독성	독성 없음
사용 용도	적린제조, 농약	성냥 껍질

6. 알칼리금속(K, Na 제외) 및 알칼리토금속

(1) 리튬(Li)

화학식	비점	융점	비중	불꽃색상
Li	1336℃	180℃	0.534	적색

① 은백색의 가벼운 알칼리금속으로 칼륨(K), 나트륨(Na)과 성질이 비슷하다.
② 물과 극렬히 반응하여 수소(H_2)를 발생한다.

$$2Li + 2H_2O \rightarrow 2LiOH + H_2 \uparrow$$

③ 주기율표 1족에 속하는 알칼리금속원소
④ 2차 전지 생산의 원료로 사용
⑤ 원자번호 3, 원자량 6.941, 녹는점 180.54℃, 끓는점 1336℃, 비중 0.534

(2) 칼슘(Ca)

화학식	분자량	비점	융점	비중	불꽃색상
Ca	40	1420℃	845℃	1.55	황적색

① 은백색의 알칼리토금속이며 결합력이 강하다.
② 물과 작용하여 수소(H_2)를 발생한다.

$$Ca + 2H_2O \rightarrow Ca(OH)_2 + H_2 \uparrow$$

(3) 알칼리금속 및 알칼리토금속의 소화

물 및 포 약제의 소화는 절대 금하고 마른모래 등으로 피복 소화한다.

7. 유기금속화합물

- 사에틸납[Pb(C$_2$H$_5$)$_4$]
- 다이메틸아연[Zn(CH$_3$)$_2$]
- 다이에틸아연[Zn(C$_2$H$_5$)$_2$]
- 다이메틸주석[Sn(CH$_3$)$_2$]
- 다이에틸주석[Sn(C$_2$H$_5$)$_2$]
- 다이메틸수은[Hg(CH$_3$)$_2$]
- 다이에틸카드뮴[Cd(C$_2$H$_5$)$_2$]

8. 금속의 수소화물

(1) 수소화리튬(LiH)

화학식	분자량	융점	비중	발화점
LiH	7.9	680℃	0.82	200℃

① 알칼리 금속의 수소화물중 가장 안정된 화합물이다.
② 물과 반응하여 수소(H$_2$)를 발생한다.

$$LiH + H_2O \rightarrow LiOH + H_2 \uparrow$$

③ 알콜에는 용해되지 않는다.
④ 물 및 포약제의 소화는 절대 금하고 마른모래 등으로 피복소화한다.

(2) 수소화나트륨(NaH)

화학식	분자량	융점	분해온도
NaH	24	800℃	425℃

① 습기가 많은 공기 중 분해한다.
② 물과 격렬히 반응하여 수소(H$_2$)를 발생한다.

$$NaH + H_2O \rightarrow NaOH + H_2 \uparrow$$

③ 물 및 포약제의 소화는 절대 금하고 마른모래 등으로 피복소화한다.

(3) 수소화칼슘(CaH$_2$)

화학식	분자량	융점	비점
CaH$_2$	42.09	600℃	816℃

① 물과 반응하여 수소를 발생한다.

$$CaH_2 + 2H_2O \rightarrow Ca(OH)_2 + 2H_2$$

② 물 및 포약제 소화는 절대 금하고 마른모래 등으로 피복소화한다.

금속의 수소화물 : 제3류 위험물
❶ 수소화바륨(BaH$_2$)　❷ 리튬알루미늄하이드라이드(LiAlH$_4$)
❸ 수소화나트륨(NaH)　❹ 수소화칼슘(CaH$_2$)

9. 금속의 인화물

(1) 인화칼슘(Ca_3P_2)[별명 : 인화석회]★★★★

화학식	분자량	융점	비중
Ca_3P_2	182	1,600℃	2.5

① 적갈색의 괴상고체
② 물 및 약산과 격렬히 반응, 분해하여 인화수소(포스핀)(PH_3)을 생성한다.

- $Ca_3P_2 + 6H_2O \rightarrow 3Ca(OH)_2 + 2PH_3$(인화수소=포스핀)
- $Ca_3P_2 + 6HCl \rightarrow 3CaCl_2 + 2PH_3$(인화수소=포스핀)

③ 포스핀은 맹독성가스이므로 취급시 방독마스크를 착용한다.
④ 물 및 포약제의 의한 소화는 절대 금하고 마른모래 등으로 피복하여 자연진화 되도록 기다린다.

(2) 인화알루미늄(AlP)

화학식	분자량	융점	비점
AlP	58	2550℃	1000℃

① 황색 또는 암회색 분말
② 물과 작용하여 포스핀(PH_3)의 유독성 가스를 발생

$$AlP + 3H_2O \rightarrow Al(OH)_3(수산화알루미늄) + PH_3 \uparrow (포스핀)$$

10. 칼슘 또는 알루미늄의 탄화물

(1) 탄화칼슘(CaC_2, 카바이드) : 제3류 위험물 중 칼슘탄화물

화학식	분자량	융점	비중
CaC_2	64	2370℃	2.21

① 물과 접촉 시 아세틸렌을 생성하고 열을 발생시킨다.

$$CaC_2 + 2H_2O \rightarrow Ca(OH)_2(수산화칼슘) + C_2H_2 \uparrow (아세틸렌)$$

② 아세틸렌의 폭발범위는 2.5~81%로 대단히 넓어서 폭발위험성이 크다.
③ 장기 보관 시 불활성기체(N_2 등)를 봉입하여 저장한다.
④ 고온(700℃)에서 질화되어 석회질소($CaCN_2$)가 생성된다.

$$CaC_2 + N_2 \rightarrow CaCN_2(석회질소) + C(탄소)$$

⑤ 물 및 포 약제에 의한 소화는 절대 금하고 마른모래 등으로 피복 소화한다.

(2) 탄화알루미늄(Al_4C_3) ★★★

화학식	분자량	융점	비중
Al_4C_3	143	2100℃	2.36

① 물과 접촉시 메탄가스를 생성하고 발열반응을 한다.

$$Al_4C_3 + 12H_2O \rightarrow 4Al(OH)_3 + 3CH_4(메탄)$$

② 황색 결정 또는 백색분말로 1400℃ 이상에서는 분해가 된다.
③ 물 및 포약제에 의한 소화는 절대 금하고 마른모래 등으로 피복소화한다.

(3) 탄화망가니즈

물과의 반응식

$$Mn_3C + 6H_2O \rightarrow 3Mn(OH)_2(수산화망가니즈) + CH_4(메탄) + H_2\uparrow(수소)$$

11. 그 밖에 행정안전부령이 정하는 것 (염소화규소화합물)

(1) 트라이클로로실란

화학식	분자량	인화점	융점	비중	비점
$HSiCl_3$	135.45	-28℃	-127℃	1.34	31.8℃

① 휘발성, 자극성, 무색 액체이다.
② 벤젠, 에터, 클로로포름에 녹는다.
③ 물과 반응하여 염산을 생성하며 공기 중 수분과 반응하여 맹독성의 염화수소 기체를 생성한다.
④ 물, 알코올, 강산화제, 유기화합물 등과 접촉 시 위험하다.

(2) 클로로실란(SiH_3Cl)

① 무색의 휘발성 액체로서 물에 녹지 않는다.
② 인화성, 부식성이 강하다
③ 산화성 물질과 격렬히 반응한다.

제4장 제4류 위험물

4-1 품명 및 지정수량 ★★★★★

성 질	품 명		지정수량	위험등급	비 고
인화성 액체	특수인화물		50L	I	• 발화점 100℃ 이하 • 인화점 -20℃ 이하 & 비점 40℃ 이하 • 이황화탄소, 다이에틸에터
	제1석유류	비수용성	200L	II	• 인화점 21℃ 미만 • 아세톤, 휘발유
		수용성	400L		
	알코올류		400L		• C_1~C_3포화 1가알코올(변성알코올 포함)
	제2석유류	비수용성	1000L	III	• 인화점 21℃ 이상 70℃ 미만 • 등유, 경유
		수용성	2000L		
	제3석유류	비수용성	2000L		• 인화점 70℃ 이상 200℃ 미만 • 중유, 크레오소트유
		수용성	4000L		
	제4석유류		6000L		• 인화점이 200℃이상 250℃미만인 것
	동식물유류		10000L		• 동물의 지육 또는 식물의 종자나 과육으로부터 추출한 것으로 1기압에서 인화점이 250℃ 미만인 것

4-2 공통적 성질 ★★★

① 대단히 인화되기 쉬운 인화성액체이다.
② 증기는 공기보다 무겁다.
③ 증기는 공기와 약간 혼합되어도 연소한다.
④ 일반적으로 물보다 가볍고 물에 잘 안녹는다.

4-3 저장 및 취급방법★★★

① 화기의 접근은 절대로 금한다.
② 증기 및 액체의 누출을 피한다.
③ 액체의 이송 및 혼합시 정전기 방지 위한 접지를 한다.
④ 증기의 축적을 방지하기 위하여 통풍장치를 한다.

4-4 소화방법★★★

① 봉상의 주수소화는 연소면 확대로 절대 금한다.
   (단, 수용성 위험물은 주수소화도 가능하다)

봉상주수
물 방사형태가 막대모양으로 옥내 및 옥외소화전설비가 여기에 해당된다.

② 일반적으로 포약제에 의한 소화방법이 가장 적당하다.
③ 수용성인 알코올화재는 포약제중 알코올포를 사용한다.
④ 물에 의한 분무소화도 효과적이다.

4-5 품명에 따른 특성

1. 특수인화물(이 다이 아 산)★★★★

이황화탄소, 다이에틸에터 그 밖에 1기압에서 발화점이 100℃ 이하 또는 인화점이 -20℃ 이하이고 비점이 40℃ 이하인 것

특수인화물 (이 다이 아 산)
① 이황화탄소(CS_2)   ② 다이에틸에터($C_2H_5OC_2H_5$)   ③ 아세트알데하이드(CH_3CHO)
④ 산화프로필렌(CH_3CH_2CHO)   ⑤ 펜타보란(B_5H_9)

제1편 위험물의 성질 및 취급

(1) 이황화탄소(CS_2) ★★★★★

화학식	분자량	비중	비점	인화점	착화점	연소범위
CS_2	76.1	1.26	46℃	-30℃	100℃	1.0~50%

① 무색투명한 액체이다.
② 물에는 녹지 않고 알코올, 에터, 벤젠 등 유기용제에 녹는다.
③ 햇빛에 방치하면 황색을 띤다.
④ 연소 시 아황산가스(SO_2) 및 CO_2를 생성한다.

$$CS_2 + 3O_2 \rightarrow CO_2 + 2SO_2$$

⑤ 물과 반응하여 황화수소와 이산화탄소를 발생한다.

$$\underset{(\text{이황화탄소})}{CS_2} + \underset{(\text{물})}{2H_2O} \rightarrow \underset{(\text{황화수소})}{2H_2S} + \underset{(\text{이산화탄소})}{CO_2}$$

⑥ 저장 시 저장탱크를 물속에 넣어 저장한다.
⑦ 4류 위험물중 착화온도(100℃)가 가장 낮다.
⑧ 화재 시 다량의 포를 방사하여 질식 및 냉각 소화한다.

(2) 다이에틸에터($C_2H_5OC_2H_5$) ★★★

```
    H H   H H
    | |   | |
H — C—C—O—C—C — H
    | |   | |
    H H   H H
```

화학식	분자량	비중	비점	인화점	착화점	연소범위
$C_2H_5OC_2H_5$	74.12	0.72	34℃	-40℃	180℃	1.7~48%

① 증기비중=2.55(증기비중=분자량/공기평균분자량=74/29=2.55)
② 연소범위(폭발범위)는 1.7~48%이다.
③ 직사광선에 장시간 노출 시 과산화물 생성

과산화물 생성 확인방법
다이에틸에터 + KI용액(10%) → 황색변화(1분 이내)

④ 용기에는 5%이상 10%이하의 안전공간 확보할 것
⑤ 용기는 갈색 병을 사용하며 냉암소에 보관
⑥ 정전기 방지를 위하여 약간의 $CaCl_2$를 넣어준다.
⑦ 폭발성의 과산화물 생성방지를 위해 용기 내에 40mesh 구리 망을 넣어준다.

다이에틸에터 제조방법

$$C_2H_5OH + C_2H_5OH \xrightarrow{C-H_2SO_4} C_2H_5OC_2H_5 + H_2O$$

(3) 아세트알데하이드(CH_3CHO) ★★★

화학식	분자량	비중	비점	인화점	착화점	연소범위
CH_3CHO	44	0.78	21℃	-38℃	185℃	4~60%

① 휘발성이 강하고 과일냄새가 있는 무색 액체
② 물, 에탄올에 잘 녹는다.
③ 산화되어 초산(CH_3COOH)이 된다.

$$2CH_3CHO + O_2 \rightarrow 2CH_3COOH(초산)$$

④ 연소범위는 약 4~60% 이다.
⑤ 저장용기 사용 시 구리, 마그네슘, 은, 수은 및 합금용기는 사용금지.(중합반응 때문)
⑥ 다량의 물로 주수 소화한다.
⑦ 아세트알데하이드 등을 취급하는 설비에는 연소성 혼합기체의 생성에 의한 폭발을 방지하기 위한 불활성기체 또는 수증기를 봉입하는 장치를 갖출 것

(4) 산화프로필렌(CH_3CH_2CHO) ★★★

화학식	분자량	비중	비점	인화점	착화점	연소범위
CH_3CHCH_2O	58	0.83	34℃	-37℃	465℃	2.8~37%

① 휘발성이 강하고 에터 냄새가 나는 액체이다.
② 물, 알코올, 벤젠 등 유기용제에는 잘 녹는다.
③ 연소범위는 2.8~37%이다.
④ 저장용기 사용 시 구리, 마그네슘, 은, 수은 및 합금용기 사용금지(아세틸리드(acetylide) 생성)
⑤ 저장 용기 내에 질소(N_2) 등 불연성가스를 채워둔다.
⑥ 소화는 포 약제로 질식 소화한다.

(5) 펜타보란

화학식	분자량	인화점	착화점	액체비중	비점	연소범위
B_5H_9	63.05	-30℃	35℃	0.61	65℃	0.4~98%

① 테트라보란을 100℃로, 또는 디보란을 수은의 존재하에서 250~300℃로 가열하여 제조
② 발화점이 35℃로 매우 낮기 때문에 공기 중에 노출되면 자연발화위험이 있다.
③ 가열하면 일부 분해하여 붕소, 일수소화붕소(중합체), 수소 등을 생성한다.

④ 벤젠, 사염화탄소, 이황화탄소에 쉽게 녹는다.

인화점 낮은 순서

구 분	다이에틸에터	아세트알데하이드	이황화탄소
인화점	-40℃	-38℃	-30℃

2. 제1석유류(아가 BTCM PH 초개아시)★★★

아세톤, 휘발유 그 밖에 1기압에서 인화점이 21℃ 미만인 것

※ 수용성 : 아세톤, 피리딘, 아세토니트릴, 사이안화수소

제1석유류(아가 BTCM PH 초개아시)

여기서 B : Benzene, T : Toluene, C : collodion, M : MEK, P : Pyridine, H : Hexane
① 아세톤(CH_3COCH_3)   ② 가솔린(휘발유)
③ B(벤젠(C_6H_6))   ④ T톨루엔($C_6H_5CH_3$)
⑤ C콜로디온(질화면+알코올(3)+에터(1))
⑥ M메틸에틸케톤(Methyl Ethyl Keton, MEK)[$CH_3COC_2H_5$]
⑦ P피리딘(C_5H_5N)   ⑧ H헥산(C_6H_{14})
⑨ 초산에스터류   ⑩ 개미산(의산)에스터류
⑪ 아세토니트릴   ⑫ 사이안화수소

(1) 아세톤(CH_3COCH_3) - 수용성 ★★

```
    H  O  H
    |  ||  |
H - C - C - C - H
    |     |
    H     H
```

화학식	분자량	비중	비점	인화점	착화점	연소범위
$(CH_3)_2CO$	58	0.79	56.3℃	-18℃	538℃	2.5~12.8%

① 무색의 휘발성 액체이다.
② 물 및 유기용제에 잘 녹는다.
③ 아이오딘포름 반응을 한다.

아이오딘포름 반응

❶ 아세톤, 아세트알데하이드, 에틸알코올에 수산화칼륨(KOH)과 아이오딘을 반응시키면 노란색의 아이오딘포름(CHI_3)의 침전물이 생성된다.
❷ 분자 중에 $CH_3CH(OH)^-$나 CH_3CO^-(아세틸기)를 가진 물질은 I_2와 KOH나 NaOH를 넣고 60~80℃로 가열하면, 황색의 아이오딘포름(CHI_3) 침전이 생김

아세톤, 아세트알데하이드, 에틸알코올 $\xrightarrow{KOH+I_2}$ 아이오딘포름(CHI_3)(노란색)

아이오딘포름 반응식
① 아세톤 : $CH_3COCH_3 + 3I_2 + 4NaOH \rightarrow CH_3COONa + 3NaI + CHI_3\downarrow + 3H_2O$
② 아세트알데하이드 : $CH_3CHO + 3I_2 + 4NaOH \rightarrow HCOONa + 3NaI + CHI_3\downarrow + 3H_2O$
③ 에틸알코올 : $C_2H_5OH + 4I_2 + 6NaOH \rightarrow HCOONa + 5NaI + CHI_3\downarrow + 5H_2O$

④ 아세틸렌을 잘 녹이므로 아세틸렌(용해가스) 저장시 아세톤에 용해시켜 저장한다.
⑤ 보관 중 황색으로 변색되며 햇빛에 분해가 된다.
⑥ 피부 접촉 시 탈지작용을 한다
⑦ 다량의물 또는 알코올포로 소화한다.

(2) 휘발유(가솔린)★★

화학식	증기비중	인화점	착화점	연소범위
C_5H_{12}~C_9H_{20}	3~4	-43~-20℃	300℃	1.2~7.6%

① C_5~C_9까지의 포화, 불포화 탄화수소의 혼합물
② 발화점 : 300℃, 인화점이 -43~-20℃로 낮아 상온에서도 매우 위험하다.
③ 전기의 부도체이며 정전기발생에 주의하여야 한다.
④ 연소성 향상을 위하여 4-에틸납($(C_2H_5)_4Pb$)를 첨가하여 오렌지색 또는 청색으로 착색되어 있다.(옥탄가 향상 때문)
④ 자동차에 사용하는 휘발유에는 배기가스 유해성 때문에 4-에틸납을 첨가하지 않는다. (무연휘발유 사용)
⑥ 아이소옥탄(ISO octane)의 옥탄가를 100 헵탄(heptane)의 옥탄가를 0으로 하여 옥탄가를 측정한다.

$$옥탄가 = \frac{이소옥탄(ISO-octane)}{이소옥탄(ISO-octane) + 헵탄(Heptane)} \times 100$$

⑦ 포에 의한 소화가 가장 효과적이다.

가솔린 제조방법
① 직류법   ② 열분해법   ③ 접촉개질법

(3) 벤젠(C_6H_6)

화학식	분자량	비중	비점	인화점	착화점	연소범위
C_6H_6	78	0.9	80℃	-11℃	562℃	1.4~8%

① 무색 투명한 휘발성 액체이다.
② 착화온도 : 562℃(이황화탄소의 착화온도 100℃)
③ 방향성이 있으며 증기는 마취성 및 독성이 강하다.
④ 물에는 용해되지 않고 아세톤, 알코올, 에터 등 유기용제에 용해된다.
⑤ 취급 시 정전기에 유의해야 한다.
⑥ 소화는 다량 포 약제로 질식 및 냉각 소화한다.

(4) 톨루엔($C_6H_5CH_3$)★★★★★

화학식	분자량	비중	비점	인화점	착화점	연소범위
$C_6H_5CH_3$	92	0.871	111℃	4℃	552℃	1.27~7%

① 무색 투명한 휘발성 액체이다.
② 물에는 용해되지 않고 유기용제에 용해된다.
③ 독성은 벤젠의 $\frac{1}{10}$ 정도이다.
④ 소화는 다량의 포약제로 질식 및 냉각소화한다.

(5) 콜로디온(질화면+알코올(3)+에터(1))★★★

① 무색의 점성이 있는 액체
② 연소시 용제가 휘발한 후에 폭발적으로 연소한다.
③ 질화도가 낮은 질화면에 알코올(3), 에터(1), 혼합액에 녹인 것이다.
④ 얇게 늘이면 무색 투명한 필름
⑤ 포 약제 중 알코올포로 소화한다.

(6) 메틸에틸케톤(Methyl Ethyl Keton, MEK)[$CH_3COC_2H_5$]

R — CO — R′
[케톤의 일반식]

화학식	분자량	비중	비점	인화점	착화점	연소범위
$CH_3COC_2H_5$	72.11	0.81	79.6℃	-7℃	516℃	1.8~10%

① 무색의 액체이며 물, 알코올, 에터에 잘 녹는다.
② 탈지작용이 있으므로 직접 피부에 닿지 않도록 한다.
③ 화재 시 물분무 또는 알코올포로 질식소화를 한다.
④ 저장 시 용기는 밀폐하여 통풍이 양호하고 찬 곳에 저장한다.
⑤ 융점은 약 -86.4℃이다.
⑥ 부틸알코올의 산화로 얻어진다.

(7) 피리딘(C₅H₅N) - 수용성

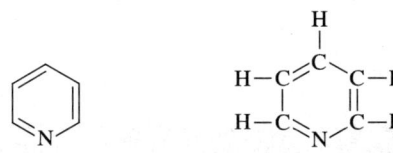

화학식	분자량	비중	비점	인화점	착화점	연소범위
C₅H₅N	79.1	0.98	115.5℃	20℃	482℃	1.8~12.4%

① 물, 알코올, 에터에 잘 녹는다.
② 약알칼리성을 나타낸다.
③ 순수한 것은 무색 투명액체이며 악취와 독성을 갖고 있다.
④ 발화점 : 482℃
⑤ 인화점은 20℃로 상온(20℃)과 거의 비슷하다.
⑥ 흡습성이 강하고 질산과 가열해도 폭발하지 않는다.

(8) 헥산(헥세인)(C₆H₁₄)

화학식	분자량	비중	비점	인화점	착화점	연소범위
CH₃(CH₂)₄CH₃	86.2	0.65	69℃	-20℃	234℃	1.2~7.4%

① 무색투명한 휘발성액체
② 물에 녹지 않고 알코올, 에터에 녹는다.
③ 팔라듐 촉매를 이용하여 300℃에서 수소 이탈하면 소량의 헥센 혼합물을 나타낸다.

(9) 초산에스터류

① 아세트산메틸(초산메틸)[CH₃COOCH₃]

화학식	분자량	비중	비점	인화점	착화점	연소범위
CH₃COOCH₃	74	0.93	58℃	-10℃	454℃	3.1~16%

㉠ 과일 냄새를 가진 무색투명한 액체이다.
㉡ 수용액상태에서도 인화의 위험이 있다.
㉢ 물에 녹으며 수지, 유기물을 잘 녹인다.
㉣ 인화성물질로서 인화점은 -4℃ 이하이다.
㉤ 강산화제와 접촉을 피할 것
㉥ 피부에 닿으면 탈지작용을 한다.
㉦ 화재 시 알코올포로 소화한다.
㉧ 공업용 메탄올을 함유하므로 독성이 있다.

② 아세트산에틸(초산에틸)[$CH_3COOC_2H_5$]

```
    H  O     H H
    |  ||    | |
H — C — C — O — C — C — H
    |        | |
    H        H H
```

화학식	분자량	비중	비점	인화점	착화점	연소범위
$CH_3COOC_2H_5$	88	0.9	77.5℃	-3℃	427℃	2.2~11.5%

㉠ 파인애플, 딸기, 간장 등의 휘발성방향성분으로 무색 투명한 액체
㉡ 물, 알코올, 유기용매에 녹는다.
㉢ 연소범위 2.2~11.5%, 비중 0.897~0.906, 녹는점 -84℃, 끓는점 77.5℃.

(10) 의산(개미산)에스터류

[의산메틸] [의산에틸] [의산프로필]

① 의산(개미산)메틸($HCOOCH_3$)

화학식	분자량	비중	비점	인화점	착화점	연소범위
$HCOOCH_3$	60	0.98	32℃	-19℃	449℃	5~20%

㉠ 무색 투명한 액체
㉡ 증기는 마취성이 있고 독성이 강하다.
㉢ 물에 잘 녹는다.

② 의산(개미산)에틸($HCOOC_2H_5$)

화학식	분자량	비중	비점	인화점	착화점	연소범위
$HCOOC_2H_5$	74	0.9	54℃	-20℃	578℃	2.7~13.5%

㉠ 무색 투명한 액체
㉡ 에터, 벤젠에 잘 녹으며 물에는 약간 녹는다.

(11) 아세토니트릴(아세토나이트릴)(acetonitrile)-수용성

```
    H
    |
H — C — C ≡ N
    |
    H
```

화학식	분자량	비중	비점	인화점	착화점	연소범위
CH_3CN	41	0.78	82℃	6℃	-	3~16%

① 에터와 같은 냄새가 나는 무색의 액체
② 물 · 알코올 등에 녹는다.
③ 가수분해하면 아세트아미드와 아세트산을 생성한다.

④ 콜타르 및 석탄의 건류 폐수 속에 미량 함유되어 있다.
⑤ 공업적으로는 아세틸렌과 암모니아로부터 합성된다.

(12) 사이안화수소(HCN) [hydrogen cyanide]-수용성

화학식	분자량	비중	비점	인화점	착화점	연소범위
HCN	27	0.69	26℃	-17℃	540℃	6~41%

① 무색의 휘발성 액체이다.
② 약한 산성인 수용액을 사이안화수소산 또는 청산이라고 한다.
③ 연소 시 질소와 이산화탄소를 생성한다.

$$4HCN + 5O_2 \rightarrow 2H_2O + 2N_2 + 4CO_2$$
(사이안화수소) (산소)　　(물)　 (질소) (이산화탄소)

④ 물·에탄올·에터 등과 임의의 비율로 섞인다.
⑤ 맹독성가스로 공기 중의 허용농도를 10ppm으로 규제

(13) 사이클로헥산(Cyclohexane, C_6H_{12})

① 무색의 액체이며 자극성이 있고 변질되기 쉽다.
② 발화점 260℃, 비중 0.78(20℃), 비점 81.4℃, 인화점 -20℃, 연소범위 1.3%~8%,
③ 알코올, 에터에 쉽게 녹고 물에는 녹지 않는다.
④ 제품의 주요한 불순물은 벤젠, 사이클로헥센이다.

3. 알코올류★★★★

1분자를 구성하는 탄소원자의 수가 1개부터 3개까지인 포화1가 알코올(변성알코올 포함)

알코올류 (메 에 프 변 퓨)
① 메틸알코올(CH_3OH)　② 에틸알코올(C_2H_5OH)
③ 프로필알코올(C_3H_7OH)　④ 변성알코올　⑤ 퓨젤유

(1) 메틸알코올(CH_3OH)

화학식	분자량	비중	비점	인화점	착화점	연소범위
CH_3OH	32	0.8	65℃	11℃	464℃	7.3~36%

① 무색, 투명한 술 냄새가 나는 휘발성 액체로 목정 또는 메탄올이라고도 한다.
② 물에 아주 잘 녹으며, 먹으면 실명 또는 사망할 수 있다.
③ 연소 시 주간에는 불꽃이 잘 보이지 않는다.
④ 공기 중에서 연소 시 연한 불꽃을 낸다.

$$2CH_3OH + 3O_2 \rightarrow 2CO_2 + 4H_2O$$

⑤ 비중이 물보다 작다.
⑥ Me-OH는 현장에서 많이 사용하는 약어로서 Methanol 또는 Methyl alcohol을 의미한다.
⑦ 화재시에는 알코올포를 사용한다.

> **메틸알코올의 반응식**
> - 알칼리금속과 반응 $2Na + 2CH_3OH \rightarrow 2CH_3ONa + H_2 \uparrow$
> - 산화, 환원반응식 $CH_3OH \underset{환원}{\overset{산화}{\rightleftarrows}} HCHO \underset{환원}{\overset{산화}{\rightleftarrows}} HCOOH$

(2) 에틸알코올(C_2H_5OH)

화학식	분자량	비중	비점	인화점	착화점	연소범위
C_2H_5OH	46	0.8	78.3℃	13℃	423℃	4.3~19%

① 술 속에 포함되어 있어 주정이라고 한다.
② 무색 투명한 액체이다.
③ 물에 아주 잘 녹으며 유기용제이다.
④ 연소 시 주간에는 불꽃이 잘 보이지 않는다.

> $C_2H_5OH + 3O_2 \rightarrow 2CO_2 + 3H_2O$

⑤ 금속나트륨, 금속칼륨을 가하면 수소(H_2)가 발생한다.

> $2C_2H_5OH + 2Na \rightarrow 2C_2H_5ONa + H_2 \uparrow$

⑥ 아이오딘포름 반응을 하므로 에탄올검출에 이용된다.

> **에틸알코올의 반응식**
> - 알칼리금속과 반응 $2Na + 2C_2H_5OH \rightarrow 2C_2H_5ONa + H_2 \uparrow$
> - 산화, 환원반응식 $C_2H_5OH \underset{환원}{\overset{산화}{\rightleftarrows}} CH_3CHO \underset{환원}{\overset{산화}{\rightleftarrows}} CH_3COOH$

[메틸알코올(메탄올)과 에틸알코올(에탄올)의 비교표]

항목 \ 종류	메탄올	에탄올
화학식	CH_3OH	C_2H_5OH
외관	무색 투명한 액체	무색 투명한 액체
액체비중	0.8	0.8
증기비중	1.1	1.6
인화점	11℃	13℃
수용성	물에 잘 녹음	물에 잘 녹음
연소범위	7.3~36%	4.3~19%

(3) 아이소프로필알코올(C_3H_7OH)

화학식	분자량	비중	비점	인화점	착화점	연소범위
C_3H_7OH	60	0.79	82.4	11.7℃	460℃	2.6~13.5%

① 물에 아주 잘 섞이며 아세톤, 에터 유기용제에 잘 녹는다.
② 산화되면 아세톤이 생성되고 탈수하면 프로필렌이 생성된다.

(4) 변성알코올

에탄올에 메탄올 또는 석유 등이 혼합되어 음료에는 부적당하며 공업용으로 사용되는 값이 싼 알코올이다.

(5) 퓨젤유

화학식	분자량	비중	비점	인화점	착화점	연소범위
주성분 아이소아밀알코올	60	0.81	110~130℃	42℃	482℃	1.8~12.4%

① 황갈색의 기름상 액체로 아밀알코올 냄새가 강하다.
② 물에 잘 안 녹고 물보다 가볍다.
③ 아이소아밀알코올이 주성분이며 알코올을 발효할 때 발생되며 이용가치가 별로 없다.

4. 제2석유류

등유, 경유 그밖에 1기압에서 인화점이 21℃ 이상 70℃ 미만인 것(다만, 도료류 그 밖의 물품에 있어서 가연성 액체량이 40중량% 이하이면서 인화점이 40℃ 이상인 동시에 연소점이 60℃ 이상인 것은 제외)

※ **수용성** : 초산, 의산(개미산), 아크릴산, 메틸셀로솔브, 에틸셀로솔브, 하이드라진

제2석유류 (개초장에 송등테스경 크클메하)
① 등유(케로신)
② 경유(디젤유)
③ 크실렌(자이렌)($C_6H_4(CH_3)_2$)
④ 의산(개미산)(HCOOH)
⑤ 초산(아세트산)(CH_3COOH)
⑥ 테레핀유(타펜유, 송정유)
⑦ 클로로벤젠(C_6H_5Cl)
⑧ 장뇌유
⑨ 스티렌($C_6H_5CHCH_2$)
⑩ 송근유
⑪ 에틸셀로솔브($C_2H_5OCH_2CH_2OH$)
⑫ 메틸셀로솔브($CH_3OCH_2CH_2OH$)
⑬ 하이드라진(Hydrazine)

(1) 등유(케로신)

화학식	비중	증기비중	인화점	착화점	연소범위
C_9~C_{18}	0.8	4.5	43~72℃	220℃	1.1~6%

① 포화, 불포화 탄화수소의 혼합물이다.
② 물에 녹지 않고, 유기용제에 잘 녹는다.
③ 폭발범위는 1.1~6%, 발화점은 220℃이다.

(2) 경유(디젤유)

화학식	비중	증기비중	인화점	착화점	연소범위
$C_{15} \sim C_{20}$	0.85	4~5	50~70℃	200℃	1~6%

① 각종 탄화수소의 혼합물이다.
② 물에 녹지 않고 유기용제에 잘 녹는다.
③ 폭발범위는 1~6%, 착화점은 257℃이다.

(3) 크실렌(Xylene : 자이렌)($C_6H_4(CH_3)_2$) ★★★★★

화학식	구 분	분류	비중	인화점	착화점
$C_6H_4(CH_3)_2$	o(ortho)-크실렌	제2석유류	0.88	32℃	464℃
	m(meta)-크실렌		0.86	25℃	528℃
	p(para)-크실렌		0.86	25℃	529℃

① 3가지의 이성질체가 있다.

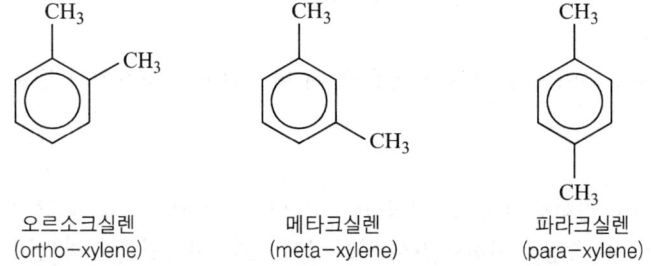

오르소크실렌 (ortho-xylene)   메타크실렌 (meta-xylene)   파라크실렌 (para-xylene)

② 벤젠의 수소원자 2개가 메틸기(CH_3)로 치환된 것이다.
③ 물에는 용해되지 않고 알콜, 에터 등 유기용제에 용해된다.

(4) 의산(개미산)(HCOOH)-수용성

화학식	분자량	비중	인화점	착화점	연소범위
HCOOH	46	1.22	69℃	601℃	18~57%

① 무색 투명한 자극성을 갖는 액체이다.
② 물에 아주 잘 녹고 피부접촉시 수포가 발생한다.
③ 연소시 푸른불꽃을 내면서 연소한다.
④ 은거울 반응을 하며 페엘링용액을 환원시킨다.

(5) 초산(아세트산)(CH_3COOH)-수용성

화학식	분자량	비중	인화점	착화점	연소범위
CH_3COOH	60	1.05	40℃	427℃	5.4~16.9%

① 16.7℃ 이하에서 얼음과 같이 되어 빙초산이라고도 한다.
② 3~4%의 수용액이 식초이다.

③ 물에 잘 혼합되고 피부접촉시 수포가 발생한다.

초산과 에틸알코올의 반응식

$$CH_3COOH + C_2H_5OH \xrightarrow{C-H_2SO_4} CH_3COOC_2H_5 + H_2O$$
(초산)　　(에틸알코올)　　　　　　　(초산에틸)　　(물)

※ $C-H_2SO_4$(진한 황산)의 역할 : 탈수작용

(6) 테레핀유(타펜유, 송정유)

화학식	분자량	비중	인화점	착화점	연소범위
$C_{10}H_{16}$	136	0.9	35℃	240℃	0.8~0.86%

① 무색 또는 담황색의 액체이다.
② 물에는 녹지 않으나 유기용제(알코올, 에터)에 녹는다.
③ 공기 중 산화가 쉽고 독성이 있다.

(7) 클로로벤젠(C_6H_5Cl)

화학식	분자량	비중	인화점	착화점	연소범위
C_6H_5Cl	112.6	1.11	32℃	638℃	1.3~7.1%

① 무색의 액체로 물보다 무겁다.
② 물에는 녹지 않고 유기용제에 녹는다.
③ 증기는 공기보다 무겁고 마취성이 있다.

(8) 장뇌유

① 장뇌를 분리한 후 기름이고, 방향성 액체이다.
② 정제분류에 따라 백유, 적유, 감색유로 구분한다.
③ 물에는 녹지 않고 유기용제에 녹는다.

(9) 스티렌(스티렌모노머)(stylene)($C_6H_5CHCH_2$)

화학식	분자량	비중	인화점	착화점	연소범위
$C_6H_5CH=CH_2$	104	0.81	32℃	490℃	1.1~6.1%

① 가열 또는 과산화물과 중합반응을 한다.

② 중합반응이 되면 고상물질(수지)로 변한다.
③ 무색 액체이며 물에 녹지 않고 유기용제에 녹는다.

(10) 송근유

① 소나무의 뿌리를 건류하여 만든다.
② 황갈색 액체이며 물에는 녹지 않고 유기용제에 녹는다.
③ 테렌핀유와 성질이 비슷하다.

(11) 에틸셀로솔브($C_2H_5OCH_2CH_2OH$) - 수용성

화학식	분자량	비중	인화점	착화점
$C_2H_5OCH_2CH_2OH$	78	0.93	42℃	238℃

① 무색의 액체이다.
② 발화점 238℃, 인화점 40℃이다.
③ 가수분해하여 에틸알콜 및 에틸렌글리콜을 만든다.

(12) 메틸셀로솔브($CH_3OCH_2CH_2OH$) - 수용성

화학식	분자량	비중	인화점	착화점
$CH_3OCH_2CH_2OH$	76	0.96	40℃	288℃

① 무색의 휘발성 액체
② 아세톤, 물, 에테르에 용해한다.
③ 저장용기는 철제용기 사용을 금하고 스테인레스용기를 사용한다.

(13) 하이드라진(Hydrazine)[H_2N-NH_2] - 수용성

화학식	분자량	비중	융점	인화점
N_2H_4	32	1.01	2℃	37.8℃

① 무색의 맹독성 발연성 액체이며 물에 잘 녹는다.
② 고압 보일러의 탈산소제로서 이용된다.
③ 물, 알코올에 잘 용해되고 에테르에는 불용
④ 약알칼리성으로 180℃에서 암모니아와 질소로 분해된다.

$$2N_2H_4 \rightarrow 2NH_3 + N_2 + H_2$$
(하이드라진) (암모니아) (질소) (수소)

⑤ 과산화수소(H_2O_2)와 접촉 시 폭발 우려가 있다.

$$N_2H_4 + 2H_2O_2 \rightarrow 4H_2O + N_2 \uparrow$$

⑥ 고농도의 과산화수소와 반응시켜 로켓의 추진체로 이용된다.

(14) 아크릴산($CH_2CHCOOH$)-수용성

화학식	분자량	비중	인화점	착화점	연소범위
$CH_2CHCOOH$	72	1.1	46℃	396	2.4%~8.0%

① 아세트산과 비슷한 냄새가 나는 액체이다.
② 물과 임의의 비율로 섞인다.
③ 프로필렌의 직접 산화 혹은 아크릴로니트릴의 황산에 의한 가수분해에 의해 얻어진다.
④ 중합하기 쉽고, 증점제(增粘劑)로서 래커·니스·인쇄 잉크 등에 사용된다.
⑤ 그 밖에 혼성 중합체로서 여러 가지 성질을 가진 중합체의 원료가 된다.
⑥ 각종 에스테르류는 단독으로 혹은 각종 모노머와의 공중합으로 폴리머의 제조에 사용된다.

5. 제3석유류★★★

중유, 크레오소트유 그밖에 1기압에서 인화점이 70℃ 이상 200℃ 미만인 것(도료류 및 가연성 액체 40%w/w 이하 제외)
※ 수용성 : 에틸렌글리콜, 글리세린, 하이드라진모노하이드레이트

제3석유류 (아담중 클에 니글메)
❶ 중유
❷ 크레오소트유(타르유, 액체핏치유)
❸ 에틸렌글리콜($C_2H_4(OH)_2$)
❹ 글리세린($C_3H_5(OH)_3$)
❺ 나이트로벤젠($C_6H_5NO_2$)
❻ 아닐린($C_6H_5NH_2$)
❼ 메타크레졸($C_6H_4CH_3OH$)
❽ 하이드라진모노하이드레이트($NH_2NH_2 \cdot H_2O$)

(1) 중유★★★

비중	인화점	착화점	연소범위
0.92~1.0	70℃ 이상	400℃이상	1~5%

① 갈색 또는 암갈색의 액체이며 벙커유라고도 한다.
② 점도에 따라 벙커A유, 벙커B유, 벙커C유로 구분한다.
③ 화재 시 보일오버 현상이 발생한다.
④ 사용시 약 80℃로 예열하여 사용하기 때문에 인화위험성이 크다.

(2) 크레오소트유(타르유, 액체핏치유)

비중	비점	인화점	착화점
1.05	194~400℃	73.9℃	336℃

① 황색 내지 암록색 기름모양의 액체이다.
② 타르의 증류에 의하여 얻어지는 혼합유이다.
③ 물에는 녹지 않고 알콜, 에터, 벤젠에는 잘 녹는다.

(3) 에틸렌글리콜($C_2H_4(OH)_2$)-수용성 ★★

```
CH2—OH        H  H
|          HO—C—C—OH
CH2—OH        H  H
```

화학식	분자량	비중	비점	인화점	착화점	연소범위
CH_2OHCH_2OH	62	1.1	197℃	111℃	413℃	3.2%이상

① 물과 혼합하여 부동액으로 이용된다.
② 물, 알콜, 아세톤 등에 잘 녹는다.
③ 흡습성이 있고 단맛이 있는 액체이다.
④ 독성이 있는 2가 알코올이다.

(4) 글리세린(글리세롤)($C_3H_5(OH)_3$)-수용성 ★★

```
CH2—OH         H  H  H
|              |  |  |
CH—OH       H—C—C—C—H
|              |  |  |
CH2—OH        OH OH OH
```

화학식	분자량	비중	비점	인화점	착화점
$C_3H_5(OH)_3$	92	1.26	182℃	160℃	370℃

① 무색의 점성이 있는 액체이다.
② 단맛이 있어 감유라고도 한다.
③ 물, 알코올에는 잘 녹는다.
④ 인체에는 독성이 없고, 화장품의 제조에 이용된다.

(5) 나이트로벤젠($C_6H_5NO_2$)

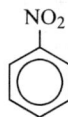

화학식	분자량	비중	비점	인화점	착화점
$C_6H_5NO_2$	123	1.2	210.8℃	88℃	482℃

① 비수용성이며 물보다 무겁다.
② 알콜, 에터, 벤젠에 녹으며 증기는 독성이 있다.
③ 나이트로화합물이지만 폭발성은 없다.

(6) 아닐린($C_6H_5NH_2$)

화학식	분자량	비중	비점	인화점	착화점	연소범위
$C_6H_5NH_2$	93	1.02	185℃	70℃	538%	1.3~11%

① 햇빛 또는 공기에 접촉시 적갈색으로 변색된다.
② 물에는 약간 녹고(용해도 3.6%) 유기용제에 녹는다.
③ 금속과 반응하여 수소를 발생시킨다.

(7) 메타크레졸($C_6H_4CH_3OH$)

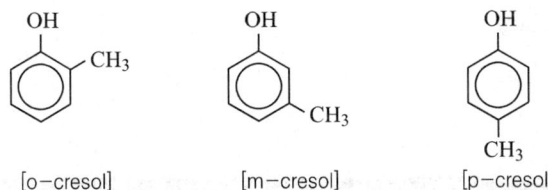

[o-cresol]   [m-cresol]   [p-cresol]

화학식	분자량	비중	비점	인화점	착화점	연소범위
$C_6H_4CH_3OH$	108	1.03	203℃	86℃	558.9℃	1.06~1.35%

① 페놀냄새가 나는 무색 액체이다.
② 물에 녹지 않으며 에터, 클로로포름에 녹는다.
③ 3가지 이성질체가 존재한다.

 **크레졸($C_6H_4CH_3OH$)의 3가지 이성질체**
❶ 오르소-크레졸(Ortho-Cresol)
❷ 메타-크레졸(Meta-Cresol)
❸ 파라-크레졸(Para-Cresol)

(8) 나이트로톨루엔

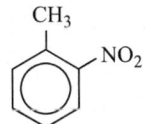   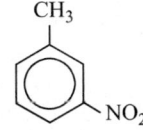   

[o-니트로톨루엔]   [m-니트로톨루엔]   [p-니트로톨루엔]

화학식	분자량	비중	비점	인화점
$CH_3C_6H_4NO_2$	137	1.16	222℃	106℃

① p-나이트로톨루엔은 황색결정이고, o-나이트로톨루엔과 m-나이트로톨루엔은 상온에서 액체이다.
② 물에 녹지 않고 에탄올, 벤젠, 에터에 잘 녹는다.

(9) 하이드라진모노하이드레이트(hydrazine monohydrate)-수용성

화학식	분자량	비중	비점	인화점
$NH_2NH_2 \cdot H_2O$	50	1.013	120℃	73℃

① 맑은 무색의 액체이다.
② 산화제, 산소, 구리, 아연, 유기물질과 불친화성이다.
③ 연소에 의해 산화질소를 생성한다.

(10) 페닐하이드라진(Phenyl Hydrazine)

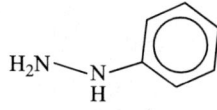

화학식	분자량	비중	인화점	착화점
$C_6H_5NHNH_2$	108	1.09	89℃	174℃

① 순수한 것은 무색의 액체이다.
② 물에 잘 녹지 않지만 에탄올, 다이에틸에터, 클로로폼, 벤젠 등에는 잘 섞인다.
③ 염료와 의약품의 합성 과정에서 중간물질로 얻어지는 인돌을 만드는 데 사용된다.

(11) 염화벤조일(Benzoyl Chloride)

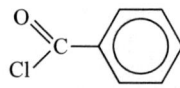

화학식	분자량	비중	비점	인화점	착화점
C_6H_5COCl	140.57	1.21	74℃	72℃	197.2℃

① 자극적인 냄새가 있는 무색의 액체이다.
② 알칼리, 뜨거운 물에서 가수 분해된다.
③ 페놀, 아민류와 반응하고 벤조일 유도체를 만든다.

6. 제4석유류★★

기어유, 실린더유 그밖에 1기압에서 인화점이 200℃ 이상 250℃ 미만인 것
(도료류 및 가연성 액체 40%w/w 이하 제외)

> **제4석유류 (실 기 가)**
> ① 기어유   ② 실린더유   ③ 가소제

(1) 기어유

① 인화점이 220℃이며 상온에서 인화위험은 적다.
② 점성이 있는 액체로 물에는 녹지 않는다.

③ 기계장치의 윤활유 또는 냉각기밀유지에 쓰인다.

(2) 실린더유
① 인화점이 250℃이며 상온에서 인화위험은 적다.
② 점성이 있는 액체로 물에는 녹지 않는다.
③ 기계장치의 윤활유 등으로 쓰인다.

(3) 가소제
① 비교적 휘발성이 적은 용제이다.
② 합성수지, 합성고무 등의 가소성 향상에 쓰인다.

7. 동식물유류★★★★

동물의 지육 또는 식물의 종자나 과육으로부터 추출한 것으로 1기압에서 인화점이 250℃ 미만인 것
① 돈지(돼지기름), 우지(소기름) 등이 있다.
② 아이오딘값이 130 이상인 건성유는 자연발화위험이 있다.
③ 인화점이 46℃인 개자유는 저장, 취급 시 특별히 주의한다.

[아이오딘값에 따른 동식물유의 분류]

구 분	아이오딘값	종 류
건성유	**130 이상**	해바라기기름, 동유, 정어리기름, **아마인유**, 들기름
반건성유	100~130	채종유, 쌀겨기름, 참기름, 면실유, 옥수수기름, 청어기름, 콩기름
불건성유	100 이하	야자유, 팜유, 올리브유, 피마자기름, 낙화생기름, 돈지, 우지, 고래기름

아이오딘값
옥소가(沃素價)라고도 하며 100g의 유지에 의해서 흡수되는 아이오딘의 g수
※ 비누화 값의 정의 : 유지 1g을 비누화하는데 필요한 KOH mg수

제5장 제5류 위험물

5-1 품명 및 지정수량★★★★★★

성질	품명	지정수량	위험등급
자기반응성 물질	1. 유기과산화물 2. 질산에스터류 3. 나이트로화합물 4. 나이트로소화합물 5. 아조화합물 6. 다이아조화합물 7. 하이드라진유도체 8. 하이드록실아민 9. 하이드록실아민염류	1종 : 10kg 2종 : 100kg	1종 : Ⅰ 2종 : Ⅱ

5-2 공통적 성질★★

① 자기연소(내부연소)성 물질이다.
② 연소속도가 대단히 빠르고 폭발적 연소한다.
③ 가열, 마찰, 충격에 의하여 폭발한다.
④ 물질자체가 산소를 함유하고 있다.
⑤ 연소 시 소화가 어렵다.

5-3 저장 및 취급방법★

① 가열, 마찰, 충격을 피한다.
② 저장 시 소량씩 분산하여 저장한다.
③ 화기 및 점화원의 접근을 피한다.
④ 운반용기 및 저장용기에 "화기엄금 및 충격주의" 등의 표시를 한다.

5-4 소화방법★★★

① 화재초기 또는 소형화재 이외에는 소화가 어렵다.
② 다량의 물로 주수 소화한다.
③ 물질자체가 산소를 함유하고 있어 질식효과의 소화방법은 효과가 없다.
④ 화재초기에는 소화가 가능하지만 별다른 소화방법이 없어 주위의 위험물을 제거한다.

5-5 품명에 따른 특성

1. 유기과산화물★★★

일반적으로 과산화수소의 유도체 물질로 H-O-O-H 중의 수소원자 한 개 또는 두 개가 유기기로 치환된 것이다.

(1) 과산화벤조일=벤조일퍼옥사이드(benzoil per oxide : BPO)[$(C_6H_5CO)_2O_2$]

화학식	분자	비중	융점	착화점
$(C_6H_5CO)_2O_2$	242	1.33	105℃	125℃

① 무색 무취의 백색분말 또는 결정이다.
② 물에 녹지 않고 알코올에 약간 녹으며 에터 등 유기용제에 잘 녹는다.
③ 상온에서는 안정하지만 가열하면 100℃에서 흰 연기를 내고 심하게 분해한다.
④ 폭발성이 매우 강한 강산화제이다.
⑤ 희석제로는 프탈산다이메틸, 프탈산다이부틸이 있다.
⑥ 직사광선을 피하고 냉암소에 보관한다.

(2) 아세틸퍼옥사이드(Acetyl peroxide)

화학식	분자량	융점	인화점	발화점
$(CH_3CO)_2O_2$	118	30℃	45℃	121℃

① 무색의 액체이다.
② 융점 30℃, 인화점 45℃, 발화점 121℃이다.
③ 충격, 마찰에 의하여 분해되며, 가열시 폭발한다.

④ 희석제로 DMF(Di Methyl Formamide)를 사용하며 저온에 저장한다.
⑤ 다량의 물로 주수소화한다.

(3) 메틸에틸케톤퍼옥사이드(MEKPO)[(CH₃COC₂H₅)₂O₂]★★

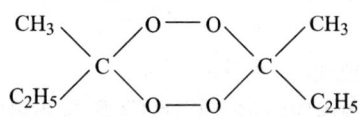

화학식	분자량	비중	분해온도	융점	착화점
C₈H₁₆O₄	148	1.12	40℃	-20℃	205℃

① 무색의 기름모양 액체이며 물에 약간 녹는다.
② 알칼리금속과 접촉시 분해가 더 촉진된다.
③ 시중에 판매되는 것은 프탈산다이메틸, 프탈산다이부틸 등으로 희석하여 순도가 50~60% 정도가 된다.
④ 110℃ 정도에서 급격히 분해되면서 흰연기를 낸다.

2. 질산에스터류★★★

(1) 질산메틸(CH₃ONO₂)★★

화학식	분자량	비중	비점	인화점
CH₃ONO₂	77	1.22	66℃	15℃

① 무색·투명한 액체이고 방향성이 있다.
② 비수용성이며 알코올에 녹는다.
③ 용제, 폭약 등에 이용된다.

(2) 질산에틸(C₂H₅ONO₂)★★

화학식	분자량	비중	비점	인화점
C₂H₅ONO₂	91	1.11	88℃	10℃

① 무색 투명한 액체이고 비수용성(물에 녹지 않음)이다.
② 단맛이 있고 알코올, 에터에 녹는다.
③ 에탄올을 진한 질산에 작용시켜서 얻는다.

$$C_2H_5OH + HNO_3 \rightarrow C_2H_5ONO_2 + H_2O$$

④ 비중 1.11, 끓는점 88℃을 가진다.
⑤ 인화점(10℃)이 낮아서 인화의 위험이 매우 크다.
⑥ 아질산(HNO₂)과 접촉 또는 비점 이상 가열시 폭발한다.
⑦ 용제, 폭약 등에 이용된다.

(3) 나이트로셀룰로오스(Nitro Cellulose) : NC[$(C_6H_7O_2(ONO_2)_3)_n$]★★★★

화학식	비중	분해온도	인화점	착화점
$[C_6H_7O_2(ONO_2)_3]_n$	1.7	130℃	13℃	160℃

셀룰로오스(섬유소)에 진한질산과 진한 황산의 혼합액을 작용시켜서 만든 것이다.
① 비수용성이며 초산에틸, 초산아밀, 아세톤에 잘 녹는다.
② 130℃에서 분해가 시작되고, 180℃에서는 급격하게 연소한다.
③ 직사광선, 산 접촉 시 분해 및 자연 발화한다.
④ 건조상태에서는 폭발위험이 크나 수분함유 시 폭발위험성이 없어 저장·운반이 용이
⑤ 질산섬유소라고도 하며 화약에 이용 시 면약(면화약)이라 한다.
⑥ 셀룰로이드, 콜로디온에 이용 시 질화면이라 한다.
⑦ 질소함유율(질화도)이 높을수록 폭발성이 크다.
⑧ 저장, 운반 시 물(20%) 또는 알코올(30%)을 첨가 습윤 시킨다.

> **나이트로셀룰로오스의 열분해 반응식**
> $2C_{24}H_{29}O_9(ONO_2)_{11} \rightarrow 24CO_2\uparrow + 24CO\uparrow + 12H_2O + 17H_2 + 11N_2$

[질화도에 따른 분류]

구 분	강면약(강질화면)	취 면	약면약(약질화면)
질화도(질소함량)	12.5~13.5%	10.7~11.2%	11.2~12.3%

(4) 나이트로글리세린(Nitro Glycerine) : NG[$C_3H_5(ONO_2)_3$]★★★★★

화학식	분자량	비중	융점	비점	착화점
$C_3H_5(ONO_2)_3$	227	1.6	13℃	160℃	210℃

① 상온에서는 액체이지만 겨울철에는 동결한다.
② 글리세린에 진한질산과 진한 황산을 가하면 나이트로화하여 나이트로글리세린으로 된다.

> **글리세린의 나이트로화반응**
> $C_3H_5(OH)_3 + 3HONO_2 \xrightarrow{H_2SO_4} C_3H_5(ONO_2)_3 + 3H_2O$
> (글리세린)   (질산)   (나이트로글리세린)   (물)

③ 비수용성이며 메탄올, 아세톤 등에 녹는다.
④ 가열, 마찰, 충격에 예민하여 대단히 위험하다.
⑤ 화재 시 폭굉 우려가 있다.
⑥ 산과 접촉 시 분해가 촉진되고 폭발우려가 있다.

> **나이트로글리세린의 열분해 반응식**
> $4C_3H_5(ONO_2)_3 \rightarrow 12CO_2\uparrow + 6N_2\uparrow + O_2\uparrow + 10H_2O$

⑦ 다이나마이트(규조토+나이트로글리세린), 무연화약 제조에 이용된다.

(5) 나이트로글리콜(Nitro Glycol)

화학식	분자량	비중	비점	인화점
$C_2H_4(ONO_2)_2$	152	1.5	114℃	257℃

① 순수한 것은 무색투명하고 공업용은 담황색 또는 분홍색이다.
② 물에는 잘 녹지 않으나 아세톤·에터·메탄올 등의 유기용매에는 잘 녹는다.
③ 에틸렌글리콜을 나이트로화하여 얻어지는 노란색의 기름 모양 폭발성 액체이다.
④ 다이너마이트의 제조원료이다.

(6) 셀룰로이드

① 무색 또는 황색의 반투명한 고체로 일종의 합성수지와 비슷하다.
② 질산셀룰로오스와 장뇌의 혼합액으로부터 개발한 최초의 합성 플라스틱이다.
③ 물에 녹지 않지만 알코올, 아세톤 등에 녹는다.
④ 발화점은 165℃이고, 비중은 1.4이다.
⑤ 열을 가하면 매우 연소하기 쉽고 외부에서 산소 공급 없이도 연소가 지속된다.
⑥ 장기간 방치된 것은 햇빛, 고온, 고습 등에 의해 분해가 촉진된다.
⑦ 분해열이 축적되면 자연발화의 위험이 있다.

(7) 펜트리트(Pentrit : Tetranitropentaerithrit, PETN)

화학식	분자량	비중	착화점	융점
$C(CH_{2O}NO_2)_4$	316	1.74	215℃	141.3℃

① 백색의 결정성 분말이다.
② 물, 알코올, 에터에는 녹지 않지만 나이트로글리세린에 녹는다.
③ 충격에 예민하고 마찰에 둔감하여 화염으로 점화가 어렵다.
④ 공업 뇌관의 첨장약, 도폭선의 심약, 또는 전폭약으로서 이용된다.
⑤ 의약용으로 혈관 확장제로서 이용한다.

4. 나이트로화합물

유기화합물의 수소원자가 나이트로기(NO_2)로 치환된 것으로 나이트로기가 2개 이상인 화합물

(1) 피크르산[$C_6H_2(NO_2)_3OH$](TNP : Tri Nitro Phenol) ★★★★★

화학식	분자량	비중	비점	융점	인화점	착화점
$C_6H_2OH(NO_2)_3$	229	1.8	255℃	122℃	150℃	300℃

① 페놀에 황산을 작용시켜 다시 진한 질산으로 나이트로화 하여 만든 노란색 결정
② 침상결정이며 냉수에는 약간 녹고 더운물, 알코올, 벤젠 등에 잘 녹는다.
③ 쓴맛과 독성이 있다.

④ 트라이나이트로페놀(Tri Nitro phenol)의 약자로 TNP라고도 한다.
⑤ 단독으로 타격, 마찰에 비교적 둔감하다.
⑥ 연소 시 검은 연기를 내고 폭발성은 없다.
⑦ 휘발유, 알코올, 황과 혼합된 것은 마찰, 충격에 폭발한다.
⑧ 화약, 불꽃놀이에 이용된다.

피크르산(트라이나이트로페놀)의 구조식

피크르산의 열분해 반응식

$$2C_6H_2OH(NO_2)_3 \rightarrow 2C + 3N_2\uparrow + 3H_2\uparrow + 4CO_2\uparrow + 6CO\uparrow$$

(2) 트라이나이트로톨루엔[$C_6H_2CH_3(NO_2)_3$](TNT : Tri Nitro Toluene)★★★★★

화학식	분자량	비중	비점	융점	착화점
$C_6H_2CH_3(NO_2)_3$	227	1.7	280℃	81℃	300℃

① 물에는 녹지 않고 알코올, 아세톤, 벤젠에 녹는다.
② Tri Nitro Toluene의 약자로 TNT라고도 한다.
③ 담황색의 주상결정이며 햇빛에 다갈색으로 변색된다.
④ 톨루엔과 질산을 반응시켜 얻는다.

$$C_6H_5CH_3 + 3HNO_3 \xrightarrow[\text{(나이트로화)}]{C-H_2SO_4} C_6H_2CH_3(NO_2)_3 + 3H_2O$$
(톨루엔)   (질산)   (트라이나이트로톨루엔) (물)

⑤ 강력한 폭약이며 급격한 타격에 폭발한다.

$$2C_6H_2CH_3(NO_2)_3 \rightarrow 2C + 12CO + 3N_2\uparrow + 5H_2\uparrow$$

⑥ 연소 시 연소속도가 너무 빠르므로 소화가 곤란하다.
⑦ 무기 및 다이나마이트, 질산폭약제 제조에 이용된다.

트라이나이트로톨루엔의 구조식

트라이나이트로톨루엔의 열분해 반응식
$$2C_6H_2CH_3(NO_2)_3 \rightarrow 2C + 3N_2\uparrow + 5H_2\uparrow + 12CO\uparrow$$

(3) 테트릴(Tetryl)

화학식	분자량	비중	융점	인화점	착화점
$C_6H_2(NO_2)_4NCH_3$	287	1.73	130~132℃	187℃(폭발)	190~195℃

① 단사정계에 속하는 연한 노란색 결정이다.
② 물에는 녹지 않고 아세톤, 에터, 벤젠 등에는 녹는다.
③ 충격에는 약간 민감하지만 폭발력은 피크르산이나 TNT보다 크다.
④ 화기의 접근 및 마찰 충격을 피한다.

(4) 헥소겐(Hexogen) : RDX폭약

화학식	분자량	비중	융점	착화점
$(CH_2NNO_2)_3$	222	1.8	204℃	230℃

① 백색의 분말상태이다.
② 물, 알코올, 에터에는 녹지 않으며 아세톤에는 잘 녹는다.

5. 나이트로소화합물

벤젠(C_6H_6)핵의 수소원자가 나이트로소기(-NO)로 치환된 것으로 나이트로소기가 2개 이상인 화합물

(1) 파라나이트로소벤젠[$C_6H_4(NO)_2$]

① 황갈색의 분말상태이다.
② 분해가 용이하고 가열, 마찰 또는 충격에 의해 폭발한다.
③ 가열하면 분해하여 포르말린, 암모니아, 질소 등을 생성한다.

(2) 다이나이트로소레조르신[$C_6H_4(NO)_2(OH)_2$]

① 흑회색의 결정상태이다.
② 폭발성이 매우 강하다.
③ 가열하면 분해하여 포르말린, 암모니아, 질소 등을 생성한다.

6. 아조화합물

- 아조다이카본아미드[Azodicarbonamide, ADCA, $(NH_2CON)_2$]
- 아조비스아이소부티로니트릴[Azobisiso butyronitrile, $(CNC(CH_3)_2N)_2$]
- 2,2'-아조비스-(2-아미노프로판)이염산염
  [2,2'azobis-(2-amidinopropane)Dihydrochloride [$(HCl)(NH)CCN(CH_3)_2NH_2$]$_2$]
- 2,2'아조비스아이소초산다이메틸
  [Dimethyl 2,2'-azobisisobutyrate, [$COOCH_3(CH_3)_2CN$]$_2$]
- 2,2'-아조비스-(4-메톡시-2,4-다이메틸발레로니트릴)

① 아조기(-N=N-)를 갖고 있는 화합물의 총칭이다.
② 아조기는 발색단(염료나 색소의 발색원인)이다.

7. 다이아조화합물

- 다이아조아세토나이트릴(Diazo acetonitrile, C_2HN_3)
- 다이아조다이나이트로페놀(Diazodinitrophenol(ddnp), $C_6H_2ON_2(NO_2)_2$)
- 메틸다이아조아세테이트(Methyl diazoacetate, $C_3H_4N_2O_2$)
- 파라다이아조벤젠술폰산(P-Diazo benzene sulfonicacid, $C_6H_4N_2SO_3H$)

① 다이아조기($N_2=$)를 갖고 있는 화합물의 총칭이다.
② 다이아조늄염은 햇빛에 분해되기 쉽다.
③ 가열, 충격에 격렬하게 폭발한다.

8. 하이드라진 유도체

(1) 메틸하이드라진(Methyl Hydrazine, CH_3NHNH_2)

① 암모니아 냄새가 나는 액체이다.
② 물에 녹는다.
③ 상온에서 인화의 위험은 없으나 발화점은 비교적 낮고 연소범위가 매우 넓은 편이다.

(2) 다이메틸하이드라진[$CH_3NHNHCH_3$]

① 암모니아 냄새가 나고 독성이 강한 액체이다.
② 물, 에탄올, 에터에 잘 녹는다.
③ 로켓의 연료, 유기합성에 이용된다.

(3) 염산하이드라진(Hydrazine Hydrochloride, $N_2H_4 \cdot HCl$)

① 백색의 결정성 분말이다.
② 물에 녹기 쉽고 에탄올에 약간 녹는다.
③ 피부 접촉시 매우 부식성이 강하다.
④ 열과 충격에 의해 급격히 폭발한다

(4) 황산하이드라진(di-Hydrazine Sulfate, $N_2H_4 \cdot H_2SO_4$)

① 무색 무취의 결정 또는 백색의 결정성 분말이다.
② 온수에 녹고 알코올에 녹지 않는다.
③ 강력한 산화제이고 유독한 물질로서 피부접촉 시 부식성이 강하다.
④ 증기는 공기보다 약간 무겁고 낮은 곳에 체류하며 점화원에 의해 쉽게 연소 폭발한다.

9. 하이드록실아민

화학식	분자량	비중	비점	융점
NH_2OH	31	1.12	116℃	33℃

① 수산화아민이라고도 하며 무색의 결정으로 조해성이 있다.
② 물, 메탄올에는 녹으며 온수에서는 서서히 분해가 시작된다.
③ 130℃ 정도로 가열하면 폭발한다.
④ 하이드록시기의 결합 방향에 따라 트란스형과 시스형이 있다.

10. 하이드록실아민염류

(1) 황산하이드록실아민[$(NH_2OH)_2 \cdot H_2SO_4$]

① 흰색의 모래와 같은 결정성 고체이다.
② 물에 대한 용해도는 약60%이고 알코올에는 약간 녹는다.
③ 170℃ 이상으로 가열하면 폭발적으로 분해한다.

11. 금속의 아지화합물

(1) 아지드화나트륨(NaN_3)

① 무색의 육방결정계 결정이다.
② 물에 아주 잘 녹고 산과 접촉하면 아지드화수소(HN_3)가 생성된다.
③ 가열하면 300℃에서 분해하여 나트륨과 질소를 생성한다.

(2) 아지드화납[질화납, $Pb(N_3)_2$]

① 무색의 사방결정계 또는 단사결정계 결정이다.
② 폭발성이 크므로 기폭제로 쓰인다.

(3) 아지드화은(AgN_3)

① 무색의 사방결정계 결정이다
② 170℃에서 분해가 시작되어 300℃에서 폭발한다.

12. 질산구아니딘($CH_5N_3HNO_3$)

① 백색의 판모양 결정분말로서 250℃에서 분해한다.
② 알코올, 물에 녹는다.
③ 가연물과 접촉하면 발화할 수 있고 가열하면 폭발한다.
④ 로켓의 추진제, 혼합폭약의 성분 등에 이용된다.

제6장 제6류 위험물

6-1 품명 및 지정수량★★★★★★

성 질	품 명	지정수량	위험등급	비 고
산화성 액체	1. 과염소산	300kg	I	
	2. 과산화수소			농도가 36중량%이상인 것
	3. 질산			비중이 1.49 이상인 것
	4. 할로젠간화합물 ① 삼불화브로민 ② 오불화브로민 ③ 오불화아이오딘			

6-2 공통적 성질★★

① 자신은 불연성이고 산소를 함유한 강산화제이다.
② 분해에 의한 산소발생으로 다른 물질의 연소를 돕는다.
③ 액체의 비중은 1보다 크고 물에 잘 녹는다.
④ 물과 접촉 시 발열한다.
⑤ 증기는 유독하고 부식성이 강하다.

6-3 저장 및 취급방법★★

① 용기재질은 내산성이어야 한다.
② 산화성고체(1류)와 접촉을 피해야 한다.
③ 용기는 밀봉하고 파손 및 누설에 주의한다.
④ 액체 누출 시 중화제로 중화한다.

6-4 소화방법

① 마른모래 및 CO_2로 소화한다.
② 무상(안개모양)주수도 효과적일 수 있다.
③ 위급시에는 다량의 물로 냉각 소화한다.

6-5 품명에 따른 특성

1. 과염소산($HClO_4$) ★★★

화학식	분자량	비중	비점	융점
$HClO_4$	100.46	1.77	39℃	-112℃

① 물과 혼합하면 다량의 열을 발생한다.
② 산화력이 강하여 종이, 나무조각 또는 유기물 등과 접촉 시 폭발한다.
③ 비중 1.768(22℃), 녹는점 -112℃, 끓는점 39℃(56mmHg)
④ 무수물은 자연히 분해하여 폭발하므로 60~70 %의 수용액(비중 1.5~1.6)으로 시판된다.
⑤ 수용액도 부식력이 강하고, 유기물 등과 접촉하면 폭발하는 경우가 있다.
⑥ 산(酸) 중에서도 가장 강한 산이다.

> **산소산 중 산의 세기**
> 차아염소산($HClO$) < 아염소산($HClO_2$) < 염소산($HClO_3$) < 과염소산($HClO_4$)

2. 과산화수소(H_2O_2) ★★★★★

화학식	분자량	비중	비점	융점
H_2O_2	34	1.463	150.2℃(pure), 141℃ (90%), 125℃ (70%)	-0.43℃(pure), -11℃(90%), -39℃(70%)

① 분해 시 산소(O_2)를 발생시킨다.

$$2H_2O_2 \xrightarrow{MnO_2(정촉매)} 2H_2O + O_2 \uparrow$$

② 분해안정제로 인산(H_3PO_4) 또는 요산($C_5H_4N_4O_3$)을 첨가한다.
③ 시판품은 일반적으로 30~40% 수용액이다.
④ 저장용기는 밀폐하지 말고 **구멍**이 있는 **마개**를 사용한다.
⑤ 강산화제이면서 환원제로도 사용한다.
⑥ 60% 이상의 고농도에서는 단독으로 폭발위험이 있다.

⑦ 하이드라진($NH_2 \cdot NH_2$)과 접촉 시 분해 작용으로 폭발위험이 있다.

$$NH_2 \cdot NH_2 + 2H_2O_2 \rightarrow 4H_2O + N_2 \uparrow$$

⑧ 3%용액은 옥시풀이라 하며 표백제 또는 살균제로 이용한다.
⑨ 무색인 아이오딘칼륨 녹말종이와 반응하여 청색으로 변화시킨다.
- 과산화수소는 농도가 36중량% 이상인 경우에 위험물에 해당된다.
- 과산화수소는 표백제 및 살균제로 이용된다.

⑩ 다량의 물로 주수 소화한다.

3. 질산(HNO_3)★★★★★

화학식	분자량	비중	비점	융점
HNO_3	63	1.50	86℃	-42℃

① 무색의 발연성 액체이다.
② 시판품은 일반적으로 68%이다.
③ 빛에 의하여 일부 분해되어 생긴 NO_2 때문에 황갈색으로 된다.

$$4HNO_3 \rightarrow 2H_2O + 4NO_2 \uparrow (이산화질소) + O_2 \uparrow (산소)$$

④ 저장용기는 직사광선을 피하고 찬 곳에 저장한다.
⑤ 실험실에서는 갈색병에 넣어 햇빛을 차단시킨다.
⑥ 환원성물질과 혼합하면 발화 또는 폭발한다.

크산토프로테인반응(xanthoprotenic reaction)
단백질에 진한질산을 가하면 노란색으로 변하고 알칼리를 작용시키면 오렌지색으로 변하며, 단백질 검출에 이용된다.

⑦ 다량의 질산화재에 소량의 주수소화는 위험하다.
⑧ 마른모래 및 CO_2로 소화한다.
⑨ 위급한 경우에는 다량의 물로 냉각 소화한다.
⑩ 진한질산에 의하여 부동태가 되는 금속
　Fe(철), Al(알루미늄), Cr(크로뮴), Co(코발트), Ni(니켈)
⑪ 진한질산에 녹지 않는 금속 : Au(금), Pt(백금)

부동태란?
금속이 보통상태에서 나타내는 반응성을 잃은 상태

왕수란 무엇인가?
❶ 진한염산과 진한질산을 3대 1 정도의 비율로 혼합한 액체이다.
❷ 강한 산화제로, 산에 잘 녹지 않는 금과 백금 등을 녹일 수 있다.

4. 할로젠간 화합물

구 분	화학식	분자량	비중	비 점	융 점
삼불화브로민	BrF_3	136.90	2.8	125℃	8.77℃
오불화브로민	BrF_5	174.9	2.5	40.76℃	−60.5℃
오불화아이오딘	IF_5	221.90	3.19	100.5℃	9.43℃

위험물의 성질 및 취급
위험물의 시설기준
법령과 연소 및 소화설비
최근 기출문제

제 2 편
위험물의 시설기준

제 1 장 제조소등의 위치·구조 및 설비기준

제 2 장 제조소등의 소화설비, 경보, 피난설비 기준

제 3 장 위험물의 저장·취급 및 운반에 관한 기준

제1장 제조소등의 위치·구조 및 설비기준

1-1 제조소의 위치·구조 및 설비기준

1. 제조소의 안전거리(제6류 위험물을 취급하는 제조소는 제외)★★★★★

건축물의 외벽 또는 공작물의 외측으로부터 해당 제조소의 외벽 또는 이에 상당하는 공작물의 외측까지의 수평거리

구 분	안전거리
① 사용전압이 7,000V 초과 35,000V 이하의 특고압가공전선	3m 이상
② 사용전압이 35,000V를 초과의 특고압가공전선	5m 이상
③ 주거용으로 사용되는 것	10m 이상
④ 고압가스, 액화석유가스. 도시가스 저장 또는 취급시설	20m 이상
⑤ 학교·병원·극장·공연장,영화상영관으로서 수용인원 300명 이상 복지시설, 어린이집, 성매매피해자 등을 위한 지원시설, 정신보건시설, 가정폭력피해자 보호시설로서 수용인원 20명 이상	30m 이상
⑥ 지정문화유산 및 천연기념물 등	50m 이상

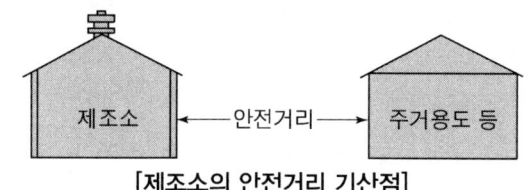

[제조소의 안전거리 기산점]

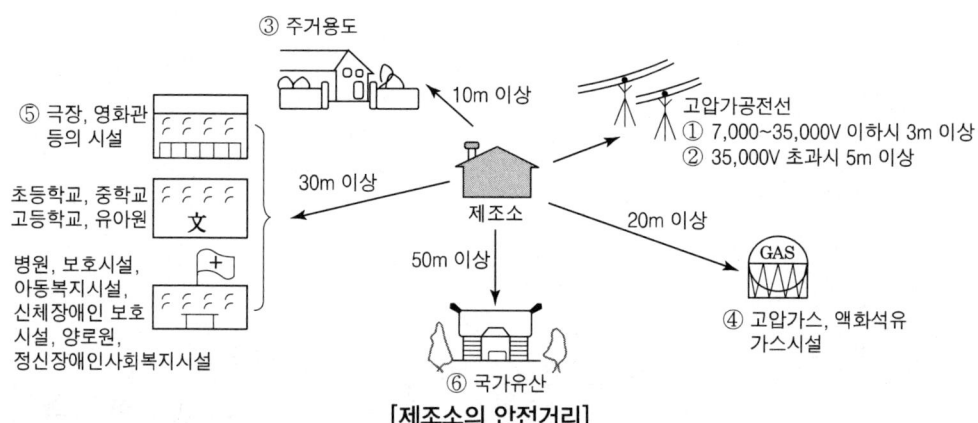

[제조소의 안전거리]

2. 제조소의 보유공지★★★

(1) 취급 위험물의 최대수량에 따른 너비의 공지

취급하는 위험물의 최대수량	공지의 너비
지정수량의 10배 이하	3m 이상
지정수량의 10배 초과	5m 이상

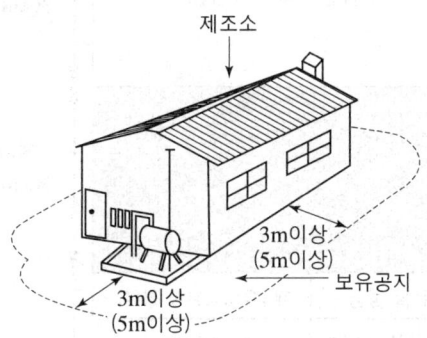

(2) 보유공지를 보유하지 아니할 수 있는 방화상 유효한 격벽설치 기준

① 방화벽은 **내화구조**로 할 것.(제6류 위험물인 경우 **불연재료**)
② 방화벽에 설치하는 출입구 및 창 등의 개구부는 가능한 한 최소로 할 것
③ 출입구 및 창에는 **자동폐쇄식의 60분+방화문 또는 60분방화문**을 설치할 것
④ 방화벽의 양단 및 상단이 외벽 또는 지붕으로부터 **50cm 이상 돌출**하도록 할 것

3. 제조소의 표지 및 게시판

(1) 표지의 설치기준★★

① 보기 쉬운 곳에 "**위험물 제조소**"라는 표시를 한 표지를 설치
② 표지는 한변의 길이가 0.3m 이상, 다른 한변의 길이가 0.6m 이상인 **직사각형**으로 할 것
③ 표지의 **바탕은 백색**으로, **문자는 흑색**으로 할 것

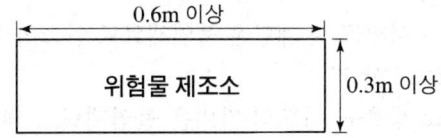

(2) 게시판의 설치기준★★★★★

① 한 변의 길이가 0.3m 이상, 다른 한변의 길이가 0.6m 이상인 **직사각형**으로 할 것
② 위험물의 **유별·품명** 및 **저장최대수량** 또는 **취급최대수량**, 지정수량의 **배수** 및 **안전관리자의 성명** 또는 **직명**을 기재할 것

③ 게시판의 **바탕은 백색**으로, **문자는 흑색**으로 할 것
④ 저장 또는 취급하는 위험물에 따라 **주의사항 게시판**을 설치 할 것

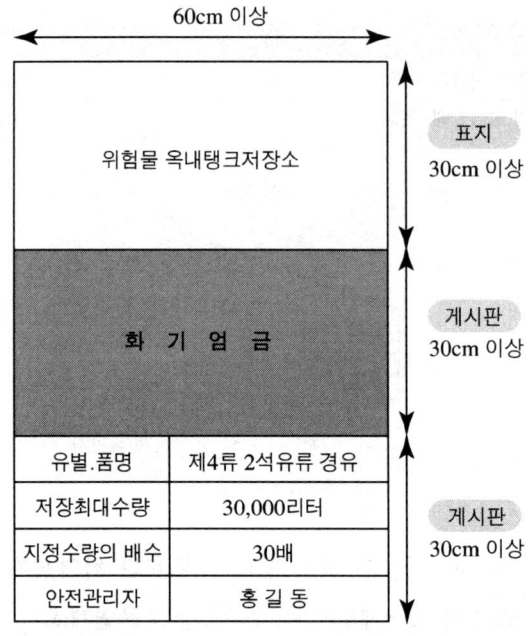

위험물의 종류	주의사항 표시	게시판의 색
• 제1류(알칼리금속 과산화물) • 제3류(금수성 물품)	물기 엄금	청색바탕에 백색문자
• 제2류(인화성 고체 제외)	화기 주의	
• 제2류(인화성 고체) • 제3류(자연발화성 물품) • 제4류 • 제5류	화기 엄금	적색바탕에 백색문자

4. 건축물의 구조★★

① **지하층이 없도록 할 것**.
② 벽·기둥·바닥·보·서까래 및 **계단은 불연재료**로 연소의 우려가 없는 **외벽**은 개구부가 없는 **내화구조의 벽**으로 할 것
③ **지붕**은 폭발력이 위로 방출될 정도의 가벼운 **불연재료**로 덮을 것
   [지붕을 내화구조로 할 수 있는 경우]
   ㉠ 제2류 위험물(분말상태의 것과 인화성고체를 제외), 제4류 위험물 중 제4석유류·동식물유류 또는 제6류 위험을 취급하는 건축물인 경우
   ㉡ 다음의 기준에 적합한 밀폐형 구조의 건축물인 경우
      • 발생할 수 있는 내부의 과압 또는 부압에 견딜 수 있는 철근콘크리트조일 것
      • 외부화재에 90분 이상 견딜 수 있는 구조일 것

④ **출입구와 비상구**에는 60분+방화문·60분방화문 또는 30분방화문을 설치하되, 연소의 우려가 있는 외벽에 설치하는 출입구에는 수시로 열 수 있는 **자동폐쇄식의 60분+방화문 또는 60분방화문**을 설치할 것
⑤ 창 및 출입구에 유리를 이용하는 경우에는 **망입유리**로 할 것
⑥ 액체의 위험물을 취급하는 건축물의 바닥
위험물이 스며들지 못하는 재료를 사용하고, 적당한 경사를 두어 그 최저부에 **집유설비**를 할 것.

5. 채광·조명 및 환기설비의 설치 기준★★★

(1) 채광설비
불연재료로 하고, 연소의 우려가 없는 장소에 설치하되 **채광면적을 최소**로 할 것

(2) 조명설비
① 조명등은 **방폭등**으로 할 것
② 전선은 **내화·내열전선**으로 할 것
③ **점멸스위치**는 출입구 **바깥부분**에 설치할 것.

(3) 환기설비
① **자연배기방식**으로 할 것
② 급기구는 바닥면적 150m²마다 1개 이상, 크기는 800cm² 이상으로 할 것

[바닥면적이 150m² 미만인 경우 급기구의 면적]

바닥면적	급기구의 면적
60m² 미만	150cm² 이상
60m² 이상 90m² 미만	300cm² 이상
90m² 이상 120m² 미만	450cm² 이상
120m² 이상 150m² 미만	600cm² 이상

③ 급기구는 낮은 곳에 설치하고 **인화방지망**을 설치할 것
④ **환기구**는 **지붕위** 또는 **지상 2m 이상**의 높이에 **회전식 고정 벤티레이터** 또는 **루푸팬방식**으로 설치할 것

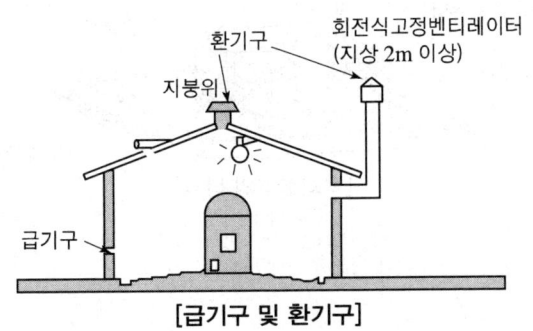

[급기구 및 환기구]

6. 배출설비의 설치기준★★

① 배출설비는 **국소방식**으로 할 것
② 배출설비는 배풍기, 배출닥트, 후드 등을 이용한 **강제배출방식**으로 할 것
③ 배출능력은 1시간당 배출장소 **용적의 20배 이상**인 것으로 할 것
  (단, **전역방식**의 경우에는 바닥면적 $1m^2$당 $18m^3$ 이상으로 할 수 있다)
④ 배출설비의 급기구 및 배출구 설치 기준
  ㉠ **급기구**는 높은 곳에 설치하고, 가는 눈의 구리망 등으로 **인화방지망**을 설치
  ㉡ **배출구**는 **지상 2m 이상**으로서 연소의 우려가 없는 장소에 설치하고, 배출 닥트가 관통하는 벽부분의 바로 가까이에 화재시 자동으로 폐쇄되는 **방화댐퍼**를 설치할 것
⑤ **배풍기**는 **강제배기방식**으로 하고, 옥내닥트의 내압이 대기압 이상이 되지 아니하는 위치에 설치할 것

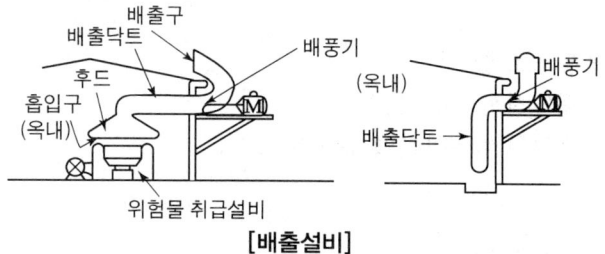

[배출설비]

7. 옥외에서 액체위험물을 취급하는 설비의 바닥 설치기준★

① 둘레에 높이 **0.15m 이상의 턱**을 설치하는 등 위험물이 외부로 흘러나가지 않도록 할 것
② 콘크리트등 위험물이 스며들지 아니하는 재료로 하고, **턱이 있는 쪽이 낮게** 경사지게 할 것
③ 바닥의 최저부에 **집유설비**를 할 것
④ 위험물(**온도 20℃의 물 100g에 용해되는 양이 1g 미만인 것**)을 취급하는 설비에 있어서는 당해 위험물이 직접 배수구에 흘러들어가지 아니하도록 **집유설비에 유분리장치**를 설치한다.

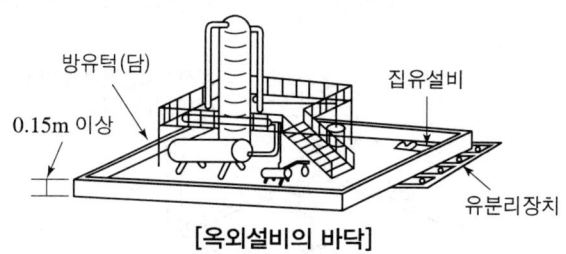

[옥외설비의 바닥]

8. 기타 설비

(1) 위험물의 누출·비산방지

위험물을 취급하는 기계·기구 그 밖의 설비는 위험물이 새거나 넘치거나 비산하는 것을 방지할 수 있는 구조로 하여야 한다. 다만, 당해 설비에 위험물의 누출 등으로 인한 재해를 방지할 수 있는 부대설비(되돌림관·수막 등)를 한 때에는 그러하지 아니하다.

(2) 가열·냉각설비 등의 온도측정장치

위험물을 가열하거나 냉각하는 설비 또는 위험물의 취급에 수반하여 온도변화가 생기는 설비에는 온도측정장치를 설치하여야 한다.

(3) 가열건조설비

위험물을 가열 또는 건조하는 설비는 직접 불을 사용하지 아니하는 구조로 하여야 한다. 다만, 당해 설비가 방화상 안전한 장소에 설치되어 있거나 화재를 방지할 수 있는 부대설비를 한 때에는 그러하지 아니하다.

(4) 압력계 및 안전장치

위험물을 가압하는 설비 또는 그 취급하는 위험물의 압력이 상승할 우려가 있는 설비에는 압력계 및 다음 각목의 1에 해당하는 안전장치를 설치하여야 한다.
① 자동적으로 압력의 상승을 정지시키는 장치
② 감압측에 안전밸브를 부착한 감압밸브
③ 안전밸브를 병용하는 경보장치
④ 파괴판

(5) 정전기 제거설비★★★★★

[정전기의 정의]
정전기는 마찰전기처럼 물체 위에 정지하고 있는 전기를 말한다. 예를 들면 유리막대를 비단천으로 문지르면 유리막대에 양전기가 생기고, 에보나이트막대를 털로 문지르면 에보나이트 막대에 음전기가 생기는데, 전기적 힘으로는 쿨롱 힘만이 문제가 된다.
① 접지에 의한 방법
② 공기 중의 **상대습도를 70% 이상**으로 하는 방법
③ 공기를 이온화하는 방법

(6) 피뢰설비★★

지정수량의 10배 이상의 위험물을 취급하는 제조소(**제6류 위험물**을 취급하는 위험물제조소를 **제외**)에는 피뢰침을 설치할 것

9. 위험물 취급탱크★★★

(1) 옥외 위험물취급탱크의 방유제 설치기준★★

구 분	방유제의 용량
하나의 탱크 주위에 설치하는 경우	탱크용량의 50% 이상
2 이상의 탱크 주위에 설치하는 경우	탱크 중 용량이 최대인 것의 50% + 나머지 탱크용량 합계의 10%이상

(2) 옥내 위험물취급탱크의 방유턱 설치기준

탱크에 수납하는 위험물의 양(하나의 방유턱안에 2 이상의 탱크가 있는 경우는 당해 탱크 중 실제로 수납하는 위험물의 양이 최대인 탱크의 양)을 전부 수용할 수 있도록 할 것

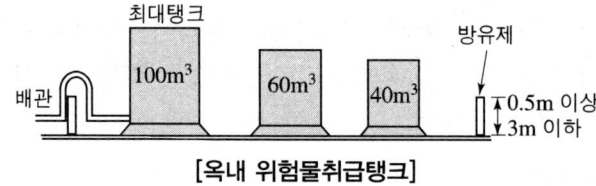

[옥내 위험물취급탱크]

10. 고인화점 위험물의 제조소의 특례

① 인화점이 100℃ 이상인 제4류 위험물("고인화점위험물")만을 100℃ 미만의 온도에서 취급하는 제조소
② 위험물을 취급하는 건축물 그 밖의 공작물의 주위에 3m 이상의 너비의 공지를 보유하여야 한다.

11. 위험물의 성질에 따른 제조소의 특례★

(1) 알킬알루미늄등을 취급하는 제조소의 특례

① 알킬알루미늄등을 취급하는 설비의 주위에는 누설범위를 국한하기 위한 설비와 누설된 알킬알루미늄등을 안전한 장소에 설치된 저장실에 유입시킬수 있는 설비를 갖출 것
② 알킬알루미늄등을 취급하는 설비에는 불활성기체를 봉입하는 장치를 갖출 것

(2) 아세트알데하이드등을 취급하는 제조소의 특례

① 취급하는 설비는 은·수은·동·마그네슘 또는 이들을 성분으로 하는 합금으로 만들지 아니할 것
② 취급하는 설비에는 연소성 혼합기체의 생성에 의한 폭발을 방지하기 위한 불활성기체 또는 수증기를 봉입하는 장치를 갖출 것

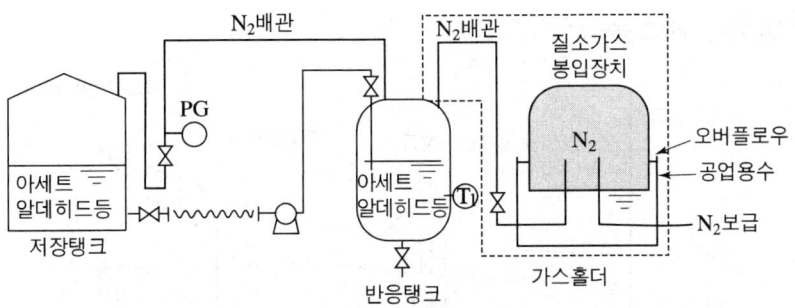

[불활성기체 또는 수증기를 봉입하는 장치]

③ 아세트알데하이드등을 취급하는 탱크(옥외에 있는 탱크 또는 옥내에 있는 탱크로서 그 용량이 지정수량의 5분의 1 미만의 것을 제외)에는 냉각장치 또는 저온을 유지하기 위한 장치("보냉장치") 및 연소성 혼합기체의 생성에 의한 폭발을 방지하기 위한 불활성기체를 봉입하는 장치를 갖출 것.

(3) 하이드록실아민등을 취급하는 제조소의 특례★★

① 안전거리의 계산

$$D = 51.1\sqrt[3]{N} \quad \text{(하이드록실아민의 지정수량 : 100kg)}$$

여기서, D : 거리(m), N : 당해 제조소에서 취급하는 하이드록실아민 등의 지정수량의 배수

② 제조소의 주위에는 다음에 정하는 기준에 적합한 담 또는 토제(土堤)를 설치할 것
  ㉠ 담 또는 토제는 당해 제조소의 외벽 또는 이에 상당하는 공작물의 외측으로부터 2m 이상 떨어진 장소에 설치할 것
  ㉡ 담 또는 토제의 높이는 당해 제조소에 있어서 하이드록실아민등을 취급하는 부분의 높이 이상으로 할 것
  ㉢ 담은 두께 15cm 이상의 철근콘크리트조·철골철근콘크리트조 또는 두께 20cm 이상의 보강콘크리트블록조로 할 것
  ㉣ 토제의 경사면의 경사도는 60도 미만으로 할 것
③ 하이드록실아민등을 취급하는 설비에는 하이드록실아민등의 온도 및 농도의 상승에 의한 위험한 반응을 방지하기 위한 조치를 강구할 것
④ 하이드록실아민등을 취급하는 설비에는 철 이온 등의 혼입에 의한 위험한 반응을 방지하기 위한 조치를 강구할 것

12. 방화상 유효한 담의 높이 ★★★★★

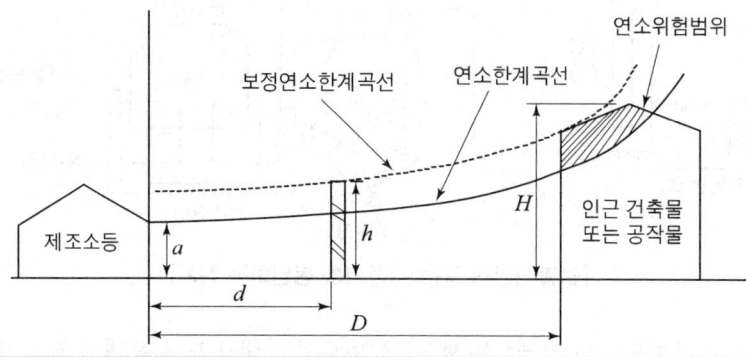

① $H \leq pD^2 + a$ 인 경우 $h = 2$
② $H > pD^2 + a$ 인 경우 $h = H - p(D^2 - d^2)$

여기서, D : 제조소등과 인근 건축물 또는 공작물과의 거리(m)
　　　　H : 인근 건축물 또는 공작물의 높이(m)
　　　　a : 제조소등의 외벽의 높이(m)
　　　　d : 제조소등과 방화상 유효한 담과의 거리(m)
　　　　h : 방화상 유효한 담의 높이(m)
　　　　p : 상수

[인근 건축물 또는 공작물의 구분에 따른 p(상수)의 값]

인근 건축물 또는 공작물의 구분	p의 값
• 학교·주택·국가유산 등의 건축물 또는 공작물이 목조인 경우 • 학교·주택·국가유산 등의 건축물 또는 공작물이 방화구조 또는 내화구조이고, 제조소 등에 면한 부분의 개구부에 60분+방화문·60분방화문 또는 30분방화문이 설치되지 아니한 경우	0.04
• 학교·주택·국가유산 등의 건축물 또는 공작물이 방화구조인 경우 • 학교·주택·국가유산 등의 건축물 또는 공작물이 방화구조 또는 내화구조이고, 제조소 등에 면한 부분의 개구부에 30분방화문이 설치된 경우	0.15
• 학교·주택·국가유산 등의 건축물 또는 공작물이 내화구조이고, 제조소 등에 면한 개구부에 60분+방화문 또는 60분방화문이 설치된 경우	∞

① 산출된 수치가 2 미만일 때에는 담의 높이를 2m로, 4 이상일 때에는 담의 높이를 4m로 하되, 다음의 소화설비를 보강하여야 한다.
　㉠ 당해 제조소등의 소형소화기 설치대상인 것에 있어서는 대형소화기를 1개 이상 증설을 할 것
　㉡ 해당 제조소등이 대형소화기 설치대상인 것에 있어서는 대형소화기 대신 옥내소화전설비·옥외소화전설비·스프링클러설비·물분무소화설비·포소화설비·불활성가스소화설비·할로젠화합물소화설비·분말소화설비 중 적응소화설비를 설치할 것

ⓒ 해당 제조소등이 옥내소화전설비·옥외소화전설비·스프링클러설비·물분무소화설비·포소화설비·불활성가스소화설비·할로젠화합물소화설비 또는 분말소화설비 설치대상인 것에 있어서는 반경 30m마다 대형소화기 1개 이상을 증설할 것
② 방화상 유효한 담
 ㉠ 제조소등으로부터 5m 미만의 거리에 설치하는 경우에는 내화구조 할 것.
 ㉡ 제조소등으로부터 5m 이상의 거리에 설치하는 경우에는 불연재료로 할 것
 ㉢ 제조소등의 벽을 높게 하여 방화상 유효한 담을 갈음하는 경우에는 그 벽을 내화구조로 하고 개구부를 설치하여서는 아니된다.

13. 위험물제조소내의 위험물을 취급하는 배관설치기준★★

① **불연성 액체**를 이용하는 경우 : 최대상용압력의 **1.5배** 이상
② **불연성 기체**를 이용하는 경우 : 최대상용압력의 **1.1배** 이상
③ 배관을 지상에 설치하는 경우
 ㉠ 지진·풍압·지반침하 및 온도변화에 안전한 구조의 지지물에 설치
 ㉡ 지면에 닿지 아니하도록 할 것
 ㉢ 배관의 외면에 부식방지를 위한 도장을 할 것
④ 배관을 지하에 매설하는 경우
 ㉠ 외면에는 부식방지를 위하여 도복장·코팅 또는 전기방식 등의 필요한 조치를 할 것
 ㉡ 배관의 접합부분(용접 접합부 제외)에는 누설여부를 점검할 수 있는 점검구를 설치
 ㉢ 지면에 미치는 중량이 당해 배관에 미치지 아니하도록 보호할 것

1-2 옥내저장소의 위치·구조 및 설비의 기준

1. 옥내저장소의 안전거리 유지 제외대상

① 제4석유류 또는 동식물유류의 위험물을 저장 또는 취급하는 옥내저장소로서 그 최대수량이 지정수량의 20배 미만인 것
② 제6류 위험물을 저장 또는 취급하는 옥내저장소
③ 지정수량의 20배(하나의 저장창고의 바닥면적이 150m² 이하인 경우에는 50배) 이하의 위험물을 저장 또는 취급하는 옥내저장소로서 다음의 기준에 적합한 것
 ㉠ 저장창고의 벽·기둥·바닥·보 및 지붕이 내화구조인 것
 ㉡ 저장창고의 출입구에 수시로 열 수 있는 자동폐쇄방식의 60분+방화문 또는 60분방화문이 설치되어 있을 것
 ㉢ 저장창고에 창을 설치하지 아니할 것

2. 옥내저장소의 보유공지★★

저장 또는 취급하는 위험물의 최대수량	공지의 너비	
	벽·기둥 및 바닥이 내화구조로 된 건축물	그 밖의 건축물
지정수량의 5배 이하		0.5m 이상
지정수량의 5배 초과 10배 이하	1m 이상	1.5m 이상
지정수량의 10배 초과 20배 이하	2m 이상	3m 이상
지정수량의 20배 초과 50배 이하	3m 이상	5m 이상
지정수량의 50배 초과 200배 이하	5m 이상	10m 이상
지정수량의 200배 초과	10m 이상	15m 이상

단, **지정수량의 20배를 초과하는 옥내저장소**와 동일한 부지내에 있는 다른 옥내저장소와의 사이에는 동표에 정하는 **공지의 너비의 3분의 1(3m 미만인 경우**에는 **3m)**의 공지를 보유할 수 있다.

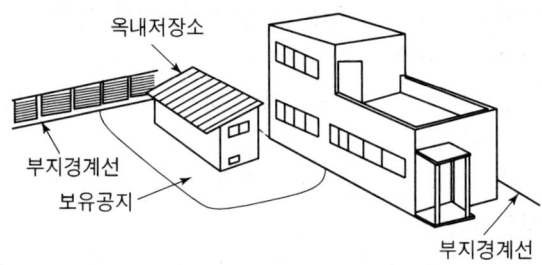

3. 옥내저장소의 표시와 게시판★★★

보기 쉬운 곳에 "위험물 옥내저장소"라는 표시를 한 표지와 기준에 따라 **방화에 관하여 필요한 사항**을 게시한 게시판을 설치할 것.

4. 옥내저장소의 저장창고★

① **독립된 건축물**로 할 것.
② 처마높이가 **6m 미만인 단층건물**로 하고 그 **바닥**을 **지반면보다 높게** 할 것.
  단, 제2류 또는 제4류 위험물만을 저장하는 창고로서 다음의 기준에 적합한 창고의 경우에는 20m 이하로 할 수 있다.
  ㉠ 벽·기둥·보 및 바닥을 내화구조로 할 것
  ㉡ 출입구에 60분+방화문 또는 60분방화문을 설치할 것
  ㉢ 피뢰침을 설치할 것
③ 벽·기둥 및 바닥은 내화구조로 하고, 보와 서까래는 불연재료로 할 것

 **연소의 우려가 없는 벽·기둥 및 바닥을 불연재료로 할 수 있는 경우**
• 지정수량의 10배 이하의 위험물의 저장창고
• 제2류와 제4류의 위험물(인화성고체 및 인화점이 70℃ 미만인 제4류 위험물을 제외)만의 저장창고

④ 지붕을 폭발력이 위로 방출될 정도의 가벼운 불연재료로 하고, 천장을 만들지 말 것

지붕을 내화구조로 할 수 있는 경우
- 제2류 위험물(분말상태의 것과 인화성고체를 제외)과 제6류 위험물만의 저장창고

난연재료 또는 불연재료로 된 천장을 설치할 수 있는 경우
- 제5류 위험물만의 저장창고

⑤ 출입구에는 60분+방화문·60분방화문 또는 30분방화문을 설치하되, 연소의 우려가 있는 외벽에 있는 출입구에는 수시로 열 수 있는 **자동폐쇄식의 60분+방화문 또는 60분방화문**을 설치할 것
⑥ 창 또는 출입구에 유리를 이용하는 경우에는 **망입유리**로 할 것
⑦ 저장창고에는 **인화점이 70℃ 미만**인 위험물의 저장창고에 있어서는 내부에 체류한 **가연성의 증기를 지붕 위로 배출하는 설비**를 갖추어야 한다.

5. 옥내저장소에서 위험물을 저장하는 경우 높이 제한

① 기계에 의하여 하역하는 구조로 된 용기만을 겹쳐 쌓는 경우 : 6m
② 제4류 위험물 중 제3석유류, 제4석유류 및 동식물유류를 수납하는 용기만을 겹쳐 쌓는 경우 : 4m
③ 그 밖의 경우 : 3m

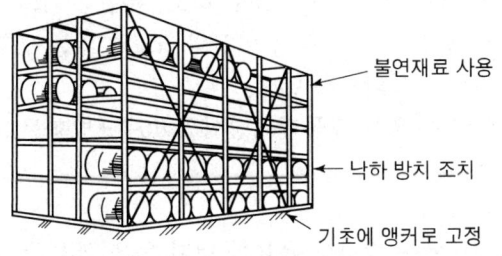

6. 옥내저장소의 저장창고 바닥면적 설치기준 ★★

위험물의 종류	바닥면적
• 제1류 위험물중 아염소산염류, 염소산염류, 과염소산염류, 무기과산화물, 지정수량 50kg인 것 • 제3류 위험물 중 칼륨, 나트륨, 알킬알루미늄, 알킬리튬, 지정수량 10kg인 것 및 황린 • 제4류 위험물 중 특수인화물, 제1석유류 및 알코올류 • 제5류 위험물 중 지정수량이 10kg인 것 • 제6류 위험물	1000m² 이하
• 위 이외의 위험물	2000m² 이하
• 내화구조의 격벽으로 완전히 구획된 실	1500m² 이하

7. 저장창고 바닥을 물이 침투 되지 않는 구조로 하여야 하는 경우

① 제1류 위험물 중 알칼리금속의 과산화물 또는 이를 함유하는 것
② 제2류 위험물 중 철분·금속분·마그네슘 또는 이중 어느 하나 이상을 함유하는 것
③ 제3류 위험물 중 금수성 물질
④ 제4류 위험물

8. 다층건물의 옥내저장소의 기준

① 각층의 바닥을 지면보다 높게 하고 **층고를 6m 미만**으로 할 것
② 바닥면적 합계는 **1,000m² 이하**로 할 것
③ 저장창고의 **벽·기둥·바닥** 및 **보를 내화구조**로 하고, 계단을 불연재료로 하며, 연소의 우려가 있는 외벽은 출입구 외의 개구부를 갖지 아니하는 벽으로 할 것
④ 2층 이상의 층의 바닥에는 개구부를 두지 않을 것

9. 복합용도 건축물의 옥내저장소의 기준

① 벽·기둥·바닥 및 보가 **내화구조**인 건축물의 **1층 또는 2층**의 어느 하나의 층에 설치할 것
② 바닥은 지면보다 높게 설치하고 그 층고를 **6m 미만**으로 할 것
③ **바닥면적은 75m² 이하**로 할 것
④ 벽·기둥·바닥·보 및 지붕을 내화구조로 하고, 출입구 외의 개구부가 없는 **두께 70mm 이상의 철근콘크리트조** 또는 이와 동등 이상의 강도가 있는 구조의 바닥 또는 벽으로 당해 건축물의 다른 부분과 구획되도록 할 것
⑤ 출입구에는 수시로 열 수 있는 **자동폐쇄방식의 60분+방화문 또는 60분방화문**을 설치할 것
⑥ 창을 설치하지 아니할 것
⑦ **환기설비** 및 **배출설비**에는 방화상 유효한 **댐퍼** 등을 설치할 것

10. 지정과산화물 옥내저장소의 저장창고의 기준★★★

① 저장창고는 150m² 이내마다 격벽으로 완전하게 구획할 것. 이 경우 당해 격벽은 두께 30cm 이상의 철근콘크리트조 또는 철골철근콘크리트조로 하거나 두께 40cm 이상의 보강콘크리트블록조로 하고, 당해 저장창고의 양측의 외벽으로부터 1m 이상, 상부의 지붕으로부터 50cm 이상 돌출하게 하여야 한다.
② 저장창고의 외벽은 두께 20cm 이상의 철근콘크리트조나 철골철근콘크리트조 또는 두께 30cm 이상의 보강콘크리트블록조로 할 것
③ 저장창고의 지붕은 다음 각목의 1에 적합할 것
　㉠ 중도리 또는 서까래의 간격은 30cm 이하로 할 것

    ⓒ 지붕의 아래쪽 면에는 한 변의 길이가 45cm 이하의 환강(丸鋼)·경량형강(輕量型鋼) 등으로 된 강제(鋼製)의 격자를 설치할 것
    ⓒ 지붕의 아래쪽 면에 철망을 쳐서 불연재료의 도리·보 또는 서까래에 단단히 결합할 것
    ⓔ 두께 5cm 이상, 너비 30cm 이상의 목재로 만든 받침대를 설치할 것
  ④ 저장창고의 출입구에는 60분+방화문 또는 60분방화문을 설치할 것
  ⑤ 저장창고의 창은 바닥면으로부터 2m 이상의 높이에 두되, 하나의 벽면에 두는 창의 면적의 합계를 당해 벽면의 면적의 80분의 1 이내로 하고, 하나의 창의 면적을 0.4m² 이내로 할 것

11. 지정과산화물의 옥내저장소의 보유공지

옥내저장소의 저장창고 주위에는 부표 2에 정하는 너비의 공지를 보유하여야 한다. 다만, 2 이상의 옥내저장소를 동일한 부지내에 인접하여 설치하는 때에는 당해 옥내저장소의 상호간 공지의 너비를 동표에 정하는 공지 너비의 3분의 2로 할 수 있다.

[부표 2] 지정과산화물의 옥내저장소의 보유공지

저장 또는 취급하는 위험물의 최대수량	공지의 너비	
	저장창고의 주위에 담 또는 토제를 설치하는 경우	왼쪽란에 정하는 경우 외의 경우
5배 이하	3.0m 이상	10m 이상
5배 초과 10배 이하	5.0m 이상	15m 이상
10배 초과 20배 이하	6.5m 이상	20m 이상
20배 초과 40배 이하	8.0m 이상	25m 이상
40배 초과 60배 이하	10.0m 이상	30m 이상
60배 초과 90배 이하	11.5m 이상	35m 이상
90배 초과 150배 이하	13.0m 이상	40m 이상
150배 초과 300배 이하	15.0m 이상	45m 이상
300배 초과	16.5m 이상	50m 이상

12. 자연발화 할 우려가 있는 위험물을 다량 저장하는 경우

지정수량 10배 이하마다 구분하여 상호간 0.3m 이상 간격을 두고 저장

제 2 편 위험물의 시설기준

1-3 옥외탱크저장소의 위치·구조 및 설비의 기준★★★

1. 보유공지★★★

① 옥외저장탱크의 보유공지

저장 또는 취급하는 위험물의 최대수량	공지의 너비
지정수량의 500배 이하	3m 이상
지정수량의 500배 초과 1000배 이하	5m 이상
지정수량의 1000배 초과 2000배 이하	9m 이상
지정수량의 2000배 초과 3000배 이하	12m 이상
지정수량의 3000배 초과 4000배 이하	15m 이상
지정수량의 4000배 초과	당해 탱크의 수평단면의 최대지름(횡형인 경우에는 긴 변)과 높이 중 큰 것과 지정수량의 4,000배 초과 같은 거리 이상. 다만, 30m 초과의 경우에는 30m 이상으로 할 수 있고, 15m미만의 경우에는 15m 이상으로 하여야 한다.

② **제6류 위험물외의** 옥외저장탱크(**4,000배 초과 옥외저장탱크를 제외**)를 동일한 방유제안에 **2개 이상** 인접하여 설치하는 경우 그 인접하는 방향의 보유공지는 규정에 의한 **보유공지의 3분의 1 이상**의 너비로 할 수 있다. 이 경우 보유공지의 너비는 **3m 이상**이 되어야 한다.★★

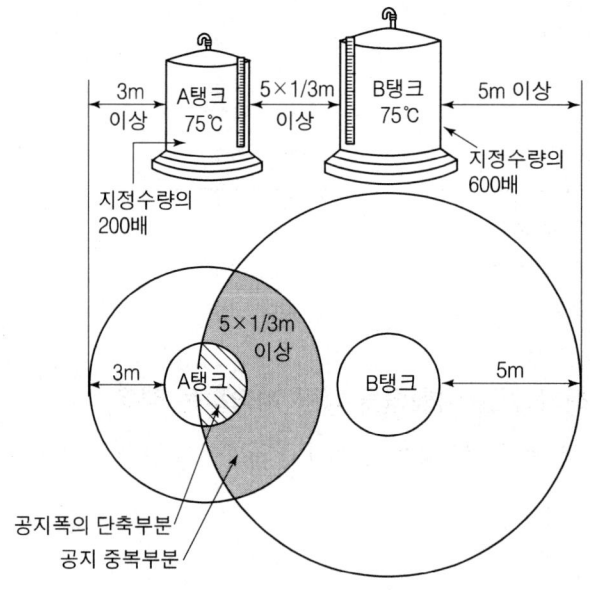

③ **제6류 위험물의 옥외저장탱크**는 규정에 의한 **보유공지의 3분의 1 이상**의 너비로 할 수 있다. 이 경우 보유공지의 너비는 **1.5m 이상**이 되어야 한다.★★★
④ **제6류 위험물의 옥외저장탱크**를 동일구내에 2개 이상 인접하여 설치하는 경우 그 인접하

는 방향의 보유공지는 산출된 너비의 **3분의 1 이상**의 너비로 할 수 있다. 이 경우 보유공지의 너비는 **1.5m 이상**이 될 것.

⑤ 옥외저장탱크("**공지단축 옥외저장탱크**")에 다음 각목의 기준에 적합한 물분무설비로 방호조치를 하는 경우에는 그 보유공지를 규정에 의한 **보유공지의 2분의 1 이상의 너비(최소 3m 이상)**로 할 수 있다. 이 경우 공지단축 옥외저장탱크의 화재시 $1m^2$당 20kW 이상의 복사열에 노출되는 표면을 갖는 인접한 옥외저장탱크가 있으면 당해 표면에도 다음 각목의 기준에 적합한 물분무설비로 방호조치를 함께하여야 한다.

㉠ 탱크의 표면에 방사하는 물의 양은 탱크의 **원주길이 1m에 대하여 분당 37L 이상**으로 할 것
㉡ 수원의 양은 규정에 의한 수량으로 **20분 이상** 방사할 수 있는 수량으로 할 것
㉢ 탱크에 보강링이 설치된 경우에는 보강링의 아래에 분무헤드를 설치하되, 분무헤드는 탱크의 높이 및 구조를 고려하여 분무가 적정하게 이루어 질 수 있도록 배치할 것
㉣ 물분무소화설비의 설치기준에 준할 것

2. 특정옥외탱크저장소 등

① 특정옥외탱크저장소
액체위험물의 최대수량이 100만L 이상의 옥외저장탱크
② 준특정옥외탱크저장소
액체위험물의 최대수량이 50만L 이상 100만L 미만의 옥외저장탱크

3. 옥외저장탱크의 외부구조 및 설비 ★★

① 옥외저장탱크는 특정옥외저장탱크 및 준특정옥외저장탱크 외에는 **두께 3.2mm 이상의 강철판**으로 할 것
② **압력탱크(최대상용압력이 대기압을 초과하는 탱크)외의 탱크는 충수시험, 압력탱크는 최대상용압력의 1.5배의 압력으로 10분간 실시하는 수압시험**에서 각각 새거나 변형되지 아니하여야 한다.
③ 특정옥외저장탱크의 용접부는 소방청장이 정하여 고시하는 바에 따라 실시하는 방사선투과시험, 진공시험 등의 비파괴시험에 있어서 소방청장이 정하여 고시하는 기준에 적합한 것이어야 한다.
④ 옥외저장탱크의 밑판[애뉼러판을 설치하는 특정옥외저장탱크에 있어서는 애뉼러판을 포함]을 지반면에 접하게 설치하는 경우에는 다음 각목의 1의 기준에 따라 밑판 외면의 부식을 방지하기 위한 조치를 강구하여야 한다.

㉠ 탱크의 밑판 아래에 밑판의 부식을 유효하게 방지할 수 있도록 아스팔트샌드 등의 방식재료를 댈 것
㉡ 탱크의 밑판에 전기방식의 조치를 강구할 것
㉢ ㉠, ㉡의 규정에 의한 것과 동등 이상으로 밑판의 부식을 방지할 수 있는 조치를 강구할 것

제 2 편 위험물의 시설기준

애뉼러판
특정옥외저장탱크의 옆판의 최하단 두께가 15mm를 초과하는 경우, 내경이 30m를 초과하는 경우 또는 옆판을 고장력강으로 사용하는 경우에 옆판의 직하에 설치하여야 하는 판

4. 방유제 설치기준★★★★★

인화성액체위험물(이황화탄소를 제외)의 옥외탱크저장소의 방유제

① 방유제의 용량

방유제안에 탱크가 하나인 때	방유제안에 탱크가 2기 이상인 때
탱크 용량의 110% 이상	용량이 최대인 것의 용량의 110% 이상

② **방유제의 높이는 0.5m 이상 3m 이하, 두께 0.2m 이상, 지하매설깊이 1m 이상**으로 할 것
③ **방유제내의 면적은 8만m^2 이하**로 할 것
④ 방유제내에 설치하는 **옥외저장탱크의 수는 10**(방유제내에 설치하는 모든 옥외저장탱크의 **용량이 20만L 이하**이고, 당해 옥외저장탱크에 저장 또는 취급하는 위험물의 **인화점이 70℃ 이상 200℃ 미만인 경우에는 20) 이하**로 할 것.
⑤ 방유제 외면의 **2분의 1 이상**은 3m **이상의 노면 폭을 확보한 구내도로**에 직접 접하도록 할 것
⑥ 방유제는 옥외저장탱크의 지름에 따라 그 탱크의 **옆판으로부터** 다음에 정하는 **거리**를 유지할 것

지름이 15m 미만인 경우	탱크 높이의 3분의 1 이상
지름이 15m 이상인 경우	탱크 높이의 2분의 1 이상

⑦ 방유제는 철근콘크리트 또는 흙으로 만들고, 위험물이 방유제의 외부로 유출되지 아니하는 구조로 할 것

⑧ 용량이 **1,000만L 이상**인 옥외저장탱크의 **방유제**에는 **탱크마다 간막이 둑을 설치**할 것
  ㉠ 간막이 둑의 높이는 0.3m(방유제내 옥외저장탱크의 용량의 합계가 2억L를 넘는 방유제는 1m) **이상**으로 하되, 방유제의 높이보다 **0.2m 이상 낮게** 할 것
  ㉡ **간막이 둑**은 흙 또는 **철근콘크리트**로 할 것
  ㉢ 간막이 둑의 **용량**은 간막이 둑안에 설치된 **탱크의 용량의 10% 이상**일 것
⑨ 방유제에는 **배수구**를 설치하고 이를 **개폐하는 밸브** 등을 방유제 **외부에 설치**할 것
⑩ **용량이 100만L 이상**인 옥외저장탱크에 있어서는 **밸브** 등에는 **개폐상황을 쉽게 확인할 수 있는 장치**를 설치할 것
⑪ **높이가 1m를 넘는 방유제** 및 간막이 둑의 안팎에는 방유제내에 출입하기 위한 **계단 또는 경사로**를 약 **50m마다** 설치할 것

5. 옥외저장탱크의 통기관★★★

옥외저장탱크중 압력탱크(최대상용압력이 부압 또는 정압 5kPa을 초과하는 탱크)외의 탱크(제4류 위험물의 옥외저장탱크에 한한다)에 있어서는 밸브없는 통기관 또는 대기밸브부착 통기관을 다음 각목에 정하는 바에 의하여 설치하여야 하고, 압력탱크에 있어서는 규정에 의한 안전장치를 설치하여야 한다.

(1) 밸브 없는 통기관★★★★★

① 직경은 **30mm 이상**일 것
② 끝부분은 수평면보다 **45도 이상** 구부려 빗물 등의 침투를 막는 구조로 할 것
③ 인화점이 38℃ 미만인 위험물만을 저장 또는 취급하는 탱크에 설치하는 통기관에는 **화염방지장치**를 설치하고, 그 외의 탱크에 설치하는 통기관에는 **40메쉬(mesh) 이상**의 구리망 또는 동등 이상의 성능을 가진 **인화방지장치**를 할 것. 다만, 인화점 70℃이상의 위험물만

을 해당 위험물의 인화점 미만의 온도로 저장 또는 취급하는 탱크에 설치하는 통기관에 있어서는 그러하지 아니하다

④ 가연성의 증기를 회수하기 위한 밸브를 통기관에 설치하는 경우에 있어서는 당해 통기관의 밸브는 저장탱크에 위험물을 주입하는 경우를 제외하고는 항상 개방되어 있는 구조로 하는 한편, 폐쇄하였을 경우에 있어서는 **10kPa 이하**의 압력에서 개방되는 구조로 할 것. 이 경우 개방된 부분의 유효단면적은 $777.15mm^2$ **이상**이어야 한다.

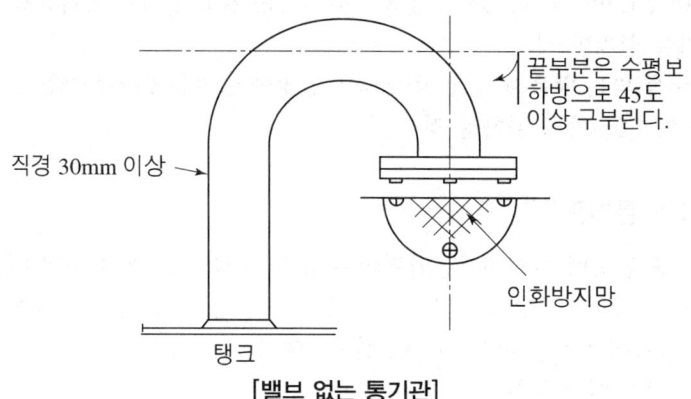

[밸브 없는 통기관]

(2) 대기밸브부착 통기관

① **5kPa 이하**의 압력차이로 작동할 수 있을 것
② 가는 눈의 구리망 등으로 인화방지장치를 할 것
  다만, 인화점 70℃ 이상의 위험물만을 해당 위험물의 인화점 미만의 온도로 저장 또는 취급하는 탱크에 설치하는 통기관에 있어서는 그러하지 아니하다.

6. 탱크전용실에 옥내저장탱크의 용량★★★

① 1층 이하의 층 : 지정수량의 40배 이하
② 2층 이상의 층 : 지정수량의 10배 이하

7. 알킬알루미늄 등, 아세트알데하이드 등 및 하이드록실아민 등을 저장, 취급하는 옥외탱크저장소

(1) 알킬알루미늄 등의 옥외탱크저장소

① 옥외저장탱크의 주위에는 누설범위를 국한하기 위한 설비 및 누설된 알킬알루미늄 등을 안전한 장소에 설치된 조에 이끌어 들일 수 있는 설비를 설치할 것
② 옥외저장탱크에는 불활성의 기체를 봉입하는 장치를 설치할 것

(2) 아세트알데하이드 등의 옥외탱크저장소

① 옥외저장탱크의 설비는 동·마그네슘·은·수은 또는 이들을 성분으로 하는 합금으로 만

들지 아니할 것
② 옥외저장탱크에는 냉각장치 또는 보냉장치, 그리고 연소성 혼합기체의 생성에 의한 폭발을 방지하기 위한 불활성의 기체를 봉입하는 장치를 설치할 것

(3) 하이드록실아민 등의 옥외탱크저장소
① 옥외탱크저장소에는 하이드록실아민 등의 온도의 상승에 의한 위험한 반응을 방지하기 위한 조치를 강구할 것
② 옥외탱크저장소에는 철 이온 등의 혼입에 의한 위험한 반응을 방지하기 위한 조치를 강구할 것

1-4 옥내탱크저장소의 위치·구조 및 설비의 기준

1. 옥내탱크저장소의 기준 ★★★
① 옥내저장탱크는 **단층건축물에 설치된 탱크전용실에** 설치할 것
② 옥내저장**탱크와 탱크전용실의 벽과의 사이 및 옥내저장탱크의 상호간**에는 0.5m 이상의 간격을 유지할 것
③ 옥내저장탱크의 용량(동일한 탱크전용실에 옥내저장탱크를 2 이상 설치하는 경우에는 각 탱크의 용량의 합계)은 **지정수량의 40배**(제4석유류 및 동식물유류 외의 제4류 위험물에 있어서 당해 수량이 20,000L를 초과할 때에는 20,000L) 이하일 것

2. 제4류 위험물의 옥내저장탱크 중 밸브 없는 통기관 설치기준 ★★
① 통기관의 끝부분은 건축물의 창·출입구 등의 개구부로부터 1m 이상 떨어진 옥외의 장소에 지면으로부터 4m 이상의 높이로 설치
② 인화점이 40℃ 미만인 위험물의 탱크에 설치하는 통기관은 부지경계선으로부터 1.5m 이상 이격할 것. 다만, 고인화점 위험물만을 100℃ 미만의 온도로 저장 또는 취급하는 탱크에 설치하는 통기관은 그 끝부분을 탱크전용실 내에 설치할 수 있다.

1-5 지하탱크저장소의 위치·구조 및 설비의 기준 ★★

① 지하탱크를 지하의 가장 가까운 벽, 피트, 가스관 등 시설물 및 대지경계선으로부터 0.6m 이상 떨어진 곳에 매설할 것 ★★★

② **탱크전용실**은 지하의 가장 가까운 벽 · 피트 · 가스관 등의 시설물 및 대지경 계선으로부터 **0.1m 이상** 떨어진 곳에 설치하고, 지하저장탱크와 탱크전용실의 안쪽과의 사이는 **0.1m 이상의 간격**을 유지하도록 하며, 당해 탱크의 주위에 마른 모래 또는 습기 등에 의하여 응고되지 아니하는 **입자지름 5mm 이하의 마른 자갈분**을 채울 것

③ 지하저장탱크의 **윗부분**은 지면으로부터 **0.6m 이상 아래**에 있을 것. ★★

④ 지하저장탱크를 **2 이상 인접**해 설치하는 경우에는 그 **상호간에 1m**(당해 2 이상의 지하저장탱크의 용량의 합계가 **지정수량의 100배 이하인 때에는 0.5m**)이상의 간격을 유지할 것

[지하저장탱크를 2 이상 인접해 설치하는 경우]

2 이상의 지하저장탱크의 용량의 합계	지정수량의 100배 초과	지정수량의 100배 이하
탱크상호간 간격	1m 이상	0.5m 이상

⑤ 지하저장탱크의 재질은 **두께 3.2mm 이상의 강철판**으로 하여 완전용입용접 또는 양면겹침 이음용접으로 틈이 없도록 만드는 동시에, **압력탱크(최대상용압력이 46.7kPa 이상인 탱크) 외의 탱크**에 있어서는 **70kPa의 압력**으로, **압력탱크**에 있어서는 **최대상용압력의 1.5배의 압력**으로 각각 **10분간 수압시험**을 실시하여 새거나 변형되지 아니 할 것

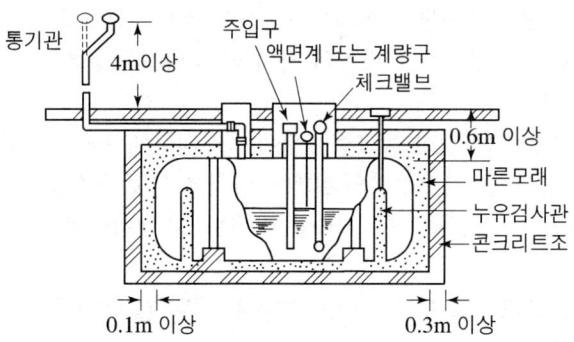

[탱크전용실에 설치된 지하저장탱크]

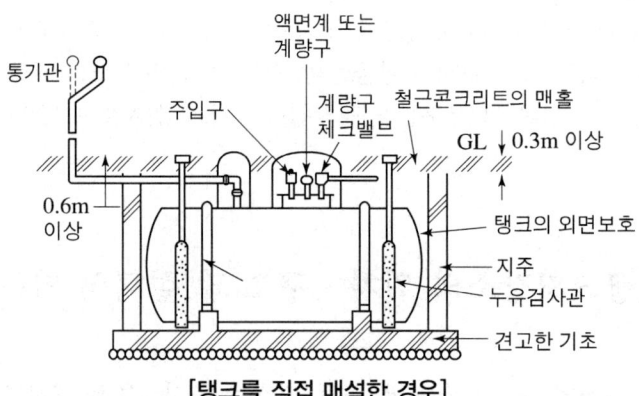

[탱크를 직접 매설한 경우]

1-6 간이탱크저장소의 위치·구조 및 설비의 기준★★★★★

① 하나의 간이탱크저장소에 설치하는 **간이저장탱크**는 그 수를 **3 이하**로 하고, 동일한 품질의 위험물의 간이저장탱크를 2 이상 설치하지 아니 할 것
② 간이저장탱크는 움직이거나 넘어지지 아니하도록 지면 또는 가설대에 고정시키되, **옥외**에 설치하는 경우에는 그 탱크의 주위에 **너비 1m 이상의 공지**를 두고, 전용실안에 설치하는 경우에는 **탱크와 전용실의 벽**과의 사이에 **0.5m 이상의 간격**을 유지할 것
③ 간이저장탱크의 **용량은 600L 이하**일 것
④ 간이저장탱크는 **두께 3.2mm 이상의 강판**으로 흠이 없도록 제작하여야 하며, **70kPa의 압력으로 10분간의 수압시험**을 실시하여 새거나 변형되지 아니 할 것
⑤ 간이저장탱크에는 다음 각목의 기준에 적합한 밸브 없는 통기관을 설치할 것
　㉠ 통기관의 지름은 **25mm 이상**으로 할 것
　㉡ 통기관은 옥외에 설치하되, 그 **끝부분의 높이**는 **지상 1.5m 이상**으로 할 것
　㉢ 통기관의 끝부분은 수평면에 대하여 아래로 **45도 이상** 구부려 빗물 등이 침투하지 아니 하도록 할 것
　㉣ 가는 눈의 구리망 등으로 **인화방지장치**를 할 것

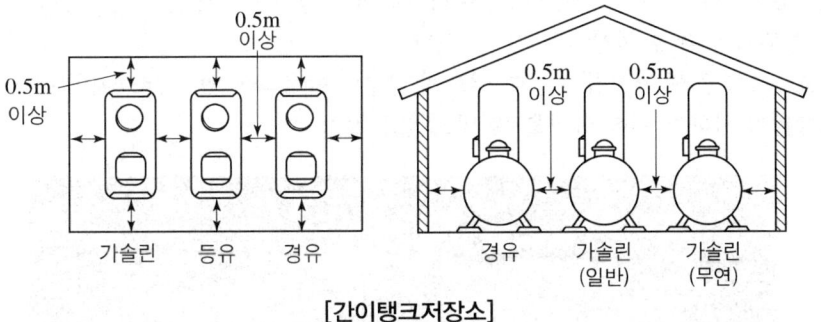

[간이탱크저장소]

1-7 이동탱크저장소의 위치·구조 및 설비의 기준★★★

1. 이동저장탱크의 구조 기준

① 10분간의 수압시험을 실시하여 새거나 변형되지 아니할 것.

압력탱크	압력탱크(최대상용압력이 46.7kPa 이상인 탱크)외
최대상용압력의 1.5배의 압력	70kPa의 압력

② 이동저장탱크는 그 내부에 **4,000L 이하**마다 **3.2mm 이상의 강철판** 또는 이와 동등 이상

의 강도 · 내열성 및 내식성이 있는 금속성의 것으로 **칸막이**를 설치 할 것.
③ 칸막이로 구획된 각 부분마다 맨홀과 다음 각목의 기준에 의한 안전장치 및 방파판을 설치 할 것(단, 칸막이로 구획된 부분의 용량이 2,000L 미만인 부분에는 **방파판을 설치하지 아니할 수 있다.**

2. 안전장치의 설치기준

탱크의 압력	안전장치 작동압력
상용압력이 20kPa 이하	20kPa 이상 24kPa 이하
상용압력이 20kPa 초과	상용압력의 1.1배 이하

3. 방파판의 설치기준★★★★★

① 두께 **1.6mm 이상의 강철판** 또는 이와 동등 이상의 강도 · 내열성 및 내식성이 있는 금속성의 것으로 할 것
② 하나의 구획부분에 **2개 이상의 방파판**을 이동탱크저장소의 **진행방향과 평행**으로 설치하되, 각 방파판은 그 높이 및 칸막이로부터의 거리를 다르게 할 것
③ 하나의 구획부분에 설치하는 각 방파판의 면적의 합계는 당해 구획부분의 **최대 수직 단면적의 50% 이상**으로 할 것. 다만, **수직단면이 원형**이거나 **짧은 지름이** 1m 이하의 타원형일 경우에는 40% 이상으로 할 수 있다.
④ 맨홀 · 주입구 및 안전장치 등이 탱크의 상부에 돌출되어 있는 탱크에 있어서 부속장치의 손상을 방지하기 위한 측면틀 및 방호틀을 설치

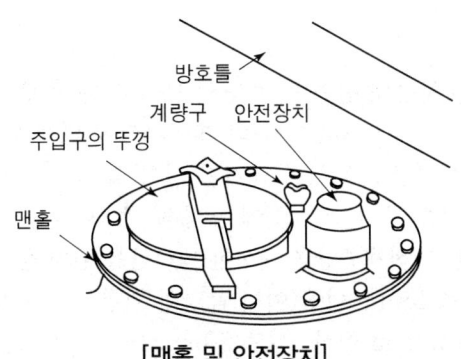

[맨홀 및 안전장치]

(1) 측면틀
① 최외측선의 수평면에 대한 내각이 75도 이상이 되도록 할 것.
② 최외측선과 직각을 이루는 직선과의 내각이 35도 이상이 되도록 할 것
③ 탱크상부의 네 모퉁이에 당해 탱크의 전단 또는 후단으로부터 각각 1m 이내의 위치에 설치할 것

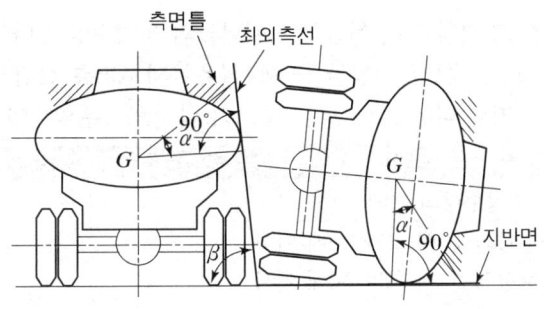

(2) 방호틀
① 두께 2.3mm 이상의 강철판
② 정상부분은 부속장치보다 50mm 이상 높게 할 것

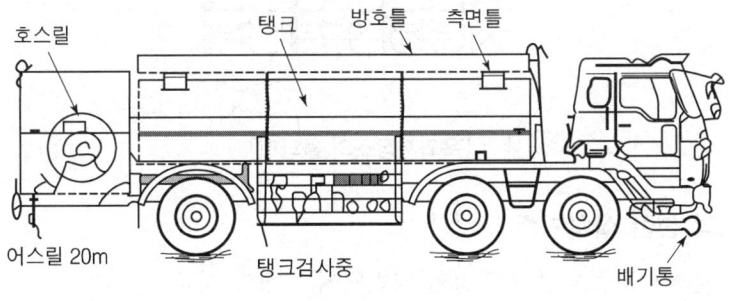

[주유탱크차 예]

4. 표지 및 게시판★★★

① 이동탱크저장소에는 차량의 전면 및 후면의 보기 쉬운 곳에 사각형(한변의 길이가 **0.6m 이상**, 다른 한변의 길이가 **0.3m 이상**)의 **흑색바탕에 황색의 반사도료** 그 밖의 반사성이 있는 재료로 "**위험물**"이라고 표시한 표지를 설치 할 것.
② 이동저장탱크의 뒷면중 보기 쉬운 곳에는 당해 탱크에 저장 또는 취급하는 위험물의 **유별·품명·최대수량** 및 **적재중량**을 게시한 **게시판을 설치 할 것**. 이 경우 표시문자의 크기는 **가로 40mm, 세로 45mm 이상**(여러 품명의 위험물을 혼재하는 경우에는 적재품명별 문자의 크기를 가로 20mm 이상, 세로 20mm 이상)으로 할 것.

1-8 옥외저장소의 위치 및 설비의 기준

1. 옥외저장소의 공지의 너비★★★

경계표시의 주위에는 그 저장 또는 취급하는 위험물의 최대수량에 따라 다음 표에 의한 너비의 공지를 보유할 것. 다만, 제4류 위험물 중 **제4석유류와 제6류 위험물**을 저장 또는 취급하는 옥외저장소의 보유공지는 다음 표에 의한 공지의 너비의 **3분의 1이상의 너비로 할 수 있다**.

저장 또는 취급하는 위험물의 최대수량	공지의 너비
지정수량의 10배 이하	3m 이상
지정수량의 10배 초과 20배 이하	5m 이상
지정수량의 20배 초과 50배 이하	9m 이상
지정수량의 50배 초과 200배 이하	12m 이상
지정수량의 200배 초과	15m 이상

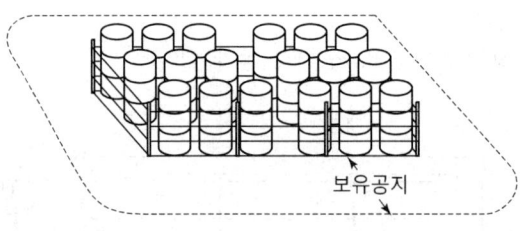

[옥외저장소의 울타리]

2. 옥외저장소의 선반 설치기준★★★★

① 선반은 불연재료로 만들고 견고한 지반면에 고정할 것
② 선반은 당해 선반 및 그 부속설비의 자중·저장하는 위험물의 중량·풍하중·지진의 영향 등에 의하여 생기는 응력에 대하여 안전할 것

③ 선반의 높이는 6m를 초과하지 아니할 것
④ 선반에는 위험물을 수납한 용기가 쉽게 낙하하지 아니하는 조치를 강구할 것

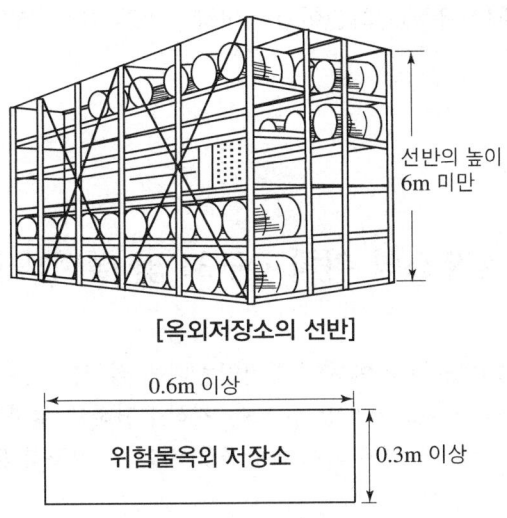

[옥외저장소의 선반]

3. 옥외저장소에서 위험물을 저장하는 경우 높이 제한★★★★★
① 기계에 의하여 하역하는 구조로 된 용기만을 겹쳐 쌓는 경우 : 6m
② 제4류 위험물 중 제3석유류, 제4석유류 및 동식물유류를 수납하는 용기만을 겹쳐 쌓는 경우 : 4m
③ 그 밖의 경우 : 3m

4. 옥외저장소 중 덩어리 상태의 황만을 지반면에 설치한 경계표시의 안쪽에서 저장 또는 취급하는 것의 위치·구조 및 설비의 기술기준
① 하나의 경계표시의 내부의 **면적은 100m² 이하**일 것
② 2 이상의 경계표시를 설치하는 경우에 있어서는 각각의 경계표시 내부의 면적을 합산한 면적은 1,000m² 이하로 하고, 인접하는 경계표시와 경계표시와의 간격을 규정에 의한 공지의 너비의 2분의 1 이상으로 할 것. 다만, 저장 또는 취급하는 위험물의 최대수량이 지정수량의 200배 이상인 경우에는 10m 이상으로 하여야 한다.
③ 경계표시는 불연재료로 만드는 동시에 황이 새지 아니하는 구조로 할 것
④ 경계표시의 높이는 **1.5m 이하**로 할 것
⑤ 경계표시에는 황이 넘치거나 비산하는 것을 방지하기 위한 천막 등을 고정하는 장치를 설치하되, 천막 등을 고정하는 장치는 경계표시의 길이 2m마다 한 개 이상 설치할 것
⑥ 황을 저장 또는 취급하는 장소의 주위에는 배수구와 분리장치를 설치할 것

5. 옥외저장소에 저장할 수 있는 위험물

① 제2류 위험물 : 황, 인화성고체(인화점이 0℃ 이상)
② 제4류 위험물 : 제1석유류(인화점이 0℃ 이상), 제2석유류, 제3석유류, 제4석유류, 알코올류, 동식물유류
③ 제6류 위험물

1-9 암반탱크저장소의 위치·구조 및 설비의 기준

① **암반투수계수가** 10^{-5}**m/sec 이하인** 천연암반내에 설치할 것★★★
② 저장할 위험물의 증기압을 억제할 수 있는 **지하수면하에** 설치할 것
③ 암반탱크의 **내벽은** 암반균열에 의한 **낙반을 방지**할 수 있도록 **볼트·콘크리트** 등으로 보강할 것

1-10 주유취급소의 위치·구조 및 설비의 기준

1. 주유공지 및 급유공지★★★

주유공지	급유공지
너비 15m 이상, 길이 6m 이상의 콘크리트 등으로 포장한 공지	고정급유설비의 호스기기의 주위에 필요한 공지

※ 공지의 바닥은 주위 지면보다 높게 하고, **배수구·집유설비** 및 **유분리장치를** 할 것

2. 표지 및 게시판★★★★★

표 지	게 시 판
위험물 주유취급소	1. 방화에 관하여 필요한 사항 2. 황색바탕에 흑색문자로 "주유중엔진정지"★★

3. 주유취급소에 설치할 수 있는 부대시설

① 주유 또는 등유 · 경유를 채우기 위한 **작업장**
② 주유취급소의 업무를 행하기 위한 **사무소**
③ 자동차 등의 **점검 및 간이정비를 위한 작업장**
④ 자동차 등의 **세정을 위한 작업장**
⑤ 주유취급소에 출입하는 사람을 대상으로 한 **점포 · 휴게음식점 또는 전시장**
⑥ 주유취급소의 **관계자가 거주하는 주거시설**

4. 담 또는 벽

자동차 등이 출입하는 쪽 외의 부분에 **높이 2m 이상의 내화구조 또는 불연재료의 담 또는 벽**을 설치할 것

5. 셀프용 고정 주유 및 급유 설비의 기준

[고객이 직접 주유하는 주유취급소의 특례]

구 분		연속 주유량	주유시간의 상한
셀프용 고정 주유설비	휘발유	100L 이하	4분 이하
	경유	600L 이하	12분 이하
구 분		연속 급유량	급유시간의 상한
셀프용 고정 급유설비		100L 이하	6분 이하

6. 고속국도의 도로변의 주유취급소 탱크최대 용량

60,000L★★

7. 고정주유설비 또는 고정급유설비★★★

① 주유관의 길이는 5m(현수식의 경우에는 지면 위 0.5m의 수평면에 반경 3m) 이내

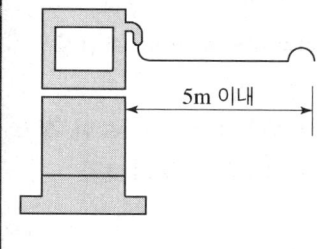
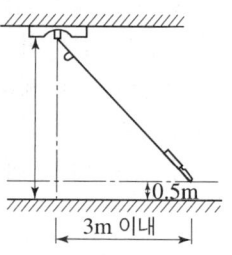

[고정식 및 현수식 주유관]

② 끝부분에는 축적된 정전기를 유효하게 제거할 수 있는 장치를 설치
③ 고정주유설비 또는 고정급유설비의 설치위치
　㉠ 고정주유설비의 중심선을 기점으로 하여
　　• 도로경계선까지 4m 이상
　　• 부지경계선·담 및 건축물의 벽까지 2m(개구부가 없는 벽까지는 1m) 이상
　㉡ 고정급유설비의 중심선을 기점으로 하여
　　• 도로경계선까지 4m 이상
　　• 부지경계선 및 담까지 1m 이상
　　• 건축물의 벽까지 2m(개구부가 없는 벽까지는 1m) 이상

④ 고정주유설비와 고정급유설비의 사이에는 4m 이상

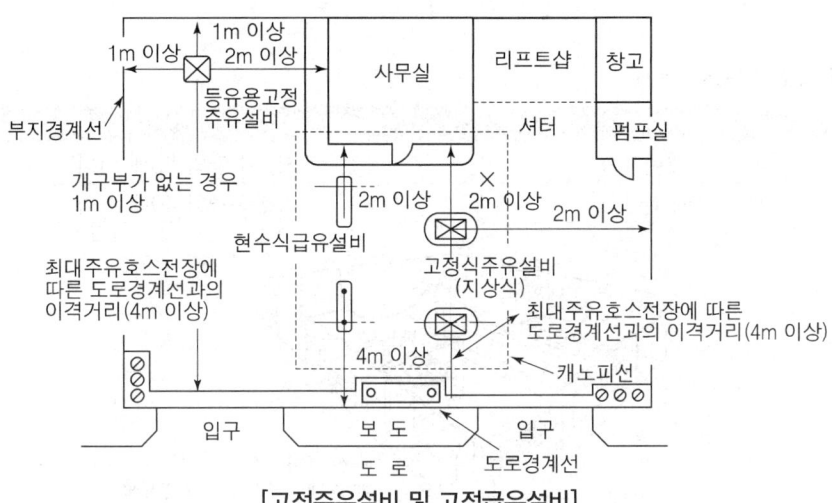

[고정주유설비 및 고정급유설비]

8. 주유취급소의 탱크

① 자동차 등에 주유하기 위한 고정주유설비에 직접 접속하는 전용탱크 : 50,000L 이하
② 고정급유설비에 직접 접속하는 전용탱크 : 50,000L 이하
③ 보일러 등에 직접 접속하는 전용탱크 : 10,000L 이하
④ 폐유탱크로서 용량(2 이상 설치하는 경우에는 각 용량의 합계)이 2,000L 이하인 탱크
⑤ 고정주유설비 또는 고정급유설비에 직접 접속하는 3기 이하의 간이탱크

9. 캐노피의 설치기준

① 배관이 캐노피 내부를 통과할 경우에는 1개 이상의 점검구를 설치할 것
② 캐노피 외부의 점검이 곤란한 장소에 배관을 설치하는 경우에는 용접이음으로 할 것
③ 캐노피 외부의 배관이 일광열의 영향을 받을 우려가 있는 경우에는 단열재로 피복할 것

1-11 판매취급소의 위치·구조 및 설비의 기준

[판매취급소의 구분]★★★

취급소의 구분	저장 또는 취급하는 위험물의 수량
제1종 판매취급소	지정수량의 20배 이하
제2종 판매취급소	지정수량의 40배 이하

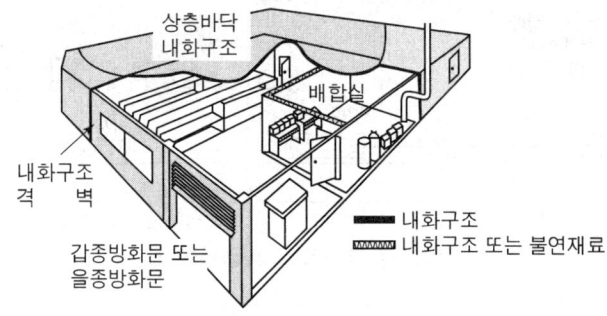

[제1종 판매취급소]

1. 제1종 판매취급소의 위치.구조 및 설비의 기준 :
(제1종판매취급소 : 지정수량의 20배 이하인 판매취급소)

① 건축물의 **1층**에 설치할 것
② 건축물의 부분은 **내화구조 또는 불연재료**로 하고, 판매취급소로 사용되는 부분과 다른 부분과의 **격벽은 내화구조**로 할 것
③ 건축물의 부분은 **보를 불연재료**로 하고, 반자를 설치하는 경우에는 **반자를 불연재료**로 할 것
④ 상층이 있는 경우에 있어서는 그 **상층의 바닥을 내화구조**로 하고, 상층이 없는 경우에 있어서는 **지붕을 내화구조**로 또는 불연재료로 할 것
⑤ **창 및 출입구**에는 **60분+방화문·60분방화문 또는 30분방화문**을 설치할 것
⑥ **창 또는 출입구**에 유리를 이용하는 경우에는 **망입유리**로 할 것
⑦ 위험물을 **배합하는** 실은 다음에 의할 것
　㉠ 바닥면적은 **6m² 이상 15m² 이하**일 것
　㉡ **내화구조 또는 불연재료로 된 벽**으로 구획할 것
　㉢ 바닥은 위험물이 침투하지 아니하는 구조로 하여 적당한 경사를 두고 **집유설비**를 할 것
　㉣ **출입구**에는 수시로 열 수 있는 자동폐쇄식의 **60분+방화문 또는 60분방화문**을 설치할 것
　㉤ 출입구 **문턱의 높이**는 바닥면으로부터 **0.1m 이상**으로 할 것
　㉥ 내부에 체류한 가연성의 증기 또는 가연성의 미분을 지붕위로 방출하는 설비를 할 것

2. 제2종 판매취급소의 위치·구조 및 설비의 기준★★★
(제2종 판매취급소 : 지정수량의 40배 이하인 판매취급소)

① **벽·기둥·바닥 및 보를 내화구조** 하고, **천장**이 있는 경우에는 이를 **불연재료**로 하며, 판매취급소로 사용되는 부분과 다른 부분과의 **격벽은 내화구조**로 할 것
② 상층이 있는 경우에는 상층의 바닥을 내화구조로 하는 동시에 상층으로의 연소를 방지하기 위한 조치를 강구하고, 상층이 없는 경우에는 지붕을 내화구조로 할 것
③ 연소의 우려가 없는 부분에 한하여 창을 두되, 당해 **창에는 60분+방화문·60분방화문 또는 30분방화문**을 설치할 것
④ **출입구**에는 60분+방화문·60분방화문 **또는 30분방화문**을 설치할 것. 다만, 해당 부분 중 연소의 우려가 있는 벽 또는 창의 부분에 설치하는 출입구에는 수시로 열 수 있는 **자동폐쇄식**의 60분+방화문 또는 60분방화문을 설치하여야 한다.

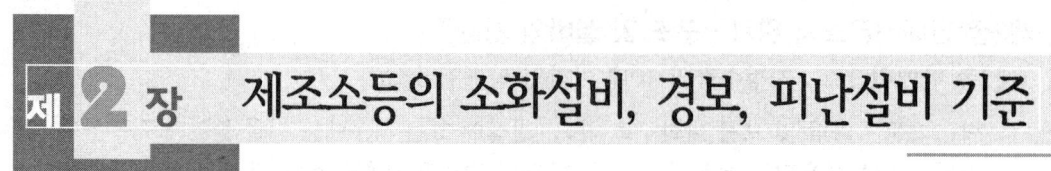

제 2 장 제조소등의 소화설비, 경보, 피난설비 기준

2-1 소화난이도등급 I 의 제조소등 및 소화설비

1. 소화난이도등급 I 에 해당하는 제조소등

제조소 등의 구분	제조소등의 규모, 저장 또는 취급하는 위험물의 품명 및 최대수량 등
제조소 일반취급소	연면적 1,000m² 이상인 것
	지정수량의 100배 이상인 것(고인화점위험물만을 100℃ 미만의 온도에서 취급하는 것 및 제48조의 위험물을 취급하는 것은 제외)
	지반면으로부터 6m 이상의 높이에 위험물 취급설비가 있는 것(고인화점위험물만을 100℃ 미만의 온도에서 취급하는 것은 제외)
	일반취급소로 사용되는 부분 외의 부분을 갖는 건축물에 설치된 것(내화구조로 개구부 없이 구획된 것 및 고인화점위험물만을 100℃ 미만의 온도에서 취급하는 것은 제외
주유취급소	별표 13 V 제2호에 따른 면적의 합이 500m²를 초과하는 것
옥내저장소	지정수량의 150배 이상인 것(고인화점위험물만을 저장하는 것 및 제48조의 위험물을 저장하는 것은 제외)
	연면적 150m²를 초과하는 것(150m² 이내마다 불연재료로 개구부없이 구획된 것 및 인화성고체 외의 제2류 위험물 또는 인화점 70℃ 이상의 제4류 위험물만을 저장하는 것은 제외)
	처마높이가 6m 이상인 단층건물의 것
	옥내저장소로 사용되는 부분 외의 부분이 있는 건축물에 설치된 것(내화구조로 개구부 없이 구획된 것 및 인화성고체 외의 제2류 위험물 또는 인화점 70℃ 이상의 제4류 위험물만을 저장하는 것은 제외)
옥외 탱크저장소	액표면적이 40m² 이상인 것(제6류 위험물을 저장하는 것 및 고인화점위험물만을 100℃ 미만의 온도에서 저장하는 것은 제외)
	지반면으로부터 탱크 옆판의 상단까지 높이가 6m 이상인 것(제6류 위험물을 저장하는 것 및 고인화점위험물만을 100℃ 미만의 온도에서 저장하는 것은 제외)
	지중탱크 또는 해상탱크로서 지정수량의 100배 이상인 것(제6류 위험물을 저장하는 것 및 고인화점위험물만을 100℃ 미만의 온도에서 저장하는 것은 제외)
	고체위험물을 저장하는 것으로서 지정수량의 100배 이상인 것
옥내 탱크저장소	액표면적이 40m² 이상인 것(제6류 위험물을 저장하는 것 및 고인화점위험물만을 100℃ 미만의 온도에서 저장하는 것은 제외)

제 2 장 제조소등의 소화설비, 경보, 피난설비 기준

제조소등의 구분	제조소등의 규모, 저장 또는 취급하는 위험물의 품명 및 최대수량 등
	바닥면으로부터 **탱크 옆판의 상단까지 높이가 6m 이상**인 것(제6류 위험물을 저장하는 것 및 고인화점위험물만을 100℃ 미만의 온도에서 저장하는 것은 제외)
	탱크전용실이 단층건물 외의 건축물에 있는 것으로서 인화점 38℃ 이상 70℃ 미만의 위험물을 **지정수량의 5배 이상** 저장하는 것(내화구조로 개구부없이 구획된 것은 제외한다)
옥외저장소	덩어리 상태의 황을 저장하는 것으로서 경계표시 내부의 면적(2 이상의 경계표시가 있는 경우에는 각 경계표시의 내부의 면적을 합한 면적)이 100m² 이상인 것
	별표 11 Ⅲ의 위험물을 저장하는 것으로서 지정수량의 100배 이상인 것
암반 탱크저장소	액표면적이 40m² 이상인 것(제6류 위험물을 저장하는 것 및 고인화점위험물만을 100℃ 미만의 온도에서 저장하는 것은 제외)
	고체위험물만을 저장하는 것으로서 **지정수량의 100배 이상**인 것
이송취급소	모든 대상

[비고] 제조소등의 구분별로 오른쪽란에 정한 제조소등의 규모, 저장 또는 취급하는 위험물의 수량 및 최대수량 등의 어느 하나에 해당하는 제조소등은 소화난이도등급 Ⅰ에 해당하는 것으로 한다.

2. 소화난이도등급 Ⅰ의 제조소등에 설치하여야 하는 소화설비

제조소등의 구분			소화설비
제조소 및 일반취급소			옥내소화전설비, 옥외소화전설비, 스프링클러설비 또는 물분무등소화설비(화재발생시 연기가 충만할 우려가 있는 장소에는 스프링클러설비 또는 이동식 외의 물분무등소화설비에 한한다)
주유취급소			스프링클러설비(건축물에 한정한다), 소형수동식소화기등(능력단위의 수치가 건축물 그 밖의 공작물 및 위험물의 소요단위의 수치에 이르도록 설치할 것)
옥내 저장소	처마높이가 6m 이상인 단층건물 또는 다른 용도의 부분이 있는 건축물에 설치한 옥내저장소		스프링클러설비 또는 이동식 외의 물분무등소화설비
	그 밖의 것		옥외소화전설비, 스프링클러설비, 이동식 외의 물분무등소화설비 또는 이동식 포소화설비(포소화전을 옥외에 설치하는 것에 한한다)
옥외 탱크 저장소	지중탱크 또는 해상탱크 외의 것	황만을 저장 취급하는 것	물분무소화설비
		인화점 70℃ 이상의 제4류 위험물만을 저장·취급하는 것	물분무소화설비 또는 고정식 포소화설비
		그 밖의 것	고정식 포소화설비(포소화설비가 적응성이 없는 경우에는 분말소화설비)

제조소등의 구분		소화설비
	지중탱크	고정식 포소화설비, 이동식 이외의 불연성가스소화설비 또는 이동식 이외의 할로젠화합물소화설비
	해상탱크	고정식 포소화설비, 물분무포소화설비, 이동식이외의 불연성가스소화설비 또는 이동식 이외의 할로젠화합물소화설비
옥내탱크저장소	황만을 저장취급하는 것	물분무소화설비
	인화점 70℃ 이상의 제4류 위험물만을 저장취급하는 것	물분무소화설비, 고정식 포소화설비, 이동식 이외의 불연성가스소화설비, 이동식 이외의 할로젠화합물소화설비 또는 이동식 이외의 분말소화설비
	그 밖의 것	고정식 포소화설비, 이동식 이외의 불연성가스소화설비, 이동식 이외의 할로젠화합물소화설비 또는 이동식 이외의 분말소화설비
옥외저장소 및 이송취급소		옥내소화전설비, 옥외소화전설비, 스프링클러설비 또는 물분무등소화설비(화재발생시 연기가 충만할 우려가 있는 장소에는 스프링클러설비 또는 이동식 이외의 물분무등소화설비에 한한다)
암반탱크저장소	황만을 저장취급하는 것	물분무소화설비
	인화점 70℃ 이상의 제4류 위험물만을 저장취급하는 것	물분부소화설비 또는 고정식 포소화설비
	그 밖의 것	고정식 포소화설비(포소화설비가 적응성이 없는 경우에는 분말소화설비)

[비고]
1. 위 표 오른쪽란의 소화설비를 설치함에 있어서는 당해 소화설비의 방사범위가 당해 제조소, 일반취급소, 옥내저장소, 옥외탱크저장소, 옥내탱크저장소, 옥외저장소, 암반탱크저장소(암반탱크에 관계되는 부분을 제외한다) 또는 이송취급소(이송기지 내에 한한다)의 건축물, 그 밖의 공작물 및 위험물을 포함하도록 하여야 한다. 다만, 고인화점위험물만을 100℃ 미만의 온도에서 취급하는 제조소 또는 일반취급소의 경우에는 당해 제조소 또는 일반취급소의 건축물 및 그 밖의 공작물만 포함하도록 할 수 있다.
2. 고인화점위험물만을 100℃ 미만의 온도에서 취급하는 제조소 또는 일반취급소의 위험물에 대해서는 대형수동식소화기 1개 이상과 당해 위험물의 소요단위에 해당하는 능력단위의 소형수동식소화기를 설치하여야 한다. 다만, 당해 제조소 또는 일반취급소에 옥내·외소화전설비, 스프링클러설비 또는 물분무등소화설비를 설치한 경우에는 당해 소화설비의 방사능력범위 내에는 대형수동식소화기를 설치하지 아니할 수 있다.
3. 가연성증기 또는 가연성미분이 체류할 우려가 있는 건축물 또는 실내에는 대형수동식소화기 1개 이상과 당해 건축물, 그 밖의 공작물 및 위험물의 소요단위에 해당하는 능력단위의 소형수동식소화기 등을 추가로 설치하여야 한다.
4. 제4류 위험물을 저장 또는 취급하는 옥외탱크저장소 또는 옥내탱크저장소에는 소형수동식소화기 등을 2개 이상 설치하여야 한다.
5. 제조소, 옥내탱크저장소, 이송취급소, 또는 일반취급소의 작업공정상 소화설비의 방사능력범위 내에 당해 제조소등에서 저장 또는 취급하는 위험물의 전부가 포함되지 아니하는 경우에는 당해 위험물에 대하여 대형수동식소화기 1개 이상과 당해 위험물의 소요단위에 해당하는 능력단위의 소형수동식소화기 등을 추가로 설치하여야 한다.

3. 소화난이도등급 II의 제조소등 및 소화설비

제조소등의 구분	제조소등의 규모, 저장 또는 취급하는 위험물의 품명 및 최대수량 등
제조소 일반취급소	연면적 600m² 이상인 것
	지정수량의 10배 이상인 것(고인화점위험물만을 100℃ 미만의 온도에서 취급하는 것 및 제48조의 위험물을 취급하는 것은 제외)
	별표 16 II · III · IV · V · VIII · IX 또는 X 의 일반취급소로서 소화난이도등급 I 의 제조소등에 해당하지 아니하는 것(고인화점위험물만을 100℃ 미만의 온도에서 취급하는 것은 제외)
옥내저장소	단층건물 이외의 것
	별표 5 II 또는 IV제1호의 옥내저장소
	지정수량의 10배 이상인 것(고인화점위험물만을 저장하는 것 및 제48조의 위험물을 저장하는 것은 제외)
	연면적 150m² 초과인 것
	별표 5 III 의 옥내저장소로서 소화난이도등급 I 의 제조소등에 해당하지 아니하는 것
옥외탱크저장소 옥내탱크저장소	소화난이도등급 I 의 제조소등 외의 것(고인화점위험물만을 100℃ 미만의 온도로 저장하는 것 및 제6류 위험물만을 저장하는 것은 제외)
옥외저장소	덩어리 상태의 황을 저장하는 것으로서 경계표시 내부의 면적(2 이상의 경계표시가 있는 경우에는 각 경계표시의 내부의 면적을 합한 면적)이 5m² 이상 100m² 미만인 것
	별표 11 III 의 위험물을 저장하는 것으로서 지정수량의 10배 이상 100배 미만인 것
	지정수량의 100배 이상인 것(덩어리 상태의 황 또는 고인화점위험물을 저장하는 것은 제외)
주유취급소	옥내주유취급소로서 소화난이도등급 I 의 제조소등에 해당하지 아니하는 것
판매취급소	제2종 판매취급소

[비고] 제조소등의 구분별로 오른쪽란에 정한 제조소등의 규모, 저장 또는 취급하는 위험물의 수량 및 최대수량 등의 어느 하나에 해당하는 제조소등은 소화난이도등급 II에 해당하는 것으로 한다.

4. 소화난이도등급 II의 제조소등에 설치하여야 하는 소화설비

제조소등의 구분	소화설비
제조소, 옥내저장소 옥외저장소, 주유취급소 판매취급소, 일반취급소	방사능력범위 내에 당해 건축물, 그 밖의 공작물 및 위험물이 포함되도록 대형수동식소화기를 설치하고, 당해 위험물의 소요단위의 1/5 이상에 해당되는 능력단위의 소형수동식소화기등을 설치할 것
옥외탱크저장소 옥내탱크저장소	대형수동식소화기 및 소형수동식소화기등을 각각 1개 이상 설치할 것

[비고]
(1) 옥내소화전설비, 옥외소화전설비, 스프링클러설비 또는 물분무등소화설비를 설치한 경우에는 당해 소화설비의 방사능력범위 내의 부분에 대해서는 대형수동식소화기를 설치하지 아니할 수 있다.
(2) 소형수동식소화기등이란 제4호의 규정에 의한 소형수동식소화기 또는 기타 소화설비를 말한다. 이하 같다.

5. 소화난이도등급Ⅲ의 제조소등 및 소화설비

제조소등의 구분	제조소등의 규모, 저장 또는 취급하는 위험물의 품명 및 최대수량등
제조소 일반취급소	제48조의 위험물을 취급하는 것
	제48조의 위험물외의 것을 취급하는 것으로서 소화난이도등급Ⅰ 또는 소화난이도등급Ⅱ의 제조소등에 해당하지 아니하는 것
옥내저장소	제48조의 위험물을 취급하는 것
	제48조의 위험물외의 것을 취급하는 것으로서 소화난이도등급Ⅰ 또는 소화난이도등급Ⅱ의 제조소등에 해당하지 아니하는 것
지하탱크저장소 간이탱크저장소 이동탱크저장소	모든 대상
옥외저장소	덩어리 상태의 황을 저장하는 것으로서 경계표시 내부의 면적(2 이상의 경계표시가 있는 경우에는 각 경계표시의 내부의 면적을 합한 면적)이 $5m^2$ 미만인 것
	덩어리 상태의 황 외의 것을 저장하는 것으로서 소화난이도등급Ⅰ 또는 소화난이도등급Ⅱ의 제조소등에 해당하지 아니하는 것
주유취급소	옥내주유취급소 외의 것으로서 소화난이도등급Ⅰ의 제조소등에 해당하지 아니하는 것
제1종판매취급소	모든 대상

[비고] 제조소등의 구분별로 오른쪽란에 정한 제조소등의 규모, 저장 또는 취급하는 위험물의 수량 및 최대수량 등의 어느 하나에 해당하는 제조소등은 소화난이도등급Ⅲ에 해당하는 것으로 한다.

6. 소화난이도등급Ⅲ의 제조소등에 설치하여야 하는 소화설비

제조소등의 구분	소화설비	설치기준	
지하탱크 저장소	소형수동식소화기등	능력단위의 수치가 3 이상	2개 이상
이동탱크 저장소	자동차용소화기	무상의 강화액 8L 이상	2개 이상
		이산화탄소 3.2킬로그램 이상	
		일브로민화일염화이플루오린화메탄(CF_2ClBr) 2L 이상	
		일브로민화삼플루오린화메탄(CF_3Br) 2L 이상	
		이브로민화사플루오린화메탄($C_2F_4Br_2$) 1L 이상	
		소화분말 3.3킬로그램 이상	
	마른 모래 및 팽창질석 또는 팽창진주암	마른모래 150L 이상	
		팽창질석 또는 팽창진주암 640L 이상	
그 밖의 제조소등	소형수동식소화기등	능력단위의 수치가 건축물 그 밖의 공작물및 위험물의 소요단위의 수치에 이르도록 설치할 것. 다만, 옥내소화전설비, 옥외소화전설비, 스프링클러설비, 물분무등소화설비 또는 대형수동식소화기를 설치한 경우에는 당해 소화설비의 방사능력범위내의 부분에 대하여는 수동식소화기등을 그 능력단위의 수치가 당해 소요단위의 수치의 1/5이상이 되도록 하는 것으로 족하다.	

[비고] 알킬알루미늄 등을 저장 또는 취급하는 이동탱크저장소에 있어서는 자동차용소화기를 설치하는 외에 마른모래나 팽창질석 또는 팽창진주암을 추가로 설치하여야 한다.

7. 소화설비의 적응성

소화설비의 구분			대상물 구분									
			건축물·그 밖의 공작물	전기설비	제1류 위험물		제2류 위험물			제3류 위험물		제4류 위험물	제5류 위험물	제6류 위험물
					알칼리금속의 과산화물등	그 밖의 것	철분·금속분·마그네슘등	인화성고체	그 밖의 것	금수성물품	그 밖의 것			
옥내소화전 또는 옥외소화전설비			○			○		○	○		○		○	○
스프링클러설비			○			○		○	○		○	△	○	○
물분무등소화설비	물분무소화설비		○	○		○		○	○		○	○	○	○
	포소화설비		○			○		○	○		○	○	○	○
	불연성가스소화설비			○				○				○		
	할로젠화합물소화설비			○				○				○		
	분말소화설비	인산염류등	○	○		○		○	○			○		○
		탄산수소염류등		○	○		○	○		○		○		
		그 밖의 것			○		○			○				
대형·소형수동식소화기	봉상수(棒狀水)소화기		○			○		○	○		○		○	○
	무상수(霧狀水)소화기		○	○		○		○	○		○		○	○
	봉상강화액소화기		○			○		○	○		○		○	○
	무상강화액소화기		○	○		○		○	○		○	○	○	○
	포소화기		○			○		○	○		○	○	○	○
	이산화탄소소화기			○				○				○		△
	할로젠화합물소화기			○				○				○		
	분말소화기	인산염류소화기	○	○		○		○	○			○		○
		탄산수소염류소화기		○	○		○	○		○		○		
		그 밖의 것			○		○			○				
기타	물통 또는 수조		○			○		○	○		○		○	○
	건조사				○	○	○	○	○	○	○	○	○	○
	팽창질석 또는 팽창진주암				○	○	○	○	○	○	○	○	○	○

[비고]
(1) "○"표시는 당해 소방대상물 및 위험물에 대하여 소화설비가 적응성이 있음을 표시하고, "△"표시는 제4류 위험물을 저장 또는 취급하는 장소의 살수기준면적에 따라 스프링클러설비의 살수밀도가 다음 표에 정하는 기준 이상인 경우에는 당해 스프링클러설비가 제4류 위험물에 대하여 적응성이 있음을, 제6류 위험물을 저장 또는 취급하는 장소로서 폭발의 위험이 없는 장소에 한하여 이산화탄소소화기가 제6류 위험물에 대하여 적응성이 있음을 각각 표시한다.

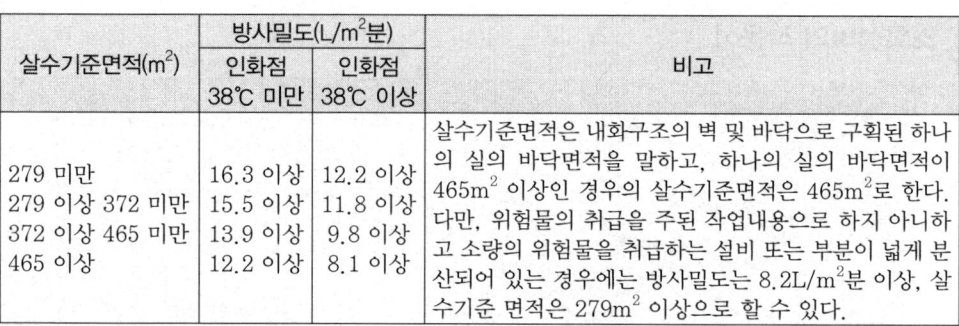

(2) 인산염류 등은 인산염류, 황산염류 그 밖에 방염성이 있는 약제를 말한다.
(3) 탄산수소염류 등은 탄산수소염류 및 탄산수소염류와 요소의 반응생성물을 말한다.
(4) 알칼리금속과산화물 등은 알칼리금속의 과산화물 및 알칼리금속의 과산화물을 함유한 것을 말한다.
(5) 철분·금속분·마그네슘 등은 철분·금속분·마그네슘과 철분·금속분 또는 마그네슘을 함유한 것을 말한다.

2-2 경보설비

1. 제조소등별로 설치하여야 하는 경보설비의 종류

제조소등의 구분	제조소등의 규모, 저장 또는 취급하는 위험물의 종류 및 최대수량 등	경보설비
1. 제조소 및 일반취급소	• 연면적 $500m^2$ 이상인 것 • 옥내에서 지정수량의 100배 이상을 취급하는 것(고인화점위험물만을 100℃ 미만의 온도에서 자동화재 취급하는 것을 제외한다) • 일반취급소로 사용되는 부분 외의 부분이 있는 건축물에 설치된 일반취급소(일반취급소와 일반취급소 외의 부분이 내화구조의 바닥 또는 벽으로 개구부 없이 구획된 것을 제외한다)	자동화재탐지설비
2. 옥내저장소	• 지정수수량의 100배 이상을 저장 또는 취급하는 것(고인화점위험물만을 저장 또는 취급하는 것을 제외한다) • 저장창고의 연면적이 $150m^2$를 초과하는 것[당해저장창고가 연면적 $150m^2$ 이내마다 불연재료의 격벽으로 개구부 없이 완전히 구획된 것과 제2류 또는 제4류의 위험물(인화성고체 및 인화점이 70℃ 미만인 제4류 위험물을 제외한다)만을 저장 또는 취급하는 것에 있어서는 저장창고의 연면적이 $500m^2$ 이상의 것에 한란다] • 처마높이가 6m 이상인 단층건물의 것 • 옥내저장소로 사용되는 부분 외의 부분이 있는 건축물에 설치된 옥내저장소[옥내저장소와 옥내저장소 외의 부분이 내화구조의 바닥 또는 벽으로 개구부 없이 구획된 것과 제2류 또는 제4류의 위험물(인화성고체 및 인화점이 70℃ 미만인	

제조소등의 구분	제조소등의 규모, 저장 또는 취급하는 위험물의 종류 및 최대수량 등	경보설비
	제4류 위험물을 제외한다)만을 저장 또는 취급 하는 것을 제외한다]	
3. 옥내탱크저장소	단층 건물 외의 건축물에 설치된 옥내탱크저장소로서 소화난이도등급 Ⅰ에 해당하는 것	
4. 주유취급소	옥내주유취급소	
5. 옥외탱크저장소	특수인화물, 제1석유류 및 알코올류를 저장 또는 취급하는 탱크의 용량이 1000만 리터 이상인 것	자동화재탐지설비 자동화재속보설비
6. 자동화재탐지설비 설치 대상에 해당하지 아니하는 제조소등	지정수량의 10배 이상을 저장 또는 취급하는 것	자동화재탐지설비, 비상경보설비, 확성장치 또는 비상방송설비 중 1종 이상

[비고] 이송취급소의 경보설비는 별표 15 Ⅳ제14호의 규정에 의한다.

2. 자동화재탐지설비의 설치기준

① 자동화재탐지설비의 **경계구역**은 건축물 그 밖의 공작물의 **2 이상의 층**에 걸치지 아니하도록 할 것. 다만, 하나의 경계구역의 면적이 500m² 이하이면서 당해 경계구역이 **두개의 층에 걸치는 경우**이거나 계단·경사로·승강기의 승강로 그 밖에 이와 유사한 장소에 연기감지기를 설치하는 경우에는 그러하지 아니하다.

② 하나의 경계구역의 **면적은 600m² 이하**로 하고 그 한변의 **길이는 50m**(광전식분리형 감지기를 설치할 경우에는 100m)이하로 할 것. 다만, 당해 건축물 그 밖의 공작물의 주요한 출입구에서 그 **내부의 전체를 볼 수 있는 경우**에 있어서는 그 면적을 1,000m² 이하로 할 수 있다.

③ 자동화재탐지설비의 감지기는 지붕(상층이 있는 경우에는 상층의 바닥) 또는 벽의 옥내에 면한 부분(천장이 있는 경우에는 천장 또는 벽의 옥내에 면한 부분 및 천장의 뒷 부분)에 유효하게 화재의 발생을 감지할 수 있도록 설치할 것

④ 자동화재탐지설비에는 **비상전원을 설치**할 것

2-3 피난설비

① 주유취급소 중 건축물의 2층 이상의 부분을 점포·휴게음식점 또는 전시장의 용도로 사용하는 것에 있어서는 당해 건축물의 2층 이상으로부터 주유취급소의 부지 밖으로 통하는 출입구와 당해 출입구로 통하는 통로·계단 및 출입구에 유도등을 설치하여야 한다.

② 옥내주유취급소에 있어서는 당해 사무소 등의 출입구 및 피난구와 당해 피난구로 통하는 통로·계단 및 출입구에 유도등을 설치하여야 한다.

③ 유도등에는 비상전원을 설치하여야 한다.

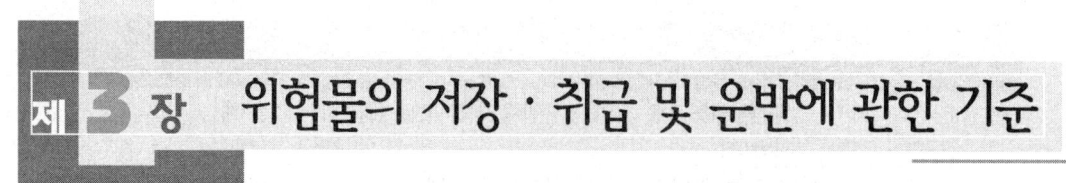

3-1 위험물의 저장 및 취급에 관한 기준

1. 알킬알루미늄, 아세트알데하이드 등 및 다이에틸에터 등의 저장기준★★

탱크의 종류	물질명	저장기준
• 이동저장탱크	알킬알루미늄	20kPa 이하의 압력으로 불활성의 기체를 봉입
	아세트알데하이드	불활성의 기체를 봉입
• 옥외・옥내, 지하 저장탱크 중 압력탱크외의 탱크	산화프로필렌과 이를 함유한 것 또는 다이에틸에터	30℃ 이하
	아세트알데하이드 또는 이를 함유한 것	15℃ 이하
• 옥외・옥내 또는지하 저장탱크 중 압력 탱크에 저장하는 경우	아세트알데하이드등 또는 다이에틸에터	40℃ 이하
• 보냉장치가 있는 이동 저장탱크	아세트알데하이드등 또는 다이에틸에터	비점 이하
• 보냉장치가 없는 이동 저장탱크	아세트알데하이드등 또는 다이에틸에터	40℃ 이하

2. 위험물 운반용기의 외부 표시 사항★★★★★

① 위험물의 품명, 위험등급, 화학명 및 수용성(제4류 위험물의 수용성인 것에 한함)
② 위험물의 수량
③ 수납하는 위험물에 따른 주의사항

종류별	성질에 따른 구분	표시사항
제1류 위험물	알칼리금속의 과산화물	화기・충격주의, 물기엄금 및 가연물접촉주의
	그 밖의 것	화기・충격주의 및 가연물접촉주의
제2류 위험물	철분・금속분・마그네슘	화기주의 및 물기엄금
	인화성고체	화기엄금
	그 밖의 것	화기주의
제3류 위험물	자연발화성 물질	화기엄금 및 공기접촉엄금
	금수성 물질	물기엄금
제4류 위험물	인화성 액체	화기엄금
제5류 위험물	자기반응성 물질	화기엄금 및 충격주의
제6류 위험물	산화성 액체	가연물 접촉주의

3. 유별을 달리하는 위험물의 혼재기준★★★★★

구 분	제1류	제2류	제3류	제4류	제5류	제6류
제1류		×	×	×	×	○
제2류	×		×	○	○	×
제3류	×	×		○	×	×
제4류	×	○	○		○	×
제5류	×	○	×	○		×
제6류	○	×	×	×	×	

[비고]
1. "×"표시는 혼재할 수 없음을 표시
2. "○"표시는 혼재할 수 있음을 표시
3. 이 표는 지정수량의 $\frac{1}{10}$ 이하의 위험물에 대하여는 적용하지 아니한다.

4. 적재위험물의 성질에 따른 조치★★★★★

(1) 차광성이 있는 피복으로 가려야하는 위험물

① 제1류 위험물
② 제3류 위험물 중 자연발화성물질
③ 제4류 위험물 중 특수인화물
④ 제5류 위험물
⑤ 제6류 위험물

(2) 방수성이 있는 피복으로 덮어야 하는 것

① 제1류 위험물 중 알칼리금속의 과산화물
② 제2류 위험물 중 철분·금속분·마그네슘 또는 이들 중 어느 하나 이상을 함유한 것
③ 제3류 위험물 중 금수성 물질

(3) 제5류 위험물 중 55℃ 이하의 온도에서 분해될 우려가 있는 것은 보냉 컨테이너에 수납하는 등 적정한 온도관리를 할 것

5. 운반용기의 내용적에 대한 수납율★★★★★

① 고체위험물은 운반용기 내용적의 95% 이하의 수납율로 수납할 것
② 액체위험물은 운반용기 내용적의 98% 이하의 수납율로 수납하되, 55℃의 온도에서 누설되지 아니하도록 충분한 공간용적을 유지하도록 할 것

구 분	액체위험물	고체위험물
수납율	내용적의 98% 이하	내용적의 95% 이하

6. 위험물의 등급 분류★★★

위험등급	해당 위험물
위험등급 I	① 제1류 위험물 중 아염소산염류, 염소산염류, 과염소산염류, 무기과산화물 그 밖에 지정수량이 50kg인 위험물 ② 제3류 위험물 중 칼륨, 나트륨, 알킬알루미늄, 알킬리튬, 황린 그 밖에 지정수량이 10kg 또는 20kg인 위험물 ③ 제4류 위험물 중 특수인화물 ④ 제5류 위험물 중 지정수량이 10kg인 위험물 ⑤ 제6류 위험물

위험등급 II	① 제1류 위험물 중 브로민산염류, 질산염류, 아이오딘산염류
	   그 밖에 지정수량이 300kg인 위험물
	② 제2류 위험물 중 황화인, 적린, 황
	   그 밖에 지정수량이 100kg인 위험물
	③ 제3류 위험물 중 알칼리금속(칼륨, 나트륨 제외) 및 알칼리토금속, 유기금속화합물(알킬알루미늄 및 알킬리튬은 제외)
	   그 밖에 지정수량이 50kg인 위험물
	④ 제4류 위험물 중 제1석유류, 알코올류
	⑤ 제5류 위험물 중 위험등급 I 위험물 외의 것

위험등급 III	위험등급 I, II 이외의 위험물

7. 탱크의 내용적 및 공간용적

(1) 탱크용적의 산출기준★★★★★

탱크의 용량탱크의 내용적에서 공간용적을 뺀 용적

$$탱크의\ 용적 = 탱크의\ 내용적 - 탱크의\ 공간용적$$

(2) 탱크의 공간용적★★★

탱크내용적의 $\frac{5}{100}$ 이상 $\frac{10}{100}$ 이하의 용적

(다만, 소화설비(소화약제 방출구를 탱크안의 윗부분에 설치하는 것)를 설치하는 탱크의 공간용적은 당해 소화설비의 소화약제방출구 아래의 0.3m 이상 1m 미만 사이의 면으로부터 윗부분의 용적으로 한다.)

(3) 암반탱크의 공간용적

탱크내에 용출하는 **7일간**의 **지하수의 양**에 상당하는 용적과 당해 탱크의 **내용적의 1/100의 용적** 중에서 **보다 큰 용적**

(4) 탱크의 내용적 계산방법★★★★★

① 타원형 탱크의 내용적
  ㉠ 양쪽이 볼록한 것

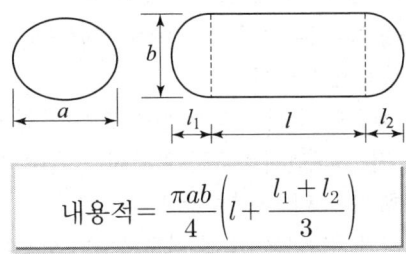

내용적 $= \dfrac{\pi ab}{4}\left(l + \dfrac{l_1 + l_2}{3}\right)$

  ㉡ 한쪽은 볼록하고 다른 한쪽은 오목한 것

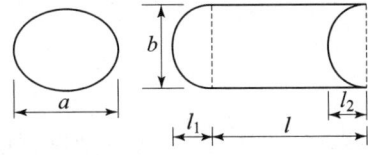

내용적 $= \dfrac{\pi ab}{4}\left(l + \dfrac{l_1 - l_2}{3}\right)$

② 원통형 탱크의 내용적
  ㉠ 횡으로 설치한 것

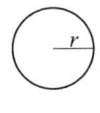 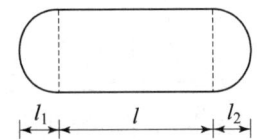

내용적 $= \pi r^2\left(l + \dfrac{l_1 + l_2}{3}\right)$

  ㉡ 종으로 설치한 것

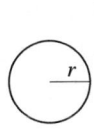 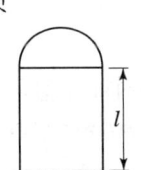

내용적 $= \pi r^2 l$

8. 저장·취급의 공통기준

① 제조소등에서 규정에 의한 허가 및 규정에 의한 신고와 관련되는 품명 외의 위험물 또는 이러한 허가 및 신고와 관련되는 수량 또는 지정수량의 배수를 초과하는 위험물을 저장 또는 취급하지 아니하여야 한다(중요기준).

② 위험물을 저장 또는 취급하는 건축물 그 밖의 공작물 또는 설비는 당해 위험물의 성질에 따라 차광 또는 환기를 실시하여야 한다.

③ 위험물은 **온도계, 습도계, 압력계** 그 밖의 계기를 감시하여 당해 위험물의 성질에 맞는 적정한 온도, 습도 또는 압력을 유지하도록 저장 또는 취급하여야 한다.

④ 위험물을 저장 또는 취급하는 경우에는 위험물의 변질, 이물의 혼입 등에 의하여 당해 위험물의 위험성이 증대되지 아니하도록 필요한 조치를 강구하여야 한다.

⑤ 위험물이 남아 있거나 남아 있을 우려가 있는 설비, 기계·기구, 용기 등을 수리하는 경우에는 안전한 장소에서 위험물을 완전하게 제거한 후에 실시하여야 한다.

⑥ 위험물을 용기에 수납하여 저장 또는 취급할 때에는 그 용기는 당해 위험물의 성질에 적응하고 파손·부식·균열 등이 없는 것으로 하여야 한다.

⑦ 가연성의 액체·증기 또는 가스가 새거나 체류할 우려가 있는 장소 또는 가연성의 미분이 현저하게 부유할 우려가 있는 장소에서는 전선과 전기기구를 완전히 접속하고 불꽃을 발하는 기계·기구·공구·신발 등을 사용하지 아니하여야 한다.

⑧ 위험물을 보호액 중에 보존하는 경우에는 당해 위험물이 보호액으로부터 노출되지 아니하도록 하여야 한다.

9. 유별 저장·취급의 공통기준(중요기준)

(1) 제1류 위험물

가연물과의 접촉·혼합이나 분해를 촉진하는 물품과의 접근 또는 과열·충격·마찰 등을 피하는 한편, 알카리금속의 과산화물 및 이를 함유한 것에 있어서는 물과의 접촉을 피하여야 한다.

(2) 제2류 위험물

산화제와의 접촉·혼합이나 불티·불꽃·고온체와의 접근 또는 과열을 피하는 한편, 철분·금속분·마그네슘 및 이를 함유한 것에 있어서는 물이나 산과의 접촉을 피하고 인화성 고체에 있어서는 함부로 증기를 발생시키지 아니하여야 한다.

(3) 제3류 위험물

자연발화성물질에 있어서는 불티·불꽃 또는 고온체와의 접근·과열 또는 공기와의 접촉을 피하고, 금수성물질에 있어서는 물과의 접촉을 피하여야 한다.

(4) 제4류 위험물

불티·불꽃·고온체와의 접근 또는 과열을 피하고, 함부로 증기를 발생시키지 아니하여야 한다.

(5) 제5류 위험물

불티·불꽃·고온체와의 접근이나 과열·충격 또는 마찰을 피 하여야 한다.

(6) 제6류 위험물

가연물과의 접촉·혼합이나 분해를 촉진하는 물품과의 접근 또는 과열을 피하여야 한다.

10. 저장의 기준

유별을 달리하는 위험물은 동일한 저장소(내화구조의 격벽으로 완전히 구획된 실이 2 이상 있는 저장소에 있어서는 동일한 실)에 저장하지 아니하여야 한다.

① **옥내저장소 또는 옥외저장소**에 있어서 다음의 각목의 규정에 의한 위험물을 저장하는 경우로서 위험물을 유별로 정리하여 저장하는 한편, **서로 1m 이상의 간격**을 두는 경우에는 **동일한 저장소에 저장할 수 있다(중요기준)**.

  ㉠ **제1류 위험물**(알칼리금속의 과산화물 또는 이를 함유한 것을 제외)과 **제5류 위험물**을 저장하는 경우

  ㉡ **제1류 위험물**과 **제6류 위험물**을 저장하는 경우

  ㉢ **제1류 위험물**과 제3류 위험물 중 **자연발화성물질**(황린 또는 이를 함유한 것)을 저장하는 경우

  ㉣ 제2류 위험물 중 **인화성고체**와 **제4류 위험물**을 저장하는 경우

  ㉤ 제3류 위험물 중 **알킬알루미늄등**과 **제4류 위험물**(알킬알루미늄 또는 알킬리튬을 함유한 것)을 저장하는 경우

  ㉥ 제4류 위험물 중 **유기과산화물** 또는 이를 함유하는 것과 제5류 위험물 중 **유기과산화물** 또는 이를 함유한 것을 저장하는 경우

② 제3류 위험물 중 **황린** 그 밖에 물속에 저장하는 물품과 금수성물질은 동일한 저장소에서 저장하지 아니하여야 한다(중요기준).

③ 옥내저장소에서 동일 품명의 위험물이더라도 **자연발화**할 우려가 있는 위험물 또는 재해가 현저하게 증대할 우려가 있는 위험물을 다량 저장하는 경우에는 **지정수량의 10배 이하마다** 구분하여 상호간 **0.3m 이상의 간격**을 두어 저장하여야 한다. 다만, 규정에 의한 위험물 또는 기계에 의하여 하역하는 구조로 된 용기에 수납한 위험물에 있어서는 그러하지 아니하다(중요기준).

④ 옥내저장소 및 옥외저장소에서 위험물을 저장하는 경우에는 다음 각목의 규정에 의한 높이를 초과하여 용기를 겹쳐 쌓지 아니하여야 한다.

  ㉠ **기계에 의하여 하역하는 구조**로 된 용기만을 겹쳐 쌓는 경우에 있어서는 6m

  ㉡ 제4류 위험물 중 제3석유류, 제4석유류 및 동식물유류를 수납하는 용기만을 겹쳐 쌓는 경우에 있어서는 4m

  ㉢ **그 밖의 경우**에 있어서는 3m

⑤ 옥내저장소에서는 용기에 수납하여 저장하는 위험물의 온도가 55℃를 넘지 아니하도록 필요한 조치를 강구하여야 한다(중요기준).

⑥ 옥외저장탱크·옥내저장탱크 또는 지하저장탱크의 주된 밸브(액체의 위험물을 이송하기 위한 배관에 설치된 밸브중 탱크의 바로 옆에 있는 것을 말한다) 및 주입구의 밸브 또는 뚜껑은 위험물을 넣거나 빼낼 때 외에는 폐쇄하여야 한다.

⑦ 옥외저장탱크의 주위에 방유제가 있는 경우에는 그 배수구를 평상시 폐쇄하여 두고, 당해 방유제의 내부에 유류 또는 물이 괴었을 때에는 지체없이 이를 배출하여야 한다.

⑧ 이동저장탱크에는 당해 탱크에 저장 또는 취급하는 위험물의 유별·품명·최대 수량 및 적재중량을 표시하고 잘 보일 수 있도록 관리하여야 한다.
⑨ 이동탱크저장소에는 당해 이동탱크저장소의 완공검사합격확인증 및 정기점검기록을 비치하여야 한다.
⑩ 알킬알루미늄등을 저장 또는 취급하는 이동탱크저장소에는 긴급시의 연락처, 응급조치에 관하여 필요한 사항을 기재한 서류, 방호복, 고무장갑, 밸브 등을 죄는 결합공구 및 휴대용 확성기를 비치하여야 한다.
⑪ 옥외저장소에서 위험물을 수납한 용기를 선반에 저장하는 경우에는 6m를 초과하여 저장하지 아니하여야 한다.
⑫ 황을 용기에 수납하지 아니하고 저장하는 옥외저장소에서는 황을 경계표시의 높이 이하로 저장하고, 황이 넘치거나 비산하는 것을 방지할 수 있도록 경계표시 내부의 전체를 난연성 또는 불연성의 천막 등으로 덮고 당해 천막 등을 경계표시에 고정하여야 한다.
⑬ 이동저장탱크에 알킬알루미늄등을 저장하는 경우에는 20kPa 이하의 압력으로 불활성의 기체를 봉입하여 둘 것
⑭ 이동저장탱크에 아세트알데하이드등을 저장하는 경우에는 항상 불활성의 기체를 봉입하여 둘 것
⑮ 옥외저장탱크·옥내저장탱크 또는 지하저장탱크 중 압력탱크 외의 탱크에 저장하는 경우
[다이에틸에터등 또는 아세트알데하이드등의 온도]

구 분	산화프로필렌과 이를 함유한 것 또는 다이에틸에터등	아세트알데하이드 또는 이를 함유한 것
유지온도	30℃ 이하	15℃ 이하

⑯ 옥외저장탱크·옥내저장탱크 또는 지하저장탱크 중 압력탱크에 저장하는 아세트알데하이드등 또는 다이에틸에터등의 온도는 40℃ 이하로 유지할 것
⑰ 보냉장치가 있는 이동저장탱크에 저장하는 아세트알데하이드등 또는 다이에틸에터등의 온도는 당해 위험물의 비점 이하로 유지할 것
⑱ 보냉장치가 없는 이동저장탱크에 저장하는 아세트알데하이드등 또는 다이에틸에터등의 온도는 40℃ 이하로 유지할 것

11. 취급의 기준

(1) 제조에 관한 기준(중요기준)

① 증류공정에 있어서는 위험물을 취급하는 설비의 내부압력의 변동 등에 의하여 액체 또는 증기가 새지 아니하도록 할 것
② 추출공정에 있어서는 추출관의 내부압력이 비정상으로 상승하지 아니하도록 할 것
③ 건조공정에 있어서는 위험물의 온도가 부분적으로 상승하지 아니하는 방법으로 가열 또는 건조할 것
④ 분쇄공정에 있어서는 위험물의 분말이 현저하게 부유하고 있거나 위험물의 분말이 현저하

(2) 소비에 관한 기준(중요기준)

① 분사도장작업은 방화상 유효한 격벽 등으로 구획된 안전한 장소에서 실시할 것
② 담금질 또는 열처리작업은 위험물이 위험한 온도에 이르지 아니하도록 하여 실시할 것
③ 버너를 사용하는 경우에는 버너의 역화를 방지하고 위험물이 넘치지 아니하도록 할 것

(3) 주유취급소·판매취급소·이송취급소 또는 이동탱크저장소에서의 위험물의 취급기준

① 자동차 등에 인화점 40℃ 미만의 위험물을 주유할 때에는 자동차 등의 원동기를 정지시킬 것
② 자동차 등에 주유할 때에는 고정주유설비 또는 고정주유설비에 접속된 탱크의 주입구로부터 4m 이내의 부분에, 이동저장탱크로부터 전용탱크에 위험물을 주입할 때에는 전용탱크의 주입구로부터 3m 이내의 부분 및 전용탱크 통기관의 끝부분으로부터 수평거리 1.5m 이내의 부분에 있어서는 다른 자동차 등의 주차를 금지하고 자동차 등의 점검·정비 또는 세정을 하지 아니할 것

(4) 판매취급소의 취급기준

① 판매취급소에서는 도료류, 제1류 위험물 중 염소산염류 및 염소산염류만을 함유한 것, 황 또는 인화점이 38℃ 이상인 제4류 위험물을 배합실에서 배합하는 경우 외에는 위험물을 배합하거나 옮겨 담는 작업을 하지 아니할 것
② 위험물은 규정에 의한 운반용기에 수납한 채로 판매할 것

(5) 이동탱크저장소의 취급기준

① 이동저장탱크로부터 위험물을 저장 또는 취급하는 탱크에 인화점이 40℃ 미만인 위험물을 주입할 때에는 이동탱크저장소의 원동기를 정지시킬 것
② 휘발유·벤젠 그 밖에 정전기에 의한 재해발생의 우려가 있는 액체의 위험물을 이동저장탱크에 주입하거나 이동저장탱크로부터 배출하는 때에는 도선으로 이동저장탱크와 접지전극 등과의 사이를 긴밀히 연결하여 당해 이동저장탱크를 접지할 것
③ 휘발유·벤젠·그 밖에 정전기에 의한 재해발생의 우려가 있는 액체의 위험물을 이동저장탱크의 상부로 주입하는 때에는 주입관을 사용하되, 당해 주입관의 끝부분을 이동저장탱크의 밑바닥에 밀착할 것
④ 휘발유를 저장하던 이동저장탱크에 등유나 경유를 주입할 때 또는 등유나 경유를 저장하던 이동저장탱크에 휘발유를 주입할 때에는 다음의 기준에 따라 정전기등에 의한 재해를 방지하기 위한 조치를 할 것
⑤ 이동저장탱크의 상부로부터 위험물을 주입할 때에는 위험물의 액표면이 주입관의 끝부분을 넘는 높이가 될 때까지 그 주입관내의 유속을 초당 1m 이하로 할 것
⑥ 이동저장탱크의 밑부분으로부터 위험물을 주입할 때에는 위험물의 액표면이 주입관의 정상부분을 넘는 높이가 될 때까지 그 주입배관내의 유속을 초당 1m 이하로 할 것

(6) 알킬알루미늄등 및 아세트알데하이드등의 취급기준(중요기준)

① 알킬알루미늄등의 제조소 또는 일반취급소에 있어서 알킬알루미늄 등을 취급하는 설비에는 불활성의 기체를 봉입할 것
② 알킬알루미늄등의 이동탱크저장소에 있어서 이동저장탱크로부터 알킬알루미늄 등을 꺼낼 때에는 동시에 200kPa 이하의 압력으로 불활성의 기체를 봉입할 것
③ 아세트알데하이드등의 제조소 또는 일반취급소에 있어서 아세트알데하이드 등을 취급하는 설비에는 연소성 혼합기체의 생성에 의한 폭발의 위험이 생겼을 경우에 불활성의 기체 또는 수증기[아세트알데하이드등을 취급하는 탱크(옥외에 있는 탱크 또는 옥내에 있는 탱크로서 그 용량이 지정수량의 5분의 1 미만의 것을 제외)에 있어서는 불활성의 기체]를 봉입할 것
④ 아세트알데하이드등의 이동탱크저장소에 있어서 이동저장탱크로부터 아세트알데하이드 등을 꺼낼 때에는 동시에 100kPa 이하의 압력으로 불활성의 기체를 봉입할 것

3-2 위험물의 운반에 관한 기준

1. 운반용기의 재질

① 강판   ② 알루미늄판   ③ 양철판   ④ 유리
⑤ 금속판 ⑥ 종이   ⑦ 플라스틱 ⑧ 섬유판
⑨ 고무류 ⑩ 합성섬유   ⑪ 삼   ⑫ 짚 또는 나무

2. 제3류 위험물의 운반용기 수납 기준

① **자연발화성물질**에 있어서는 **불활성 기체를 봉입**하여 밀봉하는 등 공기와 접하지 아니하도록 할 것
② **자연발화성물질외**의 물품에 있어서는 **파라핀·경유·등유 등의 보호액**으로 채워 밀봉하거나 **불활성** 기체를 봉입하여 밀봉하는 등 **수분**과 접하지 아니하도록 할 것
③ 자연발화성물질중 **알킬알루미늄등**은 운반용기의 **내용적의 90% 이하**의 수납율로 수납하되, 50℃의 온도에서 5% 이상의 공간용적을 유지하도록 할 것

3. 기계에 의하여 하역하는 구조로 된 운반용기에 대한 수납기준(중요기준).

다음의 규정에 의한 요건에 적합한 운반용기에 수납할 것
① 부식, 손상 등 이상이 없을 것
② 금속제의 운반용기, 경질플라스틱제의 운반용기 또는 플라스틱내용기 부착의 운반용기에 있어서는 다음에 정하는 시험 및 점검에서 누설 등 이상이 없을 것
㉠ 2년 6개월 이내에 실시한 기밀시험(액체의 위험물 또는 10kPa 이상의 압력을 가하여

수납 또는 배출하는 고체의 위험물을 수납하는 운반용기에 한한다)
ⓒ **2년 6개월 이내**에 실시한 운반용기의 외부의 점검·부속설비의 기능점검 및 **5년 이내**의 사이에 실시한 운반용기의 내부의 점검
③ 액체위험물을 수납하는 경우에는 55℃의 온도에서의 증기압이 **130kPa 이하**가 되도록 수납할 것
④ **경질플라스틱제**의 운반용기 또는 **플라스틱내용기** 부착의 운반용기에 액체위험물을 수납하는 경우에는 당해 운반용기는 제조된 때로부터 **5년 이내**의 것으로 할 것

4. 위험물을 차량으로 운반하는 경우 표지 설치기준
① 한 변의 길이가 0.3m 이상, 다른 한 변의 길이가 0.6m 이상인 직사각형의 판으로 할 것
② **바탕은 흑색**으로 하고, **황색의 반사도료** 그 밖의 반사성이 있는 재료로 "**위험물**"이라고 표시할 것
③ 표지는 차량의 **전면 및 후면**의 보기 쉬운 곳에 내걸 것

5. 위험물 운송책임자의 감독 또는 지원의 방법과 운송시 준수 사항

(1) 운송책임자의 감독 또는 지원의 방법
① 운송책임자가 이동탱크저장소에 동승하여 운송 중인 위험물의 안전확보에 관하여 운전자에게 필요한 감독 또는 지원을 하는 방법. 다만, 운전자가 운반책임자의 자격이 있는 경우에는 운송책임자의 자격이 없는 자가 동승할 수 있다.
② 운송의 감독 또는 지원을 위하여 마련한 별도의 사무실에 운송책임자가 대기하면서 다음의 사항을 이행하는 방법
  ㉠ 운송경로를 미리 파악하고 관할소방관서 또는 관련업체(비상대응에 관한 협력을 얻을 수 있는 업체를 말한다)에 대한 연락체계를 갖추는 것
  ㉡ 이동탱크저장소의 운전자에 대하여 수시로 안전확보 상황을 확인하는 것
  ㉢ 비상시의 응급처치에 관하여 조언을 하는 것
  ㉣ 그 밖에 위험물의 운송중 안전확보에 관하여 필요한 정보를 제공하고 감독 또는 지원하는 것

(2) 이동탱크저장소에 의한 위험물의 운송시에 준수하여야 하는 기준
① 위험물운송자는 운송의 개시전에 이동저장탱크의 배출밸브 등의 밸브와 폐쇄장치, 맨홀 및 주입구의 뚜껑, 소화기 등의 점검을 충분히 실시할 것
② 위험물운송자는 장거리(고속국도에 있어서는 **340km 이상**, 그 밖의 도로에 있어서는 **200km 이상**)에 걸치는 운송을 하는 때에는 **2명 이상의 운전자**로 할 것. 다만, 다음의 1에 해당하는 경우에는 그러하지 아니하다.
  ㉠ 규정에 의하여 운송책임자를 동승시킨 경우
  ㉡ 운송하는 위험물이 제2류 위험물·제3류 위험물(칼슘 또는 알루미늄의 탄화물과 이것

만을 함유한 것)또는 제4류 위험물(특수인화물을 제외)인 경우
　　ⓒ 운송도중에 **2시간 이내마다 20분 이상씩 휴식**하는 경우
③ 위험물운송자는 이동탱크저장소를 휴식·고장 등으로 일시 정차시킬 때에는 안전한 장소를 택하고 당해 이동탱크저장소의 안전을 위한 감시를 할 수 있는 위치에 있는 등 운송하는 위험물의 안전확보에 주의할 것
④ 위험물운송자는 이동저장탱크로부터 위험물이 현저하게 새는 등 재해발생의 우려가 있는 경우에는 재난을 방지하기 위한 응급조치를 강구하는 동시에 소방관서 그 밖의 관계기관에 통보할 것
⑤ **위험물(제4류 위험물에 있어서는 특수인화물 및 제1석유류)**을 운송하게 하는 자는 **위험물 안전카드**를 위험물운송자로 하여금 휴대하게 할 것
⑥ 위험물운송자는 위험물안전카드를 휴대하고 당해 카드에 기재된 내용에 따를 것. 다만, 재난 그 밖의 불가피한 이유가 있는 경우에는 당해 기재된 내용에 따르지 아니할 수 있다.

위험물의 성질 및 취급
위험물의 시설기준
법령과 연소 및 소화설비
최근 기출문제

제3편
법령과 연소 및 소화설비

위험물기능장

제1장 위험물안전관리법령

제2장 위험물의 화재 및 소화방법

제3장 위험물의 연소특성

제4장 화재의 소화

제5장 제조소등의 소화설비의 기준

위 험 물 기 능 장

제1장 위험물안전관리법령

1-1 위험물안전관리법

1. 용어의 정의★
① 위험물 : 인화성 또는 발화성 등의 성질을 가지는 것으로 대통령령이 정하는 물품
② 제조소등 : 제조소 · 저장소 및 취급소

2. 적용제외
① 항공기   ② 선박   ③ 철도 및 궤도에 의한 위험물의 저장 · 취급 및 운반

3. 지정수량 미만인 위험물의 저장 · 취급
지정수량 미만인 위험물의 저장 또는 취급에 관한 기술상의 기준은 **시 · 도의 조례**로 정한다.

4. 위험물의 저장 및 취급의 제한
[제조소등이 아닌 장소에서 위험물을 취급할 수 있는 경우]★★
① 관할소방서장의 승인을 받아 지정수량 이상의 위험물을 90일 이내의 기간 동안 임시로 저장 또는 취급하는 경우
② 군부대가 위험물을 군사목적으로 임시로 저장 또는 취급하는 경우

5. 중요기준 및 세부기준

(1) 중요기준
화재 등 위해의 예방과 응급조치에 있어서 큰 영향을 미치거나 그 기준을 위반하는 경우 직접적으로 화재를 일으킬 가능성이 큰 기준으로서 행정안전부령이 정하는 기준

(2) 세부기준
화재 등 위해의 예방과 응급조치에 있어서 중요기준보다 상대적으로 적은 영향을 미치거나 그 기준을 위반하는 경우 간접적으로 화재를 일으킬 수 있는 기준 및 위험물의 안전관리에 필요한 표시와 서류 · 기구 등의 비치에 관한 기준으로서 행정안전부령이 정하는 기준

6. 제조소등 설치자의 지위승계

제조소등의 설치자의 지위를 승계한 자는 행정안전부령이 정하는 바에 따라 승계한 날부터 **30일 이내에 시·도지사에게** 그 사실을 **신고**하여야 한다.

7. 제조소등의 폐지

제조소등의 관계인(소유자·점유자 또는 관리자)은 당해 제조소등의 **용도를 폐지**(장래에 대하여 위험물시설로서의 기능을 완전히 상실시키는 것)한 때에는 행정안전부령이 정하는 바에 따라 제조소등의 용도를 폐지한 날부터 14일 이내에 시·도지사에게 신고하여야 한다.

8. 과징금처분

시·도지사는 제조소등에 대한 사용의 정지가 그 이용자에게 심한 불편을 주거나 그 밖에 공익을 해칠 우려가 있는 때에는 사용정지처분에 갈음하여 **2억원 이하의 과징금**을 **부과**할 수 있다

9. 위험물안전관리자

① 관계인은 위험물의 안전관리에 관한 직무를 수행하게 하기 위하여 제조소등마다 위험물취급자격자를 위험물안전관리자로 선임하여야 한다.
② 안전관리자를 선임한 제조소등의 관계인은 그 안전관리자를 해임하거나 안전관리자가 퇴직한 때에는 해임하거나 퇴직한 날부터 **30일 이내**에 다시 안전관리자를 **선임**하여야 한다.
③ 제조소등의 관계인은 안전관리자를 선임한 경우에는 선임한 날부터 **14일 이내**에 행정안전부령으로 정하는 바에 따라 **소방본부장 또는 소방서장에게 신고**하여야 한다.
④ 제조소등의 관계인이 안전관리자를 해임하거나 안전관리자가 퇴직한 경우 그 관계인 또는 안전관리자는 소방본부장이나 소방서장에게 그 사실을 알려 해임되거나 퇴직한 사실을 확인받을 수 있다.
⑤ 안전관리자를 선임한 제조소등의 관계인은 안진관리자가 여행·질병 그 밖의 사유로 인하여 일시적으로 직무를 수행할 수 없거나 안전관리자의 해임 또는 퇴직과 동시에 다른 안전관리자를 선임하지 못하는 경우에는 국가기술자격법에 따른 위험물의 취급에 관한 자격취득자 또는 위험물안전에 관한 기본지식과 경험이 있는 자로서 행정안전부령이 정하는 자를 대리자(代理者)로 지정하여 그 직무를 대행하게 하여야 한다. 이 경우 대리자가 안전관리자의 **직무를 대행**하는 기간은 30일을 **초과할 수 없다**.

10. 1인의 안전관리자를 중복하여 선임할 수 있는 경우 등

① 보일러·버너 또는 이와 비슷한 것으로서 위험물을 소비하는 장치로 이루어진 **7개 이하의** 일반취급소와 그 일반취급소에 공급하기 위한 위험물을 저장하는 저장소를 동일인이 설치한 경우

② 위험물을 차량에 고정된 탱크 또는 운반용기에 옮겨 담기 위한 5개 이하의 일반취급소[일반취급소간의 거리(보행거리)가 300m 이내인 경우에 한한다]와 그 일반취급소에 공급하기 위한 위험물을 저장하는 저장소를 동일인이 설치한 경우
③ 동일구내에 있거나 상호 100m 이내의 거리에 있는 저장소로서 저장소의 규모, 저장하는 위험물의 종류 등을 고려하여 행정안전부령이 정하는 저장소를 동일인이 설치한 경우
④ 다음 각목의 기준에 모두 적합한 5개 이하의 제조소등을 동일인이 설치한 경우
　㉠ 각 제조소등이 동일구내에 위치하거나 상호 100미터 이내의 거리에 있을 것
　㉡ 각 제조소등에서 저장 또는 취급하는 위험물의 최대수량이 지정수량의 3천배 미만일 것.
⑤ 그 밖에 규정에 의한 제조소등과 비슷한 것으로서 행정안전부령이 정하는 제조소등을 동일인이 설치한 경우

11. 관계인이 예방규정을 정하여야 하는 제조소등 ★★★

① 지정수량의 10배 이상의 위험물을 취급하는 제조소
② 지정수량의 100배 이상의 위험물을 저장하는 옥외저장소
③ 지정수량의 150배 이상의 위험물을 저장하는 옥내저장소
④ 지정수량의 200배 이상의 위험물을 저장하는 옥외탱크저장소
⑤ 암반탱크저장소
⑥ 이송취급소
⑦ 지정수량의 10배 이상의 위험물을 취급하는 일반취급소

12. 자체소방대를 설치 대상 사업소

① 취급하는 제4류 위험물의 최대수량의 합이 지정수량의 3천배 이상인 제조소 또는 일반취급소(단, 보일러로 위험물을 소비하는 일반취급소 등은 제외)
② 저장하는 제4류 위험물의 최대수량이 지정수량의 50만배 이상인 옥외탱크저장소

13. 운송책임자의 감독 · 지원 대상 위험물

① 알킬알루미늄
② 알킬리튬
③ 알킬알루미늄, 알킬리튬의 물질을 함유하는 위험물

14. 특정옥외탱크저장소

액체위험물의 최대수량이 100만L 이상

15. 소방시설의 종류★★

소방시설	종류
소화설비	① 소화기구　② 자동소화장치 ③ 옥내소화전설비　④ 옥외소화전설비 ⑤ 스프링클러설비 등　⑥ 물분무등소화설비
경보설비	① 비상경보설비　② 단독경보형감지기 ③ 비상방송설비　④ 누전경보기 ⑤ 자동화재탐지설비　⑥ 시각경보기 ⑦ 자동화재속보설비　⑧ 가스누설경보기 ⑨ 통합감시시설
피난설비	① 피난기구(피난사다리, 구조대, 완강기) ② 인명구조기구(방열복, 공기호흡기, 인공소생기) ③ 유도등(피난유도선, 피난구유도등, 통로유도등, 　　객석유도등, 유도표지) ④ 비상조명등 및 휴대용 비상조명등
소화용수설비	① 상수도소화용수설비 ② 소화수조 · 저수조 그 밖의 소화용수설비
소화활동설비	① 제연설비　② 연결송수관설비 ③ 연결살수설비　④ 비상콘센트설비 ⑤ 무선통신보조설비　⑥ 연소방지설비

16. 자체소방대에 두는 화학소방자동차 및 인원★★

사업소의 구분	화학소방자동차	자체소방대원의 수
1. 제조소 또는 **일반취급소**에서 취급하는 제4류 위험물의 최대수량의 합이 지정수량의 **3천배 이상 12만배 미만**인 사업소	1대	5인
2. 제조소 또는 일반취급소에서 취급하는 제4류 위험물의 최대수량의 합이 지정수량의 12만배 이상 24만배 미만인 사업소	2대	10인
3. 제조소 또는 일반취급소에서 취급하는 제4류 위험물의 최대수량의 합이 지정수량의 24만배 이상 48만배 미만인 사업소	3대	15인
4. 제조소 또는 일반취급소에서 취급하는 제4류 위험물의 최대수량의 합이 지정수량의 48만배 이상인 사업소	4대	20인
5. 옥외탱크저장소에 저장하는 제4류 위험물의 최대수량이 지정수량의 50만배 이상인 사업소	2대	10인

[비고] 화학소방자동차에는 행정안전부령이 정하는 소화능력 및 설비를 갖추어야 하고, 소화활동에 필요한 소화약제 및 기구(방열복 등 개인장구를 포함한다)를 비치하여야 한다.

17. 정기점검의 대상인 제조소등

제조소등의 관계인은 당해 제조소등에 대하여 연 1회 이상 정기점검을 실시

① **관계인이 예방규정을 정하여야 하는 제조소등**
  ㉠ 지정수량의 10배 이상의 위험물을 취급하는 제조소
  ㉡ 지정수량의 100배 이상의 위험물을 저장하는 옥외저장소
  ㉢ 지정수량의 150배 이상의 위험물을 저장하는 옥내저장소
  ㉣ 지정수량의 200배 이상의 위험물을 저장하는 옥외탱크저장소
  ㉤ 암반탱크저장소
  ㉥ 이송취급소

② 지하탱크저장소

③ 이동탱크저장소

④ 위험물을 취급하는 탱크로서 지하에 매설된 탱크가 있는 제조소·주유취급소 또는 일반취급소

18. 정기검사의 대상인 제조소등

액체위험물을 저장 또는 취급하는 50만L 이상의 옥외탱크저장소

19. 위험물안전관리자의 책무

① 위험물의 취급작업에 참여하여 당해 작업이 규정에 의한 **저장 또는 취급에 관한 기술기준**과 **예방규정에 적합하도록** 해당 작업자(당해 작업에 참여하는 위험물취급자격자를 포함)에 대하여 지시 및 감독하는 업무

② 화재 등의 재난이 발생한 경우 응급조치 및 소방관서 등에 대한 연락업무

③ 위험물시설의 안전을 담당하는 자를 따로 두는 제조소등의 경우에는 그 담당자에게 다음 각목의 규정에 의한 **업무의 지시**, 그 밖의 제조소등의 경우에는 다음 각목의 규정에 의한 업무
　㉠ 제조소등의 위치·구조 및 설비를 기술기준에 적합하도록 유지하기 위한 점검과 점검상황의 기록·보존
　㉡ 제조소등의 구조 또는 설비의 이상을 발견한 경우 관계자에 대한 연락 및 응급조치
　㉢ 화재가 발생하거나 화재발생의 위험성이 현저한 경우 소방관서 등에 대한 연락 및 응급조치
　㉣ 제조소등의 계측장치·제어장치 및 안전장치 등의 적정한 유지·관리
　㉤ 제조소등의 위치·구조 및 설비에 관한 설계도서 등의 정비·보존 및 제조소등의 구조 및 설비의 안전에 관한 사무의 관리
④ 화재 등의 재해의 방지와 응급조치에 관하여 인접하는 제조소등과 그 밖의 관련되는 시설의 관계자와 협조체제의 유지
⑤ 위험물의 취급에 관한 일지의 작성·기록
⑥ 그 밖에 위험물을 수납한 용기를 차량에 적재하는 작업, 위험물설비를 보수하는 작업 등 위험물의 취급과 관련된 작업의 안전에 관하여 필요한 감독의 수행

20. 예방규정의 작성에 포함되어야할 사항

① 위험물의 안전관리업무를 담당하는 자의 직무 및 조직에 관한 사항
② 안전관리자가 여행·질병 등으로 인하여 그 직무를 수행할 수 없을 경우 그 직무의 대리자에 관한 사항
② 자체소방대를 설치하여야 하는 경우에는 자체소방대의 편성과 화학소방자동차의 배치에 관한 사항
④ 위험물의 안전에 관계된 작업에 종사하는 자에 대한 안전교육에 관한 사항
⑤ 위험물시설 및 작업장에 대한 안전순찰에 관한 사항
⑥ 위험물시설·소방시설 그 밖의 관련시설에 대한 점검 및 정비에 관한 사항
⑦ 위험물시설의 운전 또는 조작에 관한 사항
⑧ 위험물 취급작업의 기준에 관한 사항
⑨ 이송취급소에 있어서는 배관공사 현장책임자의 조건 등 배관공사 현장에 대한 감독체제에 관한 사항과 배관주위에 있는 이송취급소 시설 외의 공사를 하는 경우 배관의 안전확보에 관한 사항
⑩ 재난 그 밖의 비상시의 경우에 취하여야 하는 조치에 관한 사항
⑪ 위험물의 안전에 관한 기록에 관한 사항
⑫ 제조소등의 위치·구조 및 설비를 명시한 서류와 도면의 정비에 관한 사항
⑬ 그 밖에 위험물의 안전관리에 관하여 필요한 사항

21. 탱크시험자의 기술능력·시설 및 장비

(1) 기술능력

① 필수인력
  ㉠ 위험물기능장·위험물산업기사 또는 위험물기능사 중 1명 이상
  ㉡ 비파괴검사기술사 1명 이상 또는 초음파비파괴검사·자기비파괴검사 및 침투비파괴검사별로 기사 또는 산업기사 각 1명 이상

② 필요한 경우에 두는 인력
  ㉠ 충·수압시험, 진공시험, 기밀시험 또는 내압시험의 경우 : 누설비파괴검사 기사, 산업기사 또는 기능사
  ㉡ 수직·수평도시험의 경우 : 측량 및 지형공간정보 기술사, 기사, 산업기사 또는 측량기능사
  ㉢ 방사선투과시험의 경우 : 방사선비파괴검사 기사 또는 산업기사
  ㉣ 필수 인력의 보조 : 방사선비파괴검사·초음파비파괴검사·자기비파괴검사 또는 침투비파괴검사 기능사

(2) 시설 : 전용사무실

(3) 장비

① 필수장비 : 자기탐상시험기, 초음파두께측정기 및 다음 ㉠ 또는 ㉡ 중 하나
  ㉠ 영상초음파시험기
  ㉡ 방사선투과시험기 및 초음파시험기

② 필요한 경우에 두는 장비
  ㉠ 충·수압시험, 진공시험, 기밀시험 또는 내압시험의 경우
    • 진공능력 53kPa 이상의 진공누설시험기
    • 기밀시험장치(안전장치가 부착된 것으로서 가압능력 200kPa 이상, 감압의 경우에는 감압능력 10kPa 이상·감도 10Pa 이하의 것으로서 각각의 압력 변화를 스스로 기록할 수 있는 것)
  ㉡ 수직·수평도 시험의 경우 : 수직·수평도 측정기

[비고] 둘 이상의 기능을 함께 가지고 있는 장비를 갖춘 경우에는 각각의 장비를 갖춘 것으로 본다.

22. 위험물 품명의 지정

① **제1류의 품명**에서 "행정안전부령으로 정하는 것"이라 함은 다음 각호의 1에 해당하는 것을 말한다.
  ㉠ 과아이오딘산염류
  ㉡ 과아이오딘산
  ㉢ 크로뮴, 납 또는 아이오딘의 산화물

ⓔ 아질산염류
　　　ⓜ 차아염소산염류
　　　ⓑ 염소화아이소사이아누르산
　　　ⓢ 퍼옥소이황산염류
　　　ⓞ 퍼옥소붕산염류
② **제3류의 품명**란에서 "행정안전부령으로 정하는 것"이라 함은 **염소화규소화합물**을 말한다.
③ **제5류의 품명**란에서 "행정안전부령으로 정하는 것"이라 함은 다음 각호의 1에 해당하는 것을 말한다.
　　ⓘ **금속의 아지화합물**
　　ⓛ **질산구아니딘**
④ **제6류의 품명**란에서 "행정안전부령으로 정하는 것"이라 함은 **할로젠간화합물**을 말한다.

제 3 편 법령과 연소 및 소화설비

 위험물의 화재 및 소화방법

2-1 화재의 특성과 종류 및 원인

1. 화재의 정의★

① 불로 사람의 신체, 생명 및 **재산상** 손실을 주는 재앙
② 소화에 필요성이 있는 불

2. 화재의 분류★★자주출제(필수암기)★★

종 류	등 급	색 표 시	주된 소화 방법
일반화재	A급	백색	냉각소화
유류 및 가스화재	B급	황색	질식소화
전기화재	C급	청색	질식소화
금속화재	D급	–	피복소화

[참고] • **검정기준** : A, B, C급으로 분류   • **K.S기준** : A, B, C, D급으로 분류

❶ 화재원인 중 1위 : **전기**   필수암기★★★★
❷ 유류화재 시 주수소화 금지 이유 : **화재면 확대**
❸ 금속화재 시 주수소화 금지 이유 : **가연성기체**(H_2) 발생
❹ **알킬알루미늄** 화재 소화약제 : 팽창질석, 팽창진주암, 마른모래
❺ 화재의 일반적 특성 : 확대성, 불안정성, 우발성, 성장성

3. 산불화재★

① **지표화** : 지표의 **낙엽** 등의 화재
② **수관화** : **나무가지**의 화재
③ **수간화** : **나무기둥**의 화재
④ **지중화** : 지표 아래 썩은 나무의 화재

4. 폭굉(폭발)과 폭연의 차이점★★★

① 폭굉(디토네이션 : Detonation)
연소속도가 **음속보다 빠르다**.(초음속)
② 폭연(디플러그레이션 : Deflagration)
연소속도가 **음속보다 느리다**.(아음속)

5. 폭발(연소)범위(explosion limit)★★

폭발범위(연소범위)의 영향인자와 관계   필수정리★★★★

❶ 온도상승 시 : 넓어진다.
❷ 압력상승 시 : 넓어진다.(하한계 불변, 상한계 증가)
 [예외] ㉠ 일산화탄소(CO)는 압력이 상승 시 좁아진다.
    ㉡ 수소(H_2)는 10기압까지는 좁아지고, 그 이상의 압력에서는 넓어진다.
❸ 불활성기체(헬륨, 네온, 아르곤) 첨가 시 : 좁아진다.
❹ 산소농도 증가 시 : 넓어진다.

6. 혼합가스의 폭발범위 계산식★★자주출제(필수정리)★★

$$\frac{V}{L} = \frac{V_1}{L_1} + \frac{V_2}{L_2} + \frac{V_3}{L_3} + \cdots\cdots + \frac{V_n}{L_n}$$

여기서, V : 혼합가스 중 가연성가스의 합계농도
 L : 혼합가스의 폭발한계 값(상한값 또는 하한값)
 $L_1, L_2, L_3, \cdots$: 각 가스성분의 폭발한계 값(상한값 또는 하한값)
 $V_1, V_2, V_3, \cdots$: 각 가스성분의 부피(%)

7. 물리적 폭발과 화학적 폭발★★

(1) 물리적 폭발

① 분진폭발   ② 가스폭발
③ 증기운 폭발 ④ **미스트** 폭발
⑤ 유막폭발   ⑥ 고체폭발

(2) 화학적 폭발

① 산화폭발   ② 분해폭발
③ 중합폭발

8. 주요가스의 공기 중 폭발범위(연소범위)(1atm, 상온에서) ★★

가스명	화학식	하한계(%)	상한계(%)
아세틸렌	C_2H_2	2.5	81
수 소	H_2	4	75
일산화탄소	CO	12.5	74.2
암모니아	NH_3	15	28
메틸알콜	CH_3OH	7.3	36.0
메 탄	CH_4	5	15
에 탄	C_2H_6	3.0	12.4
프 로 판	C_3H_8	2.1	9.5
부 탄	C_4H_{10}	1.8	8.4

※ 연소범위가 가장 넓고, 연소 상한값이 가장 큰 가스 : 아세틸렌

폭발범위와 위험도 관계
❶ 폭발하한계가 낮을수록 위험
❷ 폭발상한계가 높을수록 위험
❸ 폭발범위가 넓을수록 위험

9. 분진폭발 공정설비 ★

① 탄광 : **석탄분진** ② 섬유공장 : **섬유분진**
③ 제분공장 : **곡물분진** ④ 제지공장 : 종이분진
⑤ 목재공장 : 목분(나무분진) ⑥ 고무가공공장 : 배합제분진
⑦ 플라스틱공장 : 플라스틱분진

분진폭발의 농도범위
❶ 하한농도 : 20~60g/m³
❷ 상한농도 : 2000~6000g/m³
❸ 분진폭발 입자크기 : 100μm 이하

10. 분진폭발 없는 물질 ★

① **생석회**(시멘트의 주성분)
② **석회석 분말**
③ 시멘트

11. 위험성의 영향인자★★

영 향 인 자	위 험 성
❶ 온도, 압력, 산소농도	높을수록 위험
❷ 연소범위(폭발범위)	넓을수록 위험
❸ 연소열, 증기압	클수록 위험
❹ 연소속도	빠를수록 위험
❺ 인화점, 착화점, 비점, 융점, 비중, 점성	낮을수록 위험

12. 화상(火傷, burn)의 정도★

① 1도 화상 : 국소가 붉어지고 **따끔따끔**
② 2도 화상 : 수포(물집)형성 및 **분비액**
③ 3도 화상 : 국소는 회백색 또는 흑갈색의 덴 **딱지**
④ 4도 화상 : 화상 입은 부위조직이 **탄화됨**

13. 화재의 소실정도에 따른 분류★

① 전소 화재 : 전체의 70% **이상**이 소실 또는 보수하여 재사용 불가
② 반소 화재 : 전체의 30% 이상 70% **미만** 소실된 경우
③ 부분소 화재 : 전소, 반소, 즉소 화재에 해당되지 않는 경우
④ 즉소 화재 : **즉시 소화된 화재**로 인명피해가 없고 피해규모가 경미한 화재로 화재건수에 포함

제 3 편 법령과 연소 및 소화설비

위험물의 연소특성

3-1 연소이론과 형태

1. 연소의 정의★

빛과 발열을 동반한 급격한 산화반응

2. 연소시 색과 온도★★★

색	암적색	적색	황색	황적색	백적색	휘백색
온도(℃)	700	850	900	1100	1300	1500

3. 연소의 3요소 및 4요소★★★★

(1) 가연물의 조건

① 산소와 **친화력**이 클 것　　② **발열량**이 클 것
③ **표면적**이 넓을 것　　　　④ **열전도도**가 작을 것
⑤ **활성화 에너지**가 적을 것　⑥ **연쇄반응**을 일으킬 것
⑦ 활성이 강할 것

(2) 가연물이 될 수 없는 조건

① 산화반응이 완전히 끝난 물질
② **질소** 또는 질소산화물(흡열반응하기 때문)
③ 주기율표상 18족 원소(**불활성 기체**)
　He(헬륨), Ne(네온), Ar(아르곤), Kr(크립톤), Xe(크세논), Rn(라돈)

❶ 연소의 3요소 : 가연물＋산소＋점화원
❷ 연소의 4요소 : 가연물＋산소＋점화원＋연쇄반응
※ 기화열(기화잠열)은 점화원이 될 수 없다.

4. 열 에너지원의 종류★★자주출제(필수정리)★★

(1) 화학 에너지(chemical energy)
  ① 연소열(산화물) ② **분해열** ③ 용해열 ④ **자연발화**

(2) 전기 에너지(electric energy)
  ① 저항가열 ② **유도가열** ③ **유전가열** ④ 아크가열
  ⑤ 정전스파크 ⑥ **낙뢰**

(3) 기계적 에너지(mechanical energy)
  ① 마찰열 ② 압축열 ③ 충격 스파크

5. 열전달의 방법★★★

① 전도(Conduction) ② 대류(Convection) ③ 복사(Radiation)
  ㉠ 스테판-볼츠만(stefan-boltzman)의 법칙

$$Q = aAF(T_1^4 - T_2^4)$$

여기서, Q : 복사열(kcal/hr) a : 스테판-볼츠만의 상수
   A : 단면적 F : 기하학적 Factor(상수)
   T_1 : 고온물체의 절대온도(273+t℃)°K
   T_2 : 저온물체의 절대온도(273+t℃)°K
   ※ 복사열은 절대온도차의 4제곱 및 단면적에 비례한다.

  ㉡ 열전도율 단위 : kcal/m, hr, ℃ 또는 BTU/ft, hr, °F

❶ 열의 전달방법 : ㉮ 전도 ㉯ 대류 ㉰ 복사   필수정리★★★★
❷ 화재 시 열전달에 가장 크게 작용하는 열 : **복사열**
❸ 화재 시 격리된 건축물에 화재를 옮기는 열 : **복사열**
❹ 금속이 비금속보다 열전도율이 큰 이유 : **자유전자흐름**
❺ 복사열 흡수되지 않고 통과되는 것 : **질소**

6. 연소의 형태★★★★★

연소의 종류   필수정리★★★★
❶ 표면연소(surface reaction) : **숯, 코크스, 목탄, 금속분**
❷ 증발 연소(evaporating combustion) : **파라핀**(양초), **황, 나프탈렌**, 왁스, 휘발유, 등유, 경유, 아세톤 등 **제4류 위험물**
❸ 분해연소(decomposing combustion) : **석탄, 목재, 플라스틱, 종이, 합성수지**(고분자)
❹ 자기연소(내부연소) : 질화면 (나이트로셀루로오즈), 셀루로이드, 나이트로글리세린등 제5류 위험물
❺ 확산연소(diffusive burning) : 아세틸렌, LPG, LNG 등 **가연성 기체**
❻ 불꽃연소+표면연소 : 목재, 종이, 셀루로이드류, 열경화성 합성수지

> ❶ 화염의 안정범위 넓고 **역화위험 없는** 연소 : 확산연소
> ❷ 불꽃을 내면서 연소하는 것 : 분해연소, 확산연소, 증발연소
> ❸ 작열연소(표면연소, 응축연소) : **연쇄반응과 관계없다.**
>
> 필수정리★★★★

7. 불꽃연소와 표면연소(응축연소, 작열연소)★

가연물	
산소	불꽃연소	점화원
	연쇄반응	

[불꽃연소의 4요소]

가연물	
산소	표면연소	점화원

[표면연소의 3요소]

① **불꽃연소** : 액체 및 기체연료, 열가소성 합성수지
② **표면연소** : 코크스, 목탄(숯), 금속분(알루미늄, 마그네슘, 나트륨)
③ **불꽃연소+표면연소** : 목재, 종이, 셀룰로이드류, 열경화성 합성수지

8. 블로우 오프(Blow-off) 현상★

화염이 노즐에 정착하지 못하고 떨어지게 되어 **화염이 꺼지는 현상**

9. 역화(back fire)현상★

가스분출속도가 연소속도보다 느려 화염이 **버너 내부로 들어가 착화**하는 현상

> ❶ 화염의 안정범위 넓고 역화위험 없는 연소 : **확산연소**
> ❷ 불꽃을 내면서 연소하는 것 : **분해연소, 확산연소, 증발연소**
> ❸ 작열연소(표면연소, 응축연소) : **연쇄반응과 관계없다.**
> ❹ 불꽃없이 착화하는 것 : 무염착화
> ❺ 가연성 가스의 연소 : **확산연소**
> ❻ 연소의 형태는 크게 불꽃연소와 표면연소로 나눈다.
>
> 필수정리★★★★

10. 자연발화★★★★★

(1) 자연발화의 형태

① **산화열** : 석탄, 건성유, 탄소분말, 금속분, 기름걸레
② **분해열** : 셀룰로이드, 나이트로셀룰로오스, 나이트로글리세린
③ **흡착열** : 활성탄, 목탄분말
④ **미생물열** : 퇴비, 먼지

(2) 자연발화의 방지대책

① 저장실 주위온도를 **낮춘다**.
② 물질을 **건조하게** 유지
③ **통풍**하여 열의 축적을 방지
④ 저장용기에 불활성기체 봉입하여 **공기접촉 차단**
⑤ 물질의 **표면적을 최소화**

❶ 불연성 가스 : He(헬륨), Ne(네온), Ar(아르곤), CO_2
❷ 정전기 발생 방지 대책
　㉮ **본딩과 접지**　㉯ 공기**이온화**　㉰ **상대습도70%** 이상유지
❸ 자연발화가 쉬운 건성유 : **아마인유**
❹ 햇빛에 방치한 기름걸레 자연발화 : 산화열의 축적

필수정리★★★★

11. 연소시 발생하는 유해가스의 종류★★★★

유해가스	화학식	내　　용
이산화탄소	CO_2	• 연소가스 중 **가장 많은 양**을 차지 • 자체 독성이 없고 호흡속도를 증가시켜 질식사 　(20% 농도에서 30분내 사망) • **허용농도는 0.5%(5000ppm)**
일산화탄소	CO	• 연소가스 중 **인명피해**를 가장 많이 준다. • 불완전 연소 시 많이 발생 • 산소와 결합력이 극히 강하여 **질식작용의 독성** • 1시간 치사농도 : 0.4%(4000ppm) 　1시간 위험농도 : 0.2%(2000ppm) • 피 속의 헤모글로빈과 결합(CO+Hb) **산소운반 작용을 방해**하여 질식사
황화수소	H_2S	• 황 함유 유기물질이 불완전 연소 시 발생 • **달걀 썩는 냄새**가 난다.
이산화황	SO_2	• 황 함유 유기물질이 **완전연소** 시 발생
암모니아	NH_3	• **자극성**이며 냉동기의 냉매로도 사용
포스겐	$COCl_2$	• **염소함유** 물질이 화염에 연소되어 발생한다. • 유해가스 중 **독성이 제일 강하다**.
아크로레인	CH_2CHCHO	• **석유제품** 또는 **유지류** 등 유기물질 연소 시 발생
염화수소	HCl	• **염소함유 물질**(PVC 등) 연소 시 발생 • 자극성이며 흰색기체이다.
사이안화수소	HCN	• 폴리우레탄, 플라스틱, 직물류 등이 불완전연소 시 발생

12. 유류저장탱크 및 가스저장탱크의 화재발생 현상★★★★★   필수암기★★★★

① 보일 오버 : 탱크 바닥의 **물이 비등**하여 유류가 연소하면서 분출
② 슬롭 오버 : 물이 **연소유 표면**으로 들어갈 때 유류가 연소하면서 분출
③ 프로스 오버 : 탱크 바닥의 물이 비등하여 유류가 **연소하지 않고 분출**
④ 블레비 : 액화가스 저장탱크 폭발현상

13. 열량, 비열, 현열, 잠열★★

(1) 열량(Quantity of Heat)

① cal(Kcal) : 표준대기압 상태에서 순수한 물 1g(1kg)을 1℃(14.5℃ → 15.5℃) 높이는데 필요한 열량
② BTU : 표준대기압 상태에서 순수한 물 **1lb**을 **1°F** 높이는데 필요한 열량
③ Chu : 표준대기압 상태에서 순수한 물 **1lb**을 **1℃** 높이는데 필요한 열량

$$1\text{BTU} = 252\text{cal} \quad\quad 1\text{Chu} = 1.8\text{BTU}$$

(2) 비열(Specific Heat)

어떤 물질 1g을 1℃ 높이는데 필요한 열량 [cal/g · ℃]

$$\text{물의 비열} = 1\text{cal/g}\cdot℃ \text{ or } 1\text{kcal/kg}\cdot℃$$

(3) 현열

상태 변화 없이 온도 변화에 필요한 열량

$$Q_1(\text{현열}: \text{cal}) = m(\text{질량}:g) \times C(\text{비열}:\text{cal/g}\cdot℃) \times \Delta t(\text{온도차}:℃)$$

(4) 잠열

① 물의 기화잠열(기화열) = 539cal/g 또는 539kcal/kg
② 얼음의 융해잠열(융해열) = 80cal/g 또는 80kcal/kg

$$Q(\text{총열량}:\text{cal}) = m(g) \times C(\text{cal/g}\cdot℃) \times \Delta t\ (℃) + r(\text{cal/g}) \times m(g)$$

14. 인화점, 발화점, 연소점★

① 인화점(flash point) : **점화원에 의하여** 점화되는 최저온도
② 발화점(ignition point) : **점화원 없이** 점화되는 최저온도
※ 발화점 : 압력이 증가하면 발화점은 낮아진다.
③ 연소점(fire point) : 가연성 물질이 발화한 후 연속적으로 연소할 수 있는 **최저온도**

제4장 화재의 소화

4-1 소화방법 및 원리

1. 소화방법★★★★★

(1) 냉각소화

가연성 물질을 **발화점 이하**로 온도를 냉각시키는 방법

물이 소화제로 이용되는 이유
❶ 물의 기화열(539kcal/kg)이 크기 때문
❷ 물의 비열 (1kcal/kg℃)이 크기 때문

물의 냉각특성
❶ 물의 온도가 낮을수록 냉각효과가 크다.
❷ 건조한 상태에서 증발이 용이하다.
❸ 분무상태(안개모양)일 때 냉각효과가 크다.

(2) 질식소화

산소농도를 21%에서 15% 이하로 감소시켜 소화
질식소화시 산소의 유지농도 : 10~15%

(3) 억제소화(부촉매소화, 화학적소화)

연쇄반응을 억제시켜 소화
① 부촉매 : 화학적 반응의 속도를 느리게 하는 것
② 부촉매 효과 : 할로젠화합물 소화약제
   (할로젠족 원소 : 불소(F), 염소(Cl), 브로민(취소)(Br), 아이오딘(I))
③ **부촉매(소화효과)**의 크기 순서 : 불소(F) < 염소(Cl) < 브로민(취소)(Br) < 아이오딘(I)
④ **반응력(친화력)**의 크기 순서 : 불소(F) > 염소(Cl) > 브로민(취소)(Br) > 아이오딘(I)

(4) 제거소화

화재구역에서 가연성물질을 제거시켜 소화

 **제거소화의 예**
❶ 산불이 발생하면 화재의 진행방향을 앞질러 벌목한다.
❷ 화학반응기의 화재시 원료공급관의 밸브를 잠근다.
❸ 유전화재시 폭약으로 폭풍을 일으켜 화염을 제거한다.
❹ 촛불을 입김으로 불어 화염을 제거한다.

(5) 피복소화

가연물 주위를 공기와 차단시켜 소화
(예) 방안에서 화재가 발생시 이불이나 담요로 덮는다.

(6) 희석소화

수용성액체 화재시 물을 방사하여 **연소농도를 희석**하여 소화
(예) **아세톤**에 물을 다량으로 섞는다.

(7) 유화소화(에멀젼소화)

비수용성 인화성액체의 유류화재 시 물분무로 방사하여 액체표면에 **불연성의 유막**을 형성하여 소화
물의 유화효과 (에멀젼 효과)를 이용한 방호대상설비 : 기름탱크

4-2 물소화약제

1. 물소화약제의 장점 및 단점★★

(1) 장 점

① 물의 비열(1Kcal/kg℃)과 증발잠열(539Kcal/kg℃)이 크다.
② 물은 쉽게 구할 수 있고 값이 저렴하고 장기보관이 가능하다.
③ 물은 기화되면 체적이 **약 1700배**로 팽창되어 산소농도를 감소시킨다.
④ 인체에 무해하고 비압축성 액체로 배관 등으로 쉽게 이송이 가능하다.

(2) 단 점

① 빙점(어는점)이 0℃로 낮아서 한랭지나 겨울철에는 사용하기 어렵다.
② 빙점을 낮추기 위하여 동결 방지제를 첨가하거나 보온이 필요하다.
③ 유류화재에 물 방사 시(무상제외) 연소면(화면)이 확대되어 오히려 위험
④ 전기화재에 물 방사 시(무상제외) 감전우려가 있다.
⑤ 금속화재에 물 방사 시 가연성 기체의 발생으로 위험하다.

참고
❶ 금속화재에 물 방사시 가연성가스(H_2 : 수소가스)발생으로 위험
  $Mg + 2H_2O \rightarrow Mg(OH)_2 + H_2\uparrow$
❷ 유류화재에 물 방사시 연소면(화면) 확대로 위험
❸ 강화액 : 물에 탄산칼륨(K_2CO_3)을 첨가하여 물의 어는점을 낮춘 수용액으로 추운지방(한랭지)에서 사용 [빙점 : 약 $-17℃ \sim -30℃$]

2. 물의 소화능력 증가를 위한 첨가제★★★

(1) 부동액(Anti-freeze agent)
  ① 물의 빙점을 낮추는 첨가제
  ② 종류 : **에틸렌글리콜**, 프로필렌글리콜, 글리세린, **염화나트륨**, 염화칼슘, 탄산칼륨

(2) 침윤제(Wetting agent)
  ① 물의 **표면장력 감소** 첨가제
  ② 재연소 방지에 적합
  ③ **심부화재**에 적합

(3) 농축제(Thickening agent 또는 Viscosity agent)
  ① 물의 **점도 향상** 첨가제
  ② **산림화재**에 적합

(4) 밀도 개질제(Density modifier)
  물의 **밀도를 개질**하기 위하여 첨가시키는 첨가제로서 물의 소화능력을 증가시키기 위한 것이다. 대표적인 것으로는 수용성 폼(foam)이 있다.

4-3 포소화약제

1. 화학포의 반응식★

$$6NaHCO_3 + Al_2(SO_4)_3 \cdot 18H_2O \rightarrow 3Na_2SO_4 + 2Al(OH)_3 + 6CO_2 + 18H_2O$$

2. 포소화약제의 종류 및 사용 농도(%)★★★

구 분	종류	사용농도	팽창비
저발포(저팽창포)	단백포, 불화단백포, **합성계면활성제포**, 수성막포, 알코올포	3%, 6%	6배 이상 20배 이하
고발포(고팽창포)	합성계면활성제포	1%, 1.5%, 2%	80배 이상 1000배 미만

(1) 단백포소화약제

① 동물 및 식물성 **단백질을 가수분해**한 물질에 포안정제(염화제일철염 : $FeCl_2$염) 방부제, 동결방지제(부동액) 등을 첨가한 저발포용
② 부동액이 첨가되어 영하 15℃까지는 얼지 않으나 수명이 3~4년으로 짧다.
③ 장기보관 시 산화하여 변질이 되고 침전물이 생성된다.
④ **유동성이 좋지 않으나** 내화성이 우수하여 발포된 포가 화염에 잘 깨지지 않는다.
⑤ 내유성이 약하고 합성계면활성제포보다 소화시간이 길다.
⑥ 다른 포약제에 비해 **부식성이 크다.**

(2) 불화단백포소화약제

① 단백질 가수분해 물질에 **불소(F)계면활성제**를 첨가한 포약제이다.
② 부동액이 첨가되어 영하15℃까지는 얼지 않고 수명이 8~10년으로 길다.
③ 유동성 및 내유성이 좋아서 소화속도가 빠르고 **표면하 주입방식**에도 사용
④ **분말 소화약제와 겸용**이 가능하다.

불화단백포
❶ 표면하 주입방식에 사용할 수 있다.
❷ 분말 소화약제와 겸용이 가능하다.

(3) 합성계면활성제포소화약제

① 합성계면활성제(탄화수소계)에 기포 안정제, 부동액, 방부제 등을 첨가한 포약제
② 유동성이 좋아 소화속도도 빠르며 수명이 반영구적이다.
③ **적열된 유류저장탱크 화재**에는 **부적합**하다.

(4) 수성막포소화약제

① 불소계통의 습윤제에 합성계면활성제 첨가한 포약제이며 주성분은 **불소계 계면활성제**이다.
② 미국에서는 AFFF(Aqueous Film Forming Foam)로 불리며 3M사가 개발한 것으로 상품명은 **라이트 워터**(light water)이다.
③ 분말약제와 겸용이 가능하고 **액면하 주입방식**에도 사용할 수 있다.
※ 유류화재용으로 **가장 뛰어난 포약제**는 수성막포이다.

(5) 알콜포소화약제

① **수용성 액체**(알코올류, 케톤류, 에스터류, 아민류)화재에 일반포약제를 적용하면 거품이 순식간에 파괴되는 소포성(파포현상) 때문에 소화효과가 없다. 따라서 이러한 소포현상이 발생되지 않도록 특별히 제조된 것이 알코올포 소화약제이다.
② 알코올포 소화약제의 종류
  ㉠ 금속비누형
  ㉡ 불화 단백형

ⓒ 고분자 겔형

※ Transfer Time(이전시간) : 포약제 원액과 물이 혼합되어 발포시킬 때까지 소요되는 시간을 말한다.

3. 25% 환원시간★

채취한 포로부터 낙하하는 포수용액의 25%(1/4)을 배액 하는데 요하는 시간을 분으로 나타낸 것

$$25\% 용량값(ml) = \frac{포시료의\ 무게(g)}{4}$$

4. 포약제의 종류에 따른 25% 환원시간★

포 약제의 종류	25% 환원시간(분)
단백포 소화약제	1분 이상
합성계면 활성제포 소화약제(고발포)	3분 이상
수성막포 소화약제	1분 이상

5. 발포배율(팽창비)★★

$$팽창비 = \frac{발포후\ 포의\ 체적}{발포전\ 포수용액(포원액+물)의\ 체적}$$

4-4 이산화탄소소화약제

1. 이산화탄소의 인체에 대한 위험성★

농도(%)	인체에 대한 영향
2	불쾌감
4	눈, 목에 점막 자극, 두통, 귀울림, 현기증, 혈압상승
8	**호흡곤란**
10	시력장애, 몸이 떨리며 1분 이내 의식불명이 되고 그대로 방치 시 사망
20	**중추신경 마비되어 사망**

※ 이산화탄소의 허용농도 : 5000ppm(0.5%)

2. 이산화탄소 저장용기의 충전비(L/kg)★★★

저장 방식	충 전 비
저압식	1.1 ~ 1.4
고압식	1.5 ~ 1.9

※ 소화기의 저장방식은 고압식으로 충전비는 1.5 이상 1.9 이하이다.

3. 이산화탄소소화설비의 장점과 단점★★★

장 점	단 점
❶ 화재 진화 후 **깨끗**하다. ❷ **심부 화재**에 적합하다. ❸ 증거보존 양호하여 **화재원인조사 용이** ❹ **비전도성**이므로 전기화재에 유효 ❺ 피연소물에 피해가 적다.	❶ 설비가 고압 특별한 주의 요구 ❷ CO_2 방사 시 **동상**우려 ❸ 인체에 **질식**의 우려 ❹ CO_2방사 시 **소음**이 크다.

4. 이산화탄소의 소화효과★★

① 피복효과 ② 질식효과 ③ 냉각효과

5. 이산화탄소소화설비 설계공식★★★★★

(1) 액화 이산화탄소의 기화시 가스의 체적(부피)

$$PV = \frac{W}{M}RT = nRT$$

여기서, P : 압력(atm), V : 부피(m³), W : CO_2 무게(kg), M : 분자량(44)
R : 기체상수(0.082atm m³/kmol · K), T : 절대온도(273+t℃), n : 몰수

(2) CO_2농도(%)의 계산

$$G = \frac{21 - Q_1}{Q_1} \times V$$

여기서, G : 방출된 CO_2가스부피(m³), Q_1 : 산소농도(%), V : 방호구역 체적(m³)

$$CO_2(\%) = \frac{21 - O_2(\%)}{21} \times 100$$

$$CO_2(\%) = \frac{방출된\, CO_2가스부피\,(m^3)}{방호구역체적\,(m^3) + 방출된\, CO_2가스부피\,(m^3)} \times 100$$

4-5 할로젠화합물소화약제

1. 할론소화약제의 특징★

① **부촉매효과**가 크며 소화능력이 우수
② 금속에 대한 부식성이 적고, 전기화재에 적합. 화재 진화 후 깨끗
③ 약제의 변질및 분해 없고 설계농도 5~10%의 적은 농도로 소화가 가능
④ 가격이 비싸고 **오존층 파괴**로 인한 환경피해가 심하다.

2. 할론소화약제의 소화효과★★★

① **연쇄반응을 억제**하는 부촉매효과
② 냉각효과
③ 질식효과
④ 희석효과

3. 할론소화약제의 명명법★★★★★

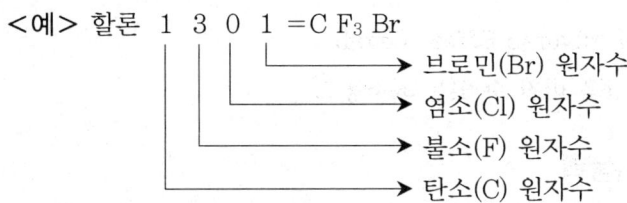

<예> 할론 1 3 0 1 = CF_3Br
- 탄소(C) 원자수
- 불소(F) 원자수
- 염소(Cl) 원자수
- 브로민(Br) 원자수

4. 할론소화약제의 물리적 성질★

구 분	할론 1301	할론 1211	할론 2402
화학식	CF_3Br	CF_2ClBr	$C_2F_4Br_2$
상온(20℃)에서 상태	기체	기체	액체
오존층 파괴지수(ODP)	14.1	2.4	6.6

5. 할론 1301의 농도에 따른 인체의 영향★★

농도(%)	인체 영향
7% 이하	5분 정도까지 흡수 시 별 영향 없음
7~10%	수분간 흡수 시 현기증 및 기억력 감퇴
10~15%	30초 이상 흡수 시 참기 어렵다
15~20%	장기간 흡수 시 의식불명 및 사망우려

6. 오존파괴지수(ODP) 및 지구온난화지수(GWP)★★★

(1) 오존파괴지수(ODP : Ozone Depletion Potential)
어떤 물질의 **오존 파괴능력**을 상대적으로 나타내는 지표의 정의

$$ODP = \frac{\text{어떤 물질 1kg이 파괴하는 오존량}}{CFC-11\ 1\text{kg이 파괴하는 오존량}}$$

[참고] CFC [chloro(C), Fluoro(F), Carbon(C)]

(2) 지구 온난화지수(GWP : Global Warming Potential)
어떤 물질이 기여하는 **온난화 정도**를 상대적으로 나타내는 지표의 정의

$$GWP = \frac{\text{어떤 물질 1kg이 기여하는 온난화정도}}{CO_2 - 1\text{kg이 기여하는 온난화정도}}$$

7. NOAEL 및 LOAEL ★★

(1) NOAEL(No Observed Adverse Effect Level)
심장 독성시험에서 심장에 영향을 **미치지 않는 농도**

(2) LOAEL(Lowest Observed Adverse Effect Level)
심장 독성시험에서 심장에 영향을 **미칠 수 있는 최소농도**

8. 할로젠화합물소화약제의 소화능력

소화약제명	화학식	소화능력
할론 1301	CF_3Br	3.0
할론 2402	$C_2F_4Br_2$	1.7
할론 1211	CF_2ClBr	1.4
분말소화약제		2.0
이산화탄소약제	CO_2	1.0(기준)

9. 할론소화약제의 충전비 ★★★

약제		할론 2402($C_2F_4Br_2$)	할론 1211(CF_2ClBr)	할론 1301(CF_3Br)
충전비	가압식	0.51 이상 0.67 미만	0.7 이상	0.9 이상
	축압식	0.67 이상 2.75 이하	1.4 이하	1.6 이하

10. 할로젠족 원소의 반응력(친화력)과 소화효과 ★★

① 반응력 세기 : F > Cl > Br > I
② 소화효과 크기 : F < Cl < Br < I

참고 할로젠족 원소의 원자량   필수암기 ★★★★
F(불소) = 19   Cl(염소) = 35.5   Br(브로민, 취소) = 79.9

11. 청정소화약제의 종류 ★★★★★ (2차 실기에도 출제)

소 화 약 제	화 학 식
도데카플루오로-2-메틸펜탄-3-원(FK-5-1-12)	$CF_3CF_2C(O)CF(CF_3)_2$
퍼플루오로부탄(FC-3-1-10)	C_4F_{10}
하이드로클로로플루오린카본혼화제(HCFC BLEND A)	HCFC-123($CHCl_2CF_8$) : 4.75% HCFC-22($CHClF_2$) : 82% HCFC-124($CHClFCF_3$) : 9.5% $C_{10}H_{16}$: 3.75%
클로로테트라플루오린에탄(HCFC-124)	$CHClFCF_3$
펜타플루오린에탄(HFC-125)	CHF_2CF_3
헵타플루오린프로판(HFC-227ea)	CF_3CHFCF_3
트라이플루오린메탄(HFC-23)	CHF_3
헥사플루오린프로판(HFC-236fa)	$CF_3CH_2CF_3$
트라이플루오린아이오다이드(FIC-13 I 1)	CF_3I
불연성·불활성기체혼합가스(IG-01)	Ar
불연성·불활성기체혼합가스(IG-100)	N_2
불연성·불활성기체혼합가스(IG-541)	N_2 : 52%, Ar : 40%, CO_2 : 8%
불연성·불활성기체 혼합가스(IG-55)	N_2 : 50%, Ar : 50%

12. 할로젠화합물이 지구환경에 미치는 영향 ★★

① 지구환경 파괴
② 오존층 파괴
③ 지구 온난화

[ODP(Ozone Depletion potential) : 오존파괴지수]

물질명	$CFCl_3$(CFC-11)	할론 1211	할론 2402	할론 1301
ODP	1	3	6	10

4-6 분말소화약제

1. 분말소화약제의 입도와 소화성능★

① 입도가 너무 미세하거나 커도 **소화성능이 저하**된다.
② **미세도의 분포가 골고루** 되어 있어야 한다.
③ 분말입도는 $20 \sim 25 \mu m$의 범위에서 소화효과가 가장 좋다.

2. 분말소화약제의 종류★★★★★(2차 실기에도 출제)

종 별	화 학 식	주성분 명칭	적응화재	착색
제1종	$NaHCO_3$	중탄산나트륨, 탄산수소나트륨, 중조	B · C급	백색
제2종	$KHCO_3$	중탄산칼륨, 탄산수소칼륨	B · C급	담회색
제3종	$NH_4H_2PO_4$	인산암모늄(제1인산 암모늄)	A · B · C급	담홍색
제4종	$KHCO_3 + (NH_2)_2CO$	중탄산칼륨 + 요소	B · C급	회색

(1) 제1종 분말약제의 열분해 반응식

$$2NaHCO_3 \xrightarrow{\triangle} \underset{(탄산나트륨)}{Na_2CO_3} + \underset{(이산화탄소)}{CO_2} + \underset{(수증기)}{H_2O}$$

※ 주방에서 지방 또는 **식용유 화재시** 가연물인 지방산과 Na^+ 이온이 비누화 현상을 일으켜 비누거품을 생성하여 연소를 억제하는 효과가 크다.

※ **비누화 현상** : 알칼리를 작용하면 가수분해되어 그 성분의 산의 염과 알코올이 생성되는 현상

(2) 제2종 분말약제의 열분해 반응식

$$2KHCO_3 \xrightarrow{\triangle} \underset{(탄산칼륨)}{K_2CO_3} + \underset{(이산화탄소)}{CO_2} + \underset{(수증기)}{H_2O}$$

(3) 제3종 분말약제의 열분해 반응식

$$NH_4H_2PO_4 \xrightarrow{\triangle} \underset{(메타인산)}{HPO_3} + \underset{(암모니아)}{NH_3} + \underset{(수증기)}{H_2O}$$

(4) 제4종 분말약제의 열분해 반응식

$$2KHCO_3 + (NH_2)_2CO \xrightarrow{\triangle} \underset{(탄산칼륨)}{K_2CO_3} + \underset{(암모니아)}{2NH_3} + \underset{(이산화탄소)}{2CO_2}$$

제 5 장　제조소등의 소화설비의 기준

5-1 소화기구

1. 전기설비의 소화설비
당해 장소의 면적 100m²마다 소형수동식소화기를 1개 이상 설치할 것

2. 소요단위의 계산방법
① 제조소 또는 취급소의 건축물

외벽이 내화구조인 것	외벽이 내화구조가 아닌 것
연면적 100m²를 1소요단위	연면적 50m²를 1소요단위

② 저장소의 건축물

외벽이 내화구조인 것	외벽이 내화구조가 아닌 것
연면적 150m² : 1소요단위	연면적 75m² : 1소요단위

③ 위험물은 **지정수량의 10배를 1소요단위**로 할 것

3. 간이 소화용구의 능력단위

소화설비	용량	능력단위
소화전용(專用)물통	8L	0.3
수조(소화전용물통 3개 포함)	80L	1.5
수조(소화전용물통 6개 포함)	190L	2.5
마른 모래(삽 1개 포함)	50L	0.5
팽창질석 또는 팽창진주암(삽 1개 포함)	160L	1.0

4. 소화기의 배치거리

구 분	소형소화기	대형소화기
보행거리	20m 이하	30m 이하

5-2 옥내소화전설비

① **옥내소화전**은 **수평거리가 25m 이하**가 되도록 설치할 것. 이 경우 **옥내소화전**은 각 층의 **출입구 부근에 1개 이상** 설치할 것

② **수원의 수량**은 옥내소화전이 **가장 많이 설치된 층의 옥내소화전 설치개수**(5개 이상인 경우 5개)에 7.8m³를 곱한 양 이상이 되도록 설치할 것

$$\text{수원의 양 } Q(\text{m}^3) = N \times 7.8\text{m}^3 (260\text{L/분} \times 30\text{분})$$

여기서, N : 가장 많이 설치된 층의 옥내소화전 설치개수(최대 5개)

③ 옥내소화전설비는 각 층을 기준으로 하여 당해 층의 모든 옥내소화전(개수가 **5개 이상인 경우는 5개**)을 동시에 사용할 경우에 각 노즐 끝부분의 **방수압력이 350kPa 이상**이고 **방수량이 260L/분 이상**의 성능이 되도록 할 것

노즐 끝부분의 방수압력	방수량
350kPa	260L/분

④ 옥내소화전의 **개폐밸브 및 호스접속구**는 바닥면으로부터 **1.5m 이하**의 높이에 설치할 것

⑤ 옥내소화전의 개폐밸브 및 방수용기구를 격납하는 상자(소화전함)는 불연재료로 제작하고 점검에 편리하고 화재발생시 연기가 충만할 우려가 없는 장소 등 쉽게 접근이 가능하고 화재 등에 의한 피해를 받을 우려가 적은 장소에 설치할 것

⑥ 가압송수장치의 시동을 알리는 표시등(**시동표시등**)은 **적색**으로 하고 옥내소화전함의 내부 또는 그 직근의 장소에 설치할 것

⑦ 옥내소화전설비의 설치의 표시는 다음 각목에 정한 것에 의할 것
  ㉠ 옥내소화전함에는 그 표면에 "소화전"이라고 표시할 것
  ㉡ 옥내소화전함의 상부의 벽면에 적색의 표시등을 설치하되, 당해 표시등의 부착면과 15° 이상의 각도가 되는 방향으로 10m 떨어진 곳에서 용이하게 식별이 가능하도록 할 것

⑧ 수원의 수위가 펌프(수평회전식의 것)보다 낮은 위치에 있는 가압송수장치는 다음 각목에 정한 것에 의하여 물올림장치를 설치할 것
  ㉠ 물올림장치에는 전용의 물올림탱크를 설치할 것
  ㉡ 물올림탱크의 용량은 가압송수장치를 유효하게 작동할 수 있도록 할 것
  ㉢ 물올림탱크에는 감수경보장치 및 물올림탱크에 물을 자동으로 보급하기 위한 장치가 설치되어 있을 것

⑨ 비상전원은 자가발전설비 또는 축전지설비에 의하되 다음 각목에 정한 것으로 할 것.
  ㉠ 용량은 옥내소화전설비를 유효하게 45분 이상 작동시키는 것이 가능할 것
  ㉡ 자가발전설비의 비상전원 전용수전설비
    ⓐ 점검에 편리하고 화재 등의 피해를 받을 우려가 적은 곳에 설치할 것
    ⓑ 다른 전기회로의 개폐기 또는 차단기에 의하여 차단되지 않을 것
    ⓒ 개폐기에는 "옥내소화전설비용"이라고 표시할 것

ⓓ 고압 또는 특별고압으로 수전하는 비상전원전용수전설비는 불연재료의 벽, 기둥, 바닥 및 천정으로 구획되고 출입구는 60분+방화문·60분방화문 또는 30분방화문이 설치되고 창에는 망입유리 또는 강화유리(8mm 이상)가 설치된 전용실에 설치할 것

⑩ 배관의 설치기준
  ㉠ 전용으로 할 것
  ㉡ 가압송수장치의 토출측 직근부분의 배관에는 체크밸브 및 개폐밸브를 설치할 것
  ㉢ 주배관 중 입상관은 관의 직경이 50mm 이상인 것으로 할 것
  ㉣ 개폐밸브에는 그 개폐방향을, 체크밸브에는 그 흐름방향을 표시할 것
  ㉤ 배관은 체절압력의 1.5배 이상의 수압을 견딜 수 있는 것으로 할 것

⑪ 가압송수장치는 다음 각목에 정한 것에 의하여 설치할 것
  ㉠ 고가수조를 이용한 가압송수장치
    ⓐ 낙차(수조의 하단으로부터 호스접속구까지의 수직거리)는 다음 식에 의하여 구한 수치 이상으로 할 것

$$H = h_1 + h_2 + 35\text{m}$$

    여기서, H : 필요낙차(단위 : m)
           h_1 : 방수용 호스의 마찰손실수두(단위 : m)
           h_2 : 배관의 마찰손실수두(단위 : m)

    ⓑ 고가수조에는 수위계, 배수관, 오버플로우용 배수관, 보급수관 및 맨홀을 설치할 것

  ㉡ 압력수조를 이용한 가압송수장치
    ⓐ 압력수조의 압력은 다음 식에 의하여 구한 수치 이상으로 할 것

$$P = p_1 + p_2 + p_3 + 0.35\text{MPa}$$

    여기서, P : 필요한 압력(단위 : MPa)
           p_1 : 소방용호스의 마찰손실수두압(단위 : MPa)
           p_2 : 배관의 마찰손실수두압(단위 : MPa)
           p_3 : 낙차의 환산수두압(단위 : MPa)

    ⓑ 압력수조의 수량은 당해 압력수조 체적의 2/3 이하일 것
    ⓒ 압력수조에는 압력계, 수위계, 배수관, 보급수관, 통기관 및 맨홀을 설치할 것

  ㉢ 펌프를 이용한 가압송수장치
    ⓐ 펌프의 토출량은 옥내소화전의 설치개수가 가장 많은 층에 대해 당해 설치개수(설치개수가 5개 이상인 경우에는 5개로 한다)에 260L/min를 곱한 양 이상이 되도록 할 것
    ⓑ 펌프의 전양정은 다음 식에 의하여 구한 수치 이상으로 할 것

$$H = h_1 + h_2 + h_3 + 35\text{m}$$

여기서, H : 펌프의 전양정(단위 : m), h_1 : 소방용 호스의 마찰손실수두(단위 : m)
h_2 : 배관의 마찰손실수두(단위 : m), h_3 : 낙차(단위 : m)

ⓒ 펌프의 토출량이 정격토출량의 150%인 경우에는 전양정은 정격전양정의 65% 이상일 것
ⓓ 펌프는 전용으로 할 것.
ⓔ 펌프에는 토출측에 압력계, 흡입측에 연성계를 설치할 것
ⓕ 가압송수장치에는 정격부하운전시 펌프의 성능을 시험하기 위한 배관설비를 설치할 것
ⓖ 가압송수장치에는 체절운전시에 수온상승방지를 위한 순환배관을 설치할 것
ⓗ 원동기는 전동기 또는 내연기관에 의한 것으로 할 것
ⓘ 노즐 끝부분에서 방수압력이 0.7MPa을 초과하지 아니하도록 할 것
ⓙ 기동장치는 직접조작이 가능하고, 옥내소화전함의 내부 또는 그 직근의 장소에 설치된 조작부에서 원격조작이 가능하도록 할 것
ⓚ 가압송수장치는 직접조작에 의해서만 정지되도록 할 것
ⓛ 소방용호스 및 배관의 마찰손실계산은 Hazen & Williams 공식에 의할 것

5-3 옥외소화전설비

① 옥외소화전은 **수평거리가 40m 이하**가 되도록 설치할 것. 이 경우 그 **설치개수가 1개일 때는 2개**로 할 것.
② 수원의 수량은 **옥외소화전의 설치개수(4개 이상**인 경우는 4개)에 13.5m³를 곱한 양 이상이 되도록 설치할 것

$$\text{수원의 양 } Q(\text{m}^3) = N \times 13.5\text{m}^3(450\text{L/분} \times 30\text{분})$$

여기서, N : **가장 많이 설치된 층의 옥외소화전 설치개수(최대4개)**

③ 옥외소화전설비는 모든 옥외소화전(설치개수가 4개 이상인 경우는 4개)을 동시에 사용할 경우에 각 노즐 끝부분의 **방수압력이 350kPa** 이상이고, **방수량이 450L/분 이상**의 성능이 되도록 할 것

노즐 끝부분의 방수압력	방수량
350kPa	450L/분

④ 개폐밸브 및 호스접속구는 지반면으로부터 **1.5m 이하**의 높이에 설치할 것
⑤ 옥외소화전함은 불연재료로 제작하고 옥외소화전으로부터 **보행거리 5m 이하**의 장소로서 화재발생시 쉽게 접근가능하고 화재 등의 피해를 받을 우려가 적은 장소에 설치할 것
⑥ 옥외소화전설비의 설치의 표시는 다음 각목에 정한 것에 의할 것

㉠ 옥외소화전함에는 그 표면에 "**호스격납함**"이라고 표시할 것. 다만, 호스접속구 및 개폐밸브를 옥외소화전함의 내부에 설치하는 경우에는 "**소화전**"이라고 표시할 수도 있다.
㉡ 옥외소화전에는 직근의 보기 쉬운 장소에 "**소화전**"이라고 표시할 것
⑦ 가압송수장치, 시동표시등, 물올림장치, 비상전원, 조작회로의 배선 및 배관등은 옥내소화전설비의 기준의 예에 준하여 설치할 것. 다만, **자체소방대를 둔 제조소등**으로서 옥외소화전함 부근에 설치된 옥외전등에 비상전원이 공급되는 경우에는 옥외소화전함의 적색 표시등을 설치하지 아니할 수 있다.
⑧ 옥외소화전설비는 습식으로 하고 동결방지조치를 할 것. 다만, 동결방지조치가 곤란한 경우에는 **습식 외의 방식**으로 할 수 있다.

5-4 스프링클러설비

[위험물제조소등의 소화설비 설치기준]

소화설비	수평거리	방사량 (L/min)	방사압력 (kPa)	수원의 양
옥내	25m 이하	260	350	$Q = N$(소화전개수 : 최대 5개)$\times 7.8 \text{m}^3$ (260L/min × 30min)
옥외	40m 이하	450	350	$Q = N$(소화전개수 : 최대 4개)$\times 13.5 \text{m}^3$ (450L/min × 30min)
스프링클러	1.7m 이하	80	100	$Q = N$(헤드수 : 최대 30개)$\times 2.4 \text{m}^3$ (80L/min × 30min)
물분무		20 ($l/\text{m}^2 \cdot \text{min}$)	350	$Q = A$(바닥면적 m^2)$\times 0.6 \text{m}^3$ (20L/$\text{m}^2 \cdot$ min × 30min)

① 스프링클러헤드는 **수평거리가 1.7m 이하**가 되도록 설치할 것
② **개방형 스프링클러헤드**를 이용한 스프링클러설비의 **방사구역은 150m² 이상**
 (바닥면적이 150m² 미만인 경우 **바닥면적**)으로 할 것
③ **수원의 수량**
 ㉠ **폐쇄형** 헤드를 사용하는 것은 30(설치개수가 30 미만인 경우 **설치개수**),
 ㉡ **개방형** 헤드를 사용하는 것은 헤드가 **가장 많이** 설치된 **방사구역**의 헤드 **설치개수**에 **2.4m³를 곱한 양** 이상이 되도록 설치할 것

[폐쇄형 스프링클러헤드 사용하는 경우]
수원의 양 $Q(\text{m}^3) = N \times 2.4 \text{m}^3 (80 \text{L}/\text{분} \times 30 \text{분})$
여기서, N : 30(설치개수가 30 미만인 경우는 설치개수)

[개쇄형 스프링클러헤드 사용하는 경우]
수원의 양 $Q(m^3) = N \times 2.4m^3 (80L/분 \times 30분)$
여기서, N : 가장 많이 설치된 방사구역의 스프링클러헤드 설치개수

④ 헤드의 **방사압력이 100kPa 이상**이고, **방수량이 80L/분 이상**의 성능이 되도록 할 것

헤드의 방수압력	헤드의 방수량
100kPa	80L/분

1. 개방형스프링클러헤드의 설치기준

① 스프링클러헤드의 반사판으로부터 하방으로 0.45m, 수평방향으로 0.3m의 공간을 보유할 것
② 스프링클러헤드는 헤드의 축심이 당해 헤드의 부착면에 대하여 직각이 되도록 설치할 것

2. 폐쇄형스프링클러헤드의 설치기준

① 스프링클러헤드의 반사판과 당해 헤드의 부착면과의 거리는 0.3m 이하일 것
② 스프링클러헤드는 당해 헤드의 부착면으로부터 0.4m 이상 돌출한 보 등에 의하여 구획된 부분마다 설치할 것. 다만, 당해 보 등의 상호간의 거리(보 등의 중심선을 기산점으로 한다)가 1.8m 이하인 경우에는 그러하지 아니하다.
③ 급배기용 덕트 등의 긴변의 길이가 1.2m를 초과하는 것이 있는 경우에는 당해 덕트 등의 아래면에도 스프링클러헤드를 설치할 것
④ 스프링클러헤드의 부착위치
  ㉠ 가연성 물질을 수납하는 부분에 스프링클러헤드를 설치하는 경우에는 제1호가목의 규정에 불구하고 당해 헤드의 반사판으로부터 하방으로 0.9m, 수평방향으로 0.4m의 공간을 보유할 것
  ㉡ 개구부에 설치하는 스프링클러헤드는 당해 개구부의 상단으로부터 높이 0.15m 이내의 벽면에 설치할 것
⑤ 건식 또는 준비작동식의 유수검지장치의 2차측에 설치하는 스프링클러헤드는 상향식스프링클러헤드로 할 것. 다만, 동결할 우려가 없는 장소에 설치하는 경우는 그러하지 아니하다.
⑥ 스프링클러헤드는 그 부착장소의 평상시의 최고주위온도에 따라 다음 표에 정한 표시온도를 갖는 것을 설치할 것

부착장소의 최고주위온도(℃)	표시온도(℃)
28 미만	58 미만
28 이상 39 미만	58 이상 79 미만
39 이상 64 미만	79 이상 121 미만
64 이상 106 미만	121 이상 162 미만
106 이상	162 이상

3. 개방형스프링클러헤드를 이용하는 스프링클러설비 설치기준
① 일제개방밸브의 기동조작부 및 수동식개방밸브는 화재시 쉽게 접근 가능한 바닥면으로부터 1.5m 이하의 높이에 설치할 것
② 일제개방밸브 또는 수동식개방밸브의 기준
  ㉠ 방수구역마다 설치할 것
  ㉡ 일제개방밸브 또는 수동식개방밸브에 작용하는 압력은 당해 일제개방밸브 또는 수동식 개방밸브의 최고사용압력 이하로 할 것
  ㉢ 일제개방밸브 또는 수동식개방밸브의 2차측 배관부분에는 당해 방수구역에 방수하지 않고 당해 밸브의 작동을 시험할 수 있는 장치를 설치할 것
  ㉣ 수동식개방밸브를 개방조작하는데 필요한 힘이 15kg 이하가 되도록 설치할 것

4. 개방형스프링클러헤드를 이용하는 스프링클러설비
2 이상의 방사구역을 두는 경우에는 화재를 유효하게 소화할 수 있도록 인접하는 방사구역이 상호 중복되도록 할 것

5. 스프링클러설비에는 각층 또는 방사구역마다 제어밸브
① 제어밸브는 개방형스프링클러헤드를 이용하는 스프링클러설비에 있어서는 방수구역마다, 폐쇄형스프링클러헤드를 사용하는 스프링클러설비에 있어서는 당해 방화대상물의 층마다, 바닥면으로부터 0.8m 이상 1.5m 이하의 높이에 설치할 것
② 제어밸브에는 함부로 닫히지 아니하는 조치를 강구할 것
③ 제어밸브에는 직근의 보기 쉬운 장소에 "스프링클러설비의 제어밸브"라고 표시할 것

6. 자동경보장치의 설치기준
다만, 자동화재탐지설비에 의하여 경보가 발하는 경우는 음향경보장치를 설치하지 아니할 수 있다.
① 스프링클러헤드의 개방 또는 보조살수전의 개폐밸브의 개방에 의하여 경보를 발하도록 할 것
② 발신부는 각층 또는 방수구역마다 설치하고 당해 발신부는 유수검지장치 또는 압력검지장치를 이용할 것
③ 나목의 유수검지장치 또는 압력검지장치에 작용하는 압력은 당해 유수검지장치 또는 압력검지장치의 최고사용압력 이하로 할 것
④ 수신부에는 스프링클러헤드 또는 화재감지용헤드가 개방된 층 또는 방수구역을 알 수 있는 표시장치를 설치하고, 수신부는 수위실 기타 상시 사람이 있는 장소(중앙관리실이 설치되어 있는 경우에는 당해 중앙관리실)에 설치 할 것
⑤ 하나의 방화대상물에 2 이상의 수신부가 설치되어 있는 경우에는 이들 수신부가 있는 장소 상호간에 동시에 통화할 수 있는 설비를 설치할 것

7. 유수검지장치의 설치기준

① 유수검지장치의 1차측에는 압력계를 설치할 것
② 유수검지장치의 2차측에 압력의 설정을 필요로 하는 스프링클러설비에는 당해 유수검지장치의 압력설정치보다 2차측의 압력이 낮아진 경우에 자동으로 경보를 발하는 장치를 설치할 것

8. 폐쇄형스프링클러헤드를 이용하는 스프링클러설비 설치기준

말단시험밸브를 다음 각목에 의하여 설치할 것
① 말단시험밸브는 유수검지장치 또는 압력검지장치를 설치한 배관의 계통마다 1개씩, 방수압력이 가장 낮다고 예상되는 배관의 부분에 설치할 것
② 말단시험밸브의 1차측에는 압력계를, 2차측에는 스프링클러헤드와 동등의 방수성능을 갖는 오리피스 등의 시험용방수구를 설치할 것
③ 말단시험밸브에는 직근의 보기 쉬운 장소에 "말단시험밸브"라고 표시할 것

9. 스프링클러설비의 쌍구형의 송수구 설치기준

① 전용으로 할 것
② 송수구의 결합금속구는 탈착식 또는 나사식으로 하고 내경을 63.5mm 내지 66.5mm로 할 것
③ 송수구의 결합금속구는 지면으로부터 0.5m 이상 1m 이하의 높이의 송수에 지장이 없는 위치에 설치할 것
④ 송수구는 당해 스프링클러설비의 가압송수장치로부터 유수검지장치·압력검지장치 또는 일제개방형밸브·수동식개방밸브까지의 배관에 전용의 배관으로 접속할 것
⑤ 송수구에는 그 직근의 보기 쉬운 장소에 "스프링클러용송수구"라고 표시하고 그 송수압력 범위를 함께 표시할 것

5-5 물분무소화설비

① 물분무소화설비의 **방사구역은 150m² 이상**(방호대상물의 **표면적이 150m² 미만**인 경우에는 **당해 표면적**)으로 할 것
② 수원의 수량은 분무헤드가 가장 많이 설치된 방사구역의 모든 분무헤드를 동시에 사용할 경우에 당해 방사구역의 **표면적 1m²당 1분당 20L**의 비율로 계산한 양으로 **30분간 방사**할 수 있는 양 이상이 되도록 설치할 것
③ 물분무소화설비는 분무헤드를 동시에 사용할 경우에 각 끝부분의 방사압력이 350kPa 이

상으로 **표준방사량**을 방사할 수 있는 성능이 되도록 할 것

물분무 헤드의 방수압력	헤드의 방수량
350kPa	헤드의 설계압력에 의한 방사량

④ 물분무소화설비에 2 이상의 방사구역을 두는 경우에는 화재를 유효하게 소화할 수 있도록 인접하는 방사구역이 상호 중복되도록 할 것
⑤ 고압의 전기설비가 있는 장소에는 당해 전기설비와 분무헤드 및 배관과 사이에 전기절연을 위하여 필요한 공간을 보유할 것
⑥ 물분무소화설비에는 각층 또는 방사구역마다 제어밸브, 스트레이너 및 일제개방밸브 또는 수동식개방밸브를 다음 각목에 정한 것에 의하여 설치할 것
  ㉠ 제어밸브 및 일제개방밸브 또는 수동식개방밸브는 스프링클러설비의 기준의 예에 의할 것
  ㉡ 스트레이너 및 일제개방밸브 또는 수동식개방밸브는 제어밸브의 하류측 부근에 스트레이너, 일제개방밸브 또는 수동식개방밸브의 순으로 설치할 것
⑦ 기동장치는 스프링클러설비의 기준의 예에 의할 것
⑧ 가압송수장치, 물올림장치, 비상전원, 조작회로의 배선 및 배관 등은 옥내소화전설비의 예에 준하여 설치할 것

5-6 포소화설비

1. 고정식의 포소화설비의 포방출구 종류

(1) I형 포방출구

고정지붕구조의 탱크에 상부포주입법(고정포방출구를 탱크옆판의 상부에 설치하여 액표면상에 포를 방출하는 방법)을 이용하는 것으로서 방출된 포가 액면 아래로 몰입되거나 액면을 뒤섞지 않고 액면상을 덮을 수 있는 통계단 또는 미끄럼판 등의 설비 및 탱크내의 위험물증기가 외부로 역류되는 것을 저지할 수 있는 구조·기구를 갖는 포방출구

(2) II형 포방출구

고정지붕구조 또는 부상덮개부착고정지붕구조(옥외저장탱크의 액상에 금속제의 플로팅, 팬 등의 덮개를 부착한 고정지붕구조의 것)의 탱크에 상부포주입법을 이용하는 것으로서 방출된 포가 탱크옆판의 내면을 따라 흘러내려 가면서 액면 아래로 몰입되거나 액면을 뒤섞지 않고 액면상을 덮을 수 있는 반사판 및 탱크내의 위험물증기가 외부로 역류되는 것을 저지할 수 있는 구조·기구를 갖는 포방출구

(3) 특형 포방출구

부상지붕구조의 탱크에 상부포주입법을 이용하는 것으로서 부상지붕의 부상 부분상에 높이 0.9m 이상의 금속제의 칸막이(방출된 포의 유출을 막을 수 있고 충분한 배수능력을 갖는 배수구를 설치한 것)를 탱크옆판의 내측으로부터 1.2m 이상 이격하여 설치하고 탱크옆판과 칸막이에 의하여 형성된 환상부분("환상부분")에 포를 주입하는 것이 가능한 구조의 반사판을 갖는 포방출구

(4) Ⅲ형 포방출구

고정지붕구조의 탱크에 저부포주입법(탱크의 액면하에 설치된 포방출구로부터 포를 탱크내에 주입하는 방법)을 이용하는 것으로서 송포관(발포기 또는 포발생기에 의하여 발생된 포를 보내는 배관. 당해 배관으로 탱크내의 위험물이 역류되는 것을 저지할 수 있는 구조·기구를 갖는 것)으로부터 포를 방출하는 포방출구

(5) Ⅳ형 포방출구

고정지붕구조의 탱크에 저부포주입법을 이용하는 것으로서 평상시에는 탱크의 액면하의 저부에 설치된 격납통(포를 보내는 것에 의하여 용이하게 이탈되는 캡을 갖는 것을 포함)에 수납되어 있는 특수호스 등이 송포관의 말단에 접속되어 있다가 포를 보내는 것에 의하여 특수호스 등이 전개되어 그 끝부분이 액면까지 도달한 후 포를 방출하는 포방출구

2. 보조포소화전 설치기준

① 방유제 외측의 소화활동상 유효한 위치에 설치하되 각각의 보조포소화전 상호간의 보행거리가 75m 이하가 되도록 설치할 것
② 보조포소화전은 3개(호스접속구가 3개 미만인 경우에는 그 개수)의 노즐을 동시에 사용할 경우에 각각의 노즐 끝부분의 방사압력이 0.35MPa 이상이고 방사량이 400L/min 이상의 성능이 되도록 설치할 것
③ 보조포소화전은 옥외소화전설비의 옥외소화전기준의 예에 준하여 설치할 것

3. 연결송액구 설치 수

$$N = \frac{Aq}{C}$$

여기서, N : 연결송액구의 설치개수
  A : 탱크의 최대 수평단면적(단위 : m^2)
  q : 탱크의 액표면적 1m^{2}당 방사하여야 할 포수용액의 방출율(단위 : L/min)
  C : 연결송액구 1구당 표준송액량(800L/min)

4. 포헤드방식의 포헤드 설치기준

① 포헤드는 방호대상물의 모든 표면이 포헤드의 유효사정 내에 있도록 설치할 것
② 방호대상물의 표면적(건축물의 경우에는 바닥면적) 9m²당 1개 이상의 헤드를, 방호대상물의 표면적 1m²당의 방사량이 6.5L/min 이상의 비율로 계산한 양의 포수용액을 표준방사량으로 방사할 수 있도록 설치 할 것
③ 방사구역은 100m² 이상(방호대상물의 표면적이 100m² 미만인 경우에는 당해 표면적)으로 할 것

5. 포모니터노즐 방식의 설치기준

① 포모니터노즐은 옥외저장탱크 또는 이송취급소의 펌프설비 등이 안벽, 부두, 해상구조물, 그밖의 이와 유사한 장소에 설치되어 있는 경우에 당해 장소의 끝선(해면과 접하는 선)으로부터 수평거리 15m 이내의 해면 및 주입구 등 위험물취급설비의 모든 부분이 수평방사거리 내에 있도록 설치할 것. 이 경우에 그 설치개수가 1개인 경우에는 2개로 할 것
② 모든 노즐을 동시에 사용할 경우에 각 노즐 끝부분의 방사량이 1900L/min 이상이고 수평방사거리가 30m 이상이 되도록 설치할 것

6. 이동식포소화설비의 수원의 수량

이동식포소화설비는 4개(호스접속구가 4개 미만인 경우에는 그 개수)의 노즐을 동시에 사용할 경우에 각 노즐 끝부분의 방사압력은 0.35MPa 이상이고 방사량은 옥내에 설치한 것은 200L/min 이상, 옥외에 설치 한 것은 400L/min 이상으로 30분간 방사할 수 있는 양

7. 가압송수장치의 설치기준

(1) 고가수조를 이용하는 가압송수장치

① 가압송수장치의 낙차(수조의 하단으로부터 포방출구까지의 수직거리)는 다음 식에 의하여 구한 수치 이상으로 할 것

$$H = h_1 + h_2 + h_3$$

여기서, H : 필요한 낙차(단위 : m)
h_1 : 고정식포방출구의 설계압력 환산수두 또는 이동식포소화설비 노즐방사압력 환산수두(단위 : m)
h_2 : 배관의 마찰손실수두(단위 : m)
h_3 : 이동식포소화설비의 소방용 호스의 마찰손실수두(단위 : m)

② 고가수조에는 수위계, 배수관, 오버플로우용 배수관, 보급수관 및 맨홀을 설치할 것

(2) 압력수조를 이용하는 가압송수장치

① 가압송수장치의 압력수조의 압력은 다음 식에 의하여 구한 수치 이상으로 할 것

$$P = p_1 + p_2 + p_3 + p_4$$

여기서, P : 필요한 압력(단위 : MPa)
p_1 : 고정식포방출구의 설계압력 또는 이동식포소화설비 노즐방사압력(단위 : MPa)
p_2 : 배관의 마찰손실수두압(단위 : MPa)
p_3 : 낙차의 환산수두압(단위 : MPa)
p_4 : 이동식포소화설비의 소방용 호스의 마찰손실수두압(단위 : MPa)

② 압력수조의 수량은 당해 압력수조 체적의 2/3 이하일 것
③ 압력수조에는 압력계, 수위계, 배수관, 보급수관, 통기관 및 맨홀을 설치할 것

(3) 펌프를 이용하는 가압송수장치

① 펌프의 전양정은 다음 식에 의하여 구한 수치 이상으로 할 것

$$H = h_1 + h_2 + h_3 + h_4$$

여기서, H : 펌프의 전양정(단위 : m)
h_1 : 고정식포방출구의 설계압력환산수두 또는 이동식포소화설비 노즐 끝부분의 방사압력 환산수두(단위 : m)
h_2 : 배관의 마찰손실수두(단위 : m)
h_3 : 낙차(단위 : m)
h_4 : 이동식포소화설비의 소방용호스의 마찰손실수두(단위 : m)

② 펌프의 토출량이 정격토출량의 150%인 경우에는 전양정은 정격전양정의 65% 이상일 것
③ 펌프를 시동한 후 5분 이내에 포수용액을 포방출구 등까지 송액할 수 있도록 하거나 또는 펌프로부터 포방출구 등까지의 수평거리를 500m 이내로 할 것

8. 포소화약제의 혼합장치

(1) 펌프 프로포셔너 방식

펌프의 토출관과 흡입관 사이의 배관도중에 설치한 흡입기에 펌프에서 토출된 물의 일부를 보내고, 농도 조정밸브에서 조정된 포 소화약제의 필요량을 포 소화약제 탱크에서 펌프 흡입측으로 보내어 이를 혼합하는 방식

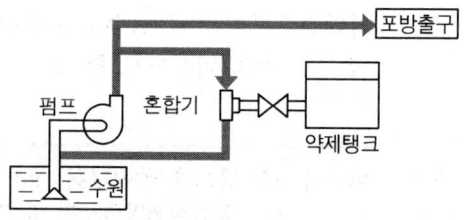

(2) 프레져 프로포셔너 방식

펌프와 발포기의 중간에 설치된 벤추리관의 벤추리작용과 펌프 가압수의 포 소화약제 저장탱크에 대한 압력에 의하여 포소화약제를 흡입·혼합하는 방식

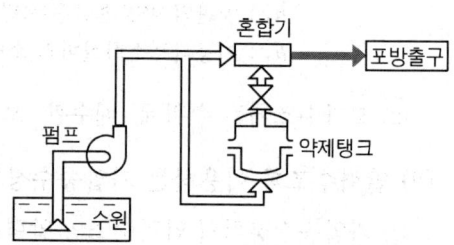

(3) 라인 프로포셔너 방식

펌프와 발포기의 중간에 설치된 벤추리관의 벤추리 작용에 의하여 포소화약제를 흡입·혼합하는 방식

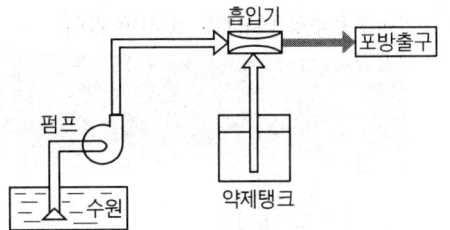

(4) 프레져사이드 프로포셔너 방식

펌프의 토출관에 압입기를 설치하여 포 소화약제 압입용 펌프로 포소화약제를 압입시켜 혼합하는 방식

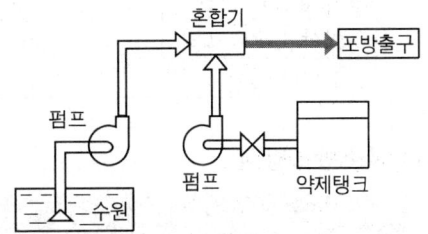

5-7 이산화탄소소화설비

1. 이산화탄소소화설비의 분사헤드

구 분	전역방출방식		국소방출방식
	고압식	저압식	
방사압력	2.1MPa 이상	1.05MPa 이상	-
약제저장량 방사시간	60초 이내		30초 이내

2. 이산화탄소소화약제의 소화약제의 양

(1) 전역방출방식

$$Q = [V \times K_1 + A \times K_2] \times K$$

여기서, Q : 소화약제의 양
V : 방호구역 체적(m^3)
K_1 : 체적계수(kg/m^3)
A : 개구부 면적(m^2)
K_2 : 개구부 면적계수(kg/m^2)
K : 위험물의 종류에 대한 가스계소화약제의 계수(별표2 : 생략)

[방호구역의 체적계수 및 면적계수]

방호구역의 체적 (m³)	방호구역의 체적 1m³당 소화약제의 양(단위 kg) (K_1 : kg/m³)	소화약제 총량의 최저한도 (kg)	개구부 가산량 (K_2 : kg/m²) (자동폐쇄장치 미설치시)
5 미만	1.20	–	5
5이상 15미만	1.10	6	
15이상 45미만	1.00	17	
45 이상 150 미만	0.90	45	
150 이상 1,500 미만	0.80	135	
1,500 이상	0.75	1,200	

(2) 국소방출방식

연소형태	소화약제의 양	
	고압식	저압식
면적식	$Q = [A \times 13\text{kg/m}^2 \times K] \times 1.4$	$Q = [A \times 13\text{kg/m}^2 \times K] \times 1.1$
	여기서, Q : 소화약제의 양, A : 방호대상물의 표면적(m²) K : 위험물의 종류에 대한 가스계소화약제의 계수(별표2 : 생략)	
용적식	$Q = V \times Q_1 \times K \times 1.4$	$Q = V \times Q_1 \times K \times 1.1$
	여기서, Q : 소화약제의 양, V : 방호공간의 체적(m³) $Q_1 : \left(8 - 6\dfrac{a}{A}\right)$[kg/m³] K : 위험물의 종류에 대한 가스계소화약제의 계수(별표2 : 생략)	

① A : 방호대상물의 표면적

당해 방호대상물의 한 변의 길이가 0.6m 이하인 경우에는 당해 변의 길이를 0.6m로 해서 계산한 면적

② V : 방호공간의 체적

방호대상물의 모든 부분(지반면에 접한 바닥면은 제외)으로부터 0.6m 외부로 이격된 부분에 의하여 둘러싸여진 부분

③ $Q_1 : \left(8 - 6\dfrac{a}{A}\right)$[kg/m³]

Q_1 : 단위 체적당 소화약제의 양(kg/m³)

a : 방호대상물의 주위에 실제로 설치된 고정벽(방호대상물로부터 0.6m 미만의 거리에 있는 것에 한한다)의 면적의 합계(단위 : m²)

A : 방호공간 전체둘레의 면적(단위 : m²)

3. 이동식이산화탄소소화설비

① 하나의 노즐마다 90kg 이상의 양으로 할 것
② 노즐은 온도 20℃에서 하나의 노즐마다 90kg/min 이상의 소화약제를 방사할 수 있을 것

③ 저장용기의 용기밸브 또는 방출밸브는 호스의 설치장소에서 수동으로 개폐할 수 있을 것
④ 저장용기는 호스를 설치하는 장소마다 설치할 것
⑤ 저장용기의 직근의 보기 쉬운 장소에 적색등을 설치하고 "이동식이산화탄소소화설비"라고 표시할 것
⑥ 화재 시 연기가 현저하게 충만할 우려가 있는 장소 외의 장소에 설치할 것

4. 저장용기의 충전비

[용기내용적의 수치와 소화약제중량의 수치와의 비율]

구 분	고압식	저압식
충전비	1.5 이상 1.9 이하	1.1 이상 1.4 이하

5. 저장용기의 설치기준

① 방호구역 외의 장소에 설치할 것
② 온도가 40℃ 이하이고 온도 변화가 적은 장소에 설치할 것
③ 직사일광 및 빗물이 침투할 우려가 적은 장소에 설치할 것
④ 저장용기에는 안전장치(용기밸브에 설치되어 있는 것을 포함)를 설치할 것

6. 배관의 설치기준

① 전용으로 할 것
② 강관의 배관

구 분	고압식	저압식
스케줄	80 이상	40 이상

③ 동관 및 관 이음쇠의 배관

구 분	고압식	저압식
내압력	16.5MPa 이상	3.75MPa 이상

7. 저압식저장용기의 설치기준

① 저압식저장용기에는 액면계 및 압력계를 설치할 것
② 저압식저장용기에는 2.3MPa 이상의 압력 및 1.9MPa 이하의 압력에서 작동하는 압력경보장치를 설치할 것
③ 저압식저장용기에는 용기내부의 온도를 −20℃이상 −18℃ 이하로 유지할 수 있는 자동냉동기를 설치할 것
④ 저압식저장용기에는 파괴판을 설치할 것
⑤ 저압식저장용기에는 방출밸브를 설치할 것

8. 선택밸브의 설치기준

① 저장용기를 공용하는 경우에는 방호구역 또는 방호대상물마다 선택밸브를 설치할 것
② 선택밸브는 방호구역 외의 장소에 설치할 것
③ 선택밸브에는 "선택밸브"라고 표시하고 선택이 되는 방호구역 또는 방호대상물을 표시할 것

9. 기동용가스용기의 설치기준

① 기동용가스용기는 25MPa 이상의 압력에 견딜 수 있는 것일 것
② 기동용가스용기의 내용적은 1L 이상으로 하고 당해 용기에 저장하는 이산화탄소의 양은 0.6kg 이상으로 하되 그 충전비는 1.5 이상일 것
③ 기동용가스용기에는 안전장치 및 용기밸브를 설치할 것

10. 수동식 기동장치의 설치기준

① 기동장치는 당해 방호구역 밖에 설치하되 당해 방호구역 안을 볼 수 있고 조작을 한 자가 쉽게 대피할 수 있는 장소에 설치할 것
② 기동장치는 하나의 방호구역 또는 방호대상물마다 설치할 것
③ 기동장치의 조작부는 바닥으로부터 0.8m 이상 1.5m 이하의 높이에 설치할 것
④ 기동장치에는 직근의 보기 쉬운 장소에 "이산화탄소소화설비수동기동장치"라고 표시할 것
⑤ 기동장치의 외면은 적색으로 할 것
⑥ 전기를 사용하는 기동장치에는 전원표시등을 설치할 것
⑦ 기동장치의 방출용스위치 등은 음향경보장치가 기동되기 전에는 조작될 수 없도록 하고 기동장치에 유리 등에 의하여 유효한 방호조치를 할 것
⑧ 기동장치 또는 직근의 장소에 방호구역의 명칭, 취급방법, 안전상의 주의사항 등을 표시할 것

11. 자동식의 기동장치의 설치기준

① 기동장치는 자동화재탐지설비의 감지기의 작동과 연동하여 기동될 수 있도록 할 것
② 기동장치에는 다음에 정한 것에 의하여 자동수동전환장치를 설치할 것
　㉠ 쉽게 조작할 수 있는 장소에 설치할 것
　㉡ 자동 및 수동을 표시하는 표시등을 설치할 것
　㉢ 자동수동의 전환은 열쇠 등에 의하는 구조로 할 것
③ 자동수동전환장치 또는 직근의 장소에 취급방법을 표시할 것

12. 전역방출방식의 안전조치

① 기동장치의 방출용스위치 등의 작동으로부터 저장용기의 용기밸브 또는 방출밸브의 개방까지의 시간이 **20초 이상** 되도록 지연장치를 설치할 것
② 방호구역의 출입구 등 보기 쉬운 장소에 소화약제가 방출된다는 사실을 알리는 표시등을 설치할 것

13. 비상전원의 설치기준

① 자가발전설비 또는 축전지설비
② 용량은 당해 설비를 유효하게 1시간 작동할 수 있는 용량 이상으로 할 것

5-8 할로젠화합물소화설비

1. 전역방출방식 할로젠화합물소화설비의 분사헤드

① 방사된 소화약제가 방호구역의 전역에 균일하고 신속하게 확산할 수 있도록 설치할 것
② 하론2402를 방사하는 분사헤드는 당해 소화약제를 무상으로 방사하는 것일 것
③ 분사헤드의 방사압력

구 분	하론2402	하론1211	하론1301
방사압력	0.1MPa 이상	0.2MPa 이상	0.9MPa 이상

④ 소화약제의 양을 30초 이내에 균일하게 방사할 것

2. 국소방출방식의 할로젠화합물소화설비의 분사헤드

① 분사헤드는 방호대상물의 모든 표면이 분사헤드의 유효사정 내에 있도록 설치할 것
② 소화약제의 방사에 의하여 위험물이 비산되지 않는 장소에 설치할 것
③ 소화약제의 양을 30초 이내에 균일하게 방사할 것

3. 소화약제의 양

(1) 전역방출방식

$$Q = [V \times K_1 + A \times K_2] \times K$$

여기서, Q : 소화약제의 양, V : 방호구역 체적(m^3), K_1 : 체적계수(kg/m^3),
A : 개구부 면적(m^2), K_2 : 개구부 면적계수(kg/m^2)
K : 위험물의 종류에 대한 가스계소화약제의 계수(별표2 : 생략)

[방호구역의 체적계수 및 면적계수]

약제의 종류	방호구역의 체적 1m³당 소화약제의 양(단위 kg) (K_1 : kg/m³)	개구부 가산량 (K_2 : kg/m²) (자동폐쇄장치 미설치시)
하론2402	0.40	3.0
하론1211	0.36	2.7
하론1301	0.32	2.4

(2) 국소방출방식

연소 형태	소화약제의 양		
	하론2402	하론1211	하론1301
면적식	$Q = [A \times 8.8\text{kg/m}^2 \times K] \times 1.1$	$Q = [A \times 7.6\text{kg/m}^2 \times K] \times 1.1$	$Q = [A \times 6.8\text{kg/m}^2 \times K] \times 1.25$
	여기서, Q : 소화약제의 양, A : 방호대상물의 표면적(m²) K : 위험물의 종류에 대한 가스계소화약제의 계수(별표2 : 생략)		
용적식	$Q = V \times Q_1 \times K \times 1.1$	$Q = V \times Q_1 \times K \times 1.1$	$Q = V \times Q_1 \times K \times 1.25$
	여기서, Q : 소화약제의 양, V : 방호공간의 체적(m³) $Q_1 : \left(X - Y\dfrac{a}{A}\right)[\text{kg/m}^3]$ K : 위험물의 종류에 대한 가스계소화약제의 계수(별표2 : 생략)		

※ 면적식의 국소방출방식
　액체 위험물을 상부를 개방한 용기에 저장하는 경우 등 화재시 연소면이 한면에 한정되고 위험물이 비산할 우려가 없는 경우

※ 용적식의 국소방출방식 : 면적식 외의 경우

$$Q_1 = \left(X - Y\dfrac{a}{A}\right)[\text{kg/m}^3]$$

여기서, Q_1 : 단위 체적당 소화약제의 양(kg/m³)
　　　　a : 방호대상물의 주위에 실제로 설치된 고정벽의 면적의 합계(단위 : m²)
　　　　A : 방호공간 전체둘레의 면적(단위 : m²)
　　　　X 및 Y : 다음 표에 정한 수치

약제의 종류	X의 수치	Y의 수치
하론2402	5.2	3.9
하론1211	4.4	3.3
하론1301	4.0	3.0

4. 이동식할로젠화합물소화설비

약제의 종류	소화약제의 양(kg)	방사량(kg/min)
하론2402	50	45
하론1211	50	40
하론1301	45	35

5. 저장용기등의 충전비

구분	하론2402		하론1211	하론1301
	가압식	축압식		
충전비	0.51 이상 0.67 이하	0.67 이상 2.75 이하	0.7 이상 1.4 이하	0.9 이상 1.6 이하

6. 축압식 저장용기의 압력

구분	하론1211	하론1301
가압압력(20℃에서) (가압가스 질소)	1.1MPa 또는 2.5MPa	2.5MPa 또는 4.2MPa

7. 배관의 설치기준

① 전용으로 할 것
② 강관의 배관은 하론2402에 있어서는 「배관용탄소강관」(KSD3507), 하론1211 또는 하론1301에 있어서는 「압력배관용탄소강관」(KS D 3562) 중에서 스케줄40 이상의 것 또는 이와 동등 이상의 강도를 갖는 것으로서 아연도금 등에 의한 방식처리를 한 것을 사용할 것
③ 동관의 배관은 「이음매 없는구리 및 구리합금관」(KS D 5301) 또는 이와 동등 이상의 강도 및 내식성을 갖는 것을 사용할 것
④ 관이음쇠 및 밸브류는 강관이나 동관 또는 이와 동등 이상의 강도 및 내식성을 갖는 것일 것
⑤ 낙차는 50m 이하일 것
⑥ 저장용기(축압식의 것으로서 내부압력이 1.0MPa 이상인 것)에는 용기밸브를 설치할 것
⑦ 가압식의 것에는 2.0MPa 이하의 압력으로 조정할 수 있는 압력조정장치를 설치할 것
⑧ 저장용기등과 선택밸브 등 사이에는 안전장치 또는 파괴판을 설치할 것

5-9 분말소화설비

1. 전역방출방식의 분사헤드

① 방사된 소화약제가 방호구역의 전역에 균일하고 신속하게 확산할 수 있도록 설치할 것
② 분사헤드의 방사압력은 0.1MPa 이상일 것
③ 소화약제의 양을 30초 이내에 균일하게 방사할 것

2. 국소방출방식의 분사헤드

① 분사헤드는 방호대상물의 모든 표면이 분사헤드의 유효사정 내에 있도록 설치할 것
② 소화약제의 방사에 의하여 위험물이 비산되지 않는 장소에 설치할 것
③ 소화약제의 양을 30초 이내에 균일하게 방사할 것

3. 소화약제의 양

(1) 전역방출방식

$$Q = [V \times K_1 + A \times K_2] \times K$$

여기서, Q : 소화약제의 양, V : 방호구역 체적(m^3), K_1 : 체적계수(kg/m^3)
A : 개구부 면적(m^2), K_2 : 개구부 면적계수(kg/m^2)
K : 위험물의 종류에 대한 가스계소화약제의 계수(별표2 : 생략)

[방호구역의 체적계수 및 면적계수]

약제의 종류	방호구역의 체적 $1m^3$당 소화약제의 양(단위 kg) (K_1 : kg/m^3)	개구부 가산량 (K_2 : kg/m^2) (자동폐쇄장치 미설치시)
제1종 분말	0.60	4.5
제2종 또는 제3종 분말	0.36	2.7
제4종 분말	0.24	1.8
제5종 분말	소화약제에 따라 필요한 양	소화약제에 따라 필요한 양

(2) 국소방출방식

연소형태	소화약제의 양		
	제1종 분말	제2종 또는 제3종 분말	제4종 분말
면적식	$Q = [A \times 8.8 kg/m^2 \times K] \times 1.1$	$Q = [A \times 5.2 kg/m^2 \times K] \times 1.1$	$Q = [A \times 3.6 kg/m^2 \times K] \times 1.1$
	여기서, Q : 소화약제의 양, A : 방호대상물의 표면적(m^2) K : 위험물의 종류에 대한 가스계소화약제의 계수(별표2 : 생략)		
용적식	$Q = V \times Q_1 \times K \times 1.1$		
	여기서, Q : 소화약제의 양, V : 방호공간의 체적(m^3) $Q_1 : \left(X - Y\dfrac{a}{A}\right)[kg/m^3]$ K : 위험물의 종류에 대한 가스계소화약제의 계수(별표2 : 생략)		

※ 면적식의 국소방출방식
액체 위험물을 상부를 개방한 용기에 저장하는 경우 등 화재시 연소면이 한 면에 한정되고 위험물이 비산할 우려가 없는 경우

※ 용적식의 국소방출방식 : 면적식 외의 경우

$$Q_1 = \left(X - Y\frac{a}{A}\right)[\text{kg/m}^3]$$

여기서, Q_1 : 단위 체적당 소화약제의 양(kg/m^3)
  a : 방호대상물의 주위에 실제로 설치된 고정벽의 면적의 합계(단위 : m^2)
  A : 방호공간 전체둘레의 면적(단위 : m^2)
  X 및 Y : 다음 표에 정한 수치

약제의 종류	X의 수치	Y의 수치
제1종 분말	5.2	3.9
제2종 또는 제3종 분말	3.2	2.4
제4종 분말	2.0	1.5
제5종 분말	소화약제에 따라 필요한 양	소화약제에 따라 필요한 양

4. 이동식 분말소화설비

약제의 종류	소화약제의 양(kg)	방사량(kg/min)
제1종 분말	50	45
제2종 또는 제3종 분말	30	27
제4종 분말	20	18
제5종 분말	소화약제에 따라 필요한 양	소화약제에 따라 필요한 양

5. 저장용기등의 충전비

소화약제의 종별	충전비의 범위
제1종 분말	0.85 이상 1.45 이하
제2종 또는 제3종 분말	1.05 이상 1.75 이하
제4종 분말	1.50 이상 2.50 이하

6. 가압용 또는 축압용 가스

① 가압용 또는 축압용 가스는 질소 또는 이산화탄소로 할 것
② 가압용 가스로 질소를 사용하는 것은 소화약제 1kg당 온도 35℃에서 0MPa의 상태로 환산한 체적 40L 이상, 이산화탄소를 사용하는 것은 소화약제 1kg당 20g에 배관의 청소에 필요한 양을 더한 양 이상일 것
③ 가압용 또는 축압용 가스

구 분	질소가스 사용시	이산화탄소 사용시
가압용 가스	40L(질소)/1kg(약제) + 배관청소에 필요한 양 (35℃, 0MPa 기준)	20g(CO_2)/1kg(약제) + 배관청소에 필요한 양
축압용 가스	10L(질소)/1kg(약제) + 배관청소에 필요한 양 (35℃, 0MPa기준)	20g(CO_2)/1kg(약제) + 배관청소에 필요한 양

7. 배관의 설치기준

① 전용으로 할 것
② 강관의 배관은 「배관용탄소강관」(KSD3507)에 적합하고 아연도금 등에 의하여 방식처리를 한 것 또는 이와 동등 이상의 강도 및 내식성을 갖는 것을 사용할 것. 다만, 축압식인 것 중에서 온도 20℃에서 압력이 2.5MPa을 초과하고 4.2MPa 이하인 것에 있어서는 「압력배관용탄소강관」(KS D 3562) 중에서 스케줄40 이상이고 아연도금 등에 의하여 방식처리를 한 것 또는 이와 동등 이상의 강도와 내식성이 있는 것을 사용할 것
③ 동관의 배관은 「이음매없는구리및구리합금관」(KS D 5301) 또는 이와 동등 이상의 강도 및 내식성을 갖는 것으로 조정압력 또는 최고사용압력의 1.5배 이상의 압력에 견딜 수 있는 것을 사용할 것
④ 저장용기등으로부터 배관의 굴곡부까지의 거리는 관경의 20배 이상 되도록 할 것 다만, 소화약제와 가압용·축압용가스가 분리되지 않도록 조치를 한 경우에는 그러하지 아니하다.
⑤ 낙차는 50m 이하일 것

8. 가압식의 분말소화설비

2.5MPa 이하의 압력으로 조정할 수 있는 압력조정기를 설치할 것

9. 기동용가스용기

구 분	내용적	가스의 양	충전비
기 준	0.27L 이상	145g 이상	1.5 이상

위험물의 성질 및 취급
위험물의 시설기준
법령과 연소 및 소화설비
최근 기출문제

제4편
최근 기출문제

위험물기능장

위험물기능장 제39회 실기시험

2006년도 기능장 제39회 실기시험 **(2006년 05월 21일 시행)**

자격종목	시험시간	문제수	형별	수험번호	성 명
위험물기능장	2시간	20	A		

01 제3종 분말소화약제가 온도 190℃, 215℃, 300℃에서 열분해 반응식을 쓰시오.

해답 ✔답 ① 190℃에서 열분해 : $NH_4H_2PO_4 \rightarrow H_3PO_4 + NH_3$
② 215℃에서 열분해 : $2H_3PO_4 \rightarrow H_4P_2O_7 + H_2O$
③ 300℃에서 열분해 : $H_4P_2O_7 \rightarrow 2HPO_3 + H_2O$

상세해설

분말약제의 열분해

종별	약제명	착색	열분해 반응식
제1종	탄산수소나트륨 중탄산나트륨 중조	백색	270℃ $2NaHCO_3 \rightarrow Na_2CO_3 + CO_2 + H_2O$ 850℃ $2NaHCO_3 \rightarrow Na_2O + 2CO_2 + H_2O$
제2종	탄산수소칼륨 중탄산칼륨	담회색	190℃ $2KHCO_3 \rightarrow K_2CO_3 + CO_2 + H_2O$ 590℃ $2KHCO_3 \rightarrow K_2O + 2CO_2 + H_2O$
제3종	제1인산암모늄	담홍색	190℃ $NH_4H_2PO_4 \rightarrow NH_3 + H_3PO_4$(오르토인산) 215℃ $2H_3PO_4 \rightarrow H_2O + H_4P_2O_7$(피로인산) 300℃ $H_4P_2O_7 \rightarrow H_2O + 2HPO_3$(메타인산)
제4종	중탄산칼륨+요소	회(백)색	$2KHCO_3 + (NH_2)_2CO \rightarrow K_2CO_3 + 2NH_3 + 2CO_2$

02 다음은 이동저장탱크의 구조기준이다. ( )안에 알맞은 답을 쓰시오.
(1) 탱크(맨홀 및 주입관의 뚜껑을 포함)는 두께 (①)mm 이상의 강철판 또는 이와 동등 이상의 강도·내식성 및 내열성이 있다고 인정하여 소방청장이 정하여 고시하는 재료 및 구조로 위험물이 새지 아니하게 제작할 것
(2) 압력탱크(최대상용압력이 46.7kPa 이상인 탱크) 외의 탱크는 (②)kPa의 압력으로, 압력탱크는 (③)의 (④)배의 압력으로 각각 (⑤)분간의 수압시험을 실시하여 새거나 변형되지 아니할 것. 이 경우 수압시험은 용접부에 대한 비파괴시험과 기밀시험으로 대신할 수 있다.

해답 ✔답 ① 3.2 ② 70 ③ 최대상용압력
④ 1.5 ⑤ 10

상세해설 이동저장탱크의 구조
(1) 이동저장탱크의 구조
① 탱크(맨홀 및 주입관의 뚜껑을 포함)는 **두께 3.2mm 이상의 강철판** 또는 이와 동등 이상의 강도·내식성 및 내열성이 있다고 인정하여 소방청장이 정하여 고시하는 재료 및 구조로 위험물이 새지 아니하게 제작할 것
② **압력탱크(최대상용압력이 46.7kPa 이상인 탱크)**외의 탱크는 70kPa의 압력으로, **압력탱크는 최대상용압력의 1.5배의 압력**으로 각각 10분간의 수압시험을 실시하여 새거나 변형되지 아니할 것. 이 경우 수압시험은 용접부에 대한 비파괴시험과 기밀시험으로 대신할 수 있다.
(2) 이동저장탱크는 그 내부에 **4,000L 이하마다 3.2mm 이상의 강철판** 또는 이와 동등 이상의 강도·내열성 및 내식성이 있는 금속성의 것으로 **칸막이를 설치**하여야 한다.

---

03 가연성가스가 폭발하여 폭굉으로 유도되는 열적 메커니즘(Mechanism)과 연쇄 메커니즘(Mechanism)에 대하여 간단히 설명하시오.

해답 ✔답 ① 열적 메커니즘
반응으로 가스온도가 상승하여 반응속도가 가속되어 폭굉을 일으킨다는 것
② 연쇄 메커니즘
반응성 자유라디칼이나 중심이 기초 반응에 의하여 수직으로 급격히 상승하여 폭굉을 일으킨다는 것

상세해설 폭발(Explosion), 폭굉(Detonation), 폭연(Deflagration)
① 폭발(Explosion)
밀폐된 용기내부에서 갑자기 압력상승으로 인하여 압력을 외부로 방출하는 것
② 폭굉(Detonation)
발열 반응으로 연소의 전파속도가 음속보다 빠른 현상
③ 폭연(Deflagration)
발열반응으로서 연소의 전파속도가 음속보다 느린현상
④ 폭굉유도거리 (DID)
최초의 완만한 연소가 격렬한 폭굉으로 발전할 때까지의 거리
⑤ 폭굉유도거리(DID)가 짧아지는 원인
㉠ 압력이 높을수록 짧다.
㉡ 관경이 작을수록 짧다.
㉢ 관속에 장애물이 있는 경우 짧다.
㉣ 점화원의 에너지가 강할수록 짧다.
㉤ 정상연소 속도가 큰 혼합물 일수록 짧다.

04 블레비(BLEVE)현상의 예방대책을 3가지만 쓰시오.

해답 ✔답 ① 감압시스템에 의한 탱크로의 들어오는 화열을 억제
② 저장탱크를 지하에 설치
③ 저장탱크 외벽에 단열조치
④ 저장탱크 표면에 냉각살수장치를 설치

상세해설
BLEVE(Boiling Liquid Expanding Vapor Explosion)
① 고압상태인 액화가스용기가 가열되어 물리적 폭발이 순간적으로 화학적 폭발로 변하는 현상
② 탱크의 증기폭발과 가스폭발을 총칭한다.

05 정전기의 방지대책과 정전기 축적방지방법을 쓰시오.

해답 ✔답 **(1) 정전기 방지대책**
① 접지
② 공기를 이온화
③ 상대습도 70% 이상 유지
(2) 정전기 축적방지방법
① 방전에 의한 완화
② 도전에 의한 완화

상세해설
정전기(static electricity)
① 정전기는 전하가 정지 상태로 있어 전하의 분포가 시간적으로 변화하지 않는 전기를 말한다.
② 전기저항이 높은 액체가 유동하면 정전기를 발생하며 그 정도는 그 액체의 고유저항이 클수록 대전하기 쉬워 정전기 발생의 위험성이 높다.

정전기 방지대책
① 접지
② 공기를 이온화
③ 상대습도 70% 이상 유지

06 다음은 위험물 운반시 각 유별에 따른 주의사항이다. 번호에 알맞은 답을 쓰시오.

유별	성질에 따른 구분	표시사항
제1류 위험물	알칼리금속의 과산화물	①
	그 밖의 것	화기 · 충격주의 및 가연물접촉주의
제2류 위험물	철분 · 금속분 · 마그네슘	②
	인화성고체	화기엄금
	그 밖의 것	화기주의
제3류 위험물	자연발화성물질	③
	금수성물질	물기엄금
제4류 위험물	인화성 액체	화기엄금
제5류 위험물	자기반응성 물질	④
제6류 위험물	산화성 액체	⑤

해답

✔ **답** ① 화기 · 충격주의, 물기엄금, 가연물접촉주의
　　② 화기주의, 물기엄금
　　③ 화기엄금, 공기접촉엄금
　　④ 화기엄금, 충격주의
　　⑤ 가연물접촉주의

상세해설

위험물 운반용기의 외부 표시 사항
① 위험물의 품명, 위험등급, 화학명 및 수용성(제4류 위험물의 수용성인 것에 한함)
② 위험물의 수량
③ 수납하는 위험물에 따른 주의사항

유별	성질에 따른 구분	표시사항
제1류 위험물	알칼리금속의 과산화물	화기 · 충격주의, 물기엄금 및 가연물접촉주의
	그 밖의 것	화기 · 충격주의 및 가연물접촉주의
제2류 위험물	철분 · 금속분 · 마그네슘	화기주의 및 물기엄금
	인화성고체	화기엄금
	그 밖의 것	화기주의
제3류 위험물	자연발화성물질	화기엄금 및 공기접촉엄금
	금수성물질	물기엄금
제4류 위험물	인화성 액체	화기엄금
제5류 위험물	자기반응성 물질	화기엄금 및 충격주의
제6류 위험물	산화성 액체	가연물접촉주의

07 제3류 위험물인 트라이에틸알루미늄의 공기 중 완전연소반응식을 쓰시오.

해답
✔답 $2(C_2H_5)_3Al + 21O_2 \rightarrow Al_2O_3 + 12CO_2 + 15H_2O$

상세해설

트라이에틸알루미늄-제3류 위험물-금수성 및 자연발화성

화학식	분자량	비점(끓는점)	융점(녹는점)	비중	인화점
$(C_2H_5)_3Al$	114	194℃	-50℃	0.835	-22℃

① 무색투명한 액체이다.
② $C_1 \sim C_4$는 자연발화의 위험성이 있다.
③ 물과 접촉 시 가연성 가스 발생하므로 주수소화는 절대 금지한다.

$(C_2H_5)_3Al + 3H_2O \rightarrow Al(OH)_3 + 3C_2H_6 \uparrow$ (에탄)   ★에탄(폭발범위 : 3.0~12.4%)

④ 공기 중 완전연소 반응식

$2(C_2H_5)_3Al + 21O_2 \rightarrow Al_2O_3$(산화알루미늄) $+ 12CO_2 + 15H_2O$

⑤ 소화 시 주수소화는 절대 금하고 팽창질석, 팽창진주암 등으로 피복소화한다.

08 유체의 흐름계수 K가 0.94이고 오리피스의 내경이 10mm, 분당 유량이 100L인 경우 압력은 몇 kPa인가?

해답
✔계산과정

① $Q = 100L/분$, $K = 0.94$, $D = 10mm$, $P = ?$

② $P = \dfrac{\left(\dfrac{Q}{0.653KD^2}\right)^2}{10}$ 식에 대입

③ $P = \dfrac{\left(\dfrac{100}{0.653 \times 0.94 \times 10^2}\right)^2}{10} = 0.26541MPa = 265.41kPa$

✔답 265.41kPa

상세해설

노즐에서 방수량과 방수압

$$Q = 0.653KD^2\sqrt{10P}$$

여기서, Q : 방수량(L/min), K : 흐름계수, D : 직경(mm), P : 압력(MPa)

09 제1종 분말인 중탄산나트륨의 열분해 반응식을 쓰고, 중탄산나트륨 8.4g이 열분해하여 발생하는 이산화탄소의 부피는 표준상태에서 몇 L인가? (단, Na의 원자량은 23이다)

해답

① 열분해 반응식

✔답 $2NaHCO_3 \rightarrow Na_2CO_3 + CO_2 + H_2O$

② 이산화탄소의 부피

✔계산과정

$NaHCO_3$의 분자량 $= 23+1+12+16 \times 3 = 84$

$2NaHCO_3 \rightarrow Na_2CO_3 + CO_2 + H_2O$

$2 \times 84g \longrightarrow 22.4L$

$8.4g \longrightarrow X$

$X = \dfrac{8.4 \times 22.4}{2 \times 84} = 1.12L$

✔답 1.12L

상세해설

분말약제의 종류

종별	약제명	화학식	착색	열분해 반응식	적응화재
제1종	탄산수소나트륨 중탄산나트륨 중조	$NaHCO_3$	백색	270℃ $2NaHCO_3 \rightarrow Na_2CO_3 + CO_2 + H_2O$ 850℃ $2NaHCO_3 \rightarrow Na_2O + 2CO_2 + H_2O$	B, C급
제2종	탄산수소칼륨 중탄산칼륨	$KHCO_3$	담회색	190℃ $2KHCO_3 \rightarrow K_2CO_3 + CO_2 + H_2O$ 590℃ $2KHCO_3 \rightarrow K_2O + 2CO_2 + H_2O$	B, C급
제3종	제1인산암모늄	$NH_4H_2PO_4$	담홍색	$NH_4H_2PO_4 \rightarrow HPO_3 + NH_3 + H_2O$	A, B, C급
제4종	중탄산칼륨 + 요소	$KHCO_3 +$ $(NH_2)_2CO$	회(백)색	$2KHCO_3 + (NH_2)_2CO$ $\rightarrow K_2CO_3 + 2NH_3 + 2CO_2$	B, C급

10 배관 내를 101kPa의 압력으로 흐르는 비중 1.0035인 유체가 있다. 이 유체에 피토관을 설치하여 압력차의 높이가 수은마노미터로 330mmHg일 때 유속(m/s)은 얼마인가?

해답

✔계산과정

$R = 330mmHg = 0.33mHg$

$S_0 =$ 수은의 비중(13.6), $S =$ 배관 유체의 비중 $= 1.0035$

$u = \sqrt{2 \times 9.8 \times 0.33 \times \left(\dfrac{13.6}{1.0035} - 1\right)} = 9.01 m/s$

✔답 9.01m/s

제 4 편 최근 기출문제

상세해설

피토관의 유속

$$u = \sqrt{2gR\left(\frac{S_0}{S}-1\right)}$$

여기서, g : 중력가속도(9.8m/s^2), R : 마노미터 읽음(m)
S_0 : 피토관내 유체비중, S : 배관 유체의 비중

---

11 다이에틸에터가 100L, 칼륨이 10kg, 에틸알코올이 400L를 위험물저장소에 저장할 때 지정수량의 배수의 합은 얼마인가?

해답 ✔ 계산과정

① 지정수량의 배수 = $\dfrac{\text{저장수량}}{\text{지정수량}}$

② 지정수량의 배수 = $\dfrac{100}{50} + \dfrac{10}{10} + \dfrac{400}{400} = 4$배

✔ 답 4배

상세해설 각 위험물의 지정수량

명 칭	다이에틸에터	칼륨	에틸알코올
유 별	제4류 위험물 특수인화물	제3류 위험물	제4류 위험물 알코올류
지정수량	50L	10kg	400L

---

12 황화인의 동소체 3가지에 대한 화학식을 쓰고 다음 보기 중에서 동소체 3가지의 종류에 각각 용해가능 여부를 표시하시오.

[보기] 물, 끓는 물, 황산, 질산, 이황화탄소, 알칼리, 글리세린, 벤젠, 톨루엔, 알코올

해답 ✔ 답 (1) 동소체 3가지에 대한 화학식
① 삼황화인 : P_4S_3 ② 오황화인 : P_2S_5 ③ 칠황화인 : P_4S_7
(2) 용해 가능 여부
① 삼황화인 : 질산, 이황화탄소, 알칼리
② 오황화인 : 이황화탄소, 알코올
③ 칠황화인 : 이황화탄소

상세해설

황화인(제2류 위험물) : 황과 인의 화합물

① 삼황화인(P_4S_3)
  ㉠ 황색결정으로 물, 염산, 황산에 녹지 않으며 질산, 알칼리, 이황화탄소에 녹는다.
  ㉡ 연소하면 오산화인과 이산화황이 생긴다.

$$P_4S_3 + 8O_2 \rightarrow 2P_2O_5 + 3SO_2 \uparrow$$

② 오황화인(P_2S_5)
  ㉠ 담황색 결정이고 조해성이 있으며 수분을 흡수하면 분해된다.
  ㉡ 이황화탄소(CS_2)에 잘 녹는다.
  ㉢ 물, 알칼리와 반응하여 인산과 황화수소를 발생한다.

$$P_2S_5 + 8H_2O \rightarrow 2H_3PO_4 + 5H_2S \uparrow$$

  ㉣ 연소하면 오산화인과 이산화황이 생긴다.

$$2P_2S_5 + 15O_2 \rightarrow 2P_2O_5 + 10SO_2 \uparrow$$

③ 칠황화인(P_4S_7)
  ㉠ 담황색 결정이고 조해성이 있으며 수분을 흡수하면 분해된다.
  ㉡ 이황화탄소(CS_2)에 약간 녹는다.
  ㉢ 냉수에는 서서히 분해가 되고 더운물에는 급격히 분해된다.

---

13 제6류 위험물을 운반시 혼재가 불가능한 위험물의 유별을 모두 쓰시오.

해답 ✔답 ① 제2류 위험물 ② 제3류 위험물 ③ 제4류 위험물 ④ 제5류 위험물

상세해설

유별을 달리하는 위험물의 혼재기준

구 분	제1류	제2류	제3류	제4류	제5류	제6류
제1류		×	×	×	×	○
제2류	×		×	○	○	×
제3류	×	×		○	×	×
제4류	×	○	○		○	×
제5류	×	○	×	○		×
제6류	○	×	×	×	×	

쉬운 암기법
↓ 1 + 6 ↑   2 + 4
↓ 2 + 5 ↑   5 + 4
↓ 3 + 4 ↑

14 이산화탄소소화설비의 일반점검표에서 제어장치의 계기 및 스위치류에 대한 점검내용 및 점검방법을 3가지 쓰시오.

해답 ✔답

점검항목		점검내용	점검방법
제어 장치	계기 및 스위치류	변형손상의 유무	육안
		단자의 풀림·탈락의 유무	육안
		개폐상황 및 기능의 적부	육안 및 작동확인

상세해설 이산화탄소소화설비의 일반점검표

점검항목		점검내용	점검방법
제어 장치	제어반	변형손상의 유무	육안
		조작관리상 지장의 유무	육안
	전원전압	전압의 지시상황	육안
		전원등의 점등상황	작동확인
	계기 및 스위치류	변형손상의 유무	육안
		단자의 풀림·탈락의 유무	육안
		개폐상황 및 기능의 적부	육안 및 작동확인
	휴즈류	손상용단의 유무	육안
		종류용량의 적부 및 예비품의 유무	육안
	차단기	단자의 풀림·탈락의 유무	육안
		접점의 소손의 유무	육안
		기능의 적부	작동확인
	결선접속	풀림·탈락·피복손상의 유무	육안

15 다음 ( )안에 알맞은 답을 쓰시오.

이산화탄소소화약제는 기화하는 경우 (①)가 클수록 유리하고, 수분의 함량은 0.05% 이하가 되어야한다. 수분이 많으면 (②) 효과에 의해 방사시 동결되어 노즐이 막힐 우려가 있다.

해답 ✔답 ① 충전비 ② 줄-톰슨

상세해설 줄-톰슨효과(Joule-Thomson 효과)
이산화탄소가스가 가는 구멍으로 방사되어 갑자기 팽창시킬 때 그 온도가 급강하여 드라이아이스(고체)가 되는 현상

16 알킬알루미늄이 공기 중의 수분과 접촉시 위험성의 증가 되는데 반응식과 위험성을 쓰시오.

해답
✔답 ① 물과의 반응식 : $(C_2H_5)_3Al + 3H_2O \rightarrow Al(OH)_3 + 3C_2H_6$
② 위험성 : 수분과 반응하여 가연성기체인 에탄을 발생하므로 폭발의 위험이 있다.

상세해설
알킬알루미늄[(C_nH_{2n+1}) · Al] : 제3류 위험물(금수성 물질)
① 알킬기(C_nH_{2n+1})에 알루미늄(Al)이 결합된 화합물이다.
② C_1~C_4는 자연발화의 위험성이 있다.
③ 물과 접촉 시 가연성 가스 발생하므로 주수소화는 절대 금지한다.
④ 트라이메틸알루미늄(TMA : Tri Methyl Aluminium)

$$(CH_3)_3Al + 3H_2O \rightarrow Al(OH)_3 + 3CH_4 \uparrow (메탄)$$

⑤ 트라이에틸알루미늄(TEA : Tri Eethyl Aluminium)

$$(C_2H_5)_3Al + 3H_2O \rightarrow Al(OH)_3 + 3C_2H_6 \uparrow (에탄) \quad ★에탄(폭발범위 : 3.0~12.4\%)$$

⑥ 저장용기에 불활성기체(N_2)를 봉입한다.
⑦ 소화 시 주수소화는 절대 금하고 팽창질석, 팽창진주암 등으로 피복소화한다.

---

17 포소화설비의 포소화약제 혼합방식을 4가지 쓰시오.

해답
✔답 ① 펌프 프로포셔너방식   ② 프레져 프로포셔너방식
③ 라인 프로포셔너방식   ④ 프레져사이드 프로포셔너 방식

상세해설
포소화약제의 혼합장치
① **펌프 프로포셔너 방식**
펌프의 토출관과 흡입관 사이의 배관도중에 설치한 흡입기에 펌프에서 토출된 물의 일부를 보내고, 농도 조정밸브에서 조정된 포 소화약제의 필요량을 포 소화약제 탱크에서 펌프 흡입측으로 보내어 이를 혼합하는 방식

② **프레져 프로포셔너 방식**
펌프와 발포기의 중간에 설치된 벤추리관의 벤추리작용과 펌프 가압수의 포 소화약제 저장탱크에 대한 압력에 의하여 포소화약제를 흡입·혼합하는 방식

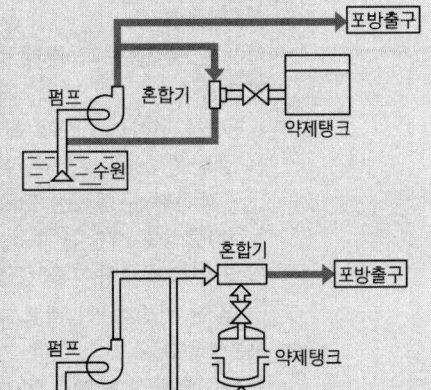

③ 라인 프로포셔너 방식
펌프와 발포기의 중간에 설치된 벤추리관의 벤추리 작용에 의하여 포소화약제를 흡입·혼합하는 방식

④ 프레져사이드 프로포셔너 방식
펌프의 토출관에 압입기를 설치하여 포 소화약제 압입용 펌프로 포소화약제를 압입시켜 혼합하는 방식

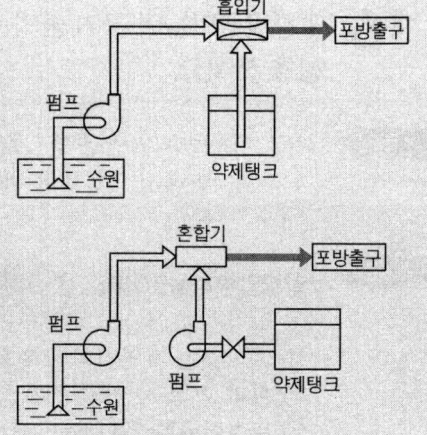

18
다음은 제4류 위험물 중 특수인화물에 대한 것이다. ( )안에 알맞은 답을 쓰시오.

"특수인화물"이라 함은 (①), (②) 그 밖에 1기압에서 발화점 (③)℃ 이하인 것 또는 인화점이 영하(④)℃ 이하이고 비점이 (⑤)℃ 이하인 것을 말한다.

해답 ✔답 ① 이황화탄소 ② 다이에틸에터 ③ 100℃ ④ 20℃ ⑤ 40℃

상세해설 제4류 위험물의 판단기준
① 특수인화물
이황화탄소, 다이에틸에터 그 밖에 1기압에서 **발화점이 100℃ 이하**인 것 또는 **인화점이 −20℃ 이하이고 비점이 40℃ 이하**인 것을 말한다.
② 제1석유류
아세톤, 휘발유 그 밖에 1기압에서 **인화점이 21℃ 미만**인 것을 말한다.
③ 알코올류
1분자를 구성하는 탄소원자의 수가 **1개부터 3개까지인 포화1가 알코올**(변성알코올을 포함한다)을 말한다. 다만, 다음 각목의 1에 해당하는 것은 **제외**한다.
  ㉠ 1분자를 구성하는 탄소원자의 수가 1개 내지 3개의 포화1가 알코올의 함유량이 **60중량% 미만**인 수용액
  ㉡ 가연성액체량이 **60중량% 미만**이고 인화점 및 연소점(태그개방식인화점측정기에 의한 연소점)이 에틸알코올 **60중량%** 수용액의 인화점 및 연소점을 초과하는 것
④ 제2석유류
등유, 경유 그 밖에 1기압에서 **인화점이 21℃ 이상 70℃ 미만**인 것을 말한다. 다만, 도료류 그 밖의 물품에 있어서 가연성 액체량이 40중량% 이하이면서 인화점이 40℃ 이상인 동시에 연소점이 60℃ 이상인 것은 제외한다.

⑤ 제3석유류
중유, 크레오소트유 그 밖에 1기압에서 **인화점이 70℃ 이상 200℃ 미만**인 것을 말한다. 다만, 도료류 그 밖의 물품은 가연성 액체량이 40중량% 이하인 것은 제외한다.
⑥ 제4석유류
기어유, 실린더유 그 밖에 1기압에서 **인화점이 200℃ 이상 250℃ 미만**의 것을 말한다. 다만 도료류 그 밖의 물품은 가연성 액체량이 40중량% 이하인 것은 제외한다.
⑦ 동식물유류
동물의 지육 등 또는 식물의 종자나 과육으로부터 추출한 것으로서 1기압에서 **인화점이 250℃ 미만**인 것을 말한다.

19 유류탱크에서 발생하는 현상 중 슬롭오버와 보일오버에 대하여 간단히 쓰시오.

해답 ✔답 ① 슬롭오버
물이 연소유의 뜨거운 표면에 들어갈 때 기름 표면에서 물이 비등하여 분출(Over Flow)하는 현상
② 보일오버
중질유탱크 화재시 탱크 바닥의 물이 비등하여 유류가 연소하면서 분출(Over Flow)하는 현상

상세해설 유류탱크 및 액화가스 저장탱크에서 발생하는 현상
① 보일오버(Boil Over)
중질유탱크 화재시 탱크 바닥의 물이 비등하여 유류가 연소하면서 분출(Over Flow)하는 현상
② 슬롭오버(Slop Over)
물이 연소유의 뜨거운 표면에 들어갈 때 기름 표면에서 물이 비등하여 분출(Over Flow)하는 현상
③ 프로스오버(Froth Over)
물이 뜨거운 기름 표면 아래서 끓을 때 화재를 수반하지 않고 분출(Over Flow)하는 현상
④ 블레비(BLEVE, Boilling Loilling Liquid Expanding Vapour Explosion)
액화가스 저장탱크의 가열시 탱크균열로 누설된 액화가스가 착화원과 접촉하여 폭발하는 현상

20 어떤 금속 8g이 산소와 결합하여 산화금속이 11.2g이 생성될 때 이 금속의 당량을 구하시오.

해답 ✓계산과정

① 산화금속=금속+산소
11.2g=8g+x(산소의 무게)   ∴ $x=3.2g$

② 1당량=산소 8g과 결합 또는 치환할 수 있는 양
3.2g(산소) → 8g(산소의 1g당량)
8g(금속) → M(금속의 1g당량)

③ M(금속의 당량)=$\dfrac{8\times 8}{3.2}$=20g

✓답 20g

상세해설
① 당량 : 수소 1량(무게) 또는 산소8량(무게)과 결합 또는 치환하는 양
② g당량 : 수소 1.008g(11.2L) 또는 산소 8g(5.6L)과 결합 또는 치환하는 양
③ 당량=$\dfrac{원자량}{원자가}$

위험물기능장 제40회 실기시험

2006년도 기능장 제40회 실기시험 **(2006년 08월 27일 시행)**

자격종목	시험시간	문제수	형별	수험번호	성 명
위험물기능장	2시간	20	A		

---

01 다음 표는 할로젠화합물 소화약제에 대한 것이다. 빈칸에 알맞은 답을 쓰시오.

구분	할론1301	할론2402	할론1001	할론1211	할론1011
화학식					

해답 ✔답

구분	할론1301	할론2402	할론1001	할론1211	할론1011
화학식	CF_3Br	$C_2F_4Br_2$	CH_3Br	CF_2ClBr	CH_2ClBr

상세해설 할로젠화합물 소화약제 명명법 : 할론 ⓐ ⓑ ⓒ ⓓ
ⓐ : C 원자수   ⓑ : F 원자수   ⓒ : Cl 원자수   ⓓ : Br 원자수

---

02 제조소 및 일반취급소의 환기설비 및 배출설비를 점검하는 경우 점검내용을 5가지만 쓰시오.

해답 ✔답
① 변형·손상의 유무 및 고정상태의 적부
② 인화방지망의 손상 및 막힘 유무
③ 방화댐퍼의 손상유무 및 기능의 적부
④ 팬의 작동상황의 적부
⑤ 가연성 증기 경보장치의 작동상황

상세해설 제조소, 일반취급소, 옥내저장소의 일반점검표

점검항목	점검내용	점검방법
환기·배출설비 등	변형·손상의 유무 및 고정상태의 적부	육안
	인화방지망의 손상 및 막힘 유무	육안
	방화댐퍼의 손상유무 및 기능의 적부	육안 및 작동확인
	팬의 작동상황의 적부	작동 확인
	가연성 증기 경보장치의 작동상황	작동 확인

03 다음은 위험물의 운반에 관한 기준이다. ( )안에 알맞은 답을 쓰시오.
(1) 고체 위험물은 운반용기 내용적의 (①) 이하의 수납율로 수납할 것
(2) 액체 위험물은 운반용기 내용적의 (②) 이하의 수납율로 수납하되, (③)의 온도에서 누설되지 아니하도록 충분한 공간용적을 유지하도록 할 것
(3) 자연발화성물질중 알킬알루미늄 등은 운반용기의 내용적의 (④) 이하의 수납율로 수납하되, (⑤)의 온도에서 (⑥) 이상의 공간용적을 유지하도록 할 것

해답 ✔답 ① 95% ② 98% ③ 55℃ ④ 90% ⑤ 50℃ ⑥ 5%

상세해설 위험물의 운반에 관한 기준
Ⅱ. 적재방법
① **고체위험물**은 운반용기 **내용적의 95% 이하**의 수납율로 수납할 것
② **액체위험물**은 운반용기 **내용적의 98% 이하**의 수납율로 수납하되, **55℃**의 온도에서 누설되지 아니하도록 충분한 공간용적을 유지하도록 할 것
③ 제3류 위험물은 다음의 기준에 따라 운반용기에 수납할 것
  ㉠ 자연발화성물질에 있어서는 불활성 기체를 봉입하여 밀봉하는 등 **공기**와 접하지 아니하도록 할 것
  ㉡ 자연발화성물질외의 물품에 있어서는 파라핀·경유·등유 등의 보호액으로 채워 밀봉하거나 불활성 기체를 봉입하여 밀봉하는 등 **수분**과 접하지 아니하도록 할 것
  ㉢ 자연발화성물질 중 알킬알루미늄 등은 운반용기의 **내용적의 90% 이하**의 수납율로 수납하되, 50℃의 온도에서 **5% 이상**의 공간용적을 유지하도록 할 것

04 직경 6m이고 높이가 5m인 원통형탱크에 휘발유(가솔린)을 저장하고 있다. 이 탱크에 저장된 휘발유에 대한 소요단위를 구하시오. (단, 탱크 내용적의 90%를 저장한다고 가정한다)

해답 ✔계산과정
① 탱크의 내용적 : $V = \pi \times 3^2 \times 5 = 141.37 \text{m}^3$
② 휘발유의 저장량(탱크내용적의 90%를 저장하므로)
  $141.37 \times 0.90 = 127.23 \text{m}^3$
③ 지정수량의 배수 계산
  • 휘발유-제4류 제1석유류(비수용성)-200L
  • $127.23 \text{m}^3 = 127230 \text{L}$
  $N = \dfrac{127,230\text{L}}{200\text{L}} = 636.15 \text{배}$

④ 소요단위=지정수량×10

소요단위= $\frac{636.15}{10}$ =63.615

✔답 64단위

상세해설

탱크의 내용적 계산방법
① 타원형 탱크의 내용적
   ㉠ 양쪽이 볼록한 것

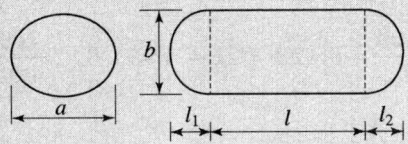

내용적= $\frac{\pi ab}{4}\left(l+\frac{l_1+l_2}{3}\right)$

   ㉡ 한쪽은 볼록하고 다른 한쪽은 오목한 것

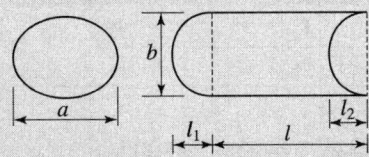

내용적= $\frac{\pi ab}{4}\left(l+\frac{l_1-l_2}{3}\right)$

② 원통형 탱크의 내용적
   ㉠ 횡으로 설치한 것

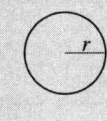 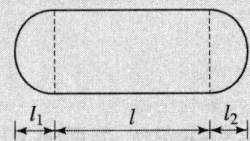

내용적= $\pi r^2\left(l+\frac{l_1+l_2}{3}\right)$

   ㉡ 종으로 설치한 것

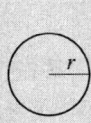 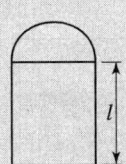

내용적= $\pi r^2 l$

---

05 다이에틸에터와 에틸알코올이 각각 1:4의 비율로 혼합되어 있는 혼합기체가 있다. 이 혼합기체의 폭발범위를 계산하라. (단, 에틸에터의 폭발범위는 1.91%~48%, 에틸알코올의 폭발범위는 4.3%~19%이다)

해답 ✔계산과정

① 다이에틸에터의 농도= $\frac{1}{1+4}\times 100=20\%$

② 에틸알코올의 농도 = $\dfrac{4}{1+4} \times 100 = 80\%$

③ 혼합기체의 폭발하한

$\dfrac{100}{L_m} = \dfrac{20}{1.91} + \dfrac{80}{4.3}$, $\dfrac{100}{L_m} = 10.47 + 18.60 = 29.07$,

$L_m = \dfrac{100}{29.07} = 3.44\%$

④ 혼합기체의 폭발상한

$\dfrac{100}{L_m} = \dfrac{20}{48} + \dfrac{80}{19}$, $\dfrac{100}{L_m} = 0.42 + 4.21 = 4.63$, $L_m = \dfrac{100}{4.63} = 21.60\%$

✔ 답 3.44%~21.60%

상세해설

혼합가스의 폭발한계★★

$$\dfrac{V_m}{L_m} = \dfrac{V_1}{L_1} + \dfrac{V_2}{L_2} + \dfrac{V_3}{L_3} + \cdots\cdots + \dfrac{V_n}{L_n}$$

여기서, V_m : 혼합가스의 부피농도(%)
L_m : 혼합가스의 폭발 하한값 또는 폭발 상한값
L : 단일가스의 폭발 하한값 또는 폭발 상한값
V : 단일가스의 부피농도(%)

---

06 다음은 포소화설비에서 고정포방출구의 종류에 따른 포수용액량 및 방출율이다. ( )안에 알맞은 답을 쓰시오.

포방출구의 종류 / 위험물의 구분	Ⅰ형 포수용액량 (L/m²)	방출율 (L/m²·min)	Ⅱ형 포수용액량 (L/m²)	방출율 (L/m²·min)	특형 포수용액량 (L/m²)	방출율 (L/m²·min)
제4류 위험물 중 인화점이 21℃ 미만인 것	120	(①)	220	(④)	240	(⑦)
제4류 위험물 중 인화점이 21℃ 이상 70℃ 미만인 것	80	(②)	120	(⑤)	160	(⑧)
제4류 위험물 중 인화점이 70℃ 이상인 것	60	(③)	100	(⑥)	120	(⑨)

해답 ✔ 답 ① 4 ② 4 ③ 4
④ 4 ⑤ 4 ⑥ 4
⑦ 8 ⑧ 8 ⑨ 8

상세해설

위험물의 구분 \ 포방출구의 종류	I 형		II 형		특형	
	포수용액량 (L/m²)	방출율 (L/m²·min)	포수용액량 (L/m²)	방출율 (L/m²·min)	포수용액량 (L/m²)	방출율 (L/m²·min)
제4류 위험물 중 인화점이 21℃ 미만인 것	120	4	220	4	240	8
제4류 위험물 중 인화점이 21℃ 이상 70℃ 미만인 것	80	4	120	4	160	8
제4류 위험물 중 인화점이 70℃ 이상인 것	60	4	100	4	120	8

위험물의 구분 \ 포방출구의 종류	III 형		IV 형	
	포수용액량 (L/m²)	방출율 (L/m²·min)	포수용액량 (L/m²)	방출율 (L/m²·min)
제4류 위험물 중 인화점이 21℃ 미만인 것	220	4	220	4
제4류 위험물 중 인화점이 21℃ 이상 70℃ 미만인 것	120	4	120	4
제4류 위험물 중 인화점이 70℃ 이상인 것	100	4	100	4

07 제3류 위험물 중 분자량이 144이고 물과 반응하여 메탄 기체를 생성시키는 물질의 반응식을 쓰시오.

해답 ✔답 $Al_4C_3 + 12H_2O \rightarrow 4Al(OH)_3 + 3CH_4$

상세해설 탄화알루미늄(Al_4C_3)-제3류 위험물

화학식	분자량	융점	비중
Al_4C_3	144	2100℃	2.36

① 물과 접촉시 메탄가스를 생성하고 발열반응을 한다.

$$Al_4C_3 + 12H_2O \rightarrow 4Al(OH)_3 + 3CH_4(\text{메탄})$$

② 황색 결정 또는 백색분말로 1400℃ 이상에서는 분해가 된다.
③ 물 및 포약제에 의한 소화는 절대 금하고 마른모래 등으로 피복소화한다.

08 제4류 위험물인 동식물유류에 관한 다음 각 물음에 답하시오.

① 아이오딘값의 정의
② 아이오딘값에 따른 분류 및 아이오딘값

해답 ✔답 ① 아이오딘값의 정의 : 유지 100g에 부가되는 아이오딘의 g수
② 아이오딘값에 따른 분류 및 아이오딘값
• 건성유 : 130 이상

- 반건성유 : 100~130
- 불건성유 : 100 이하

상세해설

동식물유류 : 제4류 위험물
동물의 지육 또는 식물의 종자나 과육으로부터 추출한 것으로 1기압에서 인화점이 250℃ 미만인 것

아이오딘값에 따른 동식물유류의 분류

구 분	아이오딘값	종 류
건성유	130 이상	해바라기기름, 동유(오동기름), 정어리기름, 아마인유, 들기름
반건성유	100~130	채종유, 쌀겨기름, 참기름, 면실유, 옥수수기름, 청어기름, 콩기름, 목화씨기름
불건성유	100 이하	야자유, 팜유, 올리브유, 피마자기름, 낙화생기름(땅콩기름), 돈지, 우지, 고래기름

아이오딘값
옥소가(沃素價)라고도 하며 100g의 유지에 의해서 흡수되는 아이오딘의 g수
비누화 값의 정의 : 유지 1g을 비누화하는데 필요한 KOH mg수

---

09 1mol의 염화수소와 0.5mol의 산소 혼합물에 촉매를 넣고 400℃에서 평형에 도달시킬 때 0.39mol의 염소를 생성하였다. 이 반응이 다음의 화학반응식을 통해 진행된다고 할 때, 평형상태에서의 전체 몰수의 합과 전압이 1atm일 때 성분 4가지의 분압을 계산하시오.

$$4HCl + O_2 \rightarrow 2Cl_2 + 2H_2O$$

해답 [전체몰수의 합]
✔ 계산과정

	$4HCl$	$+$	O_2	$\rightarrow$	$2Cl_2$	$+$	$2H_2O$
① 반응전의 몰수	1mol		0.5mol		0mol		0mol
② 반응후의 몰수	$1-\left(\dfrac{4}{2}\times 0.39\right)$mol		$0.5-\left(\dfrac{1}{2}\times 0.39\right)$mol		0.39mol		0.39mol

③ 전체 몰수 = 0.22+0.305+0.39+0.39 = 1.305mol
✔ 답 1.305mol

[각 성분의 분압]
✔ 계산과정

① 염화수소 $P = 1\text{atm} \times \dfrac{0.22}{1.305} = 0.17\text{atm}$

② 산소 $P = 1\text{atm} \times \dfrac{0.305}{1.305} = 0.23\text{atm}$

③ 염소　　$P = 1\text{atm} \times \dfrac{0.39}{1.305} = 0.30\text{atm}$

④ 수증기　$P = 1\text{atm} \times \dfrac{0.39}{1.305} = 0.30\text{atm}$

✔**답**　① 염화수소 : 0.17atm　　② 산소 : 0.23atm
　　　③ 염소 : 0.30atm　　　　④ 수증기 : 0.30atm

---

10 나이트로글리세린 500g이 부피 320mL인 용기 내부에서 분해폭발 후 압력(atm)은 얼마인가? (단, 폭발온도는 1000℃이며 이상기체로 간주한다)

해답

✔**계산과정**　나이트로글리세린의 열분해 반응식

$$4C_3H_5(ONO_2)_3 \rightarrow 12CO_2 + 6N_2 + O_2 + 10H_2O$$

　　$4 \times 227\text{g}$　→　$29\text{mol}(12+6+1+10)$
　　500g　　→　X

$X = \dfrac{500 \times 29\text{mol}}{4 \times 227} = 15.97\text{mol}$

$P = \dfrac{nRT}{V} = \dfrac{15.97\text{mol} \times 0.082(\text{atm} \cdot \text{L/mol} \cdot \text{K}) \times (273+1000)\text{K}}{0.32\text{L}}$

　　$= 5209.51\text{atm}$

✔**답**　5209.51atm

상세해설　**나이트로글리세린(Nitro Glycerine)[$(C_3H_5(ONO_2)_3)$]-제5류 위험물 중 질산에스터류**

```
    H  H  H
    |  |  |
H – C – C – C – H
    |  |  |
    O  O  O
    |  |  |
   NO₂ NO₂ NO₂
```

화학식	분자량	비중	융점	비점	착화점
$C_3H_5(ONO_2)_3$	227	1.6	13℃	160℃	210℃

① 상온에서는 액체이지만 겨울철에는 동결한다.
② 글리세린에 진한 질산과 진한 황산을 가하면 나이트로화하여 나이트로글리세린으로 된다.

글리세린의 나이트로화반응

$$C_3H_5(OH)_3 + 3HONO_2 \xrightarrow{H_2SO_4} C_3H_5(ONO_2)_3 + 3H_2O$$
　(글리세린)　　(질산)　　　　(나이트로글리세린)　(물)

③ 비수용성이며 메탄올, 아세톤 등에 녹는다.
④ 가열, 마찰, 충격에 예민하여 대단히 위험하다.

나이트로글리세린의 열분해 반응식

$$4C_3H_5(ONO_2)_3 \rightarrow 12CO_2\uparrow + 6N_2\uparrow + O_2\uparrow + 10H_2O$$

⑤ 다이너마이트(규조토+나이트로글리세린), 무연화약 제조에 이용된다.

이상기체상태방정식

$$PV = \frac{W}{M}RT = nRT$$

여기서, P : 압력(atm), V : 부피(L), W : 무게(g), M : 분자량, n : mol수
R : 기체상수(0.082atm · L/mol · K), T : 절대온도$(273+t℃)$K

11

다음은 위험물의 저장 및 취급에 대한 설명이다. 괄호 안에 알맞은 말을 쓰시오.

(1) 위험물을 저장 또는 취급하는 건축물 그 밖의 공작물 또는 설비는 해당 위험물의 성질에 따라 (①) 또는 (②)를 실시하여야 한다.
- 위험물은 (③), 습도계, (④) 그 밖의 계기를 감시하여 해당 위험물의 성질에 맞는 적정한 온도, 습도 또는 압력을 유지하도록 저장 또는 취급하여야 한다.

(2) 위험물을 (⑤) 중에 보존하는 경우에는 해당 위험물이 (⑥)으로부터 노출되지 아니하도록 한다.

해답 ✔답 ① 차광   ② 환기   ③ 온도계   ④ 압력계   ⑤ 보호액   ⑥ 보호액

상세해설
제조소 등에서의 위험물의 저장 및 취급에 관한 기준(제49조 관련)
저장 · 취급의 공통기준

① 제조소등에서 허가 및 신고와 관련되는 품명 외의 위험물 또는 이러한 허가 및 신고와 관련되는 수량 또는 지정수량의 배수를 초과하는 위험물을 저장 또는 취급하지 아니하여야 한다(중요기준).
② 위험물을 저장 또는 취급하는 건축물 그 밖의 공작물 또는 설비는 당해 위험물의 성질에 따라 **차광** 또는 **환기를** 실시하여야 한다.
③ 위험물은 **온도계, 습도계, 압력계** 그 밖의 계기를 감시하여 당해 위험물의 성질에 맞는 적정한 온도, 습도 또는 압력을 유지하도록 저장 또는 취급하여야 한다.
④ 위험물을 저장 또는 취급하는 경우에는 위험물의 변질, 이물의 혼입 등에 의하여 당해 위험물의 위험성이 증대되지 아니하도록 필요한 조치를 강구하여야 한다.
⑤ 위험물이 남아 있거나 남아 있을 우려가 있는 설비, 기계 · 기구, 용기 등을 수리하는 경우에는 안전한 장소에서 위험물을 완전하게 제거한 후에 실시하여야 한다.
⑥ 위험물을 용기에 수납하여 저장 또는 취급할 때에는 그 용기는 당해 위험물의 성질에 적응하고 파손 · 부식 · 균열 등이 없는 것으로 하여야 한다.
⑦ 가연성의 액체 · 증기 또는 가스가 새거나 체류할 우려가 있는 장소 또는 가연성의 미분이 현저하게 부유할 우려가 있는 장소에서는 전선과 전기기구를 완전히 접속하고 불꽃을 발하는 기계 · 기구 · 공구 · 신발 등을 사용하지 아니하여야 한다.
⑧ 위험물을 **보호액** 중에 보존하는 경우에는 당해 위험물이 **보호액**으로부터 노출되지 아니하도록 하여야 한다.

12 알루미늄을 절단하는 공장에서 호퍼(Hopper)청소를 하기 위하여 용접기로 절단작업을 하던 중 용접불꽃에 의해 화재가 발생하였다. 이때 작업자가 소화를 위하여 물을 방사하였는데 큰 폭발이 일어났다. 다음 각 물음에 답하시오.

① 화재의 종류   ② 폭발의 원인
③ 알루미늄이 물과 접촉시 화학반응식을 쓰시오.

해답 ✔답 ① 화재의 종류 : 금속화재
② 폭발원인 : 알루미늄분이 물과 반응하여 생성된 수소.
③ 물과의 반응식 : $2Al + 6H_2O \rightarrow 2Al(OH)_3 + 3H_2$

상세해설 알루미늄분(Al) : 제2류 위험물

화학식	원자량	비중	융점	비점
Al	27	2.7	660℃	2,000℃

① 은백색의 분말이다.
② 알루미늄이 연소하면 백색연기를 내면서 산화알루미늄을 생성한다.
$$4Al + 3O_2 \rightarrow 2Al_2O_3$$
③ 가열된 알루미늄은 물(수증기)와 반응하여 수소를 발생시킨다.(주수소화금지)
$$2Al + 6H_2O \rightarrow 2Al(OH)_3 + 3H_2 \uparrow$$
④ 알루미늄(Al)은 염산과 반응하여 수소를 발생한다.
$$2Al + 6HCl \rightarrow 2AlCl_3 + 3H_2 \uparrow$$
⑤ 알루미늄과 수산화나트륨 수용액은 반응하여 알루미늄산과 수소기체를 발생한다.
$$2Al + 2NaOH + 2H_2O \rightarrow 2NaAlO_2 + 3H_2 \uparrow$$
⑥ 알루미늄과 수산화나트륨은 많은 수소 기체를 발생시킨다.
$$2Al + 6NaOH \rightarrow 2Na_3AlO_3 + 3H_2 \uparrow$$
⑦ 주수소화는 엄금이며 마른모래 등으로 피복 소화한다.

13 위험물의 취급 중 폐기에 관한 기준을 위험물안전관리법에 규정된 내용으로 3가지만 쓰시오.

※ 2009년 위험물의 취급 중 폐기물에 관한 기준이 삭제되었습니다.

14 비중이 0.8인 메탄올 10L가 완전 연소할 때 소요되는 이론 산소량(kg)과 생성되는 이산화탄소의 부피(m^3)는 25℃, 1기압일 때 얼마인지 계산하시오.

해답

(1) 이론산소량

✔ 계산과정

① 메탄올(CH_3OH)의 분자량 = 12+1×4+16 = 32
② 메탄올의 무게 = 10L × 0.8kg/L = 8kg
③ 메탄올의 연소반응식

$$2CH_3OH + 3O_2 \rightarrow 2CO_2 + 4H_2O$$
$$2 \times 32kg \longrightarrow 3 \times 32kg$$
$$8kg \longrightarrow x$$

$$\therefore x = \frac{8kg \times 3 \times 32kg}{2 \times 32kg} = 12kg$$

✔ 답 12kg

(2) 이산화탄소의 부피

✔ 계산과정

(방법1)

$$2CH_3OH + 3O_2 \rightarrow 2CO_2 + 4H_2O$$
$$2 \times 32kg \longrightarrow 2 \times 22.4m^3$$
$$8kg \longrightarrow x$$

$$x = \frac{8kg \times 2 \times 22.4m^3}{2 \times 32kg} = 5.6m^3 (0℃, 1atm 상태)$$

25℃, 1기압으로 환산하면

$$V_1 = V_2 \times \frac{T_2}{T_1} = 5.6m^3 \times \frac{273+25}{273} = 6.11m^3$$

(방법2)

$$2CH_3OH + 3O_2 \rightarrow 2CO_2 + 4H_2O$$
$$CH_3OH + 1.5O_2 \rightarrow CO_2 + 2H_2O$$

이상기체상태방정식을 적용하면

$$V = \frac{WRT}{PM} \times mol(생성기체) = \frac{8 \times 0.082 \times (273+25)}{1 \times 32} \times 1 = 6.11m^3$$

✔ 답 $6.11m^3$

15 보호액인 석유속에 제3류 위험물인 나트륨 46g을 저장하다 수분이 유입되어 기체가 발생되었다. 용기의 용적은 2L이고 온도가 30℃이었다. 압력은 몇 atm인가? (단, 기체상수 R : 0.082L · atm/mol · K, Na 원자량 : 23이다)

해답

✔ 계산과정

① 나트륨과 물의 반응식.

$2Na + 2H_2O \rightarrow 2NaOH + H_2$
$2 \times 23g \quad 2 \times 18g \quad 2 \times 40g \quad 2g$

나트륨 46g이 수분과 반응하여 수소기체 2g이 발생

② 이상기체상태방정식을 적용

$$P = \frac{WRT}{VM} = \frac{2g \times 0.082 \times (273+30)K}{2L \times 2} = 12.42 \text{atm}$$

✔ 답 12.42atm

상세해설

이상기체상태방정식

$$PV = \frac{W}{M}RT = nRT$$

여기서, P : 압력(atm), V : 부피(L), W : 무게(g), M : 분자량, n : mol수 $= \frac{W}{M}$
R : 기체상수(0.082atm · L/mol · K), T : 절대온도(273+t℃)K

---

16 다음은 주유취급소의 표지 및 게시판에 대한 기준이다. 각 물음에 답하시오.
① 주유취급소의 표지 및 방화에 필요한 사항을 기재한 게시판 크기를 쓰시오.
② "화기엄금"의 바탕색과 문자의 색상을 쓰시오.
③ "황색바탕에 흑색문자"로 표시하는 게시판의 문구를 쓰시오.
④ 표지 및 게시판의 바탕색과 문자의 색상을 쓰시오.
⑤ 주유공지는 얼마로 하여야 하는가?

해답

✔ 답 ① 한 변의 길이가 0.3m 이상, 다른 한 변의 길이가 0.6m 이상인 직사각형
② 바탕색 : 적색, 문자의 색상 : 백색
③ 주유 중 엔진정지
④ 바탕색 : 백색, 문자의 색상 : 흑색
⑤ 너비 15m 이상, 길이 6m 이상

상세해설

주유취급소의 위치 · 구조 및 설비의 기준

① 주유공지 및 급유공지

주유공지	급유공지
너비 15m 이상, 길이 6m 이상의 콘크리트 등으로 포장한 공지	고정급유설비의 호스기기의 주위에 필요한 공지

★ 공지의 바닥은 주위 지면보다 높게 하고, 배수구 · 집유설비 및 유분리장치를 할 것

② 표지 및 게시판

표 지	게 시 판
위험물 주유취급소	1. 방화에 관하여 필요한 사항 2. 황색바탕에 흑색문자로 "주유 중 엔진정지" ★★

★ 게시판은 한 변의 길이가 0.3m 이상, 다른 한 변의 길이가 0.6m 이상인 직사각형으로 할 것

제조소의 위치. 구조 및 설비의 기준

① 위험물제조소의 표지 및 게시판
　㉠ 표지는 한 변의 길이가 0.3m 이상, 다른 한 변의 길이가 0.6m 이상인 직사각형으로 할 것
　㉡ 바탕은 백색, 문자는 흑색

② 게시판의 설치기준
　㉠ 한 변의 길이가 0.3m 이상, 다른 한 변의 길이가 0.6m 이상인 직사각형으로 할 것
　㉡ 위험물의 유별 · 품명 및 저장최대수량 또는 취급최대수량, 지정수량의 배수 및 안전관리자의 성명 또는 직명을 기재할 것
　㉢ 게시판의 바탕은 백색으로, 문자는 흑색으로 할 것
　㉣ 저장 또는 취급하는 위험물에 따라 주의사항 게시판을 설치할 것

위험물의 종류	주의사항 표시	게시판의 색
제1류(알칼리금속 과산화물) 제3류(금수성 물품)	물기 엄금	청색바탕에 백색문자
제2류(인화성 고체 제외)	화기 주의	**적색바탕에 백색문자**
제2류(인화성 고체) 제3류(자연발화성 물품) 제4류 제5류	**화기 엄금**	

---

17 제2류 위험물인 철분과 수증기의 화학반응식을 쓰시오.

해답 ✔답 $3Fe + 4H_2O \rightarrow Fe_3O_4 + 4H_2$

상세해설 철분과의 반응식
① 습기가 있는 공기 중에서 산화하여 산화제2철 된다.
　$4Fe + 3O_2 \rightarrow 2Fe_2O_3$

② 수증기와 반응하면 사산화철이 된다.
$3Fe + 4H_2O \rightarrow Fe_3O_4 + 4H_2$
③ 염산과 반응하면 염화제2철이 된다.
$2Fe + 6HCl \rightarrow 2FeCl_3 + 3H_2$

18
휘발유를 저장하던 이동저장탱크에 등유나 경유를 주입할 때 또는 등유나 경유를 저장하던 이동저장탱크에 휘발유를 주입할 때 정전기 등을 인한 재해발생을 방지하기 위한 조치 3가지를 쓰시오.

해답

✔답 ① 이동저장탱크의 상부로부터 위험물을 주입할 때에는 위험물의 액표면이 주입관의 끝부분을 넘는 높이가 될 때까지 그 주입관내의 유속을 초당 1m 이하로 할 것
② 이동저장탱크의 밑부분으로부터 위험물을 주입할 때에는 위험물의 액표면이 주입관의 정상부분을 넘는 높이가 될 때까지 그 주입배관내의 유속을 초당 1m 이하로 할 것
③ 그 밖의 방법에 의한 위험물의 주입은 이동저장탱크에 가연성증기가 잔류하지 아니하도록 조치하고 안전한 상태로 있음을 확인한 후에 할 것

상세해설

이동탱크저장소(컨테이너식 이동탱크저장소를 제외)에서의 취급기준

① 이동저장탱크로부터 위험물을 저장 또는 취급하는 탱크에 **인화점이 40℃ 미만인 위험물**을 주입할 때에는 이동탱크저장소의 **원동기를 정지시킬 것**
② 휘발유·벤젠 그 밖에 정전기에 의한 재해발생의 우려가 있는 액체의 위험물을 이동저장탱크에 주입하거나 이동저장탱크로부터 배출하는 때에는 도선으로 이동저장탱크와 접지전극 등과의 사이를 긴밀히 연결하여 당해 이동저장탱크를 접지할 것
③ 휘발유·벤젠·그 밖에 정전기에 의한 재해발생의 우려가 있는 액체의 위험물을 이동저장탱크의 상부로 주입하는 때에는 주입관을 사용하되, 당해 주입관의 끝부분을 이동저장탱크의 밑바닥에 밀착할 것
④ 휘발유를 저장하던 이동저장탱크에 등유나 경유를 주입할 때 또는 등유나 경유를 저장하던 이동저장탱크에 휘발유를 주입할 때에는 다음의 기준에 따라 정전기 등에 의한 재해를 방지하기 위한 조치를 할 것
  ㉠ 이동저장탱크의 상부로부터 위험물을 주입할 때에는 위험물의 액표면이 주입관의 끝부분을 넘는 높이가 될 때까지 그 주입관내의 유속을 초당 1m 이하로 할 것
  ㉡ 이동저장탱크의 밑부분으로부터 위험물을 주입할 때에는 위험물의 액표면이 주입관의 정상부분을 넘는 높이가 될 때까지 그 주입배관내의 유속을 초당 1m 이하로 할 것
  ㉢ 그 밖의 방법에 의한 위험물의 주입은 이동저장탱크에 가연성증기가 잔류하지 아니하도록 조치하고 안전한 상태로 있음을 확인한 후에 할 것

19 관계인이 예방규정을 정하여야 하는 제조소 등을 5가지만 쓰시오.

해답 ✓답 ① 지정수량의 10배 이상의 위험물을 취급하는 제조소
② 지정수량의 100배 이상의 위험물을 저장하는 옥외저장소
③ 지정수량의 150배 이상의 위험물을 저장하는 옥내저장소
④ 지정수량의 200배 이상의 위험물을 저장하는 옥외탱크저장소
⑤ 암반탱크저장소
⑥ 이송취급소

상세해설 관계인이 예방규정을 정하여야 하는 제조소등
① 지정수량의 10배 이상의 위험물을 취급하는 제조소
② 지정수량의 100배 이상의 위험물을 저장하는 옥외저장소
③ 지정수량의 150배 이상의 위험물을 저장하는 옥내저장소
④ 지정수량의 200배 이상의 위험물을 저장하는 옥외탱크저장소
⑤ 암반탱크저장소
⑥ 이송취급소
⑦ 지정수량의 10배 이상의 위험물을 취급하는 일반취급소. 다만, 제4류 위험물(특수인화물을 제외)만을 지정수량의 50배 이하로 취급하는 일반취급소(제1석유류・알코올류의 취급량이 지정수량의 10배 이하인 경우에 한한다)로서 다음 각목의 어느 하나에 해당하는 것을 제외한다.
㉠ 보일러・버너 또는 이와 비슷한 것으로서 위험물을 소비하는 장치로 이루어진 일반취급소
㉡ 위험물을 용기에 옮겨 담거나 차량에 고정된 탱크에 주입하는 일반취급소

20 국제해상위험물규칙(IMDG Code)에서 규정한 위험물 분류 중 제8급(Class 8)에 해당되는 물질명과 정의를 쓰시오.

해답 ✓답 ① 물질명 : 부식성 물질(Corrosive Subsfances)
② 정의 : 화학반응에 의하여 생체조직과의 접촉시에는 심각한 손상을 줄 수 있거나, 누출된 경우에는 기계적 손상 또는 다른 화물 또는 운송수단을 파손시킬 수 있는 물질을 말한다.
※ 국제해상위험물질규칙은 2011년부터 출제기준에서 제외되었습니다.

위험물기능장 제41회 실기시험

2007년도 기능장 제41회 실기시험 **(2007년 05월 19일 시행)**

자격종목	시험시간	문제수	형별	수험번호	성 명
위험물기능장	2시간	20	A		

01 다음 위험물에 대한 위험물안전관리법에 따른 정의를 쓰시오.
① 인화성 고체   ② 제1석유류   ③ 동식물유류

해답

✔답 ① 인화성 고체
  고형알코올 그 밖에 1기압에서 인화점이 40℃ 미만인 고체
② 제1석유류
  아세톤, 휘발유, 그 밖에 1기압에서 인화점이 21℃ 미만인 것
③ 동식물유류
  동물의 지육 등 또는 식물의 종자나 과육으로부터 추출한 것으로서 1기압에서 인화점이 250℃ 미만인 것

상세해설

인화성 고체
고형알코올 그 밖에 1기압에서 인화점이 40℃ 미만인 고체

제4류 위험물의 판단기준
① **특수인화물**
  이황화탄소, 다이에틸에터 그 밖에 1기압에서 **발화점이 100℃ 이하인 것** 또는 **인화점이 −20℃ 이하이고 비점이 40℃ 이하**인 것을 말한다.
② **제1석유류**
  아세톤, 휘발유 그 밖에 1기압에서 **인화점이 21℃ 미만**인 것을 말한다.
③ **알코올류**
  1분자를 구성하는 탄소원자의 수가 **1개부터 3개까지인 포화1가 알코올**(변성알코올을 포함한다)을 말한다. 다만, 다음 각목의 1에 해당하는 것은 **제외**한다.
  ㉠ 1분자를 구성하는 탄소원자의 수가 1개 내지 3개의 포화1가 알코올의 함유량이 **60중량% 미만인 수용액**
  ㉡ 가연성액체량이 **60중량%** 미만이고 인화점 및 연소점(태그개방식인화점측정기에 의한 연소점)이 에틸알코올 **60중량%** 수용액의 인화점 및 연소점을 초과하는 것
④ **제2석유류**
  등유, 경유 그 밖에 1기압에서 **인화점이 21℃ 이상 70℃ 미만**인 것을 말한다. 다만, 도료류 그 밖의 물품에 있어서 가연성 액체량이 40중량% 이하이면서 인화점이 40℃ 이상인 동시에 연소점이 60℃ 이상인 것은 제외한다.
⑤ **제3석유류**
  중유, 크레오소트유 그 밖에 1기압에서 **인화점이 70℃ 이상 200℃ 미만**인 것을 말한

다. 다만, 도료류 그 밖의 물품은 가연성 액체량이 40중량% 이하인 것은 제외한다.
⑥ 제4석유류
기어유, 실린더유 그 밖에 1기압에서 **인화점이 200℃ 이상 250℃ 미만**의 것을 말한다. 다만 도료류 그 밖의 물품은 가연성 액체량이 40중량% 이하인 것은 제외한다.
⑦ 동식물유류
동물의 지육 등 또는 식물의 종자나 과육으로부터 추출한 것으로서 1기압에서 **인화점이 250℃ 미만**인 것을 말한다.

02 다음은 이동저장탱크의 표지 및 게시판에 관한 기준이다. ( )안에 알맞은 답을 쓰시오.

이동탱크저장소에는 차량의 (①) 및 (②)의 보기 쉬운 곳에 사각형[한 변의 길이가 (③)m 이상, 다른 한 변의 길이가 0.3m 이상]의 (④)색바탕에 (⑤)색의 반사도료 그 밖의 반사성이 있는 재료로 (⑥)이라고 표시한 표지를 설치하여야 한다.

해답
✔답 ① 전면 ② 후면 ③ 0.6 ④ 흑 ⑤ 황 ⑥ 위험물

상세해설
표지 및 게시판 ★★★
① 이동탱크저장소에는 차량의 **전면 및 후면**의 보기 쉬운 곳에 사각형(한변의 길이가 **0.6m 이상**, 다른 한변의 길이가 0.3m 이상)의 **흑색바탕에 황색의 반사도료** 그 밖의 반사성이 있는 재료로 "**위험물**"이라고 표시한 표지를 설치할 것.
② 이동저장탱크의 뒷면 중 보기 쉬운 곳에는 당해 탱크에 저장 또는 취급하는 위험물의 유별·품명·최대수량 및 적재중량을 게시한 게시판을 설치할 것. 이 경우 표시문자의 크기는 가로 40mm, 세로 45mm 이상(여러 품명의 위험물을 혼재하는 경우에는 적재품명별 문자의 크기를 가로 20mm 이상, 세로 20mm 이상)으로 할 것.

03 다음은 국제해상위험물규칙의 분류기준으로 괄호 안에 알맞은 답을 쓰시오.

등급	구분	등급	구분
제1급	화약류	제1급	(③)
제1급	(①)	제1급	독물류
제1급	(②)	제1급	방사선물질
제1급	가연성 물질류	제1급	(라)

※ 국제해상위험물규칙은 2011년부터 출제기준에서 제외되었습니다.

04 제1종 분말소화약제에 대한 270℃와 850℃에서의 열분해반응식을 쓰시오.

해답 ✔ 답 ① 270℃ : $2NaHCO_3 \rightarrow Na_2CO_3 + CO_2 + H_2O$
② 850℃ : $2NaHCO_3 \rightarrow Na_2O + 2CO_2 + H_2O$

상세해설

분말약제의 열분해

종 별	약제명	착색	열분해 반응식
제1종	탄산수소나트륨 중탄산나트륨 중조	백색	270℃ $2NaHCO_3 \rightarrow Na_2CO_3 + CO_2 + H_2O$ 850℃ $2NaHCO_3 \rightarrow Na_2O + 2CO_2 + H_2O$
제2종	탄산수소칼륨 중탄산칼륨	담회색	190℃ $2KHCO_3 \rightarrow K_2CO_3 + CO_2 + H_2O$ 590℃ $2KHCO_3 \rightarrow K_2O + 2CO_2 + H_2O$
제3종	제1인산암모늄	담홍색	190℃ $NH_4H_2PO_4 \rightarrow NH_3 + H_3PO_4$(오르토인산) 215℃ $2H_3PO_4 \rightarrow H_2O + H_4P_2O_7$(피로인산) 300℃ $H_4P_2O_7 \rightarrow H_2O + 2HPO_3$(메타인산)
제4종	중탄산칼륨+요소	회(백)색	$2KHCO_3 + (NH_2)_2CO \rightarrow K_2CO_3 + 2NH_3 + 2CO_2$

05 제3류 위험물로서 비중 1.82, 녹는점 44℃인 담황색의 고체로 마늘냄새가 나는 위험물에 대한 각 물음에 답하시오.

① 화학식   ② 지정수량
③ 보관방법   ④ 연소반응

해답 ✔ 답 ① P_4 ② 20kg
③ 물속에 저장한다.   ④ $P_4 + 5O_2 \rightarrow 2P_2O_5$

상세해설

황린(P_4)[별명 : 백린] : 제3류 위험물(자연발화성물질)

화학식	분자량	발화점	비점	융점	비중	증기비중
P_4	124	34℃	280℃	44℃	1.82	4.4

① 백색 또는 담황색의 고체이며 공기 중 약 34℃에서 자연 발화한다.
② 저장 시 자연 발화성이므로 반드시 물속에 저장한다.
③ 인화수소(PH_3)의 생성을 방지하기 위하여 물의 pH=9(약알칼리)가 안전한계이다.
④ **연소 시 오산화인(P_2O_5)의 흰 연기가 발생한다.**

$$P_4 + 5O_2 \rightarrow 2P_2O_5(\text{오산화인})$$

⑤ 강알칼리의 용액에서는 유독기체인 포스핀(PH_3) 발생한다.

$$P_4 + 3NaOH + 3H_2O \rightarrow 3NaH_2PO_2 + PH_3 \uparrow (\text{인화수소=포스핀})$$

⑥ 약 260℃로 가열(공기차단)시 적린이 된다.
⑦ 고압의 주수소화는 황린을 비산시켜 연소면이 확대될 우려가 있다.

06 수소화나트륨이 물과 반응하는 경우의 화학반응식을 쓰고 이때 발생된 가스의 위험도를 구하시오.

해답 ✔답 ① 화학반응식 : NaH + H₂O → NaOH + H₂

② 위험도 : $H = \dfrac{75-4}{4} = 17.75$

상세해설 수소화나트륨(NaH)-제3류-금수성물질

화학식	분자량	융점	분해온도
NaH	24	800℃	425℃

① 습기가 많은 공기 중 분해한다.
② 물과 격렬히 반응하여 수소(H₂)를 발생한다.

NaH + H₂O → NaOH + H₂↑ ★수소(H₂)의 연소범위 : 4~75%

③ 물 및 포약제의 소화는 절대 금하고 마른모래 등으로 피복소화한다.

위험도 계산공식

$$H = \dfrac{U(\text{연소상한}) - L(\text{연소하한})}{L(\text{연소하한})}$$

---

07 제4류 위험물로서 무색투명한 휘발성 액체이며 물에 녹지 않고 에터, 벤젠의 유기용제에는 녹으며 인화점 4℃, 분자량 92인 위험물에 대한 각 물음에 답하시오.

① 구조식   ② 증기비중

해답 ✔답 ① 구조식 :

② 증기비중 : • 분자량(M) = C₇H₈ = 12×7+1×8 = 92

• 증기비중(S) = $\dfrac{M}{29} = \dfrac{92}{29} = 3.17$

상세해설 톨루엔(C₆H₅CH₃)★★★★★

화학식	분자량	비중	비점	인화점	착화점	연소범위
C₆H₅CH₃	92	0.871	111℃	4℃	552℃	1.27~7%

① 무색 투명한 휘발성 액체이며 물에는 용해되지 않고 유기용제에 용해된다.
② 독성은 벤젠의 $\frac{1}{10}$ 정도이며 소화는 다량의 포약제로 질식 및 냉각소화한다.
③ 톨루엔과 질산을 반응시켜 트라이나이트로톨루엔을 얻는다.

$$C_6H_5CH_3 + 3HNO_3 \xrightarrow[\text{나이트로화}]{C-H_2SO_4} C_6H_2CH_3(NO_2)_3 + 3H_2O$$
(톨루엔)   (질산)   (트라이나이트로톨루엔)   (물)

08 다음 각 물질에 대한 위험도를 계산하시오.
① 다이에틸에터 ② 아세톤

해답

① **다이에틸에터**

✔ 계산과정

다이에틸에터의 연소범위 : 1.7~48%

위험도 $H = \dfrac{48 - 1.7}{1.7} = 27.24$

✔ 답 27.24

② **아세톤**

✔ 계산과정

아세톤의 연소범위 : 2.5~12.8%

위험도 $H = \dfrac{12.8 - 2.5}{2.5} = 4.12$

✔ 답 4.12

상세해설 위험도 계산공식

$$H = \frac{U(\text{연소상한}) - L(\text{연소하한})}{L(\text{연소하한})}$$

09 다음의 그림을 보고 방화상 유효한 담의 높이를 산출하는 공식을 2가지 쓰시오.

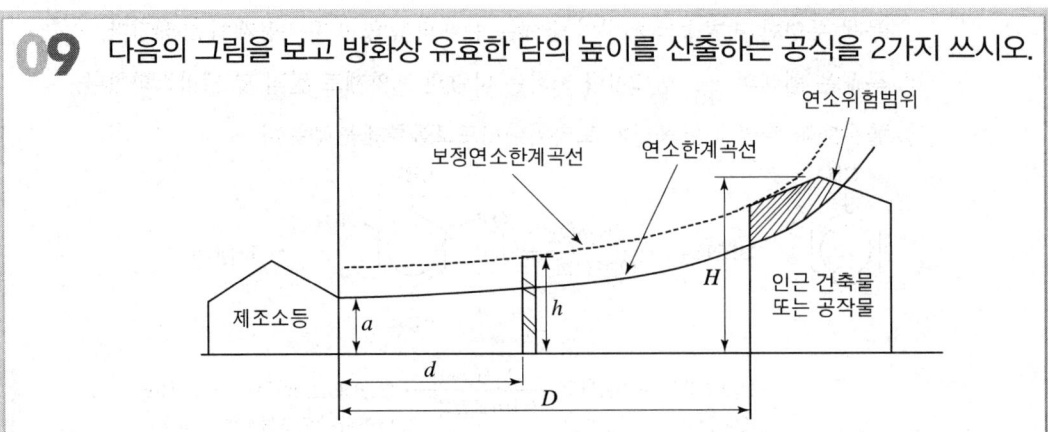

해답

✔ 답 ① $H \leq pD^2 + a$ 인 경우 $h = 2$

② $H > pD^2 + a$ 인 경우 $h = H - p(D^2 - d^2)$

여기서, D : 제조소등과 인근 건축물 또는 공작물과의 거리(m)
  H : 인근 건축물 또는 공작물의 높이(m)
  a : 제조소등의 외벽의 높이(m)
  d : 제조소등과 방화상 유효한 담과의 거리(m)
  h : 방화상 유효한 담의 높이(m)
  p : 상수

※ 산출된 수치가 2 미만일 때에는 담의 높이를 2m로, 4 이상일 때에는 담의 높이를 4m로 하여야 한다.

상세해설

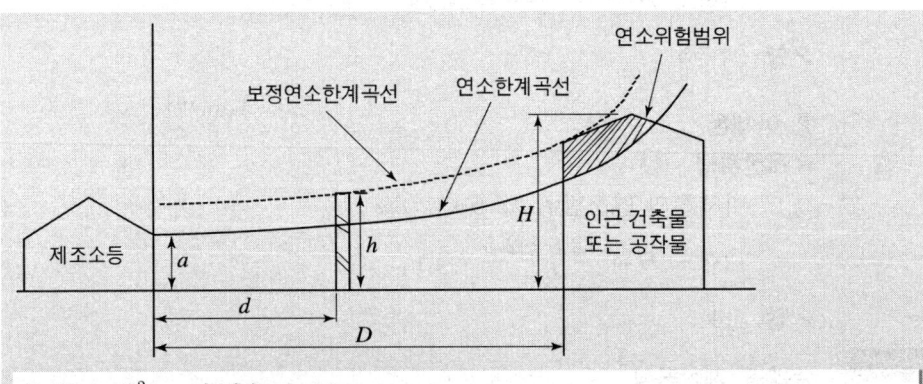

① $H \leq pD^2 + a$ 인 경우 $h = 2$
② $H > pD^2 + a$ 인 경우 $h = H - p(D^2 - d^2)$

여기서, D : 제조소등과 인근 건축물 또는 공작물과의 거리(m)
  H : 인근 건축물 또는 공작물의 높이(m)
  a : 제조소등의 외벽의 높이(m)
  d : 제조소등과 방화상 유효한 담과의 거리(m)
  h : 방화상 유효한 담의 높이(m)
  p : 상수

※ 산출된 수치가 2 미만일 때에는 담의 높이를 2m로, 4 이상일 때에는 담의 높이를 4m
로 하여야 한다.

인근 건축물 또는 공작물의 구분	p의 값
• 학교·주택·국가유산 등의 건축물 또는 공작물이 목조인 경우 • 학교·주택·국가유산 등의 건축물 또는 공작물이 방화구조 또는 내화구조이고, 제조소 등에 면한 부분의 개구부에 60분+방화문·60분방화문 또는 30분방화문이 설치되지 아니한 경우	0.04
• 학교·주택·국가유산 등의 건축물 또는 공작물이 방화구조인 경우 • 학교·주택·국가유산 등의 건축물 또는 공작물이 방화구조 또는 내화구조이고, 제조소 등에 면한 부분의 개구부에 30분방화문이 설치된 경우	0.15
• 학교·주택·국가유산 등의 건축물 또는 공작물이 내화구조이고, 제조소 등에 면한 개구부에 60분+방화문 또는 60분방화문이 설치된 경우	∞

10 화학식이 $C_6H_2CH_3(NO_2)_3$인 물질에 대한 다음 각 물음에 답하시오.
① 유별   ② 품명   ③ 지정수량

해답
✔답 ① 유별 : 제5류 위험물
   ② 품명 : 나이트로화합물
   ③ 지정수량 : 10kg

상세해설

트라이나이트로톨루엔[$C_6H_2CH_3(NO_2)_3$] (TNT : Tri Nitro Toluene) ★★★★★

화학식	분자량	비중	비점	융점	착화점
$C_6H_2CH_3(NO_2)_3$	227	1.7	280℃	81℃	300℃

① 물에는 녹지 않고 알코올, 아세톤, 벤젠에 녹는다.
② Tri Nitro Toluene의 약자로 TNT라고도 한다.
③ 담황색의 주상결정이며 햇빛에 다갈색으로 변색된다.
④ 톨루엔과 질산을 반응시켜 얻는다.

$$C_6H_5CH_3 + 3HNO_3 \xrightarrow[\text{나이트로화}]{C-H_2SO_4} C_6H_2CH_3(NO_2)_3 + 3H_2O$$
  (톨루엔)   (질산)   (트라이나이트로톨루엔) (물)

⑤ 강력한 폭약이며 급격한 타격에 폭발한다.

$$2C_6H_2CH_3(NO_2)_3 \rightarrow 2C + 12CO + 3N_2\uparrow + 5H_2\uparrow$$

⑥ 연소 시 연소속도가 너무 빠르므로 소화가 곤란하다.
⑦ 무기 및 다이너마이트, 질산폭약제 제조에 이용된다.

11. 제1류 위험물로서 무색, 무취의 결정이고 분자량 170, 녹는점은 212℃, 비중 4.35로서 사진 감광제로 사용하는 위험물의 명칭과 지정수량, 열분해반응식을 쓰시오.

해답
✔ 답 ① 명칭 : 질산은($AgNO_3$)
② 지정수량 : 300kg
② 열분해반응식 : $2AgNO_3 \rightarrow 2Ag + 2NO_2 + O_2$

상세해설

질산은($AgNO_3$)-제1류 위험물(산화성고체)-질산염류

화학식	비중	융점	분해온도
$AgNO_3$	4.35	212℃	445℃

① 무색, 무취의 결정이다.
② 물, 아세톤, 알코올, 글리세린 등에 잘 녹는다.
③ 햇빛에 의해 분해되므로 갈색병에 보관하여야 한다.

> 질산은의 분해반응식
> $2AgNO_3 \rightarrow 2Ag + 2NO_2 + O_2$

④ 사진감광제, 살균제, 살충제 등으로 사용한다.

제1류 위험물의 지정수량

성질	품 명		지정수량	위험등급
산화성 고체	1. 아염소산염류 2. 염소산염류 3. 과염소산염류 4. 무기과산화물		50kg	I
	5. 브로민산염류 6. **질산염류** 7. 아이오딘산염류		300kg	II
	8. 과망가니즈산염류 9. 다이크로뮴산염류		1000kg	III
	10. 그 밖에 행정안 전부령이 정하 는 것	① 과아이오딘산염류 ② 과아이오딘산 ③ 크로뮴, 납 또는 아이오딘의 산화물 ④ 아질산염류 ⑤ 염소화아이소사이아누르산 ⑥ 퍼옥소이황산염류 ⑦ 퍼옥소붕산염류	300kg	II
		⑧ 차아염소산염류	50kg	I

12. 0.01(wt%)의 황을 함유한 1,000kg의 코크스를 과잉공기 중에 완전 연소시켰을 때 발생되는 SO_2의 양은 몇 g인가?

해답
✔ 계산과정
① 1,000kg 중 황의 양
코크스 1,000kg = 1,000,000g

황의 양 $1,000,000g \times \dfrac{0.01}{100} = 100g$

② 발생되는 SO_2의 양

황의 완전연소 반응식

$$S + O_2 \rightarrow SO_2$$
$$32g \longrightarrow 64g$$
$$100g \longrightarrow Xg$$

$$X = \frac{100 \times 64}{32} = 200g$$

✔**답** 200g

---

13 위험물제조소 등에 설치하는 배관에 사용하는 관이음의 설계기준을 쓰시오.

해답 ✔**답** ① 관이음의 설계는 배관의 설계에 준하는 것 외에 관이음의 휨특성 및 응력집중을 고려하여 행할 것
② 배관을 분기하는 경우는 미리 제작한 분기용 관이음 또는 분기구조물을 이용할 것. 이 경우 분기구조물에는 보강판을 부착하는 것을 원칙으로 한다.
③ 분기용 관이음, 분기구조물 및 레듀서(reducer)는 원칙적으로 이송기지 또는 전용부지 내에 설치할 것

상세해설
위험물안전관리에 관한 세부기준 제118조(관이음의 설계 등)
배관에 사용하는 관이음은 다음 각 호에 따라 설계하여야 한다.
① 관이음의 설계는 배관의 설계에 준하는 것 외에 관이음의 휨특성 및 응력집중을 고려하여 행할 것
② 배관을 분기하는 경우는 미리 제작한 분기용 관이음 또는 분기구조물을 이용할 것. 이 경우 분기구조물에는 보강판을 부착하는 것을 원칙으로 한다.
③ 분기용 관이음, 분기구조물 및 레듀서(reducer)는 원칙적으로 이송기지 또는 전용부지내에 설치할 것

---

14 다음 보기의 위험물에 대한 위험물 운반용기의 외부표시사항 중 수납하는 위험물에 따른 주의사항을 쓰시오.

① 과염소산   ② 철분, 금속분
③ 인화석회   ④ 셀룰로이드

해답 ✔**답** ① 과염소산-가연물접촉주의
② 철분, 금속분- 화기주의 및 물기엄금
③ 인화석회-물기엄금
④ 셀룰로이드-화기엄금 및 충격주의

상세해설

① 과염소산-제6류 위험물-가연물접촉주의
② 철분, 금속분-제2류 위험물- 화기주의 및 물기엄금
③ 인화석회-제3류 위험물-물기엄금
④ 셀룰로이드-제5류 위험물-화기엄금 및 충격주의

위험물 운반용기의 외부 표시 사항
① 위험물의 품명, 위험등급, 화학명 및 수용성(제4류 위험물의 수용성인 것에 한함)
② 위험물의 수량
③ 수납하는 위험물에 따른 주의사항

유별	성질에 따른 구분	표시사항
제1류 위험물	알칼리금속의 과산화물	화기·충격주의, 물기엄금 및 가연물접촉주의
	그 밖의 것	화기·충격주의 및 가연물접촉주의
제2류 위험물	철분·금속분·마그네슘	화기주의 및 물기엄금
	인화성고체	화기엄금
	그 밖의 것	화기주의
제3류 위험물	자연발화성물질	화기엄금 및 공기접촉엄금
	금수성물질	물기엄금
제4류 위험물	인화성 액체	화기엄금
제5류 위험물	자기반응성 물질	화기엄금 및 충격주의
제6류 위험물	산화성 액체	가연물접촉주의

15 뚜껑이 개방된 용기에 1기압 10℃의 공기가 있다. 용기내부 온도를 400℃로 가열하였을 경우 처음 공기량의 몇 배가 용기 밖으로 나오는지 계산하시오.

해답 ✓계산과정

① 개방된 용기이므로 압력이 일정($P_1 = P_2$)
② 가열 후 부피(V_2)와 처음부피(V_1)관계
  샤를의 법칙을 적용하면
  $$V_2 = V_1 \times \frac{T_2}{T_1} = V_1 \times \frac{(273+400)\mathrm{K}}{(273+10)\mathrm{K}} = 2.38\,V_1$$
③ 용기 밖으로 배출된 부피계산
  $V = 2.38\,V_1 - V_1 = 1.38\,V_1$

✓답 1.38배

상세해설

보일의 법칙★★★

$$T(온도) = 일정 \qquad P_1V_1 = P_2V_2$$

온도가 일정할 때 일정량의 기체가 차지하는 부피는 절대압력에 반비례한다.

샤를의 법칙★★★

$$P(압력) = 일정 \qquad \frac{V_1}{T_1} = \frac{V_2}{T_2}$$

압력이 일정할 때 일정량의 기체가 차지하는 부피는 절대온도에 비례한다.

보일-샤를의 법칙★★★

$$\frac{P_1 V_1}{T_1} = \frac{P_2 V_2}{T_2}$$

일정량의 기체가 차지하는 부피는 절대압력에 반비례하고 절대온도에 비례한다.

---

16 위험물을 취급하는 제조소등에 옥내소화전이 1층에 6개, 2층에 5개, 3층에 3개가 설치되어 있을 때 수원의 양 얼마(m^3) 이상으로 하여야 하는가?

해답
- ✔계산과정 $Q = 5 \times 7.8 = 39 m^3$
- ✔답 $39 m^3$

상세해설

위험물제조소등의 소화설비 설치기준

소화설비	수평거리	방사량	방사압력 (kPa)	수원의 양
옥내	25m 이하	260(L/min) 이상	350 이상	$Q = N$(소화전개수 : 최대 5개) $\times 7.8 m^3$(260L/min $\times$ 30min)
옥외	40m 이하	450(L/min) 이상	350 이상	$Q = N$(소화전개수 : 최대 4개) $\times 13.5 m^3$(450L/min $\times$ 30min)
스프링클러	1.7m 이하	80(L/min) 이상	100 이상	$Q = N$(헤드수 : 최대 30개) $\times 2.4 m^3$(80L/min $\times$ 30min)
물분무		20(L/$m^2 \cdot$ min)	350 이상	$Q = A$(바닥면적m^2) $\times 0.6 m^3$(20L/$m^2 \cdot$ min $\times$ 30min)

옥내소화전설비의 수원의 양
$Q = N$(소화전 개수 : 최대 5개) $\times 7.8 m^3$

---

17 위험물제조소 건축물의 구조에 대한 다음 각 물음에 답하시오.
① 불연재료로 하여야 하는 건축물의 부분을 5가지만 쓰시오.
② 지붕의 기준은 무엇인가?
③ 연소우려가 있는 외벽의 구조는?
④ 액체의 위험물을 취급하는 건축물의 바닥의 구조기준을 2가지만 쓰시오.

해답
- ✔답 ① 벽 · 기둥 · 바닥 · 보 · 서까래 및 계단

② 폭발력이 위로 방출될 정도의 가벼운 불연재료
③ 개구부가 없는 내화구조의 벽
④ • 위험물이 스며들지 못하는 재료를 사용한다.
　• 적당한 경사를 두어 그 최저부에 집유설비를 설치한다.

상세해설 **위험물을 취급하는 건축물의 구조기준**
① **지하층이 없도록** 하여야 한다. 다만, 위험물을 취급하지 아니하는 지하층으로서 위험물의 취급장소에서 새어나온 위험물 또는 가연성의 증기가 흘러 들어갈 우려가 없는 구조로 된 경우에는 그러하지 아니하다.
② **벽·기둥·바닥·보·서까래 및 계단을 불연재료**로 하고, **연소(延燒)의 우려가 있는 외벽**(소방청장이 정하여 고시하는 것)은 출입구 외의 **개구부가 없는 내화구조의 벽**으로 하여야 한다. 이 경우 제6류 위험물을 취급하는 건축물에 있어서 위험물이 스며들 우려가 있는 부분에 대하여는 아스팔트 그 밖에 부식되지 아니하는 재료로 피복하여야 한다.
③ **지붕**(작업공정상 제조기계시설 등이 2층 이상에 연결되어 설치된 경우에는 최상층의 지붕을 말한다)은 **폭발력이 위로 방출될 정도의 가벼운 불연재료**로 덮어야 한다. 다만, 위험물을 취급하는 건축물이 다음 각목의 1에 해당하는 경우에는 그 지붕을 내화구조로 할 수 있다.
　㉠ 제2류 위험물(분말상태의 것과 인화성고체를 제외), 제4류 위험물 중 제4석유류·동식물유류 또는 제6류 위험물을 취급하는 건축물인 경우
　㉡ 다음의 기준에 적합한 밀폐형 구조의 건축물인 경우
　　• 발생할 수 있는 내부의 과압 또는 부압에 견딜 수 있는 철근콘크리트조일 것
　　• 외부화재에 90분 이상 견딜 수 있는 구조일 것
④ 출입구와 비상구에는 **60분+방화문·60분방화문 또는 30분방화문**을 설치하되, 연소의 우려가 있는 외벽에 설치하는 출입구에는 수시로 열 수 있는 자동폐쇄식의 60분+방화문 또는 60분방화문을 설치하여야 한다.
⑤ 위험물을 취급하는 건축물의 창 및 출입구에 유리를 이용하는 경우에는 **망입유리**로 하여야 한다.
⑥ 액체의 위험물을 취급하는 건축물의 바닥은 위험물이 스며들지 못하는 재료를 사용하고, 적당한 경사를 두어 그 최저부에 집유설비를 하여야 한다.

18 주유취급소에 위험물을 저장 또는 취급하는 다음 탱크의 최대용량은 몇 L 이하의 것이어야 하는가?

① 자동차 등에 주유하기 위한 고정주유설비에 직접 접속하는 전용탱크
② 고정급유설비에 직접 접속하는 전용탱크
③ 보일러 등에 직접 접속하는 전용탱크
④ 자동차 등을 점검, 정비하는 작업장 등 (주유 취급소 안에 설치된 것)에서 사용하는 폐유·윤활유 등의 위험물을 저장하는 탱크

해답

✔**답** ① 50,000L 이하 ② 50,000L 이하
　　 ③ 10,000L 이하 ④ 2,000L 이하

상세해설

주유취급소의 탱크
① 자동차 등에 주유하기 위한 고정주유설비에 직접 접속하는 전용탱크 : 50,000L 이하
② 고정급유설비에 직접 접속하는 전용탱크 : 50,000L 이하
③ 보일러 등에 직접 접속하는 전용탱크 : 10,000L 이하
④ 폐유탱크로서 용량(2 이상 설치하는 경우에는 각 용량의 합계)이 2,000L 이하인 탱크
⑤ 고정주유설비 또는 고정급유설비에 직접 접속하는 3기 이하의 간이탱크

고속국도주유취급소의 특례
고속국도의 도로변에 설치된 주유취급소에 있어서는 탱크의 용량을 60,000L까지 할 수 있다.

19 1kg의 아연을 묽은 염산에 녹였을 때 발생하는 기체의 부피는 0.5atm, 27℃에서 몇 L인가?

해답

✔**계산과정**

① 발생되는 수소의 무게 계산

$Zn + 2HCl \rightarrow ZnCl_2 + H_2$

65.4g ─────────→ 2g
1000g ─────────→ x

$x = \dfrac{1000 \times 2}{65.4} = 30.58g$

② 이상기체상태방정식을 적용하여 기체의 부피계산

$V = \dfrac{WRT}{PM} = \dfrac{30.58g \times 0.082 \times (273+27)K}{0.5atm \times 2} = 752.27L$

✔**답** 752.27L

상세해설

이상기체상태방정식

$$PV = \dfrac{W}{M}RT = nRT$$

여기서, P : 압력(atm), V : 부피(L), W : 무게(g), M : 분자량, n : mol수
R : 기체상수(0.082atm·L/mol·K), T : 절대온도(273+t℃)K

제 4 편 최근 기출문제

20 제5류 위험물인 피크린산에 대한 다음 각 물음에 답하시오.
① 구조식
② 질소의 함유량(wt%)

해답 ① 구조식

✓ 답

(구조식: 2,4,6-트라이나이트로페놀 — OH, O₂N, NO₂, NO₂)

② 질소의 함유량(wt%)

✓ 계산과정 ① 질소의 함유량 = $\dfrac{N원자량의 합}{분자량} \times 100$

② N(질소)원자량의 합 = $14 \times 3 = 42$

③ 분자량[$C_6H_2(OH)(NO_2)_3$] = $12 \times 6 + 1 \times 3 + 14 \times 3 + 16 \times 7 = 229$

④ 질소의 함유량 = $\dfrac{42}{229} \times 100 = 18.34\%$

✓ 답 18.34%

상세해설

피크르산[$C_6H_2OH(NO_2)_3$](TNP : Tri Nitro Phenol) : 제5류 위험물 중 나이트로화합물

화학식	분자량	비중	비점	융점	인화점	착화점
$C_6H_2(OH)(NO_2)_3$	229	1.8	255℃	122℃	150℃	300℃

① 페놀에 황산을 작용시켜 다시 **진한 질산**으로 나이트로화하여 만든 노란색 결정
② 휘황색의 침상결정이며 냉수에는 약간 녹고 더운물, **알코올, 벤젠** 등에 잘 녹는다.
③ 쓴맛과 독성이 있으며 비중이 약1.8이며 물보다 무겁다.
④ **트라이나이트로페놀**(Tri Nitro phenol)의 약자로 **TNP**라고도 한다.
⑤ 단독으로 타격, 마찰에 비교적 둔감하다.
⑥ 화약, 불꽃놀이에 이용된다.

피크르산(트라이나이트로페놀)의 구조식

(구조식: OH, O₂N, NO₂, NO₂)

피크르산의 열분해 반응식

$2C_6H_2OH(NO_2)_3 \rightarrow 2C + 3N_2\uparrow + 3H_2\uparrow + 4CO_2\uparrow + 6CO\uparrow$

(발생물질 암기법 : 일(일산화탄소), 수(수소), 질(질소), 탄(탄소), 이(이산화탄소)**[일수놀이질탄]**

위험물기능장 제42회 실기시험

2007년도 기능장 제42회 실기시험 (2007년 08월 25일 시행)

자격종목	시험시간	문제수	형별	수험번호	성 명
위험물기능장	2시간	20	A		

01 화학공장의 위험성평가방법 중 정성적 평가방법과 정량적 평가방법의 종류를 각각 3가지씩 쓰시오.

해답
✔답 ① 정성적 위험성 평가방법(HAZID ; Hazard Identification Method)
　　㉠ 사고예상 질문 분석법 : What-if
　　㉡ 체크 리스트법 : Process/System Checklist
　　㉢ 이상 위험도 분석법 : FMECA
② 정량적 위험성 평가방법(HAZAN ; Hazard Assessment Methods)
　　㉠ 결함수 분석 : FTA(Fault Tree Analysis)
　　㉡ 사건수 분석 : ETA((Event Tree Analysis)
　　㉢ 원인결과분석 : CCA(Cause Consequence Analysis)

상세해설
위험성 평가 방법
① 정성적 위험성 평가방법(HAZID ; Hazard Identification Method)
　㉠ 사고예상 질문 분석법 : What-if
　㉡ 체크 리스트법 : Process/System Checklist
　㉢ 이상 위험도 분석법 : FMECA
　㉣ 작업자 실수 분석법 : Human Error Analysis
　㉤ 위험과 운전성 분석법 : HAZOP(Hazard And Operability Review)
　㉥ 안전성 검토법 : Safety Review
　㉦ 예비위험 분석법 : PHA (Preliminary Hazard Analysis)
　㉧ 상대 위험순위 판정법 : Relative Ranking
② 정량적 위험성 평가방법(HAZAN ; Hazard Assessment Methods)
　㉠ 결함수 분석 : FTA(Fault Tree Analysis)
　㉡ 사건수 분석 : ETA((Event Tree Analysis)
　㉢ 원인결과분석 : CCA(Cause Consequence Analysis)

02 위험물제조소 및 일반취급소에 자동화재탐지설비를 설치해야 하는 대상을 3가지 쓰시오.

해답 ✔ 답
① 연면적 500m² 이상인 것
② 옥내에서 지정수량의 100배 이상을 취급하는 것(고인화점위험물만을 100℃ 미만의 온도에서 취급하는 것을 제외한다)
③ 일반취급소로 사용되는 부분 외의 부분이 있는 건축물에 설치된 일반취급소(일반취급소와 일반취급소 외의 부분이 내화구조의 바닥 또는 벽으로 개구부 없이 구획된 것을 제외한다)

상세해설 위험물제조소 등에 설치하는 경보설비

제조소 등의 구분	제조소 등의 규모, 저장 또는 취급하는 위험물의 종류 및 최대수량 등	경보설비
1. 제조소 및 일반취급소	• 연면적 500m² 이상인 것 • 옥내에서 지정수량의 100배 이상을 취급하는 것(고인화점위험물만을 100℃ 미만의 온도에서 취급하는 것을 제외한다) • 일반취급소로 사용되는 부분 외의 부분이 있는 건축물에 설치된 일반취급소(일반취급소와 일반취급소 외의 부분이 내화구조의 바닥 또는 벽으로 개구부 없이 구획된 것을 제외한다)	자동화재탐지설비

---

03 어떤 화합물의 질량을 분석한 결과 나트륨 58.97%, 산소 41.03%였다. 이 화합물의 실험식과 분자식을 구하시오. (단, 화합물의 분자량은 78(g/mol)이다)

해답 ✔ 계산과정
① 실험식 계산
   ㉠ 나트륨의 구성비 = $\dfrac{\text{함량}(\%)}{M(\text{분자량})} = \dfrac{58.97}{23} = 2.56$
   ㉡ 산소의 구성비 = $\dfrac{\text{함량}(\%)}{M(\text{분자량})} = \dfrac{41.03}{16} = 2.56$
   ㉢ 실험식의 구성비 = Na : O = 2.56 : 2.56 = 1 : 1
   ∴ 실험식은 NaO이다.
② 분자식 계산
   ㉠ 분자량 = (실험식의 분자량) × n
   ㉡ 78 = 39(NaO의 분자량) × n ∴ $n = 2$
   ㉢ 분자식은 Na_2O_2(과산화나트륨)
✔ 답 ① 실험식 : NaO   ② 분자식 : Na_2O_2

04 다음은 불활성가스소화설비의 기준이다. ( )안에 알맞은 답을 쓰시오.

- 이산화탄소를 소화약제로 하는 경우에 저장용기의 충전비는 저압식인 경우에는 (①) 이상 (②) 이하, 고압식인 경우에는 (③) 이상 (④) 이하일 것.
- 이산화탄소를 저장하는 저압식 저장용기에는 (⑤)MPa 이상의 압력 및 (⑥)MPa 이하의 압력에서 작동하는 압력경보장치를 설치할 것
- 이산화탄소를 저장하는 저압식 저장용기에는 용기내부의 온도를 영하 (⑦)℃ 이상 영하 (⑧)℃ 이하로 유지할 수 있는 자동냉동기를 설치할 것
- 불활성가스소화설비의 저장용기는 온도가 (⑨)℃ 이하이고 온도 변화가 적은 장소에 설치할 것

해답 ✔답 ① 1.1 ② 1.4 ③ 1.5 ④ 1.9 ⑤ 2.3 ⑥ 1.9 ⑦ 20 ⑧ 18 ⑨ 40

상세해설

전역방출방식 또는 국소방출방식의 불활성가스소화설비 설치기준

① **저장용기에 충전비**
  ㉠ 이산화탄소

구 분	고압식	저압식
충전비	1.5이상 1.9이하	1.1이상 1.4이하

  ㉡ 불활성가스

구 분	IG-100	IG-55	IG-541
충전비	32MPa 이하(21℃)		

② **이산화탄소를 저장하는 저압식저장용기 설치기준**
  ㉠ 저압식저장용기에는 **액면계 및 압력계**를 설치할 것
  ㉡ 저압식저장용기에는 **2.3MPa 이상**의 압력 및 **1.9MPa 이하**의 압력에서 작동하는 **압력경보장치**를 설치할 것
  ㉢ 저압식저장용기에는 용기내부의 온도를 **영하20℃ 이상 영하18℃ 이하**로 유지할 수 있는 **자동냉동기**를 설치할 것
  ㉣ 저압식저장용기에는 파괴판을 설치할 것
  ㉤ 저압식저장용기에는 방출밸브를 설치할 것

③ **저장용기의 설치장소기준**
  ㉠ 방호구역 외의 장소에 설치할 것
  ㉡ 온도가 40℃ 이하이고 온도 변화가 적은 장소에 설치할 것
  ㉢ 직사일광 및 빗물이 침투할 우려가 적은 장소에 설치할 것
  ㉣ 저장용기에는 안전장치를 설치할 것
  ㉤ 저장용기의 외면에 소화약제의 종류와 양, 제조년도 및 제조자를 표시할 것

05

다음은 위험물 안전관리법에서 정하는 액상의 정의이다. ( )안에 알맞은 답을 쓰시오.

"액상"이라 함은 수직으로 된 시험관(안지름 (①)mm, 높이 (②)mm의 원통형 유리관을 말한다)에 시료를 (③)mm까지 채운 다음 당해 시험관을 수평으로 하였을 때 시료 액면의 끝부분이 (④)mm 이동하는 데 걸리는 시간이 (⑤)초 이내에 있는 것을 말한다.

해답 ✔**답** ① 30   ② 120   ③ 55   ④ 30   ⑤ 90

상세해설

산화성고체

고체[액체(1기압 및 20℃에서 액상인 것 또는 20℃ 초과 40℃ 이하에서 액상인 것을 말한다.)또는 기체(1기압 및 20℃에서 기상인 것을 말한다)외의 것을 말한다. 이하 같다]로서 산화력의 잠재적인 위험성 또는 충격에 대한 민감성을 판단하기 위하여 소방청장이 정하여 고시(이하 "고시"라 한다)하는 시험에서 고시로 정하는 성질과 상태를 나타내는 것을 말한다. 이 경우 "액상"이라 함은 수직으로 된 시험관(**안지름 30mm, 높이 120mm**의 원통형유리관을 말한다)에 시료를 55mm까지 채운 다음 당해 시험관을 수평으로 하였을 때 시료액면의 끝부분이 30mm를 이동하는데 걸리는 시간이 **90초 이내**에 있는 것을 말한다.

06

위험물시설의 배관 등의 용접부에 실시할 수 있는 비파괴시험방법을 4가지만 쓰시오.

해답 ✔**답** ① 방사선투과시험
② 영상초음파탐상시험
③ 초음파탐상시험
④ 침투탐상시험
⑤ 자기탐상시험

상세해설

위험물안전관리에 관한 세부기준 제122조(비파괴시험방법)

배관 등의 용접부에는 방사선투과시험 또는 영상초음파탐상시험을 실시한다.
다만, 방사선투과시험 또는 영상초음파탐상시험을 실시하기 곤란한 경우에는 다음 각 호의 기준에 따른다.
① 두께가 6mm 이상인 배관에 있어서는 **초음파탐상시험 및 자기탐상시험**을 실시할 것. 다만, 강자성체 외의 재료로 된 배관에 있어서는 **자기탐상시험을 침투탐상시험으로 대체**할 수 있다.
② 두께가 6mm 미만인 배관과 초음파탐상시험을 실시하기 곤란한 배관에 있어서는 **자기탐상시험**을 실시할 것

07 유동대전에 대하여 간단히 설명하시오.

해답
✔ **답** 액체류가 파이프 내부에서 유동할 때 액체와 관 벽 사이에 정전기가 발생하는 현상

상세해설
정전기 대전의 종류
① 마찰에 의한 대전
　두 물체 사이의 마찰이나 접촉위치의 이동으로 전하의 분리 및 재배열이 일어나서 정전기가 발생하는 현상을 말한다.
② 유동에 의한 대전
　액체류가 파이프 내부에서 유동할 때 액체와 관 벽 사이에 정전기가 발생하는 현상
③ 박리에 의한 대전
　서로 밀착해 있는 물체가 떨어질 때 전하분리가 일어나 정전기가 발생하는 현상

---

08 위험물 제조소에 배출설비를 국소방식으로 설치하려고 한다. 배출능력(m^3/hr)은 얼마 이상으로 하여야 하는가? (단, 배출장소의 용적은 가로 6m, 세로 8m, 높이 4m이다)

해답
✔ **계산과정**
　① 배출장소의 용적 = 6m × 8m × 4m = 192m^3
　② 배출능력 = 192m^3 × 20 = 3,840m^3/hr
✔ **답** 3,840m^3/hr

상세해설
배출설비의 설치기준★★
가연성의 증기 또는 미분이 체류할 우려가 있는 건축물에는 그 증기 또는 미분을 옥외의 높은 곳으로 배출할 수 있도록 다음 각 호의 기준에 의하여 배출설비를 설치하여야 한다.
(1) 배출설비는 국소방식으로 할 것
(2) 배출설비는 배풍기, 배출닥트, 후드 등을 이용한 강제배출방식으로 할 것
(3) **배출능력**은 1시간당 배출장소 용적의 **20배 이상**인 것으로 할 것
　(단, 전역방식의 경우에는 바닥면적 1m^2당 18m^3 이상으로 할 수 있다)
(4) 배출설비의 급기구 및 배출구 설치 기준
　① 급기구는 높은 곳에 설치하고, 가는 눈의 구리망 등으로 인화방지망을 설치
　② 배출구는 지상 2m 이상으로서 연소의 우려가 없는 장소에 설치하고, 배출 닥트가 관통하는 벽부분의 바로 가까이에 화재시 자동으로 폐쇄되는 방화댐퍼를 설치할 것
(5) 배풍기는 강제배기방식으로 하고, 옥내닥트의 내압이 대기압 이상이 되지 아니하는 위치에 설치할 것

09 80wt% 과산화수소 수용액 300kg을 저장하고 있는 위험물탱크에 화재가 발생한 경우 다량의 물로 희석하여 소화하려고 한다. 과산화수소의 희석농도를 3wt% 이하로 하려면 실제 소화용수의 양은 이론양의 1.5배를 준비한다면 저장하여야 하는 소화수의 양을 구하시오.

해답
✔ 계산과정
순수한 과산화수소의 양 계산 : $300kg \times 0.8 = 240kg$(100%과산화수소)
① 3wt%로 희석시 필요한 물의 무게(W)

$$3\% = \frac{240kg}{(300+Wkg)} \times 100$$

$W = 7,700kg$
② 실제소화수의 양 $= 7,700 \times 1.5 = 11,550kg$

✔ 답 11,550kg

---

10 벤젠에서 수소 1개를 메틸기로 치환된 물질에 대한 다음 각 물음에 답하시오.
① 구조식　　　　　　② 물질명
③ 품명　　　　　　　④ 지정수량

해답
✔ 답 ① 구조식 :

② 물질명 : 톨루엔
③ 품명 : 제4류 위험물 제1석유류(비수용성)
④ 지정수량 : 200L

상세해설 톨루엔($C_6H_5CH_3$)★★★★★

화학식	분자량	비중	비점	인화점	착화점	연소범위
$C_6H_5CH_3$	92	0.871	111℃	4℃	552℃	1.27~7%

① 무색 투명한 휘발성 액체이며 물에는 용해되지 않고 유기용제에 용해된다.
② 독성은 벤젠의 $\frac{1}{10}$ 정도이며 소화는 다량의 포약제로 질식 및 냉각소화한다.
③ 톨루엔과 질산을 반응시켜 트라이나이트로톨루엔을 얻는다.

$$\text{C}_6\text{H}_5\text{CH}_3 + 3\text{HNO}_3 \xrightarrow[\text{(나이트로화)}]{\text{C}-\text{H}_2\text{SO}_4} \text{C}_6\text{H}_2\text{CH}_3(\text{NO}_2)_3 + 3\text{H}_2\text{O}$$
(톨루엔)　　(질산)　　　　　　　　　(트라이나이트로톨루엔)　(물)

---

11 위험물안전관리자가 점검하여야 할 위험물제조소 및 일반취급소의 일반점검표 중에서 옥외탱크저장소의 방유제등 점검항목과 점검내용을 5가지만 쓰시오.

해답

✔ 답 ① 방유제-변형·균열·손상의 유무
　　② 배수관- 배수관의 손상의 유무
　　③ 배수관-배수관의 개폐상황의 적부
　　④ 배수구- 배수구의 균열·손상의 유무
　　⑤ 배수구-배수구내의 체유·체수·토사 등의 퇴적의 유무
　　⑥ 집유설비-체유·체수·토사 등의 퇴적의 유무
　　⑦ 계단-변형·손상의 유무

상세해설

옥외탱크저장소 일반점검표

점검항목		점검내용	점검방법
방유제등	방유제	변형·균열·손상의 유무	육안
	배수관	배수관의 손상의 유무	육안
		배수관의 개폐상황의 적부	육안
	배수구	배수구의 균열·손상의 유무	육안
		배수구내의 체유·체수·토사 등의 퇴적의 유무	육안
	집유설비	체유·체수·토사 등의 퇴적의 유무	육안
	계단	변형·손상의 유무	육안

---

12 1기압 35℃에서 체적이 1,000m³인 방호공간에 이산화탄소약제를 방사하여 방호구역내 산소농도를 15vol%로 하려면 소요되는 이산화탄소의 양은 몇 kg인지 계산하시오. (단, 방호공간의 산소농도는 21vol%이고, 압력과 온도는 일정하다고 간주한다)

해답   ✔ 계산과정

① 방출가스량 계산

$$G_V = \frac{21-15}{15} \times 1{,}000 = 400\text{m}^3$$

② 방출가스량을 무게로 환산

$$PV = \frac{W}{M}RT \quad W = \frac{PVM}{RT}$$

$$W = \frac{PVM}{RT} = \frac{1 \times 400 \times 44}{0.082 \times (273+35)} = 696.86\text{kg}$$

✔ 답 696.86kg

상세해설

이산화탄소의 농도

$$\text{CO}_2(\%) = \frac{21 - \text{O}_2(\%)}{21} \times 100$$

$$\text{CO}_2(\%) = \frac{G_V}{V + G_V} \times 100$$

방출가스량 산출공식

$$G_V = \frac{21 - \text{O}_2(\%)}{\text{O}_2(\%)} \times V$$

여기서, G_V : 방출가스량(m^3), V : 방호구역체적(m^3)

이상기체상태방정식

$$PV = \frac{W}{M}RT = nRT$$

여기서, P : 압력(atm), V : 부피(m^3), W : 무게(kg), M : 분자량, n : mol수 $= \frac{W}{M}$
R : 기체상수(0.082atm·m^3/kmol·K), T : 절대온도(273+t℃)K

---

13 탄화칼슘 10kg이 물과 반응할 때 생성되는 아세틸렌의 부피(m^3)는 70kPa, 30℃에서 얼마가 되겠는가? (단, 1기압은 101.3kPa이다.)

해답   ✔ 계산과정

① 물과의 반응식(반응물질 1몰 기준)
   $\text{CaC}_2 + 2\text{H}_2\text{O} \rightarrow \text{Ca(OH)}_2 + \text{C}_2\text{H}_2$(아세틸렌)

② CaC_2의 분자량 $= 40 + 12 \times 2 = 64$

③ 압력단위환산(kPa → atm)

$$70\text{kPa} \times \frac{1\text{atm}}{101.3\text{kPa}} = 0.6910\text{atm}$$

④ 이상기체상태방정식을 적용하면
$$V = \frac{WRT}{PM} \times 생성기체\text{mol}수 = \frac{10 \times 0.082 \times (273+30)}{0.6910 \times 64} \times 1 = 5.62\text{m}^3$$

✔답 5.62m^3

상세해설

★ **원자량 암기방법**
  원자번호가 짝수인 경우 : 원자번호×2   [예] Ca = 20(원자번호)×2 = 40
  원자번호가 홀수인 경우 : 원자번호×2+1   [예] Na = 11(원자번호)×2+1 = 23

탄화칼슘(CaC_2) : 제3류 위험물 중 칼슘탄화물

화학식	분자량	융점	비중
CaC_2	64	2370℃	2.21

① 물과 접촉 시 아세틸렌을 생성하고 열을 발생시킨다.

$$CaC_2 + 2H_2O \rightarrow Ca(OH)_2(수산화칼슘) + C_2H_2 \uparrow (아세틸렌)$$

② 아세틸렌의 폭발범위는 2.5~81%로 대단히 넓어서 폭발위험성이 크다.
③ 장기 보관 시 불활성기체(N_2 등)를 봉입하여 저장한다.
④ 별명은 카바이드, 탄화석회, 칼슘카바이드 등이다.
⑤ 고온(700℃)에서 질화되어 석회질소($CaCN_2$)가 생성된다.

$$CaC_2 + N_2 \rightarrow CaCN_2(석회질소) + C(탄소)$$

⑥ 물 및 포약제에 의한 소화는 절대 금하고 마른모래 등으로 피복 소화한다.

---

14 제5류 위험물인 아세틸퍼옥사이드에 대한 구조식 및 인화점을 쓰시오.

해답

✔답 ① 구조식 :

$$\begin{array}{c} \quad\quad\;\; O \quad\quad\;\; O \\ \quad\quad\;\; \| \quad\quad\;\; \| \\ CH_3-C-O-O-C-CH_3 \end{array}$$

② 인화점 : 45℃

상세해설

아세틸퍼옥사이드(Acetyl peroxide) – 제5류 위험물 – 유기과산화물

$$\begin{array}{c} \quad\quad\;\; O \quad\quad\;\; O \\ \quad\quad\;\; \| \quad\quad\;\; \| \\ CH_3-C-O-O-C-CH_3 \end{array}$$

화학식	분자량	융점	인화점	발화점
$(CH_3CO)_2O_2$	118	30℃	45℃	121℃

① 무색의 액체이다.
② 충격, 마찰에 의하여 분해되며, 가열시 폭발한다.
③ 희석제로 DMF(Di Methyl Formamide)를 사용하며 저온에 저장한다.
④ 다량의 물로 주수소화한다.

15 프로판 50%, 부탄 15%, 에탄 4%, 나머지는 메탄으로 구성된 혼합기체가 있다. 다음 표를 보고 혼합기체의 폭발 하한계값을 계산하시오.

물질	폭발하한(%)	폭발상한(%)	구성비%
프로판	2.0	9.5	50
부탄	1.8	8.4	15
에탄	3.0	12.0	4
메탄	5.0	15.0	31

해답 ✔ 계산과정

메탄의 농도 = 100 − (50+15+4) = 31%

$$\frac{100}{L_m} = \frac{50}{2} + \frac{15}{1.8} + \frac{4}{3} + \frac{31}{5} = 40.87, \quad L_m = \frac{100}{40.87} = 2.45\%$$

✔ 답 2.45%

상세해설 혼합가스의 폭발한계★★

$$\frac{V_m}{L_m} = \frac{V_1}{L_1} + \frac{V_2}{L_2} + \frac{V_3}{L_3} + \cdots\cdots + \frac{V_n}{L_n}$$

여기서, V_m : 혼합가스의 부피농도(%), L_m : 혼합가스의 폭발 하한값 또는 폭발 상한값
L : 단일가스의 폭발 하한값 또는 폭발 상한값, V : 단일가스의 부피농도(%)

16 다음 옥탄가에 대한 각 물음에 답하시오.
① 옥탄가의 정의를 쓰시오.
② 옥탄가를 구하는 공식을 쓰시오.
③ 옥탄가와 연소효율의 관계를 쓰시오.

해답 ✔ 답 ① 옥탄가의 정의
아이소옥탄(iso-Octane)의 옥탄가를 100, 노르말헵탄(n-Heptane)의 옥탄가를 0으로 하여 휘발유의 품질을 나타내는 수치
② 옥탄가 공식

$$옥탄가 = \frac{\text{아이소옥탄(ISO-octane)}}{\text{아이소옥탄(ISO-octane)} + \text{헵탄(Heptane)}} \times 100$$

③ 옥탄가와 연소효율의 관계
옥탄가가 높을수록 노킹을 억제되어 연소효율은 증가(비례관계).

17 에탄올과 아세트산을 각 1mol씩 혼합하여 일정 온도에서 반응시켰더니 에틸아세테이트 $\frac{1}{3}$mol이 생기고 화학 평형에 도달하였다. 이때의 반응식을 쓰고 평형상수를 구하시오.

해답 ✔ 계산과정

에탄올과 아세트산(초산)의 반응식

$$C_2H_5OH + CH_3COOH \rightarrow CH_3COOC_2H_5 + H_2O$$

- 초기상태(반응전) : 1mol   1mol   0mol   0mol
- 평형상태(반응후) : $1-\frac{1}{3}$mol $1-\frac{1}{3}$mol $\frac{1}{3}$mol $\frac{1}{3}$mol

$$\therefore \text{평형상수 } K = \frac{[CH_3COOC_2H_5][H_2O]}{[C_2H_5OH][CH_3COOH]} = \frac{\frac{1}{3} \times \frac{1}{3}}{\frac{2}{3} \times \frac{2}{3}} = 0.25$$

✔ 답 ① 반응식 $C_2H_5OH + CH_3COOH \rightarrow CH_3COOC_2H_5 + H_2O$
    ② 평형상수 : 0.25

---

18 다음 표를 참조하여 위험물과 물이 접촉할 때 반응식과 발생하는 기체 1가지를 쓰시오. (단, 발생하는 기체 및 반응식이 없으면 없음이라고 쓰시오)

물질명	반응식	발생기체
칼륨		
탄화칼슘		
탄화알루미늄		
과산화바륨		
황린		

해답 ✔ 답

물질명	반응식	발생기체
칼륨	$2K + 2H_2O \rightarrow 2KOH + H_2$	수소
탄화칼슘	$CaC_2 + 2H_2O \rightarrow Ca(OH)_2 + C_2H_2$	아세틸렌
탄화알루미늄	$Al_4C_3 + 12H_2O \rightarrow 4Al(OH)_3 + 3CH_4$	메탄
과산화바륨	$2BaO_2 + 2H_2O \rightarrow 2Ba(OH)_2 + O_2$	산소
황린	없음	없음

19 1atm, 20℃에서 나트륨과 물이 반응하여 발생된 기체의 부피를 측정한 결과 10L이다. 동일한 질량의 칼륨을 2atm, 100℃에서 물과 반응시키면 몇 L의 기체가 발생하는지 계산하시오.

해답 ✔ 계산과정

① 나트륨과 물의 반응식

$2Na + 2H_2O \rightarrow 2NaOH + H_2$

$Na + H_2O \rightarrow NaOH + 0.5H_2$ (반응물질 1몰 기준)

② 발생하는 수소기체의 부피계산(1atm, 20℃에서)공식에서 나트륨의 무게를 구한다.

- 나트륨(Na)의 원자량 = 원자번호(11)×2+1 = 23

$V = \dfrac{WRT}{PM} \times mol(발생기체)$, $10 = \dfrac{W \times 0.082 \times (273+20)}{1 \times 23} \times 0.5$,

$W = \dfrac{10 \times 1 \times 23}{0.082 \times (273+20) \times 0.5} = 19.15g$

③ 칼륨과 물의 반응식

$2K + 2H_2O \rightarrow 2KOH + H_2$

$K + H_2O \rightarrow KOH + 0.5H_2$ (반응물질 1몰 기준)

④ 발생하는 수소기체의 부피계산(2atm, 100℃에서)

- 칼륨(K)의 원자량 = 원자번호(19)×2+1 = 39

$V = \dfrac{WRT}{PM} \times mol(발생하는기체)$

$V = \dfrac{19.15 \times 0.082 \times (273+100)}{2 \times 39} \times 0.5 = 3.75L$

✔ 답 3.75L

20 수소화나트륨이 물과 반응하는 경우의 화학반응식을 쓰고 이때 발생된 가스의 위험도를 구하시오.

해답 ✔ 답 ① 화학반응식 : $NaH + H_2O \rightarrow NaOH + H_2$

② 위험도 : $H = \dfrac{75-4}{4} = 17.75$

상세해설

수소화나트륨(NaH)-제3류-금수성물질

화학식	분자량	융점	분해온도
NaH	24	800℃	425℃

① 습기가 많은 공기 중 분해한다.

② 물과 격렬히 반응하여 수소(H_2)를 발생한다.

$$NaH + H_2O \rightarrow NaOH + H_2 \uparrow \quad ★수소(H_2)의 연소범위 : 4~75\%$$

③ 물 및 포약제의 소화는 절대 금하고 마른모래 등으로 피복소화한다.

위험도 계산공식

$$H = \frac{U(연소상한) - L(연소하한)}{L(연소하한)}$$

위험물기능장 제43회 실기시험

2008년도 기능장 제43회 실기시험 **(2008년 05월 17일 시행)**

자격종목	시험시간	문제수	형별
위험물기능장	2시간	20	A

수험번호	성 명

01 제4류 위험물인 휘발유에 대한 각 물음에 답하시오.
① 연소범위 ② 위험도
③ 옥탄가의 정의 ④ 옥탄가를 구하는 공식

해답

✔ 답 ① 연소범위 : 1.4 ~ 7.6%

② 위험도 : $H = \dfrac{7.6 - 1.2}{1.2} = 5.33$

③ 옥탄가의 정의 : 아이소옥탄(iso-Octane)의 옥탄가를 100, 노르말헵탄(n-Heptane)의 옥탄가를 0으로 하여 휘발유의 품질을 나타내는 수치

④ 옥탄가 $= \dfrac{\text{아이소옥탄(ISO-octane)}}{\text{아이소옥탄(ISO-octane)} + \text{헵탄(Heptane)}} \times 100$

상세해설

휘발유(가솔린)-제4류-제1석유류

화학식	증기비중	인화점	착화점	연소범위
$C_5H_{12} \sim C_9H_{20}$	3~4	-43 ~ -20℃	300℃	1.2 ~ 7.6%

① $C_5 \sim C_9$까지의 포화, 불포화 탄화수소의 혼합물
② 전기의 부도체이며 정전기발생에 주의하여야 한다.
③ 연소성 향상을 위하여 4-에틸납($(C_2H_5)_4Pb$)를 첨가하여 오렌지색 또는 청색으로 착색되어 있다.(옥탄가 향상 때문)
④ 자동차에 사용하는 휘발유에는 배기가스 유해성 때문에 4-에틸납을 첨가하지 않는다.(무연휘발유 사용)

위험도 계산공식

$$H = \dfrac{U(\text{연소상한}) - L(\text{연소하한})}{L(\text{연소하한})}$$

옥탄가

① 옥탄가의 정의 : 아이소옥탄(iso-Octane)의 옥탄가를 100, 노르말헵탄(n-Heptane)의 옥탄가를 0으로 하여 휘발유의 품질을 나타내는 수치

② 옥탄가 공식 : 옥탄가 $= \dfrac{\text{아이소옥탄(ISO-octane)}}{\text{아이소옥탄(ISO-octane)} + \text{헵탄(Heptane)}} \times 100$

③ 옥탄가와 연소효율의 관계 : 옥탄가가 높을수록 노킹을 억제되어 연소효율은 증가(비례관계)

02 제5류 위험물인 나이트로글리콜에 대한 다음 각 물음에 답하시오.
① 구조식
② 공업용 제품의 액체색상
③ 액체의 비중
④ 1분자 내 질소의 중량(wt%)
⑤ 액체상태의 최고폭속(m/s)

해답 ✔답 ① CH_2-ONO_2　② 담황색　③ 1.5　④ 18.42wt%　⑤ 7,800m/s
　　　　　$|$
　　　　CH_2-ONO_2

상세해설

나이트로글리콜(nitroglycol)($C_2H_4(ONO_2)_2$)-제5류-질산에스터류

화학식	구조식	분자량	비중	융점	폭발열	생성열
$C_2H_4(ONO_2)_2$	CH_2-ONO_2 $|$ CH_2-ONO_2	152	1.49	-22.8℃	1,655kcal/kg	54.9kcal/mol

① 순수한 것은 무색이나 공업용은 담황색 또는 분홍색의 액체이다.
② 물에는 잘 녹지 않으나 **아세톤·에터·메탄올 등의 유기용매에는 녹는다.**
③ 정식명칭은 이질산에틸렌글리콜(Ethylene glycol dinitrate : EGDN)이다
④ 1분자 내 질소의 중량

$$질소의 중량(wt\%) = \frac{질소의 분자량}{나이트로글리콜의 분자량} \times 100 = \frac{28}{152} \times 100 = 18.42wt\%$$

⑤ 액체상태의 최고폭속 : 7,800m/s

나이트로글리콜의 폭발반응식
$$C_2H_4(ONO_2)_2 \rightarrow 2CO_2 + 2H_2O + N_2$$

⑥ 나이트로글리세린과 혼합하여 다이너마이트용으로 쓰인다.

---

03 다음은 철분 및 금속분에 대한 정의이다. ( )안에 알맞은 답을 쓰시오.
- 철분이란 철의 분말로서 (①)µm의 표준체를 통과하는 것이 (②)중량% 미만인 것은 제외한다.
- 금속분이란 알칼리금속·알칼리토금속·철 및 마그네슘 외의 금속의 분말을 말하고, 구리분·(③) 및 (④)µm의 체를 통과하는 것이 (⑤)중량% 미만인 것은 제외한다.

해답 ✔답 ① 53　② 50　③ 니켈분　④ 150　⑤ 50

상세해설

위험물의 판단기준
① 황
　순도가 60중량% 이상인 것을 말한다. 이 경우 순도측정에 있어서 불순물은 활석 등 불연성물질과 수분에 한한다.

② 철분
철의 분말로서 53μm의 표준체를 통과하는 것이 50중량% 미만인 것은 제외
③ 금속분
알칼리금속·알칼리토금속·철 및 마그네슘 외의 금속의 분말을 말하고, **구리분·니켈분** 및 150μm의 체를 통과하는 것이 50중량% 미만인 것은 **제외**
④ 마그네슘은 다음 각목의 1에 해당하는 것은 제외한다.
　㉠ 2mm의 체를 통과하지 아니하는 덩어리 상태의 것
　㉡ 직경 2mm 이상의 막대 모양의 것
⑤ 인화성고체
고형알코올 그 밖에 1기압에서 인화점이 40℃ 미만인 고체
⑥ 위험물의 판단기준

종 류	과산화수소	질산
기준	농도 36중량% 이상	비중 1.49 이상

04 나이트로글리세린 500g이 부피 320mL인 용기 내부에서 분해폭발 후 압력(atm)은 얼마인가? (단, 폭발온도는 1000℃이며 이상기체로 간주한다)

해답 ✔계산과정　나이트로글리세린의 열분해 반응식

$$4C_3H_5(ONO_2)_3 \rightarrow 12CO_2 + 6N_2 + O_2 + 10H_2O$$

$4 \times 227g \quad\rightarrow 29mol(12+6+1+10)$

$500g \quad\rightarrow X$

$X = \dfrac{500 \times 29mol}{4 \times 227} = 15.97mol$

$P = \dfrac{nRT}{V} = \dfrac{15.97mol \times 0.082(atm \cdot L/mol \cdot K) \times (273+1000)K}{0.32L}$

$= 5209.51atm$

✔답　5209.51atm

상세해설　나이트로글리세린(Nitro Glycerine)[$C_3H_5(ONO_2)_3$]-제5류 위험물 중 질산에스터류

화학식	분자량	비중	융점	비점	착화점
$C_3H_5(ONO_2)_3$	227	1.6	13℃	160℃	210℃

① 상온에서는 액체이지만 겨울철에는 동결한다.
② 글리세린에 진한 질산과 진한 황산을 가하면 나이트로화하여 나이트로글리세린으로 된다.

글리세린의 나이트로화반응

C₃H₅(OH)₃ + 3HONO₂ $\xrightarrow{H_2SO_4}$ C₃H₅(ONO₂)₃ + 3H₂O
(글리세린)   (질산)   (나이트로글리세린)   (물)

③ 비수용성이며 메탄올, 아세톤 등에 녹는다.
④ 가열, 마찰, 충격에 예민하여 대단히 위험하다.

나이트로글리세린의 열분해 반응식

4C₃H₅(ONO₂)₃ → 12CO₂↑ + 6N₂↑ + O₂↑ + 10H₂O

⑤ 다이너마이트(규조토+나이트로글리세린), 무연화약 제조에 이용된다.

이상기체상태방정식

$$PV = \frac{W}{M}RT = nRT$$

여기서, P : 압력(atm), V : 부피(L), W : 무게(g), M : 분자량, n : mol수
R : 기체상수(0.082atm·L/mol·K), T : 절대온도(273+t℃)K

---

05 다음은 포소화약제에 대한 혼합방식이다. 혼합방식을 간단히 설명하시오.
① 프레저프로포셔너방식   ② 라인프로포셔너 방식

해답
✔답 ① 프레져 프로포셔너 방식
　　　펌프와 발포기의 중간에 설치된 벤추리관의 벤추리작용과 펌프 가압수의 포소화약제 저장탱크에 대한 압력에 의하여 포소화약제를 흡입·혼합하는 방식
② 라인 프로포셔너 방식
　　펌프와 발포기의 중간에 설치된 벤추리관의 벤추리 작용에 의하여 포소화약제를 흡입·혼합하는 방식

상세해설

포소화약제의 혼합장치
① 펌프 프로포셔너 방식
　펌프의 토출관과 흡입관 사이의 배관도중에 설치한 흡입기에 펌프에서 토출된 물의 일부를 보내고, 농도 조정밸브에서 조정된 포 소화약제의 필요량을 포 소화약제 탱크에서 펌프 흡입측으로 보내어 이를 혼합하는 방식

② 프레져 프로포셔너 방식
　펌프와 발포기의 중간에 설치된 벤추리관의 벤추리작용과 펌프 가압수의 포 소화약제 저장탱크에 대한 압력에 의하여 포소화약제를 흡입·혼합하는 방식

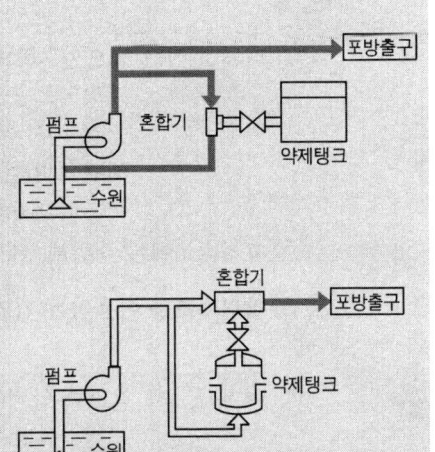

③ 라인 프로포셔너 방식
펌프와 발포기의 중간에 설치된 벤추리관의 벤추리 작용에 의하여 포소화약제를 흡입·혼합하는 방식

④ 프레져사이드 프로포셔너 방식
펌프의 토출관에 압입기를 설치하여 포 소화약제 압입용 펌프로 포소화약제를 압입시켜 혼합하는 방식

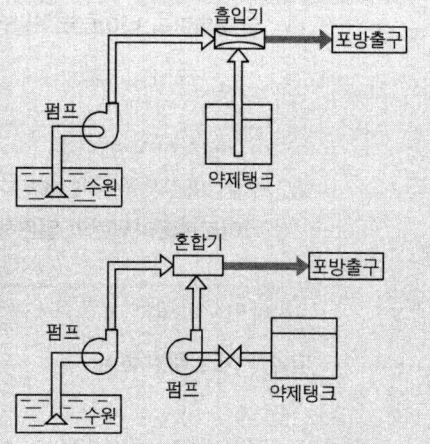

06
포소화설비에서 펌프를 이용하는 가압수송장치의 전양정을 구하는 식은 $H = h_1 + h_2 + h_3 + h_4$이다. 여기서 h_1, h_2, h_3, h_4는 무엇을 뜻하는지 쓰시오.

해답

✔ 답 h_1 : 고정식포방출구의 설계압력환산수두 또는 이동식포소화설비 노즐 끝부분의 방사압력 환산수두(단위 m)
h_2 : 배관의 마찰손실수두(단위 m)
h_3 : 낙차(단위 m)
h_4 : 이동식포소화설비의 소방용호스의 마찰손실수두(단위 m)

상세해설

위험물안전관리에 관한 세부기준 제133조(포소화설비의 기준)
① 가압수조를 이용하는 가압송수장치

$$H = h_1 + h_2 + h_3$$

여기서, H : 필요한 낙차(단위 m)
h_1 : 고정식포방출구의 설계압력 환산수두 또는 이동식포소화설비 노즐방사압력 환산수두(단위 m)
h_2 : 배관의 마찰손실수두(단위 m)
h_3 : 이동식포소화설비의 소방용 호스의 마찰손실수두(단위 m)
고가수조에는 수위계, 배수관, 오버플로우용 배수관, 보급수관 및 맨홀을 설치할 것

② 압력수조를 이용하는 가압송수장치

$$P = p_1 + p_2 + p_3 + p_4$$

여기서, P : 필요한 압력(단위 MPa)
p_1 : 고정식포방출구의 설계압력 또는 이동식포소화설비 노즐방사압력(단

위 MPa)
p_2 : 배관의 마찰손실수두압(단위 MPa)
p_3 : 낙차의 환산수두압(단위 MPa)
p_4 : 이동식포소화설비의 소방용 호스의 마찰손실수두압(단위 MPa)

압력수조에는 압력계, 수위계, 배수관, 보급수관, 통기관 및 맨홀을 설치할 것

③ **펌프를 이용하는 가압송수장치**

$$H = h_1 + h_2 + h_3 + h_4$$

여기서, H : 펌프의 전양정(단위 m)
h_1 : 고정식포방출구의 설계압력환산수두 또는 이동식포소화설비 노즐 끝부분의 방사압력 환산수두(단위 m)
h_2 : 배관의 마찰손실수두(단위 m)
h_3 : 낙차(단위 m)
h_4 : 이동식포소화설비의 소방용호스의 마찰손실수두(단위 m)

07 옥내, 옥외 소화전설비의 가압송수장치 중 펌프의 점검내용 및 점검방법을 5가지만 쓰시오.

해답

✔**답**
① 누수 · 부식 · 변형 · 손상의 유무 – 육안
② 회전부 등의 급유상태의 적부 – 육안
③ 기능의 적부 – 작동확인
④ 고정상태의 적부 – 육안확인
⑤ 이상소음 · 진동 · 발열의 유무 – 작동확인
⑥ 압력의 적부 – 육안확인
⑦ 계기판의 적부 – 육안확인

상세해설

옥내, 옥외소화전설비 일반점검표

점검항목		점검내용	점검방법
가압송수장치	펌프	누수 · 부식 · 변형 · 손상의 유무	육안
		회전부 등의 급유상태의 적부	육안
		기능의 적부	작동확인
		고정상태의 적부	육안
		이상소음 · 진동 · 발열의 유무	작동확인
		압력의 적부	육안
		계기판의 적부	육안

08 위험물탱크안전성능검사에서 침투탐상시험의 판정기준을 3가지만 쓰시오.

답
① 균열이 확인된 경우에는 불합격으로 할 것
② 선상 및 원형상의 결함크기가 4mm를 초과할 경우에는 불합격으로 할 것
③ 2 이상의 결함지시모양이 동일 선상에 연속해서 존재하고 그 상호간의 간격이 2mm 이하인 경우에는 상호간의 간격을 포함하여 연속된 하나의 결함지시모양으로 간주할 것. 다만, 결함지시모양 중 짧은 쪽의 길이가 2mm 이하이면서 결함지시모양 상호간의 간격 이하인 경우에는 독립된 결함지시모양으로 한다.
④ 결함지시모양이 존재하는 임의의 개소에 있어서 2,500mm^{2}의 사각형(한 변의 최대길이는 150mm로 한다) 내에 길이 1mm를 초과하는 결함지시모양의 길이의 합계가 8mm를 초과하는 경우에는 불합격으로 할 것

09 다음 [보기]에서 설명하는 위험물에 대한 각 물음에 답하시오.

[보기]
- 제1류 위험물이다.
- 분자량 158, 비중 2.78이다.
- 흑자색의 주상결정으로 산화력과 살균력이 강하다.
- 물에 녹으면 진한 보라색을 나타내는 물질이다.

① 명칭
② 지정수량
③ 240℃에서 열분해 반응식
④ 묽은 황산과 반응식
⑤ 염산과 반응식

답
① 명칭 : 과망가니즈산칼륨
② 지정수량 : 1,000kg
③ 240℃에서 열분해 반응식 : $2KMnO_4 \rightarrow K_2MnO_4 + MnO_2 + O_2$
④ 묽은 황산과 반응식 :
  $4KMnO_4 + 6H_2SO_4 \rightarrow 2K_2SO_4 + 4MnSO_4 + 6H_2O + 5O_2$
⑤ 염산과 반응식 : $2KMnO_4 + 16HCl \rightarrow 2KCl + 2MnCl_2 + 8H_2O + 5Cl_2$

상세해설

과망가니즈산칼륨($KMnO_4$) : 제1류 위험물 중 과망가니즈산염류

화학식	분자량	비중	분해온도
$KMnO_4$	158	2.7	200~240℃

① 흑자색의 사방정계결정으로 물에 녹아 진한보라색을 띠고 강한 산화력과 살균력이 있다.
② 염산과 반응 시 염소(Cl_2)를 발생시킨다.

③ 240℃에서 산소를 방출한다.
$$2KMnO_4 \rightarrow K_2MnO_4 + MnO_2 + O_2\uparrow$$
(망가니즈산칼륨) (이산화망가니즈) (산소)

④ 황산과 반응하여 황산칼륨, 황산망가니즈, 물, 산소를 생성한다.
$$4KMnO_4 + 6H_2SO_4 \rightarrow 2K_2SO_4 + 4MnSO_4 + 6H_2O + 5O_2$$
(과망가니즈산칼륨) (황산) (황산칼륨) (황산망가니즈) (물) (산소)

10 다이에틸에터에 대하여 다음 각 물음에 답하시오.
① 구조식
② 지정수량
③ 인화점
④ 비점
⑤ 공기 중 장시간 노출시 생성물질
⑥ 2,550L일 때 옥내저장소에 보유공지(단, 내화구조이다)

해답 ✔답 ① 구조식 :

$$H-\underset{\underset{H}{|}}{\overset{\overset{H}{|}}{C}}-\underset{\underset{H}{|}}{\overset{\overset{H}{|}}{C}}-O-\underset{\underset{H}{|}}{\overset{\overset{H}{|}}{C}}-\underset{\underset{H}{|}}{\overset{\overset{H}{|}}{C}}-H$$

② 지정수량 : 50L
③ 인화점 : -40℃
④ 비점 : 34℃
⑤ 과산화물
⑥ 지정수량의 배수 = $\dfrac{2,550L}{50L}$ = 51.0배 ∴ 5m 이상

상세해설 다이에틸에터($C_2H_5OC_2H_5$) - 제4류 특수인화물

$$H-\underset{\underset{H}{|}}{\overset{\overset{H}{|}}{C}}-\underset{\underset{H}{|}}{\overset{\overset{H}{|}}{C}}-O-\underset{\underset{H}{|}}{\overset{\overset{H}{|}}{C}}-\underset{\underset{H}{|}}{\overset{\overset{H}{|}}{C}}-H$$

화학식	분자량	비중	비점	인화점	착화점	연소범위
$C_2H_5OC_2H_5$	74.12	0.72	34℃	-40℃	180℃	1.7~48%

① 직사광선에 장시간 노출 시 과산화물 생성

과산화물 생성 확인방법
다이에틸에터 + KI용액(10%) → 황색변화(1분 이내)

② 용기는 갈색 병을 사용하며 냉암소에 보관.
③ 정전기 방지를 위하여 약간의 $CaCl_2$를 넣어준다.
④ 폭발성의 과산화물 생성방지를 위해 용기 내에 40mesh 구리 망을 넣어준다.

다이에틸에터 제조방법
$C_2H_5OH + C_2H_5OH \xrightarrow{C-H_2SO_4} C_2H_5OC_2H_5 + H_2O$

⑤ 과산화물 제거시약 : 황산제일철($FeSO_4$) 또는 환원철

옥내저장소의 보유공지★★

저장 또는 취급하는 위험물의 최대수량	공지의 너비	
	벽·기둥 및 바닥이 내화구조로 된 건축물	그 밖의 건축물
지정수량의 5배 이하		0.5m 이상
지정수량의 5배 초과 10배 이하	1m 이상	1.5m 이상
지정수량의 10배 초과 20배 이하	2m 이상	3m 이상
지정수량의 20배 초과 50배 이하	3m 이상	5m 이상
지정수량의 50배 초과 200배 이하	5m 이상	10m 이상
지정수량의 200배 초과	10m 이상	15m 이상

11 제3류 위험물인 인화칼슘이 물과 반응시 반응식과 발생하는 기체와 기체의 위험성을 쓰시오.

[해답]

✔ 답 ① 반응식 $Ca_3P_2 + 6H_2O \rightarrow 3Ca(OH)_2 + 2PH_3$
② 발생가스 : 인화수소(포스핀)
③ 위험성 : 맹독성, 가연성

[상세해설]

인화칼슘(Ca_3P_2)[별명 : 인화석회] : 제3류-금수성 물질

화학식	분자량	융점	비중
Ca_3P_2	182	1,600℃	2.5

① 적갈색의 괴상고체
② 물 및 약산과 격렬히 반응, 분해하여 유독한 가연성기체인 인화수소(PH_3)을 생성한다.
  • $Ca_3P_2 + 6H_2O \rightarrow 3Ca(OH)_2$(수산화칼슘) $+ 2PH_3$(포스핀=인화수소)
  • $Ca_3P_2 + 6HCl \rightarrow 3CaCl_2$(염화칼슘) $+ 2PH_3$(포스핀=인화수소)
③ 포스핀은 맹독성가스이므로 취급시 방독마스크를 착용한다.
④ 물 및 포약제의 의한 소화는 절대 금하고 마른모래 등으로 피복하여 자연 진화되도록 기다린다.

12 위험물제조소등에 보기와 같이 제4류 위험물을 저장하고 있는 경우 지정수량의 배수의 합은 얼마인가?

- 초산에틸 : 200L
- 사이클로헥산 : 500L
- 클로로벤젠 : 2,000L
- 에탄올아민 : 2,000L

해답 ✔ 계산과정

① 지정수량의 배수 = $\dfrac{\text{저장수량}}{\text{지정수량}}$

② 지정수량의 배수 = $\dfrac{200}{200} + \dfrac{500}{200} + \dfrac{2,000}{1,000} + \dfrac{2,000}{4,000} = 6$ 배

✔ 답 6배

상세해설

제4류 위험물의 지정수량

성질	품 명		지정수량(L)	위험등급
인화성 액체	특수인화물		50	I
	제1석유류	비수용성	200	II
		수용성	400	
	알코올류		400	
	제2석유류	비수용성	1,000	III
		수용성	2,000	
	제3석유류	비수용성	2,000	
		수용성	4,000	
	제4석유류		6,000	
	동식물류		10,000	

- 초산에틸($CH_3COOC_2H_5$) - 제4류 - 제1석유류 - 비수용성 - 200L
- 사이클로헥산(C_6H_{12}) - 제1석유류 - 비수용성 - 200L
- 클로로벤젠(C_6H_5Cl) - 제2석유류 - 비수용성 - 1,000L
- 에탄올아민($NH_2CH_2CH_2OH$) - 제3석유류 - 수용성 - 4,000L

13 다음 조건을 보고 위험물제조소의 방화상 유효한 담의 높이를 구하시오.

[조건] ① 제조소의 외벽의 높이 2m
② 제조소와 인근 건축물과의 거리 5m
③ 제조소 등과 방화상 유효한 담과의 거리 2.5m
④ 인근 건축물의 높이 6m
⑤ 상수 0.15

해답

✓ **계산과정**

$H > pD^2 + a$인 경우, $6 > 6.75 \times 5^2 + 2$, $6 > 5.75$

$h = H - p(D^2 - d^2) = 6m - 0.15 \times (5^2 - 2.5^2) = 3.19m$

※ 산출된 수치가 2 미만일 때에는 담의 높이를 2m로, 4 이상일 때에는 담의 높이를 4m로 하여야 한다.

✓ **답** 3.19m

상세해설

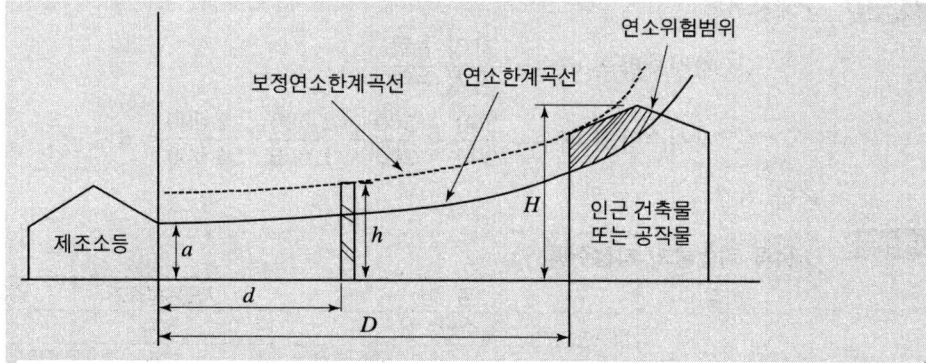

① $H \leq pD^2 + a$ 인 경우 $h = 2$
② $H > pD^2 + a$ 인 경우 $h = H - p(D^2 - d^2)$

여기서, D : 제조소등과 인근 건축물 또는 공작물과의 거리(m)
 H : **인근 건축물 또는 공작물의 높이(m)**
 a : 제조소등의 외벽의 높이(m)
 d : 제조소등과 방화상 유효한 담과의 거리(m)
 h : 방화상 유효한 담의 높이(m)
 p : 상수

※ 산출된 수치가 2 미만일 때에는 담의 높이를 2m로, 4 이상일 때에는 담의 높이를 4m로 하여야 한다.

인근 건축물 또는 공작물의 구분	p의 값
• 학교·주택·국가유산 등의 건축물 또는 공작물이 **목조인 경우** • 학교·주택·국가유산 등의 건축물 또는 공작물이 방화구조 또는 내화구조이고, 제조소 등에 면한 부분의 개구부에 60분+방화문·60분방화문 또는 30분방화문이 설치되지 아니한 경우	0.04
• 학교·주택·국가유산 등의 건축물 또는 공작물이 **방화구조인 경우** • 학교·주택·국가유산 등의 건축물 또는 공작물이 방화구조 또는 내화구조이고, 제조소 등에 면한 부분의 개구부에 30분방화문이 설치된 경우	0.15
• 학교·주택·국가유산 등의 건축물 또는 공작물이 내화구조이고, 제조소 등에 면한 개구부에 60분+방화문 또는 60분방화문이 설치된 경우	∞

14 연소에 있어서 리프팅의 정의와 발생원인에 대하여 간단히 쓰시오.

해답 ✓답 ① 정의 : 기체 혼합기의 연소에 있어서 버너 입구로부터 떨어진 곳에서 타고 있는 현상
② 발생원인 : 버너의 연소에서 가스의 분출속도가 연소속도보다 빠를 때

15 유류탱크에서 발생하는 현상 중 슬롭오버와 보일오버에 대하여 간단히 쓰시오.

해답 ✓답 ① 슬롭오버
물이 연소유의 뜨거운 표면에 들어갈 때 기름 표면에서 물이 비등하여 분출(Over Flow)하는 현상
② 보일오버
중질유탱크 화재시 탱크 바닥의 물이 비등하여 유류가 연소하면서 분출(Over Flow)하는 현상

상세해설

유류탱크 및 액화가스 저장탱크에서 발생하는 현상
① 보일오버(Boil Over)
중질유탱크 화재시 탱크 바닥의 물이 비등하여 유류가 연소하면서 분출(Over Flow)하는 현상
② 슬롭오버(Slop Over)
물이 연소유의 뜨거운 표면에 들어갈 때 기름 표면에서 물이 비등하여 분출(Over Flow)하는 현상
③ 프로스오버(Froth Over)
물이 뜨거운 기름 표면 아래서 끓을 때 화재를 수반하지 않고 분출(Over Flow)하는 현상
④ 블레비(BLEVE, Boilling Loilling Liquid Expanding Vapour Explosion)
액화가스 저장탱크의 가열시 탱크균열로 누설된 액화가스가 착화원과 접촉하여 폭발하는 현상

16 주유취급소에 위험물을 저장 또는 취급하는 다음 탱크의 최대용량은 몇 L 이하의 것이어야 하는가?

① 자동차 등에 주유하기 위한 고정주유설비에 직접 접속하는 전용탱크
② 고정급유설비에 직접 접속하는 전용탱크
③ 보일러 등에 직접 접속하는 전용탱크
④ 자동차 등을 점검, 정비하는 작업장 등 (주유 취급소 안에 설치된 것)에서 사용하는 폐유·윤활유 등의 위험물을 저장하는 탱크

해답 ✔답 ① 50,000L 이하   ② 50,000L 이하   ③ 10,000L 이하   ④ 2,000L 이하

상세해설

주유취급소의 탱크
① 자동차 등에 주유하기 위한 고정주유설비에 직접 접속하는 전용탱크 : 50,000L 이하
② 고정급유설비에 직접 접속하는 전용탱크 : 50,000L 이하
③ 보일러 등에 직접 접속하는 전용탱크 : 10,000L 이하
④ 폐유탱크로서 용량(2 이상 설치하는 경우에는 각 용량의 합계)이 2,000L 이하인 탱크
⑤ 고정주유설비 또는 고정급유설비에 직접 접속하는 3기 이하의 간이탱크

고속국도주유취급소의 특례
고속국도의 도로변에 설치된 주유취급소에 있어서는 탱크의 용량을 60,000L까지 할 수 있다.

17
10℃에서 $KNO_3 \cdot 10H_2O$ 12.6g을 포화시킬 때 물 20g이 필요하다면 이 온도에서 KNO_3 용해도를 구하시오.

해답 ✔계산과정

① 분자량 계산
- $KNO_3 \cdot 10H_2O$의 분자량 = $39+14+16\times3+10\times18=281$
- KNO_3의 분자량 = $39+14+16\times3=101$

② $KNO_3 \cdot 10H_2O$ 12.6g 중 무게비
- KNO_3의 무게 = $12.6g \times \dfrac{101}{281} = 4.53g$(용질의 무게)
- H_2O의 무게 = $12.6g \times \dfrac{180}{281} = 8.07g$

③ 포화용액 중 물의 무게 = $20g+8.07=28.07g$(용매의 무게)

④ 용해도 계산

$$용해도 = \dfrac{4.53}{28.07} \times 100 = 16.14$$

✔답 16.14

상세해설

$$용해도 = \dfrac{용질의\ g수}{용매의\ g수} \times 100 \quad (용해도는\ 단위가\ 없는\ 무차원이다)$$

여기서, 용매 : 녹이는 물질, 용질 : 녹는 물질, 용액 : 용매+용질

18
휘발유의 부피팽창계수가 0.00135/℃일 때 휘발유 50L가 5℃에서 25℃로 온도가 상승할 때 부피의 증가율(%)은 얼마인지 계산하시오.

해답

✔ 계산과정
① 팽창 후 부피 $V = 50 \times [1 + 0.00135 \times (25-5)] = 51.35l$
② 부피증가율(%) $= \dfrac{51.35 - 50}{50} \times 100 = 2.7\%$

✔ 답 2.7%

상세해설

① 부피의 증가율 산출공식

$$V = V_0(1 + \beta \Delta t)$$

여기서, V : 팽창 후 부피, V_0 : 팽창 전 부피, β : 체적팽창계수, Δt : 온도차

② 부피증가율(%) $= \dfrac{\text{팽창 후 부피} - \text{팽창 전 부피}}{\text{팽창 전 부피}} \times 100$

19
산화에틸렌에 물을 첨가하여 제조하는 물질로서 끓는점이 197℃인 제4류 위험물에 대한 다음 각 물음에 답하시오.
① 화학식   ② 품명   ③ 지정수량

해답

✔ 답 ① 화학식 : $C_2H_4(OH)_2$
② 품명 : 제4류 제3석유류(수용성)
③ 지정수량 : 4,000L

상세해설

에틸렌글리콜($C_2H_4(OH)_2$) 제4류-제3석유류-수용성

```
CH₂ - OH        H  H
|            HO - C - C - OH
CH₂ - OH         |  |
                 H  H
```

화학식	분자량	비중	비점	인화점	착화점	연소범위
CH₂OHCH₂OH	62	1.1	197℃	111℃	413℃	3.2% 이상

① 물과 혼합하여 부동액으로 이용된다.
② 물, 알코올, 아세톤 등에 잘 녹는다.
③ 흡습성이 있고 단맛이 있는 액체이다.
④ 독성이 있는 2가 알코올이다.
⑤ 산화에틸렌에 물을 첨가하여 제조한다.

20 다음은 전기불꽃 점화에너지에 대한 계산식이다. 계산식에 대한 기호를 설명하시오.

$$E = \frac{1}{2}CV^2 = \frac{1}{2}QV$$

① C :　　　　② Q :　　　　③ V :

해답　✔답　① C : 정전용량(F)　② Q : 전기량(C)　③ V : 방전전압(V)

상세해설　**전기불꽃 점화에너지**

$$E = \frac{1}{2}CV^2 = \frac{1}{2}QV$$

여기서, E : 에너지량(J : Joule), C : 정전용량(F : Faraday)
　　　　V : 방전전압(V : Volt), Q : 전기량(C : Coulomb)

위험물기능장 제44회 실기시험

2008년도 기능장 제44회 실기시험 (2008년 08월 23일 시행)

자격종목	시험시간	문제수	형별	수험번호	성 명
위험물기능장	2시간	20	A		

01 다음은 할로젠화합물소화약제별 저장용기의 충전비이다. 빈칸의 번호에 알맞은 답을 쓰시오.

약제의 종류		충전비
할론1301		①
할론1211		②
할론2402	가스가압식	③
	축압식	④

해답 ✔답 ① 0.9 이상 1.6 이하 ② 0.7 이상 1.4 이하
③ 0.51 이상 0.67 미만 ④ 0.67 이상 2.75 이하

상세해설

할론소화약제의 충전비

약제의 종류		충전비	
할론1301		0.9 이상	1.6 이하
할론1211		0.7 이상	1.4 이하
할론2402	가스가압식	0.51 이상	0.67 미만
	축압식	0.67 이상	2.75 이하

02 알루미늄이 다음의 각 물질과 반응할 때 반응식을 쓰시오.
① 염산과 반응 ② 수산화나트륨 수용액과 반응

해답 ✔답 ① $2Al + 6HCl \rightarrow 2AlCl_3 + 3H_2$
② $2Al + 2NaOH + 2H_2O \rightarrow 2NaAlO_2 + 3H_2$

상세해설

알루미늄분(Al) : 제2류 위험물

화학식	원자량	비중	융점	비점
Al	27	2.7	660℃	2,000℃

① 은백색의 분말이다
② 알루미늄이 연소하면 백색연기를 내면서 산화알루미늄을 생성한다.

$$4Al + 3O_2 \rightarrow 2Al_2O_3$$

③ 가열된 알루미늄은 물(수증기)와 반응하여 수소를 발생시킨다.(주수소화금지)

$$2Al + 6H_2O \rightarrow 2Al(OH)_3 + 3H_2 \uparrow$$

④ 알루미늄(Al)은 염산과 반응하여 수소를 발생한다.

$$2Al + 6HCl \rightarrow 2AlCl_3 + 3H_2 \uparrow$$

⑤ 알루미늄과 수산화나트륨 수용액은 반응하여 알루미늄산과 수소기체를 발생한다.

$$2Al + 2NaOH + 2H_2O \rightarrow 2NaAlO_2 + 3H_2 \uparrow$$

⑥ 알루미늄과 수산화나트륨은 많은 수소 기체를 발생시킨다.

$$2Al + 6NaOH \rightarrow 2Na_3AlO_3 + 3H_2 \uparrow$$

⑦ 주수소화는 엄금이며 마른모래 등으로 피복 소화한다.

---

03 제3류 위험물인 금속칼륨 50kg, 인화칼슘 6,000kg을 저장하는 경우 소화약제인 마른모래의 필요량은 몇 L인가?

해답 ✓ 계산과정

① 소요단위 계산

$$소요단위 = \frac{저장량}{지정수량 \times 10} = \frac{50kg}{10kg \times 10} + \frac{6,000kg}{300kg \times 10} = 2.5단위$$

② 마른모래의 필요량 계산

$$Q = 2.5단위 \times \frac{50L}{0.5단위} = 250L$$

✓ 답 250L

상세해설 제3류 위험물 및 지정수량

성 질	품 명	지정수량	위험등급
자연발화성 및 금수성물질	1. 칼륨	10kg	I
	2. 나트륨		
	3. 알킬알루미늄		
	4. 알킬리튬		
	5. 황린	20kg	
	6. 알칼리금속 (칼륨 및 나트륨 제외) 및 알칼리토금속	50kg	II
	7. 유기금속화합물 (알킬알루미늄 및 알킬리튬 제외)		
	8. 금속의 수소화물	300kg	III
	9. 금속의 인화물		
	10. 칼슘 또는 알루미늄의 탄화물		
	11. 염소화규소화합물		

간이소화용구의 능력단위

소화설비	용량	능력단위
소화전용(專用)물통	8L	0.3
수조(소화전용물통 3개 포함)	80L	1.5
수조(소화전용물통 6개 포함)	190L	2.5
마른 모래(삽 1개 포함)	50L	0.5
팽창질석 또는 팽창진주암(삽 1개 포함)	160L	1.0

소요단위의 계산방법

① 제조소 또는 취급소의 건축물

외벽이 내화구조인 것	외벽이 내화구조가 아닌 것
연면적 $100m^2$를 1소요단위	연면적 $50m^2$를 1소요단위

② 저장소의 건축물

외벽이 내화구조인 것	외벽이 내화구조가 아닌 것
연면적 $150m^2$: 1소요단위	연면적 $75m^2$: 1소요단위

③ 제조소등의 옥외에 설치된 공작물은 외벽이 내화구조인 것으로 간주하고 공작물의 최대수 평투영면적을 연면적으로 간주하여 ① 및 ②의 규정에 의하여 소요단위를 산정할 것
④ 위험물은 지정수량의 10배를 1소요단위로 할 것

---

04 지정수량 50kg, 분자량 78, 비중 2.8, 물과 접촉시 산소를 발생하는 물질명과 이물질이 아세트산과 반응시 화학반응식을 쓰시오.

해답

✔답 ① 물질명 : 과산화나트륨
② 아세트산과 반응식 : $Na_2O_2 + 2CH_3COOH \rightarrow 2CH_3COONa + H_2O_2$

상세해설

과산화나트륨(Na_2O_2) : 제1류 위험물 중 무기과산화물(금수성)

화학식	분자량	비중	융점	분해온도
Na_2O_2	78	2.8	460℃	460℃

① 상온에서 물과 격렬히 반응하여 산소(O_2)를 방출하고 폭발하기도 한다.

$$2Na_2O_2 + 2H_2O \rightarrow 4NaOH + O_2\uparrow$$
(과산화나트륨)　(물)　(수산화나트륨)　(산소)

② 공기 중 이산화탄소(CO_2)와 반응하여 산소(O_2)를 방출한다.

$$2Na_2O_2 + 2CO_2 \rightarrow 2Na_2CO_3 + O_2\uparrow$$

③ 산과 반응하여 과산화수소(H_2O_2)를 생성시킨다.

$$Na_2O_2 + 2CH_3COOH \rightarrow 2CH_3COONa + H_2O_2\uparrow$$

④ 열분해 시 산소(O_2)를 방출한다.

$$2Na_2O_2 \rightarrow 2Na_2O + O_2\uparrow$$

⑤ 주수소화는 금물이고 마른모래(건조사)등으로 소화한다.

05

제1류 위험물로서 무색무취, 사방정계 결정이며 분자량 138.5, 비중 2.5, 융점 610℃이다. 다음 각 물음에 답하시오.

① 화학식 ② 지정수량
③ 열분해반응식
④ 이 물질 100kg을 600℃에서 완전 열분해하면 생성되는 산소량(m^3)은 740mmHg, 25℃에서 얼마인가?

해답

✔ 답 ① 화학식 : $KClO_4$
② 지정수량 : 50kg
③ 열분해반응식 $KClO_4 \rightarrow KCl + 2O_2$
④ 생성되는 산소량 : $36.24m^3$

④ 생성되는 산소량
✔ 계산과정
- 열분해 반응식 : $KClO_4 \rightarrow KCl + 2O_2$
- 압력 740mmHg을 atm으로 단위환산

$$740mmHg \times \frac{1atm}{760mmHg} = \frac{740}{760}atm$$

- 이상기체상태방정식을 적용하면

$$V = \frac{WRT}{PM} \times mol(생성기체) = \frac{100 \times 0.082 \times (273+25)}{\frac{740}{760} \times 138.5} \times 2 = 36.24m^3$$

상세해설

과염소산칼륨–제1류 위험물–과염소산염류

화학식	분자량	융점	색상	분해온도
$KClO_4$	138.5	610℃	무색	400℃

① 무색무취, 사방정계 결정
② 물에 녹기 어렵고 알코올, 에터에 불용
③ 진한 황산과 접촉 시 폭발성이 있다.
④ 황, 탄소, 유기물 등과 혼합 시 가열, 충격, 마찰에 의하여 폭발한다.
⑤ 400℃에서 분해가 시작되어 600℃에서 완전 분해하여 산소를 발생한다.

$$KClO_4 \rightarrow KCl(염화칼륨) + 2O_2 \uparrow (산소)$$

이상기체상태방정식

$$PV = \frac{W}{M}RT = nRT$$

여기서, P : 압력(atm), V : 부피(m^3), W : 무게(kg), M : 분자량, n : mol수
R : 기체상수(0.082atm·m^3/kmol·K), T : 절대온도(273+t℃)K

06 탄화칼슘 100kg이 물과 반응할 때 생성되는 기체의 부피(m³)(1기압, 100℃ 상태에서)와 생성되는 가연성기체의 위험도를 계산하시오.

해답

✓ 계산과정

① 탄화칼슘(CaC_2)과 물의 반응식
$$CaC_2 + 2H_2O \rightarrow Ca(OH)_2 + C_2H_2 \text{(아세틸렌)}$$

② 생성되는 기체의 부피(1기압, 100℃ 상태에서)
- CaC_2의 분자량 = $40 + 12 \times 2 = 64$
- 이상기체상태방정식을 적용하면
$$V = \frac{WRT}{PM} \times \text{mol(생성기체)} = \frac{100 \times 0.082 \times (273+100)}{1 \times 64} \times 1$$
$$= 47.79 \text{m}^3$$

③ 아세틸렌의 폭발범위(연소범위) : 2.5~81%
$$\text{위험도 } H = \frac{81-2.5}{2.5} = 31.4$$

✓ 답
- 생성되는 기체의 부피 : 47.79m^3
- 위험도 : 31.4

상세해설

★ **원자량 암기방법**
- 원자번호가 짝수인 경우 : 원자번호×2 [예] Ca=20(원자번호)×2=40
- 원자번호가 홀수인 경우 : 원자번호×2+1 [예] Na=11(원자번호)×2+1=23

탄화칼슘(CaC_2) : 제3류 위험물 중 칼슘탄화물

화학식	분자량	융점	비중
CaC_2	64	2370℃	2.21

① 물과 접촉 시 아세틸렌을 생성하고 열을 발생시킨다.
$$CaC_2 + 2H_2O \rightarrow Ca(OH)_2\text{(수산화칼슘)} + C_2H_2\uparrow\text{(아세틸렌)}$$
② 아세틸렌의 폭발범위는 2.5~81%로 대단히 넓어서 폭발위험성이 크다.
③ 장기 보관 시 불활성기체(N_2 등)를 봉입하여 저장한다.
④ 별명은 카바이드, 탄화석회, 칼슘카바이드 등이다.
⑤ 고온(700℃)에서 질화되어 석회질소($CaCN_2$)가 생성된다.
$$CaC_2 + N_2 \rightarrow CaCN_2\text{(석회질소)} + C\text{(탄소)}$$
⑥ 물 및 포약제에 의한 소화는 절대 금하고 마른모래 등으로 피복 소화한다.

07 국제해상위험물규칙에서 부식성 물질의 포장등급의 기준을 쓰시오.

※ 국제해상위험물규칙은 2011년부터 출제 기준에서 제외되었습니다.

08. 다음은 판매취급소의 배합실의 설치기준이다. ( )안에 알맞은 답을 쓰시오.

- 바닥면적은 (①) 이상 (②) 이하일 것
- (③) 또는 (④)로 된 벽으로 구획할 것
- 바닥은 위험물이 침투하지 아니하는 구조로 하여 적당한 경사를 두고 (⑤)를 할 것
- 출입구에는 수시로 열 수 있는 자동폐쇄식의 (⑥)을 설치할 것
- 출입구 문턱의 높이는 바닥면으로부터 (⑦)m 이상으로 할 것
- 내부에 체류한 가연성의 증기 또는 가연성의 미분을 지붕위로 방출하는 설비를 할 것

해답 ✓답 ① $6m^2$ ② $15m^2$ ③ 내화구조 ④ 불연재료
⑤ 집유설비 ⑥ 60분+방화문 또는 60분방화문 ⑦ 0.1

상세해설

위험물의 배합실 설치 기준 ★★ 자주 출제 ★★
① 바닥면적은 $6m^2$ 이상 $15m^2$ 이하일 것
② 내화구조 또는 불연재료로 된 벽으로 구획
③ 바닥은 위험물이 침투하지 아니하는 구조로 하여 적당한 경사를 두고 집유설비를 할 것
④ 출입구에는 자동폐쇄식의 60분+방화문 또는 60분방화문을 설치
⑤ 출입구 문턱의 높이는 바닥면으로부터 0.1m 이상으로 할 것
⑥ 내부에 체류한 가연성의 증기 또는 가연성의 미분을 지붕위로 방출하는 설비를 할 것

09. 제5류 위험물인 나이트로글리세린의 열분해반응식을 쓰시오.

해답 ✓답 $4C_3H_5(ONO_2)_3 \rightarrow 12CO_2 + 6N_2 + O_2 + 10H_2O$

상세해설

나이트로글리세린(Nitro Glycerine)[$C_3H_5(ONO_2)_3$]-제5류 위험물 중 질산에스터류

화학식	분자량	비중	융점	비점	착화점
$C_3H_5(ONO_2)_3$	227	1.6	13℃	160℃	210℃

① 상온에서는 액체이지만 겨울철에는 동결한다.
② 글리세린에 진한 질산과 진한 황산을 가하면 나이트로화하여 나이트로글리세린으로 된다.

> **글리세린의 나이트로화반응**
>
> $$C_3H_5(OH)_3 + 3HONO_2 \xrightarrow{H_2SO_4} C_3H_5(ONO_2)_3 + 3H_2O$$
> (글리세린)　　(질산)　　　　　　(나이트로글리세린)　(물)

③ 비수용성이며 메탄올, 아세톤 등에 녹는다.
④ 가열, 마찰, 충격에 예민하여 대단히 위험하다.

> **나이트로글리세린의 열분해 반응식**
>
> $$4C_3H_5(ONO_2)_3 \rightarrow 12CO_2\uparrow + 6N_2\uparrow + O_2\uparrow + 10H_2O$$

⑤ 다이너마이트(규조토+나이트로글리세린), 무연화약 제조에 이용된다.

10 아래 그림과 같은 원통형탱크에 글리세린을 저장하고 있다. 이 탱크에 저장된 글리세린에 대한 지정수량의 배수를 구하시오. (단, 탱크 내용적의 90%를 저장한다고 가정한다)

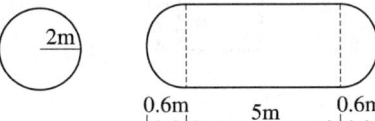

해답 ✔계산과정

① 탱크의 내용적

$$V = \pi r^2\left(l + \frac{l_1 + l_2}{3}\right) = \pi \times 2^2 \times \left(5 + \frac{0.6 + 0.6}{3}\right)$$

$$= 67.85840 \text{m}^3 = 67858.40\text{L}$$

② 글리세린의 저장량(탱크내용적의 90%를 저장하므로)
　67858.40 × 0.90 = 61072.56L

③ 지정수량의 배수 계산
　글리세린 - 제4류 제3석유류(수용성) - 4000L

$$N = \frac{61072.56\text{L}}{4000\text{L}} = 15.27 \text{배}$$

✔답 15.27배

상세해설 탱크의 내용적 계산방법

① **타원형 탱크의 내용적**
　㉠ 양쪽이 볼록한 것

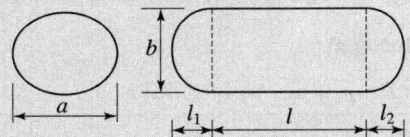

내용적 $= \dfrac{\pi ab}{4}\left(l + \dfrac{l_1 + l_2}{3}\right)$

ⓛ 한쪽은 볼록하고 다른 한쪽은 오목한 것

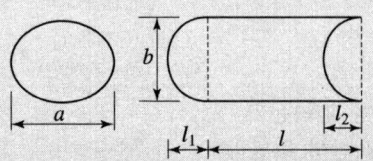

내용적 $= \dfrac{\pi ab}{4}\left(l + \dfrac{l_1 - l_2}{3}\right)$

② 원통형 탱크의 내용적
  ㉠ 횡으로 설치한 것

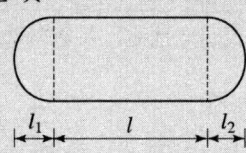

내용적 $= \pi r^2\left(l + \dfrac{l_1 + l_2}{3}\right)$

  ㉡ 종으로 설치한 것

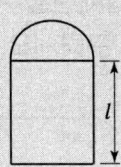

내용적 $= \pi r^2 l$

11 옥내소화전설비의 압력수조의 압력을 구하는 공식을 쓰고 기호를 설명하시오.

해답 ✔답 $P = p_1 + p_2 + p_3 + 0.35\,[\text{MPa}]$

P : 필요한 압력(MPa)
p_1 : 소방용 호스의 마찰손실수두압(MPa)
p_2 : 배관의 마찰손실수두압(MPa)
p_3 : 낙차의 환산수두압(MPa)

상세해설 위험물안전관리에 관한 세부기준 제129조(옥내소화전설비의 기준)
① 고가수조를 이용하는 가압송수장치

$$H = h_1 + h_2 + 35\text{m}$$

여기서, H : 필요한 낙차(단위 m)
  h_1 : 방수용 호스의 마찰손실수두(단위 m)
  h_2 : 배관의 마찰손실수두(단위 m)
고가수조에는 수위계, 배수관, 오버플로우용 배수관, 보급수관 및 맨홀을 설치할 것

② 압력수조를 이용하는 가압송수장치

$$P = p_1 + p_2 + p_3 + 0.35\text{MPa}$$

여기서, P : 필요한 압력(단위 MPa)

p_1 : 소방용호스의 마찰손실수두압(단위 MPa)
p_2 : 배관의 마찰손실수두압(단위 MPa)
p_3 : 낙차의 환산수두압(단위 MPa)
p_4 : 이동식포소화설비의 소방용 호스의 마찰손실수두압 (단위 MPa)
압력수조에는 압력계, 수위계, 배수관, 보급수관, 통기관 및 맨홀을 설치할 것

③ 펌프를 이용하는 가압송수장치

$$H = h_1 + h_2 + h_3 + 35\text{m}$$

여기서, H : 펌프의 전양정(단위 m)
h_1 : 소방용 호스의 마찰손실수두(단위 m)
h_2 : 배관의 마찰손실수두(단위 m)
h_3 : 낙차(단위 m)

12 위험물의 취급 중 제조에 관한 다음의 기준에 대하여 설명하시오.
① 증류공정 ② 추출공정
③ 건조공정 ④ 분쇄공정

해답

✔답 ① 증류공정
위험물을 취급하는 설비의 내부압력의 변동 등에 의하여 액체 또는 증기가 새지 아니하도록 할 것
② 추출공정
추출관의 내부압력이 비정상으로 상승하지 아니하도록 할 것
③ 건조공정
위험물의 온도가 부분적으로 상승하지 아니하는 방법으로 가열 또는 건조할 것
④ 분쇄공정
위험물의 분말이 현저하게 부유하고 있거나 위험물의 분말이 현저하게 기계 · 기구 등에 부착하고 있는 상태로 그 기계 · 기구를 취급하지 아니할 것

상세해설

위험물 취급의 기준
① 증류공정에 있어서는 위험물을 취급하는 설비의 내부압력의 변동 등에 의하여 액체 또는 증기가 새지 아니하도록 할 것
② 추출공정에 있어서는 추출관의 내부압력이 비정상으로 상승하지 아니하도록 할 것
③ 건조공정에 있어서는 위험물의 온도가 부분적으로 상승하지 아니하는 방법으로 가열 또는 건조할 것
④ 분쇄공정에 있어서는 위험물의 분말이 현저하게 부유하고 있거나 위험물의 분말이 현저하게 기계 · 기구 등에 부착하고 있는 상태로 그 기계 · 기구를 취급하지 아니할 것

13

다음은 신속평형법 인화점측정기에 의한 인화점 측정방법이다. (   )안에 알맞은 답을 쓰시오.

- 시험장소는 기압 (①)기압, 무풍의 장소로 할 것
- 신속평형법 인화점측정기의 시료컵을 설정온도까지 가열 또는 냉각하여 시험물품(②)mL를 시료 컵에 넣고 즉시 뚜껑 및 개폐기를 닫을 것
- 시료컵의 온도를 (③)분간 설정온도로 유지할 것
- 시험불꽃 점화하고 화염의 크기를 직경 (④)mm가 되도록 저장할 것
- (⑤)분 경과 후 개폐기를 작동하여 시험불꽃을 시료 컵에 (⑥)초간 노출시키고 닫을 것. 이 경우 시험불꽃을 급격히 상하로 움직이지 아니하여야 한다.
- 마지막 단계의 방법에 의하여 인화한 경우에는 인화하지 않을 때까지 설정온도를 낮추고, 인화하지 않는 경우에는 인화할 때까지 설정온도를 높여 위의 조작을 반복하여 인화점을 측정할 것

해답

✔답 ① 1   ② 2   ③ 1   ④ 4   ⑤ 1   ⑥ 2.5

상세해설

위험물안전관리에 관한 세부기준 제15조(신속평형법인화점측정기에 의한 인화점 측정시험)
신속평형법인화점측정기에 의한 인화점 측정시험은 다음 각 호에 정한 방법에 의한다.
① 시험장소는 기압 **1기압**, **무풍**의 장소로 할 것
② 신속평형법인화점측정기의 시료컵을 설정온도까지 가열 또는 냉각하여 **시험물품**(설정온도가 상온보다 낮은 온도인 경우에는 설정온도까지 냉각한 것) **2mL**를 시료컵에 넣고 즉시 뚜껑 및 개폐기를 닫을 것
③ 시료컵의 온도를 **1분간** 설정온도로 유지할 것
④ 시험불꽃을 점화하고 화염의 크기를 **직경 4mm**가 되도록 조정할 것
⑤ **1분 경과 후** 개폐기를 작동하여 시험불꽃을 시료컵에 **2.5초간 노출**시키고 닫을 것. 이 경우 시험불꽃을 급격히 상하로 움직이지 아니하여야 한다.
⑥ 제⑤의 방법에 의하여 인화한 경우에는 인화하지 않을 때까지 설정온도를 낮추고, 인화하지 않는 경우에는 인화할 때까지 설정온도를 높여 제② 내지 제⑤의 조작을 반복하여 인화점을 측정할 것

14

비중이 0.8인 메탄올 10L가 완전 연소하는 때 필요한 이론 공기량(m^3)을 계산하시오. (단, 공기 중 산소의 농도는 21%(v/v)이다.)

해답

[방법 1]

✔계산과정

① 메탄올의 부피를 무게로 환산 0.8kg/L × 10L = 8kg

② 메탄올의 연소반응식

2CH$_3$OH + 3O$_2$ → 2CO$_2$ + 4H$_2$O

CH$_3$OH + 1.5O$_2$ → CO$_2$ + 2H$_2$O (메탄올 1몰 기준)

③ 메탄올(CH$_3$OH)분자량 = 12 + 1 × 4 + 16 = 32

④ 필요한 산소량 $V = \dfrac{WRT}{PM} \times \text{mol} = \dfrac{8 \times 0.082 \times (273+0)}{1 \times 32} \times 1.5 = 8.39\text{m}^3$

⑤ 필요한 이론공기량 $V = \dfrac{8.39}{0.21} = 39.95\text{m}^3$

✔ 답 39.95m^3

[방법 2]

✔ 계산과정

① 메탄올의 부피를 무게로 환산 0.8kg/L × 10L = 8kg

② 메탄올의 연소반응식

2CH$_3$OH + 3O$_2$ → 2CO$_2$ + 4H$_2$O

2 × 32kg ——— 3 × 22.4L

8kg ——— X

③ 필요한 이론 산소량

∴ $X = \dfrac{8 \times 3 \times 22.4}{2 \times 32} = 8.40\text{m}^3$ (0℃, 1atm 상태에서 필요한 산소량)

④ 필요한 이론 공기량 계산

∴ $X = \dfrac{8.40}{0.21} = 40\text{m}^3$ (0℃, 1atm 상태)

✔ 답 40m^3

상세해설

이상기체상태방정식

$$PV = \dfrac{W}{M}RT = nRT$$

여기서, P : 압력(atm), V : 부피(m^3), W : 무게(kg), M : 분자량, n : mol수 = $\dfrac{W}{M}$

R : 기체상수(0.082atm · m^3/kmol · K), T : 절대온도(273 + t℃)K

15 지하저장탱크의 주위에는 해당 탱크로부터의 액체 위험물의 누설을 검사하기 위한 관을 4개소 이상 적당한 위치에 설치하여야 한다. 그 기준을 4가지만 쓰시오.

해답

✔ 답 ① 이중관으로 할 것. 다만, 소공이 없는 상부는 단관으로 할 수 있다.

② 재료는 금속관 또는 경질합성수지관으로 할 것

③ 관은 탱크전용실의 바닥 또는 탱크의 기초까지 닿게 할 것
④ 관의 밑 부분으로부터 탱크의 중심 높이까지의 부분에는 소공이 뚫려 있을 것

상세해설

액체 위험물의 누설을 검사하기 위한 관
① 이중관으로 할 것. 다만 소공이 없는 상부는 단관으로 할 수 있다.
② 재료는 금속관 또는 경질합성수지관으로 할 것
③ 관은 탱크전용실의 바닥 또는 탱크의 기초까지 닿게 할 것
④ 관의 밑부분으로부터 탱크의 중심 높이까지의 부분에는 소공이 뚫려 있을 것
   다만, 지하수위가 높은 장소에 있어서는 지하수위 높이까지의 부분에 소공이 뚫려 있어야 한다.
⑤ 상부는 물이 침투하지 아니하는 구조로 하고, 뚜껑은 검사시에 쉽게 열 수 있도록 할 것

---

16 자연발화를 일으킬 수 있는 영향인자를 5가지만 쓰시오.

해답 ✔**답** ① 열의 축적 ② 퇴적방법 ③ 열전도율 ④ 발열량 ⑤ 수분

상세해설

자연발화의 영향인자
① 열의 축적 ② 퇴적방법 ③ 열전도율 ④ 발열량 ⑤ 수분

자연발화의 조건	자연발화 방지대책	자연발화의 형태
① 주위의 온도가 높을 것 ② 표면적이 넓을 것 ③ 열전도율이 적을 것 ④ 발열량이 클 것	① 통풍이나 환기 등을 통하여 열의 축적을 방지 ② 저장실의 온도를 낮춘다. ③ 습도를 낮게 유지 ④ 용기 내에 불활성 기체를 주입하여 공기와 접촉방지	① 산화열에 의한 자연발화 • 석탄, 건성유, 금속분, 기름걸레 ② 분해열에 의한 자연발화 • 셀룰로이드, 나이트로셀룰로오스 ③ 흡착열에 의한 자연발화 • 활성탄, 목탄분말 ④ 미생물 열에 의한 자연발화 • 퇴비, 먼지

---

17 하이드록실아민 등을 취급하는 제조소의 안전거리를 구하는 공식을 쓰고, 사용되는 기호의 의미를 설명하시오.

해답 ✔**답** $D = 51.1\sqrt[3]{N}$
여기서, D : 거리(m)
N : 해당 제조소에서 취급하는 하이드록실아민등의 지정수량의 배수

상세해설 하이드록실아민 등을 취급하는 제조소의 안전거리

$$D = 51.1\sqrt[3]{N}$$

여기서, D : 거리(m)
　　　　N : 해당 제조소에서 취급하는 하이드록실아민 등의 지정수량의 배수
★하이드록실아민(NH_2OH)의 지정수량 : 100kg

---

18 위험물 운반용기의 외부 표시사항 중 수납하는 위험물에 따른 주의사항을 모두 쓰시오.

해답 ✔답

유별	성질에 따른 구분	표시사항
제1류 위험물	알칼리금속의 과산화물	화기·충격주의, 물기엄금 및 가연물접촉주의
	그 밖의 것	화기·충격주의 및 가연물접촉주의
제2류 위험물	철분·금속분·마그네슘	화기주의 및 물기엄금
	인화성고체	화기엄금
	그 밖의 것	화기주의
제3류 위험물	자연발화성물질	화기엄금 및 공기접촉엄금
	금수성물질	물기엄금
제4류 위험물	인화성 액체	화기엄금
제5류 위험물	자기반응성 물질	화기엄금 및 충격주의
제6류 위험물	산화성 액체	가연물접촉주의

상세해설 위험물 운반용기의 외부 표시 사항
① 위험물의 품명, 위험등급, 화학명 및 수용성(제4류 위험물의 수용성인 것에 한함)
② 위험물의 수량
③ 수납하는 위험물에 따른 주의사항

유별	성질에 따른 구분	표시사항
제1류 위험물	알칼리금속의 과산화물	화기·충격주의, 물기엄금 및 가연물접촉주의
	그 밖의 것	화기·충격주의 및 가연물접촉주의
제2류 위험물	철분·금속분·마그네슘	화기주의 및 물기엄금
	인화성고체	화기엄금
	그 밖의 것	화기주의
제3류 위험물	자연발화성물질	화기엄금 및 공기접촉엄금
	금수성물질	물기엄금
제4류 위험물	인화성 액체	화기엄금
제5류 위험물	자기반응성 물질	화기엄금 및 충격주의
제6류 위험물	산화성 액체	가연물접촉주의

19. 아세트알데하이드를 저장하는 위험물탱크에 사용하면 안되는 금속 4가지를 쓰고 그 이유를 간단히 쓰시오.

해답

✔ 답 ① 사용금지 금속 : 구리[Cu], 마그네슘(Mg), 은(Ag), 수은(Hg)
② 사용금지 이유 : 아세트알데하이드가 구리[Cu], 마그네슘(Mg), 은(Ag), 수은(Hg)과 반응하여 폭발성 금속의 아세틸리드(acetylide)를 생성하기 때문

상세해설

아세트알데하이드(CH_3CHO)–제4류 특수인화물

$$H-\underset{\underset{H}{|}}{\overset{\overset{H}{|}}{C}}-C\overset{H}{\underset{O}{\diagup\!\!\diagdown}}$$

화학식	분자량	비중	비점	인화점	착화점	연소범위
CH_3CHO	44	0.78	21℃	-38℃	185℃	4~60%

① 휘발성이 강하고 과일냄새가 있는 무색 액체이며 물, 에탄올에 잘 녹는다.
② 산화되어 초산(CH_3COOH)이 된다.

$$2CH_3CHO + O_2 \rightarrow 2CH_3COOH(초산)$$

③ 취급하는 설비는 은·수은·동·마그네슘 또는 이들을 성분으로 하는 합금으로 만들지 아니할 것
④ 아세트알데하이드 등을 취급하는 설비에는 연소성 혼합기체의 생성에 의한 폭발을 방지하기 위한 불활성기체 또는 수증기를 봉입하는 장치를 갖출 것

아세틸리드(acetylide)

① 아세틸렌결합의 탄소원자에 알칼리금속 또는 중금속을 결합한 형태의 염과 비슷한 화합물의 총칭
② 알칼리금속 및 구리·은·금의 화합물에서는 M_2C_2형
③ 알칼리 토금속 및 아연·카드뮴에서는 MC_2형
④ 알루미늄·세륨에서는 $M_2(C_2)_3$형
⑤ 희토류원소·토륨·바나듐·우라늄에서는 MC_2형
⑥ 구리염 Cu_2C_2만 적갈색이고, 나머지는 무색의 결정이다.

20. 위험물을 가압하는 설비 또는 그 취급하는 위험물의 압력이 상승할 우려가 있는 설비에는 압력계 및 안전장치를 설치하여야 한다. 안전장치의 종류 3가지를 쓰시오.

해답

✔ 답 ① 자동적으로 압력의 상승을 정지시키는 장치
② 감압측에 안전밸브를 부착한 감압밸브
③ 안전밸브를 병용하는 경보장치

상세해설 위험물을 가압하는 설비 또는 그 취급하는 위험물의 압력이 상승할 우려가 있는 설비에는 압력계 및 다음에 해당하는 안전장치를 설치하여야 한다.
① 자동적으로 압력의 상승을 정지시키는 장치
② 감압측에 안전밸브를 부착한 감압밸브
③ 안전밸브를 병용하는 경보장치
④ 파괴판(위험물의 성질에 따라 안전밸브의 작동이 곤란한 가압설비에 한한다)

위험물기능장 제45회 실기시험

2009년도 기능장 제45회 실기시험 (2009년 05월 17일 시행)

자격종목	시험시간	문제수	형별	수험번호	성 명
위험물기능장	2시간	20	A		

01 나트륨과 다음에서 설명하는 물질과의 화학반응식을 쓰시오.

- 산화하여 아세트알데하이드를 생성한다.
- 지정수량이 제4류 위험물로 400L이다.
- 무색투명한 액체이다.

해답

✔답 $2Na + 2C_2H_5OH \rightarrow 2C_2H_5ONa + H_2$

상세해설

나트륨(Na)-제3류-금수성물질

화학식	원자량	비점	융점	비중	불꽃색상
Na	23	880℃	97.8℃	0.97	노란색

① 가열시 노란색 불꽃을 내면서 연소한다.
② 물과 반응하여 수소 및 열을 발생한다.(금수성 물질)

$$2Na + 2H_2O \rightarrow 2NaOH + H_2\uparrow + 88.2kcal$$

③ 보호액으로 파라핀 · 경유 · 등유 등을 사용한다.
④ 에틸알코올과 반응하여 나트륨에틸레이트를 생성한다.

$$2Na + 2C_2H_5OH \rightarrow 2C_2H_5ONa(나트륨에틸레이트) + H_2$$

⑤ 마른모래 등으로 질식 소화한다.

금속나트륨 화재 시 CO$_2$소화기 사용금지 이유
금속나트륨과 이산화탄소는 폭발적으로 반응하기 때문에 위험
$$4Na + 3CO_2 \rightarrow 2Na_2CO_3 + C$$

에틸알코올(C_2H_5OH)

화학식	분자량	비중	비점	인화점	착화점	연소범위
C_2H_5OH	46	0.8	78.3℃	13℃	423℃	4.3~19% 이상

① 술 속에 포함되어 있어 주정이라고 한다.
② 무색 투명한 액체이다.
③ 물에 아주 잘 녹으며 유기용제이다.
④ 연소 시 주간에는 불꽃이 잘 보이지 않는다.

$$C_2H_5OH + 3O_2 \rightarrow 2CO_2 + 3H_2O$$

⑤ 금속나트륨, 금속칼륨을 가하면 수소(H_2)가 발생한다.

$$2C_2H_5OH + 2Na \rightarrow 2C_2H_5ONa + H_2 \uparrow$$

⑥ 아이오딘포름 반응을 하므로 에탄올검출에 이용된다.

에틸알코올의 반응식
- 알칼리금속과 반응 $2Na + 2C_2H_5OH \rightarrow 2C_2H_5ONa + H_2 \uparrow$
- 산화, 환원반응식 $C_2H_5OH \underset{환원}{\overset{산화}{\rightleftarrows}} CH_3CHO \underset{환원}{\overset{산화}{\rightleftarrows}} CH_3COOH$

⑦ 에틸렌을 물과 반응하여 제조 또는 당밀을 발효시켜 제조한다.
$$CH_2=CH_2 + H_2O \rightarrow C_2H_5OH(에틸알코올)$$

02 제4류 위험물인 BTX의 각각 명칭과 화학식을 쓰시오.

해답 ✓답

구분	명칭	화학식
B	Benzene(벤젠)	C_6H_6
T	Toluene(톨루엔)	$C_6H_5CH_3$
X	Xylene(크실렌)	$C_6H_4(CH_3)_2$

상세해설

BTX : Benzene, Toluene, Xylene의 약자이다.

명칭	화학식	품명	구조식
Benzene (벤젠)	C_6H_6	제1석유류	(벤젠고리)
Toluene (톨루엔)	$C_6H_5CH_3$	제1석유류	(벤젠고리-CH₃)
Xylene (크실렌, 키실렌, 자일렌)	$C_6H_4(CH_3)_2$	제2석유류	(벤젠고리-(CH₃)₂)

03

다음은 제3류 위험물인 자연발화성 물질에 대한 내용이다. (   )안에 알맞은 답을 쓰시오.

(1) 자연발화성물질에 있어서는 불활성 기체를 봉입하여 밀봉하는 등 (①)와 접하지 아니하도록 할 것
(2) 자연발화성물질외의 물품에 있어서는 파라핀·경유·등유 등의 보호액으로 채워 밀봉하거나 불활성 기체를 봉입하여 밀봉하는 등 (②)과 접하지 아니하도록 할 것
(3) 자연발화성물질 중 알킬알루미늄등은 운반용기의 내용적의 (③)% 이하의 수납율로 수납하되, (④)℃의 온도에서 (⑤)% 이상의 공간용적을 유지하도록 할 것

해답 ✔답 ① 공기   ② 수분   ③ 90   ④ 50   ⑤ 5

상세해설

위험물의 운반에 관한 기준
Ⅱ. 적재방법
① **고체위험물**은 운반용기 **내용적의 95% 이하**의 수납율로 수납할 것
② **액체위험물**은 운반용기 **내용적의 98% 이하**의 수납율로 수납하되, 55℃의 온도에서 누설되지 아니하도록 충분한 공간용적을 유지하도록 할 것
③ **제3류 위험물**은 다음의 기준에 따라 운반용기에 수납할 것
  ㉠ 자연발화성물질에 있어서는 불활성 기체를 봉입하여 밀봉하는 등 **공기**와 접하지 아니하도록 할 것
  ㉡ 자연발화성물질외의 물품에 있어서는 파라핀·경유·등유 등의 보호액으로 채워 밀봉하거나 불활성 기체를 봉입하여 밀봉하는 등 **수분**과 접하지 아니하도록 할 것
  ㉢ 자연발화성물질 중 알킬알루미늄 등은 운반용기의 **내용적의 90% 이하**의 수납율로 수납하되, 50℃의 온도에서 5% 이상의 공간용적을 유지하도록 할 것

04

휘발유를 저장·취급하는 설비에서 할론1301을 고정식 벽의 면적이 50m²이고 전체둘레면적 200m²일 때 용적식 국소방출방식의 소화약제의 양(kg)은? (단, 방호공간의 체적은 600m³로 가정한다)

해답 ✔계산과정

① 위험물의 종류에 대한 가스계 및 분말 소화약제의 계수(K)
  휘발유 : (하론1301 및 하론1211의 $K=1.0$)
② Q_1 : 단위 체적당 소화약제의 양(kg/m³)

$$\therefore Q_1 = \left(X - Y\frac{a}{A}\right) = \left(4 - 3 \times \frac{50}{200}\right) = 3.25 \text{kg/m}^3$$

③ 소화약제의 양(kg) 계산
$$Q = V \times Q_1 \times K \times 1.25 = 600 \times 3.25 \times 1.0 \times 1.25 = 2437.5\text{kg}$$

✔ 답 2437.5kg

상세해설

할로젠화합물소화설비의 국소방출방식

연소형태	소화약제의 양		
	하론2402	하론1211	하론1301
면적식	$Q = [A \times 8.8\text{kg/m}^2 \times K] \times 1.1$	$Q = [A \times 7.6\text{kg/m}^2 \times K] \times 1.1$	$Q = [A \times 6.8\text{kg/m}^2 \times K] \times 1.25$
	Q : 소화약제의 양, A : 방호대상물의 표면적(m^2) K : 위험물의 종류에 대한 가스계소화약제의 계수(별표2 : 생략)		
용적식	$Q = V \times Q_1 \times K \times 1.1$	$Q = V \times Q_1 \times K \times 1.1$	$Q = V \times Q_1 \times K \times 1.25$
	Q : 소화약제의 양, V : 방호공간의 체적(m^3) $Q_1 : \left(X - Y\dfrac{a}{A}\right)[\text{kg/m}^3]$ K : 위험물의 종류에 대한 가스계소화약제의 계수(별표2 : 생략)		

※ 용적식의 국소방출방식

면적식 외의 경우 $Q_1 = X - Y\dfrac{a}{A} (\text{kg/m}^3)$

여기서, Q_1 : 단위 체적당 소화약제의 양(kg/m^3)
a : 방호대상물의 주위에 실제로 설치된 고정벽의 면적의 합계(m^2)
A : 방호공간 전체둘레의 면적(m^2)
X 및 Y : 다음 표에 정한 수치

약제의 종류	X의 수치	Y의 수치
하론2402	5.2	3.9
하론1211	4.4	3.3
하론1301	4.0	3.0

---

05 다음의 위험물에 대한 보호액을 쓰시오.
① 황린 ② 나트륨 ③ 이황화탄소

해답

✔ 답 ① 황린 : 물
② 나트륨 : 파라핀, 경유, 등유
③ 이황화탄소 : 물

상세해설

위험물과 보호액

구 분	화학식	유 별	보호액	보호액에 저장 목적
황린	P_4	제3류	물	공기와 접촉하여 자연발화방지
칼륨, 나트륨	K, Na	제3류	파라핀, 경유, 등유	물과 반응하여 가연성기체(H_2)의 발생방지
이황화탄소	CS_2	제4류	물	가연성 증기의 발생억제

06 뚜껑이 개방된 용기에 1기압 10℃의 공기가 있다. 용기내부 온도를 400℃로 가열하였을 경우 처음 공기량의 몇 배가 용기 밖으로 나오는지 계산하시오.

해답

✔ 계산과정

① 개방된 용기이므로 압력이 일정($P_1 = P_2$)

② 가열 후 부피(V_2)와 처음부피(V_1)관계
   샤를의 법칙을 적용하면
   $$V_2 = V_1 \times \frac{T_2}{T_1} = V_1 \times \frac{(273+400)\mathrm{K}}{(273+10)\mathrm{K}} = 2.38\,V_1$$

③ 용기 밖으로 배출된 부피계산
   $$V = 2.38\,V_1 - V_1 = 1.38\,V_1$$

✔ 답 1.38배

상세해설

보일의 법칙★★★

$$T(온도) = 일정 \qquad P_1V_1 = P_2V_2$$

온도가 일정할 때 일정량의 기체가 차지하는 부피는 절대압력에 반비례한다.

샤를의 법칙★★★

$$P(압력) = 일정 \qquad \frac{V_1}{T_1} = \frac{V_2}{T_2}$$

압력이 일정할 때 일정량의 기체가 차지하는 부피는 절대온도에 비례한다.

보일–샤를의 법칙★★★

$$\frac{P_1V_1}{T_1} = \frac{P_2V_2}{T_2}$$

일정량의 기체가 차지하는 부피는 절대압력에 반비례하고 절대온도에 비례한다.

07 습식스프링클러설비의 장·단점을 다른 종류의 스프링클러설비와 비교하여 각각 2가지씩 쓰시오.

해답

✔ 답

장점	단점
① 구조가 비교적 간단하고 공사비가 저렴하다.	① 동파우려가 있는 장소에는 설치할 수 없다.
② 화재발생시 즉시 방수되어 소화가 빠르다.	② 배관의 누수 등으로 물의 피해가 우려되는 장소에는 부적합하다.
③ 유지관리가 쉽다.	③ 자동화재탐지설비보다 경보가 늦다.
④ 오동작이 적다	

08

다음은 자동화재탐지설비의 경계구역 설치기준이다. (   )안에 알맞은 답을 쓰시오.

> (1) 자동화재탐지설비의 경계구역은 건축물 그 밖의 공작물의 2 이상의 층에 걸치지 아니하도록 할 것. 다만 하나의 경계구역의 면적이 (①)m^2 이하이면서 해당 경계구역이 두 개의 층에 걸치는 경우이거나 계단·경사로·승강기의 승강로 그 밖에 이와 유사한 장소에 연기감지기를 설치하는 경우에는 그러하지 아니하다.
> (2) 하나의 경계구역의 면적은 (②)m^2 이하로 하고 그 한 변의 길이는 (③)m[광전식 분리형 감지기를 설치할 경우에는 (④)m 이하로 할 것. 다만, 해당 건축물 그 밖의 공작물의 주요한 출입구에서 그 내부의 전체를 볼 수 있는 경우에 있어서는 그 면적을 (⑤)m^2 이하로 할 수 있다.
> (3) 자동화재탐지설비의 감지기는 지붕 또는 벽의 옥내에 면한 부분에 유효하게 화재의 발생을 감지할 수 있도록 설치할 것
> (4) 자동화재탐지설비에는 비상전원을 설치할 것

해답 ✓답 ① 500 ② 600 ③ 50 ④ 100 ⑤ 1,000

상세해설

자동화재탐지설비의 설치기준

① 자동화재탐지설비의 경계구역은 건축물 그 밖의 공작물의 **2 이상의 층**에 걸치지 아니하도록 할 것. 다만, 하나의 경계구역의 면적이 500m^2 **이하**이면서 당해 경계구역이 두개의 층에 걸치는 경우이거나 계단·경사로·승강기의 승강로 그 밖에 이와 유사한 장소에 연기감지기를 설치하는 경우에는 그러하지 아니하다.
② 하나의 경계구역의 **면적은 600m^2 이하**로 하고 그 **한 변의 길이는 50m**(**광전식분리형** 감지기를 설치할 경우에는 **100m**)이하로 할 것. 다만, 당해 건축물 그 밖의 공작물의 주요한 출입구에서 그 **내부의 전체를 볼 수 있는 경우**에 있어서는 그 면적을 1,000m^2 **이하**로 할 수 있다.
③ 자동화재탐지설비의 감지기는 지붕 또는 벽의 옥내에 면한 부분에 유효하게 화재의 발생을 감지할 수 있도록 설치할 것
④ 자동화재탐지설비에는 **비상전원**을 설치할 것

09

제1류 위험물인 염소산칼륨 1,000g이 완전 열분해했을 때 발생하는 산소의 부피(m^3)는 표준상태(0℃, 1atm)에서 얼마인가?

해답 ✓계산과정

① 염소산칼륨의 열분해 반응식

$2KClO_3 \rightarrow 2KCl + 3O_2$

$$KClO_3 \rightarrow KCl + 1.5O_2 \text{(반응물질은 1몰 기준)}$$

② 염소산칼륨의 분자량(KClO$_3$) = 39+35.5+16×3 = 122.5
③ 발생하는 산소의 부피

$W = 1000g = 1kg$

$$V = \frac{WRT}{PM} \times mol(생성기체) = \frac{1 \times 0.082 \times (273+0)}{1 \times 122.5} \times 1.5 = 0.27 m^3$$

✔ 답 0.27m³

상세해설

염소산칼륨(KClO₃) : 제1류 위험물(산화성고체) 중 염소산염류

화학식	분자량	물리적 상태	색상	분해온도
KClO₃	122.5	고체	무색	400℃

① 무색 또는 **백색분말**이며 산화력이 강하다
② 이산화망가니즈(MnO₂)과 접촉 시 분해가 촉진되어 산소를 방출한다.
③ **온수, 글리세린에 잘 녹으며 냉수, 알코올에는 용해하기 어렵다.**
④ 400℃에서 열분해되어 **염화칼륨과 산소를 방출한다.**

$$2KClO_3(염소산칼륨) \rightarrow 2KCl(염화칼륨) + 3O_2 \uparrow (산소)$$

이상기체상태방정식

$$PV = \frac{W}{M}RT = nRT$$

여기서, P : 압력(atm), V : 부피(m³), W : 무게(kg), M : 분자량, n : mol수 = $\frac{W}{M}$
R : 기체상수(0.082atm·m³/kmol·K), T : 절대온도(273+t℃)K

10 온도 25℃에서 포화용액 80g 속에 어떤 물질이 25g 녹아있다. 용해도를 계산하시오.

해답 ✔계산과정

① 포화용액 중 물의 무게 = 80g − 25 = 55g(용매의 무게)

② 용해도 계산 : 용해도 = $\frac{25}{55} \times 100 = 45.45$

✔ 답 45.45

상세해설

$$용해도 = \frac{용질의\ g수}{용매의\ g수} \times 100 \quad (용해도는 단위가 없는 무차원이다)$$

여기서, 용매 : 녹이는 물질, 용질 : 녹는 물질, 용액 : 용매+용질

11 간이탱크저장소의 변경허가를 받아야 하는 경우 3가지만 쓰시오.

해답
✔ 답 ① 간이저장탱크의 위치를 이전하는 경우
② 건축물의 벽·기둥·바닥·보 또는 지붕을 증설 또는 철거하는 경우
③ 간이저장탱크를 신설·교체 또는 철거하는 경우

상세해설

제조소 등의 변경허가를 받아야 하는 경우(제8조 관련)

제조소 등의 구분	변경허가를 받아야 하는 경우
간이탱크 저장소	① 간이저장탱크의 위치를 이전하는 경우 ② 건축물의 벽·기둥·바닥·보 또는 지붕을 증설 또는 철거하는 경우 ③ 간이저장탱크를 신설·교체 또는 철거하는 경우 ④ 간이저장탱크를 보수(탱크 본체를 절개하는 경우에 한한다)하는 경우 ⑤ 간이저장탱크의 노즐 또는 맨홀을 신설하는 경우(노즐 또는 맨홀의 직경이 250mm를 초과하는 경우에 한한다.)

12 국제해상위험물규칙 제2급 고압가스의 등급구분을 쓰시오.

※ 국제해상위험물규칙은 2011년부터 출제 기준에서 제외되었습니다.

13 제5류 위험물인 나이트로글리세린의 열분해반응식을 쓰시오.

해답
✔ 답 $4C_3H_5(ONO_2)_3 \rightarrow 12CO_2 + 6N_2 + O_2 + 10H_2O$

상세해설

나이트로글리세린(Nitro Glycerine)[$(C_3H_5(ONO_2)_3)$]-제5류 위험물 중 질산에스터류

화학식	분자량	비중	융점	비점	착화점
$C_3H_5(ONO_2)_3$	227	1.6	13℃	160℃	210℃

① 상온에서는 액체이지만 겨울철에는 동결한다.
② 글리세린에 진한 질산과 진한 황산을 가하면 나이트로화하여 나이트로글리세린으로 된다.

글리세린의 나이트로화반응

$$C_3H_5(OH)_3 + 3HONO_2 \xrightarrow{H_2SO_4} C_3H_5(ONO_2)_3 + 3H_2O$$
(글리세린)　　(질산)　　　　　(나이트로글리세린)　(물)

③ 비수용성이며 메탄올, 아세톤 등에 녹는다.
④ 가열, 마찰, 충격에 예민하여 대단히 위험하다.

나이트로글리세린의 열분해 반응식
$$4C_3H_5(ONO_2)_3 \rightarrow 12CO_2\uparrow + 6N_2\uparrow + O_2\uparrow + 10H_2O$$

⑤ 다이너마이트(규조토+나이트로글리세린), 무연화약 제조에 이용된다.

14 제2류 위험물인 황화인에 대한 다음 각 물음에 답하시오.
① 삼황화인의 완전연소 반응식   ② 오황화인의 완전 연소반응식

해답
✓답 ① 삼황화인의 완전연소 반응식 : $P_4S_3 + 8O_2 \rightarrow 2P_2O_5 + 3SO_2$
   ② 오황화인의 완전연소 반응식 : $2P_2S_5 + 15O_2 \rightarrow 2P_2O_5 + 10SO_2$

상세해설
황화인(제2류 위험물) : 황과 인의 화합물
① **삼황화인**(P_4S_3)
   ㉠ 황색결정으로 물, 염산, 황산에 녹지 않으며 질산, 알칼리, 이황화탄소에 녹는다.
   ㉡ 연소하면 오산화인과 이산화황이 생긴다.
   $$P_4S_3 + 8O_2 \rightarrow 2P_2O_5 + 3SO_2\uparrow$$

② **오황화인**(P_2S_5)
   ㉠ 담황색 결정이고 조해성이 있으며 수분을 흡수하면 분해된다.
   ㉡ 이황화탄소(CS_2)에 잘 녹는다.
   ㉢ **물, 알칼리와 반응하여 인산과 황화수소를 발생**한다.
   $$P_2S_5 + 8H_2O \rightarrow 2H_3PO_4 + 5H_2S\uparrow$$
   ㉣ 연소하면 오산화인과 이산화황이 생긴다.
   $$2P_2S_5 + 15O_2 \rightarrow 2P_2O_5 + 10SO_2\uparrow$$

③ **칠황화인**(P_4S_7)
   ㉠ 담황색 결정이고 조해성이 있으며 수분을 흡수하면 분해된다.
   ㉡ 이황화탄소(CS_2)에 약간 녹는다.
   ㉢ 냉수에는 서서히 분해가 되고 더운물에는 급격히 분해된다.

15 다음은 위험물 안전관리법에서 정하는 액상의 정의이다. ( )안에 알맞은 답을 쓰시오.

> "액상"이라 함은 수직으로 된 시험관(안지름 30mm, 높이 120mm의 원통형 유리관을 말한다)에 시료를 (①)mm까지 채운 다음 당해 시험관을 수평으로 하였을 때 시료 액면의 끝부분이 (②)mm 이동하는 데 걸리는 시간이 (③)초 이내에 있는 것을 말한다.

해답 ✔답 ① 55 ② 30 ③ 90

상세해설

산화성고체

고체[액체(1기압 및 20℃에서 액상인 것 또는 20℃ 초과 40℃ 이하에서 액상인 것을 말한다.)또는 기체(1기압 및 20℃에서 기상인 것을 말한다)외의 것을 말한다. 이하 같다]로서 산화력의 잠재적인 위험성 또는 충격에 대한 민감성을 판단하기 위하여 소방청장이 정하여 고시(이하 "고시"라 한다)하는 시험에서 고시로 정하는 성질과 상태를 나타내는 것을 말한다. 이 경우 **액상**이라 함은 수직으로 된 시험관(안지름 30mm, 높이 120mm의 원통형유리관을 말한다)에 시료를 **55mm**까지 채운 다음 당해 시험관을 수평으로 하였을 때 시료액면의 끝부분이 **30mm**를 이동하는데 걸리는 시간이 **90초 이내**에 있는 것을 말한다.

16 제조소에서 취급하는 제4류 위험물의 최대수량의 합이 지정수량의 24만배 이상 48만배 미만인 사업소에 두어야 할 자체소방대의 화학소방자동차와 자체소방대원의 수는 각각 얼마로 규정되어 있는가? (단, 상호응원협정을 체결한 경우는 제외한다)

해답 ✔답 ① 화학소방자동차 : 3대 이상
          ② 자체소방대원의 수 : 15인 이상

상세해설

자체소방대에 두는 화학소방자동차 및 인원

사업소의 구분(제조소 또는 일반취급소에서 취급하는 제4류 위험물의 최대수량의 합)	화학소방자동차	자체소방대원의 수
1. 지정수량의 3천배 이상 12만배 미만인 사업소	1대	5인
2. 지정수량의 12만배 이상 24만배 미만인 사업소	2대	10인
3. 지정수량의 24만배 이상 48만배 미만인 사업소	3대	15인
4. 지정수량의 48만배 이상인 사업소	4대	20인
5. 옥외탱크저장소에 저장하는 제4류 위험물의 최대수량이 지정수량의 50만배 이상인 사업소	2대	10인

※ 비고 : 화학소방자동차에는 행정안전부령이 정하는 소화능력 및 설비를 갖추어야 하고, 소화활동에 필요한 소화약제 및 기구(방열복 등 개인장구를 포함한다)를 비치하여야 한다.

17 다음 표는 할로젠화합물 소화약제에 대한 것이다. 빈칸에 알맞은 답을 쓰시오.

구분	할론1301	할론2402	할론1001	할론1211	할론1011
화학식					

해답 ✔답

구분	할론1301	할론2402	할론1001	할론1211	할론1011
화학식	CF_3Br	$C_2F_4Br_2$	CH_3Br	CF_2ClBr	CH_2ClBr

상세해설 할로젠화합물 소화약제 명명법 : 할론 ⓐ ⓑ ⓒ ⓓ
ⓐ : C 원자수   ⓑ : F 원자수   ⓒ : Cl 원자수   ⓓ : Br 원자수

18 위험물을 가압하는 설비 또는 그 취급하는 위험물의 압력이 상승할 우려가 있는 설비에는 압력계 및 안전장치를 설치하여야 한다. 안전장치의 종류 3가지를 쓰시오.

해답 ✔답 ① 자동적으로 압력의 상승을 정지시키는 장치
② 감압측에 안전밸브를 부착한 감압밸브
③ 안전밸브를 병용하는 경보장치

상세해설 위험물을 가압하는 설비 또는 그 취급하는 위험물의 압력이 상승할 우려가 있는 설비에는 압력계 및 다음에 해당하는 안전장치를 설치하여야 한다.
① 자동적으로 압력의 상승을 정지시키는 장치
② 감압측에 안전밸브를 부착한 감압밸브
③ 안전밸브를 병용하는 경보장치
④ 파괴판(위험물의 성질에 따라 안전밸브의 작동이 곤란한 가압설비에 한한다)

19 물분무소화설비의 기동장치 점검내용을 3가지만 쓰시오

해답 ✔답 ① 조작부 주위의 장애물 유무
② 표지의 손상의 유무 및 기재사항의 적부
③ 기능의 적부

상세해설 물분무소화설비, 스프링클러설비 일반점검표

점검항목		점검내용	점검방법
예비 동력원	기동장치	조작부주위의 장애물의 유무	육안
		표지의 손상의 유무 및 기재사항의 적부	육안
		기능의 적부	작동확인

20 제3류 위험물인 트라이에틸알루미늄이 물과 반응하는 경우 반응식을 쓰고, 이때 발생하는 기체의 위험도를 계산하시오.

해답 ✔**답** ① 물과의 반응식 : $(C_2H_5)_3Al + 3H_2O \rightarrow Al(OH)_3 + 3C_2H_6$

② 기체의 위험도 : $H = \dfrac{U-L}{L} = \dfrac{12.4-3}{3} = 3.13$

상세해설

알킬알루미늄[$(C_nH_{2n+1}) \cdot Al$] : 제3류 위험물(금수성 물질)
① 알킬기(C_nH_{2n+1})에 알루미늄(Al)이 결합된 화합물이다.
② $C_1 \sim C_4$는 자연발화의 위험성이 있다.
③ 물과 접촉 시 가연성 가스 발생하므로 주수소화는 절대 금지한다.
④ 트라이메틸알루미늄(TMA : Tri Methyl Aluminium)

$(CH_3)_3Al + 3H_2O \rightarrow Al(OH)_3 + 3CH_4 \uparrow$ (메탄)

⑤ 트라이에틸알루미늄(TEA : Tri Eethyl Aluminium)

$(C_2H_5)_3Al + 3H_2O \rightarrow Al(OH)_3 + 3C_2H_6 \uparrow$ (에탄) ★에탄(폭발범위 : 3.0~12.4%)

⑥ 저장용기에 불활성기체(N_2)를 봉입한다.
⑦ 피부접촉 시 화상을 입히고 연소 시 흰 연기가 발생한다.
⑧ 소화 시 주수소화는 절대 금하고 팽창질석, 팽창진주암 등으로 피복소화한다.

위험물기능장 제46회 실기시험

2009년도 기능장 제46회 실기시험 (2009년 08월 23일 시행)

자격종목	시험시간	문제수	형별
위험물기능장	2시간	20	A

01 자체소방대의 설치제외 대상에 해당하는 일반취급소를 3가지만 쓰시오.

해답
✔답 ① 보일러, 버너 그 밖에 이와 유사한 장치로 위험물을 소비하는 일반취급소
② 이동저장탱크 그 밖에 이와 유사한 것에 위험물을 주입하는 일반취급소
③ 용기에 위험물을 옮겨 담는 일반취급소
④ 유압장치, 윤활유순환장치 그 밖에 이와 유사한 장치로 위험물을 취급하는 일반취급소
⑤ 「광산안전법」의 적용을 받는 일반취급소

상세해설
위험물안전관리법 시행규칙 제73조(자체소방대의 설치 제외대상인 일반취급소)
① 보일러, 버너 그 밖에 이와 유사한 장치로 위험물을 소비하는 일반취급소
② 이동저장탱크 그 밖에 이와 유사한 것에 위험물을 주입하는 일반취급소
③ 용기에 위험물을 옮겨 담는 일반취급소
④ 유압장치, 윤활유순환장치 그 밖에 이와 유사한 장치로 위험물을 취급하는 일반취급소
⑤ 「광산안전법」의 적용을 받는 일반취급소

02 다음의 내용은 안포(ANFO)폭약을 제조하는데 사용되는 제1류 위험물에 대한 것이다. 다음 각 물음에 답하시오.
① 화학식을 쓰시오.
② 제1류 위험물중 지정수량이 같은 품명을 2가지만 쓰시오.
③ 폭발반응식을 쓰시오.

해답
✔답 ① NH_4NO_3
② 브로민산염류, 아이오딘산염류
③ $2NH_4NO_3 \rightarrow 2N_2 + O_2 + 4H_2O$

상세해설
질산암모늄(NH_4NO_3)−제1류−질산염류

화학식	분자량	비중	융점	분해온도
NH_4NO_3	80	1.73	165℃	220℃

① 단독으로 가열, 충격 시 분해 폭발할 수 있다.
② 화약(ANFO폭약))원료로 쓰이며 유기물과 접촉 시 폭발우려가 있다.
③ 무색, 무취의 결정이며, 조해성 및 흡습성이 매우 강하다.
④ 물에 용해 시 흡열반응을 나타낸다.
⑤ 급격한 가열충격에 따라 폭발의 위험이 있다.

★ 질산암모늄의 분해 반응식 : $NH_4NO_3 \rightarrow N_2O + 2H_2O$
★ 질산암모늄의 폭발 반응식 : $2NH_4NO_3 \rightarrow 2N_2 + O_2 + 4H_2O$
★ ANFO(안포)폭약의 성분 : 질산암모늄94% + 경유6%

03 제3류 위험물인 트라이에틸알루미늄이 염소와 반응할 때 반응식을 쓰시오.

해답 ✔답 $(C_2H_5)_3Al + 3Cl_2 \rightarrow AlCl_3 + 3C_2H_5Cl$

상세해설

트라이에틸알루미늄—제3류 위험물—금수성 및 자연발화성

화학식	분자량	비점(끓는점)	융점(녹는점)	비중	인화점
$(C_2H_5)_3Al$	114	194℃	-50℃	0.835	-22℃

① 무색투명한 액체이다.
② C_1~C_4는 자연발화의 위험성이 있다.
③ 물과 접촉 시 가연성 가스 발생하므로 주수소화는 절대 금지한다.

$(C_2H_5)_3Al + 3H_2O \rightarrow Al(OH)_3 + 3C_2H_6\uparrow$ (에탄)   ★에탄(폭발범위 : 3.0~12.4%)

④ 공기 중 완전연소 반응식

$2(C_2H_5)_3Al + 21O_2 \rightarrow Al_2O_3$(산화알루미늄) $+ 12CO_2 + 15H_2O$

⑤ 소화 시 주수소화는 절대 금하고 팽창질석, 팽창진주암 등으로 피복소화한다.

트라이에틸알루미늄의 반응식
① 완전연소 반응식 $2(C_2H_5)_3Al + 21O_2 \rightarrow Al_2O_3$(산화알루미늄) $+ 12CO_2 + 15H_2O$
② 물과 반응식 $(C_2H_5)_3Al + 3H_2O \rightarrow Al(OH)_3$(수산화알루미늄) $+ 3C_2H_6$(에탄)
③ 염소와 반응식 $(C_2H_5)_3Al + 3Cl_2 \rightarrow AlCl_3$(염화알루미늄) $+ 3C_2H_5Cl$(염화에틸)
④ 메틸알코올과 반응식 $(C_2H_5)_3Al + 3CH_3OH \rightarrow Al(CH_3O)_3$(메틸알루미녹세인) $+ 3C_2H_6$(에탄)
⑤ 염산과 반응식 $(C_2H_5)_3Al + 3HCl \rightarrow AlCl_3$(염화알루미늄) $+ 3C_2H_6$(에탄)

04 포소화설비의 수동식 기동장치의 설치기준을 3가지만 쓰시오.

해답 ✔답 ① 직접조작 또는 원격조작에 의하여 가압송수장치, 수동식개방밸브 및 포소화약제혼합장치를 기동할 수 있을 것

② 2 이상의 방사구역을 갖는 포소화설비는 방사구역을 선택할 수 있는 구조로 할 것
③ 기동장치의 조작부는 화재시 용이하게 접근이 가능하고 바닥면으로부터 0.8m 이상 1.5m 이하의 높이에 설치할 것
④ 기동장치의 조작부에는 유리 등에 의한 방호조치가 되어 있을 것
⑤ **기동장치의 조작부 및 호스접속구**에는 직근의 보기 쉬운 장소에 각각 "**기동장치의 조작부**" 또는 "**접속구**"라고 표시할 것

상세해설 포소화설비의 자동식의 기동장치 또는 수동식의 기동장치 설치기준
(1) 자동식기동장치의 설치기준
자동화재탐지설비의 감지기의 작동 또는 폐쇄형스프링클러헤드의 개방과 연동하여 가압송수장치, 일제개방밸브 및 포소화약제혼합장치가 기동될 수 있도록 할 것. 다만, 자동화재탐지설비의 수신기가 설치되어 있는 장소에 상시 사람이 있고 화재시 즉시 당해 조작부를 작동시킬 수 있는 경우에는 그러하지 아니하다.
(2) 수동식기동장치의 설치기준
① 직접조작 또는 원격조작에 의하여 가압송수장치, 수동식개방밸브 및 포소화약제혼합장치를 기동할 수 있을 것
② 2 이상의 방사구역을 갖는 포소화설비는 방사구역을 선택할 수 있는 구조로 할 것
③ 기동장치의 조작부는 화재시 용이하게 접근이 가능하고 바닥면으로부터 0.8m 이상 1.5m 이하의 높이에 설치할 것
④ 기동장치의 조작부에는 유리 등에 의한 방호조치가 되어 있을 것
⑤ **기동장치의 조작부 및 호스접속구**에는 직근의 보기 쉬운 장소에 각각 "**기동장치의 조작부**" 또는 "**접속구**"라고 표시할 것

---

05 공업적으로 탄화수소(메탄)와 암모니아를 백금 촉매하에서 산소를 혼합시켜 제조되며 반응성이 강한 것으로 분자량이 27이고 약한 산성을 나타내는 제4류 위험물에 대하여 답하시오.
① 물질명　　　② 화학식　　　③ 품명

해답 ✔답 ① 물질명 : 사이안화수소　② 화학식 : HCN　③ 품명 : 제4류 제1석유류

상세해설 사이안화수소(HCN) [hydrogen cyanide] 제4류-제1석유류-수용성

화학식	분자량	비중	비점	인화점	착화점	연소범위
HCN	27	0.69	26℃	-17℃	540℃	6~41%

① 무색의 휘발성 액체이다.
② 약한 산성인 수용액을 사이안화수소산 또는 청산이라고 한다.
③ 연소 시 질소와 이산화탄소를 생성한다.

$$4HCN + 5O_2 \rightarrow 2H_2O + 2N_2 + 4CO_2$$

④ 메탄과 암모니아를 백금 촉매하에서 산소를 혼합시켜 제조한다.

$$2CH_4 + 2NH_3 + 3O_2 \rightarrow 2HCN + 6H_2O$$

⑤ 물·에탄올·에터 등과 임의의 비율로 섞인다.
⑥ 맹독성가스로 공기 중의 허용농도를 10ppm으로 규제

06

다음은 제3류 위험물인 자연발화성 물질에 대한 내용이다. ( )안에 알맞은 답을 쓰시오.

(1) 자연발화성물질에 있어서는 불활성 기체를 봉입하여 밀봉하는 등 (①)와 접하지 아니하도록 할 것
(2) 자연발화성물질외의 물품에 있어서는 파라핀·경유·등유 등의 보호액으로 채워 밀봉하거나 불활성 기체를 봉입하여 밀봉하는 등 (②)과 접하지 아니하도록 할 것
(3) 자연발화성물질 중 알킬알루미늄등은 운반용기의 내용적의 (③)% 이하의 수납율로 수납하되, (④)℃의 온도에서 (⑤)% 이상의 공간용적을 유지하도록 할 것

해답 ✔답 ① 공기 ② 수분 ③ 90 ④ 50 ⑤ 5

상세해설
위험물의 운반에 관한 기준
Ⅱ. 적재방법
① **고체위험물**은 운반용기 **내용적의 95%** 이하의 수납율로 수납할 것
② **액체위험물**은 운반용기 **내용적의 98%** 이하의 수납율로 수납하되, 55℃의 온도에서 누설되지 아니하도록 충분한 공간용적을 유지하도록 할 것
③ **제3류 위험물**은 다음의 기준에 따라 운반용기에 수납할 것
　㉠ 자연발화성물질에 있어서는 불활성 기체를 봉입하여 밀봉하는 등 **공기**와 접하지 아니하도록 할 것
　㉡ 자연발화성물질외의 물품에 있어서는 파라핀·경유·등유 등의 보호액으로 채워 밀봉하거나 불활성 기체를 봉입하여 밀봉하는 등 **수분**과 접하지 아니하도록 할 것
　㉢ 자연발화성물질 중 알킬알루미늄 등은 운반용기의 **내용적의 90%** 이하의 수납율로 수납하되, 50℃의 온도에서 **5% 이상**의 공간용적을 유지하도록 할 것

07

다음의 위험물에 대한 보호액을 쓰시오.

① 황린　　　　② 나트륨　　　　③ 이황화탄소

해답

✔ 답 ① 황린 : 물
② 나트륨 : 파라핀, 경유, 등유
③ 이황화탄소 : 물

상세해설

위험물과 보호액

구 분	화학식	유 별	보호액	보호액에 저장 목적
황린	P_4	제3류	물	공기와 접촉하여 자연발화방지
칼륨, 나트륨	K, Na	제3류	파라핀, 경유, 등유	물과 반응하여 가연성기체(H_2)의 발생방지
과산화수소	H_2O_2	제6류	저장용기는 밀폐하지 말고 **구멍**이 있는 **마개**를 사용	
이황화탄소	CS_2	제4류	물	가연성 증기의 발생억제

08 위험물 제4류 중 제1석유류로서 분자량이 60이고 인화점 −19℃, 럼주와 같은 향기가 나는 무색액체인 물질의 가수분해 반응식을 쓰시오.

해답

✔ 답 $HCOOCH_3 + H_2O \rightarrow CH_3OH + HCOOH$

상세해설

의산(개미산)메틸($HCOOCH_3$) : 제4류 제1석유류

$$\underset{\underset{H}{|}}{H-\overset{\overset{O}{\|}}{C}-O-\overset{\overset{H}{|}}{C}-H}$$

화학식	분자량	비중	비점	인화점	착화점	연소범위
$HCOOCH_3$	60	0.98	32℃	−19℃	449℃	5~20%

① 무색 투명한 액체
② 증기는 마취성이 있고 독성이 강하다.
③ 물에 잘 녹지만 비수용성 위험물에 해당한다.
④ 가수분해되어 메틸알코올과 의산(개미산)이 생성된다.

$$HCOOCH_3 + H_2O \rightarrow CH_3OH + HCOOH$$

09 분자량이 58이고 압력 202.65kPa 온도가 100℃일 경우 물질의 증기밀도 (g/L)를 계산하시오.

해답

✔ 계산과정
① 단위환산
$$P = 202.65\text{kPa} \times \frac{1\text{atm}}{101.3\text{kPa}} = 2.00\text{atm}, \quad T = 273 + 100 = 373\text{K}$$

② 증기밀도 계산

$$\rho(\text{밀도}) = \frac{PM}{RT} = \frac{2 \times 58}{0.082 \times 373} = 3.79 \text{g/L}$$

✔ 답 3.79g/l

상세해설

이상기체상태방정식

$$PV = \frac{W}{M}RT = nRT$$

여기서, P : 압력(atm), V : 부피(L), W : 무게(g), M : 분자량, n : mol수 $= \frac{W}{M}$

R : 기체상수(0.082atm · L/mol · K), T : 절대온도(273+t℃)K

10 다음은 클리브랜드개방컵 인화점측정기에 의한 인화점 측정시험방법이다. ( ) 안에 알맞은 답을 쓰시오.

(1) 시험장소는 기압 1기압, (①)의 장소로 할 것
(2) 「인화점 및 연소점 시험방법-클리브랜드 개방컵 시험방법(KS M ISO 2592)」에 의한 인화점측정기의 시료컵의 표선(標線)까지 시험물품을 채우고 시험물품의 표면의 기포를 제거할 것
(3) 시험불꽃을 점화하고 화염의 크기를 직경 (②)mm가 되도록 조정할 것
(4) 시험물품의 온도가 60초간 (③)℃의 비율로 상승하도록 가열하고 설정온도보다 55℃ 낮은 온도에 달하면 가열을 조절하여 설정온도보다 28℃ 낮은 온도에서 60초간 (④)℃ 비율로 온도가 상승하도록 할 것.
(5) 시험물품의 온도가 설정온도보다 28℃ 낮은 온도에 달하면 시험불꽃을 시료컵의 중심을 횡단하여 일직선으로 1초간 통과시킬 것. 이 경우 시험불꽃의 중심을 시료컵 위쪽 가장자리의 상방 (⑤) mm 이하에서 수평으로 움직여야 한다.
(6) (5)의 방법에 의하여 인화하지 않는 경우에는 시험물품의 온도가 2℃ 상승할 때 마다 시험불꽃을 시료컵의 중심을 횡단하여 일직선으로 1초간 통과시키는 조작을 인화할 때까지 반복할 것
(7) (6)의 방법에 의하여 인화한 온도와 설정온도와의 차가 4℃를 초과하지 않는 경우에는 해당 온도를 인화점으로 할 것
(8) (5)의 방법에 의하여 인화한 경우 및 (6)의 방법에 의하여 인화한 온도와 설정온도와의 차가 4℃를 초과하는 경우에는 (2)내지 (6)과 같은 순서로 반복하여 설치할 것.

해답 ✔ 답 ① 무풍   ② 4   ③ 14   ④ 5.5   ⑤ 2

상세해설

위험물안전관리에 관한 세부기준 제16조
(클리브랜드개방컵인화점측정기에 의한 인화점 측정시험)

클리브랜드(Cleaveland)개방컵인화점측정기에 의한 인화점 측정시험은 다음 각 호에 정한 방법에 의한다.

① 시험장소는 기압 1기압, 무풍의 장소로 할 것
② 「인화점 및 연소점 시험방법 – 클리브랜드 개방컵 시험방법」(KS M ISO 2592)에 의한 인화점측정기의 시료컵의 표선(標線)까지 시험물품을 채우고 시험물품의 표면의 기포를 제거할 것
③ 시험불꽃을 점화하고 화염의 크기를 직경 4mm가 되도록 조정할 것
④ 시험물품의 온도가 60초간 14℃의 비율로 상승하도록 가열하고 설정온도보다 55℃ 낮은 온도에 달하면 가열을 조절하여 설정온도보다 28℃ 낮은 온도에서 60초간 5.5℃의 비율로 온도가 상승하도록 할 것
⑤ 시험물품의 온도가 설정온도보다 28℃ 낮은 온도에 달하면 시험불꽃을 시료컵의 중심을 횡단하여 일직선으로 1초간 통과시킬 것. 이 경우 시험불꽃의 중심을 시료컵 위쪽 가장자리의 상방 2mm 이하에서 수평으로 움직여야 한다.
⑥ ⑤의 방법에 의하여 인화하지 않는 경우에는 시험물품의 온도가 2℃ 상승할 때마다 시험불꽃을 시료컵의 중심을 횡단하여 일직선으로 1초간 통과시키는 조작을 인화할 때까지 반복할 것
⑦ ⑥의 방법에 의하여 인화한 온도와 설정온도와의 차가 4℃를 초과하지 않는 경우에는 당해 온도를 인화점으로 할 것
⑧ ⑤의 방법에 의하여 인화한 경우 및 ⑥의 방법에 의하여 인화한 온도와 설정온도와의 차가 4℃를 초과하는 경우에는 ②내지 ⑥과 같은 순서로 반복하여 실시할 것

11 탄화칼슘 500g이 물과 반응할 때 생성되는 기체의 부피(L)(표준상태)와 생성되는 가연성가스의 위험도를 계산하시오.

해답 ✔ 계산과정

① 물과의 반응식
$$CaC_2 + 2H_2O \rightarrow Ca(OH)_2 + C_2H_2(아세틸렌)$$

② 생성되는 기체의 부피(표준상태)
- CaC_2의 분자량 = 40 + 12 × 2 = 64

$$CaC_2 + 2H_2O \rightarrow Ca(OH)_2 + C_2H_2$$

64g ────────→ 1 × 22.4L
500g ────────→ x

$$x = \frac{500g \times 1 \times 22.4L}{64g} = 175L$$

③ 아세틸렌의 폭발범위(연소범위) : 2.5~81%

$$위험도\ H = \frac{81-2.5}{2.5} = 31.4$$

✔**답** 생성되는 기체의 부피 : 175L
　　　위험도 : 31.4

상세해설

★**원자량 암기방법**
　원자번호가 짝수인 경우 : 원자번호×2　　[예] Ca=20(원자번호)×2=40
　원자번호가 홀수인 경우 : 원자번호×2+1　[예] Na=11(원자번호)×2+1=23

탄화칼슘(CaC_2) : 제3류 위험물 중 칼슘탄화물

화학식	분자량	융점	비중
CaC_2	64	2370℃	2.21

① 물과 접촉 시 아세틸렌을 생성하고 열을 발생시킨다.

$$CaC_2 + 2H_2O \rightarrow Ca(OH)_2(수산화칼슘) + C_2H_2\uparrow(아세틸렌)$$

② 아세틸렌의 폭발범위는 2.5~81%로 대단히 넓어서 폭발위험성이 크다.
③ 장기 보관 시 불활성기체(N_2 등)를 봉입하여 저장한다.
④ 별명은 카바이드, 탄화석회, 칼슘카바이드 등이다.
⑤ 고온(700℃)에서 질화되어 석회질소($CaCN_2$)가 생성된다.

$$CaC_2 + N_2 \rightarrow CaCN_2(석회질소) + C(탄소)$$

⑥ 물 및 포약제에 의한 소화는 절대 금하고 마른모래 등으로 피복 소화한다.

---

12 국제해상위험물규칙의 분류기준으로 괄호 안에 알맞은 내용을 적으시오.

등급	구분	등급	구분
제1급	화약류	제5급	(③)
제2급	(①)	제6급	독성 및 전염성 물질
제3급	인화성 액체류	제7급	(④)
제4급	(②)	제8급	부식성 물질

※ 국제해상위험물규칙은 2011년부터 출제 기준에서 제외되었습니다.

---

13 제3종 분말소화약제가 온도 190℃, 215℃, 300℃에서 열분해 반응식을 쓰시오.

해답

✔**답** ① 190℃에서 열분해 : $NH_4H_2PO_4 \rightarrow H_3PO_4 + NH_3$
　　　② 215℃에서 열분해 : $2H_3PO_4 \rightarrow H_4P_2O_7 + H_2O$
　　　③ 300℃에서 열분해 : $H_4P_2O_7 \rightarrow 2HPO_3 + H_2O$

상세해설

분말약제의 열분해

종 별	약제명	착색	열분해 반응식
제1종	탄산수소나트륨 중탄산나트륨 중조	백색	270℃ $2NaHCO_3 \rightarrow Na_2CO_3 + CO_2 + H_2O$ 850℃ $2NaHCO_3 \rightarrow Na_2O + 2CO_2 + H_2O$
제2종	탄산수소칼륨 중탄산칼륨	담회색	190℃ $2KHCO_3 \rightarrow K_2CO_3 + CO_2 + H_2O$ 590℃ $2KHCO_3 \rightarrow K_2O + 2CO_2 + H_2O$
제3종	제1인산암모늄	담홍색	190℃ $NH_4H_2PO_4 \rightarrow NH_3 + H_3PO_4$(오르토인산) 215℃ $2H_3PO_4 \rightarrow H_2O + H_4P_2O_7$(피로인산) 300℃ $H_4P_2O_7 \rightarrow H_2O + 2HPO_3$(메타인산)
제4종	중탄산칼륨+요소	회(백)색	$2KHCO_3 + (NH_2)_2CO \rightarrow K_2CO_3 + 2NH_3 + 2CO_2$

14 다음에서 설명하는 위험물에 대한 각 물음에 답하시오.

- 비중이 1.49이다.
- 융점은 −23℃이다.
- 순수한 것은 무색이고 공업용은 담황색 또는 분홍색의 액체이다.
- 알코올, 아세톤, 벤젠에는 잘 녹는다.
- 구조식은 아래와 같다.

  CH_2-ONO_2
  $|$
  CH_2-ONO_2

① 이 물질의 명칭을 쓰시오.   ② 이 물질의 품명을 쓰시오.
③ 이 물질의 지정수량을 쓰시오.

해답 ✔답 ① 나이트로글리콜   ② 질산에스터류   ③ 10kg

상세해설

나이트로글리콜(nitroglycol)($C_2H_4(ONO_2)_2$)−제5류−질산에스터류

화학식	구조식	분자량	비중	융점	폭발열	생성열
$C_2H_4(ONO_2)_2$	CH_2-ONO_2 $\|$ CH_2-ONO_2	152	1.49	−22.8℃	1,655kcal/kg	54.9kcal/mol,

① 순수한 것은 무색이나 공업용은 담황색 또는 분홍색의 액체이다.
② 물에는 잘 녹지 않으나 **아세톤・에터・메탄올 등의 유기용매에는** 녹는다.
③ 정식명칭은 이질산에틸렌글리콜(Ethylene glycol dinitrate : EGDN)이다.
④ 액체상태의 최고폭속 : 7,800m/s

나이트로글리콜의 폭발반응식
$$C_2H_4(ONO_2)_2 \rightarrow 2CO_2 + 2H_2O + N_2$$

⑤ 나이트로글리세린과 혼합하여 다이너마이트용으로 쓰인다.

15 화학소방자동차에 갖추어야 하는 소화능력 및 설비의 기준이다. ( )안에 알맞은 답을 쓰시오.

화학소방자동차의 구분	소화능력 및 설비의 기준
포수용액 방사차	포수용액의 방사능력이 매분 (①)L 이상일 것
	소화약액탱크 및 (②)를 비치할 것
	(③)L 이상의 포수용액을 방사할 수 있는 양의 소화약제를 비치할 것
분말 방사차	분말의 방사능력이 매초 (④)kg 이상일 것
	분말탱크 및 가압용가스설비를 비치할 것
	(⑤)kg 이상의 분말을 비치할 것

해답 ✔답 ① 2,000 ② 소화약액 혼합장치 ③ 10만 ④ 35 ⑤ 1,400

상세해설 화학소방자동차에 갖추어야 하는 소화능력 및 설비의 기준

화학소방자동차의 구분	소화능력 및 설비의 기준
포수용액 방사차	포수용액의 방사능력이 매분 2,000L 이상일 것
	소화약액탱크 및 소화약액혼합장치를 비치할 것
	10만L 이상의 포수용액을 방사할 수 있는 양의 소화약제를 비치할 것
분말 방사차	분말의 방사능력이 매초 35kg 이상일 것
	분말탱크 및 가압용가스설비를 비치할 것
	1,400kg 이상의 분말을 비치할 것
할로겐화합물 방사차	할로겐화합물의 방사능력이 매초 40kg 이상일 것
	할로겐화합물탱크 및 가압용가스설비를 비치할 것
	1,000kg 이상의 할로겐화합물을 비치할 것
이산화탄소 방사차	이산화탄소의 방사능력이 매초 40kg 이상일 것
	이산화탄소저장용기를 비치할 것
	3,000kg 이상의 이산화탄소를 비치할 것
제독차	가성소오다 및 규조토를 각각 50kg 이상 비치할 것

16 관계인이 예방규정을 정하는 제조소 등에 대한 설명이다. ( )안에 알맞은 답을 쓰시오.

(1) 지정수량의 (①)배 이상의 위험물을 취급하는 제조소
(2) 지정수량의 (②)배 이상의 위험물을 저장하는 옥외저장소
(3) 지정수량의 (③)배 이상의 위험물을 저장하는 옥내 저장소
(4) 지정수량의 (④)배 이상의 위험물을 저장하는 옥외탱크 저장소

해답 ✔답 ① 10   ② 100   ③ 150   ④ 200

상세해설 관계인이 예방규정을 정하여야 하는 제조소등
① 지정수량의 10배 이상의 위험물을 취급하는 제조소
② 지정수량의 100배 이상의 위험물을 저장하는 옥외저장소
③ 지정수량의 150배 이상의 위험물을 저장하는 옥내저장소
④ 지정수량의 200배 이상의 위험물을 저장하는 옥외탱크저장소
⑤ 암반탱크저장소
⑥ 이송취급소
⑦ 지정수량의 10배 이상의 위험물을 취급하는 일반취급소. 다만, 제4류 위험물(특수인화물을 제외)만을 지정수량의 50배 이하로 취급하는 일반취급소(제1석유류・알코올류의 취급량이 지정수량의 10배 이하인 경우에 한한다)로서 다음 각목의 어느 하나에 해당하는 것을 제외한다.
  ㉠ 보일러・버너 또는 이와 비슷한 것으로서 위험물을 소비하는 장치로 이루어진 일반취급소
  ㉡ 위험물을 용기에 옮겨 담거나 차량에 고정된 탱크에 주입하는 일반취급소

---

17 제1류 위험물인 과산화나트륨에 대한 다음 각 물음에 답하시오.
① 물과의 반응식을 쓰시오.
② 에틸알코올과의 반응식을 쓰시오.
③ 이산화탄소소화기를 사용해서는 안되는 이유를 쓰시오.

해답 ✔답 ① 물과의 반응식 : $2Na_2O_2 + 2H_2O \rightarrow 4NaOH + O_2$
② 알코올과의 반응식 : $Na_2O_2 + 2C_2H_5OH \rightarrow 2C_2H_5ONa + H_2O_2$
③ 이산화탄소소화기를 사용해서는 안되는 이유 : 이산화탄소와 반응하여 산소를 방출하기 때문

상세해설 과산화나트륨(Na_2O_2) : 제1류 위험물 중 무기과산화물(금수성)

화학식	분자량	비중	융점	분해온도
Na_2O_2	78	2.8	460℃	460℃

① 상온에서 물과 격렬히 반응하여 산소(O_2)를 방출하고 폭발하기도 한다.
$$2Na_2O_2 + 2H_2O \rightarrow 4NaOH + O_2\uparrow$$
(과산화나트륨) (물)   (수산화나트륨) (산소)

② 공기중 이산화탄소(CO_2)와 반응하여 산소(O_2)를 방출한다.
$$2Na_2O_2 + 2CO_2 \rightarrow 2Na_2CO_3 + O_2\uparrow$$

③ 산과 반응하여 과산화수소(H_2O_2)를 생성시킨다.
$$Na_2O_2 + 2CH_3COOH \rightarrow 2CH_3COONa + H_2O_2\uparrow$$

④ 열분해 시 산소(O_2)를 방출한다.

$$2Na_2O_2 \rightarrow 2Na_2O + O_2 \uparrow$$

⑤ 주수소화는 금물이고 마른모래(건조사)등으로 소화한다.

---

18 다음 물질의 시성식을 쓰시오.
① 무색 투명한 특유의 향이 있는 액체로서 분자량이 74인 물질
② 무색의 액체로 특유의 냄새가 나고 분자량이 53인 제1석유류 물질

해답
✔**답** ① $C_2H_5OC_2H_5$ ② $CH_2=CHCN$

상세해설

다이에틸에터($C_2H_5OC_2H_5$) −제4류−특수인화물

```
    H   H       H   H
    |   |       |   |
H − C − C − O − C − C − H
    |   |       |   |
    H   H       H   H
```

화학식	분자량	비중	비점	인화점	착화점	연소범위
$C_2H_5OC_2H_5$	74.12	0.72	34℃	−40℃	180℃	1.7~48%

① 알코올에는 녹지만 물에는 녹지 않는다.
② 직사광선에 장시간 노출 시 과산화물 생성

> **과산화물 생성 확인방법** : 다이에틸에터 + KI용액(10%) → 황색변화(1분 이내)
> **과산화물 생성방지** : 40메쉬 구리망
> **과산화물 제거 시약** : 황산제1철($FeSO_4$)

③ 용기는 갈색 병을 사용하며 냉암소에 보관

아크릴로니트릴(acrylonitrile)($CH_2=CHCN$)−제4류−제1석유류

화학식	분자량	비중	비점	인화점	착화점
$CH_2=CHCN$	53.07	0.81	77.3℃	−5℃	481℃

① 독특한 냄새가 나는 무색 액체이다.
② 20℃의 물에 대한 용해도는 7.3이며 대부분의 유기용매와 임의의 비율로 섞인다.
③ 아크릴 섬유나 아크릴 수지 등의 주체가 되는 화합물($CH_2=CH-CN$) 이다.
④ 가수분해하면 아크릴아마이드나 아크릴산을 생성한다.

---

19 위험물 탱크시험자가 갖추어야 할 시설과 필수장비를 3가지만 쓰시오.

해답
✔**답** ① 시설 : 전용사무실
② 필수장비 : 자기탐상시험기, 초음파두께측정기, 영상초음파시험기

상세해설 탱크시험자의 기술능력·시설 및 장비(제14조제1항 관련)
(1) 기술능력
　① 필수인력
　　㉠ 위험물기능장·위험물산업기사 또는 위험물기능사 중 1명 이상
　　㉡ 비파괴검사기술사 1명 이상 또는 초음파비파괴검사·자기비파괴검사 및 침투비파괴검사별로 기사 또는 산업기사 각 1명 이상
　② 필요한 경우에 두는 인력
　　㉠ 충·수압시험, 진공시험, 기밀시험 또는 내압시험의 경우 : 누설비파괴검사 기사, 산업기사 또는 기능사
　　㉡ 수직·수평도시험의 경우 : 측량 및 지형공간정보 기술사, 기사, 산업기사 또는 측량기능사
　　㉢ 방사선투과시험의 경우 : 방사선비파괴검사 기사 또는 산업기사
　　㉣ 필수 인력의 보조 : 방사선비파괴검사·초음파비파괴검사·자기비파괴검사 또는 침투비파괴검사 기능사
(2) **시설 : 전용사무실**
(3) **장비**
　① 필수장비 : **자기탐상시험기, 초음파두께측정기** 및 다음 ㉠ 또는 ㉡ 중 어느 하나
　　㉠ **영상초음파시험기**
　　㉡ **방사선투과시험기 및 초음파시험기**
　② 필요한 경우에 두는 장비
　　㉠ 충·수압시험, 진공시험, 기밀시험 또는 내압시험의 경우
　　　• 진공능력 53kPa 이상의 진공누설시험기
　　　• **기밀시험장치**(안전장치가 부착된 것으로서 가압능력 200kPa 이상, 감압의 경우에는 감압능력 10kPa 이상·감도 10Pa 이하의 것으로서 각각의 압력변화를 스스로 기록할 수 있는 것)
　　㉡ 수직·수평도 시험의 경우 : 수직·수평도 측정기
※ 비고 : 둘 이상의 기능을 함께 가지고 있는 장비를 갖춘 경우에는 각각의 장비를 갖춘 것으로 본다.

---

20 다음은 지정과산화물을 저장 또는 취급하는 옥내저장소의 저장창고의 기준이다. ( )안에 알맞은 답을 쓰시오.

> 저장창고는 (①)m² 이내마다 격벽으로 완전하게 구획할 것. 이 경우 해당 격벽은 두께 30cm 이상의 (②) 또는 (③)로 하거나 두께 40cm 이상의 (④)로 하고 해당 저장창고의 양측의 외벽으로부터 1m 이상, 상부의 지붕으로부터 (⑤)cm 이상 돌출하게 하여야 한다.

해답 ✔답 ① 150   ② 철근콘크리트조   ③ 철골·철근콘크리트조

④ 보강콘크리트블록조 ⑤ 50

지정과산화물을 저장 또는 취급하는 옥내저장소의 저장창고의 기준

① 저장창고는 150m² 이내마다 격벽으로 완전하게 구획할 것. 이 경우 당해 격벽은 두께 30cm 이상의 철근콘크리트조 또는 철골철근콘크리트조로 하거나 두께 40cm 이상의 보강콘크리트블록조로 하고 당해 저장창고의 양측의 외벽으로부터 1m 이상, 상부의 지붕으로부터 50cm 이상 돌출하게 하여야 한다.
② 저장창고의 외벽은 두께 20cm 이상의 철근콘크리트조나 철골철근콘크리트조 또는 두께 30cm 이상의 보강콘크리트블록조로 할 것
③ 저장창고의 지붕은 다음 각목에 적합할 것
   ㉠ 중도리 또는 서까래의 간격은 30cm 이하로 할 것
   ㉡ 지붕의 아래쪽 면에는 한 변의 길이가 45cm 이하의 환강(丸鋼)·경량형강(輕量型鋼) 등으로 된 강제(鋼製)의 격자를 설치할 것
   ㉢ 지붕의 아래쪽 면에 철망을 쳐서 불연재료의 도리·보 또는 서까래에 단단히 결합할 것
   ㉣ 두께 5cm 이상, 너비 30cm 이상의 목재로 만든 받침대를 설치할 것
④ 저장창고의 출입구에는 60분+방화문 또는 60분방화문을 설치할 것
⑤ 저장창고의 창은 바닥면으로부터 2m 이상의 높이에 두되 하나의 벽면에 두는 창의 면적의 합계를 당해 벽면의 면적의 80분의 1 이내로 하고 하나의 창의 면적은 0.4m² 이내로 할 것

위험물기능장 제47회 실기시험

2010년도 기능장 제47회 실기시험 (2010년 05월 16일 시행)

자격종목	시험시간	문제수	형별
위험물기능장	2시간	20	A

수험번호 / 성 명

01 분말소화약제 중 제3종 분말약제가 190℃에서 1차로 열분해하는 반응식을 쓰시오.

해답 ✔답 $NH_4H_2PO_4 \rightarrow NH_3 + H_3PO_4$

상세해설

분말약제의 열분해

종 별	약제명	착색	열분해 반응식
제1종	탄산수소나트륨 중탄산나트륨 중조	백색	270℃ $2NaHCO_3 \rightarrow Na_2CO_3 + CO_2 + H_2O$ 850℃ $2NaHCO_3 \rightarrow Na_2O + 2CO_2 + H_2O$
제2종	탄산수소칼륨 중탄산칼륨	담회색	190℃ $2KHCO_3 \rightarrow K_2CO_3 + CO_2 + H_2O$ 590℃ $2KHCO_3 \rightarrow K_2O + 2CO_2 + H_2O$
제3종	제1인산암모늄	담홍색	190℃ $NH_4H_2PO_4 \rightarrow NH_3 + H_3PO_4$(오르토인산) 215℃ $2H_3PO_4 \rightarrow H_2O + H_4P_2O_7$(피로인산) 300℃ $H_4P_2O_7 \rightarrow H_2O + 2HPO_3$(메타인산)
제4종	중탄산칼륨+요소	회(백)색	$2KHCO_3 + (NH_2)_2CO \rightarrow K_2CO_3 + 2NH_3 + 2CO_2$

02 적재하는 위험물의 성질에 따라 일광의 직사 또는 빗물의 침투를 방지하기 위하여 유효하게 피복하는 등의 조치를 하여야 한다. 다음의 경우에 해당하는 다음 각 물음에 답하시오.

(1) 차광성이 있는 피복으로 가려야하는 것 5가지만 쓰시오.
(2) 방수성이 있는 피복으로 덮어야 하는 것 3가지만 쓰시오.
(3) 제5류 위험물 중 몇 ℃ 이하의 온도에서 분해될 우려가 있는 것은 보냉 컨테이너에 수납하는 등 적정한 온도로 관리를 하여야 하는가?

해답 ✔답 (1) 차광성이 있는 피복으로 가려야 하는 것
① 제1류 위험물
② 제3류 위험물 중 자연발화성물질
③ 제4류 위험물 중 특수인화물
④ 제5류 위험물
⑤ 제6류 위험물

(2) 방수성이 있는 피복으로 덮어야 하는 것
　① 제1류 위험물 중 알칼리금속의 과산화물
　② 제2류 위험물 중 철분·금속분·마그네슘 또는 이들 중 어느 하나 이상을 함유한 것
　③ 제3류 위험물 중 금수성 물질
(3) 55℃

상세해설

적재하는 위험물의 성질에 따른 조치
(1) 차광성이 있는 피복으로 가려야하는 위험물
　① 제1류 위험물
　② 제3류 위험물 중 자연발화성물질
　③ 제4류 위험물 중 특수인화물
　④ 제5류 위험물
　⑤ 제6류 위험물
(2) 방수성이 있는 피복으로 덮어야 하는 것
　① 제1류 위험물 중 알칼리금속의 과산화물
　② 제2류 위험물 중 철분·금속분·마그네슘 또는 이들 중 어느 하나 이상을 함유한 것
　③ 제3류 위험물 중 금수성 물질
(3) 제5류 위험물 중 55℃ 이하의 온도에서 분해될 우려가 있는 것은 보냉 컨테이너에 수납하는 등 적정한 온도관리를 할 것

---

03 다음은 위험물제조소의 위치. 구조 및 설비에 관한 기준이다. (　)안에 알맞은 답을 쓰시오.

- 인화성 고체를 제외한 제2류 위험물의 주의사항 게시판의 주의사항 표시는 (①)으로 하여야 한다.
- 건축물의 벽·기둥·바닥·보·서까래 및 계단을(②)로 하고 연소의 우려가 있는 외벽은 출입구 외의 개구부가 없는 (③)의 벽으로 하여야 한다.
- 환기설비의 환기구는 지붕 위 또는 지상 (④)m 이상의 높이에 회전식 고정 벤틸레이터 또는 루프팬방식으로 설치할 것.

해답 ✔답 ① 화기주의　② 불연재료　③ 내화구조　④ 2

상세해설

제조소의 위치. 구조 및 설비의 기준
(1) 위험물제조소의 표지 및 게시판
　① 표지는 한 변의 길이가 0.3m 이상, 다른 한 변의 길이가 0.6m 이상인 직사각형으로 할 것

② 바탕은 백색, 문자는 흑색
(2) 게시판의 설치기준
① 한 변의 길이가 0.3m 이상, 다른 한 변의 길이가 0.6m 이상인 직사각형으로 할 것
② 위험물의 유별·품명 및 저장최대수량 또는 취급최대수량, 지정수량의 배수 및 안전 관리자의 성명 또는 직명을 기재할 것
③ 게시판의 바탕은 백색으로, 문자는 흑색으로 할 것
④ 저장 또는 취급하는 위험물에 따라 주의사항 게시판을 설치할 것

위험물의 종류	주의사항 표시	게시판의 색
제1류(알칼리금속 과산화물) 제3류(금수성 물품)	물기 엄금	청색바탕에 백색문자
제2류(인화성 고체 제외)	화기 주의	
제2류(인화성 고체) 제3류(자연발화성 물품) 제4류 제5류	화기 엄금	적색바탕에 백색문자

(3) 건축물의 구조 ★★
① 지하층이 없도록 할 것.
② 벽·기둥·바닥·보·서까래 및 계단은 **불연재료**로, 외벽은 개구부가 없는 **내화구조의 벽**으로 할 것
③ 지붕은 가벼운 불연재료로 덮을 것
④ 출입구와 비상구에는 60분+방화문·60분방화문 또는 30분방화문을 설치하되, 연소의 우려가 있는 외벽에 설치하는 출입구에는 수시로 열 수 있는 자동폐쇄식의 60분+방화문 또는 60분방화문을 설치할 것
⑤ 창 및 출입구에 유리를 이용하는 경우에는 망입유리로 할 것
⑥ 건축물의 바닥은 적당한 경사를 두어 그 최저부에 **집유설비**를 할 것

(4) 채광·조명 및 환기설비의 설치 기준 ★★★
① 채광설비
불연재료로 하고, 연소의 우려가 없는 장소에 설치하되 채광면적을 최소로 할 것
② 조명설비
㉠ 조명등은 방폭등으로 할 것
㉡ 전선은 내화·내열전선으로 할 것
㉢ 점멸스위치는 출입구 바깥부분에 설치할 것.
③ 환기설비
㉠ 자연배기방식으로 할 것
㉡ 급기구는 바닥면적 $150m^2$마다 1개 이상, 크기는 $800cm^2$ 이상으로 할 것.

[바닥면적이 $150m^2$ 미만인 경우 급기구의 면적]

바닥면적	급기구의 면적
$60m^2$ 미만	$150cm^2$ 이상
$60m^2$ 이상 $90m^2$ 미만	$300cm^2$ 이상
$90m^2$ 이상 $120m^2$ 미만	$450cm^2$ 이상
$120m^2$ 이상 $150m^2$ 미만	$600cm^2$ 이상

ⓒ 급기구는 낮은 곳에 설치하고 **인화방지망**을 설치할 것
ⓓ 환기구는 지붕위 또는 지상 2m 이상의 높이에 회전식 고정 벤티레이터 또는 루푸팬방식으로 설치할 것

04 제4류 위험물인 가솔린을 저장 운반시 다음의 내장용기의 종류에 따른 최대용적을 쓰시오.
① 플라스틱 용기　　　　　② 금속제 용기

해답 ✔답 ① 10L　② 30L

05 소화난이도등급 I 암반탱크저장소에 다음의 위험물을 저장 및 취급할 경우 설치하여야 하는 소화설비를 모두 쓰시오.
① 황만을 저장 · 취급하는 것
② 인화점 70℃ 이상의 제4류 위험물만을 저장 · 취급하는 것
③ 경유

해답 ✔답 ① 황만을 저장 · 취급하는 것 : 물분무소화설비
② 인화점 70℃이상의 제4류 위험물만을 저장 · 취급하는 것 : 물분무소화설비 또는 고정식 포소화설비
③ 경유 : 고정식 포소화설비(포소화설비가 적응성이 없는 경우에는 분말소화설비)

상세해설 소화난이도 등급 1의 제조소 등에 설치하여야 하는 소화설비

제조소 등의 구분		소화설비
암반탱크 저장소	황만을 저장 · 취급하는 것	물분무소화설비
	인화점70℃ 이상의 제4류 위험물만을 저장 · 취급하는 것	물분무소화설비 또는 고정식 포소화설비
	그 밖의 것	고정식 포소화설비(포소화설비가 적응성이 없는 경우에는 분말소화설비

06
할로젠화합물소화약제 중 할론 1301소화약제에 대한 다음 각 물음에 답하시오. (단, 각 원소의 원자량은 F : 19, Cl : 35.5, Br : 79.9, I : 127이다.)
① 할론 1301에서 각 숫자가 의미하는 원소를 쓰시오.
② 증기비중을 구하시오.

해답   ✔답 ①

숫자	1	3	0	1
원소	C	F	Cl	Br

② M(분자량) = 12+19×3+79.9 = 148.9

증기비중 = $\dfrac{148.9}{29}$ = 5.13   ∴ 5.13

상세해설 할로젠화합물 소화약제 명명법 : 할론 ⓐ ⓑ ⓒ ⓓ
ⓐ : C 원자수   ⓑ : F 원자수   ⓒ : Cl 원자수   ⓓ : Br 원자수

할로젠화합물 소화약제

구분 \ 종류	할론 2402	할론 1211	할론 1301	할론 1011
분자식	$C_2F_4Br_2$	CF_2ClBr	CF_3Br	CH_2ClBr

증기비중 = $\dfrac{M(분자량)}{29(공기평균분자량)}$

07
칼슘, 인화칼슘 그리고 탄화칼슘이 각각 물과 반응할 때 공통적으로 생성되는 물질을 화학식으로 쓰시오.

해답   ✔답 $Ca(OH)_2$

상세해설
① 칼슘과 물의 반응식
　$Ca + 2H_2O \rightarrow Ca(OH)_2$(수산화칼슘) + H_2(수소)
② 인화칼슘과 물의 반응식
　$Ca_3P_2 + 6H_2O \rightarrow 3Ca(OH)_2$(수산화칼슘) + $2PH_3$(인화수소＝포스핀)
③ 탄화칼슘과 물의 반응식
　$CaC_2 + 2H_2O \rightarrow Ca(OH)_2$(수산화칼슘) + C_2H_2(아세틸렌)

08
제3류 위험물이고 무색투명한 액체로서 분자량 약 114, 비중 0.83인 위험물에 대하여 각 물음에 답하시오.
(1) 이 물질이 물과 반응하는 화학 반응식을 쓰시오.
(2) 운반용기의 내용적의 (①)% 이하의 수납율로 수납하되 (②)℃의 온도에서 5% 이상의 공간용적을 유지하도록 할 것

해답
✔답 (1) $(C_2H_5)_3Al + 3H_2O \rightarrow Al(OH)_3 + 3C_2H_6$
(2) ① 90 ② 50

상세해설

트라이에틸알루미늄-제3류 위험물-금수성 및 자연발화성

화학식	분자량	비점(끓는점)	융점(녹는점)	비중	인화점
$(C_2H_5)_3Al$	114	194℃	-50℃	0.835	-22℃

① 무색투명한 액체이다.
② $C_1 \sim C_4$는 자연발화의 위험성이 있다.
③ 물과 접촉 시 가연성 가스 발생하므로 주수소화는 절대 금지한다.

$(C_2H_5)_3Al + 3H_2O \rightarrow Al(OH)_3 + 3C_2H_6 \uparrow$ (에탄) ★에탄(폭발범위 : 3.0~12.4%)

④ 공기 중 완전연소 반응식

$2(C_2H_5)_3Al + 21O_2 \rightarrow Al_2O_3$(산화알루미늄) $+ 12CO_2 + 15H_2O$

⑤ 소화 시 주수소화는 절대 금하고 팽창질석, 팽창진주암 등으로 피복소화한다.

위험물의 운반에 관한 기준
Ⅱ. 적재방법
① **고체위험물**은 운반용기 **내용적의 95%** 이하의 수납율로 수납할 것
② **액체위험물**은 운반용기 **내용적의 98%** 이하의 수납율로 수납하되, 55℃의 온도에서 누설되지 아니하도록 충분한 공간용적을 유지하도록 할 것
③ **제3류 위험물**은 다음의 기준에 따라 운반용기에 수납할 것
 ㉠ 자연발화성물질에 있어서는 불활성 기체를 봉입하여 밀봉하는 등 **공기와 접하지 아니하도록 할 것**
 ㉡ 자연발화성물질외의 물품에 있어서는 파라핀·경유·등유 등의 보호액으로 채워 밀봉하거나 불활성 기체를 봉입하여 밀봉하는 등 **수분과 접하지 아니하도록 할 것**
 ㉢ 자연발화성물질 중 알킬알루미늄 등은 운반용기의 **내용적의 90% 이하**의 수납율로 수납하되, **50℃**의 온도에서 **5% 이상**의 공간용적을 유지하도록 할 것

09
옥외에서 액체 위험물을 취급하는 설비의 바닥에 대한 기준을 4가지만 쓰시오.

해답
✔답 ① 바닥의 둘레에 높이 0.15m 이상의 턱을 설치하는 등 위험물이 외부로 흘러나가지 아니하도록 하여야 한다.

② 바닥은 콘크리트 등 위험물이 스며들지 아니하는 재료로 하고, 턱이 있는 쪽이 낮게 경사지게 하여야 한다.
③ 바닥의 최저부에 집유설비를 하여야 한다.
④ 위험물(온도 20℃의 물 100g에 용해되는 양이 1g 미만인 것에 한한다)을 취급하는 설비에 있어서는 당해 위험물이 직접 배수구에 흘러들어가지 아니하도록 집유설비에 유분리장치를 설치하여야 한다.

상세해설

옥외에서 액체위험물을 취급하는 설비의 바닥 기준
① 바닥의 둘레에 높이 0.15m 이상의 턱을 설치하는 등 위험물이 외부로 흘러나가지 아니하도록 하여야 한다.
② 바닥은 콘크리트 등 위험물이 스며들지 아니하는 재료로 하고, 턱이 있는 쪽이 낮게 경사지게 하여야 한다.
③ 바닥의 최저부에 집유설비를 하여야 한다.
④ 위험물(온도 20℃의 물 100g에 용해되는 양이 1g 미만인 것에 한한다)을 취급하는 설비에 있어서는 당해 위험물이 직접 배수구에 흘러들어가지 아니하도록 집유설비에 유분리장치를 설치하여야 한다.

10 제4류 위험물 중 제1석유류인 MEK(Methyl Ethyl Ketone)의 구조식과 위험도를 계산하시오.

해답 ✔답 ① 구조식 :

$$\begin{array}{c} HOHH \\ H-C-C-C-C-H \\ HHH \end{array}$$

② 위험도 : $H = \dfrac{10-1.8}{1.8} = 4.56$ ∴ 4.56

상세해설

메틸에틸케톤(Methyl Ethyl Ketone)($CH_3COC_2H_5$) : 제4류-제1석유류(비수용성)

$$\begin{array}{c} HOHH \\ H-C-C-C-C-H \\ HHH \end{array}$$

화학식	분자량	비중	비점	인화점	착화점	연소범위
$CH_3COC_2H_5$	72.11	0.81	79.6℃	-7℃	516℃	1.8~10%

① 휘발성이 강한 무색액체이며 2-뷰타논이라고도 한다.
② 완전 연소하면 이산화탄소와 물이 생성된다.

$$2CH_3COC_2H_5 + 11O_2 \rightarrow 8CO_2 + 8H_2O$$

③ 제2부탄올을 산화하면 생긴다.
④ MEK라고 약칭한다.

위험도 계산공식

$$H = \frac{U(\text{연소상한}) - L(\text{연소하한})}{L(\text{연소하한})}$$

11. 제4류 위험물중 제1석유류인 휘발유에 대한 각 물음에 답하시오.

(1) 휘발유의 체적 팽창계수가 0.00135/℃이다. 20L의 휘발유가 5℃에서 25℃로 상승하는 경우에 체적을 계산하시오.

(2) 휘발유 저장하던 이동저장탱크에 등유나 경유 주입할 때 정전기 등에 의한 재해를 방지하기 위한 조치를 하여야한다. ( )안에 알맞은 답을 쓰시오.

- 이동저장탱크의 상부로부터 위험물을 주입할 때에는 위험물의 액표면이 주입관의 끝부분을 넘는 높이가 될 때까지 그 주입관 내의 유속을 초당 (①) 이하로 할 것
- 이동저장탱크의 밑부분으로부터 위험물을 주입할 때에는 위험물의 액표면이 주입관의 정상 부분을 넘는 높이가 될 때까지 그 주입배관 내의 유속을 초당 (②) 이하로 할 것
- 그 밖의 방법에 의한 위험물의 주입은 이동저장탱크에 (③)가 잔류하지 아니하도록 조치하고 안전한 상태로 있음을 확인한 후에 할 것

해답

✓답 (1) 팽창 후 부피 $V = 20 \times [1 + 0.00135 \times (25-5)] = 20.54L$
(2) ① 1m ② 1m ③ 가연성 증기

상세해설

부피의 증가율 산출공식

$$V = V_0(1 + \beta \Delta t)$$

여기서, V : 팽창 후 부피, V_0 : 팽창 전 부피, β : 체적팽창계수, Δt : 온도차

이동탱크저장소(컨테이너식 이동탱크저장소를 제외한다)에서의 취급기준

휘발유를 저장하던 이동저장탱크에 등유나 경유를 주입할 때 또는 등유나 경유를 저장하던 이동저장탱크에 휘발유를 주입할 때에는 다음의 기준에 따라 정전기등에 의한 재해를 방지하기 위한 조치를 할 것

① 이동저장탱크의 상부로부터 위험물을 주입할 때에는 위험물의 액표면이 주입관의 끝부분을 넘는 높이가 될 때까지 그 주입관내의 유속을 **초당 1m 이하**로 할 것
② 이동저장탱크의 밑부분으로부터 위험물을 주입할 때에는 위험물의 액표면이 주입관의 정상부분을 넘는 높이가 될 때까지 그 주입배관내의 유속을 **초당 1m 이하**로 할 것
③ 그 밖의 방법에 의한 위험물의 주입은 이동저장탱크에 **가연성 증기**가 잔류하지 아니하도록 조치하고 안전한 상태로 있음을 확인한 후에 할 것

12. 제3류 위험물인 황린에 대한 다음 각 물음에 답하시오.

① 완전연소 반응식
② 운반시 운반용기 외부에 표시하여야 할 주의사항을 모두 쓰시오.
③ 보호액은 무엇인가?

해답

✔ 답 ① 연소반응식 : $P_4 + 5O_2 \rightarrow 2P_2O_5$
② 주의사항 : 화기엄금, 공기접촉엄금
③ 보호액 : pH=9인 약알칼리성의 물

상세해설

황린(P_4)[별명 : 백린] : 제3류 위험물(자연발화성물질)

화학식	분자량	발화점	비점	융점	비중	증기비중
P_4	124	34℃	280℃	44℃	1.82	4.4

① 백색 또는 담황색의 고체이며 공기 중 약 34℃에서 자연 발화한다.
② 저장 시 자연 발화성이므로 반드시 물속에 저장한다.
③ 인화수소(PH_3)의 생성을 방지하기 위하여 물의 pH=9(약알칼리)가 안전한계이다.
④ **연소 시 오산화인(P_2O_5)의 흰 연기가 발생**한다.

$$P_4 + 5O_2 \rightarrow 2P_2O_5(오산화인)$$

⑤ 강알칼리의 용액에서는 유독기체인 포스핀(PH_3) 발생한다.

$$P_4 + 3NaOH + 3H_2O \rightarrow 3NaH_2PO_2 + PH_3 \uparrow (인화수소=포스핀)$$

⑥ 약 260℃로 가열(공기차단)시 적린이 된다.
⑦ 고압의 주수소화는 황린을 비산시켜 연소면이 확대될 우려가 있다.

위험물 운반용기의 외부 표시 사항

① 위험물의 품명, 위험등급, 화학명 및 수용성(제4류 위험물의 수용성인 것에 한함)
② 위험물의 수량
③ 수납하는 위험물에 따른 주의사항

유별	성질에 따른 구분	표시사항
제1류 위험물	알칼리금속의 과산화물	화기·충격주의, 물기엄금 및 가연물접촉주의
	그 밖의 것	화기·충격주의 및 가연물접촉주의
제2류 위험물	철분·금속분·마그네슘	화기주의 및 물기엄금
	인화성고체	화기엄금
	그 밖의 것	화기주의
제3류 위험물	자연발화성물질	화기엄금 및 공기접촉엄금
	금수성물질	물기엄금
제4류 위험물	인화성 액체	화기엄금
제5류 위험물	자기반응성 물질	화기엄금 및 충격주의
제6류 위험물	산화성 액체	가연물접촉주의

13 폭굉유도거리(DID)가 짧아지는 경우를 3가지만 쓰시오.

해답

✔ 답 ① 압력이 상승하는 경우
② 관속에 방해물이 있거나 관경이 작아지는 경우
③ 점화원 에너지가 증가하는 경우

상세해설

폭굉과 폭연의 차이점 ★★
① 폭굉(디토네이션 : Detonation) : 연소속도가 음속보다 빠르다.(초음속)
② 폭연(디플러그레이션 : Deflagration) : 연소속도가 음속보다 느리다.(아음속)

폭굉유도거리(DID)가 짧아지는 경우
① 압력이 상승하는 경우
② 관속에 방해물이 있거나 관경이 작아지는 경우
③ 점화원 에너지가 증가하는 경우

14 1기압, 25℃에서 에틸알코올 200g이 완전 연소하는 때 필요한 이론 공기량(L)을 계산하시오. (단, 공기 중 산소의 농도는 21%(v/v)이다.)

해답

✔ 계산과정

① 에틸알코올(1몰 기준)의 완전연소 반응식
$C_2H_5OH + 3O_2 \rightarrow 2CO_2 + 3H_2O$

② 에틸알코올(C_2H_5OH)분자량 $= 12 \times 2 + 1 \times 6 + 16 = 46$

③ 필요한 산소량

$$V = \frac{WRT}{PM} \times mol(O_2) = \frac{200 \times 0.082 \times (273+25)}{1 \times 46} \times 3 = 318.73L$$

④ 필요한 이론공기량 $V = \dfrac{318.73}{0.21} = 1517.76L$

✔ 답 1517.76L

상세해설

이상기체상태방정식

$$PV = \frac{W}{M}RT = nRT$$

여기서, P : 압력(atm), V : 부피(L), W : 무게(g), M : 분자량, n : mol수 $= \dfrac{W}{M}$
R : 기체상수(0.082atm · L/mol · K), T : 절대온도(273+t℃)K

15 주유취급소에 주유 또는 그에 부대하는 업무를 위하여 설치할 수 있는 건축물 또는 시설을 5가지만 쓰시오.

해답 ✓답
① 주유 또는 등유·경유를 옮겨 담기 위한 작업장
② 주유취급소의 업무를 행하기 위한 사무소
③ 자동차 등의 점검 및 간이정비를 위한 작업장
④ 자동차 등의 세정을 위한 작업장
⑤ 주유취급소에 출입하는 사람을 대상으로 한 점포·휴게음식점 또는 전시장

상세해설 주유취급소에 설치할 수 있는 건축물 또는 시설
① 주유 또는 등유·경유를 옮겨 담기 위한 작업장
② 주유취급소의 업무를 행하기 위한 사무소
③ 자동차 등의 점검 및 간이정비를 위한 작업장
④ 자동차 등의 세정을 위한 작업장
⑤ 주유취급소에 출입하는 사람을 대상으로 한 점포·휴게음식점 또는 전시장
⑥ 주유취급소의 관계자가 거주하는 주거시설
⑦ 전기자동차용 충전설비
⑧ 그 밖의 소방청장이 정하여 고시하는 건축물 또는 시설

16 컨테이너식 이동탱크저장소를 제외한 이동탱크저장소의 취급기준에서 휘발유, 벤젠 그밖에 정전기에 의한 재해발생 우려가 있는 액체의 위험물을 이동저장탱크에 상부로 주입하는 때에는 주입관을 사용하되 어떤 조치를 하여야 하는가?

해답 ✓답 당해 주입관의 끝부분을 이동저장탱크의 밑바닥에 밀착할 것

상세해설 이동탱크저장소(컨테이너식 이동탱크저장소를 제외)에서의 취급기준
① 이동저장탱크로부터 위험물을 저장 또는 취급하는 탱크에 **인화점이 40℃ 미만**인 위험물을 주입할 때에는 이동탱크저장소의 **원동기를 정지**시킬 것
② 휘발유·벤젠 그 밖에 정전기에 의한 재해발생의 우려가 있는 액체의 위험물을 이동저장탱크에 주입하거나 이동저장탱크로부터 배출하는 때에는 도선으로 이동저장탱크와 접지전극 등과의 사이를 긴밀히 연결하여 당해 이동저장탱크를 접지할 것
③ 휘발유·벤젠·그 밖에 정전기에 의한 재해발생의 우려가 있는 액체의 위험물을 이동저장탱크의 상부로 주입하는 때에는 주입관을 사용하되, 당해 **주입관의 끝부분을 이동저장탱크의 밑바닥에 밀착**할 것
④ 휘발유를 저장하던 이동저장탱크에 등유나 경유를 주입할 때 또는 등유나 경유를 저장하던 이동저장탱크에 휘발유를 주입할 때에는 다음의 기준에 따라 정전기 등에 의

한 재해를 방지하기 위한 조치를 할 것
㉠ 이동저장탱크의 상부로부터 위험물을 주입할 때에는 위험물의 액표면이 주입관의 끝부분을 넘는 높이가 될 때까지 그 주입관내의 유속을 초당 1m 이하로 할 것
㉡ 이동저장탱크의 밑부분으로부터 위험물을 주입할 때에는 위험물의 액표면이 주입관의 정상부분을 넘는 높이가 될 때까지 그 주입배관내의 유속을 초당 1m 이하로 할 것
㉢ 그 밖의 방법에 의한 위험물의 주입은 이동저장탱크에 가연성증기가 잔류하지 아니하도록 조치하고 안전한 상태로 있음을 확인한 후에 할 것

17
포소화설비에 수동식 기동장치를 설치하는 경우 기동장치의 조작부 및 호스접속구에는 직근의 보기 쉬운 장소에 각각 무엇이라고 표시를 해야 하는지 쓰시오.

해답
✔**답** 기동장치의 조작부 또는 접속구

상세해설
포소화설비의 자동식의 기동장치 또는 수동식의 기동장치 설치기준
(1) **자동식기동장치의 설치기준**
자동화재탐지설비의 감지기의 작동 또는 폐쇄형스프링클러헤드의 개방과 연동하여 가압송수장치, 일제개방밸브 및 포소화약제혼합장치가 기동될 수 있도록 할 것. 다만, 자동화재탐지설비의 수신기가 설치되어 있는 장소에 상시 사람이 있고 화재시 즉시 당해 조작부를 작동시킬 수 있는 경우에는 그러하지 아니하다.
(2) **수동식기동장치의 설치기준**
① 직접조작 또는 원격조작에 의하여 가압송수장치, 수동식개방밸브 및 포소화약제혼합장치를 기동할 수 있을 것
② 2 이상의 방사구역을 갖는 포소화설비는 방사구역을 선택할 수 있는 구조로 할 것
③ 기동장치의 조작부는 화재시 용이하게 접근이 가능하고 바닥면으로부터 0.8m 이상 1.5m 이하의 높이에 설치할 것
④ 기동장치의 조작부에는 유리 등에 의한 방호조치가 되어 있을 것
⑤ **기동장치의 조작부 및 호스접속구에는 직근의 보기 쉬운 장소에 각각 "기동장치의 조작부" 또는 "접속구"라고 표시할 것**

18 금속 표면에 상당히 얇은 산화 피막이 형성되어 내부를 보호하고 부식성이 적은 은백색의 광택이 있는 금속으로서 원자량이 27 비중이 2.7인 제2류 위험물에 대한 다음 각 물음에 답하시오.

① 이 물질과 수증기의 반응식을 쓰시오.
② 이 물질 50g이 수증기와 반응하여 생성되는 기체의 부피(L)는 2기압, 30℃ 기준으로 얼마인지 계산하시오.

해답

① 반응식
✔ 답 $2Al + 6H_2O \rightarrow 2Al(OH)_3 + 3H_2$

② 생성되는 기체의 부피
✔ 계산과정

$Al + 3H_2O \rightarrow Al(OH)_3 + 1.5H_2$ (반응물질은 1몰 기준)
- 알루미늄(Al)의 원자량 = 27
- $V = \dfrac{WRT}{PM} \times \text{mol}(\text{생성기체}) = \dfrac{50 \times 0.082 \times (273+30)}{2 \times 27} \times 1.5 = 34.51L$

✔ 답 34.51L

상세해설

알루미늄분(Al) : 제2류 위험물

화학식	원자량	비중	융점	비점
Al	27	2.7	660℃	2,000℃

① 은백색의 분말이다.
② 알루미늄이 연소하면 백색연기를 내면서 산화알루미늄을 생성한다.

$$4Al + 3O_2 \rightarrow 2Al_2O_3$$

③ 가열된 알루미늄은 물(수증기)와 반응하여 수소를 발생시킨다.(주수소화금지)

$$2Al + 6H_2O \rightarrow 2Al(OH)_3 + 3H_2 \uparrow$$

④ 알루미늄(Al)은 염산과 반응하여 수소를 발생한다.

$$2Al + 6HCl \rightarrow 2AlCl_3 + 3H_2 \uparrow$$

⑤ 알루미늄과 수산화나트륨 수용액은 반응하여 알루미늄산과 수소기체를 발생한다.

$$2Al + 2NaOH + 2H_2O \rightarrow 2NaAlO_2 + 3H_2 \uparrow$$

⑥ 알루미늄과 수산화나트륨은 많은 수소 기체를 발생시킨다.

$$2Al + 6NaOH \rightarrow 2Na_3AlO_3 + 3H_2 \uparrow$$

⑦ 주수소화는 엄금이며 마른모래 등으로 피복 소화한다.

이상기체상태방정식

$$PV = \dfrac{W}{M}RT = nRT$$

여기서, P : 압력(atm), V : 부피(L), W : 무게(g), M : 분자량, n : mol수
R : 기체상수(0.082atm · L/mol · K), T : 절대온도(273+t℃)K

19 이동탱크저장소의 구조기준에 따라 칸막이로 구획된 각 부분에 안전장치를 설치하여야 한다. 각 물음에 따른 안전장치의 작동압력을 쓰시오.
① 상용압력이 18kPa인 탱크의 경우
② 상용압력이 21kPa인 탱크의 경우

해답 ✔답 ① 20kPa 이상 24kPa 이하
② 21kPa × 1.1 = 23.1kPa 이하

상세해설

이동저장탱크의 구조

칸막이로 구획된 각 부분마다 맨홀과 다음 각목의 기준에 의한 안전장치 및 방파판을 설치하여야 한다. 다만, 칸막이로 구획된 부분의 용량이 2,000L 미만인 부분에는 방파판을 설치하지 아니할 수 있다.

(1) 안전장치

상용압력에 따른 안전장치의 작동압력

탱크의 상용압력	20kPa 이하	20kPa 초과
안전장치의 작동압력	20kPa 이상 24kPa 이하	상용압력의 1.1배 이하

(2) 방파판
 ① 두께 1.6mm 이상의 강철판 또는 이와 동등 이상의 강도 · 내열성 및 내식성이 있는 금속성의 것으로 할 것
 ② 하나의 구획부분에 2개 이상의 방파판을 이동탱크저장소의 진행방향과 평행으로 설치하되, 각 방파판은 그 높이 및 칸막이로부터의 거리를 다르게 할 것
 ③ 하나의 구획부분에 설치하는 각 방파판의 면적의 합계는 당해 구획부분의 최대 수직단면적의 50% 이상으로 할 것. 다만, 수직단면이 원형이거나 짧은 지름이 1m 이하의 타원형일 경우에는 40% 이상으로 할 수 있다.

20 주유취급소에 위험물을 저장 또는 취급하는 다음 탱크의 최대용량은 몇 L 이하의 것이어야 하는가?
① 자동차 등을 점검, 정비하는 작업장 등 (주유 취급소 안에 설치된 것)에서 사용하는 폐유 · 윤활유 등의 위험물을 저장하는 탱크
② 보일러 등에 직접 접속하는 전용탱크
③ 자동차 등에 주유하기 위한 고정주유설비에 직접 접속하는 전용탱크
④ 고정급유설비에 직접 접속하는 전용탱크

해답 ✔답 ① 2,000L 이하 ② 10,000L 이하
   ③ 50,000L 이하 ④ 50,000L 이하

상세해설

주유취급소의 탱크
① 자동차 등에 주유하기 위한 고정주유설비에 직접 접속하는 전용탱크 : 50,000L 이하
② 고정급유설비에 직접 접속하는 전용탱크 : 50,000L 이하
③ 보일러 등에 직접 접속하는 전용탱크 : 10,000L 이하
④ 폐유탱크로서 용량(2 이상 설치하는 경우에는 각 용량의 합계)이 2,000L 이하인 탱크
⑤ 고정주유설비 또는 고정급유설비에 직접 접속하는 3기 이하의 간이탱크

고속국도주유취급소의 특례
고속국도의 도로변에 설치된 주유취급소에 있어서는 탱크의 용량을 60,000L까지 할 수 있다.

위험물기능장 제48회 실기시험

2010년도 기능장 제48회 실기시험 **(2010년 08월 22일 시행)**

자격종목	시험시간	문제수	형별	수험번호	성 명
위험물기능장	2시간	20	A		

01 수계(물계통)소화설비의 점검기구 5가지를 쓰시오.

해답 ✔**답** ① 소화전밸브압력계 ② 방수압력측정계 ③ 절연저항계
　　　　④ 전류전압측정계 ⑤ 헤드결합렌치

상세해설

소방시설별 점검기구

소방시설	장비	규격
공통시설	방수압력측정계 · 절연저항계 · 전류전압측정계	
소화기구	저울	
옥내소화전설비 옥외소화전설비	소화전 밸브 압력계	
스프링클러설비 포소화설비	헤드결합렌치	
이산화탄소소화설비 분말소화설비 할로젠화합물소화설비 청정소화약제소화설비	검량계 · 기동관누설시험기	
자동화재탐지설비 시각경보기	열감지기시험기 · 연감지기시험기 · 공기주입시험기 · 감지기시험기연결폴대 · 음량계	
누전경보기	누전계	누전전류 측정용
무선통신보조설비	무선기	통화시험용
제연설비	풍속풍압계 · 폐쇄력측정기 · 차압계	
통로유도등 비상조명등	조도계	최소눈금이 0.1럭스 이하인 것

02 포소화설비에서 포소화약제의 혼합방식 중 4가지만 쓰시오.

해답 ✔**답** ① 펌프 프로포셔너 방식
　　　　② 프레져 프로포셔너 방식
　　　　③ 라인 프로포셔너 방식
　　　　④ 프레져사이드 프로포셔너 방식

상세해설 포소화약제의 혼합장치

① 펌프 프로포셔너 방식
펌프의 토출관과 흡입관 사이의 배관도중에 설치한 흡입기에 펌프에서 토출된 물의 일부를 보내고, 농도 조정밸브에서 조정된 포 소화약제의 필요량을 포 소화약제 탱크에서 펌프 흡입측으로 보내어 이를 혼합하는 방식

② 프레져 프로포셔너 방식
펌프와 발포기의 중간에 설치된 벤추리관의 벤추리작용과 펌프 가압수의 포 소화약제 저장탱크에 대한 압력에 의하여 포소화약제를 흡입·혼합하는 방식

③ 라인 프로포셔너 방식
펌프와 발포기의 중간에 설치된 벤추리관의 벤추리 작용에 의하여 포소화약제를 흡입·혼합하는 방식

④ 프레져사이드 프로포셔너 방식
펌프의 토출관에 압입기를 설치하여 포 소화약제 압입용 펌프로 포소화약제를 압입시켜 혼합하는 방식

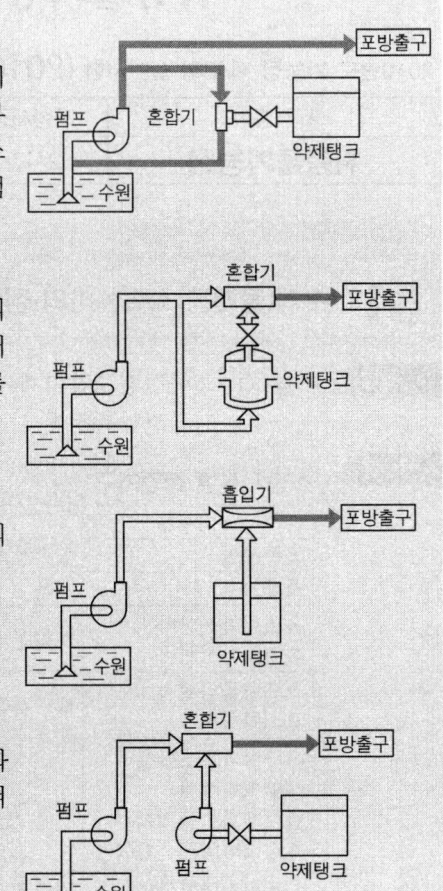

---

03 위험물제조소 건축물의 구조에 대한 다음 각 물음에 답하시오.
① 불연재료로 하여야 하는 건축물의 부분을 5가지만 쓰시오.
② 지붕의 재료 기준은 무엇인가?
③ 연소우려가 있는 외벽의 구조는?
④ 액체의 위험물을 취급하는 건축물의 바닥의 구조기준을 2가지만 쓰시오.

해답 ✔답 ① 벽·기둥·바닥·보·서까래 및 계단
② 폭발력이 위로 방출될 정도의 가벼운 불연재료
③ 출입구 외의 개구부가 없는 내화구조의 벽
④ • 위험물이 스며들지 못하는 재료를 사용한다.
  • 적당한 경사를 두어 그 최저부에 집유설비를 설치한다.

상세해설 위험물을 취급하는 건축물의 구조기준
① **지하층이 없도록** 하여야 한다. 다만, 위험물을 취급하지 아니하는 지하층으로서 위험물의 취급장소에서 새어나온 위험물 또는 가연성의 증기가 흘러 들어갈 우려가 없는 구조로 된 경우에는 그러하지 아니하다.
② **벽·기둥·바닥·보·서까래 및 계단을 불연재료로** 하고, **연소(延燒)의 우려가 있는 외벽**(소방청장이 정하여 고시하는 것)은 출입구 외의 **개구부가 없는 내화구조의 벽**으로 하여야 한다. 이 경우 제6류 위험물을 취급하는 건축물에 있어서 위험물이 스며들 우려가 있는 부분에 대하여는 아스팔트 그 밖에 부식되지 아니하는 재료로 피복하여야 한다.
③ **지붕**(작업공정상 제조기계시설 등이 2층 이상에 연결되어 설치된 경우에는 최상층의 지붕을 말한다)은 **폭발력이 위로 방출될 정도의 가벼운 불연재료로 덮어야** 한다. 다만, 위험물을 취급하는 건축물이 다음 각목의 1에 해당하는 경우에는 그 지붕을 내화구조로 할 수 있다.
 ㉠ 제2류 위험물(분말상태의 것과 인화성고체를 제외), 제4류 위험물 중 제4석유류·동식물유류 또는 제6류 위험물을 취급하는 건축물인 경우
 ㉡ 다음의 기준에 적합한 밀폐형 구조의 건축물인 경우
  • 발생할 수 있는 내부의 과압 또는 부압에 견딜 수 있는 철근콘크리트조일 것
  • 외부화재에 90분 이상 견딜 수 있는 구조일 것
④ 출입구와 비상구에는 **60분+방화문·60분방화문 또는 30분방화문**을 설치하되, 연소의 우려가 있는 외벽에 설치하는 출입구에는 수시로 열 수 있는 자동폐쇄식의 60분+방화문 또는 60분방화문을 설치하여야 한다.
⑤ 위험물을 취급하는 건축물의 창 및 출입구에 유리를 이용하는 경우에는 **망입유리**로 하여야 한다.
⑥ 액체의 위험물을 취급하는 건축물의 바닥은 위험물이 스며들지 못하는 재료를 사용하고, 적당한 경사를 두어 그 최저부에 집유설비를 하여야 한다.

---

04 위험물제조소, 일반취급소의 일반점검표에서 전기설비의 접지의 점검내용을 3가지만 쓰시오.

해답 ✓답 ① 단선의 유무 ② 부착부분의 탈락의 유무 ③ 접지저항치의 적부

상세해설 제조소, 일반취급소의 일반점검표의 점검항목 및 점검내용
① 환기·배출설비 등의 점검내용
 ㉠ 변형·손상의 유무 및 고정상태의 유무
 ㉡ 인화방지망의 손상 및 막힘 유무
 ㉢ 방화댐퍼의 손상 유무 및 기능의 적부
 ㉣ 팬의 작동상황의 적부
 ㉤ 가연성 증기 경보장치의 작동상황

② 접지의 점검내용
    ㉠ 단선의 유무
    ㉡ 부착부분의 탈락의 유무
    ㉢ 접지저항치의 적부
③ 피뢰설비의 점검내용
    ㉠ 돌침부의 경사, 손상, 부착상태
    ㉡ 피뢰도선의 단선 및 벽체 등과 접촉의 유무
    ㉢ 접지저항치의 적부

05
제4류 위험물로서 분자량이 78, 방향성이 있는 액체로 증기는 독성이 있고 인화점이 −11℃이다. 이 물질 2kg이 완전연소 할 때 반응식과 이론산소량(kg)은 얼마인가?

해답

✔ 계산과정

① 반응식 : $2C_6H_6 + 15O_2 \rightarrow 12CO_2 + 6H_2O$

② 이론산소량

$2C_6H_6 + 15O_2 \rightarrow 12CO_2 + 6H_2O$ (벤젠의 완전연소 반응식)

$2 \times 78\text{kg} \rightarrow 15 \times 32\text{kg}$

$2\text{kg} \longrightarrow x$

$x = \dfrac{2 \times 15 \times 32\text{kg}}{2 \times 78\text{kg}} = 6.15\text{kg}$

✔ 답 6.15kg

상세해설

벤젠(Benzene)(C_6H_6) : 제4류 위험물 중 제1석유류

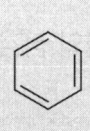  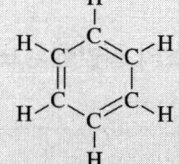

화학식	분자량	비중	비점	인화점	착화점	연소범위
C_6H_6	78	0.9	80℃	−11℃	562℃	1.4~8%

① 무색투명한 액체이다.
② 벤젠증기는 마취성 및 독성이 강하다.
③ 비수용성이며 알코올, 아세톤, 에터에는 용해
④ 연소 시 그을음을 내며 불완전 연소한다.
⑤ 취급 시 정전기에 유의해야 한다.

06

톨루엔을 나이트로화하여 생성되는 트라이나이트로톨루엔(TNT)의 제조방법과 열분해반응식을 쓰시오.

[해답]

✔ 답 ① 제조방법

$$C_6H_5CH_3 + 3HNO_3 \xrightarrow[\text{나이트로화}]{C-H_2SO_4} C_6H_2CH_3(NO_2)_3 + 3H_2O$$

② 열분해반응식

$$2C_6H_2CH_3(NO_2)_3 \rightarrow 2C + 12CO + 3N_2 + 5H_2$$

[상세해설]

트라이나이트로톨루엔[$C_6H_2CH_3(NO_2)_3$] (TNT : Tri Nitro Toluene) ★★★★★

화학식	분자량	비중	비점	융점	착화점
$C_6H_2CH_3(NO_2)_3$	227	1.7	280℃	81℃	300℃

① 물에는 녹지 않고 알코올, 아세톤, 벤젠에 녹는다.
② Tri Nitro Toluene의 약자로 TNT라고도 한다.
③ 담황색의 주상결정이며 햇빛에 다갈색으로 변색된다.
④ 톨루엔과 질산을 반응시켜 얻는다.

$$C_6H_5CH_3 + 3HNO_3 \xrightarrow[\text{(나이트로화)}]{C-H_2SO_4} C_6H_2CH_3(NO_2)_3 + 3H_2O$$
(톨루엔) (질산) (트라이나이트로톨루엔) (물)

⑤ 강력한 폭약이며 급격한 타격에 폭발한다.

$$2C_6H_2CH_3(NO_2)_3 \rightarrow 2C + 12CO + 3N_2\uparrow + 5H_2\uparrow$$

⑥ 연소 시 연소속도가 너무 빠르므로 소화가 곤란하다.
⑦ 무기 및 다이너마이트, 질산폭약제 제조에 이용된다.

07

에틸알코올 2분자에 진한황산을 넣고 140℃로 가열시켰을 때 생성되는 제4류 특수인화물의 명칭과 위험도를 구하시오.

[해답]

✔ 답 ① 명칭 : 다이에틸에터
② 위험도 : 27.24

- 다이에틸에터의 연소범위 : 1.7~48%
- $H = \dfrac{48 - 1.7}{1.7} = 27.24$

상세해설 다이에틸에터($C_2H_5OC_2H_5$) –제4류 특수인화물

$$H-\underset{\underset{H}{|}}{\overset{\overset{H}{|}}{C}}-\underset{\underset{H}{|}}{\overset{\overset{H}{|}}{C}}-O-\underset{\underset{H}{|}}{\overset{\overset{H}{|}}{C}}-\underset{\underset{H}{|}}{\overset{\overset{H}{|}}{C}}-H$$

화학식	분자량	비중	비점	인화점	착화점	연소범위
$C_2H_5OC_2H_5$	74.12	0.72	34℃	-40℃	180℃	1.7~48%

① 직사광선에 장시간 노출 시 과산화물 생성

과산화물 생성 확인방법
다이에틸에터 + KI용액(10%) → 황색변화(1분 이내)

② 용기는 갈색 병을 사용하며 냉암소에 보관.
③ 정전기 방지를 위하여 약간의 $CaCl_2$를 넣어준다.
④ 폭발성의 과산화물 생성방지를 위해 용기 내에 40mesh 구리 망을 넣어준다.

다이에틸에터 제조방법
$C_2H_5OH + C_2H_5OH \xrightarrow{C-H_2SO_4} C_2H_5OC_2H_5 + H_2O$

⑤ 과산화물 제거시약 : 황산제일철($FeSO_4$) 또는 환원철

위험도 계산공식

$$H = \dfrac{U(\text{연소상한}) - L(\text{연소하한})}{L(\text{연소하한})}$$

08 위험물 탱크시험자가 갖추어야 할 시설과 필수장비를 3가지만 쓰시오.

해답 ✔답 ① 시설 : 전용사무실
② 필수장비 : 자기탐상시험기, 초음파두께측정기, 영상초음파시험기

상세해설 **탱크시험자의 기술능력·시설 및 장비(제14조제1항 관련)**
(1) 기술능력
 ① 필수인력
  ㉠ 위험물기능장·위험물산업기사 또는 위험물기능사 중 1명 이상
  ㉡ 비파괴검사기술사 1명 이상 또는 초음파비파괴검사·자기비파괴검사 및 침투비파괴검사별로 기사 또는 산업기사 각 1명 이상
 ② 필요한 경우에 두는 인력
  ㉠ 충·수압시험, 진공시험, 기밀시험 또는 내압시험의 경우 : 누설비파괴검사 기사, 산업기사 또는 기능사

            ⓒ 수직·수평도시험의 경우 : 측량 및 지형공간정보 기술사, 기사, 산업기사 또는 측량기능사
            ⓒ 방사선투과시험의 경우 : 방사선비파괴검사 기사 또는 산업기사
            ⓔ 필수 인력의 보조 : 방사선비파괴검사·초음파비파괴검사·자기비파괴검사 또는 침투비파괴검사 기능사
    (2) **시설 : 전용사무실**
    (3) **장비**
        ① 필수장비 : **자기탐상시험기, 초음파두께측정기** 및 다음 ㉠ 또는 ㉡ 중 어느 하나
            ㉠ **영상초음파시험기**
            ㉡ **방사선투과시험기 및 초음파시험기**
        ② 필요한 경우에 두는 장비
            ㉠ 충·수압시험, 진공시험, 기밀시험 또는 내압시험의 경우
                • 진공능력 53kPa 이상의 진공누설시험기
                • **기밀시험장치**(안전장치가 부착된 것으로서 가압능력 200kPa 이상, 감압의 경우에는 감압능력 10kPa 이상·감도 10Pa 이하의 것으로서 각각의 압력변화를 스스로 기록할 수 있는 것)
            ㉡ 수직·수평도 시험의 경우 : 수직·수평도 측정기
    ※ 비고 : 둘 이상의 기능을 함께 가지고 있는 장비를 갖춘 경우에는 각각의 장비를 갖춘 것으로 본다.

09 국제해상위험물규칙에서 등급 중 8등급 명칭과 정의를 쓰시오.

※ 국제해상위험물규칙은 2011년부터 출제 기준에서 제외되었습니다.

10 위험물 운반용기의 외부표시사항을 3가지만 쓰시오.

해답
✔**답** ① 위험물의 품명, 위험등급, 화학명 및 수용성(제4류 위험물의 수용성인 것에 한함)
② 위험물의 수량
③ 수납하는 위험물에 따른 주의사항

상세해설
위험물 운반용기의 외부 표시 사항
① 위험물의 품명, 위험등급, 화학명 및 수용성(제4류 위험물의 수용성인 것에 한함)
② 위험물의 수량
③ 수납하는 위험물에 따른 주의사항

유별	성질에 따른 구분	표시사항
제1류 위험물	알칼리금속의 과산화물	화기·충격주의, 물기엄금 및 가연물접촉주의
	그 밖의 것	화기·충격주의 및 가연물접촉주의
제2류 위험물	철분·금속분·마그네슘	화기주의 및 물기엄금
	인화성고체	화기엄금
	그 밖의 것	화기주의
제3류 위험물	자연발화성물질	화기엄금 및 공기접촉엄금
	금수성물질	물기엄금
제4류 위험물	인화성 액체	화기엄금
제5류 위험물	자기반응성 물질	화기엄금 및 충격주의
제6류 위험물	산화성 액체	가연물접촉주의

11

질산 31.5g을 물에 녹여 360g으로 만들었다. 질산의 몰분율과 몰농도를 계산하시오. (단, 질산 수용액의 비중은 1.1이다.)

해답 ✔**계산과정 (질산의 몰분율)**

① 질산의 몰수 $M = \dfrac{31.5g}{63g} = 0.5\text{mol}$

② 물의 몰수 $M = \dfrac{(360 - 31.5)g}{18g} = 18.25\text{mol}$

③ 전체 몰수 $= 0.5 + 18.25 = 18.75\text{mol}$

④ $\text{mol분율} = \dfrac{\text{성분의 mol수}}{\text{전체 mol수}} = \dfrac{0.5}{18.75} = 0.027$

✔**계산과정 (질산의 몰농도)**

① 질산의 수용액 360g을 부피로 환산

$V = \dfrac{W}{\rho} = \dfrac{360g}{1.1g/mL} = 327.27\text{mL}$

② 질산 $1M = \dfrac{63g(HNO_3)}{1000mL(HNO_3\text{수용액})}$

③ 1M ╲ 63g ╲ 1000mL
xM ╱ 31.5g ╱ 327.27mL

④ $x = \dfrac{31.5 \times 1000}{63 \times 327.27} = 1.53M$

✔**답** 질산의 몰분율 : 0.03
질산의 몰농도 : 1.53M

상세해설 ① 질산(HNO_3)의 분자량 $= 1 + 14 + 16 \times 3 = 63$

② 몰분율 $= \dfrac{\text{성분의 몰수}}{\text{전체 몰수}}$

③ 밀도(ρ) = s(비중) × ρ_w(물의 밀도 : 1g/1mL) = 1.1 × 1g/mL = 1.1g/mL
④ V(부피) = ρ(밀도) × W(무게)
⑤ 몰농도(molar concentration)
  • 용액 1L 속에 포함된 용질의 몰수를 용액의 부피로 나눈 값
  • mol/L 또는 M으로 표시

12 제1류 위험물로서 무색, 무취의 결정이고 분자량 170, 녹는점은 212℃, 비중 4.35로서 사진 감광제로 사용하는 위험물의 명칭과 지정수량, 열분해반응식을 쓰시오.

해답
✔ 답 ① 명칭 : 질산은
② 지정수량 : 300kg
② 열분해반응식 : $2AgNO_3 \rightarrow 2Ag + 2NO_2 + O_2$

상세해설

질산은($AgNO_3$)—제1류 위험물(산화성고체)—질산염류

화학식	비중	융점	분해온도
$AgNO_3$	4.35	212℃	445℃

① 무색, 무취의 결정이다.
② 물, 아세톤, 알코올, 글리세린 등에 잘 녹는다.
③ 햇빛에 의해 분해되므로 갈색병에 보관하여야 한다.

질산은의 분해반응식
$$2AgNO_3 \rightarrow 2Ag + 2NO_2 + O_2$$

④ 사진감광제, 살균제, 살충제 등으로 사용한다.

제1류 위험물의 지정수량

성질	품 명		지정수량	위험등급
산화성 고체	1. 아염소산염류 2. 염소산염류 3. 과염소산염류 4. 무기과산화물		50kg	I
	5. 브로민산염류 6. **질산염류** 7. 아이오딘산염류		300kg	II
	8. 과망가니즈산염류 9. 다이크로뮴산염류		1000kg	III
	10. 그 밖에 행정안전부령이 정하는 것	① 과아이오딘산염류 ② 과아이오딘산 ③ 크로뮴, 납 또는 아이오딘의 산화물 ④ 아질산염류 ⑤ 염소화아이소사이아누르산 ⑥ 퍼옥소이황산염류 ⑦ 퍼옥소붕산염류	300kg	II
		⑧ 차아염소산염류	50kg	I

13 KS규격품인 스테인리스강판으로 이동저장탱크의 방호틀을 제작하고자 한다. 재질의 인장강도가 130N/mm²이라면 방호틀의 두께는 몇 mm 이상으로 하여야 하는가?

해답

✔ 계산과정

$$t = \sqrt{\frac{270}{\sigma}} \times 2.3 = \sqrt{\frac{270}{130}} \times 2.3 = 3.31\text{mm} \quad \therefore \ 3.4\text{mm}$$

✔ 답 3.4mm

상세해설

위험물안전관리에 관한 세부기준 제107조(이동저장탱크의 재료 등)

① **이동저장탱크의 탱크·칸막이·맨홀 및 주입관의 뚜껑**
KS규격품인 스테인레스강판, 알루미늄합금판, 고장력강판으로서 두께가 다음 식에 의하여 산출된 수치(소수점 2자리 이하는 올림) 이상으로 하고 판두께의 최소치는 2.8mm 이상일 것. 다만, 최대용량이 20kL을 초과하는 탱크를 알루미늄합금판으로 제작하는 경우에는 다음 식에 의하여 구한 수치에 1.1을 곱한 수치로 한다.

$$t = \sqrt[3]{\frac{400 \times 21}{\sigma \times A}} \times 3.2$$

여기서, t : 사용재질의 두께(mm), σ : 사용재질의 인장강도(N/mm²)
A : 사용재질의 신축율(%)

② **이동저장탱크의 방파판**
KS규격품인 스테인레스강판, 알루미늄합금판, 고장력강판으로서 두께가 다음 식에 의하여 산출된 수치(소수점 2자리 이하는 올림) 이상으로 한다.

$$t = \sqrt{\frac{270}{\sigma}} \times 1.6$$

여기서, t : 사용재질의 두께(mm), σ : 사용재질의 인장강도(N/mm²)

③ **이동저장탱크의 방호틀**
KS규격품인 스테인레스강판, 알루미늄합금판, 고장력강판으로서 두께가 다음 식에 의하여 산출된 수치(소수점 2자리 이하는 올림) 이상으로 한다.

$$t = \sqrt{\frac{270}{\sigma}} \times 2.3$$

여기서, t : 사용재질의 두께(mm), σ : 사용재질의 인장강도(N/mm²)

14 방폭구조의 종류를 5가지만 쓰시오.

해답

✔ 답 ① 내압방폭구조 ② 압력방폭구조
③ 유입방폭구조 ④ 안전증방폭구조
⑤ 본질안전방폭구조

상세해설 방폭구조의 종류와 기호
① 내압 방폭구조(Ex d)
용기 내 가스가 폭발 시 용기가 폭발 압력을 견디거나, 접합면, 개구부를 통해 외부에 인화될 우려가 없는 구조
② 압력 방폭구조(Ex p)
용기 내에 불연성가스를 압입시켜 폭발성 가스나 증기가 용기 내부에 유입되지 않도록 된 구조
③ 유입 방폭구조(Ex o)
전기불꽃, 아크, 고열을 발생하는 부분을 기름으로 채워 폭발성 가스 또는 증기에 인화되지 않도록 한 구조
④ 안전증 방폭구조(Ex e)
정상 운전 중에 점화원의 발생을 방지하기 위해 기계적, 전기적 구조상 온도상승에 대한 안전도를 증가한 구조
⑤ 본질 안전방폭구조(Ex ia, Ex ib)
전기불꽃, 아크 또는 고온에 의하여 폭발성 가스나 증기에 점화되지 않는 것이 확인된 구조

15
옥외저장탱크중 압력탱크(최대상용압력이 부압 또는 정압 5kPa을 초과하는 탱크)외의 탱크에 있어서 밸브 없는 통기관의 설치기준 4가지를 쓰시오.

해답 ✓ 답
① 직경은 30mm 이상일 것
② 끝부분은 수평면보다 45도 이상 구부려 빗물 등의 침투를 막는 구조로 할 것
③ 인화점이 **38℃ 미만**인 위험물만을 저장 또는 취급하는 탱크에 설치하는 통기관에는 **화염방지장치**를 설치하고, 그 외의 탱크에 설치하는 통기관에는 **40메쉬(mesh) 이상**의 구리망 또는 동등 이상의 성능을 가진 등으로 인화방지장치를 할 것. 다만, 인화점 70℃ 이상의 위험물만을 해당 위험물의 인화점 미만의 온도로 저장 또는 취급하는 탱크에 설치하는 통기관에 있어서는 그러하지 아니하다.
④ 가연성의 증기를 회수하기 위한 밸브를 통기관에 설치하는 경우에 있어서는 당해 통기관의 밸브는 저장탱크에 위험물을 주입하는 경우를 제외하고는 항상 개방되어 있는 구조로 하는 한편, 폐쇄하였을 경우에 있어서는 10kPa 이하의 압력에서 개방되는 구조로 할 것. 이 경우 개방된 부분의 유효단면적은 777.15mm^2 이상이어야 한다.

상세해설 옥외탱크저장소의 통기관 설치기준
옥외저장탱크중 압력탱크(최대상용압력이 부압 또는 정압 5kPa을 초과하는 탱크)외의 탱크(제4류 위험물의 옥외저장탱크에 한한다)에 있어서는 밸브없는 통기관 또는 대기밸

브부착 통기관을 다음 각목에 정하는 바에 의하여 설치하여야 한다.
(1) **밸브 없는 통기관**
① 직경은 30mm 이상일 것
② 끝부분은 수평면보다 45도 이상 구부려 빗물 등의 침투를 막는 구조로 할 것
③ 가는 눈의 구리망 등으로 인화방지장치를 할 것. 다만, 인화점 70℃ 이상의 위험물만을 해당 위험물의 인화점 미만의 온도로 저장 또는 취급하는 탱크에 설치하는 통기관에 있어서는 그러하지 아니하다.
④ 가연성의 증기를 회수하기 위한 밸브를 통기관에 설치하는 경우에 있어서는 당해 통기관의 밸브는 저장탱크에 위험물을 주입하는 경우를 제외하고는 항상 개방되어 있는 구조로 하는 한편, 폐쇄하였을 경우에 있어서는 10kPa 이하의 압력에서 개방되는 구조로 할 것. 이 경우 개방된 부분의 유효단면적은 777.15mm² 이상이어야 한다.
(2) **대기밸브부착 통기관**
5kPa 이하의 압력차이로 작동할 수 있을 것

---

16 위험물 제조소에 배출설비를 국소방식으로 설치하려고 한다. 배출능력(m³/hr)은 얼마 이상으로 하여야 하는가? (단, 배출장소의 용적은 가로 6m, 세로 8m, 높이 4m이다)

해답
✔ 계산과정
① 배출장소의 용적 = 6m × 8m × 4m = 192m³
② 배출능력 = 192m³ × 20 = 3,840m³/hr
✔ 답 3,840m³/hr

상세해설

배출설비의 설치기준 ★★
가연성의 증기 또는 미분이 체류할 우려가 있는 건축물에는 그 증기 또는 미분을 옥외의 높은 곳으로 배출할 수 있도록 다음 각 호의 기준에 의하여 배출설비를 설치하여야 한다.
(1) 배출설비는 국소방식으로 할 것
(2) 배출설비는 배풍기, 배출닥트, 후드 등을 이용한 강제배출방식으로 할 것
(3) **배출능력**은 1시간당 배출장소 용적의 **20배 이상**인 것으로 할 것
  (단, 전역방식의 경우에는 바닥면적 1m²당 18m³ 이상으로 할 수 있다)
(4) 배출설비의 급기구 및 배출구 설치 기준
  ① 급기구는 높은 곳에 설치하고, 가는 눈의 구리망 등으로 인화방지망을 설치
  ② 배출구는 지상 2m 이상으로서 연소의 우려가 없는 장소에 설치하고, 배출 닥트가 관통하는 벽부분의 바로 가까이에 화재시 자동으로 폐쇄되는 방화댐퍼를 설치할 것
(5) 배풍기는 강제배기방식으로 하고, 옥내닥트의 내압이 대기압 이상이 되지 아니하는 위치에 설치할 것

17 위험물제조소 등에 할로젠화합물소화설비를 설치하고자 할 때 다음 ( )안에 알맞은 답을 쓰시오.

> 축압식저장용기 등은 온도 21℃에서 할론1211을 저장하는 것은 (①) 또는 (②)MPa, 할론1301을 저장하는 것은 (③) 또는 (④)MPa이 되도록 (⑤) 가스를 가압하여야 한다.

해답 ✔답 ① 1.1   ② 2.5   ③ 2.5   ④ 4.2   ⑤ 질소

상세해설 **전역방출방식 또는 국소방출방식의 할로젠화합물소화설비**
① 할로젠화합물소화설비에 사용하는 소화약제는 하론2402, 하론 1211, 하론 1301, HFC-23, HFC-125 또는 HFC-227ea로 할 것
② 저장용기등의 충전비는 하론2402 중에서 가압식저장용기등에 저장하는 것은 0.51 이상 0.67 이하, 축압식저장용기등에 저장하는 것은 0.67 이상 2.75 이하, 하론1211은 0.7 이상 1.4 이하, 하론1301 및 HFC-227ea는 0.9 이상 1.6 이하, HFC-23 및 HFC-125는 1.2 이상 1.5 이하일 것
③ 저장용기는 다음에 정한 것에 의할 것
  ㉠ 가압식저장용기등에는 방출밸브를 설치할 것
  ㉡ 보기 쉬운 장소에 충전소화약제량, 소화약제의 종류, 최고사용압력(가압식의 것에 한한다), 제조년도 및 제조자명을 표시할 것
④ 축압식저장용기등은 온도 21℃에서 하론1211을 저장하는 것은 1.1MPa 또는 2.5MPa, 하론1301 또는 HFC-227ea를 저장하는 것은 2.5MPa 또는 4.2MPa이 되도록 질소가스로 가압할 것

[축압식 저장용기의 압력]

할론번호	가 스 압 력	충전가스
1211	1.1MPa 또는 2.5MPa (21℃)	질소(N_2)
1301	2.5MPa 또는 4.2MPa (21℃)	질소(N_2)

⑤ 가압용가스용기는 질소가스가 충전되어 있는 것일 것
⑥ 가압용가스용기에는 안전장치 및 용기밸브를 설치할 것

18 무색 또는 오렌지색의 결정으로, 분자량 110인 제1류 위험물에 대한 다음 각 물음에 답하시오.

① 물과의 반응식   ② 이산화탄소와의 반응식
③ 황산과의 반응식

해답 ✔답 ① $2K_2O_2 + 2H_2O \rightarrow 4KOH + O_2$
② $2K_2O_2 + 2CO_2 \rightarrow 2K_2CO_3 + O_2$
③ $K_2O_2 + H_2SO_4 \rightarrow K_2SO_4 + H_2O_2$

상세해설 과산화칼륨(K_2O_2) : 제1류 위험물 중 무기과산화물

화학식	분자량	비중	분해온도
K_2O_2	110	2.9	490℃

① 무색 또는 오렌지색 분말상태
② 상온에서 **물과 격렬히 반응하여 산소(O_2)를 방출**하고 폭발하기도 한다.
$$2K_2O_2 + 2H_2O \rightarrow 4KOH + O_2 \uparrow$$
③ 공기 중 이산화탄소(CO_2)와 반응하여 산소(O_2)를 방출한다.
$$2K_2O_2 + 2CO_2 \rightarrow 2K_2CO_3 + O_2 \uparrow$$
④ 산과 반응하여 과산화수소(H_2O_2)를 생성시킨다.
$$K_2O_2 + 2CH_3COOH \rightarrow 2CH_3COOK + H_2O_2 \uparrow$$
⑤ 열분해시 산소(O_2)를 방출한다.
$$2K_2O_2 \rightarrow 2K_2O + O_2 \uparrow$$
⑥ 주수소화는 금물이고 마른모래(건조사)등으로 소화한다.

19

다음은 이동저장탱크의 구조에 대한 내용이다. ( )안에 알맞은 답을 쓰시오.
(1) 상용압력이 (①)kPa이하인 탱크에 있어서는 (②)kPa이상 (③)kPa이하의 압력에서, 상용압력이 (④)kPa을 초과하는 탱크에 있어서는 상용압력의 (⑤)배 이하의 압력에서 작동하는 것으로 할 것.
(2) 방파판의 두께 (⑥) mm 이상의 강철판 또는 이와 동등 이상의 강도·내열성 및 내식성이 있는 금속성의 것으로 할 것

해답 ✔답 ① 20   ② 20   ③ 24   ④ 20   ⑤ 1.1   ⑥ 1.6

상세해설 **이동저장탱크의 구조**
칸막이로 구획된 각 부분마다 맨홀과 다음 각목의 기준에 의한 안전장치 및 방파판을 설치하여야 한다. 다만, 칸막이로 구획된 부분의 용량이 2,000L 미만인 부분에는 방파판을 설치하지 아니할 수 있다.
(1) 안전장치

상용압력에 따른 안전장치의 작동압력

탱크의 상용압력	20kPa 이하	20kPa 초과
안전장치의 작동압력	20kPa 이상 24kPa 이하	상용압력의 1.1배 이하

(2) 방파판
  ① 두께 1.6mm 이상의 강철판 또는 이와 동등 이상의 강도·내열성 및 내식성이 있는 금속성의 것으로 할 것
  ② 하나의 구획부분에 2개 이상의 방파판을 이동탱크저장소의 진행방향과 평행으로 설치하되, 각 방파판은 그 높이 및 칸막이로부터의 거리를 다르게 할 것

③ 하나의 구획부분에 설치하는 각 방파판의 면적의 합계는 당해 구획부분의 최대 수직단면적의 50% 이상으로 할 것. 다만, 수직단면이 원형이거나 짧은 지름이 1m 이하의 타원형일 경우에는 40% 이상으로 할 수 있다.

20 분말소화약제의 종류 4가지의 화학식과 약제의 착색(색깔)을 쓰시오.

해답 ✓답

종 별	화학식	착색
제1종	$NaHCO_3$	백색
제2종	$KHCO_3$	담회색
제3종	$NH_4H_2PO_4$	담홍색
제4종	$KHCO_3+(NH_2)_2CO$	회색

상세해설 분말소화약제

종별	약제명	착색	열분해 반응식	적응화재
제1종	탄산수소나트륨 중탄산나트륨 중조	백색	270℃ $2NaHCO_3 \rightarrow Na_2CO_3+CO_2+H_2O$ 850℃ $2NaHCO_3 \rightarrow Na_2O+2CO_2+H_2O$	B, C급
제2종	탄산수소칼륨 중탄산칼륨	담회색	190℃ $2KHCO_3 \rightarrow K_2CO_3+CO_2+H_2O$ 590℃ $2KHCO_3 \rightarrow K_2O+2CO_2+H_2O$	B, C급
제3종	제1인산암모늄	담홍색	$NH_4H_2PO_4 \rightarrow HPO_3+NH_3+H_2O$	A, B, C급
제4종	중탄산칼륨+요소	회(백)색	$2KHCO_3+(NH_2)_2CO \rightarrow K_2CO_3+2NH_3+2CO_2$	B, C급

위험물기능장 제49회 실기시험

2011년도 기능장 제49회 실기시험 (2011년 05월 29일 시행)

자격종목	시험시간	문제수	형별
위험물기능장	2시간	20	A

01 제3류 위험물인 탄화칼슘이 물과 반응하여 발생하는 가연성 기체의 완전 연소 반응식을 쓰시오.

해답 ✓답 $2C_2H_2 + 5O_2 \rightarrow 4CO_2 + 2H_2O$

상세해설

탄화칼슘(CaC_2) : 제3류 위험물 중 칼슘탄화물

화학식	분자량	융점	비중
CaC_2	64	2370℃	2.21

① 물과 접촉 시 아세틸렌을 생성하고 열을 발생시킨다.

$$CaC_2 + 2H_2O \rightarrow Ca(OH)_2(수산화칼슘) + C_2H_2 \uparrow (아세틸렌)$$

② 아세틸렌의 폭발범위는 2.5~81%로 대단히 넓어서 폭발위험성이 크다.
③ 장기 보관 시 불활성기체(N_2 등)를 봉입하여 저장한다.
④ 별명은 카바이드, 탄화석회, 칼슘카바이드 등이다.
⑤ 고온(700℃)에서 질화되어 석회질소($CaCN_2$)가 생성된다.

$$CaC_2 + N_2 \rightarrow CaCN_2(석회질소) + C(탄소)$$

⑥ 물 및 포약제에 의한 소화는 절대 금하고 마른모래 등으로 피복 소화한다.

02 용량이 1,000만L 이상인 옥외저장탱크의 주위에 설치하는 방유제에는 탱크마다 간막이 둑을 설치한다. 다음 각 물음에 답하시오. (단, 탱크 용량의 합계가 2억L를 넘지 않는다)

① 간막이 둑의 높이는 몇 m 이상으로 하여야 하는가?
② 간막이 둑의 재질을 2가지만 쓰시오
③ 간막이 둑의 용량은 간막이 둑안에 설치된 탱크 용량의 몇 % 이상인가?

해답 ✓답 ① 0.3m ② 흙, 철근콘크리트 ③ 10%

상세해설

옥외저장탱크의 방유제
인화성액체위험물(이황화탄소를 제외)의 옥외탱크저장소의 탱크 주위에는 다음 각목의 기준에 의하여 방유제를 설치하여야 한다.

① 방유제의 용량

탱크가 하나인 때	탱크 용량의 110% 이상
2기 이상인 때	탱크 중 용량이 최대인 것의 용량의 110% 이상

② 방유제는 높이 0.5m 이상 3m 이하, 두께 0.2m 이상, 지하매설깊이 1m 이상으로 할 것.
③ 방유제 내의 면적은 8만m² 이하로 할 것
④ 방유제 내의 설치하는 옥외저장탱크의 수는 10 이하로 할 것 (모든 탱크의 용량이 20만L 이하이고, 인화점이 70℃ 이상 200℃ 미만인 경우에는 20 이하)
⑤ 방유제 외면의 2분의 1 이상은 자동차 등이 통행할 수 있는 3m 이상의 노면폭을 확보한 구내도로에 직접 접하도록 할 것.
⑥ 방유제는 옥외저장탱크의 지름에 따라 그 탱크의 옆판으로부터 다음에 정하는 거리를 유지할 것.(다만, 인화점이 200℃ 이상인 위험물은 제외)

지름이 15m 미만인 경우	탱크 높이의 3분의 1 이상
지름이 15m 이상인 경우	탱크 높이의 2분의 1 이상

⑦ 방유제는 철근콘크리트로 할 것
⑧ 용량이 1,000만L 이상인 옥외저장탱크의 주위에 설치하는 방유제에는 다음의 규정에 따라 당해 탱크마다 간막이 둑을 설치할 것
　㉠ 간막이 둑의 높이는 0.3m(탱크의 용량의 합계가 2억L를 넘는 방유제는 1m) 이상으로 하되, 방유제의 높이보다 0.2m 이상 낮게 할 것
　㉡ 간막이 둑은 흙 또는 철근콘크리트로 할 것
　㉢ 간막이 둑의 용량은 간막이 둑안에 설치된 탱크 용량의 10% 이상일 것
⑨ 높이가 1m를 넘는 방유제 및 간막이 둑의 안팎에는 방유제 내에 출입하기 위한 계단 또는 경사로를 약 50m마다 설치할 것
⑩ 인화성이 없는 액체위험물의 옥외저장탱크의 주위에 설치하는 방유제는 탱크 용량의 100%(2기 이상일 경우에는 최대탱크용량의 100%) 이상으로 할 것

03 다이에틸에터를 공기 중 장시간 방치하면 산화되어 폭발성 과산화물이 생성될 수 있다. 다음 각 물음에 답하시오.
① 과산화물이 존재하는지 여부를 확인하는 방법
② 생성된 과산화물을 제거하는 시약
③ 과산화물 생성방지 방법

해답 ✓답 ① 다이에틸에터에 10% KI 용액을 첨가하여 1분 이내에 황색변화 여부 확인
② 과산화물 제거시약 : 황산제일철($FeSO_4$) 또는 환원철
③ 과산화물 생성 방지 : 40mesh의 구리망을 넣어준다.

상세해설

다이에틸에터($C_2H_5OC_2H_5$) -제4류 특수인화물

$$H-\underset{\underset{H}{|}}{\overset{\overset{H}{|}}{C}}-\underset{\underset{H}{|}}{\overset{\overset{H}{|}}{C}}-O-\underset{\underset{H}{|}}{\overset{\overset{H}{|}}{C}}-\underset{\underset{H}{|}}{\overset{\overset{H}{|}}{C}}-H$$

화학식	분자량	비중	비점	인화점	착화점	연소범위
$C_2H_5OC_2H_5$	74.12	0.72	34℃	-40℃	180℃	1.7~48%

① 직사광선에 장시간 노출 시 과산화물 생성

과산화물 생성 확인방법

다이에틸에터 + KI용액(10%) → 황색변화(1분 이내)

② 용기는 갈색 병을 사용하며 냉암소에 보관.
③ 정전기 방지를 위하여 약간의 $CaCl_2$를 넣어준다.
④ 폭발성의 과산화물 생성방지를 위해 용기 내에 40mesh 구리 망을 넣어준다.

다이에틸에터 제조방법

$$C_2H_5OH + C_2H_5OH \xrightarrow{C-H_2SO_4} C_2H_5OC_2H_5 + H_2O$$

⑤ 과산화물 제거시약 : 황산제일철($FeSO_4$) 또는 환원철

---

04 회백색의 금속분말로 묽은 염산에서 수소가스를 발생하며 비중이 약 7.86 융점 1535℃인 제2류 위험물이 위험물관리안전관리법상 위험물이 되기 위한 조건을 쓰시오.

해답

✔답 철의 분말로서 53μm의 표준체를 통과하는 것이 50중량% 미만인 것은 제외

상세해설

위험물의 판단기준

① **황** : 순도가 60중량% 이상인 것을 말한다. 이 경우 순도측정에 있어서 불순물은 활석 등 불연성물질과 수분에 한한다.
② **철분** : 철의 분말로서 53μm의 표준체를 통과하는 것이 50중량% 미만인 것은 제외
③ **금속분** : 알칼리금속·알칼리토금속·철 및 마그네슘 외의 금속의 분말을 말하고, 구리분·니켈분 및 150μm의 체를 통과하는 것이 50중량% 미만인 것은 **제외**
④ **마그네슘은 다음 각목의 1에 해당하는 것은 제외한다.**
  ㉠ 2mm의 체를 통과하지 아니하는 덩어리 상태의 것
  ㉡ 직경 2mm 이상의 막대 모양의 것
⑤ **인화성고체** : 고형알코올 그 밖에 1기압에서 인화점이 40℃ 미만인 고체
⑥ 위험물의 판단기준

종류	과산화수소	질산
기준	농도 36중량% 이상	비중 1.49 이상

05

알킬알루미늄 등을 저장 또는 취급하는 이동탱크저장소에 있어서 자동차용 소화기를 설치하는 것 외에 추가로 설치하여야하는 소화설비(약제)를 쓰시오.

해답

✔답 마른모래, 팽창질석, 팽창진주암

상세해설

소화난이도등급Ⅲ의 제조소 등에 설치하여야 하는 소화설비

제조소 등의 구분	소화설비	설치기준	
지하탱크저장소	소형소화기 등	능력단위의 수치가 3 이상	2개 이상
이동탱크저장소	자동차용 소화기	무상의 강화액 8L 이상	2개 이상
		이산화탄소 3.2kg 이상	
		일브로민화일염화이플루오린화메탄(CF_2ClBr) 2L 이상	
		일브로민화삼플루오린화메탄(CF_3Br) 2L 이상	
		이브로민화사플루오린화에탄($C_2F_4Br_2$) 1L 이상	
		소화분말 3.3kg 이상	
	마른모래 및 팽창질석 또는 팽창진주암	마른모래 150L 이상	
		팽창질석 또는 팽창진주암 640L 이상	

[비고] **알킬알루미늄 등**을 저장 또는 취급하는 이동탱크저장소에 있어서는 자동차용 소화기를 설치하는 외에 **마른모래나 팽창질석 또는 팽창진주암을 추가로 설치**하여야 한다.

06

위험물 중 메틸에틸케톤, 과산화벤조일의 구조식을 그리시오.

해답

✔답 ① 메틸에틸케톤

$$H-\overset{\overset{\displaystyle H}{|}}{\underset{\underset{\displaystyle H}{|}}{C}}-\overset{\overset{\displaystyle O}{\|}}{C}-\overset{\overset{\displaystyle H}{|}}{\underset{\underset{\displaystyle H}{|}}{C}}-\overset{\overset{\displaystyle H}{|}}{\underset{\underset{\displaystyle H}{|}}{C}}-H$$

② 과산화벤조일

$$\text{C}_6\text{H}_5-\overset{\overset{\displaystyle O}{\|}}{C}-O-O-\overset{\overset{\displaystyle O}{\|}}{C}-\text{C}_6\text{H}_5$$

상세해설

메틸에틸케톤(Methyl Ethyl Ketone)($CH_3COC_2H_5$) : 제4류-제1석유류(비수용성)

$$H-\overset{\overset{\displaystyle H}{|}}{\underset{\underset{\displaystyle H}{|}}{C}}-\overset{\overset{\displaystyle O}{\|}}{C}-\overset{\overset{\displaystyle H}{|}}{\underset{\underset{\displaystyle H}{|}}{C}}-\overset{\overset{\displaystyle H}{|}}{\underset{\underset{\displaystyle H}{|}}{C}}-H$$

화학식	분자량	비중	비점	인화점	착화점	연소범위
$CH_3COC_2H_5$	72.11	0.81	79.6℃	-7℃	516℃	1.8~10%

① 휘발성이 강한 무색액체이며 2-뷰타논이라고도 한다.
② 완전 연소하면 이산화탄소와 물이 생성된다.

$$2CH_3COC_2H_5 + 11O_2 \rightarrow 8CO_2 + 8H_2O$$

③ 제2부탄올을 산화하면 생긴다.
④ MEK라고 약칭한다.

과산화벤조일=벤조일퍼옥사이드(BPO)[$(C_6H_5CO)_2O_2$]-제5류-유기과산화물

화학식	분자량	비중	융점	착화점
$(C_6H_5CO)_2O_2$	242	1.33	105℃	125℃

① 무색 무취의 백색분말 또는 결정이다.
② 물에 녹지 않고 알코올에 약간 녹으며 에터 등 유기용제에 잘 녹는다.
③ 저장용기에 희석제[프탈산다이메틸(DMP), 프탈산다이부틸(DBP)]를 넣어 폭발 위험성을 낮춘다.
④ 다량의 물 또는 포소화약제로 소화한다.

07

1mol의 염화수소와 0.5mol의 산소 혼합물에 촉매를 넣고 400℃에서 평형에 도달시킬 때 0.39mol의 염소를 생성하였다. 이 반응이 다음의 화학반응식을 통해 진행된다고 할 때, 평형상태에서의 전체 몰수의 합과 전압이 1atm일 때 성분 4가지의 분압을 계산하시오.

$$4HCl + O_2 \rightarrow 2Cl_2 + 2H_2O$$

해답 [전체몰수의 합]
✔ 계산과정

	4HCl	+	O_2	→	$2Cl_2$	+	$2H_2O$
① 반응전의 몰수	1mol		0.5mol		0mol		0mol
② 반응후의 몰수	$1-\left(\frac{4}{2}\times 0.39\right)$mol		$0.5-\left(\frac{1}{2}\times 0.39\right)$mol		0.39mol		0.39mol

③ 전체 몰수 = 0.22 + 0.305 + 0.39 + 0.39 = 1.305mol
✔ 답 1.305mol

[각 성분의 분압]
✔ 계산과정

① 염화수소 $P = 1\text{atm} \times \dfrac{0.22}{1.305} = 0.17\text{atm}$

② 산소 $P = 1\text{atm} \times \dfrac{0.305}{1.305} = 0.23\text{atm}$

③ 염소 $P = 1\text{atm} \times \dfrac{0.39}{1.305} = 0.30\text{atm}$

④ 수증기 $P = 1\text{atm} \times \dfrac{0.39}{1.305} = 0.30\text{atm}$

✔답 ① 염화수소 : 0.17atm ② 산소 : 0.23atm
   ③ 염소 : 0.30atm   ④ 수증기 : 0.30atm

08 압력 152kPa, 온도 100℃에서 아세톤의 증기밀도를 계산하시오.

해답 ✔계산과정
① 단위환산
$$P = 152\text{kPa} \times \frac{1\text{atm}}{101.3\text{kPa}} = 1.50\text{atm}, \quad T = 273 + 100 = 373\text{K}$$
② 아세톤의 분자량 계산
$$CH_3COCH_3(C_3H_6O) = 12 \times 3 + 1 \times 6 + 16 = 58$$
③ 증기밀도 계산
$$\rho(\text{밀도}) = \frac{PM}{RT} = \frac{1.50 \times 58}{0.082 \times 373} = 2.84\text{g/L}$$

✔답 2.84g/L

상세해설 **이상기체상태방정식**

$$PV = \frac{W}{M}RT = nRT$$

여기서, P : 압력(atm), V : 부피(L), W : 무게(g), M : 분자량, n : mol수 $= \frac{W}{M}$
R : 기체상수(0.082atm · L/mol · K), T : 절대온도(273+t℃)K

09 벤젠에 수은(Hg)을 촉매로 하여 질산을 반응시켜 제조하는 물질로 DDNP(diazodinitro Phenol)의 원료로 사용되는 위험물의 구조식과 품명 지정수량을 쓰시오.

해답 ✔답 ① 구조식 :

O_2N — (벤젠고리, OH, NO₂ 2,6위치, NO₂ 4위치) — NO_2

② 품명 : 나이트로화합물
③ 지정수량 : 10kg

상세해설 피크르산[$C_6H_2OH(NO_2)_3$](TNP : Tri Nitro Phenol) : 제5류 위험물 중 나이트로화합물

화학식	분자량	비중	비점	융점	인화점	착화점
$C_6H_2(OH)(NO_2)_3$	229	1.8	255℃	122℃	150℃	300℃

① **페놀**에 **황산**을 작용시켜 다시 **진한 질산**으로 나이트로화하여 만든 노란색 결정
② 휘황색의 침상결정이며 냉수에는 약간 녹고 더운물, **알코올**, **벤젠** 등에 잘 녹는다.
③ 쓴맛과 독성이 있으며 비중이 약1.8이며 물보다 무겁다.
④ **트라이나이트로페놀**(Tri Nitro phenol)의 약자로 **TNP**라고도 한다.
⑤ 단독으로 타격, 마찰에 비교적 둔감하다.
⑥ 화약, 불꽃놀이에 이용된다.

피크르산(트라이나이트로페놀)의 구조식

피크르산의 열분해 반응식

$$2C_6H_2OH(NO_2)_3 \rightarrow 2C + 3N_2\uparrow + 3H_2\uparrow + 4CO_2\uparrow + 6CO\uparrow$$

(발생물질 암기법 : 일(일산화탄소), 수(수소), 질(질소), 탄(탄소), 이(이산화탄소)**[일수놀이질탄]**

---

10 위험물 특정옥외저장탱크의 애뉼러판을 설치하는 경우 3가지를 쓰시오.

해답 ✔답 ① 옆판의 최하단 두께가 15mm를 초과하는 경우
② 내경이 30m를 초과하는 경우
③ 옆판을 고장력강으로 사용하는 경우

상세해설 옥외저장탱크의 외부구조 및 설비★★
(1) 옥외저장탱크는 특정옥외저장탱크 및 준특정옥외저장탱크 외에는 **두께 3.2mm 이상의 강철판**으로 할 것
(2) **압력탱크(최대상용압력이 대기압을 초과하는 탱크)외의 탱크는 충수시험, 압력탱크는 최대상용압력의 1.5배의 압력으로 10분간 실시하는 수압시험**에서 각각 새거나 변형되지 아니하여야 한다.
(3) 특정옥외저장탱크의 용접부는 소방청장이 정하여 고시하는 바에 따라 실시하는 방사선투과시험, 진공시험 등의 비파괴시험에 있어서 소방청장이 정하여 고시하는 기준에 적합한 것이어야 한다.
(4) 옥외저장탱크의 밑판[애뉼러판을 설치하는 특정옥외저장탱크에 있어서는 애뉼러판을 포함]을 지반면에 접하게 설치하는 경우에는 다음 각목의 1의 기준에 따라 밑판 외면의 부식을 방지하기 위한 조치를 강구하여야 한다.
① 탱크의 밑판 아래에 밑판의 부식을 유효하게 방지할 수 있도록 아스팔트샌드 등의

방식재료를 댈 것
② 탱크의 밑판에 전기방식의 조치를 강구할 것
③ ①,②의 규정에 의한 것과 동등 이상으로 밑판의 부식을 방지할 수 있는 조치를 강구할 것

애뉼러판
특정옥외저장탱크의 옆판의 최하단 두께가 15mm를 초과하는 경우, 내경이 30m를 초과하는 경우 또는 옆판을 고장력강으로 사용하는 경우에 옆판의 직하에 설치하여야 하는 판

11

위험물안전관리법상 제조소의 기술기준을 적용함에 있어 위험물의 성질에 따른 강화된 특례기준을 적용하는 위험물은 다음과 같다. ( )안에 알맞은 용어를 쓰시오.

① 3류 위험물 중 (   ), (   ) 또는 이중 어느 하나 이상을 함유하는 것
② 4류 위험물 중 (   ), (   ) 또는 이중 어느 하나 이상을 함유하는 것
③ 5류 위험물 중 (   ), (   ) 또는 이중 어느 하나 이상을 함유하는 것

해답

✔**답** ① 알킬알루미늄, 알킬리튬
② 아세트알데하이드, 산화프로필렌
③ 하이드록실아민, 하이드록실아민염류

상세해설

위험물의 성질에 따른 제조소의 특례
① 제3류 위험물 중 알킬알루미늄·알킬리튬 또는 이중 어느 하나 이상을 함유하는 것 (이하 "알킬알루미늄등"이라 한다)
② 제4류 위험물중 특수인화물의 아세트알데하이드·산화프로필렌 또는 이중 어느 하나 이상을 함유하는 것(이하 "아세트알데하이드등"이라 한다)
③ 제5류 위험물 중 하이드록실아민·하이드록실아민염류 또는 이중 어느 하나 이상을 함유하는 것(이하 "하이드록실아민등"이라 한다)

12

위험물제조소등과 학교와 수평거리(안전거리)가 20m로 위험물안전관리법에 따른 안전거리를 둘 수가 없어서 방화상 유효한 담을 설치하고자 한다. 위험물제조소 외벽의 높이가 10m, 학교의 높이가 30m이며 위험물제조소와 방화상 유효 담의 거리 5m인 경우 방화상 유효한 담의 높이(m)는 얼마인가? (단, 학교건축물은 방화구조이고 위험물제조소에 면한 부분의 개구부에 방화문이 설치되지 아니한 경우이다)

해답

✔ 계산과정

$H > pD^2 + a$ 인 경우, $30 > 0.04 \times 20^2 + 10$, $30 > 26$

$h = H - p(D^2 - d^2) = 30m - 0.04(20^2 - 5^2) = 15m$

※ 산출된 수치가 2 미만일 때에는 담의 높이를 2m로, 4 이상일 때에는 담의 높이를 4m로 하여야 한다.

✔ 답 4m

상세해설

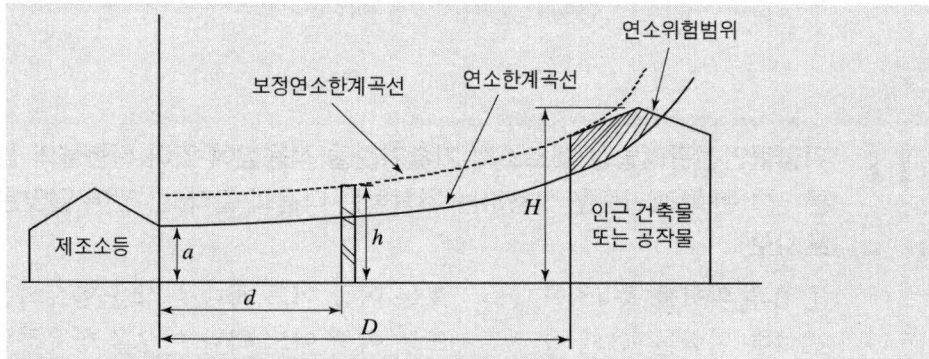

① $H \leqq pD^2 + a$ 인 경우 $h = 2$
② $H > pD^2 + a$ 인 경우 $h = H - p(D^2 - d^2)$

여기서, D : 제조소등과 인근 건축물 또는 공작물과의 거리(m)
   H : **인근 건축물 또는 공작물의 높이(m)**
   a : 제조소등의 외벽의 높이(m)
   d : 제조소등과 방화상 유효한 담과의 거리(m)
   h : 방화상 유효한 담의 높이(m)
   p : 상수

※ 산출된 수치가 2 미만일 때에는 담의 높이를 2m로, 4 이상일 때에는 담의 높이를 4m로 하여야 한다.

인근 건축물 또는 공작물의 구분	p의 값
• 학교 · 주택 · 국가유산 등의 건축물 또는 공작물이 **목조**인 경우 • 학교 · 주택 · 국가유산 등의 건축물 또는 공작물이 방화구조 또는 내화구조이고, 제조소 등에 면한 부분의 개구부에 60분+방화문 · 60분방화문 또는 30분방화문이 설치되지 아니한 경우	0.04
• 학교 · 주택 · 국가유산 등의 건축물 또는 공작물이 **방화구조인 경우** • 학교 · 주택 · 국가유산 등의 건축물 또는 공작물이 방화구조 또는 내화구조이고, 제조소 등에 면한 부분의 개구부에 30분방화문이 설치된 경우	0.15
• 학교 · 주택 · 국가유산 등의 건축물 또는 공작물이 내화구조이고, 제조소 등에 면한 개구부에 60분+방화문 또는 60분방화문이 설치된 경우	∞

13 위험물옥내저장소의 기준에 따라 저장창고에 선반 등의 수납장을 설치하는 경우 설치기준을 3가지만 쓰시오.

해답 ✔답 ① 수납장은 불연재료로 만들고 견고한 기초 위에 고정할 것
② 수납장은 당해 수납장 및 그 부속설비의 자중, 저장하는 위험물의 중량 등의 하중에 의하여 생기는 응력에 대하여 안전한 것으로 할 것
③ 수납장에는 위험물을 수납한 용기가 쉽게 떨어지지 아니하게 하는 조치를 할 것

상세해설 옥내저장소의 저장창고에 선반 등의 수납장을 설치하는 경우 설치기준
① 수납장은 불연재료로 만들고 견고한 기초 위에 고정할 것
② 수납장은 당해 수납장 및 그 부속설비의 자중, 저장하는 위험물의 중량 등의 하중에 의하여 생기는 응력에 대하여 안전한 것으로 할 것
③ 수납장에는 위험물을 수납한 용기가 쉽게 떨어지지 아니하게 하는 조치를 할 것

14 나이트로글리세린 454g이 완전 열분해하는 경우 발생하는 산소는 25℃ 1기압 상태에서 몇 리터인가?

해답 ✔계산과정
방법(1)
① 나이트로글리세린의 열분해반응식
$4C_3H_5(ONO_2)_3 \rightarrow 12CO_2 + 10H_2O + 6N_2 + O_2$
$C_3H_5(ONO_2)_3 \rightarrow 3CO_2 + 2.5H_2O + 1.5N_2 + 0.25O_2$
② 나이트로글리세린의 분자량
$(C_3H_5O_9N_3) = 12 \times 3 + 1 \times 5 + 16 \times 9 + 14 \times 3 = 227$
③ 발생하는 산소의 부피
$V = \dfrac{WRT}{PM} \times \text{mol}(생성기체) = \dfrac{454 \times 0.082 \times (273+25)}{1 \times 227} \times 0.25$
$= 12.22L$

✔답 12.22L

방법(2)
① 나이트로글리세린의 열분해반응식
$4C_3H_5(ONO_2)_3 \rightarrow 12CO_2 + 10H_2O + 6N_2 + O_2$
$4 \times 227g \longrightarrow 32g$
$454g \longrightarrow x$
∴ $x = \dfrac{454g \times 32g}{4 \times 227g} = 16g$

② 무게를 부피(25℃, 1atm상태)로 환산
$$V = \frac{WRT}{PM} = \frac{16 \times 0.082 \times (273+25)}{1 \times 32} = 12.23L$$

✓답 12.23L

상세해설

나이트로글리세린(Nitro Glycerine)[$C_3H_5(ONO_2)_3$]−제5류 위험물 중 질산에스터류

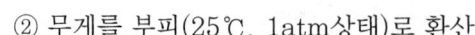

화학식	분자량	비중	융점	비점	착화점
$C_3H_5(ONO_2)_3$	227	1.6	13℃	160℃	210℃

① 상온에서는 액체이지만 겨울철에는 동결한다.
② 글리세린에 진한 질산과 진한 황산을 가하면 나이트로화하여 나이트로글리세린으로 된다.

글리세린의 나이트로화반응
$C_3H_5(OH)_3$ + 3HONO₂ $\xrightarrow{H_2SO_4}$ $C_3H_5(ONO_2)_3$ + 3H₂O   (글리세린)   (질산)   (나이트로글리세린)   (물)

③ 비수용성이며 메탄올, 아세톤 등에 녹는다.
④ 가열, 마찰, 충격에 예민하여 대단히 위험하다.

나이트로글리세린의 열분해 반응식
$4C_3H_5(ONO_2)_3 \rightarrow 12CO_2\uparrow + 6N_2\uparrow + O_2\uparrow + 10H_2O$

⑤ 다이너마이트(규조토+나이트로글리세린), 무연화약 제조에 이용된다.

---

15 이황화탄소의 옥외저장탱크는 벽 및 바닥의 두께가 (①)m 이상이고 누수가 되지 아니하는 (②)의 수조에 넣어 보관하여야 한다. 이 경우 보유공지, 통기관 및 (③)는 생략할 수 있다. ( )안에 알맞은 답을 쓰시오.

해답 ✓답 ① 0.2 ② 철근콘크리트 ③ 자동계량장치

상세해설 **옥외저장탱크의 외부구조 및 설비**
① 제3류 위험물 중 금수성물질(고체에 한한다)의 옥외저장탱크에는 방수성의 불연재료로 만든 피복설비를 설치하여야 한다.
② 이황화탄소의 옥외저장탱크는 벽 및 바닥의 두께가 0.2m 이상이고 누수가 되지 아니하는 철근콘크리트의 수조에 넣어 보관하여야 한다. 이 경우 보유공지·통기관 및 자동계량장치는 생략할 수 있다.

16 다음에 대한 위험물 제조소 등의 위험물 탱크 안전성능검사의 신청 시기를 쓰시오.

① 기초, 지반검사 :   ② 충수, 수압검사 :
③ 용접부 검사 :   ④ 암반탱크검사 :

해답

✔**답** ① 기초·지반검사 : 위험물탱크의 기초 및 지반에 관한 공사의 개시 전
② 충수·수압검사 : 위험물을 저장 또는 취급하는 탱크에 배관 그 밖의 부속설비를 부착하기 전
③ 용접부검사 : 탱크본체에 관한 공사의 개시 전
④ 암반탱크검사 : 암반탱크의 본체에 관한 공사의 개시 전

상세해설

(1) 위험물안전관리법 시행규칙 제18조(탱크안전성능검사의 신청 등)
탱크안전성능검사의 신청 시기는 다음 각 호의 구분에 의한다.
① 기초·지반검사 : 위험물탱크의 기초 및 지반에 관한 공사의 개시 전
② 충수·수압검사 : 위험물을 저장 또는 취급하는 탱크에 배관 그 밖의 부속설비를 부착하기 전
③ 용접부검사 : 탱크본체에 관한 공사의 개시 전
④ 암반탱크검사 : 암반탱크의 본체에 관한 공사의 개시 전

(2) 위험물안전관리법 시행규칙 제20조(완공검사의 신청시기)
제조소등의 완공검사 신청 시기는 다음 각 호의 구분에 의한다.
① 지하탱크가 있는 제조소등의 경우 : 당해 지하탱크를 매설하기 전
② 이동탱크저장소의 경우 : 이동저장탱크를 완공하고 상시설치장소를 확보한 후
③ 이송취급소의 경우 : 이송배관 공사의 전체 또는 일부를 완료한 후. 다만, 지하·하천 등에 매설하는 이송배관의 공사의 경우에는 이송배관을 매설하기 전
④ 전체 공사가 완료된 후에는 완공검사를 실시하기 곤란한 경우 : 다음 각목에서 정하는 시기
  ㉠ 위험물설비 또는 배관의 설치가 완료되어 기밀시험 또는 내압시험을 실시하는 시기
  ㉡ 배관을 지하에 설치하는 경우에는 시·도지사, 소방서장 또는 기술원이 지정하는 부분을 매몰하기 직전
  ㉢ 기술원이 지정하는 부분의 비파괴시험을 실시하는 시기
⑤ ①내지 ④에 해당하지 아니하는 제조소등의 경우 : 제조소등의 공사를 완료한 후

17 위험물안전관리에 관한 세부기준에 따르면 배관 등의 용접부에는 방사선투과시험을 실시한다. 다만, 방사선투과시험을 실시하기 곤란한 경우 괄호에 알맞은 비파괴시험을 쓰시오.

① 두께 6mm 이상의 배관에 있어서 (①) 및 (②)을 실시할 것. 다만, 강자성체 외의 재료로 된 배관에 있어서는 (③)을 (④)으로 대체할 수 있다.
② 두께 6mm 미만인 배관과 초음파탐상시험을 실시하기 곤란한 배관에 있어서는 (⑤)을 실시 할 것

해답 ✔답 ① 초음파탐상시험 ② 자기탐상시험 ③ 자기탐상시험
④ 침투탐상시험 ⑤ 자기탐상시험

상세해설 **위험물안전관리에 관한 세부기준 제122조(비파괴시험방법)**
배관 등의 용접부에는 방사선투과시험 또는 영상초음파탐상시험을 실시한다.
다만, 방사선투과시험 또는 영상초음파탐상시험을 실시하기 곤란한 경우에는 다음 각 호의 기준에 따른다.
① 두께가 6mm 이상인 배관에 있어서는 **초음파탐상시험 및 자기탐상시험**을 실시할 것. 다만, 강자성체 외의 재료로 된 배관에 있어서는 **자기탐상시험을 침투탐상시험으로 대체**할 수 있다.
② 두께가 6mm 미만인 배관과 초음파탐상시험을 실시하기 곤란한 배관에 있어서는 **자기탐상시험**을 실시할 것

---

18 제3류 위험물인 트라이에틸알루미늄과 산소, 물, 염소와의 반응식을 쓰시오.

해답 ✔답 ① 산소와 반응 : $2(C_2H_5)_3Al + 21O_2 \rightarrow Al_2O_3 + 12CO_2 + 15H_2O$
② 물과 반응 : $(C_2H_5)_3Al + 3H_2O \rightarrow Al(OH)_3 + 3C_2H_6$
③ 염소와 반응 : $(C_2H_5)_3Al + 3Cl_2 \rightarrow AlCl_3 + 3C_2H_5Cl$

상세해설 **알킬알루미늄[$(C_nH_{2n+1}) \cdot Al$] : 제3류 위험물(금수성 물질)**
① 알킬기(C_nH_{2n+1})에 알루미늄(Al)이 결합된 화합물이다.
② C_1~C_4는 자연발화의 위험성이 있다.
③ 물과 접촉 시 가연성 가스 발생하므로 주수소화는 절대 금지한다.
④ 트라이메틸알루미늄(TMA : Tri Methyl Aluminium)
$(CH_3)_3Al + 3H_2O \rightarrow Al(OH)_3 + 3CH_4 \uparrow$ (메탄)
⑤ 트라이에틸알루미늄(TEA : Tri Eethyl Aluminium)
$(C_2H_5)_3Al + 3H_2O \rightarrow Al(OH)_3 + 3C_2H_6 \uparrow$ (에탄) ★에탄(폭발범위 : 3.0~12.4%)
⑥ 공기 중 완전연소 반응식

$$2(C_2H_5)_3Al + 21O_2 \rightarrow Al_2O_3(\text{산화알루미늄}) + 12CO_2 + 15H_2O$$

⑦ 소화 시 주수소화는 절대 금하고 팽창질석, 팽창진주암 등으로 피복소화한다.

트라이에틸알루미늄의 반응식
① 완전연소 반응식　　　$2(C_2H_5)_3Al + 21O_2 \rightarrow Al_2O_3(\text{산화알루미늄}) + 12CO_2 + 15H_2O$
② 물과 반응식　　　　　$(C_2H_5)_3Al + 3H_2O \rightarrow Al(OH)_3(\text{수산화알루미늄}) + 3C_2H_6(\text{에탄})$
③ 염소와 반응식　　　　$(C_2H_5)_3Al + 3Cl_2 \rightarrow AlCl_3(\text{염화알루미늄}) + 3C_2H_5Cl(\text{염화에틸})$
④ 메틸알코올과 반응식　$(C_2H_5)_3Al + 3CH_3OH \rightarrow Al(CH_3O)_3(\text{메틸알루미녹세인}) + 3C_2H_6(\text{에탄})$
⑤ 염산과 반응식　　　　$(C_2H_5)_3Al + 3HCl \rightarrow AlCl_3(\text{염화알루미늄}) + 3C_2H_6(\text{에탄})$

19

다음 [보기]에서는 어떤 물질에 대한 제조방법 3가지를 설명하고 있다. 제조되는 4류 위험물에 대한 다음 각 물음에 답하시오.

[보기]
- 에틸렌과 산소를 $PdCl_2$ 또는 $CuCl_2$ 촉매하에서 반응시켜 제조
- 에탄올을 산화시켜 제조
- 황산수은 촉매하에서 아세틸렌에 물을 첨가시켜 제조

① 이 물질의 위험도를 계산하시오.
② 이 물질이 공기 중 산소와 산화하여 4류 위험물이 생성되는 반응식을 쓰시오.

해답

✓ 계산과정
　① 위험도
　　• 아세트알데하이드의 연소범위 : 4~60%
　　• $H = \dfrac{60-4}{4} = 14$

✓ 답　① 위험도 : 14
　　　② 반응식 : $2CH_3CHO + O_2 \rightarrow 2CH_3COOH$

상세해설

위험도 계산공식

$$H = \dfrac{U(\text{연소상한}) - L(\text{연소하한})}{L(\text{연소하한})}$$

아세트알데하이드(CH_3CHO)-제4류 특수인화물

```
    H        H
    |       /
H - C - C
    |       \\
    H        O
```

화학식	분자량	비중	비점	인화점	착화점	연소범위
CH₃CHO	44	0.78	21℃	-38℃	185℃	4~60%

① 휘발성이 강하고 과일냄새가 있는 무색 액체이며 물, 에탄올에 잘 녹는다.
② 산화되어 초산(CH₃COOH)이 된다.

$$2CH_3CHO + O_2 \rightarrow 2CH_3COOH(초산)$$

③ 취급하는 설비는 은·수은·동·마그네슘 또는 이들을 성분으로 하는 합금으로 만들지 아니할 것
④ 아세트알데하이드 등을 취급하는 설비에는 연소성 혼합기체의 생성에 의한 폭발을 방지하기 위한 불활성기체 또는 수증기를 봉입하는 장치를 갖출 것

20 다음 [보기]에서 설명하는 위험물에 대한 각 물음에 답하시오.

[보기]
- 지정수량 1,000kg
- 분자량 158
- 흑자색 결정
- 물, 알코올, 아세톤에 녹는다.

① 240℃에서 열분해 반응식을 쓰시오.
② 묽은 황산과 반응식을 쓰시오.

해답

✔답 ① $2KMnO_4 \rightarrow K_2MnO_4 + MnO_2 + O_2$
　　② $4KMnO_4 + 6H_2SO_4 \rightarrow 2K_2SO_4 + 4MnSO_4 + 6H_2O + 5O_2$

상세해설

과망가니즈산칼륨(KMnO₄) : 제1류 위험물 중 과망가니즈산염류

화학식	분자량	비중	분해온도
KMnO₄	158	2.7	200~240℃

① 흑자색의 사방정계결정으로 물에 녹아 진한보라색을 띠고 강한 산화력과 살균력이 있다.
② 염산과 반응 시 염소(Cl₂)를 발생시킨다.
③ 240℃에서 산소를 방출한다.

$$2KMnO_4 \rightarrow K_2MnO_4 + MnO_2 + O_2 \uparrow$$
(망가니즈산칼륨)(이산화망가니즈) (산소)

④ **황산과 반응하여 황산칼륨, 황산망가니즈, 물, 산소를 생성한다.**

$$4KMnO_4 + 6H_2SO_4 \rightarrow 2K_2SO_4 + 4MnSO_4 + 6H_2O + 5O_2$$
(과망가니즈산칼륨) (황산)　(황산칼륨) (황산망가니즈)　(물)　(산소)

위험물기능장 제50회 실기시험

2011년도 기능장 제50회 실기시험 (2011년 09월 25일 시행)

자격종목	시험시간	문제수	형별	수험번호	성 명
위험물기능장	2시간	20	A		

01 비중이 2.1이고 물과 글리세린에 잘 녹고 알코올에는 잘 녹지 않는다. 그리고 흑색화약의 원료로 사용하는 위험물에 대한 다음 각 물음에 답하시오.
① 물질명 ② 화학식 ③ 열분해 반응식

해답 ✔답 ① 물질명 : 질산칼륨
② 화학식 : KNO_3
③ 열분해 반응식 : $2KNO_3 \rightarrow 2KNO_2 + O_2$

상세해설 질산칼륨(KNO_3) : 제1류 위험물(산화성고체)

화학식	분자량	비중	융점	분해온도
KNO_3	101	2.1	336℃	400℃

① 질산칼륨에 숯가루, 황가루를 혼합하여 **흑색화약제조**에 사용한다.
② 열분해하여 산소를 방출한다.

$$2KNO_3 \rightarrow 2KNO_2 + O_2 \uparrow$$

③ 물, 글리세린에는 잘 녹으나 알코올에는 잘 녹지 않는다.
④ 유기물 및 강산과 접촉 시 매우 위험하다.
⑤ 소화는 주수소화방법이 가장 적당하다.

02 다음 중 탱크의 충수시험 및 판정기준에 대한 것이다. ( )안에 알맞은 답을 쓰시오.

충수시험은 탱크에 물이 채워진 상태에서 1,000kL 미만의 탱크는 12시간, 1,000kL 이상의 탱크는 (①) 이상 경과한 이후에 (②)가 없고 탱크 본체 접속부 및 용접부 등에서 누설 변형 또는 손상 등의 이상이 없어야 한다.

해답 ✔답 ① 24시간 ② 지반침하

상세해설 위험물안전관리에 관한 세부기준 제31조(충수·수압시험의 방법 및 판정기준)
(1) 충수·수압시험은 탱크가 완성된 상태에서 배관 등의 접속이나 내·외부에 대한 도장작업 등을 하기 전에 위험물탱크의 최대사용높이 이상으로 물(물과 비중이 같거나 물

보다 비중이 큰 액체로서 위험물이 아닌 것을 포함한다. 이하 이 조에서 같다)을 가득 채워 실시할 것. 다만, 다음 각목의 어느 하나에 해당하는 경우에는 해당 목에 규정된 방법으로 대신할 수 있다.
① 애뉼러판 또는 밑판의 교체공사 중 옆판의 중심선으로부터 600mm 범위 외의 부분에 관련된 것으로서 당해 교체부분이 저부면적(애뉼러판 및 밑판의 면적을 말한다)의 2의 1미만인 경우에는 교체부분의 전용접부에 대하여 초층용접 후 침투탐상시험을 하고 용접종료 후 자기탐상시험을 하는 방법
② 애뉼러판 또는 밑판의 교체공사 중 옆판의 중심선으로부터 600mm 범위 내의 부분에 관련된 것으로서 당해 교체부분이 당해 애뉼러판 또는 밑판의 원주길이의 50% 미만인 경우에는 교체부분의 전용접부에 대하여 초층용접 후 침투탐상시험을 하고 용접종료 후 자기탐상시험을 하며 밑판(애뉼러판을 포함한다)과 옆판이 용접되는 필렛용접부(완전용입용접의 경우에 한한다)에는 초음파탐상시험을 하는 방법
(2) 보온재가 부착된 탱크의 변경허가에 따른 충수·수압시험의 경우에는 보온재를 당해 탱크 옆판의 최하단으로부터 20cm 이상 제거하고 시험을 실시할 것
(3) **충수시험**은 탱크에 물이 채워진 상태에서 **1,000kL 미만의 탱크는 12시간, 1,000kL 이상의 탱크는 24시간 이상** 경과한 이후에 **지반침하**가 없고 탱크본체 접속부 및 용접부 등에서 누설 변형 또는 손상 등의 이상이 없을 것
(4) 수압시험은 탱크의 모든 개구부를 완전히 폐쇄한 이후에 물을 가득 채우고 최대사용압력의 1.5배 이상의 압력을 가하여 10분 이상 경과한 이후에 탱크본체·접속부 및 용접부 등에서 누설 또는 영구변형 등의 이상이 없을 것. 다만, 규칙에서 시험압력을 정하고 있는 탱크의 경우에는 당해 압력을 시험압력으로 한다.
(5) 탱크용량이 1,000kL 이상인 원통세로형탱크는 제1호 내지 제4호의 시험 외에 수평도와 수직도를 측정하여 다음 각목의 기준에 적합할 것
① 옆판 최하단의 바깥쪽을 등간격으로 나눈 8개소에 스케일을 세우고 레벨측정기 등으로 수평도를 측정하였을 때 수평도는 300mm 이내이면서 직경의 1/100 이내일 것
② 옆판 바깥쪽을 등간격으로 나눈 8개소의 수직도를 데오드라이트 등으로 측정하였을 때 수직도는 탱크 높이의 1/200 이내일 것. 다만, 변경허가에 따른 시험의 경우에는 127mm 이내이면서 1/100 이내이어야 한다.
(6) 탱크용량이 1,000kL 이상인 원통세로형 외의 탱크는 제1호 내지 제4호의 시험 외에 침하량을 측정하기 위하여 모든 기둥의 침하측정의 기준점(수준점)을 측정(기둥이 2개인 경우에는 각 기둥마다 2점을 측정)하여 그 차이를 각각의 기둥사이의 거리로 나눈 수치가 1/200 이내 일 것. 다만, 변경허가에 따른 시험의 경우에는 127mm 이내이면서 1/100 이내이어야 한다.

03 아래 그림과 같은 타원형 위험물탱크의 내용적은 몇 m³인가?

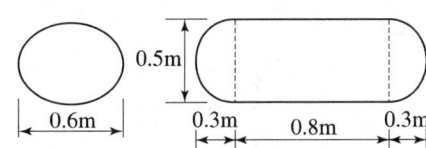

해답

✔ 계산과정 $V = \dfrac{\pi \times 0.6 \times 0.5}{4} \times \left(0.8 + \dfrac{0.3 + 0.3}{3}\right) = 0.24\text{m}^3$

✔ 답 0.24m^3

상세해설

탱크의 내용적 계산방법
① 타원형 탱크의 내용적
  ㉠ 양쪽이 볼록한 것

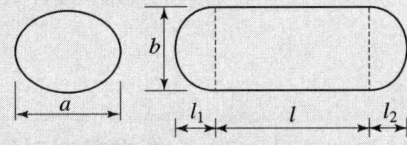

  내용적 $= \dfrac{\pi ab}{4}\left(l + \dfrac{l_1 + l_2}{3}\right)$

  ㉡ 한쪽은 볼록하고 다른 한쪽은 오목한 것

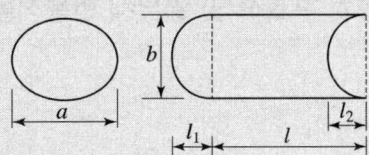

  내용적 $= \dfrac{\pi ab}{4}\left(l + \dfrac{l_1 - l_2}{3}\right)$

② 원통형 탱크의 내용적
  ㉠ 횡으로 설치한 것

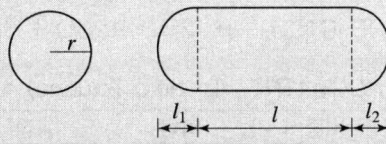

  내용적 $= \pi r^2\left(l + \dfrac{l_1 + l_2}{3}\right)$

  ㉡ 종으로 설치한 것

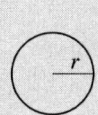 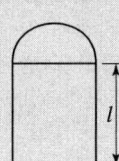

  내용적 $= \pi r^2 l$

04
변경허가를 받지 아니하고, 제조소등의 위치·구조 또는 설비를 변경한 때 행정처분기준을 쓰시오.
① 1차   ② 2차   ③ 3차

해답
✔답 ① 1차 : 경고 또는 사용정지 15일
② 2차 : 사용정지 60일
③ 3차 : 허가취소

상세해설

위반사항	행정처분기준		
	1차	2차	3차
변경허가를 받지 아니하고, 제조소 등의 위치·구조 또는 설비를 변경한 때	경고 또는 사용정지 15일	사용정지 60일	허가취소
완공검사를 받지 아니하고 제조소등을 사용한 때	사용정지 15일	사용정지 60일	허가취소

05
담황색의 주상결정이며 폭발성 고체로서 보관 중 햇빛에 다갈색으로 변색우려가 있고 분자량이 227인 위험물의 구조식 및 열분해 반응식을 쓰시오.

해답
✔답 ① 구조식 :

② 열분해반응식 : $2C_6H_2CH_3(NO_2)_3 \rightarrow 2C + 12CO + 3N_2 + 5H_2$

상세해설

트라이나이트로톨루엔[$C_6H_2CH_3(NO_2)_3$] (TNT : Tri Nitro Toluene) ★★★★★

화학식	분자량	비중	비점	융점	착화점
$C_6H_2CH_3(NO_2)_3$	227	1.7	280℃	81℃	300℃

① 물에는 녹지 않고 알코올, 아세톤, 벤젠에 녹는다.
② Tri Nitro Toluene의 약자로 TNT라고도 한다.
③ 담황색의 주상결정이며 햇빛에 다갈색으로 변색된다.
④ 톨루엔과 질산을 반응시켜 얻는다.

$$C_6H_5CH_3 + 3HNO_3 \xrightarrow[\text{(나이트로화)}]{C-H_2SO_4} C_6H_2CH_3(NO_2)_3 + 3H_2O$$
(톨루엔)　　(질산)　　　　　　　　(트라이나이트로톨루엔)　(물)

⑤ 강력한 폭약이며 급격한 타격에 폭발한다.
$$2C_6H_2CH_3(NO_2)_3 \rightarrow 2C + 12CO + 3N_2\uparrow + 5H_2\uparrow$$
⑥ 연소 시 연소속도가 너무 빠르므로 소화가 곤란하다.
⑦ 무기 및 다이너마이트, 질산폭약제 제조에 이용된다.

06 관계인이 예방규정을 정하여야 하는 제조소 등을 5가지만 쓰시오.

해답 ✔**답** ① 지정수량의 10배 이상의 위험물을 취급하는 제조소
② 지정수량의 100배 이상의 위험물을 저장하는 옥외저장소
③ 지정수량의 150배 이상의 위험물을 저장하는 옥내저장소
④ 지정수량의 200배 이상의 위험물을 저장하는 옥외탱크저장소
⑤ 암반탱크저장소
⑥ 이송취급소

상세해설
관계인이 예방규정을 정하여야 하는 제조소등
① 지정수량의 10배 이상의 위험물을 취급하는 제조소
② 지정수량의 100배 이상의 위험물을 저장하는 옥외저장소
③ 지정수량의 150배 이상의 위험물을 저장하는 옥내저장소
④ 지정수량의 200배 이상의 위험물을 저장하는 옥외탱크저장소
⑤ 암반탱크저장소
⑥ 이송취급소
⑦ 지정수량의 10배 이상의 위험물을 취급하는 일반취급소. 다만, 제4류 위험물(특수인화물을 제외)만을 지정수량의 50배 이하로 취급하는 일반취급소(제1석유류·알코올류의 취급량이 지정수량의 10배 이하인 경우에 한한다)로서 다음 각목의 어느 하나에 해당하는 것을 제외한다.
　㉠ 보일러·버너 또는 이와 비슷한 것으로서 위험물을 소비하는 장치로 이루어진 일반취급소
　㉡ 위험물을 용기에 옮겨 담거나 차량에 고정된 탱크에 주입하는 일반취급소

07 주유취급소의 특례기준에서 셀프용 고정주유설비의 설치기준에 대하여 완성하시오.

- 주유호스는 (①)kg 이하의 하중에 의하여 파단[破斷] 또는 이탈되어야 하고, 파단 또는 이탈된 부분으로부터의 위험물 누출을 방지할 수 있는 구조일 것
- 1회의 연속주유량 및 주유시간의 상한을 미리 설정할 수 있는 구조일 것. 이 경우 연속주유량의 상한은 휘발유는 (②)L 이하, 경유는 (③)L 이하로 하며, 연속주유시간의 상한은 휘발유는 (④)분 이하, 경유는 (⑤)분 이하로 한다.

해답 ✔**답** ① 200 ② 100 ③ 600 ④ 4 ⑤ 12

상세해설 **고객이 직접 주유하는 주유취급소의 특례**
1. **셀프용고정주유설비의 기준**
   (1) 주유호스의 끝부분에 수동개폐장치를 부착한 주유노즐을 설치할 것.
      다만, 수동개폐장치를 개방한 상태로 고정시키는 장치가 부착된 경우에는 다음의 기준에 적합하여야 한다.
      ① 주유작업을 개시함에 있어서 주유노즐의 수동개폐장치가 개방상태에 있는 때에는 당해 수동개폐장치를 일단 폐쇄시켜야만 다시 주유를 개시할 수 있는 구조로 할 것
      ② 주유노즐이 자동차 등의 주유구로부터 이탈된 경우 주유를 자동적으로 정지시키는 구조일 것
   (2) 주유노즐은 자동차 등의 연료탱크가 가득 찬 경우 자동적으로 정지시키는 구조일 것
   (3) 주유호스는 **200kg중 이하**의 하중에 의하여 **파단(破斷) 또는 이탈**되어야 하고, 파단 또는 이탈된 부분으로부터의 위험물 누출을 방지할 수 있는 구조일 것
   (4) 휘발유와 경유 상호간의 오인에 의한 주유를 방지할 수 있는 구조일 것
   (5) 1회의 연속주유량 및 주유시간의 상한을 미리 설정할 수 있는 구조일 것
      [연속주유량 및 주유시간의 상한]

구 분		연속주유량	주유시간의 상한
셀프용 고정 주유설비	휘발유	100L 이하	4분 이하
	경유	600L 이하	12분 이하

2. **셀프용고정급유설비의 기준**은 다음 각목과 같다.
   (1) 급유호스의 끝부분에 수동개폐장치를 부착한 급유노즐을 설치할 것
   (2) 급유노즐은 용기가 가득찬 경우에 자동적으로 정지시키는 구조일 것
   (3) 1회의 연속급유량 및 급유시간의 상한을 미리 설정할 수 있는 구조일 것 이 경우 급유량의 상한은 **100L 이하**, 급유시간의 상한은 **6분 이하**로 한다.

08 이송취급소의 설치제외 장소 3가지를 쓰시오.

해답
✔답 ① 철도 및 도로의 터널 안
② 고속국도 및 자동차전용도로의 차도·길어깨 및 중앙분리대
③ 호수·저수지 등으로서 수리의 수원이 되는 곳
④ 급경사지역으로서 붕괴의 위험이 있는 지역

상세해설
이송취급소의 위치·구조 및 설비의 기준
(1) 이송취급소는 다음 각목의 장소 외의 장소에 설치하여야 한다.
① 철도 및 도로의 터널 안
② 고속국도 및 자동차전용도로의 차도·길어깨 및 중앙분리대
③ 호수·저수지 등으로서 수리의 수원이 되는 곳
④ 급경사지역으로서 붕괴의 위험이 있는 지역
(2) 제(1)호의 규정에 불구하고 다음에 해당하는 경우에는 이송취급소를 설치할 수 있다.
① 지형상황 등 부득이한 사유가 있고 안전에 필요한 조치를 하는 경우
② 제(1)호 ② 또는 ③의 장소에 횡단하여 설치하는 경우

09 제3류 위험물을 옥내저장소 저장창고의 바닥면적이 2,000m²에 저장할 수 있는 품명 5가지를 쓰시오.

해답
✔답 ① 알칼리금속(칼륨 및 나트륨은 제외) 및 알칼리토금속
② 유기금속화합물(알킬알루미늄 및 알킬리튬은 제외)
③ 금속의 수소화물
④ 금속의 인화물
⑤ 칼슘 또는 알루미늄의 탄화물

상세해설
옥내저장소의 위치·구조 및 설비의 기준
하나의 저장창고의 바닥면적(2 이상의 구획된 실이 있는 경우에는 각 실의 바닥면적의 합계)은 다음 각목의 구분에 의한 면적 이하로 하여야 한다.
(1) 다음의 위험물을 저장하는 창고 : 1,000m² 이하
① 제1류 위험물 중 아염소산염류, 염소산염류, 과염소산염류, 무기과산화물 그 밖에 지정수량이 50kg인 위험물
② 제3류 위험물 중 칼륨, 나트륨, 알킬알루미늄, 알킬리튬 그 밖에 지정수량이 10kg인 위험물 및 황린
③ 제4류 위험물 중 특수인화물, 제1석유류 및 알코올류
④ 제5류 위험물 중 지정수량이 10kg인 위험물
⑤ 제6류 위험물

(2) (1)의 위험물 외의 위험물을 저장하는 창고 : 2,000m² 이하
(3) (1)의 위험물과 (2)의 위험물을 내화구조의 격벽으로 완전히 구획된 실에 각각 저장하는 창고 : 1,500m²((1)의 위험물을 저장하는 실의 면적은 500m²를 초과할 수 없다)

10 위험물탱크의 탱크시험자로 등록할 수 없는 자를 3가지만 쓰시오.

해답
✔답 ① 피성년후견인
② 이 법, 「소방기본법」, 「화재의 예방 및 안전관리에 관한 법률」, 「소방시설 설치 및 관리에 관한 법률」 또는 「소방시설공사업법」에 따른 금고 이상의 실형의 선고를 받고 그 집행이 종료(집행이 종료된 것으로 보는 경우를 포함)되거나 집행이 면제된 날부터 2년이 지나지 아니한 자
③ 이 법, 「소방기본법」, 「화재의 예방 및 안전관리에 관한 법률」, 「소방시설 설치 및 관리에 관한 법률」 또는 「소방시설공사업법」에 따른 금고 이상의 형의 집행유예 선고를 받고 그 유예기간 중에 있는 자
④ 탱크시험자의 등록이 취소(자격이 취소된 경우는 제외)된 날부터 2년이 지나지 아니한 자
⑤ 법인으로서 그 대표자가 ①내지 ④에 해당하는 경우

11 제1종 분말소화약제인 탄산수소나트륨의 850℃에서 완전 열분해반응식과 탄산수소나트륨 336kg이 1기압, 25℃에서 발생하는 이산화탄소의 부피(m³)는 얼마인지 계산하시오.

해답
① 850℃에서 열분해 반응식
✔답 $2NaHCO_3 \rightarrow Na_2O + 2CO_2 + H_2O$

② 이산화탄소의 부피
✔계산과정
$2NaHCO_3 \rightarrow Na_2O + 2CO_2 + H_2O$
- $NaHCO_3 \rightarrow 0.5Na_2O + CO_2 + 0.5H_2O$ (탄산수소나트륨1몰 기준)
- $NaHCO_3$의 분자량 = 23+1+12+16×3 = 84
- $V = \dfrac{WRT}{PM} \times mol(생성기체) = \dfrac{336kg \times 0.082 \times (273+25)K}{1atm \times 84kg} \times 1$
  $= 97.74m^3$

✔답 $97.74m^3$

상세해설 분말약제의 종류

종별	약제명	화학식	착색	열분해 반응식	적응화재
제1종	탄산수소나트륨 중탄산나트륨 중조	$NaHCO_3$	백색	270℃ $2NaHCO_3 \rightarrow Na_2CO_3 + CO_2 + H_2O$ 850℃ $2NaHCO_3 \rightarrow Na_2O + 2CO_2 + H_2O$	B, C급
제2종	탄산수소칼륨 중탄산칼륨	$KHCO_3$	담회색	190℃ $2KHCO_3 \rightarrow K_2CO_3 + CO_2 + H_2O$ 590℃ $2KHCO_3 \rightarrow K_2O + 2CO_2 + H_2O$	B, C급
제3종	제1인산암모늄	$NH_4H_2PO_4$	담홍색	$NH_4H_2PO_4 \rightarrow HPO_3 + NH_3 + H_2O$	A, B, C급
제4종	중탄산칼륨+ 요소	$KHCO_3 +$ $(NH_2)_2CO$	회(백)색	$2KHCO_3 + (NH_2)_2CO$ $\rightarrow K_2CO_3 + 2NH_3 + 2CO_2$	B, C급

이상기체상태방정식

$$PV = \frac{W}{M}RT = nRT$$

여기서, P : 압력(atm), V : 부피(m^3), W : 무게(kg), M : 분자량, n : mol수 $= \frac{W}{M}$
R : 기체상수(0.082atm·m^3/kmol·K), T : 절대온도(273+t℃)K

---

12 다음은 불활성가스소화설비의 기준이다. ( )안에 알맞은 답을 쓰시오.

- 이산화탄소를 소화약제로 하는 경우에 저장용기의 충전비는 저압식인 경우에는 (①) 이상 (②) 이하, 고압식인 경우에는 (③) 이상 (④) 이하일 것.
- 이산화탄소를 저장하는 저압식 저장용기에는 (⑤)MPa 이상의 압력 및 (⑥)MPa 이하의 압력에서 작동하는 압력경보장치를 설치할 것
- 이산화탄소를 저장하는 저압식 저장용기에는 용기내부의 온도를 영하 (⑦)℃ 이상 영하 (⑧)℃ 이하로 유지할 수 있는 자동냉동기를 설치할 것
- 불활성가스소화설비의 저장용기는 온도가 (⑨)℃ 이하이고 온도 변화가 적은 장소에 설치할 것

해답 ✓답 ① 1.1 ② 1.4 ③ 1.5 ④ 1.9 ⑤ 2.3 ⑥ 1.9 ⑦ 20 ⑧ 18 ⑨ 40

상세해설 전역방출방식 또는 국소방출방식의 불활성가스소화설비 설치기준
① 저장용기에 충전비
  ㉠ 이산화탄소

구 분	고압식	저압식
충전비	1.5이상 1.9이하	1.1이상 1.4이하

ⓒ 불활성가스

구 분	IG-100	IG-55	IG-541
충전비	32MPa 이하(21℃)		

② 이산화탄소를 저장하는 저압식저장용기 설치기준
  ㉠ 저압식저장용기에는 **액면계 및 압력계**를 설치할 것
  ㉡ 저압식저장용기에는 2.3MPa 이상의 압력 및 1.9MPa 이하의 압력에서 작동하는 **압력경보장치**를 설치할 것
  ㉢ 저압식저장용기에는 용기내부의 온도를 **영하20℃ 이상 영하18℃ 이하**로 유지할 수 있는 **자동냉동기**를 설치할 것
  ㉣ 저압식저장용기에는 파괴판을 설치할 것
  ㉤ 저압식저장용기에는 방출밸브를 설치할 것

③ 저장용기의 설치장소기준
  ㉠ 방호구역 외의 장소에 설치할 것
  ㉡ 온도가 40℃ 이하이고 온도 변화가 적은 장소에 설치할 것
  ㉢ 직사일광 및 빗물이 침투할 우려가 적은 장소에 설치할 것
  ㉣ 저장용기에는 안전장치를 설치할 것
  ㉤ 저장용기의 외면에 소화약제의 종류와 양, 제조년도 및 제조자를 표시할 것

13 불활성가스소화설비의 수동식 기동장치에 대한 다음 각 물음에 답하시오.

① 기동장치의 조작부의 설치높이
② 기동장치의 외면의 색상
③ 기동장치 또는 직근의 장소에 표시사항 2가지

해답 ✔ 답 ① 기동장치의 조작부의 설치높이 : 바닥으로부터 0.8m 이상 1.5m 이하
② 기동장치의 외면의 색상 : 적색
③ 기동장치 또는 직근의 장소에 표시사항 2가지 : 방호구역의 명칭, 취급방법, 안전상의 주의사항

상세해설 **불활성가스소화설비의 기준**
(1) 수동식의 기동장치의 설치기준
  ① 기동장치는 당해 방호구역 밖에 설치하되 당해 방호구역 안을 볼 수 있고 조작을 한 자가 쉽게 대피할 수 있는 장소에 설치할 것
  ② 기동장치는 하나의 방호구역 또는 방호대상물마다 설치할 것
  ③ 기동장치의 조작부는 바닥으로부터 **0.8m 이상 1.5m 이하**의 높이에 설치할 것
  ④ 기동장치에는 직근의 보기 쉬운 장소에 "불활성가스소화설비의 수동식 기동장치임을 알리는 표시를 할 것"라고 표시할 것
  ⑤ 기동장치의 외면은 **적색**으로 할 것

⑥ 전기를 사용하는 기동장치에는 전원표시등을 설치할 것
        ⑦ 기동장치의 방출용스위치 등은 음향경보장치가 기동되기 전에는 조작될 수 없도록 하고 기동장치에 유리 등에 의하여 유효한 방호조치를 할 것
        ⑧ 기동장치 또는 직근의 장소에 방호구역의 명칭, 취급방법, 안전상의 주의사항 등을 표시할 것
    (2) 자동식의 기동장치 설치기준
        ① 기동장치는 자동화재탐지설비의 감지기의 작동과 연동하여 기동될 수 있도록 할 것
        ② 기동장치에는 다음에 정한 것에 의하여 자동수동전환장치를 설치할 것
            ㉠ 쉽게 조작할 수 있는 장소에 설치할 것
            ㉡ 자동 및 수동을 표시하는 표시등을 설치할 것
            ㉢ 자동수동의 전환은 열쇠 등에 의하는 구조로 할 것

14. 제3류 위험물인 칼륨이 이산화탄소, 에틸알코올, 사염화탄소와 반응할 때 반응식을 쓰시오.

해답

✔답 ① 이산화탄소와 반응식 : $4K + 3CO_2 \rightarrow 2K_2CO_3 + C$
② 에틸알코올과 반응식 : $2K + 2C_2H_5OH \rightarrow 2C_2H_5OK + H_2$
③ 사염화탄소와 반응식 : $4K + CCl_4 \rightarrow 4KCl + C$

상세해설

칼륨(K)-제3류 위험물-금수성물질
① 완전연소 반응식 : $4K + O_2 \rightarrow 2K_2O$(산화칼륨)
② 물과의 반응식 : $2K + 2H_2O \rightarrow 2KOH$(수산화칼륨) $+ H_2$
③ 이산화탄소와 반응식 : $4K + 3CO_2 \rightarrow 2K_2CO_3$(탄산칼륨) $+ C$
④ 에틸알코올과 반응식 : $2K + 2C_2H_5OH \rightarrow 2C_2H_5OK$(칼륨에틸레이트) $+ H_2$
⑤ 사염화탄소와 반응식 : $4K + CCl_4 \rightarrow 4KCl$(염화칼륨) $+ C$
⑥ 초산과 반응식 : $2K + 2CH_3COOH \rightarrow 2CH_3COOK$(초산칼륨) $+ H_2$

15. 가연성의 액체·증기 또는 가스가 새거나 체류할 우려가 있는 장소 또는 가연성의 미분이 현저하게 부유할 우려가 있는 장소에서 조치하여야 할 사항을 2가지만 쓰시오.

해답

✔답 ① 전선과 전기기구를 완전히 접속한다.
② 불꽃을 발하는 기계·기구·공구·신발 등을 사용하지 아니하여야 한다.

상세해설

제조소 등에서의 위험물의 저장 및 취급에 관한 기준(제49조 관련)
저장·취급의 공통기준
① 제조소등에서 허가 및 신고와 관련되는 품명 외의 위험물 또는 이러한 허가 및 신고와 관련되는 수량 또는 지정수량의 배수를 초과하는 위험물을 저장 또는 취급하지 아니하여야 한다(중요기준).
② 위험물을 저장 또는 취급하는 건축물 그 밖의 공작물 또는 설비는 당해 위험물의 성질에 따라 **차광** 또는 **환기를 실시**하여야 한다.
③ 위험물은 **온도계, 습도계, 압력계** 그 밖의 계기를 감시하여 당해 위험물의 성질에 맞는 적정한 온도, 습도 또는 압력을 유지하도록 저장 또는 취급하여야 한다.
④ 위험물을 저장 또는 취급하는 경우에는 위험물의 변질, 이물의 혼입 등에 의하여 당해 위험물의 위험성이 증대되지 아니하도록 필요한 조치를 강구하여야 한다.
⑤ 위험물이 남아 있거나 남아 있을 우려가 있는 설비, 기계·기구, 용기 등을 수리하는 경우에는 안전한 장소에서 위험물을 완전하게 제거한 후에 실시하여야 한다.
⑥ 위험물을 용기에 수납하여 저장 또는 취급할 때에는 그 용기는 당해 위험물의 성질에 적응하고 파손·부식·균열 등이 없는 것으로 하여야 한다.
⑦ **가연성의 액체·증기 또는 가스가 새거나 체류할 우려가 있는 장소** 또는 가연성의 미분이 현저하게 부유할 우려가 있는 장소에서는 전선과 전기기구를 완전히 접속하고 불꽃을 발하는 기계·기구·공구·신발 등을 사용하지 아니하여야 한다.
⑧ 위험물을 **보호액** 중에 보존하는 경우에는 당해 위험물이 **보호액**으로부터 노출되지 아니하도록 하여야 한다.

16 다음은 알킬알루미늄 등, 아세트알데하이드 등 및 다이에틸에터 등의 저장기준이다. ( )안에 알맞은 답을 쓰시오.

- 옥외저장탱크·옥내저장탱크 또는 지하 저장탱크 중 압력탱크에 저장하는 아세트알데하이드 등 또는 다이에틸에터 등의 온도는 산화프로필렌과 이를 함유한 것 또는 다이에틸에터 등에 있어서는 (①)℃ 이하로 유지할 것
- 보냉장치가 있는 이동저장탱크에 저장하는 아세트알데하이드 등 또는 다이에틸에터 등의 온도는 당해 위험물의 (②) 이하로 유지할 것
- 보냉장치가 없는 이동저장탱크에 저장하는 아세트알데하이드 등 또는 다이에틸에터 등의 온도는 (③)℃ 이하로 유지할 것

해답 ✔답 ① 40 ② 비점 ③ 40

상세해설

옥외저장탱크·옥내저장탱크 또는 지하저장탱크의 저장 유지온도

구 분	압력탱크 외의 탱크	구 분	압력탱크
산화프로필렌과 이를 함유한 것 또는 다이에틸에터등	30℃ 이하	아세트알데하이드등 또는 다이에틸에터등	40℃ 이하
아세트알데하이드 또는 이를 함유한 것	15℃ 이하		

이동저장탱크의 저장 유지온도		
구 분	보냉장치가 있는 경우	보냉장치가 없는 경우
아세트알데하이드등 또는 다이에틸에터등	비점 이하	40℃ 이하

17 제2류 위험물인 황화인에 대한 다음 각 물음에 답하시오.
① 삼황화인의 완전연소 반응식
② 오황화인의 완전 연소반응식
③ 오황화인의 물과의 반응식
④ 오황화인의 물과의 반응시 발생하는 증기의 완전 연소반응식

해답 ✔답 ① 삼황화인의 완전연소 반응식 : $P_4S_3 + 8O_2 \rightarrow 2P_2O_5 + 3SO_2$
② 오황화인의 완전연소 반응식 : $2P_2S_5 + 15O_2 \rightarrow 2P_2O_5 + 10SO_2$
③ 오황화인의 물과의 반응식 : $P_2S_5 + 8H_2O \rightarrow 2H_3PO_4 + 5H_2S$
④ 오황화인의 물과의 반응시 발생하는 증기의 완전연소 반응식
: $2H_2S + 3O_2 \rightarrow 2H_2O + 2SO_2$

상세해설 **황화인(제2류 위험물) : 황과 인의 화합물**
① **삼황화인**(P_4S_3)
㉠ 황색결정으로 물, 염산, 황산에 녹지 않으며 질산, 알칼리, 이황화탄소에 녹는다.
㉡ 연소하면 오산화인과 이산화황이 생긴다.

$$P_4S_3 + 8O_2 \rightarrow 2P_2O_5 + 3SO_2 \uparrow$$

② **오황화인**(P_2S_5)
㉠ 담황색 결정이고 조해성이 있으며 수분을 흡수하면 분해된다.
㉡ 이황화탄소(CS_2)에 잘 녹는다.
㉢ **물, 알칼리와 반응하여 인산과 황화수소를 발생**한다.

$$P_2S_5 + 8H_2O \rightarrow 2H_3PO_4 + 5H_2S \uparrow$$

㉣ 연소하면 오산화인과 이산화황이 생긴다.

$$2P_2S_5 + 15O_2 \rightarrow 2P_2O_5 + 10SO_2 \uparrow$$

③ **칠황화인**(P_4S_7)
㉠ 담황색 결정이고 조해성이 있으며 수분을 흡수하면 분해된다.
㉡ 이황화탄소(CS_2)에 약간 녹는다.
㉢ 냉수에는 서서히 분해가 되고 더운물에는 급격히 분해된다.

18

휘발유의 부피팽창계수가 0.00135/℃일 때 휘발유 50L가 5℃에서 25℃로 온도가 상승할 때 부피의 증가율(%)은 얼마인지 계산하시오.

해답 ✔계산과정

① 팽창 후 부피 $V = 50 \times [1 + 0.00135 \times (25 - 5)] = 51.35L$

② 부피증가율(%) $= \dfrac{51.35 - 50}{50} \times 100 = 2.7\%$

✔답 2.7%

상세해설

① 부피의 증가율 산출공식

$$V = V_0(1 + \beta \Delta t)$$

여기서, V : 팽창 후 부피, V_0 : 팽창 전 부피, β : 체적팽창계수, Δt : 온도차

② 부피증가율(%) $= \dfrac{\text{팽창 후 부피} - \text{팽창 전 부피}}{\text{팽창 전 부피}} \times 100$

19

트라이에틸알루미늄의 완전연소반응식 및 물(수분)과 반응할 때 반응식을 쓰시오.

해답 ✔답

① 완전연소 반응식 $2(C_2H_5)_3Al + 21O_2 \rightarrow Al_2O_3 + 12CO_2 + 15H_2O$

② 물과 반응식 $(C_2H_5)_3Al + 3H_2O \rightarrow Al(OH)_3 + 3C_2H_6$

상세해설

알킬알루미늄[$(C_nH_{2n+1}) \cdot Al$] : 제3류 위험물(금수성 물질)

① 알킬기(C_nH_{2n+1})에 알루미늄(Al)이 결합된 화합물이다.
② $C_1 \sim C_4$는 자연발화의 위험성이 있다.
③ 물과 접촉 시 가연성 가스 발생하므로 주수소화는 절대 금지한다.
④ 트라이메틸알루미늄(TMA : Tri Methyl Aluminium)

$$(CH_3)_3Al + 3H_2O \rightarrow Al(OH)_3 + 3CH_4 \uparrow (\text{메탄})$$

⑤ 트라이에틸알루미늄(TEA : Tri Eethyl Aluminium)

$(C_2H_5)_3Al + 3H_2O \rightarrow Al(OH)_3 + 3C_2H_6 \uparrow (\text{에탄})$ ★에탄(폭발범위 : 3.0~12.4%)

⑥ 공기 중 완전연소 반응식

$$2(C_2H_5)_3Al + 21O_2 \rightarrow Al_2O_3(\text{산화알루미늄}) + 12CO_2 + 15H_2O$$

⑦ 소화 시 주수소화는 절대 금하고 팽창질석, 팽창진주암 등으로 피복소화한다.

트라이에틸알루미늄의 반응식
① 완전연소 반응식 $2(C_2H_5)_3Al + 21O_2 \rightarrow Al_2O_3(\text{산화알루미늄}) + 12CO_2 + 15H_2O$
② 물과 반응식 $(C_2H_5)_3Al + 3H_2O \rightarrow Al(OH)_3(\text{수산화알루미늄}) + 3C_2H_6(\text{에탄})$
③ 염소와 반응식 $(C_2H_5)_3Al + 3Cl_2 \rightarrow AlCl_3(\text{염화알루미늄}) + 3C_2H_5Cl(\text{염화에틸})$

④ 메틸알코올과 반응식 $(C_2H_5)_3Al + 3CH_3OH \rightarrow Al(CH_3O)_3$(메틸알루미녹세인) $+ 3C_2H_6$(에탄)
⑤ 염산과 반응식 $(C_2H_5)_3Al + 3HCl \rightarrow AlCl_3$(염화알루미늄) $+ 3C_2H_6$(에탄)

20. 다음의 보기 물질 중에서 인화점이 낮은 것부터 순서대로 나열하시오.

[보기] ① 다이에틸에터 ② 벤젠 ③ 에탄올 ④ 산화프로필렌
⑤ 아세톤 ⑥ 이황화탄소

해답 ✔**답** ① 다이에틸에터 – ④ 산화프로필렌 – ⑥ 이황화탄소 – ⑤ 아세톤 – ② 벤젠 – ③ 에탄올

상세해설

제4류 위험물의 물성

품명	다이에틸에터	벤젠	에탄올	산화프로필렌	아세톤	이황화탄소
유별	특수인화물	제1석유류	알코올류	특수인화물	제1석유류	특수인화물
인화점(℃)	−40	−11	13	−37.2	−18	−30

위험물기능장 제51회 실기시험

2012년도 기능장 제51회 실기시험 (2012년 05월 26일 시행)

자격종목	시험시간	문제수	형별
위험물기능장	2시간	20	A

01 지하저장탱크의 주위에는 해당 탱크로부터의 액체 위험물의 누설을 검사하기 위한 관을 4개소 이상 적당한 위치에 설치하여야 한다. 그 기준을 4가지만 쓰시오.

해답
✔답 ① 이중관으로 할 것. 다만, 소공이 없는 상부는 단관으로 할 수 있다.
② 재료는 금속관 또는 경질합성수지관으로 할 것
③ 관은 탱크전용실의 바닥 또는 탱크의 기초까지 닿게 할 것
④ 관의 밑 부분으로부터 탱크의 중심 높이까지의 부분에는 소공이 뚫려 있을 것

상세해설
액체 위험물의 누설을 검사하기 위한 관
① 이중관으로 할 것. 다만 소공이 없는 상부는 단관으로 할 수 있다.
② 재료는 금속관 또는 경질합성수지관으로 할 것
③ 관은 탱크전용실의 바닥 또는 탱크의 기초까지 닿게 할 것
④ 관의 밑부분으로부터 탱크의 중심 높이까지의 부분에는 소공이 뚫려 있을 것
   다만, 지하수위가 높은 장소에 있어서는 지하수위 높이까지의 부분에 소공이 뚫려 있어야 한다.
⑤ 상부는 물이 침투하지 아니하는 구조로 하고, 뚜껑은 검사시에 쉽게 열 수 있도록 할 것

02 제3류 위험물 중 분자량이 144이고 물과 반응하여 메탄 기체를 생성시키는 물질의 반응식을 쓰시오.

해답
✔답 $Al_4C_3 + 12H_2O \rightarrow 4Al(OH)_3 + 3CH_4$

상세해설
탄화알루미늄(Al_4C_3)-제3류 위험물

화학식	분자량	융점	비중
Al_4C_3	144	2100℃	2.36

① 물과 접촉시 메탄가스를 생성하고 발열반응을 한다.
$$Al_4C_3 + 12H_2O \rightarrow 4Al(OH)_3 + 3CH_4(메탄)$$

② 황색 결정 또는 백색분말로 1400℃ 이상에서는 분해가 된다.
③ 물 및 포약제에 의한 소화는 절대 금하고 마른모래 등으로 피복소화한다.

03 무색투명한 액체로서 분자량이 114, 비중이 0.83인 제3류 위험물과 물이 반응하여 발생하는 기체의 위험도를 구하시오.

해답

✔ 계산과정
① 발생하는 기체인 에탄의 연소범위 : 3~12.4%
② 위험도 $H = \dfrac{U-L}{L}$ $H = \dfrac{12.4-3.0}{3.0} = 3.13$

✔ 답 3.13

상세해설

트라이에틸알루미늄-제3류 위험물-금수성 및 자연발화성

화학식	분자량	비점(끓는점)	융점(녹는점)	비중	인화점
$(C_2H_5)_3Al$	114	194℃	-50℃	0.835	-22℃

① 물과 접촉 시 가연성 가스 발생하므로 주수소화는 절대 금지한다.

$(C_2H_5)_3Al + 3H_2O \rightarrow Al(OH)_3 + 3C_2H_6 \uparrow$ (에탄) ★ 에탄(폭발범위 : 3.0~12.4%)

② 공기 중 완전연소 반응식

$2(C_2H_5)_3Al + 21O_2 \rightarrow Al_2O_3$(산화알루미늄) $+ 12CO_2 + 15H_2O$

⑤ 소화 시 주수소화는 절대 금하고 팽창질석, 팽창진주암 등으로 피복소화한다.

04 위험물을 가압하는 설비 또는 그 취급하는 위험물의 압력이 상승할 우려가 있는 설비에는 압력계 및 안전장치를 설치하여야 한다. 안전장치의 종류를 4가지만 쓰시오.

해답

✔ 답 ① 자동적으로 압력의 상승을 정지시키는 장치
② 감압측에 안전밸브를 부착한 감압밸브
③ 안전밸브를 병용하는 경보장치
④ 파괴판

05 제1류 위험물인 과산화칼륨과 물, CO_2, 아세트산과의 반응식을 쓰시오.

해답

✔**답** ① 물과의 반응식 : $2K_2O_2 + 2H_2O \rightarrow 4KOH + O_2$

② CO_2와 반응식 : $2K_2O_2 + 2CO_2 \rightarrow 2K_2CO_3 + O_2$

③ 아세트산과의 반응식 : $K_2O_2 + 2CH_3COOH \rightarrow 2CH_3COOK + H_2O_2$

상세해설

과산화칼륨(K_2O_2) : 제1류 위험물 중 무기과산화물

화학식	분자량	비중	분해온도
K_2O_2	110	2.9	490℃

① 무색 또는 오렌지색 분말상태
② 상온에서 **물과 격렬히 반응하여 산소(O_2)를 방출**하고 폭발하기도 한다.

$$2K_2O_2 + 2H_2O \rightarrow 4KOH + O_2 \uparrow$$

③ 공기 중 이산화탄소(CO_2)와 반응하여 산소(O_2)를 방출한다.

$$2K_2O_2 + 2CO_2 \rightarrow 2K_2CO_3 + O_2 \uparrow$$

④ **산과 반응하여 과산화수소(H_2O_2)를 생성시킨다.**

$$K_2O_2 + 2CH_3COOH \rightarrow 2CH_3COOK + H_2O_2 \uparrow$$

⑤ 열분해시 산소(O_2)를 방출한다.

$$2K_2O_2 \rightarrow 2K_2O + O_2 \uparrow$$

⑥ 주수소화는 금물이고 마른모래(건조사)등으로 소화한다.

---

06 어떤 화합물의 질량을 분석한 결과 나트륨 58.97%, 산소 41.03%였다. 이 화합물의 실험식과 분자식을 구하시오. (단, 화합물의 분자량은 78(g/mol)이다)

해답

✔**계산과정**

① 실험식 계산

㉠ 나트륨의 구성비 $= \dfrac{함량(\%)}{M(원자량)} = \dfrac{58.97}{23} = 2.56$

㉡ 산소의 구성비 $= \dfrac{함량(\%)}{M(원자량)} = \dfrac{41.03}{16} = 2.56$

㉢ 실험식의 구성비= Na : O = 2.56 : 2.56 = 1 : 1

∴ 실험식은 NaO이다.

② 분자식 계산

㉠ 분자량=(실험식의 분자량)×n

㉡ 78=39(NaO의 분자량)×n ∴ $n=2$

㉢ 분자식은 Na_2O_2(과산화나트륨)

✔**답** ① 실험식 : NaO   ② 분자식 : Na_2O_2

07 드라이아이스 100g을 압력이 100kPa, 온도가 30℃인 곳에서 기체화 시키는 경우 부피는 몇 리터인지 계산하시오.

해답 ✔ 계산과정

① 압력단위 환산

$$P = 100\text{kPa} \times \frac{1\text{atm}}{101.325\text{kPa}} = 0.9869\text{atm}$$

② $V = \dfrac{WRT}{PM} = \dfrac{100\text{g} \times 0.082 \times (273+30)\text{K}}{0.9869\text{atm} \times 44} = 57.22\text{L}$

✔ 답 57.22L

상세해설 이상기체상태방정식

$$PV = \frac{W}{M}RT = nRT$$

여기서, P : 압력(atm), V : 부피(L), W : 무게(g), M : 분자량, n : mol수
R : 기체상수(0.082atm · L/mol · K), T : 절대온도(273+t℃)K

08 이송취급소 허가신청의 구조 및 설비가 긴급차단밸브 및 차단밸브인 경우 첨부서류 5가지만 쓰시오.

해답 ✔ 답
① 구조설명서(부대설비를 포함한다)
② 기능설명서
③ 강도에 관한 설명서
④ 제어계통도
⑤ 밸브의 종류 · 형식 및 재료에 관하여 기재한 서류

상세해설 이송취급소 허가신청의 첨부서류(제6조제9호관련) [별표1]

구조 및 설비	첨부서류
2. 긴급차단밸브 및 차단밸브	1. 구조설명서(부대설비를 포함한다) 2. 기능설명서 3. 강도에 관한 설명서 4. 제어계통도 5. 밸브의 종류 · 형식 및 재료에 관하여 기재한 서류

09 다음 [보기]의 위험물에 대한 위험등급을 구분하시오.

[보기] 칼륨, 리튬, 나이트로셀룰로오스, 염소산칼륨, 아세트산, 황, 질산칼륨, 에탄올, 클로로벤젠

해답 ✓답
- 위험등급 Ⅰ : 칼륨, 나이트로셀룰로오스, 염소산칼륨
- 위험등급 Ⅱ : 리튬, 황, 질산칼륨, 에탄올
- 위험등급 Ⅲ : 아세트산, 클로로벤젠

상세해설

위험물의 등급 분류★★★

위험등급	해당 위험물
위험등급Ⅰ	① 제1류 위험물 중 아염소산염류, 염소산염류, 과염소산염류, 무기과산화물 그 밖에 지정수량이 50kg인 위험물 ② 제3류 위험물 중 칼륨, 나트륨, 알킬알루미늄, 알킬리튬, 황린 그 밖에 지정수량이 10kg 또는 20kg인 위험물 ③ 제4류 위험물 중 특수인화물 ④ 제5류 위험물 중 지정수량이 10kg인 위험물 ⑤ 제6류 위험물
위험등급Ⅱ	① 제1류 위험물 중 브로민산염류, 질산염류, 아이오딘산염류 그 밖에 지정수량이 300kg인 위험물 ② 제2류 위험물 중 황화인, 적린, 황 그 밖에 지정수량이 100kg인 위험물 ③ 제3류 위험물 중 알칼리금속(칼륨, 나트륨 제외) 및 알칼리토금속, 유기금속화합물(알킬알루미늄 및 알킬리튬은 제외) 그 밖에 지정수량이 50kg인 위험물 ④ 제4류 위험물 중 제1석유류, 알코올류 ⑤ 제5류 위험물 중 위험등급Ⅰ 위험물 외의 것
위험등급Ⅲ	위험등급 Ⅰ, Ⅱ 이외의 위험물

10 자기반응성 물질에 해당하는 것의 시험방법 및 판정기준에서 폭발성으로 인한 위험성의 정도를 판단하기 위한 폭발성 시험방법에서 사용되는 표준물질을 2가지 쓰시오.

해답 ✓답 2, 4-다이나이트로톨루엔, 과산화벤조일

상세해설

위험물안전관리에 관한 세부기준
제17조(자기반응성물질의 시험방법 및 판정기준)
따른 자기반응성물질에 해당하는 것의 시험방법 및 판정기준은 제18조 내지 제21조에 의한다.
제18조(폭발성 시험방법)
폭발성으로 인한 위험성의 정도를 판단하기 위한 시험은 열분석시험으로 하며 그 방법은 다음 각 호에 의한다.

1. 표준물질의 발열개시온도 및 발열량(단위 질량당 발열량을 말한다. 이하 같다)
   가. **표준물질인 2·4-다이나이트로톨루엔** 및 기준물질인 **산화알루미늄**을 각각 1mg씩 파열압력이 5MPa 이상인 스테인레스강재의 내압성 쉘에 밀봉한 것을 시차주사(示差走査)열량측정장치(DSC) 또는 시차(示差)열분석장치(DTA)에 충전하고 2·4-다이나이트로톨루엔 및 **산화알루미늄**의 온도가 60초간 10℃의 비율로 상승하도록 가열하는 시험을 5회 이상 반복하여 발열개시온도 및 발열량의 각각의 평균치를 구할 것
   나. **표준물질인 과산화벤조일** 및 기준물질인 **산화알루미늄**을 각각 2mg씩으로 하여 가목에 의할 것
2. 시험물품의 발열개시온도 및 발열량 시험은 시험물질 및 기준물질인 산화알루미늄을 각각 2mg씩으로 하여 제1호가목에 의할 것

제19조(폭발성 판정기준)
폭발성으로 인하여 자기반응성물질에 해당하는 것은 다음 각 호에 의한다.
1. 발열개시온도에서 25℃를 뺀 온도(이하 "보정온도"라 한다)의 상용대수를 횡축으로 하고 발열량의 상용대수를 종축으로 하는 좌표도를 만들 것
2. 제1호의 좌표도상에 2·4-다이나이트로톨루엔의 발열량에 0.7을 곱하여 얻은 수치의 상용대수와 보정온도의 상용대수의 상호대응 좌표점 및 과산화벤조일의 발열량에 0.8을 곱하여 얻은 수치의 상용대수와 보정온도의 상용대수의 상호대응 좌표점을 연결하여 직선을 그을 것
3. 시험물품의 발열량의 상용대수와 보정온도(1℃ 미만일 때에는 1℃로 한다)의 상용대수의 상호대응 좌표점을 표시할 것
4. 제3호에 의한 좌표점이 제2호에 의한 직선상 또는 이 보다 위에 있는 것을 자기반응성물질에 해당하는 것으로 할 것

11
지정수량의 5배를 초과하는 지정과산화물의 옥내저장소의 공지의 너비 산정 시 담 또는 토제를 설치하는 경우 설치기준을 쓰시오.

해답 ✔답 ① 담 또는 토제는 저장창고의 외벽으로부터 2m 이상 떨어진 장소에 설치할 것. 다만, 담 또는 토제와 해당 저장창고와의 간격은 해당 옥내저장소의 공지의 너비의 5분의 1을 초과할 수 없다.
② 담 또는 토제의 높이는 저장창고의 처마높이 이상으로 할 것
③ 담은 두께 15cm 이상의 철근콘크리트조나 철골철근콘크리트조 또는 두께 20cm 이상의 보강콘크리트블록조로 할 것
④ 토제의 경사면의 경사도는 60° 미만으로 할 것

상세해설 [부표 2] 지정과산화물의 옥내저장소의 보유공지(별표 5관련)
비고
(1) 담 또는 토제는 다음 각목에 적합한 것으로 하여야 한다. 다만, 지정수량의 5배 이하인

> 지정과산화물의 옥내저장소에 대하여는 당해 옥내저장소의 저장창고의 외벽을 두께 30cm 이상의 철근콘크리트조 또는 철골철근콘크리트조로 만드는 것으로서 담 또는 토제에 대신할 수 있다.
> ① 담 또는 토제는 저장창고의 외벽으로부터 2m 이상 떨어진 장소에 설치할 것. 다만, 담 또는 토제와 당해 저장창고와의 간격은 당해 옥내저장소의 공지의 너비의 5분의 1을 초과할 수 없다.
> ② 담 또는 토제의 높이는 저장창고의 처마높이 이상으로 할 것
> ③ 담은 두께 15cm 이상의 철근콘크리트조나 철골철근콘크리트조 또는 두께 20cm 이상의 보강콘크리트블록조로 할 것
> ④ 토제의 경사면의 경사도는 60도 미만으로 할 것
> (2) 지정수량의 5배 이하인 지정과산화물의 옥내저장소에 당해 옥내저장소의 저장창고의 외벽을 제1호 단서의 규정에 의한 구조로 하고 주위에 제1호 각목의 규정에 의한 담 또는 토제를 설치하는 때에는 그 공지의 너비를 2m 이상으로 할 수 있다.

12 다음 옥탄가에 대한 각 물음에 답하시오.

① 옥탄가의 정의를 쓰시오.
② 옥탄가를 구하는 공식을 쓰시오.
③ 옥탄가와 연소효율의 관계를 쓰시오.

해답 ✔답 ① 옥탄가의 정의
아이소옥탄(iso-Octane)의 옥탄가를 100, 노르말헵탄(n-Heptane)의 옥탄가를 0으로 하여 휘발유의 품질을 나타내는 수치
② 옥탄가 공식

$$옥탄가 = \frac{아이소옥탄(ISO-octane)}{아이소옥탄(ISO-octane) + 헵탄(Heptane)} \times 100$$

③ 옥탄가와 연소효율의 관계
옥탄가가 높을수록 노킹이 억제되어 연소효율은 증가(비례관계).

13 포소화설비에서 펌프를 이용하는 가압수송장치의 전양정을 구하는 식은 $H = h_1 + h_2 + h_3 + h_4$이다. 여기서 h_1, h_2, h_3, h_4는 무엇을 뜻하는지 쓰시오.

해답 ✔답 h_1 : 고정식포방출구의 설계압력환산수두 또는 이동식포소화설비 노즐 끝부분의 방사압력 환산수두(단위 m)
h_2 : 배관의 마찰손실수두(단위 m)

h_3 : 낙차(단위 m)

h_4 : 이동식포소화설비의 소방용호스의 마찰손실수두(단위 m)

상세해설

위험물안전관리에 관한 세부기준 제133조(포소화설비의 기준)

① 가압수조를 이용하는 가압송수장치

$$H = h_1 + h_2 + h_3$$

여기서, H : 필요한 낙차(단위 m)

h_1 : 고정식포방출구의 설계압력 환산수두 또는 이동식포소화설비 노즐방사 압력 환산수두(단위 m)

h_2 : 배관의 마찰손실수두(단위 m)

h_3 : 이동식포소화설비의 소방용 호스의 마찰손실수두(단위 m)

고가수조에는 수위계, 배수관, 오버플로우용 배수관, 보급수관 및 맨홀을 설치할 것

② 압력수조를 이용하는 가압송수장치

$$P = p_1 + p_2 + p_3 + p_4$$

여기서, P : 필요한 압력(단위 MPa)

p_1 : 고정식포방출구의 설계압력 또는 이동식포소화설비 노즐방사압력(단위 MPa)

p_2 : 배관의 마찰손실수두압(단위 MPa)

p_3 : 낙차의 환산수두압(단위 MPa)

p_4 : 이동식포소화설비의 소방용 호스의 마찰손실수두압(단위 MPa)

압력수조에는 압력계, 수위계, 배수관, 보급수관, 통기관 및 맨홀을 설치할 것

③ 펌프를 이용하는 가압송수장치

$$H = h_1 + h_2 + h_3 + h_4$$

여기서, H : 펌프의 전양정(단위 m)

h_1 : 고정식포방출구의 설계압력환산수두 또는 이동식포소화설비 노즐 끝부분의 방사압력 환산수두(단위 m)

h_2 : 배관의 마찰손실수두(단위 m)

h_3 : 낙차(단위 m)

h_4 : 이동식포소화설비의 소방용호스의 마찰손실수두(단위 m)

14 아세트알데하이드가 은거울반응을 한 후 생성되는 제4류 위험물의 명칭과 연소반응식을 쓰시오.

해답

✔답 ① 명칭 : 아세트산(초산)

② 연소반응식 : $CH_3COOH + 2O_2 \rightarrow 2CO_2 + 2H_2O$

상세해설

은거울 반응
① 암모니아성 질산은 용액을 환원하여 은을 유리시키는 것

R-CHO + 2Ag(NH₃)₂OH → RCOOH + 2Ag + 4NH₃ + H₂O
(알데하이드기) (암모니아성 질산은) (카복실기) (은) (암모니아) (물)

② 은거울반응을 하는 물질 : 알데하이드(aldehyde) R-CHO
  ㉠ 포름알데하이드 : HCHO   ㉡ 아세트알데하이드 : CH₃CHO
③ 아세트알데하이드의 은거울반응
  CH₃CHO + 2Ag(NH₃)₂OH → CH₃COOH + 2Ag + 4NH₃ + H₂O

---

15 알칼알루미늄 등을 저장 또는 취급하는 이동탱크저장소에 있어서 자동차용 소화기를 설치하는 것 외에 추가로 설치하여야하는 소화설비(약제)를 쓰시오.

해답 ✓답 마른모래, 팽창질석, 팽창진주암

상세해설 소화난이도등급Ⅲ의 제조소 등에 설치하여야 하는 소화설비

제조소 등의 구분	소화설비	설치기준	
지하탱크저장소	소형소화기 등	능력단위의 수치가 3 이상	2개 이상
이동탱크저장소	자동차용 소화기	무상의 강화액 8L 이상	2개 이상
		이산화탄소 3.2kg 이상	
		일브로민화일염화이플루오린화메탄(CF₂ClBr) 2L 이상	
		일브로민화삼플루오린화메탄(CF₃Br) 2L 이상	
		이브로민화사플루오린화에탄(C₂F₄Br₂) 1L 이상	
		소화분말 3.3kg 이상	
	마른모래 및 팽창질석 또는 팽창진주암	마른모래 150L 이상	
		팽창질석 또는 팽창진주암 640L 이상	

[비고] **알킬알루미늄** 등을 저장 또는 취급하는 이동탱크저장소에 있어서는 자동차용 소화기를 설치하는 외에 **마른모래나 팽창질석 또는 팽창진주암을 추가로 설치**하여야 한다.

---

16 하이드록실아민 200kg을 취급하는 제조소의 안전거리를 구하시오.

해답 ✓계산과정
  ① 지정수량의 배수 = $\frac{200\text{kg}}{100\text{kg}}$ = 2
  ② $D = 51.1\sqrt[3]{2} = 64.38\text{m}$
✓답 64.38m

상세해설

하이드록실아민 등을 취급하는 제조소의 안전거리

$$D = 51.1\sqrt[3]{N}$$

여기서, D : 거리(m)
　　　　N : 해당 제조소에서 취급하는 하이드록실아민 등의 지정수량의 배수
★하이드록실아민(NH_2OH)의 지정수량 : 100kg

---

17 위험물안전관리 대행기관의 지정을 받을 때 갖추어야 할 장비를 5가지만 쓰시오. (단, 안전용구 및 소방시설점검기구는 제외)

해답

✔답 ① 절연저항계
　　② 접지저항측정기(최소눈금 0.1Ω 이하)
　　③ 가스농도측정기(탄화수소계 가스의 농도측정이 가능할 것)
　　④ 정전기 전위측정기
　　⑤ 토크렌치

상세해설

안전관리대행기관의 지정기준(제57조제1항 관련)

기술인력	1. 위험물기능장 또는 위험물산업기사 1인 이상 2. 위험물산업기사 또는 위험물기능사 2인 이상 3. 기계분야 및 전기분야의 소방설비기사 1인 이상
시설	전용사무실을 갖출 것
장비	1. 절연저항계 2. 접지저항측정기(최소눈금 0.1Ω 이하) 3. 가스농도측정기(탄화수소계 가스의 농도측정이 가능할 것) 4. 정전기 전위측정기 5. 토크렌치 6. 진동시험기 7. 표면온도계(-10℃~300℃) 8. 두께측정기(1.5mm~99.9mm) 9. 안전용구(안전모, 안전화, 손전등, 안전로프 등) 10. 소화설비점검기구 　　(소화전밸브압력계, 방수압력측정계, 포콜렉터, 헤드렌치, 포콘테이너)

비고 : 기술인력란의 각호에 정한 2 이상의 기술인력을 동일인이 겸할 수 없다.

---

18 제1류 위험물로서 지정수량이 50kg이고 융점이 610℃인 물질의 완전 열분해 반응식을 쓰시오.

해답

✔답　$KClO_4 \rightarrow KCl + 2O_2$

상세해설 과염소산칼륨-제1류 위험물-과염소산염류

화학식	분자량	융점	색상	분해온도
KClO₄	138.5	610℃	무색	400℃

① 무색무취, 사방정계 결정
② 물에 녹기 어렵고 알코올, 에터에 불용
③ 진한 황산과 접촉 시 폭발성이 있다.
④ 황, 탄소, 유기물등과 혼합 시 가열, 충격, 마찰에 의하여 폭발한다.
⑤ 400℃에서 분해가 시작되어 600℃에서 완전 분해하여 산소를 발생한다.

$$KClO_4 \rightarrow KCl(염화칼륨) + 2O_2\uparrow (산소)$$

---

19. 순수한 것은 무색으로 겨울에 동결되는 제5류 위험물의 구조식과 지정수량을 쓰시오.

해답 ✔답 ① 구조식 :

$$\begin{array}{c} H \quad H \quad H \\ | \quad\ | \quad\ | \\ H-C-C-C-H \\ | \quad\ | \quad\ | \\ O \quad O \quad O \\ | \quad\ | \quad\ | \\ NO_2\ NO_2\ NO_2 \end{array}$$

② 지정수량 : 10kg

상세해설 나이트로글리세린(Nitro Glycerine)[$(C_3H_5(ONO_2)_3$]-제5류 위험물 중 질산에스터류

화학식	분자량	비중	융점	비점	착화점
$C_3H_5(ONO_2)_3$	227	1.6	13℃	160℃	210℃

① 상온에서는 액체이지만 겨울철에는 동결한다.
② 글리세린에 진한 질산과 진한 황산을 가하면 나이트로화하여 나이트로글리세린으로 된다.

글리세린의 나이트로화반응

$$C_3H_5(OH)_3 + 3HONO_2 \xrightarrow{H_2SO_4} C_3H_5(ONO_2)_3 + 3H_2O$$
(글리세린) (질산) (나이트로글리세린) (물)

③ 비수용성이며 메탄올, 아세톤 등에 녹는다.
④ 가열, 마찰, 충격에 예민하여 대단히 위험하다.

나이트로글리세린의 열분해 반응식

$$4C_3H_5(ONO_2)_3 \rightarrow 12CO_2\uparrow + 6N_2\uparrow + O_2\uparrow + 10H_2O$$

⑤ 다이너마이트(규조토+나이트로글리세린), 무연화약 제조에 이용된다.

20 다음은 옥외탱크저장소의 위치.구조 및 설비의 기준이다. ( )안에 알맞는 답을 쓰시오.

> ① 액체 위험물의 옥외저장탱크의 주입구는 화재예방상 지장이 없는 장소에 설치하고 주입호스 또는 (   )과 결합할 수 있고 결합하였을 때 위험물이 세지 아니할 것.
> ② 옥외저장탱크에는 직경이 30mm 이상이고 끝부분은 수평면보다 45도 이상 구부려 빗물 등의 침투를 막는 구조로 하여야 하는 (   )을 설치하여야 한다.
> ③ 탱크와 배수관과의 결합부분이 지진 등에 의하여 손상을 받을 우려가 없는 방법으로 (   )을 설치하는 경우에는 탱크의 밑판에 설치할 수 있다.

해답 ✔답 ① 주입관   ② 통기관   ③ 배수관

상세해설

옥외탱크저장소의 위치·구조 및 설비의 기준
(1) 액체위험물의 옥외저장탱크의 주입구
  ① 화재예방상 지장이 없는 장소에 설치할 것
  ② 주입호스 또는 주입관과 결합할 수 있고, 결합하였을 때 위험물이 새지 아니할 것
  ③ 주입구에는 밸브 또는 뚜껑을 설치할 것
  ④ 휘발유, 벤젠 그 밖에 정전기에 의한 재해가 발생할 우려가 있는 액체위험물의 옥외저장탱크의 주입구 부근에는 정전기를 유효하게 제거하기 위한 접지전극을 설치할 것
(2) 밸브 없는 통기관의 설치기준
  ① 직경은 30mm 이상일 것
  ② 끝부분은 수평면보다 45도 이상 구부려 빗물 등의 침투를 막는 구조로 할 것
  ③ 인화점이 **38℃ 미만**인 위험물만을 저장 또는 취급하는 탱크에 설치하는 통기관에는 **화염방지장치**를 설치하고, 그 외의 탱크에 설치하는 통기관에는 **40메쉬(mesh) 이상**의 구리망 또는 동등 이상의 성능을 가진 등으로 인화방지장치를 할 것
(3) 옥외저장탱크의 배수관
  옥외저장탱크의 배수관은 탱크의 옆판에 설치하여야 한다. 다만, 탱크와 배수관과의 결합부분이 지진 등에 의하여 손상을 받을 우려가 없는 방법으로 배수관을 설치하는 경우에는 탱크의 밑판에 설치할 수 있다.

위험물기능장 제52회 실기시험

2012년도 기능장 제52회 실기시험 (2012년 09월 08일 시행)

자격종목	시험시간	문제수	형별
위험물기능장	2시간	20	A

---

01 옥외저장소에 윤활유 저장용기를 겹쳐쌓아 저장하는 경우 다음 각 물음에 답하시오.

① 기계에 의하여 하역하는 구조로 된 용기만을 겹쳐 쌓는 경우 높이는 몇 m를 초과할 수 없는가?
② 제4류 위험물 중 제3석유류, 제4석유류 및 동식물유류를 수납하는 용기만을 겹쳐 쌓는 경우에는 높이 몇 m를 초과할 수 없는가?

해답 ✔답 ① 6m ② 4m

상세해설

★ 윤활유 – 제4류 – 제4석유류

옥외저장소에서 위험물을 저장하는 경우 높이 제한.
① 기계에 의하여 하역하는 구조로 된 용기만을 겹쳐 쌓는 경우 : 6m
② 제4류 위험물 중 제3석유류, **제4석유류** 및 동식물유류를 수납하는 용기만을 겹쳐 쌓는 경우 : 4m
③ 그 밖의 경우 : 3m

---

02 다음의 표는 위험물 안전관리자가 점검하여야 할 옥내저장소의 일반점검표이다 번호에 알맞은 답을 완성하시오.

점검항목		점검내용	점검방법
건축물	벽·기둥·보·지붕	(①)	육안
	(②)	변형·손상 등의 유무 및 폐쇄기능의 적부	육안
	바닥	(③)	육안
		균열·손상·패임 등의 유무	육안
	(④)	변형·손상 등의 유무 및 고정상황의 적부	육안
	다른 용도부분과 구획	균열·손상 등의 유무	육안
	(⑤)	손상의 유무	육안

해답 ✔답 ① 균열·손상 등의 유무 ② 방화문 ③ 체유·체수의 유무
　　　　 ④ 계단 ⑤ 조명설비

상세해설

옥내저장소의 일반점검표

점검항목		점검내용	점검방법
안전거리		보호대상물 신설여부	육안 및 실측
		방화상 유효한 담의 손상유무	육안
건축물	벽·기둥·보·지붕	균열·손상 등의 유무	육안
	방화문	변형·손상 등의 유무 및 폐쇄기능의 적부	육안
	바닥	체유·체수의 유무	육안
		균열·손상·패임 등의 유무	육안
	계단	변형·손상 등의 유무 및 고정상황의 적부	육안
	다른 용도부분과 구획	균열·손상 등의 유무	육안
	조명설비	손상의 유무	육안
환기·배출설비 등		변형·손상의 유무 및 고정상태의 적부	육안
		인화방지망의 손상 및 막힘 유무	육안
		방화댐퍼의 손상 유무 및 기능의 적부	육안 및 작동확인
		팬의 작동상황의 적부	작동확인
		가연성 증기경보장치의 작동상황	작동확인

---

03 특정옥외저장탱크의 용접방법을 쓰시오.
　① 애뉼러판과 애뉼러판
　② 애뉼러판과 밑판 및 밑판과 밑판

해답 ✔답 ① 뒷면에 재료를 댄 맞대기용접
　　　　 ② 뒷면에 재료를 댄 맞대기용접 또는 겹치기용접

상세해설

특정옥외저장탱크의 용접방법 기준

(1) 옆판의 용접은 다음에 의할 것
　① 세로이음 및 가로이음은 완전용입 맞대기용접으로 할 것
　② 옆판의 세로이음은 단을 달리하는 옆판의 각각의 세로이음과 동일선상에 위치하지 아니하도록 할 것. 이 경우 해당 세로이음간의 간격은 서로 접하는 옆판 중 두꺼운 쪽 옆판의 두께의 5배 이상으로 하여야 한다.
(2) 옆판의 애뉼러판(애뉼러판이 없는 경우에는 밑판)과의 용접은 부분용입그룹용접 또는 이와 동등 이상의 용접강도가 있는 용접방법으로 용접할 것. 이 경우에 있어서 용접 비드(Bead)는 매끄러운 형상을 가져야 한다.
(3) 애뉼러판과 애뉼러판은 뒷면에 재료를 댄 맞대기 용접으로 하고, 애뉼러판과 밑판 및 밑판과 밑판의 용접은 뒷면에 재료를 댄 맞대기용접 또는 겹치기용접으로 용접할 것. 이 경우에 애뉼러판과 밑판이 접하는 면은 해당 애뉼러판과 밑판의 용접부의 강도 및 밑판과 밑판의 용접부의 강도에 유해한 영향을 주는 홈이 있어서는 아니된다.
(4) 필렛용접의 사이즈(부동사이즈가 되는 경우에는 작은 쪽의 사이즈를 말한다)는 다음

식에 의하여 구한 값으로 할 것

$$t_1 \geq S \geq \sqrt{2t_2} \, (단, S \geq 4.5)$$

여기서, t_1 : 얇은 쪽의 강판의 두께(mm)
t_2 : 두꺼운 쪽의 강판의 두께(mm)
S : 사이즈(mm)

04 제3류 위험물인 인화칼슘에 대한 다음 각 물음에 답하시오.
① 물과 반응식
② 위험등급

해답
✔ 답 ① 물과 반응식 $Ca_3P_2 + 6H_2O \rightarrow 3Ca(OH)_2 + 2PH_3$
② 위험등급 : Ⅲ

상세해설

인화칼슘(Ca_3P_2)[별명 : 인화석회] : 제3류-금수성 물질

화학식	분자량	융점	비중
Ca_3P_2	182	1,600℃	2.5

① 적갈색의 괴상고체
② 물 및 약산과 격렬히 반응, 분해하여 유독한 가연성기체인 인화수소(PH_3)을 생성한다.
- $Ca_3P_2 + 6H_2O \rightarrow 3Ca(OH)_2$(수산화칼슘) + $2PH_3$(포스핀 = 인화수소)
- $Ca_3P_2 + 6HCl \rightarrow 3CaCl_2$(염화칼슘) + $2PH_3$(포스핀 = 인화수소)

③ 포스핀은 맹독성가스이므로 취급시 방독마스크를 착용한다.
④ 물 및 포약제의 의한 소화는 절대 금하고 마른모래 등으로 피복하여 자연 진화되도록 기다린다.

제3류 위험물 및 지정수량

성 질	품 명	지정수량	위험등급
자연발화성 및 금수성물질	1. 칼륨	10kg	Ⅰ
	2. 나트륨		
	3. 알킬알루미늄		
	4. 알킬리튬		
	5. 황린	20kg	
	6. 알칼리금속 (칼륨 및 나트륨 제외) 및 알칼리토금속	50kg	Ⅱ
	7. 유기금속화합물 (알킬알루미늄 및 알킬리튬 제외)		
	8. 금속의 수소물	300kg	Ⅲ
	9. 금속의 인화물		
	10. 칼슘 또는 알루미늄의 탄화물		
	11. 염소화규소화합물		

05

제3류 위험물인 탄화칼슘에 대한 다음 각 물음에 답하시오.
① 물과 반응식
② 생성된 기체의 완전연소반응식
③ 질소와 반응식

해답

✔답 ① $CaC_2 + 2H_2O \rightarrow Ca(OH)_2 + C_2H_2$
② $2C_2H_2 + 5O_2 \rightarrow 4CO_2 + 2H_2O$
③ $CaC_2 + N_2 \rightarrow CaCN_2 + C$

상세해설

탄화칼슘(CaC_2) : 제3류 위험물 중 칼슘탄화물

화학식	분자량	융점	비중
CaC_2	64	2370℃	2.21

① 물과 접촉 시 아세틸렌을 생성하고 열을 발생시킨다.

$CaC_2 + 2H_2O \rightarrow Ca(OH)_2$(수산화칼슘) $+ C_2H_2 \uparrow$ (아세틸렌)

② 아세틸렌의 폭발범위는 2.5~81%로 대단히 넓어서 폭발위험성이 크다.
③ 장기 보관 시 불활성기체(N_2 등)를 봉입하여 저장한다.
④ 별명은 카바이드, 탄화석회, 칼슘카바이드 등이다.
⑤ 고온(700℃)에서 질화되어 석회질소($CaCN_2$)가 생성된다.

$CaC_2 + N_2 \rightarrow CaCN_2$(석회질소) $+ C$(탄소)

⑥ 물 및 포약제에 의한 소화는 절대 금하고 마른모래 등으로 피복 소화한다.

06

위험물의 성질란에 규정된 성상을 2가지 이상 포함하는 물품을 복수성상물품이라 한다. 이 물품이 속하는 품명의 판단기준을 (   )안에 알맞은 유별을 쓰시오.

① 복수성상물품이 산화성 고체의 성상 및 가연성 고체의 성상을 가지는 경우 : (   ) 위험물
② 복수성상물품이 산화성 고체의 성상 및 자기반응성 물질의 성상을 가지는 경우 : (   ) 위험물
③ 복수성상물품이 가연성 고체의 성상 및 자연발화성 물질의 성상 및 금수성 물질의 성상을 가지는 경우 : (   ) 위험물
④ 복수성상물품이 자연발화성 물질의 성상, 금수성 물질의 성상 및 인화성 액체의 성상을 가지는 경우 : (   ) 위험물
⑤ 복수성상물품이 인화성 액체의 성상 및 자기반응성 물질의 성상을 가지는 경우 : (   ) 위험물

해답

✔답 ① 제2류 ② 제5류 ③ 제3류 ④ 제3류 ⑤ 제5류

상세해설 성질란에 규정된 성상을 2가지 이상 포함하는 물품(복수성상물품)이 속하는 품명
① 산화성 고체의 성상 및 가연성 고체의 성상을 가지는 경우 : 제2류
② 산화성 고체의 성상 및 자기반응성 물질의 성상을 가지는 경우 : 제5류
③ 가연성 고체의 성상과 자연발화성 물질의 성상 및 금수성 물질의 성상을 가지는 경우 : 제3류
④ 자연발화성 물질의 성상, 금수성 물질의 성상 및 인화성액체의 성상을 가지는 경우 : 제3류
⑤ 인화성 액체의 성상 및 자기반응성 물질의 성상을 가지는 경우 : 제5류

---

07 제5류 위험물인 아세틸퍼옥사이드에 대한 다음 각 물음에 답하시오.
① 구조식을 쓰시오.
② 증기비중을 구하시오.(단, 공기의 분자량 29이다)

해답 ✔답 ① 구조식 :

$$CH_3-\underset{\underset{O}{\|}}{C}-O-O-\underset{\underset{O}{\|}}{C}-CH_3$$

② 증기비중 : • 분자량(M) = $C_4H_6O_4$ = $12 \times 4 + 1 \times 6 + 16 \times 4 = 118$

• 증기비중(S) = $\dfrac{M}{29} = \dfrac{118}{29} = 4.07$

상세해설 아세틸퍼옥사이드(Acetyl peroxide)—제5류 위험물—유기과산화물

$$CH_3-\underset{\underset{O}{\|}}{C}-O-O-\underset{\underset{O}{\|}}{C}-CH_3$$

화학식	분자량	융점	인화점	발화점
$(CH_3CO)_2O_2$	118	30℃	45℃	121℃

① 무색의 액체이다.
② 충격, 마찰에 의하여 분해되며, 가열시 폭발한다.
③ 희석제로 DMF(Di Methyl Formamide)를 사용하며 저온에 저장한다.
④ 다량의 물로 주수소화한다.

---

08 비중이 0.8인 메탄올 10L가 완전 연소할 때 소요되는 이론 산소량(kg)과 생성되는 이산화탄소의 부피(m³)는 25℃, 1기압일 때 얼마인지 계산하시오.

해답 (1) 이론산소량
✔계산과정
① 메탄올(CH_3OH)의 분자량 = $12 + 1 \times 4 + 16 = 32$

② 메탄올의 무게 = 부피 × 비중량 = 10L × 0.8kg/L = 8kg
③ 메탄올의 연소반응식
$$2CH_3OH + 3O_2 \rightarrow 2CO_2 + 4H_2O$$
$$2 \times 32kg \longrightarrow 3 \times 32kg$$
$$8kg \longrightarrow x$$
$$\therefore x = \frac{8kg \times 3 \times 32kg}{2 \times 32kg} = 12kg$$

✔ 답 12kg

(2) 이산화탄소의 부피
✔ 계산과정

(방법1)
$$2CH_3OH + 3O_2 \rightarrow 2CO_2 + 4H_2O$$
$$2 \times 32kg \longrightarrow 2 \times 22.4m^3$$
$$8kg \longrightarrow x$$
$$x = \frac{8kg \times 2 \times 22.4m^3}{2 \times 32kg} = 5.6m^3 (0℃, 1atm \ 상태)$$
25℃, 1기압으로 환산하면
$$V_1 = V_2 \times \frac{T_2}{T_1} = 5.6m^3 \times \frac{273+25}{273} = 6.11m^3$$

(방법2)
$$2CH_3OH + 3O_2 \rightarrow 2CO_2 + 4H_2O$$
$$CH_3OH + 1.5O_2 \rightarrow CO_2 + 2H_2O$$
이상기체상태방정식을 적용하면
$$V = \frac{WRT}{PM} \times mol(생성기체) = \frac{8 \times 0.082 \times (273+25)}{1 \times 32} \times 1 = 6.11m^3$$

✔ 답 $6.11m^3$

---

09 제2류 위험물인 적린을 제3류 위험물을 사용하여 제조하는 방법을 설명하시오.
(단, 원료, 제조온도 및 방법을 중심으로 설명하시오)

해답
✔ 답 황린(P_4)을 공기차단상태에서 260℃로 가열, 냉각하여 적린(P)을 제조한다.

상세해설

적린(붉은인)(P)★★★

화학식	원자량	비중	융점	착화점
P	31	2.2	600℃	260℃

① 황린의 **동소체**이며 황린보다 안정하다.
② 공기 중에서 자연발화하지 않는다.(발화점 : 260℃, 승화점 : 460℃)

③ 황린을 공기차단상태에서 260℃로 가열, 냉각 시 적린으로 변환한다.

$$황린(P_4) \xrightarrow{공기차단(260℃가열, 냉각)} 적린(P)$$

④ 성냥, 불꽃놀이 등에 이용된다.
⑤ 연소 시 오산화인(P_2O_5)이 생성된다.

$$4P + 5O_2 \rightarrow 2P_2O_5(오산화인)$$

⑥ 다량의 물을 주수하여 냉각 소화한다.

10 다음은 주유취급소의 주유공지 및 급유공지에 대한 기준이다. ( )안에 알맞은 답을 쓰시오.

- 주유취급소의 고정주유설비의 주위에는 주유를 받으려는 자동차 등이 출입할 수 있도록 너비 (①)m 이상, 길이 (②)m 이상의 콘크리트 등으로 포장한 공지(이하 "주유공지"라 한다)를 보유하여야 한다.
- 고정급유설비를 설치하는 경우에는 고정급유설비의 (③)의 주위에 필요한 공지(이하 "급유공지"라 한다)를 보유하여야 한다.
- 공지의 바닥은 주위 지면보다 높게 하고, 그 표면을 적당하게 경사지게 하여 새어나온 기름 그 밖의 액체가 공지의 외부로 유출되지 아니하도록 (④)·(⑤) 및 (⑥)를 하여야 한다.

해답 ✔답 ① 15 ② 6 ③ 호스기기 ④ 배수구 ⑤ 집유설비 ⑥ 유분리장치

상세해설
주유공지 및 급유공지
① 주유취급소의 고정주유설비의 주위에는 주유를 받으려는 자동차 등이 출입할 수 있도록 **너비 15m 이상, 길이 6m 이상**의 콘크리트 등으로 포장한 공지(주유공지)를 보유하여야 한다.
② 고정급유설비를 설치하는 경우에는 고정급유설비의 **호스기기의 주위**에 필요한 공지(급유공지)를 보유하여야 한다.
③ 공지의 바닥은 주위 지면보다 높게 하고, 그 표면을 적당하게 경사지게 하여 새어나온 기름 그 밖의 액체가 공지의 외부로 유출되지 아니하도록 **배수구·집유설비 및 유분리장치**를 하여야 한다.

11 다음 표는 위험물안전관리대행기관의 지정기준이다. ( )안에 알맞은 답을 쓰시오.

기술인력	1. 위험물기능장 또는 위험물산업기사 1명 이상 2. 위험물산업기사 또는 위험물기능사 (①)명 이상 3. 기계분야 및 전기분야의 소방설비기사 1명 이상
시설	(②)을 갖출 것
장비	1. (③) 2. 접지저항측정기(최소눈금 0.1Ω 이하) 3. (④) 4. 정전기 전위측정기 5. 토크렌치 6. 진동시험기 7. 표면온도계(-10℃~300℃) 8. 두께측정기(1.5mm~99.9mm) 9. 안전용구(안전모, 안전화, 손전등, 안전로프 등) 10. 소화설비점검기구(소화전밸브압력계, 방수압력측정계, 포콜렉터, 헤드렌치, 포콘테이너)

해답 ✔답 ① 2   ② 전용사무실   ③ 절연저항계   ④ 가스농도측정기

상세해설

안전관리대행기관의 지정기준(제57조제1항 관련)

기술인력	1. 위험물기능장 또는 위험물산업기사 1인 이상 2. 위험물산업기사 또는 위험물기능사 2인 이상 3. 기계분야 및 전기분야의 소방설비기사 1인 이상
시설	전용사무실을 갖출 것
장비	1. 절연저항계 2. 접지저항측정기(최소눈금 0.1Ω 이하) 3. 가스농도측정기(탄화수소계 가스의 농도측정이 가능할 것) 4. 정전기 전위측정기 5. 토크렌치 6. 진동시험기 7. 표면온도계(-10℃~300℃) 8. 두께측정기(1.5mm~99.9mm) 9. 안전용구(안전모, 안전화, 손전등, 안전로프 등) 10. 소화설비점검기구 (소화전밸브압력계, 방수압력측정계, 포콜렉터, 헤드렌치, 포콘테이너)

비고 : 기술인력란의 각호에 정한 2 이상의 기술인력을 동일인이 겸할 수 없다.

12 제2류 위험물인 마그네슘에 대한 다음 각 물음에 답하시오.

① 완전연소 반응식을 쓰시오.
② 물과 반응식을 쓰시오.
③ ②에서 발생한 가스의 위험도를 계산하시오.

해답

✔**답** ① 완전연소 반응식 : $2Mg + O_2 \rightarrow 2MgO$
② 물과 반응식 : $Mg + 2H_2O \rightarrow Mg(OH)_2 + H_2$
③ 위험도
- 수소의 연소범위 = 4~75%
- $H = \dfrac{75-4}{4} = 17.75$

상세해설

위험도 계산공식

$$H = \frac{U(\text{연소상한}) - L(\text{연소하한})}{L(\text{연소하한})}$$

마그네슘(Mg)-제2류 위험물

화학식	원자량	비중	융점	비점	발화점
Mg	24.3	1.74	651℃	1102℃	473℃

① 2mm의 체를 통과하지 아니하는 덩어리 상태의 것은 위험물에서 제외한다.
② 지름 2mm 이상의 막대모양의 것은 위험물에서 제외한다.
③ 은백색의 광택이 나는 가벼운 금속이다.
④ 물과 반응하여 수소기체 발생

$$Mg + 2H_2O \rightarrow Mg(OH)_2(\text{수산화마그네슘}) + H_2\uparrow(\text{수소발생})$$

⑤ 이산화탄소약제를 방사하면 폭발적으로 반응하기 때문에 위험하다.

마그네슘과 CO_2의 반응식
$$2Mg + CO_2 \rightarrow 2MgO + C$$

⑥ 질소와 고온에서 반응하여 질화마그네슘(Mg_3N_2)을 생성한다.
$$3Mg + N_2 \rightarrow Mg_3N_2(\text{질화마그네슘})$$

⑦ 산과 작용하여 수소를 발생시킨다.

마그네슘과 황산의 반응식
$$Mg + H_2SO_4 \rightarrow MgSO_4 + H_2$$

⑧ 공기 중 습기에 발열되어 자연발화 위험이 있다.

마그네슘의 연소식
$$2Mg + O_2 \rightarrow 2MgO + Q\text{kcal}$$

⑨ 주수소화는 엄금이며 마른모래 등으로 피복 소화한다.

13 아래 조건을 모두 만족시키는 제4류 위험물의 품명 2가지를 쓰시오.

[조건] ① 옥내저장소에 저장할 때 저장창고의 바닥면적을 1,000m² 이하로 하여야 하는 위험물
② 옥외저장소에 저장·취급할 수 없는 위험물

해답 ✔답
- 특수인화물
- 제1석유류(인화점이 0℃ 미만인 것)

상세해설

옥내저장소의 저장창고 바닥면적 설치기준 ★★

위험물의 종류	바닥면적
제1류 위험물 중 아염소산염류, 염소산염류, 과염소산염류, 무기과산화물, 그 밖에 지정수량 50kg인 위험물	1000m² 이하
제3류 위험물 중 칼륨, 나트륨, 알킬알루미늄, 알킬리튬, 그밖에 지정수량이 10kg인 위험물 및 **황린**	
제4류 위험물 중 특수인화물, 제1석유류 및 알코올류	
제5류 위험물 중 지정수량이 10kg인 위험물	
제6류 위험물	
위 이외의 위험물을 저장하는 창고	2000m² 이하
내화구조의 격벽으로 완전히 구획된 실에 각각 저장하는 창고	1500m² 이하

옥외저장소에 저장할 수 있는 위험물
① 제2류 위험물중 황 또는 인화성고체(인화점이 0℃ 이상인 것)
② 제4류 위험물중 제1석유류(인화점이 0℃ 이상인 것)·알코올류·제2석유류·제3석유류·제4석유류 및 동식물유류
③ 제6류 위험물

14 제4류 위험물인 톨루엔에 대한 다음 각 물음에 답하시오.
① 구조식을 쓰시오.
② 증기비중을 구하시오.
③ 이 위험물은 진한 황산과 진한 질산의 혼산으로 나이트로화시켰을 때 생성되는 위험물은 무엇인가?

해답 ✔답 ① 구조식 :

② 증기비중 : • 분자량(M) = C_7H_8 = $12 \times 7 + 1 \times 8 = 92$
• 증기비중(S) = $\dfrac{M}{29} = \dfrac{92}{29} = 3.17$

③ 트라이나이트로톨루엔

상세해설

톨루엔($C_6H_5CH_3$)★★★★★

화학식	분자량	비중	비점	인화점	착화점	연소범위
$C_6H_5CH_3$	92	0.871	111℃	4℃	552℃	1.27~7%

① 무색 투명한 휘발성 액체이며 물에는 용해되지 않고 유기용제에 용해된다.
② 독성은 벤젠의 $\dfrac{1}{10}$ 정도이며 소화는 다량의 포약제로 질식 및 냉각소화한다.
③ 톨루엔과 질산을 반응시켜 트라이나이트로톨루엔을 얻는다.

$$C_6H_5CH_3 + 3HNO_3 \xrightarrow[\text{(나이트로화)}]{C-H_2SO_4} C_6H_2CH_3(NO_2)_3 + 3H_2O$$
(톨루엔)   (질산)   (트라이나이트로톨루엔) (물)

---

15 위험물의 취급 중 제조에 관한 사항이다. 괄호 안에 적당한 말을 쓰시오.

- 건조공정 : 위험물의 (①)가 부분적으로 상승하지 아니하는 방법으로 가열 또는 건조할 것
- 추출공정 : 추출관의 (②)이 비정상으로 상승하지 아니하도록 할 것
- 증류공정 : 위험물을 취급하는 설비의 (③)의 변동 등에 의하여 액체 또는 증기가 새지 아니하도록 할 것
- (④)공정 : 위험물의 분말이 현저하게 부유하고 있거나 위험물의 분말이 현저하게 기계·기구 등에 부착하고 있는 상태로 그 기계·기구를 취급하지 아니할 것

해답 ✓답 ① 온도 ② 내부압력 ③ 내부압력 ④ 분쇄

상세해설 위험물 취급의 기준
① 증류공정에 있어서는 위험물을 취급하는 설비의 내부압력의 변동 등에 의하여 액체 또는 증기가 새지 아니하도록 할 것
② 추출공정에 있어서는 추출관의 내부압력이 비정상으로 상승하지 아니하도록 할 것
③ 건조공정에 있어서는 위험물의 온도가 부분적으로 상승하지 아니하는 방법으로 가열 또는 건조할 것
④ 분쇄공정에 있어서는 위험물의 분말이 현저하게 부유하고 있거나 위험물의 분말이 현저하게 기계·기구 등에 부착하고 있는 상태로 그 기계·기구를 취급하지 아니할 것

---

16 옥외에 있는 위험물취급탱크에 기어유 50,000L 1기, 실린더유 80,000L 1기를 동일 방유제 내에 설치하고자 할 때 방유제의 최소용량(m^3)을 구하시오.

해답 ✔ 계산과정
$$Q = (80,000L \times 0.5) + (50,000L \times 0.1) = 45,000L = 45m^3$$
✔ 답 $45m^3$

상세해설 방유제의 용량
① 옥외 위험물 취급탱크의 **방유제의 용량**
  ㉠ 하나의 탱크 : 탱크용량 × 0.5(50%)
  ㉡ 2 이상의 탱크 : 최대탱크용량 × 0.5 + (나머지 탱크용량합계 × 0.1)
② 옥내 위험물 취급탱크의 **방유턱의 용량**
  ㉠ 하나의 탱크 : 탱크용량 이상
  ㉡ 2 이상의 탱크 : 최대탱크용량 이상
③ 옥외탱크저장소의 **방유제의 용량**
  ㉠ 하나의 탱크 : 탱크용량 × 1.1(110%)(비인화성 물질 × 100%)
  ㉡ 2 이상의 탱크 : 최대탱크용량 × 1.1(110%)(비인화성 물질 × 100%)

---

17 위험물을 가압하는 설비 또는 그 취급하는 위험물의 압력이 상승할 우려가 있는 설비에는 압력계 및 안전장치를 설치하여야 한다. 안전장치의 종류 3가지를 쓰시오.

해답 ✔ 답 ① 자동적으로 압력의 상승을 정지시키는 장치
② 감압측에 안전밸브를 부착한 감압밸브
③ 안전밸브를 병용하는 경보장치

상세해설 위험물을 가압하는 설비 또는 그 취급하는 위험물의 압력이 상승할 우려가 있는 설비에는 압력계 및 다음에 해당하는 안전장치를 설치하여야 한다.
① 자동적으로 압력의 상승을 정지시키는 장치
② 감압측에 안전밸브를 부착한 감압밸브
③ 안전밸브를 병용하는 경보장치
④ 파괴판(위험물의 성질에 따라 안전밸브의 작동이 곤란한 가압설비에 한한다)

18

불활성가스소화설비에서 이산화탄소의 설치기준에 대한 설명이다. 물음에 답하시오.

① 전역방출방식의 이산화탄소의 분사헤드의 방사압력은 고압식의 것에 있어서 몇 MPa 이상인가?
② 전역방출방식의 불활성가스(IG-541)의 분사헤드의 방사압력은 몇 MPa 이상인가?
③ 국소방출방식의 이산화탄소의 분사헤드는 소화약제의 양을 몇 초 이내에 균일하게 방사해야 하는가?

해답 ✔답 ① 2.1MPa 이상
② 1.9MPa 이상
③ 30초 이내

상세해설

전역방출방식의 불활성가스소화설비

구분	전역방출방식			국소방출방식 (이산화탄소)
	이산화탄소		불활성가스	
	고압식	저압식	IG-100, IG-55, IG-541	
헤드의 방사압력	2.1MPa 이상	1.05MPa 이상	1.9MPa 이상	-
약제방사시간	60초 이내		60초 이내(95% 이상)	30초 이내

19

위험물을 취급하는 제조소등에 옥내소화전이 1층에 6개, 2층에 5개, 3층에 3개가 설치되어 있을 때 수원의 양은 얼마(m³) 이상으로 하여야 하는가?

해답 ✔계산과정
$Q = 5 \times 7.8 = 39 \mathrm{m}^3$
✔답 39m³

상세해설

위험물제조소등의 소화설비 설치기준

소화설비	수평거리	방사량	방사압력(kPa)	수원의 양
옥내	25m 이하	260(L/min) 이상	350 이상	$Q = N$(소화전개수 : 최대 5개) $\times 7.8\text{m}^3$(260L/min $\times$ 30min)
옥외	40m 이하	450(L/min) 이상	350 이상	$Q = N$(소화전개수 : 최대 4개) $\times 13.5\text{m}^3$(450L/min $\times$ 30min)
스프링클러	1.7m 이하	80(L/min) 이상	100 이상	$Q = N$(헤드수 : 최대 30개) $\times 2.4\text{m}^3$(80L/min $\times$ 30min)
물분무		20(L/m² · min)	350 이상	$Q = A$(바닥면적 m²) $\times 0.6\text{m}^3$(20L/m² · min $\times$ 30min)

옥내소화전설비의 수원의 양
$Q = N$(소화전 개수 : 최대 5개) $\times 7.8\text{m}^3$

---

20 제2류 위험물에 대한 다음 각 물음에 답하시오.
① 마그네슘과 물의 반응식을 쓰시오
② 인화성고체의 정의
   고형알코올 그 밖의 1기압에서 인화점이 ( )℃ 미만인 고체에서 ( )안에 알맞은 답을 쓰시오
③ 알루미늄분과 염산이 반응하여 수소기체를 발생하는 반응식을 쓰시오

해답

✓답 ① $Mg + 2H_2O \rightarrow Mg(OH)_2 + H_2$
② 40
③ $2Al + 6HCl \rightarrow 2AlCl_3 + 3H_2$

상세해설

마그네슘(Mg)–제2류 위험물

화학식	원자량	비중	융점	비점	발화점
Mg	24.3	1.74	651℃	1102℃	473℃

① 2mm의 체를 통과하지 아니하는 덩어리 상태의 것은 위험물에서 제외한다.
② 지름 2mm 이상의 막대모양의 것은 위험물에서 제외한다.
③ **은백색의 광택**이 나는 가벼운 금속이다.
④ **수증기와 작용하여 수산화마그네슘과 수소를 발생**시킨다.(주수소화금지)

$Mg + 2H_2O \rightarrow Mg(OH)_2$(수산화마그네슘) $+ H_2 \uparrow$(수소발생)

인화성고체
고형알코올 그 밖에 1기압에서 인화점이 40℃ 미만인 고체

알루미늄분(Al) : 제2류 위험물

화학식	원자량	비중	융점	비점
Al	27	2.7	660℃	2,000℃

① 가열된 알루미늄은 물(수증기)와 반응하여 수소를 발생시킨다.(주수소화금지)

$$2Al + 6H_2O \rightarrow 2Al(OH)_3 + 3H_2 \uparrow$$

② 알루미늄(Al)은 염산과 반응하여 수소를 발생한다.

$$2Al + 6HCl \rightarrow 2AlCl_3 + 3H_2 \uparrow$$

위험물기능장 제53회 실기시험

2013년도 기능장 제53회 실기시험 (2013년 05월 26일 시행)

자격종목	시험시간	문제수	형별
위험물기능장	2시간	20	A

---

01 위험물제조소 내의 위험물을 취급하는 배관의 재질에서 강관을 제외한 재질 3가지를 쓰시오.

해답 ✔답 ① 유리섬유강화플라스틱
② 고밀도폴리에틸렌
③ 폴리우레탄

상세해설 **위험물제조소내의 위험물을 취급하는 배관**
배관의 재질은 **강관** 그 밖에 이와 유사한 금속성으로 하여야 한다. 다만, 다음 각 목의 기준에 적합한 경우에는 그러하지 아니하다.
① 배관의 재질은 한국산업규격의 **유리섬유강화플라스틱 · 고밀도폴리에틸렌 또는 폴리우레탄**으로 할 것
② 배관의 구조는 내관 및 외관의 이중으로 하고, 내관과 외관의 사이에는 틈새공간을 두어 누설여부를 외부에서 쉽게 확인할 수 있도록 할 것
③ 배관은 지하에 매설할 것

---

02 위험물안전관리법령상 안전교육을 받아야 하는 대상자를 쓰시오.

해답 ✔답 ① 안전관리자로 선임된 자
② 탱크시험자의 기술인력으로 종사하는 자
③ 위험물운반자로 종사하는 자
④ 위험물운송자로 종사하는 자

상세해설 **안전교육**
(1) 실시권자 : 소방청장
(2) 교육대상자
① 안전관리자로 선임된 자
② 탱크시험자의 기술인력으로 종사하는 자
③ 위험물운반자로 종사하는 자
④ 위험물운송자로 종사하는 자

03 직경 6m이고 높이가 5m인 원통형탱크에 글리세린)을 저장하고 있다. 이 탱크에 저장된 글리세린에 대한 지정수량을 구하시오. (단, 탱크 내용적의 90%를 저장한다고 가정한다)

해답 ✔계산과정

① 탱크의 내용적 : $V = \pi \times 3^2 \times 5 = 141.37 \text{m}^3$

② 글리세린의 저장량(탱크내용적의 90%를 저장하므로)
$141.37 \times 0.90 = 127.23 \text{m}^3$

③ 지정수량의 배수 계산
- 글리세린-제4류 제3석유류(수용성)-4000L
- $127.23 \text{m}^3 = 127230 \text{L}$

$$N = \frac{127.230 \text{L}}{4000 \text{L}} = 31.81 \text{배}$$

✔답 31.81배

상세해설 탱크의 내용적 계산방법

① 타원형 탱크의 내용적

㉠ 양쪽이 볼록한 것

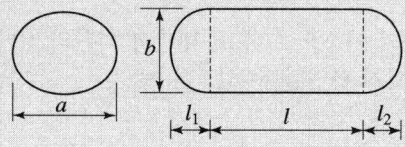

내용적 $= \dfrac{\pi ab}{4}\left(l + \dfrac{l_1 + l_2}{3}\right)$

㉡ 한쪽은 볼록하고 다른 한쪽은 오목한 것

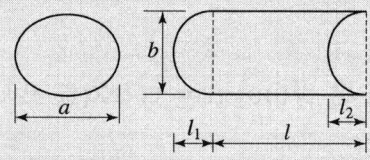

내용적 $= \dfrac{\pi ab}{4}\left(l + \dfrac{l_1 - l_2}{3}\right)$

② 원통형 탱크의 내용적

㉠ 횡으로 설치한 것

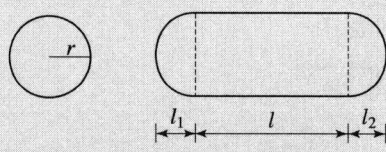

내용적 $= \pi r^2\left(l + \dfrac{l_1 + l_2}{3}\right)$

㉡ 종으로 설치한 것

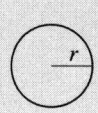 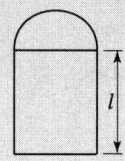

내용적 $= \pi r^2 l$

04 다음 위험물의 화학식을 쓰시오.

① Triethyl Aluminium　　② Diethyl Aluminium Chloride
③ Ethyl Aluminium Dichloride

해답

✔**답** ① Triethyl Aluminium : $(C_2H_5)_3Al$
② Diethyl Aluminium Chloride : $(C_2H_5)_2AlCl$
③ Ethyl Aluminium Dichloride : $C_2H_5AlCl_2$

상세해설

화학식에서의 개수

1개	2개	3개	4개
Mono	Di	Tri	Tetra

알킬기(C_nH_{2n+1})

Methyl기	Ethyl기	Propyl기	Butyl기
CH_3	C_2H_5	C_3H_7	C_4H_9

05 청정소화약제에서 IG-541 구성비를 쓰시오.

해답

✔**답** N_2 : 52%, Ar : 40%, CO_2 : 8%

상세해설

청정소화약제의 종류

소화약제		화학식
할로겐계열 청정소화약제	FC-3-1-10	C_4F_{10}
	HCFC BLEND A	HCFC-123($CHCl_2CF_3$) : 4.75% HCFC-22($CHClF_2$) : 82% HCFC-124($CHClFCF_3$) : 9.5% $C_{10}H_{16}$: 3.75%
	HCFC-124	$CHClFCF_3$
	HFC-125	CHF_2CF_3
	HFC-227ea	CF_3CHFCF_3
	HFC-23	CHF_3
	HFC-236fa	$CF_3CH_2CF_3$
	FIC-13I1	CF_3I
	FK-5-1-12	$CF_3CF_2C(O)CF(CF_3)_2$
불연성·불활성 기체혼합가스	IG-01	Ar
	IG-100	N_2
	IG-541	N_2 : 52%, Ar : 40%, CO_2 : 8%
	IG-55	N_2 : 50%, Ar : 50%

06 위험물 운반용기의 외부에 표시하여야 하는 주의사항을 쓰시오.

① 황린   ② 황화인   ③ 과산화칼륨
④ 염소산칼륨   ⑤ 철분

해답
✔답 ① 황린 : 화기엄금, 공기접촉엄금
② 황화인 : 화기주의
③ 과산화칼륨 : 화기·충격주의, 물기엄금, 가연물접촉주의
④ 염소산칼륨 : 화기·충격주의, 가연물접촉주의
⑤ 철분 : 화기주의, 물기엄금

상세해설
① 황린-제3류(자연발화성물질)- 화기엄금, 공기접촉엄금
② 황화인-제2류(그 밖의 것)-화기주의
③ 과산화칼륨-제1류(알칼리금속의 과산화물)-화기·충격주의, 물기엄금, 가연물접촉주의
④ 염소산칼륨-제1류(그 밖의 것)-화기·충격주의, 가연물접촉주의
⑤ 철분-제2류-화기주의, 물기엄금

위험물 운반용기의 외부 표시 사항
① 위험물의 품명, 위험등급, 화학명 및 수용성(제4류 위험물의 수용성인 것에 한함)
② 위험물의 수량
③ 수납하는 위험물에 따른 주의사항

유별	성질에 따른 구분	표시사항
제1류 위험물	알칼리금속의 과산화물	화기·충격주의, 물기엄금 및 가연물접촉주의
	그 밖의 것	화기·충격주의 및 가연물접촉주의
제2류 위험물	철분·금속분·마그네슘	화기주의 및 물기엄금
	인화성고체	화기엄금
	그 밖의 것	화기주의
제3류 위험물	자연발화성물질	화기엄금 및 공기접촉엄금
	금수성물질	물기엄금
제4류 위험물	인화성 액체	화기엄금
제5류 위험물	자기반응성 물질	화기엄금 및 충격주의
제6류 위험물	산화성 액체	가연물접촉주의

07 질산 31.5g을 물에 녹여 360g으로 만들었다. 질산의 몰분율과 몰농도를 계산하시오. (단, 질산 수용액의 비중은 1.1이다.)

해답
✔계산과정 (질산의 몰분율)
① 질산의 몰수 $M = \dfrac{31.5\text{g}}{63\text{g}} = 0.5\text{mol}$

② 물의 몰수 $M = \dfrac{(360-31.5)\text{g}}{18\text{g}} = 18.25\text{mol}$

③ 전체 몰수 = 0.5 + 18.25 = 18.75mol

④ mol분율 = $\dfrac{\text{성분의 mol수}}{\text{전체 mol수}} = \dfrac{0.5}{18.75} = 0.027$

✔ **계산과정** (질산의 몰농도)

① 질산의 수용액 360g을 부피로 환산

$V = \dfrac{W}{\rho} = \dfrac{360\text{g}}{1.1\text{g/mL}} = 327.27\text{mL}$

② 질산 1M = $\dfrac{63\text{g}(HNO_3)}{1000\text{mL}(HNO_3\text{수용액})}$

③ 1M   63g   1000mL
   xM   31.5g   327.27mL

④ $x = \dfrac{31.5 \times 1000}{63 \times 327.27} = 1.53\text{M}$

✔ **답** 질산의 몰분율 : 0.03
      질산의 몰농도 : 1.53M

상세해설

① 질산(HNO₃)의 분자량 = 1 + 14 + 16 × 3 = 63

② 몰분율 = $\dfrac{\text{성분의 몰수}}{\text{전체 몰수}}$

③ 밀도(ρ) = s(비중) × ρ_w(물의 밀도 : 1g/1mL) = 1.1 × 1g/mL = 1.1g/mL

④ V(부피) = ρ(밀도) × W(무게)

⑤ 몰농도(molar concentration)
- 용액 1L 속에 포함된 용질의 몰수를 용액의 부피로 나눈 값
- mol/L 또는 M으로 표시

---

08 위험물제조소 등의 설치 및 변경의 허가 시 한국소방산업기술원의 기술검토를 받아야 하는 사항을 3가지만 쓰시오.

해답

✔ **답** ① 지정수량의 1천배 이상의 위험물을 취급하는 제조소 또는 일반취급소 : 구조 · 설비에 관한 사항
② 옥외탱크저장소(저장용량이 50만L 이상인 것만 해당) : 위험물탱크의 기초 · 지반, 탱크본체 및 소화설비에 관한 사항
③ 암반탱크저장소 : 위험물탱크의 기초 · 지반, 탱크본체 및 소화설비에 관한 사항

상세해설

위험물안전관리법 시행령 제6조(제조소등의 설치 및 변경의 허가)
다음 각 목의 제조소등은 해당 목에서 정한 사항에 대하여 「소방산업의 진흥에 관한 법률」제14조에 따른 **한국소방산업기술원**(이하 "기술원"이라 한다)**의 기술검토**를 받고 그 결과가 행정안전부령으로 정하는 기준에 적합한 것으로 인정될 것. 다만, 보수 등을 위한 부분적인 변경으로서 소방청장이 정하여 고시하는 사항에 대해서는 기술원의 기술검토를 받지 아니할 수 있으나 행정안전부령으로 정하는 기준에는 적합하여야 한다.
가. **지정수량의 1천배 이상의 위험물을 취급하는 제조소 또는 일반취급소** : 구조·설비에 관한 사항
나. **옥외탱크저장소**(저장용량이 50만 리터 이상인 것만 해당한다) 또는 암반탱크저장소 : 위험물탱크의 기초·지반, 탱크본체 및 소화설비에 관한 사항

---

09 제1류 위험물인 질산암모늄에 대한 다음 각 물음에 답하시오.
① 화학식
② 고온으로 가열시 폭발반응식

해답 ✔**답** ① 화학식 : NH_4NO_3
② 고온으로 가열시 폭발반응식 : $2NH_4NO_3 \rightarrow 2N_2 + O_2 + 4H_2O$

상세해설

질산암모늄(NH_4NO_3)-제1류-질산염류

화학식	분자량	비중	융점	분해온도
NH_4NO_3	80	1.73	165℃	220℃

① 단독으로 가열, 충격 시 분해 폭발할 수 있다.
② 화약(ANFO폭약))원료로 쓰이며 유기물과 접촉 시 폭발우려가 있다.
③ 무색, 무취의 결정이며, 조해성 및 흡습성이 매우 강하다.
④ 물에 용해 시 흡열반응을 나타낸다.
⑤ 급격한 가열충격에 따라 폭발의 위험이 있다.

★ 질산암모늄의 분해 반응식 : $NH_4NO_3 \rightarrow N_2O + 2H_2O$
★ 질산암모늄의 폭발 반응식 : $2NH_4NO_3 \rightarrow 2N_2 + O_2 + 4H_2O$
★ ANFO(안포)폭약의 성분 : 질산암모늄94% + 경유6%

---

10 위험물제조소 등에 설치하는 배관에 사용하는 관이음의 설계기준을 쓰시오.

해답 ✔**답** ① 관이음의 설계는 배관의 설계에 준하는 것 외에 관이음의 휨특성 및 응력집중을 고려하여 행할 것
② 배관을 분기하는 경우는 미리 제작한 분기용 관이음 또는 분기구조물을 이용할 것. 이 경우 분기구조물에는 보강판을 부착하는 것을 원칙으로 한다.

③ 분기용 관이음, 분기구조물 및 레듀서(reducer)는 원칙적으로 이송기지 또는 전용부지 내에 설치할 것

상세해설 **위험물안전관리에 관한 세부기준제118조(관이음의 설계 등)**
배관에 사용하는 관이음은 다음 각 호에 따라 설계하여야 한다.
① 관이음의 설계는 배관의 설계에 준하는 것 외에 관이음의 휨특성 및 응력집중을 고려하여 행할 것
② 배관을 분기하는 경우는 미리 제작한 분기용 관이음 또는 분기구조물을 이용할 것. 이 경우 분기구조물에는 보강판을 부착하는 것을 원칙으로 한다.
③ 분기용 관이음, 분기구조물 및 레듀서(reducer)는 원칙적으로 이송기지 또는 전용부지 내에 설치할 것

11 다이에틸에터에 대하여 다음 각 물음에 답하시오.
① 구조식
② 지정수량
③ 인화점
④ 비점
⑤ 공기 중 장시간 노출시 생성물질
⑥ 2,550L일 때 옥내저장소에 보유공지(단, 내화구조이다)

해답 ✓답 ① 구조식 :

$$\begin{array}{c} \text{H H} \quad\quad \text{H H} \\ \text{H}-\text{C}-\text{C}-\text{O}-\text{C}-\text{C}-\text{H} \\ \text{H H} \quad\quad \text{H H} \end{array}$$

② 지정수량 : 50L
③ 인화점 : $-40°C$
④ 비점 : $34°C$
⑤ 과산화물
⑥ 지정수량의 배수 = $\dfrac{2,550L}{50L}$ = 51.0배

∴ 5m 이상

상세해설 **다이에틸에터($C_2H_5OC_2H_5$) - 제4류 특수인화물★★★**

$$\begin{array}{c} \text{H H} \quad\quad \text{H H} \\ \text{H}-\text{C}-\text{C}-\text{O}-\text{C}-\text{C}-\text{H} \\ \text{H H} \quad\quad \text{H H} \end{array}$$

화학식	분자량	비중	비점	인화점	착화점	연소범위
$C_2H_5OC_2H_5$	74.12	0.72	$34°C$	$-40°C$	$180°C$	1.7~48%

① 직사광선에 장시간 노출 시 과산화물 생성

과산화물 생성 확인방법
다이에틸에터 + KI용액(10%) → 황색변화(1분 이내)

② 용기는 갈색 병을 사용하며 냉암소에 보관.
③ 정전기 방지를 위하여 약간의 $CaCl_2$를 넣어준다.
④ 폭발성의 과산화물 생성방지를 위해 용기 내에 40mesh 구리 망을 넣어준다.

다이에틸에터 제조방법
$C_2H_5OH + C_2H_5OH \xrightarrow{C-H_2SO_4} C_2H_5OC_2H_5 + H_2O$

⑤ 과산화물 제거시약 : 황산제일철($FeSO_4$) 또는 환원철

옥내저장소의 보유공지★★

저장 또는 취급하는 위험물의 최대수량	공지의 너비	
	벽·기둥 및 바닥이 내화구조로 된 건축물	그 밖의 건축물
지정수량의 5배 이하		0.5m 이상
지정수량의 5배 초과 10배 이하	1m 이상	1.5m 이상
지정수량의 10배 초과 20배 이하	2m 이상	3m 이상
지정수량의 20배 초과 50배 이하	3m 이상	5m 이상
지정수량의 50배 초과 200배 이하	5m 이상	10m 이상
지정수량의 200배 초과	10m 이상	15m 이상

---

12 아세틸렌가스를 생성하는 제3류 위험물에 대한 물과의 반응식을 쓰시오.

해답 ✓답 $CaC_2 + 2H_2O \rightarrow Ca(OH)_2 + C_2H_2$

상세해설 탄화칼슘(CaC_2) : 제3류 위험물 중 칼슘탄화물

화학식	분자량	융점	비중
CaC_2	64	2370℃	2.21

① 물과 접촉 시 아세틸렌을 생성하고 열을 발생시킨다.

$$CaC_2 + 2H_2O \rightarrow Ca(OH)_2(수산화칼슘) + C_2H_2 \uparrow (아세틸렌)$$

② 아세틸렌의 폭발범위는 2.5~81%로 대단히 넓어서 폭발위험성이 크다.
③ 장기 보관 시 불활성기체(N_2 등)를 봉입하여 저장한다.
④ 별명은 카바이드, 탄화석회, 칼슘카바이드 등이다.
⑤ 고온(700℃)에서 질화되어 석회질소($CaCN_2$)가 생성된다.

$$CaC_2 + N_2 \rightarrow CaCN_2(석회질소) + C(탄소)$$

⑥ 물 및 포약제에 의한 소화는 절대 금하고 마른모래 등으로 피복 소화한다.

13 위험물의 저장 및 취급 기준에 관한 설명이다. 괄호 안에 적당한 말을 쓰시오.

- 제1류 위험물은 (①)과의 접촉·혼합이나 분해를 촉진하는 물품과의 접근 또는 과열·마찰 등을 피하는 한편, 알칼리금속의 과산화물 및 이를 함유한 것에 있어서는 (②)과의 접촉을 피하여야 한다.
- 제2류 위험물은 (③)와의 접촉·혼합이나 불티·불꽃·고온체와의 접근 또는 과열을 피하는 한편, 철분·마그네슘 및 이를 함유한 것에 있어서는 물이나 (④)과의 접촉을 피하고 인화성 고체에 있어서는 함부로 (⑤)를 발생시키지 아니하여야 한다.

해답 ✔답 ① 가연물 ② 물 ③ 산화제 ④ 산 ⑤ 증기

상세해설 **유별 저장 및 취급의 공통 기준**
① 제1류 위험물 : 가연물과의 접촉, 혼합이나 분해를 촉진하는 물품과의 접근 또는 과열, 충격, 마찰 등을 피하는 한편, 알칼리 금속의 과산화물 및 이를 함유한 것에 있어서는 물과의 접촉을 피하여야 한다.
② 제2류 위험물 : 산화제와의 접촉, 혼합이나 불티, 불꽃, 고온체와의 접근 또는 과열을 피하는 한편, 철분, 금속분, 마그네슘 및 이를 함유한 것에 있어서는 물이나 산과의 접촉을 피하고 인화성 고체에 있어서는 함부로 증기를 발생시키지 아니하여야 한다.
③ 제3류 위험물 : 자연발화성 물품에 있어서는 불티, 불꽃 또는 고온체와의 접근·과열 또는 공기와의 접촉을 피하고, 금수성 물품에 있어서는 물과의 접촉을 피하여야 한다.
④ 제4류 위험물 : 불티, 불꽃, 고온체와의 접근 또는 과열을 피하고, 함부로 증기를 발생시키지 아니하여 한다.
⑤ 제5류 위험물 : 불티, 불꽃, 고온체와의 접근이나 과열, 충격 또는 마찰을 피하여야 한다.
⑥ 제6류 위험물 : 가연물과의 접촉·혼합이나 분해를 촉진하는 물품과의 접근 또는 과열을 피하여야 한다.

14 소화난이도 등급 Ⅰ의 옥외탱크저장소에 다음 각 제조소 등의 구분에 따라 설치하여야 하는 소화설비를 쓰시오.

① 지중탱크 또는 해상탱크 외의 것에 황만 저장하는 곳
② 지중탱크 또는 해상탱크 외의 것에 인화점 70℃ 이상의 제4류 위험물을 저장 취급하는 것
③ 지중탱크

해답 ✔답 ① 물분무소화설비
② 물분무소화설비 또는 고정식 포소화설비
③ 고정식 포소화설비, 이동식 이외의 불활성가스소화설비 또는 이동식 이외의 할로젠화합물 소화설비

상세해설 소화난이도등급 Ⅰ의 제조소 등에 설치하여야 하는 소화설비

제조소 등의 구분			소화설비
옥외 탱크 저장소	지중탱크 또는 해상탱크 외의 것	황만을 저장취급하는 것	물분무소화설비
		인화점 70℃ 이상의 제4류 위험물만을 저장 취급하는 것	물분무소화설비 또는 고정식 포소화설비
		그 밖의 것	고정식 포소화설비(포소화설비가 적응성이 없는 경우에는 분말소화설비)
	지중탱크		고정식 포소화설비, 이동식 이외의 불활성가스소화설비 또는 이동식 이외의 할로젠화합물소화설비
	해상탱크		고정식 포소화설비, 물분무소화설비, 이동식 이외의 불활성가스소화설비 또는 이동식 이외의 할로젠화합물소화설비

15 다음 위험물의 위험도를 구하시오.
① 아세트알데하이드 ② 이황화탄소

해답 ① **아세트알데하이드**
✔계산과정
• 아세트알데하이드의 연소범위 : 4~60%
• 위험도 $H = \dfrac{60-4}{4} = 14$

✔답 14

② **이황화탄소**
✔계산과정
• 이황화탄소의 연소범위 : 1~50%
• 위험도 $H = \dfrac{50-1}{1} = 49$

✔답 49

상세해설 위험도 계산공식

$$H = \frac{U(\text{연소상한}) - L(\text{연소하한})}{L(\text{연소하한})}$$

16 지정수량 50kg, 분자량 78, 비중 2.8인 물질과 물 및 이산화탄소의 반응시 화학반응식을 쓰시오.

해답

✔**답** ① 물과 반응식 : $2Na_2O_2 + 2H_2O \rightarrow 4NaOH + O_2$
② 이산화탄소와 반응식 : $2Na_2O_2 + 2CO_2 \rightarrow 2Na_2CO_3 + O_2$

상세해설

과산화나트륨(Na_2O_2) : 제1류 위험물 중 무기과산화물(금수성)

화학식	분자량	비중	융점	분해온도
Na_2O_2	78	2.8	460℃	460℃

① 상온에서 물과 격렬히 반응하여 산소(O_2)를 방출하고 폭발하기도 한다.

$$2Na_2O_2 + 2H_2O \rightarrow 4NaOH + O_2 \uparrow$$
(과산화나트륨) (물)   (수산화나트륨)   (산소)

② 공기중 이산화탄소(CO_2)와 반응하여 산소(O_2)를 방출한다.

$$2Na_2O_2 + 2CO_2 \rightarrow 2Na_2CO_3 + O_2 \uparrow$$

③ 산과 반응하여 과산화수소(H_2O_2)를 생성시킨다.

$$Na_2O_2 + 2CH_3COOH \rightarrow 2CH_3COONa + H_2O_2 \uparrow$$

④ 열분해 시 산소(O_2)를 방출한다.

$$2Na_2O_2 \rightarrow 2Na_2O + O_2 \uparrow$$

⑤ 주수소화는 금물이고 마른모래(건조사)등으로 소화한다.

---

17 위험물제조소에 예방규정을 작성하여야 하는데 다음 각 지정수량의 배수에 해당하는 제조소 등을 쓰시오.

① 10배   ② 100배   ③ 150배   ④ 200배

해답

✔**답** ① 제조소, 일반취급소   ② 옥외저장소
③ 옥내저장소   ④ 옥외탱크저장소

상세해설

관계인이 예방규정을 정하여야 하는 제조소등
① 지정수량의 10배 이상의 위험물을 취급하는 제조소
② 지정수량의 100배 이상의 위험물을 저장하는 옥외저장소
③ 지정수량의 150배 이상의 위험물을 저장하는 옥내저장소
④ 지정수량의 200배 이상의 위험물을 저장하는 옥외탱크저장소
⑤ 암반탱크저장소
⑥ 이송취급소
⑦ 지정수량의 10배 이상의 위험물을 취급하는 일반취급소. 다만, 제4류 위험물(특수인화물을 제외)만을 지정수량의 50배 이하로 취급하는 일반취급소(제1석유류 · 알코올

류의 취급량이 지정수량의 10배 이하인 경우에 한한다)로서 다음 각목의 어느 하나에 해당하는 것을 제외한다.
㉠ 보일러·버너 또는 이와 비슷한 것으로서 위험물을 소비하는 장치로 이루어진 일반취급소
㉡ 위험물을 용기에 옮겨 담거나 차량에 고정된 탱크에 주입하는 일반취급소

18 소규모 옥내저장소의 특례기준은 지정수량의 몇 배 이하이고 처마높이가 몇 m 미만인 것을 말하는가?

해답
✔답 ① 지정수량 : 50배 이하
② 처마높이 : 6m 미만

상세해설
소규모 옥내저장소의 특례
(1) **지정수량의 50배 이하**인 소규모의 옥내저장소중 **저장창고의 처마높이가 6m 미만**인 것으로서 저장창고가 **다음 각목에 정하는 기준**에 적합한 것에 대하여는 적용하지 아니한다.
① 저장창고의 주위에는 다음 표에 정하는 너비의 공지를 보유할 것

저장 또는 취급하는 위험물의 최대수량	공지의 너비
지정수량의 5배 이하	
지정수량의 5배 초과 20배 이하	1m 이상
지정수량의 20배 초과 50배 이하	2m 이상

② 하나의 저장창고 바닥면적은 150㎡ 이하로 할 것
③ 저장창고는 벽·기둥·바닥·보 및 지붕을 내화구조로 할 것
④ 저장창고의 출입구에는 수시로 개방할 수 있는 자동폐쇄방식의 60분+방화문 또는 60분방화문을 설치할 것
⑤ 저장창고에는 창을 설치하지 아니할 것
(2) **지정수량의 50배 이하**인 소규모의 옥내저장소중 저장창고의 **처마높이가 6m 이상**인 것으로서 저장창고가 기준에 적합한 것에 대하여는 적용하지 아니한다.

19 주유취급소에는 담 또는 벽을 설치하여야 하는데 일부분에 방화상 유효한 구조의 유리를 부착할 수 있다. 유리를 부착하는 방법에 대한 다음 각 물음에 답하시오.

① 유리를 부착할 수 있는 부분   ② 하나의 유리판의 가로길이
③ 유리를 부착하는 범위

해답 ✔답 ① 지반면으로부터 70cm를 초과하는 부분
② 2m 이내
③ 전체의 담 또는 벽의 길이의 $\frac{2}{10}$를 초과하지 아니할 것

상세해설 **주유취급소의 담 또는 벽**
1. 주유취급소의 주위에는 자동차 등이 출입하는 쪽외의 부분에 **높이 2m 이상의 내화구조 또는 불연재료의 담 또는 벽**을 설치하되, 주유취급소의 인근에 연소의 우려가 있는 건축물이 있는 경우에는 소방청장이 정하여 고시하는 바에 따라 방화상 유효한 높이로 하여야 한다.
2. 다음 각 목의 기준에 모두 적합한 경우에는 **담 또는 벽의 일부분에 방화상 유효한 구조의 유리를 부착할 수 있다.**
   (1) 유리를 부착하는 위치는 주입구, 고정주유설비 및 고정급유설비로부터 **4m 이상 이격될 것**
   (2) **유리를 부착하는 방법**은 다음의 기준에 모두 적합할 것
      ① 주유취급소 내의 지반면으로부터 **70cm를 초과하는 부분**에 한하여 유리를 부착할 것
      ② 하나의 유리판의 가로의 길이는 **2m 이내**일 것
      ③ 유리판의 테두리를 금속제의 구조물에 견고하게 고정하고 해당 구조물을 담 또는 벽에 견고하게 부착할 것
      ④ 유리의 구조는 접합유리(두 장의 유리를 두께 0.76mm 이상의 폴리비닐부티랄 필름으로 접합한 구조를 말한다)로 하되, 「유리구획 부분의 내화시험방법(KS F 2845)」에 따라 시험하여 **비차열 30분 이상**의 방화성능이 인정될 것
   (3) 유리를 부착하는 범위는 전체의 담 또는 벽의 길이의 **10분의 2를 초과하지 아니할 것**

---

20 다음 위험물에 대한 위험등급을 구분하시오.

① 아염소산칼륨	② 과산화나트륨	③ 과망가니즈산나트륨
④ 마그네슘	⑤ 황화인	⑥ 나트륨
⑦ 인화알루미늄	⑧ 휘발유	⑨ 나이트로글리세린

해답 ✔답 • 위험등급 Ⅰ : 아염소산칼륨, 과산화나트륨, 나트륨, 나이트로글리세린
• 위험등급 Ⅱ : 황화인, 휘발유
• 위험등급 Ⅲ : 과망가니즈산나트륨, 마그네슘, 인화알루미늄

상세해설

위험물의 등급 분류★★★

위험등급	해당 위험물
위험등급 I	① 제1류 위험물 중 아염소산염류, 염소산염류, 과염소산염류, 무기과산화물 그 밖에 지정수량이 50kg인 위험물 ② 제3류 위험물 중 칼륨, 나트륨, 알킬알루미늄, 알킬리튬, 황린 그 밖에 지정수량이 10kg 또는 20kg인 위험물 ③ 제4류 위험물 중 특수인화물 ④ 제5류 위험물 중 지정수량이 10kg인 위험물 ⑤ 제6류 위험물
위험등급 II	① 제1류 위험물 중 브로민산염류, 질산염류, 아이오딘산염류 그 밖에 지정수량이 300kg인 위험물 ② 제2류 위험물 중 황화인, 적린, 황 그 밖에 지정수량이 100kg인 위험물 ③ 제3류 위험물 중 알칼리금속(칼륨, 나트륨 제외) 및 알칼리토금속, 유기금속화합물(알킬알루미늄 및 알킬리튬은 제외) 그 밖에 지정수량이 50kg인 위험물 ④ 제4류 위험물 중 제1석유류, 알코올류 ⑤ 제5류 위험물 중 위험등급 I 위험물 외의 것
위험등급 III	위험등급 I, II 이외의 위험물

위험물기능장 제54회 실기시험

2013년도 기능장 제54회 실기시험 **(2013년 09월 01일 시행)**

자격종목	시험시간	문제수	형별	수험번호	성 명
위험물기능장	2시간	20	A		

01 위험물안전관리자를 선임하지 아니한 때 행정처분에 대한 기준을 쓰시오.
① 1차   ② 2차   ③ 3차

해답
✔답 ① 1차 : 사용정지 15일   ② 2차 : 사용정지 60일   ③ 3차 : 허가취소

상세해설

제조소 등에 대한 행정처분

위반사항	근거법규	행정처분기준		
		1차	2차	3차
변경허가를 받지 아니하고, 제조소 등의 위치·구조 또는 설비를 변경한 때	법 제12조	경고 또는 사용정지 15일	사용정지 60일	허가취소
완공검사를 받지 아니하고 제조소등을 사용한 때	법 제12조	사용정지 15일	사용정지 60일	허가취소
위험물안전관리자를 선임하지 아니한 때	법 제12조	사용정지 15일	사용정지 60일	허가취소

02 다음은 지하탱크저장소의 위치·구조 및 설비의 기준에 대한 설명이다. ( )안에 알맞은 답을 쓰시오.

- 탱크전용실은 지하의 가장 가까운 벽·피트·가스관 등의 시설물 및 대지경계선으로부터 (①)m 이상 떨어진 곳에 설치하고, 지하저장탱크와 탱크전용실의 안쪽과의 사이는 (②)m 이상의 간격을 유지하도록 하며 해당 탱크의 주위에 마른 모래 또는 습기 등에 의하여 응고되지 아니하는 입자지름 (③)mm 이하의 마른 자갈분을 채워야 한다.
- 지하저장탱크를 2 이상 인접해 설치하는 경우에는 그 상호간에 (④)m (해당 2 이상의 지하저장탱크의 용량의 합계가 지정수량의 100배 이하인 때에는 (⑤)m 이상의 간격을 유지하여야 한다. 다만, 그 사이에 탱크 전용실의 벽이나 두께 (⑥)cm 이상의 콘크리트 구조물이 있는 경우에는 그러하지 아니하다.

해답
✔답 ① 0.1   ② 0.1   ③ 5   ④ 1   ⑤ 0.5   ⑥ 20

상세해설 **지하탱크저장소의 기준**
① 탱크전용실은 지하의 가장 가까운 벽·피트·가스관 등의 시설물 및 대지경계선으로부터 0.1m 이상 떨어진 곳에 설치하고, 지하저장탱크와 탱크전용실의 안쪽과의 사이는 0.1m 이상의 간격을 유지하도록 하며, 당해 탱크의 주위에 마른 모래 또는 습기 등에 의하여 응고되지 아니하는 입자지름 5mm 이하의 마른 자갈분을 채워야 한다.
② 지하저장탱크를 2 이상 인접해 설치하는 경우에는 그 상호간에 1m(당해 2 이상의 지하저장탱크의 용량의 합계가 지정수량의 100배 이하인 때에는 0.5m) 이상의 간격을 유지하여야 한다. 다만, 그 사이에 탱크전용실의 벽이나 두께 20cm 이상의 콘크리트 구조물이 있는 경우에는 그러하지 아니하다.

03 위험물의 취급 중 제조에 관한 다음의 기준에 대하여 설명하시오.
① 증류공정　　　　　　② 추출공정
③ 건조공정　　　　　　④ 분쇄공정

해답 ✔**답** ① 증류공정
위험물을 취급하는 설비의 내부압력의 변동 등에 의하여 액체 또는 증기가 새지 아니하도록 할 것
② 추출공정
추출관의 내부압력이 비정상으로 상승하지 아니하도록 할 것
③ 건조공정
위험물의 온도가 부분적으로 상승하지 아니하는 방법으로 가열 또는 건조할 것
④ 분쇄공정
위험물의 분말이 현저하게 부유하고 있거나 위험물의 분말이 현저하게 기계·기구 등에 부착하고 있는 상태로 그 기계·기구를 취급하지 아니할 것

상세해설 **위험물 취급의 기준**
① 증류공정에 있어서는 위험물을 취급하는 설비의 내부압력의 변동 등에 의하여 액체 또는 증기가 새지 아니하도록 할 것
② 추출공정에 있어서는 추출관의 내부압력이 비정상으로 상승하지 아니하도록 할 것
③ 건조공정에 있어서는 위험물의 온도가 부분적으로 상승하지 아니하는 방법으로 가열 또는 건조할 것
④ 분쇄공정에 있어서는 위험물의 분말이 현저하게 부유하고 있거나 위험물의 분말이 현저하게 기계·기구 등에 부착하고 있는 상태로 그 기계·기구를 취급하지 아니할 것

04 벤젠 6g이 완전연소 시 생성되는 기체의 부피(L)는 얼마인가? (단, 표준상태이다)

해답

✔ 계산과정

① 벤젠의 분자량 = $12 \times 6 + 1 \times 6 = 78$

② 벤젠의 완전연소

$2C_6H_6 + 15O_2 \rightarrow 12CO_2 + 6H_2O$

$2 \times 78g \longrightarrow 12 \times 22.4L$

$6g \longrightarrow x$

③ $x = \dfrac{6 \times 12 \times 22.4}{2 \times 78} = 10.34L$ (0℃, 1atm 표준상태)

✔ 답 10.34L

상세해설

벤젠(Benzene)(C_6H_6) : 제4류 위험물 중 제1석유류

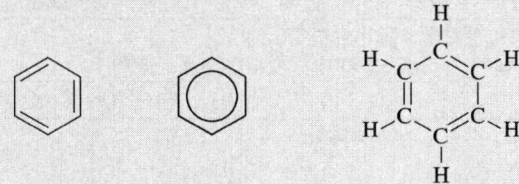

화학식	분자량	비중	비점	인화점	착화점	연소범위
C_6H_6	78	0.9	80℃	-11℃	562℃	1.4~8%

① 무색 투명한 휘발성 액체이다.
② 방향성이 있으며 증기는 마취성 및 독성이 강하다.
③ 물에는 용해되지 않고 아세톤, 알코올, 에터 등 유기용제에 용해된다.
④ 벤젠의 연소반응식

$2C_6H_6 + 15O_2 \rightarrow 12CO_2 + 6H_2O$

05 제3류 위험물의 운반용기의 수납기준을 3가지만 쓰시오.

해답

✔ 답 ① 자연발화성 물질에 있어서는 불활성 기체를 봉입하여 밀봉하는 등 공기와 접하지 아니하도록 할 것
② 자연발화성 물질 외의 물품에 있어서는 파라핀·경유·등유 등의 보호액으로 채워 밀봉하거나 불활성 기체를 봉입하여 밀봉하는 등 수분과 접하지 아니하도록 할 것
③ 자연발화성 물질 중 알킬알루미늄 등은 운반용기의 내용적의 90% 이하의 수납율로 수납하되, 50℃의 온도에서 5% 이상의 공간용적을 유지하도록 할 것

06 경유인 액체위험물을 상부를 개방한 용기에 저장하는 경우 표면적이 50m²이고, 국소방출방식의 분말소화설비를 설치하고자 할 때 제3종 분말소화약제의 저장량은 얼마로 하여야 하는가?

해답

✓ 계산과정

① 위험물의 종류에 대한 가스계 및 분말 소화약제의 계수(K)
   경유 : 1종~4종의 $K = 1.0$
② $Q = [50\text{m}^2 \times 5.2\text{kg/m}^2 \times 1.0] \times 1.1 = 286\text{kg}$

✓ 답 286kg

상세해설

국소방출방식

연소형태	소화약제의 양		
	제1종 분말	제2종, 제3종 분말	제4종 분말
면적식	$Q = [A \times 8.8\text{kg/m}^2 \times K] \times 1.1$	$Q = [A \times 5.2\text{kg/m}^2 \times K] \times 1.1$	$Q = [A \times 3.6\text{kg/m}^2 \times K] \times 1.1$
	Q : 소화약제의 양, A : 방호대상물의 표면적(m²) K : 위험물의 종류에 대한 가스계소화약제의 계수(별표2 : 생략)		
용적식	$Q = V \times Q_1 \times K \times 1.1$	$Q = V \times Q_1 \times K \times 1.1$	$Q = V \times Q_1 \times K \times 1.1$
	Q : 소화약제의 양, V : 방호공간의 체적(m³) $Q_1 : \left(X - Y\dfrac{a}{A}\right)[\text{kg/m}^3]$ K : 위험물의 종류에 대한 가스계소화약제의 계수(별표2 : 생략)		

※ 면적식의 국소방출방식
   액체 위험물을 상부를 개방한 용기에 저장하는 경우 등 화재시 연소면이 한면에 한정되고 위험물이 비산할 우려가 없는 경우

※ 용적식의 국소방출방식(면적식 외의 경우)
   $Q_1 : X - Y\dfrac{a}{A}[\text{kg/m}^3]$

여기서, Q_1 : 단위 체적당 소화약제의 양(kg/m³)
   a : 방호대상물의 주위에 실제로 설치된 고정벽의 면적의 합계(m²)
   A : 방호공간 전체둘레의 면적(m²)
   X 및 Y : 다음 표에 정한 수치

약제의 종류	X의 수치	Y의 수치
제1종 분말	5.2	3.9
제2종 또는 제3종 분말	3.2	2.4
제4종 분말	2.0	1.5
제5종 분말	소화약제에 따라 필요한 양	소화약제에 따라 필요한 양

07 제1류 위험물로서 무색, 무취의 결정이고 녹는점은 212℃, 비중 4.35로서 햇빛에 의해 변질되므로 갈색병에 보관하여야 하는 위험물의 명칭과 열분해반응식을 쓰시오.

해답
✔ 답 ① 명칭 : 질산은
② 열분해반응식 : $2AgNO_3 \rightarrow 2Ag + 2NO_2 + O_2$

상세해설
질산은($AgNO_3$)-제1류 위험물(산화성고체)-질산염류

화학식	비중	융점	분해온도
$AgNO_3$	4.35	212℃	445℃

① 무색, 무취의 결정이다.
② 물, 아세톤, 알코올, 글리세린 등에 잘 녹는다.
③ 햇빛에 의해 분해되므로 갈색병에 보관하여야 한다.

질산은의 분해반응식
$$2AgNO_3 \rightarrow 2Ag + 2NO_2 + O_2$$

④ 사진감광제, 살균제, 살충제 등으로 사용한다.

08 제1종 분말소화약제에 대한 270℃와 850℃에서의 열분해반응식을 쓰시오.

해답
✔ 답 ① 270℃ : $2NaHCO_3 \rightarrow Na_2CO_3 + CO_2 + H_2O$
② 850℃ : $2NaHCO_3 \rightarrow Na_2O + 2CO_2 + H_2O$

상세해설
분말약제의 열분해

종별	약제명	착색	열분해 반응식
제1종	탄산수소나트륨 중탄산나트륨 중조	백색	270℃ $2NaHCO_3 \rightarrow Na_2CO_3 + CO_2 + H_2O$ 850℃ $2NaHCO_3 \rightarrow Na_2O + 2CO_2 + H_2O$
제2종	탄산수소칼륨 중탄산칼륨	담회색	190℃ $2KHCO_3 \rightarrow K_2CO_3 + CO_2 + H_2O$ 590℃ $2KHCO_3 \rightarrow K_2O + 2CO_2 + H_2O$
제3종	제1인산암모늄	담홍색	190℃ $NH_4H_2PO_4 \rightarrow NH_3 + H_3PO_4$(오르토인산) 215℃ $2H_3PO_4 \rightarrow H_2O + H_4P_2O_7$(피로인산) 300℃ $H_4P_2O_7 \rightarrow H_2O + 2HPO_3$(메타인산)
제4종	중탄산칼륨+요소	회(백)색	$2KHCO_3 + (NH_2)_2CO \rightarrow K_2CO_3 + 2NH_3 + 2CO_2$

09 다음 보기와 같은 물질의 구조식을 쓰시오.

[보기]
- 제4류 위험물로서 무색, 액체이다.
- 비수용성이고, 지정수량은 1,000L, 위험등급은 등급 Ⅲ이다.
- 비중 1.11, 증기비중 약 3.9이다.
- 벤젠을 철의 존재하에 염소화시켜 제조한다.

해답 ✔답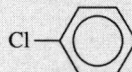

상세해설 클로로벤젠(C_6H_5Cl) — 제4류 — 제2석유류

화학식	분자량	비중	인화점	착화점	연소범위
C_6H_5Cl	112.6	1.11	32℃	638℃	1.3~7.1%

① 무색의 액체로 물보다 무겁고 물에는 녹지 않고 유기용제에 녹는다.
② 철의 존재하에 벤젠을 염소화시켜 제조한다.
③ 벤젠치환제로 클로로벤졸이라고도 한다.
④ 살충제, DDT의 원료, 용제로 사용된다.

---

10 제2류 위험물인 마그네슘이 다음 물질과 반응할 때 반응식을 쓰시오.
① 이산화탄소   ② 질소   ③ 물

해답 ✔답 ① 이산화탄소 : $2Mg + CO_2 \rightarrow 2MgO + C$
② 질소 : $3Mg + N_2 \rightarrow Mg_3N_2$
③ 물 : $Mg + 2H_2O \rightarrow Mg(OH)_2 + H_2$

상세해설 마그네슘(Mg) — 제2류 위험물

화학식	원자량	비중	융점	비점	발화점
Mg	24.3	1.74	651℃	1102℃	473℃

① 2mm의 체를 통과하지 아니하는 덩어리 상태의 것은 위험물에서 제외한다.
② 지름 2mm 이상의 막대모양의 것은 위험물에서 제외한다.
③ 은백색의 광택이 나는 가벼운 금속이다.
④ 물과 반응하여 수소기체 발생

$Mg + 2H_2O \rightarrow Mg(OH)_2$(수산화마그네슘) $+ H_2\uparrow$(수소발생)

⑤ 이산화탄소약제를 방사하면 폭발적으로 반응하기 때문에 위험하다.

마그네슘과 CO_2의 반응식
$2Mg + CO_2 \rightarrow 2MgO + C$

⑥ 질소와 고온에서 반응하여 질화마그네슘(Mg_3N_2)을 생성한다.

$3Mg + N_2 \rightarrow Mg_3N_2$(질화마그네슘)

⑦ 산과 작용하여 수소를 발생시킨다.

마그네슘과 황산의 반응식
$Mg + H_2SO_4 \rightarrow MgSO_4 + H_2$

⑧ 공기 중 습기에 발열되어 자연발화 위험이 있다.

마그네슘의 연소식
$2Mg + O_2 \rightarrow 2MgO + Q\text{kcal}$

⑨ 주수소화는 엄금이며 마른모래 등으로 피복 소화한다.

11
규조토에 흡수시켜 다이너마이트를 제조할 때 사용하는 제5류 위험물에 대하여 다음 각 물음에 답하시오.
① 품명 ② 화학식 ③ 분해반응

해답

✔답 ① 품명 : 질산에스터류
② 화학식 : $C_3H_5(ONO_2)_3$
③ 분해반응식 : $4C_3H_5(ONO_2)_3 \rightarrow 12CO_2 + 10H_2O + 6N_2 + O_2$

상세해설

나이트로글리세린(Nitro Glycerine)[$C_3H_5(ONO_2)_3$]—제5류 위험물 중 질산에스터류

```
   H  H  H
   |  |  |
H—C—C—C—H
   |  |  |
   O  O  O
   |  |  |
  NO₂ NO₂ NO₂
```

화학식	분자량	비중	융점	비점	착화점
$C_3H_5(ONO_2)_3$	227	1.6	13℃	160℃	210℃

① 상온에서는 액체이지만 겨울철에는 동결한다.
② 글리세린에 진한 질산과 진한 황산을 가하면 나이트로화하여 나이트로글리세린으로 된다.

글리세린의 나이트로화반응
$C_3H_5(OH)_3 + 3HONO_2 \xrightarrow{H_2SO_4} C_3H_5(ONO_2)_3 + 3H_2O$ (글리세린)   (질산)   (나이트로글리세린)   (물)

③ 비수용성이며 메탄올, 아세톤 등에 녹는다.
④ 가열, 마찰, 충격에 예민하여 대단히 위험하다.

나이트로글리세린의 열분해 반응식
$$4C_3H_5(ONO_2)_3 \rightarrow 12CO_2\uparrow + 6N_2\uparrow + O_2\uparrow + 10H_2O$$

⑤ 다이너마이트(규조토+나이트로글리세린), 무연화약 제조에 이용된다.

12 1mol의 염화수소와 0.5mol의 산소 혼합물에 촉매를 넣고 400℃에서 평형에 도달시킬 때 0.39mol의 염소를 생성하였다. 이 반응이 다음의 화학반응식을 통해 진행된다고 할 때, 평형상태에서의 전체 몰수의 합과 전압이 1atm일 때 성분 4가지의 분압을 계산하시오.

$$4HCl + O_2 \rightarrow 2Cl_2 + 2H_2O$$

해답 [전체몰수의 합]
✔계산과정

	4HCl	O_2	→	$2Cl_2$	+ $2H_2O$
① 반응전의 몰수	1mol	0.5mol		0mol	0mol
② 반응후의 몰수	$1-\left(\frac{4}{2}\times 0.39\right)$mol	$0.5-\left(\frac{1}{2}\times 0.39\right)$mol		0.39mol	0.39mol

③ 전체 몰수 = 0.22+0.305+0.39+0.39 = 1.305mol

✔답   1.305mol

[각 성분의 분압]
✔계산과정

① 염화수소 $P = 1atm \times \dfrac{0.22}{1.305} = 0.17atm$

② 산소 $P = 1atm \times \dfrac{0.305}{1.305} = 0.23atm$

③ 염소 $P = 1atm \times \dfrac{0.39}{1.305} = 0.30atm$

④ 수증기 $P = 1atm \times \dfrac{0.39}{1.305} = 0.30atm$

✔답 ① 염화수소 : 0.17atm   ② 산소 : 0.23atm
   ③ 염소 : 0.30atm   ④ 수증기 : 0.30atm

13 0.01(wt%)의 황을 함유한 1,000kg의 코크스를 과잉공기 중에 완전 연소시켰을 때 발생되는 SO_2의 양은 몇 g인가?

해답 ✓ 계산과정

① 1,000kg 중 황의 양

코크스 1,000kg = 1,000,000g

황의 양 $1,000,000g \times \dfrac{0.01}{100} = 100g$

② 발생되는 SO_2의 양

황의 완전연소 반응식

S + O_2 → SO_2

32g ─────→ 64g

100g ────→ Xg

$X = \dfrac{100 \times 64}{32} = 200g$

✓ 답 200g

---

14 다음은 위험물 운반시 각 유별에 따른 주의사항이다. 번호에 알맞은 답을 쓰시오.

유별	성질에 따른 구분	표시사항
제1류 위험물	알칼리금속의 과산화물	①
	그 밖의 것	화기 · 충격주의 및 가연물접촉주의
제2류 위험물	철분 · 금속분 · 마그네슘	②
	인화성고체	화기엄금
	그 밖의 것	화기주의
제3류 위험물	자연발화성물질	③
	금수성물질	물기엄금
제4류 위험물	인화성 액체	화기엄금
제5류 위험물	자기반응성 물질	④
제6류 위험물	산화성 액체	⑤

해답 ✓ 답 ① 화기 · 충격주의, 물기엄금, 가연물접촉주의
② 화기주의, 물기엄금
③ 화기엄금, 공기접촉엄금
④ 화기엄금, 충격주의
⑤ 가연물접촉주의

위험물 운반용기의 외부 표시 사항
① 위험물의 품명, 위험등급, 화학명 및 수용성(제4류 위험물의 수용성인 것에 한함)
② 위험물의 수량
③ 수납하는 위험물에 따른 주의사항

유별	성질에 따른 구분	표시사항
제1류 위험물	알칼리금속의 과산화물	화기·충격주의, 물기엄금 및 가연물접촉주의
	그 밖의 것	화기·충격주의 및 가연물접촉주의
제2류 위험물	철분·금속분·마그네슘	화기주의 및 물기엄금
	인화성고체	화기엄금
	그 밖의 것	화기주의
제3류 위험물	자연발화성물질	화기엄금 및 공기접촉엄금
	금수성물질	물기엄금
제4류 위험물	인화성 액체	화기엄금
제5류 위험물	자기반응성 물질	화기엄금 및 충격주의
제6류 위험물	산화성 액체	가연물접촉주의

15 위험물 특정옥외저장탱크의 애뉼러판을 설치하는 경우 3가지를 쓰시오.

답
① 옆판의 최하단 두께가 15mm를 초과하는 경우
② 내경이 30m를 초과하는 경우
③ 옆판을 고장력강으로 사용하는 경우

옥외저장탱크의 외부구조 및 설비★★
(1) 옥외저장탱크는 특정옥외저장탱크 및 준특정옥외저장탱크 외에는 **두께 3.2mm 이상의 강철판**으로 할 것
(2) **압력탱크(최대상용압력이 대기압을 초과하는 탱크)외의 탱크는 충수시험, 압력탱크는 최대상용압력의 1.5배의 압력으로 10분간 실시하는 수압시험**에서 각각 새거나 변형되지 아니하여야 한다.
(3) 특정옥외저장탱크의 용접부는 소방청장이 정하여 고시하는 바에 따라 실시하는 방사선투과시험, 진공시험 등의 비파괴시험에 있어서 소방청장이 정하여 고시하는 기준에 적합한 것이어야 한다.
(4) 옥외저장탱크의 밑판[애뉼러판을 설치하는 특정옥외저장탱크에 있어서는 애뉼러판을 포함]을 지반면에 접하게 설치하는 경우에는 다음 각목의 1의 기준에 따라 밑판 외면의 부식을 방지하기 위한 조치를 강구하여야 한다.
① 탱크의 밑판 아래에 밑판의 부식을 유효하게 방지할 수 있도록 아스팔트샌드 등의 방식재료를 댈 것
② 탱크의 밑판에 전기방식의 조치를 강구할 것
③ ①,②의 규정에 의한 것과 동등 이상으로 밑판의 부식을 방지할 수 있는 조치를 강구할 것

애뉼러판
특정옥외저장탱크의 옆판의 최하단 두께가 15mm를 초과하는 경우, 내경이 30m를 초과하는 경우 또는 옆판을 고장력강으로 사용하는 경우에 옆판의 직하에 설치하여야 하는 판

16
위험물 저장탱크에 설치하는 포소화설비의 고정포방출구 중 Ⅲ형 포방출구를 사용하기 위해 저장 또는 취급하는 위험물은 어떤 특성을 가져야 하는지 2가지를 쓰시오.

해답
✔ 답 ① 온도 20℃의 물 100g에 용해되는 양이 1g 미만인 위험물(비수용성)
② 저장온도가 50℃ 이하 또는 동점도가 100cSt 이하인 위험물

상세해설
Ⅲ형 고정포방출구
고정지붕구조의 탱크에 저부포주입법(탱크의 액면하에 설치된 포방출구로부터 포를 탱크내에 주입하는 방법을 말한다)을 이용하는 것으로서 송포관(발포기 또는 포발생기에 의하여 발생된 포를 보내는 배관을 말한다. 당해 배관으로 탱크내의 위험물이 역류되는 것을 저지할 수 있는 구조·기구를 갖는 것에 한한다. 이하 같다)으로부터 포를 방출하는 포방출구

Ⅲ형의 포방출구를 이용하는 것의 위험물 특성
① 온도 20℃의 물 100g에 용해되는 양이 1g 미만인 위험물(이하 "비수용성"이라 한다)
② 저장온도가 50℃ 이하 또는 동점도가 100cSt 이하인 위험물

17
트라이에틸알루미늄과 다음 각 물질이 반응할 때 발생하는 가연성 기체를 화학식으로 쓰시오.
① H_2O ② Cl_2 ③ CH_3OH ④ HCl

해답
✔ 답 ① C_2H_6 ② C_2H_5Cl ③ C_2H_6 ④ C_2H_6

상세해설
알킬알루미늄[(C_nH_{2n+1})·Al] : 제3류 위험물(금수성 물질)
① 알킬기(C_nH_{2n+1})에 알루미늄(Al)이 결합된 화합물이다.
② C_1~C_4는 자연발화의 위험성이 있다.
③ 물과 접촉 시 가연성 가스 발생하므로 주수소화는 절대 금지한다.
④ 트라이메틸알루미늄(TMA : Tri Methyl Aluminium)
$$(CH_3)_3Al + 3H_2O \rightarrow Al(OH)_3 + 3CH_4 \uparrow (메탄)$$
⑤ 트라이에틸알루미늄(TEA : Tri Eethyl Aluminium)

$(C_2H_5)_3Al + 3H_2O \rightarrow Al(OH)_3 + 3C_2H_6\uparrow$(에탄) ★에탄(폭발범위 : 3.0~12.4%)

⑥ 공기 중 완전연소 반응식

$2(C_2H_5)_3Al + 21O_2 \rightarrow Al_2O_3$(산화알루미늄) $+ 12CO_2 + 15H_2O$

⑦ 소화 시 주수소화는 절대 금하고 팽창질석, 팽창진주암 등으로 피복소화한다.

트라이에틸알루미늄의 반응식

① 완전연소 반응식 $2(C_2H_5)_3Al + 21O_2 \rightarrow Al_2O_3$(산화알루미늄) $+ 12CO_2 + 15H_2O$
② 물과 반응식 $(C_2H_5)_3Al + 3H_2O \rightarrow Al(OH)_3$(수산화알루미늄) $+ 3C_2H_6$(에탄)
③ 염소와 반응식 $(C_2H_5)_3Al + 3Cl_2 \rightarrow AlCl_3$(염화알루미늄) $+ 3C_2H_5Cl$(염화에틸)
④ 메틸알코올과 반응식 $(C_2H_5)_3Al + 3CH_3OH \rightarrow Al(CH_3O)_3$(메틸알루미녹세인) $+ 3C_2H_6$(에탄)
⑤ 염산과 반응식 $(C_2H_5)_3Al + 3HCl \rightarrow AlCl_3$(염화알루미늄) $+ 3C_2H_6$(에탄)

18 다음은 동소체인 황린과 적린을 비교한 표이다. 빈칸에 알맞은 답을 쓰시오.

구 분	색상	독성	연소생성물	CS₂에 대한 용해여부	위험등급
황린					
적린					

해답 ✓답

구분	색상	독성	연소생성물	CS₂에 대한 용해여부	위험등급
황린	백색 또는 담황색	있다	오산화인(P_2O_5)	용해	I
적린	암적색	없다	오산화인(P_2O_5)	불용해	II

상세해설

황린과 적린의 비교

구 분	황 린	적 린
외관	백색 또는 담황색 고체	검붉은 분말
냄새	마늘냄새	없음
용해성	이황화탄소(CS_2)에 잘 녹는다.	이황화탄소(CS_2)에 녹지 않는다.
공기 중 자연발화	자연발화(34℃)	자연발화 없음
발화점	약 34℃	약 260℃
연소시 생성물	오산화인(P_2O_5)	오산화인(P_2O_5)
독성	맹독성	독성 없음
사용 용도	적린제조, 농약	성냥 껍질

19
위험물제조소등의 배출설비에 대한 내용이다. 다음 각 물음에 답하시오.
① 국소방식과 전역방식의 배출능력
- 국소방식
- 전역방식

② 배출설비를 설치해야 하는 장소

해답
✔답 ① • 국소방식 : 1시간당 배출장소 용적의 20배 이상
  • 전역방식 : 바닥면적 $1m^2$ 당 $18m^3$ 이상
② 가연성의 증기 또는 미분이 체류할 우려가 있는 건축물

상세해설

배출설비의 설치기준 ★★
가연성의 증기 또는 미분이 체류할 우려가 있는 건축물에는 그 증기 또는 미분을 옥외의 높은 곳으로 배출할 수 있도록 다음 각호의 기준에 의하여 배출설비를 설치하여야 한다.
(1) 배출설비는 국소방식으로 할 것
(2) 배출설비는 배풍기, 배출닥트, 후드 등을 이용한 강제배출방식으로 할 것
(3) **배출능력**은 1시간당 배출장소 용적의 20배 이상인 것으로 할 것
  (단, 전역방식의 경우에는 바닥면적 $1m^2$ 당 $18m^3$ 이상으로 할 수 있다)
(4) 배출설비의 급기구 및 배출구 설치기준
  ① 급기구는 높은 곳에 설치하고, 가는 눈의 구리망 등으로 인화방지망을 설치
  ② 배출구는 지상 2m 이상으로서 연소의 우려가 없는 장소에 설치하고, 배출 닥트가 관통하는 벽부분의 바로 가까이에 화재시 자동으로 폐쇄되는 방화댐퍼를 설치할 것
(5) 배풍기는 강제배기방식으로 하고, 옥내닥트의 내압이 대기압 이상이 되지 아니하는 위치에 설치할 것.

20
ANFO(안포)폭약의 원료로 사용되는 물질에 대한 다음 각 물음에 답하시오.
① 제1류 위험물에 해당하는 물질의 단독 완전 분해폭발반응식
② 제4류 위험물에 해당하는 물질의 지정수량과 위험등급

해답
✔답 ① $2NH_4NO_3 \rightarrow 2N_2 + O_2 + 4H_2O$
② 지정수량 : 1,000L, 위험등급 : Ⅲ

상세해설

질산암모늄(NH_4NO_3)-제1류-질산염류

화학식	분자량	비중	융점	분해온도
NH_4NO_3	80	1.73	165℃	220℃

① 단독으로 가열, 충격 시 분해 폭발할 수 있다.
② 화약(ANFO폭약))원료로 쓰이며 유기물과 접촉 시 폭발우려가 있다.

③ 무색, 무취의 결정이며, 조해성 및 흡습성이 매우 강하다.
④ 물에 용해 시 흡열반응을 나타낸다.
⑤ 급격한 가열충격에 따라 폭발의 위험이 있다.

★ 질산암모늄의 분해 반응식 : $NH_4NO_3 \rightarrow N_2O + 2H_2O$
★ 질산암모늄의 폭발 반응식 : $2NH_4NO_3 \rightarrow 2N_2 + O_2 + 4H_2O$
★ ANFO(안포)폭약의 성분 : 질산암모늄94% + 경유6%

위험물기능장 제55회 실기시험

자격종목	시험시간	문제수	형별
위험물기능장	2시간	20	A

2014년도 기능장 제55회 실기시험 (2014년 05월 25일 시행)

01. 포소화설비에서 포소화약제의 혼합방식 중 4가지만 쓰시오.

답
① 펌프 프로포셔너 방식
② 프레져 프로포셔너 방식
③ 라인 프로포셔너 방식
④ 프레져사이드 프로포셔너 방식

상세해설

포소화약제의 혼합장치

① **펌프 프로포셔너 방식**
펌프의 토출관과 흡입관 사이의 배관도중에 설치한 흡입기에 펌프에서 토출된 물의 일부를 보내고, 농도 조정밸브에서 조정된 포 소화약제의 필요량을 포 소화약제 탱크에서 펌프 흡입측으로 보내어 이를 혼합하는 방식

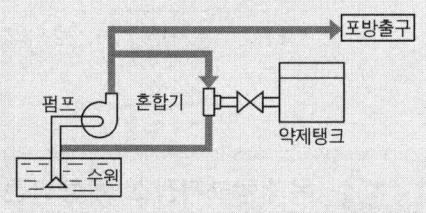

② **프레져 프로포셔너 방식**
펌프와 발포기의 중간에 설치된 벤추리관의 벤추리작용과 펌프 가압수의 포 소화약제 저장탱크에 대한 압력에 의하여 포소화약제를 흡입·혼합하는 방식

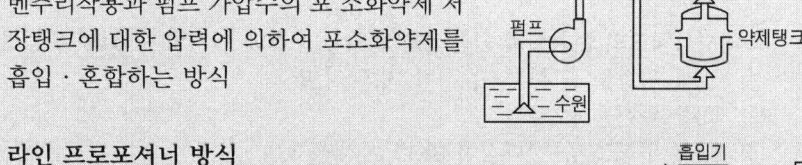

③ **라인 프로포셔너 방식**
펌프와 발포기의 중간에 설치된 벤추리관의 벤추리 작용에 의하여 포소화약제를 흡입·혼합하는 방식

④ **프레져사이드 프로포셔너 방식**
펌프의 토출관에 압입기를 설치하여 포 소화약제 압입용 펌프로 포소화약제를 압입시켜 혼합하는 방식

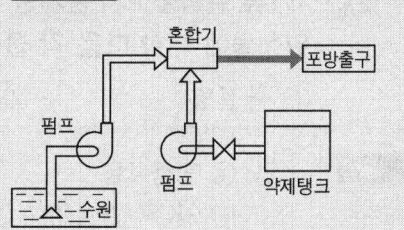

02 황화인 중 담황색의 결정으로 분자량 222이고 비중이 2.09인 위험물에 대하여 다음 각 물음에 답하시오.
① 물과 접촉하여 가연성, 유독성 기체를 발생할 때의 반응식을 쓰시오.
② ①에서 생성된 물질 중 유독성 기체의 완전연소반응식을 쓰시오.

해답 ✔답 ① $P_2S_5 + 8H_2O \rightarrow 2H_3PO_4 + 5H_2S$
② $2H_2S + 3O_2 \rightarrow 2H_2O + 2SO_2$

상세해설
오황화인(P_2S_5)
① 담황색 결정이고 조해성이 있으며 수분을 흡수하면 분해된다.
② 이황화탄소(CS_2)에 잘 녹는다.
③ **물, 알칼리와 반응하여 인산과 황화수소를 발생**한다.
$$P_2S_5 + 8H_2O \rightarrow 2H_3PO_4 + 5H_2S \uparrow$$
④ 연소하면 오산화인과 이산화황이 생긴다.
$$2P_2S_5 + 15O_2 \rightarrow 2P_2O_5 + 10SO_2 \uparrow$$
★P_2S_5 분자량 : $31 \times 2 + 32 \times 5 = 222$

03 옥내탱크저장소 중 탱크전용실을 단층건물 외의 건축물에 설치할 수 있는 제2류 위험물의 품명 3가지를 쓰시오.

해답 ✔답 ① 황화인   ② 적린   ③ 덩어리 황

상세해설
옥내저장탱크의 전용실을 단층건물 외의 건축물에 설치할 수 있는 위험물
① 제2류 위험물 중 황화인, 적린, 덩어리 황
② 제3류 위험물 중 황린
③ 제4류 위험물 중 인화점이 38℃ 이상인 것
④ 제6류 위험물 중 질산

04 제1류 위험물로서 분자량 101, 분해온도 400℃, 흑색화약의 원료로 사용되는 위험물에 대한 다음 각 물음에 답하시오.
① 물질명   ② 가열분해 반응식   ③ 흑색화약의 역할

해답 ✔답 ① 질산칼륨
② $2KNO_3 \rightarrow 2KNO_2 + O_2$
③ 산화제

상세해설 질산칼륨(KNO_3) : 제1류 위험물(산화성고체)

화학식	분자량	비중	융점	분해온도
KNO_3	101	2.1	336℃	400℃

① 질산칼륨에 숯가루, 황가루를 혼합하여 **흑색화약제조**에 사용한다.
② 열분해하여 산소를 방출한다.

$$2KNO_3 \rightarrow 2KNO_2 + O_2 \uparrow$$

③ 물, 글리세린에는 잘 녹으나 알코올에는 잘 녹지 않는다.
④ 유기물 및 강산과 접촉 시 매우 위험하다.
⑤ 소화는 주수소화방법이 가장 적당하다.

---

05 과산화칼륨과 아세트산이 반응하여 제6류 위험물을 생성하는 반응식을 쓰시오.

해답 ✔답 $K_2O_2 + 2CH_3COOH \rightarrow 2CH_3COOK + H_2O_2$

상세해설 과산화칼륨(K_2O_2) : 제1류 위험물 중 무기과산화물

화학식	분자량	비중	분해온도
K_2O_2	110	2.9	490℃

① 무색 또는 오렌지색 분말상태
② 상온에서 **물과 격렬히 반응하여 산소(O_2)를 방출**하고 폭발하기도 한다.

$$2K_2O_2 + 2H_2O \rightarrow 4KOH + O_2 \uparrow$$

③ 공기 중 이산화탄소(CO_2)와 반응하여 산소(O_2)를 방출한다.

$$2K_2O_2 + 2CO_2 \rightarrow 2K_2CO_3 + O_2 \uparrow$$

④ **산과 반응하여 과산화수소(H_2O_2)를 생성**시킨다.

$$K_2O_2 + 2CH_3COOH \rightarrow 2CH_3COOK + H_2O_2 \uparrow$$

⑤ 열분해시 산소(O_2)를 방출한다.

$$2K_2O_2 \rightarrow 2K_2O + O_2 \uparrow$$

⑥ 주수소화는 금물이고 마른모래(건조사)등으로 소화한다.

06

이동식 포소화설비의 수원의 수량은 다음 기준에서 정한 양의 포수용액을 만들기 위하여 필요한 양 이상이 되도록 한다. 다음 (   )안에 알맞은 답을 쓰시오.

> 이동식 포소화설비는 4개(호스접속구가 4개 미만인 경우에는 그 개수)의 노즐을 동시에 사용할 경우에 각 노즐 끝부분의 방사압력은 (①)MPa 이상이고, 방사량은 옥내에 설치한 것은 (②)L/min, 옥외에 설치한 것은(③)L/min 이상으로 30분간 방사할 수 있는 양

해답 ✔ 답 ① 0.35   ② 200   ③ 400

상세해설

이동식 포소화설비
이동식 포소화설비는 4개(호스접속구가 4개 미만인 경우에는 그 개수)의 노즐을 동시에 사용할 경우에 각 노즐 끝부분의 방사압력은 0.35MPa 이상이고, 방사량은 옥내에 설치한 것은 200L/min, 옥외에 설치한 것은 400L/min 이상으로 30분간 방사할 수 있는 양

위험물제조소등의 소화설비 설치기준

소화설비	수평거리	방사량	방사압력 (kPa)	수원의 양
옥내	25m 이하	260(L/min) 이상	350 이상	$Q = N$(소화전개수 : 최대 5개) $\times 7.8m^3$(260L/min $\times$ 30min)
옥외	40m 이하	450(L/min) 이상	350 이상	$Q = N$(소화전개수 : 최대 4개) $\times 13.5m^3$(450L/min $\times$ 30min)
스프링클러	1.7m 이하	80(L/min) 이상	100 이상	$Q = N$(헤드수 : 최대 30개) $\times 2.4m^3$(80L/min $\times$ 30min)
물분무		20(L/m²·min)	350 이상	$Q = A$(바닥면적 m²) $\times 0.6m^3$(20L/m²·min $\times$ 30min)

07

제5류 위험물인 나이트로글리콜에 대한 다음 각 물음에 답하시오.

① 구조식
② 공업용 제품의 액체색상
③ 액체의 비중
④ 1분자 내 질소의 중량(wt%)
⑤ 액체상태의 최고폭속(m/s)

해답 ✔ 답
① CH_2-ONO_2
    |
   CH_2-ONO_2
② 담황색   ③ 1.5   ④ 18.42wt%   ⑤ 7,800m/s

상세해설

나이트로글리콜(nitroglycol)($C_2H_4(ONO_2)_2$)

화학식	구조식	분자량	비중	융점	폭발열	생성열
$C_2H_4(ONO_2)_2$	CH_2-ONO_2 | CH_2-ONO_2	152	1.49	-22.8℃	1,655kcal/kg	54.9kcal/mol

① 순수한 것은 무색이나 공업용은 담황색 또는 분홍색의 액체이다.
② 물에는 잘 녹지 않으나 **아세톤·에터·메탄올 등의 유기용매에는 녹는다.**
③ 정식명칭은 이질산에틸렌글리콜(Ethylene glycol dinitrate : EGDN)이다
④ 1분자 내 질소의 중량

$$\text{질소의 중량(wt\%)} = \frac{\text{질소의 분자량}}{\text{나이트로글리콜의 분자량}} \times 100 = \frac{28}{152} \times 100 = 18.42\text{wt\%}$$

⑤ 액체상태의 최고폭속 : 7,800m/s

나이트로글리콜의 폭발반응식
$$C_2H_4(ONO_2)_2 \rightarrow 2CO_2 + 2H_2O + N_2$$

⑥ 나이트로글리세린과 혼합하여 다이너마이트용으로 쓰인다.

08 불활성가스소화설비 저장용기의 설치기준 4가지를 쓰시오.

해답

✔**답** ① 방호구역 외의 장소에 설치할 것
② 온도가 40℃ 이하이고 온도 변화가 적은 장소에 설치할 것
③ 직사일광 및 빗물이 침투할 우려가 적은 장소에 설치할 것
④ 저장용기에는 안전장치(용기밸브에 설치되어 있는 것을 포함)를 설치할 것
⑤ 저장용기의 외면에 소화약제의 종류와 양, 제조년도 및 제조자를 표시할 것

09 메탄 60%, 에탄 30%, 프로판 10%의 비율로 혼합되어 있는 혼합기체가 있다. 혼합기체의 폭발하한계값을 계산하시오. (단, 폭발범위는 메탄 5.0~15%, 에탄 3.0~12.4%, 프로판 2.1~9.5%이다)

해답

✔**계산과정**

① $\dfrac{100}{L_m} = \dfrac{60}{5} + \dfrac{30}{3} + \dfrac{10}{2.1}$

② $\dfrac{100}{L_m} = 12 + 10 + 4.76 = 26.76$

③ $L_m = \dfrac{100}{26.76} = 3.74\%$

✔**답** 3.74%

상세해설

혼합가스의 폭발한계 ★★

$$\frac{V_m}{L_m} = \frac{V_1}{L_1} + \frac{V_2}{L_2} + \frac{V_3}{L_3} + \cdots\cdots + \frac{V_n}{L_n}$$

여기서, V_m : 혼합가스의 부피농도(%)
L_m : 혼합가스의 폭발 하한값 또는 폭발 상한값
L : 단일가스의 폭발 하한값 또는 폭발 상한값
V : 단일가스의 부피농도(%)

10 알루미늄이 다음의 각 물질과 반응할 때 반응식을 쓰시오.
① 염산과 반응
② 수산화나트륨 수용액과 반응

해답 ✔답 ① $2Al + 6HCl \rightarrow 2AlCl_3 + 3H_2$
② $2Al + 2NaOH + 2H_2O \rightarrow 2NaAlO_2 + 3H_2$

상세해설 알루미늄분(Al) : 제2류 위험물

화학식	원자량	비중	융점	비점
Al	27	2.7	660℃	2,000℃

① 은백색의 분말이다
② 알루미늄이 연소하면 백색연기를 내면서 산화알루미늄을 생성한다.
$$4Al + 3O_2 \rightarrow 2Al_2O_3$$
③ 가열된 알루미늄은 물(수증기)와 반응하여 수소를 발생시킨다.(주수소화금지)
$$2Al + 6H_2O \rightarrow 2Al(OH)_3 + 3H_2 \uparrow$$
④ 알루미늄(Al)은 염산과 반응하여 수소를 발생한다.
$$2Al + 6HCl \rightarrow 2AlCl_3 + 3H_2 \uparrow$$
⑤ 알루미늄과 수산화나트륨 수용액은 반응하여 알루미늄산과 수소기체를 발생한다.
$$2Al + 2NaOH + 2H_2O \rightarrow 2NaAlO_2 + 3H_2 \uparrow$$
⑥ 알루미늄과 수산화나트륨은 많은 수소 기체를 발생시킨다.
$$2Al + 6NaOH \rightarrow 2Na_3AlO_3 + 3H_2 \uparrow$$
⑦ 주수소화는 엄금이며 마른모래 등으로 피복 소화한다.

11 위험물 제4류 중 제1석유류로서 분자량이 60이고 인화점 −19℃, 럼주와 같은 향기가 나는 무색액체인 물질의 가수분해 반응식을 쓰시오.

해답 ✔답 $HCOOCH_3 + H_2O \rightarrow CH_3OH + HCOOH$

상세해설

의산(개미산)메틸(HCOOCH₃) : 제4류 제1석유류

```
    O      H
    ‖      |
H — C — O — C — H
           |
           H
```

화학식	분자량	비중	비점	인화점	착화점	연소범위
HCOOCH₃	60	0.98	32℃	-19℃	449℃	5~20%

① 무색 투명한 액체
② 증기는 마취성이 있고 독성이 강하다.
③ 물에 잘 녹지만 비수용성 위험물에 해당한다.
④ 가수분해되어 메틸알코올과 의산(개미산)이 생성된다.

$$HCOOCH_3 + H_2O \rightarrow CH_3OH + HCOOH$$

---

12 지하저장탱크의 주위에는 당해 탱크로부터의 액체위험물의 누설을 검사하기 위한 관을 기준에 따라 4개소 이상 적당한 위치에 설치하여야 한다. 설치기준을 쓰시오.

해답 ✔**답**

① 이중관으로 할 것. 다만, 소공이 없는 상부는 단관으로 할 수 있다.
② 재료는 금속관 또는 경질합성수지관으로 할 것
③ 관은 탱크전용실의 바닥 또는 탱크의 기초까지 닿게 할 것
④ 관의 밑부분으로부터 탱크의 중심 높이까지의 부분에는 소공이 뚫려 있을 것. 다만, 지하수위가 높은 장소에 있어서는 지하수위 높이까지의 부분에 소공이 뚫려 있어야 한다.
⑤ 상부는 물이 침투하지 아니하는 구조로 하고, 뚜껑은 검사시에 쉽게 열 수 있도록 할 것

상세해설

지하저장탱크의 주위에는 당해 탱크로부터의 액체위험물의 누설을 검사하기 위한 관을 다음의 각목의 기준에 따라 4개소 이상 적당한 위치에 설치하여야 한다.
① 이중관으로 할 것. 다만, 소공이 없는 상부는 단관으로 할 수 있다.
② 재료는 금속관 또는 경질합성수지관으로 할 것
③ 관은 탱크전용실의 바닥 또는 탱크의 기초까지 닿게 할 것
④ 관의 밑부분으로부터 탱크의 중심 높이까지의 부분에는 소공이 뚫려 있을 것. 다만, 지하수위가 높은 장소에 있어서는 지하수위 높이까지의 부분에 소공이 뚫려 있어야 한다.
⑤ 상부는 물이 침투하지 아니하는 구조로 하고, 뚜껑은 검사시에 쉽게 열 수 있도록 할 것

13 제3류 위험물인 탄화칼슘이 물과 반응하는 경우 반응식을 쓰고 발생하는 가연성기체의 위험도을 구하시오.

해답 ✔답 ① 반응식 CaC$_2$ + 2H$_2$O → Ca(OH)$_2$ + C$_2$H$_2$
② 위험도
- 아세틸렌의 연소범위 : 2.5~81%
- 위험도 $H = \dfrac{81 - 2.5}{2.5} = 31.4$

상세해설 탄화칼슘(CaC$_2$) : 제3류 위험물 중 칼슘탄화물

화학식	분자량	융점	비중
CaC$_2$	64	2370℃	2.21

① 물과 접촉 시 아세틸렌을 생성하고 열을 발생시킨다.

$$CaC_2 + 2H_2O → Ca(OH)_2(수산화칼슘) + C_2H_2↑(아세틸렌)$$

② 아세틸렌의 폭발범위는 2.5~81%로 대단히 넓어서 폭발위험성이 크다.
③ 장기 보관 시 불활성기체(N$_2$ 등)를 봉입하여 저장한다.
④ 별명은 카바이드, 탄화석회, 칼슘카바이드 등이다.
⑤ 고온(700℃)에서 질화되어 석회질소(CaCN$_2$)가 생성된다.

$$CaC_2 + N_2 → CaCN_2(석회질소) + C(탄소)$$

⑥ 물 및 포약제에 의한 소화는 절대 금하고 마른모래 등으로 피복 소화한다.

위험도 계산공식

$$H = \dfrac{U(연소상한) - L(연소하한)}{L(연소하한)}$$

14 관계인이 예방규정을 정하여야 하는 제조소 등에 대하여 다음 (   )안에 알맞은 숫자나 내용을 적으시오.
① 지정수량의 (   )배 이상의 위험물을 취급하는 제조소
② 지정수량의 (   )배 이상의 위험물을 저장하는 옥외저장소
③ 지정수량의 150배 이상의 위험물을 저장하는 (   )
④ 지정수량의 (   )배 이상의 위험물을 저장하는 옥외탱크저장소
⑤ (   ), 이송취급소

해답 ✔답 ① 10   ② 100   ③ 옥내저장소
④ 200   ⑤ 암반탱크저장소

상세해설 관계인이 예방규정을 정하여야 하는 제조소등
① 지정수량의 10배 이상의 위험물을 취급하는 제조소
② 지정수량의 100배 이상의 위험물을 저장하는 옥외저장소
③ 지정수량의 150배 이상의 위험물을 저장하는 옥내저장소
④ 지정수량의 200배 이상의 위험물을 저장하는 옥외탱크저장소
⑤ 암반탱크저장소
⑥ 이송취급소
⑦ 지정수량의 10배 이상의 위험물을 취급하는 일반취급소. 다만, 제4류 위험물(특수인화물을 제외)만을 지정수량의 50배 이하로 취급하는 일반취급소(제1석유류·알코올류의 취급량이 지정수량의 10배 이하인 경우에 한한다)로서 다음 각목의 어느 하나에 해당하는 것을 제외한다.
   ㉠ 보일러·버너 또는 이와 비슷한 것으로서 위험물을 소비하는 장치로 이루어진 일반취급소
   ㉡ 위험물을 용기에 옮겨 담거나 차량에 고정된 탱크에 주입하는 일반취급소

15. 하이드록실아민 등을 취급하는 제조소의 안전거리를 구하는 공식을 쓰고, 사용되는 기호의 의미를 설명하시오.

해답 ✔답 $D = 51.1\sqrt[3]{N}$
여기서, D : 거리(m)
       N : 해당 제조소에서 취급하는 하이드록실아민등의 지정수량의 배수

상세해설 하이드록실아민 등을 취급하는 제조소의 안전거리

$$D = 51.1\sqrt[3]{N}$$

여기서, D : 거리(m)
       N : 해당 제조소에서 취급하는 하이드록실아민 등의 지정수량의 배수
★ 하이드록실아민(NH_2OH)의 지정수량 : 100kg

16. 운송책임자의 감독·지원을 받아 운송하는 위험물 종류 2가지와 운송책임자의 자격요건을 쓰시오.

해답 ✔답 ① 운송책임자의 감독·지원을 받아 운송하여야 하는 위험물
    • 알킬알루미늄   • 알킬리튬
② 위험물 운송책임자의 자격
    • 당해 위험물의 취급에 관한 국가기술자격을 취득하고 관련 업무에 1년 이

제 4 편 최근 기출문제

상 종사한 경력이 있는 자
• 위험물의 운송에 관한 안전교육을 수료하고 관련 업무에 2년 이상 종사한 경력이 있는 자

상세해설

위험물안전관리법 시행령 제19조
(운송책임자의 감독·지원을 받아 운송하여야 하는 위험물)
① 알킬알루미늄
② 알킬리튬
③ 제1호 또는 제2호의 물질을 함유하는 위험물

위험물안전관리법 시행규칙 제52조(위험물의 운송기준) 위험물 운송책임자의 자격.
① 당해 위험물의 취급에 관한 국가기술자격을 취득하고 관련 업무에 1년 이상 종사한 경력이 있는 자
② 위험물의 운송에 관한 안전교육을 수료하고 관련 업무에 2년 이상 종사한 경력이 있는 자

17 위험물 옥내저장소에 다음 조건과 같은 건축물의 구조에 위험물을 저장할 경우 소요단위를 구하시오.

① 건축물의 구조 : 지상 1층과 2층의 바닥면적이 각각 $1,000\text{m}^2$이다(1층과 2층 모두 외벽이 내화구조이다).
② 공작물의 구조 : 옥외에 설치 높이는 8m, 공작물의 최대 수평투영면적 200m^2이다.
③ 저장 위험물 : 다이에틸에터 3,000L, 경유 5,000L이다.

해답
✔ 계산과정

$$\frac{1,000\text{m}^2 \times 2}{150\text{m}^2} + \frac{200\text{m}^2}{150\text{m}^2} + \left(\frac{3,000\text{L}}{50\text{L} \times 10} + \frac{5,000\text{L}}{1,000\text{L} \times 10}\right) = 21.17$$

✔ 답 22단위

상세해설

소요단위의 계산방법
① 제조소 또는 취급소의 건축물

외벽이 내화구조인 것	외벽이 내화구조가 아닌 것
연면적 100m^2를 1소요단위	연면적 50m^2를 1소요단위

② 저장소의 건축물

외벽이 내화구조인 것	외벽이 내화구조가 아닌 것
연면적 150m^2 : 1소요단위	연면적 75m^2 : 1소요단위

③ 제조소등의 옥외에 설치된 공작물은 외벽이 내화구조인 것으로 간주하고 공작물의 최

대수평투영면적을 연면적으로 간주하여 ① 및 ②의 규정에 의하여 소요단위를 산정할 것
④ 위험물은 지정수량의 10배를 1소요단위로 할 것

18. 위험물안전관리법령에 따른 고인화점 위험물의 정의를 쓰시오.

해답 ✔**답** 인화점이 100℃ 이상인 제4류 위험물

19. 위험물의 성질란에 규정된 성상을 2가지 이상 포함하는 물품을 복수성상물품이라 한다. 이 물품이 속하는 품명의 판단기준을 ( )안에 알맞는 유별을 쓰시오.

① 복수성상물품이 산화성 고체의 성상 및 가연성 고체의 성상을 가지는 경우 : ( ) 위험물
② 복수성상물품이 산화성 고체의 성상 및 자기반응성 물질의 성상을 가지는 경우 : ( ) 위험물
③ 복수성상물품이 가연성 고체의 성상과 자연발화성 물질의 성상 및 금수성 물질의 성상을 가지는 경우 : ( ) 위험물
④ 복수성상물품이 자연발화성 물질의 성상, 금수성 물질의 성상 및 인화성액체의 성상을 가지는 경우 : ( ) 위험물
⑤ 복수성상물품이 인화성 액체의 성상 및 자기반응성 물질의 성상을 가지는 경우 : ( ) 위험물

해답 ✔**답** ① 제2류 ② 제5류 ③ 제3류 ④ 제3류 ⑤ 제5류

상세해설 **성질란에 규정된 성상을 2가지 이상 포함하는 물품("복수성상물품")이 속하는 품명**
① 산화성고체의 성상 및 가연성고체의 성상을 가지는 경우 : 제2류
② 산화성고체의 성상 및 자기반응성물질의 성상을 가지는 경우 : 제5류
③ 가연성고체의 성상과 자연발화성물질의 성상 및 금수성물질의 성상을 가지는 경우 : 제3류
④ 자연발화성물질의 성상, 금수성물질의 성상 및 인화성액체의 성상을 가지는 경우 : 제3류
⑤ 인화성액체의 성상 및 자기반응성물질의 성상을 가지는 경우 : 제5류

20 촉매 존재하에 에틸렌을 물과 합성하는 방법 또는 당밀 등의 발효방법 등으로 제조하는 무색, 투명한 액체위험물에 대하여 답하시오.
① 화학식
② 소화효과가 가장 우수한 포소화약제
③ 위의 포소화약제가 우수한 이유

해답 ✔답 ① C_2H_5OH
② 알코올포 소화약제
③ 거품이 파괴되는 소포성이 되지 않으므로

상세해설

에틸알코올(C_2H_5OH)-제4류-알코올류

화학식	분자량	비중	비점	인화점	착화점	연소범위
C_2H_5OH	46	0.8	78.3℃	13℃	423℃	4.3~19% 이상

① 술 속에 포함되어 있어 주정이라고 한다.
② 무색 투명한 액체이다.
③ 물에 아주 잘 녹으며 유기용제이다.
④ 연소 시 주간에는 불꽃이 잘 보이지 않는다.
$$C_2H_5OH + 3O_2 \rightarrow 2CO_2 + 3H_2O$$
⑤ 금속나트륨, 금속칼륨을 가하면 수소(H_2)가 발생한다.
$$2C_2H_5OH + 2Na \rightarrow 2C_2H_5ONa + H_2 \uparrow$$
⑥ 아이오딘포름 반응을 하므로 에탄올검출에 이용된다.

에틸알코올의 반응식
- 알칼리금속과 반응 $2Na + 2C_2H_5OH \rightarrow 2C_2H_5ONa + H_2 \uparrow$
- 산화, 환원반응식 $C_2H_5OH \xrightleftharpoons[\text{환원}]{\text{산화}} CH_3CHO \xrightleftharpoons[\text{환원}]{\text{산화}} CH_3COOH$

⑦ 에틸렌을 물과 반응시켜 제조 또는 당밀을 발효시켜 제조한다.
$$CH_2=CH_2 + H_2O \rightarrow C_2H_5OH(\text{에틸알코올})$$

위험물기능장 제56회 실기시험

2014년도 기능장 제56회 실기시험 **(2014년 09월 14일 시행)**

자격종목	시험시간	문제수	형별
위험물기능장	2시간	20	A

---

01 다음 보기 중 위험물안전관리 법령상 옥외저장소에 저장할 수 있는 것을 모두 쓰시오.

> [보기] ① 황   ② 인화성고체(인화점 5℃)   ③ 아세톤   ④ 이황화탄소
> ⑤ 질산   ⑥ 질산에스터류   ⑦ 과염소산염류   ⑧ 에탄올

해답
✔답 ① 황   ② 인화성고체(인화점 5℃)   ⑤ 질산   ⑧ 에탄올

상세해설
옥외저장소에 저장할 수 있는 위험물
① 제2류 위험물중 황 또는 인화성고체(인화점이 0℃ 이상인 것)
② 제4류 위험물중 제1석유류(인화점이 0℃ 이상인 것)·알코올류·제2석유류·제3석유류·제4석유류 및 동식물유류
③ 제6류 위험물

옥외저장소에 저장 가능 여부

구분	품명	인화점	옥외저장 가능여부
황	제2류 위험물	−	○
인화성고체 (인화점 5℃)	제2류 위험물	−	○
아세톤	제4류 위험물	−18℃	×
이황화탄소	제4류 특수위험물	−30℃	×
질산	제6류 위험물	−	○
질산에스터류	제5류 위험물	−	×
과염소산염류	제1류 위험물	−	×
에탄올	제4류 알코올류	13℃	○

---

02 다음은 제2류 위험물에 대한 저장 및 취급 기준에 대한 설명이다. (   )안에 알맞는 답을 쓰시오.

> 제2류 위험물은 (①)와의 접촉, 혼합이나 불티, 불꽃, 고온체와의 접근 또는 과열을 피하는 한편, (②) 및 이를 함유한 것에 있어서는 물이나 산과의 접촉을 피하고 인화성 고체에 있어서는 함부로 (③)를 발생시키지 아니하여야 한다.

✓답 ① 산화제 ② 철분, 금속분, 마그네슘 ③ 증기

유별 저장 및 취급의 공통 기준

① 제1류 위험물
  가연물과의 접촉, 혼합이나 분해를 촉진하는 물품과의 접근 또는 과열, 충격, 마찰 등을 피하는 한편, 알칼리 금속의 과산화물 및 이를 함유한 것에 있어서는 물과의 접촉을 피하여야 한다.

② 제2류 위험물
  산화제와의 접촉, 혼합이나 불티, 불꽃, 고온체와의 접근 또는 과열을 피하는 한편, 철분, 금속분, 마그네슘 및 이를 함유한 것에 있어서는 물이나 산과의 접촉을 피하고 인화성 고체에 있어서는 함부로 증기를 발생시키지 아니하여야 한다.

③ 제3류 위험물
  자연발화성 물품에 있어서는 불티, 불꽃 또는 고온체와의 접근·과열 또는 공기와의 접촉을 피하고, 금수성 물품에 있어서는 물과의 접촉을 피하여야 한다.

④ 제4류 위험물
  불티, 불꽃, 고온체와의 접근 또는 과열을 피하고, 함부로 증기를 발생시키지 아니하여야 한다.

⑤ 제5류 위험물
  불티, 불꽃, 고온체와의 접근이나 과열, 충격 또는 마찰을 피하여야 한다.

⑥ 제6류 위험물
  가연물과의 접촉·혼합이나 분해를 촉진하는 물품과의 접근 또는 과열을 피하여야 한다.

---

03 황화인 중 삼황화인, 오황화인의 연소반응식을 쓰시오.

✓답 ① 삼황화인 : $P_4S_3 + 8O_2 \rightarrow 2P_2O_5 + 3SO_2$
  ② 오황화인 : $2P_2S_5 + 15O_2 \rightarrow 2P_2O_5 + 10SO_2$

황화인(제2류 위험물) : 황과 인의 화합물

① **삼황화인**(P_4S_3)
  ㉠ 황색결정으로 물, 염산, 황산에 녹지 않으며 질산, 알칼리, 이황화탄소에 녹는다.
  ㉡ 연소하면 오산화인과 이산화황이 생긴다.

$$P_4S_3 + 8O_2 \rightarrow 2P_2O_5 + 3SO_2 \uparrow$$

② **오황화인**(P_2S_5)
  ㉠ 담황색 결정이고 조해성이 있으며 수분을 흡수하면 분해된다.
  ㉡ 이황화탄소(CS_2)에 잘 녹는다.
  ㉢ 물, 알칼리와 반응하여 인산과 황화수소를 발생한다.

$$P_2S_5 + 8H_2O \rightarrow 2H_3PO_4 + 5H_2S \uparrow$$

ⓔ 연소하면 오산화인과 이산화황이 생긴다.

$$2P_2S_5 + 15O_2 \rightarrow 2P_2O_5 + 10SO_2 \uparrow$$

③ **칠황화인**(P_4S_7)
 ㉠ 담황색 결정이고 조해성이 있으며 수분을 흡수하면 분해된다.
 ㉡ 이황화탄소(CS_2)에 약간 녹는다.
 ㉢ 냉수에는 서서히 분해가 되고 더운물에는 급격히 분해된다.

04
다음은 옥외탱크저장소의 방유제에 대한 설치기준이다. (　)안에 알맞은 답을 쓰시오.

- 방유제 내에 설치하는 옥외저장탱크의 수는 10(방유제 내에 설치하는 모든 옥외저장탱크의 용량이 (①)L 이하이고, 당해 옥외저장탱크에 저장 또는 취급하는 위험물의 인화점이 70℃ 이상 200℃ 미만인 경우에 20) 이하로 할 것. 다만, 인화점이 (②)℃ 이상인 위험물을 저장 또는 취급하는 옥외저장탱크에 있어서는 그러하지 아니하다.
- 방유제 외면의 $\frac{1}{2}$ 이상은 자동차 등이 통행할 수 있는 (③)m 이상의 노면 폭을 확보한 구내도로에 직접 접하도록 할 것.
- 방유제는 탱크의 옆판으로부터 일정 거리를 유지할 것(단, 인화점이 200℃ 이상인 위험물은 제외)
  - 지름이 15m 미만인 경우 : 탱크 높이의 (④) 이상
  - 지름이 15m 이상인 경우 : 탱크 높이의 (⑤) 이상

해답
✔답 ① 20만 ② 200 ③ 3 ④ $\frac{1}{3}$ ⑤ $\frac{1}{2}$

상세해설
옥외저장탱크의 방유제
인화성액체위험물(이황화탄소를 제외)의 옥외탱크저장소의 탱크 주위에는 다음 각목의 기준에 의하여 방유제를 설치하여야 한다.
① 방유제의 용량

탱크가 하나인 때	탱크 용량의 110% 이상
2기 이상인 때	탱크 중 용량이 최대인 것의 용량의 110% 이상

② 방유제는 높이 0.5m **이상** 3m **이하**, 두께 0.2m **이상**, 지하매설깊이 1m **이상**으로 할 것.
③ 방유제 내의 면적은 **8만**m^2 **이하**로 할 것
④ 방유제 내의 설치하는 옥외저장탱크의 수는 **10 이하**로 할 것 (모든 탱크의 용량이 20**만L 이하**이고, 인화점이 70℃ **이상** 200℃ 미만인 경우에는 20 **이하**)

⑤ 방유제 외면의 2분의 1 이상은 자동차 등이 통행할 수 있는 **3m 이상**의 노면폭을 확보한 구내도로에 직접 접하도록 할 것.
⑥ 방유제는 옥외저장탱크의 지름에 따라 그 탱크의 옆판으로부터 다음에 정하는 거리를 유지할 것.(다만, 인화점이 **200℃ 이상**인 위험물은 **제외**)

지름이 15m 미만인 경우	탱크 높이의 3분의 1 이상
지름이 15m 이상인 경우	탱크 높이의 2분의 1 이상

⑦ 방유제는 철근콘크리트로 할 것
⑧ 용량이 **1,000만L 이상**인 옥외저장탱크의 주위에 설치하는 방유제에는 다음의 규정에 따라 당해 **탱크마다 간막이 둑**을 설치할 것
  ㉠ 간막이 둑의 높이는 0.3m(탱크의 용량의 합계가 2억L를 넘는 방유제는 1m) 이상으로 하되, 방유제의 높이보다 0.2m 이상 낮게 할 것
  ㉡ 간막이 둑은 **흙 또는** 철근콘크리트로 할 것
  ㉢ 간막이 둑의 용량은 간막이 둑안에 설치된 **탱크 용량의 10% 이상**일 것
⑨ **높이가 1m를 넘는 방유제** 및 간막이 둑의 안팎에는 방유제 내에 출입하기 위한 **계단 또는 경사로를 약 50m마다** 설치할 것
⑩ **인화성이 없는 액체위험물**의 옥외저장탱크의 주위에 설치하는 방유제는 탱크 용량의 100%(2기 이상일 경우에는 최대탱크용량의 100%) **이상**으로 할 것

---

05 위험물 제4류 제1석유류인 벤젠에 대한 다음 각 물음에 답하시오.
① 연소반응식 ② 지정수량 ③ 분자량

 ✔답 ① $2C_6H_6 + 15O_2 \rightarrow 12CO_2 + 6H_2O$
② 200L
③ 78

벤젠(Benzene)(C_6H_6) : 제4류 위험물 중 제1석유류

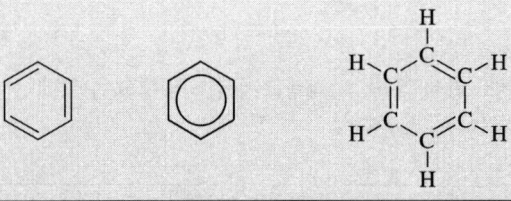

화학식	분자량	비중	비점	인화점	착화점	연소범위
C_6H_6	78	0.9	80℃	-11℃	562℃	1.4~8%

① 벤젠증기는 마취성 및 독성이 강하다.
② 비수용성이며 알코올, 아세톤, 에테르에는 용해
③ 취급 시 정전기에 유의해야 한다.

06 제1류 위험물의 품명 중 그 밖에 행정안전부령으로 정하는 것 5가지만 쓰시오.

해답 ✔**답** ① 과아이오딘산염류 ② 과아이오딘산 ③ 크로뮴, 납 또는 아이오딘의 산화물
④ 아질산염류 ⑤ 염소화아이소사이아누르산 ⑥ 퍼옥소이황산염류
⑦ 퍼옥소붕산염류 ⑧ 차아염소산염류

상세해설 제3조(위험물 품명의 지정) 행정안전부령으로 지정하는 것

구분	제1류	제3류	제5류	제6류
품명	① 과아이오딘산염류 ② 과아이오딘산 ③ 크로뮴, 납 또는 아이오딘의 산화물 ④ 아질산염류 ⑤ 차아염소산염류 ⑥ 염소화아이소사이아누르산 ⑦ 퍼옥소이황산염류 ⑧ 퍼옥소붕산염류	염소화규소화합물	① 금속의 아지화합물 ② 질산구아니딘	할로젠간화합물 ① 삼불화브로민 ② 오불화브로민 ③ 오불화아이오딘

07 위험물의 취급 중 소비에 관한 기준 3가지를 쓰시오.

해답 ✔**답** ① 분사도장작업은 방화상 유효한 격벽 등으로 구획된 안전한 장소에서 실시할 것
② 담금질 또는 열처리작업은 위험물이 위험한 온도에 이르지 아니하도록 하여 실시할 것
③ 버너를 사용하는 경우에는 버너의 역화를 방지하고 위험물이 넘치지 아니하도록 할 것

상세해설 **위험물의 취급 중 제조에 관한 기준**
① 증류공정에 있어서는 위험물을 취급하는 설비의 내부압력의 변동 등에 의하여 액체 또는 증기가 새지 아니하도록 할 것
② 추출공정에 있어서는 추출관의 내부압력이 비정상으로 상승하지 아니하도록 할 것
③ 건조공정에 있어서는 위험물의 온도가 부분적으로 상승하지 아니하는 방법으로 가열 또는 건조할 것
④ 분쇄공정에 있어서는 위험물의 분말이 현저하게 부유하고 있거나 위험물의 분말이 현저하게 기계·기구 등에 부착하고 있는 상태로 그 기계·기구를 취급하지 아니할 것

위험물의 취급 중 소비에 관한 기준
① 분사도장작업은 방화상 유효한 격벽 등으로 구획된 안전한 장소에서 실시할 것
② 담금질 또는 열처리작업은 위험물이 위험한 온도에 이르지 아니하도록 하여 실시할 것
③ 버너를 사용하는 경우에는 버너의 역화를 방지하고 위험물이 넘치지 아니하도록 할 것

08 탱크시험자가 갖추어야 하는 필수장비를 3가지만 쓰시오.

해답 ✔**답** ① 자기탐상시험기　② 초음파두께측정기　③ 영상초음파시험기

상세해설
탱크시험자의 기술능력·시설 및 장비(제14조제1항 관련)
(1) 기술능력
　① 필수인력
　　㉠ 위험물기능장·위험물산업기사 또는 위험물기능사 중 1명 이상
　　㉡ 비파괴검사기술사 1명 이상 또는 초음파비파괴검사·자기비파괴검사 및 침투비파괴검사별로 기사 또는 산업기사 각 1명 이상
　② 필요한 경우에 두는 인력
　　㉠ 충·수압시험, 진공시험, 기밀시험 또는 내압시험의 경우 : 누설비파괴검사 기사, 산업기사 또는 기능사
　　㉡ 수직·수평도시험의 경우 : 측량 및 지형공간정보 기술사, 기사, 산업기사 또는 측량기능사
　　㉢ 방사선투과시험의 경우 : 방사선비파괴검사 기사 또는 산업기사
　　㉣ 필수 인력의 보조 : 방사선비파괴검사·초음파비파괴검사·자기비파괴검사 또는 침투비파괴검사 기능사
(2) 시설 : **전용사무실**
(3) 장비
　① 필수장비 : **자기탐상시험기, 초음파두께측정기** 및 다음 ㉠ 또는 ㉡ 중 어느 하나
　　㉠ **영상초음파시험기**
　　㉡ **방사선투과시험기 및 초음파시험기**
　② 필요한 경우에 두는 장비
　　㉠ 충·수압시험, 진공시험, 기밀시험 또는 내압시험의 경우
　　　• 진공능력 53kPa 이상의 진공누설시험기
　　　• **기밀시험장치**(안전장치가 부착된 것으로서 가압능력 200kPa 이상, 감압의 경우에는 감압능력 10kPa 이상·감도 10Pa 이하의 것으로서 각각의 압력 변화를 스스로 기록할 수 있는 것)
　　㉡ 수직·수평도 시험의 경우 : 수직·수평도 측정기
※ 비고 : 둘 이상의 기능을 함께 가지고 있는 장비를 갖춘 경우에는 각각의 장비를 갖춘 것으로 본다.

09 알루미늄이 다음 물질과 반응할 때 반응식을 쓰시오.
　① 물과 반응　　　　　　　　② 염산과 반응

해답 ✔**답** ① 물과의 반응 : $2Al + 6H_2O \rightarrow 2Al(OH)_3 + 3H_2$
　　　　② 염산과의 반응 : $2Al + 6HCl \rightarrow 2AlCl_3 + 3H_2$

상세해설

알루미늄분(Al) : 제2류 위험물

화학식	원자량	비중	융점	비점
Al	27	2.7	660℃	2,000℃

① 은백색의 분말이다
② 알루미늄이 연소하면 백색연기를 내면서 산화알루미늄을 생성한다.

$$4Al + 3O_2 \rightarrow 2Al_2O_3$$

③ 가열된 알루미늄은 물(수증기)와 반응하여 수소를 발생시킨다.(주수소화금지)

$$2Al + 6H_2O \rightarrow 2Al(OH)_3 + 3H_2\uparrow$$

④ 알루미늄(Al)은 염산과 반응하여 수소를 발생한다.

$$2Al + 6HCl \rightarrow 2AlCl_3 + 3H_2\uparrow$$

⑤ 알루미늄과 수산화나트륨 수용액은 반응하여 알루미늄산과 수소기체를 발생한다.

$$2Al + 2NaOH + 2H_2O \rightarrow 2NaAlO_2 + 3H_2\uparrow$$

⑥ 알루미늄과 수산화나트륨은 많은 수소 기체를 발생시킨다.

$$2Al + 6NaOH \rightarrow 2Na_3AlO_3 + 3H_2\uparrow$$

⑦ 주수소화는 엄금이며 마른모래 등으로 피복 소화한다.

---

10 화학식이 $C_6H_2CH_3(NO_2)_3$인 물질에 대한 다음 각 물음에 답하시오.
① 유별   ② 품명   ③ 지정수량

해답 ✔답 ① 제5류 위험물   ② 나이트로화합물   ③ 10kg

상세해설

트라이나이트로톨루엔[$C_6H_2CH_3(NO_2)_3$] (TNT : Tri Nitro Toluene) ★★★★★

화학식	분자량	비중	비점	융점	착화점
$C_6H_2CH_3(NO_2)_3$	227	1.7	280℃	81℃	300℃

① 물에는 녹지 않고 알코올, 아세톤, 벤젠에 녹는다.
② Tri Nitro Toluene의 약자로 TNT라고도 한다.
③ 담황색의 주상결정이며 햇빛에 다갈색으로 변색된다.
④ 톨루엔과 질산을 반응시켜 얻는다.

$$C_6H_5CH_3 + 3HNO_3 \xrightarrow[\text{(나이트로화)}]{C-H_2SO_4} C_6H_2CH_3(NO_2)_3 + 3H_2O$$
(톨루엔) (질산)   (트라이나이트로톨루엔) (물)

⑤ 강력한 폭약이며 급격한 타격에 폭발한다.

$$2C_6H_2CH_3(NO_2)_3 \rightarrow 2C + 12CO + 3N_2\uparrow + 5H_2\uparrow$$

⑥ 연소 시 연소속도가 너무 빠르므로 소화가 곤란하다.
⑦ 무기 및 다이너마이트, 질산폭약제 제조에 이용된다.

11 다음 각 물질에 대한 위험도를 계산하시오.
① 다이에틸에터   ② 아세톤

해답

① **다이에틸에터**
✔ 계산과정
　　다이에틸에터의 연소범위 : 1.7~48%
　　위험도 $H = \dfrac{48 - 1.7}{1.7} = 27.24$
✔ 답 27.24

② **아세톤**
✔ 계산과정
　　아세톤의 연소범위 : 2.5~12.8%
　　위험도 $H = \dfrac{12.8 - 2.5}{2.5} = 4.12$
✔ 답 4.12

상세해설 위험도 계산공식

$$H = \frac{U(연소상한) - L(연소하한)}{L(연소하한)}$$

12 나이트로글리세린의 구조식과 폭발 시 생성되는 가스를 모두 쓰시오.

해답
✔ 답 ① 구조식 :

```
    H   H   H
    |   |   |
H − C − C − C − H
    |   |   |
    O   O   O
    |   |   |
   NO₂ NO₂ NO₂
```

② 생성되는 가스 : 이산화탄소(CO_2), 질소(N_2), 산소(O_2)

상세해설 나이트로글리세린(Nitro Glycerine)[$C_3H_5(ONO_2)_3$]-제5류 위험물 중 질산에스터류

```
    H   H   H
    |   |   |
H − C − C − C − H
    |   |   |
    O   O   O
    |   |   |
   NO₂ NO₂ NO₂
```

화학식	분자량	비중	융점	비점	착화점
$C_3H_5(ONO_2)_3$	227	1.6	13℃	160℃	210℃

① 상온에서는 액체이지만 겨울철에는 동결한다.
② 글리세린에 진한 질산과 진한 황산을 가하면 나이트로화하여 나이트로글리세린으로 된다.

글리세린의 나이트로화반응

$$C_3H_5(OH)_3 + 3HONO_2 \xrightarrow{H_2SO_4} C_3H_5(ONO_2)_3 + 3H_2O$$
(글리세린)　　　(질산)　　　　　　(나이트로글리세린)　　(물)

③ 비수용성이며 메탄올, 아세톤 등에 녹는다.
④ 가열, 마찰, 충격에 예민하여 대단히 위험하다.

나이트로글리세린의 열분해 반응식

$$4C_3H_5(ONO_2)_3 \rightarrow 12CO_2\uparrow + 6N_2\uparrow + O_2\uparrow + 10H_2O$$

⑤ 다이너마이트(규조토+나이트로글리세린), 무연화약 제조에 이용된다.

---

13 위험물의 저장 또는 취급하는 장소에는 당해 위험물을 적당한 온도로 유지하기 위한 살수설비를 설치하여야 하는 위험물의 종류를 쓰시오.

해답 ✔**답** 인화성고체(인화점이 21℃ 미만인 것), 제1석유류 또는 알코올류

상세해설 **인화성고체, 제1석유류 또는 알코올류의 옥외저장소 특례**
① 인화성 고체(인화점이 21℃ 미만인 것), 제1석유류 또는 알코올류를 저장 또는 취급하는 장소에는 당해 위험물을 적당한 온도로 유지하기 위한 살수설비 등을 설치하여야 한다.
② 제1석유류 또는 알코올류를 저장 또는 취급하는 장소의 주위에는 배수구 및 집유설비를 설치하여야 한다. 이 경우 제1석유류(온도 20℃의 물 100g에 용해되는 양이 1g 미만인 것)를 저장 또는 취급하는 장소에 있어서는 집유설비에 유분리 장치를 설치하여야 한다.

14 제2종 분말소화약제의 열분해반응식을 1차와 2차로 구분하여 쓰시오.
① 1차 열분해(190℃)   ② 2차 열분해(590℃)

[해답]
✔답 ① $2KHCO_3 \rightarrow K_2CO_3 + CO_2 + H_2O$
② $2KHCO_3 \rightarrow K_2O + 2CO_2 + H_2O$

[상세해설]

분말약제의 열분해

종별	약제명	착색	열분해 반응식
제1종	탄산수소나트륨 중탄산나트륨 중조	백색	270℃ $2NaHCO_3 \rightarrow Na_2CO_3 + CO_2 + H_2O$ 850℃ $2NaHCO_3 \rightarrow Na_2O + 2CO_2 + H_2O$
제2종	탄산수소칼륨 중탄산칼륨	담회색	190℃ $2KHCO_3 \rightarrow K_2CO_3 + CO_2 + H_2O$ 590℃ $2KHCO_3 \rightarrow K_2O + 2CO_2 + H_2O$
제3종	제1인산암모늄	담홍색	190℃ $NH_4H_2PO_4 \rightarrow NH_3 + H_3PO_4$(오르토인산) 215℃ $2H_3PO_4 \rightarrow H_2O + H_4P_2O_7$(피로인산) 300℃ $H_4P_2O_7 \rightarrow H_2O + 2HPO_3$(메타인산)
제4종	중탄산칼륨+요소	회(백)색	$2KHCO_3 + (NH_2)_2CO \rightarrow K_2CO_3 + 2NH_3 + 2CO_2$

15 제1류 위험물인 과산화칼슘에 대하여 다음 각 물음에 쓰시오.
① 열분해반응식   ② 염산과 반응식

[해답]
✔답 ① 열분해반응식 : $2CaO_2 \rightarrow 2CaO + O_2$
② 염산과 반응식 : $CaO_2 + 2HCl \rightarrow CaCl_2 + H_2O_2$

[상세해설]

과산화칼슘의 반응식
① 열분해반응식 : $2CaO_2 \rightarrow 2CaO + O_2$
② 물과 반응식 : $2CaO_2 + 2H_2O \rightarrow 2Ca(OH)_2 + O_2$
③ 염산과 반응식 : $CaO_2 + 2HCl \rightarrow CaCl_2 + H_2O_2$

16 유량이 230L/s이고 지름이 250mm인 원관과 지름이 400mm인 원관이 직접 연결되어 있을 때 손실수두를 구하시오. (단, 손실계수는 무시한다)

[해답] ✔계산과정
① $Q = 230L/s = 0.23 m^3/s$, $d_1 = 250mm = 0.25m$, $d_2 = 400mm = 0.4m$
② $u_1 = \dfrac{Q}{\dfrac{\pi}{4} \times d^2} = \dfrac{0.23}{\dfrac{\pi}{4} \times 0.25^2} = 4.69 m/s$

③ $u_2 = \dfrac{Q}{\dfrac{\pi}{4} \times d^2} = \dfrac{0.23}{\dfrac{\pi}{4} \times 0.4^2} = 1.83\text{m/s}$

④ $H = k\dfrac{(u_1 - u_2)^2}{2g} = \dfrac{(4.69 - 1.83)^2}{2 \times 9.8} = 0.42\text{m}$

✔답 0.42m

상세해설

배관이 급격히 확대하는 경우 마찰손실

$$\Delta H_L(\text{m}) = \dfrac{(u_1 - u_2)^2}{2g} = K\dfrac{u_1^2}{2g}$$

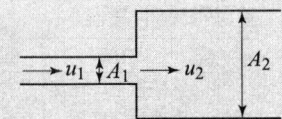

17 주유취급소에는 주유 또는 그에 부대하는 업무를 위하여 사용되는 건축물 또는 시설 외에는 다른 건축물 그 밖의 공작물을 설치할 수 없다. 설치할 수 있는 건축물 또는 시설을 5가지만 쓰시오.

해답

✔답 ① 주유 또는 등유·경유를 옮겨 담기 위한 작업장
② 주유취급소의 업무를 행하기 위한 사무소
③ 자동차 등의 점검 및 간이정비를 위한 작업장
④ 자동차 등의 세정을 위한 작업장
⑤ 주유취급소에 출입하는 사람을 대상으로 한 점포·휴게음식점 또는 전시장
⑥ 주유취급소의 관계자가 거주하는 주거시설
⑦ 전기자동차용 충전설비
⑧ 그 밖의 소방청장이 정하여 고시하는 건축물 또는 시설

18 제1종 분말인 중탄산나트륨의 열분해 반응식을 쓰고, 중탄산나트륨 8.4g이 열분해하여 발생하는 이산화탄소의 부피는 표준상태에서 몇 L인가? (단, Na의 원자량은 23이다)

해답 ① 열분해 반응식

✔답 $2\text{NaHCO}_3 \rightarrow \text{Na}_2\text{CO}_3 + \text{CO}_2 + \text{H}_2\text{O}$

② 이산화탄소의 부피

✔계산과정

NaHCO_3의 분자량 = 23+1+12+16×3 = 84

$$2NaHCO_3 \rightarrow Na_2CO_3 + CO_2 + H_2O$$
$$2 \times 84g \longrightarrow 22.4L$$
$$8.4g \longrightarrow X$$

$$X = \frac{8.4 \times 22.4}{2 \times 84} = 1.12L$$

✓ 답 1.12L

상세해설

분말약제의 종류

종별	약제명	화학식	착색	열분해 반응식	적응화재
제1종	탄산수소나트륨 중탄산나트륨 중조	$NaHCO_3$	백색	270℃ $2NaHCO_3 \rightarrow Na_2CO_3 + CO_2 + H_2O$ 850℃ $2NaHCO_3 \rightarrow Na_2O + 2CO_2 + H_2O$	B, C급
제2종	탄산수소칼륨 중탄산칼륨	$KHCO_3$	담회색	190℃ $2KHCO_3 \rightarrow K_2CO_3 + CO_2 + H_2O$ 590℃ $2KHCO_3 \rightarrow K_2O + 2CO_2 + H_2O$	B, C급
제3종	제1인산암모늄	$NH_4H_2PO_4$	담홍색	$NH_4H_2PO_4 \rightarrow HPO_3 + NH_3 + H_2O$	A, B, C급
제4종	중탄산칼륨 + 요소	$KHCO_3 +$ $(NH_2)_2CO$	회(백)색	$2KHCO_3 + (NH_2)_2CO$ $\rightarrow K_2CO_3 + 2NH_3 + 2CO_2$	B, C급

19 강제강화플라스틱제 이중벽탱크의 누설된 위험물을 감지할 수 있는 설비기준이다. ( )안에 알맞은 답을 쓰시오.

> ① 감지층에 누설된 위험물 등을 감지하기 위한 센서는 (①) 또는 (②) 등으로 하고, 검지관 내로 누설된 위험물 등의 수위가 (③)cm 이상인 경우에 감지할 수 있는 성능 또는 누설량이 (④)L 이상인 경우에 감지할 수 있는 성능이 있을 것
> ② 누설감지설비는 센서가 누설된 위험물 등을 감지한 경우에 경보신호(경보음 및 경보표시)를 발하는 것으로 하되, 당해 경보신호가 쉽게 정지될 수 없는 구조로 하고 경보음은 (⑤)dB 이상으로 할 것

해답

✓ 답 ① 액체플로트센서   ② 액면계   ③ 3   ④ 1   ⑤ 80

상세해설

강제강화플라스틱제 이중벽탱크의 누설감지설비의 기준
① 누설감지설비는 탱크본체의 손상 등에 의하여 감지층에 위험물이 누설되거나 강화플라스틱 등의 손상 등에 의하여 지하수가 감지층에 침투하는 현상을 감지하기 위하여 감지층에 접속하는 검지관에 설치된 센서 및 당해 센서가 작동한 경우에 정보를 발생하는 장치로 구성되도록 할 것
② 경보표시장치는 관계인이 상시 쉽게 감시하고 이상상태를 인지할 수 있는 위치에 설치할 것
③ 감지층에 누설된 위험물 등을 감지하기 위한 센서는 액체플로트센서 또는 액면계 등

으로 하고, 검지관내로 누설된 위험물 등의 수위가 3cm 이상인 경우에 감지할 수 있는 성능 또는 누설량이 1L 이상인 경우에 감지할 수 있는 성능이 있을 것
④ 누설감지설비는 센서가 누설된 위험물 등을 감지한 경우에 경보신호(경보음 및 경보표시)를 발하는 것으로 하되, 당해 경보신호가 쉽게 정지될 수 없는 구조로 하고 경보음은 80dB 이상으로 할 것

20

다음은 위험물 제1류, 제4류, 제5류 위험물에 관한 내용이다. (   )안에 알맞는 품명이나 지정수량을 쓰시오.

(1) 제1류 위험물의 품명은 아염소산염류, 염소산염류, 과염소산염류, 무기과산화물, 브로민산염류, 질산염류, (①), (②), (③) 그 밖에 행정안전부령이 정하는 것을 말한다.

(2) 제4류 위험물의 지정수량은 제1석유류의 비수용성은 (④)L, 수용성은 (⑤)L이다. 그리고 제2석유류의 비수용성은 (⑥)L, 수용성은 (⑦)L이다.

(3) 제5류 위험물의 품명은 유기과산화물, 질산에스터류, 하이드록실아민, 하이드록실아민염류, 나이트로화합물, 나이트로소화합물, (⑧), (⑨), (⑩), 그 밖에 행정안전부령이 정하는 것을 말한다.

해답

✔ 답 (1) ① 아이오딘산염류   ② 과망가니즈산염류   ③ 다이크로뮴산염류
   (2) ④ 200   ⑤ 400   ⑥ 1,000   ⑦ 2,000
   (3) ⑧ 아조화합물   ⑨ 다이아조화합물   ⑩ 하이드라진유도체

상세해설

제4류 위험물의 품명 및 지정수량 ★★★★★

성질	품 명		지정수량	위험등급	비 고
인화성 액체	특수인화물		50L	I	• 발화점 100℃ 이하 • 인화점 -20℃ 이하 & 비점 40℃ 이하 • 이황화탄소, 다이에틸에터
	제1석유류	비수용성	200L	II	• 인화점 21℃ 미만 • 아세톤, 휘발유
		수용성	400L		
	알코올류		400L		• C_1~C_3포화 1가알코올(변성알코올 포함)
	제2석유류	비수용성	1000L	III	• 인화점 21℃ 이상 70℃ 미만 • 등유, 경유
		수용성	2000L		
	제3석유류	비수용성	2000L		• 인화점 70℃ 이상 200℃ 미만 • 중유, 크레오소트유
		수용성	4000L		
	제4석유류		6000L		• 인화점이 200℃ 이상 250℃ 미만인 것
	동식물유류		10000L		• 동물의 지육 또는 식물의 종자나 과육으로부터 추출한 것으로 1기압에서 인화점이 250℃ 미만인 것

위험물기능장 제57회 실기시험

2015년도 기능장 제57회 실기시험 (2015년 05월 23일 시행)

자격종목	시험시간	문제수	형별	수험번호	성 명
위험물기능장	2시간	20	A		

---

01 분자량이 101, 분해온도가 400℃이며 흑색화약의 원료로 사용되는 제1류 위험물에 대한 다음 각 물음에 답하시오.
① 물질명칭   ② 화학식   ③ 가열분해반응식

해답 ✔답 ① 물질명칭 : 질산칼륨
② 화학식 : KNO_3
③ 가열분해반응식 : $2KNO_3 \rightarrow 2KNO_2 + O_2$

상세해설 질산칼륨(KNO_3) : 제1류 위험물(산화성고체)

화학식	분자량	비중	융점	분해온도
KNO_3	101	2.1	336℃	400℃

① 질산칼륨에 숯가루, 황가루를 혼합하여 **흑색화약제조**에 사용한다.
② 열분해하여 산소를 방출한다.

$$2KNO_3 \rightarrow 2KNO_2 + O_2 \uparrow$$

③ 물, 글리세린에는 잘 녹으나 알코올에는 잘 녹지 않는다.
④ 유기물 및 강산과 접촉 시 매우 위험하다.
⑤ 소화는 주수소화방법이 가장 적당하다.

---

02 위험물 중 메틸에틸케톤, 과산화벤조일의 구조식을 그리시오.

해답 ✔답 ① 메틸에틸케톤   ② 과산화벤조일

$$\begin{array}{c} \text{H} \ \ \text{O} \ \ \text{H} \ \ \text{H} \\ | \ \ \ \| \ \ \ | \ \ \ | \\ \text{H}-\text{C}-\text{C}-\text{C}-\text{C}-\text{H} \\ | \ \ \ \ \ \ \ | \ \ \ | \\ \text{H} \ \ \ \ \ \text{H} \ \ \text{H} \end{array} \qquad \phi-\underset{\underset{O}{\|}}{C}-O-O-\underset{\underset{O}{\|}}{C}-\phi$$

상세해설 메틸에틸케톤(Methyl Ethyl Ketone)($CH_3COC_2H_5$) : 제4류-제1석유류(비수용성)

$$\begin{array}{c} \text{H} \ \ \text{O} \ \ \text{H} \ \ \text{H} \\ | \ \ \ \| \ \ \ | \ \ \ | \\ \text{H}-\text{C}-\text{C}-\text{C}-\text{C}-\text{H} \\ | \ \ \ \ \ \ \ | \ \ \ | \\ \text{H} \ \ \ \ \ \text{H} \ \ \text{H} \end{array}$$

화학식	분자량	비중	비점	인화점	착화점	연소범위
$CH_3COC_2H_5$	72.11	0.81	79.6℃	-7℃	516℃	1.8~10%

① 휘발성이 강한 무색액체이며 2-뷰타논이라고도 한다.
② 완전 연소하면 이산화탄소와 물이 생성된다.

$$2CH_3COC_2H_5 + 11O_2 \rightarrow 8CO_2 + 8H_2O$$

③ 제2부탄올을 산화하면 생긴다.
④ MEK라고 약칭한다.

과산화벤조일=벤조일퍼옥사이드(BPO)[$(C_6H_5CO)_2O_2$]-제5류-유기과산화물

화학식	분자량	비중	융점	착화점
$(C_6H_5CO)_2O_2$	242	1.33	105℃	125℃

① 무색 무취의 백색분말 또는 결정이다.
② 물에 녹지 않고 알코올에 약간 녹으며 에터 등 유기용제에 잘 녹는다.
③ 저장용기에 희석제[프탈산다이메틸(DMP), 프탈산다이부틸(DBP)]를 넣어 폭발 위험성을 낮춘다.
④ 다량의 물 또는 포소화약제로 소화한다.

---

03 이동탱크저장소에 대하여 다음 각 물음에 답하시오.
① 상치장소의 개념
② 옥외에 있는 상치장소
③ 옥내에 있는 상치장소

해답

✔**답** ① 상치장소의 개념
이동탱크저장소를 주차할 수 있는 장소
② 옥외에 있는 상치장소
화기를 취급하는 장소 또는 인근의 건축물로부터 5m 이상(인근의 건축물이 1층인 경우에는 3m 이상)의 거리를 확보하여야 한다.
③ 옥내에 있는 상치장소
벽·바닥·보·서까래 및 지붕이 내화구조 또는 불연재료로 된 건축물의 1층에 설치하여야 한다.

상세해설

이동탱크저장소의 상치장소
① **옥외에 있는 상치장소**
화기를 취급하는 장소 또는 인근의 건축물로부터 5m 이상(인근의 건축물이 1층인 경우에는 3m 이상)의 거리를 확보하여야 한다. 다만, 하천의 공지나 수면, 내화구조 또는 불연재료의 담 또는 벽 그 밖에 이와 유사한 것에 접하는 경우를 제외한다.
② **옥내에 있는 상치장소**
벽·바닥·보·서까래 및 지붕이 내화구조 또는 불연재료로 된 건축물의 1층에 설치하여야 한다.

04 제4류 위험물인 크실렌에 대한 이성질체의 종류 3가지를 쓰고 구조식을 그리시오.

해답 ✔답

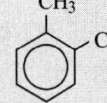   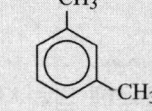   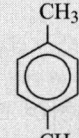

o-크실렌   m-크실렌   p-크실렌

상세해설

크실렌(Xylene : 자이렌)($C_6H_4(CH_3)_2$)-제4류-제2석유류
① 무색투명한 액체이다.
② 3가지의 이성질체가 있다.

화학식	구 분	분류	비중	인화점	착화점
$C_6H_4(CH_3)_2$	o(ortho)-크실렌	제2석유류	0.88	32℃	464℃
	m(meta)-크실렌		0.86	25℃	528℃
	p(para)-크실렌		0.86	25℃	529℃

o-크실렌   m-크실렌   p-크실렌
ortho-크실렌   meta-크실렌   para-크실렌
오르토-크실렌   메타-크실렌   파라-크실렌

③ 벤젠의 수소원자 2개가 메틸기(CH_3)로 치환된 것이다.
④ 물에는 용해되지 않고 알코올, 에터 등 유기용제에 용해된다.

05 제3류 위험물인 트라이에틸알루미늄이 물과 반응하는 경우 반응식을 쓰고, 이때 발생하는 기체의 위험도를 계산하시오.

해답 ✔답 ① 물과의 반응식 : $(C_2H_5)_3Al + 3H_2O \rightarrow Al(OH)_3 + 3C_2H_6$

② 기체의 위험도 : $H = \dfrac{12.4 - 3}{3} = 3.13$

상세해설

알킬알루미늄[(C_nH_{2n+1})·Al] : 제3류 위험물(금수성 물질)
① 알킬기(C_nH_{2n+1})에 알루미늄(Al)이 결합된 화합물이다.
② $C_1 \sim C_4$는 자연발화의 위험성이 있다.
③ 물과 접촉 시 가연성 가스 발생하므로 주수소화는 절대 금지한다.
④ 트라이메틸알루미늄(TMA : Tri Methyl Aluminium)

$$(CH_3)_3Al + 3H_2O \rightarrow Al(OH)_3 + 3CH_4 \uparrow (메탄)$$

⑤ 트라이에틸알루미늄(TEA : Tri Eethyl Aluminium)

$$(C_2H_5)_3Al + 3H_2O \rightarrow Al(OH)_3 + 3C_2H_6 \uparrow (에탄) \quad \bigstar 에탄(폭발범위 : 3.0\sim12.4\%)$$

⑥ 저장용기에 불활성기체(N_2)를 봉입한다.
⑦ 피부접촉 시 화상을 입히고 연소 시 흰 연기가 발생한다.
⑧ 소화 시 주수소화는 절대 금하고 팽창질석, 팽창진주암 등으로 피복소화한다.

위험도 계산공식

$$H = \frac{U(연소상한) - L(연소하한)}{L(연소하한)}$$

06

위험물제조소 등의 관계인은 예방규정을 작성하여야 하는데 작성 내용에 포함되어야 할 내용 5가지를 쓰시오.

해답 ✔답
① 위험물시설 및 작업장에 대한 안전순찰에 관한 사항
② 위험물시설·소방시설 그 밖의 관련시설에 대한 점검 및 정비에 관한 사항
③ 위험물시설의 운전 또는 조작에 관한 사항
④ 위험물 취급작업의 기준에 관한 사항
⑤ 위험물의 안전에 관한 기록에 관한 사항

상세해설

예방규정에 포함되어야 할 내용
① 위험물의 안전관리업무를 담당하는 자의 직무 및 조직에 관한 사항
② 안전관리자가 여행·질병 등으로 인하여 그 직무를 수행할 수 없을 경우 그 직무의 대리자에 관한 사항
③ 자체소방대를 설치하여야 하는 경우에는 자체소방대의 편성과 화학소방자동차의 배치에 관한 사항
④ 위험물의 안전에 관계된 작업에 종사하는 자에 대한 안전교육 및 훈련에 관한 사항
⑤ 위험물시설 및 작업장에 대한 안전순찰에 관한 사항
⑥ 위험물시설·소방시설 그 밖의 관련시설에 대한 점검 및 정비에 관한 사항
⑦ 위험물시설의 운전 또는 조작에 관한 사항
⑧ 위험물 취급작업의 기준에 관한 사항
⑨ 이송취급소에 있어서는 배관공사 현장책임자의 조건 등 배관공사 현장에 대한 감독체제에 관한 사항과 배관주위에 있는 이송취급소 시설 외의 공사를 하는 경우 배관의 안전확보에 관한 사항
⑩ 재난 그 밖의 비상시의 경우에 취하여야 하는 조치에 관한 사항
⑪ 위험물의 안전에 관한 기록에 관한 사항
⑫ 제조소등의 위치·구조 및 설비를 명시한 서류와 도면의 정비에 관한 사항
⑬ 그 밖에 위험물의 안전관리에 관하여 필요한 사항

07 위험물 저장탱크에 설치하는 포소화설비의 고정포방출구(Ⅰ형, Ⅱ형, Ⅲ형, Ⅳ형, 특형)이다. ( ) 안에 알맞은 답을 쓰시오.

① ( )형 : 고정지붕구조(CRT)의 탱크에 저부포주입법을 이용하는 것으로 송포관으로부터 포를 방출하는 포방출구

② ( )형 : 고정지붕구조의 탱크에 저부포주입법을 이용하는 것으로 평상시에는 탱크의 액면하의 저부에 격납통에 수납되어 있는 특수호스 등이 송포관의 말단에 접속되어 있다가 포를 보내어 끝부분의 액면까지 도달한 후 포를 방출하는 포방출구

③ 특형 : 부상지붕구조(FRT, Floating Roof Tank)의 탱크에 상부포주입법을 이용하는 것으로 부상지붕의 부상 부분상에 높이 0.9m 이상의 금속제의 칸막이를 탱크 옆판의 내측으로부터 1.2m 이상 이격하여 설치하고, 탱크옆판과 칸막이에 의하여 형성된 환상부분에 포를 주입하는 것이 가능한 구조의 반사판을 갖는 포방출구

④ ( )형 : 고정지붕구조(CRT) 또는 부상덮개부착 고정지붕구조의 탱크에 상부포주입법을 이용하는 것으로 방출된 포가 탱크옆판의 내면을 따라 흘러내려가면서 액면 아래로 몰입되거나 액면을 뒤섞이지 않고 액면상을 덮을 수 있는 반사판 및 탱크 내의 위험물을 증기가 외부로 역류되는 것을 저지할 수 있는 구조·기구를 갖는 포방출구

⑤ ( )형 : 고정지붕구조(CRT, Cone Roof Tank)의 탱크에 상부포주입법을 이용하는 것으로 방출된 포가 액면 아래로 몰입되거나 액면을 뒤섞지 않고 액면상을 덮을 수 있는 통계단 또는 미끄럼판 등의 설비 및 탱크 내의 위험물 증기가 외부로 역류되는 것을 저지할 수 있는 구조·기구를 갖는 포방출구

해답 ✔답 ① Ⅲ형 ② Ⅳ형 ③ Ⅱ형 ④ Ⅰ형

상세해설

포 방출구의 종류

① **Ⅰ형** : 고정지붕구조의 탱크에 **상부포주입법**을 이용하는 것으로서 방출된 포가 액면 아래로 몰입되거나 액면을 뒤섞지 않고 액면상을 덮을 수 있는 통계단 또는 미끄럼판 등의 설비 및 탱크내의 위험물증기가 외부로 역류되는 것을 저지할 수 있는 구조·기구를 갖는 포방출구

② **Ⅱ형** : **고정지붕구조 또는 부상덮개부착고정지붕구조**의 탱크에 상부포주입법을 이용하는 것으로서 방출된 포가 탱크옆판의 내면을 따라 흘러내려 가면서 액면 아래로 몰입되거나 액면을 뒤섞지 않고 액면상을 덮을 수 있는 반사판 및 탱크내의 위험물증기가 외부로 역류되는 것을 저지할 수 있는 구조·기구를 갖는 포방출구

③ **특형** : **부상지붕구조**의 탱크에 상부포주입법을 이용하는 것으로서 부상지붕의 부상

부분상에 높이 0.9m 이상의 금속제의 칸막이(방출된 포의 유출을 막을 수 있고 충분한 배수능력을 갖는 배수구를 설치한 것에 한한다)를 탱크옆판의 내측으로부터 1.2m 이상 이격하여 설치하고 탱크옆판과 칸막이에 의하여 형성된 환상부분(이하 "환상부분"이라 한다)에 포를 주입하는 것이 가능한 구조의 반사판을 갖는 포방출구
④ Ⅲ형 : 고정지붕구조의 탱크에 저부포주입법을 이용하는 것으로서 송포관으로부터 포를 방출하는 포방출구
⑤ Ⅳ형 : 고정지붕구조의 탱크에 저부포주입법을 이용하는 것으로서 평상시에는 탱크의 액면하의 저부에 설치된 격납통에 수납되어 있는 특수호스 등이 송포관의 말단에 접속되어 있다가 포를 보내는 것에 의하여 특수호스 등이 전개되어 그 끝부분이 액면까지 도달한 후 포를 방출하는 포방출구

08
위험물제조소 등의 설치허가를 취소하거나 6월 이내의 기간을 정하여 전부 또는 일부의 사용정지를 명할 수 있는 경우 5가지를 쓰시오.

해답
✔답 ① 변경허가를 받지 아니하고 제조소 등의 위치·구조 또는 설비를 변경한 때
② 완공검사를 받지 아니하고 제조소 등을 사용한 때
③ 위험물안전관리자를 선임하지 아니한 때
④ 대리자를 지정하지 아니한 때
⑤ 정기점검을 하지 아니한 때

상세해설
설치허가의 취소와 사용정지
① 변경허가를 받지 아니하고 제조소 등의 위치·구조 또는 설비를 변경한 때
② 완공검사를 받지 아니하고 제조소 등을 사용한 때
③ 수리·개조 또는 이전의 명령에 위반한 때
④ 위험물안전관리자를 선임하지 아니한 때
⑤ 대리자를 지정하지 아니한 때
⑥ 정기점검을 하지 아니한 때
⑦ 정기검사를 받지 아니한 때
⑧ 저장·취급기준 준수명령에 위반한 때

09
제2류 위험물인 철분이 다음 물질과 반응할 때의 화학반응식을 쓰시오.
① 염산과 반응   ② 수증기와 반응   ③ 산소와 반응

해답
✔답 ① 염산과 반응 : $Fe + 2HCl \rightarrow FeCl_2 + H_2$
② 수증기와 반응 : $3Fe + 4H_2O \rightarrow Fe_3O_4 + 4H_2$
③ 산소와 반응 : $4Fe + 3O_2 \rightarrow 2Fe_2O_3$

상세해설

철분(Fe) : 제2류 위험물

화학식	원자량	비중	융점	비점
Fe	55.85	7.86	1535℃	3000℃

① 회백색 금속광택을 가진 비교적 연한금속분말이다.
② 철을 염산에 용해시키면 수소가 발생한다.

$$Fe + 2HCl \rightarrow FeCl_2 + H_2$$

③ 가열된 철은 수증기와 반응하여 수소를 발생시킨다.(주수소화금지)

$$3Fe + 4H_2O \rightarrow Fe_3O_4 + 4H_2$$

④ 공기 중에서 산화되어 산화제2철을 만든다.

$$4Fe + 3O_2 \rightarrow 2Fe_2O_3$$

⑤ 주수소화는 엄금이며 마른모래 등으로 피복 소화한다.

---

10 드라이아이스 100g을 압력이 100kPa, 온도가 30℃인 곳에서 기체화 시키는 경우 부피는 몇 리터인지 계산하시오.

해답 ✔ 계산과정

① 압력단위 환산

$$P = 100\text{kPa} \times \frac{1\text{atm}}{101.325\text{kPa}} = 0.9869\text{atm}$$

② $V = \dfrac{WRT}{PM} = \dfrac{100\text{g} \times 0.082 \times (273+30)\text{K}}{0.9869\text{atm} \times 44} = 57.22\text{L}$

✔ 답 57.22L

상세해설

이상기체상태방정식

$$PV = \frac{W}{M}RT = nRT$$

여기서, P : 압력(atm), V : 부피(L), W : 무게(g), M : 분자량, n : mol수
R : 기체상수(0.082atm · L/mol · K), T : 절대온도(273+t℃)K

---

11 메탄올의 연소반응식을 쓰고, 메탄올 200kg이 연소할 때 필요한 이론산소량은 몇 kg인가? (단, 표준상태이다)

해답 ✔ 계산과정

① 메탄올(CH_3OH)의 분자량 = 12+1×4+16 = 32

② 메탄올의 연소반응식

$$2CH_3OH + 3O_2 \rightarrow 2CO_2 + 4H_2O$$

$2 \times 32kg \longrightarrow 3 \times 32kg$

$200kg \longrightarrow x$

$$\therefore x = \frac{200 \times 3 \times 32kg}{2 \times 32kg} = 300kg$$

✔답 300kg

---

12 지하탱크저장소의 저장탱크는 용량에 따라 수압시험을 하여야 하는데 대신 할 수 있는 방법을 쓰시오.

해답
✔답 소방청장이 정하여 고시하는 기밀시험과 비파괴시험을 동시에 실시하는 방법

상세해설

지하탱크저장소의 지하저장탱크 수압시험

	압력탱크외의 탱크	압력탱크
시험압력	70kPa	최대상용압력의 1.5배
시험시간	10분간	10분간

★ 압력탱크 : 최대상용압력이 46.7kPa 이상인 탱크를 말한다.
★ 수압시험은 소방청장이 정하여 고시하는 **기밀시험과 비파괴시험을 동시에 실시하는 방법**으로 대신할 수 있다.

---

13 다음 물질의 시성식을 쓰시오.
① 무색 투명한 특유의 향이 있는 액체로서 분자량이 74인 특수인화물 물질
② 무색의 액체로 특유의 냄새가 나고 분자량이 53인 제1석유류 물질

해답
✔답 ① $C_2H_5OC_2H_5$
② $CH_2=CHCN$

상세해설

다이에틸에터($C_2H_5OC_2H_5$) -제4류-특수인화물

```
    H   H       H   H
    |   |       |   |
H — C — C — O — C — C — H
    |   |       |   |
    H   H       H   H
```

화학식	분자량	비중	비점	인화점	착화점	연소범위
$C_2H_5OC_2H_5$	74.12	0.72	34℃	-40℃	180℃	1.7~48%

① 알코올에는 녹지만 물에는 녹지 않는다.

② 직사광선에 장시간 노출 시 과산화물 생성
> **과산화물 생성 확인방법** : 다이에틸에터 + KI용액(10%) → 황색변화(1분 이내)
> **과산화물 생성방지** : 40메쉬 구리망
> **과산화물 제거 시약** : 황산제1철($FeSO_4$)

③ 용기는 갈색 병을 사용하며 냉암소에 보관

아크릴로니트릴(acrylonitrile)(CH_2=CHCN)-제4류-제1석유류

화학식	분자량	비중	비점	인화점	착화점
CH_2=CHCN	53.07	0.81	77.3℃	-5℃	481℃

① 독특한 냄새가 나는 무색 액체이다.
② 20℃의 물에 대한 용해도는 7.3이며 대부분의 유기용매와 임의의 비율로 섞인다.
③ 아크릴 섬유나 아크릴 수지 등의 주체가 되는 화합물(CH_2=CH-CN)이다.
④ 가수분해하면 아크릴아마이드나 아크릴산을 생성한다.

---

14 10℃에서 $KNO_3 \cdot 10H_2O$ 12.6g을 포화시킬 때 물 20g이 필요하다면 이 온도에서 KNO_3 용해도를 구하시오.

해답 ✓ 계산과정

① 분자량 계산
- $KNO_3 \cdot 10H_2O$의 분자량 = $39+14+16\times3+10\times18=281$
- KNO_3의 분자량 = $39+14+16\times3=101$

② $KNO_3 \cdot 10H_2O$ 12.6g 중 무게비
- KNO_3의 무게 = $12.6g \times \dfrac{101}{281} = 4.53g$(용질의 무게)
- H_2O의 무게 = $12.6g \times \dfrac{180}{281} = 8.07g$

③ 포화용액 중 물의 무게 = 20g+8.07 = 28.07g(용매의 무게)

④ 용해도 계산

용해도 = $\dfrac{4.53}{28.07} \times 100 = 16.14$

상세해설

> 용해도 = $\dfrac{용질의 g수}{용매의 g수} \times 100$ (용해도는 단위가 없는 무차원이다)

여기서, 용매 : 녹이는 물질, 용질 : 녹는 물질, 용액 : 용매+용질

15 다음은 포소화약제에 대한 혼합방식이다. 혼합방식을 간단히 설명하시오.
① 프레져프로포셔너방식 ② 라인프로포셔너 방식

해답

✔ 답 ① 프레져 프로포셔너 방식
   펌프와 발포기의 중간에 설치된 벤추리관의 벤추리작용과 펌프 가압수의 포소화약제 저장탱크에 대한 압력에 의하여 포소화약제를 흡입·혼합하는 방식
② 라인 프로포셔너 방식
   펌프와 발포기의 중간에 설치된 벤추리관의 벤추리 작용에 의하여 포소화약제를 흡입·혼합하는 방식

상세해설

포소화약제의 혼합장치

① 펌프 프로포셔너 방식
   펌프의 토출관과 흡입관 사이의 배관도중에 설치한 흡입기에 펌프에서 토출된 물의 일부를 보내고, 농도 조정밸브에서 조정된 포화약제의 필요량을 포 소화약제 탱크에서 펌프 흡입측으로 보내어 이를 혼합하는 방식

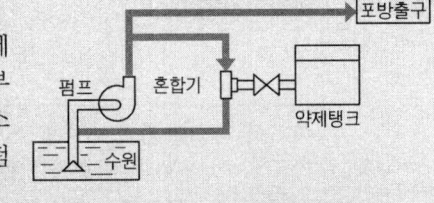

② 프레져 프로포셔너 방식
   펌프와 발포기의 중간에 설치된 벤추리관의 벤추리작용과 펌프 가압수의 포 소화약제 저장탱크에 대한 압력에 의하여 포소화약제를 흡입·혼합하는 방식

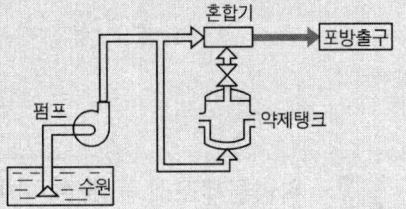

③ 라인 프로포셔너 방식
   펌프와 발포기의 중간에 설치된 벤추리관의 벤추리 작용에 의하여 포소화약제를 흡입·혼합하는 방식

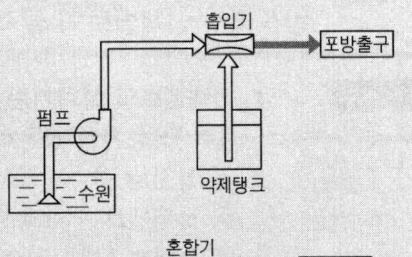

④ 프레져사이드 프로포셔너 방식
   펌프의 토출관에 압입기를 설치하여 포 소화약제 압입용 펌프로 포소화약제를 압입시켜 혼합하는 방식

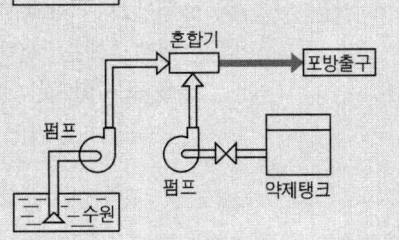

16 알코올 10g과 물 20g이 혼합되었을 때 비중이 0.94라면, 이때 부피는 몇 mL인가?

해답

✔ 계산과정

① 비중량 계산

$\gamma = S \times \gamma_w = 0.94 \times 1000 \text{kg/m}^3 = 940 \text{kg/m}^3 = 940 \text{g/L} = 0.94 \text{g/mL}$

② 부피계산
- 전체무게 = 10g + 20g = 30g
- 부피(V) = 무게(W) × 비체적(V_s) = $30\text{g} \times \dfrac{\text{mL}}{0.94\text{g}} = 31.91 \text{mL}$

✔ 답 31.91mL

상세해설

액체의 비중계산

$$S = \dfrac{\gamma}{\gamma_w} = \dfrac{\rho}{\rho_w}$$

여기서, γ : 물체의 비중량(N/m^3, kgf/m^3)
γ_w : 물의 비중량(9800N/m^3, 1000kgf/m^3)
ρ : 물체의 밀도(kg/m^3)
ρ_w : 물의 밀도(1000kg/m^3)

17 위험물제조소 등에 설치하는 불활성가스소화설비의 전역방출방식과 국소방출방식에서 선택밸브의 설치기준을 쓰시오.

해답

✔ 답 선택밸브의 설치기준

① 저장용기를 공용하는 경우에는 방호구역 또는 방호대상물마다 선택밸브를 설치할 것
② 선택밸브는 방호구역 외의 장소에 설치할 것
③ 선택밸브에는 "선택밸브"라고 표시하고 선택이 되는 방호구역 또는 방호대상물을 표시할 것

18 지하탱크저장소의 주위에는 당해 탱크로부터 액체위험물의 누설을 검사하기 위한 관을 설치한다. ( )안에 알맞는 답을 쓰시오.

- 이중관으로 할 것. 다만, 소공이 없는 상부는 (①)으로 할 수 있다.
- 재료는 (②) 또는 (③)으로 할 것
- 관은 탱크 전용실의 바닥 또는 탱크의 기초까지 닿게 할 것
- 관은 밑 부분으로터 탱크의 중심 높이까지의 부분에는 소공이 뚫려 있을 것. 다만, 지하수위가 높은 장소에 있어서는 지하수위 높이까지의 부분에 소공이 뚫려 있어야 한다.
- 상부는 (④)이 침투하지 아니하는 구조로 하고, 뚜껑은 검사시에 쉽게 열 수 있도록 할 것

해답 ✔답 ① 단관 ② 금속관 ③ 경질합성수지관 ④ 물

상세해설 **누설검사관의 설치기준**
① 이중관으로 할 것. 다만, 소공이 없는 상부는 단관으로 할 수 있다.
② 재료는 금속관 또는 경질합성수지관으로 할 것
③ 관은 탱크 전용실의 바닥 또는 탱크의 기치까지 닿게 할 것
④ 관의 밑 부분으로부터 탱크의 중심 높이까지의 부분에는 소공이 뚫려 있을 것. 다만, 지하수위가 높은 장소에 있어서는 지하수위 높이까지의 부분에 소공이 뚫려 있어야 한다.
⑤ 상부는 물이 침투하지 아니하는 구조로 하고, 뚜껑은 검사시에 쉽게 열 수 있도록 할 것

---

19 제1류 위험물인 과산화칼륨이 다음 물질과 반응할 때 반응식을 쓰시오.
① 이산화탄소   ② 아세트산

해답 ✔답 ① 이산화탄소 : $2K_2O_2 + 2CO_2 \rightarrow 2K_2CO_3 + O_2$
② 아세트산 : $K_2O_2 + 2CH_3COOH \rightarrow 2CH_3COOK + H_2O_2$

상세해설 **과산화칼륨(K_2O_2) : 제1류 위험물 중 무기과산화물**

화학식	분자량	비중	분해온도
K_2O_2	110	2.9	490℃

① 무색 또는 오렌지색 분말상태
② 상온에서 **물과 격렬히 반응**하여 산소(O_2)를 방출하고 폭발하기도 한다.

$$2K_2O_2 + 2H_2O \rightarrow 4KOH + O_2 \uparrow$$

③ 공기 중 이산화탄소(CO_2)와 반응하여 산소(O_2)를 방출한다.
$$2K_2O_2 + 2CO_2 \rightarrow 2K_2CO_3 + O_2 \uparrow$$
④ 산과 반응하여 과산화수소(H_2O_2)를 생성시킨다.
$$K_2O_2 + 2CH_3COOH \rightarrow 2CH_3COOK + H_2O_2 \uparrow$$
⑤ 열분해시 산소(O_2)를 방출한다.
$$2K_2O_2 \rightarrow 2K_2O + O_2 \uparrow$$
⑥ 주수소화는 금물이고 마른모래(건조사)등으로 소화한다.

20 다음은 전기불꽃 점화에너지에 대한 계산식이다. 계산식에 대한 기호를 설명하시오.

$$E = \frac{1}{2}CV^2 = \frac{1}{2}QV$$

① C :　　　　② Q :　　　　③ V :

해답 ✔답 ① C : 정전용량(F)　② Q : 전기량(C)　③ V : 방전전압(V)

상세해설 전기불꽃 점화에너지

$$E = \frac{1}{2}CV^2 = \frac{1}{2}QV$$

여기서, E : 에너지량(J : Joule), C : 정전용량(F : Faraday)
V : 방전전압(V : Volt), Q : 전기량(C : Coulomb)

위험물기능장 제58회 실기시험

자격종목	시험시간	문제수	형별
위험물기능장	2시간	20	A

2015년도 기능장 제58회 실기시험 (2015년 09월 06일 시행)

---

01 제3류 위험물인 트라이에틸알루미늄이 물과 반응할 때 화학반응식을 쓰시오.

해답
✔ 답 $(C_2H_5)_3Al + 3H_2O \rightarrow Al(OH)_3 + 3C_2H_6$

상세해설
알킬알루미늄[$(C_nH_{2n+1}) \cdot Al$] : 제3류 위험물(금수성 물질)
① 알킬기(C_nH_{2n+1})에 알루미늄(Al)이 결합된 화합물이다.
② $C_1 \sim C_4$는 자연발화의 위험성이 있다.
③ 물과 접촉 시 가연성 가스 발생하므로 주수소화는 절대 금지한다.
④ 트라이메틸알루미늄(TMA : Tri Methyl Aluminium)
   $(CH_3)_3Al + 3H_2O \rightarrow Al(OH)_3 + 3CH_4 \uparrow$ (메탄)
⑤ 트라이에틸알루미늄(TEA : Tri Eethyl Aluminium)
   $(C_2H_5)_3Al + 3H_2O \rightarrow Al(OH)_3 + 3C_2H_6 \uparrow$ (에탄) ★에탄(폭발범위 : 3.0~12.4%)
⑥ 저장용기에 불활성기체(N_2)를 봉입한다.
⑦ 피부접촉 시 화상을 입히고 연소 시 흰 연기가 발생한다.
⑧ 소화 시 주수소화는 절대 금하고 팽창질석, 팽창진주암 등으로 피복소화한다.

---

02 다음 물질에 대한 화학식과 품명을 쓰시오.

① 메틸에틸케톤 • 화학식 • 품명
② 아닐린 • 화학식 • 품명
③ 클로로벤젠 • 화학식 • 품명
④ 사이클로헥산 • 화학식 • 품명
⑤ 피리딘 • 화학식 • 품명

해답
✔ 답
① 메틸에틸케톤 • 화학식 : $CH_3COC_2H_5$ • 품명 : 제1석유류
② 아닐린 • 화학식 : $C_6H_5NH_2$ • 품명 : 제3석유류
③ 클로로벤젠 • 화학식 : C_6H_5Cl • 품명 : 제2석유류
④ 사이클로헥산 • 화학식 : C_6H_{12} • 품명 : 제1석유류
⑤ 피리딘 • 화학식 : C_5H_5N • 품명 : 제1석유류

상세해설

제4류 위험물의 화학식과 품명

구분	화학식	품명	수용성여부	지정수량
메틸에틸케톤	$CH_3COC_2H_5$	제1석유류	비수용성	200L
아닐린	$C_6H_5NH_2$	제3석유류	비수용성	2,000L
클로로벤젠	C_6H_5Cl	제2석유류	비수용성	1,000L
사이클로헥산	C_6H_{12}	제1석유류	비수용성	200L
피리딘	C_5H_5N	제1석유류	수용성	400L

제4류 위험물의 품명 및 지정수량★★★★★

성질	품 명		지정수량	위험등급	비 고
인화성 액체	특수인화물		50L	I	• 발화점 100℃ 이하 • 인화점 −20℃ 이하 & 비점 40℃ 이하 • 이황화탄소, 다이에틸에터
	제1석유류	비수용성	200L	II	• 인화점 21℃ 미만 • 아세톤, 휘발유
		수용성	400L		
	알코올류		400L		• C_1~C_3포화 1가알코올(변성알코올 포함)
	제2석유류	비수용성	1000L	III	• 인화점 21℃ 이상 70℃ 미만 • 등유, 경유
		수용성	2000L		
	제3석유류	비수용성	2000L		• 인화점 70℃ 이상 200℃ 미만 • 중유, 크레오소트유
		수용성	4000L		
	제4석유류		6000L		• 인화점이 200℃ 이상 250℃ 미만인 것
	동식물유류		10000L		• 동물의 지육 또는 식물의 종자나 과육으로부터 추출한 것으로 1기압에서 인화점이 250℃ 미만인 것

---

03 제5류 위험물인 피크린산에 대한 다음 각 물음에 답하시오.

① 구조식　　　　　　　　② 질소의 함유량(wt%)

해답　① 구조식

✔답

② 질소의 함유량(wt%)

✔계산과정　① 질소의 함유량 = $\dfrac{N원자량의\ 합}{분자량} \times 100$

② N(질소)원자량의 합 = $14 \times 3 = 42$

③ 분자량[$C_6H_2(OH)(NO_2)_3$] = $12 \times 6 + 1 \times 3 + 14 \times 3 + 16 \times 7 = 229$

④ 질소의 함유량 = $\dfrac{42}{229} \times 100 = 18.34\%$

✓답 18.34%

상세해설

피크르산[$C_6H_2OH(NO_2)_3$](TNP : Tri Nitro Phenol) : 제5류 위험물 중 나이트로화합물

화학식	분자량	비중	비점	융점	인화점	착화점
$C_6H_2(OH)(NO_2)_3$	229	1.8	255℃	122℃	150℃	300℃

① **페놀**에 **황산**을 작용시켜 다시 **진한 질산**으로 나이트로화하여 만든 노란색 결정
② 휘황색의 침상결정이며 냉수에는 약간 녹고 더운물, **알코올, 벤젠** 등에 잘 녹는다.
③ 쓴맛과 독성이 있으며 비중이 약1.8이며 물보다 무겁다.
④ **트라이나이트로페놀**(Tri Nitro phenol)의 약자로 TNP라고도 한다.
⑤ 단독으로 타격, 마찰에 비교적 둔감하다.
⑥ 화약, 불꽃놀이에 이용된다.

피크르산(트라이나이트로페놀)의 구조식

피크르산의 열분해 반응식

$$2C_6H_2OH(NO_2)_3 \rightarrow 2C + 3N_2\uparrow + 3H_2\uparrow + 4CO_2\uparrow + 6CO\uparrow$$

(발생물질 암기법 : 일(일산화탄소), 수(수소), 질(질소), 탄(탄소), 이(이산화탄소)[**일수놀이질탄**]

---

04 탄화칼슘 500g이 물과 반응할 때 생성되는 기체의 부피(L)(표준상태)와 생성되는 가연성가스의 위험도를 계산하시오.

해답 ✓계산과정

① 물과의 반응식
 $CaC_2 + 2H_2O \rightarrow Ca(OH)_2 + C_2H_2$(아세틸렌)

② 생성되는 기체의 부피(표준상태)
 • CaC_2의 분자량 = 40+12×2 = 64

 $CaC_2 + 2H_2O \rightarrow Ca(OH)_2 + C_2H_2$
 64g ────────→ 1×22.4L
 500g ───────→ x

 $x = \dfrac{500g \times 1 \times 22.4L}{64g} = 175L$

③ 아세틸렌의 폭발범위(연소범위) : 2.5~81%

 위험도 $H = \dfrac{81-2.5}{2.5} = 31.4$

✓답 생성되는 기체의 부피 : 175L
 위험도 : 31.4

상세해설

★ 원자량 암기방법
- 원자번호가 짝수인 경우 : 원자번호×2   [예] Ca=20(원자번호)×2=40
- 원자번호가 홀수인 경우 : 원자번호×2+1 [예] Na=11(원자번호)×2+1=23

탄화칼슘(CaC_2) : 제3류 위험물 중 칼슘탄화물

화학식	분자량	융점	비중
CaC_2	64	2370℃	2.21

① 물과 접촉 시 아세틸렌을 생성하고 열을 발생시킨다.

$$CaC_2 + 2H_2O \rightarrow Ca(OH)_2(수산화칼슘) + C_2H_2 \uparrow (아세틸렌)$$

② 아세틸렌의 폭발범위는 2.5~81%로 대단히 넓어서 폭발위험성이 크다.
③ 장기 보관 시 불활성기체(N_2 등)를 봉입하여 저장한다.
④ 별명은 카바이드, 탄화석회, 칼슘카바이드 등이다.
⑤ 고온(700℃)에서 질화되어 석회질소($CaCN_2$)가 생성된다.

$$CaC_2 + N_2 \rightarrow CaCN_2(석회질소) + C(탄소)$$

⑥ 물 및 포약제에 의한 소화는 절대 금하고 마른모래 등으로 피복 소화한다.

---

05 특별한 경우에 허가를 받지 아니하고 위험물제조소 등을 설치하거나 그 위치·구조 또는 설비를 변경할 수 있으며, 신고를 하지 아니하고 위험물의 품명·수량 또는 지정수량의 배수를 변경할 수 있다. 이에 해당하는 것을 한 가지 쓰시오.

해답

✔답 ① 주택의 난방시설(공동주택의 중앙난방시설을 제외)을 위한 저장소 또는 취급소
② 농예용·축산용 또는 수산용으로 필요한 난방시설 또는 건조시설을 위한 지정수량의 20배 이하의 저장소

상세해설

다음 각 호의 어느 하나에 해당하는 제조소등의 경우에는 허가를 받지 아니하고 당해 제조소등을 설치하거나 그 위치·구조 또는 설비를 변경할 수 있으며, 신고를 하지 아니하고 위험물의 품명·수량 또는 지정수량의 배수를 변경할 수 있다.
① 주택의 난방시설(공동주택의 중앙난방시설을 제외)을 위한 저장소 또는 취급소
② 농예용·축산용 또는 수산용으로 필요한 난방시설 또는 건조시설을 위한 지정수량의 20배 이하의 저장소

---

06 바닥면적이 2,000m²의 옥내저장소의 저장창고에 저장할 수 있는 제3류 위험물의 품명을 5가지만 쓰시오.

해답 ✔**답** ① 알칼리금속(칼륨 및 나트륨은 제외) 및 알칼리토금속
② 유기금속화합물(알킬알루미늄 및 알킬리튬은 제외)
③ 금속의 수소화물
④ 금속의 인화물
⑤ 칼슘 또는 알루미늄의 탄화물

상세해설

옥내저장소의 저장창고 바닥면적 설치기준 ★★

위험물의 종류	바닥면적
제1류 위험물 중 아염소산염류, 염소산염류, 과염소산염류, 무기과산화물, 그 밖에 지정수량 50kg인 위험물	1000m² 이하
제3류 위험물 중 칼륨, 나트륨, 알킬알루미늄, 알킬리튬, 그밖에 지정수량이 10kg인 위험물 및 황린	
제4류 위험물 중 특수인화물, 제1석유류 및 알코올류	
제5류 위험물 중 지정수량이 10kg인 위험물	
제6류 위험물	
위 이외의 위험물을 저장하는 창고	2000m² 이하
내화구조의 격벽으로 완전히 구획된 실에 각각 저장하는 창고	1500m² 이하

07
분자량이 78이고, 물에는 녹으나 에틸알코올에는 녹지 않는 제1류 위험물이 초산과 반응할 때 반응식을 쓰시오.

해답 ✔**답** $Na_2O_2 + 2CH_3COOH \rightarrow 2CH_3COONa + H_2O_2$

상세해설

과산화나트륨(Na_2O_2) : 제1류 위험물 중 무기과산화물(금수성)

화학식	분자량	비중	융점	분해온도
Na_2O_2	78	2.8	460℃	460℃

① 상온에서 물과 격렬히 반응하여 산소(O_2)를 방출하고 폭발하기도 한다.

$2Na_2O_2 + 2H_2O \rightarrow 4NaOH + O_2\uparrow$
(과산화나트륨) (물)   (수산화나트륨) (산소)

② 공기 중 이산화탄소(CO_2)와 반응하여 산소(O_2)를 방출한다.

$2Na_2O_2 + 2CO_2 \rightarrow 2Na_2CO_3 + O_2\uparrow$

③ 산과 반응하여 과산화수소(H_2O_2)를 생성시킨다.

$Na_2O_2 + 2CH_3COOH \rightarrow 2CH_3COONa + H_2O_2\uparrow$

④ 열분해 시 산소(O_2)를 방출한다.

$2Na_2O_2 \rightarrow 2Na_2O + O_2\uparrow$

⑤ 주수소화는 금물이고 마른모래(건조사)등으로 소화한다.

08
제5류 위험물인 나이트로글리세린이 폭발하는 경우 분해반응식을 쓰시오.

해답
✔답 $4C_3H_5(ONO_2)_3 \rightarrow 12CO_2 + 6N_2 + O_2 + 10H_2O$

상세해설

나이트로글리세린(Nitro Glycerine)[$(C_3H_5(ONO_2)_3$]-제5류 위험물 중 질산에스터류

```
    H   H   H
    |   |   |
H - C - C - C - H
    |   |   |
    O   O   O
    |   |   |
   NO₂ NO₂ NO₂
```

화학식	분자량	비중	융점	비점	착화점
$C_3H_5(ONO_2)_3$	227	1.6	13℃	160℃	210℃

① 상온에서는 액체이지만 겨울철에는 동결한다.
② 글리세린에 진한 질산과 진한 황산을 가하면 나이트로화하여 나이트로글리세린으로 된다.

글리세린의 나이트로화반응

$$C_3H_5(OH)_3 + 3HONO_2 \xrightarrow{H_2SO_4} C_3H_5(ONO_2)_3 + 3H_2O$$
(글리세린)   (질산)   (나이트로글리세린)   (물)

③ 비수용성이며 메탄올, 아세톤 등에 녹는다.
④ 가열, 마찰, 충격에 예민하여 대단히 위험하다.

나이트로글리세린의 열분해 반응식

$$4C_3H_5(ONO_2)_3 \rightarrow 12CO_2\uparrow + 6N_2\uparrow + O_2\uparrow + 10H_2O$$

⑤ 다이너마이트(규조토+나이트로글리세린), 무연화약 제조에 이용된다.

09
위험물안전관리법령에서 "산화성고체"라 함은 고체(액체 또는 기체)로서 산화력의 잠재적인 위험성 또는 충격에 대한 민감성을 판단하기 위하여 소방청장이 정하여 고사하는 시험에서 고시로 정하는 성질과 상태를 나타내는 것을 말하는데, 액체와 기체의 정의를 쓰시오.

해답
✔답 ① 액체 : 1기압 및 20℃에서 액상인 것 또는 20℃ 초과 40℃ 이하에서 액상인 것
② 기체 : 1기압 및 20℃에서 기상인 것

상세해설

산화성고체
고체[액체(1기압 및 20℃에서 액상인 것 또는 20℃ 초과 40℃ 이하에서 액상인 것을 말한다.)또는 기체(1기압 및 20℃에서 기상인 것을 말한다)외의 것을 말한다. 이하 같다]로서 산화력의 잠재적인 위험성 또는 충격에 대한 민감성을 판단하기 위하여 소방청장이

정하여 고시(이하 "고시"라 한다)하는 시험에서 고시로 정하는 성질과 상태를 나타내는 것을 말한다. 이 경우 "액상"이라 함은 수직으로 된 시험관(안지름 30mm, 높이 120mm 의 원통형유리관을 말한다)에 시료를 55mm까지 채운 다음 당해 시험관을 수평으로 하였을 때 시료액면의 끝부분이 30mm를 이동하는데 걸리는 시간이 90초 이내에 있는 것을 말한다.

10
1kg의 아연을 묽은 염산에 녹였을 때 발생하는 기체의 부피는 0.5atm, 27℃에서 몇 L인가? (단, 아연의 원자량은 65.4이다)

해답

[방법 1]

✔ 계산과정

① 아연과 묽은 염산의 반응식
$$Zn + 2HCl \rightarrow ZnCl_2 + H_2$$

② 아연(Zn)의 원자량=65.4

$$V = \frac{WRT}{PM} \times mol(생성기체)$$

$$= \frac{1000g \times 0.082 \times (273+27)K}{0.5atm \times 65.4} \times 1 = 752.29L$$

✔ 답 752.29L

[방법 2]

✔ 계산과정

① 아연과 묽은 염산의 반응식
$$Zn + 2HCl \rightarrow ZnCl_2 + H_2$$

65.4g ──────── 2g
1000g ──────── x

$$x = \frac{1000 \times 2}{65.4} = 30.58g$$

② 이상기체상태방정식을 적용하여 기체의 부피계산

$$V = \frac{WRT}{PM} = \frac{30.58g \times 0.082 \times (273+27)K}{0.5atm \times 2} = 752.27L$$

✔ 답 752.27L

상세해설

이상기체상태방정식

$$PV = \frac{W}{M}RT = nRT$$

여기서, P : 압력(atm), V : 부피(L), W : 무게(g), M : 분자량, n : mol수
R : 기체상수(0.082atm · L/mol · K), T : 절대온도(273+t℃)K

11 제조소 및 일반취급소의 환기설비 및 배출설비를 점검하는 경우 점검내용을 5가지만 쓰시오.

해답 ✔답 ① 변형·손상의 유무 및 고정상태의 적부
② 인화방지망의 손상 및 막힘 유무
③ 방화댐퍼의 손상유무 및 기능의 적부
④ 팬의 작동상황의 적부
⑤ 가연성 증기 경보장치의 작동상황

상세해설 제조소, 일반취급소, 옥내저장소의 일반점검표

점검항목	점검내용	점검방법
환기·배출설비 등	변형·손상의 유무 및 고정상태의 적부	육안
	인화방지망의 손상 및 막힘 유무	육안
	방화댐퍼의 손상유무 및 기능의 적부	육안 및 작동확인
	팬의 작동상황의 적부	작동 확인
	가연성 증기 경보장치의 작동상황	작동 확인

12 다음은 간이탱크저장소의 설치기준에 관한 내용 중 ( ) 안에 알맞는 답을 쓰시오.

① 하나의 간이탱크저장소에 설치하는 간이저장탱크는 그 수를 ( ) 이하로 하고, 동일한 품질의 위험물의 간이저장탱크를 2 이상 설치하지 아니하여야 한다.
② 간이저장탱크는 움직이거나 넘어지지 아니하도록 지면 또는 가설대에 고정시키되, 옥외에 설치하는 경우에는 그 탱크의 주위에 너비 ( )m 이상의 공지를 두고, 전용실 안에 설치하는 경우에는 탱크와 전용실의 벽과의 사이에 ( )m 이상의 간격을 유지하여야 한다.
③ 간이저장탱크의 용량은 ( )L 이하이어야 한다.
④ 간이저장탱크는 두께 ( )mm 이상의 강판으로 흠이 없도록 제작하여야 하며, 70kPa의 압력으로 10분간의 수압시험을 실시하여 새거나 변형되지 아니하여야 한다.

해답 ✔답 ① 3　② 1, 0.5　③ 600　④ 3.2

상세해설 간이탱크저장소의 위치·구조 및 설비기준
(1) 하나의 간이탱크저장소에 설치하는 간이저장탱크는 그 수를 **3 이하**로 하고, 동일한 품질의 위험물의 간이저장탱크를 2 이상 설치하지 아니하여야 한다.

(2) 옥외에 설치하는 경우에는 그 탱크의 주위에 **너비 1m 이상**의 공지를 두고, 전용실안에 설치하는 경우에는 탱크와 전용실의 벽과의 사이에 **0.5m 이상의 간격**을 유지하여야 한다.
(3) **용량은 600L 이하**
(4) 두께 **3.2mm 이상의 강판**, **70kPa**의 압력으로 **10분간**의 수압시험을 실시
(5) 간이저장탱크에는 밸브 없는 통기관을 설치
  ① 지름은 **25mm 이상**
  ② 옥외에 설치하되, 그 끝부분의 높이는 지상 **1.5m 이상**
  ③ 끝부분은 수평면에 대하여 아래로 45도 이상 구부려 빗물 등이 침투하지 아니하도록 할 것
  ④ 가는 눈의 구리망 등으로 **인화방지장치**를 할 것

13 다음은 지하탱크저장소에 대한 설비기준에 관한 내용이다. (   )안에 알맞은 답을 쓰시오.

> ① 지하저장탱크의 윗부분은 지면으로부터 (   )m 이상 아래에 있어야 한다.
> ② 탱크전용실은 지하의 가장 가까운 벽·피트·가스관 등의 시설물 및 대지경계선으로부터 (   )m 이상 떨어진 곳에 설치하고, 지하저장탱크와 탱크전용실의 안쪽과의 사이는 (   )m 이상의 간격을 유지하도록 할 것
> ③ 탱크전용실의 벽, 바닥 및 뚜껑의 두께는 (   )m 이상일 것

해답 ✔답 ① 0.6 ② 0.1, 0.1 ③ 0.3

상세해설

지하탱크저장소의 위치·구조 및 설비의 기준
① **탱크전용실**은 지하의 가장 가까운 벽·피트·가스관 등의 시설물 및 대지경계선으로부터 **0.1m 이상** 떨어진 곳에 설치하고, 지하저장탱크와 탱크전용실의 안쪽과의 사이는 **0.1m 이상**의 간격을 유지하도록 하며, 당해 탱크의 주위에 마른 모래 또는 습기 등에 의하여 응고되지 아니하는 입자지름 5mm **이하**의 마른 자갈분을 채워야 한다.
② 지하저장탱크의 **윗부분**은 지면으로부터 **0.6m 이상** 아래에 있어야 한다.
③ 지하저장탱크를 2 이상 인접해 설치하는 경우에는 그 상호간에 1m(당해 2 이상의 지하저장탱크의 용량의 합계가 지정수량의 100배 이하인 때에는 **0.5m**) 이상의 간격을 유지하여야 한다. 다만, 그 사이에 탱크전용실의 벽이나 두께 20cm 이상의 콘크리트 구조물이 있는 경우에는 그러하지 아니하다.
④ 탱크전용실의 구조
  ㉠ **벽·바닥 및 뚜껑**의 두께는 **0.3m 이상**일 것
  ㉡ 벽·바닥 및 뚜껑의 내부에는 **직경 9mm부터 13mm까지의 철근을 가로 및 세로 5cm부터 20cm까지의 간격으로 배치**할 것
  ㉢ 벽·바닥 및 뚜껑의 재료에 수밀콘크리트를 혼입하거나 벽·바닥 및 뚜껑의 중간에 아스팔트층을 만드는 방법으로 적정한 방수조치를 할 것

제 4 편 최근 기출문제

14 위험물제조소에 설치된 옥내소화전설비의 방수구가 5개일 때 비상전원의 용량과 펌프의 분당 최소 토출량을 쓰시오.

해답
✓ 답 ① 비상전원의 용량 : 45분 이상
② 펌프의 분당 최소토출량 : $Q = 260\text{L}/\text{분} \times 5 = 1300\text{L}/\text{분}$

상세해설

옥내소화전설비의 설치기준 ★★★
① 옥내소화전은 **수평거리가 25m 이하**가 되도록 설치할 것. 이 경우 옥내소화전은 각 층의 출입구 부근에 1개 이상 설치할 것.
② 수원의 수량은 옥내소화전이 가장 많이 설치된 층의 옥내소화전 설치개수(**5개 이상**인 경우 5개)에 **7.8m³**를 곱한 양 이상이 되도록 설치할 것

$$\text{수원의 양 } Q(\text{m}^3) = N \times 7.8\text{m}^3(260\text{L}/\text{분} \times 30\text{분})$$

여기서, N : 가장 많이 설치된 층의 옥내소화전 설치개수(최대 5개)
③ 옥내소화전설비는 각층을 기준으로 하여 당해 층의 모든 옥내소화전(개수가 5개 이상인 경우는 5개)을 동시에 사용할 경우에 각 노즐 끝부분의 **방수압력이 350kPa 이상**이고 **방수량이 260L/분 이상**의 성능이 되도록 할 것

노즐 끝부분의 방수압력	방수량
350kPa	260L/분

위험물제조소등의 소화설비 설치기준

소화설비	수평거리	방사량	방사압력 (kPa)	수원의 양
옥내	25m 이하	260(L/min) 이상	350 이상	$Q = N$(소화전개수 : 최대 5개) $\times 7.8\text{m}^3(260\text{L}/\text{min} \times 30\text{min})$
옥외	40m 이하	450(L/min) 이상	350 이상	$Q = N$(소화전개수 : 최대 4개) $\times 13.5\text{m}^3(450\text{L}/\text{min} \times 30\text{min})$
스프링클러	1.7m 이하	80(L/min) 이상	100 이상	$Q = N$(헤드수 : 최대 30개) $\times 2.4\text{m}^3(80\text{L}/\text{min} \times 30\text{min})$
물분무		20(L/m²·min)	350 이상	$Q = A$(바닥면적m²) $\times 0.6\text{m}^3(20\text{L}/\text{m}^2 \cdot \text{min} \times 30\text{min})$

15 유동대전에 대하여 간단히 설명하시오.

해답
✓ 답 액체류가 파이프 내부에서 유동할 때 액체와 관 벽 사이에 정전기가 발생하는 현상

상세해설

정전기 대전의 종류
① 마찰에 의한 대전
두 물체 사이의 마찰이나 접촉위치의 이동으로 전하의 분리 및 재배열이 일어나서 정전기가 발생하는 현상을 말한다.

② 유동에 의한 대전
　 액체류가 파이프 내부에서 유동할 때 액체와 관 벽 사이에 정전기가 발생하는 현상
③ 박리에 의한 대전
　 서로 밀착해 있는 물체가 떨어질 때 전하분리가 일어나 정전기가 발생하는 현상

16 정전기 방전의 종류 중 3가지만 쓰시오.

해답
✔**답** ① 코로나방전　② 스트리머방전　③ 불꽃방전

상세해설
정전기 방전의 종류
① 코로나방전
　 불꽃방전이 발생하기 전에 대전체 표면의 전기장의 큰 곳이 부분적으로 절연이 파괴되어 발생하는 발광방전
② 스트리머방전
　 기체 방전에서 방전로가 긴 줄을 형성하면서 발생하는 방전하는 현상
③ 불꽃방전
　 기체방전에서 전극 간의 절연이 완전히 파괴되어 강한 불꽃을 내면서 방전하는 것
④ 연면방전
　 코로나방전이 절연체의 면 위를 따라서 방전하는 현상

17 다음 보기의 위험물에 대한 위험물 운반용기의 외부표시사항 중 수납하는 위험물에 따른 주의사항을 쓰시오.
① 질산　　　　② 사이안화수소　　　③ 브로민산칼슘

해답
✔**답** ① 질산 : 가연물접촉주의
　　　 ② 사이안화수소 : 화기엄금
　　　 ③ 브로민산칼슘 : 화기·충격주의, 가연물접촉주의

상세해설
① 질산-제6류 위험물-가연물접촉주의
② 사이안화수소-제4류-제1석유류-화기엄금
③ 브로민산칼슘-제1류-브로민산염류-화기·충격주의 및 가연물접촉주의

위험물 운반용기의 외부 표시 사항
① 위험물의 품명, 위험등급, 화학명 및 수용성(제4류 위험물의 수용성인 것에 한함)
② 위험물의 수량
③ 수납하는 위험물에 따른 주의사항

유별	성질에 따른 구분	표시사항
제1류 위험물	알칼리금속의 과산화물	화기·충격주의, 물기엄금 및 가연물접촉주의
	그 밖의 것	화기·충격주의 및 가연물접촉주의
제2류 위험물	철분·금속분·마그네슘	화기주의 및 물기엄금
	인화성고체	화기엄금
	그 밖의 것	화기주의
제3류 위험물	자연발화성물질	화기엄금 및 공기접촉엄금
	금수성물질	물기엄금
제4류 위험물	인화성 액체	화기엄금
제5류 위험물	자기반응성 물질	화기엄금 및 충격주의
제6류 위험물	산화성 액체	가연물접촉주의

18 위험물 옥외탱크저장소의 지붕구조 3가지를 쓰시오.

해답 ✔답 ① 고정지붕구조 ② 부상지붕구조 ③ 부상덮개부착 고정지붕 구조

상세해설

탱크의 종류에 따른 고정포 방출구 설치

탱크의 종류	지붕구조	포방출구
콘루프탱크	고정 지붕구조	Ⅰ형 방출구, Ⅱ형 방출구 또는 Ⅲ형 방출구, Ⅳ형 방출구
플루팅루프탱크	부상식 지붕구조	특형 방출구
–	부상덮개부착 고정지붕구조	Ⅱ형 방출구

포주입법에 따른 고정포 방출구
① 상부 포주입법 : Ⅰ형, Ⅱ형, 특형
② 저부 포주입법 : Ⅲ형, Ⅳ형

19 유체의 흐름계수 K가 0.94이고 오리피스의 내경이 10mm, 분당 유량이 100L인 경우 압력은 몇 kPa인가?

해답 ✔계산과정

① $Q = 100\text{L/min}$, $K = 0.94$, $D = 10\text{mm}$, $P = ?$

② $P = \dfrac{\left(\dfrac{Q}{0.653KD^2}\right)^2}{10}$ 식에 대입

③ $P = \dfrac{\left(\dfrac{100}{0.653 \times 0.94 \times 10^2}\right)^2}{10} = 0.26541 \text{MPa} = 265.41 \text{kPa}$

✔답 265.41kPa

상세해설 노즐에서 방수량과 방수압

$$Q = 0.653 KD^2 \sqrt{10P}$$

여기서, Q : 방수량(L/min), K : 흐름계수, D : 직경(mm), P : 압력(MPa)

20. 위험물 탱크시험자가 갖추어야 할 필수장비 3가지와 그 외 필요한 경우에 두는 장비 2가지를 쓰시오.

해답
✔답 ① 필수장비 : 자기탐상시험기, 초음파두께측정기, 영상초음파시험기
② 필요한 경우에 두는 장비 : 진공누설시험기, 기밀시험장치, 수직·수평도 측정기

상세해설 탱크시험자의 기술능력·시설 및 장비(제14조제1항 관련)
(1) **기술능력**
  ① 필수인력
    ㉠ 위험물기능장·위험물산업기사 또는 위험물기능사 중 1명 이상
    ㉡ 비파괴검사기술사 1명 이상 또는 초음파비파괴검사·자기비파괴검사 및 침투비파괴검사별로 기사 또는 산업기사 각 1명 이상
  ② 필요한 경우에 두는 인력
    ㉠ 충·수압시험, 진공시험, 기밀시험 또는 내압시험의 경우 : 누설비파괴검사 기사, 산업기사 또는 기능사
    ㉡ 수직·수평도시험의 경우 : 측량 및 지형공간정보 기술사, 기사, 산업기사 또는 측량기능사
    ㉢ 방사선투과시험의 경우 : 방사선비파괴검사 기사 또는 산업기사
    ㉣ 필수 인력의 보조 : 방사선비파괴검사·초음파비파괴검사·자기비파괴검사 또는 침투비파괴검사 기능사
(2) **시설** : 전용사무실
(3) **장비**
  ① 필수장비 : **자기탐상시험기, 초음파두께측정기** 및 다음 ㉠ 또는 ㉡ 중 어느 하나
    ㉠ **영상초음파시험기**
    ㉡ **방사선투과시험기 및 초음파시험기**
  ② 필요한 경우에 두는 장비
    ㉠ 충·수압시험, 진공시험, 기밀시험 또는 내압시험의 경우
      • 진공능력 53kPa 이상의 진공누설시험기

- **기밀시험장치**(안전장치가 부착된 것으로서 가압능력 200kPa 이상, 감압의 경우에는 감압능력 10kPa 이상·감도 10Pa 이하의 것으로서 각각의 압력변화를 스스로 기록할 수 있는 것)
  ⓒ 수직·수평도 시험의 경우 : 수직·수평도 측정기
※ 비고 : 둘 이상의 기능을 함께 가지고 있는 장비를 갖춘 경우에는 각각의 장비를 갖춘 것으로 본다.

위험물기능장 제59회 실기시험

2016년도 기능장 제59회 실기시험 (2016년 05월 21일 시행)

자격종목	시험시간	문제수	형별	수험번호	성 명
위험물기능장	2시간	20	A		

01 제3종 분말소화약제가 열분해하면 오르토인산, 피로인산, 메타인산등이 생성된다. 이 분말소화약제의 1차, 2차, 3차 열분해 반응식을 쓰시오.

[해답]
✓답 ① 1차 열분해 반응식 : $NH_4H_2PO_4 \rightarrow H_3PO_4 + NH_3$
② 2차 열분해 반응식 : $2H_3PO_4 \rightarrow H_4P_2O_7 + H_2O$
③ 3차 열분해 반응식 : $H_4P_2O_7 \rightarrow 2HPO_3 + H_2O$

[상세해설]

분말약제의 열분해

종 별	약제명	착색	열분해 반응식
제1종	탄산수소나트륨 중탄산나트륨 중조	백 색	270℃ $2NaHCO_3 \rightarrow Na_2CO_3 + CO_2 + H_2O$ 850℃ $2NaHCO_3 \rightarrow Na_2O + 2CO_2 + H_2O$
제2종	탄산수소칼륨 중탄산칼륨	담회색	190℃ $2KHCO_3 \rightarrow K_2CO_3 + CO_2 + H_2O$ 590℃ $2KHCO_3 \rightarrow K_2O + 2CO_2 + H_2O$
제3종	제1인산암모늄	담홍색	190℃ $NH_4H_2PO_4 \rightarrow NH_3 + H_3PO_4$(오르토인산) 215℃ $2H_3PO_4 \rightarrow H_2O + H_4P_2O_7$(피로인산) 300℃ $H_4P_2O_7 \rightarrow H_2O + 2HPO_3$(메타인산)
제4종	중탄산칼륨+요소	회(백)색	$2KHCO_3 + (NH_2)_2CO \rightarrow K_2CO_3 + 2NH_3 + 2CO_2$

02 다음 각 물질에 대한 완전연소반응식을 쓰시오.
① 적린 ② 황 ③ 삼황화인

[해답]
✓답 ① $4P + 5O_2 \rightarrow 2P_2O_5$
② $S + O_2 \rightarrow SO_2$
③ $P_4S_3 + 8O_2 \rightarrow 2P_2O_5 + 3SO_2$

[상세해설]

적린(붉은인)(P)★★★

화학식	원자량	비중	융점	착화점
P	31	2.2	600℃	260℃

① 황린의 **동소체**이며 황린보다 안정하다.
② 황린을 공기차단상태에서 260℃로 가열, 냉각 시 적린으로 변환한다.

$$황린(P_4) \xrightarrow{\text{공기차단}(260°C 가열, 냉각)} 적린(P)$$

③ 연소 시 오산화인(P_2O_5)이 생성된다.

$$4P + 5O_2 \rightarrow 2P_2O_5(\text{오산화인})$$

황(S)

구 분	단사황	사방황	고무상황
비 중	1.96	2.07	-
비 점	445°C	-	-
융 점	119°C	113°C	-
착화점	-	-	360°C
물에 용해여부	불용	불용	불용

① 동소체로 사방황, 단사황, 고무상황이 있다.
② 물에 녹지 않고 이황화탄소(CS_2)에는 잘 녹는다.
③ 공기 중에서 연소 시 푸른 불꽃을 내며 이산화황이 생성된다.

$$S + O_2 \rightarrow SO_2 \text{ (이산화황 또는 아황산가스)}$$

④ 분진폭발의 위험성이 있고 목탄가루와 혼합시 가열, 충격, 마찰에 의하여 폭발위험성이 있다.

삼황화인(P_4S_3)

① 황색결정으로 물, 염산, 황산에 녹지 않으며 질산, 알칼리, 이황화탄소에 녹는다.
② 조해성이 없다
③ 연소하면 오산화인과 이산화황이 생긴다.

$$P_4S_3 + 8O_2 \rightarrow 2P_2O_5 + 3SO_2 \uparrow$$

03 다이에틸에터에 대한 다음 각 물음에 답하시오.

① 실험식을 쓰시오.   ② 시성식을 쓰시오.
③ 증기비중을 구하시오.

해답 ✔답 ① 실험식 : $C_4H_{10}O$
② 시성식 : $C_2H_5OC_2H_5$
③ 증기비중 : $S = \dfrac{74}{29} = 2.55$

상세해설 다이에틸에터($C_2H_5OC_2H_5$) -제4류 특수인화물★★★

```
    H  H     H  H
    |  |     |  |
H - C- C- O- C- C - H
    |  |     |  |
    H  H     H  H
```

화학식	분자량	비중	비점	인화점	착화점	연소범위
$C_2H_5OC_2H_5$	74.12	0.72	34℃	-40℃	180℃	1.7~48%

① 직사광선에 장시간 노출 시 과산화물 생성

> **과산화물 생성 확인방법**
> 다이에틸에터 + KI용액(10%) → 황색변화(1분 이내)

② 용기는 갈색 병을 사용하며 냉암소에 보관.
③ 정전기 방지를 위하여 약간의 $CaCl_2$를 넣어준다.
④ 폭발성의 과산화물 생성방지를 위해 용기 내에 40mesh 구리 망을 넣어준다.

> **다이에틸에터 제조방법**
> $C_2H_5OH + C_2H_5OH \xrightarrow{C-H_2SO_4} C_2H_5OC_2H_5 + H_2O$

⑤ 과산화물 제거시약 : 황산제일철($FeSO_4$) 또는 환원철

04 위험물제조소등에 보기와 같이 제4류 위험물을 저장하고 있는 경우 지정수량의 배수의 합은 얼마인가?

- 피리딘 : 400L
- 메틸에틸케톤 : 400L
- 클로로벤젠 : 2,000L
- 나이트로벤젠 : 2,000L

해답 ✓ 계산과정

① 지정수량의 배수 = $\dfrac{저장수량}{지정수량}$

② 지정수량의배수 = $\dfrac{400}{400} + \dfrac{400}{200} + \dfrac{2,000}{1,000} + \dfrac{2,000}{2,000} = 6$배

✓ 답 6배

상세해설 제4류 위험물의 지정수량

성질	품 명		지정수량(L)	위험등급
인화성 액체	특수인화물		50	I
	제1석유류	비수용성	200	II
		수용성	400	
	알코올류		400	
	제2석유류	비수용성	1,000	III
		수용성	2,000	
	제3석유류	비수용성	2,000	
		수용성	4,000	
	제4석유류		6,000	
	동식물류		10,000	

- 피리딘-제4류-제1석유류-수용성-400L
- 메틸에틸케톤-제1석유류-비수용성-200L
- 클로로벤젠-제2석유류-비수용성-1,000L
- 나이트로벤젠-제3석유류-비수용성-2,000L

05 위험물안전관련법령에 따른 위험물 탱크시험자가 갖추어야 할 필수장비 3가지와 필요한 경우에 두는 장비 2가지를 쓰시오.

해답

✔ 답 ① 필수장비 : 자기탐상시험기, 초음파두께측정기, 영상초음파시험기
② 필요한 경우에 두는 장비 : 진공누설시험기, 기밀시험장치, 수직·수평도 측정기

상세해설

탱크시험자의 기술능력·시설 및 장비(제14조제1항 관련)

(1) **기술능력**
① 필수인력
  ㉠ 위험물기능장·위험물산업기사 또는 위험물기능사 중 1명 이상
  ㉡ 비파괴검사기술사 1명 이상 또는 초음파비파괴검사·자기비파괴검사 및 침투비파괴검사별로 기사 또는 산업기사 각 1명 이상
② 필요한 경우에 두는 인력
  ㉠ 충·수압시험, 진공시험, 기밀시험 또는 내압시험의 경우 : 누설비파괴검사 기사, 산업기사 또는 기능사
  ㉡ 수직·수평도시험의 경우 : 측량 및 지형공간정보 기술사, 기사, 산업기사 또는 측량기능사
  ㉢ 방사선투과시험의 경우 : 방사선비파괴검사 기사 또는 산업기사
  ㉣ 필수 인력의 보조 : 방사선비파괴검사·초음파비파괴검사·자기비파괴검사 또는 침투비파괴검사 기능사

(2) **시설** : 전용사무실

(3) **장비**
① 필수장비 : **자기탐상시험기, 초음파두께측정기** 및 다음 ㉠ 또는 ㉡ 중 어느 하나
  ㉠ **영상초음파시험기**
  ㉡ **방사선투과시험기 및 초음파시험기**
② 필요한 경우에 두는 장비
  ㉠ 충·수압시험, 진공시험, 기밀시험 또는 내압시험의 경우
    • 진공능력 53kPa 이상의 진공누설시험기
    • 기밀시험장치(안전장치가 부착된 것으로서 가압능력 200kPa 이상, 감압의 경우에는 감압능력 10kPa 이상·감도 10Pa 이하의 것으로서 각각의 압력변화를 스스로 기록할 수 있는 것)
  ㉡ 수직·수평도 시험의 경우 : 수직·수평도 측정기

※ 비고 : 둘 이상의 기능을 함께 가지고 있는 장비를 갖춘 경우에는 각각의 장비를 갖춘 것으로 본다.

06

다음의 물음은 안포(ANFO)폭약을 제조하는데 사용되는 제1류 위험물에 대한 것이다. 다음 각 물음에 답하시오.

① 화학식을 쓰시오.
② 제1류 위험물중 지정수량이 같은 품명을 2가지만 쓰시오.
③ 폭발반응식을 쓰시오.

해답

✔답 ① NH_4NO_3
② 브로민산염류, 아이오딘산염류
③ $2NH_4NO_3 \rightarrow 2N_2 + O_2 + 4H_2O$

상세해설

질산암모늄(NH_4NO_3)-제1류-질산염류

화학식	분자량	비중	융점	분해온도
NH_4NO_3	80	1.73	165℃	220℃

① 단독으로 가열, 충격 시 분해 폭발할 수 있다.
② 화약(ANFO폭약))원료로 쓰이며 유기물과 접촉 시 폭발우려가 있다.
③ 무색, 무취의 결정이며, 조해성 및 흡습성이 매우 강하다.
④ 물에 용해 시 흡열반응을 나타낸다.
⑤ 급격한 가열충격에 따라 폭발의 위험이 있다.

★ **질산암모늄의 분해 반응식** : $NH_4NO_3 \rightarrow N_2O + 2H_2O$
★ **질산암모늄의 폭발 반응식** : $2NH_4NO_3 \rightarrow 2N_2 + O_2 + 4H_2O$
★ **ANFO(안포)폭약의 성분** : 질산암모늄94% + 경유6%

07

다음 보기는 포방출구의 종류에 대한 것이다. 지붕구조에 따라 적용 가능한 포방출구를 선택하여 쓰시오.

[보기] Ⅰ형   Ⅱ형   Ⅲ형   Ⅳ형   특형

① 고정지붕구조   ② 부상지붕구조

해답

✔답 ① 고정지붕구조 : Ⅰ형, Ⅱ형, Ⅲ형, Ⅳ형
② 부상지붕구조 : 특형

상세해설

탱크의 종류에 따른 고정포 방출구 설치

탱크의 종류	지붕구조	포방출구
콘루프탱크	고정 지붕구조	Ⅰ형 방출구, Ⅱ형 방출구 또는 Ⅲ형 방출구, Ⅳ형 방출구
플루팅루프탱크	부상식 지붕구조	특형 방출구
-	부상덮개부착 고정지붕구조	Ⅱ형 방출구

포 방출구의 종류

① **Ⅰ형**: 고정지붕구조의 탱크에 **상부포주입법**을 이용하는 것으로서 방출된 포가 액면 아래로 몰입되거나 액면을 뒤섞지 않고 액면상을 덮을 수 있는 통계단 또는 미끄럼판 등의 설비 및 탱크내의 위험물증기가 외부로 역류되는 것을 저지할 수 있는 구조·기구를 갖는 포방출구

② **Ⅱ형**: **고정지붕구조 또는 부상덮개부착고정지붕구조**의 탱크에 상부포주입법을 이용하는 것으로서 방출된 포가 탱크옆판의 내면을 따라 흘러내려 가면서 액면 아래로 몰입되거나 액면을 뒤섞지 않고 액면상을 덮을 수 있는 반사판 및 탱크내의 위험물증기가 외부로 역류되는 것을 저지할 수 있는 구조·기구를 갖는 포방출구

③ **특형**: **부상지붕구조**의 탱크에 상부포주입법을 이용하는 것으로서 부상지붕의 부상부분상에 높이 0.9m 이상의 금속제의 칸막이(방출된 포의 유출을 막을 수 있고 충분한 배수능력을 갖는 배수구를 설치한 것에 한한다)를 탱크옆판의 내측으로부터 1.2m 이상 이격하여 설치하고 탱크옆판과 칸막이에 의하여 형성된 환상부분(이하 "환상부분"이라 한다)에 포를 주입하는 것이 가능한 구조의 반사판을 갖는 포방출구

④ **Ⅲ형**: 고정지붕구조의 탱크에 저부포주입법을 이용하는 것으로서 송포관으로부터 포를 방출하는 포방출구

⑤ **Ⅳ형**: 고정지붕구조의 탱크에 저부포주입법을 이용하는 것으로서 평상시에는 탱크의 액면하의 저부에 설치된 격납통에 수납되어 있는 특수호스 등이 송포관의 말단에 접속되어 있다가 포를 보내는 것에 의하여 특수호스 등이 전개되어 그 끝부분이 액면까지 도달한 후 포를 방출하는 포방출구

---

08 위험물안전관리법령에서 규정한 운반용기로 사용할 수 있는 재질을 5가지만 쓰시오.

해답 ✓답 ① 강판 ② 알루미늄판 ③ 양철판 ④ 유리 ⑤ 금속판

상세해설

운반용기의 재질

① 강판	② 알루미늄판	③ 양철판	④ 유리	⑤ 금속판
⑥ 종이	⑦ 플라스틱	⑧ 섬유판	⑨ 고무류	⑩ 합성섬유
⑪ 삼	⑫ 짚	⑬ 나무		

운반용기의 내용적에 대한 수납율 ★★(자주출제)
① 액체위험물: 내용적의 98% 이하
② 고체위험물: 내용적의 95% 이하

09 다음 그림은 위험물안전관리법에 따른 안전거리를 둘 수가 없어서 방화상 유효한 담을 설치하고자 할 때 방화상 유효한 담의 높이(m)를 산정하는 방법이다. 그림의 번호 ①, ②, ③에 알맞은 명칭을 쓰시오.

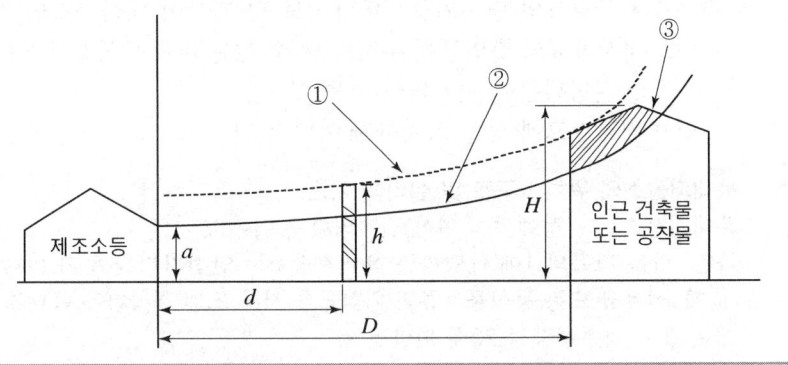

해답 ✔답 ① 보정연소한계곡선   ② 연소한계곡선   ③ 연소위험범위

상세해설

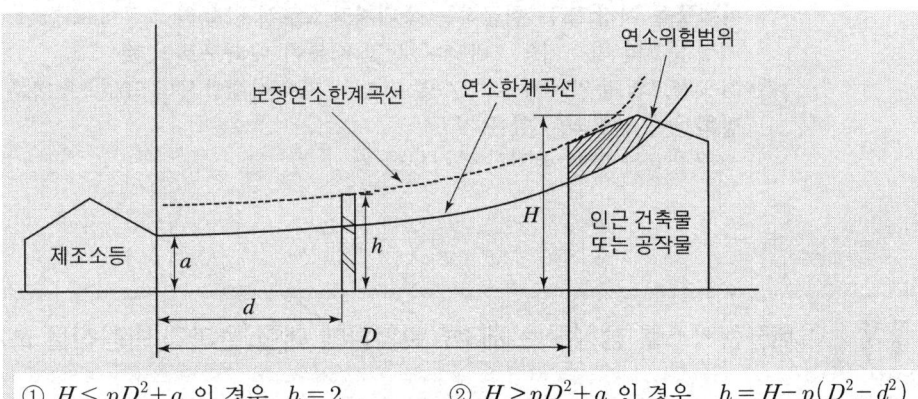

① $H \leq pD^2 + a$ 인 경우 $h = 2$ ② $H > pD^2 + a$ 인 경우 $h = H - p(D^2 - d^2)$

여기서, D : 제조소등과 인근 건축물 또는 공작물과의 거리(m)
  H : **인근 건축물 또는 공작물의 높이(m)**, a : 제조소등의 외벽의 높이(m)
  d : 제조소등과 방화상 유효한 담과의 거리(m), h : 방화상 유효한 담의 높이(m)
  p : 상수

※ 산출된 수치가 2 미만일 때에는 담의 높이를 2m로, 4 이상일 때에는 담의 높이를 4m로 하여야 한다.

인근 건축물 또는 공작물의 구분	p의 값
• 학교·주택·국가유산 등의 건축물 또는 공작물이 **목조**인 경우 • 학교·주택·국가유산 등의 건축물 또는 공작물이 방화구조 또는 내화구조이고, 제조소 등에 면한 부분의 개구부에 60분+방화문·60분방화문 또는 30분방화문이 설치되지 아니한 경우	0.04
• 학교·주택·국가유산 등의 건축물 또는 공작물이 **방화구조**인 경우 • 학교·주택·국가유산 등의 건축물 또는 공작물이 방화구조 또는 내화구조이고, 제조소 등에 면한 부분의 개구부에 30분방화문이 설치된 경우	0.15
• 학교·주택·국가유산 등의 건축물 또는 공작물이 내화구조이고, 제조소 등에 면한 개구부에 60분+방화문 또는 60분방화문이 설치된 경우	∞

10 위험물안전관리법령상 지정수량의 20배 이하의 위험물을 저장 또는 취급하는 옥내저장소로서 안전거리를 두지 아니할 수 있는 기준을 3가지 쓰시오.

해답
✔답 ① 저장창고의 벽·기둥·바닥·보 및 지붕이 내화구조인 것
② 저장창고의 출입구에 수시로 열 수 있는 자동폐쇄방식의 60분+방화문 또는 60분방화문이 설치되어 있을 것
③ 저장창고에 창을 설치하지 아니할 것

상세해설

옥내저장소의 위치·구조 및 설비의 기준
옥내저장소는 규정에 준하여 안전거리를 두어야 한다.
다만, 다음 각목의 1에 해당하는 옥내저장소는 **안전거리를 두지 아니할 수 있다.**
(1) **제4석유류 또는 동식물유류**의 위험물을 저장 또는 취급하는 옥내저장소로서 그 최대수량이 지정수량의 **20배 미만**인 것
(2) **제6류 위험물**을 저장 또는 취급하는 옥내저장소
(3) 지정수량의 **20배**(하나의 저장창고의 바닥면적이 150㎡ 이하인 경우에는 50배) **이하의 위험물을 저장 또는 취급하는 옥내저장소로서 다음의 기준에 적합한 것**
① 저장창고의 벽·기둥·바닥·보 및 지붕이 **내화구조인 것**
② 저장창고의 출입구에 수시로 열 수 있는 자동폐쇄방식의 **60분+방화문 또는 60분 방화문이** 설치되어 있을 것
③ 저장창고에 **창**을 설치하지 아니할 것

---

11 아세틸렌가스를 생성하는 제3류 위험물에 대한 물과의 반응식을 쓰시오.

해답
✔답 $CaC_2 + 2H_2O \rightarrow Ca(OH)_2 + C_2H_2$

상세해설

탄화칼슘(CaC_2) : 제3류 위험물 중 칼슘탄화물

화학식	분자량	융점	비중
CaC_2	64	2370℃	2.21

① 물과 접촉 시 아세틸렌을 생성하고 열을 발생시킨다.

$$CaC_2 + 2H_2O \rightarrow Ca(OH)_2(수산화칼슘) + C_2H_2 \uparrow (아세틸렌)$$

② 아세틸렌의 폭발범위는 2.5~81%로 대단히 넓어서 폭발위험성이 크다.
③ 장기 보관 시 불활성기체(N_2 등)를 봉입하여 저장한다.
④ 별명은 카바이드, 탄화석회, 칼슘카바이드 등이다.
⑤ 고온(700℃)에서 질화되어 석회질소($CaCN_2$)가 생성된다.

$$CaC_2 + N_2 \rightarrow CaCN_2(석회질소) + C(탄소)$$

⑥ 물 및 포약제에 의한 소화는 절대 금하고 마른모래 등으로 피복 소화한다.

12
수소화나트륨이 물과 반응하는 경우의 화학반응식을 쓰고 이때 발생된 가스의 위험도를 구하시오.

해답

✔답 ① 화학반응식 : NaH + H$_2$O → NaOH + H$_2$

② 위험도 : $H = \dfrac{75-4}{4} = 17.75$

상세해설

수소화나트륨(NaH)-제3류-금수성물질

화학식	분자량	융점	분해온도
NaH	24	800℃	425℃

① 습기가 많은 공기 중 분해한다.
② 물과 격렬히 반응하여 수소(H$_2$)를 발생한다.

NaH + H$_2$O → NaOH + H$_2$↑   ★수소(H$_2$)의 연소범위 : 4~75%

③ 물 및 포약제의 소화는 절대 금하고 마른모래 등으로 피복소화한다.

위험도 계산공식

$$H = \dfrac{U(\text{연소상한}) - L(\text{연소하한})}{L(\text{연소하한})}$$

13
나이트로글리세린 500g이 부피 320mL인 용기 내부에서 분해폭발 후 압력 (atm)은 얼마인가? (단, 폭발온도는 1000℃이며 이상기체로 간주한다)

해답

✔계산과정   나이트로글리세린의 열분해 반응식

$4C_3H_5(ONO_2)_3 \rightarrow 12CO_2 + 6N_2 + O_2 + 10H_2O$

4×227g → 29mol(12+6+1+10)

500g → X

$X = \dfrac{500 \times 29 \text{mol}}{4 \times 227} = 15.97 \text{mol}$

$P = \dfrac{nRT}{V} = \dfrac{15.97\text{mol} \times 0.082(\text{atm}\cdot\text{L/mol}\cdot\text{K}) \times (273+1000)\text{K}}{0.32\text{L}}$

$= 5209.51 \text{atm}$

✔답 5209.51atm

상세해설

나이트로글리세린(Nitro Glycerine)[(C$_3$H$_5$(ONO$_2$)$_3$]-제5류 위험물 중 질산에스터류

화학식	분자량	비중	융점	비점	착화점
C$_3$H$_5$(ONO$_2$)$_3$	227	1.6	13℃	160℃	210℃

① 상온에서는 액체이지만 겨울철에는 동결한다.
② 글리세린에 진한 질산과 진한 황산을 가하면 나이트로화하여 나이트로글리세린으로 된다.

글리세린의 나이트로화반응

$$C_3H_5(OH)_3 + 3HONO_2 \xrightarrow{H_2SO_4} C_3H_5(ONO_2)_3 + 3H_2O$$
（글리세린）　　（질산）　　　　　（나이트로글리세린）　　（물）

③ 비수용성이며 메탄올, 아세톤 등에 녹는다.
④ 가열, 마찰, 충격에 예민하여 대단히 위험하다.

나이트로글리세린의 열분해 반응식

$$4C_3H_5(ONO_2)_3 \rightarrow 12CO_2\uparrow + 6N_2\uparrow + O_2\uparrow + 10H_2O$$

⑤ 다이너마이트(규조토+나이트로글리세린), 무연화약 제조에 이용된다.

이상기체상태방정식

$$PV = \frac{W}{M}RT = nRT$$

여기서, P : 압력(atm), V : 부피(L), W : 무게(g), M : 분자량, n : mol수
　　　　R : 기체상수(0.082atm·L/mol·K), T : 절대온도(273+t℃)K

14 자체소방대의 설치제외 대상에 해당하는 일반취급소를 3가지만 쓰시오.

해답 ✔ 답 ① 보일러, 버너 그 밖에 이와 유사한 장치로 위험물을 소비하는 일반취급소
② 이동저장탱크 그 밖에 이와 유사한 것에 위험물을 주입하는 일반취급소
③ 용기에 위험물을 옮겨 담는 일반취급소
④ 유압장치, 윤활유순환장치 그 밖에 이와 유사한 장치로 위험물을 취급하는 일반취급소
⑤ 「광산안전법」의 적용을 받는 일반취급소

상세해설 위험물안전관리법 시행규칙 제73조(자체소방대의 설치 제외대상인 일반취급소)
① 보일러, 버너 그 밖에 이와 유사한 장치로 위험물을 소비하는 일반취급소
② 이동저장탱크 그 밖에 이와 유사한 것에 위험물을 주입하는 일반취급소
③ 용기에 위험물을 옮겨 담는 일반취급소
④ 유압장치, 윤활유순환장치 그 밖에 이와 유사한 장치로 위험물을 취급하는 일반취급소
⑤ 「광산안전법」의 적용을 받는 일반취급소

위험물안전관리법 시행령 제18조(자체소방대를 설치하여야 하는 사업소)
① 취급하는 제4류 위험물의 최대수량의 합이 지정수량의 3천배 이상인 제조소 또는 일반취급소(단, 보일러로 위험물을 소비하는 일반취급소 등은 제외)
② 저장하는 제4류 위험물의 최대수량이 지정수량의 50만배 이상인 옥외탱크저장소

15 다음은 위험물제조소등에 설치하는 전역방출방식의 불활성가스 소화설비의 설치기준이다. 각 물음에 답하시오.

① 이산화탄소를 방사하는 분사헤드 중 고압식의 경우 분사헤드의 방사압력(MPa)은 얼마 이상인가?
② 이산화탄소를 방사하는 분사헤드 중 저압식의 경우 분사헤드의 방사압력(MPa)은 얼마 이상인가?
③ 질소 용량비가 100%인 불활성가스를 방사하는 경우 분사헤드의 방사압력(MPa)은 얼마 이상인가?
④ 질소와 아르곤의 용량비가 50대50인 혼합물인 불활성가스를 방사하는 경우 분사헤드의 방사압력(MPa)은 얼마 이상인가?
⑤ 질소와 아르곤과 이산화탄소의 용량비가 52대40대8인 혼합물(IG-541)을 방사하는 것은 소화약제의 양의 95%이상을 몇 초 이내에 방사하여야 하는가?

해답 ✔ 답 ① 2.1MPa 이상 ② 1.05MPa 이상 ③ 1.9MPa 이상
④ 1.9MPa 이상 ⑤ 60초 이내

상세해설

전역방출방식의 불활성가스소화설비의 분사헤드 설치기준
① 방사된 소화약제가 방호구역의 전역에 균일하고 신속하게 방사할 수 있도록 설치할 것
② 분사헤드의 방사압력은 다음에 정한 기준에 의할 것
  ㉠ **이산화탄소**를 방사하는 분사헤드 중 **고압식**의 것(소화약제가 상온으로 용기에 저장되어 있는 것을 말한다. 이하 같다.)에 있어서는 **2.1MPa 이상**, **저압식**의 것(소화약제가 영하 18℃ 이하의 온도로 용기에 저장되어 있는 것을 말한다. 이하 같다)에 있어서는 **1.05MPa 이상**일 것
  ㉡ 질소(이하 "IG-100"이라 한다.), 질소와 아르곤의 용량비가 50대50인 혼합물(이하 "IG-55"라 한다.) 또는 질소와 아르곤과 이산화탄소의 용량비가 52대40대8인 혼합물(이하 "IG-541"이라 한다.)을 방사하는 분사헤드는 **1.9MPa 이상**일 것
③ **이산화탄소**를 방사하는 것은 소화약제의 양을 **60초 이내**에 균일하게 방사하고, IG-100, IG-55 또는 IG-541을 방사하는 것은 소화약제의 양의 **95% 이상을 60초 이내**에 방사할 것

16

다음은 신속평형법 인화점측정기에 의한 인화점 측정방법이다. ( )안에 알맞은 답을 쓰시오.

- 시험장소는 기압 1기압, 무풍의 장소로 할 것
- 신속평형법 인화점측정기의 시료컵을 설정온도까지 가열 또는 냉각하여 시험물품(설정온도가 상온보다 낮은 온도인 경우에는 설정온도까지 냉각한 것) (①)mL를 시료 컵에 넣고 즉시 뚜껑 및 개폐기를 닫을 것
- 시료컵의 온도를 (②)분간 설정온도로 유지할 것
- 시험불꽃 점화하고 화염의 크기를 직경 (③)mm가 되도록 저정할 것
- (④)분 경과 후 개폐기를 작동하여 시험불꽃을 시료 컵에 (⑤)초간 노출시키고 닫을 것. 이 경우 시험불꽃을 급격히 상하로 움직이지 아니하여야 한다.
- 마지막 단계의 방법에 의하여 인화한 경우에는 인화하지 않을 때까지 설정온도를 낮추고, 인화하지 않는 경우에는 인화할 때까지 설정온도를 높여 위의 조작을 반복하여 인화점을 측정할 것

답 ① 2 ② 1 ③ 4 ④ 1 ⑤ 2.5

위험물안전관리에 관한 세부기준 제15조(신속평형법인화점측정기에 의한 인화점 측정시험)
신속평형법인화점측정기에 의한 인화점 측정시험은 다음 각 호에 정한 방법에 의한다.
① 시험장소는 기압 **1기압, 무풍**의 장소로 할 것
② 신속평형법인화점측정기의 시료컵을 설정온도까지 가열 또는 냉각하여 **시험물품**(설정온도가 상온보다 낮은 온도인 경우에는 설정온도까지 냉각한 것) **2mL**를 시료컵에 넣고 즉시 뚜껑 및 개폐기를 닫을 것
③ 시료컵의 온도를 **1분간** 설정온도로 유지할 것
④ 시험불꽃을 점화하고 화염의 크기를 **직경 4mm**가 되도록 조정할 것
⑤ **1분 경과 후** 개폐기를 작동하여 시험불꽃을 시료컵에 **2.5초간 노출**시키고 닫을 것. 이 경우 시험불꽃을 급격히 상하로 움직이지 아니하여야 한다.
⑥ 제⑤의 방법에 의하여 인화한 경우에는 인화하지 않을 때까지 설정온도를 낮추고, 인화하지 않는 경우에는 인화할 때까지 설정온도를 높여 제② 내지 제⑤의 조작을 반복하여 인화점을 측정할 것

17

다음 빈칸에 알맞은 물질명, 시성식, 품명을 쓰시오.

물질명	시성식	품명
①	C_2H_5OH	②
에틸렌글리콜	③	제4류 제3석유류
④	$C_3H_5(OH)_3$	⑤

해답 ✓답

물질명	시성식	품명
① 에틸알코올	C_2H_5OH	② 제4류 알코올류
에틸렌글리콜	③ $C_2H_4(OH)_2$	제4류 제3석유류
④ 글리세린	$C_3H_5(OH)_3$	⑤ 제4류 제3석유류

18 다음 그림은 위험물제조소의 바닥구조에 관한 내용이다. 각 물음에 답하시오.

① 장치의 명칭을 쓰시오. ② 이 장치의 설치목적을 쓰시오.

해답 ✓답 ① 유분리장치
② 물과 유류를 분리하기 위하여

19 다음은 포소화설비에 자동식 및 수동식 기동장치를 설치하는 경우 설치 기준이다. ( )안에 알맞은 답을 쓰시오.

- 자동식 기동장치는 (①)의 작동 또는 폐쇄형스프링클러헤드의 개방과 연동하여 가압송수장치, 일제개방밸브 및 포소화약제혼합장치가 기동될 수 있도록 할 것
- 수동식기동장치는 직접조작 또는 (②)에 의하여 가압송수장치, 수동식개방밸브 및 포소화약제혼합장치를 기동할 수 있을 것
- 수동식 기동장치의 조작부는 화재시 용이하게 접근이 가능하고 바닥면으로부터 (③)m 이상 (④)m 이하의 높이에 설치할 것
- 수동식 기동장치의 (⑤)에는 유리 등에 의한 방호조치가 되어 있을 것

해답 ✓답 ① 자동화재탐지설비의 감지기 ② 원격조작 ③ 0.8
④ 1.5 ⑤ 조작부

상세해설 포소화설비의 자동식의 기동장치 또는 수동식의 기동장치 설치기준
(1) 자동식기동장치의 설치기준
　자동화재탐지설비의 감지기의 작동 또는 폐쇄형스프링클러헤드의 개방과 연동하여 가압송수장치, 일제개방밸브 및 포소화약제혼합장치가 기동될 수 있도록 할 것. 다만, 자동화재탐지설비의 수신기가 설치되어 있는 장소에 상시 사람이 있고 화재시 즉시 당해 조작부를 작동시킬 수 있는 경우에는 그러하지 아니하다.
(2) 수동식기동장치의 설치기준
　① 직접조작 또는 원격조작에 의하여 가압송수장치, 수동식개방밸브 및 포소화약제 혼합장치를 기동할 수 있을 것
　② 2 이상의 방사구역을 갖는 포소화설비는 방사구역을 선택할 수 있는 구조로 할 것
　③ 기동장치의 조작부는 화재시 용이하게 접근이 가능하고 바닥면으로부터 0.8m 이상 1.5m 이하의 높이에 설치할 것
　④ 기동장치의 조작부에는 유리 등에 의한 방호조치가 되어 있을 것
　⑤ **기동장치의 조작부 및 호스접속구**에는 직근의 보기 쉬운 장소에 각각 "**기동장치의 조작부**" 또는 "**접속구**"라고 표시할 것

20
다음은 차아염소산염류를 저장하는 옥내저장소 설치기준이다. ( )안에 알맞은 답을 쓰시오.

- 저장창고는 지면에서 처마까지의 높이가 (①)m 미만인 단층건물로 하고 그 바닥을 지반면보다 높게 하여야 한다.
- 하나의 저장창고의 바닥면적은 (②)m^2 이하로 하여야 한다.
- 저장창고의 (③) 및 바닥은 내화구조로 하고, 보와 서까래는 (④)로 하여야 한다.
- 저장창고의 창 또는 출입구에 유리를 이용하는 경우에는 (⑤)로 하여야 한다.

해답 ✔답　① 6　② 1000　③ 벽, 기둥　④ 불연재료　⑤ 망입유리

상세해설 ★차아염소산염류—제1류 위험물—지정수량 50kg
옥내저장소의 위치·구조 및 설비의 기준(제29조관련)
(1) 저장창고는 지면에서 처마까지의 높이("처마높이")가 **6m 미만인 단층건물**로 하고 그 바닥을 지반면보다 높게 하여야 한다. 다만, 제2류 또는 제4류의 위험물만을 저장하는 창고로서 다음 각목의 기준에 적합한 창고의 경우에는 20m 이하로 할 수 있다.
　① 벽·기둥·보 및 바닥을 내화구조로 할 것
　② 출입구에 60분+방화문 또는 60분방화문을 설치할 것
　③ 피뢰침을 설치할 것. 다만, 주위상황에 의하여 안전상 지장이 없는 경우에는 그러

하지 아니하다.
(2) 옥내저장소의 저장창고 바닥면적 설치기준 ★★

위험물의 종류	바닥면적
제1류 위험물 중 아염소산염류, 염소산염류, 과염소산염류, 무기과산화물, 그 밖에 지정수량 50kg인 위험물	1000m² 이하
제3류 위험물 중 칼륨, 나트륨, 알킬알루미늄, 알킬리튬, 그밖에 지정수량이 10kg인 위험물 및 황린	
제4류 위험물 중 특수인화물, 제1석유류 및 알코올류	
제5류 위험물 중 지정수량이 10kg인 위험물	
제6류 위험물	
위 이외의 위험물을 저장하는 창고	2000m² 이하
내화구조의 격벽으로 완전히 구획된 실에 각각 저장하는 창고	1500m² 이하

(3) **저장창고의 벽·기둥 및 바닥은 내화구조**로 하고, **보와 서까래는 불연재료**로 하여야 한다. 다만, 지정수량의 10배 이하의 위험물의 저장창고 또는 제2류와 제4류의 위험물(인화성고체 및 인화점이 70℃ 미만인 제4류 위험물을 제외)만의 저장창고에 있어서는 연소의 우려가 없는 벽·기둥 및 바닥은 불연재료로 할 수 있다.
(4) **저장창고는 지붕**을 폭발력이 위로 방출될 정도의 **가벼운 불연재료**로 하고, 천장을 만들지 아니하여야 한다. 다만, 제2류 위험물(분말상태의 것과 인화성고체를 제외)과 제6류 위험물만의 저장창고에 있어서는 지붕을 내화구조로 할 수 있고, **제5류 위험물만의 저장창고에 있어서는 당해 저장창고내의 온도를 저온으로 유지하기 위하여 난연재료 또는 불연재료로 된 천장을 설치할 수 있다.**
(5) 저장창고의 출입구에는 **60분+방화문·60분방화문 또는 30분방화문**을 설치하되, 연소의 우려가 있는 외벽에 있는 출입구에는 수시로 열 수 있는 **자동폐쇄식의 60분+방화문 또는 60분방화문**을 설치하여야 한다.
(6) 저장창고의 창 또는 출입구에 유리를 이용하는 경우에는 **망입유리**로 하여야 한다.
(7) 제1류 위험물 중 **알칼리금속의 과산화물** 또는 이를 함유하는 것, 제2류 위험물 중 **철분·금속분·마그네슘** 또는 이중 어느 하나 이상을 함유하는 것, **제3류 위험물 중 금수성물질** 또는 **제4류 위험물**의 저장창고의 **바닥은 물이 스며 나오거나 스며들지 아니하는 구조**로 하여야 한다.
(8) 액상의 위험물의 저장창고의 바닥은 위험물이 스며들지 아니하는 구조로 하고, 적당하게 경사지게 하여 그 최저부에 **집유설비**를 하여야 한다.

위험물기능장 제60회 실기시험

2016년도 기능장 제60회 실기시험 **(2016년 08월 27일 시행)**

자격종목	시험시간	문제수	형별
위험물기능장	2시간	20	A

01
제3류 위험물인 트라이메틸알루미늄(Tri Methyl Aluminum)과 트라이에틸알루미늄(Tri Eethyl Aluminum)에 대한 다음 각 물음에 답하시오.
① 트라이메틸알루미늄(Tri Methyl Aluminum)과 물의 반응식을 쓰시오.
② 트라이에틸알루미늄(Tri Eethyl Aluminum)과 물의 반응식을 쓰시오.
③ ①의 반응식에서 생성된 기체의 완전연소반응식을 쓰시오.
④ ②의 반응식에서 생성된 기체의 완전연소반응식을 쓰시오.

해답 ✔**답** ① $(CH_3)_3Al + 3H_2O \rightarrow Al(OH)_3 + 3CH_4$
② $(C_2H_5)_3Al + 3H_2O \rightarrow Al(OH)_3 + 3C_2H_6$
③ $CH_4 + 2O_2 \rightarrow CO_2 + 2H_2O$
④ $2C_2H_6 + 7O_2 \rightarrow 4CO_2 + 6H_2O$

상세해설 **알킬알루미늄[(C_nH_{2n+1})·Al] : 제3류 위험물(금수성 물질)**
① 알킬기(C_nH_{2n+1})에 알루미늄(Al)이 결합된 화합물이다.
② $C_1 \sim C_4$는 자연발화의 위험성이 있다.
③ 물과 접촉 시 가연성 가스 발생하므로 주수소화는 절대 금지한다.
④ 트라이메틸알루미늄(TMA : Tri Methyl Aluminium)
$(CH_3)_3Al + 3H_2O \rightarrow Al(OH)_3 + 3CH_4 \uparrow$ (메탄)
⑤ 트라이에틸알루미늄(TEA : Tri Eethyl Aluminium)
$(C_2H_5)_3Al + 3H_2O \rightarrow Al(OH)_3 + 3C_2H_6 \uparrow$ (에탄) ★에탄(폭발범위 : 3.0~12.4%)
⑥ 저장용기에 불활성기체(N_2)를 봉입한다.
⑦ 피부접촉 시 화상을 입히고 연소 시 흰 연기가 발생한다.
⑧ 소화 시 주수소화는 절대 금하고 팽창질석, 팽창진주암 등으로 피복소화한다.

02
위험물안전관리법령에 따른 위험물일반취급소에 대한 특례기준을 적용할 수 있는 일반취급소를 5가지 만 쓰시오.

해답 ✔**답** ① 분무도장작업 등의 일반취급소
② 세정작업의 일반취급소

③ 열처리작업등의 일반취급소
④ 보일러 등으로 위험물을 소비하는 일반취급소
⑤ 충전하는 일반취급소
⑥ 옮겨 담는 일반취급소
⑦ 유압장치 등을 설치하는 일반취급소
⑧ 절삭장치 등을 설치하는 일반취급소
⑨ 열매체유 순환장치를 설치하는 일반취급소
⑩ 화학실험의 일반취급소

03 다음 분말소화약제에 대한 각 물음에 답하시오.
① 제1종 분말소화약제의 270℃에서 열분해 반응식을 쓰시오.
② 제3종 분말소화약제의 190℃에서 열분해 반응식을 쓰시오

해답
✔답 ① $2NaHCO_3 \rightarrow Na_2CO_3 + CO_2 + H_2O$
② $NH_4H_2PO_4 \rightarrow NH_3 + H_3PO_4$

상세해설

분말약제의 열분해

종 별	약제명	착색	열분해 반응식
제1종	탄산수소나트륨 중탄산나트륨 중조	백색	270℃ $2NaHCO_3 \rightarrow Na_2CO_3 + CO_2 + H_2O$ 850℃ $2NaHCO_3 \rightarrow Na_2O + 2CO_2 + H_2O$
제2종	탄산수소칼륨 중탄산칼륨	담회색	190℃ $2KHCO_3 \rightarrow K_2CO_3 + CO_2 + H_2O$ 590℃ $2KHCO_3 \rightarrow K_2O + 2CO_2 + H_2O$
제3종	제1인산암모늄	담홍색	190℃ $NH_4H_2PO_4 \rightarrow NH_3 + H_3PO_4$(오르토인산) 215℃ $2H_3PO_4 \rightarrow H_2O + H_4P_2O_7$(피로인산) 300℃ $H_4P_2O_7 \rightarrow H_2O + 2HPO_3$(메타인산)
제4종	중탄산칼륨+요소	회(백)색	$2KHCO_3 + (NH_2)_2CO \rightarrow K_2CO_3 + 2NH_3 + 2CO_2$

04 위험물옥외저장소의 기준에 따라 선반을 설치하는 경우 설치기준을 3가지만 쓰시오.

해답
✔답 ① 선반은 불연재료로 만들고 견고한 지반면에 고정할 것
② 선반은 당해 선반 및 그 부속설비의 자중·저장하는 위험물의 중량·풍하중·지진의 영향 등에 의하여 생기는 응력에 대하여 안전할 것
③ 선반의 높이는 6m를 초과하지 아니할 것
④ 선반에는 위험물을 수납한 용기가 쉽게 낙하하지 아니하는 조치를 강구할 것

상세해설 옥외저장소에 선반을 설치하는 경우 설치기준
① 선반은 불연재료로 만들고 견고한 지반면에 고정할 것
② 선반은 당해 선반 및 그 부속설비의 자중·저장하는 위험물의 중량·풍하중·지진의 영향 등에 의하여 생기는 응력에 대하여 안전할 것
③ 선반의 높이는 6m를 초과하지 아니할 것
④ 선반에는 위험물을 수납한 용기가 쉽게 낙하하지 아니하는 조치를 강구할 것

05 탄화칼슘 10kg이 물과 반응할 때 생성되는 아세틸렌의 부피(m^3)는 70kPa, 30℃에서 얼마가 되겠는가? (단, 1기압은 101.3kPa 이다.)

해답 ✔ 계산과정

① 물과의 반응식(반응물질 1몰 기준)
   $CaC_2 + 2H_2O \rightarrow Ca(OH)_2 + C_2H_2$(아세틸렌)
② CaC_2의 분자량 = 40+12×2 = 64
③ 압력단위환산(kPa → atm)
   $70kPa \times \dfrac{1atm}{101.3kPa} = 0.6910atm$
④ 이상기체상태방정식을 적용하면
   $V = \dfrac{WRT}{PM} \times$ 생성기체mol수 $= \dfrac{10 \times 0.082 \times (273+30)}{0.6910 \times 64} \times 1 = 5.62m^3$

✔ 답 $5.62m^3$

상세해설 ★ 원자량 암기방법
원자번호가 짝수인 경우 : 원자번호×2   [예] Ca=20(원자번호)×2=40
원자번호가 홀수인 경우 : 원자번호×2+1   [예] Na=11(원자번호)×2+1=23

탄화칼슘(CaC_2) : 제3류 위험물 중 칼슘탄화물

화학식	분자량	융점	비중
CaC_2	64	2370℃	2.21

① 물과 접촉 시 아세틸렌을 생성하고 열을 발생시킨다.
   $CaC_2 + 2H_2O \rightarrow Ca(OH)_2$(수산화칼슘) $+ C_2H_2 \uparrow$ (아세틸렌)
② 아세틸렌의 폭발범위는 2.5~81%로 대단히 넓어서 폭발위험성이 크다.
③ 장기 보관 시 불활성기체(N_2 등)를 봉입하여 저장한다.
④ 별명은 카바이드, 탄화석회, 칼슘카바이드 등이다.
⑤ 고온(700℃)에서 질화되어 석회질소($CaCN_2$)가 생성된다.
   $CaC_2 + N_2 \rightarrow CaCN_2$(석회질소) $+ C$(탄소)
⑥ 물 및 포약제에 의한 소화는 절대 금하고 마른모래 등으로 피복 소화한다.

06 다음 보기에서 설명하는 제4류 위험물에 대한 각 물음에 답하시오.

[보기]
- 휘발성이 매우 강한 무색 투명한 액체이다.
- 직사일광에 폭발성의 과산화물을 생성하므로 갈색병에 보관한다.
- 연소범위는 1.7~48%이며 비중는 0.72이다.

① 위험물의 명칭, 화학식, 지정수량을 쓰시오.
② 위험물이 해당하는 품명에 대한 위험물의 정의를 쓰시오.
③ 보냉장치가 있는 경우 이동저장탱크의 저장 유지온도를 쓰시오.

해답

✔답 ① 명칭 : 다이에틸에터
   화학식 : $C_2H_5OC_2H_5$
   지정수량 : 50L
② 이황화탄소, 다이에틸에터 그 밖에 1기압에서 발화점이 100℃ 이하인 것 또는 인화점이 영하 20℃ 이하이고 비점이 40℃ 이하인 것
③ 비점(34℃) 이하

상세해설

다이에틸에터($C_2H_5OC_2H_5$) – 제4류 특수인화물

$$H-\overset{\overset{H}{|}}{\underset{\underset{H}{|}}{C}}-\overset{\overset{H}{|}}{\underset{\underset{H}{|}}{C}}-O-\overset{\overset{H}{|}}{\underset{\underset{H}{|}}{C}}-\overset{\overset{H}{|}}{\underset{\underset{H}{|}}{C}}-H$$

화학식	분자량	비중	비점	인화점	착화점	연소범위
$C_2H_5OC_2H_5$	74.12	0.72	34℃	-40℃	180℃	1.7~48%

① 직사광선에 장시간 노출 시 과산화물 생성

과산화물 생성 확인방법
  다이에틸에터 + KI용액(10%) → 황색변화(1분 이내)

② 용기는 갈색 병을 사용하며 냉암소에 보관
③ 정전기 방지를 위하여 약간의 $CaCl_2$를 넣어준다.
④ 폭발성의 과산화물 생성방지를 위해 용기 내에 40mesh 구리 망을 넣어준다.

다이에틸에터 제조방법
  $C_2H_5OH + C_2H_5OH \xrightarrow{C-H_2SO_4} C_2H_5OC_2H_5 + H_2O$

⑤ 과산화물 제거시약 : 황산제일철($FeSO_4$) 또는 환원철

제4류 위험물의 지정수량

성질	품 명		지정수량(L)	위험등급
인화성 액체	특수인화물		50	I
	제1석유류	비수용성	200	II
		수용성	400	
	알코올류		400	
	제2석유류	비수용성	1,000	III
		수용성	2,000	
	제3석유류	비수용성	2,000	
		수용성	4,000	
	제4석유류		6,000	
	동식물류		10,000	

옥외저장탱크·옥내저장탱크 또는 지하저장탱크의 저장 유지온도

구 분	압력탱크 외의 탱크	구 분	압력탱크
산화프로필렌과 이를 함유한 것 또는 다이에틸에터등	30℃ 이하	아세트알데하이드등 또는 다이에틸에터등	40℃ 이하
아세트알데하이드 또는 이를 함유한 것	15℃ 이하		

이동저장탱크의 저장 유지온도

구 분	보냉장치가 있는 경우	보냉장치가 없는 경우
아세트알데하이드등 또는 다이에틸에터등	비점 이하	40℃ 이하

---

07 지정수량 이상의 위험물을 저장하기 위한 저장소의 구분을 8가지 쓰시오

해답

✔**답** ① 옥내저장소   ② 옥외탱크저장소   ③ 옥내탱크저장소
　　　④ 지하탱크저장소   ⑤ 간이탱크저장소   ⑥ 이동탱크저장소
　　　⑦ 옥외저장소   ⑧ 암반탱크저장소

상세해설 지정수량 이상의 위험물을 저장하기 위한 장소와 그에 따른 저장소의 구분

지정수량 이상의 위험물을 저장하기 위한 장소	저장소의 구분
1. 옥내에 저장하는 장소	옥내저장소
2. 옥외에 있는 탱크에 위험물을 저장하는 장소	옥외탱크저장소
3. 옥내에 있는 탱크에 위험물을 저장하는 장소	옥내탱크저장소
4. 지하에 매설한 탱크에 위험물을 저장하는 장소	지하탱크저장소
5. 간이탱크에 위험물을 저장하는 장소	간이탱크저장소
6. 차량에 고정된 탱크에 위험물을 저장하는 장소	이동탱크저장소
7. 옥외에 위험물을 저장하는 장소	옥외저장소
8. 암반내의 공간을 이용한 탱크에 액체의 위험물을 저장하는 장소	암반탱크저장소

08
아래의 위험물의 유별에 해당하는 위험등급 Ⅰ에 해당하는 품명을 모두 쓰시오.
① 제1류 위험물   ② 제3류 위험물   ③ 제5류 위험물

해답
✔답 ① 제1류 위험물 : 아염소산염류, 염소산염류, 과염소산염류, 무기과산화물
② 제3류 위험물 : 칼륨, 나트륨, 알킬알루미늄, 알킬리튬, 황린
③ 제5류 위험물 : 지정수량이 10kg인 위험물

상세해설

위험물의 등급 분류★★★

위험등급	해당 위험물
위험등급 Ⅰ	① 제1류 위험물 중 아염소산염류, 염소산염류, 과염소산염류, 무기과산화물 그 밖에 지정수량이 50kg인 위험물 ② 제3류 위험물 중 칼륨, 나트륨, 알킬알루미늄, 알킬리튬, 황린 그 밖에 지정수량이 10kg 또는 20kg인 위험물 ③ 제4류 위험물 중 특수인화물 ④ 제5류 위험물 중 지정수량이 10kg인 위험물 ⑤ 제6류 위험물
위험등급 Ⅱ	① 제1류 위험물 중 브로민산염류, 질산염류, 아이오딘산염류 그 밖에 지정수량이 300kg인 위험물 ② 제2류 위험물 중 황화인, 적린, 황 그 밖에 지정수량이 100kg인 위험물 ③ 제3류 위험물 중 알칼리금속(칼륨, 나트륨 제외) 및 알칼리토금속, 유기금속화합물(알킬알루미늄 및 알킬리튬은 제외) 그 밖에 지정수량이 50kg인 위험물 ④ 제4류 위험물 중 제1석유류, 알코올류 ⑤ 제5류 위험물 중 위험등급 Ⅰ 위험물 외의 것
위험등급 Ⅲ	위험등급 Ⅰ, Ⅱ 이외의 위험물

09
위험물제조소등에 보기와 같이 제4류 위험물을 저장하고 있는 경우 지정수량의 배수의 합은 얼마인가?

- 초산에틸 : 200L
- 사이클로헥산 : 500L
- 클로로벤젠 : 2,000L
- 에탄올아민 : 2,000L

해답
✔계산과정
① 지정수량의 배수 = $\dfrac{\text{저장수량}}{\text{지정수량}}$

② 지정수량의 배수 = $\dfrac{200}{200} + \dfrac{500}{200} + \dfrac{2,000}{1,000} + \dfrac{2,000}{4,000} = 6$

✔답 6배

상세해설 제4류 위험물의 지정수량

성질	품 명		지정수량(L)	위험등급
인화성 액체	특수인화물		50	I
	제1석유류	비수용성	200	II
		수용성	400	
	알코올류		400	
	제2석유류	비수용성	1,000	III
		수용성	2,000	
	제3석유류	비수용성	2,000	
		수용성	4,000	
	제4석유류		6,000	
	동식물류		10,000	

- 초산에틸($CH_3COOC_2H_5$) – 제1석유류 – 비수용성 – 200L
- 사이클로헥산(C_6H_{12}) – 제1석유류 – 비수용성 – 200L
- 클로로벤젠(C_6H_5Cl) – 제2석유류 – 비수용성 – 1,000L
- 에탄올아민($NH_2CH_2CH_2OH$) – 제3석유류 – 수용성 – 4,000L

---

10 제4류 위험물 옥외탱크저장소의 방유제안에 용량이 20만L, 30만L, 50만L인 탱크가 있다. 방유제의 용량(m^3)은 얼마 이상으로 하여야 하는가?

해답 ✔ 계산과정

$$Q = 500000 \times 1.1 = 550000 \text{L} = 550 \text{m}^3$$

✔ 답 550m^3

상세해설 방유제의 용량

① **옥외 위험물 취급탱크의 방유제의 용량**
  ㉠ 하나의 탱크 : 탱크용량×0.5(50%)
  ㉡ 2 이상의 탱크 : 최대탱크용량×0.5+(나머지 탱크용량합계×0.1)
② **옥내 위험물 취급탱크의 방유턱의 용량**
  ㉠ 하나의 탱크 : 탱크용량 이상
  ㉡ 2 이상의 탱크 : 최대탱크용량 이상
③ **옥외탱크저장소의 방유제의 용량**
  ㉠ 하나의 탱크 : 탱크용량×1.1(110%)(비인화성 물질×100%)
  ㉡ 2 이상의 탱크 : 최대탱크용량×1.1(110%)(비인화성 물질×100%)

11 다음은 알킬알루미늄 등 및 아세트알데하이드 등의 취급기준에 관한 중요기준이다. ( )안에 알맞은 답을 쓰시오.

(1) 알킬알루미늄 등의 제조소 또는 일반취급소에 있어서 알킬알루미늄 등을 취급하는 설비에는 불활성의 기체를 봉입할 것
(2) 알킬알루미늄 등의 이동탱크저장소에 있어서 이동저장탱크로부터 알킬알루미늄 등을 꺼낼 때에는 동시에 (①)kPa 이하의 압력으로 불활성의 기체를 봉입할 것
(3) 아세트알데하이드 등의 제조소 또는 일반취급소에 있어서 아세트알데하이드등을 취급하는 설비에는 연소성 혼합기체의 생성에 의한 폭발의 위험이 생겼을 경우에 불활성의 기체 또는 (②)[아세트알데하이드 등을 취급하는 탱크(옥외에 있는 탱크 또는 옥내에 있는 탱크로서 그 용량이 지정수량의 5분의 1 미만의 것을 제외한다)에 있어서는 불활성의 기체]를 봉입할 것
(4) 아세트알데하이드 등의 이동탱크저장소에 있어서 이동저장탱크로부터 아세트알데하이드 등을 꺼낼 때에는 동시에 (③)kPa 이하의 압력으로 불활성의 기체를 봉입할 것

해답 ✓답 ① 200 ② 수증기 ③ 100

상세해설 **제조소등에서의 위험물의 저장 및 취급에 관한 기준**
알킬알루미늄 등 및 아세트알데하이드 등의 취급기준은 제1호 내지 제5호에 정하는 것 외에 당해 위험물의 성질에 따라 다음 각목에 정하는 바에 의한다(중요기준).
① **알킬알루미늄** 등의 제조소 또는 일반취급소에 있어서 알킬알루미늄 등을 취급하는 설비에는 **불활성의 기체**를 봉입할 것
② **알킬알루미늄** 등의 이동탱크저장소에 있어서 이동저장탱크로부터 알킬알루미늄 등을 꺼낼 때에는 동시에 **200kPa 이하**의 압력으로 불활성의 기체를 봉입할 것
③ 아세트알데하이드 등의 제조소 또는 일반취급소에 있어서 아세트알데하이드 등을 취급하는 설비에는 연소성 혼합기체의 생성에 의한 폭발의 위험이 생겼을 경우에 **불활성의 기체 또는 수증기**[아세트알데하이드 등을 취급하는 탱크(옥외에 있는 탱크 또는 옥내에 있는 탱크로서 그 용량이 지정수량의 5분의 1 미만의 것을 제외한다)에 있어서는 **불활성의 기체**]를 봉입할 것
④ **아세트알데하이드** 등의 이동탱크저장소에 있어서 이동저장탱크로부터 아세트알데하이드 등을 꺼낼 때에는 동시에 **100kPa 이하**의 압력으로 불활성의 기체를 봉입할 것

12 다음은 위험물안전관리법령상 신고, 선임, 서류제출 기한에 관한 내용이다. 빈칸에 알맞은 답을 쓰시오.

내 용	기간
위험물의 품명·수량 또는 지정수량의 배수의 변경신고 기간	1일전
위험물안전관리자를 해임하거나 퇴직한 날부터 선임기한	①
위험물제조소등의 용도를 폐지한 날부터 신고기한.	②
안전관리대행기관은 지정받은 사항의 변경이 있는 때 변경신고기한	③
위험물제조소등의 지위를 승계한 자에 대한 승계한 날부터 신고기한	④
안전관리대행기관은 휴업·재개업 또는 폐업을 하고자 하는 때 서류 제출 기한	⑤

해답

✔**답** ① 30일 이내 ② 14일 이내 ③ 14일 이내 ④ 30일 이내 ⑤ 14일 전

상세해설

(1) 위험물안전관리법 제6조(위험물시설의 설치 및 변경 등)
제조소등의 위치·구조 또는 설비의 변경없이 당해 제조소등에서 저장하거나 취급하는 위험물의 품명·수량 또는 지정수량의 배수를 변경하고자 하는 자는 변경하고자 하는 날의 **1일 전까지** 행정안전부령이 정하는 바에 따라 시·도지사에게 신고하여야 한다.

(2) 위험물안전관리법 제15조(위험물안전관리자)
안전관리자를 선임한 제조소등의 관계인은 그 안전관리자를 해임하거나 안전관리자가 퇴직한 때에는 해임하거나 퇴직한 날부터 30일 이내에 다시 안전관리자를 선임하여야 한다.

(3) 위험물안전관리법 제11조(제조소등의 폐지)
제조소등의 관계인은 당해 제조소등의 용도를 폐지한 때에는 행정안전부령이 정하는 바에 따라 제조소등의 용도를 폐지한 날부터 14일 이내에 시·도지사에게 신고하여야 한다.

(4) 위험물안전관리법 시행규칙 제57조(안전관리대행기관의 지정 등)
안전관리대행기관은 지정받은 사항의 변경이 있는 때에는 그 사유가 있는 날부터 **14일 이내**에, 휴업·재개업 또는 폐업을 하고자 하는 때에는 휴업·재개업 또는 폐업하고자 하는 날의 **14일 전**에 해당 서류를 첨부하여 소방청장에게 제출하여야 한다.

(5) 위험물안전관리법 제10조(제조소등 설치자의 지위승계)
제조소등의 설치자의 지위를 승계한 자는 행정안전부령이 정하는 바에 따라 승계한 날부터 30일 이내에 시·도지사에게 그 사실을 신고하여야 한다.

13

다음은 옥외탱크저장소의 방유제에 대한 설치기준이다. ( )안에 알맞은 답을 쓰시오.

(1) 용량이 (①)L 이상인 옥외저장탱크의 주위에 설치하는 방유제에는 다음의 규정에 따라 당해 탱크마다 간막이 둑을 설치할 것
(2) 간막이 둑의 높이는 (②)m(탱크의 용량의 합계가 2억L를 넘는 방유제는 (③)m 이상으로 하되, 방유제의 높이보다 (④)m 이상 낮게 할 것
(3) 간막이 둑은 흙 또는 철근콘크리트로 할 것
(4) 간막이 둑의 용량은 간막이 둑안에 설치된 탱크 용량의 (⑤)% 이상일 것

해답 ✔답 ① 1000만 ② 0.3 ③ 1 ④ 0.2 ⑤ 10

상세해설

옥외저장탱크의 방유제

인화성액체위험물(이황화탄소를 제외)의 옥외탱크저장소의 탱크 주위에는 다음 각목의 기준에 의하여 방유제를 설치하여야 한다.

① 방유제의 용량

탱크가 하나인 때	탱크 용량의 110% 이상
2기 이상인 때	탱크 중 용량이 최대인 것의 용량의 110% 이상

② 방유제는 높이 0.5m **이상** 3m **이하**, 두께 0.2m **이상**, 지하매설깊이 1m **이상**으로 할 것.
③ 방유제 내의 면적은 **8만m² 이하**로 할 것
④ 방유제 내의 설치하는 옥외저장탱크의 수는 **10 이하**로 할 것 (모든 탱크의 용량이 20만L 이하이고, 인화점이 70℃ 이상 200℃ 미만인 경우에는 20 이하)
⑤ 방유제 외면의 **2분의 1 이상**은 자동차 등이 통행할 수 있는 3m **이상**의 노면폭을 확보한 구내도로에 직접 접하도록 할 것.
⑥ 방유제는 옥외저장탱크의 지름에 따라 그 탱크의 옆판으로부터 다음에 정하는 거리를 유지할 것.(다만, 인화점이 200℃ **이상**인 위험물은 **제외**)

지름이 15m 미만인 경우	탱크 높이의 3분의 1 이상
지름이 15m 이상인 경우	탱크 높이의 2분의 1 이상

⑦ 방유제는 철근콘크리트로 할 것
⑧ **용량이 1,000만L 이상**인 옥외저장탱크의 주위에 설치하는 방유제에는 다음의 규정에 따라 **탱크마다 간막이 둑**을 설치할 것
 ㉠ **간막이 둑의 높이는 0.3m**(탱크의 용량의 합계가 **2억L를 넘는 방유제는 1m**) **이상**으로 하되, 방유제의 높이보다 0.2m **이상 낮게** 할 것
 ㉡ 간막이 둑은 **흙 또는 철근콘크리트**로 할 것
 ㉢ 간막이 둑의 용량은 간막이 둑안에 설치된 **탱크 용량의 10% 이상**일 것
⑨ 높이가 1m를 넘는 방유제 및 간막이 둑의 안팎에는 방유제 내에 출입하기 위한 **계단 또는 경사로를 약 50m마다** 설치할 것
⑩ **인화성이 없는 액체위험물**의 옥외저장탱크의 주위에 설치하는 방유제는 탱크 용량의 100%(2기 이상일 경우에는 최대탱크용량의 100%) **이상**으로 할 것

14 제1류 위험물인 과산화칼륨에 대한 다음 각 물음에 답하시오.
① 물과의 반응식을 쓰시오.
② 아세트산(초산)과의 반응식을 쓰시오.
③ 염산과의 반응식을 쓰시오.

해답 ✔답 ① 물과의 반응식 : $2K_2O_2 + 2H_2O \rightarrow 4KOH + O_2$
② 아세트산과의 반응식 : $K_2O_2 + 2CH_3COOH \rightarrow 2CH_3COOK + H_2O_2$
③ 염산과의 반응식 : $K_2O_2 + 2HCl \rightarrow 2KCl + H_2O_2$

상세해설 과산화칼륨(K_2O_2) : 제1류 위험물 중 무기과산화물

화학식	분자량	비중	분해온도
K_2O_2	110	2.9	490℃

① 무색 또는 오렌지색 분말상태
② 상온에서 **물과 격렬히 반응하여 산소**(O_2)**를 방출**하고 폭발하기도 한다.
$$2K_2O_2 + 2H_2O \rightarrow 4KOH + O_2 \uparrow$$
③ 공기 중 이산화탄소(CO_2)와 반응하여 산소(O_2)를 방출한다.
$$2K_2O_2 + 2CO_2 \rightarrow 2K_2CO_3 + O_2 \uparrow$$
④ **산과 반응하여 과산화수소**(H_2O_2)**를 생성시킨다.**
$$K_2O_2 + 2CH_3COOH \rightarrow 2CH_3COOK + H_2O_2 \uparrow$$
⑤ 열분해시 산소(O_2)를 방출한다.
$$2K_2O_2 \rightarrow 2K_2O + O_2 \uparrow$$
⑥ 주수소화는 금물이고 마른모래(건조사)등으로 소화한다.

15 다음은 4류 위험물에 대한 내용이다. 빈칸에 알맞은 답을 쓰시오.

화학식	품 명	수용성여부	분류기준 인화점	지정수량
HCOOH	제2석유류	수용성	21℃ 이상 70℃ 미만	2000L
C_6H_{12}	제1석유류	①	21℃미만	④
$C_6H_5NH_2$	제3석유류	비수용성	③	2000L
CH_3CN	제1석유류	②	21℃미만	⑤

해답 ✔답 ① 비수용성
② 수용성
③ 70℃ 이상 200℃ 미만
④ 200L
⑤ 400L

상세해설

화학식	명칭	품명	수용성여부	분류기준 인화점	지정수량
HCOOH	의산(개미산)	제2석유류	수용성	21℃ 이상 70℃ 미만	2000L
C_6H_{12}	사이클로헥산	제1석유류	비수용성	21℃ 미만	200L
$C_6H_5NH_2$	아닐린	제3석유류	비수용성	70℃ 이상 200℃ 미만	2000L
CH_3CN	아세토니트릴 (아세토나이트릴)	제1석유류	수용성	21℃ 미만	400L

제4류 위험물의 품명 및 지정수량★★★★★

성질	품명		지정수량	위험등급	비고
인화성 액체	특수인화물		50L	I	• 발화점 100℃ 이하 • 인화점 −20℃ 이하 & 비점 40℃ 이하 • 이황화탄소, 다이에틸에터
	제1석유류	비수용성	200L	II	• 인화점 21℃ 미만 • 아세톤, 휘발유
		수용성	400L		
	알코올류		400L		• C_1~C_3포화 1가알코올(변성알코올 포함)
	제2석유류	비수용성	1000L	III	• 인화점 21℃ 이상 70℃ 미만 • 등유, 경유
		수용성	2000L		
	제3석유류	비수용성	2000L		• 인화점 70℃ 이상 200℃ 미만 • 중유, 크레오소트유
		수용성	4000L		
	제4석유류		6000L		• 인화점이 200℃ 이상 250℃ 미만인 것
	동식물유류		10000L		• 동물의 지육 또는 식물의 종자나 과육으로부터 추출한 것으로 1기압에서 인화점이 250℃ 미만인 것

16 불활성가스 소화설비의 설치기준 중 전역방출방식인 것에 있어서 안전조치를 위하여 설치하여야 하는 기준을 3가지만 쓰시오.

해답

✔답 ① 기동장치의 방출용 스위치 등의 작동으로부터 저장용기 등의 용기밸브 또는 방출밸브의 개방까지의 시간이 20초 이상으로 되도록 지연장치를 설치할 것
② 수동기동장치에는 20초 이내에 소화약제가 방출되지 않도록 조치를 할 것
③ 방호구역의 출입구 등 보기 쉬운 장소에 소화약제가 방출된다는 사실을 알리는 표시등을 설치할 것

상세해설

위험물안전관리에 관한 세부기준 제134조(불활성가스소화설비의 기준)
전역방출방식인 것에는 다음에 정하는 안전조치를 할 것
① 기동장치의 방출용 스위치 등의 작동으로부터 저장용기등의 용기밸브 또는 방출밸브의 개방까지의 시간이 20초 이상으로 되도록 지연장치를 설치할 것.
② 수동기동장치에는 20초 이내에 소화약제가 방출되지 않도록 조치를 할 것
③ 방호구역의 출입구 등 보기 쉬운 장소에 소화약제가 방출된다는 사실을 알리는 표시등을 설치할 것

17 온도 25°C에서 포화용액 80g 속에 어떤 물질이 25g 녹아있다. 용해도를 계산하시오.

해답
✔ 계산과정
① 포화용액 중 물의 무게 = 80g − 25 = 55g(용매의 무게)
② 용해도 계산 : 용해도 = $\dfrac{25}{55} \times 100 = 45.45$

✔ 답 45.45

상세해설
$$\text{용해도} = \dfrac{\text{용질의 g수}}{\text{용매의 g수}} \times 100 \quad (\text{용해도는 단위가 없는 무차원이다})$$

여기서, 용매 : 녹이는 물질, 용질 : 녹는 물질, 용액 : 용매+용질

---

18 다음은 주유취급소의 주유공지 및 급유공지에 대한 기준이다. ( )안에 알맞은 답을 쓰시오.

(1) 주유취급소의 고정주유설비의 주위에는 주유를 받으려는 자동차 등이 출입할 수 있도록 너비 (①) 이상, 길이 (②) 이상의 콘크리트 등으로 포장한 공지를 보유하여야 하고,
(2) 고정급유설비를 설치하는 경우에는 고정급유설비의 (③)의 주위에 필요한 공지를 보유하여야 한다.
(3) 공지의 바닥은 주위 지면보다 높게 하고, 그 표면을 적당하게 경사지게 하여 새어나온 기름 그 밖의 액체가 공지의 외부로 유출되지 아니하도록 (④)·(⑤) 및 (⑥)를 하여야 한다.

해답
✔ 답 ① 15m ② 6m
　　　③ 호스기기 ④ 배수구
　　　⑤ 집유설비 ⑥ 유분리장치

상세해설
주유취급소의 위치·구조 및 설비의 기준
① 주유공지 및 급유공지

주유공지	급유공지
너비 15m 이상, 길이 6m 이상의 콘크리트 등으로 포장한 공지	고정급유설비의 호스기기의 주위에 필요한 공지

★공지의 바닥은 주위 지면보다 높게 하고, 배수구·집유설비 및 유분리장치를 할 것

② 표지 및 게시판

표 지	게 시 판
위험물 주유취급소	1. 방화에 관하여 필요한 사항 2. **황색바탕에 흑색문자로 "주유 중 엔진정지"** ★★

★ 게시판은 한 변의 길이가 0.3m 이상, 다른 한 변의 길이가 0.6m 이상인 직사각형으로 할 것

19 회백색의 금속분말로 묽은 염산에서 수소가스를 발생하며 비중이 약 7.86 융점 1535℃인 제2류 위험물이 위험물관리안전관리법상 위험물이 되기 위한 조건을 쓰시오.

해답
✔ 답 철의 분말로서 53μm의 표준체를 통과하는 것이 50중량% 미만인 것은 제외

상세해설
위험물의 판단기준
① 황
　순도가 60중량% 이상인 것을 말한다. 이 경우 순도측정에 있어서 불순물은 활석등 불연성물질과 수분에 한한다.
② 철분
　철의 분말로서 53μm의 표준체를 통과하는 것이 50중량% 미만인 것은 제외
③ 금속분
　알칼리금속·알칼리토금속·철 및 마그네슘 외의 금속의 분말을 말하고, **구리분·니켈분** 및 150μm의 체를 통과하는 것이 50중량% 미만인 것은 **제외**
④ 마그네슘은 다음 각목의 1에 해당하는 것은 제외한다.
　㉠ 2mm의 체를 통과하지 아니하는 덩어리 상태의 것
　㉡ 직경 2mm 이상의 막대 모양의 것
⑤ 인화성고체
　고형알코올 그 밖에 1기압에서 인화점이 40℃ 미만인 고체
⑥ 위험물의 판단기준

종 류	과산화수소	질산
기준	농도 36중량% 이상	비중 1.49 이상

20 다음 제2류 위험물에 대한 각 물음에 답하시오.

① 마그네슘과 물의 반응식을 쓰시오.
② 알루미늄과 염산의 반응식을 쓰시오.
③ "인화성고체"라 함은 고형알코올 그 밖에 1기압에서 인화점이 (   )℃ 미만 인 고체를 말한다.

해답

✔ 답 ① $Mg + 2H_2O \rightarrow Mg(OH)_2 + H_2$
② $2Al + 6HCl \rightarrow 2AlCl_3 + 3H_2$
③ 40

상세해설

마그네슘(Mg)-제2류 위험물

화학식	원자량	비중	융점	비점	발화점
Mg	24.3	1.74	651℃	1102℃	473℃

① 2mm의 체를 통과하지 아니하는 덩어리 상태의 것은 위험물에서 제외한다.
② 지름 2mm 이상의 막대모양의 것은 위험물에서 제외한다.
③ 은백색의 광택이 나는 가벼운 금속이다.
④ 물과 반응하여 수소기체 발생

$$Mg + 2H_2O \rightarrow Mg(OH)_2(수산화마그네슘) + H_2\uparrow(수소발생)$$

⑤ 이산화탄소약제를 방사하면 폭발적으로 반응하기 때문에 위험하다.

마그네슘과 CO_2의 반응식

$$2Mg + CO_2 \rightarrow 2MgO + C$$

⑥ 질소와 고온에서 반응하여 질화마그네슘(Mg_3N_2)을 생성한다.

$$3Mg + N_2 \rightarrow Mg_3N_2(질화마그네슘)$$

⑦ 산과 작용하여 수소를 발생시킨다.

마그네슘과 황산의 반응식

$$Mg + H_2SO_4 \rightarrow MgSO_4 + H_2$$

⑧ 공기 중 습기에 발열되어 자연발화 위험이 있다.

마그네슘의 연소식

$$2Mg + O_2 \rightarrow 2MgO + Q\text{kcal}$$

⑨ 주수소화는 엄금이며 마른모래 등으로 피복 소화한다.

알루미늄분(Al) : 제2류 위험물

화학식	원자량	비중	융점	비점
Al	27	2.7	660℃	2,000℃

① 은백색의 분말이다.
② 알루미늄이 연소하면 백색연기를 내면서 산화알루미늄을 생성한다.

$$4Al + 3O_2 \rightarrow 2Al_2O_3$$

③ 가열된 알루미늄은 물(수증기)와 반응하여 수소를 발생시킨다.(주수소화금지)
$$2Al + 6H_2O \rightarrow 2Al(OH)_3 + 3H_2 \uparrow$$
④ 알루미늄(Al)은 염산과 반응하여 수소를 발생한다.
$$2Al + 6HCl \rightarrow 2AlCl_3 + 3H_2 \uparrow$$
⑤ 알루미늄과 수산화나트륨 수용액은 반응하여 알루미늄산과 수소기체를 발생한다.
$$2Al + 2NaOH + 2H_2O \rightarrow 2NaAlO_2 + 3H_2 \uparrow$$
⑥ 알루미늄과 수산화나트륨은 많은 수소 기체를 발생시킨다.
$$2Al + 6NaOH \rightarrow 2Na_3AlO_3 + 3H_2 \uparrow$$
⑦ 주수소화는 엄금이며 마른모래 등으로 피복 소화한다.

인화성고체-제2류 위험물
고형알코올 그 밖에 1기압에서 인화점이 40℃ 미만인 고체

위험물기능장 제61회 실기시험

2017년도 기능장 제61회 실기시험 (2017년 04월 16일 시행)

자격종목	시험시간	문제수	형별	수험번호	성 명
위험물기능장	2시간	20	A		

01 다음은 위험물안전관리법에서 정한 고정주유설비 또는 고정급유설비의 설치기준에 대한 내용이다. ( )안에 알맞은 답을 쓰시오.

> 고정주유설비의 중심선을 기점으로 하여 도로경계선까지 (①)m 이상, 부지경계선·담 및 건축물의 벽까지 (②)m(개구부가 없는 벽까지는 1m) 이상의 거리를 유지하고, 고정급유설비의 중심선을 기점으로 하여 도로경계선까지 (③)m 이상, 부지경계선 및 담까지 (④)m 이상, 건축물의 벽까지 (⑤)m(개구부가 없는 벽까지는 1m) 이상의 거리를 유지할 것

해답 ✔답 ① 4 ② 2 ③ 4 ④ 1 ⑤ 2

상세해설

고정주유설비 또는 고정급유설비의 설치기준
① 고정주유설비의 중심선을 기점으로 하여 도로경계선까지 **4m 이상**, 부지경계선·담 및 건축물의 벽까지 **2m(개구부가 없는 벽까지는 1m) 이상**의 거리를 유지하고, 고정급유설비의 중심선을 기점으로 하여 도로경계선까지 **4m 이상**, 부지경계선 및 담까지 **1m 이상**, 건축물의 벽까지 **2m(개구부가 없는 벽까지는 1m) 이상**의 거리를 유지할 것
② 고정주유설비와 고정급유설비의 사이에는 **4m 이상**의 거리를 유지할 것

02 벤젠에 수은(Hg)을 촉매로 하여 질산을 반응시켜 제조하는 물질로 DDNP(diazodinitro Phenol)의 원료로 사용되는 위험물에 대한 다음 각 물음에 답하시오.

(1) 구조식을 그리시오.
(2) 품명과 지정수량을 쓰시오.

해답 ✔답 (1) 구조식 :

(2) 품명 : 나이트로화합물, 지정수량 : 10kg

상세해설

피크르산[$C_6H_2OH(NO_2)_3$](TNP : Tri Nitro Phenol) : 제5류 위험물 중 나이트로화합물

화학식	분자량	비중	비점	융점	인화점	착화점
$C_6H_2OH(NO_2)_3$	229	1.8	255℃	122℃	150℃	300℃

① **페놀**에 **황산**을 작용시켜 다시 **진한 질산**으로 나이트로화하여 만든 노란색 결정
② 휘황색의 침상결정이며 냉수에는 약간 녹고 더운물, **알코올, 벤젠** 등에 잘 녹는다.
③ 쓴맛과 독성이 있으며 비중이 약 1.8이며 물보다 무겁다.
④ **트라이나이트로페놀**(Tri Nitro phenol)의 약자로 TNP라고도 한다.
⑤ 단독으로 타격, 마찰에 비교적 둔감하다.
⑥ 화약, 불꽃놀이에 이용된다.

피크르산(트라이나이트로페놀)의 구조식

피크르산의 열분해 반응식

$$2C_6H_2OH(NO_2)_3 \rightarrow 2C + 3N_2\uparrow + 3H_2\uparrow + 4CO_2\uparrow + 6CO\uparrow$$

(발생물질 암기법 : 일(일산화탄소), 수(수소), 질(질소), 탄(탄소), 이(이산화탄소) **[일수놀이질탄]**

---

03 다음은 소방대상물 또는 위험물의 구분에 따른 소화설비의 적응성을 나타낸 표이다. 빈칸에 적응성이 있는 경우 ○표시를 하시오.

소화설비의 구분		대상물 구분								
		제1류 위험물		제2류 위험물			제3류 위험물		제4류 위험물	제5류 위험물	제6류 위험물
		과알칼리금속등속	그 밖의 것	철분·마그네슘등분	인화성고체	그 밖의 것	금수성물품	그 밖의 것			
물분무등 소화설비	물분무소화설비										
	포소화설비										
	불활성가스소화설비										
	할로젠화합물소화설비										
	탄산수소염류등										

해답 ✓답

소화설비의 구분		대상물 구분								
		제1류 위험물		제2류 위험물			제3류 위험물		제4류 위험물	제5류 위험물	제6류 위험물
		알칼리금속과산화물등	그 밖의 것	철분·금속분·마그네슘등	인화성고체	그 밖의 것	금수성물품	그 밖의 것			
물분무등소화설비	물분무소화설비		○		○	○		○	○	○	○
	포소화설비		○		○	○		○	○	○	○
	불활성가스소화설비				○				○		
	할로젠화합물소화설비				○				○		
	탄산수소염류등	○		○	○		○		○		

상세해설

소화설비의 적응성

소화설비의 구분		대상물 구분										
		건축물·그 밖의 공작물	전기설비	제1류 위험물		제2류 위험물			제3류 위험물		제4류 위험물	제5류 위험물	제6류 위험물
				알칼리금속과산화물등	그 밖의 것	철분·금속분·마그네슘등	인화성고체	그 밖의 것	금수성물품	그 밖의 것			
옥내소화전 또는 옥외소화전설비		○			○		○	○		○		○	○
스프링클러설비		○			○		○	○		○	△	○	○
물분무등소화설비	물분무소화설비	○	○		○		○	○		○	○	○	○
	포소화설비	○			○		○	○		○	○	○	○
	불활성가스소화설비		○				○				○		
	할로젠화합물소화설비		○				○				○		
	분말소화설비	인산염류등	○	○		○		○	○			○		○
		탄산수소염류등		○	○		○	○		○		○		
		그 밖의 것			○		○			○				

04 다음은 위험물 및 지정수량에 대한 표이다. 빈칸에 알맞은 답을 쓰시오.

유별	품명	지정수량
제1류	아염소산염류	50kg
	염소산염류	
	과염소산염류	
	①	
제2류	황화인	100kg
	적린	
	②	
	철분	500kg
	금속분	
	③	
제3류	칼륨	10kg
	나트륨	
	알킬알루미늄	
	알킬리튬	
	④	20kg
제5류	나이트로화합물	제1종 : 10kg 제2종 : 100kg
	나이트로소화합물	
	아조화합물	
	다이아조화합물	
	⑤	
	하이드록실아민	

해답 ✔ 답 ① 무기과산화물 ② 황 ③ 마그네슘 ④ 황린 ⑤ 하이드라진유도체

상세해설

제1류 위험물의 지정수량

성질	품명	지정수량	위험등급
산화성 고체	1. 아염소산염류 2. 염소산염류 3. 과염소산염류 4. 무기과산화물	50kg	I
	5. 브로민산염류 6. **질산염류** 7. 아이오딘산염류	300kg	II
	8. 과망가니즈산염류 9. 다이크로뮴산염류	1000kg	III
	10. 그 밖에 행정안전부령이 정하는 것 ① 과아이오딘산염류 ② 과아이오딘산 ③ 크로뮴, 납 또는 아이오딘의 산화물 ④ 아질산염류 ⑤ 염소화아이소사이아누르산 ⑥ 퍼옥소이황산염류 ⑦ 퍼옥소붕산염류	300kg	II
	⑧ 차아염소산염류	50kg	I

제2류 위험물의 지정수량

성 질	품 명	지정수량	위험등급
가연성 고체	1. 황화인 2. 적린 3. 황	100kg	Ⅱ
	4. 철분 5. 금속분 6. 마그네슘	500kg	Ⅲ
	7. 인화성고체	1000kg	

제3류 위험물의 지정수량

성 질	품 명	지정수량	위험등급
자연발화성 및 금수성물질	1. **칼륨** 2. **나트륨** 3. 알킬알루미늄 4. 알킬리튬	10kg	Ⅰ
	5. 황린	20kg	
	6. 알칼리금속 (칼륨 및 나트륨 제외) 및 알칼리토금속 7. 유기금속화합물 (알킬알루미늄 및 알킬리튬 제외)	50kg	Ⅱ
	8. 금속의 수소화물 9. 금속의 인화물 10. 칼슘 또는 알루미늄의 탄화물 11. 염소화규소화합물	300kg	Ⅲ

제4류 위험물의 지정수량

성 질	품 명		지정수량(L)	위험등급
인화성 액체	특수인화물		50	Ⅰ
	제1석유류	비수용성	200	Ⅱ
		수용성	400	
	알코올류		400	
	제2석유류	비수용성	1,000	Ⅲ
		수용성	2,000	
	제3석유류	비수용성	2,000	
		수용성	4,000	
	제4석유류		6,000	
	동식물유류		10,000	

제5류 위험물의 지정수량

성 질	품 명	지정수량	위험등급
자기 반응성물질	1. 유기과산화물 2. 질산에스터류 3. 나이트로화합물 4. 나이트로소화합물 5. 아조화합물 6. 다이아조화합물 7. 하이드라진유도체 8. 하이드록실아민 9. 하이드록실아민염류	제1종 : 10kg 제2종 : 100kg	제1종 : Ⅰ 제2종 : Ⅱ

제6류 위험물의 지정수량

성 질	품 명	지정수량	위험등급

산화성 액체	1. 과염소산
	2. 과산화수소
	3. 질산
	4. 할로젠간화합물
	  ① 삼불화브로민
	  ② 오불화브로민
	  ③ 오불화아이오딘
		300kg	Ⅰ

05 0.01(wt%)의 황을 함유한 1,000kg의 코크스를 과잉공기 중에 완전 연소시켰을 때 발생되는 SO_2의 양은 몇 g인가?

해답 ✔ 계산과정

① 1,000kg 중 황의 양

코크스 $1,000kg = 10^6 g$

황의 양 $10^6 g \times \dfrac{0.01}{100} = 100g$

② 발생되는 SO_2의 양

황의 완전연소 반응식

$S + O_2 \rightarrow SO_2$

$32g \longrightarrow 64g$

$100g \longrightarrow Xg$

$X = \dfrac{100 \times 64}{32} = 200g$

✔ 답 200g

---

06 다음 보기의 위험물과 물의 반응식을 쓰시오.(단, 반응이 없으면 "반응 없음"이라고 적을 것)

[보기] (1) 과산화나트륨 (2) 과염소산나트륨 (3) 트라이에틸알루미늄
       (4) 인화칼슘   (5) 아세트알데하이드

해답 ✔ 답 (1) 과산화나트륨 : $2Na_2O_2 + 2H_2O \rightarrow 4NaOH + O_2$

(2) 과염소산나트륨 : 반응 없음

(3) 트라이에틸알루미늄 : $(C_2H_5)_3Al + 3H_2O \rightarrow Al(OH)_3 + 3C_2H_6$

(4) 인화칼슘 : $Ca_3P_2 + 6H_2O \rightarrow 3Ca(OH)_2 + 2PH_3$

(5) 아세트알데하이드 : 반응 없음

---

07 다음 각 물음에 답하시오.

(1) 아세트알데하이드의 위험도를 계산하시오.

(2) 아세트알데하이드가 산화하는 반응식을 쓰시오.

해답 ✔ 계산과정

위험도 $H = \dfrac{60-4}{4} = 14$

✔ 답 (1) 14

(2) $2CH_3CHO + O_2 \rightarrow 2CH_3COOH$

상세해설 위험도 계산공식

$$H = \dfrac{U(연소상한) - L(연소하한)}{L(연소하한)}$$

아세트알데하이드(CH_3CHO) - 제4류 특수인화물

화학식	분자량	비중	비점	인화점	착화점	연소범위
CH_3CHO	44	0.78	21℃	-38℃	185℃	4~60%

① 휘발성이 강하고 과일냄새가 있는 무색 액체이며 물, 에탄올에 잘 녹는다.
② 산화되어 초산(CH_3COOH)이 된다.

$$2CH_3CHO + O_2 \rightarrow 2CH_3COOH(초산)$$

③ 저장용기 사용 시 구리, 마그네슘, 은, 수은 및 합금용기는 사용금지
④ 아세트알데하이드 등을 취급하는 설비에는 연소성 혼합기체의 생성에 의한 폭발을 방지하기 위한 불활성기체 또는 수증기를 봉입하는 장치를 갖출 것

---

08 위험물안전관리법에서 규정한 제조소등에서 안전거리 및 보유공지에 대한 규제가 모두 해당되는 제조소 등의 명칭을 쓰시오.

해답 ✔ 답 옥외저장소, 옥내저장소, 옥외탱크저장소

---

09 지하저장탱크의 주위에는 해당 탱크로부터의 액체 위험물의 누설을 검사하기 위한 관을 4개소 이상 적당한 위치에 설치하여야 한다. 그 기준을 4가지만 쓰시오.

해답 ✔ 답 ① 이중관으로 할 것. 다만, 소공이 없는 상부는 단관으로 할 수 있다.
② 재료는 금속관 또는 경질합성수지관으로 할 것
③ 관은 탱크전용실의 바닥 또는 탱크의 기초까지 닿게 할 것
④ 관의 밑 부분으로부터 탱크의 중심 높이까지의 부분에는 소공이 뚫려 있을 것

상세해설

액체 위험물의 누설을 검사하기 위한 관
① 이중관으로 할 것. 다만 소공이 없는 상부는 단관으로 할 수 있다.
② 재료는 금속관 또는 경질합성수지관으로 할 것
③ 관은 탱크전용실의 바닥 또는 탱크의 기초까지 닿게 할 것
④ 관의 밑부분으로부터 탱크의 중심 높이까지의 부분에는 소공이 뚫려 있을 것 다만, 지하수위가 높은 장소에 있어서는 지하수위 높이까지의 부분에 소공이 뚫려 있어야 한다.
⑤ 상부는 물이 침투하지 아니하는 구조로 하고, 뚜껑은 검사시에 쉽게 열 수 있도록 할 것

10 유별을 달리하는 위험물은 동일한 저장소에 저장하지 아니하여야 한다. 그러나 옥내저장소 또는 옥외저장소에 위험물을 유별로 정리하여 저장하는 한편, 서로 1m 이상의 간격을 두는 경우에는 동일한 저장소에 저장할 수 있다. 다음 보기의 위험물과 동일한 저장소에 저장할 수 있는 위험물을 쓰시오.

[보기] (1) 제1류 위험물(알칼리금속의 과산화물 또는 이를 함유한 것을 제외)
(2) 제6류 위험물
(3) 제3류 위험물 중 자연발화성물질(황린 또는 이를 함유한 것)
(4) 제2류 위험물 중 인화성고체

해답 ✔ 답 (1) 제5류 위험물
(2) 제1류 위험물
(3) 제1류 위험물
(4) 제4류 위험물

상세해설

위험물의 저장 기준
옥내저장소 또는 옥외저장소에 있어서 다음의 각목의 규정에 의한 위험물을 저장하는 경우로서 위험물을 유별로 정리하여 저장하는 한편, 서로 **1m 이상의 간격**을 두는 경우에는 **동일한 저장소에 저장할 수 있다(중요기준).**
① **제1류 위험물**(알칼리금속의 과산화물 또는 이를 함유한 것을 제외)과 **제5류 위험물**을 저장하는 경우
② **제1류 위험물**과 **제6류 위험물**을 저장하는 경우
③ **제1류 위험물**과 제3류 위험물 중 **자연발화성물질**(황린 또는 이를 함유한 것)을 저장하는 경우
④ 제2류 위험물 중 **인화성고체**와 **제4류 위험물**을 저장하는 경우
⑤ 제3류 위험물 중 **알킬알루미늄등**과 **제4류 위험물**(알킬알루미늄 또는 알킬리튬을 함유한 것)을 저장하는 경우

⑥ 제4류 위험물 중 **유기과산화물** 또는 이를 함유하는 것과 제5류 위험물 중 **유기과산화물** 또는 이를 함유한 것을 저장하는 경우

11 다음은 옥외저장소의 기준과 덩어리 상태의 황만을 지반면에 설치한 경계표시의 안쪽에서 저장 또는 취급하는 것에 대한 기술기준이다. ( )안에 알맞은 답을 쓰시오.

(1) (①) 또는 (②)을 저장하는 옥외저장소에는 불연성 또는 난연성의 천막 등을 설치하여 햇빛을 가릴 것
(2) 경계표시에는 황이 넘치거나 비산하는 것을 방지하기 위한 천막 등을 고정하는 장치를 설치하되, 천막 등을 고정하는 장치는 경계표시의 길이 (③)m마다 한 개 이상 설치할 것
(3) 황을 저장 또는 취급하는 장소의 주위에는 (④)와 (⑤)를 설치할 것

해답 ✔답 ① 과산화수소   ② 과염소산   ③ 2   ④ 배수구   ⑤ 분리장치

상세해설
옥외저장소의 위치・구조 및 설비의 기준
(1) **과산화수소 또는 과염소산**을 저장하는 옥외저장소에는 불연성 또는 난연성의 천막 등을 설치하여 햇빛을 가릴 것
(2) 옥외저장소 중 **덩어리 상태의 황**만을 지반면에 설치한 경계표시의 안쪽에서 저장 또는 취급하는 것의 위치・구조 및 설비의 기술기준은 다음 각목과 같다.
  ① 하나의 경계표시의 내부의 면적은 **100m² 이하**일 것
  ② 2 이상의 경계표시를 설치하는 경우에 있어서는 각각의 경계표시 내부의 면적을 합산한 면적은 **1,000m² 이하**로 하고, 인접하는 경계표시와 경계표시와의 간격을 규정에 의한 공지의 너비의 **2분의 1 이상**으로 할 것. 다만, 저장 또는 취급하는 위험물의 최대수량이 지정수량의 200배 이상인 경우에는 10m 이상으로 하여야 한다.
  ③ 경계표시는 불연재료로 만드는 동시에 황이 새지 아니하는 구조로 할 것
  ④ 경계표시의 높이는 **1.5m 이하**로 할 것
  ⑤ 경계표시에는 황이 넘치거나 비산하는 것을 방지하기 위한 천막 등을 고정하는 장치를 설치하되, 천막 등을 고정하는 장치는 경계표시의 길이 **2m마다 한 개 이상** 설치할 것
  ⑥ 황을 저장 또는 취급하는 장소의 주위에는 **배수구와 분리장치**를 설치할 것

12 제3류 위험물로서 비중이 0.86이고 은백색의 경금속이며 보라색 불꽃을 내면서 연소하는 위험물에 대한 다음 각 물음에 답하시오.
(1) 지정수량을 쓰시오.   (2) 완전연소 반응식을 쓰시오.
(3) 물과의 반응식을 쓰시오.

해답 ✔답 (1) 10kg
(2) $4K + O_2 \rightarrow 2K_2O$
(3) $2K + 2H_2O \rightarrow 2KOH + H_2$

상세해설 칼륨(K)-제3류 위험물-금수성

화학식	원자량	비점	융점	비중	불꽃색상
K	39	762℃	63.5℃	0.86	보라색

① 가열시 보라색 불꽃을 내면서 연소한다.
② 물과 반응하여 수소 및 열을 발생한다.(금수성 물질)

$$2K + 2H_2O \rightarrow 2KOH + H_2$$

③ 보호액으로 파라핀·경유·등유 등을 사용한다.
④ 피부와 접촉 시 화상을 입는다.
⑤ 마른모래 등으로 질식 소화한다.
⑥ 화학적으로 활성이 대단히 크고 알코올과 반응하여 수소를 발생시킨다.

$$2K + 2C_2H_5OH \rightarrow 2C_2H_5OK + H_2$$

---

13 어떤 화합물의 질량을 분석한 결과 나트륨 58.97%, 산소 41.03%였다. 이 화합물의 실험식과 분자식을 구하시오.(단, 화합물의 분자량은 78(g/mol)이다)

해답 ✔계산과정
① 실험식 계산
- 나트륨의 구성비 $= \dfrac{\text{함량}(\%)}{M(\text{원자량})} = \dfrac{58.97}{23} = 2.56$
- 산소의 구성비 $= \dfrac{\text{함량}(\%)}{M(\text{원자량})} = \dfrac{41.03}{16} = 2.56$
- 실험식의 구성비 = Na : O = 2.56 : 2.56 = 1 : 1 ∴ 실험식은 NaO이다.

② 분자식 계산
- 분자량 = (실험식의 분자량) × n
  $78 = 39(\text{NaO의 분자량}) \times n$ ∴ $n = 2$
- 분자식은 Na_2O_2(과산화나트륨)

✔답 ① 실험식 : NaO
② 분자식 : Na_2O_2

14 다음은 위험물안전관리법령에 따른 소화설비에 관한 것이다. 보기를 참조하여 각 물음에 답하시오.

[보기] (1) 옥내소화전 6개를 제조소에 설치하였을 경우
(2) 옥외소화전 3개를 옥외탱크저장소에 설치하였을 경우

(1) [보기]의 소화설비 중 수원의 양이 많은 소화설비를 쓰시오.
(2) [보기]의 소화설비 중 확보하여야 할 최소의 수원의 양(m^3)을 계산하시오.

해답 ✔답 (1) 옥외소화전설비
(2) $Q = 5 \times 7.8 m^3 + 3 \times 13.5 m^3 = 79.5 m^3$

상세해설 위험물제조소등의 소화설비 설치기준

소화설비	수평거리	방사량	방사압력(kPa)	수원의 양
옥내	25m 이하	260(L/min) 이상	350 이상	$Q = N$(소화전개수 : 최대 5개) $\times 7.8 m^3$(260L/min $\times$ 30min)
옥외	40m 이하	450(L/min) 이상	350 이상	$Q = N$(소화전개수 : 최대 4개) $\times 13.5 m^3$(450L/min $\times$ 30min)
스프링클러	1.7m 이하	80(L/min) 이상	100 이상	$Q = N$(헤드수 : 최대30개) $\times 2.4 m^3$(80L/min $\times$ 30min)
물분무		20 (L/$m^2 \cdot$ min)	350 이상	$Q = A$(바닥면적m^2) $\times 0.6 m^3$(20L/$m^2 \cdot$ min $\times$ 30min)

수원의 양
① 옥내소화전 6개를 제조소에 설치하였을 경우
  $Q = N$(소화전개수 : 최대 5개)$\times 7.8 m^3 = 5 \times 7.8 = 39 m^3$
② 옥외소화전 3개를 옥외탱크저장소에 설치하였을 경우
  $Q = N$(소화전개수 : 최대 4개)$\times 13.5 m^3 = 3 \times 13.5 = 40.5 m^3$
③ Q_T = 옥내 + 옥외 = 39 + 40.5 = 79.5 m^3

15 아래 그림과 같은 타원형 위험물탱크에 벤젠을 저장하는 경우 최대허가용적에서 저장할 수 있는 양은 몇 L인가?

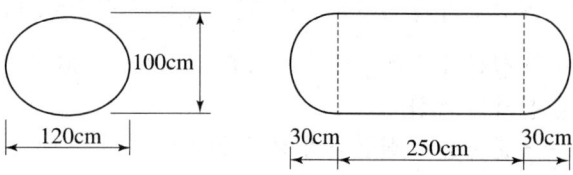

해답 ✔계산과정
① 탱크의 내용적 $V = \dfrac{\pi \times 1.2m \times 1m}{4} \times \left(2.5m + \dfrac{0.3m + 0.3m}{3}\right)$

$$= 2.54469\text{m}^3 = 2544.69\text{L}$$

② 탱크의 공간용적은 탱크 내용적의 5/100 이상 10/100 이하

③ 최대허가용적은 탱크 내용적의 95% $V = 2544.69 \times 0.95 = 2417.46\text{L}$

✔답 2417.46L

상세해설

탱크의 내용적 계산방법

① 타원형 탱크의 내용적

㉠ 양쪽이 볼록한 것

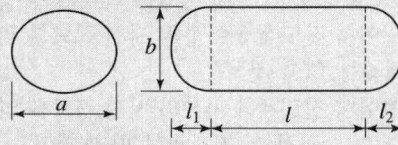

내용적 $= \dfrac{\pi ab}{4}\left(l + \dfrac{l_1 + l_2}{3}\right)$

㉡ 한쪽은 볼록하고 다른 한쪽은 오목한 것

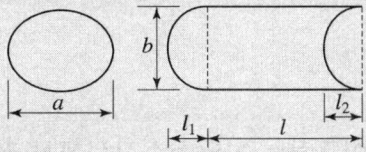

내용적 $= \dfrac{\pi ab}{4}\left(l + \dfrac{l_1 - l_2}{3}\right)$

② 원통형 탱크의 내용적

㉠ 횡으로 설치한 것

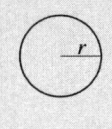 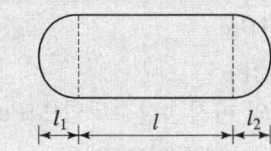

내용적 $= \pi r^2\left(l + \dfrac{l_1 + l_2}{3}\right)$

㉡ 종으로 설치한 것

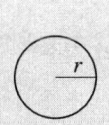 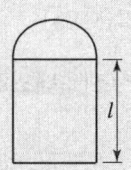

내용적 $= \pi r^2 l$

---

16 이송취급소를 설치한 지역에 있어서 지진을 감지하거나 지진의 정보를 얻은 경우에 재해의 발생 또는 확대를 방지하기 위한 조치를 강구하여야한다. 다음 각 물음의 경우 조치하여야 할 사항을 쓰시오.

(1) 진도계 5 이상의 지진 정보를 얻은 경우

(2) 진도계 4 이상의 지진 정보를 얻은 경우

해답 ✔답 (1) 펌프의 정지 및 긴급차단밸브의 폐쇄를 행할 것

(2) 당해 지역에 대한 지진재해정보를 계속 수집하고 그 상황에 따라 펌프의 정지

및 긴급차단밸브의 폐쇄를 행할 것

상세해설 위험물안전관리에 관한 세부기준 제137조(지진시의 재해방지조치)
지진을 감지하거나 지진의 정보를 얻은 경우에 재해의 발생 또는 확대를 방지하기 위하여 조치하여야 하는 사항은 다음 각 호와 같다.
① 특정이송취급소에 있어서 규정에 따른 감진장치가 가속도 40gal을 초과하지 아니하는 범위내로 설정한 가속도 이상의 지진동을 감지한 경우에는 신속히 펌프의 정지, 긴급차단밸브의 폐쇄, 위험물을 이송하기 위한 배관 및 펌프 그리고 이것에 부속한 설비의 안전을 확인하기 위한 순찰 등 긴급시에 적절한 조치가 강구되도록 준비할 것
② 이송취급소를 설치한 지역에 있어서 진도계 5 이상의 지진 정보를 얻은 경우에는 펌프의 정지 및 긴급차단밸브의 폐쇄를 행할 것
③ 이송취급소를 설치한 지역에 있어서 진도계 4 이상의 지진 정보를 얻은 경우에는 당해 지역에 대한 지진재해정보를 계속 수집하고 그 상황에 따라 펌프의 정지 및 긴급차단밸브의 폐쇄를 행할 것

17 옥내소화전설비의 압력수조를 이용하는 가압송수장치에서 필요한 압력을 구하는 공식을 쓰고 기호를 설명하시오.

해답 ✔답 $P = p_1 + p_2 + p_3 + 0.35\text{MPa}$

여기서, P : 필요한 압력MPa
p_1 : 소방용 호스의 마찰손실수두압(MPa)
p_2 : 배관의 마찰손실수두압(MPa)
p_3 : 낙차의 환산수두압(MPa)

상세해설 위험물안전관리에 관한 세부기준 제129조(옥내소화전설비의 기준)
① 고가수조를 이용하는 가압송수장치

$$H = h_1 + h_2 + 35\text{m}$$

여기서, H : 필요한 낙차(단위 m)
h_1 : 방수용 호스의 마찰손실수두(단위 m)
h_2 : 배관의 마찰손실수두(단위 m)
고가수조에는 수위계, 배수관, 오버플로우용 배수관, 보급수관 및 맨홀을 설치할 것

② 압력수조를 이용하는 가압송수장치

$$P = p_1 + p_2 + p_3 + 0.35\text{MPa}$$

여기서, P : 필요한 압력(단위 MPa)
p_1 : 소방용호스의 마찰손실수두압(단위 MPa)
p_2 : 배관의 마찰손실수두압(단위 MPa)

p_3 : 낙차의 환산수두압(단위 MPa)

압력수조에는 압력계, 수위계, 배수관, 보급수관, 통기관 및 맨홀을 설치할 것

③ **펌프를 이용하는 가압송수장치**

$$H = h_1 + h_2 + h_3 + 35\text{m}$$

여기서, H : 펌프의 전양정(단위 m)
 h_1 : 소방용 호스의 마찰손실수두(단위 m)
 h_2 : 배관의 마찰손실수두(단위 m)
 h_3 : 낙차(단위 m)

18 위험물탱크안전성능검사에서 침투탐상시험의 판정기준을 3가지만 쓰시오.

해답 ✔**답** ① 균열이 확인된 경우에는 불합격으로 할 것
② 선상 및 원형상의 결함크기가 4mm를 초과할 경우에는 불합격으로 할 것
③ 2 이상의 결함지시모양이 동일 선상에 연속해서 존재하고 그 상호간의 간격이 2mm 이하인 경우에는 상호간의 간격을 포함하여 연속된 하나의 결함지시모양으로 간주할 것. 다만, 결함지시모양 중 짧은 쪽의 길이가 2mm 이하이면서 결함지시모양 상호간의 간격 이하인 경우에는 독립된 결함지시모양으로 한다.
④ 결함지시모양이 존재하는 임의의 개소에 있어서 2,500mm^{2}의 사각형(한 변의 최대길이는 150mm로 한다) 내에 길이 1mm를 초과하는 결함지시모양의 길이의 합계가 8mm를 초과하는 경우에는 불합격으로 할 것

19 다음 [보기]에서 설명하는 위험물에 대한 각 물음에 답하시오.

[보기]
- 제1류 위험물이다.
- 분자량 158, 비중 2.78이다.
- 흑자색의 주상결정으로 산화력과 살균력이 강하다.
- 물에 녹으면 진한 보라색을 나타내는 물질이다.

(1) 명칭 (2) 지정수량
(3) 240℃에서 열분해 반응식 (4) 묽은 황산과 반응식
(5) 염산과 반응식

해답

✔ 답 (1) 명칭 : 과망가니즈산칼륨
(2) 지정수량 : 1,000kg
(3) 240℃에서 열분해 반응식 : $2KMnO_4 \rightarrow K_2MnO_4 + MnO_2 + O_2$
(4) 묽은 황산과 반응식 :
$4KMnO_4 + 6H_2SO_4 \rightarrow 2K_2SO_4 + 4MnSO_4 + 6H_2O + 5O_2$
(5) 염산과 반응식 : $2KMnO_4 + 16HCl \rightarrow 2KCl + 2MnCl_2 + 8H_2O + 5Cl_2$

상세해설

과망가니즈산칼륨($KMnO_4$) : 제1류 위험물 중 과망가니즈산염류

화학식	분자량	비중	분해온도
$KMnO_4$	158	2.7	200~240℃

① 흑자색의 사방정계결정으로 물에 녹아 진한보라색을 띠고 강한 산화력과 살균력이 있다.
② 염산과 반응 시 염소(Cl_2)를 발생시킨다.
③ 240℃에서 산소를 방출한다.

$2KMnO_4 \rightarrow K_2MnO_4 + MnO_2 + O_2\uparrow$
(망가니즈산칼륨)(이산화망가니즈)(산소)

④ 황산과 반응하여 황산칼륨, 황산망가니즈, 물, 산소를 생성한다.

$4KMnO_4 + 6H_2SO_4 \rightarrow 2K_2SO_4 + 4MnSO_4 + 6H_2O + 5O_2$
(과망가니즈산칼륨) (황산)   (황산칼륨)(황산망가니즈) (물) (산소)

---

20 다음은 위험물 저장탱크에 설치하는 포소화설비의 고정포방출구의 종류이다. 설치하는 탱크의 지붕구조, 주입방법 및 특징에 대하여 설명하시오.
(1) Ⅰ형   (2) Ⅱ형   (3) Ⅲ형

해답

✔ 답 (1) Ⅰ형 : 고정지붕구조의 탱크에 상부포주입법을 이용하는 것으로서 방출된 포가 액면 아래로 몰입되거나 액면을 뒤섞지 않고 액면상을 덮을 수 있는 통계단 또는 미끄럼판 등의 설비 및 탱크내의 위험물증기가 외부로 역류되는 것을 저지할 수 있는 구조·기구를 갖는 포방출구

(2) Ⅱ형 : 고정지붕구조 또는 부상덮개부착고정지붕구조의 탱크에 상부포주입법을 이용하는 것으로서 방출된 포가 탱크옆판의 내면을 따라 흘러내려 가면서 액면 아래로 몰입되거나 액면을 뒤섞지 않고 액면상을 덮을 수 있는 반사판 및 탱크내의 위험물증기가 외부로 역류되는 것을 저지할 수 있는 구조·기구를 갖는 포방출구

(3) Ⅲ형 : 고정지붕구조의 탱크에 저부포주입법을 이용하는 것으로서 송포관으로부터 포를 방출하는 포방출구

포 방출구의 종류

① **I형** : 고정지붕구조의 탱크에 **상부포주입법**을 이용하는 것으로서 방출된 포가 액면 아래로 몰입되거나 액면을 뒤섞지 않고 액면상을 덮을 수 있는 통계단 또는 미끄럼판 등의 설비 및 탱크내의 위험물증기가 외부로 역류되는 것을 저지할 수 있는 구조·기구를 갖는 포방출구

② **II형** : **고정지붕구조 또는 부상덮개부착고정지붕구조**의 탱크에 상부포주입법을 이용하는 것으로서 방출된 포가 탱크옆판의 내면을 따라 흘러내려 가면서 액면 아래로 몰입되거나 액면을 뒤섞지 않고 액면상을 덮을 수 있는 반사판 및 탱크내의 위험물증기가 외부로 역류되는 것을 저지할 수 있는 구조·기구를 갖는 포방출구

③ **특형** : **부상지붕구조**의 탱크에 상부포주입법을 이용하는 것으로서 부상지붕의 부상부분상에 높이 0.9m 이상의 금속제의 칸막이(방출된 포의 유출을 막을 수 있고 충분한 배수능력을 갖는 배수구를 설치한 것에 한한다)를 탱크옆판의 내측로부터 1.2m 이상 이격하여 설치하고 탱크옆판과 칸막이에 의하여 형성된 환상부분(이하 "환상부분"이라 한다)에 포를 주입하는 것이 가능한 구조의 반사판을 갖는 포방출구

④ **III형** : 고정지붕구조의 탱크에 저부포주입법을 이용하는 것으로서 송포관으로부터 포를 방출하는 포방출구

⑤ **IV형** : 고정지붕구조의 탱크에 저부포주입법을 이용하는 것으로서 평상시에는 탱크의 액면하의 저부에 설치된 격납통에 수납되어 있는 특수호스 등이 송포관의 말단에 접속되어 있다가 포를 보내는 것에 의하여 특수호스 등이 전개되어 그 끝부분이 액면까지 도달한 후 포를 방출하는 포방출구

위험물기능장 제62회 실기시험

2017년도 기능장 제62회 실기시험 (2017년 09월 09일 시행)				수험번호	성 명
자격종목	시험시간	문제수	형별		
위험물기능장	2시간	20	A		

53회 기출

01 제1류 위험물로서 ANFO폭약의 원료로 사용되는 것에 대한 다음 각 물음에 답하시오.

(1) 화학식을 쓰시오.
(2) 고온의 완전분해반응식을 쓰시오.

해답 ✔답 (1) NH_4NO_3
(2) $NH_4NO_3 \rightarrow N_2O + 2H_2O$

상세해설 **질산암모늄(NH_4NO_3)-제1류-질산염류**

화학식	분자량	비중	융점	분해온도
NH_4NO_3	80	1.73	165℃	220℃

① 단독으로 가열, 충격 시 분해 폭발할 수 있다.
② 화약(ANFO폭약))원료로 쓰이며 유기물과 접촉 시 폭발우려가 있다.
③ 무색, 무취의 결정이다.
④ 조해성 및 흡습성이 매우 강하다.
⑤ **물에 용해 시 흡열반응을 나타낸다.**
⑥ 급격한 가열충격에 따라 폭발의 위험이 있다.

★ 질산암모늄의 분해 반응식 : $NH_4NO_3 \rightarrow N_2O + 2H_2O$
★ 질산암모늄의 폭발 반응식 : $2NH_4NO_3 \rightarrow 2N_2 + O_2 + 4H_2O$
★ ANFO(안포)폭약의 성분 : 질산암모늄94% + 경유6%

02 아래의 [보기]에서 설명하는 위험물이 다음 물질과 반응할 때의 반응식을 쓰시오.

[보기] ㉮ 비중 0.8 ㉯ 분자량 : 39.1 ㉰ 제3류 위험물 ㉱ 지정수량 : 10kg

(1) 이산화탄소   (2) 사염화탄소   (3) 에틸알코올

해답 ✔**답** (1) 이산화탄소 : $4K + 3CO_2 \rightarrow 2K_2CO_3 + C$
　　　　　(2) 사염화탄소 : $4K + CCl_4 \rightarrow 4KCl + C$
　　　　　(3) 에틸알코올 : $2K + 2C_2H_5OH \rightarrow 2C_2H_5OK + H_2$

상세해설 **칼륨(K)–제3류 위험물–금수성물질**

화학식	원자량	비점	융점	비중	불꽃색상
K	39	762℃	63.5℃	0.86	보라색

① 가열시 보라색 불꽃을 내면서 연소한다.
② **물과 반응하여 수소 및 열을 발생한다.**(금수성 물질)

$$2K + 2H_2O \rightarrow 2KOH + H_2$$

③ 보호액으로 **파라핀 · 경유 · 등유** 등을 사용한다.
④ 피부와 접촉 시 화상을 입는다.
⑤ 마른모래 등으로 질식 소화한다.
⑥ 화학적으로 활성이 대단히 크고 알코올과 반응하여 수소를 발생시킨다.

$$2K + 2C_2H_5OH \rightarrow 2C_2H_5OK + H_2$$

칼륨(K)의 반응식
① 완전연소 반응식 : $4K + O_2 \rightarrow 2K_2O$(산화칼륨)
② 물과의 반응식 : $2K + 2H_2O \rightarrow 2KOH$(수산화칼륨) $+ H_2$
③ 이산화탄소와 반응식 : $4K + 3CO_2 \rightarrow 2K_2CO_3$(탄산칼륨) $+ C$
④ 에틸알코올과 반응식 : $2K + 2C_2H_5OH \rightarrow 2C_2H_5OK$(칼륨에틸레이트) $+ H_2$
⑤ 사염화탄소와 반응식 : $4K + CCl_4 \rightarrow 4KCl$(염화칼륨) $+ C$
⑥ 초산과 반응식 : $2K + 2CH_3COOH \rightarrow 2CH_3COOK$(초산칼륨) $+ H_2$

36회 기출

03 다음은 소화난이도 Ⅰ등급의 제조소등에 설치하여야하는 소화설비 기준이다. 다음 표의 빈칸에 알맞은 답을 쓰시오.

제조소등의 구분		소화설비
옥내 저장소	처마높이가 6m 이상인 단층건물 또는 다른 용도의 부분이 있는 건축물에 설치한 옥내저장소	①
옥외탱크 저장소	지중탱크 또는 해상탱크 외의 것 — 황만을 저장 · 취급하는 것	②
	지중탱크 또는 해상탱크 외의 것 — 인화점 70℃ 이상의 제4류 위험물만을 저장 · 취급하는 것	③
옥내탱크 저장소	황만을 저장 · 취급하는 것	④

해답 ✔**답** ① 스프링클러설비 또는 이동식 외의 물분무등소화설비
　　　　② 물분무소화설비

③ 물분무소화설비 또는 고정식 포소화설비
④ 물분무소화설비

상세해설

소화난이도등급 I 의 제조소등에 설치하여야 하는 소화설비

제조소등의 구분			소화설비
제조소 및 일반취급소			옥내소화전설비, 옥외소화전설비, 스프링클러설비 또는 물분무등소화설비
주유취급소			스프링클러설비, 소형수동식소화기등
옥내저장소	처마높이가 6m 이상인 단층건물 또는 다른 용도의 부분이 있는 건축물에 설치한 옥내저장소		스프링클러설비 또는 이동식 외의 물분무등소화설비
	그 밖의 것		옥외소화전설비, 스프링클러설비, 이동식 외의 물분무등소화설비 또는 이동식 포소화설비(포소화전을 옥외에 설치하는 것에 한한다)
옥외탱크저장소	지중탱크 또는 해상탱크 외의 것	황만을 저장 취급하는 것	물분무소화설비
		인화점 70℃ 이상의 제4류 위험물만을 저장취급하는 것	물분무소화설비 또는 고정식 포소화설비
		그 밖의 것	고정식 포소화설비(포소화설비가 적응성이 없는 경우에는 분말소화설비)
	지중탱크		고정식 포소화설비, 이동식 이외의 불활성가스소화설비 또는 이동식 이외의 할로젠화합물소화설비
	해상탱크		고정식 포소화설비, 물분무소화설비, 이동식이외의 불활성가스소화설비 또는 이동식 이외의 할로젠화합물소화설비
옥내탱크저장소	황만을 저장취급하는 것		물분무소화설비
	인화점 70℃ 이상의 제4류 위험물만을 저장취급하는 것		물분무소화설비, 고정식 포소화설비, 이동식 이외의 불활성가스소화설비, 이동식 이외의 할로젠화합물소화설비 또는 이동식 이외의 분말소화설비
	그 밖의 것		고정식 포소화설비, 이동식 이외의 불활성가스소화설비, 이동식 이외의 할로젠화합물소화설비 또는 이동식 이외의 분말소화설비
옥외저장소 및 이송취급소			옥내소화전설비, 옥외소화전설비, 스프링클러설비 또는 물분무등소화설비(화재발생시 연기가 충만할 우려가 있는 장소에는 스프링클러설비 또는 이동식 이외의 물분무등소화설비에 한한다)
암반탱크저장소	황만을 저장취급하는 것		물분무소화설비
	인화점 70℃ 이상의 제4류 위험물만을 저장취급하는 것		물분무소화설비 또는 고정식 포소화설비
	그 밖의 것		고정식 포소화설비 (포소화설비가 적응성이 없는 경우에는 분말소화설비)

52회, 55회 기출

04 위험물의 성질란에 규정된 성상을 2가지 이상 포함하는 물품을 복수성상물품이라 한다. 이 물품이 속하는 품명의 판단기준을 ( )안에 알맞는 유별을 쓰시오.

> ① 복수성상물품이 산화성 고체의 성상 및 가연성 고체의 성상을 가지는 경우 : ( ) 위험물
> ② 복수성상물품이 산화성 고체의 성상 및 자기반응성 물질의 성상을 가지는 경우 : ( ) 위험물
> ③ 복수성상물품이 가연성 고체의 성상 및 자연발화성 물질의 성상 및 금수성 물질의 성상을 가지는 경우 : ( ) 위험물
> ④ 복수성상물품이 자연발화성 물질의 성상, 금수성 물질의 성상 및 인화성액체의 성상을 가지는 경우 : ( ) 위험물
> ⑤ 복수성상물품이 인화성 액체의 성상 및 자기반응성 물질의 성상을 가지는 경우 : ( ) 위험물

해답 ✓답 ① 제2류 ② 제5류 ③ 제3류 ④ 제3류 ⑤ 제5류

상세해설 [별표 1] 위험물 및 지정수량의 비고란
규정된 성상을 2가지 이상 포함하는 물품("복수성상물품")이 속하는 품명
(1) 복수성상물품이 산화성고체의 성상 및 가연성고체의 성상을 가지는 경우 : 제2류 제8호의 규정에 의한 품명
(2) 복수성상물품이 산화성고체의 성상 및 자기반응성물질의 성상을 가지는 경우 : 제5류 제11호의 규정에 의한 품명
(3) 복수성상물품이 가연성고체의 성상과 자연발화성물질의 성상 및 금수성물질의 성상을 가지는 경우 : 제3류 제12호의 규정에 의한 품명
(4) 복수성상물품이 자연발화성물질의 성상, 금수성물질의 성상 및 인화액체의 성상을 가지는 경우 : 제3류 제12호의 규정에 의한 품명
(5) 복수성상물품이 인화성액체의 성상 및 자기반응성물질의 성상을 가지는 경우 : 제5류 제11호의 규정에 의한 품명

36회 기출

05 할로젠화합물 소화약제의 오존층파괴지수인 ODP를 구하는 식을 쓰고, 간단히 설명하시오.

해답 ✓답 ① $ODP = \dfrac{\text{어떤 물질 1kg이 파괴하는 오존량}}{\text{CFC}-11\ 1\text{kg이 파괴하는 오존량}}$

② 어떤 물질의 오존층 파괴능력을 상대적으로 나타내는 지표로서 CFC-11 1kg이 파괴하는 오존의 양을 기준으로 한다.

상세해설

① ODP(Ozone Depletion Potential) 오존파괴지수
어떤 물질의 오존파괴능력을 상대적으로 나타내는 지표

$$ODP = \frac{\text{어떤 물질 1kg이 파괴하는 오존량}}{\text{CFC}-11\ 1\text{kg이 파괴하는 오존량}}$$ ★CFC-11 : $CFCl_3$

② GWP(Global Warming Potential) 지구 온난화지수
일정무게의 CO_2가 대기 중에 방출되어 지구온난화에 기여하는 정도

$$GWP = \frac{\text{어떤 물질 1kg이 기여하는 온난화 정도}}{CO_2-1\text{kg이 기여하는 온난화 정도}}$$

③ ALT(Atmospheric Life Time) 대기잔존년수
어떤 물질이 방사되어 분해되지 않은채로 존재하는 기간

④ NOAEL(No Observable Adverse Effect Level)
농도를 증가시킬 때 아무런 악영향을 감지할 수 없는 최대농도
(심장에 영향을 미치지 않는 최대 농도. 최대허용 설계농도)

⑤ LOAEL(Lowest Observable Adverse Effect Level)
농도를 감소시킬 때 악영향을 감지할 수 있는 최소농도
(심장독성 시험시 심장에 영향을 미치는 최소농도)

⑥ ALC(근사치농도)
15분간 노출시켜 그 반수가 사망하는 농도

---

06 위험물안전관리법령상 제조소등에 설치하는 배출설비는 국소방식으로 하여야 한다. 전역방식으로 할 수 있는 경우 2가지를 쓰시오.

해답
✔ 답 ① 위험물취급설비가 배관이음 등으로만 된 경우
② 건축물의 구조 · 작업장소의 분포 등의 조건에 의하여 전역방식이 유효한 경우

상세해설
배출설비([별표 4] 제조소의 위치 · 구조 및 설비의 기준)
가연성의 증기 또는 미분이 체류할 우려가 있는 건축물에는 그 증기 또는 미분을 옥외의 높은 곳으로 배출할 수 있도록 다음 각 호의 기준에 의하여 배출설비를 설치하여야 한다.
(1) 배출설비는 **국소방식**으로 하여야 한다.
　다만, 다음 각목의 1에 해당하는 경우에는 전역방식으로 할 수 있다.
　① 위험물취급설비가 **배관이음 등으로만 된 경우**
　② 건축물의 구조 · 작업장소의 분포 등의 조건에 의하여 **전역방식이 유효한 경우**
(2) 배출설비는 **배풍기 · 배출닥트 · 후드** 등을 이용하여 **강제적으로 배출**하는 것으로 하여야 한다.
(3) 배출능력은 **1시간당 배출장소 용적의 20배 이상**인 것으로 하여야 한다. 다만, 전역방식의 경우에는 바닥면적 $1m^2$**당** $18m^3$ **이상**으로 할 수 있다.
(4) 배출설비의 **급기구 및 배출구**는 다음 각목의 기준에 의하여야 한다.
　① **급기구**는 **높은 곳**에 설치하고, 가는 눈의 구리망 등으로 **인화방지망**을 설치할 것

② **배출구**는 **지상 2m 이상**으로서 연소의 우려가 없는 장소에 설치하고, 배출닥트가 관통하는 벽부분의 바로 가까이에 화재시 자동으로 폐쇄되는 **방화댐퍼**를 설치할 것
(5) 배풍기는 **강제배기방식**으로 하고, 옥내닥트의 내압이 대기압 이상이 되지 아니하는 위치에 설치하여야 한다.

43회 기출

07 다음 조건을 보고 위험물제조소의 방화상 유효한 담의 높이를 구하시오.

[조건] ① 제조소등의 외벽의 높이 10m
② 제조소등과 학교와의 거리 20m
③ 제조소등과 방화상 유효한 담과의 거리 5m
④ 학교 건축물의 높이 15m
⑤ 학교의 건축물은 방화구조이고, 제조소등에 면한 부분의 개구부에 방화문이 설치되지 아니한 경우이다

해답 ✔ **계산과정**

$H = 15m$, $p = 0.04$, $D = 20m$, $a = 10m$

$H(15m) < p(0.04) \times D^2(20^2) + a(10)$, $H(15m) < 26m$

$H \leq pD^2 + a$ 인 경우에 해당하므로   ∴ $h = 2m$

✔ **답** 2m

상세해설

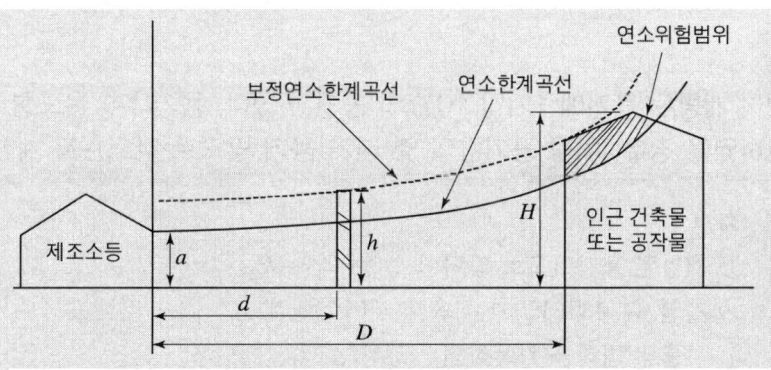

① $H \leq pD^2 + a$ 인 경우 $h = 2$
② $H > pD^2 + a$ 인 경우 $h = H - p(D^2 - d^2)$

여기서, D : 제조소등과 인근 건축물 또는 공작물과의 거리(m)
H : 인근 건축물 또는 공작물의 높이(m)
a : 제조소등의 외벽의 높이(m)
d : 제조소등과 방화상 유효한 담과의 거리(m)

h : 방화상 유효한 담의 높이(m)
p : 상수

인근 건축물 또는 공작물의 구분	p의 값
• 학교 · 주택 · 국가유산 등의 건축물 또는 공작물이 목조인 경우 • 학교 · 주택 · 국가유산 등의 건축물 또는 공작물이 **방화구조 또는 내화구조**이고, 제조소 등에 면한 부분의 개구부에 60분+방화문 · 60분방화문 또는 30분방화문이 설치되지 아니한 경우	0.04
• 학교 · 주택 · 국가유산 등의 건축물 또는 공작물이 **방화구조인 경우** • 학교 · 주택 · 국가유산 등의 건축물 또는 공작물이 방화구조 또는 내화구조이고, 제조소 등에 면한 부분의 개구부에 **30분방화문**이 **설치된 경우**	0.15
• 학교 · 주택 · 국가유산 등의 건축물 또는 공작물이 내화구조이고, 제조소 등에 면한 개구부에 60분+방화문 또는 60분방화문이 설치된 경우	∞

※ 산출된 수치가 **2 미만**일 때에는 담의 높이를 2m로, **4 이상**일 때에는 담의 높이를 4m로 하되, 다음의 **소화설비**를 보강하여야 한다.
① 당해 제조소등의 **소형소화기** 설치대상인 것에 있어서는 **대형소화기를 1개 이상 증설을 할 것**
② 해당 제조소등이 **대형소화기 설치대상**인 것에 있어서는 대형소화기 대신 **옥내소화전설비 · 옥외소화전설비 · 스프링클러설비 · 물분무소화설비 · 포소화설비 · 불활성가스소화설비 · 할로젠화합물소화설비 · 분말소화설비** 중 **적응소화설비를 설치할 것**
③ 해당 제조소등이 **옥내소화전설비 · 옥외소화전설비 · 스프링클러설비 · 물분무소화설비 · 포소화설비 · 불활성가스소화설비 · 할로젠화합물소화설비** 또는 **분말소화설비 설치대상**인 것에 있어서는 반경 30m마다 대형소화기 1개 이상을 증설할 것

33회, 41회, 45회 기출

08 뚜껑이 개방된 용기에 1기압 10℃의 공기가 있다. 용기내부 온도를 400℃로 가열하였을 경우 처음 공기량의 몇 배가 용기 밖으로 나오는지 계산하시오.

해답 ✔ 계산과정

① 개방된 용기이므로 압력이 일정($P_1 = P_2$)
② 가열 후 부피(V_2)와 처음 부피(V_1)관계
  샤를의 법칙을 적용하면
  $$V_2 = V_1 \times \frac{T_2}{T_1} = V_1 \times \frac{(273+400)\text{K}}{(273+10)\text{K}} = 2.38\,V_1$$
③ 용기 밖으로 배출된 부피계산
  $V = 2.38\,V_1 - V_1 = 1.38\,V_1$

✔ 답 1.38배

상세해설

보일의 법칙★★★

$$T(\text{온도}) = \text{일정} \quad P_1V_1 = P_2V_2$$

온도가 일정할 때 일정량의 기체가 차지하는 부피는 절대압력에 반비례한다.

샤를의 법칙★★★

$$P(\text{압력}) = \text{일정} \quad \frac{V_1}{T_1} = \frac{V_2}{T_2}$$

압력이 일정할 때 일정량의 기체가 차지하는 부피는 절대온도에 비례한다.

보일-샤를의 법칙★★★

$$\frac{P_1V_1}{T_1} = \frac{P_2V_2}{T_2}$$

일정량의 기체가 차지하는 부피는 절대압력에 반비례하고 절대온도에 비례한다.

이상기체상태방정식

$$PV = \frac{W}{M}RT = nRT$$

여기서, P : 압력(atm), V : 부피(m³), W : 무게(kg), M : 분자량, n : mol수 $= \frac{W}{M}$
R : 기체상수(0.082atm·m³/kmol·K), T : 절대온도(273+t℃)K

46회 기출

09 포소화설비의 수동식 기동장치의 설치기준을 3가지만 쓰시오.

해답

✔**답** ① 직접조작 또는 원격조작에 의하여 가압송수장치, 수동식개방밸브 및 포소화약제혼합장치를 기동할 수 있을 것
② 2 이상의 방사구역을 갖는 포소화설비는 방사구역을 선택할 수 있는 구조로 할 것
③ 기동장치의 조작부는 화재시 용이하게 접근이 가능하고 바닥면으로부터 0.8m 이상 1.5m 이하의 높이에 설치할 것
④ 기동장치의 조작부에는 유리 등에 의한 방호조치가 되어 있을 것
⑤ 기동장치의 조작부 및 호스접속구에는 직근의 보기 쉬운 장소에 각각 "기동장치의 조작부" 또는 "접속구"라고 표시할 것

상세해설

포소화설비의 자동식의 기동장치 또는 수동식의 기동장치 설치기준

(1) **자동식기동장치의 설치기준**

자동화재탐지설비의 **감지기의 작동** 또는 **폐쇄형스프링클러헤드의 개방과 연동**하여 가압송수장치, 일제개방밸브 및 포소화약제혼합장치가 기동될 수 있도록 할 것. 다

만, 자동화재탐지설비의 수신기가 설치되어 있는 장소에 상시 사람이 있고 화재시 즉시 당해 조작부를 작동시킬 수 있는 경우에는 그러하지 아니하다.

(2) **수동식기동장치의 설치기준**
① **직접조작 또는 원격조작**에 의하여 가압송수장치, 수동식개방밸브 및 포소화약제 혼합장치를 기동할 수 있을 것
② 2 이상의 방사구역을 갖는 포소화설비는 방사구역을 선택할 수 있는 구조로 할 것
③ **기동장치의 조작부**는 화재시 용이하게 접근이 가능하고 **바닥면으로부터 0.8m 이상 1.5m 이하**의 높이에 설치할 것
④ 기동장치의 조작부에는 유리 등에 의한 **방호조치**가 되어 있을 것
⑤ 기동장치의 조작부 및 호스접속구에는 직근의 보기 쉬운 장소에 각각 "**기동장치의 조작부**" 또는 "**접속구**"라고 표시할 것

40회 기출

10 다음은 위험물의 저장 및 취급에 대한 설명이다. ( ) 안에 알맞은 말을 쓰시오.
(1) 위험물을 저장 또는 취급하는 건축물 그 밖의 공작물 또는 설비는 해당 위험물의 성질에 따라 (①) 또는 (②)를 실시하여야 한다.
(2) 위험물은 (③), 습도계, (④) 그 밖의 계기를 감시하여 해당 위험물의 성질에 맞는 적정한 온도, 습도 또는 압력을 유지하도록 저장 또는 취급하여야 한다.
(3) 위험물을 (⑤) 중에 보존하는 경우에는 해당 위험물이 (⑥)으로부터 노출되지 아니하도록 한다.

해답 ✔답 ① 차광 ② 환기 ③ 온도계 ④ 압력계 ⑤ 보호액 ⑥ 보호액

상세해설 **제조소 등에서의 위험물의 저장 및 취급에 관한 기준(제49조 관련)**
저장 · 취급의 공통기준
① 제조소등에서 허가 및 신고와 관련되는 품명 외의 위험물 또는 이러한 허가 및 신고와 관련되는 수량 또는 지정수량의 배수를 초과하는 위험물을 저장 또는 취급하지 아니하여야 한다(중요기준).
② 위험물을 저장 또는 취급하는 건축물 그 밖의 공작물 또는 설비는 당해 위험물의 성질에 따라 **차광 또는 환기**를 실시하여야 한다.
③ 위험물은 **온도계, 습도계, 압력계** 그 밖의 계기를 감시하여 당해 위험물의 성질에 맞는 적정한 **온도, 습도 또는 압력**을 유지하도록 저장 또는 취급하여야 한다.
④ 위험물을 저장 또는 취급하는 경우에는 위험물의 변질, 이물의 혼입 등에 의하여 당해 위험물의 위험성이 증대되지 아니하도록 필요한 조치를 강구하여야 한다.
⑤ 위험물이 남아 있거나 남아 있을 우려가 있는 설비, 기계 · 기구, 용기 등을 수리하는 경우에는 안전한 장소에서 위험물을 완전하게 제거한 후에 실시하여야 한다.
⑥ 위험물을 용기에 수납하여 저장 또는 취급할 때에는 그 용기는 당해 위험물의 성질에

적응하고 파손·부식·균열 등이 없는 것으로 하여야 한다.
⑦ 가연성의 액체·증기 또는 가스가 새거나 체류할 우려가 있는 장소 또는 가연성의 미분이 현저하게 부유할 우려가 있는 장소에서는 전선과 전기기구를 완전히 접속하고 불꽃을 발하는 기계·기구·공구·신발 등을 사용하지 아니하여야 한다
⑧ 위험물을 **보호액** 중에 보존하는 경우에는 당해 위험물이 **보호액**으로부터 노출되지 아니하도록 하여야 한다.

34회 유사

11 다음 표는 제4류 위험물을 취급하는 주유취급소의 표지 및 게시판에 관한 내용이다. 빈칸에 알맞은 답을 쓰시오.

구분	표시사항	바탕색	글자색
표지	㉮	㉯	㉰
게시판	㉱	황색	㉲
주의사항 게시판	㉳	㉴	백색

해답

✓답

구분	표시사항	바탕색	문자색
표지	㉮ 위험물 주유취급소	㉯ 백색	㉰ 흑색
게시판	㉱ 주유 중 엔진정지	황색	㉲ 흑색
주의사항 게시판	㉳ 화기엄금	㉴ 적색	백색

상세해설

주유취급소의 위치·구조 및 설비의 기준
① **주유공지 및 급유공지**

주유공지	급유공지
너비 15m 이상, 길이 6m 이상의 콘크리트 등으로 포장한 공지	고정급유설비의 호스기기의 주위에 필요한 공지

★ 공지의 바닥은 주위 지면보다 높게 하고, 배수구·집유설비 및 유분리장치를 할 것

② **표지 및 게시판**

표 지	게 시 판
위험물 주유취급소	1. 방화에 관하여 필요한 사항 2. **황색바탕에 흑색문자로 "주유 중 엔진정지"** ★★

★ 게시판은 한 변의 길이가 0.3m 이상, 다른 한 변의 길이가 0.6m 이상인 직사각형으로 할 것

제조소의 위치·구조 및 설비의 기준
① **표지의 설치기준**
제조소에는 보기 쉬운 곳에 다음 각목의 기준에 따라 **"위험물 제조소"**라는 표시를 한 표지를 설치하여야 한다.

㉠ 한 변의 길이가 0.3m 이상, 다른 한 변의 길이가 0.6m 이상인 **직사각형**으로 할 것
㉡ **바탕은 백색으로, 문자는 흑색으로 할 것**

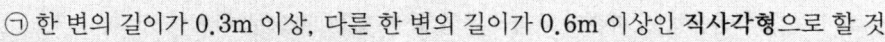

② 게시판의 설치기준
㉠ 한 변의 길이가 0.3m 이상, 다른 한 변의 길이가 0.6m 이상인 **직사각형**으로 할 것
㉡ 위험물의 **유별 · 품명** 및 **저장최대수량** 또는 **취급최대수량**, 지정수량의 **배수** 및 **안전관리자의 성명** 또는 **직명**을 기재할 것
㉢ **바탕은 백색으로, 문자는 흑색으로 할 것**
㉣ 저장 또는 취급하는 위험물에 따라 **주의사항 게시판**을 설치할 것

위험물의 종류	주의사항 표시	게시판의 색
제1류(알칼리금속 과산화물) 제3류(금수성 물품)	물기 엄금	**청색바탕에 백색문자**
제2류(인화성 고체 제외)	화기 주의	
제2류(인화성 고체) 제3류(자연발화성 물품) 제4류 제5류	**화기 엄금**	**적색바탕에 백색문자**

49회 유사

12 위험물 제조소 등의 탱크 안전성능검사에 대한 종류를 4가지 쓰시오.

해답 ✔답 ① 기초 · 지반검사
② 충수 · 수압검사
③ 용접부 검사
④ 암반탱크검사

상세해설 **탱크안전성능검사의 대상이 되는 탱크 등(위험물안전관리법 시행령 제8조)**
① **기초 · 지반검사** : 옥외탱크저장소의 액체위험물탱크 중 그 용량이 **100만L 이상인 탱크**
② **충수(充水) · 수압검사** : 액체위험물을 저장 또는 취급하는 탱크.
   다만, 다음 각 목의 어느 하나에 해당하는 탱크는 제외한다.
   ㉠ 제조소 또는 일반취급소에 설치된 탱크로서 용량이 지정수량 미만인 것
   ㉡ 「고압가스 안전관리법」에 따른 특정설비에 관한 검사에 합격한 탱크
   ㉢ 「산업안전보건법」에 따른 안전인증을 받은 탱크
③ **용접부검사** : 옥외탱크저장소의 액체위험물탱크 중 그 용량이 **100만L 이상인 탱크**.
   다만, 탱크의 저부에 관계된 변경공사(탱크의 옆판과 관련되는 공사를 포함하는 것을 제외)시에 행하여진 정기검사에 의하여 용접부에 관한 사항이 행정안전부령으로 정하는 기준에 적합하다고 인정된 탱크를 제외한다.

④ **암반탱크검사** : 액체위험물을 저장 또는 취급하는 암반내의 공간을 이용한 탱크

(1) 탱크안전성능검사의 신청 등(위험물안전관리법 시행규칙 제18조)
   탱크안전성능검사의 신청 시기는 다음 각 호의 구분에 의한다.
   ① **기초·지반검사** : 위험물탱크의 기초 및 지반에 관한 **공사의 개시 전**
   ② **충수·수압검사** : 위험물을 저장 또는 취급하는 탱크에 배관 그 밖의 부속설비를 **부착하기 전**
   ③ **용접부검사** : 탱크본체에 관한 **공사의 개시 전**
   ④ **암반탱크검사** : 암반탱크의 본체에 관한 **공사의 개시 전**

(2) 완공검사의 신청시기(위험물안전관리법 시행규칙 제20조)
   제조소등의 완공검사 신청 시기는 다음 각 호의 구분에 의한다.
   ① 지하탱크가 있는 제조소등의 경우 : 당해 지하탱크를 매설하기 전
   ② 이동탱크저장소의 경우 : 이동저장탱크를 완공하고 **상치장소를 확보한 후**
   ③ 이송취급소의 경우 : 이송배관 공사의 전체 또는 일부를 완료한 후. 다만, 지하·하천 등에 매설하는 이송배관의 공사의 경우에는 **이송배관을 매설하기 전**
   ④ 전체 공사가 완료된 후에는 완공검사를 실시하기 곤란한 경우 : 다음 각목에서 정하는 시기
      ㉠ 위험물설비 또는 배관의 설치가 완료되어 기밀시험 또는 내압시험을 실시하는 시기
      ㉡ 배관을 지하에 설치하는 경우에는 시·도지사, 소방서장 또는 기술원이 지정하는 부분을 매몰하기 직전
      ㉢ 기술원이 지정하는 부분의 비파괴시험을 실시하는 시기
   ⑤ ①내지 ④에 해당하지 아니하는 제조소등의 경우 : 제조소등의 공사를 완료한 후

---

13 다음 [보기]의 위험물이 물과 반응하여 생성되는 가스의 위험도를 계산하는 경우 위험물에 대한 각 물음에 답하시오.

[보기] 과산화마그네슘, 수소화칼륨, 탄화칼슘, 탄화알루미늄

(1) 위험도가 가장 높은 가스를 발생하는 위험물에 대한 물과의 화학반응식을 쓰시오.
(2) 발생하는 가스 중 가장 높은 위험도를 갖는 가스의 위험도를 계산하시오.

해답 ✔**답** (1) 물과의 화학반응식
   $CaC_2 + 2H_2O \rightarrow Ca(OH)_2 + C_2H_2$
   (2) 가스의 위험도
   $H = \dfrac{UFL - LFL}{LFL} = \dfrac{81 - 2.5}{2.5} = 31.40$

상세해설 **위험물과 물의 화학반응식**
① 과산화마그네슘(MgO_2)-제1류 위험물-무기과산화물
   $2MgO_2 + 2H_2O \rightarrow 2Mg(OH)_2 + O_2$

② 수소화칼륨(KH)-제3류 위험물-금속의 수소화물
KH + H₂O → KOH + H₂
③ 탄화칼슘(CaC₂)-제3류 위험물-칼슘탄화물
CaC₂ + 2H₂O → Ca(OH)₂ + C₂H₂
④ 탄화알루미늄(Al₄C₃)-제3류 위험물-알루미늄탄화물
Al₄C₃ + 12H₂O → 4Al(OH)₃(수산화알루미늄) + 3CH₄(메탄)

위험도(Degree of Hazards) 계산공식

$$H = \frac{UFL - LFL}{LFL}$$

여기서, H : 위험도, UFL : 연소상한, LFL : 연소하한

46회 기출

14 다음은 클리브랜드개방컵 인화점측정기에 의한 인화점 측정시험방법이다. ( ) 안에 알맞은 답을 쓰시오.

(1) 시험장소는 기압 1기압, 무풍의 장소로 할 것
(2) 「인화점 및 연소점 시험방법 – 클리브랜드 개방컵 시험방법」(KS M ISO 2592)에 의한 인화점측정기의 시료컵의 표선(標線)까지 시험물품을 채우고 시험물품의 표면의 기포를 제거할 것
(3) 시험불꽃을 점화하고 화염의 크기를 직경 (①)mm가 되도록 조정할 것
(4) 시험물품의 온도가 60초간 (②)℃의 비율로 상승하도록 가열하고 설정온도보다 55℃ 낮은 온도에 달하면 가열을 조절하여 설정온도보다 28℃ 낮은 온도에서 60초간 (③)℃의 비율로 온도가 상승하도록 할 것
(5) 시험물품의 온도가 설정온도보다 28℃ 낮은 온도에 달하면 시험불꽃을 시료컵의 중심을 횡단하여 일직선으로 (④)초간 통과시킬 것. 이 경우 시험불꽃의 중심을 시료컵 위쪽 가장자리의 상방 (⑤)mm 이하에서 수평으로 움직여야 한다.
(6) (5)의 방법에 의하여 인화하지 않는 경우에는 시험물품의 온도가 2℃ 상승할 때마다 시험불꽃을 시료컵의 중심을 횡단하여 일직선으로 1초간 통과시키는 조작을 인화할 때까지 반복할 것
(7) (6)의 방법에 의하여 인화한 온도와 설정온도와의 차가 4℃를 초과하지 않는 경우에는 당해 온도를 인화점으로 할 것
(8) (5)의 방법에 의하여 인화한 경우 및 (6)의 방법에 의하여 인화한 온도와 설정온도와의 차가 4℃를 초과하는 경우에는 (2) 내지 (6)과 같은 순서로 반복하여 실시할 것

해답 ✔답 ① 4 ② 14 ③ 5.5 ④ 1 ⑤ 2

상세해설
위험물안전관리에 관한 세부기준 제16조
(클리브랜드개방컵인화점측정기에 의한 인화점 측정시험)
(1) 시험장소는 기압 **1기압**, **무풍**의 장소로 할 것
(2) 「인화점 및 연소점 시험방법 – 클리브랜드 개방컵 시험방법」(KS M ISO 2592)에 의한 인화점측정기의 시료컵의 표선(標線)까지 시험물품을 채우고 시험물품의 표면의 기포를 제거할 것
(3) 시험불꽃을 점화하고 화염의 크기를 **직경 4mm** 되도록 조정할 것
(4) 시험물품의 온도가 60초간 **14℃의 비율**로 상승하도록 가열하고 **설정온도보다 55℃ 낮은 온도**에 달하면 가열을 조절하여 **설정온도보다 28℃ 낮은 온도에서 60초간 5.5℃의 비율**로 온도가 상승하도록 할 것
(5) 시험물품의 온도가 **설정온도보다 28℃ 낮은 온도**에 달하면 시험불꽃을 시료컵의 중심을 횡단하여 일직선으로 **1초간 통과**시킬 것. 이 경우 시험불꽃의 중심을 시료컵 위쪽 가장자리의 **상방 2mm 이하**에서 수평으로 움직여야 한다.
(6) (5)의 방법에 의하여 인화하지 않는 경우에는 시험물품의 **온도가 2℃ 상승할 때마다** 시험불꽃을 시료컵의 중심을 횡단하여 일직선으로 **1초간 통과**시키는 조작을 인화할 때까지 반복할 것
(7) (6)의 방법에 의하여 인화한 온도와 설정온도와의 차가 **4℃를 초과하지 않는 경우**에는 당해 온도를 **인화점**으로 할 것
(8) (5)의 방법에 의하여 인화한 경우 및 (6)의 방법에 의하여 인화한 온도와 **설정온도와의 차가 4℃를 초과하는 경우**에는 (2) 내지 (6)과 같은 순서로 **반복하여 실시할 것**

15
위험물안전관리법령에 따른 피난설비에 관한 내용이다. 다음 각 물음에 답하시오.
(1) "제조소" 중 피난설비를 설치하여야하는 곳 1가지를 쓰시오.
(2) (1)에서 피난설비를 설치하여야하는 경우를 쓰시오.
(3) (2)에서 시설에 설치하여야하는 피난설비 1가지를 쓰시오.

해답 ✔답 (1) 주유취급소
(2) 건축물의 2층 이상의 부분을 점포 · 휴게음식점 또는 전시장의 용도로 사용하는 것
(3) 유도등

상세해설
피난설비의 기준(위험물안전관리법 제43조)
주유취급소 중 건축물의 2층 이상의 부분을 점포 · 휴게음식점 또는 전시장의 용도로 사용하는 것과 **옥내주유취급소**에는 피난설비를 설치하여야 한다.

[별표 17]
소화설비, 경보설비 및 피난설비의 기준(제41조제2항·제42조제2항 및 제43조제2항관련)
Ⅲ. 피난설비
① 주유취급소 중 건축물의 2층 이상의 부분을 점포·휴게음식점 또는 전시장의 용도로 사용하는 것에 있어서는 당해 건축물의 2층 이상으로부터 주유취급소의 부지 밖으로 통하는 출입구와 당해 출입구로 통하는 **통로·계단 및 출입구**에 유도등을 설치하여야 한다.
② **옥내주유취급소**에 있어서는 당해 사무소 등의 출입구 및 피난구와 당해 피난구로 통하는 **통로·계단 및 출입구**에 유도등을 설치하여야 한다.
③ 유도등에는 **비상전원**을 설치하여야 한다.

53회 유사

16
위험물안전관리법령에서 정한 다음 청정소화약제의 구성성분의 비율을 쓰시오.
(1) IG-100   (2) IG-541   (3) IG-55

해답 ✔**답** (1) IG-100 : N_2 100%
(2) IG-541 : N_2 : 52%, Ar : 40%, CO_2 : 8%
(3) IG-55 : N_2 : 50%, Ar : 50%

상세해설 청정소화약제의 종류

소화약제		화학식
할로젠계열 청정소화약제	FC-3-1-10	C_4F_{10}
	HCFC BLEND A	HCFC-123($CHCl_2CF_3$) : 4.75% HCFC-22($CHClF_2$) : 82% HCFC-124($CHClFCF_3$) : 9.5% $C_{10}H_{16}$: 3.75%
	HCFC-124	$CHClFCF_3$
	HFC-125	CHF_2CF_3
	HFC-227ea	CF_3CHFCF_3
	HFC-23	CHF_3
	HFC-236fa	$CF_3CH_2CF_3$
	FIC-13I1	CF_3I
	FK-5-1-12	$CF_3CF_2C(O)CF(CF_3)_2$
불연성·불활성 기체혼합가스	IG-01	Ar
	IG-100	N_2
	IG-541	N_2 : 52%, Ar : 40%, CO_2 : 8%
	IG-55	N_2 : 50%, Ar : 50%

17 제5류 위험물 중 과산화벤조일과 나이트로글리세린의 구조식을 그리시오.

해답 ✓답 ① 과산화벤조일

$$\text{C}_6\text{H}_5-\overset{\overset{\displaystyle O}{\|}}{\text{C}}-\text{O}-\text{O}-\overset{\overset{\displaystyle O}{\|}}{\text{C}}-\text{C}_6\text{H}_5$$

② 나이트로글리세린

```
 H   H   H
 |   |   |
H-C - C - C-H
 |   |   |
 O   O   O
 |   |   |
NO₂ NO₂ NO₂
```

상세해설

과산화벤조일(Benzoyl Peroxide, 벤조일퍼옥사이드, BPO)-제5류-유기과산화물

$$\text{C}_6\text{H}_5-\overset{\overset{\displaystyle O}{\|}}{\text{C}}-\text{O}-\text{O}-\overset{\overset{\displaystyle O}{\|}}{\text{C}}-\text{C}_6\text{H}_5$$

화학식	분자량	비중	융점	착화점
$(C_6H_5CO)_2O_2$	242	1.33	105℃	125℃

① 무색 무취의 백색분말 또는 결정이다.
② 물에 녹지 않고 알코올에 약간 녹으며 에터 등 유기용제에 잘 녹는다.
③ 저장용기에 희석제[프탈산다이메틸(DMP), 프탈산다이부틸(DBP)]를 넣어 폭발 위험성을 낮춘다.
④ 다량의 물 또는 포소화약제로 소화한다.

나이트로글리세린(Nitro Glycerine)[$C_3H_5(ONO_2)_3$]-제5류 위험물 중 질산에스터류

```
 H   H   H
 |   |   |
H-C - C - C-H
 |   |   |
 O   O   O
 |   |   |
NO₂ NO₂ NO₂
```

화학식	분자량	비중	융점	비점	착화점
$C_3H_5(ONO_2)_3$	227	1.6	13℃	160℃	210℃

① 상온에서는 액체이지만 겨울철에는 동결한다.
② 글리세린에 진한 질산과 진한 황산을 가하면 나이트로화하여 나이트로글리세린으로 된다.

글리세린의 나이트로화반응

$$C_3H_5(OH)_3 + 3HONO_2 \xrightarrow{H_2SO_4} C_3H_5(ONO_2)_3 + 3H_2O$$
(글리세린)　　(질산)　　　　　　(나이트로글리세린)　(물)

③ 비수용성이며 메탄올, 아세톤 등에 녹는다.
④ 가열, 마찰, 충격에 예민하여 대단히 위험하다.

나이트로글리세린의 열분해 반응식

$$4C_3H_5(ONO_2)_3 \rightarrow 12CO_2\uparrow + 6N_2\uparrow + O_2\uparrow + 10H_2O$$

⑤ 다이너마이트(규조토+나이트로글리세린), 무연화약 제조에 이용된다.

51회 기출

18 이송취급소 허가신청의 구조 및 설비가 긴급차단밸브 및 차단밸브인 경우 첨부서류 5가지만 쓰시오.

해답 ✔**답** ① 구조설명서(부대설비를 포함한다) ② 기능설명서
③ 강도에 관한 설명서 ④ 제어계통도
⑤ 밸브의 종류·형식 및 재료에 관하여 기재한 서류

상세해설 **이송취급소 허가신청의 첨부서류(제6조제9호관련) [별표1]**

구조 및 설비	첨부서류
긴급차단밸브 및 차단밸브	① 구조설명서(부대설비를 포함한다) ② 기능설명서 ③ 강도에 관한 설명서 ④ 제어계통도 ⑤ 밸브의 종류·형식 및 재료에 관하여 기재한 서류

40회 유사

19 다음 [보기]의 동식물유류를 보고 빈칸에 건성유와 불건성유를 분류하시오.

[보기] 동유, 정어리기름, 아마인유, 들기름, 올리브유, 피마자유, 야자유, 낙화생유(땅콩기름)

(1) 건성유 :
(2) 불건성유 :

해답 ✔**답** (1) 건성유 : 동유, 정어리기름, 아마인유, 들기름
(2) 불건성유 : 올리브유, 피마자유, 야자유, 낙화생유(땅콩기름)

상세해설 **동식물유류 : 제4류 위험물**
동물의 지육 또는 식물의 종자나 과육으로부터 추출한 것으로 1기압에서 인화점이 250℃ 미만인 것

아이오딘값에 따른 동식물유류의 분류

구 분	아이오딘값	종 류
건성유	130 이상	해바라기기름, **동유(오동기름), 정어리기름, 아마인유, 들기름**
반건성유	100~130	채종유, 쌀겨기름, 참기름, 면실유, 옥수수기름, 청어기름, 콩기름, 목화씨기름
불건성유	100 이하	**야자유**, 팜유, **올리브유, 피마자기름, 낙화생기름(땅콩기름)**, 돈지, 우지, 고래기름

아이오딘값
옥소가(沃素價)라고도 하며 100g의 유지에 의해서 흡수되는 아이오딘의 g수

51회 기출

20 하이드록실아민 200kg을 취급하는 제조소에서 안전거리를 구하시오.

해답

✔ 계산과정

① 지정수량의 배수 $N = \dfrac{200\text{kg}}{100\text{kg}} = 2$ 배

② $D = 51.1\sqrt[3]{2} = 64.38\text{m}$

✔ 답 64.38m

상세해설

하이드록실아민 등을 취급하는 제조소의 안전거리

$$D = 51.1\sqrt[3]{N}$$

여기서, D : 거리(m)
　　　　N : 해당 제조소에서 취급하는 하이드록실아민 등의 지정수량의 배수
★하이드록실아민(NH_2OH)의 지정수량 : 100kg

위험물기능장 제63회 실기시험

2018년도 기능장 제63회 실기시험 (2018년 05월 27일 시행)

자격종목	시험시간	문제수	형별	수험번호	성 명
위험물기능장	2시간	20	A		

01 다이에틸에터에 대한 다음 각 물음에 답하시오.
① 구조식   ② 인화점   ③ 비점
④ 공기 중 장시간 노출 시 생성물질
  • 명칭 :
  • 생성물질 검출방법 :
⑤ 저장하는 최대수량이 2,550[L]일 때 옥내저장소의 보유공지(단, 내화구조이다.)

해답 ✔답 ① 구조식 :

$$H-\underset{\underset{H}{|}}{\overset{\overset{H}{|}}{C}}-\underset{\underset{H}{|}}{\overset{\overset{H}{|}}{C}}-O-\underset{\underset{H}{|}}{\overset{\overset{H}{|}}{C}}-\underset{\underset{H}{|}}{\overset{\overset{H}{|}}{C}}-H$$

② 인화점 : -40℃
③ 비점 : 34℃
④ • 명칭 : 과산화물
  • 생성물질 검출방법 : 다이에틸에터에 10% KI용액을 첨가하여 1분 이내에 황색변화 여부 확인
⑤ 지정수량의 배수 = $\dfrac{2,550L}{50L} = 51.0$ ∴ 5m 이상

상세해설 다이에틸에터($C_2H_5OC_2H_5$) -제4류 특수인화물

$$H-\underset{\underset{H}{|}}{\overset{\overset{H}{|}}{C}}-\underset{\underset{H}{|}}{\overset{\overset{H}{|}}{C}}-O-\underset{\underset{H}{|}}{\overset{\overset{H}{|}}{C}}-\underset{\underset{H}{|}}{\overset{\overset{H}{|}}{C}}-H$$

화학식	분자량	비중	비점	인화점	착화점	연소범위
$C_2H_5OC_2H_5$	74.12	0.72	34℃	-40℃	180℃	1.7~48%

① 직사광선에 장시간 노출 시 과산화물 생성

과산화물 생성 확인방법
다이에틸에터 + KI용액(10%) → 황색변화(1분 이내)

② 용기는 갈색 병을 사용하며 냉암소에 보관.
③ 정전기 방지를 위하여 약간의 $CaCl_2$를 넣어준다.

④ 폭발성의 과산화물 생성방지를 위해 용기 내에 40mesh 구리 망을 넣어준다.

다이에틸에터 제조방법

$$C_2H_5OH + C_2H_5OH \xrightarrow{C-H_2SO_4} C_2H_5OC_2H_5 + H_2O$$

⑤ 과산화물 제거시약 : 황산제일철($FeSO_4$) 또는 환원철

옥내저장소의 보유공지 ★★

저장 또는 취급하는 위험물의 최대수량	공지의 너비	
	벽·기둥 및 바닥이 내화구조로 된 건축물	그 밖의 건축물
지정수량의 5배 이하		0.5m 이상
지정수량의 5배 초과 10배 이하	1m 이상	1.5m 이상
지정수량의 10배 초과 20배 이하	2m 이상	3m 이상
지정수량의 20배 초과 50배 이하	3m 이상	5m 이상
지정수량의 50배 초과 200배 이하	**5m 이상**	**10m 이상**
지정수량의 200배 초과	10m 이상	15m 이상

50회 기출

02 관계인이 예방규정을 정하여야 하는 제조소 등을 5가지만 쓰시오.

해답

✓ 답 ① 지정수량의 10배 이상의 위험물을 취급하는 제조소
② 지정수량의 100배 이상의 위험물을 저장하는 옥외저장소
③ 지정수량의 150배 이상의 위험물을 저장하는 옥내저장소
④ 지정수량의 200배 이상의 위험물을 저장하는 옥외탱크저장소
⑤ 암반탱크저장소
⑥ 이송취급소

상세해설

관계인이 예방규정을 정하여야 하는 제조소등
① 지정수량의 10배 이상의 위험물을 취급하는 제조소
② 지정수량의 100배 이상의 위험물을 저장하는 옥외저장소
③ 지정수량의 150배 이상의 위험물을 저장하는 옥내저장소
④ 지정수량의 200배 이상의 위험물을 저장하는 옥외탱크저장소
⑤ 암반탱크저장소
⑥ 이송취급소
⑦ 지정수량의 10배 이상의 위험물을 취급하는 일반취급소. 다만, 제4류 위험물(특수인화물을 제외)만을 지정수량의 50배 이하로 취급하는 일반취급소(제1석유류·알코올류의 취급량이 지정수량의 10배 이하인 경우에 한한다)로서 다음 각목의 어느 하나에 해당하는 것을 제외한다.
  ㉠ 보일러·버너 또는 이와 비슷한 것으로서 위험물을 소비하는 장치로 이루어진 일반취급소
  ㉡ 위험물을 용기에 옮겨 담거나 차량에 고정된 탱크에 주입하는 일반취급소

제 4 편 최근 기출문제

52회, 55회, 62회 기출

03 위험물의 성질란에 규정된 성상을 2가지 이상 포함하는 물품을 복수성상물품이라 한다. 이 물품이 속하는 품명의 판단기준을 ( )안에 알맞은 유별을 쓰시오.

① 복수성상물품이 산화성 고체의 성상 및 가연성 고체의 성상을 가지는 경우 : ( ) 위험물
② 복수성상물품이 산화성 고체의 성상 및 자기반응성 물질의 성상을 가지는 경우 : ( ) 위험물
③ 복수성상물품이 가연성 고체의 성상 및 자연발화성 물질의 성상 및 금수성 물질의 성상을 가지는 경우 : ( ) 위험물
④ 복수성상물품이 자연발화성 물질의 성상, 금수성 물질의 성상 및 인화성액체의 성상을 가지는 경우 : ( ) 위험물
⑤ 복수성상물품이 인화성 액체의 성상 및 자기반응성 물질의 성상을 가지는 경우 : ( ) 위험물

해답
✔답 ① 제2류 ② 제5류 ③ 제3류 ④ 제3류 ⑤ 제5류

상세해설
[별표 1] 위험물 및 지정수량의 비고란
규정된 성상을 2가지 이상 포함하는 물품("복수성상물품")이 속하는 품명
(1) 복수성상물품이 산화성고체의 성상 및 가연성고체의 성상을 가지는 경우 : 제2류 제8호의 규정에 의한 품명
(2) 복수성상물품이 산화성고체의 성상 및 자기반응성물질의 성상을 가지는 경우 : 제5류 제11호의 규정에 의한 품명
(3) 복수성상물품이 가연성고체의 성상과 자연발화성물질의 성상 및 금수성물질의 성상을 가지는 경우 : 제3류 제12호의 규정에 의한 품명
(4) 복수성상물품이 자연발화성물질의 성상, 금수성물질의 성상 및 인화성액체의 성상을 가지는 경우 : 제3류 제12호의 규정에 의한 품명
(5) 복수성상물품이 인화성액체의 성상 및 자기반응성물질의 성상을 가지는 경우 : 제5류 제11호의 규정에 의한 품명

04 제3류 위험물인 탄화칼슘과 탄화알루미늄에 대한 다음 각 물음에 답하시오.

① 탄화칼슘과 물의 반응식
② 물음①의 반응식에서 생성되는 기체의 완전연소반응식
③ 탄화알루미늄과 물의 반응식
④ 물음③의 반응식에서 생성되는 기체의 완전연소반응식

해답 ✔답 ① $CaC_2 + 2H_2O \rightarrow Ca(OH)_2 + C_2H_2$
② $2C_2H_2 + 5O_2 \rightarrow 4CO_2 + 2H_2O$
③ $Al_4C_3 + 12H_2O \rightarrow 4Al(OH)_3 + 3CH_4$
④ $CH_4 + 2O_2 \rightarrow CO_2 + 2H_2O$

상세해설 **탄화칼슘(CaC_2) : 제3류 위험물 중 칼슘탄화물**

화학식	분자량	융점	비중
CaC_2	64	2370℃	2.21

① 물과 접촉 시 아세틸렌을 생성하고 열을 발생시킨다.

$CaC_2 + 2H_2O \rightarrow Ca(OH)_2$(수산화칼슘) $+ C_2H_2 \uparrow$ (아세틸렌)

② 아세틸렌의 폭발범위는 2.5~81%로 대단히 넓어서 폭발위험성이 크다.
③ 장기 보관 시 불활성기체(N_2 등)를 봉입하여 저장한다.
④ 별명은 카바이드, 탄화석회, 칼슘카바이드 등이다.
⑤ 고온(700℃)에서 질화되어 석회질소($CaCN_2$)가 생성된다.

$CaC_2 + N_2 \rightarrow CaCN_2$(석회질소) $+ C$(탄소)

⑥ 물 및 포약제에 의한 소화는 절대 금하고 마른모래 등으로 피복 소화한다.

탄화알루미늄(Al_4C_3)-제3류 위험물 중 칼슘탄화물

화학식	분자량	융점	비중
Al_4C_3	144	2100℃	2.36

① 물과 접촉시 메탄가스를 생성하고 발열반응을 한다.

$Al_4C_3 + 12H_2O \rightarrow 4Al(OH)_3 + 3CH_4$(메탄)

② 황색 결정 또는 백색분말로 1400℃ 이상에서는 분해가 된다.
③ 물 및 포약제에 의한 소화는 절대 금하고 마른모래 등으로 피복소화한다.

41회 기출

05 다음 위험물에 대한 위험물안전관리법에 따른 정의를 쓰시오.
① 인화성 고체　② 제1석유류　③ 동식물유류

해답 ✔답 ① **인화성 고체**
고형알코올 그 밖에 1기압에서 인화점이 40℃ 미만인 고체
② **제1석유류**
아세톤, 휘발유, 그 밖에 1기압에서 인화점이 21℃ 미만인 것
③ **동식물유류**
동물의 지육 등 또는 식물의 종자나 과육으로부터 추출한 것으로서 1기압에서 인화점이 250℃ 미만인 것

상세해설 **인화성 고체**
고형알코올 그 밖에 1기압에서 인화점이 40℃ 미만인 고체

제4류 위험물의 판단기준
① 특수인화물
이황화탄소, 다이에틸에터 그 밖에 1기압에서 **발화점이 100℃ 이하**인 것 또는 **인화점이 -20℃ 이하**이고 **비점이 40℃ 이하**인 것을 말한다.
② 제1석유류
아세톤, 휘발유 그 밖에 1기압에서 **인화점이 21℃ 미만**인 것을 말한다.
③ 알코올류
1분자를 구성하는 탄소원자의 수가 **1개부터 3개**까지인 포화1가 알코올(변성알코올을 포함한다)을 말한다. 다만, 다음 각목의 1에 해당하는 것은 **제외**한다.
　㉠ 1분자를 구성하는 탄소원자의 수가 1개 내지 3개의 포화1가 알코올의 함유량이 **60중량% 미만**인 수용액
　㉡ 가연성액체량이 **60중량% 미만**이고 인화점 및 연소점(태그개방식인화점측정기에 의한 연소점)이 에틸알코올 **60중량%** 수용액의 인화점 및 연소점을 초과하는 것
④ 제2석유류
등유, 경유 그 밖에 1기압에서 **인화점이 21℃ 이상 70℃ 미만**인 것을 말한다. 다만, 도료류 그 밖의 물품에 있어서 가연성 액체량이 40중량% 이하이면서 인화점이 40℃ 이상인 동시에 연소점이 60℃ 이상인 것은 제외한다.
⑤ 제3석유류
중유, 크레오소트유 그 밖에 1기압에서 **인화점이 70℃ 이상 200℃ 미만**인 것을 말한다. 다만, 도료류 그 밖의 물품은 가연성 액체량이 40중량% 이하인 것은 제외한다.
⑥ 제4석유류
기어유, 실린더유 그 밖에 1기압에서 **인화점이 200℃ 이상 250℃ 미만**의 것을 말한다. 다만 도료류 그 밖의 물품은 가연성 액체량이 40중량% 이하인 것은 제외한다.
⑦ 동식물유류
동물의 지육 등 또는 식물의 종자나 과육으로부터 추출한 것으로서 1기압에서 **인화점이 250℃ 미만**인 것을 말한다.

48회 기출

06 위험물 제조소에 배출설비를 국소방식으로 설치하려고 한다. 배출능력(m^3/hr)은 얼마 이상으로 하여야 하는가? (단, 배출장소의 용적은 가로 6m, 세로 8m, 높이 4m이다.)

해답　✓**계산과정**
　　　① 배출장소의 용적 = $6m \times 8m \times 4m = 192m^3$
　　　② 배출능력 = $192m^3 \times 20 = 3,840m^3$/hr
　✓**답**　$3,840m^3$/hr

상세해설　**배출설비의 설치기준**★★
가연성의 증기 또는 미분이 체류할 우려가 있는 건축물에는 그 증기 또는 미분을 옥외의

높은 곳으로 배출할 수 있도록 다음 각 호의 기준에 의하여 배출설비를 설치하여야 한다.
(1) 배출설비는 국소방식으로 할 것
(2) 배출설비는 배풍기, 배출닥트, 후드 등을 이용한 강제배출방식으로 할 것
(3) **배출능력**은 1시간당 배출장소 용적의 **20배 이상**인 것으로 할 것
 (단, 전역방식의 경우에는 바닥면적 1m²당 18m³ 이상으로 할 수 있다)
(4) 배출설비의 급기구 및 배출구 설치 기준
 ① 급기구는 높은 곳에 설치하고, 가는 눈의 구리망 등으로 인화방지망을 설치
 ② 배출구는 지상 2m 이상으로서 연소의 우려가 없는 장소에 설치하고, 배출 닥트가 관통하는 벽부분의 바로 가까이에 화재시 자동으로 폐쇄되는 방화댐퍼를 설치할 것
(5) 배풍기는 강제배기방식으로 하고, 옥내닥트의 내압이 대기압 이상이 되지 아니하는 위치에 설치할 것.

45회 기출

07
휘발유를 저장·취급하는 설비에서 할론1301을 고정식 벽의 면적이 50m²이고 전체둘레면적 200m²일 때 용적식 국소방출방식의 소화약제의 양(kg)은? (단, 방호공간의 체적은 600m³로 가정한다)

해답 ✔계산과정

① 위험물의 종류에 대한 가스계 및 분말 소화약제의 계수(K)
  휘발유 : (할론1301 및 할론1211의 $K=1.0$)
② Q_1 : 단위 체적당 소화약제의 양(kg/m³)
  ∴ $Q_1 = \left(X - Y\dfrac{a}{A}\right) = \left(4 - 3 \times \dfrac{50}{200}\right) = 3.25 \text{kg/m}^3$
③ 소화약제의 양(kg) 계산
  $Q = V \times Q_1 \times K \times 1.25 = 600 \times 3.25 \times 1.0 \times 1.25 = 2437.5 \text{kg}$

✔답 2437.5kg

상세해설

할로젠화합물소화설비의 국소방출방식

연소형태	소화약제의 양		
	할론2402	할론1211	할론1301
면적식	$Q=[A \times 8.8\text{kg/m}^2 \times K] \times 1.1$	$Q=[A \times 7.6\text{kg/m}^2 \times K] \times 1.1$	$Q=[A \times 6.8\text{kg/m}^2 \times K] \times 1.25$
	여기서, Q : 소화약제의 양, A : 방호대상물의 표면적(m²) K : 위험물의 종류에 대한 가스계소화약제의 계수(별표2 : 생략)		
용적식	$Q=V \times Q_1 \times K \times 1.1$	$Q=V \times Q_1 \times K \times 1.1$	$Q=V \times Q_1 \times K \times 1.25$
	여기서, Q : 소화약제의 양, V : 방호공간의 체적(m³) $Q_1 : \left(X - Y\dfrac{a}{A}\right)[\text{kg/m}^3]$ K : 위험물의 종류에 대한 가스계소화약제의 계수(별표2 : 생략)		

※ 용적식의 국소방출방식

면적식 외의 경우 $Q_1 = X - Y\dfrac{a}{A}(\text{kg/m}^3)$

여기서, Q_1 : 단위 체적당 소화약제의 양(kg/m³)
  a : 방호대상물의 주위에 실제로 설치된 고정벽의 면적의 합계(m²)
  A : 방호공간 전체둘레의 면적(m²)
  X 및 Y : 다음 표에 정한 수치

약제의 종류	X의 수치	Y의 수치
하론2402	5.2	3.9
하론1211	4.4	3.3
하론1301	4.0	3.0

08 트라이에틸알루미늄과 다음 각 물질이 반응할 때 반응식을 쓰시오.
① 공기 ② 물
③ 염산 ④ 에탄올

해답

✔답 ① $2(C_2H_5)_3Al + 21O_2 \rightarrow Al_2O_3 + 12CO_2 + 15H_2O$
  ② $(C_2H_5)_3Al + 3H_2O \rightarrow Al(OH)_3 + 3C_2H_6$
  ③ $(C_2H_5)_3Al + 3HCl \rightarrow AlCl_3 + 3C_2H_6$
  ④ $(C_2H_5)_3Al + 3C_2H_5OH \rightarrow Al(C_2H_5O)_3 + 3C_2H_6$

상세해설

트라이에틸알루미늄-제3류 위험물-금수성 및 자연발화성

화학식	분자량	비점(끓는점)	융점(녹는점)	비중	인화점
$(C_2H_5)_3Al$	114	194℃	-50℃	0.835	-22℃

① 무색투명한 액체이다.
② $C_1 \sim C_4$는 자연발화의 위험성이 있다.
③ 물과 접촉 시 가연성 가스 발생하므로 주수소화는 절대 금지한다.

  $(C_2H_5)_3Al + 3H_2O \rightarrow Al(OH)_3 + 3C_2H_6\uparrow$ (에탄) ★에탄(폭발범위 : 3.0~12.4%)

④ 공기 중 완전연소 반응식

  $2(C_2H_5)_3Al + 21O_2 \rightarrow Al_2O_3$(산화알루미늄) $+ 12CO_2 + 15H_2O$

⑤ 소화 시 주수소화는 절대 금하고 팽창질석, 팽창진주암 등으로 피복소화한다.

트라이에틸알루미늄의 반응식
① 완전연소 반응식 $2(C_2H_5)_3Al + 21O_2 \rightarrow Al_2O_3$(산화알루미늄) $+ 12CO_2 + 15H_2O$
② 물과 반응식 $(C_2H_5)_3Al + 3H_2O \rightarrow Al(OH)_3$(수산화알루미늄) $+ 3C_2H_6$(에탄)
③ 염소와 반응식 $(C_2H_5)_3Al + 3Cl_2 \rightarrow AlCl_3$(염화알루미늄) $+ 3C_2H_5Cl$(염화에틸)
④ 메틸알코올과 반응식 $(C_2H_5)_3Al + 3CH_3OH \rightarrow Al(CH_3O)_3$(메틸알루미녹세인) $+ 3C_2H_6$(에탄)
⑤ 염산과 반응식 $(C_2H_5)_3Al + 3HCl \rightarrow AlCl_3$(염화알루미늄) $+ 3C_2H_6$(에탄)

50회 기출

09 주유취급소의 특례기준에서 셀프용 고정주유설비의 설치기준에 대하여 완성하시오.

- 주유호스는 (①)kg 이하의 하중에 의하여 파단[破斷] 또는 이탈되어야 하고, 파단 또는 이탈된 부분으로부터의 위험물 누출을 방지할 수 있는 구조일 것
- 1회의 연속주유량 및 주유시간의 상한을 미리 설정할 수 있는 구조일 것. 이 경우 연속주유량의 상한은 휘발유는 (②)L 이하, 경유는 (③)L 이하로 하며, 연속주유시간의 상한은 휘발유는 (④)분 이하, 경유는 (⑤)분 이하로 한다.

해답 ✓답 ① 200   ② 100   ③ 600   ④ 4   ⑤ 12

상세해설

고객이 직접 주유하는 주유취급소의 특례

1. **셀프용고정주유설비의 기준**
   (1) 주유호스의 끝부분에 수동개폐장치를 부착한 주유노즐을 설치할 것.
       다만, 수동개폐장치를 개방한 상태로 고정시키는 장치가 부착된 경우에는 다음의 기준에 적합하여야 한다.
       ① 주유작업을 개시함에 있어서 주유노즐의 수동개폐장치가 개방상태에 있을 때에는 당해 수동개폐장치를 일단 폐쇄시켜야만 다시 주유를 개시할 수 있는 구조로 할 것
       ② 주유노즐이 자동차 등의 주유구로부터 이탈된 경우 주유를 자동적으로 정지시키는 구조일 것
   (2) 주유노즐은 자동차 등의 연료탱크가 가득 찬 경우 자동적으로 정지시키는 구조일 것
   (3) 주유호스는 **200kg중 이하의 하중에 의하여 파단(破斷) 또는 이탈**되어야 하고, 파단 또는 이탈된 부분으로부터의 위험물 누출을 방지할 수 있는 구조일 것
   (4) 휘발유와 경유 상호간의 오인에 의한 주유를 방지할 수 있는 구조일 것
   (5) 1회의 연속주유량 및 주유시간의 상한을 미리 설정할 수 있는 구조일 것
   [연속주유량 및 주유시간의 상한]

구 분		연속주유량	주유시간의 상한
셀프용 고정 주유설비	휘발유	100L 이하	4분 이하
	경유	600L 이하	12분 이하

2. **셀프용고정급유설비의 기준**은 다음 각목과 같다.
   (1) 급유호스의 끝부분에 수동개폐장치를 부착한 급유노즐을 설치할 것
   (2) 급유노즐은 용기가 가득찬 경우에 자동적으로 정지시키는 구조일 것
   (3) 1회의 연속급유량 및 급유시간의 상한을 미리 설정할 수 있는 구조일 것 이 경우 급유량의 상한은 **100L 이하**, 급유시간의 상한은 **6분 이하**로 한다.

제 4 편 최근 기출문제

10 제4류 위험물인 아세트알데하이드를 다음과 같은 탱크에 저장하는 경우 저장 유지온도를 쓰시오.
① 보냉장치가 있는 이동저장탱크에 저장하는 경우
② 보냉장치가 없는 이동저장탱크에 저장하는 경우
③ 지하저장탱크 중 압력탱크에 저장하는 경우
④ 옥내저장탱크 중 압력탱크에 저장하는 경우
⑤ 옥외저장탱크 중 압력탱크 외의 탱크에 저장하는 경우

해답 ✔답 ① 비점 이하 ② 40℃ 이하 ③ 40℃ 이하 ④ 40℃ 이하 ⑤ 15℃ 이하

상세해설

(1) 옥외저장탱크 · 옥내저장탱크 또는 지하저장탱크의 저장 유지온도

구 분	압력탱크 외의 탱크	구 분	압력탱크
산화프로필렌과 이를 함유한 것 또는 다이에틸에터 등	30℃ 이하	아세트알데하이드 등 또는 다이에틸에터 등	40℃ 이하
아세트알데하이드 또는 이를 함유한 것	15℃ 이하		

(2) 이동저장탱크의 저장 유지온도

구 분	보냉장치가 있는 경우	보냉장치가 없는 경우
아세트알데하이드 등 또는 다이에틸에터 등	비점 이하	40℃ 이하

11 제2류 위험물인 인화성 고체에 대한 다음 각 물음에 답하시오.
① 위험물안전관리법령에 따른 정의를 쓰시오.
② 운반용기 외부표시사항 중 수납하는 위험물에 따른 주의사항을 쓰시오.
③ 유별을 달리하는 위험물은 동일한 저장소에 저장할 수 없다. 그러나 위험물을 유별로 정리하여 저장하는 한편, 서로 1m 이상의 간격을 두는 경우 인화성고체와 동일한 저장소에 저장할 수 있는 유별을 모두 쓰시오.(단, 없으면 "없음"이라고 쓰시오)

해답 ✔답 ① 고형알코올 그 밖에 1기압에서 인화점이 40℃ 미만인 고체
② 화기엄금
③ 제4류 위험물

상세해설 위험물의 판단기준
① 황 : 순도가 60중량% 이상인 것을 말한다. 이 경우 순도측정에 있어서 불순물은 활석 등 불연성물질과 수분에 한한다.

② **철분** : 철의 분말로서 53μm의 표준체를 통과하는 것이 50중량% 미만인 것은 제외
③ **금속분** : 알칼리금속·알칼리토금속·철 및 마그네슘 외의 금속의 분말을 말하고, **구리분·니켈분 및 150μm의 체를 통과하는 것이 50중량% 미만인 것은 제외**
④ **마그네슘은 다음 각목의 1에 해당하는 것은 제외**한다.
   ㉠ 2mm의 체를 통과하지 아니하는 덩어리 상태의 것
   ㉡ 직경 2mm 이상의 막대 모양의 것
⑤ **인화성고체** : 고형알코올 그 밖에 1기압에서 인화점이 40℃ 미만인 고체
⑥ 제6류 위험물

종류	과산화수소	질산
기준	농도 36중량% 이상	비중 1.49 이상

위험물 운반용기의 외부 표시 사항
① 위험물의 품명, 위험등급, 화학명 및 수용성(제4류 위험물의 수용성인 것에 한함)
② 위험물의 수량
③ 수납하는 위험물에 따른 주의사항

유별	성질에 따른 구분	표시사항
제1류 위험물	알칼리금속의 과산화물	화기·충격주의, 물기엄금 및 가연물접촉주의
	그 밖의 것	화기·충격주의 및 가연물접촉주의
제2류 위험물	철분·금속분·마그네슘	화기주의 및 물기엄금
	인화성고체	화기엄금
	그 밖의 것	화기주의
제3류 위험물	자연발화성물질	화기엄금 및 공기접촉엄금
	금수성물질	물기엄금
제4류 위험물	인화성 액체	화기엄금
제5류 위험물	자기반응성 물질	화기엄금 및 충격주의
제6류 위험물	산화성 액체	가연물접촉주의

위험물의 저장 기준
옥내저장소 또는 옥외저장소에 있어서 다음의 각목의 규정에 의한 위험물을 저장하는 경우로서 위험물을 유별로 정리하여 저장하는 한편, 서로 **1m 이상의 간격을 두는 경우에는 동일한 저장소에 저장할 수 있다(중요기준)**.
① **제1류 위험물**(알칼리금속의 과산화물 또는 이를 함유한 것을 제외)과 **제5류 위험물**을 저장하는 경우
② **제1류 위험물**과 **제6류 위험물**을 저장하는 경우
③ **제1류 위험물**과 제3류 위험물 중 **자연발화성물질**(황린 또는 이를 함유한 것)을 저장하는 경우
④ 제2류 위험물 중 **인화성고체**와 **제4류 위험물**을 저장하는 경우
⑤ 제3류 위험물 중 **알킬알루미늄등**과 **제4류 위험물**(알킬알루미늄 또는 알킬리튬을 함유한 것)을 저장하는 경우
⑥ 제4류 위험물 중 **유기과산화물** 또는 이를 함유하는 것과 제5류 위험물 중 **유기과산화물** 또는 이를 함유한 것을 저장하는 경우

12 제1류 위험물로서 분자량이 139, 지정수량이 50kg이고 400℃에서 분해가 시작되어 600℃에서 완전 분해하는 사방정계 결정인 물질에 대한 각 물음에 답하시오.

① 화학식
② 열분해 반응식
③ 운반용기 외부표시사항 중 수납하는 위험물에 따른 주의사항을 쓰시오.

해답 ✔답 ① $KClO_4$
② $KClO_4 \rightarrow KCl + 2O_2$
③ 화기 · 충격주의 및 가연물접촉주의

상세해설

과염소산칼륨—제1류 위험물—과염소산염류

화학식	분자량	융점	색상	분해온도
$KClO_4$	138.5	610℃	무색	400℃

① 무색무취, 사방정계 결정
② 물에 녹기 어렵고 알코올, 에터에 불용
③ 진한 황산과 접촉 시 폭발성이 있다.
④ 황, 탄소, 유기물등과 혼합 시 가열, 충격, 마찰에 의하여 폭발한다.
⑤ 400℃에서 분해가 시작되어 600℃에서 완전 분해하여 산소를 발생한다.

$$KClO_4 \rightarrow KCl(염화칼륨) + 2O_2 \uparrow (산소)$$

위험물 운반용기의 외부 표시 사항

① 위험물의 품명, 위험등급, 화학명 및 수용성(제4류 위험물의 수용성인 것에 한함)
② 위험물의 수량
③ 수납하는 위험물에 따른 주의사항

유별	성질에 따른 구분	표시사항
제1류 위험물	알칼리금속의 과산화물	화기 · 충격주의, 물기엄금 및 가연물접촉주의
	그 밖의 것	화기 · 충격주의 및 가연물접촉주의
제2류 위험물	철분 · 금속분 · 마그네슘	화기주의 및 물기엄금
	인화성고체	화기엄금
	그 밖의 것	화기주의
제3류 위험물	자연발화성물질	화기엄금 및 공기접촉엄금
	금수성물질	물기엄금
제4류 위험물	인화성 액체	화기엄금
제5류 위험물	자기반응성 물질	화기엄금 및 충격주의
제6류 위험물	산화성 액체	가연물접촉주의

13 특정옥외저장탱크의 용접방법을 쓰시오.
① 애뉼러판과 애뉼러판의 용접 ② 애뉼러판과 밑판의 용접
③ 옆판과 애뉼러판의 용접 ④ 옆판의 세로이음 및 가로이음 용접

✔답
① 뒷면에 재료를 댄 맞대기용접
② 뒷면에 재료를 댄 맞대기용접 또는 겹치기용접
③ 부분용입그룹용접
④ 완전용입 맞대기용접

상세해설 특정옥외저장탱크의 용접방법 기준
(1) 옆판의 용접은 다음에 의할 것
 ① 세로이음 및 가로이음은 완전용입 맞대기용접으로 할 것
 ② 옆판의 세로이음은 단을 달리하는 옆판의 각각의 세로이음과 동일선상에 위치하지 아니하도록 할 것. 이 경우 해당 세로이음간의 간격은 서로 접하는 옆판 중 두꺼운 쪽 옆판의 두께의 5배 이상으로 하여야 한다.
(2) 옆판의 애뉼러판(애뉼러판이 없는 경우에는 밑판)과의 용접은 부분용입그룹용접 또는 이와 동등 이상의 용접강도가 있는 용접방법으로 용접할 것. 이 경우에 있어서 용접 비드(Bead)는 매끄러운 형상을 가져야 한다.
(3) 애뉼러판과 애뉼러판은 뒷면에 재료를 댄 맞대기 용접으로 하고, 애뉼러판과 밑판 및 밑판과 밑판의 용접은 뒷면에 재료를 댄 맞대기용접 또는 겹치기용접으로 용접할 것. 이 경우에 애뉼러판과 밑판이 접하는 면은 해당 애뉼러판과 밑판의 용접부의 강도 및 밑판과 밑판의 용접부의 강도에 유해한 영향을 주는 흠이 있어서는 아니된다.
(4) 필렛용접의 사이즈(부등사이즈가 되는 경우에는 작은 쪽의 사이즈를 말한다)는 다음 식에 의하여 구한 값으로 할 것

$$t_1 \geq S \geq \sqrt{2t_2} \ (단, S \geq 4.5)$$

여기서, t_1 : 얇은 쪽의 강판의 두께(mm)
 t_2 : 두꺼운 쪽의 강판의 두께(mm)
 S : 사이즈(mm)

14 제6류 위험물에 대한 다음 각 물음에 답하시오.
① 질산의 분해 반응식
② 과산화수소의 분해 반응식
③ 할로젠간화합물 중 1가지만 쓰시오.

✔답
① $4HNO_3 \rightarrow 2H_2O + 4NO_2 + O_2$
② $2H_2O_2 \rightarrow 2H_2O + O_2$
③ 삼불화브로민, 오불화브로민, 오불화아이오딘 중 1가지

질산(HNO₃)-제6류 위험물-산화성액체

화학식	분자량	비중	비점	융점
HNO_3	63	1.50	86℃	-42℃

① 무색의 발연성 액체이다.
② 빛에 의하여 일부 분해되어 생긴 NO_2 때문에 황갈색으로 된다.

$$4HNO_3 \rightarrow 2H_2O + 4NO_2\uparrow (이산화질소) + O_2\uparrow (산소)$$

③ 저장용기는 직사광선을 피하고 찬 곳에 저장한다.
④ 실험실에서는 갈색병에 넣어 햇빛을 차단시킨다.

크산토프로테인반응(xanthoprotenic reaction)
단백질에 진한질산을 가하면 노란색으로 변하고 알칼리를 작용시키면 오렌지색으로 변하며, 단백질 검출에 이용된다.

⑤ 진한질산에 의하여 부동태가 되는 금속
  Fe(철), Al(알루미늄), Cr(크로뮴), Co(코발트), Ni(니켈)
⑥ 진한질산에 녹지 않는 금속 : Au(금), Pt(백금)

부동태란?
금속이 보통상태에서 나타내는 반응성을 잃은 상태.

왕수란 무엇인가?
- 진한염산과 진한질산을 3대 1 정도의 비율로 혼합한 액체이다.
- 강한 산화제로, 산에 잘 녹지 않는 금과 백금 등을 녹일 수 있다.

과산화수소(H_2O_2)-제6류 위험물

화학식	분자량	비중	비점	융점
H_2O_2	34	1.463	150.2℃(pure)	-0.43℃(pure)

① 물, 에탄올, 에터에 잘 녹으며 벤젠에 녹지 않는다.
② 분해 시 산소(O_2)를 발생시킨다.
③ 분해안정제로 인산(H_3PO_4) 또는 요산($C_5H_4N_4O_3$)을 첨가한다.
④ 저장용기는 밀폐하지 말고 **구멍이 있는 마개**를 사용한다.
⑤ 60%이상의 고농도에서는 단독으로 폭발위험이 있다.
⑥ 하이드라진($NH_2 \cdot NH_2$)과 접촉 시 분해 작용으로 폭발위험이 있다.

$$NH_2 \cdot NH_2 + 2H_2O_2 \rightarrow 4H_2O + N_2\uparrow$$

⑦ 아이오딘화칼륨이나 이산화망가니즈(MnO_2)을 촉매로 하면 분해가 빠르다.
⑧ 3%용액은 옥시풀이라 하며 표백제 또는 살균제로 이용한다.

과산화수소는 36%(중량) 이상만 위험물에 해당된다.

제6류 위험물의 지정수량

성 질	품 명	지정수량	위험등급
산화성 액체	1. 과염소산 2. 과산화수소 3. 질산 4. 할로젠간화합물 　① 삼불화브로민 ② 오불화브로민 ③ 오불화아이오딘	300kg	I

532

15

적재하는 위험물의 성질에 따라 일광의 직사 또는 빗물의 침투를 방지하기 위하여 유효하게 피복하는 등의 조치를 하여야 한다. 다음 보기의 위험물을 차광성이 있는 피복으로 가려야하는 것과 방수성이 있는 피복으로 덮어야하는 것을 번호로 구분하여 쓰시오.

[보기] ① K_2O_2 ② Mg ③ K ④ CH_3CHO ⑤ CH_3COOH
⑥ $C_6H_5NO_2$ ⑦ CH_3COCH_3 ⑧ $C_6H_5NH_2$ ⑨ H_2O_2 ⑩ P_2S_5

해답

✔**답**
- 차광성이 있는 피복으로 가려야하는 것 : ① ④ ⑨
- 방수성이 있는 피복으로 덮어야하는 것 : ① ② ③

구분	① K_2O_2	② Mg	③ K	④ CH_3CHO	⑤ CH_3COOH
명칭	과산화칼륨	마그네슘	칼륨	아세트알데하이드	아세트산
유별	제1류 알칼리금속과산화물	제2류 위험물	제3류	제4류 특수인화물	제4류 제1석유류

구분	⑥ $C_6H_5NO_2$	⑦ CH_3COCH_3	⑧ $C_6H_5NH_2$	⑨ H_2O_2	⑩ P_2S_5
명칭	나이트로벤젠	아세톤	아닐린	과산화수소	오황화인
유별	제4류 제3석유류	제4류 제1석유류	제4류 제3석유류	제6류	제2류

상세해설

적재하는 위험물의 성질에 따른 조치
(1) 차광성이 있는 피복으로 가려야하는 위험물
  ① 제1류 위험물
  ② 제3류 위험물 중 자연발화성물질
  ③ 제4류 위험물 중 특수인화물
  ④ 제5류 위험물
  ⑤ 제6류 위험물
(2) 방수성이 있는 피복으로 덮어야 하는 것
  ① 제1류 위험물 중 알칼리금속의 과산화물
  ② 제2류 위험물 중 철분 · 금속분 · 마그네슘 또는 이들 중 어느 하나 이상을 함유한 것
  ③ 제3류 위험물 중 금수성 물질
(3) 제5류 위험물 중 55℃ 이하의 온도에서 분해될 우려가 있는 것은 보냉 컨테이너에 수납하는 등 적정한 온도관리를 할 것

16

나이트로글리세린 454g이 완전 열분해하는 경우 발생하는 기체의 체적은 200℃ 1기압 상태에서 몇 리터인가?

해답 ✔ 계산과정

① 나이트로글리세린의 열분해반응식
$$4C_3H_5(ONO_2)_3 \rightarrow 12CO_2 + 10H_2O + 6N_2 + O_2$$
$$C_3H_5(ONO_2)_3 \rightarrow 3CO_2 + 2.5H_2O + 1.5N_2 + 0.25O_2$$

② 나이트로글리세린의 분자량
$(C_3H_5O_9N_3) = 12 \times 3 + 1 \times 5 + 16 \times 9 + 14 \times 3 = 227$

③ 나이트로글리세린 1몰이 열분해하는 경우 발생하는 기체의 총 몰수
$3몰CO_2 + 2.5몰H_2O + 1.5몰N_2 + 0.25몰O_2 = 7.25몰$

④ 발생하는 기체의 부피
$$V = \frac{WRT}{PM} \times (생성기체의\ 몰수)$$
$$= \frac{454 \times 0.082 \times (273+200)}{1 \times 227} \times 7.25 = 562.40L$$

✔ 답 562.40L

상세해설

나이트로글리세린(Nitro Glycerine)[$(C_3H_5(ONO_2)_3)$] – 제5류 위험물 중 질산에스터류

```
      H   H   H
      |   |   |
  H — C — C — C — H
      |   |   |
      O   O   O
      |   |   |
     NO2 NO2 NO2
```

화학식	분자량	비중	융점	비점	착화점
$C_3H_5(ONO_2)_3$	227	1.6	13℃	160℃	210℃

① 상온에서는 액체이지만 겨울철에는 동결한다.
② 글리세린에 진한 질산과 진한 황산을 가하면 나이트로화하여 나이트로글리세린으로 된다.

글리세린의 나이트로화반응
$$C_3H_5(OH)_3 + 3HONO_2 \xrightarrow{H_2SO_4} C_3H_5(ONO_2)_3 + 3H_2O$$
(글리세린)   (질산)   (나이트로글리세린) (물)

③ 비수용성이며 메탄올, 아세톤 등에 녹는다.
④ 가열, 마찰, 충격에 예민하여 대단히 위험하다.

나이트로글리세린의 열분해 반응식
$$4C_3H_5(ONO_2)_3 \rightarrow 12CO_2\uparrow + 6N_2\uparrow + O_2\uparrow + 10H_2O$$

⑤ 다이너마이트(규조토+나이트로글리세린), 무연화약 제조에 이용된다.

이상기체상태방정식
$$PV = \frac{W}{M}RT = nRT$$

여기서, P : 압력(atm), V : 부피(L), W : 무게(g), M : 분자량, n : mol수
R : 기체상수(0.082atm·L/mol·K), T : 절대온도(273+t℃)K

17 위험물제조소등에 보기와 같이 제6류 위험물을 저장하고 있는 경우 지정수량의 배수의 합은 얼마인가?

> • 과염소산 : 300L(비중1.76)
> • 과산화수소 : 1200L(비중1.46)
> • 질산 : 600L(비중1.51)

해답

✔ 계산과정 $N = \dfrac{300 \times 1.76 + 1200 \times 1.46 + 600 \times 1.51}{300} = 10.62$

✔ 답 10.62배

상세해설

부피를 무게로 환산하는 방법
① $W(\text{kg}) = V(\text{L}) \times S(\text{액체의 비중})$
② $W(\text{ton}) = V(\text{m}^3) \times S(\text{액체의 비중})$

제6류 위험물의 지정수량

성 질	품 명	지정수량	위험등급
산화성 액체	1. 과염소산	300kg	I
	2. 과산화수소		
	3. 질산		
	4. 할로젠간화합물 ① 삼불화브로민 ② 오불화브로민 ③ 오불화아이오딘		

18 아래 그림과 같은 타원형 위험물탱크의 내용적은 몇 m³인가?

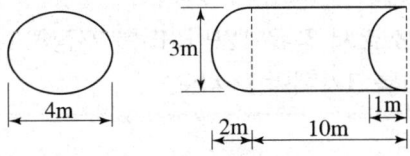

해답

✔ 계산과정

$$V = \dfrac{\pi ab}{4}\left(l + \dfrac{l_1 - l_2}{3}\right) = \dfrac{\pi \times 4 \times 3}{4} \times \left(10 + \dfrac{2-1}{3}\right)$$
$= 97.39 \text{m}^3$

✔ 답 97.39m³

상세해설 탱크의 내용적 계산방법

① 타원형 탱크의 내용적
  ㉠ 양쪽이 볼록한 것

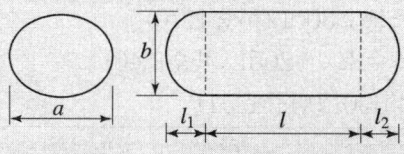

  내용적 $= \dfrac{\pi ab}{4}\left(l + \dfrac{l_1 + l_2}{3}\right)$

  ㉡ 한쪽은 볼록하고 다른 한쪽은 오목한 것

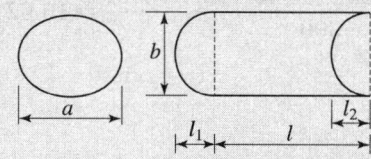

  내용적 $= \dfrac{\pi ab}{4}\left(l + \dfrac{l_1 - l_2}{3}\right)$

② 원통형 탱크의 내용적
  ㉠ 횡으로 설치한 것

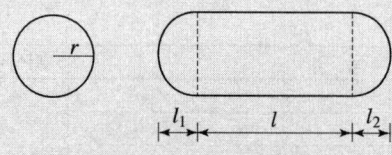

  내용적 $= \pi r^2\left(l + \dfrac{l_1 + l_2}{3}\right)$

  ㉡ 종으로 설치한 것

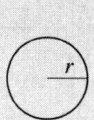 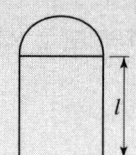

  내용적 $= \pi r^2 l$

---

19 옥외탱크저장소로서 경유 12만리터를 저장하고 있는 해상탱크에 설치하여야 하는 소화설비를 3가지만 쓰시오.

해답

✓ 계산과정

　지정수량의 배수 계산

　$N = \dfrac{120000\text{L}}{1000\text{L}} = 120$ 배

　∴ 해상탱크로서 지정수량의 100배 이상은 소화난이등급 Ⅰ에 해당

✓ 답 ① 고정식포 소화설비
　　② 물분무소화설비
　　③ 이동식이외의 불활성가스소화설비
　　④ 이동식이외의 할로젠화합물소화설비

상세해설

소화난이도등급 I 에 해당하는 제조소등

제조소 등의 구분	제조소등의 규모, 저장 또는 취급하는 위험물의 품명 및 최대수량 등
옥외탱크 저장소	액표면적이 40m² 이상인 것(제6류 위험물을 저장하는 것 및 고인화점위험물만을 100℃ 미만의 온도에서 저장하는 것은 제외)
	지반면으로부터 탱크 옆판의 상단까지 높이가 6m 이상인 것(제6류 위험물을 저장하는 것 및 고인화점위험물만을 100℃ 미만의 온도에서 저장하는 것은 제외)
	지중탱크 또는 해상탱크로서 지정수량의 100배 이상인 것(제6류 위험물을 저장하는 것 및 고인화점위험물만을 100℃ 미만의 온도에서 저장하는 것은 제외)
	고체위험물을 저장하는 것으로서 지정수량의 100배 이상인 것

소화난이도등급 I 의 제조소 등에 설치하여야 하는 소화설비

제조소 등의 구분			소화설비
옥외 탱크 저장소	지중탱크 또는 해상탱크 외의 것	황만을 저장취급하는 것	물분무소화설비
		인화점 70℃ 이상의 제4류 위험물만을 저장 취급하는 것	물분무소화설비 또는 고정식 포소화설비
		그 밖의 것	고정식 포소화설비(포소화설비가 적응성이 없는 경우에는 분말소화설비)
	지중탱크		고정식 포소화설비, 이동식 이외의 불활성가스소화설비 또는 이동식 이외의 할로젠화합물소화설비
	해상탱크		고정식 포소화설비, 물분무소화설비, 이동식 이외의 불활성가스소화설비 또는 이동식 이외의 할로젠화합물소화설비

20 지하저장탱크에 설치하는 과충전 방지장치를 설치하여야 한다. 과충전을 방지하는 방법을 2가지만 쓰시오.

해답 ✔**답** ① 탱크용량을 초과하는 위험물이 주입될 때 자동으로 그 주입구를 폐쇄하거나 위험물의 공급을 자동으로 차단하는 방법
② 탱크용량의 90%가 찰 때 경보음을 울리는 방법

위험물기능장 제64회 실기시험

2018년도 기능장 제64회 실기시험 **(2018년 08월 25일 시행)**

자격종목	시험시간	문제수	형별
위험물기능장	2시간	20	A

---

01 이산화탄소소화설비의 일반점검표 중 수동기동장치의 점검내용을 3가지 쓰시오.

해답 ✔답 ① 조작부 주위의 장애물의 유무
② 표지의 손상의 유무 및 기재사항의 적부
③ 기능의 적부

상세해설 위험물안전관리에 관한 세부기준

<table>
<tr><th colspan="3">이산화탄소소화설비</th><th></th><th></th></tr>
<tr><th colspan="3">점검항목</th><th>점검내용</th><th>점검방법</th></tr>
<tr><td rowspan="8">기동
장치</td><td colspan="2" rowspan="3">수동기동장치</td><td>조작 부주위의 장해물의 유무</td><td>육안</td></tr>
<tr><td>표지의 손상의 유무 및 기재사항의 적부</td><td>육안</td></tr>
<tr><td>기능의 적부</td><td>작동확인</td></tr>
<tr><td rowspan="5">자동
기동
장치</td><td rowspan="2">자동수동전환장치</td><td>변형·손상의 유무</td><td>육안</td></tr>
<tr><td>기능의 적부</td><td>작동확인</td></tr>
<tr><td rowspan="3">화재감지장치</td><td>변형·손상의 유무</td><td>육안</td></tr>
<tr><td>감지장해의 유무</td><td>육안</td></tr>
<tr><td>기능의 적부</td><td>작동확인</td></tr>
</table>

---

02 제5류 위험물인 피크르산의 구조식을 쓰고, 1몰 중의 질소 함량(%)을 구하시오.

해답 ✔답 ① 피크르산의 구조식 :

$$\begin{array}{c} OH \\ O_2N \diagup \diagdown NO_2 \\ | \quad | \\ \diagdown \diagup \\ NO_2 \end{array}$$

② 1mol 중의 질소의 함량(%)
- 피크르산의 분자식 : $C_6H_2(OH)(NO_2)_3 = C_6H_3O_7N_3$
- 분자량 $= (12 \times 6) + (1 \times 3) + (16 \times 7) + (14 \times 3) = 229$
- 피크르산 내의 질소의 함량(%)
  $= \dfrac{질소의\ 분자량}{피크르산\ 분자량} = \dfrac{14 \times 3}{229} \times 100 = 18.34\%$

03 연소에 있어서 다음 용어에 대한 정의와 발생 원인에 대하여 간단히 쓰시오.
① 리프팅 ② 역화

해답 ✔답 ① 리프팅
- 정의 : 기체 혼합기의 연소에서 화염이 버너 입구로부터 떨어진 곳에서 착화하는 현상
- 발생원인 : 버너의 연소에서 가스의 분출속도가 연소속도보다 빠른 경우

② 역화
- 정의 : 기체 혼합기의 연소에서 화염이 버너 내부로 들어가 착화하는 현상
- 발생원인 : 버너의 연소에서 가스의 분출속도가 연소속도보다 느린 경우

상세해설
① 블로우 오프(Blow-off)
선화상태에서 연료가스의 분출속도가 연소속도보다 클 때 주위 공기의 유동이 심하여 화염이 노즐에서 연소하지 못하고 떨어져서 화염이 꺼지는 현상
② 리프팅(Lifting) 현상
기체 혼합기의 연소에 있어서 버너 입구로부터 떨어진 곳에서 타고 있는 현상
③ 역화(back fire)현상
가스분출 속도가 연소속도보다 느린 경우 화염이 버너 내부로 들어가 착화하는 현상

---

04 제3류 위험물 중 분자량이 144이고 물과 반응하여 메탄 기체를 생성시키는 위험물에 대한 다음 각 물음에 답하시오.
① 화학식
② 물과의 반응식

해답 ✔답 ① 화학식 : Al_4C_3
② 물과의 반응식 : $Al_4C_3 + 12H_2O \rightarrow 4Al(OH)_3 + 3CH_4$

상세해설
탄화알루미늄(Al_4C_3)-제3류 위험물

화학식	분자량	융점	비중
Al_4C_3	144	2100℃	2.36

① 물과 접촉시 메탄가스를 생성하고 발열반응을 한다.
$$Al_4C_3 + 12H_2O \rightarrow 4Al(OH)_3 + 3CH_4(메탄)$$
② 황색 결정 또는 백색분말로 1400℃ 이상에서는 분해가 된다.
③ 물 및 포약제에 의한 소화는 절대 금하고 마른모래 등으로 피복소화한다.

05 제5류 위험물 중 화학식이 $C_6H_2CH_3(NO_2)_3$인 물질에 대한 다음 각 물음에 답하시오.
① 명칭 ② 품명 ③ 구조식

해답 ✓답 ① 명칭 : 트라이나이트로톨루엔
② 품명 : 나이트로화합물
③ 구조식 :

```
        CH3
    O2N  │  NO2
       \ │ /
        [benzene ring]
          │
         NO2
```

상세해설 트라이나이트로톨루엔[$C_6H_2CH_3(NO_2)_3$] (TNT : Tri Nitro Toluene) ★★★★★

화학식	분자량	비중	비점	융점	착화점
$C_6H_2CH_3(NO_2)_3$	227	1.7	280℃	81℃	300℃

① 물에는 녹지 않고 알코올, 아세톤, 벤젠에 녹는다.
② Tri Nitro Toluene의 약자로 TNT라고도 한다.
③ 담황색의 주상결정이며 햇빛에 다갈색으로 변색된다.
④ 톨루엔과 질산을 반응시켜 얻는다.

$$C_6H_5CH_3 + 3HNO_3 \xrightarrow[\text{나이트로화}]{C-H_2SO_4} C_6H_2CH_3(NO_2)_3 + 3H_2O$$
(톨루엔)   (질산)   (트라이나이트로톨루엔)   (물)

⑤ 강력한 폭약이며 급격한 타격에 폭발한다.

$$2C_6H_2CH_3(NO_2)_3 \rightarrow 2C + 12CO + 3N_2\uparrow + 5H_2\uparrow$$

⑥ 연소 시 연소속도가 너무 빠르므로 소화가 곤란하다.
⑦ 무기 및 다이너마이트, 질산폭약제 제조에 이용된다.

06 다음 보기의 위험물을 보고 인화점이 낮은 순서대로 번호를 나열하시오.

[보기] ① $C_2H_5OC_2H_5$ ② C_2H_5OH ③ C_6H_6
      ④ $C_6H_5CH_3$ ⑤ CH_3CHCH_2O ⑥ $(CH_3)_2CO$

해답
✔ 답 ①-⑤-⑥-③-④-②

상세해설

구분	① $C_2H_5OC_2H_5$	② C_2H_5OH	③ C_6H_6	④ $C_6H_5CH_3$	⑤ CH_3CHCH_2O	⑥ $(CH_3)_2CO$
명칭	다이에틸에터	에틸알코올	벤젠	톨루엔	산화프로필렌	아세톤
유별	특수인화물	알코올류	제1석유류	제1석유류	특수인화물	제1석유류
인화점(℃)	-40	13	-11	4	-37	-18

---

07 프로판 45%, 에탄 30%, 부탄 25%로 구성된 혼합가스의 폭발 하한계 값을 계산하시오.

해답
✔ 계산과정

$$\frac{100}{L_m} = \frac{45}{2.1} + \frac{30}{3.0} + \frac{25}{1.8}$$

$$L_m = \frac{100}{45/2.1 + 30/3.0 + 25/1.8} = 2.21\%$$

✔ 답 2.21%

상세해설
주요가스의 공기 중 폭발범위(연소범위)(1atm, 상온에서)

구 분	폭발하한(%)	폭발상한(%)
메탄	5.0	15.0
에탄	3.0	12.4
프로판	2.1	9.5
부탄	1.8	8.4

혼합가스의 폭발한계★★

$$\frac{V_m}{L_m} = \frac{V_1}{L_1} + \frac{V_2}{L_2} + \frac{V_3}{L_3} + \cdots + \frac{V_n}{L_n}$$

여기서, V_m : 혼합가스의 부피농도(%)
L_m : 혼합가스의 폭발 하한값 또는 폭발 상한값
L : 단일가스의 폭발 하한값 또는 폭발 상한값
V : 단일가스의 부피농도(%)

54회 기출

08 트라이에틸알루미늄과 다음 각 물질이 반응할 때 발생하는 가연성 기체를 화학식으로 쓰시오.

① H_2O ② Cl_2 ③ CH_3OH ④ HCl

해답
✔ 답 ① C_2H_6 ② C_2H_5Cl ③ C_2H_6 ④ C_2H_6

상세해설
알킬알루미늄[(C_nH_{2n+1})·Al] : 제3류 위험물(금수성 물질)
① 알킬기(C_nH_{2n+1})에 알루미늄(Al)이 결합된 화합물이다.
② C_1~C_4는 자연발화의 위험성이 있다.
③ 물과 접촉 시 가연성 가스 발생하므로 주수소화는 절대 금지한다.
④ 트라이메틸알루미늄(TMA : Tri Methyl Aluminium)

$$(CH_3)_3Al + 3H_2O \rightarrow Al(OH)_3 + 3CH_4 \uparrow (\text{메탄})$$

⑤ 트라이에틸알루미늄(TEA : Tri Eethyl Aluminium)

$$(C_2H_5)_3Al + 3H_2O \rightarrow Al(OH)_3 + 3C_2H_6 \uparrow (\text{에탄}) \quad ★\text{에탄(폭발범위 : 3.0~12.4\%)}$$

⑥ 공기 중 완전연소 반응식

$$2(C_2H_5)_3Al + 21O_2 \rightarrow Al_2O_3(\text{산화알루미늄}) + 12CO_2 + 15H_2O$$

⑦ 소화 시 주수소화는 절대 금하고 팽창질석, 팽창진주암 등으로 피복소화한다.

트라이에틸알루미늄의 반응식
① 완전연소 반응식 $2(C_2H_5)_3Al + 21O_2 \rightarrow Al_2O_3(\text{산화알루미늄}) + 12CO_2 + 15H_2O$
② 물과 반응식 $(C_2H_5)_3Al + 3H_2O \rightarrow Al(OH)_3(\text{수산화알루미늄}) + 3C_2H_6(\text{에탄})$
③ 염소와 반응식 $(C_2H_5)_3Al + 3Cl_2 \rightarrow AlCl_3(\text{염화알루미늄}) + 3C_2H_5Cl(\text{염화에틸})$
④ 메틸알코올과 반응식 $(C_2H_5)_3Al + 3CH_3OH \rightarrow Al(CH_3O)_3(\text{메틸알루미녹세인}) + 3C_2H_6(\text{에탄})$
⑤ 염산과 반응식 $(C_2H_5)_3Al + 3HCl \rightarrow AlCl_3(\text{염화알루미늄}) + 3C_2H_6(\text{에탄})$

40회 기출

09 비중이 0.8인 메탄올 10L가 완전 연소할 때 소요되는 이론 산소량(kg)과 생성되는 이산화탄소의 부피(m^3)는 25℃, 1기압일 때 얼마인지 계산하시오.

해답 (1) 이론산소량
✔ 계산과정
　　① 메탄올(CH_3OH)의 분자량 = $12+1\times4+16=32$
　　② 메탄올의 무게 = $10L \times 0.8kg/L = 8kg$
　　③ 메탄올의 연소반응식
　　　$2CH_3OH + 3O_2 \rightarrow 2CO_2 + 4H_2O$
　　　$2\times32kg \longrightarrow 3\times32kg$
　　　$8kg \longrightarrow x$
　　　$\therefore x = \dfrac{8kg \times 3 \times 32kg}{2 \times 32kg} = 12kg$

✔ 답 12kg

(2) 이산화탄소의 부피
✔계산과정

(방법1)

$2CH_3OH + 3O_2 \rightarrow 2CO_2 + 4H_2O$

$2 \times 32kg \longrightarrow 2 \times 22.4m^3$

$8kg \longrightarrow x$

$x = \dfrac{8kg \times 2 \times 22.4m^3}{2 \times 32kg} = 5.6m^3$ (0℃, 1atm 상태)

25℃, 1기압으로 환산하면

$V_1 = V_2 \times \dfrac{T_2}{T_1} = 5.6m^3 \times \dfrac{273+25}{273} = 6.11m^3$

(방법2)

$2CH_3OH + 3O_2 \rightarrow 2CO_2 + 4H_2O$

$CH_3OH + 1.5O_2 \rightarrow CO_2 + 2H_2O$

이상기체상태방정식을 적용하면

$V = \dfrac{WRT}{PM} \times mol(생성기체) = \dfrac{8 \times 0.082 \times (273+25)}{1 \times 32} \times 1 = 6.11m^3$

✔답 $6.11m^3$

44회 기출

10 알루미늄이 다음의 각 물질과 반응할 때 반응식을 쓰시오.
① 염산과 반응 ② 수산화나트륨 수용액과 반응

해답 ✔답 ① $2Al + 6HCl \rightarrow 2AlCl_3 + 3H_2$
② $2Al + 2NaOH + 2H_2O \rightarrow 2NaAlO_2 + 3H_2$

상세해설

알루미늄분(Al) : 제2류 위험물

화학식	원자량	비중	융점	비점
Al	27	2.7	660℃	2,000℃

① 은백색의 분말이다
② 알루미늄이 연소하면 백색연기를 내면서 산화알루미늄을 생성한다.

$4Al + 3O_2 \rightarrow 2Al_2O_3$

③ 가열된 알루미늄은 물(수증기)와 반응하여 수소를 발생시킨다.(주수소화금지)

$2Al + 6H_2O \rightarrow 2Al(OH)_3 + 3H_2 \uparrow$

④ 알루미늄(Al)은 염산과 반응하여 수소를 발생한다.

$2Al + 6HCl \rightarrow 2AlCl_3 + 3H_2 \uparrow$

⑤ 알루미늄과 수산화나트륨 수용액은 반응하여 알루미늄산과 수소기체를 발생한다.

$2Al + 2NaOH + 2H_2O \rightarrow 2NaAlO_2 + 3H_2 \uparrow$

⑥ 알루미늄과 수산화나트륨은 많은 수소 기체를 발생시킨다.

$$2Al + 6NaOH \rightarrow 2Na_3AlO_3 + 3H_2 \uparrow$$

⑦ 주수소화는 엄금이며 마른모래 등으로 피복 소화한다.

47회 기출

11 이동탱크저장소의 구조기준에 따라 칸막이로 구획된 각 부분에 안전장치를 설치하여야 한다. 각 물음에 따른 안전장치의 작동압력을 쓰시오.

① 상용압력이 18kPa인 탱크의 경우
② 상용압력이 21kPa인 탱크의 경우

해답 ✔답 ① 20kPa 이상 24kPa 이하
② 21kPa × 1.1 = 23.1kPa 이하

상세해설

이동저장탱크의 구조

칸막이로 구획된 각 부분마다 맨홀과 다음 각목의 기준에 의한 안전장치 및 방파판을 설치하여야 한다. 다만, 칸막이로 구획된 부분의 용량이 2,000L 미만인 부분에는 방파판을 설치하지 아니할 수 있다.

(1) 안전장치

상용압력에 따른 안전장치의 작동압력

탱크의 상용압력	20kPa 이하	20kPa 초과
안전장치의 작동압력	20kPa 이상 24kPa 이하	상용압력의 1.1배 이하

(2) 방파판
① 두께 1.6mm 이상의 강철판 또는 이와 동등 이상의 강도·내열성 및 내식성이 있는 금속성의 것으로 할 것
② 하나의 구획부분에 2개 이상의 방파판을 이동탱크저장소의 진행방향과 평행으로 설치하되, 각 방파판은 그 높이 및 칸막이로부터의 거리를 다르게 할 것
③ 하나의 구획부분에 설치하는 각 방파판의 면적의 합계는 당해 구획부분의 최대 수직단면적의 50% 이상으로 할 것. 다만, 수직단면이 원형이거나 짧은 지름이 1m 이하의 타원형일 경우에는 40% 이상으로 할 수 있다.

12 제1류 위험물로서 무색무취, 사방정계 결정이며 분자량 138.5, 비중 2.5, 융점 610℃이다. 다음 각 물음에 답하시오.

① 지정수량
② 열분해 반응식
③ 이 물질 277kg을 610℃에서 완전 열분해하면 생성되는 산소량은 0.8atm에서 몇 m^3인가?

해답 ✔**답** ① 지정수량 : 50kg
② 열분해반응식 $KClO_4 \rightarrow KCl + 2O_2$
③ 생성되는 산소량 : 362.03m³

✔**계산과정**
• 열분해 반응식 $KClO_4 \rightarrow KCl + 2O_2$
• 이상기체상태방정식을 적용하면

$$V = \frac{WRT}{PM} \times \text{mol}(생성기체)$$

$$= \frac{277 \times 0.082 \times (273+610)}{0.8 \times 138.5} \times 2 = 362.03\text{m}^3$$

상세해설

과염소산칼륨-제1류 위험물-과염소산염류

화학식	분자량	융점	색상	분해온도
$KClO_4$	138.5	610℃	무색	400℃

① 무색무취, 사방정계 결정
② 물에 녹기 어렵고 알코올, 에터에 불용
③ 600℃에서 완전 분해하여 산소를 발생한다.

$$KClO_4 \rightarrow KCl(염화칼륨) + 2O_2\uparrow(산소)$$

이상기체상태방정식

$$PV = \frac{W}{M}RT = nRT$$

여기서, P : 압력(atm), V : 부피(L), W : 무게(g), M : 분자량, n : mol수
R : 기체상수(0.082atm·L/mol·K), T : 절대온도(273+t℃)K

13. 다음 빈칸에 알맞은 화학식, 증기비중, 품명을 쓰시오.

물질명	화학식	증기비중	품명
에탄올	①	1.6	알코올류
프로판올	C_3H_7OH	②	③
n-부탄올	④	⑤	⑥
글리세린	⑦	3.2	⑧

해답 ✔**답**

물질명	화학식	증기비중	품명
에탄올	① C_2H_5OH	1.6	알코올류
프로판올	C_3H_7OH	② 2.1	③ 알코올류
n-부탄올	④ C_4H_9OH	⑤ 2.6	⑥ 제2석유류
글리세린	⑦ $C_3H_5(OH)_3$	3.2	⑧ 제3석유류

상세해설

(1) 알코올류의 일반식 : $C_nH_{2n+1}OH$

　$n=1$일 때 CH_3OH 메틸알코올(methyl alcohol)-제4류-알코올류
　$n=2$일 때 C_2H_5OH 에틸알코올(ethyl alcohol)-제4류-알코올류
　$n=3$일 때 C_3H_7OH 프로필알코올(propyl alcohol)-제4류-알코올류
　$n=4$일 때 C_4H_9OH 부틸알코올(butyl alcohol)-제4류-제2석유류

(2) 증기비중 = $\dfrac{M(분자량)}{29(공기평균분자량)}$

물질명	화학식	분자량	증기비중
에탄올	C_2H_5OH	$12 \times 2 + 1 \times 6 + 16 = 46$	$46/29 = 1.6$
프로판올	C_3H_7OH	$12 \times 3 + 1 \times 8 + 16 = 60$	② $60/29 = 2.1$
n-부탄올	C_4H_9OH	$12 \times 4 + 1 \times 10 + 16 = 74$	⑤ $74/29 = 2.6$
글리세린	$C_3H_5(OH)_3$	$12 \times 3 + 1 \times 8 + 16 \times 3 = 92$	3.2

---

14 제1류 위험물로서 분해온도가 400°C이고 흑색화약의 원료로 사용되는 물질에 대한 각 물음에 답하시오.

① 분해 반응식
② 위험등급
③ 표준상태에서 1kg이 열분해하는 경우 발생하는 산소의 부피는 몇 L인가?

해답 ✔ 답 ① 분해 반응식 : $2KNO_3 \rightarrow 2KNO_2 + O_2$
　　　　② 위험등급 : Ⅱ등급
　　　　③ 발생하는 산소의 부피 : 110.82L

✔ 계산과정

　$2KNO_3 \rightarrow 2KNO_2 + O_2$
　$KNO_3 \rightarrow KNO_2 + 0.5O_2$ (열분해 물질 1몰 기준)
　이상기체상태방정식을 적용하면(표준상태 : 0°C, 1atm)

　$V = \dfrac{WRT}{PM} \times \text{mol}(생성기체) = \dfrac{1000 \times 0.082 \times (273+0)}{1 \times 101} \times 0.5 = 110.82L$

상세해설

제1류 위험물의 지정수량

성질	품 명		지정수량	위험등급
산화성 고체	1. 아염소산염류　2. 염소산염류 3. 과염소산염류　4. 무기과산화물		50kg	Ⅰ
	5. 브로민산염류　6. **질산염류**　7. 아이오딘산염류		300kg	Ⅱ
	8. 과망가니즈산염류　9. 다이크로뮴산염류		1000kg	Ⅲ
	10. 그 밖에 행정안 전부령이 정하 는 것	① 과아이오딘산염류　② 과아이오딘산 ③ 크로뮴, 납 또는 아이오딘의 산화물 ④ 아질산염류　⑤ 염소화아이소사이아누르산 ⑥ 퍼옥소이황산염류　⑦ 퍼옥소붕산염류	300kg	Ⅱ
		⑧ 차아염소산염류	50kg	Ⅰ

질산칼륨(KNO₃) : 제1류 위험물(산화성고체)

화학식	분자량	비중	융점	분해온도
KNO₃	101	2.1	336℃	400℃

① 질산칼륨에 숯가루, 황가루를 혼합하여 **흑색화약제조**에 사용한다.
② 열분해하여 산소를 방출한다.

$$2KNO_3 \rightarrow 2KNO_2 + O_2 \uparrow$$

③ 물, 글리세린에는 잘 녹으나 알코올에는 잘 녹지 않는다.
④ 유기물 및 강산과 접촉 시 매우 위험하다.
⑤ 소화는 주수소화방법이 가장 적당하다.

35회 기출

15 방화상 유효한 담의 높이를 계산하는 계산식을 쓰시오.

해답 ✔답 ① $H \leq pD^2 + a$ 인 경우 $h = 2$
② $H > pD^2 + a$ 인 경우 $h = H - p(D^2 - d^2)$

여기서, D : 제조소등과 인근 건축물 또는 공작물과의 거리(m)
　　　　H : 인근 건축물 또는 공작물의 높이(m)
　　　　a : 제조소등의 외벽의 높이(m)
　　　　d : 제조소등과 방화상 유효한 담과의 거리(m)
　　　　h : 방화상 유효한 담의 높이(m)
　　　　p : 상수

※ 산출된 수치가 2 미만일 때에는 담의 높이를 2m로, 4 이상일 때에는 담의 높이를 4m로 하여야 한다.

상세해설

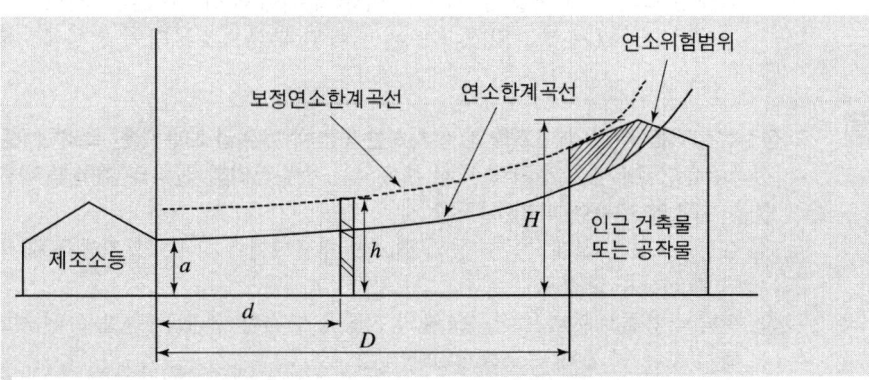

① $H \leq pD^2 + a$ 인 경우 $h = 2$
② $H > pD^2 + a$ 인 경우 $h = H - p(D^2 - d^2)$

여기서, D : 제조소등과 인근 건축물 또는 공작물과의 거리(m)
　　　　H : **인근 건축물 또는 공작물의 높이(m)**

a : 제조소등의 외벽의 높이(m)
d : 제조소등과 방화상 유효한 담과의 거리(m)
h : 방화상 유효한 담의 높이(m)
p : 상수

※ 산출된 수치가 2 미만일 때에는 담의 높이를 2m로, 4 이상일 때에는 담의 높이를 4m로 하여야 한다.

인근 건축물 또는 공작물의 구분	p의 값
• 학교 · 주택 · 국가유산 등의 건축물 또는 공작물이 목조인 경우 • 학교 · 주택 · 국가유산 등의 건축물 또는 공작물이 방화구조 또는 내화구조이고, 제조소 등에 면한 부분의 개구부에 60분+방화문 · 60분방화문 또는 30분방화문이 설치되지 아니한 경우	0.04
• 학교 · 주택 · 국가유산 등의 건축물 또는 공작물이 **방화구조인 경우** • 학교 · 주택 · 국가유산 등의 건축물 또는 공작물이 방화구조 또는 내화구조이고, 제조소 등에 면한 부분의 개구부에 30분방화문이 **설치된 경우**	0.15
• 학교 · 주택 · 국가유산 등의 건축물 또는 공작물이 내화구조이고, 제조소 등에 면한 개구부에 60분+방화문 또는 60분방화문이 설치된 경우	∞

16 선박주유취급소에 대한 특례 기준 중 수상구조물에 설치하는 고정주유설비 설치기준을 3가지 쓰시오.

해답

✔**답** ① 주유호스의 끝부분부에 수동개폐장치를 부착한 주유노즐을 설치하고, 개방한 상태로 고정시키는 장치를 부착하지 않을 것
② 주유노즐은 선박의 연료탱크가 가득 찬 경우 자동적으로 정지시키는 구조일 것
③ 주유호스는 200kg 중 이하의 하중에 의하여 깨져 분리되거나 또는 이탈되어야 하고, 깨져 분리되거나 또는 이탈된 부분으로부터의 위험물 누출을 방지할 수 있는 구조일 것

상세해설
고정주유설비를 수상의 구조물에 설치하는 선박주유취급소에 대한 특례 기준.
(1) 선박주유취급소에는 선박에 직접 주유하는 주유작업과 선박의 계류를 위한 수상구조물을 다음의 기준에 따라 설치할 것
① 수상구조물은 철재 · 목재 등의 견고한 재질이어야 하며, 그 기둥을 해저 또는 하저에 견고하게 고정시킬 것
② 선박의 충돌로부터 수상구조물의 손상을 방지할 수 있는 철재로 된 보호구조물을 해저 또는 하저에 견고하게 고정시킬 것
(2) 수상구조물에 설치하는 고정주유설비의 주유작업 장소의 바닥은 불침윤성 · 불연성의 재료로 포장을 하고, 그 주위에 새어나온 위험물이 외부로 유출되지 않도록 집유설비를 다음의 기준에 따라 설치할 것
① 새어나온 위험물을 직접 또는 배수구를 통하여 집유설비로 수용할 수 있는 구조로

할 것
② 집유설비는 수시로 용이하게 개방하여 고여 있는 빗물과 위험물을 제거할 수 있는 구조로 할 것
(3) **수상구조물에 설치하는 고정주유설비 설치기준**
① 주유호스의 끝부분부에 수동개폐장치를 부착한 주유노즐을 설치하고, 개방한 상태로 고정시키는 장치를 부착하지 않을 것
② 주유노즐은 선박의 연료탱크가 가득 찬 경우 자동적으로 정지시키는 구조일 것
③ 주유호스는 200kg 중 이하의 하중에 의하여 깨져 분리되거나 또는 이탈되어야 하고, 깨져 분리되거나 또는 이탈된 부분으로부터의 위험물 누출을 방지할 수 있는 구조일 것

17 다음은 소화난이등급Ⅰ에 해당하는 제조소등에 대한 기준이다. ( )안에 알맞은 답을 쓰시오.

제조소등의 구분	제조소등의 규모, 저장 또는 취급하는 위험물의 품명 및 최대수량 등
옥외 탱크 저장소	액표면적이 (①)m² 이상인 것(제6류 위험물을 저장하는 것 및 고인화점위험물만을 (②)℃ 미만의 온도에서 저장하는 것은 제외)
	지반면으로부터 탱크 옆판의 상단까지 높이가 (③)m 이상인 것(제6류 위험물을 저장하는 것 및 고인화점위험물만을 (④)℃ 미만의 온도에서 저장하는 것은 제외)
	지중탱크 또는 해상탱크로서 지정수량의 (⑤)배 이상인 것(제6류 위험물을 저장하는 것 및 고인화점위험물만을 (⑥)℃ 미만의 온도에서 저장하는 것은 제외)
	고체위험물을 저장하는 것으로서 지정수량의 (⑦)배 이상인 것
옥내 탱크 저장소	액표면적이 (⑧)m² 이상인 것(제6류 위험물을 저장하는 것 및 고인화점위험물만을 (⑨)℃ 미만의 온도에서 저장하는 것은 제외)
	바닥면으로부터 탱크 옆판의 상단까지 높이가 (⑩)m 이상인 것(제6류 위험물을 저장하는 것 및 고인화점위험물만을 (⑪)℃ 미만의 온도에서 저장하는 것은 제외)
	탱크전용실이 단층건물 외의 건축물에 있는 것으로서 인화점 38℃ 이상 70℃ 미만의 위험물을 지정수량의 (⑫)배 이상 저장하는 것(내화구조로 개구부없이 구획된 것은 제외한다)

해답 ✓답

①	②	③	④	⑤	⑥	⑦	⑧	⑨	⑩	⑪	⑫
40	100	6	100	100	100	100	40	100	6	100	5

18 물 1m³가 표준대기압 100℃ 상태에서 수증기로 변할 때 부피가 약 1700배로 팽창한다. 이것을 이상기체상태방정식을 이용하여 설명하시오.(단 물의 비중량은 1000kg/m³이다.)

해답 ✔**답** ① 물 1m³을 무게로 환산하면

$$W = 1\text{m}^3 \times \frac{1000\text{kg}}{\text{m}^3} = 1000\text{kg} = 10^6\text{g}$$

② 팽창된 수증기의 부피 계산

$$V = \frac{W}{PM}RT = \frac{10^6\text{g}}{1\text{atm} \times 18} \times 0.082 \times (273+100)\text{K}$$
$$= 1699.22 \times 10^3 \text{L} = 1699.22\text{m}^3$$

③ 팽창비 계산

$$N = \frac{1699.22\text{m}^3}{1\text{m}^3} \fallingdotseq 1700\text{배}$$

상세해설 **이상기체상태방정식**

$$PV = \frac{W}{M}RT = nRT$$

여기서, P : 압력(atm), V : 부피(L), W : 무게(g), M : 분자량, n : mol수
R : 기체상수(0.082atm · L/mol · K), T : 절대온도(273 + t℃)K

---

19 다음은 이송취급소의 기준의 특례에 관한 내용이다. ( )안에 알맞은 답을 쓰시오.

> 위험물을 이송하기 위한 배관의 연장(당해 배관의 기점 또는 종점이 2 이상인 경우에는 임의의 기점에서 임의의 종점까지의 당해 배관의 연장 중 최대의 것)이 (①)km를 초과하거나 위험물을 이송하기 위한 배관에 관계된 최대상용압력이 (②)kPa 이상이고 위험물을 이송하기 위한 배관의 연장이 (③)km 이상인 것("특정이송취급소")이 아닌 이송취급소에 대하여는 기타 설비 등에 관한 일부 규정은 적용하지 아니한다.

해답 ✔**답** ① 15 ② 950 ③ 7

상세해설 **이송취급소의 위치 · 구조 및 설비의 기준**
이송취급소의 기준의 특례
위험물을 이송하기 위한 배관의 연장(당해 배관의 기점 또는 종점이 2 이상인 경우에는

임의의 기점에서 임의의 종점까지의 당해 배관의 연장 중 최대의 것)이 15km를 초과하거나 위험물을 이송하기 위한 배관에 관계된 최대상용압력이 950kPa 이상이고 위험물을 이송하기 위한 배관의 연장이 7km 이상인 것("특정이송취급소")이 아닌 이송취급소에 대하여는 Ⅳ 제7호 가목, Ⅳ 제8호 가목, Ⅳ 제10호 가목2) 및 3)과 제13호의 규정은 적용하지 아니한다.

20 다음 그림은 옥외탱크 주위에 설치하는 방유제에 탱크마다 간막이 둑을 설치한 그림이다. 그림을 참조하여 다음 각 물음에 답하시오.

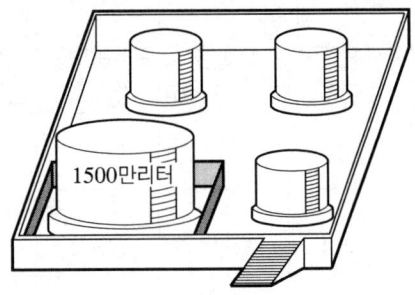

(1) 간막이 둑의 설치기준 3가지를 쓰시오.
(2) 간막이 둑의 최소높이는 몇 m인가?
(3) 간막이 둑의 용량은 몇 L 이상인가?

해답

✔**답** (1) ① 간막이 둑의 높이는 0.3m(방유제 내에 설치되는 옥외저장탱크의 용량의 합계가 2억L를 넘는 방유제에 있어서는 1m) 이상으로 하되, 방유제의 높이보다 0.2m 이상 낮게 할 것
② 간막이 둑은 흙 또는 철근콘크리트로 할 것
③ 간막이 둑의 용량은 간막이 둑안에 설치된 탱크 용량의 10% 이상일 것
(2) 0.3m
(3) 1500만L × 0.1(10%) = 150만L ∴ 150만L 이상

상세해설

간막이 둑 설치기준

용량이 1,000만L 이상인 옥외저장탱크의 주위에 설치하는 방유제에는 다음의 규정에 따라 당해 탱크마다 간막이 둑을 설치할 것
① 간막이 둑의 높이는 0.3m(방유제내에 설치되는 옥외저장탱크의 용량의 합계가 2억L를 넘는 방유제에 있어서는 1m)이상으로 하되, 방유제의 높이보다 0.2m 이상 낮게 할 것
② 간막이 둑은 흙 또는 철근콘크리트로 할 것
③ 간막이 둑의 용량은 간막이 둑안에 설치된 **탱크 용량의 10% 이상**일 것

위험물기능장 제65회 실기시험

2019년도 기능장 제65회 실기시험 **(2019년 04월 13일 시행)**

자격종목	시험시간	문제수	형별
위험물기능장	2시간	19	A

40회 기출

01 다음은 포소화설비에서 고정포방출구의 종류에 따른 포수용액량 및 방출율이다. ( )안에 알맞은 답을 쓰시오.

포방출구의 종류 위험물의 구분	Ⅰ형		Ⅱ형		특형	
	포수용액량 (L/m^2)	방출율 ($L/m^2 \cdot min$)	포수용액량 (L/m^2)	방출율 ($L/m^2 \cdot min$)	포수용액량 (L/m^2)	방출율 ($L/m^2 \cdot min$)
제4류 위험물 중 인화점이 21℃ 미만인 것	(①)	4	(④)	4	(⑦)	8
제4류 위험물 중 인화점이 21℃ 이상 70℃ 미만인 것	(②)	4	(⑤)	4	(⑧)	8
제4류 위험물 중 인화점이 70℃ 이상인 것	(③)	4	(⑥)	4	(⑨)	8

해답 ✔답 ① 120   ② 80   ③ 60
　　　　　④ 220   ⑤ 120   ⑥ 100
　　　　　⑦ 240   ⑧ 160   ⑨ 120

상세해설 고정포방출구의 종류에 따른 포수용액량 및 방출율

포방출구의 종류 위험물의 구분	Ⅰ형		Ⅱ형, Ⅲ형, Ⅳ형		특형	
	포수용액량 (L/m^2)	방출율 ($L/m^2 \cdot min$)	포수용액량 (L/m^2)	방출율 ($L/m^2 \cdot min$)	포수용액량 (L/m^2)	방출율 ($L/m^2 \cdot min$)
제4류 위험물 중 인화점이 21℃ 미만인 것	120	4	220	4	240	8
제4류 위험물 중 인화점이 21℃ 이상 70℃ 미만인 것	80	4	120	4	160	8
제4류 위험물 중 인화점이 70℃ 이상인 것	60	4	100	4	120	8

45회, 51회, 57회 기출

02 제3류 위험물인 트라이에틸알루미늄이 물과 반응하는 경우 반응식을 쓰고, 이 때 발생하는 기체의 위험도를 계산하시오.

해답

✔ 답 ① 물과의 반응식 : (C₂H₅)₃Al + 3H₂O → Al(OH)₃ + 3C₂H₆

② 기체의 위험도 : $H = \dfrac{U-L}{L} = \dfrac{12.4-3}{3} = 3.13$

상세해설

알킬알루미늄[(C_nH_{2n+1})·Al] : 제3류 위험물(금수성 물질)
① 알킬기(C_nH_{2n+1})에 알루미늄(Al)이 결합된 화합물이다.
② $C_1 \sim C_4$는 자연발화의 위험성이 있다.
③ 물과 접촉 시 가연성 가스 발생하므로 주수소화는 절대 금지한다.
④ 트라이메틸알루미늄(TMA : Tri Methyl Aluminium)

$$(CH_3)_3Al + 3H_2O \rightarrow Al(OH)_3 + 3CH_4 \uparrow (메탄)$$

⑤ 트라이에틸알루미늄(TEA : Tri Eethyl Aluminium)

$$(C_2H_5)_3Al + 3H_2O \rightarrow Al(OH)_3 + 3C_2H_6 \uparrow (에탄) \quad ★에탄(폭발범위 : 3.0 \sim 12.4\%)$$

⑥ 저장용기에 불활성기체(N_2)를 봉입한다.
⑦ 팽창질석, 팽창진주암 등으로 피복소화한다.

03 다음 보기의 위험물에 대한 완전연소반응식을 쓰시오.
(단, 불연성물질인 경우 "반응 없음"으로 답하시오)

① 과염소산암모늄   ② 과염소산   ③ 메틸에틸케톤
④ 트라이에틸알루미늄   ⑤ 메탄올

해답

✔ 답 ① 과염소산암모늄 : 반응 없음
② 과염소산 : 반응 없음
③ 메틸에틸케톤 : $2CH_3COC_2H_5 + 11O_2 \rightarrow 8CO_2 + 8H_2O$
④ 트라이에틸알루미늄 : $2(C_2H_5)_3Al + 21O_2 \rightarrow 12CO_2 + Al_2O_3 + 15H_2O$
⑤ 메탄올 : $2CH_3OH + 3O_2 \rightarrow 2CO_2 + 4H_2O$

43회, 46회, 55회 기출

04 다음은 위험물에 대한 구조식이다. 각 물음에 답하시오.

$$\begin{array}{l} CH_2 - ONO_2 \\ | \\ CH_2 - ONO_2 \end{array}$$

(1) 물질의 명칭은?   (2) 위험물의 유별은?
(3) 위험물의 품명은?   (4) 위험물의 지정수량은?
(5) 제조방법은?

해답 ✔답 (1) 나이트로글리콜
(2) 제5류 위험물
(3) 질산에스터류
(4) 10kg
(5) 에틸렌글리콜에 진한질산과 황산으로 나이트로화하여 제조

상세해설

나이트로글리콜(nitroglycol)($C_2H_4(ONO_2)_2$)-제5류-질산에스터류

화학식	구조식	분자량	비중	융점	비점	인화점
$C_2H_4(ONO_2)_2$	CH_2-ONO_2 $\|$ CH_2-ONO_2	152	1.49	-22.8℃	114℃	257℃

① 순수한 것은 무색이나 공업용은 담황색 또는 분홍색의 액체이다.
② 물에는 잘 녹지 않으나 아세톤·에터·메탄올 등의 유기용매에는 녹는다.
③ 정식명칭은 이질산에틸렌글리콜(Ethylene glycol dinitrate : EGDN)이다
④ 에틸렌글리콜에 진한질산과 황산으로 나이트로화하여 얻어지는 노란색의 기름 모양 폭발성 액체이다.

> **나이트로글리콜의 제조반응식**
> $$C_2H_4(OH)_2 + 2HNO_3 \xrightarrow{C-H_2SO_4} C_2H_4(ONO_2)_2 + 2H_2O$$

⑤ 폭발하여 이산화탄소, 수증기, 수소를 발생한다.

> **나이트로글리콜의 폭발반응식**
> $$C_2H_4(ONO_2)_2 \rightarrow 2CO_2 + 2H_2O + N_2$$

⑥ 나이트로글리세린과 혼합하여 다이너마이트용으로 쓰인다.

36회, 37회, 43회, 49회, 60회 기출

05 다음에 열거한 위험물의 정의를 쓰시오.
(1) 황   (2) 철분   (3) 인화성고체

해답 ✔답 (1) 황
순도가 60중량% 이상인 것을 말한다. 이 경우 순도측정에 있어서 불순물은 활석등 불연성물질과 수분에 한한다.
(2) 철분
철의 분말로서 53μm의 표준체를 통과하는 것이 50중량% 미만인 것은 제외
(3) 인화성고체
고형알코올 그 밖에 1기압에서 인화점이 40℃ 미만인 고체

상세해설

위험물의 판단기준
① **황** : 순도가 60중량% 이상인 것을 말한다. 이 경우 순도측정에 있어서 불순물은 활석등 불연성물질과 수분에 한한다.
② **철분** : 철의 분말로서 53μm의 표준체를 통과하는 것이 50중량% 미만인 것은 제외

③ **금속분** : 알칼리금속·알칼리토금속·철 및 마그네슘 외의 금속의 분말을 말하고, **구리분·니켈분 및 150μm의 체를 통과하는 것이 50중량% 미만인 것은 제외**
④ 마그네슘은 다음 각목의 1에 해당하는 것은 제외한다.
  ㉠ 2mm의 체를 통과하지 아니하는 덩어리 상태의 것
  ㉡ 직경 2mm 이상의 막대 모양의 것
⑤ 인화성고체
  고형알코올 그 밖에 1기압에서 인화점이 40℃ 미만인 고체
⑥ 위험물의 판단기준

종류	과산화수소	질산
기준	농도 36중량% 이상	비중 1.49 이상

44회 기출

06
다음은 할로젠화합물소화약제의 저장용기의 충전비이다. ( )안에 알맞은 답을 쓰시오.

약제의 종류		충전비
할론2402	가압식	(①) 이상 (②) 이하
	축압식	(③) 이상 (④) 이하
할론1211		(⑤) 이상 (⑥) 이하
하론1301		(⑦) 이상 (⑧) 이하
HFC-23		(⑨) 이상 (⑩) 이하

해답 ✓답

약제의 종류		충전비
할론2402	가압식	(① 0.51)이상 (② 0.67)이하
	축압식	(③ 0.67)이상 (④ 2.75)이하
할론1211		(⑤ 0.7)이상 (⑥ 1.4)이하
하론1301		(⑦ 0.9)이상 (⑧ 1.6)이하
HFC-23		(⑨ 1.2)이상 (⑩ 1.5)이하

상세해설 할로젠화합물소화약제의 저장용기 충전비

약제의 종류		충전비
할론2402	가압식	0.51 이상 0.67 이하
	축압식	0.67 이상 2.75 이하
할론1211		0.7 이상 1.4 이하
하론1301 및 HFC-227ea		0.9 이상 1.6 이하
HFC-23 및 HFC-125		1.2 이상 1.5 이하
FK-5-1-12		0.7 이상 1.6 이하

07 다음 그림은 제조소 등에 설치하는 방유제에 관한 것이다. 각 물음에 답하시오.

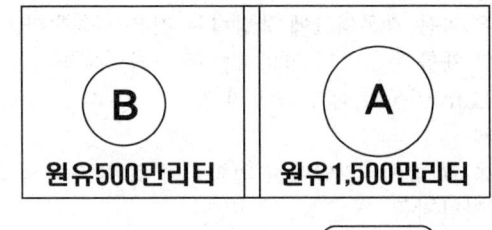

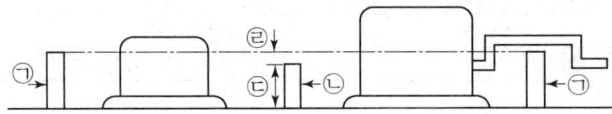

(1) 허가를 받아야하는 제조소등의 구분에서 해당되는 제조소등의 명칭은?
(2) (가) 위의 그림에서 ㉠의 명칭은?
    (나) 위의 그림에서 ㉠의 설치목적은?
(3) (가) 위의 그림에서 ㉡의 명칭은?
    (나) 위의 그림에서 ㉢의 최소높이는?
    (다) 위의 그림에서 ㉣의 높이는 ㉠보다 얼마 이상 낮게 설치하는가?
(4) 위의 그림에서 ㉠의 최소용량은?
(5) 위의 그림에서 ㉠의 용량범위에 해당하는 부분에 빗금을 치시오.
(6) 방유제와 옥외저장탱크 사이의 지표면은 불연성과 불침윤성이 있는 구조로서 철근콘크리트로 해야 하나 흙으로 할 수 있는 경우를 쓰시오.
(7) 위의 그림에 해당하는 탱크의 안전성능검사의 종류를 모두 쓰시오.
(8) 상기 그림의 저장소는 정기점검대상이다. 정기점검대상기준을 쓰시오
(9) 상기 그림의 저장소가 동일구내에 있는 경우에 1인의 안전관리자를 몇 개까지 중복하여 선임할 수 있는가?
(10) 상기 그림의 저장소가 정밀정기검사를 받는 시기는 완공검사합격확인증을 발급받은 날부터 몇 년이며 최근의 정밀정기검사를 받은 날부터 몇 년인가?

해답 ✔**답** (1) 옥외탱크저장소
(2) (가) 방유제
    (나) 탱크에서 누출된 위험물의 확산방지 및 효과적인 소화활동
(3) (가) 간막이 둑
    (나) 0.3m
    (다) 0.2m
(4) ✔**계산과정** 1500만L(최대탱크용량)×1.1(110%)=1650만L
    ✔**답** 1650만L

(5)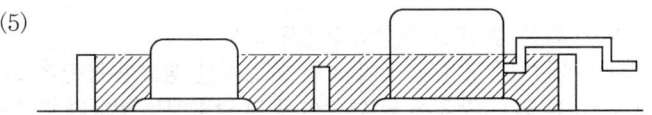

(6) 누출된 위험물을 수용할 수 있는 전용유조 및 펌프 등의 설비를 갖춘 경우
(7) ① 기초·지반검사 ② 충수·수압검사 ③ 용접부검사
(8) 지정수량의 200배 이상
(9) 30개 이하
(10) ① 완공검사합격확인증을 발급받은 날부터 **12년**
    ② 최근의 정밀정기검사를 받은 날부터 **11년**

상세해설

1. 허가를 받아야하는 제조소등의 구분
① 제조소 또는 일반취급소   ② 옥내저장소   ③ 옥외탱크저장소
④ 옥내탱크저장소   ⑤ 지하탱크저장소   ⑥ 간이탱크저장소
⑦ 이동탱크저장소   ⑧ 옥외저장소   ⑨ 암반탱크저장소
⑩ 주유취급소   ⑪ 판매취급소   ⑫ 이송취급소

2. 옥외저장탱크의 방유제(이황화탄소 제외)
(1) 방유제의 용량

탱크가 하나인 때	탱크가 2기 이상인 때
탱크용량의 110% 이상	탱크 중 용량이 최대인 것의 110% 이상

방유제의 용량은 당해 방유제의 내용적에서 용량이 **최대인 탱크 외의 탱크의 방유제 높이 이하** 부분의 용적, 당해 방유제내에 있는 **모든 탱크의 지반면 이상** 부분의 **기초의 체적**, 간막이 둑의 체적 및 당해 방유제 내에 있는 배관 등의 체적을 뺀 것으로 한다.

(2) 높이 0.5m 이상 3m 이하, 두께 0.2m 이상, 지하매설깊이 1m 이상으로 할 것.
(3) 면적은 8만m² 이하로 할 것
(4) 방유제내의 설치하는 옥외저장탱크의 수는 10 이하로 할 것.
(5) 방유제 외면의 **2분의 1 이상**은 자동차 등이 통행할 수 있는 3m **이상**의 노면 폭을 확보한 구내도로에 직접 접하도록 할 것.
(6) **탱크의 옆판으로부터 유지거리**(다만, 인화점이 200℃ 이상인 위험물은 제외)

지름이 15m 미만인 경우	지름이 15m 이상인 경우
탱크높이의 $\frac{1}{3}$ 이상	탱크높이의 $\frac{1}{2}$ 이상

(7) 방유제는 철근콘크리트로 하고, 방유제와 옥외저장탱크 사이의 지표면은 불연성과 불침윤성이 있는 구조로 할 것. 다만, 누출된 위험물을 수용할 수 있는 **전용유조 및 펌프 등의 설비를 갖춘 경우**에는 방유제와 옥외저장탱크 사이의 지표면을 **흙으로 할 수 있다.**
(8) 용량이 1,000만L 이상인 옥외저장탱크의 주위에 설치하는 방유제에는 탱크마다 **간막이 둑을 설치할 것**
   ① 간막이 둑의 높이는 0.3m(방유제 내에 설치되는 옥외저장탱크의 용량의 합계가 2억L를 넘는 방유제에 있어서는 1m)이상으로 하되, 방유제의 높이보다 **0.2m 이상 낮게 할 것**

② 간막이 둑은 흙 또는 철근콘크리트로 할 것
③ 간막이 둑의 용량은 간막이 둑안에 설치된 **탱크이 용량의 10% 이상**일 것
(9) 높이가 1m를 넘는 방유제 및 간막이 둑의 안팎에는 방유제내에 출입하기 위한 계단 또는 경사로를 약 **50m마다** 설치할 것

3. 1인의 안전관리자를 중복하여 선임할 수 있는 저장소 등
① 10개 이하의 옥내저장소 ② 30개 이하의 옥외탱크저장소
③ 옥내탱크저장소 ④ 지하탱크저장소
⑤ 간이탱크저장소 ⑥ 10개 이하의 옥외저장소
⑦ 10개 이하의 암반탱크저장소

51회, 53회, 60회, 61회 기출

08 다음 위험물에 대한 위험등급을 구분하시오.

① 아염소산칼륨 ② 과산화나트륨 ③ 과망가니즈산나트륨
④ 마그네슘 ⑤ 황화인 ⑥ 나트륨
⑦ 인화알루미늄 ⑧ 휘발유 ⑨ 나이트로글리세린

해답
✔답
- 위험등급 Ⅰ : 아염소산칼륨, 과산화나트륨, 나트륨, 나이트로글리세린
- 위험등급 Ⅱ : 황화인, 휘발유
- 위험등급 Ⅲ : 과망가니즈산나트륨, 마그네슘, 인화알루미늄

상세해설

위험물의 등급 분류★★★

위험등급	해당 위험물
위험등급Ⅰ	① 제1류 위험물 중 아염소산염류, 염소산염류, 과염소산염류, 무기과산화물 그 밖에 지정수량이 50kg인 위험물 ② 제3류 위험물 중 칼륨, 나트륨, 알킬알루미늄, 알킬리튬, 황린 그 밖에 지정수량이 10kg 또는 20kg인 위험물 ③ 제4류 위험물 중 특수인화물 ④ 제5류 위험물 중 지정수량이 10kg인 위험물 ⑤ 제6류 위험물
위험등급Ⅱ	① 제1류 위험물 중 브로민산염류, 질산염류, 아이오딘산염류 그 밖에 지정수량이 300kg인 위험물 ② 제2류 위험물 중 황화인, 적린, 황 그 밖에 지정수량이 100kg인 위험물 ③ 제3류 위험물 중 알칼리금속(칼륨, 나트륨 제외) 및 알칼리토금속, 유기금속화합물(알킬알루미늄 및 알킬리튬은 제외) 그 밖에 지정수량이 50kg인 위험물 ④ 제4류 위험물 중 제1석유류, 알코올류 ⑤ 제5류 위험물 중 위험등급Ⅰ 위험물 외의 것
위험등급Ⅲ	위험등급 Ⅰ, Ⅱ 이외의 위험물

09 안전관리대행기관의 지정기준에서 갖추어야 할 장비 중 소화설비점검기구 5가지를 쓰시오.

답 ① 소화전밸브압력계   ② 방수압력측정계
　　 ③ 포콜렉터　　　　　 ④ 헤드렌치
　　 ⑤ 포콘테이너

안전관리대행기관의 지정기준

기술인력	① 위험물기능장 또는 위험물산업기사 1인 이상 ② 위험물산업기사 또는 위험물기능사 2인 이상 ③ 기계분야 및 전기분야의 소방설비기사 1인 이상
시설	전용사무실을 갖출 것
장비	① 절연저항계 ② 접지저항측정기(최소눈금 0.1Ω 이하) ③ 가스농도측정기(탄화수소계 가스의 농도측정이 가능할 것) ④ 정전기 전위측정기 ⑤ 토크렌치 ⑥ 진동시험기 ⑦ 표면온도계(-10℃~300℃) ⑧ 두께측정기(1.5mm~99.9mm) ⑨ 안전용구(안전모, 안전화, 손전등, 안전로프 등) ⑩ 소화설비점검기구(소화전밸브압력계, 방수압력측정계, 포콜렉터, 헤드렌치, 포콘테이너)

42회 기출

10 화학공장의 위험성평가방법 중 정성적 평가방법과 정량적 평가방법의 종류를 각각 3가지씩 쓰시오.

답 (1) **정성적 위험성 평가방법**
　　　① 사고예상 질문 분석법   ② 체크리스트법   ③ 이상 위험도 분석법
　　(2) **정량적 위험성 평가방법**
　　　① 결함수 분석   ② 사건수 분석   ③ 원인결과분석

위험성 평가 방법
(1) **정성적 위험성 평가방법[HAZID](Hazard Identification Method)**
　① 사고예상 질문 분석법 : What-if
　② 체크 리스트법 : Process/System Checklist
　③ 이상 위험도 분석법 : FMECA
　④ 작업자 실수 분석법 : Human Error Analysis
　⑤ 위험과 운전성 분석법 : HAZOP(Hazard And Operability Review)
　⑥ 안전성 검토법 : Safety Review

⑦ 예비위험 분석법 : PHA(Preliminary Hazard Analysis)
⑧ 상대 위험순위 판정법 : Relative Ranking

(2) 정량적 위험성 평가방법[HAZAN](Hazard Assessment Methods)
① 결함수 분석 : FTA(Fault Tree Analysis)
② 사건수 분석 : ETA(Event Tree Analysis)
③ 원인결과분석 : CCA(Cause Consequence Analysis)

40회, 44회, 50회, 53회, 61회, 63회 기출

11 다음 보기는 위험물저장탱크의 내용적 계산방법이다. 계산방법에 해당하는 탱크의 그림을 그리고 기호를 표기하시오.

[보기] ① 내용적 $= \dfrac{\pi ab}{4}\left(l + \dfrac{l_1 - l_2}{3}\right)$ ② 내용적 $= \pi r^2 l$

해답 ✔답 ①
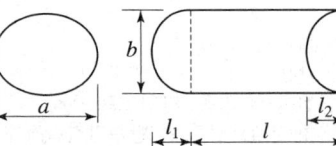
②
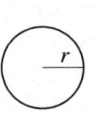 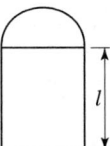

상세해설 탱크의 내용적 계산방법
① 타원형 탱크의 내용적
  ㉠ 양쪽이 볼록한 것
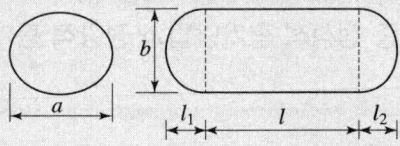 내용적 $= \dfrac{\pi ab}{4}\left(l + \dfrac{l_1 + l_2}{3}\right)$

  ㉡ 한쪽은 볼록하고 다른 한쪽은 오목한 것
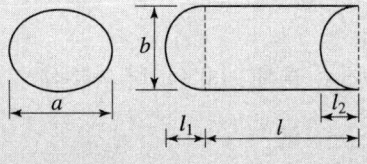 내용적 $= \dfrac{\pi ab}{4}\left(l + \dfrac{l_1 - l_2}{3}\right)$

② 원통형 탱크의 내용적
  ㉠ 횡으로 설치한 것
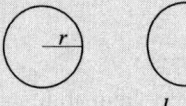 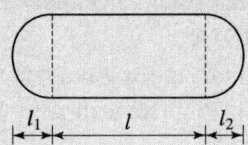 내용적 $= \pi r^2\left(l + \dfrac{l_1 + l_2}{3}\right)$

ⓛ 종으로 설치한 것

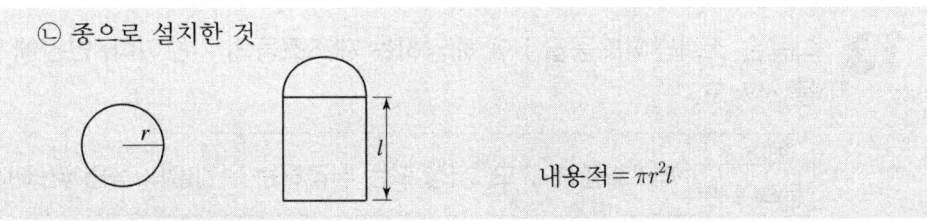

내용적 = $\pi r^2 l$

33회, 36회 기출

12 다음은 옥내저장소의 위치 · 구조 및 설비의 기준이다. ( )안에 알맞은 답을 쓰시오.

(1) 저장창고의 출입구에는 60분+방화문 · 60분방화문 또는 30분방화문을 설치하되, 연소의 우려가 있는 외벽에 있는 출입구에는 수시로 열 수 있는 (①)을 설치하여야 한다.
(2) 저장창고의 창 또는 출입구에 유리를 이용하는 경우에는 (②)로 하여야 한다.
(3) 제1류 위험물 중 알칼리금속의 과산화물 또는 이를 함유하는 것, 제2류 위험물 중 철분 · 금속분 · 마그네슘 또는 이중 어느 하나 이상을 함유하는 것, 제3류 위험물 중 금수성물질 또는 (③)의 저장창고의 바닥은 물이 스며 나오거나 스며들지 아니하는 구조로 하여야 한다.
(4) (④)의 위험물의 저장창고의 바닥은 위험물이 스며들지 아니하는 구조로 하고, 적당하게 경사지게 하여 그 최저부에 (⑤)를 하여야 한다.
(5) 저장창고에 선반 등의 수납장을 설치하는 경우에는 다음 각목의 기준에 적합하게 하여야 한다.
 • 수납장은 (⑥)로 만들어 견고한 기초 위에 고정할 것
 • 수납장은 당해 수납장 및 그 부속설비의 자중, 저장하는 위험물의 중량 등의 하중에 의하여 생기는 응력에 대하여 안전한 것으로 할 것
 • 수납장에는 위험물을 수납한 용기가 쉽게 떨어지지 아니하게 하는 조치를 할 것

해답 ✔**답** ① 자동폐쇄식의 60분+방화문 또는 60분방화문
② 망입유리
③ 제4류 위험물
④ 액상
⑤ 집유설비
⑥ 불연재료

13 다음은 소화난이도등급 I 에 해당하는 제조소등의 기준이다. 빈칸에 알맞은 답을 쓰시오.

제조소 등의 구분	제조소등의 규모, 저장 또는 취급하는 위험물의 품명 및 최대수량 등
①	액표면적이 40m² 이상인 것(제6류 위험물을 저장하는 것 및 고인화점위험물만을 100℃ 미만의 온도에서 저장하는 것은 제외)
	지반면으로부터 탱크 옆판의 상단까지 높이가 6m 이상인 것(제6류 위험물을 저장하는 것 및 고인화점위험물만을 100℃ 미만의 온도에서 저장하는 것은 제외)
	지중탱크 또는 해상탱크로서 지정수량의 100배 이상인 것(제6류 위험물을 저장하는 것 및 고인화점위험물만을 100℃ 미만의 온도에서 저장하는 것은 제외)
	고체위험물을 저장하는 것으로서 지정수량의 100배 이상인 것
②	액표면적이 40m² 이상인 것(제6류 위험물을 저장하는 것 및 고인화점위험물만을 100℃ 미만의 온도에서 저장하는 것은 제외)
	바닥면으로부터 탱크 옆판의 상단까지 높이가 6m 이상인 것(제6류 위험물을 저장하는 것 및 고인화점위험물만을 100℃ 미만의 온도에서 저장하는 것은 제외)
	탱크전용실이 단층건물 외의 건축물에 있는 것으로서 인화점 38℃ 이상 70℃ 미만의 위험물을 지정수량의 5배 이상 저장하는 것(내화구조로 개구부없이 구획된 것은 제외한다)
③	모든 대상

해답 ✔**답** ① 옥외탱크저장소 ② 옥내탱크저장소 ③ 이송취급소

40회, 42회, 55회, 64회 기출

14 제4류 위험물인 다이에틸에터와 에틸알코올의 증기가 각각 4:1의 비율로 혼합되어 있다. 폭발 하한계를 계산하시오. (단, 다이에틸에터의 폭발범위는 1.91%~48%, 에틸알코올의 폭발범위는 4.3%~19%이다.)

해답 ✔**계산과정**

① $\dfrac{100}{L_m} = \dfrac{80}{1.91} + \dfrac{20}{4.3}$

② $L_m = \dfrac{100}{46.54} = 2.15\%$

✔**답** 2.15%

상세해설 혼합가스의 폭발한계★★

$$\frac{V_m}{L_m} = \frac{V_1}{L_1} + \frac{V_2}{L_2} + \frac{V_3}{L_3} + \cdots\cdots + \frac{V_n}{L_n}$$

여기서, V_m : 혼합가스의 부피농도(%)
L_m : 혼합가스의 폭발 하한값 또는 폭발 상한값
L : 단일가스의 폭발 하한값 또는 폭발 상한값
V : 단일가스의 부피농도(%)

48회 기출

15
제4류 위험물로서 분자량이 78, 방향성이 있는 액체로 증기는 독성이 있고 인화점이 -11℃이다. 이 물질 2kg이 완전연소 할 때 반응식과 이론산소량(kg)은 얼마인가?

해답 ✔계산과정

① 반응식 : $2C_6H_6 + 15O_2 \rightarrow 12CO_2 + 6H_2O$
② 이론산소량
$2C_6H_6 + 15O_2 \rightarrow 12CO_2 + 6H_2O$ (벤젠의 완전연소 반응식)
$2 \times 78\text{kg} \rightarrow 15 \times 32\text{kg}$
$2\text{kg} \longrightarrow x$
$x = \dfrac{2 \times 15 \times 32\text{kg}}{2 \times 78\text{kg}} = 6.15\text{kg}$

✔답 6.15kg

상세해설 벤젠(Benzene)(C_6H_6) : 제4류 위험물 중 제1석유류

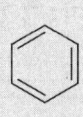 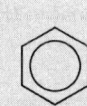

화학식	분자량	비중	비점	인화점	착화점	연소범위
C_6H_6	78	0.9	80℃	-11℃	562℃	1.4~8%

① 무색투명한 액체이다.
② 벤젠증기는 마취성 및 독성이 강하다.
③ 비수용성이며 알코올, 아세톤, 에터에는 용해
④ 연소 시 그을음을 내며 불완전 연소한다.
⑤ 취급 시 정전기에 유의해야 한다.

16 금속나트륨(Na) 1kg이 석유 속에 저장되어있고 저장된 용기 속으로 물18g이 유입되어 금속나트륨과 전부 반응이 이루어졌다. 용기에는 2L의 공간이 있다면 용기내부의 최대압력은 몇 기압이 되겠는가? (단, 용기내부압력은 1atm, 온도는 30℃, 기체상수 R=0.082atm · L/mol · K이다.)

해답 ✔계산과정

$$2Na(s) + 2H_2O(L) \rightarrow 2NaOH(s) + Na(s) + H_2(g)$$
$$2 \times 23g \quad 2 \times 18g \qquad\qquad\qquad\qquad 1몰(22.4L)$$
$$1000g \quad\; 18g \qquad\qquad\qquad\qquad\quad 0.5몰(11.2L)$$

증가된 압력 $\Delta P = \dfrac{nRT}{V} = \dfrac{0.5 \times 0.082 \times (273+30)}{2} = 6.21\text{atm}$

용기내부 최대압력 $P_{\max} = 1\text{atm} + 6.21\text{atm} = 7.21\text{atm}$

✔답 7.21atm

상세해설 이상기체상태방정식

$$PV = \dfrac{W}{M}RT = nRT$$

여기서, P : 압력(atm), V : 부피(L), W : 무게(g), M : 분자량, n : mol수
R : 기체상수(0.082atm · L/mol · K), T : 절대온도(273+t℃)K

17 아래에서 설명하는 두 물질에 대한 화학반응식을 쓰시오.

- 제3류 위험물로서 원자량이 23이고 은백색의 광택이 있으며 무른 경금속으로서 융점이 97.8℃인 물질
- 제4류 위험물로서 분자량이 46이고 물에 아주 잘 녹으며 지정수량이 400[L]인 물질

해답 ✔답 $2Na + 2C_2H_5OH \rightarrow 2C_2H_5ONa + H_2$

상세해설 나트륨(Na)-제3류-금수성물질

화학식	원자량	비점	융점	비중	불꽃색상
Na	23	880℃	97.8℃	0.97	노란색

① 가열시 노란색 불꽃을 내면서 연소한다.
② 물과 반응하여 수소 및 열을 발생한다.(금수성 물질)

$$2Na + 2H_2O \rightarrow 2NaOH + H_2\uparrow + 88.2\text{kcal}$$

③ 보호액으로 파라핀 · 경유 · 등유 등을 사용한다.

④ 에틸알코올과 반응하여 나트륨에틸레이트를 생성한다.

$$2Na + 2C_2H_5OH \rightarrow 2C_2H_5ONa(나트륨에틸레이트) + H_2$$

⑤ 마른모래 등으로 질식 소화한다.

금속나트륨 화재 시 CO_2소화기 사용금지 이유
금속나트륨과 이산화탄소는 폭발적으로 반응하기 때문에 위험
$$4Na + 3CO_2 \rightarrow 2Na_2CO_3 + C$$

에틸알코올(C_2H_5OH)

화학식	분자량	비중	비점	인화점	착화점	연소범위
C_2H_5OH	46	0.8	78.3℃	13℃	423℃	4.3~19% 이상

① 술 속에 포함되어 있어 주정이라고 한다.
② 무색 투명한 액체이다.
③ 물에 아주 잘 녹으며 유기용제이다.
④ 연소 시 주간에는 불꽃이 잘 보이지 않는다.

$$C_2H_5OH + 3O_2 \rightarrow 2CO_2 + 3H_2O$$

⑤ 금속나트륨, 금속칼륨을 가하면 수소(H_2)가 발생한다.

$$2C_2H_5OH + 2Na \rightarrow 2C_2H_5ONa + H_2 \uparrow$$

⑥ 아이오딘포름 반응을 하므로 에탄올검출에 이용된다.

에틸알코올의 반응식
- 알칼리금속과 반응 $2Na + 2C_2H_5OH \rightarrow 2C_2H_5ONa + H_2 \uparrow$
- 산화, 환원반응식 $C_2H_5OH \underset{환원}{\overset{산화}{\rightleftarrows}} CH_3CHO \underset{환원}{\overset{산화}{\rightleftarrows}} CH_3COOH$

⑦ 에틸렌을 물과 반응하여 제조 또는 당밀을 발효시켜 제조한다.

$$CH_2=CH_2 + H_2O \rightarrow C_2H_5OH(에틸알코올)$$

18. 이동탱크저장소로부터 직접 위험물을 선박의 연료탱크에 주입하는 경우 기준 3가지를 쓰시오.

해답

✔답 ① 선박이 이동하지 아니하도록 계류시킬 것
② 이동탱크저장소가 움직이지 않도록 조치를 강구할 것
③ 이동탱크저장소의 주입호스의 끝부분을 선박의 연료탱크의 급유구에 긴밀히 결합할 것. 다만, 주입호스 끝부분에 수동개폐장치를 설치한 주유노즐로 주입하는 때에는 그러하지 아니하다.
④ 이동탱크저장소의 주입설비를 접지할 것. 다만, 인화점 40℃ 이상의 위험물을 주입하는 경우에는 그러하지 아니하다.

19 다음은 이송취급소의 배관공사시 지상배관의 경로에 설치해야 하는 주의표지이다. ( )안에 알맞은 답 쓰시오.

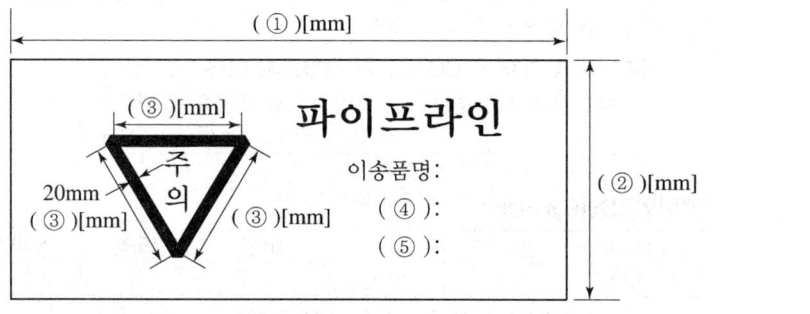

해답 ✔답 ① 1000 ② 500 ③ 250 ④ 이송자명 ⑤ 긴급연락처

상세해설 이송취급소의 주의표지는 지상배관의 경로에 설치할 것
① 일반인이 접근하기 쉬운 장소 기타 배관의 안전상 필요한 장소의 배관 직근에 설치할 것
② 양식은 다음 그림과 같이 할 것

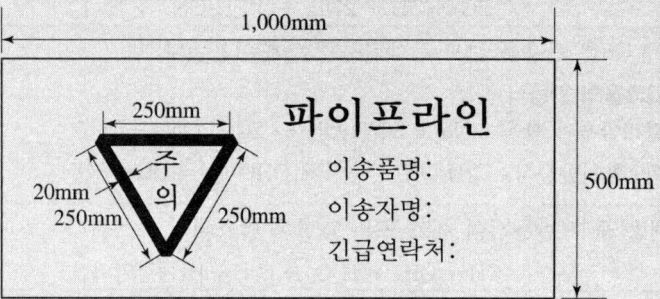

(비고) • 금속제의 판으로 할 것
• 바탕은 백색(역정삼각형내는 황색)으로 하고, 문자 및 역정삼각형의 모양은 흑색으로 할 것
• 바탕색의 재료는 반사도료 기타 반사성을 가진 것으로 할 것
• 역정삼각형 정점의 둥근 반경은 10mm로 할 것
• 이송품명에는 위험물의 화학명 또는 통칭명을 기재할 것

위험물기능장 제66회 실기시험

자격종목	시험시간	문제수	형별
위험물기능장	2시간	19	A

2019년도 기능장 제66회 실기시험 (2019년 08월 24일 시행)

38회, 42회, 52회 기출

01 제5류 위험물인 아세틸퍼옥사이드에 대한 다음 각 물음에 답하시오.
① 구조식을 쓰시오.
② 증기비중을 구하시오.(단, 공기의 분자량 29이다)

해답 ✔답 ① 구조식 :
$$CH_3-\overset{O}{\underset{\|}{C}}-O-O-\overset{O}{\underset{\|}{C}}-CH_3$$

② 증기비중 : • 분자량$(M) = C_4H_6O_4 = 12 \times 4 + 1 \times 6 + 16 \times 4 = 118$
• 증기비중$(S) = \dfrac{M}{29} = \dfrac{118}{29} = 4.07$

상세해설 아세틸퍼옥사이드(Acetyl peroxide)-제5류 위험물-유기과산화물

$$CH_3-\overset{O}{\underset{\|}{C}}-O-O-\overset{O}{\underset{\|}{C}}-CH_3$$

화학식	분자량	융점	인화점	발화점
$(CH_3CO)_2O_2$	118	30℃	45℃	121℃

① 무색의 액체이다.
② 충격, 마찰에 의하여 분해되며, 가열시 폭발한다.
③ 희석제로 DMF(Di Methyl Formamide)를 사용하며 저온에 저장한다.
④ 다량의 물로 주수소화한다.

35회, 37회, 45회 기출

02 제4류 위험물인 BTX의 각각 명칭과 화학식을 쓰시오.

해답 ✔답

구분	명칭	화학식
B	Benzene(벤젠)	C_6H_6
T	Toluene(톨루엔)	$C_6H_5CH_3$
X	Xylene(크실렌)	$C_6H_4(CH_3)_2$

상세해설 BTX : Benzene, Toluene, Xylene의 약자이다.

명 칭	화학식	품명	구조식
Benzene (벤젠)	C_6H_6	제1석유류	
Toluene (톨루엔)	$C_6H_5CH_3$	제1석유류	
Xylene (크실렌, 키실렌, 자일렌)	$C_6H_4(CH_3)_2$	제2석유류	

45회, 50회 기출

03 제2류 위험물인 황화인에 대한 다음 각 물음에 답하시오.
① 삼황화인의 완전연소 반응식
② 오황화인의 완전 연소반응식
③ 오황화인의 물과의 반응식
④ 오황화인의 물과의 반응시 발생하는 증기의 완전 연소반응식

해답 ✔답 ① 삼황화인의 완전연소 반응식 : $P_4S_3 + 8O_2 \rightarrow 2P_2O_5 + 3SO_2$
② 오황화인의 완전연소 반응식 : $2P_2S_5 + 15O_2 \rightarrow 2P_2O_5 + 10SO_2$
③ 오황화인의 물과의 반응식 : $P_2S_5 + 8H_2O \rightarrow 2H_3PO_4 + 5H_2S$
④ 오황화인의 물과의 반응시 발생하는 증기의 완전연소 반응식
  : $2H_2S + 3O_2 \rightarrow 2H_2O + 2SO_2$

상세해설 황화인(제2류 위험물) : 황과 인의 화합물
① **삼황화인**(P_4S_3)
  ㉠ 황색결정으로 물, 염산, 황산에 녹지 않으며 질산, 알칼리, 이황화탄소에 녹는다.
  ㉡ 연소하면 오산화인과 이산화황이 생긴다.
  $$P_4S_3 + 8O_2 \rightarrow 2P_2O_5 + 3SO_2 \uparrow$$
② **오황화인**(P_2S_5)
  ㉠ 담황색 결정이고 조해성이 있으며 수분을 흡수하면 분해된다.
  ㉡ 이황화탄소(CS_2)에 잘 녹는다.
  ㉢ **물, 알칼리와 반응하여 인산과 황화수소를 발생**한다.
  $$P_2S_5 + 8H_2O \rightarrow 2H_3PO_4 + 5H_2S \uparrow$$
  ㉣ 연소하면 오산화인과 이산화황이 생긴다.

$$2P_2S_5 + 15O_2 \rightarrow 2P_2O_5 + 10SO_2 \uparrow$$

③ 칠황화인(P_4S_7)
  ㉠ 담황색 결정이고 조해성이 있으며 수분을 흡수하면 분해된다.
  ㉡ 이황화탄소(CS_2)에 약간 녹는다.
  ㉢ 냉수에는 서서히 분해가 되고 더운물에는 급격히 분해된다.

46회 기출

04 화학소방자동차에 갖추어야 하는 소화능력 및 설비의 기준이다. ( ) 안에 알맞은 답을 쓰시오.

화학소방자동차의 구분	소화능력 및 설비의 기준
포수용액 방사차	포수용액의 방사능력이 매분 (①)L 이상일 것
	소화약액탱크 및 (②)를 비치할 것
	(③)L 이상의 포수용액을 방사할 수 있는 양의 소화약제를 비치할 것
분말 방사차	분말의 방사능력이 매초 35kg 이상일 것
	(④) 및 가압용가스설비를 비치할 것
	(⑤)kg 이상의 분말을 비치할 것

해답 ✔답 ① 2,000 ② 소화약액 혼합장치 ③ 10만 ④ 분말탱크 ⑤ 1,400

상세해설 화학소방자동차에 갖추어야 하는 소화능력 및 설비의 기준

화학소방자동차의 구분	소화능력 및 설비의 기준
포수용액 방사차	포수용액의 방사능력이 매분 2,000L 이상일 것
	소화약액탱크 및 소화약액혼합장치를 비치할 것
	10만L 이상의 포수용액을 방사할 수 있는 양의 소화약제를 비치할 것
분말 방사차	분말의 방사능력이 매초 35kg 이상일 것
	분말탱크 및 가압용가스설비를 비치할 것
	1,400kg 이상의 분말을 비치할 것
할로젠화합물 방사차	할로젠화합물의 방사능력이 매초 40kg 이상일 것
	할로젠화합물탱크 및 가압용가스설비를 비치할 것
	1,000kg 이상의 할로젠화합물을 비치할 것
이산화탄소 방사차	이산화탄소의 방사능력이 매초 40kg 이상일 것
	이산화탄소저장용기를 비치할 것
	3,000kg 이상의 이산화탄소를 비치할 것
제독차	가성소오다 및 규조토를 각각 50kg 이상 비치할 것

57회 기출

05 분자량이 101, 분해온도가 400℃이며 흑색화약의 원료로 사용되는 제1류 위험물에 대한 다음 각 물음에 답하시오.

① 화학식　　　　② 지정수량　　　　③ 위험등급
④ 1기압 400℃에서 이 물질 202g이 분해하였을 경우 생성되는 산소의 부피 (L)는?

해답　✔답　① 화학식 : KNO_3
　　　　② 지정수량 : 300kg
　　　　③ 위험등급 : Ⅱ등급
　　　　④ ✔계산과정　• $2KNO_3 \rightarrow 2KNO_2 + O_2$
　　　　　　　　　　　　• $KNO_3 \rightarrow KNO_2 + 0.5O_2$(반응물질은 1몰 기준)
　　　　　　　　　　　　• 질산칼륨의 분자량＝39+14+16×3＝101
　　　　　　　　　　　　• $V = \dfrac{WRT}{PM} \times$ (생성기체몰수)
　　　　　　　　　　　　　　$= \dfrac{202 \times 0.082 \times (273+400)}{1 \times 101} \times 0.5 = 55.19L$

　　　　　✔답　55.19L

상세해설

질산칼륨(KNO_3) : 제1류 위험물(산화성고체)

화학식	분자량	비중	융점	분해온도
KNO_3	101	2.1	336℃	400℃

① 질산칼륨에 숯가루, 황가루를 혼합하여 **흑색화약제조**에 사용한다.
② 열분해하여 산소를 방출한다.

$$2KNO_3 \rightarrow 2KNO_2 + O_2 \uparrow$$

③ 물, 글리세린에는 잘 녹으나 알코올에는 잘 녹지 않는다.

이상기체상태방정식

$$PV = \dfrac{W}{M}RT = nRT$$

여기서, P : 압력(atm), V : 부피(L), W : 무게(g), M : 분자량, n : mol수
　　　R : 기체상수(0.082atm·L/mol·K), T : 절대온도(273+t℃)K

48회, 55회 기출

06 포소화설비에서 포소화약제의 혼합방식 중 4가지만 쓰시오.

해답　✔답　① 펌프 프로포셔너 방식
　　　　② 프레져 프로포셔너 방식

③ 라인 프로포셔너 방식
④ 프레져사이드 프로포셔너 방식

상세해설 **포소화약제의 혼합장치**

① **펌프 프로포셔너 방식**
펌프의 토출관과 흡입관 사이의 배관도중에 설치한 흡입기에 펌프에서 토출된 물의 일부를 보내고, 농도 조정밸브에서 조정된 포 소화약제의 필요량을 포 소화약제 탱크에서 펌프 흡입측으로 보내어 이를 혼합하는 방식

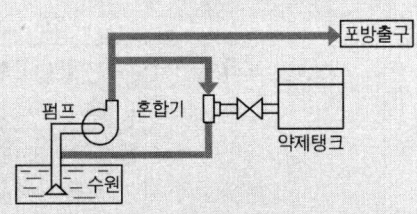

② **프레져 프로포셔너 방식**
펌프와 발포기의 중간에 설치된 벤추리관의 벤추리작용과 펌프 가압수의 포 소화약제 저장탱크에 대한 압력에 의하여 포소화약제를 흡입·혼합하는 방식

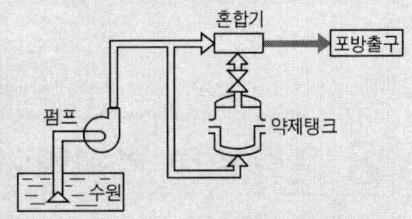

③ **라인 프로포셔너 방식**
펌프와 발포기의 중간에 설치된 벤추리관의 벤추리 작용에 의하여 포소화약제를 흡입·혼합하는 방식

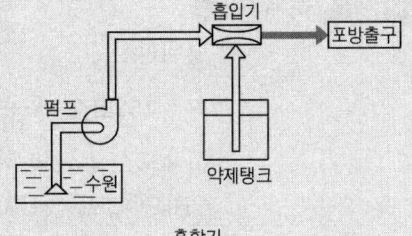

④ **프레져사이드 프로포셔너 방식**
펌프의 토출관에 압입기를 설치하여 포 소화약제 압입용 펌프로 포소화약제를 압입시켜 혼합하는 방식

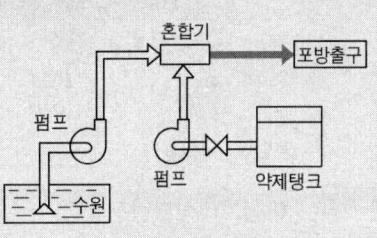

45회, 51회, 55회, 57회 기출

07 제3류 위험물인 트라이에틸알루미늄이 물과 반응하는 경우 반응식을 쓰고, 이때 발생하는 기체의 위험도를 계산하시오.

해답 ✔**답** ① 물과의 반응식 : $(C_2H_5)_3Al + 3H_2O \rightarrow Al(OH)_3 + 3C_2H_6$

② 기체의 위험도 : $H = \dfrac{U-L}{L} = \dfrac{12.4-3}{3} = 3.13$

상세해설 **알킬알루미늄[(C_nH_{2n+1})·Al] : 제3류 위험물(금수성 물질)**
① 알킬기(C_nH_{2n+1})에 알루미늄(Al)이 결합된 화합물이다.

② C_1~C_4는 자연발화의 위험성이 있다.
③ 물과 접촉 시 가연성 가스 발생하므로 주수소화는 절대 금지한다.
④ 트라이메틸알루미늄(TMA : Tri Methyl Aluminium)

$$(CH_3)_3Al + 3H_2O \rightarrow Al(OH)_3 + 3CH_4 \uparrow (메탄)$$

⑤ 트라이에틸알루미늄(TEA : Tri Eethyl Aluminium)

$$(C_2H_5)_3Al + 3H_2O \rightarrow Al(OH)_3 + 3C_2H_6 \uparrow (에탄) \bigstar 에탄(폭발범위 : 3.0~12.4\%)$$

⑥ 저장용기에 불활성기체(N_2)를 봉입한다.
⑦ 피부접촉 시 화상을 입히고 연소 시 흰 연기가 발생한다.
⑧ 소화 시 주수소화는 절대 금하고 팽창질석, 팽창진주암 등으로 피복소화한다.

49회 기출

08 압력152kPa, 온도100℃에서 아세톤의 증기밀도를 계산하시오.

해답 ✔ 계산과정

① 단위환산
$$P = 152\text{kPa} \times \frac{1\text{atm}}{101.3\text{kPa}} = 1.50\text{atm}, \quad T = 273 + 100 = 373\text{K}$$

② 아세톤의 분자량 계산
$$CH_3COCH_3(C_3H_6O) = 12 \times 3 + 1 \times 6 + 16 = 58$$

③ 증기밀도 계산
$$\rho(밀도) = \frac{PM}{RT} = \frac{1.50 \times 58}{0.082 \times 373} = 2.84\text{g/L}$$

✔ 답 2.84g/L

상세해설 **이상기체상태방정식**

$$PV = \frac{W}{M}RT = nRT$$

여기서, P : 압력(atm), V : 부피(L), W : 무게(g), M : 분자량, n : mol수 $= \frac{W}{M}$

R : 기체상수(0.082atm · L/mol · K), T : 절대온도(273+t℃)K

57회 기출

09 위험물제조소 등의 관계인은 예방규정을 작성하여야 하는데 작성 내용에 포함되어야 할 내용 5가지를 쓰시오.

해답 ✔ 답 ① 위험물시설 및 작업장에 대한 안전순찰에 관한 사항
② 위험물시설·소방시설 그 밖의 관련시설에 대한 점검 및 정비에 관한 사항

③ 위험물시설의 운전 또는 조작에 관한 사항
④ 위험물 취급작업의 기준에 관한 사항
⑤ 위험물의 안전에 관한 기록에 관한 사항

상세해설

예방규정에 포함되어야 할 내용
① 위험물의 안전관리업무를 담당하는 자의 직무 및 조직에 관한 사항
② 안전관리자가 여행·질병 등으로 인하여 그 직무를 수행할 수 없을 경우 그 직무의 대리자에 관한 사항
③ 자체소방대를 설치하여야 하는 경우에는 자체소방대의 편성과 화학소방자동차의 배치에 관한 사항
④ 위험물의 안전에 관계된 작업에 종사하는 자에 대한 안전교육 및 훈련에 관한 사항
⑤ 위험물시설 및 작업장에 대한 안전순찰에 관한 사항
⑥ 위험물시설·소방시설 그 밖의 관련시설에 대한 점검 및 정비에 관한 사항
⑦ 위험물시설의 운전 또는 조작에 관한 사항
⑧ 위험물 취급작업의 기준에 관한 사항
⑨ 이송취급소에 있어서는 배관공사 현장책임자의 조건 등 배관공사 현장에 대한 감독체제에 관한 사항과 배관주위에 있는 이송취급소 시설 외의 공사를 하는 경우 배관의 안전확보에 관한 사항
⑩ 재난 그 밖의 비상시의 경우에 취하여야 하는 조치에 관한 사항
⑪ 위험물의 안전에 관한 기록에 관한 사항
⑫ 제조소등의 위치·구조 및 설비를 명시한 서류와 도면의 정비에 관한 사항
⑬ 그 밖에 위험물의 안전관리에 관하여 필요한 사항

60회 기출

10 과산화칼륨과 아세트산의 반응식에 대한 다음 각 물음에 답하시오.
① 반응식을 쓰시오.
② 반응으로 생성된 6류 위험물의 열분해 반응식을 쓰시오.

해답
✔ 답 ① $K_2O_2 + 2CH_3COOH \rightarrow 2CH_3COOK + H_2O_2$
② $2H_2O_2 \rightarrow 2H_2O + O_2$

상세해설

과산화칼륨(K_2O_2) : 제1류 위험물 중 무기과산화물

화학식	분자량	비중	분해온도
K_2O_2	110	2.9	490℃

① 무색 또는 오렌지색 분말상태
② 상온에서 **물과 격렬히 반응하여 산소(O_2)를 방출**하고 폭발하기도 한다.

$$2K_2O_2 + 2H_2O \rightarrow 4KOH + O_2 \uparrow$$

③ 공기 중 이산화탄소(CO_2)와 반응하여 산소(O_2)를 방출한다.

$$2K_2O_2 + 2CO_2 \rightarrow 2K_2CO_3 + O_2 \uparrow$$

④ 산과 반응하여 과산화수소(H_2O_2)를 생성시킨다.

$$K_2O_2 + 2CH_3COOH \rightarrow 2CH_3COOK + H_2O_2 \uparrow$$

⑤ 열분해시 산소(O_2)를 방출한다.

$$2K_2O_2 \rightarrow 2K_2O + O_2 \uparrow$$

⑥ 주수소화는 금물이고 마른모래(건조사)등으로 소화한다.

---

11 제1종 분말약제인 탄산수소나트륨이 850℃에서 열분해하는 경우 다음 각 물음에 답하시오.
① 열분해 반응식을 쓰시오.
② 탄산수소나트륨 336kg이 열분해하여 발생하는 이산화탄소의 부피(m^3)는 얼마인가? (단, 1기압 25℃를 기준으로 한다)

해답
① 열분해 반응식
✔답 $2NaHCO_3 \rightarrow Na_2O + 2CO_2 + H_2O$
② 이산화탄소의 부피
✔계산과정 • $NaHCO_3$의 분자량＝$23+1+12+16 \times 3=84$
• $2NaHCO_3 \rightarrow Na_2O + 2CO_2 + H_2O$
• $NaHCO_3 \rightarrow 0.5Na_2O + CO_2 + 0.5H_2O$(반응물질 1몰 기준)
• $V = \dfrac{WRT}{PM} \times (생성기체몰수)$
$= \dfrac{336 \times 0.082 \times (273+25)}{1 \times 84} \times 1 = 97.74 m^3$

✔답 $97.74 m^3$

상세해설

분말약제의 종류

종 별	약제명	화학식	착색	열분해 반응식	적응화재
제1종	탄산수소나트륨 중탄산나트륨	$NaHCO_3$	백색	270℃ $2NaHCO_3 \rightarrow Na_2CO_3+CO_2+H_2O$ 850℃ $2NaHCO_3 \rightarrow Na_2O+2CO_2+H_2O$	B, C급
제2종	탄산수소칼륨 중탄산칼륨	$KHCO_3$	담회색 (담자색)	190℃ $2KHCO_3 \rightarrow K_2CO_3+CO_2+H_2O$ 590℃ $2KHCO_3 \rightarrow K_2O+2CO_2+H_2O$	B, C급
제3종	제1인산암모늄	$NH_4H_2PO_4$	담홍색	$NH_4H_2PO_4 \rightarrow HPO_3+NH_3+H_2O$	A, B, C급
제4종	중탄산칼륨＋ 요소	$KHCO_3+$ $(NH_2)_2CO$	회(백)색	$2KHCO_3+(NH_2)_2CO$ $\rightarrow K_2CO_3+2NH_3+2CO_2$	B, C급

44회, 55회, 64회 기출

12 은백색의 가볍고 무른 금속이며 공기 중에서 표면에 산화물의 박막을 생성하여 내부를 보호하고 테르밋반응을 하는 금속이다. 제2류 위험물에 해당하는 이 물질과 다음 물질과의 반응식을 쓰시오.

① 황산
② 수산화나트륨 수용액

해답

✔답 ① $2Al + 3H_2SO_4 \rightarrow Al_2(SO_4)_3 + 3H_2$
② $2Al + 2NaOH + 2H_2O \rightarrow 2NaAlO_2 + 3H_2$

상세해설

알루미늄분(Al) : 제2류 위험물

화학식	원자량	비중	융점	비점
Al	27	2.7	660℃	2,000℃

① 은백색의 분말이며 비중이 약 2.7 이다.
② 알루미늄이 **연소**하면 백색연기를 내면서 **산화알루미늄**을 생성한다.

$$4Al + 3O_2 \rightarrow 2Al_2O_3$$

③ 가열된 알루미늄은 **물(수증기)**와 반응하여 **수소**를 발생시킨다.(주수소화금지)

$$2Al + 6H_2O \rightarrow 2Al(OH)_3 + 3H_2 \uparrow$$

④ 알루미늄(Al)은 **산**과 반응하여 **수소**를 발생한다.

$$2Al + 3H_2SO_4(황산) \rightarrow Al_2(SO_4)_3 + 3H_2 \uparrow$$

⑤ 알루미늄과 **수산화나트륨 수용액**은 반응하여 **알루미늄산과 수소기체**를 발생한다.

$$2Al + 2NaOH + 2H_2O \rightarrow 2NaAlO_2 + 3H_2 \uparrow$$

⑥ 알루미늄과 **수산화나트륨**은 많은 **수소 기체**를 발생시킨다.

$$2Al + 6NaOH \rightarrow 2Na_3AlO_3 + 3H_2 \uparrow$$

⑦ 주수소화는 엄금이며 마른모래 등으로 피복 소화한다.

13 다음 표를 참조하여 각 위험물이 물과 반응하는 경우 빈칸을 채우시오.
(단, 발생하는 기체 및 반응식이 없으면 없음이라고 쓰시오).

물질명	반응식	발생기체
탄화알루미늄		
탄화칼슘		
인화아연		
수소화리튬		
칼슘		

해답 ✓답

물질명	반응식	발생기체
탄화알루미늄	$Al_4C_3 + 12H_2O \rightarrow 4Al(OH)_3 + 3CH_4$	메탄
탄화칼슘	$CaC_2 + 2H_2O \rightarrow Ca(OH)_2 + C_2H_2$	아세틸렌
인화아연	$Zn_3P_2 + 6H_2O \rightarrow 3Zn(OH)_2 + 2PH_3$	인화수소(포스핀)
수소화리튬	$LiH + H_2O \rightarrow LiOH + H_2$	수소
칼슘	$Ca + 2H_2O \rightarrow Ca(OH)_2 + H_2$	수소

14 다음은 용접부시험 중 방사선투과시험의 방법 및 판정기준이다. ( )안에 알맞은 답을 쓰시오.

> 1. 기본 촬영개소
>   가. 수직이음은 용접사별로 용접한 이음의 (①)m마다 임의의 위치 2개소 (T이음부가 수직이음촬영개소 전체 중 25% 이상 적용)
>   나. 수평이음은 용접사별로 용접한 이음의 (②)m마다 임의의 위치 2개소
> 2. 추가 촬영개소
>
> | 판두께 | 최하단 | 2단 이상의 단 |
> |---|---|---|
> | (③)mm 이하 | 모든 수직이음의 임의의 위치 1개소 | |
> | (④)mm 초과 (⑤)mm 이하 | 모든 수직이음의 임의의 위치 2개소(단, 1개소는 가장 아래 부분으로 한다) | 모든 수직·수평이음의 접합점 및 모든 수직이음의 임의 위치 1개소 |
> | (⑥)mm 초과 | 모든 수직이음 100%(온길이) | |

해답 ✓답 ① 30 ② 60 ③ 10 ④ 10 ⑤ 25 ⑥ 25

상세해설 위험물안전관리에 관한 세부기준 제34조(방사선투과시험의 방법 및 판정기준)
용접부시험 중 방사선투과시험의 실시범위("촬영개소")는 재질, 판두께, 용접이음 등에 따라서 다르게 적용할 수 있으며 옆판 용접선의 방사선투과시험의 촬영개소는 다음 각 호에 의할 것을 원칙으로 한다.
1. 기본 촬영개소
   가. 수직이음은 용접사별로 용접한 이음의 **30m마다** 임의의 위치 2개소(T이음부가 수직이음촬영개소 전체 중 25% 이상 적용)
   나. 수평이음은 용접사별로 용접한 이음의 **60m마다** 임의의 위치 2개소
2. 추가 촬영개소

판두께	최하단	2단 이상의 단
10mm 이하	모든 수직이음의 임의의 위치 1개소	
10mm 초과 25mm 이하	모든 수직이음의 임의의 위치 2개소 (단, 1개소는 가장 아래 부분으로 한다)	모든 수직·수평이음의 접합점 및 모든 수직이음의 임의 위치 1개소
25mm 초과	모든 수직이음 100%(온길이)	

(비고) 수직이음과 수평이음의 접합점 촬영은 수직이음을 주로 한다.

15 다음 그림은 주유취급소에 대한 것이다. 각 물음에 답하시오.

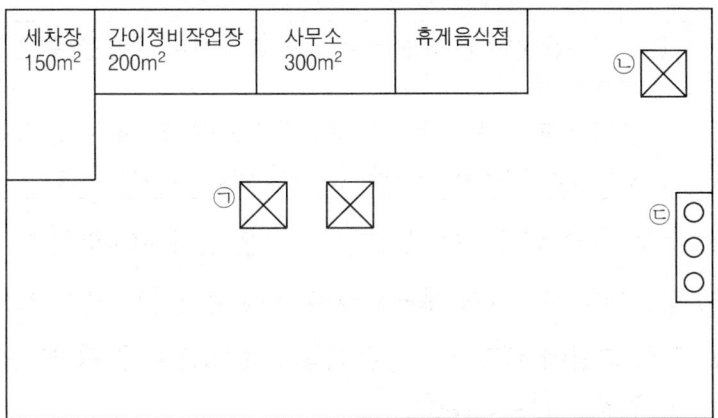

(1) ㉠과 ㉡의 명칭은 무엇인가?

(2) ㉠주위에는 주유를 받으려는 자동차 등이 출입할 수 있도록 콘크리트 등으로 포장한 공지를 보유해야 한다. 다음 각 물음에 답하시오.
  ① 콘크리트 등으로 포장한 공지의 명칭은?
  ② 크기의 규격은?

(3) 폐유탱크의 최대용량(L)은 얼마인가?

(4) 담 또는 벽의 일부분에 방화상 유효한 구조의 유리를 부착할 수 있는 기준에 대한 각 물음에 답하시오.
  ① 유리를 부착하는 위치는 ㉠ 또는 ㉡으로부터 몇 m 이상 이격되어야 하는가?
  ② 유리를 부착하는 범위는 전체의 담 또는 벽의 길이의 얼마를 초과하지 아니하여야 하는가?

(5) 위의 그림에서 휴게음식점의 용도에 제공하는 부분의 최대면적(m^2)은 얼마인가?

(6) 옥내주유취급소는 소방청장이 정하여 고시하는 용도로 사용하는 부분이 없는 건축물에 설치할 수 있다. 다음 ( )안에 알맞은 답을 쓰시오.

> • 건축물 안에 설치하는 주유취급소
> • 캐노피·처마·차양·부연·발코니 및 루버의 (①)이 주유취급소의 (②)의 3분의 1을 초과하는 주유취급소

(7) 건축물 중 사무실 그 밖의 화기를 사용하는 곳은 보기와 같은 기준에 적합한 구조로 하여야한다. 그 이유를 쓰시오.

> ① 출입구는 건축물의 안에서 밖으로 수시로 개방할 수 있는 자동폐쇄식의 것으로 할 것
> ② 출입구 또는 사이통로의 문턱의 높이를 15cm 이상으로 할 것
> ③ 높이 1m 이하의 부분에 있는 창 등은 밀폐시킬 것

(8) 주유원간이대기실의 바닥면적(m^2)은 얼마 이하인가?

(9) 정전기를 유효하게 제거하기 위하여 설치하는 것을 쓰시오.

(10) 위의 그림에 해당하는 주유취급소에 대한 다음 각 물음에 답하시오.
① 소화난이도 등급은?
② 설치해야하는 소화설비는?

해답

✔ 답 (1) ㉠과 ㉡의 명칭
㉠ 고정주유설비　㉡ 고정급유설비

(2) ① 콘크리트 등으로 포장한 공지의 명칭 : 주유공지
② 크기의 규격 : 너비 15m 이상 길이 6m 이상

(3) **폐유탱크의 최대용량(L)** : 2000L

(4) ① 이격거리 : 4m 이상

② $\dfrac{2}{10}$

(5) **최대면적(m^2)** : 500m^2

(6) ① 수평투영면적　② 공지면적

(7) 누설한 가연성의 증기가 그 내부에 유입되지 아니하도록 하기 위하여

(8) **주유원간이대기실의 바닥면적(m^2)** : 2.5m^2 이하

(9) **정전기를 유효하게 제거하기 위하여 설치하는 것** : 접지전극

(10) ① 소화난이도 등급 : 소화난이도등급 Ⅰ
② 소화설비 : 스프링클러설비(건축물에 한정), 소형수동식소화기

상세해설

(1) **고정주유설비 및 고정급유설비**
고정주유설비 : 펌프기기 및 호스기기로 되어 위험물을 **자동차등에 직접 주유**하기 위한 설비
고정급유설비 : 펌프기기 및 호스기기로 되어 위험물을 **용기**에 옮겨 담거나 **이동저장탱크**에 주입하기 위한 설비

(3) **주유취급소에 설치할 수 있는 탱크**
① 고정주유설비 전용탱크 : 50,000L 이하
② 고정급유설비 전용탱크 : 50,000L 이하

③ 보일러 전용탱크 : 10,000L 이하의 것
④ **폐유탱크 : 2,000L 이하**
⑤ 3기 이하의 간이탱크

(4) 담 또는 벽
다음 각 목의 기준에 모두 적합한 경우에는 담 또는 벽의 일부분에 방화상 유효한 구조의 유리를 부착할 수 있다.
① 유리를 부착하는 위치는 주입구, 고정주유설비 및 고정급유설비로부터 4m 이상 이격될 것
② 유리를 부착하는 방법은 다음의 기준에 모두 적합할 것
  ㉠ 주유취급소 내의 지반면으로부터 **70cm를 초과하는 부분**에 한하여 유리를 부착할 것
  ㉡ 하나의 유리판의 가로의 길이는 **2m 이내**일 것
  ㉢ 유리판의 테두리를 금속제의 구조물에 견고하게 고정하고 해당 구조물을 담 또는 벽에 견고하게 부착할 것
  ㉣ 유리의 구조는 접합유리로 하되 **비차열 30분 이상**의 방화성능이 인정될 것
③ 유리를 부착하는 범위는 전체의 담 또는 벽의 길이의 **10분의 2**를 초과하지 아니할 것

(5) 건축물 등의 제한
건축물 중 주유취급소의 직원 외의 자가 출입하는 주유취급소의 업무를 행하기 위한 사무소ㆍ자동차 등의 점검 및 간이정비를 위한 작업장 및 주유취급소에 출입하는 사람을 대상으로 한 점포ㆍ휴게음식점 또는 전시장의 용도에 제공하는 부분의 면적의 합은 1,000m² 를 초과할 수 없다.

(8) 주유원간이대기실 기준
① 불연재료로 할 것
② 바퀴가 부착되지 아니한 고정식일 것
③ 차량의 출입 및 주유작업에 장애를 주지 아니하는 위치에 설치할 것
④ 바닥면적이 2.5m² 이하일 것

---

16 위험물안전관리법령상 다음탱크의 정의를 쓰시오.
① 지중탱크   ② 해상탱크
③ 특정옥외탱크저장소   ④ 준특정옥외탱크저장소

해답 ✓답 ① **지중탱크**
저부가 지반면 아래에 있고 상부가 지반면 이상에 있으며 탱크내 위험물의 최고액면이 지반면 아래에 있는 원통세로형식의 위험물탱크
② **해상탱크**
해상의 동일장소에 정치되어 육상에 설치된 설비와 배관 등에 의하여 접속된

위험물탱크
③ **특정옥외탱크저장소**
옥외탱크저장소 중 저장 또는 취급하는 액체위험물의 최대수량이 **100만리터** 이상인 것
④ **준특정옥외탱크저장소**
옥외탱크저장소 중 저장 또는 취급하는 액체위험물의 최대수량이 **50만리터 이상 100만리터** 미만인 것

17 다음 제2류 위험물에 관한 표를 완성하시오.

명 칭	지정수량	위험등급
(①), (②), 황	(⑦)kg	(⑨)
(③), (④), (⑤)	500kg	(⑩)
(⑥)	(⑧)kg	Ⅲ

해답 ✔**답** ① 황화인 ② 적린 ③ 철분 ④ 금속분 ⑤ 마그네슘
⑥ 인화성고체 ⑦ 100 ⑧ 1000 ⑨ Ⅱ ⑩ Ⅲ

상세해설 **제2류 위험물의 지정수량**

성 질	품 명			지정수량	위험등급
가연성 고체	1. 황화인	2. 적린	3. 황	100kg	Ⅱ
	4. 철분	5. 금속분	6. 마그네슘	500kg	Ⅲ
	7. 인화성고체			1000kg	

18 다음 보기의 화학식을 보고 액체의 비중이 물보다 큰 것을 모두 골라 물질의 명칭으로 답하시오.

[보기] CS_2 HCOOH CH_3COOH C_6H_5Br MEK $C_6H_5CH_3$

해답 ✔**답** 이황화탄소, 의산, 초산, 브로모벤젠

상세해설

구분	CS_2	HCOOH	CH_3COOH	C_6H_5Br	MEK	$C_6H_5CH_3$
물질명	이황화탄소	의산 (포름산, 개미산)	초산, 아세트산	브로모벤젠	메틸에틸케톤	톨루엔
액체비중	1.26	1.22	1.05	1.49	0.81	0.87
증기비중	2.67	1.6	2.06	5.41	2.5	3.1
유별	특수인화물	제2석유류	제2석유류	제2석유류	제1석유류	제1석유류
수용성여부	비수용성	수용성	수용성	비수용성	비수용성	비수용성

19. 암반탱크저장소의 설치기준 3가지와 암반탱크에 적합한 수리조건을 2가지만 쓰시오.

답 암반탱크저장소의 설치기준
① 암반탱크는 암반투수계수가 1초당 10만분의 1m 이하인 천연암반 내에 설치할 것
② 암반탱크는 저장할 위험물의 증기압을 억제할 수 있는 지하수면하에 설치할 것
③ 암반탱크의 내벽은 암반균열에 의한 낙반을 방지할 수 있도록 볼트·콘크리크 등으로 보강할 것

암반탱크에 적합한 수리조건
① 암반탱크내로 유입되는 지하수의 양은 암반내의 지하수 충전량보다 적을 것
② 암반탱크의 상부로 물을 주입하여 수압을 유지할 필요가 있는 경우에는 수벽공을 설치할 것
③ 암반탱크에 가해지는 지하수압은 저장소의 최대운영압보다 항상 크게 유지할 것

위험물기능장 제67회 실기시험

2020년도 기능장 제67회 실기시험 (2020년 06월 14일 시행)				수험번호	성 명
자격종목	시험시간	문제수	형별		
위험물기능장	2시간	19	A		

01 할로젠화합물소화약제 중 할론 1301소화약제에 대한 다음 각 물음에 답하시오. (단, 각 원소의 원자량은 F : 19, Cl : 35.5, Br : 79.9, I : 127이다.)
① 할론 1301에서 각 숫자가 의미하는 원소를 쓰시오.
② 증기비중을 구하시오.

해답 ✔답 ①

숫자	1	3	0	1
원소	C	F	Cl	Br

② M(분자량) $= 12 + 19 \times 3 + 79.9 = 148.9$

증기비중 $= \dfrac{148.9}{29} = 5.13$ ∴ 5.13

상세해설 할로젠화합물 소화약제 명명법 : 할론 ⓐ ⓑ ⓒ ⓓ
ⓐ : C 원자수 ⓑ : F 원자수 ⓒ : Cl 원자수 ⓓ : Br 원자수

할로젠화합물 소화약제

구분 \ 종류	할론 2402	할론 1211	할론 1301	할론 1011
분자식	$C_2F_4Br_2$	CF_2ClBr	CF_3Br	CH_2ClBr

증기비중 $= \dfrac{M(\text{분자량})}{29(\text{공기평균분자량})}$

02 제1류 위험물인 과산화칼륨에 대한 다음 각 물음에 답하시오.
① 물과의 반응식을 쓰시오.
② 아세트산(초산)과의 반응식을 쓰시오.
③ 염산과의 반응식을 쓰시오.

해답 ✔답 ① 물과의 반응식 : $2K_2O_2 + 2H_2O \rightarrow 4KOH + O_2$
② 아세트산과의 반응식 : $K_2O_2 + 2CH_3COOH \rightarrow 2CH_3COOK + H_2O_2$
③ 염산과의 반응식 : $K_2O_2 + 2HCl \rightarrow 2KCl + H_2O_2$

상세해설 과산화칼륨(K_2O_2) : 제1류 위험물 중 무기과산화물

화학식	분자량	비중	분해온도
K_2O_2	110	2.9	490℃

① 무색 또는 오렌지색 분말상태
② 상온에서 **물과 격렬히 반응**하여 산소(O_2)를 방출하고 폭발하기도 한다.

$$2K_2O_2 + 2H_2O \rightarrow 4KOH + O_2\uparrow$$

③ 공기 중 이산화탄소(CO_2)와 반응하여 산소(O_2)를 방출한다.

$$2K_2O_2 + 2CO_2 \rightarrow 2K_2CO_3 + O_2\uparrow$$

④ 산과 반응하여 과산화수소(H_2O_2)를 생성시킨다.

$$K_2O_2 + 2CH_3COOH \rightarrow 2CH_3COOK + H_2O_2\uparrow$$

⑤ 열분해시 산소(O_2)를 방출한다.

$$2K_2O_2 \rightarrow 2K_2O + O_2\uparrow$$

⑥ 주수소화는 금물이고 마른모래(건조사)등으로 소화한다.

---

03 위험물 탱크시험자가 갖추어야 할 필수장비 3가지와 그 외 필요한 경우에 두는 장비 2가지를 쓰시오.

해답 ✔답 ① 필수장비 : 자기탐상시험기, 초음파두께측정기, 영상초음파시험기
② 필요한 경우에 두는 장비 : 진공누설시험기, 기밀시험장치, 수직·수평도 측정기

상세해설 탱크시험자의 기술능력·시설 및 장비(제14조제1항 관련)
(1) 기술능력
   ① 필수인력
      ㉠ 위험물기능장·위험물산업기사 또는 위험물기능사 중 1명 이상
      ㉡ 비파괴검사기술사 1명 이상 또는 초음파비파괴검사·자기비파괴검사 및 침투비파괴검사별로 기사 또는 산업기사 각 1명 이상
   ② 필요한 경우에 두는 인력
      ㉠ 충·수압시험, 진공시험, 기밀시험 또는 내압시험의 경우 : 누설비파괴검사 기사, 산업기사 또는 기능사
      ㉡ 수직·수평도시험의 경우 : 측량 및 지형공간정보 기술사, 기사, 산업기사 또는 측량기능사
      ㉢ 방사선투과시험의 경우 : 방사선비파괴검사 기사 또는 산업기사
      ㉣ 필수 인력의 보조 : 방사선비파괴검사·초음파비파괴검사·자기비파괴검사 또는 침투비파괴검사 기능사
(2) 시설 : 전용사무실

(3) 장비
  ① 필수장비 : 자기탐상시험기, 초음파두께측정기 및 다음 ㉠ 또는 ㉡ 중 어느 하나
    ㉠ 영상초음파시험기
    ㉡ 방사선투과시험기 및 초음파시험기
  ② 필요한 경우에 두는 장비
    ㉠ 충·수압시험, 진공시험, 기밀시험 또는 내압시험의 경우
      • 진공능력 53kPa 이상의 진공누설시험기
      • 기밀시험장치(안전장치가 부착된 것으로서 가압능력 200kPa 이상, 감압의 경우에는 감압능력 10kPa 이상·감도 10Pa 이하의 것으로서 각각의 압력변화를 스스로 기록할 수 있는 것)
    ㉡ 수직·수평도 시험의 경우 : 수직·수평도 측정기
※ 비고 : 둘 이상의 기능을 함께 가지고 있는 장비를 갖춘 경우에는 각각의 장비를 갖춘 것으로 본다.

04 지정수량 50kg, 분자량 78, 비중 2.8, 물과 접촉시 산소를 발생하는 물질명과 이 물질이 아세트산과 반응 시 화학반응식을 쓰시오.

해답

✔**답** ① 물질명 : 과산화나트륨
② 아세트산과 반응식 : $Na_2O_2 + 2CH_3COOH \rightarrow 2CH_3COONa + H_2O_2$

상세해설

과산화나트륨(Na_2O_2) : 제1류 위험물 중 무기과산화물(금수성)

화학식	분자량	비중	융점	분해온도
Na_2O_2	78	2.8	460℃	460℃

① 상온에서 물과 격렬히 반응하여 산소(O_2)를 방출하고 폭발하기도 한다.

$$2Na_2O_2 + 2H_2O \rightarrow 4NaOH + O_2\uparrow$$
(과산화나트륨)   (물)   (수산화나트륨) (산소)

② 공기 중 이산화탄소(CO_2)와 반응하여 산소(O_2)를 방출한다.

$$2Na_2O_2 + 2CO_2 \rightarrow 2Na_2CO_3 + O_2\uparrow$$

③ 산과 반응하여 과산화수소(H_2O_2)를 생성시킨다.

$$Na_2O_2 + 2CH_3COOH \rightarrow 2CH_3COONa + H_2O_2\uparrow$$

④ 열분해 시 산소(O_2)를 방출한다.

$$2Na_2O_2 \rightarrow 2Na_2O + O_2\uparrow$$

⑤ 주수소화는 금물이고 마른모래(건조사)등으로 소화한다.

05
메탄 75%, 프로판 25%로 구성된 혼합가스의 위험도를 구하시오. (단, 메탄의 연소범위는 5~15%, 프로판의 연소범위는 2.1~9.5%이다.)

해답 ✓계산과정

① 혼합가스의 연소한계

연소 하한계 $\dfrac{100}{L} = \dfrac{75}{5} + \dfrac{25}{2.1}$ L(연소 하한계)$= 3.72\%$

연소 상한계 $\dfrac{100}{U} = \dfrac{75}{15} + \dfrac{25}{9.5}$ U(연소 상한계)$= 13.1\%$

② 혼합가스의 위험도

$$H = \dfrac{U-L}{L} = \dfrac{13.1-3.72}{3.72} = 2.52$$

✓답 2.52

상세해설 혼합가스의 폭발한계★★

$$\dfrac{V_m}{L_m} = \dfrac{V_1}{L_1} + \dfrac{V_2}{L_2} + \dfrac{V_3}{L_3} + \cdots\cdots + \dfrac{V_n}{L_n}$$

여기서, V_m : 혼합가스의 부피농도(%)
L_m : 혼합가스의 폭발 하한값 또는 폭발 상한값
L : 단일가스의 폭발 하한값 또는 폭발 상한값
V : 단일가스의 부피농도(%)

06
지정수량의 50배인 칼륨과 지정수량의 50배인 인화성고체가 저장된 옥내저장소에 대하여 다음 각 물음에 답하시오. (단, 내화구조의 격벽으로 완전히 구획된 실에 각각 저장하는 창고이다.)

(1) 저장창고 바닥의 최대면적(m^2)은?
(2) 벽·기둥 및 바닥이 내화구조로 된 건축물인 경우 공지의 너비(m)는?
(3) 저장창고의 출입구에는 (①)을 설치하되, 연소의 우려가 있는 외벽에 있는 출입구에는 수시로 열 수 있는 (②)을 설치하여야 한다. ( )안에 알맞은 답을 쓰시오.

해답 ✓답 (1) 1,500m^2 (칼륨을 저장하는 실의 면적은 500m^2를 초과할 수 없다)
(2) 5m 이상
(3) ① 60분+방화문·60분방화문 또는 30분방화문
② 자동폐쇄식의 60분+방화문 또는 60분방화문

상세해설

(1) 옥내저장소의 저장창고 바닥면적 설치기준 ★★

구분	위험물의 종류	바닥면적
가	• 제1류 위험물 중 아염소산염류, 염소산염류, 과염소산염류, 무기과산화물, 그 밖에 지정수량 50kg인 위험물 • 제3류 위험물 중 칼륨, 나트륨, 알킬알루미늄, 알킬리튬, 그 밖에 지정수량이 10kg인 위험물 및 황린 • 제4류 위험물 중 특수인화물, 제1석유류 및 알코올류 • 제5류 위험물 중 지정수량이 10kg인 위험물 • 제6류 위험물	1000m² 이하
나	• 가 외의 위험물을 저장하는 창고	2000m² 이하
다	• 가와 나의 위험물을 내화구조의 격벽으로 완전히 구획된 실에 각각 저장하는 창고 (가의 위험물을 저장하는 실의 면적은 500m²를 초과할 수 없다)	1500m² 이하

(2) 옥내저장소의 보유공지

저장 또는 취급하는 위험물의 최대수량	공지의 너비	
	벽·기둥 및 바닥이 내화구조로 된 건축물	그 밖의 건축물
지정수량의 5배 이하		0.5m 이상
지정수량의 5배 초과 10배 이하	1m 이상	1.5m 이상
지정수량의 10배 초과 20배 이하	2m 이상	3m 이상
지정수량의 20배 초과 50배 이하	3m 이상	5m 이상
지정수량의 50배 초과 200배 이하	**5m 이상**	10m 이상
지정수량의 200배 초과	10m 이상	15m 이상

(3) 저장창고의 출입구에는 **60분+방화문·60분방화문 또는 30분방화문**을 설치하되, 연소의 우려가 있는 외벽에 있는 출입구에는 수시로 열 수 있는 **자동폐쇄식의 60분+방화문 또는 60분방화문**을 설치하여야 한다.

---

07 1기압 35℃에서 체적이 1,000m³인 방호공간에 이산화탄소약제를 방사하여 방호구역내 산소농도를 15vol%로 하려면 소요되는 이산화탄소의 양은 몇 kg인지 계산하시오. (단, 방호공간의 산소농도는 21vol%이고, 압력과 온도는 일정하다고 간주한다)

해답 ✓ 계산과정

① 방출가스량 계산

$$G_V = \frac{21-15}{15} \times 1,000 = 400 \mathrm{m}^3$$

② 방출가스량을 무게로 환산

$$PV = \frac{W}{M}RT \qquad W = \frac{PVM}{RT}$$

$$W = \frac{PVM}{RT} = \frac{1 \times 400 \times 44}{0.082 \times (273+35)} = 696.86 \text{kg}$$

✔답 696.86kg

상세해설

이산화탄소의 농도

$$CO_2(\%) = \frac{21 - O_2(\%)}{21} \times 100$$

$$CO_2(\%) = \frac{G_V}{V + G_V} \times 100$$

방출가스량 산출공식

$$G_V = \frac{21 - O_2(\%)}{O_2(\%)} \times V$$

여기서, G_V : 방출가스량(m^3), V : 방호구역체적(m^3)

이상기체상태방정식

$$PV = \frac{W}{M} RT = nRT$$

여기서, P : 압력(atm), V : 부피(m^3), W : 무게(kg), M : 분자량, n : mol수 $= \frac{W}{M}$
R : 기체상수(0.082atm·m^3/kmol·K), T : 절대온도(273+t℃)K

---

08 제1종 분말인 중탄산나트륨의 270℃에서 열분해 반응식을 쓰고, 중탄산나트륨 8.4g이 열분해하여 발생하는 이산화탄소의 부피는 표준상태에서 몇 L인가? (단, Na의 원자량은 23이다)

해답 ① 열분해 반응식
✔답 $2NaHCO_3 \rightarrow Na_2CO_3 + CO_2 + H_2O$

② 이산화탄소의 부피
✔계산과정
$NaHCO_3$의 분자량 = 23+1+12+16×3 = 84
$2NaHCO_3 \rightarrow Na_2CO_3 + CO_2 + H_2O$
2×84g ─────────→ 22.4L
8.4g ─────────→ X

$$X = \frac{8.4 \times 22.4}{2 \times 84} = 1.12 \text{L}$$

✔답 1.12L

상세해설

분말약제의 종류

종 별	약제명	화학식	착색	열분해 반응식	적응화재
제1종	탄산수소나트륨 중탄산나트륨 중조	$NaHCO_3$	백색	270℃ $2NaHCO_3 \rightarrow Na_2CO_3 + CO_2 + H_2O$ 850℃ $2NaHCO_3 \rightarrow Na_2O + 2CO_2 + H_2O$	B, C급
제2종	탄산수소칼륨 중탄산칼륨	$KHCO_3$	담회색	190℃ $2KHCO_3 \rightarrow K_2CO_3 + CO_2 + H_2O$ 590℃ $2KHCO_3 \rightarrow K_2O + 2CO_2 + H_2O$	B, C급
제3종	제1인산암모늄	$NH_4H_2PO_4$	담홍색	$NH_4H_2PO_4 \rightarrow HPO_3 + NH_3 + H_2O$	A, B, C급
제4종	중탄산칼륨+요소	$KHCO_3 + (NH_2)_2CO$	회(백)색	$2KHCO_3 + (NH_2)_2CO \rightarrow K_2CO_3 + 2NH_3 + 2CO_2$	B, C급

09 위험물 저장탱크에 설치하는 포소화설비의 고정포방출구(Ⅰ형, Ⅱ형, Ⅲ형, Ⅳ형, 특형)이다. ( ) 안에 알맞은 답을 쓰시오.

① ( ) : 고정지붕구조(CRT)의 탱크에 저부포주입법을 이용하는 것으로 송포관으로부터 포를 방출하는 포방출구

② ( ) : 고정지붕구조의 탱크에 저부포주입법을 이용하는 것으로 평상시에는 탱크의 액면하의 저부에 격납통에 수납되어 있는 특수호스 등이 송포관의 말단에 접속되어 있다가 포를 보내어 끝부분의 액면까지 도달한 후 포를 방출하는 포방출구

③ ( ) : 부상지붕구조(FRT, Floating Roof Tank)의 탱크에 상부포주입법을 이용하는 것으로 부상지붕의 부상 부분상에 높이 0.9m 이상의 금속제의 칸막이를 탱크 옆판의 내측으로부터 1.2m 이상 이격하여 설치하고, 탱크옆판과 칸막이에 의하여 형성된 환상부분에 포를 주입하는 것이 가능한 구조의 반사판을 갖는 포방출구

④ ( ) : 고정지붕구조(CRT) 또는 부상덮개부착 고정지붕구조의 탱크에 상부포주입법을 이용하는 것으로 방출된 포가 탱크옆판의 내면을 따라 흘러내려가면서 액면 아래로 몰입되거나 액면을 뒤섞이지 않고 액면상을 덮을 수 있는 반사판 및 탱크 내의 위험물을 증기가 외부로 역류되는 것을 저지할 수 있는 구조·기구를 갖는 포방출구

⑤ ( ) : 고정지붕구조(CRT, Cone Roof Tank)의 탱크에 상부포주입법을 이용하는 것으로 방출된 포가 액면 아래로 몰입되거나 액면을 뒤섞지 않고 액면상을 덮을 수 있는 통계단 또는 미끄럼판 등의 설비 및 탱크 내의 위험물 증기가 외부로 역류되는 것을 저지할 수 있는 구조·기구를 갖는 포방출구

해답 ✓답 ① Ⅲ형 ② Ⅳ형 ③ 특형 ④ Ⅱ형 ⑤ Ⅰ형

상세해설

고정포방출구의 특징

형별	Ⅰ형	Ⅱ형	Ⅲ형	Ⅳ형	특형
적용탱크	CRT	CRT	CRT	CRT	FRT
포주입방법	상부포주입법	상부포주입법	저부포주입법	저부포주입법	상부포주입법
설비특징	통계단, 미끄럼판	반사판	송포관	격납통, 특수호스	칸막이, 환상부분, 반사판

(주) CRT(Cone Roof Tank : 고정지붕구조탱크)
FRT(Floating Roof Tank : 부상지붕구조탱크)

10

인화점이 -17.8℃, 분자량 27인 독성이 강한 제4류 위험물에 대하여 다음 각 물음에 답하시오.

① 물질명 ② 구조식 ③ 위험등급

해답 ✓답 ① 물질명 : 사이안화수소 ② 구조식 : $H-C\equiv N$ ③ 위험등급 : Ⅱ등급

상세해설

사이안화수소(HCN) [hydrogen cyanide] 제4류-제1석유류-수용성

화학식	분자량	비중	비점	인화점	착화점	연소범위
HCN	27	0.69	26℃	-17℃	540℃	6~41%

① 무색의 휘발성 액체이다.
② 약한 산성인 수용액을 사이안화수소산 또는 청산이라고 한다.
③ 연소 시 질소와 이산화탄소를 생성한다.

$$4HCN + 5O_2 \rightarrow 2H_2O + 2N_2 + 4CO_2$$

④ 메탄과 암모니아를 백금 촉매하에서 산소를 혼합시켜 제조한다.

$$2CH_4 + 2NH_3 + 3O_2 \rightarrow 2HCN + 6H_2O$$

⑤ 물·에탄올·에터 등과 임의의 비율로 섞인다.
⑥ 맹독성가스로 공기 중의 허용농도를 10ppm으로 규제

11

탄화리튬과 물과의 반응시 생성되는 가연성 기체의 완전연소 반응식을 쓰시오.

해답 ✓답 $2C_2H_2 + 5O_2 \rightarrow 4CO_2 + 2H_2O$

상세해설

탄화리튬(Li_2C_2)-제3류-금속의 탄화물

화학식	분자량	비중	밀도	융점(녹는점)
Li_2C_2	37.9	1.65	$1.3g/cm^3$	550℃

① 백색 결정상태
② 수소 가스 중에서 적열하면 일부 탄소를 유리한다.
③ 물에 의해서 분해되어 **아세틸렌**을 생성한다.

$$Li_2C_2 + 2H_2O \rightarrow 2LiOH + C_2H_2$$

④ 강한 환원제로, 차가울 때 플루오린, 염소와 반응하고, 적열시 산소와 반응한다.

12 벤젠에 수은(Hg)을 촉매로 하여 질산을 반응시켜 제조하는 물질로 DDNP (diazodinitro Phenol)의 원료로 사용되는 위험물에 대한 다음 각 물음에 답하시오.
(1) 구조식을 그리시오.
(2) 품명과 지정수량을 쓰시오.

해답 ✔답 (1) 구조식 :

$$\underset{NO_2}{\underset{|}{\overset{OH}{\underset{|}{C_6H_2}}}}(NO_2)_2$$

(O₂N, NO₂, NO₂가 붙은 페놀 구조)

(2) 품명 : 나이트로화합물, 지정수량 : 10kg

상세해설 피크르산[$C_6H_2OH(NO_2)_3$](TNP : Tri Nitro Phenol) : 제5류 위험물 중 나이트로화합물

화학식	분자량	비중	비점	융점	인화점	착화점
$C_6H_2OH(NO_2)_3$	229	1.8	255℃	122℃	150℃	300℃

① 페놀에 황산을 작용시켜 다시 **진한 질산**으로 나이트로화하여 만든 노란색 결정
② 휘황색의 침상결정이며 냉수에는 약간 녹고 더운물, **알코올, 벤젠** 등에 잘 녹는다.
③ 쓴맛과 독성이 있으며 비중이 약 1.8이며 물보다 무겁다.
④ **트라이나이트로페놀**(Tri Nitro phenol)의 약자로 TNP라고도 한다.
⑤ 단독으로 타격, 마찰에 비교적 둔감하다.
⑥ 화약, 불꽃놀이에 이용된다.

피크르산(트라이나이트로페놀)의 구조식

(OH, O₂N, NO₂, NO₂가 붙은 벤젠 구조)

피크르산의 열분해 반응식

$$2C_6H_2OH(NO_2)_3 \rightarrow 2C + 3N_2\uparrow + 3H_2\uparrow + 4CO_2\uparrow + 6CO\uparrow$$

(발생물질 암기법 : 일(일산화탄소), 수(수소), 질(질소), 탄(탄소), 이(이산화탄소))**[일수놀이질탄]**

13 KS규격품인 스테인레스강판으로 이동저장탱크의 방호틀과 방파판을 설치하고자 한다. 이때 사용재질의 인장강도가 130N/mm²이라면 방호틀과 방파판의 두께는 몇 mm 이상으로 하여야 하는가?

해답 ✔ 계산과정

① 방호틀
$$t = \sqrt{\frac{270}{\sigma}} \times 2.3 = \sqrt{\frac{270}{130}} \times 2.3 = 3.31\,\text{mm}$$
소수점 2자리 이하는 올림으로 3.4mm

② 방파판
$$t = \sqrt{\frac{270}{\sigma}} \times 1.6 = \sqrt{\frac{270}{130}} \times 1.6 = 2.31\,\text{mm}$$
소수점 2자리 이하는 올림으로 2.4mm

✔ 답 방호틀 : 3.4mm 이상   방파판 : 2.4mm 이상

상세해설 위험물안전관리에 관한 세부기준 제107조(이동저장탱크의 재료 등)
① 이동저장탱크의 탱크·칸막이·맨홀 및 주입관의 뚜껑
KS규격품인 스테인레스강판, 알루미늄함금판, 고장력강판으로서 두께가 다음 식에 의하여 산출된 수치(소수점 2자리 이하는 올림) 이상으로 하고 판두께의 최소치는 2.8mm 이상일 것. 다만, 최대용량이 20kL을 초과하는 탱크를 알루미늄합금판으로 제작하는 경우에는 다음 식에 의하여 구한 수치에 1.1을 곱한 수치로 한다.

$$t = \sqrt[3]{\frac{400 \times 21}{\sigma \times A}} \times 3.2$$

여기서, t : 사용재질의 두께(mm), σ : 사용재질의 인장강도(N/mm²)
A : 사용재질의 신축율(%)

② 이동저장탱크의 방파판
KS규격품인 스테인레스강판, 알루미늄함금판, 고장력강판으로서 두께가 다음 식에 의하여 산출된 수치(소수점 2자리 이하는 올림) 이상으로 한다.

$$t = \sqrt{\frac{270}{\sigma}} \times 1.6$$

여기서, t : 사용재질의 두께(mm), σ : 사용재질의 인장강도(N/mm²)

③ 이동저장탱크의 방호틀
KS규격품인 스테인레스강판, 알루미늄함금판, 고장력강판으로서 두께가 다음 식에 의하여 산출된 수치(소수점 2자리 이하는 올림) 이상으로 한다.

$$t = \sqrt{\frac{270}{\sigma}} \times 2.3$$

여기서, t : 사용재질의 두께(mm), σ : 사용재질의 인장강도(N/mm²)

14 다음은 소화설비의 능력단위 중 기타 소화설비의 능력단위에 관한 표이다. ( )안에 알맞은 답을 쓰시오.

소화설비	용량	능력단위
• 소화전용(專用)물통	(①)L	0.3
• 수조(소화전용물통 3개 포함)	80L	(②)
• 수조(소화전용물통 (③)개 포함)	190L	2.5
• 마른 모래(삽 1개 포함)	(④)L	0.5
• 팽창질석 또는 팽창진주암(삽 1개 포함)	160L	(⑤)

해답 ✓답 ① 8   ② 1.5   ③ 6   ④ 50   ⑤ 1.0

15 아래 내용은 제4류 위험물로서 지정수량 50L, 살충제로 사용되며 증기비중이 2.6인 어떤 물질에 대한 옥외저장탱크의 외부구조 및 설비의 기준이다. 다음 각 물음에 답하시오.

> 옥외저장탱크는 벽 및 바닥의 두께가 (①)m 이상이고 누수가 되지 아니하는 (②)의 수조에 넣어 보관하여야 한다. 이 경우 보유공지·통기관 및 (③)는 생략할 수 있다.

(1) 위의 ( )안에 알맞은 답을 쓰시오.
(2) 위의 옥외저장탱크에 저장하는 위험물의 완전연소 반응식을 쓰시오.

해답 ✓답 (1) ① 0.2   ② 철근콘크리트   ③ 자동계량장치
(2) $CS_2 + 3O_2 \rightarrow CO_2 + 2SO_2$

상세해설

옥외저장탱크의 외부구조 및 설비
① 제3류 위험물 중 금수성물질(고체에 한한다)의 옥외저장탱크에는 방수성의 불연재료로 만든 피복설비를 설치하여야 한다.
② 이황화탄소의 옥외저장탱크는 벽 및 바닥의 두께가 0.2m 이상이고 누수가 되지 아니하는 철근콘크리트의 수조에 넣어 보관하여야 한다. 이 경우 보유공지·통기관 및 자동계량장치는 생략할 수 있다.

이황화탄소(CS_2)-제4류-특수인화물

화학식	분자량	비중	비점	인화점	착화점	연소범위
CS_2	76.1	1.26	46℃	-30℃	100℃	1~50%

① 무색투명한 액체이다.
② 물에는 녹지 않고 알코올, 에터, 벤젠 등 유기용제에 녹는다.

③ 햇빛에 방치하면 황색을 띤다.
④ 연소 시 아황산가스(SO_2) 및 CO_2를 생성한다.

$$CS_2 + 3O_2 \rightarrow CO_2 + 2SO_2$$

⑤ 물과 반응하여 황화수소와 이산화탄소를 발생한다.

$$\underset{(이황화탄소)}{CS_2} + \underset{(물)}{2H_2O} \rightarrow \underset{(황화수소)}{2H_2S} + \underset{(이산화탄소)}{CO_2}$$

⑥ 저장 시 저장탱크를 물속에 넣어 저장한다.
⑦ 4류 위험물중 착화온도(100℃)가 가장 낮다.
⑧ 화재 시 다량의 포를 방사하여 질식 및 냉각 소화한다.

16 주유취급소에는 담 또는 벽을 설치하여야 하는데 일부분에 방화상 유효한 구조의 유리를 부착할 수 있다. 유리를 부착하는 방법에 대한 다음 각 물음에 답하시오.
① 유리를 부착할 수 있는 부분   ② 하나의 유리판의 가로길이
③ 유리를 부착하는 범위

해답 ✔답 ① 지반면으로부터 70cm를 초과하는 부분
② 2m 이내
③ 전체의 담 또는 벽의 길이의 $\dfrac{2}{10}$를 초과하지 아니할 것

상세해설
주유취급소의 담 또는 벽
1. 주유취급소의 주위에는 자동차 등이 출입하는 쪽외의 부분에 **높이 2m 이상의 내화구조 또는 불연재료의 담 또는 벽을 설치**하되, 주유취급소의 인근에 연소의 우려가 있는 건축물이 있는 경우에는 소방청장이 정하여 고시하는 바에 따라 방화상 유효한 높이로 하여야 한다.
2. 다음 각 목의 기준에 모두 적합한 경우에는 **담 또는 벽의 일부분에 방화상 유효한 구조의 유리를 부착할 수 있다.**
   (1) 유리를 부착하는 위치는 주입구, 고정주유설비 및 고정급유설비로부터 **4m 이상 이격될 것**
   (2) **유리를 부착하는 방법**은 다음의 기준에 모두 적합할 것
      ① 주유취급소 내의 지반면으로부터 **70cm를 초과하는 부분**에 한하여 유리를 부착할 것
      ② 하나의 유리판의 가로의 길이는 **2m 이내일 것**
      ③ 유리판의 테두리를 금속제의 구조물에 견고하게 고정하고 해당 구조물을 담 또는 벽에 견고하게 부착할 것
      ④ 유리의 구조는 접합유리(두 장의 유리를 두께 0.76mm 이상의 폴리비닐부티랄

필름으로 접합한 구조를 말한다)로 하되,「유리구획 부분의 내화시험방법(KS F 2845)」에 따라 시험하여 **비차열 30분 이상**의 방화성능이 인정될 것
(3) 유리를 부착하는 범위는 전체의 담 또는 벽의 길이의 **10분의 2를 초과하지 아니할 것**

17 다음 각 물음에 답하시오.

(1) 제조소등을 구매한 자가 지위승계를 신고하고자 할 때 제출하여야 할 서류를 3가지만 쓰시오.
(2) 제조소등의 위치·구조 또는 설비의 변경 없이 당해 제조소등에서 저장하거나 취급하는 위험물의 품명·수량 또는 지정수량의 배수를 변경하고자 하는 자는 변경하고자 하는 날의 몇 일 전까지 시·도지사에게 신고하여야 하는가?
(3) B씨는 2019년 2월 1일 A씨로부터 위험물 취급소를 인수한 후 수익성이 없는 것으로 보여 2019년 2월 20일 용도폐지 후 2019년 3월 14일 용도폐지 신청을 하였다.
 ① 위반자는? ② 위반내용은? ③ 과태료는?
(4) 제조소등의 화재예방과 화재 등 재해발생시의 비상조치를 위하여 정하는 규정과 제출시기를 쓰시오.
(5) 안전관리자가 퇴직 한 때에 다시 안전관리자를 선임하는 경우 선임의무자, 선임기한, 선임신고기한을 쓰시오.
(6) 다음 위험물 취급 자격자의 자격사항에 대하여 빈칸을 채우시오.

위험물취급자격자의 구분	취급할 수 있는 위험물
• 위험물기능장, 위험물산업기사, 위험물기능사의 자격을 취득한 사람	(①)
• 안전관리자교육이수자	(②)
• 소방공무원 경력자	(③)

해답 ✔답 (1) ① 신고서
② 제조소등의 완공검사합격확인증
③ 지위승계를 증명하는 서류
(2) 1일 전
(3) ① B씨
② 용도를 폐지한 날부터 14일 이내 신고 위반
③ 250만원 과태료

(4) 예방규정, 제조소등의 사용을 시작하기 전
(5) 선임의무자 : 관계인
   선임기한 : 퇴직한 날부터 30일 이내
   선임신고기한 : 선임한 날부터 14일 이내
(6) ① 모든 위험물   ② 제4류 위험물   ③ 제4류 위험물

상세해설

(1) 위험물관리법 시행규칙 제22조(지위승계의 신고)
제조소등의 설치자의 지위승계를 신고하고자 하는 자는 신고서(전자문서로 된 신고서를 포함)에 제조소등의 완공검사합격확인증과 지위승계를 증명하는 서류(전자문서를 포함)를 첨부하여 시·도지사 또는 소방서장에게 제출하여야 한다.

(2) 위험물관리법 제6조(위험물시설의 설치 및 변경 등)
제조소등의 위치·구조 또는 설비의 변경 없이 당해 제조소등에서 저장하거나 취급하는 위험물의 품명·수량 또는 지정수량의 배수를 변경하고자 하는 자는 **변경하고자 하는 날의 1일 전까지** 행정안전부령이 정하는 바에 따라 **시·도지사에게 신고**하여야 한다.

(3) 위험물관리법 제11조(제조소등의 폐지)
- 제조소등의 **관계인(소유자·점유자 또는 관리자)** 은 당해 제조소등의 용도를 폐지(장래에 대하여 위험물시설로서의 기능을 완전히 상실시키는 것)한 때에는 행정안전부령이 정하는 바에 따라 제조소등의 용도를 폐지한 날부터 **14일 이내**에 시·도지사에게 신고하여야 한다.
- 위험물관리법 시행령 [별표 9] 과태료의 부과 기준
  ① 신고기한의 다음 날을 기산일로 30일 이내 신고 : 250만원
  ② 신고기한의 다음 날을 기산일로 31일 이후 신고 : 350만원
  ③ 허위로 신고한 경우 : 500만원
  ④ 신고를 하지 않은 경우 : 500만원

(4) 위험물관리법 제17조(예방규정)
대통령령이 정하는 제조소등의 관계인은 당해 제조소등의 화재예방과 화재 등 재해발생시의 비상조치를 위하여 행정안전부령이 정하는 바에 따라 **예방규정**을 정하여 당해 **제조소등의 사용을 시작하기 전**에 시·도지사에게 **제출**하여야 한다. 예방규정을 변경한 때에도 또한 같다.

(5) 위험물관리법 제15조(위험물안전관리자)
① 제조소등의 **관계인**은 위험물의 안전관리에 관한 직무를 수행하게 하기 위하여 제조소등마다 대통령령이 정하는 위험물의 취급에 관한 자격이 있는 자를 **위험물안전관리자**로 선임하여야 한다.
② 안전관리자를 선임한 제조소등의 관계인은 그 안전관리자를 해임하거나 안전관리자가 퇴직한 때에는 **해임하거나 퇴직한 날부터 30일 이내**에 다시 안전관리자를 선임하여야 한다.
③ 제조소등의 관계인은 안전관리자를 선임한 경우에는 **선임한 날부터 14일 이내**에 행정안전부령으로 정하는 바에 따라 **소방본부장 또는 소방서장에게 신고**하여야 한다.

18. 탄화칼슘 10kg이 물과 반응할 때 생성되는 아세틸렌의 부피(m³)는 70kPa, 30℃에서 얼마가 되겠는가? (단, 1기압은 101.3kPa 이다.)

해답

✓ 계산과정

① 물과의 반응식(반응물질 1몰 기준)
  $CaC_2 + 2H_2O \rightarrow Ca(OH)_2 + C_2H_2$(아세틸렌)

② CaC_2의 분자량 = 40+12×2 = 64

③ 압력단위환산(kPa → atm)
  $70kPa \times \dfrac{1atm}{101.3kPa} = 0.6910 atm$

④ 이상기체상태방정식을 적용하면
  $V = \dfrac{WRT}{PM} \times 생성기체 mol수 = \dfrac{10 \times 0.082 \times (273+30)}{0.6910 \times 64} \times 1 = 5.62 m^3$

✓ 답 $5.62 m^3$

19. 다음 각 물음에 답하시오.

(1) 수납하는 위험물에 따른 주위사항 중 화기·충격주의, 물기엄금 및 가연물 접촉주의를 표시하여야하는 위험물을 피복으로 덮을 때 쓰는 피복의 성질을 모두 쓰시오.

(2) 제2류 위험물 중 방수성이 있는 피복으로 덮어야하는 위험물의 주의사항을 쓰시오.

(3) 차광성이나 방수성 피복으로 덮지 않아도 되는 위험물로 주의사항이 화기주의라고 표시되어 있는 경우 이에 해당하는 위험물의 품명을 모두 적으시오.

해답

✓ 답 (1) 차광성, 방수성
      (2) 화기주의 및 물기엄금
      (3) 황화인, 적린, 황

상세해설

1. 적재하는 위험물의 성질에 따른 조치(중요기준)
   (1) 차광성이 있는 피복으로 가려야하는 것
      ① 제1류 위험물
      ② 제3류 위험물 중 자연발화성물질
      ③ 제4류 위험물 중 특수인화물
      ④ 제5류 위험물
      ⑤ 제6류 위험물
   (2) 방수성이 있는 피복으로 덮어야하는 위험물

① 제1류 위험물 중 **알칼리금속의 과산화물** 또는 이를 함유한 것
② 제2류 위험물 중 **철분·금속분·마그네슘** 또는 이들 중 어느 하나 이상을 함유한 것
③ 제3류 위험물 중 **금수성물질**

(3) 제5류 위험물 중 55℃ 이하의 온도에서 분해될 우려가 있는 것은 **보냉 컨테이너에 수납**하는 등 적정한 온도관리를 할 것

2. 위험물 운반용기의 외부 표시 사항
① 위험물의 품명, 위험등급, 화학명 및 수용성(제4류 위험물의 수용성인 것에 한함)
② 위험물의 수량
③ 수납하는 위험물에 따른 주의사항

유별	성질에 따른 구분	표시사항
제1류 위험물	알칼리금속의 과산화물	화기·충격주의, 물기엄금 및 가연물접촉주의
	그 밖의 것	화기·충격주의 및 가연물접촉주의
제2류 위험물	철분·금속분·마그네슘	화기주의 및 물기엄금
	인화성고체	화기엄금
	그 밖의 것	화기주의
제3류 위험물	자연발화성물질	화기엄금 및 공기접촉엄금
	금수성물질	물기엄금
제4류 위험물	인화성 액체	화기엄금
제5류 위험물	자기반응성 물질	화기엄금 및 충격주의
제6류 위험물	산화성 액체	가연물접촉주의

위험물기능장 제68회 실기시험

2020년도 기능장 제68회 실기시험 **(2020년 08월 29일 시행)**

자격종목	시험시간	문제수	형별	수험번호	성 명
위험물기능장	2시간	19	A		

01 다음은 제조소등에 대한 행정처분 기준이다. 빈칸에 알맞은 답을 쓰시오.

위반사항	행정처분기준		
	1차	2차	3차
(1) 변경허가를 받지 아니하고 제조소등의 위치·구조 또는 설비를 변경한 때	경고 또는 사용정지 15일	①	허가취소
(2) 완공검사를 받지 아니하고 제조소등을 사용한 때	②	③	허가취소
(3) 정기점검을 하지 아니한 때	사용정지 10일	④	⑤

해답 ✔**답** ① 사용정지 60일 ② 사용정지 15일
③ 사용정지 60일 ④ 사용정지 30일
⑤ 허가취소

상세해설 제조소등에 대한 행정처분기준

위반사항	행정처분기준		
	1차	2차	3차
(1) **변경허가**를 받지 아니하고, 제조소등의 위치·구조 또는 설비를 변경한 때	경고 또는 사용정지 15일	사용정지 60일	허가취소
(2) **완공검사**를 받지 아니하고 제조소등을 사용한 때	사용정지 15일	사용정지 60일	허가취소
(3) 수리·개조 또는 이전의 명령에 위반한 때	사용정지 30일	사용정지 90일	허가취소
(4) 위험물안전관리자를 선임하지 아니한 때	사용정지 15일	사용정지 60일	허가취소
(5) 대리자를 지정하지 아니한 때	사용정지 10일	사용정지 30일	허가취소
(6) **정기점검**을 하지 아니한 때	**사용정지 10일**	**사용정지 30일**	**허가취소**
(7) 정기검사를 받지 아니한 때	사용정지 10일	사용정지 30일	허가취소
(8) 저장·취급기준 준수명령을 위반한 때	사용정지 30일	사용정지 60일	허가취소

02 전역방출방식의 불활성가스소화설비의 분사헤드에 대한 다음 각 물음에 답하시오.

(1) 이산화탄소를 방사하는 분사헤드 중 고압식의 것에 있어서는 분사헤드의 방사압력(MPa)은 얼마 이상인가?
(2) 이산화탄소를 방사하는 분사헤드 중 저압식의 것에 있어서는 분사헤드의 방사압력(MPa)은 얼마 이상인가?
(3) IG-100을 방사하는 분사헤드의 방사압력(MPa)은 얼마 이상인가?
(4) IG-541을 방사하는 분사헤드의 방사압력(MPa)은 얼마 이상인가?
(5) 이산화탄소를 방사하는 것은 소화약제의 양을 몇 초 이내에 방사하여야 하는가?

해답 ✔답 (1) 2.1 MPa 이상
(2) 1.05 MPa 이상
(3) 1.9 MPa 이상
(4) 1.9 MPa 이상
(5) 60초 이내

상세해설 **전역방출방식의 불활성가스소화설비의 분사헤드**
(1) 방사된 소화약제가 방호구역의 전역에 균일하고 신속하게 방사할 수 있도록 설치할 것
(2) 분사헤드의 방사압력은 다음에 정한 기준에 의할 것
　① **이산화탄소**를 방사하는 분사헤드 중 **고압식**의 것(소화약제가 상온으로 용기에 저장되어 있는 것)에 있어서는 **2.1MPa 이상**, **저압식**의 것(소화약제가 영하 18℃ 이하의 온도로 용기에 저장되어 있는 것)에 있어서는 **1.05MPa 이상**일 것
　② 질소("IG-100"), 질소와 아르곤의 용량비가 50대50인 혼합물("IG-55") 또는 질소와 아르곤과 이산화탄소의 용량비가 52대40대8인 혼합물("IG-541")을 방사하는 분사헤드는 **1.9MPa 이상**일 것
(3) **이산화탄소**를 방사하는 것은 소화약제의 양을 **60초 이내**에 균일하게 방사하고, IG-100, IG-55 또는 IG-541을 방사하는 것은 소화약제의 양의 **95% 이상**을 **60초 이내**에 방사할 것

03 다음 보기에 설명하고 있는 위험물에 대한 각 물음에 답하시오.

[보기]
- 제4류 위험물로서 무색 액체이고 증기비중이 3.88이다.
- 벤젠을 염화철 촉매하에서 염소와 반응시켜 제조한다.
- 트라이클로로에탄올을 황산 촉매하에 반응시켜 DDT(살충제)를 제조하는데 사용된다.

(1) 구조식은?
(2) 지정수량은?
(3) 위험등급은?
(4) 해당 위험물을 운송하는 이동저장탱크에 접지도선을 설치하여야 하는지 여부를 쓰시오.

해답 ✔답 (1)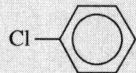

(2) 1,000L
(3) 위험등급 Ⅲ
(4) 설치하여야 한다.

상세해설 클로로벤젠(C_6H_5Cl) - 제4류 - 제2석유류

화학식	분자량	비중	인화점	착화점	연소범위
C_6H_5Cl	112.6	1.11	32℃	638℃	1.3~7.1%

① 무색의 액체로 물보다 무겁고 물에는 녹지 않고 유기용제에 녹는다.
② 철의 존재하에 벤젠을 염소화시켜 제조한다.
③ 벤젠치환체로 클로로벤졸이라고도 한다.
④ 살충제, DDT의 원료, 용제로 사용된다.

04 위험물제조소 내의 위험물을 취급하는 배관의 재질에서 강관 그 밖에 이와 유사한 금속성으로 하여야 한다. 강관을 제외하고 사용할 수 있는 배관의 재질을 3가지만 쓰시오.

해답 ✔답 ① 유리섬유강화플라스틱
② 고밀도폴리에틸렌
③ 폴리우레탄

상세해설

위험물제조소내의 위험물을 취급하는 배관
배관의 재질은 **강관** 그 밖에 이와 유사한 금속성으로 하여야 한다. 다만, 다음 각 목의 기준에 적합한 경우에는 그러하지 아니하다.
① 배관의 재질은 한국산업규격의 **유리섬유강화플라스틱·고밀도폴리에틸렌 또는 폴리우레탄**으로 할 것
② 배관의 구조는 내관 및 외관의 이중으로 하고, 내관과 외관의 사이에는 틈새공간을 두어 누설여부를 외부에서 쉽게 확인할 수 있도록 할 것
③ 배관은 지하에 매설할 것

---

05 제4류 위험물로서 특수인화물에 속하며 저장시 옥외저장탱크는 철근콘크리트의 수조에 넣어 보관한다. 이 물질에 대한 다음 각 물음에 답하시오.

(1) 연소반응식을 쓰시오.
(2) 증기비중을 구하시오.
(3) 수조의 벽의 두께는 몇 m 이상인지 쓰시오.
(4) 수조의 바닥의 두께는 몇 m 이상인지 쓰시오.

해답 ✔답 (1) $CS_2 + 3O_2 \rightarrow CO_2 + 2SO_2$

(2) $S = \dfrac{76.1}{29} = 2.62$

(3) 0.2m 이상
(4) 0.2m 이상

상세해설

이황화탄소(CS_2)–제4류–특수인화물

화학식	분자량	비중	비점	인화점	착화점	연소범위
CS_2	76.1	1.26	46℃	-30℃	100℃	1~50%

① 무색투명한 액체이다.
② 물에는 녹지 않고 알코올, 에터, 벤젠 등 유기용제에 녹는다.
③ 햇빛에 방치하면 황색을 띤다.
④ 연소 시 아황산가스(SO_2) 및 CO_2를 생성한다.

$$CS_2 + 3O_2 \rightarrow CO_2 + 2SO_2$$

⑤ 물과 반응하여 황화수소와 이산화탄소를 발생한다.

$$CS_2 + 2H_2O \rightarrow 2H_2S + CO_2$$
(이황화탄소) (물) (황화수소) (이산화탄소)

⑥ 저장 시 저장탱크를 물속에 넣어 저장한다.
⑦ 4류 위험물중 착화온도(100℃)가 가장 낮다.
⑧ 화재 시 다량의 포를 방사하여 질식 및 냉각 소화한다.

06

다음 위험물을 취급하는 제조소에 설치하는 게시판의 주의사항을 쓰시오. (단, 해당이 없으면 "해당 없음"이라고 쓸 것)

(1) 인화성고체 (2) 적린
(3) 질산 (4) 질산암모늄
(5) 과산화나트륨

해답 ✔답 (1) 화기엄금 (2) 화기주의
  (3) 해당 없음 (4) 해당 없음
  (5) 물기엄금

상세해설
제조소의 위치, 구조 및 설비의 기준
(1) 위험물제조소의 표지 및 게시판
  ① 표지는 한 변의 길이가 0.3m 이상, 다른 한 변의 길이가 0.6m 이상인 직사각형으로 할 것
  ② 바탕은 백색, 문자는 흑색
(2) 게시판의 설치기준
  ① 한 변의 길이가 0.3m 이상, 다른 한 변의 길이가 0.6m 이상인 직사각형으로 할 것
  ② 위험물의 유별·품명 및 저장최대수량 또는 취급최대수량, 지정수량의 배수 및 안전 관리자의 성명 또는 직명을 기재할 것
  ③ 게시판의 바탕은 백색으로, 문자는 흑색으로 할 것
  ④ 저장 또는 취급하는 위험물에 따라 주의사항 게시판을 설치할 것

위험물의 종류	주의사항 표시	게시판의 색
제1류(알칼리금속 과산화물) 제3류(금수성 물품)	물기 엄금	청색바탕에 백색문자
제2류(인화성 고체 제외)	화기 주의	
제2류(인화성 고체) 제3류(자연발화성 물품) 제4류 제5류	화기 엄금	적색바탕에 백색문자

07

위험물안전관리에 관한 세부기준에 따르면 배관 등의 용접부에는 방사선투과시험을 실시한다. 다만, 방사선투과시험을 실시하기 곤란한 경우 괄호에 알맞은 비파괴시험을 쓰시오.

① 두께 6mm 이상의 배관에 있어서 (①) 및 (②)을 실시할 것. 다만, 강자성체 외의 재료로 된 배관에 있어서는 (③)을 (④)으로 대체할 수 있다.
② 두께 6mm 미만인 배관과 초음파탐상시험을 실시하기 곤란한 배관에 있어서는 (⑤)을 실시 할 것

해답 ✔답 ① 초음파탐상시험 ② 자기탐상시험 ③ 자기탐상시험
              ④ 침투탐상시험   ⑤ 자기탐상시험

상세해설

위험물안전관리에 관한 세부기준 제122조(비파괴시험방법)
배관 등의 용접부에는 방사선투과시험 또는 영상초음파탐상시험을 실시한다.
다만, 방사선투과시험 또는 영상초음파탐상시험을 실시하기 곤란한 경우에는 다음 각 호의 기준에 따른다.
① 두께가 6mm 이상인 배관에 있어서는 **초음파탐상시험 및 자기탐상시험**을 실시할 것. 다만, 강자성체 외의 재료로 된 배관에 있어서는 **자기탐상시험을 침투탐상시험으로 대체**할 수 있다.
② 두께가 6mm 미만인 배관과 초음파탐상시험을 실시하기 곤란한 배관에 있어서는 **자기탐상시험**을 실시할 것

---

08 다음은 옥외저장소의 기준과 덩어리 상태의 황만을 지반면에 설치한 경계표시의 안쪽에서 저장 또는 취급하는 것에 대한 기술기준이다. ( )안에 알맞은 답을 쓰시오.

(1) (①) 또는 (②)을 저장하는 옥외저장소에는 불연성 또는 난연성의 천막 등을 설치하여 햇빛을 가릴 것
(2) 경계표시에는 황이 넘치거나 비산하는 것을 방지하기 위한 천막 등을 고정하는 장치를 설치하되, 천막 등을 고정하는 장치는 경계표시의 길이 (③)m마다 한 개 이상 설치할 것
(3) 황을 저장 또는 취급하는 장소의 주위에는 (④)와 (⑤)를 설치할 것

해답 ✔답 ① 과산화수소 ② 과염소산 ③ 2 ④ 배수구 ⑤ 분리장치

상세해설

옥외저장소의 위치·구조 및 설비의 기준
(1) **과산화수소 또는 과염소산**을 저장하는 옥외저장소에는 불연성 또는 난연성의 천막 등을 설치하여 햇빛을 가릴 것
(2) 옥외저장소 중 **덩어리 상태의 황**만을 지반면에 설치한 경계표시의 안쪽에서 저장 또는 취급하는 것의 위치·구조 및 설비의 기술기준은 다음 각목과 같다.
  ① 하나의 경계표시의 내부의 면적은 $100m^2$ **이하일 것**
  ② 2 이상의 경계표시를 설치하는 경우에 있어서는 각각의 경계표시 내부의 면적을 합산한 면적은 $1,000m^2$ **이하**로 하고, 인접하는 경계표시와 경계표시와의 간격을 규정에 의한 공지의 너비의 **2분의 1 이상**으로 할 것. 다만, 저장 또는 취급하는 위험물의 최대수량이 지정수량의 200배 이상인 경우에는 10m 이상으로 하여야 한다.
  ③ 경계표시는 불연재료로 만드는 동시에 황이 새지 아니하는 구조로 할 것

④ 경계표시의 높이는 **1.5m 이하**로 할 것
⑤ 경계표시에는 황이 넘치거나 비산하는 것을 방지하기 위한 천막 등을 고정하는 장치를 설치하되, 천막 등을 고정하는 장치는 경계표시의 길이 **2m마다 한 개 이상** 설치할 것
⑥ 황을 저장 또는 취급하는 장소의 주위에는 **배수구와 분리장치**를 설치할 것

09 드라이아이스 100g을 압력이 100kPa, 온도가 30℃인 곳에서 기체화 시키는 경우 부피는 몇 리터인지 계산하시오.

해답 ✔ 계산과정

① 압력단위 환산

$$P = 100\text{kPa} \times \frac{1\text{atm}}{101.325\text{kPa}} = 0.9869\text{atm}$$

② $V = \dfrac{WRT}{PM} = \dfrac{100\text{g} \times 0.082 \times (273+30)\text{K}}{0.9869\text{atm} \times 44} = 57.22\text{L}$

✔ 답 57.22l

상세해설 이상기체상태방정식

$$PV = \frac{W}{M}RT = nRT$$

여기서, P : 압력(atm), V : 부피(L), W : 무게(g), M : 분자량, n : mol수
R : 기체상수(0.082atm · L/mol · K), T : 절대온도(273+t℃)K

10 다음 조건을 보고 위험물제조소의 방화상 유효한 담의 높이를 구하시오.

[조건] ① 제조소의 외벽의 높이 2m
② 제조소와 인근 건축물과의 거리 5m
③ 제조소 등과 방화상 유효한 담과의 거리 2.5m
④ 인근 건축물의 높이 6m
⑤ 상수 0.15

해답 ✔ 계산과정

$H > pD^2 + a$인 경우, $6 > 0.15 \times 5^2 + 2$, $6 > 5.75$
$h = H - p(D^2 - d^2) = 6\text{m} - 0.15 \times (5^2 - 2.5^2) = 3.19\text{m}$

※ 산출된 수치가 2 미만일 때에는 담의 높이를 2m로, 4 이상일 때에는 담의 높

이를 4m로 하여야 한다.

✔답 3.19m

상세해설

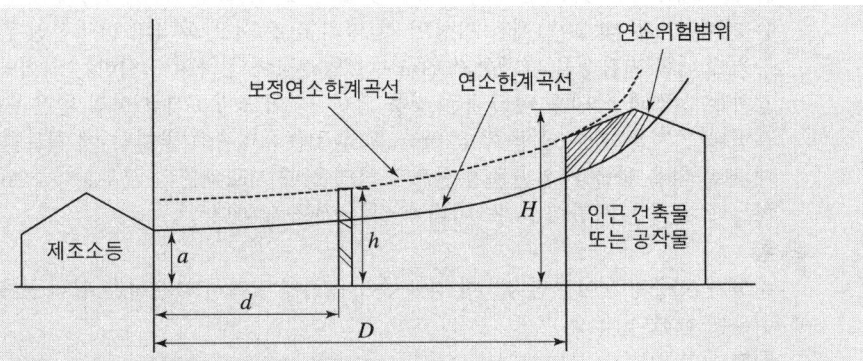

① $H \leq pD^2+a$ 인 경우 $h=2$
② $H > pD^2+a$ 인 경우 $h=H-p(D^2-d^2)$

여기서, D : 제조소등과 인근 건축물 또는 공작물과의 거리(m)
　　　H : **인근 건축물 또는 공작물의 높이(m)**
　　　a : 제조소등의 외벽의 높이(m)
　　　d : 제조소등과 방화상 유효한 담과의 거리(m)
　　　h : 방화상 유효한 담의 높이(m)
　　　p : 상수

※ 산출된 수치가 2 미만일 때에는 담의 높이를 2m로, 4 이상일 때에는 담의 높이를 4m로 하여야 한다.

인근 건축물 또는 공작물의 구분	p의 값
• 학교·주택·국가유산 등의 건축물 또는 공작물이 **목조인 경우** • 학교·주택·국가유산 등의 건축물 또는 공작물이 방화구조 또는 내화구조이고, 제조소 등에 면한 부분의 개구부에 60분+방화문·60분방화문 또는 30분방화문이 설치되지 아니한 경우	0.04
• 학교·주택·국가유산 등의 건축물 또는 공작물이 **방화구조인 경우** • 학교·주택·국가유산 등의 건축물 또는 공작물이 방화구조 또는 내화구조이고, 제조소 등에 면한 부분의 개구부에 30분방화문이 설치된 경우	0.15
• 학교·주택·국가유산 등의 건축물 또는 공작물이 내화구조이고, 제조소 등에 면한 개구부에 60분+방화문 또는 60분방화문이 설치된 경우	∞

11 위험물안전관리법령에서 정한 다음 용어의 정의를 쓰시오.
　　(1) 액체　　　(2) 기체　　　(3) 인화성고체

해답 ✔답 (1) 1기압 및 20℃에서 액상인 것 또는 20℃ 초과 40℃ 이하에서 액상인 것
　　　　(2) 1기압 및 20℃에서 기상인 것
　　　　(3) 고형알코올 그 밖에 1기압에서 인화점이 40℃ 미만인 고체

상세해설

① **산화성고체**
고체[액체(1기압 및 20℃에서 액상인 것 또는 20℃ 초과 40℃ 이하에서 액상인 것)또는 기체(1기압 및 20℃에서 기상인 것)외의 것]로서 산화력의 잠재적인 위험성 또는 충격에 대한 민감성을 판단하기 위하여 소방청장이 정하여 고시하는 시험에서 고시로 정하는 성질과 상태를 나타내는 것을 말한다. 이 경우 "액상"이라 함은 수직으로 된 시험관(안지름 30mm, 높이 120mm의 원통형유리관을 말한다)에 시료를 55mm까지 채운 다음 당해 시험관을 수평으로 하였을 때 시료액면의 끝부분이 30mm를 이동하는데 걸리는 시간이 90초 이내에 있는 것을 말한다.

② **황**
순도가 60중량% 이상인 것. 이 경우 순도측정에 있어서 불순물은 활석 등 불연성물질과 수분에 한한다.

③ **철분**
철의 분말로서 53μm의 표준체를 통과하는 것이 50중량% 미만인 것은 **제외**

④ **금속분**
알칼리금속·알칼리토금속·철 및 마그네슘외의 금속의 분말을 말하고, 구리분·니켈분 및 150μm의 체를 통과하는 것이 50중량% 미만인 것은 **제외**

⑤ **인화성고체**
고형알코올 그 밖에 1기압에서 인화점이 40℃ 미만인 고체

⑥ **특수인화물**
이황화탄소, 다이에틸에터 그 밖에 1기압에서 **발화점이 100℃ 이하**인 것 또는 **인화점이 영하 20℃ 이하**이고 **비점이 40℃ 이하**인 것

⑦ **제1석유류**
아세톤, 휘발유 그 밖에 1기압에서 인화점이 21℃ **미만**인 것

⑧ **알코올류**
1분자를 구성하는 탄소원자의 수가 **1개부터 3개까지**인 포화1가 알코올(변성알코올을 포함)

⑨ **제2석유류**
등유, 경유 그 밖에 1기압에서 인화점이 21℃ **이상** 70℃ **미만**인 것

⑩ **제3석유류**
중유, 크레오소트유 그 밖에 1기압에서 인화점이 70℃ **이상** 200℃ **미만**인 것.

⑪ **제4석유류**
기어유, 실린더유 그 밖에 1기압에서 인화점이 200℃ **이상** 250℃ **미만**의 것

⑫ **동식물유류**
동물의 지육 등 또는 식물의 종자나 과육으로부터 추출한 것으로서 1기압에서 **인화점이 250℃ 미만**인 것

⑬ **과산화수소**
농도가 36중량% 이상인 것

⑭ **질산**
비중이 1.49 이상인 것

12 제1류 위험물인 과산화칼륨과 다음 물질과의 반응식을 쓰시오.
  (1) 물 (2) 이산화탄소 (3) 아세트산(초산)

해답 ✔**답** (1) $2K_2O_2 + 2H_2O \rightarrow 4KOH + O_2$
  (2) $2K_2O_2 + 2CO_2 \rightarrow 2K_2CO_3 + O_2$
  (3) $K_2O_2 + 2CH_3COOH \rightarrow 2CH_3COOK + H_2O_2$

상세해설

과산화칼륨(K_2O_2) : 제1류 위험물 중 무기과산화물

화학식	분자량	비중	분해온도
K_2O_2	110	2.9	490℃

① 무색 또는 오렌지색 분말상태
② 상온에서 **물과 격렬히 반응하여 산소(O_2)를 방출**하고 폭발하기도 한다.
$$2K_2O_2 + 2H_2O \rightarrow 4KOH + O_2\uparrow$$
③ 공기 중 이산화탄소(CO_2)와 반응하여 산소(O_2)를 방출한다.
$$2K_2O_2 + 2CO_2 \rightarrow 2K_2CO_3 + O_2\uparrow$$
④ 산과 반응하여 과산화수소(H_2O_2)를 생성시킨다.
$$K_2O_2 + 2CH_3COOH \rightarrow 2CH_3COOK + H_2O_2\uparrow$$
⑤ 열분해시 산소(O_2)를 방출한다.
$$2K_2O_2 \rightarrow 2K_2O + O_2\uparrow$$
⑥ 주수소화는 금물이고 마른모래(건조사)등으로 소화한다.

13 제3류 위험물을 옥내저장소 저장창고의 바닥면적이 2,000m²에 저장할 수 있는 품명 5가지를 쓰시오.

해답 ✔**답** ① 알칼리금속(칼륨 및 나트륨은 제외) 및 알칼리토금속
  ② 유기금속화합물(알킬알루미늄 및 알킬리튬은 제외)
  ③ 금속의 수소화물
  ④ 금속의 인화물
  ⑤ 칼슘 또는 알루미늄의 탄화물

상세해설

옥내저장소의 위치·구조 및 설비의 기준
하나의 저장창고의 바닥면적(2 이상의 구획된 실이 있는 경우에는 각 실의 바닥면적의 합계)은 다음 각목의 구분에 의한 면적 이하로 하여야 한다.
(1) 다음의 위험물을 저장하는 창고 : **1,000m² 이하**
  ① 제1류 위험물 중 아염소산염류, 염소산염류, 과염소산염류, 무기과산화물 그 밖에 지정수량이 50kg인 위험물

② 제3류 위험물 중 칼륨, 나트륨, 알킬알루미늄, 알킬리튬 그 밖에 지정수량이 10kg인 위험물 및 황린
③ 제4류 위험물 중 특수인화물, 제1석유류 및 알코올류
④ 제5류 위험물 중 지정수량이 10kg인 위험물
⑤ 제6류 위험물
(2) (1)의 위험물 외의 위험물을 저장하는 창고 : 2,000m² 이하
(3) (1)의 위험물과 (2)의 위험물을 내화구조의 격벽으로 완전히 구획된 실에 각각 저장하는 창고 : 1,500m²((1)의 위험물을 저장하는 실의 면적은 500m²를 초과할 수 없다)

14 위험물의 성질란에 규정된 성상을 2가지 이상 포함하는 물품을 복수성상물품이라 한다. 이 물품이 속하는 품명의 판단기준을 (   )안에 알맞는 유별을 쓰시오.

① 복수성상물품이 산화성 고체의 성상 및 가연성 고체의 성상을 가지는 경우 : (   ) 위험물
② 복수성상물품이 산화성 고체의 성상 및 자기반응성 물질의 성상을 가지는 경우 : (   ) 위험물
③ 복수성상물품이 가연성 고체의 성상 및 자연발화성 물질의 성상 및 금수성 물질의 성상을 가지는 경우 : (   ) 위험물
④ 복수성상물품이 자연발화성 물질의 성상, 금수성 물질의 성상 및 인화성 액체의 성상을 가지는 경우 : (   ) 위험물
⑤ 복수성상물품이 인화성 액체의 성상 및 자기반응성 물질의 성상을 가지는 경우 : (   ) 위험물

답 ① 제2류 ② 제5류 ③ 제3류 ④ 제3류 ⑤ 제5류

성질란에 규정된 성상을 2가지 이상 포함하는 물품(복수성상물품)이 속하는 품명
① 산화성 고체의 성상 및 가연성 고체의 성상을 가지는 경우 : 제2류
② 산화성 고체의 성상 및 자기반응성 물질의 성상을 가지는 경우 : 제5류
③ 가연성 고체의 성상과 자연발화성 물질의 성상 및 금수성 물질의 성상을 가지는 경우 : 제3류
④ 자연발화성 물질의 성상, 금수성 물질의 성상 및 인화성액체의 성상을 가지는 경우 : 제3류
⑤ 인화성 액체의 성상 및 자기반응성 물질의 성상을 가지는 경우 : 제5류

15
다음 물질이 물과 반응하는 경우 생성된 기체의 연소반응식을 쓰시오.
(단, 해당 없으면 "해당 없음" 이라고 쓰시오.)
(1) 인화칼슘 (2) 과산화나트륨
(3) 트라이메틸알루미늄 (4) 탄화칼슘
(5) 아세트알데하이드

해답

✔답 (1) $2PH_3 + 4O_2 \rightarrow P_2O_5 + 3H_2O$
(2) 해당 없음
(3) $CH_4 + 2O_2 \rightarrow CO_2 + 2H_2O$
(4) $2C_2H_2 + 5O_2 \rightarrow 4CO_2 + 2H_2O$
(5) 해당 없음

상세해설

(1) 인화칼슘
$Ca_3P_2 + 6H_2O \rightarrow 3Ca(OH)_2 + 2PH_3$(인화수소)
(2) 과산화나트륨
$2Na_2O_2 + 2H_2O \rightarrow 4NaOH + O_2$(산소)
(3) 트라이메틸알루미늄
$(CH_3)_3Al + 3H_2O \rightarrow Al(OH)_3 + 3CH_4$(메탄)
(4) 탄화칼슘
$CaC_2 + 2H_2O \rightarrow Ca(OH)_2 + C_2H_2$(아세틸렌)
(5) 아세트알데하이드
$CH_3CHO + H_2O \rightarrow$ 생성기체 없음

16
규조토에 흡수시켜 다이너마이트를 제조할 때 사용하는 제5류 위험물에 대하여 다음 각 물음에 답하시오.
① 품명   ② 화학식   ③ 분해반응

해답

✔답 ① 품명 : 질산에스터류
② 화학식 : $C_3H_5(ONO_2)_3$
③ 분해반응식 : $4C_3H_5(ONO_2)_3 \rightarrow 12CO_2 + 10H_2O + 6N_2 + O_2$

상세해설

나이트로글리세린(Nitro Glycerine)[$C_3H_5(ONO_2)_3$]-제5류 위험물 중 질산에스터류

```
    H   H   H
    |   |   |
H — C — C — C — H
    |   |   |
    O   O   O
    |   |   |
   NO₂ NO₂ NO₂
```

화학식	분자량	비중	융점	비점	착화점
$C_3H_5(ONO_2)_3$	227	1.6	13℃	160℃	210℃

① 상온에서는 액체이지만 겨울철에는 동결한다.
② 글리세린에 진한 질산과 진한 황산을 가하면 나이트로화하여 나이트로글리세린으로 된다.

글리세린의 나이트로화반응

$$C_3H_5(OH)_3 + 3HONO_2 \xrightarrow{H_2SO_4} C_3H_5(ONO_2)_3 + 3H_2O$$
(글리세린)　　　(질산)　　　　　　(나이트로글리세린)　　　(물)

③ 비수용성이며 메탄올, 아세톤 등에 녹는다.
④ 가열, 마찰, 충격에 예민하여 대단히 위험하다.

나이트로글리세린의 열분해 반응식

$$4C_3H_5(ONO_2)_3 \rightarrow 12CO_2\uparrow + 6N_2\uparrow + O_2\uparrow + 10H_2O$$

⑤ 다이너마이트(규조토+나이트로글리세린), 무연화약 제조에 이용된다.

---

17 1기압, 25℃에서 에틸알코올 200g이 완전 연소하는 때 필요한 이론 공기량(L)을 계산하시오. (단, 공기 중 산소의 농도는 21%(v/v)이다.)

해답 ✔ 계산과정

① 에틸알코올(1몰 기준)의 완전연소 반응식
　$C_2H_5OH + 3O_2 \rightarrow 2CO_2 + 3H_2O$
② 에틸알코올(C_2H_5OH)분자량 = 12×2+1×6+16 = 46
③ 필요한 산소량
$$V = \frac{WRT}{PM} \times \text{mol}(O_2) = \frac{200 \times 0.082 \times (273+25)}{1 \times 46} \times 3 = 318.73\text{L}$$
④ 필요한 이론공기량　$V = \dfrac{318.73}{0.21} = 1517.76\text{L}$

✔ 답　1517.76l

상세해설　**이상기체상태방정식**

$$PV = \frac{W}{M}RT = nRT$$

여기서, P : 압력(atm), V : 부피(L), W : 무게(g), M : 분자량, n : mol수 = $\dfrac{W}{M}$
R : 기체상수(0.082atm·L/mol·K), T : 절대온도(273+t℃)K

18 다음 보기에서 설명하고 있는 위험물에 대한 각 물음에 답하시오.

[보기]
- 제4류 위험물로서 제1석유류에 해당한다.
- 분자량 60, 인화점 -19℃, 액체의 비중이 0.98이다.
- 달콤한 냄새가 나는 액체이다.
- 가수분해하면 알코올류와 제2석유류에 해당하는 물질이 생성된다.

(1) 이 물질의 가수분해반응식을 쓰시오.
(2) 생성물 중 알코올류에 속하는 물질의 연소반응식을 쓰시오.
(3) 생성물 중 제2석유류에 속하는 물질의 지정수량을 쓰시오.

해답

✔답 (1) $HCOOCH_3 + H_2O \rightarrow HCOOH + CH_3OH$
(2) $2CH_3OH + 3O_2 \rightarrow 2CO_2 + 4H_2O$
(3) 2,000L

상세해설

포름산메틸(의산메틸, 개미산메틸)-제4류-제1석유류-비수용성(200L)

화학식	비중	비점	인화점	착화점	연소범위
$HCOOCH_3$	0.98	32℃	-19℃	449℃	5~23%

① 럼주와 같은 향기를 가진 무색 투명한 액체이다.
② 에터, 벤젠, 에스터에 잘 녹으며 물에는 일부 녹는다.
③ 의산과 메틸알코올이 반응하여 만든다.
④ 의산(개미산)과 메틸알코올의 축합물로서 가수분해하면 의산과 메틸알코올이 된다.

$$HCOOCH_3 + H_2O \rightarrow HCOOH + CH_3OH$$

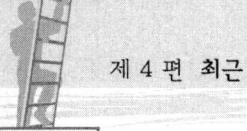

19 "A"는 생산공정에서 발생하는 부산물(비수용성, 인화점 210℃)을 석유제품(비수용성, 인화점 60℃)으로 정제 및 제조하기 위해 위험물시설을 설치하고자 한다. "A"는 제조된 위험물을 옥외저장탱크에 10만 리터를 저장하고 이동탱크저장소를 이용하여 판매하고 추가로 2만 리터를 더 저장하여 판매하기 위한 공간을 마련할 계획이다. 이 사업장의 시설은 다음과 같다. 다음 각 물음에 답하시오.

- 석유제품 생산을 위한 부산물을 수집하기 위한 **탱크로리 5천 리터 1대와 2만 리터 1대**
- 위험물에 속하는 부산물을 석유제품으로 정제 및 제조하기 위한 시설(**지정수량 10배**)
- 제조한 석유제품을 저장하기 위한 용량이 **10만 리터인 옥외탱크저장소 1개**
- 제조한 위험물을 출하하기 위해 탱크로리에 주입하는 **일반취급소**
- 제조한 위험물을 판매처에 운송하기 위한 용량 **5천 리터 탱크로리 1대**
- 제조소등은 동일구내에 위치한다고 가정한다.

(1) 위 사업장에서 허가를 받아야하는 제조소등의 종류를 모두 쓰시오.
  (예 : 옥외저장소 3개)
(2) 위 사업장에 선임해야하는 안전관리자에 대해 다음 물음에 답하시오.
  ① 위험물안전관리자 선임대상인 제조소등의 종류를 쓰시오.
  ② 선임 가능한 위험물취급자격자의 자격을 쓰시오.
  ③ 중복하여 선임 할 수 있는 안전관리자의 최소인원은 몇 명인지 쓰시오.
(3) 위 사업장에서 정기점검대상에 해당하는 제조소등을 모두 쓰시오.
(4) 위 사업장의 제조소에 관해 다음 물음에 답하시오.
  ① 위 제조소의 보유공지는 몇 m 이상인지 쓰시오.
  ② 제조소와 인근에 위치한 종합병원과의 안전거리는 몇 m 이상인가?
    (단, 제조소와 종합병원 사이에는 방화상 유효한 격벽이 설치되어 있지 않음)

해답 ✔**답** (1) 제조소 1개, 일반취급소 1개, 이동탱크저장소3개, 옥외탱크저장소 1개
  (2) ① 제조소, 일반취급소, 옥외탱크저장소
    ② 위험물기능장, 위험물산업기사, 위험물기능사, 안전관리자교육이수자, 소방공무원 경력자(소방공무원으로 근무한 경력이 3년 이상인 자)
    ③ 2명
  (3) 제조소, 이동탱크저장소
  (4) ① 3m 이상
    ② 30m 이상

상세해설

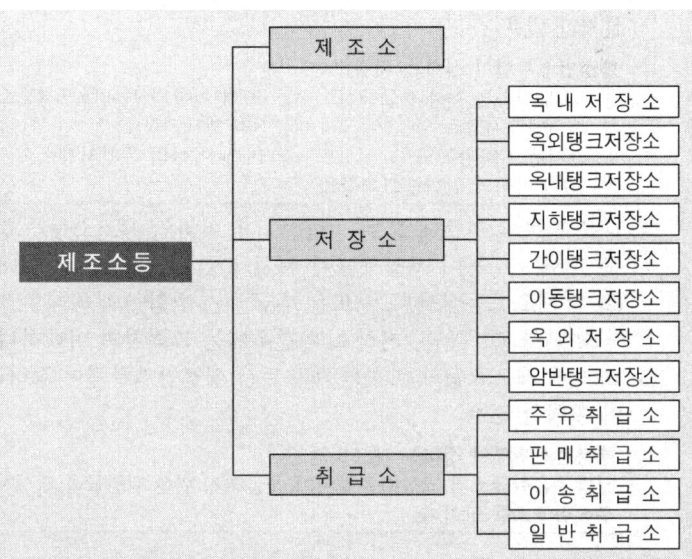

1. **허가를 받아야하는 제조소등의 구분**
   ① 제조소 또는 일반취급소 ② 옥내저장소 ③ 옥외탱크저장소
   ④ 옥내탱크저장소 ⑤ 지하탱크저장소 ⑥ 간이탱크저장소
   ⑦ 이동탱크저장소 ⑧ 옥외저장소 ⑨ 암반탱크저장소
   ⑩ 주유취급소 ⑪ 판매취급소 ⑫ 이송취급소

   > 위험물제조소 : 원료가 위험물 또는 비위험물을 사용하여 **생산한 제품이 위험물인 경우**
   > 위험물일반취급소 : 위험물을 원료로 사용하여 생산한 제품이 **비위험물인 경우**

2. **위험물법 제15조(위험물안전관리자)**
   제조소등[허가를 받지 아니하는 제조소등과 **이동탱크저장소를 제외**]의 관계인은 위험물의 안전관리에 관한 직무를 수행하게 하기 위하여 **제조소등마다** 대통령령이 정하는 위험물의 취급에 관한 자격이 있는 자(이하 "위험물취급자격자"라 한다)를 **위험물안전관리자**(이하 "안전관리자"라 한다)로 선임하여야 한다.

3. **위험물법 시행령 제12조(1인의 안전관리자를 중복하여 선임할 수 있는 경우 등)**
   1인의 안전관리자를 중복하여 선임할 수 있는 경우
   (1) 보일러·버너 또는 이와 비슷한 것으로서 위험물을 소비하는 장치로 이루어진 **7개 이하의 일반취급소**와 그 일반취급소에 공급하기 위한 위험물을 저장하는 **저장소**[일반취급소 및 저장소가 모두 동일구내(같은 건물 안 또는 같은 울 안을 말한다.)에 있는 경우에 한한다.]를 동일인이 설치한 경우
   (2) 위험물을 차량에 고정된 탱크 또는 운반용기에 옮겨 담기 위한 **5개 이하의 일반취급소**[일반취급소간의 거리(보행거리)가 300m 이내인 경우에 한한다]와 그 일반취급소에 공급하기 위한 위험물을 저장하는 **저장소**를 동일인이 설치한 경우
   (3) 동일구내에 있거나 상호 100m 이내의 거리에 있는 저장소로서 저장소의 규모, 저장하는 위험물의 종류 등을 고려하여 **행정안전부령이 정하는 저장소**를 동일인이

설치한 경우

> **행정안전부령이 정하는 저장소**
> ① 10개 이하의 옥내저장소   ② 30개 이하의 옥외탱크저장소
> ③ 옥내탱크저장소   ④ 지하탱크저장소
> ⑤ 간이탱크저장소   ⑥ 10개 이하의 옥외저장소
> ⑦ 10개 이하의 암반탱크저장소

(4) 다음 각목의 기준에 모두 적합한 5개 이하의 제조소등을 동일인이 설치한 경우
  ① 각 제조소등이 동일구내에 위치하거나 **상호 100m 이내의 거리**에 있을 것
  ② 각 제조소등에서 저장 또는 취급하는 위험물의 최대수량이 **지정수량의 3천배 미만일 것**. 다만, **저장소의 경우에는 그러하지 아니하다.**

(5) 그 밖에 제조소등과 비슷한 것으로서 행정안전부령이 정하는 제조소등을 동일인이 설치한 경우

> **행정안전부령이 정하는 제조소등**
> 선박주유취급소의 고정주유설비에 공급하기 위한 위험물을 저장하는 **저장소**와 당해 **선박주유취급소**를 말한다.

4. 위험물취급자격자의 자격

위험물취급자격자의 구분	취급할 수 있는 위험물
1. 위험물기능장, 위험물산업기사, 위험물기능사의 자격을 취득한 사람	모든 위험물
2. 안전관리자교육이수자	제4류 위험물
3. 소방공무원 경력자(소방공무원으로 근무한 경력이 3년 이상인 자)	제4류 위험물

5. 위험물법 시행령 제16조(정기점검의 대상인 제조소등)

(1) **지정수량의 10배 이상**의 위험물을 취급하는 **제조소**
(2) 지정수량의 100배 이상의 위험물을 저장하는 옥외저장소
(3) 지정수량의 150배 이상의 위험물을 저장하는 옥내저장소
(4) **지정수량의 200배 이상**의 위험물을 저장하는 **옥외탱크저장소**
(5) 암반탱크저장소
(6) 이송취급소
(7) **지정수량의 10배 이상**의 위험물을 취급하는 **일반취급소**. 다만, **제4류 위험물**(특수인화물을 제외)만을 **지정수량의 50배 이하**로 취급하는 **일반취급소**(제1석유류·알코올류의 취급량이 **지정수량의 10배 이하**인 경우에 한한다)로서 다음 각목의 어느 하나에 해당하는 것을 **제외한다**.
  가. 보일러·버너 또는 이와 비슷한 것으로서 위험물을 소비하는 장치로 이루어진 일반취급소
  나. **위험물을 용기에 옮겨 담거나 차량에 고정된 탱크에 주입하는 일반취급소**
(8) 지하탱크저장소
(9) **이동탱크저장소**
(10) 위험물을 취급하는 탱크로서 지하에 매설된 탱크가 있는 제조소·주유취급소 또는 일반취급소

6. 정기점검대상여부 판단

정기점검의 대상	사업장 시설	해당여부
지정수량의 10배 이상의 위험물을 취급하는 제조소	• 위험물에 속하는 부산물을 석유제품으로 정제 및 제조하기 위한 시설(**지정수량 10배**)	해당
지정수량의 200배 이상의 위험물을 저장하는 옥외탱크저장소	• 제조한 석유제품을 저장하기 위한 용량이 10만 리터(비수용성인화점 60℃ : 제2석유류-1000L)인 옥외탱크저장소 1개 ※ 지수량의 배수 $N = \dfrac{100,000}{1000} = 100$배	해당 없음
제4류 위험물(특수인화물 제외)만을 **지정수량의 50배** 이하(1석유류·알코올류는 지정수량의 10배 이하)로서 **차량에 고정된 탱크에 주입하는 일반취급소는 제외**	• 제조한 위험물을 출하하기 위해 탱크로리에 주입하는 일반취급소	해당 없음
이동탱크저장소	• 석유제품 생산을 위한 부산물을 수집하기 위한 탱크로리 5천 리터 1대와 2만 리터 1대 • 제조한 위험물을 판매처에 운송하기 위한 용량 5천 리터 탱크로리 1대	해당

7. 제조소의 보유공지 및 안전거리

① 제조소의 보유공지

취급하는 위험물의 최대수량	공지의 너비
지정수량의 10배 이하	3m 이상
지정수량의 10배 초과	5m 이상

② 제조소(제6류 위험물을 취급하는 제조소를 제외)의 안전거리

구 분	안전거리
(1) 사용전압이 7,000V 초과 35,000V 이하의 특고압가공전선	3m 이상
(2) 사용전압이 35,000V를 초과하는 특고압가공전선	5m 이상
(3) 건축물 그 밖의 공작물로서 주거용으로 사용되는 것	10m 이상
(4) 고압가스, 액화석유가스 또는 도시가스를 저장 또는 취급하는 시설	20m 이상
(5) 학교, **병원급 의료기관** (6) 공연장, 영화상영관(수용인원 3백명 이상) (7) 아동복지시설, 노인복지시설, 장애인복지시설, 한부모가족복지시설, 어린이집, 정신보건시설(수용인원 20명 이상)	30m 이상
(8) 지정문화유산 및 천연기념물 등	50m 이상

위험물기능장 제69회 실기시험

2021년도 기능장 제69회 실기시험 (2021년 04월 03일 시행)

자격종목	시험시간	문제수	형별	수험번호	성 명
위험물기능장	2시간	19	A		

51회 유사

01 아세트알데하이드가 은거울 반응을 한 후 생성되는 제4류 위험물에 대한 다음 각 물음에 답하시오.

(1) 시성식
(2) 지정수량
(3) 완전연소반응식

해답 ✔답 (1) 시성식 : CH_3COOH
　　　　 (2) 지정수량 : 2000L
　　　　 (3) 완전연소반응식 : $CH_3COOH + 2O_2 \rightarrow 2CO_2 + 2H_2O$

상세해설 은거울 반응
① 암모니아성 질산은 용액을 환원하여 은을 유리시키는 것

　　　$R-CHO + 2Ag(NH_3)_2OH \rightarrow RCOOH + 2Ag + 4NH_3 + H_2O$
　　　(알데하이드기)(암모니아성 질산은용액)　(카복실기)　(은)　(암모니아)　(물)

② 은거울반응을 하는 물질 : 알데하이드(aldehyde) R-CHO
　㉠ 포름알데하이드 : HCHO　　㉡ 아세트알데하이드 : CH_3CHO
③ 아세트알데하이드의 은거울반응
　$CH_3CHO + 2Ag(NH_3)_2OH \rightarrow CH_3COOH + 2Ag + 4NH_3 + H_2O$

49회 유사

02 다음 보기의 위험물이 물과 반응하는 경우 반응식과 공통적으로 생성되는 물질 명을 쓰시오.

　　[보기]　① 칼슘　② 수소화칼슘　③ 인화칼슘　④ 탄화칼슘

해답 ✔답 (1) 물과의 반응식
　　　　　① $Ca + 2H_2O \rightarrow Ca(OH)_2 + H_2$
　　　　　② $CaH_2 + 2H_2O \rightarrow Ca(OH)_2 + 2H_2$
　　　　　③ $Ca_3P_2 + 6H_2O \rightarrow 3Ca(OH)_2 + 2PH_3$
　　　　　④ $CaC_2 + 2H_2O \rightarrow Ca(OH)_2 + C_2H_2$
　　　 (2) 공통적으로 생성되는 물질명 : 수산화칼슘

03 제4류 위험물에 해당하는 휘발유에 대한 다음 각 물음에 답하시오.

(1) 휘발유의 체적팽창계수가 0.00135/℃이다. 20L의 휘발유가 0℃에서 25℃로 온도가 상승하는 경우에 체적(L)을 구하시오.

(2) 휘발유를 저장하던 이동저장탱크에 등유나 경유를 주입할 때 또는 등유나 경유를 저장하던 이동저장탱크에 휘발유를 주입할 때에는 다음의 기준에 따라 정전기 등에 의한 재해를 방지하기 위한 조치를 하여야 한다. 다음 (   )안에 알맞은 답을 쓰시오.

- 이동저장탱크의 상부로부터 위험물을 주입할 때에는 위험물의 액표면이 주입관의 끝부분을 넘는 높이가 될 때까지 그 주입관내의 유속을 초당 (①) 이하로 할 것
- 이동저장탱크의 밑 부분으로부터 위험물을 주입할 때에는 위험물의 액표면이 주입관의 정상부분을 넘는 높이가 될 때까지 그 주입배관내의 유속을 초당 (②) 이하로 할 것
- 그 밖의 방법에 의한 위험물의 주입은 이동저장탱크에 (③)가 잔류하지 아니하도록 조치하고 안전한 상태로 있음을 확인한 후에 할 것

해답

(1) ✔ 계산과정 $20L + 20L \times \dfrac{0.00135}{1℃} \times (25-0)℃ = 20.68L$

✔ 답 20.68L

(2) ✔ 답 ① 1m   ② 1m   ③ 가연성증기

---

04 프로판 50%, 부탄 15%, 에탄 4%, 나머지는 메탄으로 구성된 혼합기체가 있다. 다음 표를 보고 혼합기체의 폭발범위를 계산하시오.

물질	폭발하한(%)	폭발상한(%)
프로판	2.0	9.5
부탄	1.8	8.4
에탄	3.0	12.0
메탄	5.0	15.0

해답 ✔ 계산과정

① 메탄의 농도 = 100 − (50+15+4) = 31%

② 폭발 하한계 $L = \dfrac{100}{\dfrac{50}{2} + \dfrac{15}{1.8} + \dfrac{4}{3} + \dfrac{31}{5}} = 2.45\%$

③ 폭발 상한계 $L = \dfrac{100}{\dfrac{50}{9.5} + \dfrac{15}{8.4} + \dfrac{4}{12} + \dfrac{31}{15}} = 10.58\%$

✔답 2.45%~10.58%

상세해설

혼합가스의 폭발한계★★

$$\dfrac{V_m}{L_m} = \dfrac{V_1}{L_1} + \dfrac{V_2}{L_2} + \dfrac{V_3}{L_3} + \cdots\cdots + \dfrac{V_n}{L_n}$$

여기서, V_m : 혼합가스의 부피농도(%)
 L_m : 혼합가스의 폭발 하한값 또는 폭발 상한값
 L : 단일가스의 폭발 하한값 또는 폭발 상한값
 V : 단일가스의 부피농도(%)

05 성냥의 재료로 사용하기 위하여 저장해 놓은 순수한 염소산나트륨이 공기 중 수분을 흡수하여 농도가 90(wt%)로 변하였다. 이것을 사용하여 3(wt%)소독약으로 만들기 위하여 염소산나트륨 1kg에 첨가하여야 하는 물의 양(kg)을 구하시오.

해답 ✔계산과정

① 염소산나트륨($NaClO_3$)의 양 = 1kg × 0.9 = 0.9kg

② $3(\text{wt}\%) = \dfrac{0.9\text{kg}}{1\text{kg} + X} \times 100$, $0.03 = \dfrac{0.9\text{kg}}{1\text{kg} + X}$

$0.03 \times (1 + X) = 0.9$, $0.03 + 0.03X = 0.9$, $0.03X = 0.87$

$X = \dfrac{0.87}{0.03} = 29\text{kg}$

✔답 29kg

상세해설

중량농도(wt%)계산공식

$$C(\text{농도})\text{wt}\% = \dfrac{\text{용질의무게(g)}}{\text{용액의무게(g)}} \times 100$$

용질 : 녹아있는 물질, 용액의 무게 : 용매(녹이는 물질)+용질(녹아있는 물질)의 무게
(예) 설탕물(용액)=물(용매)+설탕(용질), 소금물(용액)=물(용매)+소금(용질)

06

제4류 위험물인 휘발유를 저장하는 옥외저장탱크에 대한 다음 각 물음에 답하시오.

(1) 방유제의 재질은?
(2) 방유제의 두께는?
(3) 방유제의 지하매설깊이는?
(4) 높이가 1m를 넘는 방유제 및 간막이 둑의 안팎에는 방유제 내에 출입하기 위한 계단 또는 경사로를 약 몇 m 마다 설치하는가?
(5) 방유제 내의 설치하는 옥외저장탱크의 수는?
(단, 모든 탱크의 용량이 20만L 이하이며 개수에 제한이 없으면 "제한없음"으로 쓰시오)

해답

✔답 (1) 철근콘크리트
(2) 0.2m 이상
(3) 1m 이상
(4) 50m 마다
(5) 10 이하

상세해설

옥외저장탱크의 방유제

인화성액체위험물(이황화탄소를 제외)의 옥외탱크저장소의 탱크 주위에는 다음 각목의 기준에 의하여 방유제를 설치하여야 한다.

① 방유제의 용량

탱크가 하나인 때	탱크 용량의 110% 이상
2기 이상인 때	탱크 중 용량이 최대인 것의 용량의 110% 이상

② 방유제는 높이 0.5m 이상 3m 이하, 두께 0.2m 이상, 지하매설깊이 1m 이상으로 할 것.
③ 방유제 내의 면적은 8만m^2 이하로 할 것
④ 방유제 내의 설치하는 옥외저장탱크의 수는 10 이하로 할 것 (모든 탱크의 용량이 20만L 이하이고, 인화점이 70℃ 이상 200℃ 미만인 경우에는 20 이하)
⑤ 방유제 외면의 2분의 1 이상은 자동차 등이 통행할 수 있는 3m 이상의 노면폭을 확보한 구내도로에 직접 접하도록 할 것.
⑥ 방유제는 옥외저장탱크의 지름에 따라 그 탱크의 옆판으로부터 다음에 정하는 거리를 유지할 것.(다만, 인화점이 200℃ 이상인 위험물은 제외)

지름이 15m 미만인 경우	탱크 높이의 3분의 1 이상
지름이 15m 이상인 경우	탱크 높이의 2분의 1 이상

⑦ 방유제는 철근콘크리트로 할 것
⑧ 용량이 1,000만L 이상인 옥외저장탱크의 주위에 설치하는 방유제에는 다음의 규정에 따라 당해 탱크마다 간막이 둑을 설치할 것
  ㉠ 간막이 둑의 높이는 0.3m(탱크의 용량의 합계가 2억L를 넘는 방유제는 1m) 이상

으로 하되, 방유제의 높이보다 **0.2m 이상 낮게** 할 것
　ⓒ 간막이 둑은 **흙 또는 철근콘크리트**로 할 것
　ⓒ 간막이 둑의 용량은 간막이 둑안에 설치된 **탱크 용량의 10% 이상**일 것
⑨ 높이가 1m를 넘는 **방유제 및 간막이 둑의 안팎**에는 방유제 내에 출입하기 위한 **계단 또는 경사로를 약 50m마다** 설치할 것
⑩ **인화성이 없는 액체위험물**의 옥외저장탱크의 주위에 설치하는 방유제는 탱크 용량의 100%(2기 이상일 경우에는 최대탱크용량의 100%) **이상**으로 할 것

68회 기출

07
위험물의 성질란에 규정된 성상을 2가지 이상 포함하는 물품을 복수성상물품이라 한다. 이 물품이 속하는 품명의 판단기준을 ( )안에 알맞는 유별을 쓰시오.

① 복수성상물품이 산화성 고체의 성상 및 가연성 고체의 성상을 가지는 경우 : ( )류 위험물
② 복수성상물품이 산화성 고체의 성상 및 자기반응성 물질의 성상을 가지는 경우 : ( )류 위험물
③ 복수성상물품이 가연성 고체의 성상 및 자연발화성 물질의 성상 및 금수성 물질의 성상을 가지는 경우 : ( )류 위험물
④ 복수성상물품이 자연발화성 물질의 성상, 금수성 물질의 성상 및 인화성 액체의 성상을 가지는 경우 : ( )류 위험물
⑤ 복수성상물품이 인화성 액체의 성상 및 자기반응성 물질의 성상을 가지는 경우 : ( )류 위험물

해답 ✔답 ① 제2류 ② 제5류 ③ 제3류 ④ 제3류 ⑤ 제5류

상세해설 성질란에 규정된 성상을 2가지 이상 포함하는 물품(복수성상물품)이 속하는 품명
① 산화성 고체의 성상 및 가연성 고체의 성상을 가지는 경우 : 제2류
② 산화성 고체의 성상 및 자기반응성 물질의 성상을 가지는 경우 : 제5류
③ 가연성 고체의 성상과 자연발화성 물질의 성상 및 금수성 물질의 성상을 가지는 경우 : 제3류
④ 자연발화성 물질의 성상, 금수성 물질의 성상 및 인화성액체의 성상을 가지는 경우 : 제3류
⑤ 인화성 액체의 성상 및 자기반응성 물질의 성상을 가지는 경우 : 제5류

59회 기출

08
수소화나트륨이 물과 반응하는 경우의 화학반응식을 쓰고 이때 발생된 가스의 위험도를 구하시오.

해답
✔답 ① 화학반응식 : NaH + H$_2$O → NaOH + H$_2$

② 위험도 : $H = \dfrac{75-4}{4} = 17.75$

상세해설

수소화나트륨(NaH)-제3류-금수성물질

화학식	분자량	융점	분해온도
NaH	24	800℃	425℃

① 습기가 많은 공기 중 분해한다.
② 물과 격렬히 반응하여 수소(H$_2$)를 발생한다.

NaH + H$_2$O → NaOH + H$_2$↑   ★수소(H$_2$)의 연소범위 : 4~75%

③ 물 및 포약제의 소화는 절대 금하고 마른모래 등으로 피복소화한다.

위험도 계산공식

$$H = \dfrac{U(\text{연소상한}) - L(\text{연소하한})}{L(\text{연소하한})}$$

63회 기출

09
제2류 위험물인 인화성 고체에 대한 다음 각 물음에 답하시오.

① 위험물안전관리법령에 따른 정의를 쓰시오.
② 운반용기 외부표시사항 중 수납하는 위험물에 따른 주의사항을 쓰시오.
③ 유별을 달리하는 위험물은 동일한 저장소에 저장할 수 없다. 그러나 위험물을 유별로 정리하여 저장하는 한편, 서로 1m 이상의 간격을 두는 경우 인화성고체와 동일한 저장소에 저장할 수 있는 유별을 모두 쓰시오.(단, 없으면 "없음"이라고 쓰시오)

해답
✔답 ① 고형알코올 그 밖에 1기압에서 인화점이 40℃ 미만인 고체
② 화기엄금
③ 제4류 위험물

상세해설

위험물의 판단기준

① **황** : 순도가 60중량% 이상인 것을 말한다. 이 경우 순도측정에 있어서 불순물은 활석 등 불연성물질과 수분에 한한다.
② **철분** : 철의 분말로서 53μm의 표준체를 통과하는 것이 50중량% 미만인 것은 제외
③ **금속분** : 알칼리금속·알칼리토금속·철 및 마그네슘 외의 금속의 분말을 말하고, **구리분·니켈분** 및 150μm의 체를 통과하는 것이 50중량% 미만인 것은 **제외**

④ 마그네슘은 다음 각목의 1에 해당하는 것은 제외한다.
  ㉠ 2mm의 체를 통과하지 아니하는 덩어리 상태의 것
  ㉡ 직경 2mm 이상의 막대 모양의 것
⑤ 인화성고체 : 고형알코올 그 밖에 1기압에서 인화점이 40℃ 미만인 고체
⑥ 제6류 위험물

종류	과산화수소	질산
기준	농도 36중량% 이상	비중 1.49 이상

위험물 운반용기의 외부 표시 사항
① 위험물의 품명, 위험등급, 화학명 및 수용성(제4류 위험물의 수용성인 것에 한함)
② 위험물의 수량
③ 수납하는 위험물에 따른 주의사항

유별	성질에 따른 구분	표시사항
제1류 위험물	알칼리금속의 과산화물	화기·충격주의, 물기엄금 및 가연물접촉주의
	그 밖의 것	화기·충격주의 및 가연물접촉주의
제2류 위험물	철분·금속분·마그네슘	화기주의 및 물기엄금
	인화성고체	화기엄금
	그 밖의 것	화기주의
제3류 위험물	자연발화성물질	화기엄금 및 공기접촉엄금
	금수성물질	물기엄금
제4류 위험물	인화성 액체	화기엄금
제5류 위험물	자기반응성 물질	화기엄금 및 충격주의
제6류 위험물	산화성 액체	가연물접촉주의

위험물의 저장 기준
옥내저장소 또는 옥외저장소에 있어서 다음의 각목의 규정에 의한 위험물을 저장하는 경우로서 위험물을 유별로 정리하여 저장하는 한편, 서로 **1m 이상의 간격을 두는 경우에는 동일한 저장소에 저장할 수 있다(중요기준)**.
① **제1류 위험물**(알칼리금속의 과산화물 또는 이를 함유한 것을 제외)과 **제5류 위험물**을 저장하는 경우
② **제1류 위험물**과 **제6류 위험물**을 저장하는 경우
③ **제1류 위험물**과 제3류 위험물 중 **자연발화성물질**(황린 또는 이를 함유한 것)을 저장하는 경우
④ 제2류 위험물 중 **인화성고체**와 **제4류 위험물**을 저장하는 경우
⑤ 제3류 위험물 중 **알킬알루미늄등**과 **제4류 위험물**(알킬알루미늄 또는 알킬리튬을 함유한 것)을 저장하는 경우
⑥ 제4류 위험물 중 **유기과산화물** 또는 이를 함유하는 것과 제5류 위험물 중 **유기과산화물** 또는 이를 함유한 것을 저장하는 경우

10 무색투명한 휘발성액체로 알코올, 에터 등 유기용제에 용해되며 비중 0.89, 인화점 −11℃이고 겨울철에 동결되는 물질에 대하여 각 물음에 답하시오.

(1) 위험등급
(2) 분자량
(3) 완전연소 반응식

해답

✔답 (1) 위험등급 Ⅱ
(2) 78
(3) $2C_6H_6 + 15O_2 \rightarrow 12CO_2 + 6H_2O$

상세해설

벤젠(Benzene)(C_6H_6) : 제4류 위험물 중 제1석유류

화학식	분자량	비중	비점	인화점	착화점	연소범위
C_6H_6	78	0.9	80℃	−11℃	562℃	1.4~8%

① 벤젠증기는 마취성 및 독성이 강하다.
② 비수용성이며 알코올, 아세톤, 에터에는 용해
③ 취급 시 정전기에 유의해야 한다.

42회 기출

11 제4류 위험물로 벤젠고리에서 수소 1개를 메틸기로 치환된 물질에 대한 다음 각 물음에 답하시오.

(1) 구조식
(2) 증기비중
(3) 위의 위험물을 진한 황산과 진한 질산으로 나이트로화 시켰을 때 생성되는 위험물은 무엇인가?

해답

✔답 (1) 구조식 :

(2) 증기비중 : • 분자량(M) = C_7H_8 = $12 \times 7 + 1 \times 8 = 92$

• 증기비중(S) = $\dfrac{M}{29} = \dfrac{92}{29} = 3.17$

(3) 트라이나이트로톨루엔

상세해설

톨루엔($C_6H_5CH_3$) ★★★★★

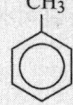

화학식	분자량	비중	비점	인화점	착화점	연소범위
$C_6H_5CH_3$	92	0.871	111℃	4℃	552℃	1.27~7%

① 무색 투명한 휘발성 액체이며 물에는 용해되지 않고 유기용제에 용해된다.
② 독성은 벤젠의 $\frac{1}{10}$ 정도이며 소화는 다량의 포약제로 질식 및 냉각소화한다.
③ 톨루엔과 질산을 반응시켜 트라이나이트로톨루엔을 얻는다.

$$C_6H_5CH_3 + 3HNO_3 \xrightarrow[\text{나이트로화}]{C-H_2SO_4} C_6H_2CH_3(NO_2)_3 + 3H_2O$$
(톨루엔)   (질산)   (트라이나이트로톨루엔) (물)

---

12 다음은 위험물안전관리에 관한 법령과 이동탱크저장소의 위치·구조 및 설비에 관한 기준이다. 다음 각 물음에 답하시오.

(1) 알킬알루미늄등을 저장 또는 취급하는 이동저장탱크의 용량은 몇 L 미만으로 하여야 하는가?
(2) 알킬알루미늄등을 저장 또는 취급하는 이동저장탱크는 그 외면은 무슨 색으로 도장하여야하는가?
(3) 알킬알루미늄 중 물과 반응하여 에탄이 발생하고 분자량 114, 비중 0.84, 비점 128℃인 물질이 공기 중 노출되어 연소하는 반응식을 쓰시오.
(4) 운송책임자의 자격요건을 2가지만 쓰시오.
(5) 이동탱크저장소에 비치하여야 하는 서류를 2가지 쓰시오.

해답 ✓답 (1) 1,900L 미만
(2) 적색
(3) $2(C_2H_5)_3Al + 21O_2 \rightarrow Al_2O_3 + 15H_2O + 12CO_2$
(4) ① 위험물의 취급에 관한 국가기술자격을 취득하고 관련 업무에 1년 이상 종사한 경력이 있는 자

② 위험물의 운송에 관한 안전교육을 수료하고 관련 업무에 2년 종사한 경력이 있는 자
(5) ① 완공검사합격확인증
② 정기점검기록

상세해설

이동탱크저장소의 위치 · 구조 및 설비의 기준
(1) 알킬알루미늄등을 저장 또는 취급하는 이동저장탱크의 용량은 1,900L 미만일 것
(2) 알킬알루미늄등을 저장 또는 취급하는 이동저장탱크는 그 외면을 적색으로 도장하는 한편, 백색문자로서 동판의 양측면 및 경판에 주의사항을 표시할 것
(3) 위험물 운송책임자의 자격
 ① 위험물의 취급에 관한 국가기술자격을 취득하고 관련 업무에 1년 이상 종사한 경력이 있는 자
 ② 위험물의 운송에 관한 안전교육을 수료하고 관련 업무에 2년 이상 종사한 경력이 있는 자
(4) 이동탱크저장소에는 당해 이동탱크저장소의 완공검사합격확인증 및 정기점검기록을 비치하여야 한다.

13

위험물안전관리법령에 따른 일반취급소에서 취급하는 작업은 일부 특례기준으로 정하고 있다. 이 특례기준에 해당하는 취급소의 종류 중 5가지만 선택하여 정의 및 지정수량의 배수에 대하여 쓰시오.

해답

✔**답** (1) **분무도장작업등의 일반취급소**
도장, 인쇄 또는 도포를 위하여 제2류 위험물 또는 제4류 위험물(특수인화물 제외)을 취급하는 일반취급소로서 지정수량의 **30배 미만**의 것
(2) **세정작업의 일반취급소**
세정을 위하여 위험물(인화점이 40℃ 이상인 제4류 위험물)을 취급하는 일반취급소로서 지정수량의 **30배 미만**의 것
(3) **열처리작업 등의 일반취급소**
열처리작업 또는 방전가공을 위하여 위험물(인화점이 70℃ 이상인 제4류 위험물)을 취급하는 일반취급소로서 지정수량의 **30배 미만**의 것
(4) **보일러등으로 위험물을 소비하는 일반취급소**
보일러, 버너 그 밖의 이와 유사한 장치로 위험물(인화점이 38℃ 이상인 제4류 위험물)을 소비하는 일반취급소로서 지정수량의 **30배 미만**의 것
(5) **화학실험의 일반취급소**
화학실험을 위하여 위험물을 취급하는 일반취급소로서 지정수량의 **30배 미만**의 것

상세해설

(1) **분무도장작업등의 일반취급소**
   도장, 인쇄 또는 도포를 위하여 제2류 위험물 또는 제4류 위험물(특수인화물 제외)을 취급하는 일반취급소로서 지정수량의 **30배 미만**의 것

(2) **세정작업의 일반취급소**
   세정을 위하여 위험물(인화점이 40℃ 이상인 제4류 위험물)을 취급하는 일반취급소로서 지정수량의 **30배 미만**의 것

(3) **열처리작업 등의 일반취급소**
   열처리작업 또는 방전가공을 위하여 위험물(인화점이 70℃ 이상인 제4류 위험물)을 취급하는 일반취급소로서 지정수량의 **30배 미만**의 것

(4) **보일러등으로 위험물을 소비하는 일반취급소**
   보일러, 버너 그 밖의 이와 유사한 장치로 위험물(인화점이 38℃ 이상인 제4류 위험물)을 소비하는 일반취급소로서 지정수량의 **30배 미만**의 것

(5) **충전하는 일반취급소**
   이동저장탱크에 액체위험물(알킬알루미늄등, 아세트알데하이드등 및 하이드록실아민등을 제외)을 주입하는 일반취급소

(6) **옮겨 담는 일반취급소**
   고정급유설비에 의하여 위험물(인화점이 38℃ 이상인 제4류 위험물)을 용기에 옮겨 담거나 4,000L 이하의 이동저장탱크(용량이 2,000L를 넘는 탱크에 있어서는 그 내부를 2,000L 이하마다 구획한 것)에 주입하는 일반취급소로서 지정수량의 **40배 미만**인 것

(7) **유압장치등을 설치하는 일반취급소**
   위험물을 이용한 유압장치 또는 윤활유 순환장치를 설치하는 일반취급소(고인화점 위험물만을 100℃ 미만의 온도로 취급하는 것)로서 지정수량의 **50배 미만**의 것

(8) **절삭장치등을 설치하는 일반취급소**
   절삭유의 위험물을 이용한 절삭장치, 연삭장치 그 밖의 이와 유사한 장치를 설치하는 일반취급소(고인화점 위험물만을 100℃ 미만의 온도로 취급하는 것)로서 지정수량의 **30배 미만**의 것

(9) **열매체유 순환장치를 설치하는 일반취급소**
   위험물 외의 물건을 가열하기 위하여 위험물(고인화점 위험물)을 이용한 열매체유 순환장치를 설치하는 일반취급소로서 지정수량의 **30배 미만**의 것

(10) **화학실험의 일반취급소**
   화학실험을 위하여 위험물을 취급하는 일반취급소로서 지정수량의 **30배 미만**의 것

49회 기출

14 다음 [보기]에서 설명하는 위험물에 대한 각 물음에 답하시오.

[보기]
- 지정수량 1,000kg
- 분자량 158
- 흑자색 결정
- 물, 알코올, 아세톤에 녹는다.

① 240℃에서 열분해 반응식을 쓰시오.
② 묽은 황산과 반응식을 쓰시오.

해답 ✔답 ① $2KMnO_4 \rightarrow K_2MnO_4 + MnO_2 + O_2$
② $4KMnO_4 + 6H_2SO_4 \rightarrow 2K_2SO_4 + 4MnSO_4 + 6H_2O + 5O_2$

상세해설

과망가니즈산칼륨($KMnO_4$) : 제1류 위험물 중 과망가니즈산염류

화학식	분자량	비중	분해온도
$KMnO_4$	158	2.7	200~240℃

① 흑자색의 사방정계결정으로 물에 녹아 진한보라색을 띠고 강한 산화력과 살균력이 있다.
② 염산과 반응 시 염소(Cl_2)를 발생시킨다.
③ 240℃에서 산소를 방출한다.

$$2KMnO_4 \rightarrow K_2MnO_4 + MnO_2 + O_2 \uparrow$$
(망가니즈산칼륨) (이산화망가니즈) (산소)

④ 황산과 반응하여 황산칼륨, 황산망가니즈, 물, 산소를 생성한다.

$$4KMnO_4 + 6H_2SO_4 \rightarrow 2K_2SO_4 + 4MnSO_4 + 6H_2O + 5O_2$$
(과망가니즈산칼륨) (황산) (황산칼륨) (황산망가니즈) (물) (산소)

15 지하7층, 지상9층인 다층건축물에 경유를 저장하는 옥내탱크저장소를 설치하는 경우 다음 각 물음에 답하시오.

(1) 경유를 저장할 수 있는 탱크전용실을 설치하는 경우 설치가 가능한 층은?
   (단, 모든 층이 가능하면 전층이라고 답하시오.)
(2) 경유를 저장할 수 있는 탱크전용실을 지상 3층에 설치하는 경우 옥내저장탱크의 최대용량은?
(3) 지하 2층의 탱크전용실에 옥내저장탱크 2기를 설치하는 경우 탱크 1기의 용량이 10000L일 때 나머지 탱크 1기의 최대용량(L)은?
(4) 탱크전용실에 펌프설비를 설치하는 경우 시 펌프주위에 불연 재료로 된 턱의 설치높이는?

해답 ✔답 (1) 전층

제 4 편 최근 기출문제

(2) 5,000L
(3) 10,000L
(4) 0.2m 이상

상세해설

(1) 옥내탱크저장소 중 **탱크전용실을 단층건물 외의 건축물에 설치하는 것**
　① 제2류 위험물 중 황화인·적린 및 덩어리 황
　② 제3류 위험물 중 황린
　③ 제6류 위험물 중 질산
　④ 제4류 위험물 중 **인화점이 38℃ 이상인 위험물**
　※ 경유(인화점이 50℃~70℃)는 제4류 위험물 중 **인화점이 38℃ 이상**인 위험물에 해당하므로 단층건물 외의 건축물(전층)에 설치할 수 있다.
(2) 옥내탱크저장소 중 탱크전용실을 단층건물 외의 건축물에 설치하는 것의 옥내저장탱크의 용량
　2층 이상의 층에 있어서는 지정수량의 10배(제4석유류 및 동식물유류 외의 제4류 위험물에 있어서 당해 수량이 **5천L를 초과할 때에는 5천L**) 이하일 것
　• 경유의 지정수량의 10배 : 1,000L × 10 = 10,000L
　• 경유는 제2석유류이므로 5,000L 초과 시 5,000L 이하
(3) 옥내탱크저장소 중 탱크전용실을 단층건물 외의 건축물에 설치하는 것의 옥내저장탱크의 용량
　1층 이하의 층에 있어서는 지정수량의 40배(제4석유류 및 동식물유류 외의 제4류 위험물에 있어서 당해 수량이 **2만L를 초과할 때에는 2만L**) 이하
　• 경유의 지정수량의 40배 : 1,000L × 40 = 40,000L
　• 경유는 제2석유류이므로 20,000L 초과 시 20,000L 이하
　• 탱크 1기의 용량이 10,000L일 때 나머지 탱크의 용량은 10,000L
(4) 펌프설비 주위에 불연재료로 된 턱을 0.2m 이상의 높이로 설치

37회, 62회 기출

16 다음 표는 소화난이도등급 I의 제조소 등에 설치하여야 하는 소화설비이다. 빈 칸에 알맞은 답을 쓰시오.

제조소등의 구분		소화설비
옥내저장소	처마높이가 6m 이상인 단층건물 또는 다른 용도의 부분이 있는 건축물에 설치한 옥내저장소	①
옥외탱크저장소	지중탱크 또는 해상탱크 외의 것 — 황만을 저장 취급하는 것	②
	지중탱크 또는 해상탱크 외의 것 — 인화점 70℃ 이상의 제4류 위험물만을 저장 취급하는 것	③
옥내탱크저장소	황만을 저장 취급하는 것	④

해답

✓ **답** ① 스프링클러설비 또는 이동식 외의 물분무등소화설비
② 물분무소화설비
③ 물분무소화설비 또는 고정식 포소화설비
④ 물분무소화설비

상세해설

소화난이도등급 Ⅰ의 제조소등에 설치하여야 하는 소화설비

제조소등의 구분		소화설비
제조소 및 일반취급소		옥내소화전설비, 옥외소화전설비, 스프링클러설비 또는 물분무등소화설비
주유취급소		스프링클러설비, 소형수동식소화기등
옥내저장소	처마높이가 6m 이상인 단층건물 또는 다른 용도의 부분이 있는 건축물에 설치한 옥내저장소	스프링클러설비 또는 이동식 외의 물분무등소화설비
	그 밖의 것	옥외소화전설비, 스프링클러설비, 이동식 외의 물분무등소화설비 또는 이동식 포소화설비(포소화전을 옥외에 설치하는 것에 한한다)
옥외탱크저장소	지중탱크 또는 해상탱크 외의 것 - 황만을 저장 취급하는 것	물분무소화설비
	지중탱크 또는 해상탱크 외의 것 - 인화점 70℃ 이상의 제4류 위험물만을 저장취급하는 것	물분무소화설비 또는 고정식 포소화설비
	지중탱크 또는 해상탱크 외의 것 - 그 밖의 것	고정식 포소화설비(포소화설비가 적응성이 없는 경우에는 분말소화설비)
	지중탱크	고정식 포소화설비, 이동식 이외의 불활성가스소화설비 또는 이동식 이외의 할로젠화합물소화설비
	해상탱크	고정식 포소화설비, 물분무소화설비, 이동식이외의 불활성가스소화설비 또는 이동식 이외의 할로젠화합물소화설비
옥내탱크저장소	황만을 저장취급하는 것	물분무소화설비
	인화점 70℃ 이상의 제4류 위험물만을 저장취급하는 것	물분무소화설비, 고정식 포소화설비, 이동식 이외의 불활성가스소화설비, 이동식 이외의 할로젠화합물소화설비 또는 이동식 이외의 분말소화설비
	그 밖의 것	고정식 포소화설비, 이동식 이외의 불활성가스소화설비, 이동식 이외의 할로젠화합물소화설비 또는 이동식 이외의 분말소화설비

17 다음은 알킬알루미늄등, 아세트알데하이드등 및 다이에틸에터등의 저장기준이다. ( )안에 알맞은 답을 쓰시오.

(1) 이동저장탱크에 알킬알루미늄등을 저장하는 경우에는 (①)kPa 이하의 압력으로 불활성의 기체를 봉입하여 둘 것
(2) 옥외저장탱크·옥내저장탱크 또는 지하저장탱크 중 압력탱크에 있어서는 아세트알데하이드등의 취출에 의하여 당해 탱크내의 압력이 (②) 이하로 저하하지 아니하도록, 압력탱크 외의 탱크에 있어서는 아세트알데하이드등의 취출이나 온도의 저하에 의한 공기의 혼입을 방지할 수 있도록 불활성 기체를 봉입할 것
(3) 보냉장치가 있는 이동저장탱크에 저장하는 아세트알데하이드등 또는 다이에틸에터등의 온도는 해당 위험물의 (③) 이하로 유지할 것
(4) 보냉장치가 없는 이동저장탱크에 저장하는 아세트알데하이드등 또는 다이에틸에터등의 온도는 (④)℃ 이하로 유지할 것

해답 ✔답 ① 20 ② 상용압력 ③ 비점 ④ 40

상세해설 **알킬알루미늄등, 아세트알데하이드등 및 다이에틸에터등의 저장기준**
(1) 이동저장탱크에 알킬알루미늄등을 저장하는 경우
 20kPa 이하의 압력으로 불활성의 기체를 봉입
(2) 옥외저장탱크·옥내저장탱크 또는 지하저장탱크 중 압력탱크에 있어서는 아세트알데하이드등의 취출에 의하여 당해 탱크내의 압력이 상용압력 이하로 저하하지 아니하도록 할 것
(3) 옥외저장탱크·옥내저장탱크 또는 지하저장탱크의 저장 유지온도

구 분	압력탱크 외의 탱크	구 분	압력탱크
산화프로필렌과 이를 함유한 것 또는 다이에틸에터등	30℃ 이하	아세트알데하이드등 또는 다이에틸에터등	40℃ 이하
아세트알데하이드 또는 이를 함유한 것	15℃ 이하		

(4) 이동저장탱크에 저장하는 아세트알데하이드등 또는 다이에틸에터등의 유지온도

구 분	보냉장치가 있는 경우	보냉장치가 없는 경우
유지온도	비점 이하	40℃ 이하

18 다음 위험물 중 지정수량이 2,000L인 것을 모두 고르시오.

[보기] 아세트산, 아닐린, 에틸렌글리콜, 글리세린, 클로로벤젠, 나이트로벤젠, 등유, 아세톤, 하이드라진

해답
✔답 아세트산, 아닐린, 나이트로벤젠, 하이드라진

상세해설

구 분	화학식	품 명	수용성여부	지정수량
아세트산(초산)	CH_3COOH	**제2석유류**	**수용성**	2000L
아닐린	$C_6H_5NH_2$	**제3석유류**	**비수용성**	2000L
에틸렌글리콜	$C_2H_4(OH)_2$	제3석유류	수용성	4000L
글리세린	$C_3H_5(OH)_3$	제3석유류	수용성	4000L
클로로벤젠	C_6H_5Cl	제2석유류	비수용성	1000L
나이트로벤젠	$C_6H_5NO_2$	**제3석유류**	**비수용성**	2000L
등유	–	제2석유류	비수용성	1000L
아세톤	CH_3COCH_3	제1석유류	수용성	400L
하이드라진	N_2H_4	**제2석유류**	**수용성**	2000L

19 위험물안전관리법령에 따른 다음 각 물음에 답하시오.

(1) 허가를 받지 아니하고 당해 제조소등을 설치하거나 그 위치·구조 또는 설비를 변경할 수 있으며, 신고를 하지 아니하고 위험물의 품명·수량 또는 지정수량의 배수를 변경할 수 있는 경우에 대한 다음 표에 알맞은 답을 쓰시오.

구 분	대 상	지정수량
①	주택의 난방시설 (공동주택의 중앙난방시설을 제외한다)	제한없음
저장소	농예용·축산용 또는 수산용으로 필요한 난방시설 또는 건조시설	②
제조소등	③	제한없음

(2) 탱크안전성능검사의 종류를 3가지만 쓰시오.
(3) 다음 제조소등의 완공검사 신청 시기를 쓰시오.
　① 지하탱크가 있는 제조소 등의 경우
　② 이동탱크저장소의 경우
(4) 위험물제조소 등의 설치 및 변경허가시 한국소방산업기술원의 기술검토를 받아야 하는 사항을 쓰시오.
(5) 시·도지사로부터 기술원이 위탁받아 수행하는 탱크안전성능검사 업무에 해당하는 탱크를 쓰시오.

해답
✔답 (1) ① 저장소 또는 취급소
　　　　② 20배 이하
　　　　③ 군사목적 또는 군부대시설

(2) ① 기초 · 지반검사　　　② 충수 · 수압검사
　　③ 용접부검사　　　　　④ 암반탱크검사
(3) ① 당해 지하탱크를 매설하기 전
　　② 이동저장탱크를 완공하고 상치장소를 확보한 후
(4) ① 지정수량의 1천배 이상의 위험물을 취급하는 제조소 또는 일반취급소 : 구조 · 설비에 관한 사항
　　② 옥외탱크저장소(저장용량이 50만 리터 이상인 것만 해당) 또는 암반탱크저장소 : 위험물탱크의 기초 · 지반, 탱크본체 및 소화설비에 관한 사항
(5) ① 용량이 100만리터 이상인 액체 위험물을 저장하는 탱크
　　② 암반탱크
　　③ 지하탱크저장소의 위험물탱크 중 행정안전부령이 정하는 액체 위험물탱크

상세해설

(1) 다음 각 호의 어느 하나에 해당하는 제조소등의 경우에는 허가를 받지 아니하고 당해 제조소등을 설치하거나 그 위치 · 구조 또는 설비를 변경할 수 있으며, 신고를 하지 아니하고 위험물의 품명 · 수량 또는 지정수량의 배수를 변경할 수 있다.
　① **주택의 난방시설**(공동주택의 중앙난방시설을 제외)을 위한 저장소 또는 취급소
　② **농예용 · 축산용** 또는 **수산용**으로 필요한 난방시설 또는 건조시설을 위한 지정수량 **20배 이하**의 저장소
　③ 군사목적 또는 군부대시설을 위한 제조소등을 설치하거나 변경하고자 하는 군부대의 장은 관할하는 시 · 도지사와 협의하여야 한다.

(2) 탱크안전성능검사의 대상이 되는 탱크 등(위험물안전관리법 시행령 제8조)
　① **기초 · 지반검사** : 옥외탱크저장소의 액체위험물탱크 중 그 용량이 100만L 이상인 탱크
　② **충수 · 수압검사** : 액체위험물을 저장 또는 취급하는 탱크
　③ **용접부검사** : 옥외탱크저장소의 액체위험물탱크 중 그 용량이 100만L 이상인 탱크
　④ **암반탱크검사** : 액체위험물을 저장 또는 취급하는 암반내의 공간을 이용한 탱크

(3) 완공검사의 신청시기(위험물안전관리법 시행규칙 제20조)
　① 지하탱크가 있는 제조소등의 경우 : 당해 지하탱크를 **매설하기 전**
　② 이동탱크저장소의 경우 : 이동저장탱크를 완공하고 **상치장소를 확보한 후**
　③ 이송취급소의 경우 : 이송배관 공사의 전체 또는 일부를 **완료한 후**. 다만, 지하 · 하천 등에 매설하는 이송배관의 공사의 경우에는 이송배관을 매설하기 전

(4) 한국소방산업기술원의 기술검토 대상
　① 지정수량의 1천배 이상의 위험물을 취급하는 제조소 또는 일반취급소 : 구조 · 설비에 관한 사항
　② 옥외탱크저장소(저장용량이 50만 리터 이상인 것) 또는 암반탱크저장소 : 위험물탱크의 기초 · 지반, 탱크 본체 및 소화설비에 관한 사항

(5) 시 · 도지사로부터 기술원이 위탁받아 수행하는 탱크안전성능검사 업무에 해당하는 탱크
　① 용량이 100만L 이상인 액체위험물을 저장하는 탱크
　② 암반탱크
　③ 지하탱크저장소의 위험물탱크 중 행정안전부령이 정하는 액체위험물탱크

위험물기능장 제70회 실기시험

2021년도 기능장 제70회 실기시험 (2021년 08월 22일 시행)

자격종목	시험시간	문제수	형별	수험번호	성 명
위험물기능장	2시간	19	A		

44회 기출

01 제3류 위험물인 금속칼륨 50kg, 인화칼슘 6,000kg을 저장하는 경우 소화약제인 마른모래의 필요량은 몇 [L]인가? (5점)

해답 ✓ 계산과정

① 소요단위 계산

$$소요단위 = \frac{저장량}{지정수량 \times 10} = \frac{50kg}{10kg \times 10} + \frac{6,000kg}{300kg \times 10} = 2.5단위$$

② 마른모래의 필요량 계산

$$Q = 2.5단위 \times \frac{50L}{0.5단위} = 250L$$

✓ 답   250L

상세해설

제3류 위험물 및 지정수량

성 질	품 명	지정수량	위험등급
자연발화성 및 금수성물질	1. 칼륨 2. 나트륨 3. 알킬알루미늄 4. 알킬리튬	10kg	I
	5. 황린	20kg	
	6. 알칼리금속 (칼륨 및 나트륨 제외) 및 알칼리토금속 7. 유기금속화합물 (알킬알루미늄 및 알킬리튬 제외)	50kg	II
	8. 금속의 수소화물 9. 금속의 인화물 10. 칼슘 또는 알루미늄의 탄화물 11. 염소화규소화합물	300kg	III

간이 소화용구의 능력단위

소화설비	용량	능력단위
소화전용(專用)물통	8L	0.3
수조(소화전용물통 3개 포함)	80L	1.5
수조(소화전용물통 6개 포함)	190L	2.5
마른 모래(삽 1개 포함)	50L	0.5
팽창질석 또는 팽창진주암(삽 1개 포함)	160L	1.0

소요단위의 계산방법

① 제조소 또는 취급소의 건축물

외벽이 내화구조인 것	외벽이 내화구조가 아닌 것
연면적 100m²를 1소요단위	연면적 50m²를 1소요단위

② 저장소의 건축물

외벽이 내화구조인 것	외벽이 내화구조가 아닌 것
연면적 150m² : 1소요단위	연면적 75m² : 1소요단위

③ 제조소등의 옥외에 설치된 공작물은 외벽이 내화구조인 것으로 간주하고 공작물의 최대수평투영면적을 연면적으로 간주하여 ① 및 ②의 규정에 의하여 소요단위를 산정할 것
④ 위험물은 지정수량의 10배를 1소요단위로 할 것

57회 기출

02 알코올 10g과 물 20g이 혼합되었을 때 비중이 0.94라면, 이때 부피는 몇 mL인가? (5점)

해답

✔ 계산과정

① 비중량 계산

$\gamma = S \times \gamma_w = 0.94 \times 1000 \text{kg/m}^3 = 940 \text{kg/m}^3 = 940 \text{g/L} = 0.94 \text{g/mL}$

② 부피계산
- 전체무게 $= 10\text{g} + 20\text{g} = 30\text{g}$
- 부피(V) = 무게(W) × 비체적(V_s) = $30\text{g} \times \dfrac{\text{mL}}{0.94\text{g}} = 31.91 \text{mL}$

✔ 답 31.91mL

상세해설

액체의 비중계산

$$S = \dfrac{\gamma}{\gamma_w} = \dfrac{\rho}{\rho_w}$$

여기서, γ : 물체의 비중량(N/m³, kgf/m³)
γ_w : 물의 비중량(9800N/m³, 1000kgf/m³)
ρ : 물체의 밀도(kg/m³)
ρ_w : 물의 밀도(1000kg/m³)

60회 기출

03 다음 분말소화약제에 대한 각 물음에 답하시오. (5점)
① 제1종 분말소화약제의 270℃에서 열분해 반응식을 쓰시오.
② 제3종 분말소화약제의 190℃에서 열분해 반응식을 쓰시오.

해답 ✔ 답 ① $2NaHCO_3 \rightarrow Na_2CO_3 + CO_2 + H_2O$
② $NH_4H_2PO_4 \rightarrow NH_3 + H_3PO_4$

상세해설

분말약제의 열분해

종별	약제명	착색	열분해 반응식
제1종	탄산수소나트륨 중탄산나트륨 중조	백색	270℃ $2NaHCO_3 \rightarrow Na_2CO_3 + CO_2 + H_2O$ 850℃ $2NaHCO_3 \rightarrow Na_2O + 2CO_2 + H_2O$
제2종	탄산수소칼륨 중탄산칼륨	담회색	190℃ $2KHCO_3 \rightarrow K_2CO_3 + CO_2 + H_2O$ 590℃ $2KHCO_3 \rightarrow K_2O + 2CO_2 + H_2O$
제3종	제1인산암모늄	담홍색	190℃ $NH_4H_2PO_4 \rightarrow NH_3 + H_3PO_4$(오르토인산) 215℃ $2H_3PO_4 \rightarrow H_2O + H_4P_2O_7$(피로인산) 300℃ $H_4P_2O_7 \rightarrow H_2O + 2HPO_3$(메타인산)
제4종	중탄산칼륨+요소	회(백)색	$2KHCO_3 + (NH_2)_2CO \rightarrow K_2CO_3 + 2NH_3 + 2CO_2$

42회 기출

04 다음은 위험물 안전관리법에서 정하는 액상의 정의이다. ( )안에 알맞은 답을 쓰시오. (5점)

"액상"이라 함은 수직으로 된 시험관(안지름 (①)mm, 높이 (②)mm의 원통형 유리관을 말한다)에 시료를 (③)mm까지 채운 다음 당해 시험관을 수평으로 하였을 때 시료 액면의 끝부분이 (④)mm를 이동하는 데 걸리는 시간이 (⑤)초 이내에 있는 것을 말한다.

해답 ✔ 답 ① 30   ② 120   ③ 55   ④ 30   ⑤ 90

상세해설

산화성고체

고체[액체(1기압 및 20℃에서 액상인 것 또는 20℃ 초과 40℃ 이하에서 액상인 것을 말한다.)또는 기체(1기압 및 20℃에서 기상인 것을 말한다)외의 것을 말한다. 이하 같다]로서 산화력의 잠재적인 위험성 또는 충격에 대한 민감성을 판단하기 위하여 소방청장이 정하여 고시(이하 "고시"라 한다)하는 시험에서 고시로 정하는 성질과 상태를 나타내는 것을 말한다. 이 경우 "액상"이라 함은 수직으로 된 시험관(**안지름 30mm, 높이 120mm**의 원통형유리관을 말한다)에 시료를 **55mm**까지 채운 다음 당해 시험관을 수평으로 하였을 때 시료액면의 끝부분이 **30mm**를 이동하는데 걸리는 시간이 **90초 이내**에 있는 것을 말한다.

36회, 44회, 55회 기출

05 하이드록실아민 등을 취급하는 제조소의 안전거리를 구하는 공식을 쓰고, 사용되는 기호의 의미를 설명하시오. (5점)

해답 ✔답 $D = 51.1\sqrt[3]{N}$
여기서, D : 거리(m)
N : 해당 제조소에서 취급하는 하이드록실아민등의 지정수량의 배수

상세해설 하이드록실아민 등을 취급하는 제조소의 안전거리

$$D = 51.1\sqrt[3]{N}$$

여기서, D : 거리(m)
N : 해당 제조소에서 취급하는 하이드록실아민 등의 지정수량의 배수
★하이드록실아민(NH_2OH)의 지정수량 : 100kg

06 이송취급소의 위치 · 구조 및 설비의 기준에서 배관을 해상에 설치하는 경우의 기준을 3가지만 쓰시오. (5점)

해답 ✔답 ① 배관은 지진 · 풍압 · 파도 등에 대하여 안전한 구조의 지지물에 의하여 지지할 것
② 배관은 선박 등의 항행에 의하여 손상을 받지 아니하도록 해면과의 사이에 필요한 공간을 확보하여 설치할 것
③ 선박의 충돌 등에 의해서 배관 또는 그 지지물이 손상을 받을 우려가 있는 경우에는 견고하고 내구력이 있는 보호설비를 설치할 것
④ 배관은 다른 공작물(당해 배관의 지지물을 제외)에 대하여 배관의 유지관리상 필요한 간격을 보유할 것

상세해설 이송취급소의 위치 · 구조 및 설비의 기준[배관설치의 기준]
해상설치 : 배관을 해상에 설치하는 경우에는 다음 각목의 기준에 의하여야 한다.
① 배관은 지진 · 풍압 · 파도 등에 대하여 안전한 구조의 지지물에 의하여 지지할 것
② 배관은 선박 등의 항행에 의하여 손상을 받지 아니하도록 해면과의 사이에 필요한 공간을 확보하여 설치할 것
③ 선박의 충돌 등에 의해서 배관 또는 그 지지물이 손상을 받을 우려가 있는 경우에는 견고하고 내구력이 있는 보호설비를 설치할 것
④ 배관은 다른 공작물(당해 배관의 지지물을 제외)에 대하여 배관의 유지관리상 필요한 간격을 보유할 것

07
옥외탱크저장소의 위치·구조 및 설비의 기준에 따라 옥외탱크저장소에는 피뢰침을 설치하여야 한다. 옥외탱크저장소의 피뢰침 설치를 제외 할 수 있는 경우를 3가지만 쓰시오. (5점)

해답
✔답 ① 지정수량의 10배 미만인 옥외탱크저장소인 경우
② 제6류 위험물의 옥외탱크저장소인 경우
③ 탱크에 저항이 5Ω 이하인 접지시설을 설치하거나 인근 피뢰설비의 보호범위 내에 들어가는 등 주위의 상황에 따라 안전상 지장이 없는 경우

상세해설
옥외탱크저장소의 위치·구조 및 설비의 기준 [옥외저장탱크의 외부구조 및 설비]
지정수량의 **10배 이상인 옥외탱크저장소**(제6류 위험물의 옥외탱크저장소를 제외)에는 **피뢰침을 설치**하여야 한다. 다만, 탱크에 **저항이 5Ω 이하인 접지시설**을 설치하거나 인근 **피뢰설비의 보호범위 내에 들어가는** 등 주위의 상황에 따라 **안전상 지장이 없는 경우**에는 피뢰침을 설치하지 아니할 수 있다.

42회 기출

08
벤젠에서 수소 1개를 메틸기로 치환된 물질에 대한 다음 각 물음에 답하시오. (5점)

① 구조식 ② 물질명
③ 품명   ④ 지정수량

해답
✔답 ① 구조식 :

② 물질명 : 톨루엔
③ 품명 : 제4류 위험물 제1석유류(비수용성)
④ 지정수량 : 200L

상세해설
톨루엔($C_6H_5CH_3$)★★★★★

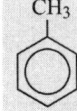

화학식	분자량	비중	비점	인화점	착화점	연소범위
$C_6H_5CH_3$	92	0.871	111℃	4℃	552℃	1.27~7%

① 무색 투명한 휘발성 액체이며 물에는 용해되지 않고 유기용제에 용해된다.
② 독성은 벤젠의 $\frac{1}{10}$ 정도이며 소화는 다량의 포약제로 질식 및 냉각소화한다.

③ 톨루엔과 질산을 반응시켜 트라이나이트로톨루엔을 얻는다.

$$C_6H_5CH_3 + 3HNO_3 \xrightarrow[\text{(나이트로화)}]{C-H_2SO_4} C_6H_2CH_3(NO_2)_3 + 3H_2O$$
(톨루엔)　　(질산)　　　　　　　(트라이나이트로톨루엔)　(물)

55회, 56회, 60회, 64회 유사

09 알루미늄과 보기의 물질과의 반응식을 쓰시오. (5점)

[보기] ① 산소　② 물　③ 염산

해답

✔답 ① $4Al + 3O_2 \rightarrow 2Al_2O_3$
　　② $2Al + 6H_2O \rightarrow 2Al(OH)_3 + 3H_2$
　　③ $2Al + 6HCl \rightarrow 2AlCl_3 + 3H_2$

상세해설

알루미늄분(Al) : 제2류 위험물

화학식	원자량	비중	융점	비점
Al	27	2.7	660℃	2,000℃

① 은백색의 분말이다.
② 알루미늄이 연소하면 백색연기를 내면서 산화알루미늄을 생성한다.

$$4Al + 3O_2 \rightarrow 2Al_2O_3$$

③ 가열된 알루미늄은 물(수증기)와 반응하여 수소를 발생시킨다.(주수소화금지)

$$2Al + 6H_2O \rightarrow 2Al(OH)_3 + 3H_2\uparrow$$

④ 알루미늄(Al)은 염산과 반응하여 수소를 발생한다.

$$2Al + 6HCl \rightarrow 2AlCl_3 + 3H_2\uparrow$$

⑤ 알루미늄과 수산화나트륨 수용액은 반응하여 알루미늄산과 수소기체를 발생한다.

$$2Al + 2NaOH + 2H_2O \rightarrow 2NaAlO_2 + 3H_2\uparrow$$

⑥ 알루미늄과 수산화나트륨은 많은 수소 기체를 발생시킨다.

$$2Al + 6NaOH \rightarrow 2Na_3AlO_3 + 3H_2\uparrow$$

⑦ 주수소화는 엄금이며 마른모래 등으로 피복 소화한다.

52회 기출

10 적갈색의 금수성물질로서 비중이 약 2.5 융점이 1600℃이고 지정수량이 300kg인 제3류 위험물에 대하여 각 물음에 답하시오. (5점)
① 물과 반응식
② 위험등급

해답
✔ **답** ① 물과 반응식 $Ca_3P_2 + 6H_2O \rightarrow 3Ca(OH)_2 + 2PH_3$
② 위험등급 : Ⅲ

상세해설

인화칼슘(Ca_3P_2)[별명 : 인화석회] : 제3류-금수성 물질

화학식	분자량	융점	비중
Ca_3P_2	182	1,600℃	2.5

① 적갈색의 괴상고체
② 물 및 약산과 격렬히 반응, 분해하여 유독한 가연성기체인 인화수소(PH_3)을 생성한다.
 • $Ca_3P_2 + 6H_2O \rightarrow 3Ca(OH)_2$(수산화칼슘) $+ 2PH_3$(포스핀=인화수소)
 • $Ca_3P_2 + 6HCl \rightarrow 3CaCl_2$(염화칼슘) $+ 2PH_3$(포스핀=인화수소)
③ 포스핀은 맹독성가스이므로 취급시 방독마스크를 착용한다.
④ 물 및 포약제의 의한 소화는 절대 금하고 마른모래 등으로 피복하여 자연 진화되도록 기다린다.

제3류 위험물 및 지정수량

성질	품 명	지정수량	위험등급
자연발화성 및 금수성물질	1. 칼륨	10kg	Ⅰ
	2. 나트륨		
	3. 알킬알루미늄		
	4. 알킬리튬		
	5. 황린	20kg	
	6. 알칼리금속 (칼륨 및 나트륨 제외) 및 알칼리토금속	50kg	Ⅱ
	7. 유기금속화합물 (알킬알루미늄 및 알킬리튬 제외)		
	8. 금속의 수소화물	300kg	Ⅲ
	9. 금속의 인화물		
	10. 칼슘 또는 알루미늄의 탄화물		
	11. 염소화규소화합물		

11. 다음 물질에 대한 빈칸에 알맞은 답을 쓰시오. (5점)

구분	화학식	품명	수용성여부
메틸에틸케톤			
아닐린			
클로로벤젠			
사이클로헥산			
피리딘			

해답 ✓ 답

구분	화학식	품명	수용성여부
메틸에틸케톤	$CH_3COC_2H_5$	제1석유류	비수용성
아닐린	$C_6H_5NH_2$	제3석유류	비수용성
클로로벤젠	C_6H_5Cl	제2석유류	비수용성
사이클로헥산	C_6H_{12}	제1석유류	비수용성
피리딘	C_5H_5N	제1석유류	수용성

상세해설

제4류 위험물의 화학식과 품명

구분	화학식	품명	수용성여부	지정수량
메틸에틸케톤	$CH_3COC_2H_5$	제1석유류	비수용성	200L
아닐린	$C_6H_5NH_2$	제3석유류	비수용성	2,000L
클로로벤젠	C_6H_5Cl	제2석유류	비수용성	1,000L
사이클로헥산	C_6H_{12}	제1석유류	비수용성	200L
피리딘	C_5H_5N	제1석유류	수용성	400L

제4류 위험물의 품명 및 지정수량 ★★★★★

성질	품명		지정수량	위험등급	비 고
인화성 액체	특수인화물		50L	I	• 발화점 100℃ 이하 • 인화점 -20℃ 이하 & 비점 40℃ 이하 • 이황화탄소, 다이에틸에터
	제1석유류	비수용성	200L	II	• 인화점 21℃ 미만 • 아세톤, 휘발유
		수용성	400L		
	알코올류		400L		• C_1~C_3포화 1가알코올(변성알코올 포함)
	제2석유류	비수용성	1000L	III	• 인화점 21℃ 이상 70℃ 미만 • 등유, 경유
		수용성	2000L		
	제3석유류	비수용성	2000L		• 인화점 70℃ 이상 200℃ 미만 • 중유, 크레오소트유
		수용성	4000L		
	제4석유류		6000L		• 인화점이 200℃ 이상 250℃ 미만인 것
	동식물유류		10000L		• 동물의 지육 또는 식물의 종자나 과육으로부터 추출한 것으로 1기압에서 인화점이 250℃ 미만인 것

53회 기출

12 지정수량 50kg, 분자량 78, 비중 2.8인 물질과 물 및 이산화탄소의 반응시 화학 반응식을 쓰시오. (5점)

해답

✔**답** ① 물과 반응식 : $2Na_2O_2 + 2H_2O \rightarrow 4NaOH + O_2$

② 이산화탄소와 반응식 : $2Na_2O_2 + 2CO_2 \rightarrow 2Na_2CO_3 + O_2$

상세해설

과산화나트륨(Na_2O_2) : 제1류 위험물 중 무기과산화물(금수성)

화학식	분자량	비중	융점	분해온도
Na_2O_2	78	2.8	460℃	460℃

① 상온에서 물과 격렬히 반응하여 산소(O_2)를 방출하고 폭발하기도 한다.

$2Na_2O_2 + 2H_2O \rightarrow 4NaOH + O_2 \uparrow$
(과산화나트륨) (물)   (수산화나트륨) (산소)

② 공기중 이산화탄소(CO_2)와 반응하여 산소(O_2)를 방출한다.

$2Na_2O_2 + 2CO_2 \rightarrow 2Na_2CO_3 + O_2 \uparrow$

③ 산과 반응하여 과산화수소(H_2O_2)를 생성시킨다.

$Na_2O_2 + 2CH_3COOH \rightarrow 2CH_3COONa + H_2O_2 \uparrow$

④ 열분해 시 산소(O_2)를 방출한다.

$2Na_2O_2 \rightarrow 2Na_2O + O_2 \uparrow$

⑤ 주수소화는 금물이고 마른모래(건조사)등으로 소화한다.

63회 유사

13 제6류 위험물에 대한 다음 각 물음에 답하시오. (5점)

① 크산토프로테인반응을 하는 물질의 정의를 쓰시오.
② N_2H_4와 반응하여 물과 질소를 발생시키는 물질에 대한 분해반응식을 쓰시오.
③ 할로젠간화합물 3가지를 화학식으로 쓰시오.

해답

✔**답** ① 질산은 그 비중이 1.49 이상인 것에 한하며 산화성액체의 성상이 있는 것으로 본다.

② $2H_2O_2 \rightarrow 2H_2O + O_2$

③ BrF_3, BrF_5, IF_5

상세해설

질산(HNO_3)-제6류 위험물-산화성액체

화학식	분자량	비중	비점	융점
HNO_3	63	1.50	86℃	-42℃

① 무색의 발연성 액체이다.
② 빛에 의하여 일부 분해되어 생긴 NO_2 때문에 황갈색으로 된다.

$$4HNO_3 \rightarrow 2H_2O + 4NO_2\uparrow(이산화질소) + O_2\uparrow(산소)$$

③ 저장용기는 직사광선을 피하고 찬 곳에 저장한다.
④ 실험실에서는 갈색병에 넣어 햇빛을 차단시킨다.

크산토프로테인반응(xanthoprotenic reaction)
단백질에 진한질산을 가하면 노란색으로 변하고 알칼리를 작용시키면 오렌지색으로 변하며, 단백질 검출에 이용된다.

⑤ 진한질산에 의하여 부동태가 되는 금속
Fe(철), Al(알루미늄), Cr(크로뮴), Co(코발트), Ni(니켈)
⑥ 진한질산에 녹지 않는 금속 : Au(금), Pt(백금)

부동태란?
금속이 보통상태에서 나타내는 반응성을 잃은 상태.

왕수란 무엇인가?
- 진한염산과 진한질산을 3대 1 정도의 비율로 혼합한 액체이다.
- 강한 산화제로, 산에 잘 녹지 않는 금과 백금 등을 녹일 수 있다.

과산화수소(H_2O_2)-제6류 위험물

화학식	분자량	비중	비점	융점
H_2O_2	34	1.463	150.2℃(pure)	-0.43℃(pure)

① 물, 에탄올, 에터에 잘 녹으며 벤젠에 녹지 않는다.
② 분해 시 산소(O_2)를 발생시킨다.
③ 분해안정제로 인산(H_3PO_4) 또는 요산($C_5H_4N_4O_3$)을 첨가한다.
④ 저장용기는 밀폐하지 말고 **구멍이 있는 마개를** 사용한다.
⑤ 60% 이상의 고농도에서는 단독으로 폭발위험이 있다.
⑥ 하이드라진($NH_2 \cdot NH_2$)과 접촉 시 분해 작용으로 폭발위험이 있다.

$$NH_2 \cdot NH_2 + 2H_2O_2 \rightarrow 4H_2O + N_2\uparrow$$

⑦ 아이오딘화칼륨이나 이산화망가니즈(MnO_2)을 촉매로 하면 분해가 빠르다.
⑧ 3%용액은 옥시풀이라 하며 표백제 또는 살균제로 이용한다.

과산화수소는 36%(중량) 이상만 위험물에 해당된다.

제6류 위험물의 지정수량

성질	품명		지정수량	위험등급
산화성 액체	1. 과염소산		300kg	I
	2. 과산화수소			
	3. 질산			
	4. 할로젠간화합물 ① 삼불화브로민 ② 오불화브로민 ③ 오불화아이오딘			

14 다음은 불활성가스소화설비의 설치기준이다. 각 물음에 답하시오. (5점)

(1) 다음 ( )안에 알맞은 답을 쓰시오.

- 이산화탄소를 방사하는 분사헤드 중 고압식의 것에 있어서는 (①)MPa 이상, 저압식의 것에 있어서는 (②)MPa 이상일 것
- IG-100, IG-55, IG-541을 방사하는 분사헤드는 (③)MPa 이상일 것

(2) IG-100, IG-55, IG-541의 구성성분과 용량비를 쓰시오.

해답 ✔답 (1) ① 2.1 ② 1.05 ③ 1.9

(2) 구성성분과 용량비

구 분	구성성분과 용량비
IG-100	질소100
IG-55	질소50 : 아르곤50
IG-541	질소52 : 아르곤40 : 이산화탄소8

상세해설

전역방출방식의 불활성가스소화설비의 분사헤드 설치기준

① 방사된 소화약제가 방호구역의 전역에 균일하고 신속하게 방사할 수 있도록 설치할 것
② 분사헤드의 방사압력은 다음에 정한 기준에 의할 것
  ㉠ **이산화탄소**를 방사하는 분사헤드 중 **고압식**의 것(소화약제가 상온으로 용기에 저장되어 있는 것을 말한다. 이하 같다.)에 있어서는 **2.1MPa 이상**, **저압식**의 것(소화약제가 영하 18℃ 이하의 온도로 용기에 저장되어 있는 것을 말한다. 이하 같다)에 있어서는 **1.05MPa 이상**일 것
  ㉡ 질소(이하 "**IG-100**"이라 한다.), 질소와 아르곤의 용량비가 50대50인 혼합물(이하 "**IG-55**"라 한다.) 또는 질소와 아르곤과 이산화탄소의 용량비가 52대40대8인 혼합물(이하 "**IG-541**"이라 한다.)을 방사하는 분사헤드는 **1.9MPa 이상**일 것
③ **이산화탄소**를 방사하는 것은 소화약제의 양을 **60초 이내**에 균일하게 방사하고, IG-100, IG-55 또는 IG-541을 방사하는 것은 소화약제의 양의 **95% 이상을 60초 이내**에 방사할 것

전역방출방식의 불활성가스소화설비

구분	전역방출방식			국소방출방식 (이산화탄소)
	이산화탄소		불활성가스	
	고압식	저압식	IG-100, IG-55, IG-541	
헤드의 방사압력	2.1MPa 이상	1.05MPa 이상	1.9MPa 이상	-
약제방사시간	60초 이내		60초 이내(95% 이상)	30초 이내

제 4 편 최근 기출문제

36회, 41회, 48회 유사

15 위험물을 취급하는 건축물의 구조에 대한 다음 각 물음에 답하시오. (5점)
① 지붕의 재료에 대한 기준을 쓰시오.
② 창 및 출입구에 유리를 이용하는 경우 어떤 유리로 하여야 하는가?
③ 액체의 위험물을 취급하는 건축물의 바닥의 구조기준을 2가지만 쓰시오.

해답 ✔**답** ① 폭발력이 위로 방출될 정도의 가벼운 불연재료
② 망입유리
③ • 위험물이 스며들지 못하는 재료를 사용한다.
  • 적당한 경사를 두어 그 최저부에 집유설비를 설치한다.

상세해설

위험물을 취급하는 건축물의 구조기준
① **지하층이 없도록** 하여야 한다. 다만, 위험물을 취급하지 아니하는 지하층으로서 위험물의 취급장소에서 새어나온 위험물 또는 가연성의 증기가 흘러 들어갈 우려가 없는 구조로 된 경우에는 그러하지 아니하다.
② **벽·기둥·바닥·보·서까래 및 계단**을 불연재료로 하고, **연소(延燒)의 우려가 있는 외벽**(소방청장이 정하여 고시하는 것)은 출입구 외의 **개구부가 없는 내화구조의 벽**으로 하여야 한다. 이 경우 제6류 위험물을 취급하는 건축물에 있어서 위험물이 스며들 우려가 있는 부분에 대하여는 아스팔트 그 밖에 부식되지 아니하는 재료로 피복하여야 한다.
③ **지붕**(작업공정상 제조기계시설 등이 2층 이상에 연결되어 설치된 경우에는 최상층의 지붕을 말한다)은 **폭발력이 위로 방출될 정도의 가벼운 불연재료**로 덮어야 한다. 다만, 위험물을 취급하는 건축물이 다음 각목의 1에 해당하는 경우에는 그 지붕을 내화구조로 할 수 있다.
  ㉠ 제2류 위험물(분말상태의 것과 인화성고체를 제외), 제4류 위험물 중 제4석유류·동식물유류 또는 제6류 위험물을 취급하는 건축물인 경우
  ㉡ 다음의 기준에 적합한 밀폐형 구조의 건축물인 경우
    • 발생할 수 있는 내부의 과압 또는 부압에 견딜 수 있는 철근콘크리트조일 것
    • 외부화재에 90분 이상 견딜 수 있는 구조일 것
④ 출입구와 비상구에는 **60분+방화문·60분방화문** 또는 **30분방화문**을 설치하되, 연소의 우려가 있는 외벽에 설치하는 출입구에는 수시로 열 수 있는 자동폐쇄식의 60분+방화문 또는 60분방화문을 설치하여야 한다.
⑤ 위험물을 취급하는 건축물의 창 및 출입구에 유리를 이용하는 경우에는 **망입유리**로 하여야 한다.
⑥ 액체의 위험물을 취급하는 건축물의 바닥은 위험물이 스며들지 못하는 재료를 사용하고, 적당한 경사를 두어 그 최저부에 집유설비를 하여야 한다.

53회 기출

16 위험물안전관리법령상 안전교육을 받아야 하는 대상자를 쓰시오.

해답 ✔답 ① 안전관리자로 선임된 자
② 탱크시험자의 기술인력으로 종사하는 자
③ 위험물운반자로 종사하는 자
④ 위험물운송자로 종사하는 자

상세해설
안전교육
(1) 실시권자 : 소방청장
(2) 교육대상자
 ① 안전관리자로 선임된 자
 ② 탱크시험자의 기술인력으로 종사하는 자
 ③ 위험물운반자로 종사하는 자
 ④ 위험물운송자로 종사하는 자

17 위험물관계법령에 따라 위험물제조소에는 저장 또는 취급하는 위험물에 따라 주의사항을 표시한 게시판을 운반용기 외부에는 수납하는 위험물에 따라 주의사항을 표시하여 적재하여야 한다. 다음 빈칸에 알맞은 답을 쓰시오. (단, 없으면 "없음" 이라고 표기할 것) (5점)

구 분	게시판의 주의사항	운반용기 주의사항
트라이나이트로페놀		
철분		
적린		
과염소산		
과아이오딘산		

해답 ✔답

구 분	게시판의 주의사항	운반용기 주의사항
트라이나이트로페놀	화기엄금	화기엄금 및 충격주의
철분	화기주의	화기주의 및 물기엄금
적린	화기주의	화기주의
과염소산	없음	가연물접촉주의
과아이오딘산	없음	화기·충격주의 및 가연물접촉주의

상세해설

구 분	게시판의 주의사항	운반용기 주의사항
트라이나이트로페놀(5류)	화기엄금	화기엄금 및 충격주의
철분(2류)	화기주의	화기주의 및 물기엄금
적린(2류 : 인화성고체 제외)	화기주의	화기주의
과염소산(6류)	없음	가연물접촉주의
과아이오딘산(1류 : 그 밖의 것)	없음	화기·충격주의 및 가연물접촉주의

제조소의 위치, 구조 및 설비의 기준
(1) 위험물제조소의 표지 및 게시판
  ① 표지는 한 변의 길이가 0.3m 이상, 다른 한 변의 길이가 0.6m 이상인 직사각형으로 할 것
  ② 바탕은 백색, 문자는 흑색
(2) 게시판의 설치기준
  ① 한 변의 길이가 0.3m 이상, 다른 한 변의 길이가 0.6m 이상인 직사각형으로 할 것
  ② 위험물의 유별·품명 및 저장최대수량 또는 취급최대수량, 지정수량의 배수 및 안전 관리자의 성명 또는 직명을 기재할 것
  ③ 게시판의 바탕은 백색으로, 문자는 흑색으로 할 것
  ④ 저장 또는 취급하는 위험물에 따라 주의사항 게시판을 설치할 것

위험물의 종류	주의사항 표시	게시판의 색
제1류(알칼리금속 과산화물) 제3류(금수성 물품)	물기 엄금	청색바탕에 백색문자
제2류(인화성 고체 제외)	화기 주의	적색바탕에 백색문자
제2류(인화성 고체) 제3류(자연발화성 물품) 제4류 제5류	화기 엄금	

위험물 운반용기의 외부 표시 사항
① 위험물의 품명, 위험등급, 화학명 및 수용성(제4류 위험물의 수용성인 것에 한함)
② 위험물의 수량
③ 수납하는 위험물에 따른 주의사항

유별	성질에 따른 구분	표시사항
제1류 위험물	알칼리금속의 과산화물	화기·충격주의, 물기엄금 및 가연물접촉주의
	그 밖의 것	화기·충격주의 및 가연물접촉주의
제2류 위험물	철분·금속분·마그네슘	화기주의 및 물기엄금
	인화성고체	화기엄금
	그 밖의 것	화기주의
제3류 위험물	자연발화성물질	화기엄금 및 공기접촉엄금
	금수성물질	물기엄금
제4류 위험물	인화성 액체	화기엄금
제5류 위험물	자기반응성 물질	화기엄금 및 충격주의
제6류 위험물	산화성 액체	가연물접촉주의

18 지정수량의 5배를 초과하는 지정과산화물의 옥내저장소에 대한 담 또는 토제의 설치기준에 대한 각 물음에 답하시오. (5점)

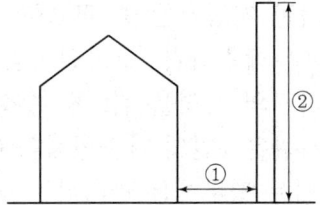

① 담 또는 토제는 저장창고의 외벽으로부터 몇 m 이상 떨어진 장소에 설치하여야 하는가?
② 담 또는 토제의 높이기준을 쓰시오.
③ 담의 두께 및 재질기준을 쓰시오.

해답

✔**답** ① 2m 이상
② 저장창고의 처마높이 이상
③ 두께 15cm 이상의 철근콘크리트조나 철골철근콘크리트조 또는 두께 20cm 이상의 보강콘크리트블록조

상세해설

[부표 2] 지정과산화물의 옥내저장소의 보유공지(별표 5관련)
비고
(1) 담 또는 토제는 다음 각목에 적합한 것으로 하여야 한다. 다만, 지정수량의 5배 이하인 지정과산화물의 옥내저장소에 대하여는 당해 옥내저장소의 저장창고의 외벽을 두께 30cm 이상의 철근콘크리트조 또는 철골철근콘크리트조로 만드는 것으로서 담 또는 토제에 대신할 수 있다.
 ① 담 또는 토제는 저장창고의 외벽으로부터 2m 이상 떨어진 장소에 설치할 것. 다만, 담 또는 토제와 당해 저장창고와의 간격은 당해 옥내저장소의 공지의 너비의 5분의 1을 초과할 수 없다.
 ② 담 또는 토제의 높이는 저장창고의 처마높이 이상으로 할 것
 ③ 담은 두께 15cm 이상의 철근콘크리트조나 철골철근콘크리트조 또는 두께 20cm 이상의 보강콘크리트블록조로 할 것
 ④ 토제의 경사면의 경사도는 60도 미만으로 할 것
(2) 지정수량의 5배 이하인 지정과산화물의 옥내저장소에 당해 옥내저장소의 저장창고의 외벽을 제1호 단서의 규정에 의한 구조로 하고 주위에 제1호 각목의 규정에 의한 담 또는 토제를 설치하는 때에는 그 공지의 너비를 2m 이상으로 할 수 있다.

제 4 편 최근 기출문제

19 위험물안전관리법령상 안전관리대행기관에 대한 다음 각 물음에 답하시오.

(10점)

(1) 안전관리대행기관 지정기준 중 필요한 장비를 2가지만 쓰시오.
(단, 안전용구, 두께측정기, 소화설비점검기구 제외한다.)
(2) 안전관리대행기관의 지정을 취소하여야 하는 경우를 2가지만 쓰시오.
(3) 안전관리대행기관은 1인의 기술인력을 다수의 제조소등의 안전관리자로 중복하여 지정하는 경우에는 관리하는 제조소등의 수가 몇 개를 초과하지 아니하도록 하여야 하는가?
(4) 안전관리대행기관은 지정받은 사항의 변경이 있는 때에는 신고서에 서류를 첨부하여 신고하여야 한다. 다음 빈칸에 알맞은 답을 쓰시오.

구 분	신고서 제출기한	신고기관
영업소의 소재지, 법인명칭 또는 대표자를 변경하는 경우	①	②

(5) 안전관리대행기관의 기술인력이 위험물의 취급 작업에 참여하지 아니하는 경우에 기술 인력은 점검 및 감독을 매월 몇 회 이상 실시하여야 하는지 저장소와 저장소가 아닌 경우로 답하시오.
(6) 제조소등의 관계인은 제조소등마다 안전관리원을 지정하여 대행기관이 지정한 안전관리자의 업무를 보조하게 하여야 한다. 안전관리원을 지정하지 않아도 되는 경우를 쓰시오.

해답 ✔답 (1) ① 절연저항계(절연저항측정기)
② 접지저항측정기(최소눈금 0.1Ω 이하)
③ 가스농도측정기(탄화수소계 가스의 농도측정이 가능할 것)
④ 정전기 전위측정기
⑤ 토크렌치, 진동시험기
⑥ 표면온도계(-10℃~300℃)
(2) ① 허위 그 밖의 부정한 방법으로 지정을 받은 때
② 탱크시험자의 등록 또는 다른 법령에 의하여 안전관리업무를 대행하는 기관의 지정·승인 등이 취소된 때
③ 다른 사람에게 지정서를 대여한 때
(3) 25개
(4) ① 14일 이내
② 소방청장
(5) ① 저장소 : 매월 2회 이상
② 저장소가 아닌 경우 : 매월 4회 이상
(6) 지정수량의 20배 이하를 저장하는 저장소

상세해설

(1) 안전관리대행기관의 지정기준

기술인력	① 위험물기능장 또는 위험물산업기사 1인 이상 ② 위험물산업기사 또는 위험물기능사 2인 이상 ③ 기계분야 및 전기분야의 소방설비기사 1인 이상
시설	전용사무실을 갖출 것
장비	① 절연저항계(절연저항측정기) ② 접지저항측정기(최소눈금 0.1Ω 이하) ③ 가스농도측정기(탄화수소계 가스의 농도측정이 가능할 것) ④ 정전기 전위측정기 ⑤ 토크렌치 ⑥ 진동시험기 ⑦ 표면온도계(-10℃~300℃) ⑧ 두께측정기(1.5mm~99.9mm) ⑨ 안전용구(안전모, 안전화, 손전등, 안전로프 등) ⑩ 소화설비점검기구(소화전밸브압력계, 방수압력측정계, 포콜렉터, 헤드렌치, 포콘테이너)

비고 : 기술인력란의 각호에 정한 2 이상의 기술인력을 동일인이 겸할 수 없다.

(2) 안전관리대행기관의 지정취소 등

소방청장은 안전관리대행기관이 다음 각호에 해당하는 때에는 그 **지정을 취소**하거나 **6월 이내의 기간을 정하여 그 업무의 정지**를 명하거나 시정하게 할 수 있다.
① 허위 그 밖의 부정한 방법으로 지정을 받은 때(**지정취소**)
② 탱크시험자의 등록 또는 다른 법령에 의하여 안전관리업무를 대행하는 기관의 지정·승인 등이 취소된 때(**지정취소**)
③ 다른 사람에게 지정서를 대여한 때(**지정취소**)
④ 안전관리대행기관의 지정기준에 미달되는 때
⑤ 소방청장의 지도·감독에 정당한 이유 없이 따르지 아니하는 때
⑥ 변경·휴업 또는 재개업의 신고를 연간 2회 이상 하지 아니한 때
⑦ 안전관리대행기관의 기술인력이 안전관리업무를 성실하게 수행하지 아니한 때

(3) 안전관리대행기관의 업무수행

안전관리대행기관은 기술인력을 안전관리자로 지정함에 있어서 **1인의 기술인력을 다수의 제조소등의 안전관리자로 중복하여 지정**하는 경우에는 규정에 적합하게 지정하거나 안전관리자의 업무를 성실히 대행할 수 있는 범위내에서 관리하는 제조소등의 수가 **25를 초과하지 아니하도록 지정**하여야 한다.

(4) 안전관리대행기관의 지정 등

안전관리대행기관은 지정받은 사항의 **변경**이 있는 때에는 그 사유가 있는 날부터 **14일 이내**에, **휴업·재개업 또는 폐업**을 하고자 하는 때에는 휴업·재개업 또는 폐업하고자 하는 날의 14일 전에 신고서에 해당 서류(전자문서를 포함)를 첨부하여 **소방청장에게 제출**하여야 한다.

(5) 안전관리대행기관의 업무수행

안전관리자로 지정된 안전관리대행기관의 기술인력 또는 안전관리원으로 지정된 자는 위험물의 취급작업에 참여하여 안전관리자의 책무를 성실히 수행하여야 하며, 기술인력이 위험물의 취급작업에 참여하지 아니하는 경우에 기술인력은 점검 및 감독을 **매월 4회(저장소의 경우에는 매월 2회) 이상 실시**하여야 한다.

(6) 안전관리원의 지정

제조소등(지정수량의 20배 이하를 저장하는 저장소는 제외)의 관계인은 당해 제조소 등마다 위험물의 취급에 관한 국가기술자격자 또는 안전교육을 받은 자를 **안전관리원으로 지정**하여 대행기관이 지정한 안전관리자의 업무를 보조하게 하여야 한다.

위험물기능장 제71회 실기시험

2022년도 기능장 제71회 실기시험 (2022년 05월 07일 시행)

자격종목	시험시간	문제수	형별	수험번호	성 명
위험물기능장	2시간	19	A		

01 다음 표를 보고 번호에 따라 ( )안에 알맞은 답을 쓰시오.

유 별	품 명	지정수량
제1류	브로민산염류, 질산염류, (①)	300kg
제2류	황화인, 적린, (②)	100kg
	(③)	1,000kg
제3류	금속의 수소화물, (④), 칼슘 또는 알루미늄의 탄화물	300kg
제5류	나이트로화합물, 나이트로소화합물, 아조화합물, 다이아조화합물, (⑤)	제1종 : 10kg 제2종 : 100kg

해답 ✔답 ① 아이오딘산염류 ② 황 ③ 인화성고체
④ 금속의 인화합물 ⑤ 하이드라진유도체

46회, 53회, 54회, 59회, 62회 기출

02 무색, 무취의 고체결정이며 ANFO폭약을 제조하는데 사용되는 위험물에 대한 다음 각 물음에 답하시오.
(1) 화학식 (2) 품명
(3) 폭발반응식

해답 ✔답 (1) NH_4NO_3
(2) 질산염류
(3) $2NH_4NO_3 \rightarrow 2N_2 + O_2 + 4H_2O$

상세해설 질산암모늄(NH_4NO_3)-제1류-질산염류

화학식	분자량	비중	융점	분해온도
NH_4NO_3	80	1.73	165℃	220℃

① 단독으로 가열, 충격 시 분해 폭발할 수 있다.
② 화약(ANFO폭약))원료로 쓰이며 유기물과 접촉 시 폭발우려가 있다.
③ 무색, 무취의 결정이며, 조해성 및 흡습성이 매우 강하다.

④ 물에 용해 시 흡열반응을 나타낸다.
⑤ 급격한 가열충격에 따라 폭발의 위험이 있다.

★ 질산암모늄의 분해 반응식 : $NH_4NO_3 \rightarrow N_2O + 2H_2O$
★ 질산암모늄의 폭발 반응식 : $2NH_4NO_3 \rightarrow 2N_2 + O_2 + 4H_2O$
★ ANFO(안포)폭약의 성분 : 질산암모늄94% + 경유6%

54회, 63회, 64회 기출

03 트라이에틸알루미늄과 다음 각 물질이 반응할 때 반응식을 쓰시오.
(1) 물   (2) 산소
(3) 메탄올

해답 ✔답 (1) $(C_2H_5)_3Al + 3H_2O \rightarrow Al(OH)_3 + 3C_2H_6$
(2) $2(C_2H_5)_3Al + 21O_2 \rightarrow Al_2O_3 + 12CO_2 + 15H_2O$
(3) $(C_2H_5)_3Al + 3CH_3OH \rightarrow Al(CH_3O)_3 + 3C_2H_6$

상세해설 알킬알루미늄[$(C_nH_{2n+1}) \cdot Al$] : 제3류 위험물(금수성 물질)
① 알킬기(C_nH_{2n+1})에 알루미늄(Al)이 결합된 화합물이다.
② $C_1 \sim C_4$는 자연발화의 위험성이 있다.
③ 물과 접촉 시 가연성 가스 발생하므로 주수소화는 절대 금지한다.
④ 트라이메틸알루미늄(TMA : Tri Methyl Aluminium)

$(CH_3)_3Al + 3H_2O \rightarrow Al(OH)_3 + 3CH_4 \uparrow$ (메탄)

⑤ 트라이에틸알루미늄(TEA : Tri Eethyl Aluminium)

$(C_2H_5)_3Al + 3H_2O \rightarrow Al(OH)_3 + 3C_2H_6 \uparrow$ (에탄) ★에탄(폭발범위 : 3.0~12.4%)

⑥ 공기 중 완전연소 반응식

$2(C_2H_5)3Al + 21O_2 \rightarrow Al_2O_3$(산화알루미늄) $+ 12CO_2 + 15H_2O$

⑦ 소화 시 주수소화는 절대 금하고 팽창질석, 팽창진주암 등으로 피복소화한다.

트라이에틸알루미늄의 반응식
① 완전연소 반응식 $2(C_2H_5)_3Al + 21O_2 \rightarrow Al_2O_3$(산화알루미늄) $+ 12CO_2 + 15H_2O$
② 물과 반응식 $(C_2H_5)_3Al + 3H_2O \rightarrow Al(OH)_3$(수산화알루미늄) $+ 3C_2H_6$(에탄)
③ 염소와 반응식 $(C_2H_5)_3Al + 3Cl_2 \rightarrow AlCl_3$(염화알루미늄) $+ 3C_2H_5Cl$(염화에틸)
④ 메틸알코올과 반응식 $(C_2H_5)_3Al + 3CH_3OH \rightarrow Al(CH_3O)_3$(메틸알루미녹세인) $+ 3C_2H_6$(에탄)
⑤ 염산과 반응식 $(C_2H_5)_3Al + 3HCl \rightarrow AlCl_3$(염화알루미늄) $+ 3C_2H_6$(에탄)

49회, 62회, 69회 기출

04 위험물탱크가 있는 제조소등의 허가를 받은 자가 위험물탱크의 설치 또는 그 위치·구조 또는 설비의 변경공사를 하는 때에는 완공검사를 받기 전에 기술기준에 적합한지의 여부를 확인하기 위하여 시·도지사가 실시하는 탱크안전성능검사를 받아야 한다. 탱크안전성능검사의 종류 4가지를 쓰시오.

해답 ✔답 (1) 기초·지반검사
(2) 충수·수압검사
(3) 용접부검사
(4) 암반탱크검사

상세해설 탱크안전성능검사를 받아야 하는 위험물탱크
(1) **기초·지반검사** : 옥외탱크저장소의 액체위험물탱크 중 그 용량이 100만리터 이상인 탱크
(2) **충수·수압검사** : 액체위험물을 저장 또는 취급하는 탱크. 다만, 다음 각 목의 어느 하나에 해당하는 탱크는 제외한다.
① 제조소 또는 일반취급소에 설치된 탱크로서 용량이 **지정수량 미만**인 것
② 「**고압가스 안전관리법**」에 따른 특정설비에 관한 검사에 합격한 탱크
③ 「**산업안전보건법**」에 따른 안전인증을 받은 탱크
(3) **용접부검사** : 옥외탱크저장소의 액체위험물탱크 중 그 용량이 **100만리터 이상**인 탱크
(4) **암반탱크검사** : 액체위험물을 저장 또는 취급하는 암반내의 공간을 이용한 탱크

05 다음 제4류 위험물의 설명에 대하여 물질의 명칭과 시성식을 쓰시오.

[보기]
(1) 특수인화물로서 휘발성액체이며 비중은 0.72, 분자량은 74이다.
(2) 제1석유류로서 무색의 액체이며 비중 0.8, 분자량은 53이다.
(3) 제2석유류로서 자극적인 냄새와 신맛이 나고 물에 잘 녹으며 비중 1.22, 분자량은 46이다.

해답 ✔답 (1) 다이에틸에터 $C_2H_5OC_2H_5$
(2) 아크릴로니트릴 $CH_2=CHCN$
(3) 의산(개미산, 포름산) $HCOOH$

06 다음 옥외탱크저장소의 위치·구조 및 설비의 기준에 대한 각 물음에 답하시오.

(1) 옥외저장탱크의 주위에는 그 저장 또는 취급하는 위험물의 최대수량에 따라 옥외저장탱크의 측면으로부터 다음 표에 의한 너비의 공지를 보유하여야 한다. ( )안에 알맞은 답을 쓰시오.

저장 또는 취급하는 위험물의 최대수량	공지의 너비
지정수량의 500배 이하	3m 이상
지정수량의 500배 초과 1,000배 이하	(①)m 이상
지정수량의 1,000배 초과 2,000배 이하	(②)m 이상
지정수량의 2,000배 초과 3,000배 이하	12m 이상
지정수량의 3,000배 초과 4,000배 이하	15m 이상

(2) 지정수량 2500배를 저장하는 옥외저장탱크(원주길이 50m)의 보유공지를 6m로 하기 위해 물분무소화설비를 설치하는 경우 물분무설비의 방수량(L/min)을 구하시오.

(3) 물분무설비에 필요한 수원의 양(m^3)을 구하시오.

해답

(1) ✔답 ① 5 ② 9

(2) ✔계산과정 $Q = 50m \times \dfrac{37L}{min} = 1850L/min$

  ✔답 1,850L/min

(3) ✔계산과정 $Q = 50m \times \dfrac{37L}{min} \times 20min = 37,000L = 37m^3$

  ✔답 $37m^3$

상세해설 옥외저장탱크("공지단축 옥외저장탱크")에 다음 각목의 기준에 적합한 **물분무설비**로 방호조치를 하는 경우에는 그 보유공지를 규정에 의한 보유공지의 **2분의 1 이상**의 너비(**최소 3m 이상**)로 할 수 있다. 이 경우 공지단축 옥외저장탱크의 화재시 $1m^2$**당 20kw 이상**의 복사열에 노출되는 표면을 갖는 인접한 옥외저장탱크가 있으면 당해 표면에도 다음 각목의 기준에 적합한 물분무설비로 방호조치를 함께하여야 한다.

(1) 탱크의 표면에 방사하는 물의 양은 탱크의 **원주길이 1m에 대하여 분당 37L 이상**으로 할 것
(2) 수원의 양은 (1)의 규정에 의한 수량으로 **20분 이상** 방사할 수 있는 수량으로 할 것

07 다음 각 물음에 답하시오.

(1) 과산화칼륨과 아세트산의 반응식을 쓰시오.
(2) (1)의 반응에서 생성되는 제6류 위험물의 열분해반응식을 쓰시오.

해답

✔**답** (1) $K_2O_2 + 2CH_3COOH \rightarrow 2CH_3COOK + H_2O_2$
(2) $2H_2O_2 \rightarrow 2H_2O + O_2$

상세해설

과산화칼륨(K_2O_2) : 제1류 위험물 중 무기과산화물

화학식	분자량	비중	분해온도
K_2O_2	110	2.9	490℃

① 무색 또는 오렌지색 분말상태
② 상온에서 **물과 격렬히 반응하여 산소(O_2)를 방출**하고 폭발하기도 한다.

$$2K_2O_2 + 2H_2O \rightarrow 4KOH + O_2\uparrow$$

③ 공기 중 이산화탄소(CO_2)와 반응하여 산소(O_2)를 방출한다.

$$2K_2O_2 + 2CO_2 \rightarrow 2K_2CO_3 + O_2\uparrow$$

④ 산과 반응하여 과산화수소(H_2O_2)를 생성시킨다.

$$K_2O_2 + 2CH_3COOH \rightarrow 2CH_3COOK + H_2O_2\uparrow$$

⑤ 열분해시 산소(O_2)를 방출한다.

$$2K_2O_2 \rightarrow 2K_2O + O_2\uparrow$$

⑥ 주수소화는 금물이고 마른모래(건조사)등으로 소화한다.

08 다음에서 설명하는 2가지 물질의 반응식을 쓰시오.

(1) 은백색의 광택이 있는 무른 경금속으로 비중 0.97, 융점 97.8℃이고 자연발화의 위험이 있는 제3류 위험물이다.
(2) 분자량 46, 지정수량이 400L이며 산화하면 아세트알데하이드가 생성되는 제4류 위험물이다.

해답

✔**답** $2Na + 2C_2H_5OH \rightarrow 2C_2H_5ONa + H_2$

상세해설

에틸알코올(C_2H_5OH)

화학식	분자량	비중	비점	인화점	착화점	연소범위
C_2H_5OH	46	0.8	78.3℃	13℃	423℃	4.3~19% 이상

① 술 속에 포함되어 있어 주정이라고 한다.
② 무색 투명한 액체이다.
③ 물에 아주 잘 녹으며 유기용제이다.

④ 연소 시 주간에는 불꽃이 잘 보이지 않는다.

$$C_2H_5OH + 3O_2 \rightarrow 2CO_2 + 3H_2O$$

⑤ 금속나트륨, 금속칼륨을 가하면 수소(H_2)가 발생한다.

$$2C_2H_5OH + 2Na \rightarrow 2C_2H_5ONa + H_2 \uparrow$$

⑥ 아이오딘포름 반응을 하므로 에탄올검출에 이용된다.

에틸알코올의 반응식
- 알칼리금속과 반응 $2Na + 2C_2H_5OH \rightarrow 2C_2H_5ONa + H_2 \uparrow$
- 산화, 환원반응식 $C_2H_5OH \xrightarrow[\text{환원}]{\text{산화}} CH_3CHO \xrightarrow[\text{환원}]{\text{산화}} CH_3COOH$

⑦ 에틸렌을 물과 반응하여 제조 또는 당밀을 발효시켜 제조한다.

$$CH_2=CH_2 + H_2O \rightarrow C_2H_5OH(\text{에틸알코올})$$

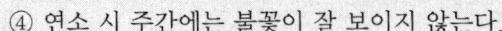
52회, 55회, 62회, 63회, 68회, 69회 기출

09 위험물의 성질란에 규정된 성상을 2가지 이상 포함하는 물품을 복수성상물품이라 한다. 이 물품이 속하는 품명의 판단기준을 ( )안에 알맞는 유별을 쓰시오.

① 복수성상물품이 산화성 고체의 성상 및 가연성 고체의 성상을 가지는 경우 : (   ) 위험물
② 복수성상물품이 산화성 고체의 성상 및 자기반응성 물질의 성상을 가지는 경우 : (   ) 위험물
③ 복수성상물품이 가연성 고체의 성상 및 자연발화성 물질의 성상 및 금수성 물질의 성상을 가지는 경우 : (   ) 위험물
④ 복수성상물품이 자연발화성 물질의 성상, 금수성 물질의 성상 및 인화성 액체의 성상을 가지는 경우 : (   ) 위험물
⑤ 복수성상물품이 인화성 액체의 성상 및 자기반응성 물질의 성상을 가지는 경우 : (   ) 위험물

해답 ✔답 ① 제2류   ② 제5류   ③ 제3류   ④ 제3류   ⑤ 제5류

상세해설 **성질란에 규정된 성상을 2가지 이상 포함하는 물품(복수성상물품)이 속하는 품명**
① 산화성 고체의 성상 및 가연성 고체의 성상을 가지는 경우 : 제2류
② 산화성 고체의 성상 및 자기반응성 물질의 성상을 가지는 경우 : 제5류
③ 가연성 고체의 성상과 자연발화성 물질의 성상 및 금수성 물질의 성상을 가지는 경우 : 제3류
④ 자연발화성 물질의 성상, 금수성 물질의 성상 및 인화성액체의 성상을 가지는 경우 : 제3류
⑤ 인화성 액체의 성상 및 자기반응성 물질의 성상을 가지는 경우 : 제5류

49회 기출

10 다음 [보기]에서는 어떤 물질에 대한 제조방법 3가지를 설명하고 있다. 제조되는 4류 위험물에 대한 다음 각 물음에 답하시오.

[보기]
- 에틸렌과 산소를 $PdCl_2$ 또는 $CuCl_2$ 촉매하에서 반응시켜 제조
- 에탄올을 산화시켜 제조
- 황산수은 촉매하에서 아세틸렌에 물을 첨가시켜 제조

① 이 물질의 위험도를 계산하시오.
② 이 물질이 공기 중 산소와 산화하여 4류 위험물이 생성되는 반응식을 쓰시오.

해답

✓ 계산과정
① 위험도
- 아세트알데하이드의 연소범위 : 4~60%
- $H = \dfrac{60-4}{4} = 14$

✓ 답 ① 위험도 : 14
② 반응식 : $2CH_3CHO + O_2 \rightarrow 2CH_3COOH$

상세해설

위험도 계산공식

$$H = \dfrac{U(연소상한) - L(연소하한)}{L(연소하한)}$$

아세트알데하이드(CH_3CHO)–제4류 특수인화물

화학식	분자량	비중	비점	인화점	착화점	연소범위
CH_3CHO	44	0.78	21℃	-38℃	185℃	4~60%

① 휘발성이 강하고 과일냄새가 있는 무색 액체이며 물, 에탄올에 잘 녹는다.
② 산화되어 초산(CH_3COOH)이 된다.

$$2CH_3CHO + O_2 \rightarrow 2CH_3COOH(초산)$$

③ 에탄올이 산화되어 아세트알데하이드가 생성된다.

$$C_2H_5OH \xrightarrow[-H_2]{산화} CH_3CHO$$

④ 취급하는 설비는 은·수은·동·마그네슘 또는 이들을 성분으로 하는 합금으로 만들지 아니할 것
⑤ 아세트알데하이드 등을 취급하는 설비에는 연소성 혼합기체의 생성에 의한 폭발을 방지하기 위한 불활성기체 또는 수증기를 봉입하는 장치를 갖출 것

49회, 57회, 62회 기출

11 제5류 위험물 중 과산화벤조일과 나이트로글리세린의 구조식을 그리시오.

해답

✔ 답 ① 과산화벤조일

$$\text{C}_6\text{H}_5-\overset{\text{O}}{\underset{}{\text{C}}}-\text{O}-\text{O}-\overset{\text{O}}{\underset{}{\text{C}}}-\text{C}_6\text{H}_5$$

② 나이트로글리세린

$$\begin{array}{c} \text{H} \quad \text{H} \quad \text{H} \\ | \quad | \quad | \\ \text{H}-\text{C}-\text{C}-\text{C}-\text{H} \\ | \quad | \quad | \\ \text{O} \quad \text{O} \quad \text{O} \\ | \quad | \quad | \\ \text{NO}_2 \; \text{NO}_2 \; \text{NO}_2 \end{array}$$

상세해설

과산화벤조일(Benzoyl Peroxide, 벤조일퍼옥사이드, BPO)-제5류-유기과산화물

$$\text{C}_6\text{H}_5-\overset{\text{O}}{\underset{}{\text{C}}}-\text{O}-\text{O}-\overset{\text{O}}{\underset{}{\text{C}}}-\text{C}_6\text{H}_5$$

화학식	분자량	비중	융점	착화점
$(C_6H_5CO)_2O_2$	242	1.33	105℃	125℃

① 무색 무취의 백색분말 또는 결정이다.
② 물에 녹지 않고 알코올에 약간 녹으며 에터 등 유기용제에 잘 녹는다.
③ 저장용기에 희석제[프탈산다이메틸(DMP), 프탈산다이부틸(DBP)]를 넣어 폭발 위험성을 낮춘다.
④ 다량의 물 또는 포소화약제로 소화한다.

나이트로글리세린(Nitro Glycerine)[$(C_3H_5(ONO_2)_3)$]-제5류 위험물 중 질산에스터류

$$\begin{array}{c} \text{H} \quad \text{H} \quad \text{H} \\ | \quad | \quad | \\ \text{H}-\text{C}-\text{C}-\text{C}-\text{H} \\ | \quad | \quad | \\ \text{O} \quad \text{O} \quad \text{O} \\ | \quad | \quad | \\ \text{NO}_2 \; \text{NO}_2 \; \text{NO}_2 \end{array}$$

화학식	분자량	비중	융점	비점	착화점
$C_3H_5(ONO_2)_3$	227	1.6	13℃	160℃	210℃

① 상온에서는 액체이지만 겨울철에는 동결한다.
② 글리세린에 진한 질산과 진한 황산을 가하면 나이트로화하여 나이트로글리세린으로 된다.

글리세린의 나이트로화반응

$$C_3H_5(OH)_3 + 3HONO_2 \xrightarrow{H_2SO_4} C_3H_5(ONO_2)_3 + 3H_2O$$
(글리세린)   (질산)   (나이트로글리세린)   (물)

③ 비수용성이며 메탄올, 아세톤 등에 녹는다.
④ 가열, 마찰, 충격에 예민하여 대단히 위험하다.

나이트로글리세린의 열분해 반응식

$$4C_3H_5(ONO_2)_3 \rightarrow 12CO_2\uparrow + 6N_2\uparrow + O_2\uparrow + 10H_2O$$

⑤ 다이너마이트(규조토+나이트로글리세린), 무연화약 제조에 이용된다.

12 다음 [보기]에서 설명하는 물질에 대하여 각 물음에 답하시오.

[보기] 지정수량 50L, 인화점 −37℃, 끓는점 35℃, 비중 0.83, 분자량 58

(1) 구조식을 그리시오.
(2) 증기비중을 구하시오.
(3) 지하저장탱크 중 압력탱크에 저장하는 경우 유지하여야 할 온도는 몇 ℃인지 쓰시오.
(4) 보냉장치가 없는 이동저장탱크에 저장하는 경우 유지하여야 할 온도는 몇 ℃인지 쓰시오.

해답

✔답 (1)
```
    H  H  H
    |  |  |
H — C — C — C — H
    |   \ /
    H    O
```

(2) $S = \dfrac{58}{29} = 2$

(3) 40℃ 이하

(4) 40℃ 이하

상세해설

(1) 산화프로필렌(CH₃CH₂CHO)

```
    H  H  H
    |  |  |
H — C — C — C — H
    |   \ /
    H    O
```

화학식	분자량	비중	비점	인화점	착화점	연소범위
CH₃CHCH₂O	58	0.83	34℃	−37℃	465℃	2.8~37%

① 휘발성이 강하고 에터 냄새가 나는 액체이다.
② 물, 알코올, 벤젠 등 유기용제에는 잘 녹는다.
③ 연소범위는 2.8~37%이다.
④ 저장용기 사용 시 구리, 마그네슘, 은, 수은 및 합금용기 사용금지
   (아세틸리드(acetylide) 생성)
⑤ 저장 용기 내에 질소(N_2) 등 불연성가스를 채워둔다.
⑥ 소화는 포 약제로 질식 소화한다.

(2) 옥외저장탱크·옥내저장탱크 또는 지하저장탱크의 저장 유지온도

구 분	압력탱크 외의 탱크	구 분	압력탱크
산화프로필렌과 이를 함유한 것 또는 다이에틸에터 등	30℃ 이하	아세트알데하이드 등 또는 다이에틸에터 등	40℃ 이하
아세트알데하이드 또는 이를 함유한 것	15℃ 이하		

(3) 이동저장탱크의 저장 유지온도

구 분	보냉장치가 있는 경우	보냉장치가 없는 경우
아세트알데하이드 등 또는 다이에틸에터 등	비점 이하	40℃ 이하

54회 기출

13. 경유인 액체위험물을 상부를 개방한 용기에 저장하는 경우 표면적이 50m²이고, 국소방출방식의 분말소화설비를 설치하고자 할 때 제3종 분말소화약제의 저장량은 얼마로 하여야 하는가?

해답

✓ 계산과정

① 위험물의 종류에 대한 가스계 및 분말 소화약제의 계수(K)
  경유 : 1종~4종의 $K = 1.0$
② $Q = [50\text{m}^2 \times 5.2\text{kg/m}^2 \times 1.0] \times 1.1 = 286\text{kg}$

✓ **답** 286kg

상세해설

분말소화설비의 국소방출방식

연소형태	소화약제의 양		
	제1종 분말	제2종, 제3종 분말	제4종 분말
면적식	$Q=[A\times 8.8\text{kg/m}^2\times K]\times 1.1$	$Q=[A\times 5.2\text{kg/m}^2\times K]\times 1.1$	$Q=[A\times 3.6\text{kg/m}^2\times K]\times 1.1$
	여기서, Q : 소화약제의 양, A : 방호대상물의 표면적(m²) K : 위험물의 종류에 대한 가스계소화약제의 계수(별표2 : 생략)		
용적식	$Q = V \times Q_1 \times K \times 1.1$		
	여기서, Q : 소화약제의 양, V : 방호공간의 체적(m³) $Q_1 : \left(X - Y\dfrac{a}{A}\right)[\text{kg/m}^3]$ K : 위험물의 종류에 대한 가스계소화약제의 계수(별표2 : 생략)		

※ 면적식의 국소방출방식
  액체 위험물을 상부를 개방한 용기에 저장하는 경우 등 화재시 연소면이 한 면에 한정되고 위험물이 비산할 우려가 없는 경우

※ 용적식의 국소방출방식(면적식 외의 경우)

$Q_1 : X - Y\dfrac{a}{A}[\text{kg/m}^3]$

여기서, Q_1 : 단위 체적당 소화약제의 양(kg/m³)
  a : 방호대상물의 주위에 실제로 설치된 고정벽의 면적의 합계(m²)
  A : 방호공간 전체둘레의 면적(m²)
  X 및 Y : 다음 표에 정한 수치

약제의 종류	X의 수치	Y의 수치
제1종 분말	5.2	3.9
제2종 또는 제3종 분말	3.2	2.4
제4종 분말	2.0	1.5
제5종 분말	소화약제에 따라 필요한 양	소화약제에 따라 필요한 양

14 제3류에 속하며 물에 녹지 않고 자연 발화시 흰색 기체를 발생하며 위험등급 Ⅰ에 해당하는 물질에 대한 다음 각 물음에 답하시오.

(1) 자연발화시 생성되는 흰색 기체의 명칭과 화학식을 쓰시오.
(2) 위의 물질과 수산화칼륨 수용액과의 반응식을 쓰시오.
(3) 옥내저장소에 저장할 경우 바닥면적은 몇 m^2 이하인지 쓰시오.

해답

✔답 (1) 명칭 : 오산화인 화학식 : P_2O_5
　　 (2) $P_4 + 3KOH + 3H_2O \rightarrow 3KH_2PO_2 + PH_3$
　　 (3) $1000m^2$ 이하

상세해설

황린(P_4)[별명 : 백린] : 제3류 위험물(자연발화성물질)

화학식	분자량	발화점	비점	융점	비중	증기비중
P_4	124	34℃	280℃	44℃	1.82	4.4

① 백색 또는 담황색의 고체이며 공기 중 약 34℃에서 자연 발화한다.
② 저장 시 자연 발화성이므로 반드시 물속에 저장한다.
③ 인화수소(PH_3)의 생성을 방지하기 위하여 물의 pH=9(약알칼리)가 안전한계이다.
④ **연소 시 오산화인(P_2O_5)의 흰 연기가 발생한다.**

$$P_4 + 5O_2 \rightarrow 2P_2O_5 (오산화인)$$

⑤ 강알칼리의 용액에서는 유독기체인 포스핀(PH_3) 발생한다.

$$P_4 + 3NaOH + 3H_2O \rightarrow 3NaH_2PO_2 + PH_3 \uparrow (인화수소=포스핀)$$

⑥ 약 260℃로 가열(공기차단)시 적린이 된다.
⑦ 고압의 주수소화는 황린을 비산시켜 연소면이 확대될 우려가 있다.

옥내저장소의 저장창고 바닥면적 설치기준 ★★

구분	위험물의 종류	바닥면적
가	• 제1류 위험물 중 아염소산염류, 염소산염류, 과염소산염류, 무기과산화물, 그 밖에 지정수량 50kg인 위험물 • 제3류 위험물 중 칼륨, 나트륨, 알킬알루미늄, 알킬리튬, 그 밖에 지정수량이 10kg인 위험물 및 황린 • 제4류 위험물 중 특수인화물, 제1석유류 및 알코올류 • 제5류 위험물 중 지정수량이 10kg인 위험물 • 제6류 위험물	$1000m^2$ 이하
나	• 가 외의 위험물을 저장하는 창고	$2000m^2$ 이하
다	• 가와 나의 위험물을 내화구조의 격벽으로 완전히 구획된 실에 각각 저장하는 창고 (가의 위험물을 저장하는 실의 면적은 $500m^2$를 초과할 수 없다)	$1500m^2$ 이하

15 위험물안전관리에 관한 세부기준에서 정한 분말소화설비의 저장용기 설치기준이다. ( )안에 알맞은 답을 쓰시오.

(1) 온도가 (①)℃ 이하이고 온도 변화가 적은 장소에 설치할 것
(2) (②) 및 빗물이 침투할 우려가 적은 장소에 설치할 것
(3) 저장용기(축압식인 것은 내압력이 (③)MPa인 것에 한한다)에는 용기밸브를 설치할 것
(4) 가압식의 저장용기등에는 (④)밸브를 설치할 것
(5) 보기 쉬운 장소에 충전소화약제량, 소화약제의 종류, (⑤)(가압식인 것에 한한다) 제조년월 및 제조자명을 표시할 것

해답
✔ 답 ① 40, ② 직사일광, ③ 1.0, ④ 방출, ⑤ 최고사용압력

상세해설
분말소화설비의 저장용기 설치기준
(1) 방호구역 외의 장소에 설치할 것
(2) 온도가 **40℃ 이하**이고 온도 변화가 적은 장소에 설치할 것
(3) **직사일광 및 빗물**이 침투할 우려가 적은 장소에 설치할 것
(4) 저장용기에는 안전장치(용기밸브에 설치되어 있는 것을 포함)를 설치할 것
(5) 저장용기의 외면에 소화약제의 종류와 양, 제조년도 및 제조자를 표시할 것
(6) 저장탱크는 「압력용기 – 설계 및 제조 일반」(KS B 6750)의 기준에 적합한 것 또는 이와 동등 이상의 강도 및 내식성이 있는 것을 사용할 것
(7) 저장용기 등에는 안전장치를 설치할 것
(8) 저장용기(축압식인 것은 **내압력이 1.0MPa**인 것에 한한다)에는 용기밸브를 설치할것
(9) 가압식의 저장용기등에는 방출밸브를 설치할 것
(10) 보기 쉬운 장소에 충전소화약제량, 소화약제의 종류, 최고사용압력(가압식인 것에 한한다) 제조년월 및 제조자명을 표시할 것

16 다음 [보기]의 위험물이 열분해하여 산소가 생성되는 물질을 골라 분해반응식을 쓰시오.

[보기]
염소산나트륨, 질산칼륨, 에탄올, 트라이에틸알루미늄, 나이트로글리세린

해답
✔ 답 염소산나트륨 : $2NaClO_3 \rightarrow 2NaCl + 3O_2$
질산칼륨 : $2KNO_3 \rightarrow 2KNO_2 + O_2$
나이트로글리세린 : $4C_3H_5(ONO_2)_3 \rightarrow 12CO_2 + 10H_2O + 6N_2 + O_2$

17
다음 [보기]의 반응에서 생성된 기체가 혼합되었을 때 혼합기체의 폭발하한 값 [vol%]을 구하시오.

[보기]
○ 탄화알루미늄과 물이 반응하여 생성된 기체 : 30[vol%]
○ 탄화칼슘과 물이 반응하여 생성된 기체 : 45[vol%]
○ 아연과 물이 반응하여 생성된 기체 : 25[vol%]

해답 ✔ 계산과정

$Al_4C_3 + 12H_2O \rightarrow 4Al(OH)_3 + 3CH_4$ (폭발범위 : 5~15%))
$CaC_2 + 2H_2O \rightarrow Ca(OH)_2 + C_2H_2$ (폭발범위 : 2.5~81%)
$Zn + 2H_2O \rightarrow Zn(OH)_2 + H_2$ (폭발범위 : 4~75%)

$$\frac{100}{L_m} = \frac{30}{5} + \frac{45}{2.5} + \frac{25}{4} \quad L_m = \frac{100}{\frac{30}{5} + \frac{45}{2.5} + \frac{25}{4}} = 3.31\%$$

✔ 답 3.31[vol%]

상세해설 혼합가스의 폭발한계★★

$$\frac{V_m}{L_m} = \frac{V_1}{L_1} + \frac{V_2}{L_2} + \frac{V_3}{L_3} + \cdots\cdots + \frac{V_n}{L_n}$$

여기서, V_m : 혼합가스의 부피농도(%)
L_m : 혼합가스의 폭발 하한값 또는 폭발 상한값
L : 단일가스의 폭발 하한값 또는 폭발 상한값
V : 단일가스의 부피농도(%)

18
위험물안전관리에 관한 세부기준의 포소화설비에 대하여 다음 각 물음에 답하시오.

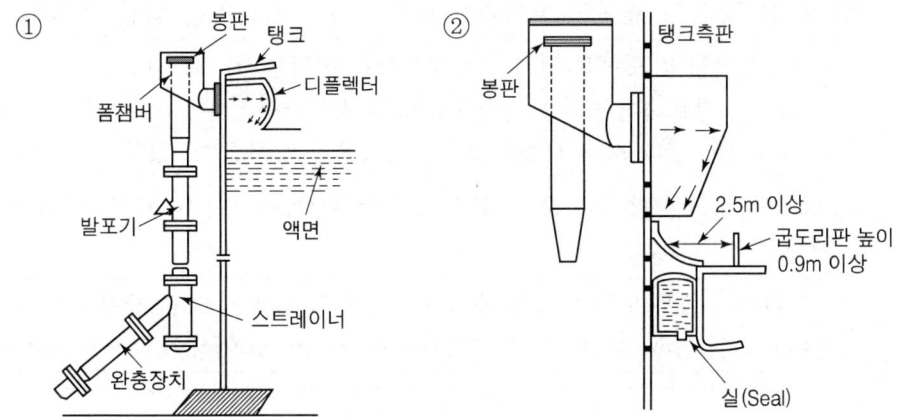

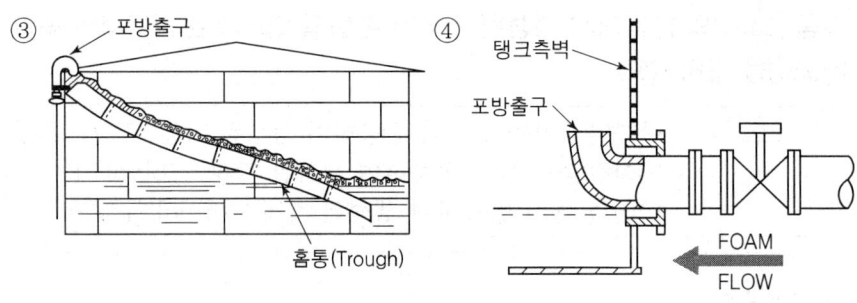

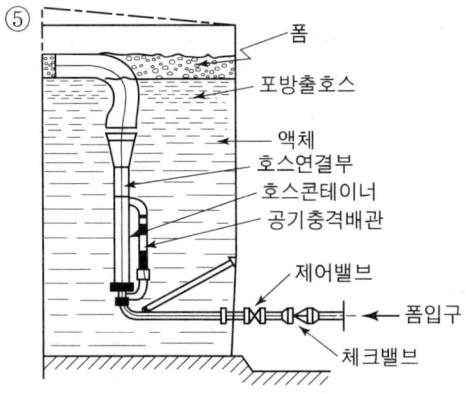

(1) 위의 그림을 보고 기호에 알맞은 포방출구의 종류를 쓰시오.
(2) 고정지붕구조의 탱크에 상부포주입법을 이용하는 것으로서 방출된 포가 액면 아래로 몰입되거나 액면을 뒤섞지 않고 액면상을 덮을 수 있는 통계단 또는 미끄럼판 등의 설비 및 탱크내의 위험물증기가 외부로 역류되는 것을 저지할 수 있는 구조·기구를 갖는 포방출구를 위의 그림에서 골라 번호로 답하시오.
(3) 공기포소화약제의 혼합방식의 종류 2가지를 쓰시오.
(4) 포헤드방식의 포헤드 설치기준이다. ( )안에 알맞은 답을 쓰시오.

> 방호대상물의 표면적(건축물의 경우에는 바닥면적) (①)m^2당 1개 이상의 헤드를, 방호대상물의 표면적 1m^2당의 방사량이 (②)L/min 이상의 비율로 계산한 양의 포수용액을 표준방사량으로 방사할 수 있도록 설치할 것

(5) 포모니터 노즐방식의 포모니터 노즐 설치기준이다. ( )안에 알맞은 답을 쓰시오.

> 모니터 노즐은 모든 노즐을 동시에 사용할 경우에 각 노즐 끝부분의 방사량이 (①)L/min 이상이고 수평방사거리가 (②)m 이상이 되도록 설치할 것

해답

(1) ✔답 ① Ⅱ형 ② 특형 ③ Ⅰ형 ④ Ⅲ형 ⑤ Ⅳ형
(2) ✔답 ③
(3) ✔답 ① 펌프 프로포셔너 방식
        ② 프레져 프로포셔너 방식
        ③ 라인 프로포셔너 방식
        ④ 프레져 사이드 프로포셔너 방식
(4) ✔답 ① 9   ② 6.5
(5) ✔답 ① 1900   ② 30

상세해설

(1) 포헤드방식의 포헤드 설치기준
① 방호대상물의 표면적(건축물의 경우에는 바닥면적) $9m^2$**당 1개 이상의 헤드**를, 방호대상물의 **표면적 $1m^2$당의 방사량**이 **6.5L/min 이상**의 비율로 계산한 양의 포수용액을 표준방사량으로 방사할 수 있도록 설치 할 것
② 방사구역은 $100m^2$ **이상**(방호대상물의 표면적이 $100m^2$ 미만인 경우에는 당해 표면적)으로 할 것

(2) 포모니터노즐방식의 포모니터노즐 설치기준
① 포모니터노즐은 옥외저장탱크 또는 이송취급소의 펌프설비 등이 안벽, 부두, 해상구조물, 그밖의 이와 유사한 장소에 설치되어 있는 경우에 당해 장소의 끝선(해면과 접하는 선)으로부터 **수평거리 15m 이내**의 해면 및 주입구 등 위험물취급설비의 모든 부분이 수평방사거리 내에 있도록 설치할 것. 이 경우에 그 설치개수가 1개인 경우에는 2개로 할 것
② 포모니터노즐은 모든 노즐을 동시에 사용할 경우에 각 **노즐 끝부분의 방사량이 1900L/min 이상**이고 **수평방사거리가 30m 이상**이 되도록 설치할 것

(3) 포방출구의 구분
① Ⅰ형 : 고정지붕구조의 탱크에 **상부포주입법**을 이용하는 것으로서 방출된 포가 액면 아래로 몰입되거나 액면을 뒤섞지 않고 액면상을 덮을 수 있는 **통계단 또는 미끄럼판** 등의 설비 및 탱크내의 위험물증기가 외부로 역류되는 것을 저지할 수 있는 구조·기구를 갖는 포방출구
② Ⅱ형 : 고정지붕구조 또는 부상덮개부착고정지붕구조의 탱크에 **상부포주입법**을 이용하는 것으로서 방출된 포가 탱크옆판의 내면을 따라 흘러내려 가면서 액면 아래로 몰입되거나 액면을 뒤섞지 않고 액면상을 덮을 수 있는 **반사판** 및 탱크내의 **위험물증기가 외부로 역류되는 것**을 저지할 수 있는 구조·기구를 갖는 포방출구
③ 특형 : 부상지붕구조의 탱크에 **상부포주입법**을 이용하는 것으로서 부상지붕의 부상 부분상에 높이 **0.9m 이상**의 금속제의 칸막이를 탱크옆판의 **내측로부터 1.2m 이상** 이격하여 설치하고 탱크옆판과 칸막이에 의하여 형성된 **환상부분**에 포를 주입하는 것이 가능한 구조의 반사판을 갖는 포방출구
④ Ⅲ형 : 고정지붕구조의 탱크에 **저부포주입법**을 이용하는 것으로서 **송포관**으로부터 포를 방출하는 포방출구
⑤ Ⅳ형 : 고정지붕구조의 탱크에 **저부포주입법**을 이용하는 것으로서 평상시에는 탱크의 액면하의 저부에 설치된 **격납통**에 수납되어 있는 특수호스 등이 송포관의 말단에 접속되어 있다가 포를 보내는 것에 의하여 특수호스 등이 전개되어 그 끝부분

이 액면까지 도달한 후 포를 방출하는 포방출구

(4) 포 혼합방식의 종류
① **펌프 프로포셔너 방식**(pump proportioner type)
펌프의 토출관의 흡입관 사이의 배관도중에 설치한 흡입기에 펌프에서 **토출된 물의 일부**를 보내고 **농도조정 밸브**에서 조정된 포소화약제의 필요량을 포소화탱크에서 펌프 흡입측으로 보내어 이를 혼합하는 형식
② **프레져 프로포셔너 방식**(pressure proportioner type)
펌프와 발포기 중간에 설치된 벤츄리관의 **벤츄리 작용**과 펌프가압수의 **포소화약제 저장탱크에 대한 압력**에 의하여 포소화약제를 흡입 혼합하는 방식
③ **라인 프로포셔너 방식**(line proportioner type)
펌프와 발포기 중간에 설치된 벤츄리관의 **벤츄리 작용**에 의해 포소화약제를 흡입 혼합하는 방식
④ **프레져 사이드 프로포셔너 방식**(pressure side proportioner type)
펌프의 토출관에 압입기를 설치하여 포소화약제 **압입용 펌프**로 포소화약제를 압입시켜 혼합하는 방식

19 다음은 위험물의 운반에 관한 기준 중 적재하는 위험물의 성질에 따른 기준이다. ( )안에 알맞은 답을 쓰시오.

(1) 제1류 위험물, 제3류 위험물 중 자연발화성물질, 제4류 위험물 중 특수인화물, (①) 위험물 또는 (②) 위험물은 차광성이 있는 피복으로 가릴 것
(2) 제1류 위험물 중 (③)의 과산화물 또는 이를 함유한 것, 제2류 위험물 중 (④)·(⑤)·(⑥) 또는 이들 중 어느 하나 이상을 함유한 것 또는 제3류 위험물 중 금수성물질은 방수성이 있는 피복으로 덮을 것
(3) 제5류 위험물 중 (⑦)℃ 이하의 온도에서 분해될 우려가 있는 것은 보냉 컨테이너에 수납하는 등 적정한 온도관리를 할 것
(4) 액체위험물 또는 위험등급(⑧)의 고체위험물을 기계에 의하여 하역하는 구조로 된 운반용기에 수납하여 적재하는 경우에는 당해 용기에 대한 충격 등을 방지하기 위한 조치를 강구할 것

해답 ✔**답** ① 제5류, ② 제6류
③ 알칼리금속, ④ 철분, ⑤ 금속분, ⑥ 마그네슘
⑦ 55
⑧ Ⅱ

상세해설 **적재하는 위험물의 성질에 따른 조치**
(1) **차광성이 있는 피복으로 가려야하는 위험물**

① 제1류 위험물
   ② 제3류 위험물 중 자연발화성물질
   ③ 제4류 위험물 중 특수인화물
   ④ 제5류 위험물
   ⑤ 제6류 위험물
(2) **방수성이 있는 피복으로 덮어야 하는 것**
   ① 제1류 위험물 중 알칼리금속의 과산화물
   ② 제2류 위험물 중 철분·금속분·마그네슘 또는 이들 중 어느 하나 이상을 함유한 것
   ③ 제3류 위험물 중 금수성 물질
(3) 제5류 위험물 중 55℃ 이하의 온도에서 분해될 우려가 있는 것은 보냉 컨테이너에 수납하는 등 적정한 온도관리를 할 것

위험물기능장 제72회 실기시험

2022년도 기능장 제72회 실기시험 (2022년 08월 14일 시행)

자격종목	시험시간	문제수	형별
위험물기능장	2시간	19	A

01 다음 보기에서 설명하는 물질에 대한 각 물음에 답하시오.

[보기]
- 무색, 무취의 백색분말로 산화성고체이다.
- 분자량이 85, 비중 2.26, 융점 308℃이다.
- 조해성이 강하다.
- 액체 암모니아에 녹는 물질이다.

(1) 명칭
(2) 위험등급
(3) 열분해 반응식(380℃)
(4) 운반용기 중 플라스틱 내장용기의 최대용적(L)

해답 ✔ 답 (1) 질산나트륨
(2) Ⅱ등급
(3) $2NaNO_3 \rightarrow 2NaNO_2 + O_2$
(4) 10L

상세해설

질산나트륨(칠레초석)

화학식	분자량	비중	융점	분해온도
$NaNO_3$	85	2.26	308℃	380℃

① 무색, 무취의 백색 분말
② 조해성이 강하다.
③ 물, 글리세린에 녹고 알코올, 에테르에는 녹지 않는다.
④ 가열시 약 380℃에서 열분해 하여 아질산나트륨과 산소를 발생시킨다.

$$2NaNO_3 \rightarrow 2NaNO_2 + O_2 \uparrow$$

⑤ 충격, 마찰, 타격을 피한다.
⑥ 유기물과 혼합을 피한다.
⑦ 화재 시 다량의 물로 냉각소화 한다.

02 위험물 제조소에 배출설비를 국소방식으로 설치하려고 한다. 배출능력(m³/hr)은 얼마 이상으로 하여야 하는가? (단, 배출장소의 용적은 가로 6m, 세로 8m, 높이 4m이다)

해답

✓ 계산과정
① 배출장소의 용적 = 6m × 8m × 4m = 192m³
② 배출능력 = 192m³ × 20/hr = 3,840m³/hr

✓ 답 3,840m³/hr

상세해설

배출설비의 설치기준 ★★

가연성의 증기 또는 미분이 체류할 우려가 있는 건축물에는 그 증기 또는 미분을 옥외의 높은 곳으로 배출할 수 있도록 다음 각 호의 기준에 의하여 배출설비를 설치하여야 한다.
(1) 배출설비는 국소방식으로 할 것
(2) 배출설비는 배풍기, 배출닥트, 후드 등을 이용한 강제배출방식으로 할 것
(3) **배출능력**은 1시간당 배출장소 용적의 **20배 이상**인 것으로 할 것
  (단, 전역방식의 경우에는 바닥면적 1m²당 18m³ 이상으로 할 수 있다)
(4) 배출설비의 급기구 및 배출구 설치 기준
  ① 급기구는 높은 곳에 설치하고, 가는 눈의 구리망 등으로 인화방지망을 설치
  ② 배출구는 지상 2m 이상으로서 연소의 우려가 없는 장소에 설치하고, 배출 닥트가 관통하는 벽부분의 바로 가까이에 화재시 자동으로 폐쇄되는 방화댐퍼를 설치할 것
(5) 배풍기는 강제배기방식으로 하고, 옥내닥트의 내압이 대기압 이상이 되지 아니하는 위치에 설치할 것.

---

03 옥내저장소에 아래의 위험물을 저장하려고 한다. 다음 각 물음에 답하시오. (단, 유별이 다른 위험물은 내화구조의 벽으로 완전히 구획하여 저장한다)

- 제2석유류 비수용성 2,000L
- 제3석유류 비수용성 4,000L
- 나이트로글리세린 100kg

(1) 학교로부터 안전거리를 32m 확보하는 경우 설치가능 여부를 쓰시오.
(2) 주택가로부터 안전거리를 20m 확보하는 경우 설치가능 여부를 쓰시오.
(3) 지정문화유산으로부터 안전거리를 52m 확보하는 경우 설치가능 여부를 쓰시오.
(4) 담 또는 토제를 설치하지 않았을 경우 보유공지는 몇 m 이상으로 하여야 하는지 쓰시오.

해답

✔ **답**
- 지정수량의 배수 $N = \dfrac{2,000}{1,000} + \dfrac{4,000}{2,000} + \dfrac{100}{10} = 14$배
- 담 또는 토제를 설치한 경우외의 경우에 해당
  (1) 학교는 안전거리가 55m 이상이므로 "설치 불가능"
  (2) 주거용은 안전거리가 45m 이상이므로 "설치 불가능"
  (3) 지정문화유산은 안전거리가 65m 이상이므로 "설치 불가능"
  (4) 20m 이상

상세해설

(1) 안전거리와 보유공지의 정의
 ① 안전거리 : 위험물시설과 방호대상물사이 외벽 간 수평거리
 ② 보유공지 : 위험물시설과 그 구성부분에 확보해야 할 절대공간

(2) 제조소의 안전거리(제6류 위험물을 취급하는 제조소 제외)

구 분	안전거리
사용전압이 7,000V 초과 35,000V 이하	3m 이상
사용전압이 35,000V를 초과	5m 이상
주거용	10m 이상
고압가스, 액화석유가스. 도시가스	20m 이상
학교 · 병원 · 극장	30m 이상
지정문화유산 및 천연기념물 등	50m 이상

(3) 지정과산화물의 옥내저장소의 안전거리

저장 또는 취급하는 위험물의 최대수량	안전거리					
	건축물 그 밖의 공작물로서 주거용으로 사용되는 것		학교 · 병원 · 극장 그 밖에 다수인을 수용하는 시설		지정문화유산 및 천연기념물 등	
	담 또는 토제를 설치한 경우	왼쪽란에 정하는 경우 외의 경우	담 또는 토제를 설치한 경우	왼쪽란에 정하는 경우 외의 경우	담 또는 토제를 설치한 경우	왼쪽란에 정하는 경우 외의 경우
10배 이하	20m 이상	40m 이상	30m 이상	50m 이상	50m 이상	60m 이상
10배 초과 20배 이하	22m 이상	45m 이상	33m 이상	55m 이상	54m 이상	65m 이상

"이하 부분 생략"

(4) 지정과산화물의 옥내저장소의 보유공지

저장 또는 취급하는 위험물의 최대수량	공지의 너비	
	담 또는 토제를 설치하는 경우	왼쪽란에 정하는 경우 외의 경우
5배 이하	3.0m 이상	10m 이상
5배 초과 10배 이하	5.0m 이상	15m 이상
10배 초과 20배 이하	6.5m 이상	20m 이상

"이하 부분 생략"

04 다음 소화약제 저장용기의 충전비를 쓰시오.

(1) 이산화탄소 저장용기(고압식) (2) 이산화탄소 저장용기(저압식)
(3) 할론 2402 가압식 (4) 할론 2402 축압식
(5) HFC-125

해답 ✔답 (1) 1.5 이상 1.9 이하
(2) 1.1 이상 1.4 이하
(3) 0.51 이상 0.67 이하
(4) 0.67 이상 2.75 이하
(5) 1.2 이상 1.5 이하

상세해설

(1) 이산화탄소 저장용기에 충전비

구 분	고압식	저압식
충전비	1.5 이상 1.9 이하	1.1 이상 1.4 이하

(2) 할로젠화합물소화약제의 저장용기 충전비

약제의 종류		충전비
할론2402	가압식	0.51 이상 0.67 이하
	축압식	0.67 이상 2.75 이하
할론1211		0.7 이상 1.4 이하
하론1301 및 HFC-227ea		0.9 이상 1.6 이하
HFC-23 및 HFC-125		1.2 이상 1.5 이하
FK-5-1-12		0.7 이상 1.6 이하

05 이송취급소의 배관 용접부 시험 중 침투탐상시험결과의 판정기준을 3가지만 쓰시오.

해답 ✔답 ① 균열이 확인된 경우에는 불합격으로 할 것
② 선상 및 원형상의 결함크기가 4mm를 초과할 경우에는 불합격으로 할 것
③ 2 이상의 결함지시모양이 동일 선상에 연속해서 존재하고 그 상호간의 간격이 2mm 이하인 경우에는 상호간의 간격을 포함하여 연속된 하나의 결함지시모양으로 간주할 것. 다만, 결함지시모양 중 짧은 쪽의 길이가 2mm 이하이면서 결함지시모양 상호간의 간격 이하인 경우에는 독립된 결함지시모양으로 한다.
④ 결함지시모양이 존재하는 임의의 개소에 있어서 2,500mm^{2}의 사각형(한 변의 최대길이는 150mm로 한다) 내에 길이 1mm를 초과하는 결함지시모양의 길이의 합계가 8mm를 초과하는 경우에는 불합격으로 할 것

48회, 69회 기출

06 톨루엔을 나이트로화하여 생성되는 트라이나이트로톨루엔(TNT)의 제조방법과 열분해반응식을 쓰시오.

해답

✓ 답 ① 제조방법

$$C_6H_5CH_3 + 3HNO_3 \xrightarrow[\text{나이트로화}]{C-H_2SO_4} C_6H_2CH_3(NO_2)_3 + 3H_2O$$

② 열분해반응식

$$2C_6H_2CH_3(NO_2)_3 \rightarrow 2C + 12CO + 3N_2 + 5H_2$$

상세해설

트라이나이트로톨루엔[$C_6H_2CH_3(NO_2)_3$] (TNT : Tri Nitro Toluene) ★★★★★

화학식	분자량	비중	비점	융점	착화점
$C_6H_2CH_3(NO_2)_3$	227	1.7	280℃	81℃	300℃

① 물에는 녹지 않고 알코올, 아세톤, 벤젠에 녹는다.
② Tri Nitro Toluene의 약자로 TNT라고도 한다.
③ 담황색의 주상결정이며 햇빛에 다갈색으로 변색된다.
④ 톨루엔과 질산을 반응시켜 얻는다.

$$\underset{\text{(톨루엔)}}{C_6H_5CH_3} + \underset{\text{(질산)}}{3HNO_3} \xrightarrow[\text{나이트로화}]{C-H_2SO_4} \underset{\text{(트라이나이트로톨루엔)}}{C_6H_2CH_3(NO_2)_3} + \underset{\text{(물)}}{3H_2O}$$

⑤ 강력한 폭약이며 급격한 타격에 폭발한다.

$$2C_6H_2CH_3(NO_2)_3 \rightarrow 2C + 12CO + 3N_2\uparrow + 5H_2\uparrow$$

⑥ 연소 시 연소속도가 너무 빠르므로 소화가 곤란하다.
⑦ 무기 및 다이너마이트, 질산폭약제 제조에 이용된다.

46회, 67회 기출

07 공업적으로 탄화수소(메탄)와 암모니아를 백금 촉매하에서 산소를 혼합시켜 제조되며 반응성이 강한 것으로 분자량이 27이고 약한 산성을 나타내는 제4류 위험물에 대하여 각 물음에 답하시오.

(1) 명칭 (2) 시성식
(3) 품명 (4) 증기비중(계산식 포함)

해답
✔답 (1) 사이안화수소
(2) HCN
(3) 제1석유류
(4) $S = \dfrac{27}{29} = 0.93$

상세해설

사이안화수소(HCN) [hydrogen cyanide] 제4류-제1석유류-수용성

화학식	분자량	비중	비점	인화점	착화점	연소범위
HCN	27	0.69	26℃	−17℃	540℃	6~41%

① 무색의 휘발성 액체이다.
② 약한 산성인 수용액을 사이안화수소산 또는 청산이라고 한다.
③ 연소 시 질소와 이산화탄소를 생성한다.

$$4HCN + 5O_2 \rightarrow 2H_2O + 2N_2 + 4CO_2$$

④ 메탄과 암모니아를 백금 촉매하에서 산소를 혼합시켜 제조한다.

$$2CH_4 + 2NH_3 + 3O_2 \rightarrow 2HCN + 6H_2O$$

⑤ 물·에탄올·에터 등과 임의의 비율로 섞인다.
⑥ 맹독성가스로 공기 중의 허용농도를 10ppm으로 규제

08 80wt% 아세톤 수용액 300kg을 저장하고 있는 탱크에서 화재가 발생하였을 때 다량의 물을 방사하여 희석소화를 하고자 한다. 아세톤의 농도를 3wt% 이하로 하고 실제 방사하는 소화수의 양은 이론양의 1.5배를 저장한다면 방사하여야 하는 소화수의 양(kg)을 구하시오.

해답
✔계산과정 $\dfrac{300 \times 0.8}{300 + x} \times 100 = 3\%$

$(300 + x) \times 0.03 = 300 \times 0.8$

$x = \dfrac{300 \times 0.8}{0.03} - 300 = 7,700 \text{kg}$

실제 필요한 소화수의 1.5배 $Q = 7700 \times 1.5 = 11,550 \text{kg}$

✔답 11,550kg

09 제5류 위험물인 나이트로글리콜에 대한 다음 각 물음에 답하시오.

(1) 구조식
(2) 공업용인 경우 색상
(3) 액체의 비중
(4) 1분자 내 질소의 함량(wt%)
(5) 폭발속도(m/s)

해답

✔답 (1) CH_2-ONO_2
        $\;\;\;\;|$
        CH_2-ONO_2

(2) 담황색

(3) 1.49

(4) $N(\%) = \dfrac{N_2(28)}{C_2H_4(ONO_2)_2(152)} \times 100 = 18.42\%$

(5) 7,800(m/s)

상세해설

나이트로글리콜(nitroglycol)($C_2H_4(ONO_2)_2$)−제5류−질산에스터류

화학식	구조식	분자량	비중	융점	폭발열	생성열
$C_2H_4(ONO_2)_2$	CH_2-ONO_2 $\;\;\;\;\|$ CH_2-ONO_2	152	1.49	−22.8℃	1,655kcal/kg	54.9kcal/mol

① 순수한 것은 무색이나 공업용은 담황색 또는 분홍색의 액체이다.
② 물에는 잘 녹지 않으나 **아세톤·에터·메탄올 등의 유기용매에는 녹는다.**
③ 정식명칭은 이질산에틸렌글리콜(Ethylene glycol dinitrate : EGDN)이다
④ 액체상태의 최고폭속 : 7,800m/s

나이트로글리콜의 폭발반응식
$$C_2H_4(ONO_2)_2 \rightarrow 2CO_2 + 2H_2O + N_2$$

⑤ 나이트로글리세린과 혼합하여 다이너마이트용으로 쓰인다.

10 제4류 위험물인 아세트알데하이드에 대한 다음 각 물음에 답하시오.

(1) 품명
(2) 시성식
(3) 완전연소반응식
(4) 아세트알데하이드를 저장 또는 취급하는 지하탱크저장소에 대하여 강화되는 특례기준 2가지를 쓰시오.

해답

✔답 (1) 특수인화물

(2) CH_3CHO

(3) $2CH_3CHO + 5O_2 \rightarrow 4CO_2 + 4H_2O$

(4) ① 지하저장탱크는 지반면하에 설치된 탱크전용실에 설치할 것
② 지하저장탱크의 설비는 아세트알데하이드등의 옥외저장탱크의 설비의 기준을 준용할 것. 다만, 지하저장탱크가 아세트알데하이드등의 온도를 적당한 온도로 유지할 수 있는 구조인 경우에는 냉각장치 또는 보냉장치를 설치하지 아니할 수 있다.

상세해설

아세트알데하이드(CH_3CHO)-제4류 특수인화물

화학식	분자량	비중	비점	인화점	착화점	연소범위
CH_3CHO	44	0.78	21℃	-38℃	185℃	4~60%

① 휘발성이 강하고 과일냄새가 있는 무색 액체이며 물, 에탄올에 잘 녹는다.
② 산화되어 초산(CH_3COOH)이 된다.

$$2CH_3CHO + O_2 \rightarrow 2CH_3COOH(초산)$$

③ 취급하는 설비는 은·수은·동·마그네슘 또는 이들을 성분으로 하는 합금으로 만들지 아니할 것
④ 아세트알데하이드 등을 취급하는 설비에는 연소성 혼합기체의 생성에 의한 폭발을 방지하기 위한 불활성기체 또는 수증기를 봉입하는 장치를 갖출 것

54회, 63회, 64회 기출

11
트라이에틸알루미늄과 다음 각 물질이 반응할 때 반응식을 쓰시오.
① 산소
② 물
③ 염산
④ 에탄올

해답

✓ 답 ① $2(C_2H_5)_3Al + 21O_2 \rightarrow Al_2O_3 + 12CO_2 + 15H_2O$
② $(C_2H_5)_3Al + 3H_2O \rightarrow Al(OH)_3 + 3C_2H_6$
③ $(C_2H_5)_3Al + 3HCl \rightarrow AlCl_3 + 3C_2H_6$
④ $(C_2H_5)_3Al + 3C_2H_5OH \rightarrow Al(C_2H_5O)_3 + 3C_2H_6$

상세해설

트라이에틸알루미늄-제3류 위험물-금수성 및 자연발화성

화학식	분자량	비점(끓는점)	융점(녹는점)	비중	인화점
$(C_2H_5)_3Al$	114	194℃	-50℃	0.835	-22℃

① 무색투명한 액체이다.
② C_1~C_4는 자연발화의 위험성이 있다.
③ 물과 접촉 시 가연성 가스 발생하므로 주수소화는 절대 금지한다.

$(C_2H_5)_3Al + 3H_2O \rightarrow Al(OH)_3 + 3C_2H_6\uparrow$(에탄) ★에탄(폭발범위 : 3.0~12.4%)

④ 공기 중 완전연소 반응식

$$2(C_2H_5)_3Al + 21O_2 \rightarrow Al_2O_3(산화알루미늄) + 12CO_2 + 15H_2O$$

⑤ 소화 시 주수소화는 절대 금하고 팽창질석, 팽창진주암 등으로 피복소화한다.

트라이에틸알루미늄의 반응식
① 완전연소 반응식 $2(C_2H_5)_3Al + 21O_2 \rightarrow Al_2O_3$(산화알루미늄) $+ 12CO_2 + 15H_2O$
② 물과 반응식 $(C_2H_5)_3Al + 3H_2O \rightarrow Al(OH)_3$(수산화알루미늄) $+ 3C_2H_6$(에탄)
③ 염소와 반응식 $(C_2H_5)_3Al + 3Cl_2 \rightarrow AlCl_3$(염화알루미늄) $+ 3C_2H_5Cl$(염화에틸)
④ 메틸알코올과 반응식 $(C_2H_5)_3Al + 3CH_3OH \rightarrow Al(CH_3O)_3$(메틸알루미녹세인) $+ 3C_2H_6$(에탄)
⑤ 염산과 반응식 $(C_2H_5)_3Al + 3HCl \rightarrow AlCl_3$(염화알루미늄) $+ 3C_2H_6$(에탄)

52회 기출

12 아래 조건을 모두 만족시키는 제4류 위험물의 품명 2가지를 쓰시오.

[조건] ① 옥내저장소에 저장할 때 저장창고의 바닥면적을 $1,000m^2$ 이하로 하여야 하는 위험물
② 옥외저장소에 저장·취급할 수 없는 위험물

해답
✓답 • 특수인화물
• 제1석유류(인화점이 0℃ 미만인 것)

상세해설

옥내저장소의 저장창고 바닥면적 설치기준 ★★

위험물의 종류	바닥면적
제1류 위험물 중 아염소산염류,염소산염류,과염소산염류,무기과산화물, 그 밖에 지정수량 50kg인 위험물	$1000m^2$ 이하
제3류 위험물 중 칼륨, 나트륨, 알킬알루미늄, 알킬리튬, 그밖에 지정수량이 10kg인 위험물 및 황린	
제4류 위험물 중 **특수인화물, 제1석유류** 및 알코올류	
제5류 위험물 중 지정수량이 10kg인 위험물	
제6류 위험물	
위 이외의 위험물을 저장하는 창고	$2000m^2$ 이하
내화구조의 격벽으로 완전히 구획된 실에 각각 저장하는 창고	$1500m^2$ 이하

옥외저장소에 저장할 수 있는 위험물
① 제2류 위험물중 황 또는 인화성고체(인화점이 0℃ 이상인 것)
② 제4류 위험물중 제1석유류(인화점이 0℃ 이상인 것)·알코올류·제2석유류·제3석유류·제4석유류 및 동식물유류
③ 제6류 위험물

13. 제6류 위험물에 대한 다음 각 물음에 답하시오.

① 질산의 분해 반응식
② 과산화수소의 분해 반응식
③ 할로젠간화합물 중 1가지만 쓰시오.

해답

✔ 답 ① $4HNO_3 \rightarrow 2H_2O + 4NO_2 + O_2$
② $2H_2O_2 \rightarrow 2H_2O + O_2$
③ 삼불화브로민, 오불화브로민, 오불화아이오딘 중 1가지

상세해설

질산(HNO_3)-제6류 위험물-산화성액체

화학식	분자량	비중	비점	융점
HNO_3	63	1.50	86℃	-42℃

① 무색의 발연성 액체이다.
② 빛에 의하여 일부 분해되어 생긴 NO_2 때문에 황갈색으로 된다.

$$4HNO_3 \rightarrow 2H_2O + 4NO_2\uparrow(이산화질소) + O_2\uparrow(산소)$$

③ 저장용기는 직사광선을 피하고 찬 곳에 저장한다.
④ 실험실에서는 갈색병에 넣어 햇빛을 차단시킨다.

크산토프로테인반응(xanthoprotenic reaction)
단백질에 진한질산을 가하면 노란색으로 변하고 알칼리를 작용시키면 오렌지색으로 변하며, 단백질 검출에 이용된다.

과산화수소(H_2O_2)-제6류 위험물

화학식	분자량	비중	비점	융점
H_2O_2	34	1.463	150.2℃(pure)	-0.43℃(pure)

① 물, 에탄올, 에터에 잘 녹으며 벤젠에 녹지 않는다.
② 분해 시 산소(O_2)를 발생시킨다.
③ 분해안정제로 인산(H_3PO_4) 또는 요산($C_5H_4N_4O_3$)을 첨가한다.
④ 저장용기는 밀폐하지 말고 **구멍이 있는 마개**를 사용한다.
⑤ 60%이상의 고농도에서는 단독으로 폭발위험이 있다.
⑥ 하이드라진($NH_2 \cdot NH_2$)과 접촉 시 분해 작용으로 폭발위험이 있다.

$$NH_2 \cdot NH_2 + 2H_2O_2 \rightarrow 4H_2O + N_2\uparrow$$

⑦ 아이오딘화칼륨이나 이산화망가니즈(MnO_2)을 촉매로 하면 분해가 빠르다.
⑧ 3%용액은 옥시풀이라 하며 표백제 또는 살균제로 이용한다.

과산화수소는 36%(중량) 이상만 위험물에 해당된다.

제6류 위험물의 지정수량

성 질	품 명	지정수량	위험등급
산화성 액체	1. 과염소산 2. 과산화수소 3. 질산 4. 할로젠간화합물 　① 삼불화브로민 ② 오불화브로민 ③ 오불화아이오딘	300kg	I

14 위험물안전관리법령에 따른 옥외탱크저장소의 외부구조 및 설비의 기준에 대한 다음 각 물음에 답하시오.

(1) 옥외저장탱크중 압력탱크의 정의를 쓰시오.
(2) 위험물을 가압하는 설비 또는 그 취급하는 위험물의 압력이 상승할 우려가 있는 설비에 설치하는 안전장치의 종류를 2가지만 쓰시오.
(3) 인화점이 몇 ℃ 미만인 위험물만을 저장 또는 취급하는 탱크에 설치하는 통기관에 화염방지장치를 설치하는가?

해답 ✔**답** (1) 최대상용압력이 부압 또는 정압 5kPa을 초과하는 탱크
(2) ① 자동적으로 압력의 상승을 정지시키는 장치
② 감압측에 안전밸브를 부착한 감압밸브
③ 안전밸브를 겸하는 경보장치
④ 파괴판
(3) 38℃ 미만

상세해설 **옥외탱크저장소의 위치 · 구조 및 설비의 기준**
(1) 옥외저장탱크중 압력탱크
  최대상용압력이 부압 또는 정압 5kPa을 초과하는 탱크
(2) 압력계 및 안전장치
  위험물을 가압하는 설비 또는 그 취급하는 위험물의 압력이 상승할 우려가 있는 설비에는 압력계 및 다음에 해당하는 안전장치를 설치하여야 한다. 다만, 파괴판은 위험물의 성질에 따라 안전밸브의 작동이 곤란한 가압설비에 한한다.
  ① 자동적으로 압력의 상승을 정지시키는 장치
  ② 감압측에 안전밸브를 부착한 감압밸브
  ③ 안전밸브를 겸하는 경보장치
  ④ 파괴판
(3) 인화점이 38℃ 미만인 위험물만을 저장 또는 취급하는 탱크에 설치하는 통기관에는 화염방지장치를 설치하고, 그 외의 탱크에 설치하는 통기관에는 40메쉬(mesh) 이상의 구리망 또는 동등 이상의 성능을 가진 인화방지장치를 설치할 것. 다만, 인화점이 70℃ 이상인 위험물만을 해당 위험물의 인화점 미만의 온도로 저장 또는 취급하는 탱크에 설치하는 통기관에는 인화방지장치를 설치하지 않을 수 있다.

15 위험물안전관리법령상 주유취급소의 위치·구조 및 설비의 기준에 대한 다음 각 물음에 답하시오.

(1) 고정주유설비와 도로경계선까지의 거리를 산정하는 경우 기산점은?
(2) 고정주유설비와 고정급유설비 사이의 거리를 산정하는 경우 고정급유설비의 기산점은?
(3) 이동탱크저장소의 상치장소 설치기준을 2가지만 쓰시오.
(4) 탱크를 지하에 매설하지 않아도 되는 주유취급소의 특례기준이 적용되는 주유취급소의 종류를 3가지만 쓰시오.
(5) 압축수소충전설비 설치 주유취급소의 특례기준 중 다음 [보기]의 탱크외에 지하에 매설이 가능한 탱크의 종류와 그 탱크의 최대용량(L)을 쓰시오.

> [보기]
> - 고정주유설비 또는 고정급유설비에 직접 접속하는 전용탱크(50,000L 이하)
> - 보일러 등에 직접 접속하는 전용탱크(10,000L 이하)
> - 자동차 등을 점검·정비하는 작업장 등에서 사용하는 폐유탱크 등(2,000L 이하)
> - 고정주유설비 또는 고정급유설비에 직접 접속하는 간이탱크(3기 이하)

해답

✔**답** (1) 고정주유설비의 중심선
(2) 고정급유설비의 중심선
(3) ① 옥외에 있는 상치장소는 화기를 취급하는 장소 또는 인근의 건축물로부터 5m 이상(인근의 건축물이 1층인 경우에는 3m 이상)의 거리를 확보하여야 한다.
② 옥내에 있는 상치장소는 벽·바닥·보·서까래 및 지붕이 내화구조 또는 불연재료로 된 건축물의 1층에 설치하여야 한다.
(4) ① 항공기주유취급소
② 철도주유취급소
③ 선박주유취급소
(5) • 개질장치에 접속하는 원료탱크
• 50,000L

상세해설
(1)(2) **고정주유설비 또는 고정급유설비의 설치기준**
① 고정주유설비의 중심선을 기점으로 하여 도로경계선까지 4m 이상, 부지경계선·담 및 건축물의 벽까지 2m(개구부가 없는 벽까지는 1m) 이상의 거리를 유지하고, 고정급유설비의 중심선을 기점으로 하여 도로경계선까지 4m 이상, 부지경계선 및 담까지 1m 이상, 건축물의 벽까지 2m(개구부가 없는 벽까지는 1m) 이상의 거

리를 유지할 것

② 고정주유설비와 고정급유설비의 사이에는 **4m 이상**의 거리를 유지할 것

(3) 이동탱크저장소의 상치장소 설치기준

구 분	설치 조건
옥외에 있는 상치장소	화기를 취급하는 장소 또는 인근의 **건축물로부터 5m 이상**(인근의 건축물이 1층인 경우에는 3m 이상)의 거리를 확보
옥내에 있는 상치장소	벽·바닥·보·서까래 및 지붕이 **내화구조 또는 불연재료**로 된 건축물의 1층에 설치

(5) 수소충전설비를 설치한 주유취급소의 특례

압축수소충전설비 설치 주유취급소에는 **인화성 액체를 원료로 하여 수소를 제조하기 위한 개질장치에 접속하는 원료탱크**(50,000L 이하의 것)를 설치할 수 있다. 이 경우 원료탱크는 지하에 매설하여야한다.

59회 기출

16 다음 그림은 위험물안전관리법에 따른 안전거리를 둘 수가 없어서 방화상 유효한 담을 설치하고자 할 때 방화상 유효한 담의 높이(m)를 산정하는 방법이다. 다음 각 물음에 답하시오.

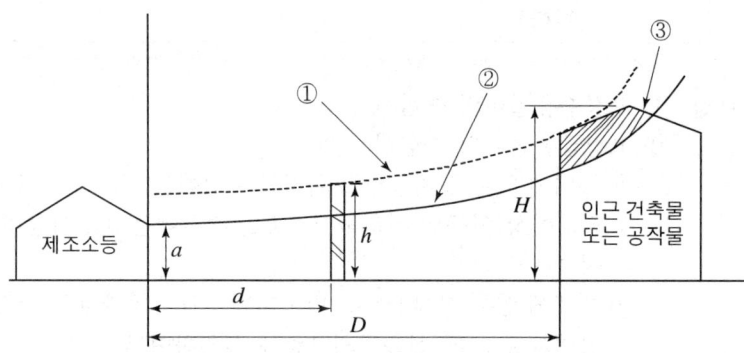

(1) 그림의 번호 ①, ②, ③에 알맞은 명칭을 쓰시오.
(2) $H > pD^2 + a$인 경우 방화상 유효한 담의 높이를 구하는 식을 쓰시오.

해답 ✔**답** (1) ① 보정연소한계곡선 ② 연소한계곡선 ③ 연소위험범위

(2) $h = H - p(D^2 - d^2)$
여기서, h : 방화상 유효한 담의 높이(m)
H : 인근 건축물 또는 공작물의 높이(m)
p : 상수
D : 제조소등과 인근 건축물 또는 공작물과의 거리(m)
d : 제조소등과 방화상 유효한 담과의 거리(m)

상세해설

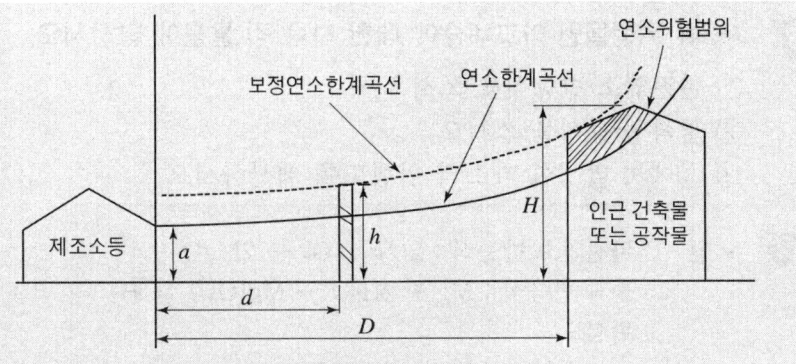

① $H \leq pD^2 + a$ 인 경우 $h = 2$
② $H > pD^2 + a$ 인 경우 $h = H - p(D^2 - d^2)$

여기서, D : 제조소등과 인근 건축물 또는 공작물과의 거리(m)
  H : **인근 건축물 또는 공작물의 높이(m)**
  a : 제조소등의 외벽의 높이(m)
  d : 제조소등과 방화상 유효한 담과의 거리(m)
  h : 방화상 유효한 담의 높이(m)
  p : 상수

※ 산출된 수치가 2 미만일 때에는 담의 높이를 2m로, 4 이상일 때에는 담의 높이를 4m로 하여야 한다.

인근 건축물 또는 공작물의 구분	p의 값
• 학교·주택·국가유산 등의 건축물 또는 공작물이 **목조인 경우** • 학교·주택·국가유산 등의 건축물 또는 공작물이 방화구조 또는 내화구조이고, 제조소 등에 면한 부분의 개구부에 60분+방화문·60분방화문 또는 30분방화문이 설치되지 아니한 경우	0.04
• 학교·주택·국가유산 등의 건축물 또는 공작물이 **방화구조인 경우** • 학교·주택·국가유산 등의 건축물 또는 공작물이 방화구조 또는 내화구조이고, 제조소 등에 면한 부분의 개구부에 **30분방화문이 설치된 경우**	0.15
• 학교·주택·국가유산 등의 건축물 또는 공작물이 내화구조이고, 제조소 등에 면한 개구부에 60분+방화문 또는 60분방화문이 설치된 경우	∞

제 4 편 최근 기출문제

52회 기출

17 제2류 위험물인 마그네슘에 대한 다음 각 물음에 답하시오.
① 완전연소 반응식을 쓰시오.
② 물과 반응식을 쓰시오.
③ ②에서 발생한 가스의 위험도를 계산하시오.

해답
✔ 답 ① 완전연소 반응식 : $2Mg + O_2 \rightarrow 2MgO$
② 물과 반응식 : $Mg + 2H_2O \rightarrow Mg(OH)_2 + H_2$
③ 위험도
- 수소의 연소범위 = 4~75%
- $H = \dfrac{75-4}{4} = 17.75$

상세해설

위험도 계산공식

$$H = \frac{U(연소상한) - L(연소하한)}{L(연소하한)}$$

마그네슘(Mg)-제2류 위험물

화학식	원자량	비중	융점	비점	발화점
Mg	24.3	1.74	651℃	1102℃	473℃

① 2mm의 체를 통과하지 아니하는 덩어리 상태의 것은 위험물에서 제외한다.
② 지름 2mm 이상의 막대모양의 것은 위험물에서 제외한다.
③ 은백색의 광택이 나는 가벼운 금속이다.
④ 물과 반응하여 수소기체 발생

$$Mg + 2H_2O \rightarrow Mg(OH)_2(수산화마그슘) + H_2\uparrow(수소발생)$$

⑤ 이산화탄소약제를 방사하면 폭발적으로 반응하기 때문에 위험하다.

마그네슘과 CO_2의 반응식
$$2Mg + CO_2 \rightarrow 2MgO + C$$

⑥ 공기 중 습기에 발열되어 자연발화 위험이 있다.

마그네슘의 연소식
$$2Mg + O_2 \rightarrow 2MgO + Q\text{kcal}$$

⑦ 주수소화는 엄금이며 마른모래 등으로 피복 소화한다.

18 제4류 위험물로서 분자량이 78, 방향성이 있는 액체로 증기는 독성이 있고 인화점이 −11℃이다. 이 물질 2kg이 완전연소 할 때 반응식과 이론산소량(kg)은 얼마인가?

해답

✔ 계산과정

① 반응식 : $2C_6H_6 + 15O_2 \rightarrow 12CO_2 + 6H_2O$

② 이론산소량

$2C_6H_6 + 15O_2 \rightarrow 12CO_2 + 6H_2O$ (벤젠의 완전연소 반응식)

$2 \times 78\text{kg} \rightarrow 15 \times 32\text{kg}$

$2\text{kg} \longrightarrow x$

$x = \dfrac{2 \times 15 \times 32\text{kg}}{2 \times 78\text{kg}} = 6.15\text{kg}$

✔ 답 6.15kg

상세해설

벤젠(Benzene)(C_6H_6) : 제4류 위험물 중 제1석유류

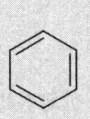 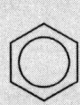

화학식	분자량	비중	비점	인화점	착화점	연소범위
C_6H_6	78	0.9	80℃	−11℃	562℃	1.4~8%

① 무색투명한 액체이다.
② 벤젠증기는 마취성 및 독성이 강하다.
③ 비수용성이며 알코올, 아세톤, 에터에는 용해
④ 연소 시 그을음을 내며 불완전 연소한다.
⑤ 취급 시 정전기에 유의해야 한다.

19. 위험물안전관리법령상 판매취급소에 대한 다음 각 물음에 답하시오.

(1) 판매취급소의 배합실에서 위험물을 배합하는 경우 옮겨 담는 작업이 가능한 위험물을 보기에서 찾아 모두 쓰시오. (없으면 "없음"이라고 쓰시오)

[보기] 염소산염류 500kg, 황 1,000kg, 톨루엔 2,000L, 벤젠 400L, 경유 1,000L

(2) 다음 ( )안에 알맞은 답을 쓰시오.
- 제2종 판매취급소의 용도로 사용하는 부분에 상층이 있는 경우에 있어서는 상층의 바닥을 (①)구조로 하는 동시에 상층으로의 (②)를 방지하기 위한 조치를 강구하고, 상층이 없는 경우에는 지붕을 (③)구조로 할 것
- 제2종 판매취급소의 용도로 사용하는 부분중 연소의 우려가 없는 부분에 한하여 창을 두되, 당해 창에는 (④)을 설치할 것

해답

✔ 답 (1) 염소산염류, 황, 경유
(2) ① 내화 ② 연소 ③ 내화 ④ 60분+방화문·60분방화문 또는 30분방화문

상세해설

(1) **판매취급소에서의 취급기준**
판매취급소에서는 **도료류, 제1류 위험물 중 염소산염류 및 염소산염류만을 함유한 것, 황 또는 인화점이 38℃ 이상인 제4류 위험물을** 배합실에서 배합하는 경우 외에는 위험물을 배합하거나 옮겨 담는 작업을 하지 아니할 것
- 제1류 위험물 중 염소산염류
- 황
- 톨루엔(제1석유류, 인화점 4℃)
- 벤젠(제1석유류 인화점 -11℃)
- 경유(제2석유류 인화점 50~70℃)

(2) **제2종 판매취급소의 위치·구조 및 설비의 기준**
(저장 또는 취급하는 위험물의 수량이 지정수량의 40배 이하인 판매취급소)
① 제2종 판매취급소의 용도로 사용하는 부분은 **벽·기둥·바닥 및 보를** 내화구조로 하고, 천장이 있는 경우에는 이를 불연재료로 하며, 판매취급소로 사용되는 부분과 다른 부분과의 격벽은 **내화구조로** 할 것
② 제2종 판매취급소의 용도로 사용하는 부분에 상층이 있는 경우에 있어서는 상층의 바닥을 **내화구조로** 하는 동시에 상층으로의 **연소를** 방지하기 위한 조치를 강구하고, 상층이 없는 경우에는 지붕을 **내화구조로** 할 것
③ 제2종 판매취급소의 용도로 사용하는 부분중 연소의 우려가 없는 부분에 한하여 창을 두되, 당해 창에는 **60분+방화문·60분방화문 또는 30분방화문**을 설치할 것
④ 제2종 판매취급소의 용도로 사용하는 부분의 출입구에는 **60분+방화문·60분방화문 또는 30분방화문**을 설치할 것. 다만, 해당 부분 중 연소의 우려가 있는 벽에 설치하는 **출입구에는** 수시로 열 수 있는 **자동폐쇄식의 60분+방화문 또는 60분방화문**을 설치해야 한다.

위험물기능장 제73회 실기시험

2023년도 기능장 제73회 실기시험 **(2023년 03월 26일 시행)**

자격종목	시험시간	문제수	형별	수험번호	성 명
위험물기능장	2시간	19	A		

01 다음은 위험물안전관리법령상 소화난이도등급Ⅱ의 제조소등에 설치하여야 하는 소화설비이다. ( )안에 알맞은 답을 쓰시오.

제조소 등의 구분	소화설비
제조소, 옥내저장소, 옥외저장소 (①) (②) (③)	방사능력범위 내에 당해 건축물, 그 밖의 공작물 및 위험물이 포함되도록 대형수동식소화기를 설치하고, 당해 위험물의 소요단위의 1/5 이상에 해당되는 능력단위의 소형수동식소화기 등을 설치할 것
옥외탱크저장소 옥내탱크저장소	(④) 및 (⑤) 등을 각각 1개 이상 설치할 것

해답 ✔답 ① 주유취급소
② 판매취급소
③ 일반취급소
④ 대형수동식소화기
⑤ 소형수동식소화기

40회 유사, 62회 기출

02 다음 [보기]의 동식물유류를 보고 빈칸에 건성유와 불건성유를 분류하시오.

[보기] 동유, 정어리기름, 아마인유, 들기름, 올리브유, 피마자유, 야자유, 낙화생유(땅콩기름)

(1) 건성유 :
(2) 불건성유 :

해답 ✔답 (1) 건성유 : 동유, 정어리기름, 아마인유, 들기름
(2) 불건성유 : 올리브유, 피마자유, 야자유, 낙화생유(땅콩기름)

제 4 편 최근 기출문제

상세해설

동식물유류 : 제4류 위험물
동물의 지육 또는 식물의 종자나 과육으로부터 추출한 것으로 1기압에서 인화점이 250℃ 미만인 것

아이오딘값에 따른 동식물유류의 분류

구 분	아이오딘값	종 류
건성유	130 이상	해바라기기름, 동유(오동기름), 정어리기름, 아마인유, 들기름
반건성유	100~130	채종유, 쌀겨기름, 참기름, 면실유, 옥수수기름, 청어기름, 콩기름, 목화씨기름
불건성유	100 이하	야자유, 팜유, 올리브유, 피마자기름, 낙화생기름(땅콩기름), 돈지, 우지, 고래기름

아이오딘값
옥소가(沃素價)라고도 하며 100g의 유지에 의해서 흡수되는 아이오딘의 g수

03 다음 그림은 지정수량이 50배 이하인 소규모의 옥내저장소이다. 특례 기준을 참조하여 각 물음에 알맞은 답을 쓰시오.

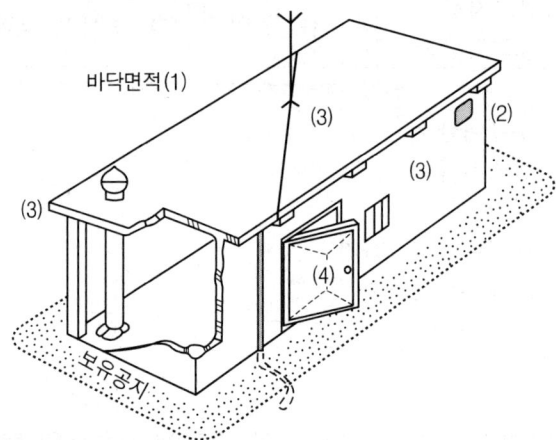

(1) 하나의 저장창고 바닥면적은 몇 m² 이하인가?
(2) 저장창고의 처마높이는 몇 m 미만인가?
(3) 저장창고는 벽·기둥·바닥·보 및 지붕의 구조는 어떤 구조인가?
(4) 저장창고의 출입구에는 수시로 개방할 수 있는 무엇을 설치하는가?
(5) 저장창고에는 창을 설치할 수 있는가?

해답 ✔답 (1) 150m² 이하
　　　　　　(2) 6m 미만
　　　　　　(3) 내화구조

(4) 자동폐쇄방식의 60분+방화문 또는 60분방화문
(5) 창을 설치할 수 없다.

상세해설

소규모 옥내저장소의 특례
(1) **지정수량의 50배 이하**인 소규모의 옥내저장소중 **저장창고의 처마높이가 6m 미만**인 것으로서 저장창고가 **다음 각목에 정하는 기준**에 적합한 것에 대하여는 적용하지 아니한다.
① 저장창고의 주위에는 다음 표에 정하는 너비의 공지를 보유할 것

저장 또는 취급하는 위험물의 최대수량	공지의 너비
지정수량의 5배 이하	
지정수량의 5배 초과 20배 이하	1m 이상
지정수량의 20배 초과 50배 이하	2m 이상

② 하나의 저장창고 바닥면적은 150m² 이하로 할 것
③ 저장창고는 벽·기둥·바닥·보 및 지붕을 내화구조로 할 것
④ 저장창고의 출입구에는 수시로 개방할 수 있는 자동폐쇄방식의 60분+방화문 또는 60분방화문을 설치할 것
⑤ 저장창고에는 창을 설치하지 아니할 것
(2) **지정수량의 50배 이하**인 소규모의 옥내저장소중 저장창고의 **처마높이가 6m 이상**인 것으로서 저장창고가 기준에 적합한 것에 대하여는 적용하지 아니한다.

---

04 트라이나이트로톨루엔(TNT)1kg이 폭발하는 경우 표준상태에서 기체의 부피는 830L이다. 1기압, 2,217℃일 경우 기체의 부피는 고체상태일 때 TNT의 몇 배 인지 구하시오. (단, TNT 고체의 밀도는 1.65kg/L이다.)

해답 ✓**계산과정**

(1) 표준상태(0℃, 1atm)830L → 2,217℃, 1atm으로 변할 경우 부피계산

$$\frac{P_1 V_1}{T_1} = \frac{P_2 V_2}{T_2} \qquad \frac{1 \times 830}{(273+0)} = \frac{1 \times V_2}{(273+2,217)}$$

$$V_2 = \frac{1 \times 830 \times (273+2,217)}{(273+0)} = 7,570.33\text{L}$$

(2) 트라이나이트로톨루엔(TNT) 1kg을 부피로 환산

$$V = 1\text{kg} \times \frac{1\text{L}}{1.65\text{kg}} = \frac{1}{1.65}\text{L}$$

(3) $N = \dfrac{7,570.33}{(1/1.65)} = 12,491.04$배

✓**답** 12,491.04배

05 다음 위험물에 대한 구조식을 참조하여 각 물음에 답하시오.

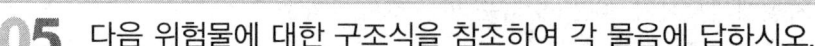

(1) ㉠위험물에 대한 각 물음에 답하시오.
   ① 지정수량을 쓰시오.   ② 위험등급을 쓰시오.
(2) ㉡위험물에 대한 증기비중을 구하시오.(계산과정 포함)
(3) 옥내저장소에 ㉢의 위험물을 저장하는 경우 용기만을 겹쳐 쌓는 경우에 높이는 몇 m를 초과하면 안 되는가? (단, 기계에 의하여 하역하는 구조로 된 용기가 아닌 경우이다.)

해답 (1) ㉠위험물의 ① 지정수량, ② 위험등급
   ✓답 ① 지정수량 : 400L   ② 위험등급 : Ⅱ등급

(2) ㉡위험물에 대한 증기비중
   ✓계산과정 톨루엔($C_6H_5CH_3$)의 분자량 $M = 12 \times 7 + 1 \times 8 = 92$
   ∴ 증기비중 $S = \dfrac{M}{29} = \dfrac{92}{29} = 3.17$
   ✓답 3.17

(3) 옥내저장소에 ㉢의 위험물을 저장하는 경우 용기만을 겹쳐 쌓는 경우의 높이
   ✓답 3m

상세해설 제4류 위험물

구분	㉠	㉡	㉢
구조식	(피리딘 구조)	(톨루엔 구조)	(클로로벤젠 구조)
물질명	피리딘	톨루엔	클로로벤젠
화학식	C_5H_5N	$C_6H_5CH_3$	C_6H_5Cl
유별 및 품명	제4류 1석유류	제4류 1석유류	제4류 2석유류
수용성 여부	수용성	비수용성	비수용성

옥내저장소에서 위험물을 저장하는 경우 높이 제한
(1) 기계에 의하여 하역하는 구조로 된 용기만을 겹쳐 쌓는 경우 : 6m
(2) 제4류 위험물 중 제3석유류, 제4석유류 및 동식물유류를 수납하는 용기만을 겹쳐 쌓는 경우 : 4m
(3) 그 밖의 경우 : 3m

06
제3류 위험물인 탄화칼슘과 탄화알루미늄에 대한 다음 각 물음에 답하시오.
① 탄화칼슘과 물의 반응식
② 물음①의 반응식에서 생성되는 기체의 완전연소반응식
③ 탄화알루미늄과 물의 반응식
④ 물음③의 반응식에서 생성되는 기체의 완전연소반응식

해답

✔답 ① $CaC_2 + 2H_2O \rightarrow Ca(OH)_2 + C_2H_2$
② $2C_2H_2 + 5O_2 \rightarrow 4CO_2 + 2H_2O$
③ $Al_4C_3 + 12H_2O \rightarrow 4Al(OH)_3 + 3CH_4$
④ $CH_4 + 2O_2 \rightarrow CO_2 + 2H_2O$

상세해설

탄화칼슘(CaC_2) : 제3류 위험물 중 칼슘탄화물

화학식	분자량	융점	비중
CaC_2	64	2370℃	2.21

① 물과 접촉 시 아세틸렌을 생성하고 열을 발생시킨다.

$$CaC_2 + 2H_2O \rightarrow Ca(OH)_2(수산화칼슘) + C_2H_2\uparrow (아세틸렌)$$

② 아세틸렌의 폭발범위는 2.5~81%로 대단히 넓어서 폭발위험성이 크다.
③ 장기 보관 시 불활성기체(N_2 등)를 봉입하여 저장한다.
④ 고온(700℃)에서 질화되어 석회질소($CaCN_2$)가 생성된다.

$$CaC_2 + N_2 \rightarrow CaCN_2(석회질소) + C(탄소)$$

⑤ 물 및 포약제에 의한 소화는 절대 금하고 마른모래 등으로 피복 소화한다.

탄화알루미늄(Al_4C_3)-제3류 위험물 중 칼슘탄화물

화학식	분자량	융점	비중
Al_4C_3	144	2100℃	2.36

① 물과 접촉시 메탄가스를 생성하고 발열반응을 한다.

$$Al_4C_3 + 12H_2O \rightarrow 4Al(OH)_3 + 3CH_4(메탄)$$

② 물 및 포약제에 의한 소화는 절내 금하고 마른모래 등으로 피복소화한다.

44회, 65회 기출

07 다음은 할로젠화합물소화약제의 저장용기의 충전비이다. ( )안에 알맞은 답을 쓰시오.

약제의 종류		충전비
할론2402	가압식	(①) 이상 (②) 이하
	축압식	(③) 이상 (④) 이하
할론1211		(⑤) 이상 (⑥) 이하
하론1301		(⑦) 이상 (⑧) 이하
HFC-23		(⑨) 이상 (⑩) 이하

해답 ✔**답**

약제의 종류		충전비
할론2402	가압식	(① 0.51)이상 (② 0.67)이하
	축압식	(③ 0.67)이상 (④ 2.75)이하
할론1211		(⑤ 0.7)이상 (⑥ 1.4)이하
하론1301		(⑦ 0.9)이상 (⑧ 1.6)이하
HFC-23		(⑨ 1.2)이상 (⑩ 1.5)이하

상세해설 **할로젠화합물소화약제의 저장용기 충전비**

약제의 종류		충전비
할론2402	가압식	0.51 이상 0.67 이하
	축압식	0.67 이상 2.75 이하
할론1211		0.7 이상 1.4 이하
하론1301 및 HFC-227ea		0.9 이상 1.6 이하
HFC-23 및 HFC-125		1.2 이상 1.5 이하
FK-5-1-12		0.7 이상 1.6 이하

08 위험물안전관리법 시행규칙에서 이송취급소 허가신청의 첨부서류 중 구조 및 설비가 긴급차단밸브 및 차단밸브인 경우 첨부서류를 5가지 쓰시오.

해답 ✔**답** ① 구조설명서(부대설비를 포함)
② 기능설명서
③ 강도에 관한 설명서
④ 제어계통도
⑤ 밸브의 종류·형식 및 재료에 관하여 기재한 서류
(쉬운 암기법 : 구기/강제밸)

09 다음은 위험물안전관리법령상 안전관리대행기관의 지정기준이다. 지정기준 중 틀린 부분을 3가지만 찾아 올바르게 고치시오.

기술인력	1. 위험물기능장 또는 위험물산업기사 2인 이상 2. 위험물산업기사 또는 위험물기능사 3인 이상 3. 기계분야 및 전기분야의 소방설비기사 1인 이상
시설	전용사무실을 갖출 것
장비	1. 절연저항계(절연저항측정기) 2. 접지저항측정기(최소눈금 0.1Ω 이하) 3. 가스농도측정기(탄화수소계 가스의 농도측정이 가능할 것) 4. 정전기 전위측정기 5. 토크렌치(Torque Wrench : 볼트와 너트를 규정된 회전력에 맞춰 조이는 데 사용하는 도구) 6. 진공펌프 7. 냉각가열기 8. 두께측정기(1.5mm~99.9mm) 9. 안전용구(안전모, 안전화, 손전등, 안전로프 등) 10. 소화설비점검기구(소화전밸브압력계, 방수압력측정계, 포콜렉터, 헤드렌치, 포콘테이너)

비고 : 기술인력란의 각호에 정한 2 이상의 기술인력을 동일인이 겸할 수 있다.

해답

✔**답** ① 위험물기능장 또는 위험물산업기사 2인 이상
  → 위험물기능장 또는 위험물산업기사 1인 이상
② 위험물산업기사 또는 위험물기능사 3인 이상
  → 위험물산업기사 또는 위험물기능사 2인 이상
③ 진공펌프 → 진동시험기
④ 냉각가열기 → 표면온도계
⑤ 동일인이 겸할 수 있다 → 동일인이 겸할 수 없다

상세해설

안전관리대행기관의 지정기준(제57조제1항 관련)

기술인력	1. 위험물기능장 또는 위험물산업기사 1인 이상 2. 위험물산업기사 또는 위험물기능사 2인 이상 3. 기계분야 및 전기분야의 소방설비기사 1인 이상
시설	전용사무실을 갖출 것
장비	1. 절연저항계 2. 접지저항측정기(최소눈금 0.1Ω 이하) 3. 가스농도측정기(탄화수소계 가스의 농도측정이 가능할 것) 4. 정전기 전위측정기 5. 토크렌치 6. 진동시험기 7. 표면온도계(-10℃~300℃) 8. 두께측정기(1.5mm~99.9mm) 9. 안전용구(안전모, 안전화, 손전등, 안전로프 등) 10. 소화설비점검기구(소화전밸브압력계, 방수압력측정계, 포콜렉터, 헤드렌치, 포콘테이너)

비고 : 기술인력란의 각 호에 정한 2 이상의 기술인력을 동일인이 겸할 수 없다.

10 다음 조건을 참조하여 건축물 그 밖의 공작물의 소요단위 및 간이소화용구의 능력단위를 계산하시오.

(1) 위험물 취급소(외벽이 내화구조인 것) 연면적 300m²
(2) 위험물 제조소(외벽이 내화구조가 아닌 것) 연면적 300m²
(3) 위험물 저장소(외벽이 내화구조가 아닌 것) 연면적 300m²
(4) 마른모래(삽 1개 포함) 용량 800L
(5) 수조(소화전용 물통 3개 포함) 용량 800L

해답

✓ 답 (1) $N = 300\text{m}^2 \times \dfrac{1단위}{100\text{m}^2} = 3단위$ (2) $N = 300\text{m}^2 \times \dfrac{1단위}{50\text{m}^2} = 6단위$

(3) $N = 300\text{m}^2 \times \dfrac{1단위}{75\text{m}^2} = 4단위$ (4) $N = 800\text{L} \times \dfrac{0.5단위}{50\text{L}} = 8단위$

(5) $N = 800\text{L} \times \dfrac{1.5단위}{80\text{L}} = 15단위$

상세해설

소요단위의 계산방법

① 제조소 또는 취급소의 건축물

외벽이 내화구조인 것	외벽이 내화구조가 아닌 것
연면적 100m²를 1소요단위	연면적 50m²를 1소요단위

② 저장소의 건축물

외벽이 내화구조인 것	외벽이 내화구조가 아닌 것
연면적 150m² : 1소요단위	연면적 75m² : 1소요단위

③ 제조소등의 옥외에 설치된 공작물은 외벽이 내화구조인 것으로 간주하고 공작물의 최대수평투영면적을 연면적으로 간주하여 ① 및 ②의 규정에 의하여 소요단위를 산정할 것
④ 위험물은 지정수량의 10배를 1소요단위로 할 것

간이 소화용구의 능력단위

소화설비	용량	능력단위
소화전용(專用)물통	8L	0.3
수조(소화전용물통 3개 포함)	80L	1.5
수조(소화전용물통 6개 포함)	190L	2.5
마른 모래(삽 1개 포함)	50L	0.5
팽창질석 또는 팽창진주암(삽 1개 포함)	160L	1.0

소요단위 및 능력단위
(1) 소요단위 : 소화설비의 설치대상이 되는 건축물 그 밖의 공작물의 규모 또는 위험물의 양의 기준단위
(2) 능력단위 : 소요단위에 대응하는 소화설비의 소화능력의 기준단위

62회 기출

11 아래의 [보기]에서 설명하는 위험물이 다음 물질과 반응할 때의 반응식을 쓰시오.

[보기] ㉮ 비중 0.8   ㉯ 분자량 : 39.1   ㉰ 제3류 위험물   ㉱ 지정수량 : 10kg

(1) 이산화탄소   (2) 사염화탄소   (3) 에틸알코올

해답   ✔답 (1) 이산화탄소 : $4K + 3CO_2 \rightarrow 2K_2CO_3 + C$
(2) 사염화탄소 : $4K + CCl_4 \rightarrow 4KCl + C$
(3) 에틸알코올 : $2K + 2C_2H_5OH \rightarrow 2C_2H_5OK + H_2$

상세해설

칼륨(K)-제3류 위험물-금수성물질

화학식	원자량	비점	융점	비중	불꽃색상
K	39	762℃	63.5℃	0.86	보라색

① 가열시 보라색 불꽃을 내면서 연소한다.
② **물과 반응하여 수소 및 열을 발생한다.**(금수성 물질)

$$2K + 2H_2O \rightarrow 2KOH + H_2$$

③ 보호액으로 **파라핀 · 경유 · 등유** 등을 사용한다.
④ 피부와 접촉 시 화상을 입는다.
⑤ 마른모래 등으로 질식 소화한다.
⑥ 화학적으로 활성이 대단히 크고 알코올과 반응하여 수소를 발생시킨다.

$$2K + 2C_2H_5OH \rightarrow 2C_2H_5OK + H_2$$

칼륨(K)의 반응식
① 완전연소 반응식 : $4K + O_2 \rightarrow 2K_2O$(산화칼륨)
② 물과의 반응식 : $2K + 2H_2O \rightarrow 2KOH$(수산화칼륨) $+ H_2$
③ 이산화탄소와 반응식 : $4K + 3CO_2 \rightarrow 2K_2CO_3$(탄산칼륨) $+ C$
④ 에틸알코올과 반응식 : $2K + 2C_2H_5OH \rightarrow 2C_2H_5OK$(칼륨에틸레이트) $+H_2$
⑤ 사염화탄소와 반응식 : $4K + CCl_4 \rightarrow 4KCl$(염화칼륨) $+ C$
⑥ 초산과 반응식 : $2K + 2CH_3COOH \rightarrow 2CH_3COOK$(초산칼륨) $+ H_2$

47회 기출

12 금속 표면에 상당히 얇은 산화 피막이 형성되어 내부를 보호하고 부식성이 적은 은백색의 광택이 있는 금속으로서 원자량이 27 비중이 2.7인 제2류 위험물에 대한 다음 각 물음에 답하시오.

① 이 물질과 수증기의 반응식을 쓰시오.
② 이 물질 50g이 수증기와 반응하여 생성되는 기체의 부피(L)는 2기압, 30℃ 기준으로 얼마인지 계산하시오.

해답

① 반응식
  ✔답 2Al + 6H₂O → 2Al(OH)₃ + 3H₂

② 생성되는 기체의 부피
  ✔계산과정
    Al + 3H₂O → Al(OH)₃ + 1.5H₂(반응물질은 1몰 기준)
    • 알루미늄(Al)의 원자량 = 27
    • $V = \dfrac{WRT}{PM} \times \text{mol}(생성기체) = \dfrac{50 \times 0.082 \times (273+30)}{2 \times 27} \times 1.5 = 34.51\text{L}$
  ✔답 34.51L

상세해설

알루미늄분(Al) : 제2류 위험물

화학식	원자량	비중	융점	비점
Al	27	2.7	660℃	2,000℃

① 은백색의 분말이다.
② 알루미늄이 연소하면 백색연기를 내면서 산화알루미늄을 생성한다.
   $$4Al + 3O_2 \rightarrow 2Al_2O_3$$
③ 가열된 알루미늄은 물(수증기)와 반응하여 수소를 발생시킨다.(주수소화금지)
   $$2Al + 6H_2O \rightarrow 2Al(OH)_3 + 3H_2 \uparrow$$
④ 알루미늄(Al)은 염산과 반응하여 수소를 발생한다.
   $$2Al + 6HCl \rightarrow 2AlCl_3 + 3H_2 \uparrow$$
⑤ 알루미늄과 수산화나트륨 수용액은 반응하여 알루미늄산과 수소기체를 발생한다.
   $$2Al + 2NaOH + 2H_2O \rightarrow 2NaAlO_2 + 3H_2 \uparrow$$
⑥ 알루미늄과 수산화나트륨은 많은 수소 기체를 발생시킨다.
   $$2Al + 6NaOH \rightarrow 2Na_3AlO_3 + 3H_2 \uparrow$$
⑦ 주수소화는 엄금이며 마른모래 등으로 피복 소화한다.

이상기체상태방정식

$$PV = \dfrac{W}{M}RT = nRT$$

여기서, P : 압력(atm), V : 부피(L), W : 무게(g), M : 분자량, n : mol수
  R : 기체상수(0.082atm·L/mol·K), T : 절대온도(273+t℃)K

13 다음은 고체 위험물에 대한 운반용기의 최대용적 또는 중량 및 수납위험물의 적응성에 관한 것이다. 빈칸의 적응성에 해당하는 곳에 ○표를 하시오.

운반 용기				수납 위험물의 종류		
내장 용기		외장 용기		아염소산 나트륨	질산 나트륨	과망가니즈산 나트륨
용기의 종류	최대용적 또는 중량	용기의 종류	최대용적 또는 중량			
유리용기 또는 플라스틱 용기	10L	나무상자 또는 플라스틱상자	125kg			
금속제용기	30L	파이버판상자	55kg			
플라스틱필름포대 또는 종이포대	5kg	나무상자 또는 플라스틱상자	50kg			

해답 ✓ 답

운반 용기				수납 위험물의 종류		
내장 용기		외장 용기		아염소산 나트륨	질산 나트륨	과망가니즈산 나트륨
용기의 종류	최대용적 또는 중량	용기의 종류	최대용적 또는 중량			
유리용기 또는 플라스틱 용기	10L	나무상자 또는 플라스틱상자	125kg	○	○	○
금속제용기	30L	파이버판상자	55kg		○	○
플라스틱필름포대 또는 종이포대	5kg	나무상자 또는 플라스틱상자	50kg	○	○	○

상세해설

1. 제1류 위험물

구 분	아염소산나트륨	질산나트륨	과망가니즈산나트륨
품 명	아염소산염류	질산염류	과망가니즈산염류
위험등급	I	II	III

2. 운반용기의 최대용적 또는 중량(고체위험물)

운반 용기				수납 위험물의 종류										
내장 용기		외장 용기		제1류			제2류		제3류			제5류		
용기의 종류	최대용적 또는 중량	용기의 종류	최대용적 또는 중량	I	II	III	II	III	I	II	III	I	II	
유리용기 또는 플라스틱 용기	10L	나무상자 또는 플라스틱상자	125kg	○	○	○	○	○	○	○	○	○	○	
금속제용기	30L	파이버판상자	55kg		○	○	○	○		○	○		○	
플라스틱필름포대 또는 종이포대	5kg	나무상자 또는 플라스틱상자	50kg		○	○	○	○		○	○		○	

14 R-CHO로 구성된 특수인화물에 대한 다음 각 물음에 답하시오.

① 시성식을 쓰시오.
② 산화하면 제2석유류에 해당하는 물질이 생성되는 반응식을 쓰시오.
③ 지하저장탱크 중 압력탱크에 저장하는 경우 몇 ℃이하를 유지하여야 하는가?
④ 옥외저장탱크 중 압력탱크 외의 탱크에 저장하는 경우 몇 ℃이하를 유지하여야 하는가?

해답 ✔답 ① CH_3CHO
② $2CH_3CHO + O_2 \rightarrow 2CH_3COOH$
③ 40℃ 이하
④ 15℃ 이하

상세해설

아세트알데하이드(CH_3CHO)-제4류 특수인화물

화학식	분자량	비중	비점	인화점	착화점	연소범위
CH_3CHO	44	0.78	21℃	-38℃	185℃	4~60%

① 휘발성이 강하고 과일냄새가 있는 무색 액체이며 물, 에탄올에 잘 녹는다.
② 산화되어 초산(CH_3COOH)이 된다.

$$2CH_3CHO + O_2 \rightarrow 2CH_3COOH(초산)$$

③ 취급하는 설비는 은·수은·동·마그네슘 또는 이들을 성분으로 하는 합금으로 만들지 아니할 것
④ 아세트알데하이드 등을 취급하는 설비에는 연소성 혼합기체의 생성에 의한 폭발을 방지하기 위한 불활성기체 또는 수증기를 봉입하는 장치를 갖출 것

옥외저장탱크·옥내저장탱크 또는 지하저장탱크의 저장 유지온도

구 분	압력탱크 외의 탱크	구 분	압력탱크
산화프로필렌과 이를 함유한 것 또는 다이에틸에터 등	30℃ 이하	**아세트알데하이드** 등 또는 다이에틸에터 등	40℃ 이하
아세트알데하이드 또는 이를 함유한 것	15℃ 이하		

이동저장탱크의 저장 유지온도

구 분	보냉장치가 있는 경우	보냉장치가 없는 경우
아세트알데하이드 등 또는 다이에틸에터 등	비점 이하	40℃ 이하

67회 기출

15 인화점이 −17.8℃, 분자량 27인 독성이 강한 제4류 위험들에 대하여 다음 각 물음에 답하시오.

① 물질명   ② 구조식   ③ 위험등급

해답 ✔답 ① 물질명 : 사이안화수소   ② 구조식 : $H-C\equiv N$ ③ 위험등급 : Ⅱ등급

상세해설 사이안화수소(HCN) [hydrogen cyanide] 제4류−제1석유류−수용성

화학식	분자량	비중	비점	인화점	착화점	연소범위
HCN	27	0.69	26℃	−17℃	540℃	6~41%

① 무색의 휘발성 액체이다.
② 약한 산성인 수용액을 사이안화수소산 또는 청산이라고 한다.
③ 연소 시 질소와 이산화탄소를 생성한다.

$$4HCN + 5O_2 \rightarrow 2H_2O + 2N_2 + 4CO_2$$

④ 메탄과 암모니아를 백금 촉매하에서 산소를 혼합시켜 제조한다.

$$2CH_4 + 2NH_3 + 3O_2 \rightarrow 2HCN + 6H_2O$$

⑤ 물·에탄올·에터 등과 임의의 비율로 섞인다.
⑥ 맹독성가스로 공기 중의 허용농도를 10ppm으로 규제

55회 기출

16 제1류 위험물로서 분자량 101, 분해온도 400℃, 흑색화약의 원료로 사용되는 위험물에 대한 다음 각 물음에 답하시오.

① 물질명   ② 가열분해 반응식   ③ 흑색화약의 역할

해답 ✔답 ① 질산칼륨
② $2KNO_3 \rightarrow 2KNO_2 + O_2$
③ 산화제

상세해설 질산칼륨(KNO_3) : 제1류 위험물(산화성고체)

화학식	분자량	비중	융점	분해온도
KNO_3	101	2.1	336℃	400℃

① 질산칼륨에 숯가루, 황가루를 혼합하여 **흑색화약제조**에 사용한다.
② 열분해하여 산소를 방출한다.

$$2KNO_3 \rightarrow 2KNO_2 + O_2\uparrow$$

③ 물, 글리세린에는 잘 녹으나 알코올에는 잘 녹지 않는다.
④ 유기물 및 강산과 접촉 시 매우 위험하다.
⑤ 소화는 주수소화방법이 가장 적당하다.

17 다음 [보기]를 보고 각 물음에 답하시오.

[보기] ① 옥외탱크저장소(휘발유의 저장용량 50만L)
② 옥외탱크저장소(경유의 저장용량 100만L)
③ 옥외탱크저장소(동식물유류의 저장용량 100만L)
④ 옥외탱크저장소(경유 1000L / 2개월 이내 임시사용)
⑤ 옥외탱크저장소(경유 900L / 2개월 이내 임시사용)
⑥ 옥외탱크저장소(경유 2000L / 4개월 이내 임시사용)
⑦ 지하탱크저장소(경유 10만L)
⑧ 지정수량의 1천배 이상 제조소/지하매설탱크 휘발유 100L 포함
⑨ 지정수량의 3천배 이상 제조소/옥외취급탱크 휘발유 1000L 포함

(1) 한국소방산업기술원에 기술검토를 받아야하는 제조소등을 [보기]에서 모두 고르시오.
(2) 제조소 등의 설치허가 없이 임시로 저장 또는 취급할 수 있는 제조소 등을 [보기]에서 모두 고르시오.
(3) 연 1회 실시하는 정기점검을 받아야하는 제조소 등을 [보기]에서 모두 고르시오.
(4) 정기검사 대상인 제조소 등을 [보기]에서 모두 고르시오.
(5) [보기]의 제조소 등에서 반드시 허가를 받아야하는 제조소 등의 개수는 몇 개인지 쓰시오.

해답 ✔**답** (1) ① ② ③ ⑧ ⑨
(2) ④
(3) ① ② ⑦ ⑨
(4) ① ② ③
(5) 7개

상세해설
1. **한국소방산업기술원의 기술검토 대상**
   (1) **지정수량의 1천배 이상의 위험물을 취급하는 제조소 또는 일반취급소** : 구조·설비에 관한 사항 ⑧ ⑨
   (2) **옥외탱크저장소(저장용량이 50만 리터 이상) 또는 암반탱크저장소** : 위험물탱크의 기초·지반, 탱크본체 및 소화설비에 관한 사항 ① ② ③

2. **제조소등이 아닌 장소에서 지정수량 이상의 위험물을 취급할 수 있는 경우**
   (1) 관할소방서장의 승인을 받아 지정수량 이상의 위험물을 **90일 이내**의 기간동안 임시로 저장 또는 취급하는 경우 ④
   (2) 군부대가 지정수량 이상의 위험물을 **군사목적으로 임시로 저장 또는 취급**하는 경우

3. 정기점검의 대상인 제조소등
   (1) 다음에 해당하는 제조소등
      ① 지정수량의 **10배** 이상의 **제조소** ⑧ ⑨
      ② 지정수량의 **100배** 이상의 **옥외저장소**
      ③ 지정수량의 **150배** 이상의 **옥내저장소**
      ④ 지정수량의 **200배** 이상의 **옥외탱크저장소** ① ②
      ⑤ **암반탱크**저장소
      ⑥ **이송취급소**
      ⑦ 지정수량의 **10배** 이상의 **일반취급소**
   (2) **지하탱크**저장소 ⑦
   (3) **이동탱크**저장소
   (4) 위험물을 취급하는 탱크로서 **지하에 매설된** 탱크가 있는 제조소 · 주유취급소 또는 일반취급소 ⑧

4. 정기검사의 대상인 제조소등
   액체위험물을 저장 또는 취급하는 **50만리터** 이상의 **옥외탱크저장소** ① ② ③

5. 허가를 받아야하는 제조소 등 ① ② ③ ⑥ ⑦ ⑧ ⑨
   ① 옥외탱크저장소(휘발유 50만L) (허가대상)
   ② 옥외탱크저장소(경유 100만L) (허가대상)
   ③ 옥외탱크저장소(동식물유류 100만L) (허가대상)
   ④ 옥외탱크저장소(경유 1000L / 2개월 이내 임시사용) – 90일 이내(승인대상)
   $N = \dfrac{1000L}{1000L} = 1$배(지정수량 이상) – 90일 이내(승인대상)
   ⑤ 옥외탱크저장소(경유 900L / 2개월 이내 임시사용) – 90일 이내(승인대상)
   $N = \dfrac{900L}{1000L} = 0.9$배(지정수량 미만) – 90일 이내(미승인대상)
   ⑥ 옥외탱크저장소(경유 2000L/4개월 이내 임시사용) – 90일 이상(허가대상)
   ⑦ 지하탱크저장소(경유 10만L) (허가대상)
   ⑧ 제조소 1천배 / 지하매설탱크 휘발유 100L 포함 (허가대상)
   ⑨ 제조소 1천배 / 옥외취급탱크 휘발유 1000L 포함 (허가대상)

18 옥내저장소의 구조 및 설비의 기준 중 저장창고의 벽 · 기둥 및 바닥은 내화구조로 하고 지붕을 폭발력이 위로 방출될 정도의 가벼운 불연재료로 하며 천장을 만들지 않아야 한다. 다음 각 물음에 답하시오.
① 연소의 우려가 없는 벽 · 기둥 및 바닥을 불연재료로 할 수 있는 경우를 쓰시오.
② 지붕을 내화구조로 할 수 있는 경우를 쓰시오.
③ 난연재료 또는 불연재료로 된 천장을 설치할 수 있는 경우를 쓰시오.

해답 ✔**답** ① 지정수량의 10배 이하의 위험물의 저장창고 또는 제2류와 제4류의 위험물(인화성고체 및 인화점이 70℃ 미만인 제4류 위험물을 제외)만의 저장창고
② 제2류 위험물(분말상태의 것과 인화성고체를 제외)과 제6류 위험물만의 저장창고
③ 제5류 위험물만의 저장창고

상세해설 **옥내저장소의 위치 · 구조 및 설비의 기준**
(1) 저장창고의 벽 · 기둥 및 바닥은 내화구조로 하고, 보와 서까래는 불연재료로 하여야 한다. 다만, **지정수량의 10배 이하**의 위험물의 저장창고 또는 **제2류와 제4류의 위험물**(인화성고체 및 인화점이 70℃ 미만인 제4류 위험물을 제외한다)만의 저장창고에 있어서는 연소의 우려가 없는 **벽 · 기둥 및 바닥은 불연재료**로 할 수 있다.
(2) 저장창고는 지붕을 폭발력이 위로 방출될 정도의 가벼운 불연재료로 하고, 천장을 만들지 않아야 한다. 다만, **제2류 위험물**(분말상태의 것과 인화성고체를 제외한다)과 **제6류 위험물**만의 저장창고에 있어서는 지붕을 **내화구조**로 할 수 있고, **제5류 위험물**만의 저장창고에 있어서는 당해 저장창고내의 온도를 저온으로 유지하기 위하여 **난연재료 또는 불연재료**로 된 천장을 설치할 수 있다.

47회 기출

19 이동탱크저장소의 구조기준에 따라 칸막이로 구획된 각 부분에 안전장치를 설치하여야 한다. 각 물음에 따른 안전장치의 작동압력을 쓰시오.
① 상용압력이 18kPa인 탱크의 경우
② 상용압력이 21kPa인 탱크의 경우

해답 ✔**답** ① 20kPa 이상 24kPa 이하
② 21kPa × 1.1 = 23.1kPa 이하

상세해설 **이동저장탱크의 구조**
칸막이로 구획된 각 부분마다 맨홀과 다음 각목의 기준에 의한 안전장치 및 방파판을 설치하여야 한다. 다만, 칸막이로 구획된 부분의 용량이 2,000L 미만인 부분에는 방파판을 설치하지 아니할 수 있다.
(1) 안전장치
상용압력에 따른 안전장치의 작동압력

탱크의 상용압력	20kPa 이하	20kPa 초과
안전장치의 작동압력	20kPa 이상 24kPa 이하	상용압력의 1.1배 이하

(2) 방파판
① 두께 1.6mm 이상의 강철판 또는 이와 동등 이상의 강도 · 내열성 및 내식성이 있는 금속성의 것으로 할 것
② 하나의 구획부분에 2개 이상의 방파판을 이동탱크저장소의 진행방향과 평행으로 설치하되, 각 방파판은 그 높이 및 칸막이로부터의 거리를 다르게 할 것

③ 하나의 구획부분에 설치하는 각 방파판의 면적의 합계는 당해 구획부분의 최대 수직단면적의 50% 이상으로 할 것. 다만, 수직단면이 원형이거나 짧은 지름이 1m 이하의 타원형일 경우에는 40% 이상으로 할 수 있다.

위험물기능장 제74회 실기시험

2023년도 기능장 제74회 실기시험 (2023년 08월 12일 시행)

자격종목	시험시간	문제수	형별
위험물기능장	2시간	19	A

수험번호	성 명

01 다음 그림은 지하저장탱크에 관한 것이다. 그림을 보고 각 물음에 답하시오.

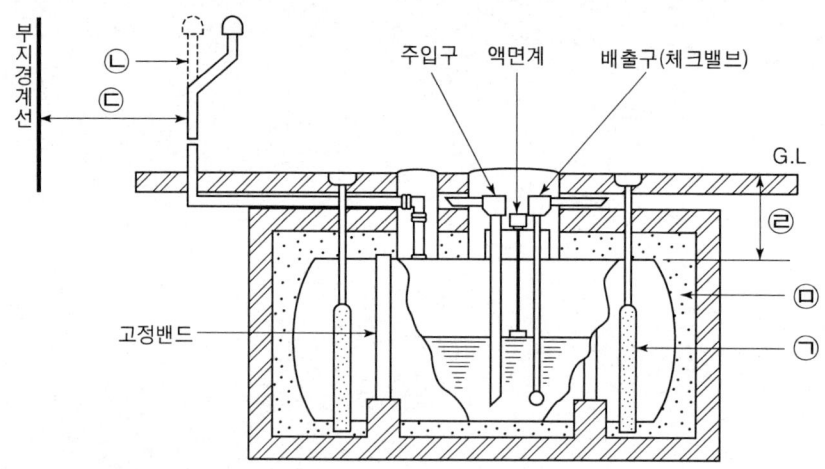

(1) ① ㉠의 명칭은?
　　② ㉠의 최소개수는?
(2) ① ㉡의 명칭은?　　　　　　② ㉡의 높이(m)는?
　　③ ㉢의 거리(m)는?　　　　　④ ㉣의 깊이(m)는?
(3) ㉤의 시공방법에 대하여 쓰시오.
(4) 이중벽 탱크의 종류 2가지를 쓰시오.
(5) 탱크안전성능검사의 시행 주체를 모두 쓰시오.
　　① 단일벽탱크　　　　② 이중벽탱크
(6) 압력탱크가 아닌 경우 수압시험기준(압력, 시간, 확인사항 등)을 쓰시오.
(7) 수압시험을 대신할 수 있는 방법을 쓰시오.
(8) 과충전 방지장치 설치기준 2가지를 쓰시오.

해답 ✔답 (1) ① ㉠의 명칭 : 누유검사관
　　　　　　② ㉠의 최소개수 : 4개
　　　　(2) ① ㉡의 명칭 : 통기관
　　　　　　② ㉡의 높이 : 4m 이상
　　　　　　③ ㉢의 거리 : 1.5m 이상

④ ㉣의 깊이 : 0.6m 이상
(3) ㉤의 시공방법
탱크의 주위에 마른 모래 또는 습기 등에 의하여 응고되지 아니하는 입자지름 5mm 이하의 마른 자갈분을 채운다.
(4) 지하저장탱크에 설치하는 강제 단일벽탱크 및 이중벽탱크중 이중벽 탱크의 종류
① 강제이중벽탱크
② 강제강화플라스틱제 이중벽탱크
③ 강화플라스틱제 이중벽탱크
(5) 탱크안전성능검사의 시행 주체
① 단일벽 탱크 : 시·도지사, 소방서장
② 이중벽 탱크 : 시·도지사, 한국소방산업기술원
(6) 압력탱크가 아닌 경우 수압시험기준(압력, 시간, 확인사항 등)
70kPa의 압력으로 10분간 수압시험을 실시하여 새거나 변형되지 아니 할 것
(7) 수압시험을 대신할 수 있는 방법
소방청장이 정하여 고시하는 기밀시험과 비파괴시험을 동시에 실시하는 방법
(8) 과충전 방지장치 설치기준
① 탱크용량을 초과하는 위험물이 주입될 때 자동으로 그 주입구를 폐쇄하거나 위험물의 공급을 자동으로 차단하는 방법
② 탱크용량의 90%가 찰 때 경보음을 울리는 방법

상세해설

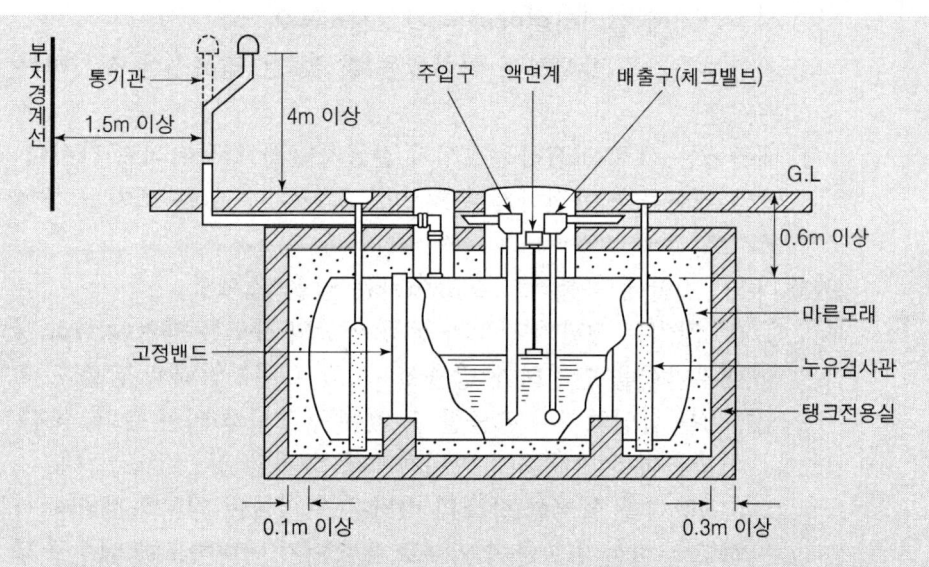

(4) 이중벽탱크
이중벽탱크의 지하탱크저장소란 지하저장탱크의 외면에 누설을 감지할 수 있는 틈(감지층)이 생기도록 강판 또는 강화플라스틱 등으로 피복한 것을 설치하는 지하탱크저장소를 말한다.

(5) 탱크안전성능검사의 시행 주체

- 위험물안전관리법 제8조(탱크안전성능검사)
  위험물탱크의 설치 또는 그 위치·구조 또는 설비의 변경공사를 하는 때에는 완공검사를 받기 전에 기술기준에 적합한지의 여부를 확인하기 위하여 **시·도지사가** 실시하는 탱크안전성능검사를 받아야 한다.
- 위험물안전관리법 시행령 제21조(권한의 위임)
  시·도지사는 다음의 권한을 소방서장에게 위임
  4. **탱크안전성능검사(기술원에 위탁하는 것을 제외)**
- 위험물안전관리법 시행령 제22조(업무의 위탁)
  시·도지사는 다음의 업무를 기술원에 위탁
  다. 지하탱크저장소의 위험물탱크 중 행정안전부령으로 정하는 액체위험물탱크
- 위험물안전관리법 시행규칙 제18조(탱크안전성능검사의 신청 등)
  ⑥ "행정안전부령이 정하는 액체위험물탱크"라 함은 **이중벽탱크**를 말한다.

---

02 위험물안전관리법령상 이송취급소에 대한 다음 각 물음에 답하시오.

(1) 배관의 경로에는 안전상 필요한 장소와 25km의 거리마다 설치하여야 하는 장치는?

(2) 이송기지에 설치하여야 하는 경보설비는?

(3) 가연성증기를 발생하는 위험물을 취급하는 펌프실에 설치하는 경보설비는?

(4) 배관에는 서로 인접하는 2개의 긴급차단밸브 사이의 구간마다 당해 배관 안의 위험물을 안전하게 무엇으로 치환할 수 있는 조치를 하여야 하는지 쓰시오.

(5) 다음 ( )안에 공통적으로 들어가는 말을 쓰시오.
  ① ( )장치는 배관의 강도와 동등 이상의 강도를 가져야 하고 당해 장치의 내부압력을 안전하게 방출할 수 있고 내부압력을 방출한 후가 아니면 ( )를 삽입하거나 배출할 수 없는 구조로 하여야 한다. 또한 배관 내에 이상응력이 발생하지 아니하도록 설치할 것
  ② ( )장치를 설치한 장소의 바닥은 위험물이 침투하지 아니하는 구조로 하고 누설한 위험물이 외부로 유출되지 아니하도록 배수구 및 집유설비를 설치해야 한다 또한 ( )장치의 주변에는 너비 3m 이상의 공지를 보유할 것. 다만, 펌프실내에 설치하는 경우에는 그러하지 아니하다.

해답 ✓답 (1) 지진감지장치 및 강진계
(2) 비상벨장치 및 확성장치

(3) 가연성증기 경보설비
(4) 물 또는 불연성기체
(5) 피그

상세해설

이송취급소의 위치·구조 및 설비의 기준

Ⅳ. 기타 설비 등

(1) **위험물 제거조치**
배관에는 서로 인접하는 2개의 긴급차단밸브 사이의 구간마다 당해 배관안의 위험물을 안전하게 **물 또는 불연성기체**로 치환할 수 있는 조치를 하여야 한다.

(2) **지진감지장치 등**
배관의 경로에는 안전상 필요한 장소와 25km의 거리마다 **지진감지장치 및 강진계**를 설치하여야 한다.

(3) **경보설비**
① 이송기지에는 **비상벨장치 및 확성장치**를 설치할 것
② 가연성증기를 발생하는 위험물을 취급하는 펌프실등에는 **가연성증기 경보설비**를 설치할 것

(4) **피그장치**
① **피그장치**는 배관의 강도와 동등 이상의 강도를 가질 것
② **피그장치**는 당해 장치의 내부압력을 안전하게 방출할 수 있고 내부압력을 방출한 후가 아니면 피그를 삽입하거나 배출할 수 없는 구조로 할 것
③ **피그장치**는 배관 내에 **이상응력**이 발생하지 아니하도록 설치할 것
④ **피그장치**를 설치한 장소의 바닥은 위험물이 침투하지 아니하는 구조로 하고 누설한 위험물이 외부로 유출되지 아니하도록 **배수구 및 집유설비**를 설치할 것
⑤ **피그장치**의 주변에는 **너비 3m 이상의 공지**를 보유할 것

〈알고갑시다〉 **피그(PIG)장치란?**
(1) 여러 종류의 유류수송에 있어서 유류의 혼합을 억제하는 피그(PIG), 배관을 청소하는 피그, 위험물의 제거조치용에 사용하는 피그 등을 보내거나 받는 장치
(2) 피그의 종류 : 구형 피그, 우산형 피그, 포탄형 피그

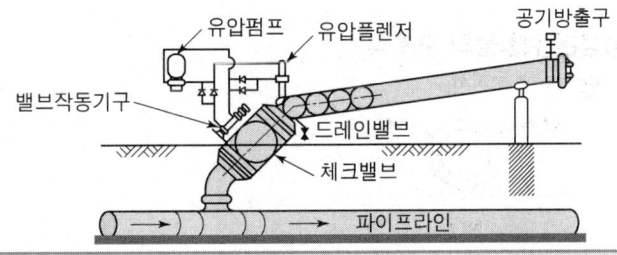

65회 기출

03 다음 보기의 위험물에 대한 완전연소반응식을 쓰시오.
(단, 불연성물질인 경우 "반응 없음"으로 답하시오)

> ① 과염소산암모늄 ② 과염소산 ③ 메틸에틸케톤
> ④ 트라이메틸알루미늄 ⑤ 메탄올

해답 ✔답 ① 과염소산암모늄 : 반응 없음
② 과염소산 : 반응 없음
③ 메틸에틸케톤 : $2CH_3COC_2H_5 + 11O_2 \rightarrow 8CO_2 + 8H_2O$
④ 트라이메틸알루미늄 : $2(CH_3)_3Al + 12O_2 \rightarrow 6CO_2 + Al_2O_3 + 9H_2O$
⑤ 메탄올 : $2CH_3OH + 3O_2 \rightarrow 2CO_2 + 4H_2O$

35회, 48회, 50회, 72회 유사

04 다음 보기의 위험물을 질산과 진한 황산으로 나이트로화하여 생성되는 제5류 위험물에 대한 각 물음에 답하시오.

[보기] 제4류 위험물인 벤젠의 수소 1개를 메틸기로 치환하여 생성된 위험물

(1) 생성된 위험물의 완전분해폭발 반응식을 쓰시오.(질소, 수소, 일산화탄소 등으로 분해가 된다)
(2) 생성된 위험물의 구조식을 쓰시오.
(3) 질소의 함유량(wt%)을 구하시오.

해답 (1) 생성된 위험물의 완전분해폭발 반응식
✔답 $2C_6H_2CH_3(NO_2)_3 \rightarrow 2C + 12CO + 3N_2 + 5H_2$

(2) 생성된 위험물의 구조식
✔답

$$\begin{array}{c} CH_3 \\ O_2N \underset{NO_2}{\underset{|}{\bigcirc}} NO_2 \end{array}$$

(3) 질소의 함유량(wt%)
✔계산과정 ① 트라이나이트로톨루엔(TNT)의 분자량
$M = 12 \times 7 + 1 \times 5 + 16 \times 6 = 227$
② 질소의 함유량(wt%) $= \dfrac{14 \times 3}{227} \times 100 = 18.50\%$

✔답 18.50%

상세해설

트라이나이트로톨루엔[$C_6H_2CH_3(NO_2)_3$] (TNT : Tri Nitro Toluene) ★★★★★

화학식	분자량	비중	비점	융점	착화점
$C_6H_2CH_3(NO_2)_3$	227	1.7	280℃	81℃	300℃

① 물에는 녹지 않고 알코올, 아세톤, 벤젠에 녹는다.
② Tri Nitro Toluene의 약자로 TNT라고도 한다.
③ 담황색의 주상결정이며 햇빛에 다갈색으로 변색된다.
④ 톨루엔과 질산을 반응시켜 얻는다.

$$C_6H_5CH_3 + 3HNO_3 \xrightarrow[\text{(나이트로화)}]{C-H_2SO_4} C_6H_2CH_3(NO_2)_3 + 3H_2O$$
(톨루엔)　　(질산)　　　　　　　　　(트라이나이트로톨루엔)　(물)

⑤ 강력한 폭약이며 급격한 타격에 폭발한다.

$$2C_6H_2CH_3(NO_2)_3 \rightarrow 2C + 12CO + 3N_2\uparrow + 5H_2\uparrow$$

⑥ 연소 시 연소속도가 너무 빠르므로 소화가 곤란하다.
⑦ 무기 및 다이너마이트, 질산폭약제 제조에 이용된다.

45회, 57회, 65회, 66회 기출

05
제3류 위험물인 트라이에틸알루미늄이 물과 반응하는 경우 반응식을 쓰고, 이때 발생하는 기체의 위험도를 계산하시오.

해답

✔ 답　① 물과의 반응식 : $(C_2H_5)_3Al + 3H_2O \rightarrow Al(OH)_3 + 3C_2H_6$

　　　② 기체의 위험도 : $H = \dfrac{U-L}{L} = \dfrac{12.4-3}{3} = 3.13$

상세해설

알킬알루미늄[(C_nH_{2n+1})·Al] : 제3류 위험물(금수성 물질)
① 알킬기(C_nH_{2n+1})에 알루미늄(Al)이 결합된 화합물이다.
② $C_1 \sim C_4$는 자연발화의 위험성이 있다.
③ 물과 접촉 시 가연성 가스 발생하므로 주수소화는 절대 금지한다.
④ 트라이메틸알루미늄(TMA : Tri Methyl Aluminium)

$$(CH_3)_3Al + 3H_2O \rightarrow Al(OH)_3 + 3CH_4\uparrow \text{(메탄)}$$

⑤ 트라이에틸알루미늄(TEA : Tri Eethyl Aluminium)

$(C_2H_5)_3Al + 3H_2O \rightarrow Al(OH)_3 + 3C_2H_6\uparrow$ (에탄) ★에탄(폭발범위 : 3.0~12.4%)

⑥ 저장용기에 불활성기체(N_2)를 봉입한다.
⑦ 피부접촉 시 화상을 입히고 연소 시 흰 연기가 발생한다.
⑧ 소화 시 주수소화는 절대 금하고 팽창질석, 팽창진주암 등으로 피복소화한다.

45회, 67회 유사

06
인화점이 -17.8℃, 분자량 27인 독성이 강한 제4류 위험물에 대하여 다음 각 물음에 답하시오.
① 물질명
② 구조식
③ 위험등급
④ 연소반응식

해답

✔ 답 ① 물질명 : 사이안화수소
② 구조식 : H-C≡N
③ 위험등급 : Ⅱ등급
④ $4HCN + 5O_2 \rightarrow 2H_2O + 2N_2 + 4CO_2$

상세해설

사이안화수소(HCN) [hydrogen cyanide] 제4류-제1석유류-수용성

화학식	분자량	비중	비점	인화점	착화점	연소범위
HCN	27	0.69	26℃	-17℃	540℃	6~41%

① 무색의 휘발성 액체이다.
② 약한 산성인 수용액을 사이안화수소산 또는 청산이라고 한다.
③ 연소 시 질소와 이산화탄소를 생성한다.

$$4HCN + 5O_2 \rightarrow 2H_2O + 2N_2 + 4CO_2$$

④ 메탄과 암모니아를 백금 촉매하에서 산소를 혼합시켜 제조한다.

$$2CH_4 + 2NH_3 + 3O_2 \rightarrow 2HCN + 6H_2O$$

⑤ 물·에탄올·에터 등과 임의의 비율로 섞인다.
⑥ 맹독성가스로 공기 중의 허용농도를 10ppm으로 규제

43회, 50회 기출

07
휘발유의 부피팽창계수가 0.00135/℃일 때 휘발유 50L가 5℃에서 25℃로 온도가 상승할 때 부피의 증가율(%)은 얼마인지 계산하시오.

해답

✔ 계산과정
① 팽창 후 부피 $V = 50 \times [1 + 0.00135 \times (25-5)] = 51.35L$
② 부피증가율(%) $= \dfrac{51.35 - 50}{50} \times 100 = 2.7\%$

✔ 답 2.7%

상세해설

① 부피의 증가율 산출공식

$$V = V_0(1 + \beta \Delta t)$$

여기서, V : 팽창 후 부피, V_0 : 팽창 전 부피, β : 체적팽창계수, Δt : 온도차

② 부피증가율(%) $= \dfrac{\text{팽창 후 부피} - \text{팽창 전 부피}}{\text{팽창 전 부피}} \times 100$

39회, 59회 기출

08 제3종 분말소화약제가 열분해하면 오르토인산, 피로인산, 메타인산등이 생성된다. 이 분말소화약제의 190℃(1차), 215℃(2차), 300℃(3차) 열분해 반응식을 쓰시오.

해답

✔답 ① 1차 열분해 반응식 : $NH_4H_2PO_4 \rightarrow H_3PO_4 + NH_3$
② 2차 열분해 반응식 : $2H_3PO_4 \rightarrow H_4P_2O_7 + H_2O$
③ 3차 열분해 반응식 : $H_4P_2O_7 \rightarrow 2HPO_3 + H_2O$

상세해설

분말약제의 열분해

종 별	약제명	착색	열분해 반응식
제1종	탄산수소나트륨 중탄산나트륨 중조	백색	270℃ $2NaHCO_3 \rightarrow Na_2CO_3 + CO_2 + H_2O$ 850℃ $2NaHCO_3 \rightarrow Na_2O + 2CO_2 + H_2O$
제2종	탄산수소칼륨 중탄산칼륨	담회색	190℃ $2KHCO_3 \rightarrow K_2CO_3 + CO_2 + H_2O$ 590℃ $2KHCO_3 \rightarrow K_2O + 2CO_2 + H_2O$
제3종	제1인산암모늄	담홍색	190℃ $NH_4H_2PO_4 \rightarrow NH_3 + H_3PO_4$(오르토인산) 215℃ $2H_3PO_4 \rightarrow H_2O + H_4P_2O_7$(피로인산) 300℃ $H_4P_2O_7 \rightarrow H_2O + 2HPO_3$(메타인산)
제4종	중탄산칼륨+요소	회(백)색	$2KHCO_3 + (NH_2)_2CO \rightarrow K_2CO_3 + 2NH_3 + 2CO_2$

48회, 53회 유사

09 질산 31.5g을 물에 녹여 360g으로 만들었다. 질산의 몰분율과 몰농도를 계산하시오. (단, 질산 수용액의 비중은 1이다.)

해답

✔**계산과정 (질산의 몰분율)**

① 질산의 몰수 $M = \dfrac{31.5g}{63g} = 0.5mol$

② 물의 몰수 $M = \dfrac{(360 - 31.5)g}{18g} = 18.25mol$

③ 전체 몰수 = 0.5 + 18.25 = 18.75mol

④ mol분율 = $\dfrac{성분의\,mol수}{전체\,mol수} = \dfrac{0.5}{18.75} = 0.027$

✔**계산과정 (질산의 몰농도)**

① 질산의 수용액 360g을 부피로 환산

$V = \dfrac{W}{\rho} = \dfrac{360g}{1g/mL} = 360mL$

② 질산 $1M = \dfrac{63g(HNO_3)}{1000mL(HNO_3수용액)}$

③ 1M   63g   1000mL
    xM   31.5g   360mL

④ $x = \dfrac{31.5 \times 1000}{63 \times 360} = 1.39\text{M}$

✔**답** 질산의 몰분율 : 0.03
  질산의 몰농도 : 1.39M

상세해설

① 질산(HNO_3)의 분자량 = 1+14+16×3 = 63
② 몰분율 = $\dfrac{\text{성분의 몰수}}{\text{전체 몰수}}$
③ 밀도(ρ) = s(비중) × ρ_w(물의 밀도 : 1g/1mL) = 1×1g/mL = 1g/mL
④ V(부피) = $\dfrac{1}{\rho(\text{밀도})} \times W$(무게)
⑤ 몰농도(molar concentration)
  • 용액 1L 속에 포함된 용질의 몰수를 용액의 부피로 나눈 값
  • mol/L 또는 M으로 표시

54회 기출

10 다음은 동소체인 황린과 적린을 비교한 표이다. 빈칸에 알맞은 답을 쓰시오.

구 분	색상	독성	연소생성물	CS_2에 대한 용해여부	위험등급
황린					
적린					

해답 ✔**답**

구분	색상	독성	연소생성물	CS_2에 대한 용해여부	위험등급
황린	백색 또는 담황색	있다	오산화인(P_2O_5)	용해	I
적린	암적색	없다	오산화인(P_2O_5)	불용해	II

상세해설

황린과 적린의 비교

구 분	황 린	적 린
외관	백색 또는 담황색 고체	검붉은 분말
냄새	마늘냄새	없음
용해성	이황화탄소(CS_2)에 잘 녹는다.	이황화탄소(CS_2)에 녹지 않는다.
공기 중 자연발화	자연발화(34℃)	자연발화 없음
발화점	약 34℃	약 260℃
연소시 생성물	오산화인(P_2O_5)	오산화인(P_2O_5)
독 성	맹독성	독성 없음
사용 용도	적린제조, 농약	성냥 껍질

11
황화인 중 담황색의 결정으로 분자량 222이고 비중이 2.09인 위험물에 대하여 다음 각 물음에 답하시오.

① 물과 접촉하여 가연성, 유독성 기체를 발생할 때의 반응식을 쓰시오.
② ①에서 생성된 물질 중 유독성 기체의 완전연소반응식을 쓰시오.

해답

✔답 ① $P_2S_5 + 8H_2O \rightarrow 2H_3PO_4 + 5H_2S$
② $2H_2S + 3O_2 \rightarrow 2H_2O + 2SO_2$

상세해설

오황화인(P_2S_5)
① 담황색 결정이고 조해성이 있으며 수분을 흡수하면 분해된다.
② 이황화탄소(CS_2)에 잘 녹는다.
③ **물, 알칼리와 반응하여 인산과 황화수소를 발생**한다.

$$P_2S_5 + 8H_2O \rightarrow 2H_3PO_4 + 5H_2S \uparrow$$

④ 연소하면 오산화인과 이산화황이 생긴다.

$$2P_2S_5 + 15O_2 \rightarrow 2P_2O_5 + 10SO_2 \uparrow$$

★ P_2S_5 분자량 : $31 \times 2 + 32 \times 5 = 222$

12
ANFO(안포)폭약의 원료로 사용되는 물질에 대한 다음 각 물음에 답하시오.

① 제1류 위험물에 해당하는 물질의 단독 완전 분해폭발반응식
② 제4류 위험물에 해당하는 물질의 지정수량과 위험등급

해답

✔답 ① $2NH_4NO_3 \rightarrow 2N_2 + O_2 + 4H_2O$
② 지정수량 : 1,000L, 위험등급 : Ⅲ

상세해설

질산암모늄(NH_4NO_3)-제1류-질산염류

화학식	분자량	비중	융점	분해온도
NH_4NO_3	80	1.73	165℃	220℃

① 단독으로 가열, 충격 시 분해 폭발할 수 있다.
② 화약(ANFO폭약))원료로 쓰이며 유기물과 접촉 시 폭발우려가 있다.
③ 무색, 무취의 결정이며, 조해성 및 흡습성이 매우 강하다.
④ 물에 용해 시 흡열반응을 나타낸다.
⑤ 급격한 가열충격에 따라 폭발의 위험이 있다.

★ 질산암모늄의 분해 반응식 : $NH_4NO_3 \rightarrow N_2O + 2H_2O$
★ 질산암모늄의 폭발 반응식 : $2NH_4NO_3 \rightarrow 2N_2 + O_2 + 4H_2O$
★ ANFO(안포)폭약의 성분 : 질산암모늄94% + 경유6%

49회 기출

13

용량이 1,000만L 이상인 옥외저장탱크의 주위에 설치하는 방유제에는 탱크마다 간막이 둑을 설치한다. 다음 각 물음에 답하시오. (단, 탱크 용량 합계가 2억L를 넘지 않는다)

① 간막이 둑의 높이
② 간막이 둑의 재질
③ 간막이 둑의 용량

해답

✔**답** ① 0.3m 이상
② 흙 또는 철근콘크리트
③ 간막이 둑 안에 설치된 탱크용량의 10% 이상

상세해설

옥외저장탱크의 방유제
인화성액체위험물(이황화탄소를 제외)의 옥외탱크저장소의 탱크 주위에는 다음 각목의 기준에 의하여 방유제를 설치하여야 한다.
① 방유제의 용량

탱크가 하나인 때	탱크 용량의 110% 이상
2기 이상인 때	탱크 중 용량이 최대인 것의 용량의 110% 이상

② 방유제는 높이 0.5m **이상** 3m 이하, 두께 0.2m **이상**, 지하매설깊이 1m **이상**으로 할 것.
③ 방유제 내의 면적은 8만m² **이하**로 할 것
④ 방유제 내의 설치하는 옥외저장탱크의 수는 10 이하로 할 것 (모든 탱크의 용량이 20만L 이하이고, 인화점이 70℃ **이상** 200℃ **미만**인 경우에는 20 이하)
⑤ 방유제 외면의 2분의 1 **이상**은 자동차 등이 통행할 수 있는 3m **이상**의 노면폭을 확보한 구내도로에 직접 접하도록 할 것.
⑥ 방유제는 옥외저장탱크의 지름에 따라 그 탱크의 옆판으로부터 다음에 정하는 거리를 유지할 것.(다만, 인화점이 200℃ **이상**인 위험물은 **제외**)

지름이 15m 미만인 경우	탱크 높이의 3분의 1 이상
지름이 15m 이상인 경우	탱크 높이의 2분의 1 이상

⑦ 방유제는 철근콘크리트로 할 것
⑧ **용량이** 1,000만L **이상**인 옥외저장탱크의 주위에 설치하는 방유제에는 다음의 규정에 따라 당해 **탱크마다 간막이 둑을 설치할 것**
 ㉠ **간막이 둑의 높이는** 0.3m(탱크의 용량의 합계가 2억L를 넘는 방유제는 1m) **이상**으로 하되, 방유제의 높이보다 0.2m **이상** 낮게 할 것
 ㉡ 간막이 둑은 **흙 또는 철근콘크리트**로 할 것
 ㉢ 간막이 둑의 용량은 간막이 둑안에 설치된 **탱크 용량의** 10% **이상**일 것
⑨ **높이가** 1m**를 넘는 방유제 및 간막이 둑의 안팎에는 방유제 내에 출입하기 위한 계단 또는 경사로를 약** 50m**마다 설치할 것**
⑩ 인화성이 없는 액체위험물의 옥외저장탱크의 주위에 설치하는 방유제는 탱크 용량의 100%(2기 이상일 경우에는 최대탱크용량의 100%) **이상**으로 할 것

61회, 68회 기출

14 다음은 옥외저장소의 기준과 덩어리 상태의 황만을 지반면에 설치한 경계표시의 안쪽에서 저장 또는 취급하는 것에 대한 기술기준이다. (　)안에 알맞은 답을 쓰시오.

(1) (①) 또는 (②)을 저장하는 옥외저장소에는 불연성 또는 난연성의 천막 등을 설치하여 햇빛을 가릴 것
(2) 경계표시에는 황이 넘치거나 비산하는 것을 방지하기 위한 천막 등을 고정하는 장치를 설치하되, 천막 등을 고정하는 장치는 경계표시의 길이 (③)m마다 한 개 이상 설치할 것
(3) 황을 저장 또는 취급하는 장소의 주위에는 (④)와 (⑤)를 설치할 것

해답 ✔답 ① 과산화수소　② 과염소산　③ 2　④ 배수구　⑤ 분리장치

상세해설 **옥외저장소의 위치·구조 및 설비의 기준**
(1) **과산화수소 또는 과염소산**을 저장하는 옥외저장소에는 불연성 또는 난연성의 천막 등을 설치하여 햇빛을 가릴 것
(2) 옥외저장소 중 **덩어리 상태의 황**만을 지반면에 설치한 경계표시의 안쪽에서 저장 또는 취급하는 것의 위치·구조 및 설비의 기술기준은 다음 각목과 같다.
　① 하나의 경계표시의 내부의 면적은 $100m^2$ **이하일 것**
　② 2 이상의 경계표시를 설치하는 경우에 있어서는 각각의 경계표시 내부의 면적을 합산한 면적은 $1,000m^2$ **이하**로 하고, 인접하는 경계표시와 경계표시와의 간격을 규정에 의한 공지의 너비의 **2분의 1 이상**으로 할 것. 다만, 저장 또는 취급하는 위험물의 최대수량이 지정수량의 200배 이상인 경우에는 10m 이상으로 하여야 한다.
　③ 경계표시는 불연재료로 만드는 동시에 황이 새지 아니하는 구조로 할 것
　④ 경계표시의 높이는 **1.5m 이하**로 할 것
　⑤ 경계표시에는 황이 넘치거나 비산하는 것을 방지하기 위한 천막 등을 고정하는 장치를 설치하되, 천막 등을 고정하는 장치는 경계표시의 길이 **2m마다 한 개 이상** 설치할 것
　⑥ 황을 저장 또는 취급하는 장소의 주위에는 **배수구와 분리장치**를 설치할 것

15 다음은 옥외탱크저장소의 위치·구조 및 설비의 기준에 관한 것이다. ( )안에 알맞은 답을 쓰시오.

> 1. 옥외저장탱크에 다음 각목의 기준에 적합한 물분무설비로 방호조치를 하는 경우에는 규정에 의한 보유공지의 2분의 1 이상의 너비(최소 3m 이상)로 할 수 있다.
>   (1) 탱크의 표면에 방사하는 물의 양은 탱크의 원주길이 1m에 대하여 분당 (①)L 이상으로 할 것
>   (2) 수원의 양은 규정에 의한 수량으로 (②)분 이상 방사할 수 있는 수량으로 할 것
> 2. 물분무소화설비의 설치기준
>   (1) 물분무소화설비의 방사구역은 (③)m² 이상으로 할 것
>   (2) 수원의 수량은 분무헤드가 가장 많이 설치된 방사구역의 모든 분무헤드를 동시에 사용할 경우에 당해 방사구역의 표면적 1m²당 1분당 (④)L의 비율로 계산한 양으로 (⑤)분간 방사할 수 있는 양 이상이 되도록 설치할 것

해답 ✔답 ① 37 ② 20 ③ 150 ④ 20 ⑤ 30

상세해설 **옥외탱크저장소의 위치·구조 및 설비의 기준**

1. 물분무설비로 방호조치를 하는 경우에는 그 보유공지를 규정에 의한 보유공지의 **2분의 1 이상의 너비(최소 3m 이상)**로 할 수 있다. 이 경우 공지단축 옥외저장탱크의 화재시 1m²당 **20kW 이상**의 복사열에 노출되는 표면을 갖는 인접한 옥외저장탱크가 있으면 당해 표면에도 다음 각목의 기준에 적합한 물분무설비로 방호조치를 함께하여야 한다.
   (1) 탱크의 표면에 방사하는 물의 양은 탱크의 **원주길이 1m에 대하여 분당 37L 이상**으로 할 것
   (2) 수원의 양은 규정에 의한 수량으로 **20분 이상** 방사할 수 있는 수량으로 할 것
2. 물분무소화설비의 설치기준
   (1) 방사구역은 150m² 이상(방호대상물의 표면적이 150m² 미만인 경우에는 당해 표면적)으로 할 것
   (2) 수원의 수량은 분무헤드가 가장 많이 설치된 방사구역의 모든 분무헤드를 동시에 사용할 경우에 당해 방사구역의 표면적 **1m²당 1분당 20L의 비율**로 계산한 양으로 **30분간** 방사할 수 있는 양 이상이 되도록 설치할 것
   (3) 분무헤드를 동시에 사용할 경우에 각 끝부분의 **방사압력이 350kPa 이상**으로 표준방사량을 방사할 수 있는 성능이 되도록 할 것
   (4) 물분무소화설비에는 **비상전원**을 설치할 것

16 다음 보기의 그림을 보고 위험물안전관리법에 대한 위반사항이 있으면 벌칙에 대한 벌금 또는 과태료 금액을 쓰시오. (단, 1차 위반 시라고 가정하며 위반사항이 벌금 또는 과태료인 경우 금액이 큰 것을 쓰고 해당이 없으면 "해당 없음"으로 쓰시오.)

[보기의 그림]
① 주유취급소 : 고정주유설비에서 이동탱크저장소(탱크로리)에 직접 급유하는 그림
② 건설현장 : 이동탱크저장소(탱크로리)에서 불도져에 급유하는 그림
③ 주유취급소 : 이동탱크저장소(탱크로리)에서 자동차에 직접 급유하는 그림

해답

✔답 ① 250만원의 과태료
② 해당 없음
③ 1500만원 이하의 벌금

상세해설

- **위험물안전관리법 제36조(벌칙) 1천500만원 이하의 벌금**
  1. 위험물의 저장 또는 취급에 관한 중요기준에 따르지 아니한 자
    위험물안전관리법 제5조(위험물의 저장 및 취급의 제한)
    ③ 제조소등에서의 위험물의 저장 또는 취급에 관하여는 중요기준 및 세부기준에 따라야 한다.
      1. 중요기준 : 화재 등 위해의 예방과 응급조치에 있어서 큰 영향을 미치거나 그 기준을 위반하는 경우 직접적으로 화재를 일으킬 가능성이 큰 기준으로서 행정안전부령이 정하는 기준
      2. 세부기준 : 화재 등 위해의 예방과 응급조치에 있어서 중요기준보다 상대적으로 적은 영향을 미치거나 그 기준을 위반하는 경우 간접적으로 화재를 일으킬 수 있는 기준 및 위험물의 안전관리에 필요한 표시와 서류·기구 등의 비치에 관한 기준으로서 행정안전부령이 정하는 기준

- **위험물안전관리법 시행규칙 [별표 18]**
  제조소등에서의 위험물의 저장 및 취급에 관한 기준(제49조관련)
  Ⅳ. 취급의 기준
    주유취급소·판매취급소·이송취급소 또는 이동탱크저장소에서의 위험물의 취급기준
    가. 주유취급소에서의 취급기준
      1) **자동차 등에 주유할 때에는 고정주유설비**를 사용하여 직접 주유할 것(중요기준)
      3) **이동저장탱크에 급유할 때에는 고정급유설비**를 사용하여 직접 급유할 것
        이동탱크저장소(컨테이너식 이동탱크저장소를 제외)에서의 취급기준
      4) **이동저장탱크로부터 직접 위험물을 자동차**(자동차관리법에 의한 자동차와 「건설기계관리법」 건설기계 중 덤프트럭 및 콘크리트믹서트럭을 말한다)

의 연료탱크에 주입하지 말 것. 다만, 「건설산업기본법」 건설공사를 하는 장소에서 주입설비를 부착한 이동탱크저장소로부터 해당 **건설공사와 관련된 자동차**(건설기계 중 덤프트럭과 콘크리트믹서트럭으로 한정)의 연료탱크에 인화점 40℃ **이상의 위험물**을 주입하는 경우에는 그러하지 아니하다.

- 위험물안전관리법 시행령 [별표 9] 〈개정 2023. 4. 25.〉
  과태료의 부과기준(제23조 관련)
  2. 개별기준 (단위 : 만원)

위반행위	근거 법조문	과태료 금액

나. 법 제5조제3항제2호에 따른 위험물의 저장 또는 취급에 관한 **세부기준을** 위반한 경우
  1) **1차 위반 시**
  2) 2차 위반 시
  3) 3차 이상 위반 시
	법 제39조제1항제2호	
		
		250
		400
		500

61회 유사

17 유별을 달리하는 위험물은 동일한 저장소에 저장하지 아니하여야 한다. 그러나 옥내저장소 또는 옥외저장소에 위험물을 유별로 정리하여 저장하는 한편, 서로 1m 이상의 간격을 두는 경우에는 동일한 저장소에 저장할 수 있다. 다음 보기의 위험물과 동일한 저장소에 저장할 수 있는 위험물을 쓰시오.

> [보기] ① 제1류 위험물(알칼리금속의 과산화물 또는 이를 함유한 것을 제외)
> ② 제6류 위험물
> ③ 제3류 위험물 중 자연발화성물질(황린 또는 이를 함유한 것)
> ④ 제2류 위험물 중 인화성고체
> ⑤ 제3류 위험물 중 알킬알루미늄 등

해답 ✔**답** ① 제5류 위험물
② 제1류 위험물
③ 제1류 위험물
④ 제4류 위험물
⑤ 제4류 위험물(알킬알루미늄 또는 알킬리튬을 함유한 것)

상세해설 **위험물의 저장 기준**
옥내저장소 또는 옥외저장소에 있어서 다음의 각목의 규정에 의한 위험물을 저장하는 경우로서 위험물을 유별로 정리하여 저장하는 한편, 서로 **1m 이상의 간격**을 두는 경우에는 동일한 저장소에 저장할 수 있다(중요기준).
① **제1류 위험물**(알칼리금속의 과산화물 또는 이를 함유한 것을 제외)과 **제5류 위험물**을 저장하는 경우

② 제1류 위험물과 제6류 위험물을 저장하는 경우
③ 제1류 위험물과 제3류 위험물 중 **자연발화성물질**(황린 또는 이를 함유한 것)을 저장하는 경우
④ 제2류 위험물 중 **인화성고체**와 제4류 위험물을 저장하는 경우
⑤ 제3류 위험물 중 **알킬알루미늄등**과 제4류 위험물(알킬알루미늄 또는 알킬리튬을 함유한 것)을 저장하는 경우
⑥ 제4류 위험물 중 **유기과산화물** 또는 이를 함유하는 것과 제5류 위험물 중 **유기과산화물** 또는 이를 함유한 것을 저장하는 경우

18
다음은 위험물안전관리법령상 소요단위의 계산방법에 관한 것이다. ( )안에 알맞은 답을 쓰시오.

(1) 제조소 또는 취급소의 건축물은 외벽이 내화구조인 것은 연면적 (①)m²를 1소요단위로 하며, 외벽이 내화구조가 아닌 것은 연면적 (②)m²를 1소요단위로 할 것
(2) 저장소의 건축물은 외벽이 내화구조인 것은 연면적 (③)m²를 1소요단위로 하고, 외벽이 내화구조가 아닌 것은 연면적 (④)m²를 1소요단위로 할 것
(3) 제조소등의 옥외에 설치된 공작물은 외벽이 내화구조인 것으로 간주하고 공작물의 (⑤)을 연면적으로 간주하여 (1) 및 (2)의 규정에 의하여 소요단위를 산정할 것
(4) 위험물은 지정수량의 10배를 1소요단위로 할 것

해답
✔ 답 ① 100   ② 50
　　　③ 150   ④ 75
　　　⑤ 최대수평투영면적

상세해설

소요단위의 계산방법
① 제조소 또는 취급소의 건축물

외벽이 내화구조인 것	외벽이 내화구조가 아닌 것
연면적 100m²를 1소요단위	연면적 50m²를 1소요단위

② 저장소의 건축물

외벽이 내화구조인 것	외벽이 내화구조가 아닌 것
연면적 150m² : 1소요단위	연면적 75m² : 1소요단위

③ 제조소등의 옥외에 설치된 공작물은 외벽이 내화구조인 것으로 간주하고 공작물의 최대수평투영면적을 연면적으로 간주하여 ① 및 ②의 규정에 의하여 소요단위를 산정할 것
④ **위험물은 지정수량의 10배를 1소요단위로 할 것**

60회 유사

19 아래 위험물의 유별에 해당하는 위험등급 Ⅰ에 해당하는 품명을 모두 쓰시오.
(단, 해당하는 품명이 없으면 "해당 없음"이라고 쓰시오.)
① 제1류 위험물
② 제2류 위험물
③ 제3류 위험물
④ 제4류 위험물
⑤ 제5류 위험물

해답 ✓답 ① 제1류 위험물 : 아염소산염류, 염소산염류, 과염소산염류, 무기과산화물, 차아염소산염류
② 제2류 위험물 : 해당 없음
③ 제3류 위험물 : 칼륨, 나트륨, 알킬알루미늄, 알킬리튬, 황린
④ 제4류 위험물 : 특수인화물
⑤ 제5류 위험물 : 지정수량이 10kg인 위험물

상세해설

위험물의 등급 분류★★★

위험등급	해당 위험물
위험등급 Ⅰ	① 제1류 위험물 중 아염소산염류, 염소산염류, 과염소산염류, 무기과산화물 그 밖에 지정수량이 50kg인 위험물 ② 제3류 위험물 중 칼륨, 나트륨, 알킬알루미늄, 알킬리튬, 황린 그 밖에 지정수량이 10kg 또는 20kg인 위험물 ③ 제4류 위험물 중 특수인화물 ④ 제5류 위험물 중 지정수량이 10kg인 위험물 ⑤ 제6류 위험물
위험등급 Ⅱ	① 제1류 위험물 중 브로민산염류, 질산염류, 아이오딘산염류 그 밖에 지정수량이 300kg인 위험물 ② 제2류 위험물 중 황화인, 적린, 황 그 밖에 지정수량이 100kg인 위험물 ③ 제3류 위험물 중 알칼리금속(칼륨, 나트륨 제외) 및 알칼리토금속, 유기금속화합물(알킬알루미늄 및 알킬리튬은 제외) 그 밖에 지정수량이 50kg인 위험물 ④ 제4류 위험물 중 제1석유류, 알코올류 ⑤ 제5류 위험물 중 위험등급 Ⅰ 위험물 외의 것
위험등급 Ⅲ	위험등급 Ⅰ, Ⅱ 이외의 위험물

위험물기능장 제75회 실기시험

자격종목	시험시간	문제수	형별	수험번호	성 명
위험물기능장	2시간	19	A		

2024년도 기능장 제75회 실기시험 (2024년 03월 16일 시행)

50회, 64회 기출

01 다음 보기의 위험물을 보고 인화점이 낮은 순서대로 번호를 나열하시오.

[보기] ① $C_2H_5OC_2H_5$ ② C_2H_5OH ③ C_6H_6
④ $C_6H_5CH_3$ ⑤ CH_3CHCH_2O ⑥ $(CH_3)_2CO$

해답 ✔답 ①-⑤-⑥-③-④-②

상세해설

구분	① $C_2H_5OC_2H_5$	② C_2H_5OH	③ C_6H_6	④ $C_6H_5CH_3$	⑤ CH_3CHCH_2O	⑥ $(CH_3)_2CO$
명칭	다이에틸에터	에틸알코올	벤젠	톨루엔	산화프로필렌	아세톤
유별	특수인화물	알코올류	제1석유류	제1석유류	특수인화물	제1석유류
인화점(℃)	-40	13	-11	4	-37	-18

42회 기출

02 다음 위험물에 대한 빈칸의 반응식을 쓰시오. (단, 없으면 "없음"이라 쓰시오.)

트라이에틸알루미늄	완전연소반응식	
	물과의 반응식	
나트륨	완전연소반응식	
	물과의 반응식	
하이드라진	완전연소반응식	
	물과의 반응식	

해답 ✔답

트라이에틸알루미늄	완전연소반응식	$2(C_2H_5)_3Al + 21O_2 \rightarrow Al_2O_3 + 15H_2O + 12CO_2$
	물과의 반응식	$(C_2H_5)_3Al + 3H_2O \rightarrow Al(OH)_3 + 3C_2H_6$
나트륨	완전연소반응식	$4Na + O_2 \rightarrow 2Na_2O$
	물과의 반응식	$2Na + 2H_2O \rightarrow 2NaOH + H_2$
하이드라진	완전연소반응식	$N_2H_4 + O_2 \rightarrow 2H_2O + N_2$
	물과의 반응식	없음

35회, 40회, 43회, 59회 기출

03 나이트로글리세린 500g이 부피 320mL인 용기 내부에서 분해폭발 후 압력(atm)은 얼마인가? (단, 폭발온도는 1000℃이며 이상기체로 간주한다)

해답 ✓ **계산과정** 나이트로글리세린의 열분해 반응식

$$4C_3H_5(ONO_2)_3 \rightarrow 12CO_2 + 6N_2 + O_2 + 10H_2O$$

$4 \times 227\text{g} \rightarrow 29\text{mol}(12+6+1+10)$

$500\text{g} \rightarrow X$

$$X = \frac{500 \times 29\text{mol}}{4 \times 227} = 15.97\text{mol}$$

$$P = \frac{nRT}{V} = \frac{15.97\text{mol} \times 0.082(\text{atm} \cdot \text{L/mol} \cdot \text{K}) \times (273+1000)\text{K}}{0.32\text{L}}$$

$= 5209.51\text{atm}$

✓ **답** 5209.51atm

상세해설 나이트로글리세린(Nitro Glycerine)[$C_3H_5(ONO_2)_3$] - 제5류 위험물 중 질산에스터류

```
    H  H  H
    |  |  |
H - C - C - C - H
    |  |  |
    O  O  O
    |  |  |
   NO₂ NO₂ NO₂
```

화학식	분자량	비중	융점	비점	착화점
$C_3H_5(ONO_2)_3$	227	1.6	13℃	160℃	210℃

① 상온에서는 액체이지만 겨울철에는 동결한다.
② 글리세린에 진한 질산과 진한 황산을 가하면 나이트로화하여 나이트로글리세린으로 된다.

글리세린의 나이트로화반응

$$C_3H_5(OH)_3 + 3HONO_2 \xrightarrow{H_2SO_4} C_3H_5(ONO_2)_3 + 3H_2O$$
(글리세린)   (질산)   (나이트로글리세린)   (물)

③ 비수용성이며 메탄올, 아세톤 등에 녹는다.
④ 가열, 마찰, 충격에 예민하여 대단히 위험하다.

나이트로글리세린의 열분해 반응식

$$4C_3H_5(ONO_2)_3 \rightarrow 12CO_2\uparrow + 6N_2\uparrow + O_2\uparrow + 10H_2O$$

⑤ 다이너마이트(규조토+나이트로글리세린), 무연화약 제조에 이용된다.

이상기체상태방정식

$$PV = \frac{W}{M}RT = nRT$$

여기서, P : 압력(atm), V : 부피(L), W : 무게(g), M : 분자량, n : mol수
R : 기체상수(0.082atm · L/mol · K), T : 절대온도(273+t℃)K

04 지정수량의 10배 이하인 지정과산화물을 저장하는 옥내저장소의 안전거리 기준이다. 다음 표의 빈칸에 알맞은 답을 쓰시오.

구분	주택	학교	지정문화유산
담 또는 토제를 설치한 경우			
담 또는 토제를 설치하지 않은 경우			

해답 ✓**답**

구분	주택	학교	지정문화유산
담 또는 토제를 설치한 경우	20m 이상	30m 이상	50m 이상
담 또는 토제를 설치하지 않은 경우	40m 이상	50m 이상	60m 이상

상세해설 지정과산화물의 옥내저장소의 안전거리

저장 또는 취급하는 위험물의 최대수량	안전거리					
	건축물 그 밖의 공작물로서 주거용으로 사용되는 것		학교 · 병원 · 극장 그 밖에 다수인을 수용하는 시설		지정문화유산 및 천연기념물 등	
	담 또는 토제를 설치한 경우	왼쪽란에 정하는 경우 외의 경우	담 또는 토제를 설치한 경우	왼쪽란에 정하는 경우 외의 경우	담 또는 토제를 설치한 경우	왼쪽란에 정하는 경우 외의 경우
10배 이하	20m 이상	40m 이상	30m 이상	50m 이상	50m 이상	60m 이상
10배 초과 20배 이하	22m 이상	45m 이상	33m 이상	55m 이상	54m 이상	65m 이상
"이하 부분 생략"						

55회 기출

05 촉매의 존재 하에 에틸렌을 물과 합성 또는 당밀 등의 발효방법으로 제조하는 무색, 투명한 액체위험물에 대한 다음 각 물음에 답을 쓰시오.

① 화학식을 쓰시오.
② 해당 위험물 화재에 대하여 소화효과가 가장 우수한 포소화약제의 명칭을 쓰시오.
③ ②에서 소화효과가 우수한 이유를 간단히 쓰시오.

해답 ✓**답** ① C_2H_5OH
② 알코올포소화약제
③ 거품이 파괴되는 소포성이 되지 않으므로

51회, 53회, 60회, 61회 기출

06 다음 [보기]의 위험물에 대한 위험등급을 구분하시오.

[보기] 칼륨, 리튬, 나이트로셀룰로오스, 염소산칼륨, 아세트산, 황, 질산칼륨, 에탄올, 클로로벤젠

해답
✔답 • 위험등급 Ⅰ : 칼륨, 나이트로셀룰로오스, 염소산칼륨
• 위험등급 Ⅱ : 리튬, 황, 질산칼륨, 에탄올
• 위험등급 Ⅲ : 아세트산, 클로로벤젠

상세해설

위험물의 등급 분류★★★

위험등급	해당 위험물
위험등급Ⅰ	① 제1류 위험물 중 아염소산염류, 염소산염류, 과염소산염류, 무기과산화물 그 밖에 지정수량이 50kg인 위험물 ② 제3류 위험물 중 칼륨, 나트륨, 알킬알루미늄, 알킬리튬, 황린 그 밖에 지정수량이 10kg 또는 20kg인 위험물 ③ 제4류 위험물 중 특수인화물 ④ 제5류 위험물 중 지정수량이 10kg인 위험물 ⑤ 제6류 위험물
위험등급Ⅱ	① 제1류 위험물 중 브로민산염류, 질산염류, 아이오딘산염류 그 밖에 지정수량이 300kg인 위험물 ② 제2류 위험물 중 황화인, 적린, 황 그 밖에 지정수량이 100kg인 위험물 ③ 제3류 위험물 중 알칼리금속(칼륨, 나트륨 제외) 및 알칼리토금속, 유기금속화합물(알킬알루미늄 및 알킬리튬은 제외) 그 밖에 지정수량이 50kg인 위험물 ④ 제4류 위험물 중 제1석유류, 알코올류 ⑤ 제5류 위험물 중 위험등급Ⅰ 위험물 외의 것
위험등급Ⅲ	위험등급 Ⅰ, Ⅱ 이외의 위험물

44회, 50회, 53회, 61회, 63회, 65회, 기출

07 아래 그림과 같은 원통형탱크에 글리세린을 저장하고 있다. 이 탱크에 저장된 글리세린에 대한 지정수량의 배수를 구하시오. (단, 탱크 내용적의 90%를 저장한다고 가정한다)

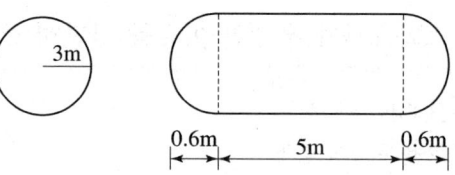

해답 ✔계산과정
① 탱크의 내용적
$$V = \pi r^2 \left(l + \frac{l_1 + l_2}{3}\right) = \pi \times 3^2 \times \left(5 + \frac{0.6 + 0.6}{3}\right) \times \frac{1000\text{L}}{\text{m}^3} = 152,681.40\text{L}$$

② 글리세린의 저장량(탱크내용적의 90%를 저장하므로)
$Q = 152,681.40L \times 0.9 = 137,413.26L$

③ 지정수량의 배수 계산
글리세린-제4류 제3석유류(수용성)-4000L
$N = \dfrac{137,413.26}{4000} = 34.35$ 배

✔ **답** 34.35배

상세해설 **탱크의 내용적 계산방법**
① **타원형 탱크의 내용적**
　㉠ 양쪽이 볼록한 것

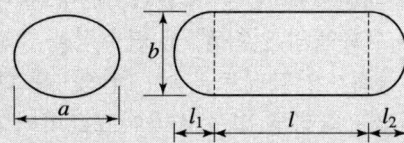

내용적 $= \dfrac{\pi ab}{4}\left(l + \dfrac{l_1 + l_2}{3}\right)$

　㉡ 한쪽은 볼록하고 다른 한쪽은 오목한 것

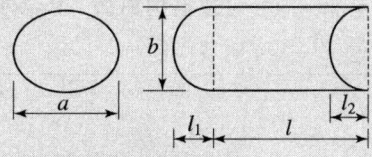

내용적 $= \dfrac{\pi ab}{4}\left(l + \dfrac{l_1 - l_2}{3}\right)$

② **원통형 탱크의 내용적**
　㉠ 횡으로 설치한 것

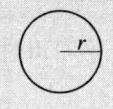 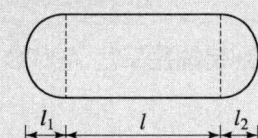

내용적 $= \pi r^2\left(l + \dfrac{l_1 + l_2}{3}\right)$

　㉡ 종으로 설치한 것

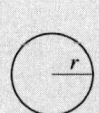 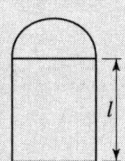

내용적 $= \pi r^2 l$

08

위험물안전관리법령에서 정한 위험물의 정의에 대한 기준이다. ( )안에 알맞은 답을 쓰시오.

> ○ "알코올류"라 함은 1분자를 구성하는 탄소원자의 수가 1개부터 3개까지인 포화1가 알코올(변성알코올을 포함한다)을 말한다. 다만, 다음 각목의 1에 해당하는 것은 제외한다.
>   가. 1분자를 구성하는 탄소원자의 수가 1개 내지 3개의 포화1가 알코올의 함유량이 (①)중량퍼센트 미만인 수용액
>   나. 가연성액체량이 (②)중량퍼센트 미만이고 인화점 및 연소점(태그개방식인화점측정기에 의한 연소점을 말한다. 이하 같다)이 에틸알코올 (③)중량퍼센트 수용액의 인화점 및 연소점을 초과하는 것
> ○ "금속분"이라 함은 알칼리금속·알칼리토금속·철 및 마그네슘외의 금속의 분말을 말하고, 구리분·니켈분 및 150마이크로미터의 체를 통과하는 것이 (④)중량퍼센트 미만인 것은 제외한다.
> ○ "철분"이라 함은 철의 분말로서 53마이크로미터의 표준체를 통과하는 것이 (⑤)중량퍼센트 미만인 것은 제외 한다.

해답 ✔답 ① 60 ② 60 ③ 60 ④ 50 ⑤ 50

09

제1류 위험물서 분자량이 110, 분해온도는 490℃인 무기과산화물에 대하여 각 물음의 반응식을 쓰시오.

(1) 물과 반응식
(2) 이산화탄소와 반응식
(3) 황산과 반응식

해답 ✔답
(1) $2K_2O_2 + 2H_2O \rightarrow 4KOH + O_2$
(2) $2K_2O_2 + 2CO_2 \rightarrow 2K_2CO_3 + O_2$
(3) $K_2O_2 + H_2SO_4 \rightarrow K_2SO_4 + H_2O_2$

상세해설

과산화칼륨(K_2O_2) : 제1류 위험물 중 무기과산화물

화학식	분자량	비중	분해온도
K_2O_2	110	2.9	490℃

① 무색 또는 오렌지색 분말상태
② 상온에서 **물과 격렬히 반응하여 산소(O_2)를 방출**하고 폭발하기도 한다.

$$2K_2O_2 + 2H_2O \rightarrow 4KOH + O_2 \uparrow$$

③ 공기 중 이산화탄소(CO_2)와 반응하여 산소(O_2)를 방출한다.

$$2K_2O_2 + 2CO_2 \rightarrow 2K_2CO_3 + O_2 \uparrow$$

④ 산과 반응하여 과산화수소(H_2O_2)를 생성시킨다.

$$K_2O_2 + 2CH_3COOH \rightarrow 2CH_3COOK + H_2O_2 \uparrow$$

⑤ 열분해시 산소(O_2)를 방출한다.

$$2K_2O_2 \rightarrow 2K_2O + O_2 \uparrow$$

⑥ 주수소화는 금물이고 마른모래(건조사)등으로 소화한다.

62회, 70회 기출

10 위험물안전관리법령에서 정한 다음 청정소화약제의 구성성분의 비율을 쓰시오.

(1) IG-100 (2) IG-541 (3) IG-55

해답 ✔답 (1) IG-100 : N_2 100%
(2) IG-541 : N_2 : 52%, Ar : 40%, CO_2 : 8%
(3) IG-55 : N_2 : 50%, Ar : 50%

상세해설 **청정소화약제의 종류**

소화약제		화학식
할로젠계열 청정소화약제	FC-3-1-10	C_4F_{10}
	HCFC BLEND A	HCFC-123($CHCl_2CF_3$) : 4.75% HCFC-22($CHClF_2$) : 82% HCFC-124($CHClFCF_3$) : 9.5% $C_{10}H_{16}$: 3.75%
	HCFC-124	$CHClFCF_3$
	HFC-125	CHF_2CF_3
	HFC-227ea	CF_3CHFCF_3
	HFC-23	CHF_3
	HFC-236fa	$CF_3CH_2CF_3$
	FIC-13I1	CF_3I
	FK-5-1-12	$CF_3CF_2C(O)CF(CF_3)_2$
불연성·불활성 기체혼합가스	IG-01	Ar
	IG-100	N_2
	IG-541	N_2 : 52%, Ar : 40%, CO_2 : 8%
	IG-55	N_2 : 50%, Ar : 50%

11 다음은 제4류 위험물에 대한 것이다. 빈칸에 알맞은 답을 쓰시오.

명칭	화학식	품명
	$(CH_3)_2CHOH$	
에틸렌글리콜		
	$C_3H_5(OH)_3$	

해답 ✔답

명칭	화학식	품명
아이소프로필알코올	$(CH_3)_2CHOH$	알코올류
에틸렌글리콜	$C_2H_4(OH)_2$	제3석유류
글리세린	$C_3H_5(OH)_3$	제3석유류

12 다음은 옥내탱크저장소에 대한 그림이다. 각 물음에 알맞은 답을 쓰시오.

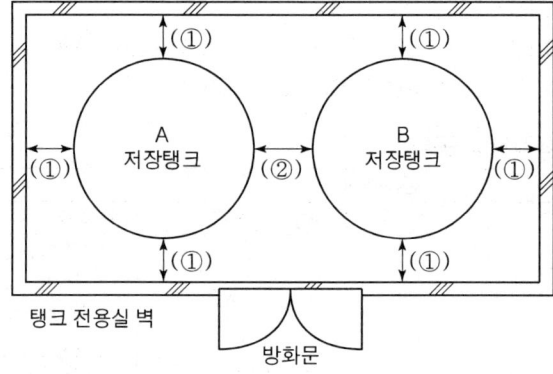

(1) 옥내저장탱크와 탱크전용실의 벽과의 사이의 간격은 몇 m 이상인지 쓰시오.
(2) 옥내저장탱크의 상호간에 거리는 몇 m 이상인지 쓰시오.
(3) 탱크전용실의 외벽, 기둥, 바닥을 불연재료로 할 수 있는 경우를 쓰시오.
(4) 탱크전용실에 천장 설치 가능여부를 쓰시오.
(5) 탱크전용실의 창에 유리 설치 가능여부를 쓰시오.

해답 ✔답 (1) 0.5m 이상
(2) 0.5m 이상
(3) 인화점이 70℃ 이상인 제4류 위험물만의 옥내저장탱크를 설치하는 경우
(4) 설치 불가능
(5) 설치 가능

상세해설 옥내탱크저장소의 설치기준
(1) 옥내저장탱크와 탱크전용실의 **벽**과의 사이 및 옥내저장탱크의 **상호간**에는 **0.5m 이상**의 간격을 유지할 것
(2) **탱크전용실**은 벽·기둥 및 바닥을 **내화구조**로 하고, 보를 불연재료로 하며, 연소의 우려가 있는 외벽은 출입구외에는 개구부가 없도록 할 것. 다만, **인화점이 70℃ 이상인 제4류 위험물**만의 옥내저장탱크를 설치하는 탱크전용실에 있어서는 연소의 우려가 없는 외벽·기둥 및 바닥을 **불연재료로 할 수 있다.**
(3) 탱크전용실의 창 또는 출입구에 유리를 이용하는 경우에는 **망입유리로 할 것**
(4) 탱크전용실은 지붕을 불연재료로 하고, **천장을 설치하지 아니할 것**

---

13 위험물안전관리법령상 옥외탱크저장소에 대한 다음 각 물음에 답하시오.
(1) 방유제의 최소높이를 쓰시오.
(2) 방유제의 최대높이를 쓰시오.
(3) 펌프실외의 장소에 설치하는 펌프설비에는 그 직하의 지반면의 주위에 높이 몇 m 이상의 턱을 만들어야 하는가?
(4) 집유설비에 유분리장치를 설치하여야 하는 위험물은 제 몇 류 위험물인지 쓰시오.(단, 해당 위험물의 조건이 있다면 조건을 포함하여 쓰시오)

해답 ✔ 답 (1) 0.5m
(2) 3m
(3) 0.15m
(4) 제4류 위험물(온도 20℃의 물 100g에 용해되는 양이 1g 미만인 것)

상세해설 **(1) 옥외저장탱크의 방유제**
인화성액체위험물(이황화탄소를 제외)의 옥외탱크저장소의 탱크 주위에는 다음 각 목의 기준에 의하여 방유제를 설치하여야 한다.
① 방유제의 용량

탱크가 하나인 때	탱크 용량의 110% 이상
2기 이상인 때	탱크 중 용량이 최대인 것의 용량의 110% 이상

② 방유제는 높이 0.5m **이상** 3m **이하**, 두께 0.2m **이상**, 지하매설깊이 1m **이상**으로 할 것.
③ 방유제 내의 면적은 8만m^2 **이하**로 할 것
④ 방유제 내의 설치하는 옥외저장탱크의 수는 10 이하로 할 것 (모든 탱크의 용량이 20만L **이하**이고, 인화점이 70℃ **이상** 200℃ **미만**인 경우에는 20 이하)
⑤ 방유제 외면의 **2분의 1 이상**은 자동차 등이 통행할 수 있는 3m **이상**의 노면폭을 확보한 구내도로에 직접 접하도록 할 것.

⑥ 방유제는 옥외저장탱크의 지름에 따라 그 탱크의 옆판으로부터 다음에 정하는 거리를 유지할 것.(다만, 인화점이 200℃ **이상인 위험물은 제외**)

지름이 15m 미만인 경우	탱크 높이의 3분의 1 이상
지름이 15m 이상인 경우	탱크 높이의 2분의 1 이상

⑦ 방유제는 철근콘크리트로 할 것

(2) 옥외저장탱크의 펌프설비
① 펌프설비의 주위에는 너비 3m 이상의 공지를 보유할 것
② 펌프실의 바닥의 주위에는 **높이 0.2m 이상의 턱**을 만들고 바닥은 콘크리트 등 위험물이 스며들지 아니하는 재료로 적당히 경사지게 하여 그 **최저부에는 집유설비**를 설치할 것
③ **펌프실외의 장소**에 **설치하는 펌프설비**에는 그 직하의 지반면의 주위에 **높이 0.15m 이상의 턱**을 만들고 당해 지반면은 콘크리트 등 위험물이 스며들지 아니하는 재료로 적당히 경사지게 하여 그 최저부에는 집유설비를 할 것. 이 경우 **제4류 위험물(온도 20℃의 물 100g에 용해되는 양이 1g 미만인 것)**을 취급하는 펌프설비에 있어서는 당해 위험물이 직접 배수구에 유입하지 아니하도록 **집유설비에 유분리장치를 설치하여야 한다.**

---

14 분말소화약제에 대한 다음 각 물음에 답하시오.

(1) 다음 분말소화약제에 대한 빈칸을 완성하시오.

종별	주성분명	화학식
제1종		
제2종		
제3종		

(2) 분자량이 84인 분말약제로 주방화재에 사용할 경우 가장 효과가 있는 소화약제는 몇 종인가?
(3) 제3종 분말소화약제가 열분해에 의하여 가연물의 표면에 유리상의 피막을 형성하는 물질이 무엇인가?

해답 ✔답 (1)

종별	주성분명	화학식
제1종	탄산수소나트륨	$NaHCO_3$
제2종	탄산수소칼륨	$KHCO_3$
제3종	제1인산암모늄	$NH_4H_2PO_4$

(2) 제1종
(3) 메타인산(HPO_3)

상세해설 분말약제의 열분해

종 별	약제명	착색	열분해 반응식
제1종	탄산수소나트륨 중탄산나트륨 중조	백색	270℃ $2NaHCO_3 \rightarrow Na_2CO_3 + CO_2 + H_2O$ 850℃ $2NaHCO_3 \rightarrow Na_2O + 2CO_2 + H_2O$
제2종	탄산수소칼륨 중탄산칼륨	담회색	190℃ $2KHCO_3 \rightarrow K_2CO_3 + CO_2 + H_2O$ 590℃ $2KHCO_3 \rightarrow K_2O + 2CO_2 + H_2O$
제3종	제1인산암모늄	담홍색	190℃ $NH_4H_2PO_4 \rightarrow NH_3 + H_3PO_4$(오르토인산) 215℃ $2H_3PO_4 \rightarrow H_2O + H_4P_2O_7$(피로인산) 300℃ $H_4P_2O_7 \rightarrow H_2O + 2HPO_3$(메타인산)
제4종	중탄산칼륨+요소	회(백)색	$2KHCO_3 + (NH_2)_2CO \rightarrow K_2CO_3 + 2NH_3 + 2CO_2$

15 위험물안전관리법령상 기계에 의하여 하역하는 구조로 된 운반용기에 대한 수납기준이다. ( )안에 알맞은 답을 쓰시오.

(1) 금속제의 운반용기, 경질플라스틱제의 운반용기 또는 플라스틱내용기 부착의 운반용기에 있어서는 다음에 정하는 시험 및 점검에서 누설 등 이상이 없을 것
  ① (①)년 6개월 이내에 실시한 기밀시험(액체의 위험물 또는 10kPa 이상의 압력을 가하여 수납 또는 배출하는 고체의 위험물을 수납하는 운반용기에 한한다)
  ② (①)년 6개월 이내에 실시한 운반용기의 외부의 점검·부속설비의 기능점검 및 5년 이내의 사이에 실시한 운반용기의 내부의 점검
(2) 복수의 폐쇄장치가 연속하여 설치되어 있는 운반용기에 위험물을 수납하는 경우에는 (②)에 가까운 폐쇄장치를 먼저 폐쇄할 것
(3) 휘발유, 벤젠 그 밖의 (③)에 의한 재해가 발생할 우려가 있는 액체의 위험물을 운반용기에 수납 또는 배출할 때에는 당해 재해의 발생을 방지하기 위한 조치를 강구할 것
(4) 액체위험물을 수납하는 경우에는 55℃의 온도에서의 증기압이 (④)kPa 이하가 되도록 수납할 것
(5) 경질플라스틱제의 운반용기 또는 플라스틱내용기 부착의 운반용기에 액체위험물을 수납하는 경우에는 당해 운반용기는 제조된 때로부터 (⑤)년 이내의 것으로 할 것

해답 ✔ 답 ① 2   ② 용기본체   ③ 정전기   ④ 130   ⑤ 5

16 위험물안전관리에 관한 세부기준에 따른 고정식 포소화설비의 포방출구에 대한 기준이다. 다음 [조건]을 보고 물음에 알맞은 답을 쓰시오.

[조건]
- 부상덮개부착 고정지붕구조
- 직경 : 46m
- 제2석유류 위험물(비수용성)

(1) 포방출구 종류는 몇 형인지 쓰시오.
(2) 포방출구의 개수는 몇 개인지 쓰시오.
(3) 포방출구는 <u>액표면적 $1m^2$당 필요한 포수용액양에 당해 탱크의 액표면적을 곱하여 얻은 양(A)</u>을 위험물의 구분 및 포방출구의 종류에 따라 정한 방출율 이상으로 유효하게 방출할 수 있도록 설치하여야 한다. 물음에서 밑줄 친 부분(A)의 포수용액의 양(L)를 계산하시오.

해답
(1) ✔답 Ⅱ형
(2) ✔답 8개
(3) ✔계산과정 $Q = \dfrac{\pi}{4} \times (46m)^2 \times 4L/m^2 \cdot min \times 30min = 199,428.30L$

   ✔답 199,428.30L

상세해설

(1) 탱크직경에 따른 포방출구 개수

탱크직경	포방출구의 개수			
	고정지붕구조		부상덮개부착 고정지붕구조	부상지붕구조
	Ⅰ형 또는 Ⅱ형	Ⅲ형 또는 Ⅳ형	Ⅱ형	특형
46m 이상 53m 미만	6	6	8	8

(2) 고정포방출구의 종류에 따른 포수용액량 및 방출율

제2석유류 : 인화점 21℃ 이상 70℃ 미만

위험물의 구분 \ 포방출구의 종류	Ⅰ형		Ⅱ형, Ⅲ형, Ⅳ형		특형	
	포수용액량 (L/m^2)	방출율 ($L/m^2 \cdot min$)	포수용액량 (L/m^2)	방출율 ($L/m^2 \cdot min$)	포수용액량 (L/m^2)	방출율 ($L/m^2 \cdot min$)
제4류 위험물 중 인화점이 21℃ 미만인 것	120	4	220	4	240	8
제4류 위험물 중 인화점이 21℃ 이상 70℃ 미만인 것	80	4	120	4	160	8
제4류 위험물 중 인화점이 70℃ 이상인 것	60	4	100	4	120	8

17 위험물안전관리법령에 따른 제조소의 배출설비 설치기준이다. 다음 각 물음에 답하시오.

(1) 배출설비는 국소방식으로 하여야 한다. 부득이한 경우 전역방식으로 할 수 있는 경우 2가지만 쓰시오.
(2) 배출장소의 크기가 가로 100m, 세로 50m, 높이 10m일 경우 다음 배출능력을 각각 구하시오.
  ① 국소방식인 경우
  ② 전역방식인 경우
(3) 배풍기는 강제배기식으로 하고 옥내 덕트의 내압이 어떤 압력 이상이 되지 아니하는 위치에 설치하여야 하는가?

해답

(1) ✔답 ① 위험물취급설비가 배관이음 등으로만 된 경우
② 건축물의 구조·작업장소의 분포 등의 조건에 의하여 전역방식이 유효한 경우

(2) **배출능력**
✔**계산과정**

① 국소방식인 경우 : $Q = \dfrac{100\text{m} \times 50\text{m} \times 10\text{m} \times 20}{\text{hr}} = 1{,}000{,}000\text{m}^3/\text{hr}$

② 전역방식인 경우 : $Q = \dfrac{100\text{m} \times 50\text{m} \times 18\text{m}^3}{\text{m}^2} = 90{,}000\text{m}^3/\text{hr}$

✔답 ① 국소방식 : 1000,000m³/hr 이상
② 전역방식 : 90,000m³/hr 이상

(3) ✔답 대기압

상세해설

배출설비 설치기준

(1) **배출설비는 국소방식**으로 하여야 한다.
  다만, 다음의 경우에는 **전역방식**으로 할 수 있다.
  ① 위험물취급설비가 **배관이음** 등으로만 된 경우
  ② 건축물의 구조·작업장소의 분포 등의 조건에 의하여 **전역방식이 유효한 경우**
(2) **배출설비**는 **배풍기·배출 덕트·후드** 등을 이용하여 강제적으로 배출
(3) **배출능력**은 1시간당 배출장소 용적의 **20배 이상**인 것으로 하여야 한다. 다만, 전역방식의 경우에는 **바닥면적 1m²당 18m³ 이상**으로 할 수 있다.
(4) **배출설비의 급기구 및 배출구 설치기준**
  ① **급기구는 높은 곳에 설치**하고, 가는 눈의 구리망 등으로 **인화방지망**을 설치할 것
  ② **배출구는 지상 2m 이상**으로서 연소의 우려가 없는 장소에 설치하고, 배출 덕트가 관통하는 벽부분의 바로 가까이에 화재시 자동으로 폐쇄되는 **방화댐퍼**를 설치할 것
(5) **배풍기**는 **강제배기방식**으로 하고, 옥내 덕트의 내압이 **대기압 이상**이 되지 아니하는 위치에 설치하여야 한다.

18 제3류 위험물인 탄화칼슘에 대한 다음 각 물음에 답하시오.

(1) 탄화칼슘 100kg이 물과 반응할 경우 생성되는 기체의 부피[m³]를 구하시오. (단, 1기압, 100℃이다)

(2) (1)에서 생성되는 가연성 기체의 위험도를 구하시오.

해답 (1) 탄화칼슘 100kg이 물과 반응할 경우 생성되는 기체의 부피

✔ 계산과정

① 탄화칼슘과 물과의 반응식

$$CaC_2 + 2H_2O \rightarrow Ca(OH)_2 + C_2H_2$$

CaC_2의 분자량 $M = 40 + 12 \times 2 = 64$

② 발생하는 기체의 부피 계산공식

$$V(m^3) = \frac{W(kg) \times R(0.08205) \times T(273+℃)}{P(atm) \times M(분자량)} \times 생성기체의\ 몰수\ (C_2H_2)$$

$$V = \frac{100kg \times 0.08205 \times (273+100)}{1atm \times 64} \times 1mol = 47.82m^3$$

✔ 답 $47.82m^3$

(2) 위험도

✔ 계산과정

아세틸렌(C_2H_2)의 연소범위 : 2.5~81%

위험도 $H = \dfrac{81-2.5}{2.5} = 31.4$

✔ 답 31.4

상세해설

★ 원자량 암기방법

원자번호가 짝수인 경우 : 원자번호×2   [예] Ca=20(원자번호)×2=40
원자번호가 홀수인 경우 : 원자번호×2+1   [예] Na=11(원자번호)×2+1=23

탄화칼슘(CaC₂) : 제3류 위험물 중 칼슘탄화물

화학식	분자량	융점	비중
CaC_2	64	2370℃	2.21

① 물과 접촉 시 아세틸렌을 생성하고 열을 발생시킨다.

$$CaC_2 + 2H_2O \rightarrow Ca(OH)_2(수산화칼슘) + C_2H_2 \uparrow (아세틸렌)$$

② 아세틸렌의 폭발범위는 2.5~81%로 대단히 넓어서 폭발위험성이 크다.
③ 장기 보관 시 불활성기체(N_2 등)를 봉입하여 저장한다.
④ 별명은 카바이드, 탄화석회, 칼슘카바이드 등이다.
⑤ 고온(700℃)에서 질화되어 석회질소($CaCN_2$)가 생성된다.

$$CaC_2 + N_2 \rightarrow CaCN_2(석회질소) + C(탄소)$$

⑥ 물 및 포약제에 의한 소화는 절대 금하고 마른모래 등으로 피복 소화한다.

19 다음 [보기]는 주유취급소에 설치된 시설물이다. 다음 물음에 알맞은 답을 쓰시오.

[보기]
① 고정급유설비에 직접 접속하는 휘발유 전용탱크로서 50,000L
② 고정주유설비에 직접 접속하는 경유 전용탱크로서 50,000L
③ 보일러 등에 직접 접속하는 지하저장탱크로서 20,000L
④ 보일러 등에 직접 접속하는 옥외저장탱크로서 1,000L
⑤ 폐유 등의 위험물을 저장하는 지하저장탱크로서 2,000L
⑥ 폐유 등의 위험물을 저장하는 옥외저장탱크로서 1,000L
⑦ 전기를 동력원으로 하는 자동차에 직접 전기를 공급하는 전기자동차용 충전설비
⑧ 전기를 원동력으로 하는 자동차 등에 수소를 충전하기 위한 압축수소충전설비

(1) 위험물안전관리법령상 [보기]의 주유취급소에 대한 시설 중 잘못된 부분을 지적하고 그 이유를 쓰시오. (단, 해당이 없으면 "없음"이라 쓰시오.)
(2) 다음 보기의 A와 B 중에서 변경허가를 받아야 하는 경우는 어느 것인지 쓰시오. (단, A와 B가 모두 변경허가를 받아야 하는 경우 A, B 모두를 쓰시오)

A : 고정주유설비를 철거하는 경우
B : 고정주유설비를 복식 고정주유설비로 교체하는 경우

(3) 주유취급소에는 주유 또는 그에 부대하는 업무를 위하여 사용되는 건축물 또는 시설 중 주유취급소 직원 외의 자가 출입하는 용도에 제공하는 부분의 면적을 제한할 수 있는 시설을 모두 쓰시오.
(4) 주유취급소의 소화난이도 등급 Ⅰ에 해당하는 제조소등을 결정하는 조건 중 건축물의 면적 외의 다른 조건을 쓰시오.
(5) 주유취급소의 관계인이 소유·관리 또는 점유한 자동차 등에 대하여만 주유하기 위하여 설치하는 자가용주유취급소에 대하여는 (㉠) 및 (㉡)에 관한 규정을 적용받지 아니한다. 에서 ( )에 알맞은 답을 쓰시오.

해답 ✔답 (1)

번호	잘못된 부분	이유
③	20,000L	보일러 등에 직접 접속하는 전용탱크의 용량은 10,000L 이하
⑤⑥	폐유탱크 용량의 합계 3,000L	폐유탱크 용량의 합계는 2,000L 이하

(2) A
(3) ① 주유취급소의 업무를 행하기 위한 사무소
　　② 자동차 등의 점검 및 간이정비를 위한 작업장

③ 주유취급소에 출입하는 사람을 대상으로 한 점포·휴게음식점 또는 전시장
(4) 용도에 제공하는 부분의 면적
(5) ㉠ 주유공지 ㉡ 급유공지

상세해설

(1) **주유취급소에 설치 할 수 있는 위험물 저장 또는 취급하는 탱크**
 ① 자동차 등에 주유하기 위한 **고정주유설비**에 직접 접속하는 전용탱크로서 **50,000L 이하**의 것
 ② **고정급유설비**에 직접 접속하는 전용탱크로서 **50,000L 이하**의 것
 ③ 보일러 등에 직접 접속하는 전용탱크로서 **10,000L 이하**의 것
 ④ **폐유저장탱크**로서 용량(2 이상 설치하는 경우에는 각 용량의 합계)이 **2,000L 이하**인 탱크
 ⑤ 고정주유설비 또는 고정급유설비에 직접 접속하는 **3기 이하**의 **간이탱크**

(2) **제조소등의 변경허가를 받아야 하는 경우**

제조소등의 구분	변경허가를 받아야 하는 경우
주유취급소	가. 지하에 매설하는 탱크의 변경 나. 옥내에 설치하는 탱크의 변경 다. 고정주유설비 또는 고정급유설비를 신설 또는 철거하는 경우 라. 고정주유설비 또는 고정급유설비의 위치를 이전하는 경우 마. 건축물의 벽·기둥·바닥·보 또는 지붕을 증설 또는 철거하는 경우 바. 담 또는 캐노피를 신설 또는 철거하는 경우 사. 주입구의 위치를 이전하거나 신설하는 경우

(3) **건축물 중 주유취급소의 직원 외의 자가 출입하는 다음의 용도에 제공하는 부분의 면적의 합은 1,000m²를 초과할 수 없다.**
 ① 주유취급소의 업무를 행하기 위한 **사무소**
 ② 자동차 등의 점검 및 간이정비를 위한 **작업장**
 ③ 주유취급소에 출입하는 사람을 대상으로 한 **점포·휴게음식점 또는 전시장**

(4) **소화난이등급 I에 해당하는 제조소등**

제조소등의 구분	제조소등의 규모, 저장 또는 취급하는 위험물의 품명 및 최대수량 등
주유취급소	주유취급소의 직원 외의 자가 출입하는 사무소, 작업장, 점포, 휴게음식점 또는 전시장의 용도에 제공하는 **면적의 합이 500m²를 초과**하는 것

(5) **자가용주유취급소의 특례**
  주유취급소의 관계인이 소유·관리 또는 **점유**한 자동차 등에 대하여만 주유하기 위하여 설치하는 **자가용주유취급소**에 대하여는 **주유공지 및 급유공지**에 관한 규정을 적용하지 아니한다.

위험물기능장 제76회 실기시험

2024년도 기능장 제76회 실기시험 (2024년 08월 18일 시행)				수험번호	성 명
자격종목	시험시간	문제수	형별		
위험물기능장	2시간	19	A		

01 위험물안전관리법령에 따른 포소화설비의 가압송수장치 설치기준이다. 빈칸에 알맞은 답을 [보기]에서 찾아 번호로 답하시오. (단, 중복되는 내용은 중복하여 작성하되, 해당이 없는 내용은 비워 둘 것)

[보기]
① 배관의 마찰손실수두(단위 m)
② 배관의 마찰손실수두압(단위 MPa)
③ 배관의 설계 수두(단위 m)
④ 고정식포방출구의 설계압력 또는 이동식포소화설비 노즐방사압력(단위 MPa)
⑤ 고정식포방출구의 설계압력환산수두 또는 이동식포소화설비 노즐방사압력 환산수두(단위 m)
⑥ 이동식포소화설비의 소방용 호스의 마찰손실수두압(단위 MPa)
⑦ 이동식포소화설비의 소방용 호스의 마찰손실수두(단위 m)
⑧ 낙차의 환산수두압(단위 MPa)
⑨ 낙차(단위 m)
⑩ 대기압(단위 MPa)

(1) 고가수조를 이용한 가압송수장치

고가수조 방식 $H = h_1 + h_2 + h_3$ (단위 m)			
H	h_1	h_2	h_3
필요낙차(단위 m)			

(2) 압력수조를 이용한 가압송수장치

압력수조 방식 $P = p_1 + p_2 + p_3 + p_4$ (단위 MPa)				
P	p_1	p_2	p_3	p_4
필요한 압력(단위 MPa)				

(3) 펌프를 이용한 가압송수장치

펌프 방식 $H = h_1 + h_2 + h_3 + h_4$ (단위 m)				
H	h_1	h_2	h_3	h_4
펌프의 전양정(단위 m)				

해답

✔ 답 (1) 고가수조를 이용한 가압송수장치

고가수조 방식 $H = h_1 + h_2 + h_3$ (단위 m)

H	h_1	h_2	h_3
필요낙차(단위 m)	⑤	①	⑦

(2) 압력수조를 이용한 가압송수장치

압력수조 방식 $P = p_1 + p_2 + p_3 + p_4$ (단위 MPa)

P	p_1	p_2	p_3	p_4
필요한 압력(단위 MPa)	④	②	⑧	⑥

(3) 펌프를 이용한 가압송수장치

펌프 방식 $H = h_1 + h_2 + h_3 + h_4$ (단위 m)

H	h_1	h_2	h_3	h_4
펌프의 전양정(단위 m)	⑤	①	⑨	⑦

상세해설

포소화설비의 가압송수장치

가압송수장치	구성요소
고가수조 방식	$H = h_1 + h_2 + h_3$ (단위 m) 여기서, H : 필요낙차(단위 m) h_1 : 고정식포방출구의 설계압력 환산수두 또는 이동식포소화설비 노즐방사압력 환산수두(단위 m) h_2 : 배관의 마찰손실수두(단위 m) h_3 : 이동식포소화설비의 소방용 호스의 마찰손실수두(단위 m)
압력수조 방식	$P = p_1 + p_2 + p_3 + p_4$ (단위 MPa) 여기서, P : 필요한 압력 (단위 MPa) p_1 : 고정식포방출구의 설계압력 또는 이동식포소화설비 노즐방사압력(단위 MPa) p_2 : 배관의 마찰손실수두압(단위 MPa) p_3 : 낙차의 환산수두압(단위 MPa) p_4 : 이동식포소화설비의 소방용 호스의 마찰손실수두압(단위 MPa)
펌프 방식	$H = h_1 + h_2 + h_3 + h_4$ (단위 m) 여기서, H : 펌프의 전양정(단위 m) h_1 : 고정식포방출구의 설계압력환산수두 또는 이동식포소화설비 노즐선단의 방사압력 환산수두(단위 m) h_2 : 배관의 마찰손실수두(단위 m) h_3 : 낙차(단위 m) h_4 : 이동식포소화설비의 소방용호스의 마찰손실수두(단위 m)

45회, 63회 기출

02 휘발유를 저장·취급하는 설비에서 할론1301을 고정식 벽의 면적이 50m²이고 전체둘레면적 200m²일 때 용적식 국소방출방식의 소화약제의 양(kg)은? (단, 방호공간의 체적은 600m³로 가정한다)

해답 ✔ 계산과정

① 위험물의 종류에 대한 가스계 및 분말 소화약제의 계수(K)
  휘발유 : (할론1301 및 할론1211의 $K=1.0$)

② Q_1 : 단위 체적당 소화약제의 양(kg/m³)

$$\therefore Q_1 = \left(X - Y\frac{a}{A}\right) = \left(4 - 3 \times \frac{50}{200}\right) = 3.25 \text{kg/m}^3$$

③ 소화약제의 양(kg) 계산

$$Q = V \times Q_1 \times K \times 1.25 = 600 \times 3.25 \times 1.0 \times 1.25 = 2437.5 \text{kg}$$

✔ 답 2437.5kg

상세해설 할로젠화합물소화설비의 국소방출방식

연소 형태	소화약제의 양		
	할론2402	할론1211	할론1301
면적식	$Q = [A \times 8.8 \text{kg/m}^2 \times K] \times 1.1$	$Q = [A \times 7.6 \text{kg/m}^2 \times K] \times 1.1$	$Q = [A \times 6.8 \text{kg/m}^2 \times K] \times 1.25$
	Q : 소화약제의 양, A : 방호대상물의 표면적(m²) K : 위험물의 종류에 대한 가스계소화약제의 계수(별표2 : 생략)		
용적식	$Q = V \times Q_1 \times K \times 1.1$	$Q = V \times Q_1 \times K \times 1.1$	$Q = V \times Q_1 \times K \times 1.25$
	Q : 소화약제의 양, V : 방호공간의 체적(m³) $Q_1 : \left(X - Y\frac{a}{A}\right)$[kg/m³] K : 위험물의 종류에 대한 가스계소화약제의 계수(별표2 : 생략)		

※ 용적식의 국소방출방식

면적식 외의 경우 $Q_1 = X - Y\frac{a}{A}$ (kg/m³)

여기서, Q_1 : 단위 체적당 소화약제의 양(kg/m³)
  a : 방호대상물의 주위에 실제로 설치된 고정벽의 면적의 합계(m²)
  A : 방호공간 전체둘레의 면적(m²)
  X 및 Y : 다음 표에 정한 수치

약제의 종류	X의 수치	Y의 수치
할론2402	5.2	3.9
할론1211	4.4	3.3
할론1301	4.0	3.0

제4편 최근 기출문제

64회 기출

03 물 1m³가 표준대기압 100℃ 상태에서 수증기로 변할 때 부피가 약 1700배로 팽창한다. 이것을 이상기체상태방정식을 이용하여 설명하시오.(단 물의 비중량은 1000kg/m³이다.)

해답 ✔답 ① 물 1m³을 무게로 환산하면

$$W = 1\text{m}^3 \times \frac{1000\text{kg}}{\text{m}^3} = 1000\text{kg} = 10^6\text{g}$$

② 팽창된 수증기의 부피 계산

$$V = \frac{W}{PM}RT = \frac{10^6\text{g}}{1\text{atm} \times 18} \times 0.082 \times (273+100)\text{K}$$
$$= 1699.22 \times 10^3\text{L} = 1699.22\text{m}^3$$

③ 팽창비 계산

$$N = \frac{1699.22\text{m}^3}{1\text{m}^3} \fallingdotseq 1700 \text{배}$$

상세해설 **이상기체상태방정식**

$$PV = \frac{W}{M}RT = nRT$$

여기서, P : 압력(atm), V : 부피(L), W : 무게(g), M : 분자량, n : mol수
R : 기체상수(0.082atm · L/mol · K), T : 절대온도(273+t℃)K

04 다음 표는 소화난이도등급 Ⅰ의 제조소등에 설치하여야 하는 소화설비이다. 빈칸에 알맞은 답을 쓰시오.

제조소등의 구분			소화설비
옥외탱크 저장소	지중탱크 또는 해상탱크 외의 것	황만을 저장·취급하는 것	(①)
		인화점 70℃ 이상의 제4류 위험물만을 저장·취급하는 것	(②)
	지중탱크		(③)
	해상탱크		고정식 포소화설비, 물분무소화설비, 이동식 이외의 불활성가스소화설비 또는 이동식 이외의 할로젠화합물소화설비

해답

✔ 답 ① 물분무소화설비
② 물분무소화설비 또는 고정식포소화설비
③ 고정식포소화설비, 이동식 이외의 불활성가스소화설비 또는 이동식 이외의 할로젠화합물소화설비

상세해설

소화난이도등급 I 의 제조소등에 설치하여야 하는 소화설비

제조소등의 구분		소화설비
제조소 및 일반취급소		옥내소화전설비, 옥외소화전설비, 스프링클러설비 또는 물분무등소화설비
주유취급소		스프링클러설비, 소형수동식소화기등
옥내저장소	처마높이가 6m 이상인 단층건물 또는 다른 용도의 부분이 있는 건축물에 설치한 옥내저장소	스프링클러설비 또는 이동식 외의 물분무등소화설비
	그 밖의 것	옥외소화전설비, 스프링클러설비, 이동식 외의 물분무등소화설비 또는 이동식 포소화설비(포소화전을 옥외에 설치하는 것에 한한다)
옥외탱크저장소	지중탱크 또는 해상탱크 외의 것	
	황만을 저장 취급하는 것	물분무소화설비
	인화점 70℃ 이상의 제4류 위험물만을 저장취급하는 것	물분무소화설비 또는 고정식 포소화설비
	그 밖의 것	고정식 포소화설비(포소화설비가 적응성이 없는 경우에는 분말소화설비)
	지중탱크	고정식 포소화설비, 이동식 이외의 불활성가스소화설비 또는 이동식 이외의 할로젠화합물소화설비
	해상탱크	고정식 포소화설비, 물분무소화설비, 이동식이외의 불활성가스소화설비 또는 이동식 이외의 할로젠화합물소화설비
옥내탱크저장소	황만을 저장취급하는 것	물분무소화설비
	인화점 70℃ 이상의 제4류 위험물만을 저장취급하는 것	물분무소화설비, 고정식 포소화설비, 이동식 이외의 불활성가스소화설비, 이동식 이외의 할로젠화합물소화설비 또는 이동식 이외의 분말소화설비
	그 밖의 것	고정식 포소화설비, 이동식 이외의 불활성가스소화설비, 이동식 이외의 할로젠화합물소화설비 또는 이동식 이외의 분말소화설비

39회, 56회, 67회 기출

05 제1종 분말인 중탄산나트륨의 열분해 반응식을 쓰고, 중탄산나트륨 8.4g이 열분해하여 발생하는 이산화탄소의 부피는 표준상태에서 몇 L인가? (단, Na의 원자량은 23이다)

해답 ① 열분해 반응식

✔ 답 $2NaHCO_3 \rightarrow Na_2CO_3 + CO_2 + H_2O$

② 이산화탄소의 부피

✔ 계산과정

NaHCO₃의 분자량 = 23+1+12+16×3 = 84

2NaHCO₃ → Na₂CO₃ + CO₂ + H₂O

2×84g ─────────→ 22.4L

8.4g ─────────→ X

$$X = \frac{8.4 \times 22.4}{2 \times 84} = 1.12L$$

✔ 답 1.12L

상세해설

분말약제의 종류

종 별	약제명	화학식	착색	열분해 반응식	적응화재
제1종	탄산수소나트륨 중탄산나트륨 중조	NaHCO₃	백색	270℃ 2NaHCO₃ → Na₂CO₃+CO₂+H₂O 850℃ 2NaHCO₃ → Na₂O+2CO₂+H₂O	B, C급
제2종	탄산수소칼륨 중탄산칼륨	KHCO₃	담회색	190℃ 2KHCO₃ → K₂CO₃+CO₂+H₂O 590℃ 2KHCO₃ → K₂O+2CO₂+H₂O	B, C급
제3종	제1인산암모늄	NH₄H₂PO₄	담홍색	NH₄H₂PO₄ → HPO₃+NH₃+H₂O	A, B, C급
제4종	중탄산칼륨+ 요소	KHCO₃+ (NH₂)₂CO	회(백)색	2KHCO₃+(NH₂)₂CO → K₂CO₃+2NH₃+2CO₂	B, C급

52회, 60회 기출

06 다음은 주유취급소의 주유공지 및 급유공지에 대한 기준이다. ( )안에 알맞은 답을 쓰시오.

- 주유취급소의 고정주유설비의 주위에는 주유를 받으려는 자동차 등이 출입할 수 있도록 너비 (①)m 이상, 길이 (②)m 이상의 콘크리트 등으로 포장한 공지(이하 "주유공지"라 한다)를 보유하여야 한다.
- 고정급유설비를 설치하는 경우에는 고정급유설비의 (③)의 주위에 필요한 공지(이하 "급유공지"라 한다)를 보유하여야 한다.
- 공지의 바닥은 주위 지면보다 높게 하고, 그 표면을 적당하게 경사지게 하여 새어나온 기름 그 밖의 액체가 공지의 외부로 유출되지 아니하도록 (④)·(⑤) 및 (⑥)를 하여야 한다.

해답 ✔ 답 ① 15   ② 6   ③ 호스기기   ④ 배수구   ⑤ 집유설비   ⑥ 유분리장치

상세해설

주유공지 및 급유공지
① 주유취급소의 고정주유설비의 주위에는 주유를 받으려는 자동차 등이 출입할 수 있도록 너비 15m 이상, 길이 6m 이상의 콘크리트 등으로 포장한 공지(주유공지)를 보유하여야 한다.

② 고정급유설비를 설치하는 경우에는 고정급유설비의 **호스기기의 주위**에 필요한 공지(급유공지)를 보유하여야 한다.
③ 공지의 바닥은 주위 지면보다 높게 하고, 그 표면을 적당하게 경사지게 하여 새어나온 기름 그 밖의 액체가 공지의 외부로 유출되지 아니하도록 **배수구·집유설비 및 유분리장치**를 하여야 한다.

61회 기출

07 제3류 위험물로서 비중이 0.86이고 은백색의 경금속이며 보라색 불꽃을 내면서 연소하는 위험물에 대한 다음 각 물음에 답하시오.
(1) 지정수량을 쓰시오.
(2) 완전연소 반응식을 쓰시오.
(3) 물과의 반응식을 쓰시오.

해답 ✓답 (1) 10kg
(2) $4K + O_2 \rightarrow 2K_2O$
(3) $2K + 2H_2O \rightarrow 2KOH + H_2$

상세해설

칼륨(K)-제3류 위험물-금수성

화학식	원자량	비점	융점	비중	불꽃색상
K	39	762℃	63.5℃	0.86	보라색

① 가열시 보라색 불꽃을 내면서 연소한다.
② 물과 반응하여 수소 및 열을 발생한다.(금수성 물질)

$$2K + 2H_2O \rightarrow 2KOH + H_2$$

③ 보호액으로 파라핀·경유·등유 등을 사용한다.
④ 피부와 접촉 시 화상을 입는다.
⑤ 마른모래 등으로 질식 소화한다.
⑥ 화학적으로 활성이 대단히 크고 알코올과 반응하여 수소를 발생시킨다.

$$2K + 2C_2H_5OH \rightarrow 2C_2H_5OK + H_2$$

08 다음 [보기]의 위험물에 대하여 수납하는 위험물에 따른 운반용기 외부에 표시하여야 하는 주의사항을 모두 쓰시오.

[보기]
① 사이안화수소 ② 아연분 ③ 과산화나트륨 ④ 질산 ⑤ 브로민산칼륨

해답 ✔답 ① 사이안화수소 : 화기엄금
② 아연분 : 화기주의 및 물기엄금
③ 과산화나트륨 : 화기·충격주의, 물기엄금 및 가연물접촉주의
④ 질산 : 가연물접촉주의
⑤ 브로민산칼륨 : 화기·충격주의 및 가연물접촉주의

상세해설
① 사이안화수소 : 제4류-인화성액체
② 아연분 : 제2류-금속분
③ 과산화나트륨 : 제1류-알칼리금속의 과산화물
④ 질산 : 제6류-산화성액체
⑤ 브로민산칼륨 : 제1류-그 밖의 것

위험물 운반용기의 외부 표시 사항
① 위험물의 품명, 위험등급, 화학명 및 수용성(제4류 위험물의 수용성인 것에 한함)
② 위험물의 수량
③ 수납하는 위험물에 따른 주의사항

유별	성질에 따른 구분	표시사항
제1류 위험물	알칼리금속의 과산화물	화기·충격주의, 물기엄금 및 가연물접촉주의
	그 밖의 것	화기·충격주의 및 가연물접촉주의
제2류 위험물	철분·금속분·마그네슘	화기주의 및 물기엄금
	인화성고체	화기엄금
	그 밖의 것	화기주의
제3류 위험물	자연발화성물질	화기엄금 및 공기접촉엄금
	금수성물질	물기엄금
제4류 위험물	인화성 액체	화기엄금
제5류 위험물	자기반응성 물질	화기엄금 및 충격주의
제6류 위험물	산화성 액체	가연물접촉주의

49회 유사, 69회 기출

09 다음 보기의 위험물이 물과 반응하는 경우 반응식과 공통적으로 생성되는 물질명을 쓰시오.

[보기] ① 칼슘 ② 수소화칼슘 ③ 인화칼슘 ④ 탄화칼슘

해답 ✔답 (1) 물과의 반응식
① $Ca + 2H_2O \rightarrow Ca(OH)_2 + H_2$
② $CaH_2 + 2H_2O \rightarrow Ca(OH)_2 + 2H_2$
③ $Ca_3P_2 + 6H_2O \rightarrow 3Ca(OH)_2 + 2PH_3$
④ $CaC_2 + 2H_2O \rightarrow Ca(OH)_2 + C_2H_2$
(2) 공통적으로 생성되는 물질명 : 수산화칼슘

35회, 37회, 45회 기출

10 제4류 위험물인 BTX의 각각 명칭과 화학식을 쓰시오.

해답 ✓답

구분	명칭	화학식
B	Benzene(벤젠)	C_6H_6
T	Toluene(톨루엔)	$C_6H_5CH_3$
X	Xylene(크실렌)	$C_6H_4(CH_3)_2$

상세해설

BTX : Benzene, Toluene, Xylene의 약자이다.

명칭	화학식	품명	구조식
Benzene (벤젠)	C_6H_6	제1석유류	
Toluene (톨루엔)	$C_6H_5CH_3$	제1석유류	
Xylene (크실렌, 키실렌, 자일렌)	$C_6H_4(CH_3)_2$	제2석유류	

51회, 69회 기출

11 아세트알데하이드가 은거울 반응을 한 후 생성되는 제4류 위험물에 대한 다음 각 물음에 답하시오.

(1) 시성식
(2) 지정수량
(3) 완전연소반응식

해답 ✓답 (1) 시성식 : CH_3COOH

(2) 지정수량 : 2000L

(3) 완전연소반응식 : $CH_3COOH + 2O_2 \rightarrow 2CO_2 + 2H_2O$

상세해설

은거울 반응

① 암모니아성 질산은 용액을 환원하여 은을 유리시키는 것

$R-CHO + 2Ag(NH_3)_2OH \rightarrow RCOOH + 2Ag + 4NH_3 + H_2O$
(알데하이드기)(암모니아성 질산은용액)　(카복실기)　(은)　(암모니아)　(물)

② 은거울반응을 하는 물질 : 알데하이드(aldehyde) R-CHO
  ㉠ 포름알데하이드 : HCHO　　㉡ 아세트알데하이드 : CH_3CHO
③ 아세트알데하이드의 은거울반응
$CH_3CHO + 2Ag(NH_3)_2OH \rightarrow CH_3COOH + 2Ag + 4NH_3 + H_2O$

12 다음 보기의 위험물 중 물과 반응하는 경우 같은 가연성기체를 생성하는 물질의 반응식을 쓰시오.

[보기]
메틸리튬, 리튬, 나트륨, 수소화나트륨, 트라이에틸알루미늄, 인화알루미늄

해답 ✔답 리튬 : $2Li + 2H_2O \rightarrow 2LiOH + H_2$
나트륨 : $2Na + 2H_2O \rightarrow 2NaOH + H_2$
수소화나트륨 : $NaH + H_2O \rightarrow NaOH + H_2$

상세해설
① 메틸리튬 : $(CH_3)Li + H_2O \rightarrow LiOH + CH_4$
② 리튬 : $2Li + 2H_2O \rightarrow 2LiOH + H_2$
③ 나트륨 : $2Na + 2H_2O \rightarrow 2NaOH + H_2$
④ 수소화나트륨 : $NaH + H_2O \rightarrow NaOH + H_2$
⑤ 트라이에틸알루미늄 : $(C_2H_5)_3Al + 3H_2O \rightarrow Al(OH)_3 + 3C_2H_6$
⑥ 인화알루미늄 : $AlP + 3H_2O \rightarrow Al(OH)_3 + PH_3$

53회, 69회, 73회 기출

13 위험물제조소 등의 설치 및 변경의 허가 시 한국소방산업기술원의 기술검토를 받아야 하는 사항을 3가지만 쓰시오.

해답 ✔답 ① 지정수량의 1천배 이상의 위험물을 취급하는 제조소 또는 일반취급소 : 구조·설비에 관한 사항
② 옥외탱크저장소(저장용량이 50만L 이상인 것만 해당) : 위험물탱크의 기초·지반, 탱크본체 및 소화설비에 관한 사항
③ 암반탱크저장소 : 위험물탱크의 기초·지반, 탱크본체 및 소화설비에 관한 사항

상세해설 **위험물안전관리법 시행령 제6조(제조소등의 설치 및 변경의 허가)**
다음 각 목의 제조소등은 해당 목에서 정한 사항에 대하여 「소방산업의 진흥에 관한 법률」 제14조에 따른 **한국소방산업기술원**(이하 "기술원"이라 한다)**의 기술검토**를 받고 그 결과가 행정안전부령으로 정하는 기준에 적합한 것으로 인정될 것. 다만, 보수 등을 위한 부분적인 변경으로서 소방청장이 정하여 고시하는 사항에 대해서는 기술원의 기술검토를 받지 아니할 수 있으나 행정안전부령으로 정하는 기준에는 적합하여야 한다.
가. **지정수량의 1천배 이상**의 위험물을 취급하는 제조소 또는 일반취급소 : 구조·설비에 관한 사항
나. **옥외탱크저장소**(저장용량이 50만 리터 이상인 것만 해당한다) 또는 **암반탱크저장소** : 위험물탱크의 기초·지반, 탱크본체 및 소화설비에 관한 사항

40회, 45회 기출

14 다음 표는 할로젠화합물 소화약제에 대한 것이다. 빈칸에 알맞은 답을 쓰시오.

구분	할론1301	할론2402	할론1001	할론1211	할론1011
화학식					

해답 ✓답

구분	할론1301	할론2402	할론1001	할론1211	할론1011
화학식	CF_3Br	$C_2F_4Br_2$	CH_3Br	CF_2ClBr	CH_2ClBr

상세해설 할로젠화합물 소화약제 명명법 : 할론 ⓐ ⓑ ⓒ ⓓ
ⓐ : C 원자수   ⓑ : F 원자수   ⓒ : Cl 원자수   ⓓ : Br 원자수

15 다음은 이송취급소의 배관을 지상에 설치하는 경우의 안전거리 기준이다. 번호에 알맞은 안전거리를 쓰시오.

구분	안전거리
철도 또는 도로의 경계선으로부터	(①)m 이상
고압가스제조시설, 액화석유가스제조시설로부터	(②)m 이상
학교, 병원급 의료기관, 영화상영관, 아동복지시설, 노인복지시설, 장애인복지시설로 부터	(③)m 이상
수도시설 중 위험물이 유입될 가능성이 있는 것으로부터	(④)m 이상
지정문화유산 및 천연기념물 등으로부터	(⑤)m 이상

해답 ✓답 ① 25 ② 35 ③ 45 ④ 300 ⑤ 65

상세해설 이송취급소의 배관을 지상에 설치하는 경우의 안전거리

구분	안전거리
• 철도 또는 도로 • 주택	25m 이상
• 고압가스제조시설 또는 **액화석유가스제조시설**	35m 이상
• **학교 · 병원급 의료기관 · 영화상영관** 또는 복지시설 • 공공공지 또는 도시공원 • 판매시설 · **숙박시설** · 위락시설 등 불특정다중을 수용하는 시설 중 연면적 $1,000m^2$ 이상인 것 • 1일 평균 20,000명 이상 이용하는 **기차역 또는 버스터미널**	45m 이상
• 지정문화유산 및 천연기념물 등	65m 이상
• **수도시설 중 위험물이 유입될 가능성이 있는 것**	300m 이상

16. 다음은 제2류 위험물에 대한 판단기준이다. 각 물음에 답하시오.

(1) "금속분"이라 함은 알칼리금속 · 알칼리토금속 · (①) 및 (②)외의 금속의 분말을 말하고, 구리분 · 니켈분 및 150μm의 체를 통과하는 것이 50중량% 미만인 것은 제외한다.
(2) (③)은 순도가 60중량% 이상인 것을 말하며, 순도측정을 하는 경우 불순물은 활석 등 불연성물질과 수분으로 한정한다.
(3) "철분"이라 함은 (④)의 분말로서 53μm의 표준체를 통과하는 것이 50중량% 미만인 것은 제외한다.

(1) ③의 연소반응식은?
(2) ②에 이산화탄소소화기를 사용하면 안 되는 이유는?
(3) ②를 옥내저장소에 저장하는 경우 바닥의 구조는?
(4) ①②③ 중에 지정수량이 가장 적은 물질명은?
(5) ①의 운반용기 주의사항은?

해답

✔ 답 (1) $S + O_2 \rightarrow SO_2$
(2) 마그네슘과 이산화탄소는 폭발적으로 반응하여 탄소 또는 일산화탄소를 발생하기 때문
(3) 물이 스며 나오거나 스며들지 아니하는 구조
(4) 황
(5) 화기주의 및 물기엄금

상세해설

1. 제2류 위험물의 판단기준
(1) **황**은 순도가 **60중량% 이상**인 것을 말하며, 순도측정을 하는 경우 불순물은 **활석 등 불연성물질과 수분**으로 한정한다.
(2) "**철분**"이라 함은 철의 분말로서 **53μm의 표준체**를 통과하는 것이 **50중량% 미만**인 것은 **제외**한다.
(3) "**금속분**"이라 함은 **알칼리금속 · 알칼리토금속 · 철 및 마그네슘외의 금속의 분말**을 말하고, **구리분 · 니켈분 및 150μm의 체를 통과하는 것이 50중량% 미만**인 것은 **제외**한다.
(4) **마그네슘** 및 제2류 물품 중 마그네슘을 함유한 것에 있어서는 다음에 해당하는 것은 제외한다.
　① 2mm의 체를 통과하지 아니하는 덩어리 상태의 것
　② 지름 2mm 이상의 막대 모양의 것

2. 마그네슘과 CO_2의 반응식
$2Mg + CO_2 \rightarrow 2MgO + C$　　　$2Mg + CO_2 \rightarrow 2MgO + CO$

3. 옥내저장소의 위치 · 구조 및 설비의 기준
제1류 위험물 중 알칼리금속의 과산화물 또는 이를 함유하는 것, 제2류 위험물 중 철

분·금속분·마그네슘 또는 이중 어느 하나 이상을 함유하는 것, 제3류 위험물 중 금수성물질 또는 제4류 위험물의 저장창고의 **바닥은 물이 스며 나오거나 스며들지 아니하는 구조**로 하여야 한다.

4. 위험물 운반용기의 외부 표시 사항
① 위험물의 품명, 위험등급, 화학명 및 수용성(제4류 위험물의 수용성인 것에 한함)
② 위험물의 수량
③ 수납하는 위험물에 따른 주의사항

유별	성질에 따른 구분	표시사항
제1류 위험물	알칼리금속의 과산화물	화기·충격주의, 물기엄금 및 가연물접촉주의
	그 밖의 것	화기·충격주의 및 가연물접촉주의
제2류 위험물	철분·금속분·마그네슘	화기주의 및 물기엄금
	인화성고체	화기엄금
	그 밖의 것	화기주의
제3류 위험물	자연발화성물질	화기엄금 및 공기접촉엄금
	금수성물질	물기엄금
제4류 위험물	인화성 액체	화기엄금
제5류 위험물	자기반응성 물질	화기엄금 및 충격주의
제6류 위험물	산화성 액체	가연물접촉주의

17 위험물안전관리법령에 따른 위험물의 저장 및 취급에 관한 기준이다. 다음 각 물음에 알맞은 답을 쓰시오.

(1) 위험물안전관리법령에서 정한 이동탱크저장소에서의 취급기준에 따르면 휘발유, 벤젠 그 밖에 정전기에 의한 재해발생 우려가 있는 액체의 위험물을 이동저장탱크 상부로 주입하는 때에는 주입관을 사용하되, 어떠한 조치를 하여야 하는지 쓰시오.(단, 컨테이너식 이동탱크저장소를 제외)
(2) 휘발유를 저장하던 이동저장탱크에 등유나 경유를 주입할 때 또는 등유나 경유를 저장하던 이동저장탱크에 휘발유를 주입할 때에는 정전기 등에 의한 재해를 방지하기 위한 조치를 하여야 한다. 다음 상황에 따른 조치에 대해 설명하시오.
① 이동저장탱크 상부로부터 위험물을 주입할 때
② 이동저장탱크의 밑 부분으로부터 위험물을 주입할 때
③ 그 밖의 방법에 의한 위험물의 주입할 때

해답 ✔**답** (1) 주입관의 끝부분을 이동저장탱크의 밑바닥에 밀착할 것
(2) ① 위험물의 액표면이 주입관의 끝부분을 넘는 높이가 될 때까지 그 주입관내의 유속을 초당 1m 이하로 할 것

② 위험물의 액표면이 주입관의 정상부분을 넘는 높이가 될 때까지 그 주입배관내의 유속을 초당 1m 이하로 할 것
③ 이동저장탱크에 가연성증기가 잔류하지 아니하도록 조치하고 안전한 상태로 있음을 확인한 후에 할 것

상세해설 **이동탱크저장소(컨테이너식 이동탱크저장소를 제외)에서의 취급기준**

(1) 휘발유 · 벤젠 · 그 밖에 정전기에 의한 재해발생의 우려가 있는 액체의 위험물을 이동저장탱크의 상부로 주입하는 때에는 주입관을 사용하되, **당해 주입관의 끝부분을 이동저장탱크의 밑바닥에 밀착할 것**

(2) 휘발유를 저장하던 이동저장탱크에 등유나 경유를 주입할 때 또는 등유나 경유를 저장하던 이동저장탱크에 휘발유를 주입할 때에는 다음의 기준에 따라 정전기 등에 의한 재해를 방지하기 위한 조치를 할 것
① 이동저장탱크의 상부로부터 위험물을 주입할 때에는 **위험물의 액표면이 주입관의 끝부분을 넘는 높이가 될 때까지 그 주입관내의 유속을 초당 1m 이하로 할 것**
② 이동저장탱크의 밑부분으로부터 위험물을 주입할 때에는 **위험물의 액표면이 주입관의 정상부분을 넘는 높이가 될 때까지 그 주입배관내의 유속을 초당 1m 이하로 할 것**
③ 그 밖의 방법에 의한 위험물의 주입은 **이동저장탱크에 가연성증기가 잔류하지 아니하도록 조치하고 안전한 상태로 있음을 확인한 후에 할 것**

55회 유사

18 위험물 제조소에 다음 조건과 같은 건축물의 구조에 위험물을 저장할 경우 소요단위를 구하시오.

① 건축물의 구조 : 지상 1층과 2층의 바닥면적이 각각 $1,000\text{m}^2$이다(1층과 2층 모두 외벽이 내화구조이다).
② 공작물의 구조 : 옥외에 설치 높이는 8m, 공작물의 최대 수평투영면적 200m^2이다.
③ 저장 위험물 : 다이에틸에터 3,000L, 경유 50,000L이다.

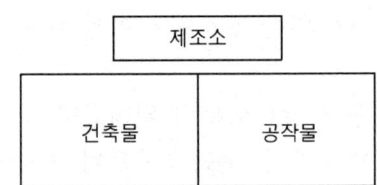

해답 ✓ 계산과정

$$\frac{1,000\text{m}^2 \times 2}{100\text{m}^2} + \frac{200\text{m}^2}{100\text{m}^2} + \left(\frac{3,000\text{L}}{50\text{L} \times 10} + \frac{50,000\text{L}}{1,000\text{L} \times 10}\right) = 33$$

✓ **답** 33단위

상세해설 소요단위의 계산방법
① 제조소 또는 취급소의 건축물

외벽이 내화구조인 것	외벽이 내화구조가 아닌 것
연면적 100m²를 1소요단위	연면적 50m²를 1소요단위

② 저장소의 건축물

외벽이 내화구조인 것	외벽이 내화구조가 아닌 것
연면적 150m² : 1소요단위	연면적 75m² : 1소요단위

③ 제조소등의 옥외에 설치된 공작물은 외벽이 내화구조인 것으로 간주하고 공작물의 최대수평투영면적을 연면적으로 간주하여 ① 및 ②의 규정에 의하여 소요단위를 산정할 것
④ 위험물은 지정수량의 10배를 1소요단위로 할 것

55회 유사

19 위험물안전관리법에 따른 옥내저장소에 관한 기준이다. 다음 각 물음에 알맞은 답을 쓰시오.

(1) 단층구조의 옥내저장소 외의 다른 용도의 옥내저장소의 종류를 2가지 쓰시오.
(2) 옥내저장소의 설치기준에 대한 완화의 특례를 적용받는 옥내저장소의 종류를 4가지 쓰시오.
(3) 위험물의 성질에 따른 옥내저장소의 특례기준 중 강화되는 기준을 적용하는 위험물의 품명을 2가지만 쓰시오.
(4) 특수인화물과 경유를 내화구조의 격벽으로 완전히 구획된 실에 각각 저장하는 경우 다음 각 물음에 알맞은 답을 쓰시오.

A실	특수인화물
B실	경유

① A실에 해당 위험물을 저장할 경우 최대바닥면적[m²]을 쓰시오.
② A실의 바닥면적이 최대바닥면적일 경우 B실의 최대바닥면적[m²]을 쓰시오.

해답 ✔답 (1) ① 다층건물의 옥내저장소
② 복합용도 건축물의 옥내저장소
(2) ① 소규모 옥내저장소
② 고인화점 위험물의 단층건물 옥내저장소
③ 고인화점 위험물의 다층건물 옥내저장소
④ 고인화점 위험물의 소규모 옥내저장소

(3) ① 지정과산화물   ② 알킬알루미늄등   ③ 하이드록실아민등
(4) ① 500m² ② 1,000m²

상세해설

1. **위험물의 성질에 따른 옥내저장소의 특례**
   다음에 해당하는 위험물을 저장 또는 취급하는 옥내저장소에 있어서는 당해 위험물의 성질에 따라 강화되는 기준에 의하여야 한다.
   ① 제5류 위험물중 유기과산화물 또는 이를 함유하는 것으로서 지정수량이 10kg인 것(이하 "지정과산화물"이라 한다)
   ② 알킬알루미늄등
   ③ 하이드록실아민등

2. 하나의 저장창고의 바닥면적(2 이상의 구획된 실이 있는 경우에는 각 실의 바닥면적의 합계)은 다음 각목의 구분에 의한 면적 이하로 하여야 한다. 이 경우 **가목의 위험물과 나목의 위험물을 같은 저장창고에 저장하는 때에는 가목의 위험물을 저장하는 것으로 보아 그에 따른 바닥면적을 적용**한다.

구분	저장하는 위험물	바닥면적
가	1) 제1류 위험물 중 아염소산염류, 염소산염류, 과염소산염류, 무기과산화물 그 밖에 지정수량이 50kg인 위험물 2) 제3류 위험물 중 칼륨, 나트륨, 알킬알루미늄, 알킬리튬 그 밖에 지정수량이 10kg인 위험물 및 황린 3) 제4류 위험물 중 특수인화물, 제1석유류 및 알코올류 4) 제5류 위험물 중 지정수량이 10kg인 위험물 5) 제6류 위험물	1,000m² 이하
나	가목의 위험물 외의 위험물을 저장하는 창고	2,000m² 이하
다	가목의 위험물과 나목의 위험물을 내화구조의 격벽으로 완전히 구획된 실에 각각 저장하는 창고	1,500m²(가목의 위험물을 저장하는 실의 면적은 500m²를 초과할 수 없다) 이하

① A실에 해당 위험물을 저장할 경우 최대바닥면적[m²]
   가목의 위험물(특수인화물)과 나목의 위험물(경유)을 내화구조의 격벽으로 완전히 구획된 실에 각각 저장하는 창고의 바닥면적은 **가목의 위험물(특수인화물)을 저장하는 실의 면적은 500m²를 초과할 수 없다는 기준에 의하여 최대바닥면적은 500m²**이다.

② A실의 바닥면적이 최대바닥면적일 경우 B실의 최대바닥면적[m²]
   가목의 위험물(특수인화물)과 나목의 위험물(경유)을 내화구조의 격벽으로 완전히 구획된 실에 각각 저장하는 창고의 **각 실의 바닥면적합계는 최대 1,500m² 이하**
   ∴ B실의 최대바닥면적(m²) = 1500m² − 500m² = 1000m²

위험물기능장 제77회 실기시험

2025년도 기능장 제77회 실기시험 (2025년 03월 16일 시행)

자격종목	시험시간	문제수	형별	수험번호	성 명
위험물기능장	2시간	19	A		

---

01 다음 보기의 화학식을 보고 액체의 비중이 물보다 큰 것을 모두 골라 물질의 명칭으로 답하시오.

[보기] CS_2 HCOOH CH_3COOH C_6H_5Br MEK $C_6H_5CH_3$

해답　✔**답** 이황화탄소, 의산, 초산, 브로모벤젠

상세해설

구분	CS_2	HCOOH	CH_3COOH	C_6H_5Br	MEK	$C_6H_5CH_3$
물질명	이황화탄소	의산 (포름산, 개미산)	초산, 아세트산	브로모벤젠	메틸에틸케톤	톨루엔
액체비중	1.26	1.22	1.05	1.49	0.81	0.87
증기비중	2.67	1.6	2.06	5.41	2.5	3.1
유별	특수인화물	제2석유류	제2석유류	제2석유류	제1석유류	제1석유류
수용성여부	비수용성	수용성	수용성	비수용성	비수용성	비수용성

---

02 위험물안전관리법령에서 정한 지정과산화물을 저장 또는 취급하는 옥내저장소의 저장창고의 기준이다. (　)안에 알맞은 답을 쓰시오.

저장창고는 (①)m^2 이내마다 격벽으로 완전하게 구획할 것. 이 경우 당해 격벽은 두께 (②)cm 이상의 철근콘크리트조 또는 철골철근콘크리트조로 하거나 두께 (③)cm 이상의 보강콘크리트블록조로 하고, 당해 저장창고의 양측의 외벽으로부터 (④)m 이상, 상부의 지붕으로부터 (⑤)cm 이상 돌출하게 하여야 한다.

해답　✔**답** ① 150　② 30　③ 40　④ 1　⑤ 50

상세해설

지정과산화물을 저장 또는 취급하는 옥내저장소의 저장창고의 기준
① 저장창고는 150m^2 이내마다 격벽으로 완전하게 구획할 것. 이 경우 당해 격벽은 두께 30cm 이상의 철근콘크리트조 또는 철골철근콘크리트조로 하거나 두께 40cm 이상의 보강콘크리트블록조로 하고 당해 저장창고의 양측의 외벽으로부터 1m 이상, 상부의 지붕으로부터 50cm 이상 돌출하게 하여야 한다.

② 저장창고의 외벽은 두께 20cm 이상의 철근콘크리트조나 철골철근콘크리트조 또는 두께 30cm 이상의 보강콘크리트블록조로 할 것
③ 저장창고의 지붕은 다음 각목에 적합할 것
   ㉠ 중도리 또는 서까래의 간격은 30cm 이하로 할 것
   ㉡ 지붕의 아래쪽 면에는 한 변의 길이가 45cm 이하의 환강(丸鋼)·경량형강(輕量型鋼) 등으로 된 강제(鋼製)의 격자를 설치할 것
   ㉢ 지붕의 아래쪽 면에 철망을 쳐서 불연재료의 도리·보 또는 서까래에 단단히 결합할 것
   ㉣ 두께 5cm 이상, 너비 30cm 이상의 목재로 만든 받침대를 설치할 것
④ 저장창고의 출입구에는 60분+방화문 또는 60분방화문을 설치할 것
⑤ 저장창고의 창은 바닥면으로부터 2m 이상의 높이에 두되 하나의 벽면에 두는 창의 면적의 합계를 당해 벽면의 면적의 80분의 1 이내로 하고 하나의 창의 면적은 $0.4m^2$ 이내로 할 것

03 다음은 위험물의 운반에 관한 기준이다. (   )안에 알맞은 답을 쓰시오.

(1) 고체 위험물은 운반용기 내용적의 (①) 이하의 수납율로 수납할 것
(2) 액체 위험물은 운반용기 내용적의 (②) 이하의 수납율로 수납하되, (③)의 온도에서 누설되지 아니하도록 충분한 공간용적을 유지하도록 할 것
(3) 자연발화성물질 중 알킬알루미늄 등은 운반용기의 내용적의 (④) 이하의 수납율로 수납하되, (⑤)의 온도에서 (⑥) 이상의 공간용적을 유지하도록 할 것

해답
✔답 ① 95%   ② 98%   ③ 55℃   ④ 90%   ⑤ 50℃   ⑥ 5%

상세해설

위험물의 운반에 관한 기준
Ⅱ. 적재방법
① **고체위험물**은 운반용기 **내용적의 95% 이하**의 수납율로 수납할 것
② **액체위험물**은 운반용기 **내용적의 98% 이하**의 수납율로 수납하되, **55℃**의 온도에서 누설되지 아니하도록 충분한 공간용적을 유지하도록 할 것
③ **제3류 위험물**은 다음의 기준에 따라 운반용기에 수납할 것
   ㉠ 자연발화성물질에 있어서는 불활성 기체를 봉입하여 밀봉하는 등 **공기와 접하지 아니하도록** 할 것
   ㉡ 자연발화성물질외의 물품에 있어서는 파라핀·경유·등유 등의 보호액으로 채워 밀봉하거나 불활성 기체를 봉입하여 밀봉하는 등 **수분과 접하지 아니하도록** 할 것
   ㉢ 자연발화성물질 중 알킬알루미늄 등은 운반용기의 **내용적의 90% 이하**의 수납율로 수납하되, **50℃**의 온도에서 **5% 이상**의 공간용적을 유지하도록 할 것

04 위험물안전관리법령상 소화난이도등급 I 의 제조소등에 설치하여야 하는 소화설비기준이다. 다음 ( )안에 알맞은 답을 쓰시오.

제조소등의 구분		소화설비
제조소 및 일반취급소		(①), (②), (③) 또는 물분무등소화설비(화재발생시 연기가 충만할 우려가 있는 장소에는 스프링클러설비 또는 이동식 외의 물분무등소화설비에 한한다)
주유취급소		(③)(건축물에 한정한다), (④)등(능력단위의 수치가 건축물 그 밖의 공작물 및 위험물의 소요단위의 수치에 이르도록 설치할 것)
옥내 저장소	처마높이가 6m 이상인 단층건물 또는 다른 용도의 부분이 있는 건축물에 설치한 옥내저장소	(③) 또는 이동식 외의 물분무등소화설비
	그 밖의 것	(②), (③), 이동식 외의 물분무등소화설비 또는 이동식 포소화설비(포소화전을 옥외에 설치하는 것에 한한다)
옥외탱크 저장소	지중탱크 또는 해상탱크 외의 것	황만을 저장 취급하는 것	물분무소화설비
		인화점 70℃ 이상의 제4류 위험물만을 저장·취급하는 것	물분무소화설비 또는 (⑤)
		그 밖의 것	(⑤)(포소화설비가 적응성이 없는 경우에는 분말소화설비)
	지중탱크	(⑤), 이동식 이외의 불활성가스소화설비 또는 이동식 이외의 할로젠화합물소화설비
	해상탱크	(⑤), 물분무소화설비, 이동식이외의 불활성가스소화설비 또는 이동식 이외의 할로젠화합물소화설비

해답 ✔ 답 ① 옥내소화전설비
② 옥외소화전설비
③ 스프링클러설비
④ 소형수동식소화기
⑤ 고정식 포소화설비

05

다음 표는 할로젠화합물소화약제에 대한 것이다. ( )안에 알맞은 답을 적으시오.

소화약제의 종류	할론번호
브로모트라이플루오로메탄	하론 (①)
브로모클로로다이플루오로메탄	하론 (②)
펜타플루오로에탄	HFC (③)
트라이플루오로메탄	HFC (④)
헵타플루오로프로판	HFC (⑤)ea

해답 ✔답 ① 1301 ② 1211 ③ 125 ④ 23 ⑤ 227

상세해설

소화약제의 종류	할론번호	화학식
다이브로모테트라플루오로에탄	하론2402	$C_2F_4Br_2$
브로모클로로다이플루오로메탄	하론1211	CF_2ClBr
브로모트라이플루오로메탄	하론1301	CF_3Br
트라이플루오로메탄	HFC-23	CHF_3
펜타플루오로에탄	HFC-125	CHF_2CF_3
헵타플루오로프로판	HFC-227ea	CF_3CHFCF_3
도데카플루오로-2-메틸펜탄-3-온	FK-5-1-12	$CF_3CF_2C(O)CF(CF_3)_2$

06

다음은 신속평형법 인화점측정기에 의한 인화점 측정방법이다. (   )안에 알맞은 답을 쓰시오.

- 시험장소는 기압 (①)기압, 무풍의 장소로 할 것
- 신속평형법 인화점측정기의 시료컵을 설정온도까지 가열 또는 냉각하여 시험물품(②)mL를 시료 컵에 넣고 즉시 뚜껑 및 개폐기를 닫을 것
- 시료컵의 온도를 (③)분간 설정온도로 유지할 것
- 시험불꽃 점화하고 화염의 크기를 직경 (④)mm가 되도록 저장할 것
- (⑤)분 경과 후 개폐기를 작동하여 시험불꽃을 시료 컵에 (⑥)초간 노출시키고 닫을 것. 이 경우 시험불꽃을 급격히 상하로 움직이지 아니하여야 한다.
- 마지막 단계의 방법에 의하여 인화한 경우에는 인화하지 않을 때까지 설정온도를 낮추고, 인화하지 않는 경우에는 인화할 때까지 설정온도를 높여 위의 조작을 반복하여 인화점을 측정할 것

해답 ✔답 ① 1 ② 2 ③ 1 ④ 4 ⑤ 1 ⑥ 2.5

상세해설

위험물안전관리에 관한 세부기준 제15조(신속평형법인화점측정기에 의한 인화점 측정시험)
신속평형법인화점측정기에 의한 인화점 측정시험은 다음 각 호에 정한 방법에 의한다.
① 시험장소는 기압 1기압, 무풍의 장소로 할 것
② 신속평형법인화점측정기의 시료컵을 설정온도까지 가열 또는 냉각하여 **시험물품**(설정온도가 상온보다 낮은 온도인 경우에는 설정온도까지 냉각한 것) 2mL를 시료컵에 넣고 즉시 뚜껑 및 개폐기를 닫을 것
③ 시료컵의 온도를 **1분간** 설정온도로 유지할 것
④ 시험불꽃을 점화하고 화염의 크기를 **직경** 4mm가 되도록 조정할 것
⑤ 1분 경과 후 개폐기를 작동하여 시험불꽃을 시료컵에 **2.5초간 노출**시키고 닫을 것. 이 경우 시험불꽃을 급격히 상하로 움직이지 아니하여야 한다.
⑥ 제⑤의 방법에 의하여 인화한 경우에는 인화하지 않을 때까지 설정온도를 낮추고, 인화하지 않는 경우에는 인화할 때까지 설정온도를 높여 제② 내지 제⑤의 조작을 반복하여 인화점을 측정할 것

---

07 유량이 230L/s이고 지름이 250mm인 원관과 지름이 400mm인 원관이 직접 연결되어 있을 때 손실수두를 구하시오. (단, 손실계수는 무시한다)

해답 ✔ **계산과정**

① $Q = 230\text{L/s} = 0.23\text{m}^3/\text{s}$, $d_1 = 250\text{mm} = 0.25\text{m}$, $d_2 = 400\text{mm} = 0.4\text{m}$

② $u_1 = \dfrac{Q}{\dfrac{\pi}{4} \times d^2} = \dfrac{0.23}{\dfrac{\pi}{4} \times 0.25^2} = 4.69\text{m/s}$

③ $u_2 = \dfrac{Q}{\dfrac{\pi}{4} \times d^2} = \dfrac{0.23}{\dfrac{\pi}{4} \times 0.4^2} = 1.83\text{m/s}$

④ $H = \dfrac{(u_1 - u_2)^2}{2g} = \dfrac{(4.69 - 1.83)^2}{2 \times 9.8} = 0.42\text{m}$

✔ **답** 0.42m

상세해설

배관이 급격히 확대하는 경우 마찰손실

$$\Delta H_L(\text{m}) = \dfrac{(u_1 - u_2)^2}{2g} = K\dfrac{u_1^2}{2g}$$

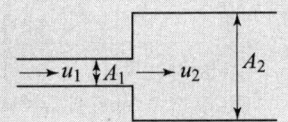

08. 다이에틸에터에 대한 다음 각 물음에 알맞은 답을 쓰시오.

(1) 구조식을 쓰시오.
(2) 연소반응식을 쓰시오.
(3) 저장하는 최대수량이 2,550L일 때 옥내저장소의 보유공지에 대한 공지의 너비를 쓰시오. (단, 내화구조이다)
(4) 과산화물의 생성여부를 확인하는 방법을 쓰시오.

해답

✓답 (1) 구조식

$$\begin{array}{c} \text{H} \quad \text{H} \qquad \text{H} \quad \text{H} \\ | \quad | \qquad | \quad | \\ \text{H}-\text{C}-\text{C}-\text{O}-\text{C}-\text{C}-\text{H} \\ | \quad | \qquad | \quad | \\ \text{H} \quad \text{H} \qquad \text{H} \quad \text{H} \end{array}$$

(2) 연소반응식

$C_2H_5OC_2H_5 + 6O_2 \rightarrow 4CO_2 + 5H_2O$

(3) 옥내저장소의 보유공지에 대한 공지의 너비

지정수량의 배수 $N = \dfrac{2550\text{L}}{50\text{L}} = 51$배 ∴ 5m 이상

(4) 과산화물의 생성여부를 검출하는 방법
다이에틸에터에 10% 아이오딘화칼륨(KI)용액을 첨가 후 1분 이내에 황색으로 변화여부 확인

상세해설 다이에틸에터($C_2H_5OC_2H_5$) — 제4류 특수인화물

$$\begin{array}{c} \text{H} \quad \text{H} \qquad \text{H} \quad \text{H} \\ | \quad | \qquad | \quad | \\ \text{H}-\text{C}-\text{C}-\text{O}-\text{C}-\text{C}-\text{H} \\ | \quad | \qquad | \quad | \\ \text{H} \quad \text{H} \qquad \text{H} \quad \text{H} \end{array}$$

화학식	분자량	비중	비점	인화점	착화점	연소범위
$C_2H_5OC_2H_5$	74.12	0.72	34℃	-40℃	180℃	1.7~48%

① 직사광선에 장시간 노출 시 과산화물 생성

과산화물 생성 확인방법
다이에틸에터 + KI용액(10%) → 황색변화(1분 이내)

② 용기는 갈색 병을 사용하며 냉암소에 보관.
③ 정전기 방지를 위하여 약간의 $CaCl_2$를 넣어준다.
④ 폭발의 과산화물 생성방지를 위해 용기 내에 40mesh 구리 망을 넣어준다.

다이에틸에터 제조방법

$C_2H_5OH + C_2H_5OH \xrightarrow{C-H_2SO_4} C_2H_5OC_2H_5 + H_2O$

⑤ 과산화물 제거시약 : 황산제일철($FeSO_4$) 또는 환원철

옥내저장소의 보유공지★★

저장 또는 취급하는 위험물의 최대수량	공지의 너비	
	벽·기둥 및 바닥이 내화구조로 된 건축물	그 밖의 건축물
지정수량의 5배 이하		0.5m 이상
지정수량의 5배 초과 10배 이하	1m 이상	1.5m 이상
지정수량의 10배 초과 20배 이하	2m 이상	3m 이상
지정수량의 20배 초과 50배 이하	3m 이상	5m 이상
지정수량의 50배 초과 200배 이하	**5m 이상**	10m 이상
지정수량의 200배 초과	10m 이상	15m 이상

09 다음 보기에 설명하고 있는 위험물에 대한 각 물음에 답하시오.

[보기]
- 제4류 위험물로서 무색 액체이고 증기비중이 3.88이다.
- 벤젠을 염화철 촉매하에서 염소와 반응시켜 제조한다.
- 트라이클로로에탄올을 황산 촉매하에 반응시켜 DDT(살충제)를 제조하는데 사용된다.

(1) 구조식은?
(2) 지정수량은?
(3) 위험등급은?
(4) 해당 위험물을 운송하는 이동저장탱크에 접지도선을 설치하여야 하는지 여부를 쓰시오.

해답

✔답 (1) 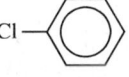 또는

(2) 1,000L
(3) 위험등급 Ⅲ
(4) 설치하여야 한다.

상세해설

클로로벤젠(C_6H_5Cl)-제4류-제2석유류

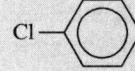

화학식	분자량	비중	인화점	착화점	연소범위
C_6H_5Cl	112.6	1.11	32℃	638℃	1.3~7.1%

① 무색의 액체로 물보다 무겁고 물에는 녹지 않고 유기용제에 녹는다.
② 철의 존재하에 벤젠을 염소화시켜 제조한다.

③ 벤젠치환제로 클로로벤졸이라고도 한다.
④ 살충제, DDT의 원료, 용제로 사용된다.

접지도선
특수인화물, 제1석유류 또는 제2석유류의 이동탱크저장소에는 **접지도선**을 설치
① 양도체의 도선에 비닐 등의 전열차단재료로 피복하여 끝부분에 접지전극등을 결착시킬 수 있는 클립등을 부착할 것
② 도선이 손상되지 아니하도록 도선을 수납할 수 있는 장치를 부착할 것

10 다음 보기에서 설명하는 위험물에 대한 각 물음에 답하시오.

> [보기] • 은거울반응과 펠링반응을 한다.
> • 산화하는 경우 지정수량 2000L인 제4류 위험물을 생성한다.
> • 휘발성이 강하고 과일냄새가 있는 무색 액체이다.

(1) 산화반응식을 쓰시오.
(2) 은, 구리, 마그네슘과 접촉하면 안 되는 이유를 쓰시오.
(3) 지하탱크저장소에 탱크 전용실을 설치해야 하는지 여부를 쓰시오.
(4) 냉각장치 또는 보냉장치를 설치하는 경우 최소 개수를 쓰시오.
   (단, 해당 없으면 "해당 없음"으로 쓰시오.)

해답 ✔답 (1) $2CH_3CHO + O_2 \rightarrow 2CH_3COOH$
(2) 폭발성물질인 아세틸리드를 생성하기 때문
(3) 설치하여야 한다.
(4) 2개

상세해설 1. **아세트알데하이드(CH_3CHO)-제4류 특수인화물**

구조식: $H-\underset{\underset{H}{|}}{\overset{\overset{H}{|}}{C}}-\underset{}{\overset{}{C}}\underset{O}{\overset{H}{\diagdown}}$

화학식	분자량	비중	비점	인화점	착화점	연소범위
CH_3CHO	44	0.78	21℃	-38℃	185℃	4~60%

① 휘발성이 강하고 과일냄새가 있는 무색 액체이며 물, 에탄올에 잘 녹는다.
② 산화되어 초산(CH_3COOH)이 된다.

$$2CH_3CHO + O_2 \rightarrow 2CH_3COOH(초산)$$

③ 취급하는 설비는 은·수은·동·마그네슘 또는 이들을 성분으로 하는 합금으로 만들지 아니할 것(폭발성물질인 아세틸리드(Acetylide)를 생성하기 때문)

2. 은거울 반응
① 암모니아성 질산은 용액을 환원하여 은을 유리시키는 것

$$R-CHO + 2Ag(NH_3)_2OH \rightarrow RCOOH + 2Ag + 4NH_3 + H_2O$$
(알데하이드기) (암모니아성 질산은) (카복실기) (은) (암모니아) (물)

② 은거울반응을 하는 물질 : 알데하이드(aldehyde) R-CHO
 ㉠ 포름알데하이드 : $HCHO$
 ㉡ 아세트알데하이드 : CH_3CHO
③ 아세트알데하이드의 은거울반응
$$CH_3CHO + 2Ag(NH_3)_2OH \rightarrow CH_3COOH + 2Ag + 4NH_3 + H_2O$$

3. 펠링반응

$$RCHO + 2Cu^{2+} + 5OH^- \rightarrow RCOO^- + Cu_2O\downarrow + 3H_2O$$
(알데하이드) (펠링용액) (염기) (카르복실산염) (산화구리(I))

4. 아세트알데하이드등을 저장 또는 취급하는 지하탱크저장소에 대하여 강화되는 기준
① 지하저장탱크는 지반면하에 설치된 탱크전용실에 설치할 것
② 냉각장치 또는 보냉장치는 둘 이상 설치하여 하나의 냉각장치 또는 보냉장치가 고장난 때에도 일정 온도를 유지할 수 있도록 할 것

---

11 다음 [보기]에서 설명하는 위험물에 대한 각 물음에 답하시오.

[보기]
- 제2류 위험물이며 지정수량은 500kg이다.
- 융점은 650℃이고 비중은 1.74이다.
- 운반용기 외부에 표시하여야 할 주의사항은 물기엄금, 화기주의 이다.

(1) 물과의 반응식을 쓰시오.
(2) 제조소의 게시판에 표시하여야 할 주의사항을 모두 적으시오.
(3) 위험물에서 제외되는 조건을 1가지만 쓰시오.

해답 ✔답 (1) 물과의 반응식
$$Mg + 2H_2O \rightarrow Mg(OH)_2 + H_2$$

(2) 게시판 주의사항
화기주의

(3) 위험물에서 제외되는 조건
① 2mm의 체를 통과하지 아니하는 덩어리 상태의 것
② 지름 2mm 이상의 막대 모양의 것

상세해설 **마그네슘(Mg)-제2류 위험물**

화학식	원자량	비중	융점	비점	발화점
Mg	24.3	1.74	651℃	1102℃	473℃

① 2mm의 체를 통과하지 아니하는 덩어리 상태의 것은 위험물에서 제외한다.
② 지름 2mm 이상의 막대모양의 것은 위험물에서 제외한다.
③ 은백색의 광택이 나는 가벼운 금속이다.
④ 물과 반응하여 수소기체 발생

$$Mg + 2H_2O \rightarrow Mg(OH)_2(수산화마그네슘) + H_2\uparrow(수소발생)$$

⑤ 이산화탄소약제를 방사하면 폭발적으로 반응하기 때문에 위험하다.

마그네슘과 CO_2의 반응식
$$2Mg + CO_2 \rightarrow 2MgO + C$$

제조소의 위치, 구조 및 설비의 기준
(1) 위험물제조소의 표지 및 게시판
  ① 표지는 한 변의 길이가 0.3m 이상, 다른 한 변의 길이가 0.6m 이상인 직사각형으로 할 것
  ② 바탕은 백색, 문자는 흑색
(2) 게시판의 설치기준
  ① 한 변의 길이가 0.3m 이상, 다른 한 변의 길이가 0.6m 이상인 직사각형으로 할 것
  ② 위험물의 유별·품명 및 저장최대수량 또는 취급최대수량, 지정수량의 배수 및 안전 관리자의 성명 또는 직명을 기재할 것
  ③ 게시판의 바탕은 백색으로, 문자는 흑색으로 할 것
  ④ 저장 또는 취급하는 위험물에 따라 주의사항 게시판을 설치할 것

위험물의 종류	주의사항 표시	게시판의 색
제1류(알칼리금속 과산화물) 제3류(금수성 물품)	물기 엄금	청색바탕에 백색문자
제2류(인화성 고체 제외)	화기 주의	
제2류(인화성 고체) 제3류(자연발화성 물품) 제4류 제5류	화기 엄금	적색바탕에 백색문자

12 다음 [보기]의 반응에서 생성되는 기체들이 아래와 같은 비율로 혼합되어 있을 때 이 혼합기체의 폭발하한계를 구하시오.

[보기] ① 탄화알루미늄과 염산의 반응 시 생성되는 기체 40vol%
② 트라이에틸알루미늄과 물의 반응 시 생성되는 기체 30vol%
③ 칼륨과 에탄올의 반응 시 생성되는 기체 30vol%

해답

✔ 계산과정 $L_m = \dfrac{100}{\dfrac{V_1}{L_1}+\dfrac{V_2}{L_2}+\dfrac{V_3}{L_3}} = \dfrac{100}{\dfrac{40}{5}+\dfrac{30}{3}+\dfrac{30}{4}} = 3.92\%$

✔ 답 3.92%

상세해설

① 탄화알루미늄과 염산의 반응 시 생성되는 기체 : 메탄(5~15%)

$$Al_4C_3 + 12HCl \rightarrow 4AlCl_3 + 3CH_4$$

② 트라이에틸알루미늄과 물의 반응 시 생성되는 기체 : 에탄(3~12.5%)

$$(C_2H_5)_3Al + 3H_2O \rightarrow Al(OH)_3 + 3C_2H_6$$

③ 칼륨과 에탄올의 반응 시 생성되는 기체 : 수소(4~75%)

$$2K + 2C_2H_5OH \rightarrow 2C_2H_5OK + H_2$$

혼합가스의 폭발한계★★

$$\dfrac{V_m}{L_m} = \dfrac{V_1}{L_1} + \dfrac{V_2}{L_2} + \dfrac{V_3}{L_3} + \cdots\cdots + \dfrac{V_n}{L_n}$$

여기서, V_m : 혼합가스의 부피농도(%)
L_m : 혼합가스의 폭발 하한값 또는 폭발 상한값
L : 단일가스의 폭발 하한값 또는 폭발 상한값
V : 단일가스의 부피농도(%)

13
제조소등의 설치허가를 받으려는 경우 신고서 첨부서류 중 제조소등의 위치·구조 및 설비에 관한 도면에 기재되어야 할 사항 6가지 중 3가지만 쓰시오.

해답

✔ 답 ① 당해 제조소등을 포함하는 사업소 안 및 주위의 주요 건축물과 공작물의 배치
② 당해 제조소등이 설치된 건축물 안에 제조소등의 용도로 사용되지 아니하는 부분이 있는 경우 그 부분의 배치 및 구조
③ 당해 제조소등을 구성하는 건축물, 공작물 및 기계·기구 그 밖의 설비의 배치(제조소 또는 일반취급소의 경우에는 공정의 개요를 포함한다)
④ 당해 제조소등에서 위험물을 저장 또는 취급하는 건축물, 공작물 및 기계·기구 그 밖의 설비의 구조(주유취급소의 경우에는 별표 13 V 제1호 각목의 규정에 의한 건축물 및 공작물의 구조를 포함한다)
⑤ 당해 제조소등에 설치하는 전기설비, 피뢰설비, 소화설비, 경보설비 및 피난설비의 개요
⑥ 압력안전장치·누설점검장치 및 긴급차단밸브 등 긴급대책에 관계된 설비를 설치하는 제조소등의 경우에는 당해 설비의 개요

14 제1류 위험물과 제2류 위험물, 목탄으로 구성되는 흑색화약의 표준조성비[%]를 쓰시오.

해답 ✔ **답** 질산칼륨 75[%], 황 10[%], 목탄 15[%]

상세해설 **질산칼륨(KNO₃) : 제1류 위험물(산화성고체)**

화학식	분자량	비중	융점	분해온도
KNO₃	101	2.1	336℃	400℃

① 질산칼륨에 숯가루, 황가루를 혼합하여 **흑색화약제조**에 사용한다.
② 열분해하여 산소를 방출한다.

$$2KNO_3 \rightarrow 2KNO_2 + O_2 \uparrow$$

③ 물, 글리세린에는 잘 녹으나 알코올에는 잘 녹지 않는다.
④ 유기물 및 강산과 접촉 시 매우 위험하다.
⑤ 소화는 주수소화방법이 가장 적당하다.

흑색화약(Black Power)
① 원료 : 질산칼륨, 숯, 황
② 조성 : 75%KNO₃ + 15%C + 10%S
③ 폭발반응식 : 38KNO₃ + 64C + 16S → 3K₂CO₃ + 16K₂S + 19N₂ + 44CO₂ + 17CO

---

15 다음 그림과 같은 탱크의 용량(L)을 계산하시오. (단, 탱크의 공간용적은 6%이다)

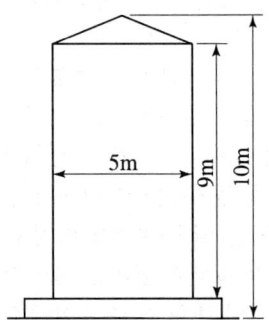

해답 ✔ **계산과정** ① 탱크의 내용적

$$Q(\text{내용적}) = \pi r^2 l = \pi \times 2.5^2 \times 9 \times 10^3 = 176,714.59 L$$

② 탱크의 용량

$$Q(\text{용량}) = 176,714.59 \times 0.94(1-0.06) = 166,111.71 L$$

✔ **답** 166,111.71L

상세해설

탱크의 내용적 계산방법

① 타원형 탱크의 내용적
  ㉠ 양쪽이 볼록한 것

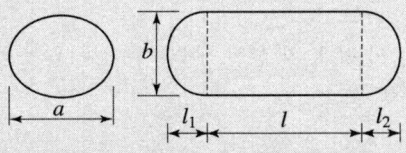

$$내용적 = \frac{\pi ab}{4}\left(l + \frac{l_1 + l_2}{3}\right)$$

  ㉡ 한쪽은 볼록하고 다른 한쪽은 오목한 것

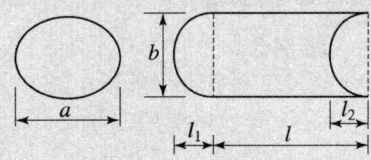

$$내용적 = \frac{\pi ab}{4}\left(l + \frac{l_1 - l_2}{3}\right)$$

② 원통형 탱크의 내용적
  ㉠ 횡으로 설치한 것

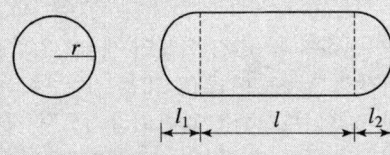

$$내용적 = \pi r^2\left(l + \frac{l_1 + l_2}{3}\right)$$

  ㉡ 종으로 설치한 것

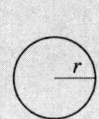 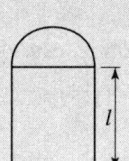

$$내용적 = \pi r^2 l$$

---

16 다음 [보기] 중 일반취급소의 특례기준에 따라 제2류 위험물의 취급이 가능한 것을 모두 골라 번호로 답하시오.

[보기]
① 분무도장작업등의 일반취급소 ② 충전하는 일반취급소
③ 화학실험의 일반취급소 ④ 세정작업의 일반취급소
⑤ 반도체 제조공정의 일반취급소 ⑥ 절삭장치 등을 설치하는 일반취급소
⑦ 이차전지 제조공정의 일반취급소

해답 ✔답 ①, ③, ⑤, ⑦

상세해설

(1) 분무도장작업등의 일반취급소
도장, 인쇄 또는 도포를 위하여 제2류 위험물 또는 제4류 위험물(특수인화물 제외)을 취급하는 일반취급소로서 지정수량의 **30배 미만**의 것

(2) 세정작업의 일반취급소
세정을 위하여 위험물(인화점이 40℃ 이상인 제4류 위험물)을 취급하는 일반취급소로서 지정수량의 **30배 미만**의 것

(3) 열처리작업 등의 일반취급소
열처리작업 또는 방전가공을 위하여 위험물(인화점이 70℃ 이상인 제4류 위험물)을 취급하는 일반취급소로서 지정수량의 **30배 미만**의 것

(4) 보일러등으로 위험물을 소비하는 일반취급소
보일러, 버너 그 밖의 이와 유사한 장치로 위험물(인화점이 38℃ 이상인 제4류 위험물)을 소비하는 일반취급소로서 지정수량의 **30배 미만**의 것

(5) 충전하는 일반취급소
이동저장탱크에 액체위험물(알킬알루미늄등, 아세트알데하이드등 및 하이드록실아민등을 제외)을 주입하는 일반취급소

(6) 옮겨 담는 일반취급소
고정급유설비에 의하여 위험물(인화점이 38℃ 이상인 제4류 위험물)을 용기에 옮겨 담거나 4,000L 이하의 이동저장탱크(용량이 2,000L를 넘는 탱크에 있어서는 그 내부를 2,000L 이하마다 구획한 것)에 주입하는 일반취급소로서 지정수량의 **40배 미만**인 것

(7) 유압장치등을 설치하는 일반취급소
위험물을 이용한 유압장치 또는 윤활유 순환장치를 설치하는 일반취급소(고인화점 위험물만을 100℃ 미만의 온도로 취급하는 것)로서 지정수량의 **50배 미만**의 것

(8) 절삭장치등을 설치하는 일반취급소
절삭유의 위험물을 이용한 절삭장치, 연삭장치 그 밖의 이와 유사한 장치를 설치하는 일반취급소(고인화점 위험물만을 100℃ 미만의 온도로 취급하는 것)로서 지정수량의 **30배 미만**의 것

(9) 열매체유 순환장치를 설치하는 일반취급소
위험물 외의 물건을 가열하기 위하여 위험물(고인화점 위험물)을 이용한 열매체유 순환장치를 설치하는 일반취급소로서 지정수량의 **30배 미만**의 것

(10) 화학실험의 일반취급소
화학실험을 위하여 위험물을 취급하는 일반취급소로서 지정수량의 **30배 미만**의 것

(11) 반도체 제조공정의 일반취급소
반도체 관련 제품의 제조를 위하여 위험물을 취급하는 일반취급소

(12) 이차전지 제조공정의 일반취급소
이차전지 관련 제품의 제조를 위하여 위험물을 취급하는 일반취급소

17 다음 제2류 위험물에 관한 표를 완성하시오.

명 칭	지정수량	위험등급
(①), (②), 황	(⑦)kg	(⑨)
(③), (④), (⑤)	500kg	(⑩)
(⑥)	(⑧)kg	Ⅲ

해답
✔답 ① 황화인 ② 적린 ③ 철분 ④ 금속분 ⑤ 마그네슘
   ⑥ 인화성고체 ⑦ 100 ⑧ 1000 ⑨ Ⅱ ⑩ Ⅲ

상세해설 제2류 위험물의 지정수량

성 질	품 명		지정수량	위험등급
가연성 고체	1. 황화인 2. 적린 3. 황		100kg	Ⅱ
	4. 철분 5. 금속분 6. 마그네슘		500kg	Ⅲ
	7. 인화성고체		1000kg	

18 옥내저장소에 아래의 위험물을 저장하려고 한다. 다음 각 물음에 답하시오.
(단, 유별이 다른 위험물은 내화구조의 벽으로 완전히 구획하여 저장한다)

- 제2석유류 비수용성 2,000L
- 제3석유류 수용성 4,000L
- 나이트로글리세린 100kg

(1) 학교로부터 안전거리를 32m 확보하는 경우 설치가능 여부를 쓰시오.
(2) 주택가로부터 안전거리를 20m 확보하는 경우 설치가능 여부를 쓰시오.
(3) 지정문화유산으로부터 안전거리를 52m 확보하는 경우 설치가능 여부를 쓰시오.
(4) 담 또는 토제를 설치하지 않았을 경우 보유공지는 몇m 이상으로 하여야 하는지 쓰시오.

해답
✔계산과정 • 지정수량의 배수 $N = \dfrac{2,000}{1,000} + \dfrac{4,000}{4,000} + \dfrac{100}{10} = 13$배
• 담 또는 토제를 설치한 경우외의 경우에 해당

✔답 (1) 학교는 안전거리가 55m 이상이므로 "설치 불가능"
   (2) 주거용은 안전거리가 45m 이상이므로 "설치 불가능"
   (3) 지정문화유산은 안전거리가 65m 이상이므로 "설치 불가능"
   (4) 20m 이상

상세해설

(1) 안전거리와 보유공지의 정의
① 안전거리 : 위험물시설과 방호대상물사이 외벽 간 수평거리
② 보유공지 : 위험물시설과 그 구성부분에 확보해야 할 절대공간

(2) 제조소의 안전거리(제6류 위험물을 취급하는 제조소 제외)

구 분	안전거리
사용전압이 7,000V 초과 35,000V 이하	3m 이상
사용전압이 35,000V를 초과	5m 이상
주거용	10m 이상
고압가스, 액화석유가스, 도시가스	20m 이상
학교 · 병원 · 극장	30m 이상
지정문화유산 및 천연기념물 등	50m 이상

(3) 지정과산화물의 옥내저장소의 안전거리

저장 또는 취급하는 위험물의 최대수량	안전거리					
	건축물 그 밖의 공작물로서 주거용으로 사용되는 것		학교 · 병원 · 극장 그 밖에 다수인을 수용하는 시설		지정문화유산 및 천연기념물 등	
	담 또는 토제를 설치한 경우	왼쪽란에 정하는 경우 외의 경우	담 또는 토제를 설치한 경우	왼쪽란에 정하는 경우 외의 경우	담 또는 토제를 설치한 경우	왼쪽란에 정하는 경우 외의 경우
10배 이하	20m 이상	40m 이상	30m 이상	50m 이상	50m 이상	60m 이상
10배 초과 20배 이하	22m 이상	45m 이상	33m 이상	55m 이상	54m 이상	65m 이상

"이하 부분 생략"

(4) 지정과산화물의 옥내저장소의 보유공지

저장 또는 취급하는 위험물의 최대수량	공지의 너비	
	담 또는 토제를 설치하는 경우	왼쪽란에 정하는 경우 외의 경우
5배 이하	3.0m 이상	10m 이상
5배 초과 10배 이하	5.0m 이상	15m 이상
10배 초과 20배 이하	6.5m 이상	20m 이상

"이하 부분 생략"

19 "A"씨는 아래의 [보기]와 같은 시설을 동일 사업장 내에 설치하기 위해 각각 허가를 받으려 한다. 다음 각 물음에 답하시오.

[보기]
① 하루에 제2석유류(비수용성) 위험물 3,000L를 이용하여 제2석유류(비수용성) 900L를 제조하는 시설
② 제조한 제2석유류(비수용성) 위험물을 이송배관을 이용하여 옥외저장탱크에 20만L, 지하저장탱크에 2만L에 저장
③ 옥외저장탱크와 지하저장탱크의 위험물을 탱크로리를 이용하여 출하하는 설비(하루 출하량 2,000L)

(1) 위험물안전관리법령상 ①번 시설의 종류를 쓰시오.
(2) 안전관리교육 이수자를 안전관리자로 선임할 수 있는 제조소등의 종류를 쓰시오.(단, 없으면 "없음"으로 쓰시오)
(3) (1)에 해당하는 제조소등에는 안전거리를 확보하여야 한다. 다음 [보기]에서 안전거리를 확보하여야 하는 것을 번호로 적으시오.(단, 없으면 "없음"으로 표기하시오)

[보기] ① 영화상영관 수용인원 200명
② 정신건강증진시설 수용인원 20명
③ 고등학교

(4) ① ~ ③ 중에서 정기점검 대상 제조소등의 종류를 쓰시오.
(5) [보기]에서 ①의 제조소등의 외벽과 ②의 옥외탱크저장소 측면 사이에 확보해야 할 거리를 구하시오.(단, 옥외저장탱크와 방유제간 거리는 4m이고, 방유제두께 등은 무시한다)

해답 ✔답 (1) ①번 시설의 종류
제조소

(2) 안전관리교육 이수자를 안전관리자로 선임할 수 있는 제조소등의 종류
제조소, 지하탱크저장소, 일반취급소

(3) 안전거리를 확보하여야 하는 것
② ③

(4) ①~③ 중 정기점검 대상 제조소등
옥외탱크저장소, 지하탱크저장소, 일반취급소

(5) ①의 제조소등의 외벽과 ②의 옥외탱크저장소 측면 사이에 확보해야 할 거리
7m 이상

상세해설

(1) 제조소
위험물을 제조할 목적으로 지정수량 이상의 위험물을 취급하기 위하여 허가를 받은 장소

(2) 안전관리자교육이수자를 안전관리자로 선임 할 수 있는 제조소등
① 제2석유류(비수용성) 3,000L를 이용하여 제2석유류(비수용성) 900L를 제조
제조소 :
지정수량의 배수 $N = \dfrac{3000L}{1000L} + \dfrac{900L}{1000} = 3.9$배(지정수량 5배 이하) – **가능**

② 제2석유류(비수용성) 옥외저장탱크에 20만L, 지하저장탱크에 2만L에 저장
옥외탱크저장소 :
지정수량의 배수 $N = \dfrac{200,000L}{1000L} = 200$배(지정수량의 40배 이상) – **불가**

지하탱크저장소 :
지정수량의 배수 $N = \dfrac{20,000L}{1000L} = 20$배(지정수량의 250배 이하) – **가능**

③ 위험물을 탱크로리를 이용하여 출하하는 설비(하루 출하량 2,000L)
일반취급소 :
지정수량의 배수 $N = \dfrac{2000L}{1000L} = 2$배(지정수량의 20배 이하) – **가능**

(4) 위험물법 시행령 제16조(정기점검의 대상인 제조소등)
① **지정수량의 10배 이상**의 위험물을 취급하는 **제조소**
② 지정수량의 100배 이상의 위험물을 저장하는 옥외저장소
③ 지정수량의 150배 이상의 위험물을 저장하는 옥내저장소
④ **지정수량의 200배 이상**의 위험물을 저장하는 **옥외탱크저장소**
⑤ 암반탱크저장소
⑥ 이송취급소
⑦ **지정수량의 10배 이상**의 위험물을 취급하는 **일반취급소**. 다만, **제4류 위험물**(특수인화물을 제외)만을 **지정수량의 50배 이하**로 취급하는 **일반취급소**(제1석유류·알코올류의 취급량이 **지정수량의 10배 이하**인 경우에 한한다)로서 다음 각목의 어느 하나에 해당하는 것을 **제외한다**.
   가. 보일러·버너 또는 이와 비슷한 것으로서 위험물을 소비하는 장치로 이루어진 일반취급소
   나. **위험물을 용기에 옮겨 담거나 차량에 고정된 탱크에 주입하는 일반취급소**
⑧ 지하탱크저장소
⑨ **이동탱크저장소**
⑩ 위험물을 취급하는 탱크로서 지하에 매설된 탱크가 있는 제조소·주유취급소 또는 일반취급소

(5) 제조소의 보유공지 및 안전거리
① 제조소의 보유공지

취급하는 위험물의 최대수량	공지의 너비
지정수량의 10배 이하	3m 이상
지정수량의 10배 초과	5m 이상

② 제조소(제6류 위험물을 취급하는 제조소를 제외)의 안전거리

구 분	안전거리
(1) 사용전압이 7,000V 초과 35,000V 이하의 특고압가공전선	3m 이상
(2) 사용전압이 35,000V를 초과하는 특고압가공전선	5m 이상
(3) 건축물 그 밖의 공작물로서 주거용으로 사용되는 것	10m 이상
(4) 고압가스, 액화석유가스 또는 도시가스를 저장 또는 취급하는 시설	20m 이상
(5) 학교, **병원급 의료기관** (6) 공연장, 영화상영관(수용인원 3백명 이상) (7) 아동복지시설, 노인복지시설, 장애인복지시설, 한부모가족복지시설, 어린이집, 정신보건시설(수용인원 20명 이상)	30m 이상
(8) 지정문화유산 및 천연기념물 등	50m 이상

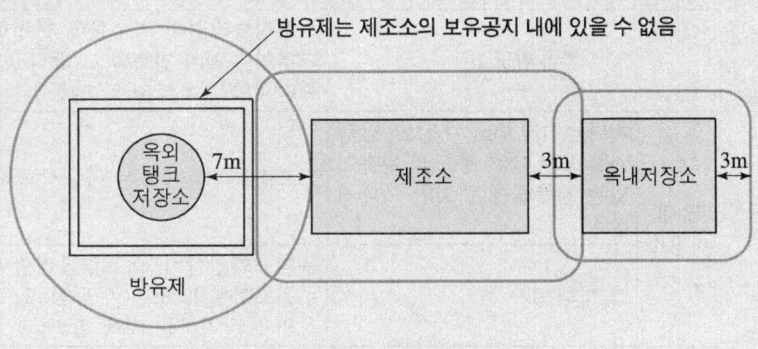

$L = 4\text{m} + 3\text{m} = 7\text{m}$ 이상

위험물기능장 제78회 실기시험

2025년도 기능장 제78회 실기시험 (2025년 08월 30일 시행)

자격종목	시험시간	문제수	형별	수험번호	성 명
위험물기능장	2시간	19	A		

01 다음은 소화난이도 Ⅰ등급의 제조소등에 설치하여야하는 소화설비 기준이다. 다음 표의 ( )안에 알맞은 답을 쓰시오.

제조소등의 구분			소화설비
제조소 및 일반취급소			(①), (②), 스프링클러설비 또는 물분무등소화설비(화재발생시 연기가 충만할 우려가 있는 장소에는 스프링클러설비 또는 이동식 외의 물분무등소화설비에 한한다)
주유취급소			스프링클러설비(건축물에 한정한다), (③)등(능력단위의 수치가 건축물 그 밖의 공작물 및 위험물의 소요단위의 수치에 이르도록 설치할 것
옥내저장소	처마높이가 6m 이상인 단층건물 또는 다른 용도의 부분이 있는 건축물에 설치한 옥내저장소		스프링클러설비 또는 이동식 외의 물분무등소화설비
	그 밖의 것		옥외소화전설비, 스프링클러설비, 이동식 외의 물분무등소화설비 또는 이동식 포소화설비(포소화전을 옥외에 설치하는 것에 한한다)
옥외탱크저장소	지중탱크 또는 해상탱크 외의 것	황만을 저장 취급하는 것	(④)
		인화점 70℃ 이상의 제4류 위험물만을 저장·취급하는 것	물분무소화설비 또는 고정식 포소화설비
		그 밖의 것	물분무소화설비 또는 고정식 포소화설비
	지중탱크		고정식 포소화설비, 이동식 이외의 불활성가스소화설비 또는 이동식 이외의 할로젠화합물소화설비
	해상탱크		(⑤), 물분무소화설비, 이동식이외의 불활성가스소화설비 또는 이동식 이외의 할로젠화합물소화설비

해답 ✔답 ① 옥내소화전설비
② 옥외소화전설비
③ 소형수동식소화기등
④ 물분무소화설비
⑤ 고정식 포소화설비

상세해설

소화난이도등급 I 의 제조소등에 설치하여야 하는 소화설비

제조소등의 구분		소화설비
제조소 및 일반취급소		옥내소화전설비, 옥외소화전설비, 스프링클러설비 또는 물분무등소화설비
주유취급소		스프링클러설비, 소형수동식소화기등
옥내저장소	처마높이가 6m 이상인 단층건물 또는 다른 용도의 부분이 있는 건축물에 설치한 옥내저장소	스프링클러설비 또는 이동식 외의 물분무등소화설비
	그 밖의 것	옥외소화전설비, 스프링클러설비, 이동식 외의 물분무등소화설비 또는 이동식 포소화설비(포소화전을 옥외에 설치하는 것에 한한다)
옥외탱크저장소	지중탱크 또는 해상탱크 외의 것	황만을 저장 취급하는 것 → 물분무소화설비
		인화점 70℃ 이상의 제4류 위험물만을 저장취급하는 것 → 물분무소화설비 또는 고정식 포소화설비
		그 밖의 것 → 고정식 포소화설비(포소화설비가 적응성이 없는 경우에는 분말소화설비)
	지중탱크	고정식 포소화설비, 이동식 이외의 불활성가스소화설비 또는 이동식 이외의 할로젠화합물소화설비
	해상탱크	고정식 포소화설비, 물분무소화설비, 이동식이외의 불활성가스소화설비 또는 이동식 이외의 할로젠화합물소화설비
옥내탱크저장소	황만을 저장취급하는 것	물분무소화설비
	인화점 70℃ 이상의 제4류 위험물만을 저장취급하는 것	물분무소화설비, 고정식 포소화설비, 이동식 이외의 불활성가스소화설비, 이동식 이외의 할로젠화합물소화설비 또는 이동식 이외의 분말소화설비
	그 밖의 것	고정식 포소화설비, 이동식 이외의 불활성가스소화설비, 이동식 이외의 할로젠화합물소화설비 또는 이동식 이외의 분말소화설비
옥외저장소 및 이송취급소		옥내소화전설비, 옥외소화전설비, 스프링클러설비 또는 물분무등소화설비(화재발생시 연기가 충만할 우려가 있는 장소에는 스프링클러설비 또는 이동식 이외의 물분무등소화설비에 한한다)
암반탱크저장소	황만을 저장취급하는 것	물분무소화설비
	인화점 70℃ 이상의 제4류 위험물만을 저장취급하는 것	물분무소화설비 또는 고정식 포소화설비
	그 밖의 것	고정식 포소화설비 (포소화설비가 적응성이 없는 경우에는 분말소화설비)

02

10℃에서 $KNO_3 \cdot 10H_2O$ 12.6g을 포화시킬 때 물 20g이 필요하다면 이 온도에서 KNO_3 용해도를 구하시오.

해답

✔ 계산과정

① 분자량 계산
- $KNO_3 \cdot 10H_2O$의 분자량 = 39+14+16×3+10×18 = 281
- KNO_3의 분자량 = 39+14+16×3 = 101

② $KNO_3 \cdot 10H_2O$ 12.6g 중 무게비
- KNO_3의 무게 = $12.6g \times \dfrac{101}{281}$ = 4.53g(용질의 무게)
- H_2O의 무게 = $12.6g \times \dfrac{180}{281}$ = 8.07g

③ 포화용액 중 물의 무게 = 20g+8.07 = 28.07g(용매의 무게)

④ 용해도 계산

$$용해도 = \dfrac{4.53}{28.07} \times 100 = 16.14$$

✔ 답 16.14

상세해설

$$용해도 = \dfrac{용질의\ g수}{용매의\ g수} \times 100 \quad (용해도는\ 단위가\ 없는\ 무차원이다)$$

여기서, 용매 : 녹이는 물질, 용질 : 녹는 물질, 용액 : 용매+용질

03

제5류 위험물인 피크르산의 구조식을 쓰고, 1몰 중의 질소 함량(%)을 구하시오.

해답

✔ 답 ① 피크르산의 구조식 :

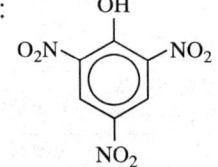

② 1mol 중의 질소의 함량(%)
- 피크르산의 분자식 : $C_6H_2(OH)(NO_2)_3 = C_6H_3O_7N_3$
- 분자량 = (12×6)+(1×3)+(16×7)+(14×3) = 229
- 피크르산 내의 질소의 함량(%)

$$= \dfrac{질소의\ 분자량}{피크르산\ 분자량} = \dfrac{14 \times 3}{229} \times 100 = 18.34\%$$

04

위험물안전관리법령상 주유취급소의 특례기준에서 셀프용고정주유설비와 셀프용고정급유설비의 설치기준에 대하여 ( )안에 알맞은 답을 쓰시오.

1. 셀프용고정주유설비의 기준
   (1) 주유호스는 (①)kg 이하의 하중에 의하여 깨져 분리되거나 또는 이탈되어야 하고, 깨져 분리되거나 또는 이탈된 부분으로부터의 위험물 누출을 방지할 수 있는 구조일 것
   (2) 1회의 연속주유량 및 주유시간의 상한을 미리 설정할 수 있는 구조일 것. 이 경우 연속주유량 및 주유시간의 상한은 다음과 같다.
      • 휘발유는 100L 이하, 4분 이하로 할 것
      • 경유는 (②)L 이하, (③)분 이하로 할 것
2. 셀프용고정급유설비의 기준
   (1) 급유호스의 끝부분에 (④)장치를 부착한 급유노즐을 설치할 것
   (2) 급유노즐은 용기가 가득 찬 경우에 자동적으로 정지시키는 구조일 것
   (3) 1회의 연속급유량 및 급유시간의 상한을 미리 설정할 수 있는 구조일 것 이 경우 급유량의 상한은 100L 이하, 급유시간의 상한은 (⑤)분 이하로 한다.

해답

✔답 ① 200 ② 600 ③ 12 ④ 수동개폐 ⑤ 6

상세해설

고객이 직접 주유하는 주유취급소의 특례
1. **셀프용고정주유설비의 기준**
   (1) 주유호스의 끝부분에 수동개폐장치를 부착한 주유노즐을 설치할 것.
      다만, 수동개폐장치를 개방한 상태로 고정시키는 장치가 부착된 경우에는 다음의 기준에 적합하여야 한다.
      ① 주유작업을 개시함에 있어서 주유노즐의 수동개폐장치가 개방상태에 있을 때에는 당해 수동개폐장치를 일단 폐쇄시켜야만 다시 주유를 개시할 수 있는 구조로 할 것
      ② 주유노즐이 자동차 등의 주유구로부터 이탈된 경우 주유를 자동적으로 정지시키는 구조일 것
   (2) 주유노즐은 자동차 등의 연료탱크가 가득 찬 경우 자동적으로 정지시키는 구조일 것
   (3) 주유호스는 **200kg 중 이하의 하중에 의하여 파단(破斷) 또는 이탈**되어야 하고, 파단 또는 이탈된 부분으로부터의 위험물 누출을 방지할 수 있는 구조일 것
   (4) 휘발유와 경유 상호간의 오인에 의한 주유를 방지할 수 있는 구조일 것
   (5) 1회의 연속주유량 및 주유시간의 상한을 미리 설정할 수 있는 구조일 것
   [연속주유량 및 주유시간의 상한]

구 분		연속주유량	주유시간의 상한
셀프용 고정 주유설비	휘발유	100L 이하	4분 이하
	경유	600L 이하	12분 이하

2. **셀프용고정급유설비의 기준**은 다음 각목과 같다.
   (1) 급유호스의 끝부분에 수동개폐장치를 부착한 급유노즐을 설치할 것
   (2) 급유노즐은 용기가 가득찬 경우에 자동적으로 정지시키는 구조일 것
   (3) 1회의 연속급유량 및 급유시간의 상한을 미리 설정할 수 있는 구조일 것 이 경우 급유량의 상한은 **100L 이하**, 급유시간의 상한은 **6분 이하**로 한다.

05 제1류 위험물인 과산화칼륨과 다음 물질과의 반응식을 쓰시오.
(1) 물   (2) 이산화탄소   (3) 아세트산(초산)

해답

✔ 답 (1) $2K_2O_2 + 2H_2O \rightarrow 4KOH + O_2$
(2) $2K_2O_2 + 2CO_2 \rightarrow 2K_2CO_3 + O_2$
(3) $K_2O_2 + 2CH_3COOH \rightarrow 2CH_3COOK + H_2O_2$

상세해설

과산화칼륨(K_2O_2) : 제1류 위험물 중 무기과산화물

화학식	분자량	비중	분해온도
K_2O_2	110	2.9	490℃

① 무색 또는 오렌지색 분말상태
② 상온에서 **물과 격렬히 반응**하여 산소(O_2)를 **방출**하고 폭발하기도 한다.

$$2K_2O_2 + 2H_2O \rightarrow 4KOH + O_2 \uparrow$$

③ 공기 중 이산화탄소(CO_2)와 반응하여 산소(O_2)를 방출한다.

$$2K_2O_2 + 2CO_2 \rightarrow 2K_2CO_3 + O_2 \uparrow$$

④ **산과 반응하여 과산화수소(H_2O_2)를 생성시킨다.**

$$K_2O_2 + 2CH_3COOH \rightarrow 2CH_3COOK + H_2O_2 \uparrow$$

⑤ 열분해시 산소(O_2)를 방출한다.

$$2K_2O_2 \rightarrow 2K_2O + O_2 \uparrow$$

⑥ 주수소화는 금물이고 마른모래(건조사)등으로 소화한다.

06 제1종 분말약제인 탄산수소나트륨이 850℃에서 열분해하는 경우 다음 각 물음에 답하시오.
(1) 열분해 반응식을 쓰시오.
(2) 탄산수소나트륨 336kg이 열분해하여 발생하는 이산화탄소의 부피(m^3)는 얼마인가? (단, 1기압 25℃를 기준으로 한다)

해답 (1) 열분해 반응식
  ✔답 $2NaHCO_3 \rightarrow Na_2O + 2CO_2 + H_2O$
(2) 이산화탄소의 부피
  ✔계산과정 • $NaHCO_3$의 분자량 $= 23+1+12+16 \times 3 = 84$
    • $2NaHCO_3 \rightarrow Na_2O + 2CO_2 + H_2O$
    • $NaHCO_3 \rightarrow 0.5Na_2O + CO_2 + 0.5H_2O$(반응물질 1몰 기준)
    • $V = \dfrac{WRT}{PM} \times (생성기체몰수)$
      $= \dfrac{336 \times 0.082 \times (273+25)}{1 \times 84} \times 1 = 97.74 \text{m}^3$
  ✔답 97.74m^3

상세해설 분말약제의 종류

종별	약제명	화학식	착색	열분해 반응식	적응화재
제1종	탄산수소나트륨 중탄산나트륨	$NaHCO_3$	백색	270℃ $2NaHCO_3 \rightarrow Na_2CO_3+CO_2+H_2O$ 850℃ $2NaHCO_3 \rightarrow Na_2O+2CO_2+H_2O$	B, C급
제2종	탄산수소칼륨 중탄산칼륨	$KHCO_3$	담회색 (담자색)	190℃ $2KHCO_3 \rightarrow K_2CO_3+CO_2+H_2O$ 590℃ $2KHCO_3 \rightarrow K_2O+2CO_2+H_2O$	B, C급
제3종	제1인산암모늄	$NH_4H_2PO_4$	담홍색	$NH_4H_2PO_4 \rightarrow HPO_3+NH_3+H_2O$	A, B, C급
제4종	중탄산칼륨+ 요소	$KHCO_3+$ $(NH_2)_2CO$	회(백)색	$2KHCO_3+(NH_2)_2CO$ $\rightarrow K_2CO_3+2NH_3+2CO_2$	B, C급

---

07 메탄올의 연소반응식을 쓰고, 메탄올 200kg이 연소할 때 필요한 이론산소량은 몇 kg인가? (단, 표준상태이다)

해답 ✔계산과정
  ① 메탄올(CH_3OH)의 분자량 $= 12+1 \times 4+16 = 32$
  ② 메탄올의 연소반응식
   $2CH_3OH + 3O_2 \rightarrow 2CO_2 + 4H_2O$
   $2 \times 32\text{kg} \longrightarrow 3 \times 32\text{kg}$
   $200\text{kg} \longrightarrow x$
   $\therefore x = \dfrac{200 \times 3 \times 32\text{kg}}{2 \times 32\text{kg}} = 300\text{kg}$
  ✔답 300kg

08 트라이에틸알루미늄과 다음 물질이 반응할 때 각 물음에 알맞은 답을 쓰시오. (단, 없으면 "해당 없음"으로 표기하시오.)

① O_2(산소) ② H_2O(물)
③ Cl_2(염소) ④ HCl(염산)
⑤ CH_3OH(메탄올)

(1) 트라이에틸알루미늄이 반응할 때 공통적으로 생성되는 가연성기체의 명칭을 쓰시오.
(2) (1)의 반응식을 모두 쓰시오.

해답 ✔답 (1) 에탄(C_2H_6)

(2) 반응식
- $(C_2H_5)_3Al + 3H_2O \rightarrow Al(OH)_3 + 3C_2H_6$
- $(C_2H_5)_3Al + 3HCl \rightarrow AlCl_3 + 3C_2H_6$
- $(C_2H_5)_3Al + 3CH_3OH \rightarrow Al(CH_3O)_3 + 3C_2H_6$

상세해설 알킬알루미늄[$(C_nH_{2n+1}) \cdot Al$] : 제3류 위험물(금수성 물질)
① 알킬기(C_nH_{2n+1})에 알루미늄(Al)이 결합된 화합물이다.
② C_1~C_4는 자연발화의 위험성이 있다.
③ 물과 접촉 시 가연성 가스 발생하므로 주수소화는 절대 금지한다.
④ 트라이메틸알루미늄(TMA : Tri Methyl Aluminium)

$(CH_3)_3Al + 3H_2O \rightarrow Al(OH)_3 + 3CH_4\uparrow$ (메탄)

⑤ 트라이에틸알루미늄(TEA : Tri Eethyl Aluminium)

$(C_2H_5)_3Al + 3H_2O \rightarrow Al(OH)_3 + 3C_2H_6\uparrow$ (에탄) ★에탄(폭발범위 : 3.0~12.4%)

⑥ 공기 중 완전연소 반응식

$2(C_2H_5)_3Al + 21O_2 \rightarrow Al_2O_3$(산화알루미늄) $+ 12CO_2 + 15H_2O$

⑦ 소화 시 주수소화는 절대 금하고 팽창질석, 팽창진주암 등으로 피복소화한다.

트라이에틸알루미늄의 반응식
① 완전연소 반응식 $2(C_2H_5)_3Al + 21O_2 \rightarrow Al_2O_3$(산화알루미늄) $+ 12CO_2 + 15H_2O$
② 물과 반응식 $(C_2H_5)_3Al + 3H_2O \rightarrow Al(OH)_3$(수산화알루미늄) $+ 3C_2H_6$(에탄)
③ 염소와 반응식 $(C_2H_5)_3Al + 3Cl_2 \rightarrow AlCl_3$(염화알루미늄) $+ 3C_2H_5Cl$(염화에틸)
④ 메틸알코올과 반응식 $(C_2H_5)_3Al + 3CH_3OH \rightarrow Al(CH_3O)_3$(메틸알루미녹세인) $+ 3C_2H_6$(에탄)
⑤ 염산과 반응식 $(C_2H_5)_3Al + 3HCl \rightarrow AlCl_3$(염화알루미늄) $+ 3C_2H_6$(에탄)

09 벤젠 6g이 완전연소 시 생성되는 기체의 부피(L)는 얼마인가? (단, 표준상태이다)

해답

✔ 계산과정

① 벤젠의 분자량 = $12 \times 6 + 1 \times 6 = 78$

② 벤젠의 완전연소

$$2C_6H_6 + 15O_2 \rightarrow 12CO_2 + 6H_2O$$

$2 \times 78g \longrightarrow 12 \times 22.4L$

$6g \longrightarrow x$

③ $x = \dfrac{6 \times 12 \times 22.4}{2 \times 78} = 10.34L$ (0℃, 1atm 표준상태)

✔ 답 10.34L

상세해설

벤젠(Benzene)(C_6H_6) : 제4류 위험물 중 제1석유류

화학식	분자량	비중	비점	인화점	착화점	연소범위
C_6H_6	78	0.9	80℃	-11℃	562℃	1.4~8%

① 무색 투명한 휘발성 액체이다.
② 방향성이 있으며 증기는 마취성 및 독성이 강하다.
③ 물에는 용해되지 않고 아세톤, 알코올, 에터 등 유기용제에 용해된다.
④ 벤젠의 연소반응식

$$2C_6H_6 + 15O_2 \rightarrow 12CO_2 + 6H_2O$$

63회 유사

10 제6류 위험물에 대한 다음 각 물음에 답하시오. (5점)

(1) 크산토프로테인반응을 하는 물질의 정의를 쓰시오.
(2) N_2H_4와 반응하여 물과 질소를 발생시키는 물질에 대한 분해반응식을 쓰시오.
(3) 할로젠간화합물 3가지를 화학식으로 쓰시오.

해답

✔ 답 (1) 질산은 그 비중이 1.49 이상인 것에 한하며 산화성액체의 성상이 있는 것으로 본다.

(2) $2H_2O_2 \rightarrow 2H_2O + O_2$

(3) BrF_3, BrF_5, IF_5

상세해설

질산(HNO₃)-제6류 위험물-산화성액체

화학식	분자량	비중	비점	융점
HNO₃	63	1.50	86℃	-42℃

① 무색의 발연성 액체이다.
② 빛에 의하여 일부 분해되어 생긴 NO₂ 때문에 황갈색으로 된다.

$$4HNO_3 \rightarrow 2H_2O + 4NO_2\uparrow (이산화질소) + O_2\uparrow (산소)$$

③ 저장용기는 직사광선을 피하고 찬 곳에 저장한다.
④ 실험실에서는 갈색병에 넣어 햇빛을 차단시킨다.

크산토프로테인반응(xanthoprotenic reaction)
단백질에 진한질산을 가하면 노란색으로 변하고 알칼리를 작용시키면 오렌지색으로 변하며, 단백질 검출에 이용된다.

⑤ 진한질산에 의하여 부동태가 되는 금속
  Fe(철), Al(알루미늄), Cr(크로뮴), Co(코발트), Ni(니켈)
⑥ 진한질산에 녹지 않는 금속 : Au(금), Pt(백금)

부동태란?
금속이 보통상태에서 나타내는 반응성을 잃은 상태.

왕수란 무엇인가?
• 진한염산과 진한질산을 3대 1 정도의 비율로 혼합한 액체이다.
• 강한 산화제로, 산에 잘 녹지 않는 금과 백금 등을 녹일 수 있다.

과산화수소(H₂O₂)-제6류 위험물

화학식	분자량	비중	비점	융점
H₂O₂	34	1.463	150.2℃(pure)	-0.43℃(pure)

① 물, 에탄올, 에터에 잘 녹으며 벤젠에 녹지 않는다.
② 분해 시 산소(O₂)를 발생시킨다.
③ 분해안정제로 인산(H₃PO₄) 또는 요산(C₅H₄N₄O₃)을 첨가한다.
④ 저장용기는 밀폐하지 말고 **구멍이 있는 마개**를 사용한다.
⑤ 60% 이상의 고농도에서는 단독으로 폭발위험이 있다.
⑥ 하이드라진(NH₂·NH₂)과 접촉 시 분해 작용으로 폭발위험이 있다.

$$NH_2 \cdot NH_2 + 2H_2O_2 \rightarrow 4H_2O + N_2\uparrow$$

⑦ 아이오딘화칼륨이나 이산화망가니즈(MnO₂)을 촉매로 하면 분해가 빠르다.
⑧ 3%용액은 옥시풀이라 하며 표백제 또는 살균제로 이용한다.

과산화수소는 36%(중량) 이상만 위험물에 해당된다.

제6류 위험물의 지정수량

성질	품명	지정수량	위험등급
산화성 액체	1. 과염소산 2. 과산화수소 3. 질산 4. 할로젠간화합물 　① 삼불화브로민 ② 오불화브로민 ③ 오불화아이오딘	300kg	I

11 제5류 위험물 중 화학식이 $C_6H_2CH_3(NO_2)_3$인 물질에 대한 다음 각 물음에 답하시오.

(1) 명칭
(2) 품명
(3) 구조식

해답 ✔답 (1) 명칭 : 트라이나이트로톨루엔
(2) 품명 : 나이트로화합물
(3) 구조식 :

$$\begin{array}{c} CH_3 \\ O_2N \diagup \diagdown NO_2 \\ \diagdown \diagup \\ NO_2 \end{array}$$

상세해설 트라이나이트로톨루엔[$C_6H_2CH_3(NO_2)_3$] (TNT : Tri Nitro Toluene) ★★★★★

화학식	분자량	비중	비점	융점	착화점
$C_6H_2CH_3(NO_2)_3$	227	1.7	280℃	81℃	300℃

① 물에는 녹지 않고 알코올, 아세톤, 벤젠에 녹는다.
② Tri Nitro Toluene의 약자로 TNT라고도 한다.
③ 담황색의 주상결정이며 햇빛에 다갈색으로 변색된다.
④ 톨루엔과 질산을 반응시켜 얻는다.

$$C_6H_5CH_3 + 3HNO_3 \xrightarrow[\text{나이트로화}]{C-H_2SO_4} C_6H_2CH_3(NO_2)_3 + 3H_2O$$
(톨루엔)   (질산)   (트라이나이트로톨루엔) (물)

⑤ 강력한 폭약이며 급격한 타격에 폭발한다.

$$2C_6H_2CH_3(NO_2)_3 \rightarrow 2C + 12CO + 3N_2\uparrow + 5H_2\uparrow$$

⑥ 연소 시 연소속도가 너무 빠르므로 소화가 곤란하다.
⑦ 무기 및 다이너마이트, 질산폭약제 제조에 이용된다.

12 아세트알데하이드에 대한 다음 각 물음에 답하시오.

(1) 구조식을 쓰시오.
(2) 펠링반응 후 생성되는 침전물의 화학식을 쓰시오.
(3) 지하저장탱크 중 압력탱크 외의 탱크에 저장시 보관온도를 쓰시오.
(4) 이동탱크저장소에서 이 물질을 꺼낼 때의 조치사항을 쓰시오.

해답

✔ 답 (1) 구조식

$$H-\underset{H}{\overset{H}{C}}-C\overset{H}{\underset{O}{\diagup}}$$

(2) 펠링반응 후 생성되는 침전물의 화학식
   Cu_2O

(3) 지하저장탱크 중 압력탱크 외의 탱크에 저장시 보관온도
   15℃ 이하

(4) 이동탱크저장소에서 이 물질을 꺼낼 때의 조치사항
   꺼낼 때에는 동시에 100kPa 이하의 압력으로 불활성기체를 봉입할 것

상세해설

(1) 아세트알데하이드의 펠링용액과 반응

$$CH_3CHO + 2Cu^{2+} + 5OH^- \rightarrow CH_3COO^- + Cu_2O\downarrow + 3H_2O$$
(아세트알데하이드) (펠링용액)　(염기)　　　(아세트산이온)　(산화구리(I))

(2) 아세트알데하이드(CH_3CHO)-제4류 특수인화물

$$H-\underset{H}{\overset{H}{C}}-C\overset{H}{\underset{O}{\diagup}}$$

화학식	분자량	비중	비점	인화점	착화점	연소범위
CH_3CHO	44	0.78	21℃	-38℃	185℃	4~60%

① 휘발성이 강하고 과일냄새가 있는 무색 액체이며 물, 에탄올에 잘 녹는다.
② 산화되어 초산(CH_3COOH)이 된다.

$$2CH_3CHO + O_2 \rightarrow 2CH_3COOH(초산)$$

③ 취급하는 설비는 은·수은·동·마그네슘 또는 이들을 성분으로 하는 합금으로 만들지 아니할 것
④ 아세트알데하이드 등을 취급하는 설비에는 연소성 혼합기체의 생성에 의한 폭발을 방지하기 위한 불활성기체 또는 수증기를 봉입하는 장치를 갖출 것

(3) 제조소등에서의 위험물의 저장 및 취급에 관한 기준
① 알킬알루미늄 등의 이동탱크저장소에 있어서 이동저장탱크로부터 **알킬알루미늄** 등을 꺼낼 때에는 동시에 200kPa 이하의 압력으로 불활성의 기체를 봉입할 것
② 아세트알데하이드 등의 이동탱크저장소에 있어서 이동저장탱크로부터 **아세트알**

데하이드 등을 꺼낼 때에는 동시에 100kPa 이하의 압력으로 불활성의 기체를 봉입할 것

(4) 옥외저장탱크·옥내저장탱크 또는 지하저장탱크의 저장 유지온도

구 분	압력탱크 외의 탱크	구 분	압력탱크
산화프로필렌과 이를 함유한 것 또는 다이에틸에터 등	30℃ 이하	아세트알데하이드 등 또는 다이에틸에터 등	40℃ 이하
아세트알데하이드 또는 이를 함유한 것	15℃ 이하		

(5) 이동저장탱크의 저장 유지온도

구 분	보냉장치가 있는 경우	보냉장치가 없는 경우
아세트알데하이드 등 또는 다이에틸에터 등	비점 이하	40℃ 이하

13
다음은 전역방출방식의 불활성가스소화설비의 분사헤드 설치기준이다. ( )안에 알맞은 답을 쓰시오.

(1) 방사된 소화약제가 방호구역의 전역에 균일하고 신속하게 방사할 수 있도록 설치할 것
(2) 분사헤드의 방사압력은 다음에 정한 기준에 의할 것
  • 이산화탄소를 방사하는 분사헤드 중 고압식의 것(소화약제가 상온으로 용기에 저장되어 있는 것을 말한다)에 있어서는 (①)MPa 이상, 저압식의 것(소화약제가 영하 (②)℃ 이하의 온도로 용기에 저장되어 있는 것을 말한다)에 있어서는 1.05MPa 이상일 것
  • 질소(이하 "IG-100"이라 한다), 질소와 (③)의 용량비가 50대 50인 혼합물(이하 "IG-55"라 한다) 또는 질소와 아르곤과 이산화탄소의 용량비가 52대40대8인 혼합물(이하 "IG-541"이라 한다)을 방사하는 분사헤드는 1.9MPa 이상일 것
(3) 이산화탄소를 방사하는 것은 소화약제의 양을 (④)초 이내에 균일하게 방사하고, IG-100, IG-55 또는 IG-541을 방사하는 것은 소화약제의 양의 (⑤)% 이상을 60초 이내에 방사할 것

해답 ✔답 ① 2.1 ② 18 ③ 아르곤 ④ 60 ⑤ 95

상세해설 전역방출방식의 불활성가스소화설비의 분사헤드 설치기준
① 방사된 소화약제가 방호구역의 전역에 균일하고 신속하게 방사할 수 있도록 설치할 것

② 분사헤드의 방사압력은 다음에 정한 기준에 의할 것
  ㉠ **이산화탄소**를 방사하는 분사헤드 중 **고압식의 것**(소화약제가 상온으로 용기에 저장되어 있는 것을 말한다. 이하 같다.)에 있어서는 **2.1MPa 이상, 저압식의 것**(소화약제가 영하 18℃ 이하의 온도로 용기에 저장되어 있는 것을 말한다. 이하 같다)에 있어서는 **1.05MPa 이상**일 것
  ㉡ 질소(이하 "IG-100"이라 한다.), 질소와 아르곤의 용량비가 50대50인 혼합물(이하 "IG-55"라 한다.) 또는 질소와 아르곤과 이산화탄소의 용량비가 52대40대8인 혼합물(이하 "IG-541"이라 한다.)을 방사하는 분사헤드는 **1.9MPa 이상**일 것
③ **이산화탄소**를 방사하는 것은 소화약제의 양을 **60초 이내**에 균일하게 방사하고, IG-100, IG-55 또는 IG-541을 방사하는 것은 소화약제의 양의 **95% 이상**을 **60초 이내**에 방사할 것

전역방출방식의 불활성가스소화설비

구분	전역방출방식		국소방출방식 (이산화탄소)
	이산화탄소	불활성가스	
	고압식	저압식	IG-100, IG-55, IG-541	
헤드의 방사압력	2.1MPa 이상	1.05MPa 이상	1.9MPa 이상	–
약제방사시간	60초 이내		60초 이내(95% 이상)	30초 이내

---

14 제2류 위험물인 인화성 고체에 대한 다음 각 물음에 답하시오.
(1) 위험물안전관리법령에 따른 정의를 쓰시오.
(2) 운반용기 외부표시사항 중 수납하는 위험물에 따른 주의사항을 쓰시오.
(3) 유별을 달리하는 위험물은 동일한 저장소에 저장할 수 없다. 그러나 위험물을 유별로 정리하여 저장하는 한편, 서로 1m 이상의 간격을 두는 경우 인화성고체와 동일한 저장소에 저장할 수 있는 유별을 모두 쓰시오.(단, 없으면 "없음"이라고 쓰시오)

해답 ✔**답** (1) 고형알코올 그 밖에 1기압에서 인화점이 40℃ 미만인 고체
  (2) 화기엄금
  (3) 제4류 위험물

상세해설
위험물의 판단기준
① **황** : 순도가 60중량% 이상인 것을 말한다. 이 경우 순도측정에 있어서 불순물은 활석 등 불연성물질과 수분에 한한다.
② **철분** : 철의 분말로서 53㎛의 표준체를 통과하는 것이 50중량% 미만인 것은 제외
③ **금속분** : 알칼리금속·알칼리토금속·철 및 마그네슘 외의 금속의 분말을 말하고, **구리분·니켈분** 및 150㎛의 체를 통과하는 것이 50중량% 미만인 것은 **제외**
④ 마그네슘은 다음 각목의 1에 해당하는 것은 제외한다.

㉠ 2mm의 체를 통과하지 아니하는 덩어리 상태의 것
㉡ 직경 2mm 이상의 막대 모양의 것
⑤ **인화성고체** : 고형알코올 그 밖에 1기압에서 인화점이 40℃ 미만인 고체
⑥ **제6류 위험물**

종류	과산화수소	질산
기준	농도 36중량% 이상	비중 1.49 이상

위험물 운반용기의 외부 표시 사항
① 위험물의 품명, 위험등급, 화학명 및 수용성(제4류 위험물의 수용성인 것에 한함)
② 위험물의 수량
③ 수납하는 위험물에 따른 주의사항

유별	성질에 따른 구분	표시사항
제1류 위험물	알칼리금속의 과산화물	화기·충격주의, 물기엄금 및 가연물접촉주의
	그 밖의 것	화기·충격주의 및 가연물접촉주의
제2류 위험물	철분·금속분·마그네슘	화기주의 및 물기엄금
	인화성고체	화기엄금
	그 밖의 것	화기주의
제3류 위험물	자연발화성물질	화기엄금 및 공기접촉엄금
	금수성물질	물기엄금
제4류 위험물	인화성 액체	화기엄금
제5류 위험물	자기반응성 물질	화기엄금 및 충격주의
제6류 위험물	산화성 액체	가연물접촉주의

위험물의 저장 기준
옥내저장소 또는 옥외저장소에 있어서 다음의 각목의 규정에 의한 위험물을 저장하는 경우로서 위험물을 유별로 정리하여 저장하는 한편, 서로 1m 이상의 간격을 두는 경우에는 동일한 저장소에 저장할 수 있다(중요기준).
① **제1류 위험물**(알칼리금속의 과산화물 또는 이를 함유한 것을 제외)과 **제5류 위험물**을 저장하는 경우
② **제1류 위험물**과 **제6류 위험물**을 저장하는 경우
③ **제1류 위험물**과 제3류 위험물 중 **자연발화성물질**(황린 또는 이를 함유한 것)을 저장하는 경우
④ 제2류 위험물 중 **인화성고체**와 **제4류 위험물**을 저장하는 경우
⑤ 제3류 위험물 중 **알킬알루미늄등**과 **제4류 위험물**(알킬알루미늄 또는 알킬리튬을 함유한 것)을 저장하는 경우
⑥ 제4류 위험물 중 **유기과산화물** 또는 이를 함유하는 것과 제5류 위험물 중 **유기과산화물** 또는 이를 함유한 것을 저장하는 경우

15 위험물안전관리법령상 옥내소화전설비의 기준이다. 다음 각 물음에 알맞은 답을 쓰시오.

(1) 옥내소화전설비의 비상전원은 몇 분 이상 작동이 가능하여야 하는지 쓰시오.
(2) 옥내소화전의 개폐밸브 및 호스접속구의 높이는 바닥으로부터 몇 m 이하의 높이에 설치하여야 하는지 쓰시오.
 ① 개폐밸브
 ② 호스접속구
(3) 물올림탱크에 설치하여야 하는 장치를 모두 쓰시오.
(4) 옥내소화전이 7개 설치되어 있을 경우 수원의 수량(m^3)을 구하시오.

해답 ✔ 답 (1) 45분 이상
(2) ① 1.5m 이하   ② 1.5m 이하
(3) 감수경보장치 및 물올림탱크에 물을 자동으로 보급하기 위한 장치
(4) $Q = 5 \times 7.8m^3 = 39m^3$ ∴ 39m^3

상세해설

옥내소화전설비의 설치기준

(1) 옥내소화전은 제조소등의 건축물의 **층마다** 당해 층의 각 부분에서 하나의 호스접속구까지의 **수평거리가 25m 이하**가 되도록 설치할 것. 이 경우 옥내소화전은 각층의 출입구 부근에 1개 이상 설치하여야 한다.
(2) 수원의 수량은 옥내소화전이 가장 많이 설치된 층의 옥내소화전 설치개수(설치개수가 5개 이상인 경우는 5개)에 7.8m^3를 곱한 양 이상이 되도록 설치할 것
(3) 옥내소화전설비는 각층을 기준으로 하여 당해 층의 모든 옥내소화전(설치개수가 5개 이상인 경우는 5개의 옥내소화전)을 동시에 사용할 경우에 각 노즐끝부분의 방수압력이 **350kPa 이상**이고 방수량이 **1분당 260L 이상**의 성능이 되도록 할 것
(4) 옥내소화전의 **개폐밸브 및 호스접속구는** 바닥면으로부터 **1.5m 이하**의 높이에 설치할 것
(5) 수원의 수위가 펌프(수평회전식의 것)보다 낮은 위치에 있는 가압송수장치는 다음 각 목에 정한 것에 의하여 물올림장치를 설치할 것
 ① 물올림장치에는 전용의 물올림탱크를 설치할 것
 ② 물올림탱크의 용량은 가압송수장치를 유효하게 작동할 수 있도록 할 것
 ③ 물올림탱크에는 **감수경보장치 및 물올림탱크에 물을 자동으로 보급하기 위한 장치**가 설치되어 있을 것
(6) **비상전원**은 **자가발전설비 또는 축전지설비**에 의하되 **용량**은 옥내소화전설비를 유효하게 **45분 이상 작동**시키는 것이 가능할 것
(7) 노즐선단에서 방수압력이 **0.7MPa**을 초과하지 아니하도록 할 것

16 위험물안전관리법령상 제조소등의 지위승계신고를 기간 이내에 하지 않거나 허위로 한 경우 과태료 부과 기준이다. 다음 ( )안에 알맞은 답을 쓰시오.

위반행위	근거 법조문	과태료 금액 (단위 : 만원)
법 제10조 제3항에 따른 지위승계신고를 기간 이내에 하지 않거나 허위로 한 경우	법 제39조 제1항제4호	
1) 신고기한(지위승계일의 다음날을 기산일로 하여 30일이 되는 날)의 다음날을 기산일로 하여 30일 이내에 신고한 경우		(①)
2) 신고기한(지위승계일의 다음날을 기산일로 하여 30일이 되는 날)의 다음날을 기산일로 하여 31일 이후에 신고한 경우		(②)
3) 허위로 신고한 경우		(③)
4) 신고를 하지 않은 경우		500

해답

✔ 답 ① 250
② 350
③ 500

상세해설

위험물안전관리법 시행령 [별표 9] 과태료의 부과기준(제23조 관련)
개별기준

(단위 : 만원)

위반행위	근거 법조문	과태료 금액
라. 법 제10조제3항에 따른 지위승계신고를 기간 이내에 하지 않거나 허위로 한 경우	법 제39조 제1항 제4호	
1) 신고기한(지위승계일의 다음날을 기산일로 하여 30일이 되는 날)의 다음날을 기산일로 하여 30일 이내에 신고한 경우		250
2) 신고기한(지위승계일의 다음날을 기산일로 하여 30일이 되는 날)의 다음날을 기산일로 하여 31일 이후에 신고한 경우		350
3) 허위로 신고한 경우		500
4) 신고를 하지 않은 경우		500

17 아래의 [보기]와 같은 상황을 참조하여 각 물음에 답하시오.

[보기]
- A씨가 제조소를 설치하고자 관할 소방서에 설치허가 신청을 하여 설치허가를 받았다.
- 공사 도중에 옥외저장탱크 용량이 45만L에서 50만L로 변경되었다.
- 제3석유류에서 제2석유류로 위험물의 품명이 변경되어 지정수량의 배수가 1천배 증가하였다.
- 공사도중에 제조소를 A씨가 B씨에게 양도하였다.

(1) 위험물안전관리법령상 우선적으로 해야 할 행정절차 2가지를 순서대로 적으시오.
(2) 이 경우 지위승계의 필요여부를 판단하고 그 이유를 적으시오.
(3) 소유권이 B씨에게 승계되고, 완공검사합격확인증은 교부받았지만 경영상의 이유로 안전관리자를 선임하지 못하였다. 안전관리자를 언제까지 선임하여야 하는지 쓰시오.

해답

✔**답** (1) 행정절차 2가지
① 변경신고서를 변경하고자 하는 날의 1일 전까지 소방서장에게 제출
② 지위승계한 날부터 30일 이내에 시·도지사에게 그 사실을 신고

(2) 지위승계의 필요여부를 판단하고 그 이유
① 지위승계 필요
② 제조소등의 설치자의 지위를 승계 받았기 때문

(3) 안전관리자 선임시기
위험물을 저장·취급하기 전까지

상세해설 (1) **위험물안전관리법 제6조(위험물시설의 설치 및 변경 등)**
제조소등의 위치·구조 또는 **설비의 변경 없이** 당해 제조소등에서 저장하거나 취급하는 위험물의 품명·수량 또는 **지정수량의 배수를 변경하고자 하는 자는 변경하고자 하는 날의 1일 전까지** 행정안전부령이 정하는 바에 따라 **시·도지사에게 신고하여야 한다.**
위험물안전관리법 시행규칙 제10조(품명 등의 변경신고서)
저장 또는 취급하는 위험물의 품명·수량 또는 지정수량의 배수에 관한 변경신고를 하려는 자는 신고서에 제조소등의 완공검사합격확인증을 첨부하여 시·도지사 또는 소방서장에게 제출해야 한다.
위험물안전관리법 제10조(제조소등 설치자의 지위승계)
제조소등의 설치자의 지위를 승계한 자는 행정안전부령이 정하는 바에 따라 승계한 날부터 30일 이내에 시·도지사에게 그 사실을 신고하여야 한다.

(2) 제10조(제조소등 설치자의 지위승계)
   제조소등의 설치자의 지위를 승계한 자는 행정안전부령이 정하는 바에 따라 승계한 날부터 **30일 이내**에 **시·도지사**에게 그 사실을 **신고**하여야 한다.

(3) 위험물안전관리자 선임시기
   - 해임하거나 퇴직한 날부터 30일 이내에 다시 선임
   - 최초허가를 받은 위험물제조소등은 위험물을 저장·취급하기 전까지

18. 위험물안전관리 대행기관의 지정을 받을 때 갖추어야 할 장비를 5가지만 쓰시오. (단, 안전용구 및 소방시설점검기구는 제외)

해답
✔답 ① 절연저항계
② 접지저항측정기(최소눈금 0.1Ω 이하)
③ 가스농도측정기(탄화수소계 가스의 농도측정이 가능할 것)
④ 정전기 전위측정기
⑤ 토크렌치

상세해설

안전관리대행기관의 지정기준(제57조제1항 관련)

기술인력	1. 위험물기능장 또는 위험물산업기사 1인 이상 2. 위험물산업기사 또는 위험물기능사 2인 이상 3. 기계분야 및 전기분야의 소방설비기사 1인 이상
시설	전용사무실을 갖출 것
장비	1. 절연저항계 2. 접지저항측정기(최소눈금 0.1Ω 이하) 3. 가스농도측정기(탄화수소계 가스의 농도측정이 가능할 것) 4. 정전기 전위측정기 5. 토크렌치 6. 진동시험기 7. 표면온도계(-10℃~300℃) 8. 두께측정기(1.5mm~99.9mm) 9. 안전용구(안전모, 안전화, 손전등, 안전로프 등) 10. 소화설비점검기구 (소화전밸브압력계, 방수압력측정계, 포콜렉터, 헤드렌치, 포콘테이너)

비고 : 기술인력란의 각호에 정한 2 이상의 기술인력을 동일인이 겸할 수 없다.

19 그림을 보고 위험물안전관리법령상 이동탱크저장소의 기준에 대한 다음 각 물음에 답하시오.
(10점)

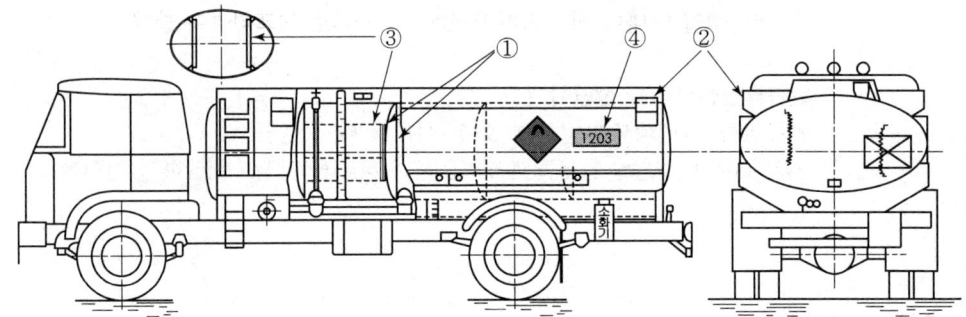

(1) ①은 칸막이이다. 칸막이는 탱크의 내부 몇 L 이하마다 설치해야하는 용량과 설치하지 않아도 되는 경우를 쓰시오.
(2) ②의 명칭과 ②를 설치하는 목적을 쓰시오.
(3) ③의 명칭과 ③을 설치하는 목적을 쓰시오.
(4) ④는 UN번호이다. UN번호가 기재된 이유와 목적을 쓰시오.
(5) 접지도선을 설치해야 하는 제4류 위험물의 품명을 모두 쓰시오.(단, 없으면 "없음"으로 표기하시오)
(6) 이동저장탱크를 운행하지 않을 경우 주차하는 장소의 명칭을 쓰시오.
(7) 이동탱크저장소를 옥내에 주차할 경우 상치장소의 기준과 몇 층에 설치해야 하는지 쓰시오.
(8) 컨테이너식 이동저장탱크의 정의를 쓰시오.
(9) 이동탱크저장소의 주입설비길이는 (   )m 이내로 하고
분당 배출량은 (   )이하로 할 것
(10) 이동탱크저장소에 아세트알데하이드를 저장시 강화되는 기준 2가지를 쓰시오.

해답 ✔답 (1) • 탱크 내부에 칸막이를 설치해야하는 용량 : 4000L 이하
• 칸막이를 설치하지 않아도 되는 경우 : 고체인 위험물을 저장하거나 고체인 위험물을 가열하여 액체상태로 저장하는 경우
(2) • ②의 명칭 : 측면틀
• ②의 설치 목적 : 탱크전복 시 탱크본체 및 부속장치의 파손방지
(3) • ③의 명칭 : 방파판
• ③의 설치 목적 : 위험물 운송 중 내부 액체의 출렁거림 및 한쪽 쏠림방지
(4) • UN번호가 기재된 이유 : 위험물질을 국제적으로 일관되게 식별하고, 안전하게 운송하기 위함이다.

- U.N1203 : 휘발유
(5) • 특수인화물
 • 제1석유류
 • 제2석유류
(6) 상치장소
(7) 벽, 바닥, 서까래, 및 지붕이 내화구조 또는 불연재료로 된 건축물의 1층에 설치하여야 한다.
(8) 이동저장탱크를 차량 등에 옮겨 싣는 구조로 된 이동탱크저장소
(9) • 주입설비길이 : 50m 이내
 • 분당 배출량 : 200L 이하
⑩ ① 이동저장탱크는 불활성의 기체를 봉입 할 수 있는 구조로 할 것
 ② 이동저장탱크 및 그 설비는 은·수은·동·마그네슘 또는 이들을 성분으로 하는 합금으로 만들지 아니 할 것

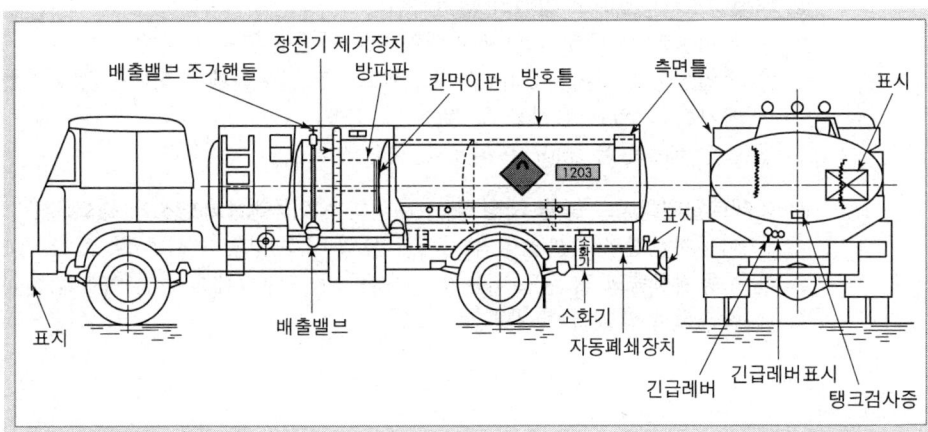

(1) 이동저장탱크의 칸막이의 설치
이동저장탱크는 그 내부에 **4,000L 이하**마다 **3.2mm 이상의 강철판** 또는 이와 동등 이상의 강도·내열성 및 내식성이 있는 금속성의 것으로 **칸막이**를 설치하여야 한다. 다만, **고체인 위험물**을 저장하거나 고체인 위험물을 가열하여 액체 상태로 저장하는 경우에는 그러하지 아니하다.

(4) UN번호(United Nations number)
① 위험물질과 제품의 국제적인 운송을 위해 국제연합(UN)이 부여하는 **4자리 고유번호**
② 번호를 통해 해당 물질의 **위험성과 유해성**을 파악하고, 적절한 포장, 보관, 그리고 **비상조치 절차**를 준수할 수 있다.
③ UN번호는 국제적으로 통용되는 위험물 식별 체계로, 각 물질의 고유한 **위험성(폭발성, 인화성, 유독성 등)**을 나타내는 **지표**가 된다.

(5) 접지도선
제4류 위험물중 **특수인화물, 제1석유류 또는 제2석유류**의 이동탱크저장소에는 다음

의 각호의 기준에 의하여 접지도선을 설치하여야 한다.
① 양도체(良導體)의 도선에 비닐 등의 전열(電熱)차단재료로 피복하여 끝부분에 접지전극등을 결착시킬 수 있는 클립(clip) 등을 부착할 것
② 도선이 손상되지 아니하도록 도선을 수납할 수 있는 장치를 부착할 것

(7) 이동탱크저장소의 상치장소 설치기준
① 옥외에 있는 상치장소는 화기를 취급하는 장소 또는 인근의 건축물로부터 **5m 이상**(인근의 건축물이 **1층인 경우에는 3m 이상**)의 거리를 확보하여야 한다.
② 옥내에 있는 상치장소는 벽·바닥·보·서까래 및 지붕이 내화구조 또는 불연재료로 된 건축물의 **1층**에 설치하여야 한다.

(8) 컨테이너식 이동탱크저장소의 특례
이동저장탱크를 차량 등에 옮겨 싣는 구조로 된 이동탱크저장소("컨테이너식 이동탱크저장소")

(9) 이동탱크저장소에 주입설비 설치기준
① 위험물이 샐 우려가 없고 화재예방상 안전한 구조로 할 것
② 주입설비의 길이는 **50m 이내**로 하고, 그 끝부분에 축적되는 **정전기를 유효하게 제거**할 수 있는 장치를 할 것
③ 분당 배출량은 **200L 이하**로 할 것

(10) 아세트알데하이드 등을 저장 또는 취급하는 이동탱크저장소의 강화되는 기준
① 이동저장탱크는 불활성의 기체를 봉입할 수 있는 구조로 할 것
② 이동저장탱크 및 그 설비는 **은·수은·동·마그네슘** 또는 이들을 성분으로 하는 합금으로 만들지 아니할 것

[저자소개]

강석민 교수
- 서영대 소방안전과 겸임교수
- ㈜태경소방 대표이사
- 서울과학기술대학원 안전공학과
- 세진북스 소방 및 위험물분야 저자
  소방시설관리사/소방설비기사/위험물기능장
  /위험물산업기사/위험물기능사

정진홍 교수
- ㈜ 태경소방(현)
- 소방학교 외래교수(현)
- ㈜주경야독 소방 및 위험물분야 전임교수(현)
- ㈜OCI DAS(동양화학계열사) 인천공장 환경안전팀 23년근무(전)
- 세진북스 소방 및 위험물분야 저자
  소방시설관리사/소방설비기사/위험물기능장
  /위험물산업기사/위험물기능사

위험물기능장 실기

초판 발행	2017년 3월 10일
개정2판 발행	2018년 1월 10일
개정3판 발행	2019년 1월 5일
개정4판 발행	2020년 1월 5일
개정5판 발행	2021년 1월 5일
개정6판 발행	2022년 1월 10일
개정7판 발행	2023년 1월 5일
개정8판 발행	2024년 1월 5일
개정9판 발행	2025년 1월 10일
개정10판 발행	2026년 1월 10일

우수회원인증

닉네임	
신청일	

필히 (**파랑, 빨강**)볼펜 사용, **화이트** 사용 금지

지은이 ▪ 강석민 · 정진홍
펴낸이 ▪ 홍세진
펴낸곳 ▪ 세진북스

주소 ▪ (우)10207 경기도 고양시 일산서구 산율길 56(구산동 145-1)
전화 ▪ 031-924-3092
팩스 ▪ 031-924-3093
홈페이지 ▪ http://www.sejinbooks.kr

출판등록 ▪ 제 315-2008-042호(2008.12.9)
ISBN ▪ 979-11-5745-742-7 13530

값 ▪ 45,000원

- 이 책의 출판권은 도서출판 세진북스가 가지고 있습니다.
- 이 책의 일부 또는 전체에 대한 무단 복제와 전재를 금합니다.

세진북스에는 당신과 나
그리고 우리의 미래가 있습니다.